AF357663

HISTOIRE NATURELLE

DES

ANIMAUX ARTICULÉS

ANNELIDES, CRUSTACÉS, ARACHNIDES,

MYRIAPODES ET INSECTES.

PARIS.— Imprimerie Lacour et Cᵉ., rue St Hyacinthe-St-Michel, 33,
et rue Soufflot, 11.

HISTOIRE NATURELLE

DES INSECTES

COLÉOPTÈRES

PAR

M. LE COMTE DE CASTELNAU,

MEMBRE DE PLUSIEURS SOCIÉTÉS SAVANTES, NATIONALES ET ÉTRANGÈRES,
AUTEUR D'UN ESSAI SUR LA CLASSIFICATION DES HÉMIPTÈRES, DES ÉTUDES ENTOMOLOGIQUES,
L'UN DES COLLABORATEURS DE LA REVUE ENTOMOLOGIQUE,
DES ANNALES DE LA SOCIÉTÉ ENTOMOLOGIQUE, DU MAGASIN DE ZOOLOGIE, DU BULLETIN,
DE L'ENCYCLOPÉDIE DU XIXᵉ SIÈCLE, ETC., ETC.

AVEC UNE INTRODUCTION

RENFERMANT L'ANATOMIE ET LA PHYSIOLOGIE DES ANIMAUX ARTICULÉS,

PAR M. BRULLÉ,

chevalier de la Légion-d'Honneur et de l'ordre grec du Sauveur,
professeur de Zoologie à la Faculté des Sciences de Dijon, ex-secrétaire de
la Société Entomologique de France, et membre de la Commission scientifique de Morée.

OUVRAGE ACCOMPAGNÉ

DE 84 PLANCHES GRAVÉES SUR ACIER ET COLORIÉES AU PINCEAU AVEC LE
PLUS GRAND SOIN, REPRÉSENTANT PLUS DE **500** SUJETS

Tome premier. — Première partie.

PARIS,

SOCIÉTÉ BIBLIOPHILE, RUE DE VAUGIRARD, 93.

1850.

HISTOIRE NATURELLE

DES

ANIMAUX ARTICULÉS

ANNELIDES, CRUSTACÉS, ARACHNIDES,

MYRIAPODES ET INSECTES.

Paris.—Impr. Lacour et Cie, rue Saint-Hyacinthe-Saint-Michel. 33.
et rue Soufflot. 11.

HISTOIRE NATURELLE

DES INSECTES

COLÉOPTÈRES

PAR

M. LE COMTE DE CASTELNAU,

MEMBRE DE PLUSIEURS SOCIÉTÉS SAVANTES, NATIONALES ET ÉTRANGÈRES,
AUTEUR D'UN ESSAI SUR LA CLASSIFICATION DES HÉMIPTÈRES, DES ÉTUDES ENTOMOLOGIQUES,
L'UN DES COLLABORATEURS DE LA REVUE ENTOMOLOGIQUE,
DES ANNALES DE LA SOCIÉTÉ ENTOMOLOGIQUE, DU MAGASIN DE ZOOLOGIE, DU BULLETIN,
DE L'ENCYCLOPÉDIE DU XIXᵉ SIÈCLE, ETC., ETC.

AVEC UNE INTRODUCTION

RENFERMANT L'ANATOMIE ET LA PHYSIOLOGIE DES ANIMAUX ARTICULÉS.

PAR M. BRULLÉ,

chevalier de la Légion-d'Honneur et de l'ordre grec du Sauveur,
professeur de Zoologie à la Faculté des Sciences de Dijon, ex-secrétaire de
la Société Entomologique de France, et membre de la Commission scientifique de Morée.

OUVRAGE ACCOMPAGNÉ

DE 81 PLANCHES GRAVÉES SUR ACIER ET COLORIÉES AU PINCEAU AVEC LE
PLUS GRAND SOIN, REPRÉSENTANT PLUS DE **500** SUJETS.

Tome premier. —Deuxième partie.

PARIS.

SOCIÉTÉ BIBLIOPHILE, RUE DE VAUGIRARD, 95.

—

1850

INTRODUCTION.

ANATOMIE ET PHYSIOLOGIE.

Les animaux articulés se placent, sous le rapport de leur organisation, vers le milieu de la série zoologique. Ils sont bien plus semblables aux vertébrés par l'ensemble de leur structure et la disposition de leurs organes que les Mollusques, et à plus forte raison que les animaux rayonnés. Parmi ces animaux articulés qui constituent l'un des groupes les plus naturels et les plus homogènes de tout le règne animal, on distingue cependant deux types d'organisation assez différens. L'un de ces types se compose des animaux qui formaient, pour Linné, la grande classe des Insectes, et qui ont tous une enveloppe solide et des membres articulés : ce sont aujourd'hui les *Crustacés*, les *Arachnides*, les *Myriapodes* et les *Insectes*. L'autre type semble faire le passage entre les articulés du type précédent et les autres grandes divisions du règne animal : il a généralement la peau molle, divisée en segmens ou plutôt en articulations distinctes ; mais il n'a plus les pattes articulées. Ce type renferme les *Annelides*. Il ne sera question dans ce travail que de l'anatomie et de la physiologie des animaux articulés du premier de ces deux types, les principaux traits de l'organisation des Annelides ayant été présentés dans le chapitre qui traite de ces animaux.

Nous suivrons, dans l'étude que nous allons faire de l'organisation des articulés, l'ordre physiologique. Nous examinerons successivement par quel mécanisme s'opèrent les différentes fonctions de leur vie, et quels sont les organes qui contribuent à leur exercice. Parmi ces fonctions se présenteront d'abord celles qui appartiennent à la vie végétative, c'est-à-dire les fonctions de la *nutrition* et de la *reproduction*, également propres aux végétaux et aux animaux. Nous passerons ensuite à l'examen des fonctions de la vie animale, ou des fonctions dites *de relation*, qui caractérisent essentiellement les animaux. Ces dernières s'exécutent surtout à l'aide de l'appareil nerveux, des organes et des sens ; elles constituent les fonctions de la *sensibilité*, de la *locomotion* et de la *phonation* ou *production* des sons. Nous partagerons ainsi notre travail en deux chapitres, dont l'un aura pour objet l'examen des fonctions de la vie végétative, tandis que l'autre se composera de l'étude des fonctions de la vie animale. Chacun de ces deux chapitres se divisera ensuite en plusieurs articles ou paragraphes, consacrés à l'étude des fonctions accessoires dont l'ensemble concourt à former les deux systèmes des fonctions de la vie végétative et de la vie animale.

CHAPITRE PREMIER.

FONCTIONS DE LA VIE VÉGÉTATIVE.

Ces fonctions ont pour but essentiel de concourir, les unes à la conservation de l'individu : ce sont les fonctions de la nutrition ; les autres à la conservation de l'espèce : ce sont les fonctions, ou mieux la fonction de la génération. Les premières se subdivisent en plusieurs fonctions accessoires, qui ne sont pas réellement distinctes dans la nature, mais que nous séparons par la pensée, afin de les suivre plus facilement, et de nous rendre compte de leur jeu d'une manière plus exacte : ce sont les fonctions de la *digestion*, de la *circulation*, de la *respiration* et des *sécrétions*, qui sont communes à presque tous les animaux. Chacune de ces fonctions fera le sujet d'un paragraphe ou d'un article spécial ; mais nous devons rappeler auparavant ce que l'on entend par le mot nutrition, pris d'une manière générale.

ARTICLE PREMIER.

DE LA NUTRITION.

On appelle ainsi l'action par laquelle un animal ou un végétal se nourrit, c'est-à-dire puise au dehors de lui des parties destinées à renouveler son être. Cette action s'exécute par des organes, dont les uns prennent ou puisent dans le monde environnant les substances nécessaires à ce renouvellement, et les autres font subir à ces substances, dans l'intérieur du corps, des modifications sans lesquelles ce renouvellement ne pourrait avoir lieu. C'est alors que, par une assimilation intime, les substances ainsi modifiées remplacent toutes les parties du corps, et que les parties remplacées sont rejetées au dehors. Ainsi, l'action de la nutrition se compose de divers actes ou fonctions accessoires, déjà énoncées, qui sont : 1° la *digestion*, par laquelle les parties nutritives sont élaborées dans des organes spéciaux ; 2° la *circulation*, à l'aide de laquelle la substance élaborée se répand dans les diverses parties du corps pour les nourrir, c'est-à-dire pour leur abandonner les molécules destinées à les renouveler ; 3° la *respiration*, ou l'action que doit subir la substance nutritive sous l'influence de l'air extérieur, action sans laquelle elle serait impropre à renouveler les parties ; 4° enfin, les *sécrétions*, qui sont le résultat d'une action particulière de certains organes, dans lesquels la substance déposée se trouve changée en des produits divers et appropriés à certains usages. Il faut ajouter à ces quatre sortes d'actions partielles une autre action que l'on a nommée *excrétion*, et par laquelle se trouvent rejetées au dehors les parties devenues inutiles à l'individu ou sécrétées par des organes spéciaux.

Ainsi, par excrétion, on entend, ou l'action des organes sécréteurs, par laquelle ces organes transmettent hors d'eux-mêmes le résultat de leur sécrétion, ou bien l'action de quelques autres organes qui rejettent au dehors du corps, soit le résidu des aliments, soit le résidu de la nutrition proprement dite, comme cela arrive dans ce que l'on nomme *exhalation* chez les animaux vertébrés.

Telle est la grande fonction de la nutrition, considérée d'une manière générale. Nous allons examiner comment elle s'exécute chez les animaux articulés, en étudiant successivement chacun des actes dont elle se compose.

§ Ier. — DE LA DIGESTION.

La digestion est, comme nous l'avons dit, cette partie de la nutrition qui doit nécessairement précéder l'assimilation des parties nutritives, et sans laquelle celle-ci ne saurait avoir lieu. La digestion s'exécute à l'aide d'appareils et d'organes, dont les uns sont à l'extérieur, tels que les appareils ou organes de la bouche, et les autres à l'intérieur, tels que les appareils proprement dits de la digestion. C'est par le moyen des organes extérieurs que les parties destinées à nourrir l'animal sont introduites dans le corps, et c'est alors par les organes intérieurs, dont l'ensemble constitue le canal intestinal, que les alimens sont élaborés, et deviennent propres à l'assimilation. Étudions séparément ces deux sortes d'organes et les usages auxquels ils sont destinés.

A. ORGANES EXTÉRIEURS DE LA DIGESTION.

Dans tous les animaux articulés qui nous occupent ici, c'est à dire dans les Crustacés, les Arachnides, les Myriapodes et les Insectes, les organes extérieurs de la digestion, aussi appelés organes ou parties de la bouche, constituent des appendices de la partie antérieure du corps. On a donné à ces appendices des noms différens, suivant qu'on les a examinés dans l'une ou l'autre des quatre classes que nous venons de nommer; mais on a reconnu par la suite que ces appendices se correspondent parfaitement sous le rapport de la position, et qu'ils ne peuvent différer que par le nombre ou par la forme. L'enveloppe extérieure des articulés, composée de segmens ou d'articulations nombreuses, offre une tendance très-marquée à développer des appendices. Ces appendices revêtent des formes différentes, suivant qu'ils sont attachés à telle ou telle partie du corps, et suivant qu'ils ont à remplir telle ou telle fonction. Quelle est la loi qui préside au nombre des appendices destinés à concourir à l'exécution de chaque fonction? C'est encore une question à résoudre, et c'est sans doute à cette lacune dans nos connaissances, que

doit être attribué l'embarras dans lequel se sont trouvés les naturalistes lorsqu'ils ont essayé de comparer entre eux les divers appendices de la bouche dans les articulés. C'est là ce qui les a conduits à regarder les pattes des Insectes comme les analogues des dernières pièces de la bouche dans les Crustacés, parce qu'ils ont vu que ces derniers animaux avoient un plus grand nombre d'appendices que les Insectes. C'est ce qui les a conduits encore à conclure que les Insectes marchent avec leurs mâchoires, ou, pour être plus exact, avec certaines des pièces de leur bouche, les pattes des Insectes correspondant souvent aux mâchoires des Crustacés. Assurément, cette assertion est trop contradictoire pour que nous puissions l'admettre. Elle prouve suffisamment que les rapports de nombre doivent être regardés comme nuls dans la question présente, et que les fonctions seules doivent nous servir de guides. Ainsi, nous remarquerons que les pièces de la bouche varient en nombre dans chacune des quatre classes d'articulés, et que, dans chacune de ces mêmes classes, elles varient aussi beaucoup par la forme. Nous verrons que dans chaque classe, on peut les comparer entre elles, quelque différente que se montre leur forme, parce que leur nombre reste le même; et, quant au nombre de ces pièces qui se rattachent à la bouche dans les différentes classes, nous dirons ailleurs (système tégumentaire) qu'on peut le croire lié au nombre des anneaux du corps qui est dévolu à chaque système d'organe.

Suivant que la nourriture de l'animal est solide ou liquide, les organes extérieurs de la digestion, ou les pièces de la bouche, se montrent sous une forme différente. Lorsque la nourriture est solide, les pièces de la bouche sont de véritables organes de mastication, et lorsque la nourriture est liquide, elles deviennent des organes de succion. De là les animaux articulés ont été divisés en broyeurs et suceurs. C'est particulièrement dans la classe des Insectes que se montrent ces deux dispositions des organes de la bouche, parce que c'est aussi dans cette classe que le mode de nourriture est le plus varié. Les autres classes, au contraire, nous offrent des habitudes plus uniformes. Ainsi, les Crustacés sont presque tous des animaux broyeurs; tandis que les Arachnides et les Myriapodes sont plus particulierement des animaux suceurs.

Outre les pieces de la bouche affectées à la mastication et à la succion des alimens, il arrive quelquefois que certains appen-dices, ordinairement destinés à la locomo-tion, servent en même temps, ou d'une manière exclusive, à la préhension des ali-mens. Dans ce cas, ces appendices sont armés de dents ou d'épines, ou bien ils représentent des sortes de pinces produites par le jeu d'une des pieces sur l'autre. Ces sortes d'organes accessoires de la digestion se rencontrent dans plusieurs groupes d'a-nimaux articulés.

α. Organes extérieurs de la digestion dans les Crustacés.

Ces organes se composent d'appendices en nombre variable suivant les familles, et dont les premiers correspondent à la quatrième paire des appendices du corps, et constituent les *mandibules*. Derrière ces premiers organes de mastication ou ces man-dibules, on trouve deux autres paires d'ap-pendices qui constituent les *mâchoires*. En-fin, à la suite des mâchoires, viennent quel-quefois plusieurs autres appendices qui ser-vent encore d'organes de mastication : c'est ce qui a lieu dans les Crabes et les Ecrevisses; on a nommé ces organes des *pieds-machoi-res*. Dans leur état complet de développe-ment, ces différens organes ou appendices se divisent en trois parties que l'on a dési-gnées sous des noms différens. Ainsi, l'on a nommé *tige* la partie, ordinairement for-mée de plusieurs articles, qui supporte les deux autres ; c'est la plus intérieure. En dehors de celle-ci vient le *palpe*, également formé de plusieurs articles pour l'ordinaire et dont l'origine se trouve sur le premier article de la tige ou sur quelqu'un des ar-ticles suivans. Enfin, la partie la plus exté-rieure, ou le *fouet*, naît également de la tige, et se présente ordinairement sous une forme simple.

Ces trois parties différentes n'existent pas toujours simultanément dans les appendices de la manducation. Tantôt l'une des deux extérieures vient a manquer, tantôt la tige elle-même est rudimentaire. Ainsi, dans les Crabes et tous les autres animaux qui for-ment avec ceux-ci le groupe des *Décapodes*

brachyoures, les appendices appelés pieds-mâchoires sont les seuls qui offrent les trois parties. Le fouet, ou la partie la plus exté-rieure, pénètre dans la cavité branchiale, tandis que les deux autres parties restent à l'extérieur. Dans les mâchoires et les man-dibules, le fouet n'existe plus ; on ne trouve que la tige et son palpe. — Dans les Écre-visses, et en général dans toutes les espèces qui constituent avec elles le groupe des *Décapodes macroures*, les trois parties se présentent à tous les appendices de la man-ducation. — Dans les autres groupes de Crustacés, ces appendices montrent des dif-férences dans la forme de leurs parties constituantes, malgré lesquelles il est tou-jours facile de les comparer aux mêmes par-ties des autres Crustacés, en ayant égard à leur position.

Les organes qui servent dans les Crustacés à la manducation n'ont pas toujours à rem-plir cette fonction d'une manière exclusive. Il arrive quelquefois que les mêmes appen-dices servent également à la manducation et à la locomotion. Tel est le cas des *Limules*, chez lesquels le premier article des appen-dices qui entourent la bouche sert à diviser les aliments, tandis que les articles suivants servent véritablement d'organes de loco-motion.

Outre les appendices que nous venons d'énumérer et qui garnissent l'ouverture buccale, on trouve deux autres parties con-nues sous le nom de *lèvres*, et qui sont sans doute aussi des appendices du corps. La première de ces parties, appelée *lèvre su-périeure*, est située au devant de la bouche sous la forme d'une saillie ou d'une petite lame solide. La seconde, appelée *lèvre infé-rieure* ou *languette*, est ordinairement bifide et semble provenir de la réunion partielle des deux appendices d'une même paire.

Ainsi, les organes extérieurs de la diges-tion se composent dans les Crustacés : 1° de deux lèvres, l'une en avant, l'autre en ar-rière de la cavité buccale; 2° d'une paire de mandibules; 3° d'une ou deux paires de mâchoires; 4° enfin d'appendices appe-lés pieds-mâchoires, au nombre de trois paires, dans les Crustacés qui en ont le plus, tels que les Crabes et les Ecrevisses. Lors-qu'il n'y a qu'une paire d'appendices dé-veloppée en mâchoires à la suite des man-dibules, il n'y a plus de pieds-mâchoires proprement dits ; les appendices qui suivent les mâchoires sont alors des organes de lo-comotion. Les usages des appendices ap-pelés pieds-mâchoires, sont intermédiaires entre ceux des mâchoires et ceux des pattes ; ils consistent surtout à saisir la proie et à la présenter aux mâchoires et aux mandibules. Indépendamment de ces pieds-mâchoires, il arrive encore souvent que les premiers appendices de locomotion servent à saisir la proie. Ils sont à cet effet armés d'épines ou terminés en pinces, comme dans les Squilles, les Ecrevisses et les Homards.

La forme des appendices de la manducation varie beaucoup. Il arrive d'ordinaire que la dernière paire d'appendices, ou les derniers pieds-mâchoires, ont leur tige développée de manière à fermer l'ouverture buccale ; mais tous les Crustacés n'ont pas la bouche organisée comme nous venons de le voir. Quelques-uns de ces animaux vivent sur d'autres animaux, et se nourrissent de leur sang par succion : dans ce cas il se présente des changements à la bouche. Les pièces médianes ou impaires, analogues aux deux lèvres, s'allongent et se réunissent pour former un tube ou un suçoir. Les mandibules sont deux tiges grêles logées dans ce tube, qu'elles dépassent à l'extrémité, où elles font l'office de lancettes. Les mâchoires, devenues inutiles, sont réduites à l'état rudimentaire ou manquent tout-à-fait. Les appendices qui forment chez les Ecrevisses ce que l'on appelle des pieds-mâchoires, sont ici transformés en organes de locomotion ou plutôt de station. Ils sont transformés en crochets et servent à l'animal à se fixer sur sa proie.

β. Organes extérieurs de la digestion dans les Arachnides.

Les appendices de la bouche des Arachnides sont moins nombreux que ceux des Crustacés, puisqu'il n'y en a que trois paires. La première paire constitue les *mandibules*; la deuxième paire forme les *mâchoires*, et enfin, la troisième est ce que l'on a nommé la *lèvre*. Cette dernière forme une pièce médiane qui peut être considérée comme résultant de la soudure de deux pièces latérales. Ces appendices, excepté la lèvre, sont formés de plusieurs articles ; les mandibules en présentent deux au moins, et les mâchoires un plus grand nombre. Ces mâchoires offrent dans leur structure de l'analogie avec les appendices buccaux de certains Crustacés (les *Limules*), en ce que leur premier article seul peut servir à la manducation, tandis que les autres sont conformés en véritables pattes. Ainsi, ces

mâchoires peuvent être en quelque sorte considérées comme les analogues des pieds-mâchoires des Crustacés, et forment ainsi le passage entre les parties destinées à la manducation et celles de la locomotion.

Les *mandibules*, appelées aussi *chélicères*, *forcipules*, *serres*, et quelquefois, mais à tort, *antennes pinces*, sont composées le plus ordinairement de deux pièces. L'une de ces pièces, plus développée que l'autre, est la tige, qui est fixée à la tête ; l'autre pièce, ou le *crochet*, est mobile sur la première. La tige présente au côté interne une rainure quelquefois armée d'épines, et dans laquelle vient se loger le crochet. Ce crochet ou onglet est pointu et présente auprès de la pointe un petit trou pour la sortie du venin : ce trou n'est pas visible dans toutes les espèces. Tantôt ces mandibules sont insérées de manière à jouer latéralement l'une contre l'autre, tantôt, au contraire, elles n'ont de mouvement que de haut en bas. Tandis que la tige des mandibules est ordinairement revêtue de poils ou même d'épines, le crochet en est toujours dépourvu. Ces mandibules sont quelquefois entièrement nues et souvent alors elles présentent des couleurs brillantes, soit rouges, soit d'un vert doré ou d'un bleu d'azur. — Dans quelques Arachnides trachéennes, les mandibules sont terminées par une pince didactyle, qui présente les deux pièces déjà connues, et que précèdent un ou deux articles. La pince didactyle est fermée par l'onglet en dedans, et par une saillie correspondante de la tige en dehors. Dans d'autres Arachnides trachéennes, les mandibules manquent ou sont transformées, ainsi que les mâchoires, en un suçoir qui résulte de l'allongement de ces appendices. Quelques espèces ont même la bouche tout-à-fait dépourvue d'appendices et formée par une simple cavité.

Les *mâchoires* offrent de grandes différences dans leur forme, et ces différences sont très-utiles dans la distinction des groupes génériques. Les palpes qu'elles supportent sont insérés à leur côté antérieur, et composés de cinq articles dans la plupart. Dans le groupe des Aranéides, le cinquième et dernier article se termine en crochet dans les femelles. Ce même article dans les mâles est plus gros que les autres, et renferme dans son intérieur des organes que nous ferons connaître à l'article de la génération. On a donné des noms spéciaux aux cinq articles des palpes des Aranéides ; ce sont, en partant de la mâchoire : l'*axil*.

laire, l'*huméral*, le *cubital*, le *radial* et le *digital*. Dans les Scorpions et quelques autres Arachnides, le dernier article est situé de manière à former une pince, comme nous l'avons déjà vu pour le crochet des mandibules de quelques espèces. Les palpes sont évidemment des organes de préhension pour les aliments, et peut-être aussi des organes du tact.

La *lèvre inférieure* située entre les mâchoires est très-variable dans sa forme et son développement. Elle présente quelquefois un ou deux sillons en travers. Entre cette lèvre et les autres appendices de la bouche, on distingue souvent une pièce appelée *languette* ou *épichile*, qui représente peut-être la langue de quelques Insectes. C'est au milieu de cette pièce que s'ouvre la bouche. La forme de cette languette varie beaucoup.

7. ORGANES EXTÉRIEURS DE LA DIGESTION DANS LES MYRIAPODES.

Ces animaux articulés font le passage des Annélides aux trois autres classes, à cause de la disposition régulière de leur corps, formé partout d'anneaux semblables. Cependant, quelques-uns de ces anneaux se groupent et se confondent à la partie antérieure, comme l'indiquent les appendices de la bouche, plus nombreux que les anneaux du corps. De même que dans les Arachnides, on trouve immédiatement après le bord antérieur de la tête, appelé aussi le *chaperon*, une paire de mandibules, qui sont pourvues d'un palpe formé de plusieurs articles, dans les Chilopodes (*Scolopendre*), ou représenté par une pièce simple, dans les Chilognathes (*Jule*). Cette disposition des mandibules palpigères est commune aux Crustacés et aux Myriapodes, et nous allons voir qu'il y a d'autres rapports entre ces deux classes d'Articulés dans la structure de la bouche.

Les deux paires de mâchoires qui font suite aux mandibules sont soudées entre elles et constituent une lèvre unique divisée par des sutures en quatre parties. Dans les Jules ces deux paires de mâchoires portent des rudiments de palpes; mais dans les Scolopendres, les mâchoires de la seconde paire en sont dépourvues. Tels sont les appendices qui correspondent aux pièces de la bouche dans les Arachnides; mais de même que dans les Crustacés, quelques-uns des autres appendices du corps, ordi-

nairement les deux suivans, servent encore à l'acte de la manducation, et sont caractérisés par leur premier article, qui se rapproche de celui du côté opposé, se soude plus ou moins avec lui, et se développe plus que les autres articles. C'est absolument la même chose que ce qui arrive aux pieds-mâchoires des Crustacés et des Arachnides. Dans les Jules, ces deux appendices ou pieds-mâchoires sont plus grêles que les appendices suivans et les pattes véritables. Dans les Scolopendres, ces mêmes pieds-mâchoires sont aussi plus petits que les pattes, mais ceux de la seconde paire se font surtout remarquer par le fort crochet qui les termine, et qui offre auprès de son extrémité un trou pour le passage du venin, comme dans les Arachnides. Cette seconde paire de pieds mâchoires vient ordinairement recouvrir et fermer la cavité buccale, ainsi qu'il arrive dans les Crustacés. Il existe donc la plus grande analogie entre les Crustacés et les Myriapodes, sous le rapport de la composition de la bouche, et cette analogie prouve suffisamment que ces derniers animaux établissent le passage entre les Annélides et les Crustacés, quel que soit l'ordre dans lequel on veuille disposer les animaux articulés, dans la série zoologique. La forme simple et régulière des anneaux du corps, dans les Annélides et les Myriapodes, est une preuve de plus en faveur de ce rapprochement.

8. ORGANES EXTÉRIEURS DE LA DIGESTION DANS LES INSECTES.

Les Insectes se rapprochent beaucoup plus des Arachnides que des autres Articulés, sous le rapport de leur organisation buccale. Les appendices de leur bouche sont peu nombreux et se composent : 1° d'une paire de mandibules; 2° de deux paires de mâchoires, dont la seconde paire forme une lèvre inférieure; 3° enfin d'une lèvre supérieure ordinairement distincte, et située entre le bord antérieur de la tête et les mandibules. Mais les Insectes étant beaucoup plus nombreux et plus variés en espèces qu'aucune des trois classes précédentes, ces divers appendices buccaux offrent de grandes différences dans leur forme, suivant qu'ils appartiennent à des insectes broyeurs ou à des insectes suceurs. Nous allons examiner successivement les appendices de la bouche dans chacune de ces deux divisions.

I. *Appendices de la bouche dans les Insectes broyeurs.*

La division des Insectes broyeurs se compose essentiellement des trois ordres d'Insectes compris sous les noms de Coléoptères, Orthoptères et Névroptères, qui tous mâchent leurs alimens. Voyons comment se présentent chez eux les différentes pièces de la bouche.

La lèvre supérieure, ou labre, que l'on peut considérer comme étant formée d'une paire d'appendices soudés entre eux, de même que dans les Crustacés, est un organe impair, symétrique, situé avant les mandibules ou au-dessus d'elles, et qui s'articule au moyen d'une membrane, ou portion plus mince de la peau, avec le bord antérieur de la tête. Elle peut exécuter un mouvement peu étendu d'avant en arrière. Elle a pour usage de protéger en avant la cavité buccale, et peut-être aussi dans beaucoup de cas de retenir les alimens dans cette cavité. Cependant elle est quelquefois si peu développée, qu'elle doit être d'un faible secours à l'animal ; souvent même elle manque tout-à-fait. Elle est ordinairement solide comme les tégumens du corps; mais dans quelques Insectes, elle devient tout-à-fait membraneuse. Les variations que présentent ses formes et ses dimensions sont d'un grand secours au classificateur.

Les *mandibules* sont deux organes solides, de forme variable, et qui s'articulent avec la tête au moyen de deux ou trois saillies ou apophyses de leur base. Elles ne peuvent guère exécuter que des mouvemens de ginglyme dans un plan horizontal. La cavité des mandibules est remplie d'une substance pulpeuse et contient en outre des nerfs et des trachées. Les muscles qui les font mouvoir sont insérés sur deux cartilages ou *apodèmes*, comme dans tous les Articulés en général. Ces muscles sont en général assez puissans, excepté dans quelques Insectes (*Cétoines*) dont les mâchoires sont tout-à-fait membraneuses. Des saillies particulières, appelées dents, garnissent ordinairement leur côté intérieur, et ces saillies présentent à leur base, dans les Orthoptères, une lame coriace et transversale qui semble en faire des organes distincts. M. Marcel de Serres, à qui l'on doit cette observation, a cru pouvoir, d'après la forme de ces dents, les distinguer, comme on l'a fait chez les Mammifères, en incisives, canines et molaires. Peut-être cette distinction sera-t-elle utile en classification. Les dents incisives seraient larges et cunéiformes, convexes à l'extérieur et concaves au contraire à l'intérieur : elles seraient essentiellement propres à couper. Telles sont les dents que présentent les mandibules des Sauterelles. Les dents canines seraient côniques, quelquefois aiguës et plus longues que les deux autres espèces; telles sont les dents des Cicindèles et des Libellules, Insectes éminemment carnassiers. Enfin, les dents molaires seraient plus grosses que les précédentes, plus courtes et propres à broyer. Chaque mandibule n'a ordinairement qu'une seule dent à la base, opposée à celle de la mandibule de l'autre côté. Souvent l'une de ces dents est concave et l'autre convexe, disposition très-favorable à la mastication. Ces dents manquent d'ordinaire aux Insectes les plus carnassiers; elles sont petites chez les omnivores et très-developpées chez les herbivores. On les voit surtout dans le Hanneton commun, qui se nourrit de feuilles. Elles offrent une large facette arrondie, avec des côtes très fortes et présentant à la partie inférieure de cette facette une grosse touffe de poils roides et nombreux. Quelques larves d'Insectes offrent aussi de semblables dents.

Les mandibules ne sont point pourvues de palpes, comme dans les Crustacés et les Myriapodes, ni divisées en plusieurs articles, comme dans les Arachnides. Cependant certains Coléoptères (*Brachélytres*) présentent à la base de leurs mandibules, et sur leur partie dorsale, une petite lame cartilagineuse, qui peut être considérée comme l'analogue d'un palpe.

Les mandibules ne sont pas toujours des organes de mastication. Elles sont quelquefois développées dans les mâles de quelques Insectes, de manière à devenir des armes offensives. C'est ce qui arrive par exemple aux mâles du *Cerf-Volant*, et de quelques autres *Lucaniens* ainsi que de certains *Prioses*. Elles sont quelquefois couvertes de poils très-serrés, dans quelques espèces de ce dernier genre (*Mallodon*). Dans certaines larves d'Insectes, les mandibules servent encore à la progression.

Les mâchoires proprement dites, ou de la première paire, sont insérées comme les mandibules et exécutent aussi des mouvemens latéraux; mais en général elles paraissent adhérer par la base avec la seconde paire de mâchoires, appelée aussi lèvre inférieure. Elles sont toujours pourvues d'un palpe, quelquefois simple et quelquefois double. Dans ce dernier cas, elles offrent le même développement que dans les Crustacés. Ordinairement moins dures et moins solides que les mandibules, elles ont quelquefois une consistance plus grande, lorsque les mandibules sont membraneuses. C'est ce qui arrive par exemple dans les Cétoines déjà citées, dont les mandibules ont l'extrémité membraneuse. Les mâchoires peuvent se distinguer en trois parties, correspondantes à celles des mâchoires dans les Crustacés. Ce sont : la *tige*, le *palpe interne*, appelé quelquefois *galette*, et le *palpe externe*. La tige est composée de plusieurs pièces qui sont indiquées par des sutures, et dont la dernière est souvent terminée par un ou plusieurs crochets. C'est ce qui arrive surtout dans les Insectes les plus carnassiers. Tantôt ces crochets sont disposés régulièrement sur une seule rangée, tantôt ils sont placés sans aucun ordre. Dans quelques cas fort rares, la tige des mâchoires ou les mâchoires elles-mêmes s'allongent et prennent la forme de filets, comme nous le verrons dans les Insectes suceurs. C'est le cas de quelques Coléoptères, tels que les Némognathes, par exemple. — Le palpe interne est tantôt formé de plusieurs articles, tantôt il n'en présente qu'un seul. Ce dernier cas est celui de tous les Orthoptères, dans lesquels le palpe interne a été appelé *galette* par Fabricius, qui l'avait pris pour un organe particulier. C'est également le cas de certains Coléoptères, dont le palpe interne est désigné dans les ouvrages d'entomologie descriptive sous le nom de *lobe* de la *mâchoire*. Dans les Orthoptères, la galette semble avoir pour usage de protéger la mâchoire, à laquelle elle s'adapte comme une espèce de capuchon. Dans les Coléoptères, le palpe interne ou lobe est de forme diverse et souvent terminé par un bouquet de poils. Quelquefois même il est armé d'une épine à l'extrémité. Lorsque le palpe interne est formé de plusieurs pièces, elles ne sont guère qu'au nombre de deux. C'est ce que l'on voit très-bien chez les Coléoptères carnassiers (*Carabiques*), où le palpe interne ressemble tout-à-fait à l'externe, dont il ne diffère que par le nombre des articles qui le composent. — Le palpe externe est inséré sur la tige, à laquelle il semble même, dans quelques cas, appartenir plutôt qu'à la mâchoire elle-même. Il est composé de quatre articles chez les Coléoptères, et de cinq chez les Orthoptères. La forme de ces articles varie beaucoup et fournit d'excel-

lens caractères au classificateur. Il arrive quelquefois que le dernier article est renfermé dans le précédent, ou le dépasse seulement par son extrémité : tel est le cas des Subulipalpes parmi les Coléoptères. Dans quelques Névroptères (*Libellules*), le palpe externe paraît manquer ; il n'existe alors qu'une seule pièce que l'on peut comparer à la galette des Orthoptères.

La *lèvre inférieure* ou la seconde paire de mâchoires est une pièce impaire située en arrière des premières mâchoires, et qui ferme en arrière la cavité buccale. Elle est composée de deux parties : l'une, formée évidemment par la réunion de deux appendices symétriques, constitue la *languette*; l'autre, correspondant plutôt à la lèvre supérieure, est ce que l'on nomme le *menton*. La languette supporte une paire de palpes, caractère des véritables mâchoires, et présente le plus ordinairement une suture à **sa** partie médiane, véritable trace de la réunion de deux appendices. Dans les Orthoptères, cette languette est très-développée et tout-à-fait organisée comme les mâchoires, c'est-à-dire que l'on y distingue le corps de la mâchoire, un palpe interne et un palpe externe. Le corps de la mâchoire est divisé dans presque toute sa longueur; il est plus membraneux que les mâchoires de la première paire. Le palpe interne est très-développé et forme ordinairement un lobe grand et obtus qui semble divisé par un pli transversal. Enfin le palpe externe a la forme articulée d'un véritable palpe et se compose de trois articles. Dans les Coléoptères, le palpe interne manque ordinairement; mais, dans quelques espèces (*Carabiques*), il semble remplacé par ce que l'on a nommé *paraglosses*, c'est-à-dire deux petits lobes membraneux et garnis de poils, dont on ne voit souvent que les poils eux-mêmes. Dans les Névroptères de la famille des Libellulines, la languette offre les trois parties. Le corps des mâchoires n'est point divisé, et forme une seule pièce arrondie; le palpe externe est fort grand, et c'est à lui que la languette doit surtout son développement; enfin le palpe externe, au lieu d'être inséré, comme à l'ordinaire, à la base et en dehors du palpe interne, se trouve reporté à l'extrémité de celui-ci, et se présente sous forme d'un petit appendice divisé en plusieurs articulations, tandis que le palpe interne d'une seule pièce, projette en dedans une épine aussi longue que le palpe externe. — Le menton adhère à la languette par une portion amincie de l'enveloppe générale et se trouve fixé à la tête par une articulation linéaire et de juxta-position. Quelquefois même on n'aperçoit pas l'articulation, et il paraît alors soudé avec la tête. Ce menton, appelé aussi *ganache* par Latreille, varie beaucoup sous le rapport de sa forme et de sa consistance. Il est d'ordinaire aussi dur que les tégumens, et se présente tantôt sous forme d'un segment de cercle, tantôt sous forme d'un parallélogramme, dont le bord et les angles antérieurs sont diversement arrondis ou échancrés. Dans les Orthoptères et dans les Libellules, ce menton est ordinairement marqué de quelques plis, indices de la réunion des pièces qui le constituent. Cette partie des appendices de la bouche a ordinairement pour usage de protéger la languette qui vient se loger derrière elle dans le repos, et qui fait au contraire saillie en avant lorsque l'Insecte prend sa nourriture.

Tels sont les appendices de la bouche dans les Insectes broyeurs. Leur usage est facile à comprendre : les deux lèvres (supérieure et inférieure) servent à fermer la cavité de la bouche, et même à retenir les alimens pendant l'acte de la manducation. Les mandibules et les mâchoires servent à entamer, à diviser ou à broyer la nourriture, d'après la nature de cette nourriture et la forme des dents dont elles sont armées. Enfin les palpes sont en quelque sorte des mains destinées à retenir les alimens entre les mâchoires. C'est par leur moyen que les Insectes tournent et retournent leurs alimens dans tous les sens pour les présenter aux mâchoires. Dans un grand nombre d'Insectes, et dans les Orthoptères en particulier, ces palpes sont terminés par une portion amincie de la peau, ce qui semble indiquer chez eux la fonction du toucher, ou peutêtre même une sorte de fonction gustative. Mais il existe beaucoup d'Insectes, surtout dans l'ordre des Coléoptères, dont les palpes ont leur enveloppe trop solide et trop consistante pour servir à un semblable usage. Ce sont en général les Insectes les plus carnassiers. La longueur que ces palpes acquièrent, dans ce cas, n'aurait donc pour usage que de permettre à ces animaux d'atteindre plus facilement leur proie. Cependant il arrive quelquefois que l'une des paires de palpes est terminée par une portion membraneuse, tandis que l'autre en est dépourvue. Il arrive aussi que les palpes des Insectes ne sont pas toujours développés en raison de leur instinct plus ou moins carnassier.

Les appendices buccaux de quelques Insectes broyeurs présentent une singularité remarquable dans la faculté qu'ont ces animaux de projeter en avant leur lèvre inférieure. C'est un mode tout particulier de préhension des alimens, qui caractérise certains Coléoptères Brachélytres (les *Stènes*) et les larves des Libellulines. Dans les Stènes, la languette forme un tube membraneux, au bout duquel sont insérés les palpes, et qui reste caché, pendant le repos, derrière le menton. Cette languette, qui n'est autre chose que ce même organe des autres Coléoptères, supporté par une plus grande portion de la peau ou de l'enveloppe générale, est protractile au gré de l'animal, à l'aide d'un mécanisme imparfaitement connu (1). Dans les larves de Libellulines, la lèvre inférieure est formée de pièces un peu différentes de ce qu'elles seront dans les mêmes Insectes à l'état parfait. Ces pièces dont la description appartient à l'histoire du développement des Insectes, sont repliées l'une sur l'autre, et peuvent se déployer d'une manière subite pour se projeter sur la proie dont se nourrissent ces larves. Ceci rappelle la manière dont le Caméléon atteint sa proie au moyen de sa langue, qu'il projette ainsi brusquement sur les Insectes dont il fait sa proie.

II. *Appendices de la bouche dans les Insectes suceurs.*

Il nous reste à faire connaître les modifications qu'ont subies les pièces de la bouche dans les Insectes qui ne prennent que des alimens liquides. Ces modifications ne sont pas les mêmes dans tous les ordres d'Insectes suceurs. Il existe au contraire des différences qui peuvent être rangées sous les sept chefs suivans :

1° Les Hyménoptères font le passage des Insectes broyeurs aux Insectes suceurs. La lèvre supérieure et les mandibules sont conformées à peu près comme dans les Insectes broyeurs, sauf les modifications que présente la forme de ces organes dans les différens genres. C'est sur les deux paires de mâchoires, et autrement sur les mâchoires et la lèvre inférieure que portent les différences. Ces appendices se font remarquer par leur allongement, malgré le-

(1) Voyez la description de ce mécanisme donnée par M. Thion, dans les *Ann. de la Soc. Entom. de France.*

quel on peut reconnaître toutes leurs parties. — Les mâchoires se composent d'une tige divisée en plusieurs pièces, d'un lobe terminal aussi long et plus long que la tige elle-même, et qui représente la galette et le palpe interne, à moins que l'on ne préfère le regarder comme une suite de la tige elle-même; enfin, en dehors de la mâchoire, on voit un palpe de six articles. — La lèvre inférieure offre d'abord une pièce impaire, analogue au menton, et qui supporte la languette. Celle-ci se compose des six parties déjà décrites dans les Insectes broyeurs, savoir : une pièce impaire, de forme variable, plus ou moins divisée, ou présentant seulement une suture médiane, qui représente la tige ou le corps des deux mâchoires; un appendice plus ou moins séparé de cette tige, et qui rappelle le palpe interne ou galette, et enfin un palpe de quatre articles, dont les deux premiers sont quelquefois très-grands, très-comprimés, et semblables à des lames plutôt qu'à des articles de palpes. La forme de ces deux paires de mâchoires est plus ou moins allongée, suivant que les Hyménoptères se nourrissent d'une manière plus ou moins exclusive de substances liquides.

Toutes les pièces de la bouche des Hyménoptères n'ont pas pour usage de contribuer à la manducation. Assez ordinairement les mandibules leur servent de préférence à construire les nids destinés à leur progéniture. C'est avec ces organes qu'ils coupent les feuilles des arbres, et qu'ils enlèvent des fragmens de bois; c'est encore avec ces organes qu'ils emportent de petites pierres destinées à former l'enveloppe de leur nid; c'est également avec les mandibules que certains Hyménoptères saisissent la proie qu'ils destinent à la nourriture de leurs petits, et qu'ils transportent ensuite entre leurs pattes. Au contraire, la manducation a lieu par le moyen d'une sorte de tube que forment en se réunissant les deux paires de mâchoires, dont les mouvemens successifs contribuent, d'après ce que l'on suppose, à faire parvenir la substance nutritive au fond de l'ouverture buccale.

Il existe encore d'autres pièces que ces appendices de la bouche des Hyménoptères; mais nous les décrirons un peu plus loin en traitant du pharynx ou entrée du canal intestinal.

2° Les Lépidoptères ou Papillons nous présentent une autre modification des pièces de la bouche, qui s'éloigne plus encore que la précédente de ce qui a lieu dans les Insectes broyeurs. On sait que les Lépidoptères se nourrissent de sucs qu'ils vont puiser dans les fleurs à l'aide de l'organe que l'on a nommé leur trompe. Cet organe est formé exclusivement par la première paire de mâchoires. Les autres pièces de la bouche des Lépidoptères sont réduites à l'état de simples rudimens, à l'exception des palpes labiaux. Il faut, pour reconnaître les pièces de la bouche dans cet ordre d'Insectes, procéder avec le plus grand soin à l'enlèvement des poils dont la tête est entièrement revêtue. On trouve alors au-dessus de la trompe une petite pièce impaire qui est la lèvre supérieure; elle adhère au bord de la tête, ainsi que deux pièces latérales, plus petites que la précédente, qui sont les mandibules. Ces trois pièces sont sans doute sans usages et n'existent là que pour représenter les mêmes organes des autres Insectes. Viennent ensuite les mâchoires, qui constituent la trompe, organe d'une longueur souvent considérable, et qui s'enroule dans le repos sous la tête. Cette trompe est formée de deux tubes appliqués l'un contre l'autre et creusés, le long de leur bord interne, d'une rainure qui forme, avec celle du côté opposé, un canal continu. C'est par ce canal médian, et peut-être aussi par les deux canaux latéraux, que doivent monter les sucs nutritifs pour arriver à la bouche. Lorsque l'on coupe en travers la trompe d'un papillon, on voit distinctement les trois tubes ou canaux qu'elle renferme. Chacune des deux moitiés de cette trompe est supportée à son origine par une pièce qui représente la tige de la mâchoire, et entre la tige et la trompe elle-même, on voit un rudiment de palpe représenté par deux petits articles. Chaque moitié de la trompe peut être considérée comme le lobe ou appendice médian de la mâchoire, correspondant au palpe interne des autres Insectes, ou bien on peut la regarder comme une continuation de la tige elle-même. Toujours est-il que les mâchoires nous présentent ici les trois parties distinctes que nous avons constatées jusqu'ici. Enfin, la lèvre inférieure est un organe impair, plus ou moins divisé, situé au dessous des mâchoires. Cette lèvre, peu développée, supporte une paire de palpes ordinairement très-gros, formés de trois articles, et revêtus de poils ou d'écailles bien visibles. Ces palpes remontent la plupart du temps au devant de la tête et de chaque côté de la trompe. Ils sont, avec celle-ci, les seuls organes que l'on distingue.

sans dissection, à la tête des Lépidoptères.

3°. Dans l'ordre des Hémiptères, la transformation des pièces de la bouche est plus remarquable encore que dans les deux cas précédens. Toutes ces pièces ont pris un allongement considérable, mais surtout les mandibules et les mâchoires, qui sont représentées par quatre soies longues et grêles, dont l'extrémité est quelquefois armée de poils ou de petites épines. Ces organes, transformés en soies, ont pour usage de pénétrer dans le tissu des animaux ou des végétaux et d'en faire sortir les liquides dont se nourrit l'Insecte. Ces quatre soies, qui sont paires et situées deux à deux, sont dépourvues de palpes et renfermées dans un étui de plusieurs articles, ordinairement trois ou quatre, que forme la lèvre inférieure. Cet étui ou cette gaine s'applique le long de la poitrine, entre les pattes, et présente dans toute sa longueur une fente ou seulement une suture, qui indique que les bords de la lèvre inférieure se sont repliés l'un vers l'autre. A l'origine de cette gaine, on remarque un organe impair, qui pénètre par son extrémité dans l'intérieur de la gaine, et qui est la lèvre supérieure. Dans quelques Hémiptères (*Nèpes*), on aperçoit avant l'extrémité de la gaine deux petits tubercules que M. Savigny regarde comme les rudimens des palpes labiaux. Il existe en outre quelques autres pièces intérieures, que nous mentionnerons plus loin comme appartenant spécialement à l'entrée du canal intestinal.

L'espèce de bec ou de sucoir formé par les pièces de la bouche des Hémiptères est quelquefois plus long que le corps, comme cela se voit dans quelques espèces (*Pucerons*). Dans d'autres (les *Cigales*, ce bec semble naître de la poitrine, à cause de la saillie que forme le devant de la tête. Dans quelques autres (les *Chermès*), où la base du bec est aussi cachée, ce bec se dirige en arrière jusqu'aux premières pattes, et là se recourbe brusquement à angle droit. Cette dernière partie seule est mobile, ce qui a fait croire encore que le bec naissait à cet endroit du corps. Dans les Hémiptères qui sucent le sang des animaux, le bec ou rostre est court, mais plus fort que dans les autres espèces, et ordinairement très-arqué. Dans les Hémiptères qui vivent de sucs végétaux, le bec au contraire est ordinairement long et étroit.

4°. Les pièces de la bouche des Diptères, très-éloignées de la forme des mêmes parties dans les autres ordres, s'y laissent cependant rapporter. C'est ce qui résulte des recherches de M. Savigny, à qui l'on doit la connaissance exacte des appendices de la bouche dans les Insectes suceurs, et la comparaison de ces appendices avec ceux des Insectes broyeurs. De même que dans les Hémiptères, on distingue ici deux parties essentielles : la gaine et le sucoir. La gaine, appelée aussi trompe par quelques entomologistes, répond à la lèvre inférieure. Elle affecte des formes très diverses, étant très-longue et très-grêle chez quelques Diptères (*Bombyles*), très-courte au contraire et charnue chez beaucoup d'autres (*Mouches*). Cette gaine enveloppe le sucoir dans l'acte de la succion, et sert ainsi de conduit pour le passage du liquide nutritif. Le sucoir est composé de plusieurs pièces étroites, appelées soies, qui font l'office de lancettes, et servent à entamer les corps d'où l'Insecte tire sa nourriture. Ce sucoir présente deux, quatre ou même six pièces ou soies, dont les unes sont impaires et les autres paires. La soie ou pièce impaire la plus antérieure est comparée à la lèvre supérieure des autres Insectes ; elle est suivie d'une autre pièce impaire que M. Savigny a comparée à la langue, et sur laquelle nous reviendrons en traitant des organes accessoires du tube digestif. Lorsqu'il y a quatre soies au sucoir, deux d'entre elles sont paires et symétriques, et représentent les mâchoires. Dans ce cas, elles sont pourvues de palpes analogues aux maxillaires. Lorsqu'enfin il y a six soies, les deux nouvelles, qui sont également paires et symétriques, sont rapportées aux mandibules des autres Insectes. — Quant à la lèvre inférieure ou trompe, elle est composée souvent d'une pièce impaire qui lui sert de support, et peut être assimilée au menton ; puis en second lieu, d'une autre pièce également impaire, qui supporte souvent des palpes composés de plusieurs articles souvent très-développés ; enfin cette lèvre se termine par un double mamelon ou tubercule, qui peut être regardé comme le lobe intermédiaire des secondes mâchoires ou lèvre supérieure des autres Insectes. Il faut bien remarquer ici que les palpes labiaux sont beaucoup plus développés que les maxillaires ; c'est le contraire de ce qui arrive dans les autres Insectes. Les entomologistes désignent souvent ces palpes labiaux, sous le nom de palpes, sans y ajouter de qualification, sans doute parce qu'ils sont seuls visibles au dehors. On les a pris, mais à tort, pour des palpes maxillaires, parce qu'ils sont souvent insérés sur la lèvre à l'endroit où prennent naissance les soies qui correspondent aux mâchoires.

Une particularité fort remarquable de la bouche de certains Diptères (les *Taons*), et qui est liée avec les habitudes de ces Insectes, c'est que dans les femelles il existe quatre soies, qui représentent les mandibules et les mâchoires, tandis que les mâles n'ont plus que deux soies paires, et par conséquent point de mandibules. Or, on sait que les Taons femelles sucent le sang des animaux, et que les mâles se nourrissent du suc des fleurs. Cependant, les femelles de quelques espèces de la même famille vivent aussi de sucs végétaux, ce qui rend plus singulière encore la différence que présente le nombre des soies ou des lames du suçoir.

La structure de la bouche de tous les Diptères n'est pas telle que nous venons de la décrire. Une petite famille d'Insectes de cet ordre (les *Pupipares*) ne présente plus à la bouche qu'une paire de valvules, entre lesquelles est un petit tube formé, suivant Latreille, par deux soies réunies · c'est ce que l'on voit dans les Mélophages. D'autres Insectes de la même famille (*Nyctéribies*) présentent deux palpes outre le petit tube. Il y a donc ici soudure ou réunion de plusieurs pièces pour former un suçoir très-simple.

5°. Les *Puces*, qui constituent l'ordre des Suceurs ou Siphonaptères, ont une bouche qui se rapproche assez de celle des Diptères et des Hémiptères. On trouve seulement à sa partie antérieure deux pièces paires et symétriques, analogues aux mandibules. Il n'y aurait point de lèvre supérieure. Viennent ensuite deux soies ou lames sétiformes, représentant les mâchoires, ce que l'on reconnaît à l'existence d'un palpe de quatre articles, puis deux autres lames ou soies accompagnées d'une pièce impaire qui seraient la lèvre inférieure et ses appendices. Enfin une petite soie impaire, située à l'entrée du larynx, représente la langue ; nous le rappelerons plus loin (1).

6°. Les *Poux* et les *Ricins*, qui constituent l'ordre des Parasites, ont la bouche plus simple encore que les précédens. Dans les premiers, la bouche est une sorte de suçoir composé de deux pièces, l'une en forme de tubercule, l'autre très-courte, supportée par la précédente et formant une sorte de tube, et armée de crochets à l'aide

(1) Voy. Savigny, *Mém. sur les Anim. sans l'vert.*, t. 1, p. 27. — Dumér., *Ann. des Scienc. natur.*

desquels l'animal fixe sans doute son suçoir après les parties qui doivent le nourrir. Cet organe peut rentrer au gré de l'animal. Dans les Ricins, on trouve deux mandibules ou crochets, des mâchoires très-petites et pourvues d'un palpe à peine distinct, et enfin deux lèvres, l'une supérieure et l'autre inférieure. Cette dernière aussi aurait des palpes.

7°. Enfin, les *Rhipiptères* ont une bouche plus simple encore, et munie seulement de deux petites pièces ou lames de forme lancéolée, portant chacune un palpe. Ce sont évidemment des mâchoires.

B. ORGANES INTÉRIEURS DE LA DIGESTION.

Ces organes constituent le tube intestinal, c'est-à-dire ce conduit ouvert aux deux extrémités du corps et dans lequel les alimens subissent les modifications et les altérations nécessaires à la nutrition des parties. Les alimens, introduits dans la bouche par les appendices que nous avons décrits, passent ensuite dans le tube intestinal, font dans les diverses parties ou dans les divers renflemens dont il est formé, un séjour plus ou moins long et dans lequel ils sont plus ou moins modifiés. En général, le séjour des alimens est d'autant plus court que leur substance est plus nutritive. C'est pourquoi les espèces carnassières ont des intestins plus courts que les espèces herbivores. Il y a néanmoins des exceptions à cette règle. Ainsi, les Chenilles, ou larves de Lépidoptères, ont un tube intestinal fort court, parce qu'il s'étend en droite ligne de la bouche à l'anus, et cependant ces Chenilles se nourrissent de feuilles. Mais leur voracité supplée au défaut de longueur de leurs intestins, qui, se trouvant presque toujours remplis d'alimens, peuvent fournir abondamment aux parties du corps la substance qui leur est nécessaire. La fréquence de l'alimentation équivaut ici au séjour prolongé des alimens dans le canal intestinal.

Les divers renflemens que présente ce canal dans les animaux articulés, varient d'une classe à l'autre, et souvent même d'une famille à l'autre. Nous les examinerons successivement dans chaque classe et dans chaque famille où se présenteront des différences essentielles, et nous verrons en même temps quels sont leurs usages dans l'acte de la digestion.

En général, le tube intestinal est composé, comme dans les animaux vertébrés, de deux membranes, l'une intérieure ou muqueuse qui est la continuation de la peau, dépourvue des parties calcaires qui forment la carapace, et l'autre extérieure, comparable à la membrane séreuse des animaux supérieurs. Entre ces deux membranes, il existe souvent des fibres musculaires, qui rappellent la tunique musculeuse des animaux vertébrés. On trouve en outre, dans certaines parties ou dans certains renflemens du canal intestinal, des pièces solides de forme variable suivant les différentes espèces et dont l'usage est d'achever la trituration des alimens. Il existe d'ailleurs des organes accessoires qui ont pour objet la sécrétion de certains liquides nécessaires à la digestion, et dont nous parlerons en leur lieu. La situation ou mieux la position de ces organes sur telle ou telle partie du canal intestinal, sert à déterminer quelques-unes de ces parties. Nous les mentionnerons à leur tour comme caractères propres à faire reconnaître ces parties.

Le canal intestinal se compose en général de trois parties distinctes, savoir : l'œsophage ou l'entrée du canal intestinal, l'estomac, ou le renflement le plus développé, qui est tantôt simple et tantôt multiple, et enfin l'intestin proprement dit qui se divise quelquefois en intestin grêle et en gros intestin. En outre, on désigne sous le nom de pharynx, l'entrée du canal intestinal dans l'intérieur de la bouche, et sous celui d'anus, l'ouverture postérieure du canal intestinal, qui est ordinairement située à l'extrémité postérieure du corps.

Dans quelques espèces, le canal intestinal est dépourvu de renflemens : c'est le cas le plus simple de la composition de ce canal intestinal. Nous le trouverons dans quelques Crustacés et quelques Arachnides, mais dans les Insectes, le canal intestinal est ordinairement composé de plusieurs renflemens et rarement il n'a que la longueur du corps.

α. ORGANES INTÉRIEURS DE LA DIGESTION DANS LES CRUSTACÉS.

Dans les animaux de cette classe, le canal intestinal ne forme pas de circonvolutions et ne présente pas à son extrémité de renflement comparable aux gros intestins des animaux vertébrés. Certaines espèces (les *Lernées*, les *Achtères*, les *Apus*) ont un canal intestinal simple, étendu de la bouche à l'anus, et seulement un peu plus large à son milieu ; l'estomac n'est indiqué par aucun renflement. Dans d'autres (les *Daphnies*), l'estomac offre d'amples appendices, et dans le *Nicothoé du Homard*, l'estomac présente de chaque côté une grande poche. Enfin, dans les *Limules*, l'estomac est d'une texture musculeuse ; sa membrane interne est cartilagineuse et parsemée d'élévations qui nous conduisent à l'estomac le plus compliqué de toute cette classe, savoir celui des Décapodes, qui renferment les Crabes, les Écrevisses et les Homards.

Dans l'Écrevisse, le canal intestinal est formé d'un court œsophage, qui remonte de la bouche à l'estomac. Celui-ci est très-volumineux ; il occupe toute l'épaisseur du corps, et peut se distinguer en deux régions : la région cardiaque, qui est globuleuse, et la région pylorique, dont la surface est plissée. La partie supérieure de la région cardiaque et la région pylorique sont soutenues par un appareil solide, destiné à achever la trituration des alimens, imparfaitement opérée par les pièces de la bouche. Cet appareil solide est composé de cinq pièces de nature calcaire, comme la carapace, et ces pièces, armées de tubercules ou de saillies en forme de dents, sont mises en mouvement par des muscles particuliers. Ces pièces de l'estomac se renouvellent tous les ans, comme les tégumens du corps. On voit en outre, de chaque côté de la région cardiaque de l'estomac, une plaque de forme circulaire, qui ne se montre qu'à une certaine époque de l'année, ce qui a fait supposer qu'elle était destinée à reproduire les pièces solides de l'estomac. Cependant, il paraît que cette plaque se renouvelle aussi au moment de la mue. On a désigné improprement cette paire de plaques de l'estomac sous le nom d'*yeux d'écrevisse*. A la suite de l'estomac, vient l'intestin proprement dit, qui est grêle et divisé en deux régions, dont l'une, beaucoup plus courte que l'autre, est comparée au duodenum par M. Milne Edwards, et présente à l'intérieur un grand nombre de petites villosités, tandis que l'autre, beaucoup plus longue, se termine à l'anus, et peut se comparer au rectum. L'ouverture postérieure du canal intestinal, ou l'anus, est située sur le dernier anneau de l'abdomen. Elle a la forme d'une fente longitudinale formée par deux espèces de lèvres.

Dans tous les Décapodes, la structure du tube intestinal est la même, a cela près de quelques différences. Ainsi, dans le Homard, il existe une valvule entre le duodénum et l'autre portion de l'intestin. La longueur relative des deux parties de l'intestin varie d'ailleurs suivant les espèces. Dans le Homard, on observe encore que la face interne du duodénum est lisse, tandis que celle du rectum est froncée. Il existe en outre une valvule circulaire entre ces deux portions de l'intestin, et cette valvule correspond a un bourrelet extérieur.

La forme des pièces qui garnissent l'estomac n'est pas la même, a beaucoup près, dans tous les Crustacés. Il arrive quelquefois qu'elles sont simplement cartilagineuses et revêtues de poils. Dans certaines espèces, elles sont représentées par deux petites dents. En un mot, ce système de pièces solides se simplifie a mesure qu'on l'examine dans des Crustacés plus inférieurs.

β. ORGANES INTÉRIEURS DE LA DIGESTION DANS LES ARACHNIDES.

Le tube intestinal ne forme point non plus de circonvolutions dans cette classe d'animaux. Il se présente sous trois aspects différens qui correspondent a trois groupes distincts, savoir : les Aranéides, les Scorpionides et les Acarides.

Dans les Aranéides, le tube intestinal s'unit intimement, dans certaines parties de son trajet, avec le corps graisseux dont nous parlerons plus loin (sécrétions). Il s'y réunit une seule fois, par exemple, dans l'Araignée domestique, et deux fois dans la Clubione atroce. Il existe un renflement a l'endroit ou se fait cette réunion, qui a lieu a peu près au milieu de la longueur du tube intestinal. Entre ce renflement et l'ouverture du pharynx, se trouve l'œsophage ou la première partie du canal intestinal. C'est un tube a peu près cylindrique, plus large cependant vers la tête, et qui présente un peu avant son milieu deux paires d'appendices appelés cœcums ou vaisseaux aveugles, que certains auteurs regardent comme un estomac multiple. De ces deux paires de cœcums, la première est plus grosse que l'autre. Entre ces cœcums et la partie du canal qui se réunit aux corps graisseux, il n'y a plus de renflement. Enfin, en arrière de cet endroit, qui est la portion la plus renflée du canal intestinal, et que l'on

peut comparer au duodénum, se trouve l'intestin grêle, qui s'élargit un peu vers l'anus. Là, se voit une poche impaire, un autre cœcum, et quatre vaisseaux biliaires. Voici maintenant l'usage de ces diverses parties. Les Aranéides se nourrissent d'insectes qu'elles tuent à l'aide du venin que sécrètent des glandes particulières (salivaires) et qui sort par l'extrémité de leurs mandibules. L'ouverture du pharynx permet quelquefois l'introduction partielle ou totale de la proie dans l'œsophage, mais quelquefois aussi cette ouverture du pharynx est trop étroite. Dans le premier cas le pharynx s'ouvre derrière la lèvre ou la languette ; dans le second, il s'ouvre dans cette languette même. Dans l'une comme dans l'autre cas, les Aranéides ne se nourrissent guère que des sucs contenus dans leur proie ; leur œsophage exerce donc une véritable succion. Quant a l'action des appendices et cœcums de cet œsophage ou de l'estomac, elle n'est pas connue, non plus que celle du duodénum, par des observations positives. On sait seulement que les alimens ne paraissent avoir subi leur transformation complète qu'au-delà du duodénum, la où le tube intestinal s'unit au corps graisseux. C'est en effet à partir de ce point que l'on trouve des excrémens dans les intestins, tandis qu'on ne les voit jamais au-dessus. Quant a l'action qu'éprouvent les alimens à l'endroit où le rectum reçoit les vaisseaux appelés biliaires, elle n'est pas bien connue, ainsi que nous le verrons en parlant des Insectes.

Dans les Scorpions, le canal intestinal s'unit au corps graisseux ou finit par plusieurs petites branches situées latéralement. Ce corps graisseux est disposé en petits pelotons qui se groupent autour de chacune de ces branches. Plus loin, se trouve l'insertion de quatre vaisseaux appelés biliaires, dont quelques uns communiquent avec le cœur ou vaisseau dorsal. L'anus est situé entre les deux derniers anneaux de l'abdomen, en dessous. Ici l'estomac ne se distingue pas de l'œsophage, et la partie du canal qui communique avec le corps graisseux doit correspondre au duodénum des Araignées. Nous verrons plus loin, en étudiant le corps graisseux (sécrétions), quel est son rôle dans l'acte de la digestion.

Enfin, dans une espèce d'Acarus (Americanus), le canal intestinal, suivant M. Treviranus, est fort remarquable, tant par son peu de longueur que par les appendices qu'il présente. Il se compose d'un œsophage assez long et renflé en arrière et qui occupe la moitié de la longueur du corps. A la suite de cet œsophage, vient une portion plus grosse que lui, appelée estomac, par Treviranus, et qui aboutit à l'anus. Vers le milieu de cet estomac, sont insérés deux vaisseaux biliaires. Des extrémités antérieure et postérieure de cet estomac, partent de longs appendices ou vaisseaux, au nombre de trois paires, l'une antérieure, les autres postérieures, qui se répandent dans le corps. Les fonctions de ces diverses parties sont difficiles à expliquer. On suppose que les appendices de l'intestin ont pour usage de repandre dans les diverses parties du corps le fluide nutritif. Mais comment cette action peut-elle avoir lieu au moyen de deux paires d'appendices postérieurs? Peut-être, doit-on regarder comme un estomac véritable le renflement postérieur de l'œsophage, et comme duodenum la portion de l'intestin qui précède les vaisseaux biliaires. Dans un cas comme dans l'autre, l'action des vaisseaux situés à la partie postérieure de l'intestin n'est pas expliquée.

7. ORGANES INTÉRIEURS DE LA DIGESTION DANS LES MYRIAPODES.

Ces animaux ont encore un tube intestinal dépourvu de circonvolutions. Les diverses parties dont il se compose sont indiquées par des renflemens peu marqués. Ainsi, dans la Scolopendre, d'après M. Treviranus, l'œsophage, assez long et grêle, conduit à un estomac trois fois plus long, en forme de fuseau, et qui communique en arrière, par un rétrécissement peu sensible, avec la portion de l'intestin que nous avons déja nommée duodénum et en arrière de laquelle sont insérés deux vaisseaux biliaires. Enfin, à la suite des vaisseaux biliaires, se trouve l'intestin rectum, qui aboutit à l'anus. Les deux vaisseaux biliaires prennent naissance dans deux masses graisseuses situées sur les côtes de l'œsophage. L'estomac des Scolopendres se fait remarquer, suivant le même anatomiste, par l'épaisseur de sa tunique musculeuse.

Il paraît que le canal intestinal des Jules offre la même disposition que celui des Scolopendres, si ce n'est que la première partie présente des intersections très nombreuses.

8. ORGANES INTÉRIEURS DE LA DIGESTION DANS LES INSECTES.

On trouve dans ces animaux, à l'origine du canal intestinal, des pièces particulières, situées en dedans de la bouche et entre ses appendices, et qui ont reçu les noms de *langue*, d'*épipharynx* et d'*hypopharynx*. On a nommé langue un organe globuleux hérissé de poils, qui se remarque dans la bouche de certains Orthoptères. Un organe à peu près semblable existe encore dans quelques Névroptères; mais il est réuni, suivant M. Savigny, à la lèvre inférieure. Dans quelques Hyménoptères (les *Guêpes*), les pièces appelées épipharynx et hypopharynx constituent deux sortes d'opercules, destinés à fermer l'ouverture du canal intestinal. En général, on trouve dans beaucoup d'Insectes des rudimens de la langue ou des valvules du pharynx, qui se distinguent des appendices de la bouche parce qu'ils ne sont pas extérieurs : ce sont plutôt des organes accessoires du canal intestinal et destinés à la déglutition que des appendices de mastication. On leur a donné quelquefois le nom de langue, sans que l'on puisse les comparer avec certitude à la langue des animaux vertébrés, car rien n'indique qu'il y ait analogie de fonctions entre ces deux organes.

Le canal intestinal des Insectes est plus compliqué que celui des trois classes précédentes, et forme ordinairement des circonvolutions qui le rendent plus long que le corps. Il offre, dans quelques espèces, une disposition remarquable en ce que l'un de ses deux orifices est fermé. Tantôt c'est l'organe extérieur ou buccal, comme dans les *OEstres*, qui ne prennent aucune nourriture à leur état d'Insecte parfait; tantôt c'est au contraire l'orifice postérieur, comme dans les larves des *Guêpes*, des *Abeilles* et autres Hyménoptères, qui ne rendent point d'excrement. Dans ce dernier cas, l'ouverture anale ne se développe que pendant la transformation des larves en nymphes. La nutrition se fait alors par une assimilation complète de la substance mielleuse ou sucrée dont se nourrissent ces larves.

Les tuniques ou membranes du canal intestinal des Insectes sont au nombre de trois; mais deux d'entre elles correspondent à la membrane muqueuse des vertébrés et des Crustacés : ce sont d'abord une muqueuse véritable, très-molle et toujours

très-mince, qui présente des rides longitudinales, afin de pouvoir se prêter aux mouvemens de dilatation du tube intestinal.
Cette membrane forme encore, à l'aide de
plis transversaux, des valvules destinées à
séparer les différentes cavités du tube, et à
ralentir ainsi le passage des alimens. — Au-
dessous de cette première membrane, que
l'on peut comparer à l'épiderme, on en
trouve une seconde, appelée papillaire ou
celluleuse, qui peut être regardée comme
l'analogue du derme. Cette membrane est
d'une nature spongieuse, et présente quelquefois des granulations qui sont disposées
dans certaines espèces avec régularité, et
dont l'usage n'est pas connu. Quelques
anatomistes regardent ces granulations
comme des bronches absorbantes, destinées
à faire passer le fluide nutritif de l'intestin
dans le corps ; d'autres, tel que M. Straus,
les prennent pour des follicules ou petites
glandes, destinées à sécréter un liquide utile
à la digestion. Aussi, ce dernier auteur leur
a-t-il donné le nom de glandes gastriques.
— Enfin, la troisième membrane du tube
intestinal est une membrane musculeuse
formée de deux sortes de fibres, les unes
longitudinales et les autres transversales.
Ces fibres opèrent les mouvemens de contraction et de dilatation du canal intestinal,
a l'aide desquels la substance nutritive che-
mine dans son intérieur. Quant à la membrane analogue à la séreuse des animaux
vertébrés, et qui existe dans les Crustacés,
selon M. Milne Edwards, elle paraît manquer aux Insectes, ainsi qu'aux Myriapodes
et aux Arachnides.

Les variations de forme et de structure que présente le canal intestinal des
Insectes étant très-nombreuses, il nous
serait impossible de les examiner dans
chaque ordre ou dans chaque famille.
Nous nous contenterons de jeter un coup-
d'œil sur chacune des parties dont il se
compose, et d'en indiquer les caractères
généraux ou les dispositions insolites. Ces
parties, qui n'existent pas toutes dans tous
les Insectes, sont : le pharynx ou entrée du
canal, l'œsophage, le jabot et le gésier, qui
forment un estomac multiple, le ventricule
chylifique ou duodénum, l'instestin grêle,
terminé par un rectum, et enfin, le cœcum,
fixé à quelque point de l'intestin.

Le *pharynx* s'ouvre directement dans la
bouche, excepté dans certains Hyménoptères qui sont pourvus des valvules nommées epipharynx et hypopharynx. On ne
peut guère le distinguer de la partie sui-

vante, dont il n'est que le commencement.

L'*œsophage*, qui succède au pharynx,
est un tube ordinairement plus étroit que
lui, et présente, dans les Lépidoptères, une
disposition que l'on ne trouve dans aucun
autre ordre d'Insectes. Chez les Lépidoptères, la portion extérieure de l'œsophage
est double et formée de deux tubes distincts, dont chacun communique avec un
des tubes de la trompe que forment les mâchoires. La portion bifurquée de l'œsophage
est très-courte ; mais il arrive quelquefois
que cette portion se prolonge jusqu'au milieu du thorax. La longueur de l'œsophage
varie beaucoup dans la série des Insectes :
tantôt il se termine immédiatement derrière la tête ; tantôt, au contraire, il s'é-
tend jusqu'au milieu de l'abdomen, et forme alors environ les deux tiers du tube
digestif. Dans le cas le plus ordinaire,
il occupe la longueur du thorax, comme
celui des animaux vertébrés, parcourt tout
le trajet du cou. Dans quelques espèces,
l'œsophage est garni à sa face interne de
petites épines attachées à la membrane
muqueuse, et destinées à empêcher le retour des alimens dans la bouche.

Le *jabot* fait suite au pharynx et répond
à l'estomac des animaux vertébrés, soit seul,
et dans ce cas l'estomac est simple, soit en
y ajoutant le gésier, ce qui constitue un estomac composé comme dans les Oiseaux.
Lorsque le jabot existe seul, il semble
n'être qu'une dilatation de l'œsophage, et
se trouve séparé du renflement suivant ou
duodénum, par le moyen d'une valvule. Il
présente alors la même structure que l'œsophage, et ne semble exercer sur les alimens qu'une sorte de compression destinée
à les amollir. Lorsque le jabot est suivi d'un
gésier, il existe dans son intérieur des organes glanduleux destinés sans doute à verser un liquide, et à exercer sur les alimens
une action préparatoire à la trituration
qu'ils doivent subir dans le gésier. Cet organe exerce alors les mêmes fonctions que
le jabot des oiseaux, et mérite de porter le
même nom ; tandis que quand le jabo
existe seul, il doit être appelé estomac.
Les glandes que renferme le jabot sont
plus ou moins nombreuses, et plus ou moins
saillantes, selon les espèces. Quelquefois
le jabot présente à l'extérieur des côtes
ou saillies régulières, et dans un seul cas
(chez les Cicindèles) il est frangé sur
les côtés. Dans l'état de vacuité, le jabot s'affaisse ; il est alors ridé. Lorsqu'au
contraire il est plein d'alimens, il est dis-

tendu d'une manière inégale, et plus ou moins écarté de la disposition symétrique. — Le jabot manque dans quelques espèces (*Ranatra linearis*), et dans quelques autres, au contraire, il est double ou suivi d'une autre poche semblable à lui, et qui a été désignée sous le nom de *ventricule succenturié*.

Tels sont les formes et les usages du jabot dans les Insectes broyeurs. Dans les Insectes suceurs, cet organe n'aurait plus pour usage de modifier les alimens, mais bien d'agir à la manière d'une pompe aspirante, afin de les faire parvenir dans le canal intestinal. L'air contenu dans le jabot, devenant plus rare par la distension subite de cet organe, permettrait aux alimens liquides de pénétrer dans l'œsophage. Tel est l'usage que M. Tréviranus et d'autres anatomistes prêtent au jabot des Hyménoptères, des Lépidoptères et des Diptères. Cet organe ne se montre pas dans l'ordre des Hémiptères, non plus que dans celui des Syphonaptères (*Puces*), et dans quelques Diptères. Il existe, mais comme un simple renflement de l'œsophage, dans les Hyménoptères qui ne sont pas essentiellement suceurs, tels que les Tenthrédines et les Ichneumons; mais dans les autres familles, il forme un sac situé à la face inférieure du canal intestinal, entre l'œsophage et le ventricule chylifique, et plissé lorsqu'il est vide. Quand il est rempli d'air, il a l'aspect d'une petite vessie, qui embrasse l'origine du ventricule chylifique, dont il est séparé par une valvule. Dans les Lépidoptères, le jabot est situé au côté gauche de l'œsophage, en dessous, et communique avec lui par un rétrécissement appelé col. Le jabot, ordinairement simple, est quelquefois composé de deux poches, une de chaque côté; il manque tout-à-fait dans les espèces dont la trompe est très-courte. Dans les Diptères, le jabot est encore plus développé que dans les Lépidoptères. Il y est tantôt simple et tantôt multiple. Son col est quelquefois aussi long que le ventricule chylifique, et le jabot se trouve alors situé au-delà du dernier organe.

Le *gésier* a pour usage de faire subir aux alimens une nouvelle trituration. Il correspond, sous ce rapport, à l'estomac armé de dents des Crustacés, et au gésier de Oiseaux qui se nourrissent de graines. C'est un organe très-musculeux ou un peu cartilagineux, armé en dedans de différentes pièces de trituration : ce sont des dents ou des lames d'apparence cornée ou des épines, suivant les espèces. Il est bien moins volumineux que le jabot, et n'admet qu'une petite quantité d'alimens à la fois. Sa forme est le plus ordinairement sphérique; il n'existe que dans les espèces dont la nourriture est solide, et surtout dans les espèces carnassières. Sa membrane musculeuse est très-développée et soutient les pièces de son intérieur; la membrane muqueuse paraît manquer; la membrane interne est épaisse, presque de consistance cornée et fortement plissée.

Le *ventricule chylifique*, de M. Léon Dufour, que l'on appelle aussi *duodénum*, par comparaison avec les animaux vertébrés, vient après le gésier, ou après le jabot, quand le gésier manque, et quelquefois même après l'œsophage. Ce qui caractérise cet organe, c'est l'insertion des vaisseaux biliaires qui sont situés à son extrémité. Cependant il arrive souvent que ces vaisseaux sont attachés à une partie plus éloignée de l'intestin : dans ce cas, le duodénum n'est distingué de l'intestin que par un muscle sphincter qui existe toujours. On a nommé cardia l'ouverture antérieure du ventricule chylifique, et pylore son ouverture postérieure, ce qui n'est peut-être pas exact, attendu que cet organe ne semble pas correspondre à l'estomac, mais bien au duodénum. C'est, en effet, dans ce ventricule que se fait la transformation des alimens en chyle, comme dans le duodénum des vertébrés. Les trois membranes qui le forment adhérent assez faiblement entre elles, ce qui les rend plus faciles à distinguer et à séparer. La membrane musculeuse présente quelquefois des fibres longitudinales qui rappellent les bandes musculeuses de l'estomac dans certains vertébrés. La membrane interne ou granuleuse offre surtout ici ces granulations que M. Straus a nommées des glandes gastriques. Il existe à l'extérieur, dans certaines espèces, des papilles ou villosités qui sont des espèces de vaisseaux aveugles, formés par la muqueuse interne : ces papilles traversent la membrane musculeuse qui ne les recouvre pas. On a regardé ces papilles comme destinées à sécréter un liquide qui se mêlerait au chyme, ou comme des vaisseaux absorbans du chyle. Cette dernière opinion paraît la plus probable. Outre ces papilles, il en existe d'autres plus grandes et moins nombreuses, qui sont recouvertes et enveloppées par la membrane musculeuse; on les trouve surtout dans les Orthoptères. Il y a, par exemple, deux de ces papilles, en forme de vésicules, dans

§ II. — DE LA CIRCULATION.

On appelle ainsi le mouvement du fluide nutritif dans l'intérieur du corps. Il a pour cause ou pour point de départ un organe d'impulsion appelé cœur, dont les contractions et les dilatations successives permettent la sortie ou l'entrée de ce fluide. Ce mouvement, une fois imprimé, se continue dans toutes les parties du corps, soit dans l'intérieur de vaisseaux fermés, appelés veines et artères, soit dans les grandes cavités du corps, appelées sinus veineux ou simplement sinus. Le premier cas est celui de tous les animaux vertébrés; le second ne se présente que dans les animaux articulés. Parmi eux, les Crustacés sont les seuls qui aient des artères; dans les trois autres classes, il n'existe pas de vaisseaux pour la circulation, qui a lieu librement dans l'intérieur du corps. Nous allons étudier successivement la manière dont se fait cette circulation dans les quatre classes d'animaux articulés.

α. DE LA CIRCULATION DANS LES CRUSTACÉS.

Le chyle, ou la substance nutritive élaborée par les intestins, pénètre dans le corps, chez les animaux articulés, par une simple imbibition à travers les membranes des intestins, et se répand alors dans le sang pour aller subir l'influence de l'air (respiration). Cette influence lui communique des propriétés nouvelles, a l'aide desquelles elle devient propre à remplacer les diverses parties du corps. Cette substance nutritive, une fois sortie des intestins, prend le nom de sang et se distingue en sang artériel et en sang veineux, suivant qu'elle a subi l'influence de l'air ou qu'il lui reste à la subir, parce que, dans le premier cas, elle circule dans des vaisseaux nommés artères, qui conduisent le sang du cœur aux extrémités du corps, et que, dans le second, elle revient des extrémités au cœur, par les veines. Le sang des Crustacés est limpide et presque incolore, ce qui a fait croire, pendant longtemps, qu'il n'existait pas. Il cesse d'être transparent lorsqu'on le retire des vaisseaux, prend une teinte bleuâtre et légèrement rosée, et ne tarde pas à se coaguler

sous la forme d'une gelée assez consistante. La nature en est albumineuse, ce qui paraît dû aux globules nombreux qui sont suspendus dans une sorte de fluide séreux.

La manière dont le sang circule dans le corps a été observée d'une manière directe, par MM. Audouin et Milne Edwards, il y a une dizaine d'années; jusque là, on ne possédait à cet égard que des données incomplètes ou même contradictoires. D'après ces deux savans, le sang se transporte du cœur dans toutes les parties du corps au moyen de vaisseaux artériels, et après avoir servi pendant ce trajet à la nutrition des organes, il se rend aux branchies (organes de respiration), par le moyen des réservoirs ou sinus veineux; enfin, des branchies il revient à son point de départ, ou le cœur, formant ainsi ce que l'on appelle une circulation complète. Le cœur, dans les Crustacés les mieux organisés, ou dans les Décapodes (Crabe, Ecrevisse, Homard), etc., est situé à la partie dorsale, immédiatement au-dessous de la carapace et au-dessus de l'intestin. Il est muni d'une enveloppe formée par la la membrane séreuse qui tapisse, selon M. Milne Edwards, toute la cavité des viscères, et que ce savant compare au péricarde des vertébrés; des colonnes charnues se distinguent dans son intérieur. En outre, des fibres musculaires le maintiennent en place, ainsi que les vaisseaux qui en partent. Sa forme est assez irrégulière et sa couleur est blanchâtre. On reconnait aisement le cœur aux battements qu'il exécute, lorsqu'on enlève avec soin la partie dorsale de la carapace sur l'animal vivant. Dans les Crustacés inférieurs, il prend une forme de plus en plus allongée et devient enfin semblable à un vaisseau cylindrique; il s'étend alors dans toute la longueur de l'abdomen.

Dans les Crustacés décapodes, le cœur donne naissance à six vaisseaux artériels, dont trois partent de son extrémité antérieure, en dessus, deux autres de sa partie antérieure en dessous, et un seul de sa partie postérieure. Ces vaisseaux artériels sont garnis, à leur origine, d'une valvule formée par des replis membraneux de leur intérieur et qui empêche le sang de refluer des artères dans le cœur. Les trois artères qui naissent de la partie antérieure et supérieure du cœur, sont : l'*artère ophtalmique*, impaire et se rendant aux yeux, où elle se divise en deux branches, et les *artères antennaires*, qui vont aux antennes, en s'écartant de l'artère ophthalmique. Elles fournissent, pendant leur trajet, des branches nombreuses qui se distribuent aux tégumens, à l'estomac et aux muscles, etc. ; elles se terminent aux antennes internes et externes. Les deux artères qui naissent de la partie antérieure et inférieure du cœur, sont appelées *hépatiques*. Elles se ramifient à l'infini et se répandent dans le foie, organe dont nous parlerons plus loin (sécrétions). Ces deux artères restent distinctes lorsque le foie lui-même est séparé en deux lobes; mais, quand celui-ci ne forme qu'une seule masse (*Maïa*), ces deux artères s'anastomosent. Enfin, l'artère unique qui part de la région postérieure du cœur porte le nom d'*artère sternale*. Elle est plus volumineuse que toutes les autres artères et a pour objet de porter le sang dans l'abdomen, les pattes et même les appendices de la bouche. Cette artère passe à côté de l'intestin et entre les deux lobes du foie pour aller gagner la partie inférieure du corps ; là, elle se recourbe et va se terminer à l'œsophage. Dans les Décapodes macroures (Ecrevisse, Homard), cette artère donne naissance à une grosse branche qui se porte dans l'abdomen ou la queue : c'est l'*artère abdominale supérieure*, qui s'étend jusqu'à l'extrémité du corps, en passant au-dessus de l'intestin et en fournissant à chaque segment du corps des ramifications qui se répandent dans les muscles. L'artère sternale donne ensuite naissance à un autre artère secondaire, qui part de la face inférieure du thorax : c'est l'*artère abdominale inférieure*, qui joint les rameaux artériels aux dernières pattes, et pénetre ensuite dans l'abdomen, dont elle parcourt la face inférieure. Dans les Décapodes brachyoures (*Crabes*, *Maïa*, etc.), l'artère sternale n'envoie dans l'abdomen, qui est fort petit, que des ramifications très-déliées.

Cette disposition du système artériel n'est pas la même dans les Crustacés autres que les Décapodes. Ainsi, dans les Stomapodes ou *Squilles*, on trouve, au lieu des artères hépatique et sternale, un grand nombre de vaisseaux artériels qui portent le sang dans tout le corps. Chaque anneau ou segment du corps présente même une paire de ces vaisseaux artériels.

Quant à la manière dont le sang revient des diverses parties du corps aux branchies, nous avons déjà dit que ce retour était opéré dans des canaux, sinus ou lacunes situés dans tous les organes. On ne peut donc pas comparer ces lacunes à des vaisseaux fermés, puisqu'elles n'ont pas de parois propres, ou que, si elles en ont, elles sont d'une ténuité extrême et formées par du tissu cellulaire intimement uni aux parties voisines. Ces lacunes, suivant MM. Audouin et Milne Edwards, aboutissent toutes à des réservoirs qu'ils nomment *sinus veineux*. Dans les Crustacés brachyoures, ces sinus sont situés sur les côtés du corps, dans les cellules ou espaces vides que laissent entre elles les pièces solides qui constituent les flancs. Ils communiquent tous entre eux, reçoivent des veines qui leur apportent le sang des différentes parties du corps, et portent ce sang dans les branchies par autant de veines qu'il y a de ces branchies. Ces veines, appelées *vaisseaux afférents*, se ramifient ensuite dans chacune des lamelles qui composent les branchies et y versent le sang. Dans les Crustacés macroures, il y a sur les côtes du thorax des golfes ou sinus veineux, qui envoient le sang aux branchies, comme dans les brachyoures; mais il existe en outre, à la face inférieure de la cavité du thorax, un sinus longitudinal qui reçoit le sang de l'abdomen et des viscères, et qui fait l'office d'une veine cave. En effet, les sinus des côtés du thorax ne communiquent plus entre eux comme dans les brachyoures, par suite de la disposition des pièces solides des flancs, mais ils s'ouvrent dans le sinus médian, qui les met tous en rapport entre eux. Dans les Stomapodes (*Squilles*), le sinus médian sert presque seul de réservoir à tout le sang veineux. Lorsque le sang, épanché dans les branchies par les ramifications de chaque vaisseau afférent, a subi l'influence de l'air, ce qui constitue le phénomène de la respiration, il est repris par d'autres ramifications vasculaires, qui le conduisent dans un vaisseau situé de l'autre côté de la branchie, ou à sa face interne. Ce vaisseau est nommé *efférent*, et conduit au cœur le sang devenu artériel, au moyen d'un canal appelé *branchio-cardiaque*, qui remonte sur les flancs, et vient s'ouvrir dans une cavité, ou sorte de golfe sanguin, qui occupe l'espace compris entre le bord interne des flancs et le cœur. Les parois de ce golfe se continuent avec celles qui enveloppent le cœur, et des valvules situées dans la direction de chaque canal branchio-cardiaque, livrent passage au sang qui arrive dans le cœur et l'empêchent de rétrograder.

Cette disposition du système circulatoire n'est pas toujours aussi compliquée. Ainsi, dans les *Argules*, les artères et les veines ont des lacunes formées par les intervalles que renferment les différents organes, et le sang paraît se répandre dans le parenchyme des organes. C'est le mode de circulation que nous allons trouver dans les Insectes. Le cœur est toutefois le centre d'impulsion du système, et communique au sang les mouvemens circulatoires qu'il exécute. Le cœur disparaît cependant, suivant M. Edwards, dans les Nicothoés et autres Crustacés parasites, ce qui placerait ces animaux au-dessus des Insectes.

Le mode de circulation du sang dans les Crustacés répond à ce que l'on a appelé une circulation simple, c'est-à-dire que le cœur est disposé de manière à ne recevoir que du sang artériel. En effet, le sang lui vient des branchies après avoir respiré, et de là se rend dans les diverses parties du corps; c'est donc un cœur artériel ou aortique. Arrivé aux différentes parties du corps, le sang, après s'y être répandu et y avoir perdu ses propriétés artérielles, est repris par les veines qui le conduisent aux branchies. C'est dans ce trajet des organes aux branchies, que doit s'opérer le mélange du chyle avec le sang, à travers les membranes de l'intestin, et c'est la présence de ce chyle dans le sang veineux qui doit rendre a celui-ci, sous l'influence de la respiration, les propriétés nutritives qu'il avait perdues par son passage à travers les organes. Telle est la fonction de la circulation dans tous les animaux. Elle a ce double but : 1° de prendre dans les diverses parties du corps le sang qui ne sert plus à les nourrir et le chyle que forment les intestins par la digestion ; 2° de conduire ce mélange à l'organe de la respiration, afin de lui faire acquérir les propriétés qui constituent le sang artériel.

β. De la circulation dans les Arachnides.

Nous trouvons ici un mode de circulation plus simple que dans les Crustacés, mais cependant un peu plus compliqué que dans les Insectes, au moins pour ce qui concerne les Arachnides pulmonaires. Ainsi, dans ces dernières, on trouve immédiatement au-dessous de la peau de l'abdomen un long vaisseau muni d'expansions latéra-

les qui est le cœur. Ce cœur est considéré comme aortique, ainsi que celui des Crustacés et le vaisseau dorsal des Myriapodes et des Insectes. Il est élargi, suivant M. Walkenaer, a l'endroit où l'abdomen s'unit au thorax, puis il s'élargit de nouveau à son milieu, et se rétrécit en arrière. Sa partie antérieure présenterait d'après le même auteur, deux vaisseaux situés au-dessous de sa première dilatation ; d'autres vaisseaux partiraient des côtés du cœur, et se perdraient dans le corps graisseux ; enfin, en arrière, il y aurait encore deux paires de vaisseaux qui se porteraient à l'extrémité du corps. Quant aux rapports de ces vaisseaux aortiques, ou artères avec des vaisseaux veineux, ils ne sont pas connus, non plus que les rapports des vaisseaux veineux avec les poumons. On croit cependant avoir vu des vaisseaux de communication entre les poumons et le cœur; mais comme les Arachnides ont aussi des trachées, c'est-à-dire des organes de respiration semblables à ceux des Insectes, il est à croire que le sang veineux se trouve porté a l'état de sang artériel par l'influence de l'air, qui vient le trouver dans les diverses parties du corps. On a prétendu cependant (Leuwenhoeck) que dans les Araignées le sang circule dans des veines et dans des artères, et M. Straus admet aussi, chez ces animaux, une véritable circulation comme dans les Crustacés ; mais on ne possède pas encore de descriptions suffisantes des organes de la circulation chez les Arachnides. Dans celles qui sont purement trachéennes, la circulation a lieu comme dans les Insectes.

γ. De la circulation dans les Myriapodes.

Dans ces animaux, la circulation est la même que celle des Insectes. Comme les Myriapodes n'ont point d'abdomen proprement dit, ou plutôt comme tout leur corps se compose d'un abdomen ou d'un thorax, excepté la tête, qui est formée par les premiers segmens munies des appendices de la bouche, leur cœur, ou vaisseau dorsal, s'étend depuis la partie où finit la tête, ou depuis le premier anneau qui porte des pattes (le deuxième de tout le corps en apparence) jusqu'à l'extrémité postérieure. Il se termine en avant, suivant M. Straus, par une artère qui s'étend jusqu'a la bouche. Cette artère produit à sa naissance deux branches qui se portent obliquement en avant, et au-delà deux autres branches qui se dirigent au-dessous; enfin, une troisième paire,

plus faible encore, se rend aux appendices
de la bouche. Cette ramification de l'artère
indique, comme le fait remarquer l'anatomiste que nous venons de citer, un degré
d'organisation plus élevé que celui des Insectes.

6. De la circulation dans les Insectes.

Dans ces animaux, ainsi que dans les
Myriapodes et les Arachnides, la circulation n'a pas lieu à l'aide de vaisseaux fermés, comme nous avons vu que cela arrive
encore dans les Crustacés. On a même cru,
jusque dans ces derniers temps, que les trois
premières classes d'articulés que nous venons de nommer étaient dépourvues de circulation. On admettait que le sang, répandu
dans toute la cavité du corps, y baignait les
organes sans exécuter aucune espèce de mouvement. Mais on a découvert, depuis peu,
que leur fluide sanguin éprouvait un mouvement de translation que l'on peut comparer à une circulation véritable, quoique plus simple que celle des Crustacés, et surtout que celle des animaux
vertébrés. Cette circulation a pour organe
d'impulsion un vaisseau appelé dorsal,
comme dans les Myriapodes et les Arachnides, qui est superposé au canal intestinal,
et s'étend dans toute la longueur du corps.
Une couche de tissu graisseux retient cet
organe en place immédiatement au dessous
de la peau. Il est très-facile à distinguer,
dans certaines larves d'Insectes qui sont
nues, et dans beaucoup de chenilles en particulier. On voit alors des mouvemens de
contraction et de dilatation, qui font chemi-
ner de l'extrémité postérieure vers la tête le
sang contenu dans son intérieur, et ces mouvemens se produisent avec une grande régularité. On crut d'abord que cet organe,
qui est un véritable cœur, ou du moins une
aorte, était ouvert au deux extrémités; et
l'on crut en même temps (Swammerdam)
que certains vaisseaux partaient de ce cœur,
et que d'autres s'y rendaient, ce qui consti-
tuait une circulation complète. On crut
même avoir vu un second vaisseau, situé à
la partie inférieure du corps, et exécutant,
comme le vaisseau dorsal, des mouvemens
réguliers; mais il paraît que ce second vaisseau ne serait autre chose que le canal intestinal lui-même, qui exécute aussi des mouvemens appelés péristaltiques. Enfin, on
crut avoir distingué des vaisseaux sanguins
dans les pattes de quelques Insectes, ou du

moins on y reconnut des courants d'un liquide qui ne pouvait être que du sang.
D'autres auteurs ont cru que le vaisseau
dorsal n'était pas un organe de circulation,
mais bien de quelque sécrétion. Ainsi, Lyonnet le crut chargé de sécréter la substance
des nerfs; Cuvier ne détermina pas la nature de sa sécrétion, et M. Marcel de Serres
pensa qu'il avait pour fonction d'absorber
une partie du chyle qui transsude à travers
es parois du canal intestinal, et de le faire
passer entre les mailles du corps graisseux,
où il aurait produit la graisse. Ce qui em-
pêchait surtout de déterminer les fonctions du vaisseau dorsal, c'est qu'on le re-
gardait alors comme fermé de toutes parts.
Mais aujourd'hui, il ne reste plus de doutes
a cet égard, depuis que l'on a constaté les
mouvemens du fluide sanguin, et que l'on
a acquis une connaissance plus exacte de la
structure du cœur.

Le sang des Insectes est incolore ou légèrement coloré en vert. Il tient en suspen-
sion des globules qui diffèrent d'une espèce
à l'autre, comme cela arrive dans les animaux vertébrés. Suivant Carus, ces globules, dans quelques Insectes (*Agrion puel-
la*), sont plus gros que dans l'homme; mais
suivant d'autres observateurs, ils seraient
plus petits, du moins dans certaines espèces. Le sang tiré du vaisseau dorsal se dissout promptement dans l'eau; ses globules
perdent leur transparence, et se prennent
en une masse visqueuse qui se dessèche et
craque sous les doigts comme le sang de
l'homme.

Le cœur ou vaisseau dorsal est plus large
au milieu qu'aux extrémités, et surtout
qu'à l'extrémité antérieure. Il semble divisé, dans quelques espèces, en deux portions, dans le sens de sa longueur; mais cette
division apparente n'est due qu'à un sillon
longitudinal. Ce vaisseau présente des
flexuosités qui tiennent à la forme du corps.
Dans les larves, il est presque droit et
s'infléchit seulement dans la tête, où il va se
porter sous l'œsophage; mais, dans les Insectes parfaits, il est plus flexueux, a cause
des trois divisions que présente le corps. Il
est formé, suivant M. Straus, de deux membranes qui adhèrent intimement entre elles:
l'une extérieure et musculeuse, l'autre intérieure et muqueuse.

D'après le même anatomiste, le cœur est
partagé en deux parties, dont chacune remplit des fonctions différentes. La première
occupe l'abdomen, et se compose d'une série de cellules séparées entre elles par

des valvules simples, suivant M. Straus *Melolontha vulgaris*), doubles, suivant M. Newport (*Sphinx ligustri*). Ces valvules sont formées par deux replis des membranes du cœur, l'un supérieur, l'autre inférieur, et empêchent le sang de revenir d'avant en arrière. Il y aurait, en outre, sur les côtés de chaque cellule, une ouverture transversale, munie également d'une valvule qui empêche le sang de sortir du cœur; le nombre des cellules parait d'ailleurs varier d'une espèce à l'autre. On conçoit comment a lieu la marche du sang dans l'organe, par suite de la contraction de chacune des cellules, ce qui chasse le sang dans la cellule suivante, et par suite de leur dilatation, ce qui laisse entrer celui de l'intérieur du corps. Des expansions musculaires qui accompagnent le cœur de chaque côté favorisent ses mouvemens de contraction et de dilatation; elles sont attachées par leur extrémité aux anneaux de l'abdomen. La seconde partie du cœur est plus étroite que la première; ses membranes sont plus délicates, et l'on n'y aperçoit plus ni valvules ni expansions musculaires. Cette partie commence d'ordinaire en arrière du thorax et se rétrécit jusqu'à l'extrémité en s'infléchissant. Elle se termine en avant de la tête, soit par une ouverture unique, soit par deux branches courtes qui s'écartent l'une de l'autre; quelquefois même elle présente un plus grand nombre de branches.

Le nombre des contractions du vaisseau dorsal varie avec la température et le développement plus ou moins avancé de l'animal. D'après M. Hérold, le ver à soie, parvenu à toute sa grandeur, exécute de 30 à 40 pulsations par minute, sous la température de 16 à 20 degrés (Réaumur), et il n'en exécute plus que de 6 à 8 à la température de 10 à 12 degrés. Dans les chenilles plus jeunes de la même espèce, le nombre des pulsations est d'environ 28 par minute à la température de 18 degrés. Lorsque la température était plus élevée, et que la chenille exécutait des mouvemens violens, les pulsations devenaient si rapides et si irrégulières, qu'on ne pouvait plus les compter.

Le sang, poussé au dehors du vaisseau dorsal, se répand dans l'intérieur du corps, pénètre dans toutes les parties, et revient au vaisseau dorsal par l'extrémité opposée. La circulation est d'autant plus rapide, que l'insecte est plus jeune. Par la suite, on ne la distingue plus qu'imparfaitement. Dans les larves d'une Éphémère (*E. marginata*), on voit trois courans principaux qui vont de l'extrémité antérieure du vaisseau dorsal à l'extrémité opposée du corps. Un de ces courans, plus fort que les autres, marche en ligne droite, tandis que les autres sont sinueux. Il part de ces trois courans des courans secondaires, dont les uns vont directement à l'extrémité postérieure du vaisseau dorsal, les autres se rendent à ses ouvertures latérales, et enfin d'autres pénétrent dans les filets terminaux de la larve, ainsi que dans les pattes et dans les antennes. Ces courans, parvenus aux extrémités des organes, reviennent sur eux-mêmes, en se rapprochant beaucoup de leur première direction.

Il est remarquable que la circulation du sang est surtout visible dans les larves aquatiques. Cependant on l'a constatée aussi dans d'autres larves, et même dans des Insectes parfaits, mais, en général, elle est beaucoup moins visible dans ces derniers, et cela tient sans doute à ce que beaucoup d'entre eux ne prennent que peu de nourriture, ou même n'en prennent point du tout. Dès lors leur circulation doit être fort ralentie, puisque le canal intestinal ne fournissant plus alors de chyle, le courant sanguin, destiné surtout à faire acquérir à ce chyle les qualités de sang artériel, n'ont plus à s'exécuter. Il n'existe pas ici de différence sensible entre le sang artériel et le sang veineux, parce que l'air, comme nous le verrons bientôt, étant répandu dans tous les organes, doit communiquer immédiatement au sang qui se forme les qualités du sang artériel. Les mouvemens imprimés au sang dans le corps des Insectes doivent donc avoir uniquement pour but de mélanger le chyle avec le sang, puisque ce chyle n'a pas besoin d'être conduit, comme chez les animaux vertébrés et les Crustacés, à des organes de respiration, pour y acquérir les propriétés qui le rendent nutritif.

§ III. DE LA RESPIRATION.

Cette fonction a pour but de faire acquérir au sang qui a servi à nourrir les organes, des propriétés nouvelles qui le rendent apte à les nourrir encore. Elle a également pour but de convertir le chyle en sang, lorsque ce chyle s'est mélangé avec le sang qui vient des diverses parties du corps. Elle s'exécute ordinairement dans des organes spéciaux, appelés poumons ou branchies, où le sang vient subir l'influence de l'air et lui emprunter certains principes, (l'oxigène), tandis qu'elle lui en communique d'autres, l'acide carbonique, devenus inutiles à l'individu. Les poumons sont des organes dans lesquels le sang vient se mettre en contact avec l'air extérieur. Les branchies sont des organes dans lesquels l'air pénètre à l'état de mélange ou de dissolution dans l'eau. Ces deux espèces d'organes correspondent aux deux manières d'être de la respiration dans les animaux, savoir : la respiration aérienne et la respiration aquatique. Bien que les animaux articulés ne respirent l'air que de l'une ou l'autre de ces deux manières, ils n'en présentent pas moins des organes respiratoires de plus de deux sortes. Ainsi nous trouverons chez eux des branchies (*Crustacés*) destinées à la respiration dans l'eau, et deux espèces de poumons : les uns, quoique destinés à la respiration aérienne, ont la structure des branchies, c'est-à-dire qu'ils sont formés de lamelles superposées, mais renfermées dans une poche distincte (*Arachnides pulmonaires*); les autres, appelés *trachées*, sont des tubes dans lesquels l'air circule et par lesquels il se trouve conduit à tous les organes. Cette dernière espèce de poumons, ou ces trachées, sont les organes respiratoires de tous les Insectes, des Myriapodes, de certaines Arachnides, appelées, à cause de cela, trachéennes. Cependant il existe des Insectes aquatiques, qui respirent, au moins à l'état de larve, l'air renfermé dans l'eau; dans ce cas, ils ont des branchies, ou du moins on a donné ce nom aux organes par lesquels ils respirent. D'autres Insectes, au contraire, quoique vivant toujours dans l'eau, sont obligés de venir à la surface pour respirer l'air en nature; dans ce cas, ils ont des trachées. Nous allons examiner successivement les modifications de structure et le jeu de ces organes dans chacune des quatre classes d'animaux articulés.

α. DE LA RESPIRATION DANS LES CRUSTACÉS.

La respiration dans ces animaux est presque entièrement aquatique, et s'exécute à l'aide de branchies. Il n'y a d'exception que pour quelques Crustacés terrestres (les Cloportes et quelques autres). Les branchies sont des organes de forme diverse, suivant les espèces, mais leur usage est partout le même. Il consiste à plonger dans l'eau où vit l'animal, et à mettre en contact avec cette eau, ou mieux avec l'air qu'elle contient, le sang qui a nourri les différentes parties du corps, et qui se trouve mêlé au chyle. Aussi les branchies sont-elles traversées par des vaisseaux sanguins, dont nous avons indiqué ci-dessus la disposition générale : deux vaisseaux principaux servant à apporter le sang veineux aux branchies, et à en emporter le sang artériel (vaisseaux afférent et efférent). Chacun de ces vaisseaux communique avec un grand nombre d'autres vaisseaux très-petits, à travers les parois desquels se fait la respiration, c'est-à-dire la transformation du sang veineux en sang artériel. C'est sans doute par le tissu même de la branchie que se fait le passage du sang d'un ordre de vaisseaux à l'autre, en sorte que le vaisseau afférent dépose le sang dans les ramifications veineuses ou vaisseaux secondaires, et que de là ce sang passe, au moyen des ramifications artérielles, dans le vaisseau efférent, qui joue ici le rôle d'une veine pulmonaire. Dans les Crustacés les plus élevés sous le rapport de l'organisation, et dans les Décapodes, les branchies représentent une espèce de pyramide très-allongée, qui est composée dans les Brachyoures (Crabes), de lamelles empilées les unes sur les autres, et dans les Macroures (Homard, Ecrevisse), de petits tubes implantés sur l'axe que forment les deux vaisseaux afférent et efférent; ces branchies sont renfermées de chaque côté du thorax dans une cavité revêtue d'une enveloppe spéciale. Cette cavité présente en avant, dans les Brachyoures, une ouverture particulière, et de plus elle communique avec l'extérieur dans les Macroures, par la fente que laisse dans toute sa longueur la carapace, en s'appliquant sur le thorax. Le nombre des pyramides branchiales qui se présentent de chaque côté varie avec les espèces, et les premières, ordinairement fort petites et rudimentaires, sont insérées sur les deux derniers pieds mâchoires, tandis que les autres sont attachées sur l'espèce de squelette ou de charpente solide que recouvre la carapace. L'appendice extérieur des trois paires de pieds-mâchoires, dans les Brachyoures, se porte sur les branchies; les deux premiers en dehors, le troisième en dedans, et par les mouvemens qu'exécutent les pieds-mâchoires, ces appendices sont promenés successivement sur toute la surface des branchies, qu'ils doivent ainsi débarrasser les corps inutiles ou nuisibles. Dans les Macroures, ou dans l'Écrevisse et le Homard, les quatre premiers appendices ambulatoires ou les quatre premières pattes, y compris le dernier pied-mâchoire, se prolongent en forme de fouet ou mieux de lamelle, et vont se placer entre chaque pyramide branchiale. Il résulte des expériences de MM. Audouin et Milne Edwards, que l'eau est renouvelée autour des branchies, à l'aide des mouvements qu'exécute de chaque côté la seconde paire de mâchoires, sur la portion qui les représente le palpe est élargi à cet effet, et forme une sorte de volet, qui tourne sur le corps de la mâchoire comme sur son pivot. Il paraît que si l'on interrompt les mouvemens de ces appendices, le courant d'eau qui passait devant les branchies s'arrête, et l'animal meurt asphyxié.

Certains Crustacés Décapodes, que l'on rencontre souvent à terre, et qui s'éloignent plus ou moins des rivières ou des eaux de la mer, dans lesquelles ils vivent, ont cependant besoin de respirer, sinon l'air contenu dans l'eau, au moins un air très-humide. Leur appareil respiratoire offre une disposition très-favorable, et qui a été observée par MM. Audouin et Milne Edwards. Elle consiste dans une plus grande étendue de la cavité des branchies, ce qui permet à ces animaux d'y conserver une certaine quantité d'eau que retient un repli de l'enveloppe même de la cavité. C'est ainsi que ces Crustacés peuvent se creuser des terriers et séjourner pendant un temps assez long hors de l'eau. Au premier coup d'œil, cette observation semble contradictoire avec celle que nous avons rapportée tout-à-l'heure, au sujet de l'asphyxie qu'éprouvent les Crustacés, lorsque le courant d'eau qui baigne leurs branchies est intercepté; mais en y réfléchissant, on voit que, dans ce dernier cas, l'asphyxie résulte de ce que les branchies ne reçoivent pas assez d'air lorsque l'eau s'arrête autour d'elles. Au contraire, dans les Crabes appelés terrestres, et qui renferment dans leur cavité respiratoire une certaine quantité d'eau, l'air qui passe continuellement dans cette cavité se sature d'humidité au degré convenable pour ne pas dessécher les branchies. Cette dernière condition paraît même la seule essentielle à la respiration des Crustacés, d'après une autre expérience de MM. Audouin et Edwards, qui sont parvenus à prolonger la vie des Homards et de quelques autres espèces, en les plaçant dans de l'air chargé d'humidité. C'est même ainsi que l'on envoie ces animaux vivans par la voie du commerce, en les enveloppant dans des plantes humides, qui saturent d'eau au degré convenable l'air que respirent ces Crustacés.

Les branchies ne sont pas organisées dans tous les animaux de cette classe comme elles le sont dans les Décapodes, qui nous ont occupés jusqu'ici. Au lieu d'être renfermées dans des cavités spéciales du thorax, elles sont aussi quelquefois situées au dehors. Ainsi dans les Stomapodes (Squilles), les branchies sont fixées sous le ventre, à la base des cinq premières paires de pattes et flottent librement dans l'eau; ces branchies sont des sortes de peignes fort élégans, dont le dos est formé par un gros vaisseau et les dents par des vaisseaux plus grêles, garnis eux mêmes de franges longues et nombreuses. D'autres Crustacés, dont les branchies sont au dehors, présentent plus de simplicité dans la structure de ces organes. Ainsi quelquefois (Amphipodes), les pattes ou appendices du thorax présentent à leur base deux expansions, dont la plus extérieure a l'aspect d'une sorte de vésicule : c'est là l'organe de la respiration; quelquefois ces branchies extérieures existent simultanément avec des branchies intérieures; c'est ce qui arrive dans quelques Décapodes. Dans un autre ordre (Isopodes), les appendices extérieurs sont encore le siége de la respiration; ce sont les appendices des cinq premiers anneaux de l'abdomen. Ils consistent en un petit article qui supporte deux lames membraneuses et molles, ayant plus ou moins l'apparence d'une vésicule. Quelquefois les appendices de la respiration servent en même temps a la locomotion. Ainsi dans les *Branchipes* et les *Apus*, les appendices qui font suite à ceux de la bouche ont une partie foliacée, et une autre plus ou moins vésiculeuse, et que l'on regarde comme l'organe de la respiration, bien que l'on n'ait à cet égard aucune certitude. Il est enfin des Crustacés, tels que les *Phyllosomes* et autres, chez lesquels on ne voit aucun organe de respiration. On suppose que cette fonction s'exécute alors par toute la surface du corps.

Enfin il nous reste à parler de la respiration des Cloportes, qui sont des Crustacés terrestres. Chez ces animaux, les organes de la respiration sont des lames situées sous l'abdomen, et fixées à des appendices que l'on appelle des fausses pattes. Ces lames sont percées de trous irréguliers par lesquels entre l'air pour se répandre dans leur intérieur, autour d'une sorte de branchie ramifiée. Les Cloportes vivent dans les lieux humides, ce qui fait croire que leur respiration est analogue à celle des autres Crustacés terrestres. Ces sortes de poches pulmonaires des Cloportes et de quelques animaux voisins nous conduisent aux sacs pulmonaires des Aranéides.

β. De la respiration dans les Arachnides.

Cette fonction s'exécute dans les Arachnides, soit par deux organes différens, savoir des poumons (ou branchies feuilletées) et des trachées, soit par des trachées seules ; les poumons sont au nombre de huit, ou de quatre, ou de deux, suivant les espèces. Ce sont des sacs s'ouvrant au dehors par autant de stigmates ou de fentes, et renfermant dans leur intérieur des lamelles très-délicates, entre lesquelles l'air doit circuler. Dans certaines Araignées, qui ont quatre sacs pulmonaires, deux de ces sacs communiquent avec des trachées et l'air pénètre ainsi dans l'intérieur du corps. On admet aussi que les sacs pulmonaires qui ne communiquent pas avec des trachées, sont en rapport avec des vaisseaux très-fins, qui se rendent au cœur du vaisseau dorsal. Dans les Aranéides, les sacs pulmonaires sont situés dans l'abdomen ; dans les Scorpions, ils occupent les côtés du thorax. Il existe en outre dans les Aranéides des stigmates qui sont les ouvertures de véritables trachées (Walckenaer). C'est d'après leur mode de respiration que les Arachnides ont été partagées en deux grandes divisions :

les *pulmonaires* (Araignée, Scorpion) et les *trachéennes* (Faucheur, Acarus, etc). Cependant il faut remarquer que les Arachnides pulmonaires présentent les deux sortes d'organes respiratoires, poumons et trachées, tandis que les autres n'ont que des trachées.

γ. De la respiration dans les Myriapodes.

Les organes de la respiration étant les mêmes chez ces animaux que dans les Insectes, nous n'en ferons pas le sujet d'un article particulier. On pourra leur appliquer ce que nous aurons à dire de la respiration dans cette dernière classe d'Articulés, ou du moins de ceux d'entre eux dont la respiration est exclusivement aérienne.

δ. De la respiration dans les Insectes.

Nous avons vu plus haut qu'il y avait chez les Insectes deux modes de respiration : celle de l'air libre et celle de l'air en dissolution dans l'eau. Le premier cas étant le plus fréquent, c'est par lui que nous allons commencer.

I. *Respiration aérienne des Insectes.*

Les organes à l'aide desquels s'exécute ce mode de respiration sont les trachées. Ce sont des tubes destinés à conduire l'air dans toutes les parties du corps des Insectes, afin de débarrasser le sang de ces animaux du carbone qui lui est inutile. Ces tubes sont à peu près cylindriques, mais ils s'atténuent de plus en plus jusqu'à leur terminaison dans les organes, à peu près comme le font les artères dans les animaux vertébrés. Ils sont formés de deux membranes : l'une extérieure, lisse, très-mince, et d'un blanc brillant et nacré (hors quelques cas particuliers); l'autre plus mince encore, et comparable à une membrane muqueuse. Entre ces deux membranes s'enroule un filet de consistance cartilagineuse, et d'un blanc brillant et nacré. Ce filet offre une disposition en spirale analogue à celle des élastiques d'une bretelle, ou des trachées des végétaux, et c'est sans doute à cette ressemblance que les organes respiratoires des Insectes doivent le nom de trachées. Le filet qui s'enroule en spirale est tantôt cylindrique et tantôt aplati. Il adhère assez peu à la membrane externe, mais beaucoup plus intimement à l'interne. Ce filet est facile à dérouler. mais il entraîne avec lui des lambeaux de cette dernière membrane. Lorsqu'il est aplati. les tours de spire qu'il forme sont plus serrés que lorsqu'il est cylindrique ; il existe dans ce dernier cas des intervalles que remplit la membrane interne. Lorsqu'une trachée vient à se ramifier, le filet en spirale se montre interrompu au point d'insertion de la nouvelle branche. C'est ce filet qui donne aux trachées la forme qu'elles présentent, qui leur permet certains mouvemens de contraction et de dilatation.

Le nombre de ces trachées est très-considérable. Elles consistent d'abord en un tronc unique, qui naît sous un angle variable d'une ouverture appelée *stigmate*, et par laquelle il communique avec l'air extérieur. Ce trou se divise bientôt en deux branches, dont chacune va se réunir à des branches semblables partant des stigmates voisins, ce qui établit une communication entre tous les stigmates d'un même côté du corps. Quelquefois les trachées se divisent dès leur origine en un plus grand nombre de branches qui se dirigent dans le sens de l'axe du corps, et s'anastomosent plusieurs fois entre elles. Quelques-unes de ces trachées se répandent dans les diverses parties du corps, tandis que d'autres, plus grosses que les précédentes, se dirigent transversalement vers les trachées du côté opposé du corps avec lesquelles elles se réunissent. Quelquefois encore, avant de se réunir, ces trachées forment de chaque côté du corps, auprès de la ligne médiane. un nouveau tronc longitudinal, qui s'étend d'une extrémité à l'autre. Il résulte de cette disposition, qui est quelquefois très-compliquée, que les stigmates des deux côtés du corps de l'Insecte sont mis en rapport au moyen des trachées, et que l'air, qui n'entrerait que d'un seul côté, se répandrait également dans tous les organes. Cependant cette communication n'existe pas toujours, et dans la plupart des Hémiptères. les trachées se ramifient dès leur origine et se répandent dans les différentes parties du corps. Mais, dans ce cas, les stigmates des deux côtés du corps, ni même ceux d'un seul côté ne communiquent pas entre eux (1) ; quelquefois les stigmates d'un même côté sont mis en rapport par des tissus longitudinaux, et l'on observe des différences sous ce rapport entre les di-

(1) Léon Dufour, *Anat. des Hémiptères.*

vers Insectes de cet ordre. Les Myriapodes et les Arachnides trachéennes nous présentent le cas le plus simple du développement des trachées, car chaque vaisseau trachéen se divise de suite sans communiquer avec les vaisseaux voisins. On a remarqué que les trachées qui se rendent transversalement d'un côté du corps à l'autre fournissent très peu de branches, et que les trachées renfermées dans le thorax en donnent un plus grand nombre que celles de l'abdomen.

Outre les trachées que nous venons de décrire, et que l'on a nommées *tubuleuses*, il en existe d'autres qui ont reçu, à cause de leur forme, le nom de *vésiculeuses*. Ces dernières sont des poches à air, formées par les deux membranes des trachées tubuleuses, mais dépourvues de filet en spirale. On y remarque cependant des points qui semblent indiquer que ce filet aurait été rompu en très-petits fragments par la dilatation des enveloppes. Ces trachées vésiculeuses sont en effet de simples renflemens des trachées tubuleuses. Quelquefois cependant elles sont soutenues par des cercles d'apparence cornée à leur base, et qui seraient formés par des prolongemens des téguments du corps. On trouve principalement ces trachées vésiculeuses dans les Insectes qui volent fort et long-temps. Elles auraient alors pour usage de soutenir l'Insecte pendant le vol, en se remplissant d'air, et nécessiteraient une moindre dépense de force musculaire. On a remarqué ces trachées chez des espèces dont le corps est lourd et épais (*Scutellères*, etc.), tandis qu'elles manquent à d'autres espèces très-légères. C'est surtout parmi les Orthoptères qu'on en trouve le plus, et en plus grand nombre ; il en existe chez eux jusque dans la tête. Ce sont de semblables trachées, très-développées. qui donnent à l'abdomen de certains Diptères la transparence qu'on leur connaît. Elles prennent alors la forme des parties du corps dans lesquelles elles sont placées.

Enfin, il existe encore une troisième sorte de trachées, que l'on a nommées *parenchymateuses*. Ce sont des trachées tubuleuses, qui, au lieu de se ramifier, se réunissent entre elles, s'enchevêtrent les unes dans les les autres, et forment ainsi une masse irrégulière renfermée dans une enveloppe membraneuse, qui semble dénuée de contractilité. Ces trachées forment des masses situées dans diverses parties du corps, et que l'on n'a encore rencontrées que dans un petit nombre d'Insectes. Leur usage est d'ailleurs inconnu (1).

Les ouvertures par lesquelles les trachées communiquent avec l'air extérieur, portent, comme nous l'avons dit, le nom de stigmates. Ce sont des fentes de forme ronde ou ovale, disposées par paires de chaque côté du corps.

Chaque anneau du corps de l'Insecte en présente au plus une paire, mais la tête en est toujours dépourvue, ainsi que l'un des trois anneaux du thorax, et le dernier de l'abdomen. Il s'en faut en outre que tous les autres anneaux du corps aient leur paire de stigmates. Leur nombre varie avec les différens ordres d'Insectes, et même, dans chaque ordre, il varie d'une famille à l'autre.

On distingue les stigmates en *thoraciques* et *abdominaux*, suivant qu'ils sont placés au thorax ou a l'abdomen, et dans les larves où ces deux parties ne sont pas encore séparées, on reconnaît le thorax à la position des stigmates, qui est la même que dans l'Insecte parfait. Les stigmates sont ouverts ou auprès du point de réunion des deux anneaux, ou sur la membrane même qui réunit ces anneaux. Ceux du thorax sont fort difficiles à apercevoir dans les Insectes parfaits, à cause de leur situation entre les trois anneaux qui composent cette partie du corps; ils s'ouvrent dans la membrane qui sépare ces anneaux, et pour mettre cette membrane à découvert, il faut écarter l'un de l'autre les anneaux du thorax. Ces stigmates thoraciques sont ainsi au nombre de quatre : savoir, une paire entre le prothorax et le mésothorax, et l'autre paire entre le mésothorax et le métathorax. Il y a des stigmates qui ne sont qu'apparens, ou qui sont des stigmates oblitérés; c'est ce que l'on voit dans les *Nepes* (1), qui respirent par un tube placé au bout du corps, et dont l'abdomen présente cependant une série d'impressions qui ont toute l'apparence des stigmates.

La structure des stigmates n'est pas toujours la même : tantôt c'est une simple fente ouverte dans les tégumens du corps, tantôt elle est formée par deux portions de ces tégumens voisines l'un de l'autre, et qui peuvent, en se rapprochant, fermer le stigmate. Il arrive même souvent que les bords de ces pièces sont dentés, ce qui rend plus intime l'occlusion du stigmate, ou que des poils en garantissent l'entrée, ou bien encore que l'une des pièces déborde un peu l'autre ; mais il y a des stigmates plus développés qui sont entourés d'un anneau corné nommé *péritrème*, et dont l'orifice est garni de petites pièces, qui la ferment au gré de l'Insecte. Tantôt les petites pièces ou valves qui ferment ces stigmates sont garnies de cils ou de poils, tantôt elles sont percées de trous par lesquels entre l'air. D'autres stigmates, appelés *trémacres*, sont dépourvus de péritrème ou anneau corné, et fermés par deux pièces ou valves mobiles. Quelquefois il n'y a qu'une seule valve.

Telles sont les principales modifications que présentent les ouvertures des trachées. Ces ouvertures sont surtout très-faciles a apercevoir dans les Chenilles et les autres larves d'Insectes. Elles sont encore bien distinctes sur l'abdomen de la plupart des Insectes, mais souvent, dans les Coléoptères, elles sont placées sur la partie supérieure de l'abdomen, et recouvertes par les élytres. Dans les Hémiptères, au contraire, les stigmates se trouvent à la face inférieure de l'abdomen. Les Libellules, parmi les Névroptères, présentent une exception remarquable, en ce que leur abdomen est dépourvu de stigmates.

Les organes de respiration que nous venons de faire connaître appartiennent a des Insectes tout-à-fait aériens. Voyons comment ils se modifient dans quelques espèces qui vivent dans l'eau, mais qui sont obligées de respirer l'air, parce qu'elles sont pourvues de trachées. Nous examinerons ensuite comment se fait la respiration des Insectes tout-à-fait aquatiques.

Certains Insectes, tels que les *Nepes* et les *Ranatres*, de l'ordre des Hémiptères, et certaines larves et nymphes de Diptères, ont à l'extrémité postérieure du corps des *tubes respiratoires* formés par les tégumens. Ces tubes respiratoires, quelquefois très-longs et pouvant même s'allonger au gré de l'animal, comme dans certaines larves de Diptères, servent a l'Insecte à venir prendre hors de l'eau la portion d'air qui lui est nécessaire. Dans les *Nepes*, et surtout dans les *Ranatres*, le tube respiratoire est long, et formé de deux lames creusées en gouttière, qui s'ajustent l'une contre l'autre. La base de chacune de ces lames répond à un stigmate d'ou part une trachée qui s'étend dans toute la longueur du corps, et communique avec la trachée du côté opposé par des rameaux transversaux. Ces deux trachées et leurs rameaux donnent

(1) *Voy.* Léon Dufour, *Ann. des Sc. Nat.*, t. xi, p. 127 ; et *Anat. des Hémipt.*, p. 253.

ensuite naissance a d'autres branches qui se répandent dans toutes les parties du corps. Tous les autres stigmates de l'abdomen et ceux du thorax manquent à ces Insectes, ainsi que nous l'avons dit précédemment. Lorsqu'ils veulent respirer, ils grimpent sur les plantes aquatiques, et viennent présenter à la surface de l'eau l'orifice de leur tube. Dans les larves de Diptères le tube respiratoire est formé par l'enveloppe même du corps dont il est la continuation. Ce tube est quelquefois entouré de poils a son orifice, et ces poils servent à suspendre l'animal a la surface de l'eau.

D'autres Insectes vivent dans l'eau et respirent l'air atmosphérique, sans avoir d'organes accessoires de la respiration comme ceux que nous venons de voir. Tels sont les Dytiques, les Hydrophiles, parmi les Coléoptères; les Notonectes et autres, parmi les Hémiptères, etc. Ces Insectes sont obligés de venir à la surface de l'eau, et d'y présenter quelque partie de leur corps pour respirer. Les uns (*Dytiques*) se présentent a la surface par l'extrémité postérieure de leur corps, et, soulevant leurs élytres, permettent a l'air d'atteindre les stigmates de leur abdomen; ils redescendent alors au fond de l'eau. D'autres (*Hydrophiles*) viennent présenter a l'air une de leurs antennes, dont l'extrémité est revêtue de poils, et ramènent ensuite cette antenne contre leur poitrine, qui est elle-même couverte de poils soyeux. La couche d'air appliquée contre ces poils, et dont la présence donne à la poitrine l'aspect argenté, se renouvelle ainsi par son contact avec l'air extérieur (1).

Enfin des Insectes tout-a-fait terrestres peuvent vivre pendant quelque temps dans l'eau. On attribue ce phénomène à la présence des poils que présente le corps de ces Insectes. L'air que ces poils ont retenu au moment de l'immersion servirait a alimenter la respiration. On prétend même que par suite de la respiration de l'Insecte, il s'opère une décomposition des principes constituans de l'eau, qui céderait alors son oxigène en échange de l'azote, devenu libre, et de l'acide carbonique expiré par l'Insecte (2).

Nous arrivons enfin à la respiration des insectes tout-a-fait aquatiques. Elle a lieu, comme dans les poissons, à l'aide d'organes par lesquels l'air contenu en mélange ou en dissolution dans l'eau se trouve séparé. Il y a seulement cette différence entre les deux classes d'animaux, que dans les poissons l'air agit directement sur le sang à travers la membrane des branchies; tandis que dans les Insectes, l'air passe dans de véritables trachées, et va chercher le sang répandu dans l'intérieur du corps. Les organes de respiration, dans les Insectes aquatiques, se présentent sous forme de filets ou de lames, dans l'intérieur desquels se ramifient des trachées. Les filets respiratoires sont ordinairement très-grêles et quelquefois rassemblés en houppe; ils sont simples ou ramifiés. La membrane qui les recouvre est très-mince et laisse voir les trachées. Les lames branchiales ont la forme de petites feuilles simples ou frangées sur les bords. Il est rare que l'on trouve ces deux sortes d'organes sur le même Insecte. Latreille a nommé *fausses branchies* les organes respiratoires de certaines larves de Névroptères (*Éphémères* et *Libellules*); ce sont des lamelles branchiales attachées aux côtés de l'abdomen, ou à la partie postérieure du corps. Certaines larves en présentent six, d'autres sept, et d'autres seulement quatre ou cinq. Les trachées répandues dans leur intérieur s'y ramifient quelquefois de manière à imiter les nervures des feuilles. Ces organes sont ordinairement dans un mouvement continuel, qui semble nécessaire à l'exécution des fonctions qu'ils ont à remplir. Les larves des *Agrions*, genre qui renferme certaines espèces de Libellulines, ont leurs appendices respiratoires à l'anus; tandis que dans les Libellules, ces appendices sont situés dans l'intérieur du corps. Ces Insectes ont à l'extrémité du corps une large ouverture fermant par cinq pièces mobiles. Ces pièces, en s'écartant, laissent entrer l'eau, qui est ensuite rejetée avec force, et ces mouvemens d'entrée et de sortie de l'eau s'exécutent à des intervalles rapprochés. Le corps des larves de Libellules renferme de chaque côté plusieurs trachées longitudinales, dont l'extrémité vient se loger dans le rectum, c'est-à-dire dans la dernière portion du tube intestinal. Quand l'Insecte veut recevoir de l'eau dans la cavité du corps, il refoule ces organes vers la base de l'abdomen, et celui-ci, présentant a l'eau un grand espace vide, elle s'y précipite; mais bientôt les organes refoulés reviennent à leur place et chassent l'eau avec

----

(1) Nitzch, *Archives de Reil pour la Physiologie*, t. 2, p. 440.

(2) *Voyez* une notice de M. Audouin au sujet de la respiration du *Blemus fulvicans*, dans les *Nouv. Ann. du Muséum*, t. 11, p. 117.

force. C'est dans la cavité abdominale que sont logées les lames branchiales ; elles ont la forme de feuilles très-petites, qui se présentent comme de simples taches noires, et chacune de ces feuilles aboutit a une des trachées longitudinales.

Il est a remarquer que l'introduction et l'expulsion de l'eau ne servent pas seulement à la respiration de ces larves ; mais elles sont encore peut-être un moyen de locomotion. Chaque fois que l'eau est expulsée du corps, l'Insecte se trouve porté en avant. Cependant ce mode de locomotion n'est pas le seul ; ces larves ont six pattes, avec lesquelles elles se déplacent et marchent sur le sol au fond de l'eau.

Les organes de respiration aquatique se montrent de préférence dans les larves des Névroptères, c'est à dire dans celles des Éphémères, des Libellulines, des Phryganides et des Semblides. Dans ces dernières, les organes respiratoires sont des filets cylindriques, au lieu que dans les autres ce sont des lamelles. On trouve aussi des lamelles branchiales dans quelques larves de Coléoptères, telles que celles des Agrions et certaines larves d'Hydrophiles (*H. caraboides*). Dans l'ordre des Diptères, on trouve un grand nombre d'espèces qui respirent par des branchies, et cet ordre est le seul où les branchies se montrent chez les Nymphes, c'est-a-dire dans le deuxième état de la vie. Dans ces ordres, certaines espèces qui, a l'état de larve, respiraient l'air en nature par un tube, se montrent, à l'état de nymphe, pourvues de branchies. Les houppes branchiales de ces nymphes sont situées sur les côtés du thorax, à l'endroit où s'ouvriront des stigmates dans l'insecte parfait. Enfin, quelques espèces ont des branchies filiformes au bout du corps pendant qu'elles sont sous forme de larves ; tandis qu'à l'état de nymphes, elles acquièrent deux tubes respiratoires situés sur les côtés du thorax. Dans l'ordre des Lépidoptères, la larve d'une espèce (*Hydrocampa stratiotalis*), vit dans les eaux stagnantes sur les feuilles des plantes aquatiques, et son corps présente, particulièrement aux endroits où s'ouvriront plus tard les stigmates, des organes de respiration qui consistent en filamens très-grêles et blanchâtres. Les quatre ordres d'Insectes que nous venons de nommer sont les seuls chez lesquels on remarque des espèces a respiration aquatique ; aucune de celles qui appartiennent aux Orthoptères, aux Hyménoptères et même

aux Hémiptères ne se trouve dans ce cas. Il y a bien quelques Hémiptères qui vivent dans l'eau ; mais nous avons vu qu'ils venaient respirer l'air, soit en se rendant a la surface de l'eau, soit en lui présentant leur tube respiratoire.

Après avoir examiné successivement les différens organes de la respiration dans les Insectes, il nous reste à présenter les principaux phénomènes que nous présente cette fonction en y rattachant ceux que les physiologistes désignent sous le nom de calorification, attendu qu'ils ont leur cause première dans la respiration même.

La respiration est une fonction indispensable à tous les animaux, et sans laquelle il ne pourraient exister ; mais ils offrent de grandes différences sous le rapport de son énergie, de sa fréquence, et surtout du temps plus ou moins long pendant lequel ils peuvent la suspendre. Sous ce dernier rapport, les Insectes sont des mieux partagés, et l'on a même été jusqu'a douter de l'existence de la respiration chez ces animaux. En effet, on peut les plonger impérieusement dans certains liquides autres que les corps gras, et les y laisser pendant un temps fort long sans les faire périr ; mais on n'a pas encore reconnu exactement la limite de ce temps. Des larves de Diptères (*Stratiomys Chameleon*), plongées d'abord dans l'acool pendant vingt-quatre heures, puis dans l'eau pendant plusieurs jours, et enfin deux jours dans le vinaigre, ne périrent pas pour cela. L'auteur de cette expérience, Swammerdam, voulant disséquer ces Insectes, fut obligé de les ouvrir encore vivans. Des chenilles, après avoir été plongées dans l'eau pendant dix-huit jours, revinrent a la vie, d'après l'observation de Lyonnet. M. Lacordaire a vu revenir à la vie des *Nyctelies* qu'il avait gardées pendant onze jours dans l'acool. Mais si les Insectes résistent a l'immersion, ils ne résistent pas aussi bien a la privation d'air. M. Léon Dufour a renfermé des *Nèpes* dans un flacon plein d'eau, et bouché de manière a les empêcher de présenter leur tube respiratoire a la surface ; ces Insectes périrent au bout de huit ou dix heures. Quant à l'action des corps gras, de l'huile par exemple, sur la respiration des Insectes, elle est très-marquée, sans doute parce qu'elle bouche d'une manière complète l'ouverture des stigmates, et s'oppose ainsi a l'entrée de l'air, lorsque l'on retire l'insecte du liquide dans lequel on l'avait plongé ; aussi parvient-on à asphyxier les Insectes en plaçant de l'huile ou un autre liquide gras sur leurs stigmates.

Les diverses expériences que l'on a tentées sur l'occlusion des stigmates ont appris que leur effet varie suivant les espèces sur lesquelles on fait l'expérience ; mais il suffit qu'un ou deux stigmates restent libres pour que l'effet n'ait pas lieu. Si l'on bouche tous les stigmates, la mort de l'Insecte survient entre quelques instans et plusieurs heures suivant les espèces. Si l'on bouche seulement les stigmates d'un côté du corps, il en résulte une sorte de paralysie, mais qui cesse peu de temps après, sans doute parce que l'air qui pénètre par les stigmates de l'autre côté du corps ne tarde pas à se répandre dans le côté malade.

On admet aujourd'hui que les stigmates de l'abdomen sont les seuls qui servent à la respiration pendant le repos, et que les stigmates du thorax n'entrent en jeu que pendant le vol. L'intérieur du thorax étant occupé par les muscles destinés à mettre les pattes et les ailes en mouvement, on conçoit, en effet, que l'air ne peut pénétrer dans les trachées de cette partie du corps pendant le repos ; on peut admettre tout au plus qu'il y reste stationnaire. L'abdomen, au contraire, étant revêtu de tégumens plus flexibles que ceux du thorax, exécute des mouvemens d'inspiration et d'expiration à l'aide desquels l'air peut se renouveler. Il est donc probable que l'introduction de l'air dans le thorax, pendant les mouvemens de l'insecte, a pour but de faciliter les mouvemens et peut être aussi de rendre l'Insecte plus léger pendant le vol ; tandis que l'air introduit dans l'abdomen sert spécialement à la respiration. Les mouvemens de contraction et de dilatation de l'abdomen par suite de l'expiration et l'inspiration de l'air sont très visibles dans certains Insectes ; mais le nombre de ces contractions varie suivant les espèces. On en a compté de 20 à 25 par minute dans un Cerf-Volant (*Lucanus cervus*), 20 dans une espèce de Sphinx (*S. euphorbiæ*), et de 50 à 55 dans une Sauterelle (*Locusta viridissima*). Du reste, le nombre de ces contractions augmente pendant les mouvemens violens ou dans un gaz plus actif, tel que l'oxigène ; c'est également ce qui a lieu chez les animaux vertébrés. Il y a des Insectes chez lesquels ces signes extérieurs de la respiration sont peu ou point visibles ; les chenilles sont dans ce cas. On ignore comment se fait alors le renouvellement de l'air, et

l'on en est réduit à des conjectures ; telle est l'opinion émise par M. Carus, qui attribue ce renouvellement à l'action du cœur ou vaisseau dorsal, et aux mouvemens des intestins et des muscles.

Diverses expériences de Spallanzani et autres ont prouvé que la quantité d'air consommée par les Insectes dans un temps donné est plus faible que dans les animaux vertébrés à sang chaud, mais beaucoup plus forte que dans ceux à sang froid. On a aussi reconnu que les Insectes dépouillent l'air atmosphérique de son oxigène d'une manière beaucoup plus complète que les animaux vertébrés à sang chaud. On sait que ces derniers périssent long-temps avant que tout l'oxigène ne soit employé, tandis que les Insectes n'en laissent pas dans la proportion de une partie sur cent.

Nous avons déjà dit que l'oxigène pur rendait plus active la respiration des Insectes, comme cela arrive aux animaux vertébrés. On s'est assuré de même que l'action de certains gaz qui est délétère pour ces derniers animaux, l'est aussi pour les Insectes. Ainsi, M. Straus a reconnu que le Hanneton (*Melolontha vulgaris*) peut vivre plusieurs jours dans le gaz azote, qu'il ne cesse pas de s'y mouvoir, et qu'il revient tout-à-fait à la vie, si on l'en retire. L'hydrogène pur fait perdre tout mouvement à cet Insecte au bout d'un quart d'heure, mais il n'y périt pas cependant, et peut y rester jusqu'à cinquante heures. La vie se prolonge plus long-temps encore, si ce gaz est mélangé avec un peu d'air atmosphérique. Du reste, l'espèce de l'Insecte, sa grosseur, l'espèce et la pureté du gaz, influent sensiblement sur les résultats. On a fait l'expérience avec du chlore, de l'hydrogène carboné, de l'hydrogène sulfuré, de l'acide carbonique, et la durée de la vie a varié dans chacun de ces gaz, mais le gaz ammoniac pur a tué l'Insecte en une demi-minute (1).

Quant à ce que l'on a appelé la fonction de calorification, c'est-à-dire la propriété de développer de la chaleur ou de résister au froid, elle est encore fort peu connue dans les Insectes, et les expériences à tenter sont fort difficiles à cause de la petitesse de ces animaux. On regarde les Insectes comme ayant la même propriété que les animaux à sang froid, c'est-à-dire pouvant se mettre en équilibre de température avec

(1) Straus, *Anatomie des Animaux articulés*, p. 319.

les corps environnans. Cependant quelques observations semblent prouver qu'ils ont une température propre. Ainsi une Sauterelle (*Locusta viridissima*) ayant été placée dans un vase étroit, l'air étant à la température de quatorze degrés (Réaumur), un thermomètre enfermé dans le même vase marqua dix-sept degrés. On sait de plus combien les Insectes développent de chaleur quand ils sont réunis en grand nombre. L'auteur de l'observation précédente, Inch, a vu le thermomètre s'élever de plusieurs degrés dans un vase de verre où il avait renfermé un grand nombre de Cantharides (*Lytta vesicatoria*). Le thermomètre s'éleva davantage encore dans une fourmilière. On sait que la température des ruches d'Abeilles se maintient constamment en hiver à vingt-quatre ou vingt-cinq degrés. Réaumur a même remarqué que la température s'élevait encore lorsqu'il troublait ou excitait les Abeilles qu'il avait renfermées dans des ruches de verre. La chaleur s'élevait au point que la cire des rayons de miel entrait en fusion, et que ceux-ci se détachaient. Ces faits prouvent suffisamment que les Insectes développent de la chaleur, et que cette chaleur, peu sensible sur un Insecte isolé, le devient bientôt lorsqu'un grand nombre d'individus sont renfermés dans un même lieu.

L'action du froid sur les Insectes est extrêmement remarquable. Ces animaux peuvent supporter sans périr un froid très-intense, surtout aux premiers états de leur vie, et l'on a vu des chenilles et des chrysalides se développer comme à l'ordinaire après avoir été entièrement gelées. Ce fait a été mentionné pour la première fois en 1685 (Lister). Il a été répété par M. Boisduval, d'après le témoignage de M. Lacordaire ; et, dernièrement encore, M. Audouin a fait la même observation sur les chenilles de la Pyrale de la vigne. C'est assurément un phénomène très-singulier que celui de la congélation de toutes les parties du corps d'un animal qui n'entraîne cependant pas sa mort. Il paraît que les Insectes parfaits présentent aussi le même phénomène. On attribue cette faculté qu'ont les Insectes de supporter le froid à la petite quantité de chaleur qu'ils peuvent développer. Cette même propriété de résister au froid doit faire comprendre comment les hivers les plus rigoureux sont impuissans pour détruire les Insectes nuisibles, et comment aussi les Insectes peuvent supporter l'hibernation dans les retraites où ils se cachent.

Mais ce qui n'est pas moins remarquable, c'est que les Insectes résistent également à une chaleur très-élevée. Suivant MM. Kirby et Spence, on a vu des Insectes survivre à l'immersion dans l'eau bouillante. On sait d'ailleurs que certaines espèces de Coléoptères aquatiques qui vivent dans les eaux froides, se trouvent cependant aussi dans des eaux thermales d'une température élevée. Nous ne parlons pas ici des circonstances remarquables dans lesquelles vivent beaucoup d'autres Insectes, tels que les Termites, etc., parce que ces circonstances leur sont habituelles ; il nous suffisait d'indiquer que les Insectes peuvent résister accidentellement à une très-forte chaleur comme à un très-grand froid. Nous ajouterons seulement que lorsque l'élévation de la température est accompagnée de l'absence d'humidité, les Insectes périssent infailliblement. Ainsi, tel Insecte qui supportera impunément l'immersion dans l'eau bouillante, périra bientôt si on le place dans une étuve bien sèche, dont la température n'atteindrait pas cent degrés. C'est ainsi que l'on parvient à tuer les chrysalides dans les cocons de vers à soie. C'est encore par un procédé analogue que les naturalistes se délivrent des Insectes qui ravagent les collections d'animaux.

§ IV. DES SÉCRÉTIONS.

Il existe dans le corps des animaux des organes qui ont pour usage de séparer de la masse du sang certains principes : ces principes sont la base des produits particuliers que l'on a appelés *sécrétions*. Dans les animaux vertébrés, on admet que les organes sécréteurs reçoivent deux sortes de vaisseaux sanguins, dont les uns servent à nourrir ces organes, tandis que les autres leur apportent le sang qui doit servir à la sécrétion.

Dans les animaux articulés, où le sang se répand autour des organes, les matériaux de la sécrétion doivent être puisés immédiatement par les organes sécréteurs, en même temps que les matériaux de la nutrition de ces mêmes organes. C'est là tout ce que l'on sait de l'action des organes sécréteurs. On ignore absolument de quelle nature est l'action de ces organes sur le sang, et comment le sang se transforme de manière à constituer les produits variés des sécrétions. Ces produits sont d'autant d'espèces qu'il y a de sortes d'organes sécréteurs, et on les a distingués d'après leurs usages en sécrétions récrémentitielles et sécrétions excrémentitielles, suivant qu'ils servent ou non à la nutrition de l'individu. Dans le premier cas se trouve la salive et la bile ; dans le second, sont comprises la sueur, l'urine, etc. Mais cette division n'est pas parfaitement exacte, au moins pour ce qui concerne les animaux articulés. Ainsi, par exemple, dans laquelle des deux catégories classerons-nous la sécrétion de la soie ? Nous adopterions de préférence une distinction fondée sur un autre rapport qu'ont les sécrétions avec la nutrition. Néanmoins nous traiterons successivement des organes sécréteurs qui dépendent du canal intestinal, tels que les vaisseaux ou glandes salivaires, les canaux biliaires, les vaisseaux urinaires, et nous ferons suivre immédiatement l'histoire des sécrétions diverses, telles que celles de la soie, de la cire et autres.

α. Organes des sécrétions dans les Crustacés.

On trouve chez les Ecrevisses et quelques autres espèces, de chaque côté de l'œsophage, une petite masse spongieuse, de couleur verdâtre, qui rappelle, par sa position, les glandes salivaires des animaux vertébrés. La situation de ces organes au-dessous des concrétions de l'estomac que l'on appelle vulgairement yeux d'Ecrevisses, et que nous avons mentionnés plus haut, a engagé M. Carus a considérer ces concrétions comme des produits de ces sortes de glandes salivaires, produits qui pénétreraient entre les membranes de l'estomac, et que cet anatomiste regarde comme des calculs salivaires. Il est inutile d'ajouter que ceci n'est qu'une hypothèse. Dans les Cloportes les vaisseaux salivaires sont plus distincts et se rapprochent de ceux des Insectes.

L'organe sécréteur de la bile, ou le foie, est très-développé dans les Crustacés Déca-

podes, où il forme deux grandes masses glanduleuses souvent réunies entre-elles, et qui occupent une grande partie de la cavité du corps. La couleur de ce foie est jaune et il est revêtu d'une membrane mince qui pénètre dans l'intervalle de ses lobes. Cet organe, qui semble spongieux lorsqu'il est revêtu de son enveloppe, est formé d'une multitude de petites vésicules plus ou moins allongées ou d'autant de petits cœcums. Tous ces cœcums aboutissent à des vaisseaux qui se réunissent en un tronc unique qui se rend dans l'estomac, et s'ouvre sur les côtés de la portion pylorique de cet organe. La bile est d'un jaune verdâtre. Du reste, la forme du foie est variable suivant les espèces ; et dans les Squilles en particulier, il se compose de deux rangs de lobes qui s'étendent dans toute la longueur du canal intestinal. Suivant M. Milne Edwards, les Crustacés suceurs ont le foie remplacé par un tissu spongieux et réticulé qui enveloppe le tube digestif.

Indépendamment du foie, on trouve aussi dans les Crustacés Brachyoures, à la portion pylorique de leur estomac, deux vaisseaux longs et étroits, enroulés diversement sur eux-mêmes, et qui renferment un liquide blanchâtre. On les trouve aussi, suivant M. Milne Edwards, dans quelques Crustacés Macroures, et dans le Homard ils sont remplacés par deux espèces d'ampoules. Les usages de ces vaisseaux ne sont pas connus. Ils nous conduisent toutefois à la forme des vaisseaux biliaires dans les Articulés des classes suivantes, forme qui se montre déjà dans les Lygies et quelques autres Crustacés. On trouve chez ces animaux trois paires de vaisseaux appelés biliaires, parce qu'on les regarde comme analogues au foie, dont ils rempliraient les fonctions ; ces vaisseaux s'ouvrent dans l'estomac. Dans les Cloportes, il y a deux paires de vaisseaux biliaires, qui sont épais, allongés et contournés en spirale. Ils s'ouvrent aussi dans l'estomac.

Il existe en outre, suivant M. Milne Edwards, au point de réunion du duodénum avec le rectum, dans les Crustacés Décapodes, un vaisseau ou cœcum qui ressemble aux deux longs vaisseaux mentionnés plus haut. La position de ce vaisseau varie avec le plus ou moins de longueur du duodénum, et sa présence indique la limite de ces deux parties de l'intestin ; il débouche dans le duodénum au-devant des valvules qui séparent celui-ci du rectum. On ne sait pas quels sont ses usages.

Enfin, pour terminer ce qui a rapport aux organes des sécrétions dans les Crustacés, il nous reste à parler d'une masse glandulaire, spongieuse et blanchâtre, que M. Milne Edwards a observée dans les Crustacés Décapodes, et qui est située en arrière des branchies, dans la cavité même où sont logés ces organes. Elle est enveloppée par un repli de la membrane tégumentaire qui forme la cavité branchiale. Cette masse semblait s'ouvrir au dehors près de l'origine de l'abdomen, entre le premier anneau de celui-ci et le plastron sternal; mais on ignore encore quelles sont les fonctions de cet organe.

β. Organes des sécrétions dans les Arachnides.

Les organes de la sécrétion salivaire sont plus distincts dans la classe des Arachnides que dans les Crustacés; mais ils ne s'abouchent pas avec le canal intestinal, et n'ont qu'un rapport indirect avec la nutrition. Ce sont deux glandes qui s'ouvrent dans les mandibules et dont le produit est une espèce de poison ou un venin à l'aide duquel les Araignées tuent les Insectes dont elles doivent se nourrir. Du reste, la grande division des Aranéides, qui se compose des Araignées proprement dites, est seule pourvue de ces glandes ou vaisseaux salivaires. Lorsqu'on enlève la partie dorsale des tégumens dans une Araignée, on voit saillir a la base des deux mandibules, deux sortes de vésicules blanchâtres qui sont les glandes en question. Elles ont une forme allongée, et leur canal excréteur, qui traverse les mandibules, est un tube fort étroit. Les glandes semblent formées de fibres obliques, que réunit une membrane mince et résistante. Il paraitrait qu'il existe aussi des glandes salivaires dans les Scorpions, d'après l'opinion de Muller.

Le foie est représenté dans les Araignées par le corps graisseux qui adhère d'une manière intime au canal intestinal. La sécrétion de la bile est attestée, suivant M. Carus, par la couleur brune des excrémens au sortir du duodénum, circonstance que nous avons déjà mentionnée. Cependant l'extrémité du canal intestinal est pourvue de quatre vaisseaux dits biliaires, situés dans le voisinage de l'anus, qui doivent évidemment avoir d'autres usages que la sécrétion de la bile. Nous reviendrons sur ce sujet en parlant des mêmes organes dans les Insectes. Dans les Scorpions, le corps graisseux qui représente le foie, présente une structure glanduleuse, et se trouve disposé d'une manière symétrique, en sorte de grappes de chaque côté du canal intestinal. Chacune de ces grappes communique avec le canal intestinal, ainsi que nous l'avons vu plus haut. Il existe en outre, comme chez les Araignées, des vaisseaux dits biliaires, qui sont en rapport avec d'autres vaisseaux venant du cœur, versant le produit de leur sécrétion, quel qu'il soit, dans le canal intestinal à l'extrémité duquel ils aboutissent.

La même raison qui a fait comparer aux vaisseaux salivaires les glandes à venin des Araignées, peut faire rapporter aux organes urinaires la vésicule vénéneuse des Scorpions. Cette vésicule est renfermée dans le dernier anneau de l'abdomen ou de la queue du Scorpion. Cet anneau est terminé par un crochet aigu, sous lequel est percée une ouverture qui donne issue au venin. L'animal s'en sert pour sa défense. (1).

γ. Organes des sécrétions dans les Myriapodes.

Il existe des organes de sécrétion salivaire bien visibles dans les Scolopendres. Ce sont deux glandes volumineuses, situées de chaque côté de l'œsophage et dont la structure semble granuleuse. Un vaisseau excréteur verse le produit de cette sécrétion, qui est un véritable venin, dans les derniers appendices de la bouche, ou dans cette paire de dents ou de mandibules très-développées qui forme la cavité buccale. Ces appendices ont les mêmes usages que les mandibules des Araignées, ou au moins ils servent d'armes défensives aux Scolopendres. Les vaisseaux dits biliaires dans ces mêmes animaux, sont au nombre de deux : ils s'abouchent avec le canal intestinal à la terminaison du ventricule chylifique, et remontent dans l'intérieur du corps jusqu'auprès des glandes salivaires. Ce sont les seuls vaisseaux sécréteurs que présente le tube intestinal, et nous ferons remarquer à cet égard que nous trouvons chez les Myriapodes la même organisation que chez les Insectes, sous le rapport des orga-

---

(1) Il resterait à traiter ici des organes qui sécrètent les fils soyeux des Aranéides ; nous renvoyons ces détails à l'article de la sécrétion de la soie dans les Insectes.

nes de sécrétion. C'est dans cette dernière classe que nous allons surtout les étudier.

δ. Organes des sécrétions dans les Insectes.

Les vaisseaux salivaires sont ordinairement fort développés dans ces animaux, et le fluide qu'ils sécrètent et qu'ils versent à l'entrée du canal intestinal, est de nature alcaline, comme la salive des animaux vertébrés. C'est principalement chez les Insectes suceurs que l'on trouve ce fluide salivaire, c'est-à-dire chez les Hémiptères, les Hyménoptères, les Lépidoptères et les Diptères. Cependant quelques Insectes broyeurs en sont également pourvus; tels sont les Orthoptères et certaines familles de Coléoptères (Hétéromères, Charançons, Coccinelles). Les vaisseaux salivaires s'ouvrent dans la cavité buccale chez les Insectes broyeurs, et a l'origine de l'œsophage chez les Insectes suceurs. Il y en a deux ordinairement et quelquefois quatre; leur longueur est très variable et ils s'enroulent plus ou moins sur eux-mêmes, ou s'appliquent le long du canal intestinal; dans ce dernier cas, ils s'étendent quelquefois jusque dans l'abdomen. Ce sont des vaisseaux aveugles, c'est-à-dire sans issue a leur extrémité, mais ils n'ont pas toujours la forme de simples vaisseaux. Ils se composent quelquefois d'un appareil glanduleux où s'opère la sécrétion de la salive et qui est unique, double ou même triple; d'un ou deux conduits excréteurs, qui versent dans la bouche ou dans l'œsophage le fluide sécrète; et enfin d'autres vaisseaux que l'on a pris pour des réservoirs où se dépose la salive. C'est surtout dans l'ordre des Hémiptères que l'on observe ce degré de complication des vaisseaux salivaires. On y remarque quelquefois dans l'appareil de sécrétion, une structure celluleuse qui lui donne de l'analogie avec les glandes des animaux vertébrés. Du reste, la forme et la disposition de ces organes varie presque avec chaque espèce.

Nous arrivons maintenant aux vaisseaux appelés biliaires, parce qu'on les a regardés comme les organes sécréteurs de la bile et par suite comme les analogues du foie. Nous avons déjà remarqué, dans les Arachnides, l'existence simultanée du foie, ou autrement du corps graisseux, et des vaisseaux biliaires; nous verrons la même chose dans les Insectes, à cela près que le corps graisseux de ces derniers n'est pas aussi adhérent au canal intestinal que dans les Arachnides. Il en résulte que le foie aurait également pour analogues dans les articulés le corps graisseux et les vaisseaux biliaires, et c'est en particulier l'opinion de M. Carus, qui regarde les fonctions du foie comme séparées chez ces animaux et réparties entre deux organes différens. Le corps graisseux, suivant cet anatomiste, aurait spécialement pour usage de sécréter la partie grasse de la bile, et les vaisseaux biliaires en sécréteraient la partie alcaline. Nous verrons bientôt que ces vaisseaux biliaires ont encore d'autres usages, et que leurs fonctions semblent varier, en même temps que leur position.

On trouve les vaisseaux biliaires dans presque tous les Insectes, ce qui indique qu'ils remplissent des usages importans, et leur forme est beaucoup moins variée que celle des vaisseaux salivaires. Ils sont ordinairement très-longs, tres-flexueux et s'appliquent sur la surface du canal intestinal. Leur couleur est généralement obscure, et résulte de la présence du fluide qu'ils contiennent. Leur enveloppe est extrêmement mince et se déchire tres-facilement. Dans quelques espèces (Muscides), elle présente, dans toute la longueur de ces organes, une ligne spirale : dans d'autres (*Cigales*) elle offre des étranglements successifs, qui leur donnent un aspect granuleux : dans d'autres enfin (*Hannetons*), cette membrane est frangée des deux côtés, mais toutes ces exceptions sont rares. Les variations les plus fréquentes des vaisseaux biliaires portent sur leur nombre et sur leur position à l'égard du tube intestinal.

Le nombre des vaisseaux biliaires est le plus ordinairement de deux, mais dans ce cas, ils débouchent dans le canal intestinal par leurs deux extrémités, ce qui les a faits considérer comme quatre vaisseaux réunis entre eux par le bout. On en a dit autant lorsqu'il y en a trois, c'est-à-dire que deux seraient soudés entre eux. Il en existe quatre, séparés sur toute leur largeur chez beaucoup de Diptères, de Névroptères, et quelques Aptères broyeurs, et même six chez les Lépidoptères. Enfin on en compte huit dans certains Névroptères (*Myrméléon, Hémérobe*, etc.), quatorze chez une espèce de fourmi (*F. rufa*), et un nombre illimité, cent cinquante et plus, dans certains Hyménoptères, Orthoptères et Névroptères de la division des Subulicornes. On remarque en général que ces vaisseaux sont d'autant

Erreur de l'acquisition

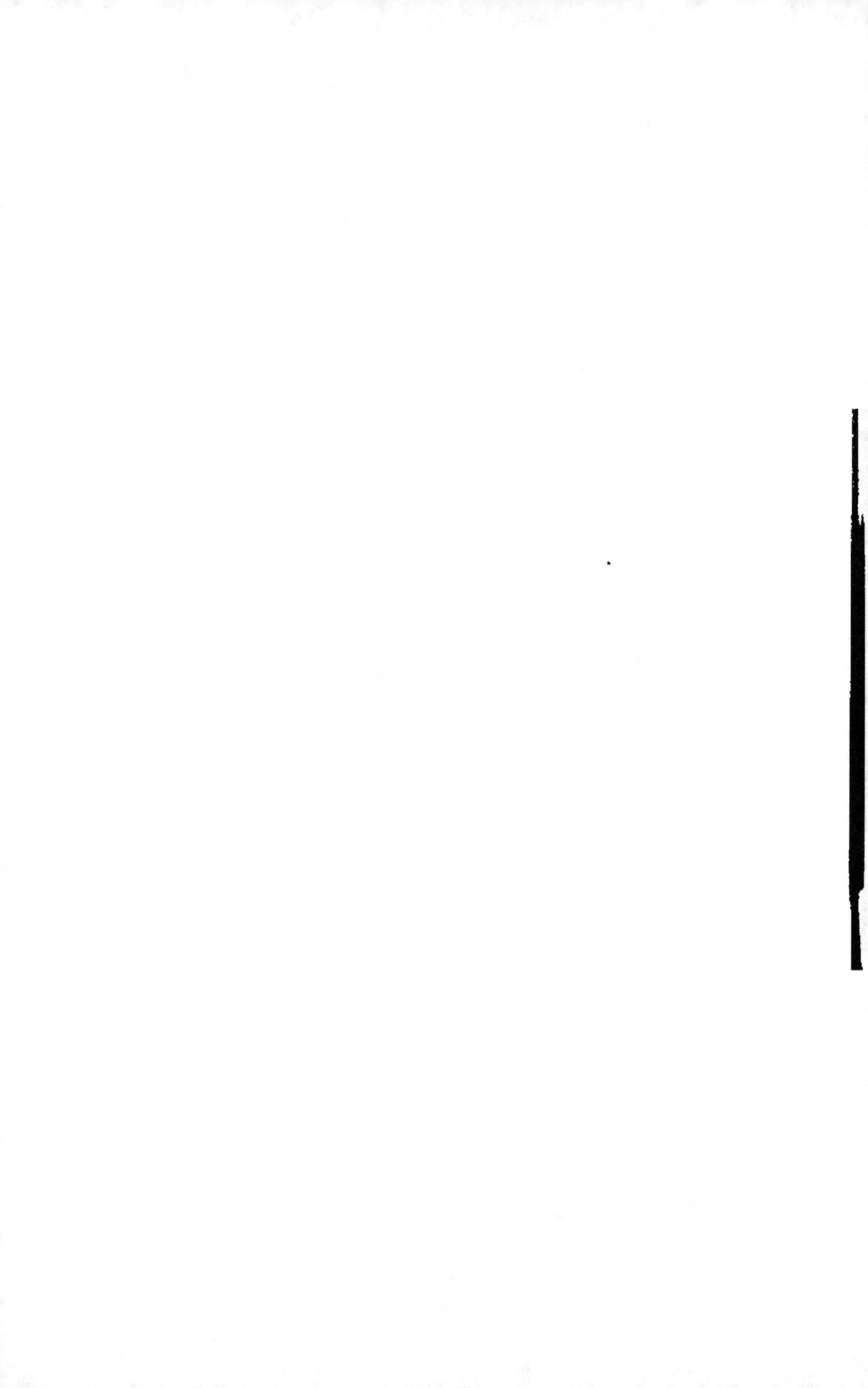

plus longs qu'ils sont moins nombreux. Aussi, lorsqu'il n'y en a que deux, surpassent-ils quelquefois notablement la longueur du corps.

Quant a l'insertion des vaisseaux biliaires, elle a lieu de trois manières : 1° sur le ventricule chilifique (duodénum), soit au milieu, comme dans les Cigales et autres Hémiptères, mais ce cas est fort rare, soit a l'extrémité que nous avons appelée pylorique. Ce dernier cas est le plus fréquent, si ce n'est dans les Hémiptères; mais souvent on ne saurait déterminer si ces vaisseaux appartiennent plutôt au duodénum qu'a l'intestin grêle. 2° Il arrive encore que ces vaisseaux, par une de leurs extrémités, s'ouvrent au-dessous du pylore, tandis que l'autre extrémité débouche sur quelque autre partie des intestins, le cœcum par exemple ; cette disposition se voit plus spécialement dans les Coléoptères. 3° Enfin, les vaisseaux salivaires s'ouvrent entre l'intestin grêle et le cœcum. C'est presqu'exclusivement le cas des insectes de l'ordre des Hémiptères.

Nous avons vu que les vaisseaux biliaires s'ouvraient dans le canal intestinal, tantôt par les deux extrémités et tantôt par une seule ; dans les Courtilières, on trouve une troisieme disposition. Les vaisseaux biliaires de ces Insectes sont nombreux et courts, et se reunissent en un tronc commun, en sorte de canal déférent. Dans un autre insecte (*Dorthesia Characias*), il n'y a que deux vaisseaux biliaires, mais ces organes forment un cercle complet, et chaque cercle communique avec un tube court qui se réunit au tube, du côté opposé, pour former un seul conduit déférent. Ces deux derniers cas nous conduisent à celui dans lequel on trouve une poche ou réservoir qui sert de dépôt au fluide des vaisseaux biliaires: on en voit des exemples dans les Hémiptères de la division des Géocorises ou Punaises terrestres ; c'est une poche globuleuse qui est placée immédiatement avant le cœcum, à l'endroit ou se termine le ventricule chylitique. On prendrait cette poche pour une division du cœcum lui-même.

Les différences que présentent les vaisseaux biliaires dans leur mode d'insertion, ont fait supposer qu'il devait y avoir également des différences dans les fonctions de ces organes. Et en effet, à quoi servirait l'afflux de la bile, par exemple, a l'extremité du tube intestinal, alors que la digestion est presque achevée ? Cette considération suffit pour faire rejeter l'opinion de quelques anatomistes anciens et modernes, qui regardaient les vaisseaux biliaires comme les analogues des vaisseaux lactés des Mammifères. Comment ces vaisseaux pourraient-ils extraire le chyle, lorsqu'ils s'ouvrent à l'extrémité des intestins, et que par conséquent il n'y a plus de chyle en cet endroit? Cette opinion n'aurait pu être soutenue que dans le cas où les vaisseaux biliaires auraient toujours eu leur orifice dans le ventricule chilifique. On a donc abandonné cette manière de voir, et l'on regarde aujourd'hui les vaisseaux biliaires, comme secrétant de la bile lorsqu'ils sont situés sur le ventricule chilifique, et comme secrétant de l'urine lorsqu'ils sont insérés plus bas. D'autres physiologistes font accorder ces deux opinions, et disent que les vaisseaux salivaires secrétent de la bile dans une partie de leur étendue, et de l'urine dans l'autre : c'est ce qui arrive lorsque les vaisseaux biliaires sont réunis par le bout, et s'ouvrent dans l'intestin en deux points differents. Il est alors évident, malgré leur réunion, que ce sont deux vaisseaux distincts. On a démontré, par l'analyse chimique, la présence de l'acide urique dans les Insectes, et on l'a démontrée même dans ceux qui n'ont pas les vaisseaux urinaires, que nous ferons bientôt connaître. On a cru devoir en conclure que les vaisseaux biliaires contenaient une substance semblable à l'urine, et ce qui semble confirmer cette idée, c'est la découverte faite récemment de petits calculs dans les vaisseaux biliaires d'un *Cerf-volant* (*Lucanus Capreolus*). Ces calculs, analyses chimiquement, ont donné de l'acide urique. Mais doit-on en conclure que ces vaisseaux biliaires, situés vers l'extrémité des intestins, soient une véritable vessie urinaire? Rien ne le prouve encore, et d'ailleurs, à quoi serviraient les organes urinaires que nous allons décrire? Malgré les recherches auxquelles on s'est livre jusqu'ici, cette question est encore très-peu avancee.

La position de ces vaisseaux biliaires sur le ventricule chylifique, dans beaucoup d'Insectes, a fait attribuer a ces organes, avec assez de raison, les usages du foie, qui sert à secréter un fluide, la bile, nécessaire ou du moins utile à la digestion. Mais nous avons deja vu qu'un autre organe, le corps graisseux, etait aussi regardé comme l'analogue du foie, et que ce corps graisseux, adherent au canal intestinal dans les Arachnides, representait assez bien le foie des Crustacés. Etudions maintenant cet organe dans les Insectes.

Le corps ou tissu graisseux est ainsi nommé à cause de ses rapports avec la graisse des animaux vertébrés. C'est une substance composée d'une multitude de petites vésicules enveloppées par des trachées et des fibres très-ténues, que l'on dit être musculaires, et qui forment un réseau très-serré. Ces vésicules ne sont visibles que sous le microscope. Le réseau formé par le corps graisseux environne les divers organes de l'abdomen et constitue une couche plus ou moins épaisse, dont les bords sont irréguliers : il s'interpose entre les organes et semble les protéger. On le désigne quelquefois sous le nom d'épiploon ou de tissu adipeux, et on lui attribue les mêmes fonctions qu'à la graisse des vertébrés, qui sont de servir à la nutrition à défaut de nourriture prise au dehors. On a remarqué, en effet, que ce corps graisseux était plus abondant lorsque les Insectes mangeaient beaucoup, mais qu'après un long jeûne, il avait sensiblement diminué, et ne consistait plus qu'en un assemblage de filets épars, terminés dans des globules isolés, et formant une sorte de grappe assez lâche. Suivant M. Léon Dufour, ce corps graisseux est abondant pendant l'été chez certains Insectes, les Carabiques, c'est-à-dire pendant la saison où ces Insectes prennent de la nourriture ; tandis qu'à la fin de l'hiver, il est considérablement réduit. Les Chenilles surtout sont riches en tissu adipeux, principalement à l'époque où elles doivent se métamorphoser en nymphes ; mais pendant leur transformation, le tissu adipeux est absorbé, et lorsqu'elles arrivent à l'état de Papillons, il n'en reste plus que des traces. On voit que ce tissu remplit les mêmes usages que la graisse chez les mammifères hibernants. C'est par l'abondance du tissu adipeux que l'on explique la persistance de la vie chez certains Insectes, qui ont privés de toute espèce de nourriture pendant des mois entiers. Tels sont ceux que l'on pique tout vivants pour les garder dans les collections, et qui continuent à vivre pendant long-temps, lorsque l'épingle n'a lésé aucun organe essentiel. C'est encore ce tissu adipeux qui sert de nourriture a des générations d'Insectes parasites, (*Ichneumons*), que les mères déposent à l'état d'œufs dans le corps des Chenilles. Les petits Insectes qui sortent de ces œufs trouvent là une nourriture abondante et les ravages qu'il font dans le tissu adi-

peux, n'empêche pas les Chenilles de continuer à vivre. On conçoit, d'un autre côté, que ces Chenilles ne puissent arriver à l'état parfait, privées qu'elles sont de la substance nutritive qui était destinée à les y conduire.

L'analogie qui existe entre le tissu adipeux des Insectes et la graisse des animaux vertébrés n'a pas été démontrée par l'analyse chimique. On sait seulement qu'à l'aide de la chaleur, ce tissu donne un liquide jaune, transparent, et qui tache le papier, comme le ferait la graisse. Dans l'eau chaude, il devient plus mou, plus transparent et laisse échapper des molécules qui viennent former des cercles à la surface.

Les derniers organes de sécrétion que nous présentent les Insectes n'ont plus qu'un rapport indirect avec la nutrition ; et bien qu'ils portent le nom de *vaisseaux urinaires*, on est forcé de reconnaître que le produit de leur sécrétion n'est pas de l'urine et qu'il a d'autres usages. C'est un fluide ordinairement caustique, odorant et quelquefois noirâtre, qui sort dans quelques Insectes à l'état de vapeur ou de gaz, et qui leur sert à se défendre. Mais on ne trouve pas ces organes chez tous les Insectes ; on ne les a guère reconnus que dans certaines familles de Coléoptères, tels que les carnassiers, quelques Brachélytres, les *Silphes*, certains Hétéromères. Il en existe cependant chez quelques Diptères des genres *Bombylus* et *Leptis*. En général, les vaisseaux appelés urinaires sont rarement aussi simples que les vaisseaux biliaires. Ils se composent ordinairement : 1° d'un appareil sécréteur, dans lequel se forme le fluide, et cet appareil présente des formes diverses ; 2° de canaux appelés déférents, qui conduisent le fluide au dehors ; 3° enfin d'une poche servant de réservoir au fluide, qui sort de ce réservoir par son conduit excréteur, ouvert, soit dans le rectum lui-même, soit dans la cavité du cloaque où s'ouvre l'anus. Ces organes de sécrétion sont quelquefois formés de deux membranes, dont l'interne est beaucoup plus mince que l'autre. La membrane extérieure offre quelquefois des plis annulaires et paraît contractile.

Dans les Carabiques, le liquide sécrété par les vaisseaux urinaires est ordinairement incolore, et quelquefois cependant jaune ou brun. Son odeur tient à la fois de l'ammoniac et de l'acide sulfurique. Les espèces les plus grandes, comme les Carabes, peuvent lancer ce liquide à quelques pouces de distance ; mais, dans certaines espèces de petite taille, il se volatilise en sortant et prend l'apparence d'une fumée blanchâtre ; c'est ce qui arrive aux *Brachines* en particulier. L'appareil sécréteur des Carabes se compose, de chaque côté du corps, de deux petites grappes ou paquets de vésicules, dont chacune porte un pédicule distinct. Tous ces pédicules se réunissent en un tube commun à une même grappe, et la réunion des deux tubes forme un long conduit déférent qui vient aboutir à un réservoir en forme de vessie. Un canal excréteur porte au dehors le liquide renfermé dans cette vessie. Lorsque l'on irrite un de ces Insectes, il lance par l'anus le liquide que contient la vessie, et cela à plusieurs reprises, jusqu'à ce qu'il ait épuisé tout ce qu'elle renfermait. Alors, il ne peut plus lancer de nouveau liquide, quelques efforts qu'il fasse, jusqu'à ce qu'une nouvelle sécrétion ne vienne remplir la vessie. Dans d'autres Insectes de la même famille (*Chlænius*), les grappes formées par les organes sécréteurs sont plus grosses, et formées non plus de vésicules, mais d'organes allongés, frangés sur leur bord dont les pédicules se réunissent entre eux avant d'aboutir au conduit déférent. D'autres Carabiques (*Omophron*) offrent plus de simplicité. Ils n'ont qu'un organe sécréteur en forme de rein, qui communique avec la vessie, au moyen d'un canal déférent. Les Brachines, déjà cités, ont une seconde vessie, pour le dépôt du fluide sécrété, et l'on suppose que la vaporisation de ce fluide se fait dans cette seconde vessie. On trouve, suivant les espèces, un ou plusieurs conduits déférens, et la forme des organes sécréteurs varie également. La vapeur blanchâtre que ces Insectes émettent au dehors est d'une odeur pénétrante, analogue à celle de l'acide nitrique. Elle en a d'ailleurs les propriétés ; elle rougit, comme lui, le papier bleu de tournesol et décompose l'épiderme des doigts. On dit même que les Brachines des régions intertropicales, qui sont beaucoup plus gros que les nôtres, produisent une sensation de brûlure qui devient si vive, à la suite de plusieurs décharges, qu'on est obligé de lâcher prise. Après plusieurs explosions, au lieu d'une fumée blanchâtre, il ne sort plus du corps de l'Insecte qu'un liquide jaune ou brun, qui se dessèche bientôt en laissant échapper des bulles d'air, comme s'il y avait effervescence : la vapeur dépose aussi sur les corps qu'elle touche une matière blanche pulvérulente et quelquefois une matière jaunâtre.

Dans les Hydrocanthares (Dytiques), l'appareil sécréteur n'existe plus. Il est remplacé par un vaisseau filiforme, enroulé, qui aboutit à une petite vessie, et tient lieu en même temps de conduit déférent. Le liquide sécrété est incolore et extrêmement fétide.

Dans les Brachélytres(*Staphylins*), il n'y a plus qu'un simple vaisseau, enroulé diversement, et qui aboutit immédiatement dans une petite vésicule qui fait saillie à l'extérieur au gré de l'Insecte, et qui donne une vapeur subtile, d'une odeur assez pénétrante. Cette odeur se rapproche, dans quelques espèces, de celle de l'éther sulfurique.

Les *Silphes* ont leur appareil sécréteur aussi simple que les Staphylins ; mais il est unique et impair, au lieu d'être double et symétrique, comme dans tous les autres Insectes. Le liquide sécrété est roux et d'une odeur infecte.

Telle est la structure des organes ou vaisseaux urinaires dans les cas les plus compliqués. Ils sont beaucoup plus simples dans les autres Insectes, les Hétéromères, par exemple, et leur structure est quelquefois assez difficile à reconnaître.

Des sécrétions qui n'ont pas rapport à la nutrition.

Nous aurions déjà pu ranger sous ce titre la dernière classe de sécrétions, dites sécrétions urinaires, si nous avions seulement eu égard à leurs usages apparents, et les rapprocher d'autres sécrétions, celles du venin, que nous allons bientôt étudier dans les Insectes, et dont nous avons déjà parlé dans les Arachnides, au sujet des Scorpions ; mais nous avons suivi la marche adoptée jusqu'ici par les physiologistes, qui regardent la sécrétion urinaire des Insectes comme analogue à ce qu'elle est dans les Vertébrés. Sans examiner jusqu'à quel point cette opinion est fondée, nous allons faire connaître quelles sont, dans les animaux articulés, les sécrétions qui n'ont plus de rapport direct avec la nutrition. Les Crustacés ne nous offrent rien qui soit dans ce cas, et nous pouvons en dire autant des Myriapodes ; mais il nous restait à parler des vaisseaux sécréteurs de la soie dans les Araignées, et de divers organes de sécrétion que nous présentent les Insectes. Nous réunirons en un seul article ce que nous avons à dire des vaisseaux soyeux dans les Araignées et dans les Insectes, à cause de l'identité de la sécrétion qu'ils produisent, et nous traiterons d'abord de la sécrétion du venin de quelques Insectes, sécrétion qui se rattache d'une manière intime à celle des organes urinaires que nous venons de faire connaître.

Sécrétion du venin. On trouve dans les Insectes Hyménoptères de la famille des Porte-Aiguillon (*Guepes, Abeilles etc.*), des organes destinés à la sécrétion d'un fluide particulier, dont l'introduction dans le sang des animaux est suivie d'une douleur fort vive et d'inflammation. Ce fluide ou venin est introduit sous la peau au moyen d'un organe appelé *aiguillon*, qui fait suite au vaisseau ou conduit excréteur du venin. Le venin des Hyménoptères est transparent, d'un gout assez doux au premier abord, et analogue à celui de miel, mais qui bientôt devient âcre et corrosif. Il est soluble dans l'eau, et par l'addition d'un peu d'alcool, il se précipite sous forme de poudre blanche et acquiert des propriétés acides, car il rougit le papier bleu de tournesol ; mais l'alcool seul ne le dissout pas. Desséché, il est un peu élastique. Il diffère du venin de la vipère, en ce que celui-ci ne manifeste pas de traces d'acidité et paraît insipide. L'action du venin des Hyménoptères est très-grande sur les autres Insectes; c'est une arme très-puissante, dont ils font usage, soit pour leur défense seulement, soit pour engourdir leur proie, ce qui varie avec l'industrie et la manière de vivre de chaque famille.

Nous ne décrirons pas ici les organes sécréteurs du venin, parce qu'ils se lient intimement à l'appareil de génération des femelles. Ils se composent d'ailleurs, comme les organes urinaires, d'un appareil pour la sécrétion, d'un conduit déférent et d'une vessie de dépôt ; mais ils ne sont pas doubles comme ces derniers.

Sécrétion de certains acides. Plusieurs insectes sécrètent des acides d'une nature particulière, et d'autres des acides déjà connus. Les fourmis sont dans le premier cas, et l'acide qu'elles produisent a reçu le nom d'acide *formique*. Cet acide, dont la chimie a fait l'analyse d'une manière directe, est rejeté au dehors par l'anus, mais on ignore s'il est sécrété par des organes spéciaux. Lorsqu'on attaque ou qu'on excite les fourmis, et surtout celles d'une cer-

taine espéce (*F. rubra*), l'odeur de l'acide qu'elles exhalent lorsqu'elles sont en grand nombre est très-sensible, et si l'on pile de ces fourmis dans un mortier, l'odeur en devient insupportable. On prétend même que si l'on jette une grenouille dans une fourmilière de cette espéce, elle est bientôt suffoquée par l'acide formique. Cet acide rougit, dit-on, les corolles des fleurs qui sont bleues ou violettes, pendant le passage de ces fourmis sur ces fleurs. On croit qu'il est sécrété par toutes les parties du corps de ces insectes.

Comme exemple d'acides déjà connus, produits par les Insectes, nous citerons l'acide gallique, extrait du charançon du blé (*Calandra granaria*).

Enfin on prétend que les Lépidoptères emploient, pour ramollir le cocon dans lequel ils étaient renfermés à l'état de nymphe, un acide particulier, appelé *bombique*, mais qui n'est pas encore bien connu.

C'est ici le cas de parler de la *sécrétion de quelques fluides particuliers*, qui sont produits par les Insectes. Mais il est des larves, des chenilles, qui sécrètent une humeur visqueuse, destinée sans doute à prévenir l'action du soleil et de la trop grande chaleur ; il en est d'autres qui font sortir par diverses parties de leur corps, lorsqu'on les saisit, des liquides de couleur diverse et de nature variée. Il est à remarquer que l'on ne trouve plus d'organes spéciaux pour la sécrétion de ces liquides, mais qu'ils sortent par différentes ouvertures percées dans la partie membraneuse de l'enveloppe générale. Tantôt c'est une liqueur laiteuse d'une odeur fétide, qui sort par les articulations du corps (*Dytique, Gyrins*); tantôt c'est une liqueur d'un jaune orangé, qui suinte par les articulations des pattes (*Meloe, Chrysomèle*), et dont l'odeur est plus ou moins forte, plus ou moins agréable.

Indépendamment de l'odeur que répandent ces différens liquides, il est d'autres odeurs qui sont émises sous forme de vapeurs invisibles, et qui caractérisent même, jusqu'à un certain point, quelques familles d'Insectes. Quelquefois ces odeurs sont très-agréables, telle est celle des Capricornes, et surtout de celui nommé à odeur de rose (*Cerambyx moschatus*): mais souvent aussi elles sont des plus fétides : il suffit de citer les *punaises*. Ces derniers Insectes appartiennent à l'ordre des Hémiptères, qui seul a présenté jusqu'ici un organe spécial pour la sécrétion des particules odorantes. Cet organe est situé à la base de l'abdomen et sur l'axe du corps. Il consiste en une poche, placée sur la partie ventrale, au-dessous du canal intestinal, de forme plus ou moins sphérique, d'une texture membraneuse et d'une couleur jaune, plus ou moins orangée. Cette poche sécrète un fluide de nature huileuse, qui se volatilise a l'instant où il sort, et décompose l'épiderme des doigts, sur lesquels il laisse des taches brunes. Lorsqu'elle s'étend dans l'abdomen, cette poche s'ouvre dans le métathorax par deux pores latéraux situés entre les pattes intermédiaires et les postérieures. On trouve cet organe dans quelques espèces qui nous semblent tout-à-fait inodores ; mais en général le fluide qu'il renferme est très-odorant, et, bien que très-fétide dans la plupart des espèces, il est cependant assez agréable pour nos sens dans quelques-unes. Il semble que ce fluide odorant ait été donné aux Insectes pour leur défense, car on peut remarquer que son émission est soumise à la volonté. En effet, les punaises les plus infectes ne répandent aucune odeur lorsqu'elles sont immobiles ; mais si l'on vient a les toucher, leur odeur se fait immédiatement sentir.

On a désigné sous le nom d'*efflorescence* une sécrétion particulière qui prend l'apparence d'une sorte de poussière, et qui est produite a travers les parois du corps. Cette efflorescence est blanche, jaune et même rouge, suivant les espèces. Elle affecte des formes régulières ou du moins semblables dans chaque espèce, ce qui indique une disposition spéciale des pores qui leur donnent issue. On ignore quel peut être l'usage de cette sorte de sécrétion, qui se manifeste dans des Insectes dont l'enveloppe est très-épaisse (*Lixus, Cleonis, Mélasomes,* etc.). Souvent, au lieu d'être une simple poussière, cette efflorescence prend l'apparence de filamens très-ténus (*Eurychora*), presque semblables à des fils d'araignées, et dans quelques Hémiptères (*Fulgores*), elle a l'aspect d'un duvet cotonneux, quelquefois très-long. Les *Cochenilles,* les *Chermes* et les *Pucerons* sont dans ce dernier cas, et présentent quelquefois (*Chermes abietis*) des cavités spéciales qui contribuent a l'issue de la matière sécrétée, et qui semblent communiquer a une sorte de bulbe percé d'un trou dans son intérieur.

La substance appelée *laque*, dont on fait un grand usage dans les arts, comme matière colorante, etc., est encore le produit d'une sécrétion, due à une espèce de Cochenille de l'Inde (*Coccus Lacca*). Cette sécrétion, fort abondante, n'a plus la forme de filaments, mais bien l'apparence d'une sorte de gomme qui enveloppe le corps de l'Insecte, lorsqu'il s'est fixé sur une branche d'arbre. Mais ici le but de cette sécrétion est connu : elle sert a former une loge ou enveloppe dans laquelle la Cochenille pond ses œufs.

La *cire* est encore le produit d'une sécrétion qui a lieu à travers la membrane des tégumens. Elle n'est point, comme on l'a cru long-temps, récoltée par les Abeilles sur les fleurs. Cette sécrétion suinte par la partie molle des anneaux de l'abdomen, ou plus exactement par la peau qui sépare les quatre segmens inférieurs de ces anneaux. Les Abeilles neutres, autrement appelées ouvrières, sont seules chargées de cette sécrétion, de même que seules elles sont chargées de la construction et de l'entretien des ruches et de l'éducation des jeunes larves. Les quatre arceaux ou segmens inférieurs de leur abdomen, dont nous avons parlé, se composent d'une partie extérieure, solide, et d'une partie intérieure, membraneuse où se produit la sécrétion, et qui est recouverte par l'arceau précédent. La cire se dépose sur cette partie membraneuse en forme de petites plaques, qui débordent quelquefois les segmens de l'abdomen. Lorsqu'on perce la peau à l'endroit où se fait la sécrétion, on en fait quelquefois sortir un liquide transparent qui se liquéfie à la chaleur, ou se durcit au froid ; c'est du moins ce qu'observa Huber, a qui l'on doit la découverte de la sécrétion de la cire. Mais il faut remarquer que cette cire, déposée sous l'abdomen des Abeilles, n'a pas encore toutes les qualités requises, et qu'elle doit subir entre les mandibules de ces Insectes, et sous l'influence de leur salive, une préparation destinée à lui faire acquérir sa ductilité.

Les Abeilles d'Amérique et les Bourdons eux-mêmes sécrètent aussi de la cire, quoique ces derniers ne présentent pas a leur abdomen les parties transparentes des Abeilles. Mais ce qui doit frapper davantage les physiologistes, c'est que les Hyménoptères ne sont pas les seuls qui sécrètent de la cire. Quelques Cochenilles jouissent de cette propriété, et leur sécrétion se fait par l'enveloppe de leur corps, comme celle des filamens dont nous avons parlé plus haut. Il en résulte que toutes ces sécrétions, en apparence fort différentes, ont une origine commune, et que l'on peut espérer de reconnaître leur analogie lorsque l'on s'occupera de leur composition chimique.

Sécrétion de la soie. Elle a lieu chez les Insectes dans des vaisseaux particuliers, qui s'ouvrent au-dessous de la bouche dans toutes les chenilles qui en sont pourvues. Ces organes, qui sont pairs et symétriques, ressemblent aux vaisseaux hépatiques ou biliaires, et s'étendent de chaque côté du canal intestinal, en formant de nombreux replis. Leur position permet de les comparer aux vaisseaux salivaires, qui n'existent pas dans les chenilles et dans les larves des Insectes où l'on rencontre les vaisseaux soyeux. Ce sont deux longs tubes, ordinairement un peu plus gros à leur partie moyenne, et qui viennent aboutir à un organe que nous allons faire connaître. Ramdhor les a trouvés formés de trois membranes, dont l'intermédiaire ou moyenne serait d'une consistance plus molle et plus spongieuse que les autres. La largeur de ces vaisseaux varie suivant le plus ou moins de capacité qu'ont les larves pour produire la soie. Ceux du ver à soie proprement dit ont jusqu'à un pied de long. On trouve ces vaisseaux dans toutes les chenilles ou larves de Lépidoptères, dans celles d'un grand nombre d'Hyménoptères, de quelques Névroptères (*Phryganes*) et même d'une espèce de Diptère (*Tipula agarici seticornis*, de Géer). Ils aboutissent à un tube, appelé *filière*, qui se montre à la bouche, entre les palpes de la lèvre inférieure, et qui est formé de fibres longitudinales, alternativement cornées et membraneuses, ce qui leur permet de déterminer son diamètre et de produire, au gré de l'Insecte, un fil plus ou moins délié. Son orifice unique est taillé en biseau, et situé inférieurement.

La soie sécrétée par les vaisseaux soyeux est à l'état de fluide visqueux, transparent chez les jeunes larves, mais qui devient avec l'âge plus épais et opaque. Ce fluide se convertit par le contact de l'air en une masse dure et cassante, et c'est au moment où il sort de la filière, qu'il acquiert de la solidité. On a reconnu que la substance de la soie à l'état de fluide est composée d'une matière gommeuse, mélangée d'une autre substance analogue à la cire et de quelques traces d'une huile colorée. Cette substance est insoluble dans l'eau, même bouillante, et ne se dissout que dans les acides concentrés.

Les chenilles et les larves d'Insectes déjà nommés ne sont pas les seules qui sécrètent des fils soyeux pour former le cocon dans lequel elles se transforment en nymphes. Les larves de certains Névroptères (*Myrméléons*), connues sous le nom vulgaire de *Fourmis-Lions*, ont aussi un organe pour la production de la soie; mais cet organe est situé à l'extrémité postérieure de leur corps. Il consiste en une vésicule pyriforme qui s'ouvre dans une filière ou tube corné, rétractile au gré de l'Insecte, et qui se montre au dehors lorsque celui-ci veut agglutiner les grains de sable dont il forme son cocon au moment de se transformer en nymphe.

On ne connaît qu'un seul Insecte, à l'état parfait, qui sécrète de la soie; c'est une espèce de Coléoptère aquatique (*Hydrophilus piceus*). La femelle seule est pourvue des organes de la sécrétion, organes qui sont situés aussi à l'extrémité postérieure du corps. Ils se composent de cinq tubes longs et assez gros, qui entourent la base des ovaires, et qui aboutissent à une filière double et rétractile comme celles des larves de Myrméléons. Ces tubes sécrètent la matière soyeuse sous la forme d'un fluide verdâtre, qui se coagule à l'air et qui sert à former un cocon blanchâtre dans lequel la femelle renferme ses œufs et qu'elle laisse ensuite flotter à la surface de l'eau.

Les organes qui servent à la *sécrétion des fils soyeux dans les Aranéides* sont situés à la partie postérieure de leur abdomen et se composent d'un certain nombre de vaisseaux sinueux, diversement contournés, qui sont assez longs, inégaux, élargis vers le milieu de leur longueur, et qui se continuent avec d'autres vaisseaux extrêmement nombreux, mais beaucoup plus courts et plus petits, qui se réunissent tous à une base commune, de laquelle partent les filières. La matière soyeuse est déjà différente dans ces derniers vaisseaux de ce qu'elle était dans les autres. D'ailleurs, les organes de cette sécrétion varient suivant les espèces. Tantôt (*Clubione atroce*) ce sont quatre grands vaisseaux, élargis au milieu, ramifiés à leur origine, et aboutissant par l'autre extrémité à un canal étroit qui se termine en filière; tantôt (*Araignée domestique*) ces vaisseaux sont aussi au nombre de quatre, mais ne sont pas ramifiés. D'autrefois ces vaisseaux sont au nombre de six.

La matière sécrétée par les vaisseaux soyeux est tantôt blanche, tantôt jaune et quelquefois même brune. Elle ressemble a une sorte de gomme, et ne se dissout pas dans l'eau, ni même dans l'alcool. Au contact de l'air, elle devient cassante, et ne reste flexible que lorsqu'elle est en fils déliés. C'est pour cela que les Aranéides excrètent la matière soyeuse par des pores extrêmement nombreux; on en a compté plus de mille dans une seule filière. Les filières sont de petits appendices articulés, et de forme un peu cônique, situés immédiatement au-dessous de l'anus, et serrés les uns contre les autres dans le repos. On en compte quatre dans le plus grand nombre des Aranéides et six dans quelques-unes. Mais dans ce dernier cas, deux de ces appendices ne sont point perforés, et par conséquent ne sont point des filières; aussi sont-ils revêtus de poils dans toute leur longueur, tandis que les filières sont nues à l'extrémité. Les vraies filières ne sont composées que de deux articles, dont le premier seul est velu, et le dernier se termine par une surface molle et percée de trous fort petits par où sort la soie. Les autres appendices, appelés tentacules, sont au contraire formés de trois ou quatre articles, et semblent avoir pour usages de diriger les fils soyeux et de les rapprocher les uns des autres. Les filières et les tentacules sont entourés d'un cercle membraneux, et des muscles particuliers permettent à l'Araignée de les faire rentrer dans l'abdomen.

Les Araignées peuvent, comme les larves d'Insectes, sécréter des fils de différentes formes et de différentes grosseurs. Il y a même de ces fils dont la nature est différente. Ainsi dans les toiles circulaires, que forment certaines espèces, les fils concentriques sont enduits d'une matière visqueuse destinée à retenir les Insectes, tandis que les fils disposés en rayons, et qui servent à l'araignée lorsqu'elle veut parcourir sa toile, sont dépourvus de cette matière. De plus, les fils qui forment l'espece de sac où se tient l'araignée, ne semblent pas de la même nature que ceux dont elle se sert pour construire le cocon de ses œufs, et ces deux sortes de fils semblent encore différents de ceux qui recouvrent les cocons. On serait fondé à admettre l'existence d'un organe particulier destiné à sécréter la matière visqueuse dont certains fils sont enveloppés, et l'on ignore comment l'araignée peut a volonté enduire ou non de cette matière les fils qui sortent de ses filières.

Sécrétion de la matière phosphorique. Enfin, il nous reste à parler d'une der-nière espèce de sécrétion, qui est propre a certains Insectes; c'est celle qui produit la matière phosphorique, à l'aide de laquelle ils paraissent lumineux pendant l'obscurité. Les espèces qui jouissent de cette propriété appartiennent presque toutes à l'ordre des Coléoptères, et en particulier à deux genres de cet ordre, les *Taupins* et les *Lampyres*, vulgairement appelés *Vers-Luisans*.

Les premiers, ou les *Taupins*, dont les espèces sont extrêmement nombreuses, ne jouissent pas tous de la propriété d'être lumineux; ce sont particulièrement ceux qui forment le groupe des *Pyrophores*, et qui sont propres aux parties chaudes des deux Amériques. Ces Insectes, de même que les Vers-Luisans, produisent une lumière comparable à l'éclat du phosphore, et qui permet de lire au milieu de la nuit, lorsqu'on les tient à une très-petite distance d'un livre. La matière d'où naît la lumière est renfermée dans des réservoirs particuliers qui sont situés au thorax dans les Taupins, et sous le ventre dans les Lampyres.

Les Taupins ont deux de ces réservoirs dans le voisinage des angles postérieurs, à la partie dorsale du corselet ou prothorax: ces réservoirs sont indiqués au dehors par une tache circulaire et d'un jaune plus ou moins pâle après la mort. Un troisième réservoir est situé à la partie postérieure et inférieure du troisième anneau thoracique; on ne le voit que pendant le vol, parce qu'alors l'abdomen se sépare du thorax. Dans les Lampyres, les réservoirs de la matière lumineuse sont situés à la face ventrale des deux ou trois avant-derniers anneaux de l'abdomen.

C'est une manière de voir encore tout-a-fait hypothétique, qui a fait regarder comme phosphorique la matière lumineuse de ces Insectes. On n'y a rien trouvé qui indique la présence du phosphore, et l'identité apparente de la lumière produite par les Vers-Luisans avec celle du phosphore a fait seule donner le nom de matière phosphorique à la sécrétion des organes lumineux. Si l'on s'en rapporte même à des observations toutes récentes, dues à M. Morren (1), la phosphorescence des Insectes ne serait point due à la sécrétion d'une matière particulière. Les réservoirs lumineux renfermeraient seulement des vésicules graisseuses, entremêlées de petites ramifications

(1) *Voyez* l'Introduction à l'*Entomologie*, de M. Lacordaire, t. ii, p. 145.

trachéennes, et l'enveloppe même de ces réservoirs serait formée par des trachées. La matière que renferment ces réservoirs ressemble au premier abord à de l'albumine coagulée ; mais elle ne se comporte pas comme cette dernière substance sous l'influence des réactifs. Elle consiste en une très-grande quantité de corpuscules sphériques, d'un beau violet ou d'un jaune rosé (dans les *Lampyris noctiluca* et *splendidula*), et qui sont de volume très-différent ; chacun de ces petits corps aurait son enveloppe membraneuse, comme les vésicules du tissu graisseux. C'est dans cet amas de vésicules que se ramifient les rameaux trachéens qui forment l'enveloppe générale et qui proviennent d'une grosse trachée d'un stigmate voisin. M. Morren est obligé d'admettre la présence de quelques atômes de phosphore, pour expliquer la propriété lumineuse de ces réservoirs de graisse, mais c'est une pure hypothèse. M. Becquerel a communiqué dernièrement à l'Académie des Sciences de Paris des observations qui tendraient à prouver que la cause du phénomène est due à une succession de petites décharges électriques, et cette explication paraît préférable.

La lumière que répandent les Vers-Luisans est plus ou moins vive au gré de l'animal, qui peut à volonté la suspendre toutà-fait, et l'on a remarqué que cette lumière était plus éclatante pendant le vol et par suite de tous les mouvemens musculaires violens. Il fallait pour expliquer cette propriété admettre l'influence du système nerveux sur les réservoirs de la lumière, mais il paraît, d'après les observations de M. Morren, qu'il ne s'y rend point de nerfs et que le plus ou moins d'éclat de la lumière dépend de l'énergie de la respiration. M. Morren a observé que cette lumière s'éteint aussitôt que le stigmate voisin du réservoir est fermé, et qu'elle reparait au contraire dès qu'il vient à s'ouvrir ; et ce qu'il y a de plus concluant, c'est que lorsqu'on enlève le réservoir avec la trachée dont il dépend, le réservoir continue à luire, mais si on en sépare la trachée, ou qu'on la comprime de manière à intercepter l'air, la lumière disparaît aussitôt. Voilà donc des expériences qui mettent hors de doute l'influence de l'air sur les poches lumineuses. Elles expliquent comment la lumière n'est pas toujours la même, puisqu'elle s'affaiblit par intervalles, qu'elle augmente pendant les mouvemens violens et diminue au contraire pendant le repos. En effet, l'intensité de la lumière dépend de l'énergie de la respiration, et si l'Insecte est maître de la faire varier. c'est d'une manière toutà-fait indirecte et seulement parcequ'il peut à son gré ouvrir ou fermer ses stigmates. D'un autre côté, M. Carus a observé que l'éclat de la lumière augmente à chaque contraction du vaisseau dorsal, ce qui porterait à conclure que l'afflux du sang a aussi quelque influence sur le phénomène.

On a cru reconnaître les limites extrêmes de la température nécessaire pour que la lumière pût se manifester chez nos Vers-Luisans d'Europe. Cette propriété n'aurait lieu qu'entre—10° et+40° (Réaumur), et l'énergie de la lumière augmenterait en général avec la température. On a reconnu que l'oxigène peut la rendre plus brillante pendant quelques instans, mais finit bientôt par l'éteindre. Le vide et les gaz non respirables produisent ce dernier effet. Après la mort. la matière lumineuse perd peu à peu son éclat, mais il reparait par l'immersion dans l'eau chaude, dans l'huile. ou dans l'alcool; enfin, l'électricité produite par la pile galvanique la ranimerait pour quelques instans, quoique l'électricité ordinaire soit sans influence, dit-on, pendant la vie. Nous ne rapportons ces faits que d'après les auteurs, sans en garantir l'exactitude, et les auteurs n'ont pas toujours été d'accord sur les résultats de leurs observations : c'est un sujet qui demande encore de nouvelles recherches. Enfin on prétend que l'ablation de la matière lumineuse sur un Ver-Luisant n'empêche cet Insecte de répandre de la lumière que pendant deux jours, et qu'après ce moment les poches seraient remplies de nouveau (1).

On doit encore à M. Morren la connaissance d'une disposition spéciale des tégumens pour augmenter l'éclat de la lumière. Ces tégumens, amincis à l'endroit où se trouvent les poches lumineuses, forment une espèce de calotte, qui peut se séparer du reste de la peau ou de l'enveloppe générale. Leur face extérieure est un réseau à facettes hexagonales convexes; chaque facette porte à son centre un poil; elle est, en outre. couverte d'aspérités. La face intérieure est au contraire concave et lisse. Ces facettes auraient pour but, suivant M. Morren. d'augmenter d'une manière notable. la diffusion de la lumière, et ce qui le prouve, c'est que lorsqu'on enlève

---

(1) Kirby et Spence. *Introd. to Entomology*, t. ii, p. 421.

la plaque ou le morceau des tégumens qui porte à ces facettes, la lumière perd une grande partie de son éclat. Les poils que présentent les facettes seraient destinés à les préserver du contact de la poussière et des autres corps extérieurs.

Ici se termine, avec l'histoire des sécrétions, tout ce qui a rapport à la grande fonction de la nutrition. Nous allons passer à la seconde fonction de la vie végétative, ou celle de la génération.

ARTICLE SECOND.

DE LA GÉNÉRATION.

Cette fonction a pour but de pourvoir à la conservation de l'espèce, comme la nutrition avait pour but de pourvoir à la conservation de l'individu. Ainsi elle s'exécute à l'aide d'organes particuliers, dont les usages sont différens dans chacune des deux sortes d'individus que l'on désigne sous le nom de *sexes*. On sait qu'en général, il existe deux sexes dans les animaux comme dans les plantes, et chacun des sexes est indiqué par des organes différens. Dans tous les animaux articulés, il existe un sexe mâle et un sexe femelle, comme dans les autres animaux. Mais tandis que chez plusieurs de ces derniers, les Mollusques par exemple, on trouve quelquefois les deux sexes réunis sur le même individu, que l'on nomme *hermaprodite*, les animaux articulés ne présentent ordinairement sur chaque individu que les organes d'un seul sexe. Ce n'est que par accident que les deux sexes se rencontrent quelquefois chez certains articulés; ces animaux sont alors distingués sous le nom de *gynandromorphes*. Comme les organes sexuels sont doubles et parfaitement symétriques des deux côtés du corps, il arrive que les organes d'un côté appartiennent au sexe mâle, tandis que ceux du côté opposé appartiennent au sexe femelle. Dans ce cas, certains organes extérieurs, qui sont ordinairement différens dans chaque sexe, comme les mandibules et les antennes, correspondent aux organes sexuels de l'intérieur du corps. Ainsi, du côté où ces organes internes seront du sexe mâle, la mandibule et l'antenne auront la conformation qu'elles présentent d'ordinaire chez les mâles, et réciproquement. On ignore si, dans ce cas, les individus gynandromorphes sont aptes à perpétuer leur espèce par la voie de la génération.

On sait que c'est par le rapprochement des deux sexes que se fait cette génération. Le sexe mâle fournit une liqueur appelée sperme, sous l'influence de laquelle se fait la fécondation. Le sexe femelle renferme de son côté des germes qui se développent par suite de la fécondation et donnent naissance à des individus semblables aux parens. Tel est le mode de reproduction le plus fréquent dans les animaux et même dans les êtres organisés, soit animaux, soit végétaux. Cependant il arrive quelquefois, dans les Insectes, que des générations entières se renouvellent sans fécondation, comme les *Pucerons* nous en offriront un exemple. Mais on ne trouve pas chez les animaux articulés, d'exemples de reproduction dite par scission ou par gemme, comme cela se voit dans certains animaux des classes les plus inférieures. On n'y trouve pas non plus le mode de reproduction des *hermaphrodites*, d'après lequel un même individu, possédant les deux sexes, peut à lui seul donner naissance à une nouvelle génération. Tout au plus peut-on admettre dans certains Insectes (les Poux) la génération dite *spontanée*; c'est-à-dire, que nous ignorons encore comment ces animaux peuvent se montrer en aussi grand nombre dans des cas particuliers, ceux que nous offrent certaines maladies, la phthiriasis par exemple, et alors on invoque la génération spontanée, faute de pouvoir se rendre compte de la manière dont les choses se passent.

Ainsi les animaux articulés nous présentent les deux sexes, répartis sur deux individus différens, et ces individus se reproduisent par voie d'accouplement et de fécondation des germes. Les germes, en se développant, donnent naissance à des œufs, dont l'éclosion n'a lieu d'ordinaire qu'au dehors du corps de la mère; c'est le mode de génération *ovipare*. Cependant il arrive quelquefois que ces œufs éclosent dans le corps même de la mère, ce qui constitue le mode de génération *vivipare*, ou mieux de génération *ovo-vivipare*, pour distinguer ce mode de développement de celui que présentent les germes des Mammifères, qui restent adhérens aux parois des organes générateurs de la femelle et se nourrissent aux dépens de ces mêmes organes. Dans quelques cas encore, les Insectes, au sortir de l'œuf, passent dans le ventre de leur mère le premier âge ou le premier état de leur vie, celui de larve, en se montrant au dehors sous la forme de nymphe ; c'est ce qu'on appelle la génération *pupipare* du mot latin *pupa*, qui signifie nymphe. On a aussi appelé *nymphipare* ce mode de génération, et l'on a désigné par le nom de *larvipare* la génération qui donne naissance à des Insectes sous forme de larves. Enfin, on a appelé simplement *vivipare* le mode de génération dans lequel les Insectes sortent du corps de la mère a l'état parfait. Nous reviendrons avec quelques détails sur ces différens modes de génération dans la classe des Insectes.

On trouve dans certaines familles de cette dernière classe des individus qui ne sont ni mâles ni femelles, c'est-à-dire qu'ils n'ont pas de sexe distinct ; on les désigne sous le nom de *neutres*. C'est ce que l'on trouve par exemple dans les *Abeilles*, dans les *Guêpes* et dans les *Bourdons*, parmi les Hyménoptères ; c'est ce que l'on voit encore chez les *Termites*, parmi les Névroptères. Ces sortes d'individus offrent en général les caractères du sexe femelle ; mais les organes de la génération sont restés rudimentaires. Les neutres sont par conséquent incapables de perpétuer leur espèce, et sont ordinairement consacrés à tout ce qui concerne la conservation de l'espèce. Ces individus sont beaucoup plus nombreux que les mâles et les femelles, dans les Insectes cités plus haut, et c'est sur eux que repose le soin de la construction et de l'approvisionnement des nids, ainsi que l'éducation des jeunes larves. Un fait extrêmement remarquable, c'est que le genre de nourriture influe d'une manière certaine sur le développement des organes sexuels, ainsi qu'on s'en est assuré par l'observation dans les nids des Abeilles.

Assez ordinairement les sexes se distinguent à l'extérieur par la forme différente de certains organes, outre les organes ex-

térieurs de la génération, qui ne sont pas toujours visibles. Ces différences portent particulièrement sur les appendices du corps, tels que les mandibules, les antennes et les pattes ; elles sont beaucoup trop nombreuses pour être énumérées ici, et trouveront leur place ailleurs. On remarque des différences non moins saillantes dans le mode d'accouplement ; nous les mentionnerons en traitant en particulier de chacune des quatre classes d'animaux articulés, chez lesquels nous examinerons surtout la structure des organes de la génération tant intérieurs qu'extérieurs, et le mode de leur accroissement.

α. DE LA GÉNÉRATION DANS LES CRUSTACÉS.

Le phénomène de la génération, dans ces animaux, ne présente aucune des circonstances particulières que nous offrent certaines Arachnides et certains Insectes. Après le rapprochement des sexes, la femelle pond des œufs, qui restent pendant quelque temps suspendus à son abdomen, ou renfermés dans des cavités spéciales. Les organes de la génération consistent en vaisseaux destinés à la sécrétion du fluide fécondant chez le mâle, et au développement des germes dans les femelles. Ils sont accompagnés seulement de quelques pièces accessoires situées à l'intérieur, et qui permettent de reconnaître les sexes ; mais il n'existe pas d'organes extérieurs spéciaux pour la génération, comme nous en trouverons dans les classes suivantes.

C'est dans la région du thorax que sont situés les organes de la génération des Crustacés. Ils consistent pour le mâle en un testicule situé de chaque côté du corps, et destiné à sécréter le fluide séminal, et en un conduit déférent et excréteur destiné à transmettre ce fluide dans l'organe femelle. L'extrémité de ce conduit, qui est membraneux, peut faire saillie au-dehors au moment de l'accouplement, et simuler un pénis, ainsi qu'on le voit dans certains Mollusques, les Limaçons par exemple. Les organes femelles sont de chaque côté un ovaire, dans lequel se développent les germes, un oviducte, destiné à les conduire au dehors sous forme d'œufs, et enfin une vulve, c'est-à-dire une ouverture destinée à recevoir le pénis du mâle. La forme et le volume de ces divers organes varient beaucoup suivant les espèces. Ainsi les organes générateurs mâles des Crabes sont très-développés, et se montrent à la face supérieure du foie, passant ensuite sous le cœur pour se rendre à la base de la dernière patte de chaque côté. On y distingue trois parties principales, dont la première, ou celle qui est située sur le côté du foie, et s'étend jusqu'aux mandibules, est regardée comme le testicule. C'est une sorte de grappe formée de quatre lobes, dont chacun est composé de vaisseaux très-grêles, et disposés en espèces de pelotes, par suite des circonvolutions qu'ils forment en tous sens. Leur couleur est d'un blanc laiteux, et ils sont renfermés dans une membrane très-fine et transparente. La dernière partie de ces organes générateurs est située sur les côtés de l'estomac, et consiste en un gros vaisseau d'un blanc laiteux et enroulé sur lui-même ; cette partie se montre avec la troisième, qui est également sous forme d'un gros vaisseau enroulé, fort long, et qui vient s'ouvrir à la base de la dernière patte, après avoir décrit de nombreuses circonvolutions. — Dans les Maïas, un seul tube, d'une très-grande longueur, remplace les trois parties que nous avons vues chez les Crabes. Ce tube, d'abord très-petit, grossit peu à peu jusqu'à l'extrémité opposée. — Dans l'Ecrevisse commune, les vaisseaux qui correspondent aux testicules forment une masse glanduleuse très-développée, d'où partent trois branches, dont les deux premières sont formées sur les côtés de l'estomac, tandis que la troisième se porte en arrière sous le cœur. Le conduit excréteur part du point où ces branches se séparent ; c'est un vaisseau long et étroit, contourné, et qui se termine à la base des dernières pattes. — Dans le Homard, au contraire, les testicules sont très-allongés, et s'étendent depuis la tête jusqu'au milieu de l'abdomen. — Enfin, d'autres Crustacés (les *Edriophthalmes*) présentent une ou plusieurs vésicules pyriformes, qui sont les testicules, et qui débouchent dans le conduit excréteur par un pédoncule grêle. Il paraît du reste que l'aspect de tous ces organes diffère suivant le moment de l'année où on les observe. Ils sont gonflés à l'époque de l'accouplement, après lequel ils diminuent de volume d'une manière sensible.

Les organes femelles de la génération se composent essentiellement des ovaires et des oviductes ; mais dans quelques Crustacés, il existe en outre des poches dites *copulatrices*. C'est ce que présentent en particulier les Crustacés Brachyoures, chez lesquels on trouve de chaque côté du corps une poche qui se réunit à l'oviducte et se continue avec lui pour former un conduit commun. Ce conduit va s'ouvrir dans la partie latérale de la carapace, au voisinage de la troisième paire de pattes. Quant à l'ovaire et à l'oviducte, ils sont formés, le premier de deux cordons blanchâtres, dont l'un est dirigé en avant et l'autre en arrière, et le second, d'un seul conduit qui se rend à la partie copulatrice, et de là à l'ouverture sternale déjà indiquée. Il arrive souvent que les ovaires des deux côtés du corps sont réunis entre eux par un cordon de communication, ou par un simple rapprochement dans une partie de leur longueur. Lorsque les germes remplissent les ovaires, ceux-ci acquièrent une grosseur considérable et présentent des renflemens irréguliers : leurs parois, d'abord épaisses, s'amincissent et deviennent presque transparentes. Dans les Crustacés Macroures et Anomoures, on ne trouve pas de poche copulatrice ; les ovaires et les oviductes sont plus longs et plus étroits, et les ouvertures extérieures, ou vulves, sont percées dans la base des pattes de la troisième paire. Dans les Crustacés autres que les Décapodes, c'est-à-dire dans les Crustacés inférieurs en organisation, les ovaires forment des masses d'apparence spongieuse, situées sur les côtés de l'intestin, et ne sont pas toujours suivis d'oviductes ; ils aboutissent directement au dehors par les vulves. Mais quelquefois aussi les ovaires ont la forme de glandes plus distinctes et sont pourvus d'oviductes qui aboutissent aux ouvertures extérieures situées ordinairement dans le dernier anneau du thorax.

Tels sont en général les organes intérieurs de la génération. Il nous reste à parler de quelques organes accessoires situés à l'extérieur ; nous les examinerons successivement dans le mâle et dans la femelle. — Dans les mâles des Crustacés Décapodes, les deux premiers anneaux de l'abdomen sont pourvus en dessous d'une paire d'appendices d'une seule pièce, appelés *fausses pattes*, et qui ont quelques usages dans l'acte de la reproduction, soit comme organes excréteurs, soit comme servant au rapprochement des sexes. On les a quelquefois regardés comme les organes même de la copulation ; mais c'est une opinion erronée, ce que prouve leur grosseur trop considérable eu égard aux ouvertures vulvaires. D'ailleurs l'observation a appris que c'est l'extrémité des canaux afférents qui pénètre dans ces ouvertures. — Dans les femelles des mêmes Crustacés Décapodes, les organes extérieurs de la génération sont plus nombreux que dans les mâles. Ils consistent en plusieurs paires d'appendices abdominaux, ou fausses-pattes, auxquels se fixent les œufs pendant un certain temps. Dans les Crustacés Edriophthalmes, ce sont des appendices des pattes ambulatoires ou thoraciques, qui servent à cet usage, et qui forment même, en se réunissant, une poche destinée à recevoir les œufs. Enfin dans les dernières familles des Crustacés, dans les Entomostracés par exemple, les œufs, au sortir des vulves, sont reçus dans des poches membraneuses, et restent suspendus a ces vulves jusqu'a leur éclosion.

Outre les différences sexuelles que présentent les appendices extérieurs de la génération, il en existe d'autres dans le développement de l'abdomen des Crustacés Décapodes Brachyoures. Dans ces Crustacés, les mâles ont l'abdomen étroit ; il est large au contraire dans les femelles, qui doivent y suspendre leurs œufs. Dans les autres ordres de Crustacés, il existe des différences extérieures, dans le détail desquelles nous n'entrerons pas ; il nous suffira de dire que dans certaines espèces, les deux sexes se ressemblent si peu, qu'on les a regardés dans l'origine comme des espèces différentes.

L'accouplement des Crustacés a été observé directement par MM. Audouin et Milne Edwards. Il a lieu, comme nous l'avons dit plus haut, par l'introduction des canaux déférens du mâle dans les ouvertures vulvaires de la femelle. Ces canaux déférens, qui remplissent les fonctions de pénis, portent le fluide fécondant jusque dans les poches copulatrices, chez les Décapodes Brachyoures, qui seuls en sont pourvus. Les fonctions de ces poches consistent à garder ce fluide jusqu'au moment de la ponte des œufs, et a le verser sur les œufs à mesure qu'il sortent de l'oviducte. Cette manière de voir est fondée sur une expérience faite par ces deux anatomistes, qui, en introduisant des liquides colorés dans les ouvertures génitales d'un Maïa femelle, ont vu ces liquides se rendre dans les poches copulatrices. De plus, M. Milne Edwards a trouvé ces poches gonflées par un liquide laiteux et opaque au moment de la ponte, tandis qu'elles se montrent vides et contractées dans les autres momens de l'année. Enfin, ce dernier observateur a vu dans les poches copulatrices d'un

Crabe-Tourteau femelle, l'extrémité des verges du mâle, qui s'étaient séparées pendant la copulation, comme cela arrive également dans les Insectes.

L'explication précédente ne s'applique pas à la fécondation des germes dans les Crustacés des autres familles que les Décapodes Brachyoures, parce qu'ils n'ont pas de poches copulatrices. On ne sait pas encore comment elle a lieu. Est-ce par un accouplement direct qui ferait pénétrer la liqueur fécondante jusque dans les ovaires, ou bien les œufs sont-ils fécondés au moment où ils sortent du corps de la femelle, comme chez les grenouilles ? M. Edwards suppose que cette fécondation pourrait avoir lieu de cette manière, ou bien encore pendant que les œufs sont suspendus à l'abdomen de la femelle. Il se fonde sur ce qu'aucune observation n'a encore prouvé qu'il y ait chez ces Crustacés d'accouplement véritable et sur l'absence des poches copulatrices, sans lesquelles il serait difficile de concevoir la fécondation des œufs ou des germes. On voit qu'il reste ici des recherches à faire.

Quelle que soit la partie des organes femelles où a lieu la fécondation, il est certain que les germes, ou autrement les ovules, se forment dans les parois des ovaires. Il nous resterait à faire connaître à présent ce que deviennent ces germes jusqu'au moment où l'œuf est pondu. On ne possède a cet égard que les faits découverts par M. Rathke, de l'Ecrevisse ordinaire.

Examinés avant la ponte, les œufs ou les germes des Ecrevisses ne sont d'abord que de simples vésicules transparentes et remplies d'un liquide aqueux, autour desquelles il se forme bientôt une enveloppe plus mince que la première. Entre ces deux enveloppes, il se dépose un liquide, transparent d'abord, mais ensuite opaque et visqueux, renfermant de très-petits globules blancs comme la neige, et qui doit devenir le jaune de l'œuf. Le noyau des vésicules, ou ce qui les formait avant l'addition d'une seconde membrane, porte le nom de *vésicule de Purkinje*; il reste transparent et s'accroît à peine, pendant que le jaune se développe. Formant d'abord un noyau central, cette vésicule finit par s'appliquer sur un des points de l'enveloppe extérieure, par suite de l'accroissement du jaune. Au bout de six

(1) On en trouve un extrait dans l'*Hist. nat. des Crustacés* par M. Milne Edwards, t. I, p. 175 et suiv.

mois, le liquide qui représente le jaune, devient d'une couleur isabelle, et prend en même temps plus de consistance, et renferme des globules en plus grand nombre que par le passé; plus tard, sa couleur devient orangée, puis d'un brun foncé. Enfin le nombre des globules augmente au point de le transformer en une masse visqueuse. C'est alors que la vésicule de Purkinje disparaît et que le germe se montre. Ce dernier apparaît d'abord comme un léger nuage blanchâtre à la surface du jaune; puis il se transforme en une tache blanche opaque, formée d'une substance analogue à du blanc d'œuf coagulé. C'est dans cet état que l'œuf pénètre dans l'oviducte. La membrane de cet oviducte sécrète, à l'époque du printemps, un liquide albumineux qui entoure ces œufs et forme une seconde enveloppe extérieure. Dans cet état, l'œuf est pondu, et la première membrane se concrète au contact de l'air.

On distingue alors dans ces œufs les parties suivantes : 1° le jaune ou *vitellus*, qui en forme la plus grande partie; 2° le *germe*, qui ne consiste plus en une simple tache blanche, mais qui s'est répandu sur le vitellus, auquel il donne un aspect marbré; 3° la *membrane du jaune*, qui enveloppe le jaune et le germe; 4° le *chorion*, autre membrane plus épaisse que la précédente; 5° le *blanc*, liquide transparent et aqueux, interposé entre la membrane du jaune et le chorion ou derme; 6° enfin la membrane externe qui recouvre le derme.

β. De la génération dans les Arachnides.

Nous examinerons successivement les organes de la génération dans les Aranéides, dans les Scorpionides et dans les Acarides, qui sont les trois familles types de la classe des Arachnides.

I. Les organes de la génération, dans les Aranéides, sont renfermés dans l'abdomen, et consistent en deux vaisseaux placés l'un à côté de l'autre, des deux côtés du canal intestinal. L'extrémité de chacun de ces vaisseaux aboutit à une ouverture extérieure unique, située sous la base de l'abdomen et partagée en deux par une cloison qui forme une proéminence entre les ouvertures des organes de la respiration. A partir de cette ouverture, les vaisseaux générateurs vont en s'élargissant, et les germes ou œufs sont suspendus à leur partie supérieure sous forme de grappe. Dans cette

partie, qui forme l'ovaire, les œufs les plus voisins des extrémités ou des côtés de la grappe sont les plus gros, et ceux du milieu sont les plus petits. Suivant M. Tréviranus, il existerait au milieu de chaque ovaire, dans l'Araignée domestique, qui sert de type à cette description, un vaisseau très-fin, dirigé de haut en bas; mais ce vaisseau manque dans d'autres espèces. Dans quelques-unes (*Clubiones*), les oviductes, ou les extrémités des vaisseaux générateurs qui aboutissent aux ouvertures, s'unissent par le bout de façon à constituer un seul tube. Dans l'*Épeire diadème*, le sac qui renferme les œufs, ou l'ovaire, est partagé en deux par une cloison, et chacune de ces cavités est à son tour divisée en deux autres par une cloison transversale; ces cloisons sont formées par une membrane ferme, qui est attachée à un sac également membraneux. La cloison longitudinale n'a point d'ouverture, tandis que les deux cloisons transversales sont ouvertes. De cette manière, les deux cavités principales sont toujours séparées, tandis que les deux autres cavités communiquent entre elles, et les œufs passent de la cavité supérieure dans la cavité inférieure. Il paraît que l'expulsion des œufs, du moins dans l'*Épeire diadème*, est due au mouvement d'une sorte de palette ovale, aussi longue que l'abdomen, et formée par de petits tendons entrelacés les uns dans les autres.

Tels sont les organes de la génération dans les femelles des Aranéides. Dans les mâles, on trouve aussi dans l'intérieur de l'abdomen, à l'endroit où sont situés les organes générateurs femelles, deux longs vaisseaux contournés, qui sortent du corps graisseux et vont s'ouvrir, par deux orifices, dans deux petits enfoncemens qu'entourent des muscles délicats. Ces deux enfoncemens représentent la double ouverture des organes de la génération des femelles, et ils sont placés au même endroit. Mais il paraît qu'on n'a pu parvenir, même dans les espèces de la plus grande taille, à découvrir des ouvertures extérieures pour les organes mâles; seulement, ces ouvertures sont indiquées au dehors par une légère éminence et quelques raies obscures. Cette analogie dans la position des orifices des organes générateurs mâles, a fait croire à quelques anatomistes, à partir de M. Tréviranus, que ces organes s'ouvraient au dehors dans les mâles comme dans les femelles, et que l'accouplement des Aranéides devait avoir lieu par le rapprochement de l'abdomen d'un sexe contre celui de l'autre sexe. Mais, suivant M. Walkenaër, ce mode d'accouplement n'a jamais été observé, et il se trouverait entièrement contraire aux faits, tandis qu'il est certain que les organes d'accouplement sont situés, chez les mâles, dans le dernier article des palpes. Ceux qui admettent que l'accouplement a lieu ventre à ventre, disent que les organes situés dans les palpes ne sont que des organes excitateurs, destinés aux préludes de l'accouplement, et que celui ci est si rapide, qu'il a pu échapper aux observateurs. Au contraire, M. Walckenaër, qui a observé l'accouplement à diverses reprises chez quatre espèces d'Aranéides de genres différens, assure que le mâle, après de lentes approches et de longs préludes, introduit successivement dans les ouvertures génitales de la femelle, l'extrémité de ces palpes; qu'alors, les organes contenus dans ces palpes se gonflent, se tuméfient et manifestent des pulsations et des mouvemens internes qui ne permettent pas de se méprendre sur leur nature. Il ajoute que certaines espèces (*Théridions*), paraissent même tellement absorbées pendant ce temps, qu'elles sont insensibles à ce qui passe autour d'elles et qu'on peut alors les observer à loisir sans les déranger. Cet accouplement se renouvelle un grand nombre de fois pendant l'espace d'une demi-heure environ, sans que jamais le mâle fasse subir à son abdomen aucun mouvement qui ait pour but de toucher l'abdomen de la femelle. Dans quelques espèces (*Epéires* et *Tégénaires, Araignée domestique*), aussitôt que l'accouplement est terminé, le mâle s'éloigne rapidement de la femelle, sans quoi il serait dévoré. Cela prouve, ajoute M. Walckenaër, que l'acte est entièrement accompli.

D'après cette manière de voir, les vaisseaux situés dans l'abdomen, et qui doivent, selon toute analogie, sécréter le fluide séminal ou fécondant, communiqueraient avec les organes des palpes, par des canaux d'une ténuité telle, qu'ils auraient échappé à l'observation. Cela expliquerait pourquoi M. Tréviranus n'a pas trouvé de liqueur séminale dans les palpes des mâles; cette liqueur n'y séjournant pas, et s'y rendant au moment seul de l'accouplement. Le gonflement extraordinaire et alternatif des organes contenus dans les palpes, serait alors expliqué par l'afflux du fluide séminal. Enfin, la transparence des enveloppes qui revêtent ces organes, fait supposer à M. Walckenaër qu'il existe des pores assez grands pour livrer passage au fluide fécondant, sans qu'il soit nécessaire d'y trouver des ouvertures spéciales.

Il nous reste à décrire les organes renfermés dans les palpes des mâles. Ces organes sont situés dans le dernier article des palpes et renfermés dans une capsule sphérique ou ovoïde et quelquefois anguleuse à l'extrémité. Les organes que contient cette capsule sont compliqués et multiples, et leur forme est assez variée. Ils se composent essentiellement d'une ou deux valves membraneuses ou vésiculeuses, susceptibles de gonflement et munies, à leur face interne, ou à leur extrémité, de petites membranes ou filets cylindriques, soit arrondis, soit en pointe ou en croissant, soit même contournés en vis, ou recourbés en crochets et entrelacés de manière à former des nœuds. Ces organes affectent des formes différentes, selon les genres. Ils sont mobiles, rétractiles et capables de se gonfler, de se tuméfier, enfin de changer de forme, de grosseur et de couleur pendant l'acte de l'accouplement. Ces organes ont, à cause de leurs fonctions, reçu le nom de *conjoncteurs*. Il est remarquable qu'ils ne se développent que lorsque l'Aranéide est en état de s'accoupler. Jusqu'à ce moment, le dernier article des palpes est un bouton plus ou moins renflé, globuleux ou ovoïde, sans cavités ni ouvertures distinctes. Les organes de la génération ne se développeraient, d'après des observations récentes qu'après la quatrième mue, ou changement de peau (1).

Il nous reste, pour terminer l'histoire de la génération des Aranéides, à parler de leurs œufs. La forme de ces œufs est sphérique, et leur enveloppe, membraneuse et molle, est revêtue intérieurement d'une pellicule très-mince, soyeuse et aussi molle qu'elle. La moindre pression suffit pour déchirer ces deux membranes et laisser échapper le liquide qu'elles renferment. Il paraît que l'une des deux enveloppes des œufs est interrompue à l'endroit où ces œufs se touchent dans le cocon qui les renferme tous, et que l'autre enveloppe, qui est continue, est transparente à cet endroit seulement. La surface interne de la pellicule intérieure est parsemée de très-petits grains; quant à la surface de la première enveloppe, on n'y a pas découvert de pores. Outre ces deux membranes ou enveloppes, on distingue trois parties dans l'œuf d'une

(1) Walckenaër, *Hist. nat. des Insectes Aptères*, t. i, p. 75.

Araignée : 1° l'analogue du *jaune* ou *vitellus*, qui est formé de globules et se trouve à l'intérieur ; 2° l'*albumen*, qui entoure le vitellus et qui est transparent, sans globules ; 3° le *germe*, formé de petits grains, comme le vitellus, mais beaucoup plus petits et formant une masse plus opaque. Ce germe est blanchâtre et de forme lenticulaire, et se voit sur un des points de l'albumen. Il paraît qu'à une certaine époque du développement, ce germe n'est pas unique et se montre disséminé en petits globules de couleur blanchâtre (1). C'est ce que l'on observe également dans les œufs d'Écrevisse, ainsi que nous l'avons rapporté plus haut.

II. Dans les Scorpionides, l'ouverture des organes génitaux est double aussi, et située entre les appendices de la base du thorax appelés *peignes*. Le mâle, suivant M. Tréviranus, se distinguerait de la femelle par deux petites saillies que l'on compare à des verges. Les organes internes de la génération consistent, dans les mâles, en un vaisseau contourné, qui se bifurque et se réunit trois fois, et se termine par un conduit unique, après avoir reçu un vaisseau court, que lui envoie une sorte de vésicule séminale. Dans les femelles, ces organes se composent d'un système de vaisseaux formé par trois branches réunies par des ramifications transversales, ce qui constitue les oviductes. Les ovaires sont des espèces de cœcums qui se rendent dans ces oviductes, mais surtout dans les deux latéraux. Les trois oviductes se réunissent en un vaisseau unique auprès de l'ouverture extérieure de la génération. C'est dans les ovaires eux-mêmes, que se développent les œufs, d'après des observations déjà anciennes. On a, en effet, trouvé jusqu'à quarante petits Scorpions dans les ovaires d'une seule femelle.

Le rapprochement des sexes, dans ces Arachnides, a lieu par le ventre. La femelle est alors couchée sur le dos. Elle produit une ou deux générations dans l'année. La sortie des jeunes Scorpions a lieu à diverses reprises, et la mère les porte, dit-on, sur son dos, pendant quelques jours, et les garde même auprès d'elle, pendant un mois environ. A cette époque, ils sont assez forts pour aller s'établir ailleurs.

III. Dans les Acarides les organes de la génération sont fort peu connus. Suivant

(1) *Voyez*, pour plus de détails, les observations d'Hérold, rapportées dans l'ouvrage de M. Walckenaer, t. I, p. 113.

M. Tréviranus, ces organes, dans les *Trombidions*, ressemblent assez à ceux des Crustacés décapodes, et se composent, dans les mâles, d'un gros testicule pourvu de deux conduits déférens qui se réunissent en un seul vaisseau, et dans les femelles, d'un ovaire divisé en plusieurs parties. Cet ovaire est suivi de deux longs oviductes qui aboutissent à l'ouverture extérieure ou vulve. Dans une autre espèce (*Acarus americanus*), le même anatomiste a trouvé deux vaisseaux qu'il regarde comme des oviductes, mais il n'a pas reconnu les ovaires.

7. De la génération dans les Myriapodes.

La position des organes extérieurs de la génération, dans les Myriapodes, est différente dans chacun des deux groupes (*Chilognathes* et *Chilopodes*) dont se compose cette classe d'articulés. Dans les Chilognathes, ou les *Jules*, ces organes sont situés vers la partie antérieure du corps, et sembleraient, comme le dit Latreille, indiquer la séparation du thorax et de l'abdomen ; dans les Chilopodes, au contraire, ou les *Scolopendres*, ces organes sont situés à l'extrémité du corps. Ainsi, les uns se rapprocheraient des Crustacés et des Arachnides, par la portion des organes générateurs, et les autres se lieraient aux insectes.

Dans les Jules, c'est après la septième paire de pattes que sont situés les organes mâles, tandis que les organes femelles se trouvent après la deuxième paire. Les mâles se reconnaissent à la présence de deux mamelons terminés par un crochet écailleux. Les femelles ont aussi ces deux mamelons, mais dépourvus de crochets. Dans l'accouplement, le mâle et la femelle se redressent et s'appliquent l'un contre l'autre, par la partie antérieure de leur corps, tandis que, par la partie postérieure, ils s'entrelacent réciproquement. On trouve dans les mâles des Jules une paire de pattes de moins que dans les femelles, à cause des appendices sexuels qui en tiennent lieu. Nous ne connaissons pas les organes internes de la génération.

Dans les Scolopendres, les organes de la génération sont tous intérieurs, et s'ouvrent à la partie postérieure du corps. Ils se composent, d'après M. Tréviranus, de testicules, chez les mâles, d'ovaires chez les femelles, comme dans les autres Articulés, si ce n'est que ces organes ne sont plus

pairs et symétriques. Ils présentent, en
autre, des glandes accessoires, destinées
sans doute à quelque sécrétion spéciale.
Ainsi, les mâles ont un testicule représenté
par trois longs vaisseaux qui communiquent
ensemble par leur extrémité et se réunissent en deux conduits aboutissant a une vésicule commune, dont l'extrémité forme
une sorte de verge. Les glandes accessoires,
au nombre de deux, s'ouvrent dans la vésicule par deux petits conduits et y versent le
produit de leur sécrétion. Dans les femelles,
on trouve un ovaire long et situé sur la ligne
médiane, auquel fait suite un oviducte qui
s'élargit à l'extrémité en une sorte d'utérus
et se termine à l'ouverture vulvaire. Les
glandes accessoires, qui étaient réunies chez
les mâles, sont doubles de chaque côté, et
chacune de ces glandes a son conduit spécial qui s'ouvre dans l'utérus. Il existe en
outre, de chaque côté de cet utérus, un
autre organe ou grande vésicule, dont l'u-
sage est encore inconnu.

δ. De la génération dans les Insectes.

C'est surtout dans cette classe d'animaux
que nous trouvons les organes générateurs
plus compliqués et plus variés : c'est aussi
chez eux qu'on les a le plus étudiés. Les
Insectes, à cause du grand nombre de leurs
espèces, nous offrent plusieurs types d'organisation très-distincts, et nous retrouverons jusque dans leur mode d'accouplement
des différences remarquables.

L'accouplement n'a lieu chez les Insectes, qu'une seule fois dans la vie des femelles, mais il n'en est pas de même pour
les mâles. Cependant cette règle paraît souf-
frir de nombreuses exceptions dans les espèces chez lesquelles l'accouplement dure
un temps fort long, car il survient alors
un état d'épuisement qui les fait périr.
Dans certaines espèces un grand nombre
de mâles ne s'accouplent jamais ; tels sont
les mâles des Abeilles, ordinairement au
nombre de trois cents dans chaque ruche, tandis qu'il n'y qu'une femelle. Lorsque cette femelle a été fécondée par un de
ces mâles, les Abeilles neutres, qui exer-
cent la police dans la ruche, se mettent en
devoir de faire périr et de rejeter au dehors
tous les mâles devenus inutiles.

L'acte de la reproduction paraissant être
le véritable but de l'existence des Insectes
pendant la dernière période de leur vie, il
est plusieurs espèces qui se hâtent de s'accoupler aussitôt qu'elles parviennent à l'état
d'Insecte parfait. On sait d'ailleurs que plusieurs Insectes vivent plus long-temps qu'à
l'ordinaire, lorsqu'ils n'ont pas trouvé l'occasion de s'acquitter de cette fonction.

L'accouplement est souvent précédé, chez
les Insectes, de circonstances analogues à ce
qui a lieu chez d'autres animaux. Le mâle,
qui est ordinairement l'agresseur, emploie
des moyens divers pour engager la femelle
à s'en laisser approcher ; souvent même il
use de violence. L'étude des mœurs et des
habitudes des Insectes nous en fournit plus
d'une preuve. Quelquefois au contraire,
c'est la femelle qui fait les avances, et l'on
connaît plusieurs espèces dans lesquelles
cette femelle attend le mâle, soit à l'entrée
de son nid, soit à la surface de la terre, soit
enfin dans d'autres circonstances propres à
chaque espèce. L'accouplement a lieu d'ordinaire comme chez les autres animaux ; le
mâle monte sur le dos de la femelle, et s'y
maintient à l'aide de ses pattes ou de ses
antennes, diversement conformées à cet
effet. Quelquefois cet accouplement a lieu
bout à bout, et le mâle se laisse entraîner
à reculons par la femelle, ordinairement
plus grosse et plus forte que lui. Certains Insectes, comme les *Puces*, quelques Lépidoptères (*Zygènes*), plusieurs Diptères, etc.,
s'accouplent face à face ; certains Insectes
aquatiques, également (les *Nèpes*), s'accouplent de la même manière. Mais dans ce
dernier cas, les deux sexes nagent sur le
côté. Enfin, dans d'autres espèces qui ont
le corselet garni d'épines, le mâle ne pouvant monter sur la femelle, les deux sexes
se placent côte à côte, la tête dirigée du
même côté.

Les moyens par lesquels le mâle se fixe
sur la femelle sont très-variés. Indépendamment de crochets particuliers que présentent quelquefois les organes sexuels,
les pattes de devant sont organisées, dans
certaines espèces, en sorte de palettes munies de ventouses, à l'aide desquelles leur
adhérence devient plus parfaite. D'autres
Insectes, au contraire, saisissent leurs femelles avec les mandibules, ou avec les antennes, ou bien enfin avec les crochets de
leurs pattes antérieures.

Il existe des caractères qui distinguent
les sexes à l'extérieur. Assez ordinairement
les mâles ont dans le développement de
leurs mandibules, de leurs antennes ou dans
les éminences ou apophyses de leur corselet, des signes auxquels on les reconnaît
aisément. Tous ces détails sont du ressort

de l'entomologie descriptive, et nous ne nous y arrêterons pas ici, puisqu'ils seront exposés dans les diverses parties de cet ouvrage, à mesure qu'ils se présenteront.

La durée de l'accouplement varie beaucoup. Dans quelques espèces, elle n'est que de quelques secondes, comme dans les Mouches de nos appartemens. Elle n'est que de quelques minutes dans beaucoup de Lépidoptères diurnes, tandis qu'elle est beaucoup plus longue dans les espèces nocturnes du même ordre d'Insectes. Dans beaucoup de Coléoptères, et en particulier dans les Hannetons, l'accouplement dure plusieurs jours. On peut croire que la durée de cet acte varie avec la formation plus ou moins rapide du fluide séminal sécrété dans les organes des mâles.

Le but de l'accouplement étant de faire arriver ce fluide fécondant jusqu'à l'œuf, on se demande comment ce phénomène a lieu. Les œufs se forment, comme chez les autres animaux ovipares, dans les ovaires de la femelle. Là, ils y sont d'abord d'une petitesse extrême, et sous forme d'une masse grenue et assez confuse. Ensuite ces œufs deviennent plus distincts; ils s'alignent dans les ovaires, et les plus voisins de l'oviducte, sont en même temps les plus gros. L'approche du mâle n'a aucune influence sur ce développement, non plus que sur la production des œufs, comme le prouve la ponte de ces œufs, qui est opérée par certaines femelles sans accouplement préalable. Cette approche n'a pour but que de féconder les œufs, ou autrement de leur donner les qualités nécessaires à leur éclosion. Quant à la manière dont s'opère l'action du fluide séminal sur les œufs, et quant à la partie des organes femelles où cette action a lieu, on n'a, pour résoudre ces questions, proposé jusqu'ici que des hypothèses. Lorsqu'il existe une vésicule spermatique, ainsi que cela se voit dans beaucoup d'espèces, on a pensé que le fluide du mâle se dépose dans cette vésicule, où il atteint les œufs à mesure qu'ils descendent de l'ovaire. Mais dans le cas où cette vésicule manque, il faut bien admettre une imprégnation des organes femelles, sans laquelle les œufs ne seraient pas fécondés. Cette explication, d'ailleurs, est celle qui s'accorde le mieux avec ce qui se passe dans les animaux supérieurs et dans les Mammifères en particulier. Elle détruit l'objection que l'on a fondée sur l'étroitesse des tubes ovigères, qui ne permettrait pas au fluide d'arriver jusqu'aux œufs les plus éloignés.

Cependant des observations positives viennent à l'appui de l'idée que la fécondation s'opérerait dans la vésicule spermatique, et d'abord la présence de cette vésicule dans le plus grand nombre des espèces. Vient ensuite la fécondation artificielle opérée sur des œufs de femelles stériles, à l'aide du fluide de cette vésicule, et enfin le fait remarquable de la vacuité de cette vésicule avant l'accouplement aussi bien qu'après la ponte. Souvent aussi, l'on a trouvé dans cette vésicule le pénis du mâle, qui était resté engagé dans cet organe, par suite de sa rupture, ou qui s'y trouvait lorsque l'on ouvrait une femelle pendant l'acte même de l'accouplement. Mais comment comprendre l'action du fluide renfermé dans la vésicule séminale, dans le cas, par exemple, d'une Abeille femelle, qui ne s'accouple qu'une fois dans sa vie, et qui pont, pendant l'espace de deux ans, une quantité d'œufs considérable ? Cette vésicule renfermerait donc assez de fluide spermatique, pour qu'il pût se conserver pendant un temps aussi long. Et d'ailleurs, les œufs, en passant devant la vésicule séminale, sont déjà revêtus de leur enveloppe, ordinairement épaisse et cornée ; la fécondation aurait donc lieu à travers cette enveloppe ? La théorie de l'imprégnation paraît rendre raison des faits d'une manière plus satisfaisante, en supposant que le fluide spermatique communique aux ovaires des qualités spéciales pour opérer la fécondation de tous les œufs qu'il renferme. On voit toutefois combien cette question est obscure, et peut-être n'arrivera-t-on pas à la résoudre d'une manière complète.

Il existe dans le phénomène de la génération des Insectes, un fait encore plus difficile à comprendre et qui porte à se demander à quoi sert l'accouplement chez ces animaux ; c'est la reproduction des Pucerons. Ces Insectes, quoique pourvus, comme les autres, d'organes pour la génération et présentant des sexes distincts, se reproduisent cependant sans aucun accouplement préalable, et donnent ainsi plusieurs générations successives. Leurs femelles n'ont d'ailleurs point de vésicule spermatique. On a obtenu, par des précautions convenables, jusqu'à dix et même onze générations successives sans accouplement. Mais dans l'état naturel, le nombre de ces générations ne s'élève pas aussi haut. On remarque, dans ce cas, que depuis le printemps jusqu'au mois d'août, les générations de Pucerons sont toutes composées de femelles, et qu'à cette dernière époque seulement, il naît des mâles qui s'accouplent avec les femelles. Le résultat de cet accouplement donne lieu de nouveau à des générations composées de femelles. Comment expliquer, dans l'état de nos connaissances sur la génération des animaux, cette singulière et constante apparition de plusieurs races de femelles et l'apparition, plus singulière encore, d'une race de mâles? Ne dirait-on pas que cette dernière semble venir tout exprès pour ranimer une force de production sur le point de s'éteindre? Assurement il est impossible de répondre pour le moment à cette question.

Ce mode de reproduction sans accouplement, qui se présente d'une manière constante dans les Pucerons, se montre quelquefois aussi dans d'autres Insectes, comme par une tendance de la nature à former des animaux de toutes pièces. On cite le cas d'un Lépidoptère (*Liparis dispar*), qui aurait donné, sans accouplement, trois générations successives, dont la dernière n'était composée que de mâles (1). On sait aussi que beaucoup de femelles, dans ce même ordre des Lépidoptères, pondent leurs œufs sans avoir subi les approches du mâle, et que, parmi ces œufs, il s'en trouve quelquefois de féconds (2).

C'est dans le premier état de la vie des Insectes, dans l'état de chenille ou de larve, que se montre la matière d'où doivent naître les œufs. Elle existe dans les tubes des ovaires sous forme d'amas arrondis, d'autant plus gros qu'ils sont plus intérieurs, et on la considère comme la base du jaune ou vitellus. Ces amas laissent entre eux des vides qui sont remplis par une matière fluide, renfermant de très-petits granules. La couleur des globules de la matière vitelline varie d'ailleurs suivant les espèces. Dans les chrysalides ou nymphes, c'est-à-dire, dans le deuxième état de la vie des Insectes, la matière granuleuse qui environne les petits amas d'œufs, a le même aspect que dans les chenilles; mais les œufs ne sont encore que des amas de matière vitelline dans la partie supérieure des tubes, tandis qu'ils ont une forme plus arrêtée dans la partie inférieure. Ces œufs sont alors sphériques, et composés de plusieurs parties. On distingue d'abord une partie formée de globules vitellins peu

serrés, de couleur jaune dans l'espèce qui a été le sujet des recherches dont nous parlons en ce moment (*Saturnia pavonina*), et de la forme d'un segment de sphère dont la convexité serait en bas. Cette portion occupe la moitié de l'œuf, et se trouve séparée de la moitié supérieure par un liquide rempli de grains très-petits. La moitié supérieure de l'œuf est formée d'une matière incolore et granuleuse, dans laquelle on distingue des anneaux blancs composés d'une matière plus compacte. Cette moitié supérieure de l'œuf est destinée à nourrir la moitié opposée et diminue à mesure que celle-ci augmente. Lorsque la moitié inférieure, ou le vitellus, occupe plus de la moitié de l'œuf, il change de couleur, et, de jaune qu'il était, devient d'un vert d'abord clair, puis de plus en plus foncé. C'est lorsque le vitellus remplit toute la capacité de l'œuf, que celui-ci est parvenu à sa maturité; il est alors revêtu de sa coque ou enveloppe extérieure solide, et descend dans les tubes ovigères pour être expulsé au dehors.

Nous avons vu plus haut que les œufs des Insectes n'étaient pas toujours ainsi rejetés au dehors, et que leur éclosion avait quelquefois lieu dans le corps même de la mère. Nous avons vu également que les petits qui sortent de ces œufs se montrent au jour, soit à l'état de larve, soit à l'état de nymphe, soit même à l'état d'Insecte parfait. C'est le cas de mentionner ici quelles sont les espèces où l'on observe ces divers phénomènes.

Les espèces qui naissent à l'état de larve appartiennent toutes à l'ordre des Diptères, et en particulier à la famille des Muscides. Il paraît que les œufs éclosent dans les ovaires même, et que les larves qui en sortent conservent la même position relative que ces œufs. Ainsi, tantôt elles sont entassées sans ordre; tantôt elles sont placées régulièrement à la file. Chacune de ces larves est ensuite revêtue d'une membrane spéciale et séparée des larves voisines par un étranglement du tube ovigère. En outre, les larves sont d'autant plus développées qu'elles sont plus voisines de l'extrémité postérieure des ovaires. Leur accroissement paraît très-rapide et la ponte a lieu à mesure qu'il s'opère, ce qui explique la grande quantité de ces larves qui se développent dans une seule femelle.

Les espèces qui naissent à l'état de nymphe appartiennent aussi à l'ordre des Diptères, et constituent une famille distincte qui a reçu le nom de *Pupipare*. Nous fe

(1) Lacordaire, *Introd. à l'Entomologie*, t. II, p. 383.

(2) Ibid., *loc. cit.* pour la liste de ces espèces.

rons connaître plus loin la structure remarquable des organes de la génération des femelles, mais nous pouvons déjà dire que leurs ovaires ne renferment qu'un œuf à la fois. On ignore quel est le nombre des œufs qui se développent dans ces ovaires, mais il paraît peu élevé. Au sortir des ovaires, chaque œuf passe dans une poche qui remplace l'utérus, et déjà sa grosseur est égale à celle du corps de la mère avant la fécondation. Son enveloppe, molle d'abord, se durcit peu à peu, et il se forme à l'une des extrémités une raie annulaire qui est le bord d'un petit couvercle destiné à la sortie de l'Insecte. L'œuf est alors pondu et renferme l'Insecte à l'état de nymphe, qui bientôt sort de l'œuf à l'état parfait. On suppose que le fœtus est nourri jusque là par la matière de l'œuf dans lequel il est renfermé.

Enfin les espèces qui naissent à l'état parfait sont les Pucerons, dont nous avons déjà fait connaître le mode singulier de reproduction. Toutes les espèces, cependant, ne subissent pas entièrement leurs métamorphoses dans le corps de la mère ; quelques-unes (*Aphis abietis*) ne semblent pondre que des œufs ; d'autres nous présentent des générations qui sont alternativement ovipares et vivipares. C'est le cas le plus général et celui dont nous avons parlé plus haut. Cependant tous les individus qui proviennent d'une de ces générations vivipares ne naissent pas à l'état parfait : les uns sont dépourvus d'ailes, ce qui indique qu'ils sont à l'état de larve, et restent ainsi toute leur vie ; les autres acquièrent des ailes au bout de quelques mois. C'est le plus petit nombre qui vient au monde à l'état parfait. On voit par là que la génération des Pucerons est variable ; mais on l'a rapporté au mode de génération vivipare, qui est le mode le plus avancé, avec d'autant plus de raison qu'il semble être le seul normal chez ces Insectes. En effet, la génération de Pucerons qui se montre sous la forme d'œufs à la fin de l'été, paraît être une génération arrêtée dans son développement par l'abaissement de la température. Cette génération doit alors passer l'hiver pour continuer, au retour de la belle saison, à perpétuer l'espèce. Il semble que, sans cette circonstance, le mode de génération vivipare se continuerait indéfiniment, et des expériences faites dans une serre chaude, sur une espèce de Puceron (*A. dianthi*), ont démontré ces faits. Kyber, auteur de ces expériences, a obtenu pen-

dant quatre années de suite des générations vivipares, sans ponte d'œufs et sans aucun accouplement.

Tels sont les différens modes de génération que nous présentent les Insectes. On voit combien ils ont d'intérêt sous le rapport physiologique, et comment la tendance des êtres à se former de toutes pièces sous une influence inconnue, autre que celle de la fécondation, se manifeste dans cette classe d'animaux. Il est encore un autre mode de génération qui semble tout-à-fait anomal ; c'est le mode de génération des Poux. On sait que ces animaux pullulent avec une grande rapidité sur la tête des enfants et dans le cas de certaines maladies, telle que la *phthiriasis*, dans d'autres parties du corps humain. Ils ont des sexes distincts, mais les femelles sont beaucoup plus nombreuses que les mâles, et l'on a calculé qu'une seule femelle pouvait donner le jour à environ 10,000 petits dans l'espace de deux mois, en y comprenant, toutefois, les diverses générations de ceux-ci. On conçoit donc la multiplication prodigieuse de ces Insectes dans le cas de la maladie déjà citée, mais l'on se demande d'où vient le premier couple au moment où cette maladie se déclare. Diverses circonstances, telles que la non-contagion de cette maladie, et quelques autres, ont fait croire à une génération spontanée de l'Insecte dans la phthiriasis ; mais il faudrait des observations bien exactes pour faire admettre ce fait, qui serait une exception des plus extraordinaires dans le mode de génération des Insectes.

Il nous reste maintenant à étudier les organes de la génération, dans les différens ordres de cette classe d'animaux. Nous les examinerons successivement dans les mâles et dans les femelles, en signalant seulement les types de forme les plus remarquables.

1. *Organes de la génération dans les mâles.*

On a distingué ces organes en *essentiels* ou *accessoires*, et l'on a partagé ensuite chacune de ces deux espèces d'organes en organes intérieurs et extérieurs.

Les organes essentiels intérieurs se composent des *testicules*, des *canaux déférens*, des *vésicules séminales*, et enfin du *conduit éjaculateur* ou *excréteur*. Les organes essentiels extérieurs consistent en une seule pièce, le *pénis* ou *verge*, qui ne se montre

au dehors que pendant l'acte de la copulation.

Les organes accessoires sont diversement
situés suivant qu'ils sont intérieurs ou extérieurs. Les premiers sont placés sur quelque
partie de l'appareil générateur essentiel,
tandis que les seconds sont des dépendances
du pénis, et servent d'une manière accessoire à l'accouplement.

Il s'en faut de beaucoup que toutes ces
parties existent toujours dans le même Insecte ; souvent, au contraire, il en manque
une ou plusieurs. Nous allons les examiner
l'une après l'autre, en indiquant les formes
principales sous lesquelles elles se montrent.

Les *testicules* sont la partie la plus importante des organes générateurs mâles, puisqu'ils ont pour objet la sécrétion du fluide
fécondant. Sous ce rapport, les organes de
la génération, tant ceux du sexe mâle que
ceux du sexe femelle, peuvent être considé-
rés comme des organes de sécrétion. et leur
histoire se lie d'une manière intime avec
celle de la nutrition, puisque le produit de
la sécrétion est formé, comme dans toute espèce de sécrétion , aux dépens du fluide
nourricier, ou du sang. Ordinairement, les
testicules sont doubles et situés de chaque
côté du corps ou du canal intestinal, un
peu au-dessous de ce dernier. Quelquefois,
cependant, il n'y a en apparence qu'un seul
testicule ; mais si l'on déchire l'enveloppe
qui le recouvre, on s'aperçoit qu'il est
double. Dans les Lépidoptères, où l'on ne
trouve qu'un seul testicule, on envisage cet
organe comme provenant de la réunion des
deux testicules qui se montraient dans la
Chenille et qui se sont soudés dans la nymphe. Lorsque le testicule est unique, il est
situé sur la ligne médiane du corps, au-
dessous du canal intestinal.

La grosseur des testicules dépend de leur
état de vacuité ou de turgescence, suivant
qu'on les examine après ou avant l'accouplement. Dans le dernier cas, ils sont souvent situés à la base de l'abdomen. et quelquefois même ils distendent l'abdomen
comme le font les ovaires des femelles à
l'époque de la maturité des œufs. De même
que les autres viscères, les testicules sont
maintenus en place, tant par les organes
voisins que par des portions du tissu adipeux, et surtout par des ramifications trachéennes très-nombreuses, qui s'étendent à
leur surface, et pénètrent même dans leur
tissu. Les testicules sont le plus ordinairement tubuleux, mais quelquefois aussi ils

ont l'apparence de vésicules, et plus rarement ils présentent une structure glanduleuse. Ils sont ordinairement formés de
deux membranes, l'une intérieure et analogue à la membrane muqueuse du canal
intestinal, l'autre extérieure, lisse, plus
dense que la première, et qui représente
la membrane musculeuse du tube digestif.
Outre ces deux membranes, il existe quelquefois une tunique qui recouvre toutes les
parties du testicule, surtout lorsque cet
organe est formé de petites vésicules agglo-
mérées entre elles, comme cela arrive aux
glandes proprement dites. Cette troisième
membrane, ou enveloppe commune, se distingue des précédentes, parce qu'elle donne
sa couleur à l'organe ; cette couleur est jaune-
rouge ou orangé, tandis que la couleur des
membranes internes est entièrement blanche.

La forme que présentent les testicules
est extrêmement variée. On peut distinguer
ceux qui sont simples et ceux qui sont composés. Dans les testicules composés, on
nomme *capsules spermatiques* les petites
glandes dont l'ensemble forme le testicule.
Les testicules simples consistent en un
vaisseau de longueur et de grosseur variables, qui ne se voient guère que dans une
seule famille de Coléoptères (les Carnassiers). Ce vaisseau est roulé en peloton,
tantôt nu, tantôt enveloppé de la membrane
extérieure dont il a été question plus haut.
Quelquefois cette membrane est assez
épaisse pour cacher les circonvolutions du
testicule. Les testicules composés sont les
plus fréquens, mais la membrane qui les
enveloppe les fait paraître simples, si on ne
la déchire pas. Ils présentent des variations
nombreuses sous le rapport de la forme
des capsules spermatiques, et de leur mode
de jonction avec les conduits déférens.
Ainsi les uns sont élargis au sommet, avec
des apparences de digitation (*Pentatoma
aparines*) ; d'autres se composent de capsules spermatiques plus ou moins vésiculeuses ou allongées, etc., qui sont placées au
sommet des conduits déférens, mais sans
conduit propre pour les capsules, dont le
nombre varie beaucoup ; d'autres encore
présentent des capsules situées sur le trajet
des conduits déférens, et quelquefois autour d'un renflement de ces conduits ; enfin
d'autres ont à leurs capsules des pédicules
qui aboutissent tantôt à un même point,
tantôt à des points différens des conduits :
dans ce cas, les capsules se montrent isolées à l'intérieur, au lieu d'être enveloppées

d'une membrane extérieure qui cache leur forme et leur disposition.

Les *conduits déférens* ont pour usage de transporter le fluide séminal sécrété par les testicules. Ce sont des vaisseaux grêles, formés des mêmes membranes que les testicules, et revêtus sur une partie de leur longueur par l'enveloppe extérieure de ces derniers organes, ce que l'on reconnaît a la couleur de l'enveloppe. Les conduits déférens ont quelquefois le même diamètre dans toute leur étendue; mais souvent leur extrémité est élargie pour former les poches appelées vésicules séminales. Le nombre de ces conduits dépend de celui des testicules et de leur structure; souvent il n'y a de chaque côté qu'un seul conduit déférent, mais quelquefois il y en a autant que de capsules spermatiques; ils constituent alors les pédicules de ces capsules. La longueur de ces conduits varie d'ailleurs beaucoup. Il arrive, dans certaines espèces, que les conduits déférens ne sont que la continuation des testicules. et qu'ils s'enroulent et s'enchevêtrent comme ceux-ci, de manière à en prendre l'apparence; on peut alors croire qu'il y a de chaque côté du corps deux paires de testicules. La seconde paire peut être comparée à l'épididyme des animaux mammifères. Cet épididyme est quelquefois plus volumineux que le testicule (*Dyticus Rœselii*).

Les *vésicules séminales* sont des poches qui font suite aux conduits déférens, et dans lesquelles le fluide spermatique séjourne pour y subir peut-être une nouvelle élaboration. Quelquefois elles sont situées sur le milieu même des conduits déférens, ce qui montre bien qu'elles n'en sont point du tout distinctes. Cette position même est un caractère qui permet de les distinguer de certains organes accessoires dont nous allons parler. La structure de ces vésicules est plus solide et plus musculeuse que celle des conduits déférens. Cependant, ces vésicules n'existent pas dans tous les Insectes; elles manquent tout-à-fait aux Coléoptères carnassiers, chez lesquels on pourrait croire, avec M. Lacordaire, que l'épididyme en tient lieu. Il arrive quelquefois (*Lytta, Meloe*) qu'une seule vésicule séminale reçoit les deux conduits déférens; d'autres fois, au contraire (*Gerris paludum*), il y a deux vésicules séminales, l'une au-dessous de l'autre à chaque conduit déférent.

Le *conduit éjaculateur* ou *excréteur*, destiné à porter au pénis le fluide fécondant, résulte de la terminaison des conduits déférens qui se réunissent en un seul vaisseau; quelquefois ce conduit excréteur est formé par les organes accessoires. Dans tous les cas, c'est un tube unique, dont le tissu est plus solide et les fibres musculaires plus distinctes que dans les autres parties de l'appareil génital. Quelquefois il est revêtu d'une enveloppe formée par un repli de la membrane tégumentaire, venant du dernier segment de l'abdomen, après avoir recouvert le pénis. Le conduit excréteur a quelquefois le même diamètre dans toute son étendue, mais quelquefois aussi il s'élargit en forme de vésicule (*Hydrophilus piceus*); quelquefois enfin il se retire peu à peu (*Lucanus cervus, Lygœus apterus*), ce qui lui donne la forme d'une massue.

Les *organes accessoires* de la génération, dans les mâles, sont des vaisseaux tubulaires, simples ou ramifiés, et des poches plus ou moins volumineuses, qui renferment un liquide dont l'apparence est la même que celle du fluide fécondant, mais qui est seulement un peu plus visqueuse. M. Léon Dufour les a regardées comme des vésicules séminales, et M. Straus les appelle simplement *vaisseaux spermatiques*. Ce seraient, suivant ce dernier anatomiste, des testicules accessoires. On pourrait aussi bien les regarder, avec M. Lacordaire, comme les analogues de la prostate des Mammifères, et croire qu'ils sécrètent un fluide ayant pour objet, comme celui de la prostate, de délayer le fluide spermatique. Ces organes accessoires n'existent pas dans tous les Insectes. Quelquefois il n'y en a qu'une seule paire, comme dans les Coléoptères carnassiers, où ils se présentent sous l'apparence de vaisseaux tubuleux, beaucoup plus gros que les conduits déférens, aussi longs que l'abdomen, et qui se réunissent entre eux pour former le conduit excréteur. Après avoir décrit quelques circonvolutions, chacun de ces vaisseaux reçoit le conduit déférent situé du même côté, un peu avant de se réunir au vaisseau du côté opposé. Les vaisseaux accessoires ne sont pas toujours simples, et dans le Hanneton ils sont très-longs, grêles, enroulés d'abord en un peloton lâche et volumineux, après quoi ils s'élargissent en une vésicule allongée et viennent aboutir à la base du conduit excréteur au même endroit que les conduits déférens. D'autres fois (*Naucoris aptera*), il y a un troisième vaisseau accessoire impair; quelquefois encore, il y a deux vaisseaux accessoires de chaque côté, ou deux paires en tout (*Staphylins*). Tantôt l'un de ces organes est tubuleux et l'autre vésiculeux ; tantôt ils sont tous deux tubuleux, et leur point d'insertion est variable. Enfin on trouve quelquefois trois et même quatre paires de vaisseaux accessoires, dont la forme et le point d'insertion varient. L'aspect du fluide renfermé dans ces vaisseaux et leur mode d'insertion sur les conduits déférens, ou sur le conduit excréteur du sperme, sont des motifs suffisans pour faire croire que le fluide sécrété par les vaisseaux accessoires n'est pas le même que le fluide destiné à la fécondation. De nouvelles recherches sur ce sujet peuvent seules faire disparaître toute incertitude.

La *verge* ou *pénis* est l'organe de la génération destiné a porter dans les organes de la femelle le fluide fécondant, mais il est ordinairement contenu dans l'abdomen, et pour l'en faire sortir, il faut exercer une légère pression, et à plusieurs reprises, sur cet abdomen. Le pénis est formé de deux parties, la verge proprement dite, qui est la continuation du conduit éjaculateur, et une gaîne ou étui corné qui enveloppe la verge. En outre, il existe souvent des pièces cornées qui servent de support a l'organe ou qui sont destinées à faciliter l'accouplement ; elles forment, dans ce dernier cas, des espèces de crochets ou de pinces. Enfin, la gaîne ou étui de la verge est à son tour enveloppée plus ou moins complétement d'une membrane attachée par sa base au dernier segment de l'abdomen, et qui n'est autre chose que la peau repliée dans le corps pour former le cloaque. Cette membrane a quelquefois aussi des pièces cornées qui lui sont propres.

Pour compléter cette description du pénis, il nous reste à dire que ses mouvemens sont opérés par un système de muscles qui l'entourent à sa base.

Nous bornerons à ce peu de mots la description du pénis, parce que l'examen des différentes formes qu'offrent ses parties accessoires exigerait de trop grands détails ; mais nous ne terminerons pas cette description des organes mâles, sans parler de la disposition remarquable qu'ils présentent dans les Libellulines. Chez ces Insectes les organes mâles de la génération ne sont pas situés a la base de l'abdomen, en arrière du thorax, comme on l'a cru longtemps, et comme avait pu le faire penser la manière dont la femelle se comporte à l'égard du mâle. On sait, en effet, que cette femelle, saisie par le mâle et entraînée avec lui jusqu'à ce qu'elle se rende à ses désirs,

apporte l'extrémité de son abdomen contre la base de l'abdomen du mâle, où se trouvent des organes spéciaux, mais ce que l'on ne savait pas avant ces derniers temps, c'est que bientôt après, la femelle applique l'extrémité de son abdomen contre l'extrémité de l'abdomen du mâle, où sont situés comme à l'ordinaire, les véritables organes de l'accouplement. Il y a donc chez les Libellules mâles des organes d'accouplement, comme chez les autres Insectes et des organes surnuméraires ou d'excitation. Les organes de l'accouplement se composent d'un très-petit pénis situé dans une cavité du bout de l'abdomen fermée par deux valves. Les organes excitateurs sont situés à la portion inférieure ou ventrale des deuxième et troisième anneaux de l'abdomen. Pour les voir lorsqu'ils sont rentrés, il faut enlever les anneaux de la face dorsale de l'abdomen. C'est un système compliqué de pièces dont le jeu n'est pas bien connu et qui sont disposées en trois portions, dont les deux premières occupent le deuxième anneau de l'abdomen.

II. *Organes de la génération dans les femelles.*

De même que dans les mâles, les organes générateurs femelles sont intérieurs ou extérieurs, essentiels ou accessoires. Les organes intérieurs et essentiels sont les *ovaires*, leurs *trompes*, l'*oviducte* et le *vagin*. Les organes extérieurs sont la *vulve* et ses dépendances, souvent très-saillantes au dehors, sous forme de tarière ou d'aiguillon. Les organes intérieurs accessoires sont la *poche copulatrice*, les *glandes* ou *vaisseaux sébifiques*, enfin les *glandes à venin*. Nous allons examiner successivement ces différens organes.

Les *ovaires* sont situés, comme les testicules, de chaque côté du canal intestinal et se présentent sous forme de vaisseaux ou de vésicules réunies en sorte de grappes. C'est dans ces organes que se forment les œufs sous l'influence de la fécondation et à une époque déterminée de la vie des Insectes. Avant cette époque, les ovaires sont petits et comme atrophiés, mais ils ne tardent pas, lorsque les œufs se développent, à s'étendre dans la cavité de l'abdomen, qui devient beaucoup plus gros qu'auparavant. Les ovaires sont maintenus en place, comme les testicules, par un grand nombre de vaisseaux trachéens et par le tissu adipeux. Quelquefois ces ovaires sont fixés par un petit ligament qui va s'insérer à la paroi dorsale du thorax, et qui est lui-même formé de la réunion de tous les ligamens qui partent des tubes ovigères. Ces ligamens ne sont autre chose que les véritables tubes ovigères, et c'est dans leur intérieur que se forment les germes des œufs. On voit, en effet, ces ligamens se continuer dans les tubes ovigères, et percer la membrane unique qui les forme pour se terminer à la base de ces tubes. Ils disparaissent avec les œufs au moment de la ponte. Ces ligamens s'insèrent dans le thorax au-dessus du vaisseau dorsal, et s'ouvrent même, suivant M. Muller, dans ce vaisseau dorsal, qui leur communiquerait ainsi directement le sang destiné à les nourrir. Mais ce fait, observé seulement sur quelques Insectes, paraît trop exceptionnel pour être admis sans autre examen. Les tubes ovigères qui renferment les œufs et les ligamens producteurs de ces œufs, s'ouvrent tous dans les trompes, mais d'une manière très-variable. Quelquefois les tubes aboutissent tous au sommet de la trompe et le point de réunion est suivi d'un renflement divisé en plusieurs cellules où les œufs séjournent quelque temps avant de passer dans l'oviducte; on a nommé ces cellules les *calices des ovaires*. On a remarqué que le nombre des œufs renfermés dans chaque tube ovigère est constant dans tous les individus d'une même espèce. Les œufs les plus voisins de l'extrémité postérieure des tubes sont plus gros et plus développés que les autres; en général, ils sont d'autant plus petits qu'ils sont plus voisins de l'origine des tubes, et dans cette origine ils sont encore confondus entre eux.

On peut distinguer deux sortes d'ovaires, les ovaires simples et les ovaires composés. Les ovaires simples sont les moins fréquens; tels sont ceux des *Hippobosques*, qui consistent de chaque côté en une poche ovoïde, lisse et remplie d'une pulpe blanche, homogène et enveloppée d'une membrane propre. On croit que cette pulpe est formée entièrement par l'œuf, dans lequel la petite larve doit se développer et passer à l'état de nymphe pour être pondue à ce dernier état; ainsi que nous l'avons dit plus haut, on trouve encore des ovaires simples dans les Éphémères et quelques autres Insectes. Ils sont formés par une membrane très-mince et renferment des œufs en grand nombre, disposés en séries régulières et réunis par des filamens très-ténus. — Les ovaires composés se présentent sous deux formes distinctes, savoir celle de vésicules ou celle de vaisseaux tubuleux. Les ovaires en forme de vésicules rappellent, par leur disposition, les testicules de quelques Insectes et sont insérés sur les trompes, soit dans le trajet de ces organes, soit à leur naissance, qui est renflée en poche plus ou moins volumineuse. Les ovaires tubuleux présentent aussi de grandes différences dans leur position, mais le plus ordinairement ils sont formés d'un grand nombre de tubes qui aboutissent au sommet de la trompe et forment un faisceau renfermé dans un membrane commune. C'est de l'extrémité du faisceau que part le ligament suspenseur commun, dont nous avons parlé.

Les *trompes* des ovaires sont des tubes destinés à faire passer les œufs des ovaires dans les oviductes. Il n'y a ordinairement qu'une trompe pour chaque ovaire. Nous avons vu que cette trompe réunit quelquefois tous les tubes ovigères à son origine, et que souvent les tubes sont insérés sur différentes parties de son trajet. Cet organe correspond au conduit déférent de l'appareil générateur mâle, et, comme ce dernier, il varie beaucoup en longueur et en diamètre. Il est distinctement formé de deux membranes, dont l'externe se montre plus musculeuse dans les endroits où la trompe s'élargit; la membrane interne correspond à la membrane muqueuse du tube digestif.

L'*oviducte* est un conduit qui fait suite aux trompes et qui résulte de leur réunion. Sa structure est un tissu épais et musculo-membraneux. Il offre assez fréquemment à sa partie moyenne un renflement où les œufs s'accumulent et séjournent plus ou moins long-temps. Sa longueur est variable, mais elle dépasse rarement celle des trompes; telle est la disposition de l'oviducte dans la plus grande partie des Insectes, où il ne sert que de conduit aux œufs; mais dans les *Hippobosques*, et les autres Diptères à génération pupipare, cet organe devient un véritable *utérus*, dans lequel l'embryon acquiert tout son développement. Cet utérus, d'abord fort petit, prend un développement remarquable après la fécondation, refoule tous les autres viscères de l'abdomen, et remplit toute sa cavité. C'est là que se développe cet œuf dont nous avons déjà parlé et qui ne doit être pondu qu'au moment où l'embryon sera parvenu à l'état de nymphe. Un court vagin fait suite à l'utérus et sert à l'expulsion de cette nymphe.

Le *vagin* n'est que la continuation de l'oviducte, dont il a la structure. Il est destiné à recevoir le pénis pendant les approches du mâle, mais la portion molle du pénis pénètre plus avant ; il est destiné en outre à livrer passage aux œufs, et à cet effet il est garni de pièces cornées qui augmentent sa solidité. Ces pièces sont quelquefois au nombre de deux, mais le plus ordinairement il y en a quatre. C'est l'ouverture et l'orifice du vagin qui constituent la *vulve*. Cette ouverture est située dans le cloaque au-dessous de l'orifice anal. Elle communique, dans quelques espèces, avec un organe particulier, la *tarière*, que nous ferons bientôt connaître, mais non point avec l'*aiguillon*, qui s'ouvre dans la vésicule à venin.

Les *organes accessoires* de la génération, c'est-à-dire la poche copulatrice, et les *vaisseaux sébifiques*, existent dans presque tous les Insectes. On ne cite guère que les *Aphidiens*, quelques *Ephémères* et *Tipules* qui s'en montrent totalement dépourvus. Quant à la vésicule du venin, elle n'est propre qu'à certains Hyménoptères.

La *poche copulatrice*, appelée aussi *vésicule spermatique*, est tantôt simple, tantôt accompagnée d'une vaisseau ou d'une seconde poche plus petite. Elle s'ouvre par un col de longueur variable dans la portion dorsale et postérieure de l'oviducte, et se montre, après la fécondation, comme nous l'avons dit, pleine d'un liquide blanchâtre plus ou moins épais, qui disparaît après la ponte des œufs. On croit que ce liquide est sécrété par les parois même de la poche, et l'on ignore quels sont ses usages. Nous avons vu plus haut, qu'outre ce liquide, on admet dans cette poche la présence du sperme ou fluide fécondant lancé par le mâle et destiné à y rester en dépôt pour la fécondation des œufs. Quelques anatomistes ont pensé que le liquide sécrété par les parois de la poche copulatrice a pour objet de lubréfier les parois de l'oviducte, ou de revêtir les œufs d'une sorte de vernis ; aussi, M. Léon Dufour a-t-il confondu cette poche avec les autres organes accessoires sous la dénomination d'*organes sébacés*. D'autres anatomistes admettent que le liquide en question est destiné à étendre le sperme du mâle avant qu'il se répande sur les œufs. Nous avons rapporté plus haut les observations qui prouvent que le sperme est déposé dans cette poche, puisque le pénis du mâle s'y est trouvé plusieurs fois engagé, soit lorsqu'on saisissait deux Insectes pendant l'accouplement, soit lorsqu'on l'y trouvait brisé après cette accouplement même.

Les *vaisseaux sébifiques* ne diffèrent de la poche copulatrice que par leur plus grande simplicité, et quelquefois même plusieurs d'entre eux s'ouvrent dans cette poche. Ils en diffèrent en outre, en ce qu'ils ne paraissent pas servir de réservoir au fluide spermatique, ou du moins on n'a pas la preuve que telle soit leur destination. On sait seulement, qu'avant la ponte et pendant la ponte même, ces organes sécrètent un fluide blanchâtre, plus ou moins visqueux ; et comme ce liquide disparaît avec la ponte des œufs, on croit qu'il sert à les agglutiner, et à les endurcir, soit afin qu'ils adhèrent entre eux, soit afin qu'ils se fixent sur différens corps. Les vaisseaux sébifiques sont au nombre de deux ou de quatre, mais jamais plus. Quelquefois ils sont en nombre impair ; quelquefois ils manquent tout-à-fait. Lorsqu'il n'y en a que deux, il arrive quelquefois que l'un des deux est l'analogue de la poche copulatrice, à moins que l'on ne préfère regarder celle-ci comme n'existant pas. Cette dernière opinion serait peut-être la plus convenable, puisque cette poche ne pourrait remplir les fonctions qu'on lui assigne d'ordinaire si elle avait la forme d'un simple vaisseau. Dans un seul Insecte (*Hydrophilus piceus*), on trouve huit vaisseaux sébifiques, que M. Léon Dufour regarde plutôt comme les organes de la sécrétion soyeuse avec laquelle l'Hydrophile femelle forme le cocon renfermant ses œufs. Ces vaisseaux ne s'ouvrent pas comme les autres, dans l'oviducte, mais bien dans les cellules décrites plus haut sous le nom de calices des ovaires. Deux de ces vaisseaux sont divisés à l'extrémité. Les vaisseaux sébifiques ordinaires sont tantôt simples et tantôt composés. Ils s'élargissent quelquefois de manière à former une poche ou vésicule avant leur insertion sur l'oviducte, et quelquefois ils sont ramifiés ou divisés.

La *vésicule* ou *glande à venin* est un organe situé au bout de l'abdomen, au-dessous du canal intestinal et qui s'ouvre auprès de l'orifice des organes sexuels. C'est une espèce de poche ou vésicule servant de réservoir au venin que sécrètent des vaisseaux de forme variable. Ainsi, dans les Abeilles, les vaisseaux sécréteurs du venin sont très-longs, enroulés et réunis en un seul conduit avant d'arriver à la vésicule. Dans les Guêpes, chacun des deux vaisseaux sécréteurs offre à son origine une petite vésicule, et ces deux vaisseaux se réunissent bien avant leur issue dans le réservoir à venin. On voit donc que ces organes, ainsi que les vaisseaux sébifiques décrits plus haut, sont de véritables organes sécréteurs, et que l'appareil entier de la génération est véritablement un appareil de sécrétion.

Les *organes extérieurs* de la génération dans les femelles, sont les seuls qu'il nous reste à décrire maintenant. Il n'ont plus seulement pour objet, comme dans les mâles, de servir à l'accouplement, car les femelles ont d'autres soins a prendre pour assurer la conservation de leurs petits, et la ponte exige quelques précautions pour que les œufs puissent se développer. Ces organes sont donc destinés à opérer la ponte, et quelques-uns d'entre eux seulement ont un rapport direct avec l'accouplement. Ceux qui servent à la ponte ont reçu les noms de *tarière* ou *oviscapte;* ceux qui servent à l'accouplement sont appelés *pièces vulvaires.* Ces derniers ferment l'ouverture des parties génitales ou retiennent le pénis du mâle. En outre, il existe dans quelques Hyménoptères un organe de défense appelé *aiguillon;* c'est le conduit excréteur de la glande à venin.

Les *pièces vulvaires* sont des plaques de forme variée, dont quelques-unes ont parfois la forme de crochets et qui sont engagées dans la membrane qui constitue la cavité du cloaque. Ces pièces sont formées par les parties solides du dernier et quelquefois des derniers anneaux de l'abdomen, qui se brisent, se fracturent de manières diverses. C'est ce que prouve le nombre de ces anneaux, qui, au lieu d'être de neuf, comme dans l'état normal et comme dans les larves, est souvent moindre. — Quelquefois le nombre des anneaux ne paraît pas le même en dessus qu'en dessous, parce qu'il entre alors dans la composition des pièces vulvaires un nombre inégal d'anneaux et de demi-anneaux de l'abdomen. Les pieces vulvaires sont tantôt cachées dans la cavité du cloaque ; tantôt elles font saillie au dehors ou ferment l'appareil vulvaire sous la forme d'espèces de volets. L'examen des différences qu'offrent les pièces vulvaires dans leur nombre et leur disposition exigerait plus de développemens, que nous ne pouvons donner ici ; elles ont été étudiées spécialement par M. Léon Dufour, dans les Insectes de l'ordre des Hémiptères, où elles se montrent le plus compliquées.

La *tarière* ou *oviscapte* est un organe formé par plusieurs pièces vulvaires devenues saillantes au dehors, ou pouvant le devenir dans quelques circonstances. Elle se présente sous deux formes différentes : tantôt c'est une sorte de tube composé de plusieurs anneaux (toujours les derniers de l'abdomen), qui rentrent les uns dans les autres ; tantôt c'est un organe formé de plusieurs pièces opposées qui s'appliquent verticalement les unes contre les autres. La première sorte mérite plus particulièrement le nom d'oviscapte , tandis que la seconde constitue véritablement une tarière. Dans l'oviscapte proprement dit, l'anus et le vagin s'ouvrent l'un et l'autre a la base de l'organe qui sert de conduit excréteur tout à la fois aux excrémens et aux œufs, et souvent cet oviscape est accompagné à sa base de pièces cornées qui sont autant des pièces vulvaires. Cet oviscapte est quelquefois corné et quelquefois membraneux ; il est visiblement la continuation des anneaux de l'abdomen. On trouve toujours cette partie du corps formée de neuf anneaux, lorsque l'on compte les anneaux de l'oviscapte lui-même. Cet oviscapte se trouve dans beaucoup de Diptères (Muscides), où il est membraneux et rentre dans l'intérieur du corps ; son extrémité est munie en dessus d'une petite plaque cornée sur laquelle sont fixés deux petits crochets mobiles qui servent à retenir le pénis pendant l'accouplement.

On trouve encore un oviscapte dans les Coléoptères, mais ici il est corné et fait saillie près de l'abdomen. Dans le *Trichius hemipterus,* il est surmonté d'une tige formée d'une seule pièce et creusée en gouttière dans toute sa longeur, qui est un prolongement de l'extrémité du corps. Dans les Capricornes (*Lamia* , *Cerambyx* et autres), il existe entre les ouvertures de l'anus et du vagin une petite pièce cornée qui sépare ces deux ouvertures. L'anus est toujours situé au-dessus du vagin.

La tarière véritable, c'est-à-dire celle qui est formée de plusieurs pièces opposées, se présente avec un degré plus ou moins grand de complication. Dans son état le plus simple, elle n'est que de deux pièces (*Miris*, *Capsus*), qui ne font pas saillie hors de l'abdomen. Elle est située dans une fente que forment deux des pièces vulvaires de cet abdomen. Dans plusieurs Orthoptères et Diptères, on trouve quatre pièces à la tarière, deux intérieures et deux extérieures, à la base desquelles on voit souvent, tant en dessus qu'en dessous, une plaque cornée plus ou moins grande. On trouve un exemple très-saillant de cette espèce de tarière dans les *Sauterelles*, où elle forme ce que l'on a appelé le *sabre*, organe plus ou moins arqué et plus ou moins long. C'est au moyen de cet instrument que l'Insecte dépose ses œufs dans la terre à une assez petite profondeur. Les *Grillons* ont une tarière plus grele, mais plus large que celle des Sauterelles. Au lieu de deux pièces intérieures, il y en a quatre, chaque pièce s'étant divisée en deux ; ces quatre pièces sont très-fines et roulées en spirale à l'extrémité. Dans les *Criquets* (*Acridium*), au lieu de cette longue tarière, on trouve quatre pièces courtes, pyramidales, dont les deux inférieures sont mobiles et les deux supérieures soudées à l'extrémité du dernier anneau supérieur de l'abdomen. Enfin, on voit encore une tarière véritable dans certains Diptères (*Ctenophora*) ; elle est formée de quatre pièces dont les deux extérieures sont longues, arquées, recourbées, et les deux intérieures plus courtes, plus larges et légèrement arquées. Ces Diptères pondent aussi leurs œufs dans la terre.

Dans les Hyménoptères qui ont une tarière, cet organe est destiné non plus seulement à déposer les œufs près de la surface de la terre, mais bien à percer la substance ligneuse des végétaux jusqu'à une assez grande profondeur. On trouve ici trois pièces intérieures au lieu de deux, et la pièce impaire est celle qui joue véritablement le rôle d'une tarière. Cette pièce est aiguë, dentelée à l'extrémité et très-mobile d'avant en arrière. Toutes les pièces de cette tarière sont d'égale longueur, et dépassent quelquefois de beaucoup celle du corps; les pièces extérieures protégent les pièces intérieures et les maintiennent pendant leur jeu. Dans les *Tenthrèdes*, dont la tarière est courte, mais robuste, les pièces qui la composent constituent une véritable scie destinée à entamer la substance des feuilles ou des jeunes tiges. La pièce impaire n'est pas très-développée ; elle est d'une forme triangulaire. Le bord inférieur des deux lames paires intérieures est finement dentelé dans toute sa longueur; les dentelures sont dirigées en arrière et en même temps déjetées en dehors. Leur côté intérieur présente une saillie longitudinale, qui est elle-même couverte de dents très-fines ; les parties situées au-dessus et au-dessous de cette ligne sont couvertes de stries courtes ou obliques, qui en font une sorte de râpe, tandis que les deux sutures du bord inférieur jouent le rôle d'une vé-

ritable scie. Les *Ichneumons* sont, de tous les Hyménoptères, ceux qui ont la plus longue tarière. Souvent les pièces extérieures s'écartent l'une de l'autre et laissent voir les pièces intérieures. Celles-ci constituent, par la réunion des deux pièces opposées qui se soudent, une tige cylindrique et creusée en dessous d'une gouttière dans laquelle est logée la pièce impaire, dont l'extrémité est couverte de petites dents. Cet appareil constitue un canal trop étroit pour le passage des œufs; aussi les œufs glissent-ils le long de la pièce supérieure creusée en gouttière, et ils sont maintenus pendant leur trajet par les deux pièces extérieures. Dans les *Sirex*, qui tiennent le milieu entre les Tenthrèdes et les Ichneumons, la tarière est reçue à sa base dans une gouttière profonde que forme le prolongement du dernier segment de l'abdomen. Les deux pièces intérieures paires de la tarière sont réunies et soudées comme dans les Ichneumons, et forment une pièce unique, dont l'extrémité est fendue et dentelée. La pièce impaire, au lieu d'être unique, est partagée en deux soies étroitement accolées entre elles et garnies de dentelures le long de leur bord intérieur. Les *Cynips*, qui sont voisins des Ichneumons, ont les deux pièces intérieures libres et séparées; leur tarière, au lieu d'être toujours saillante, comme dans les Hyménoptères précédens, rentre dans l'abdomen en se roulant sur elle-même, ou bien, dans quelques espèces (*Leucospis*), elle vient se loger à la partie dorsale de l'abdomen. Dans les *Chrysis*, qui font le passage des Hyménoptères à tarière aux Hyménoptères à aiguillon, la tarière est tout à la fois un oviscapte tubuleux et une tarière. Elle est formée d'une gaîne tubuleuse, comme celle des Muscides, qui ne rentre pas complétement dans l'abdomen, et se courbe sous cette partie du corps. A sa partie supérieure se trouvent de petites pièces cornées, qui se recouvrent comme les tuiles d'un toit. C'est dans l'intérieur de cette gaîne que se trouve la véritable tarière.

Enfin, le dernier organe que nous ayons à faire connaître, ou l'*aiguillon*, est propre à tous les Hyménoptères qui n'ont pas de tarière (*Guepes*, *Abeilles*, *Sphex*, etc.). L'aiguillon est formé par des pièces comparables à celles de la tarière des autres Insectes, et il rentre dans l'abdomen quand l'Insecte ne s'en sert pas. Il est destiné à l'excrétion du venin que nous avons vu être sécrété par une glande ou organe spécial, et, à cet effet, il se compose d'un étui formé par la réunion de deux pièces intérieures de la tarière. Cet étui n'est pas entièrement fermé, mais il présente une gouttière en dessous comme dans les *Sirex*, et c'est dans cette gouttière que se logent les deux soies qui forment l'aiguillon proprement dit. Ces deux soies sont très-grêles, appliquées l'une contre l'autre par leur côté intérieur, dentelées à leur côté extérieur vers l'extrémité, et mobiles indépendamment l'une de l'autre d'avant en arrière. Chaque soie est fixée par la base sur trois pièces cornées, placées dans l'abdomen de chaque côté de l'aiguillon. Elles sont ainsi écartées à leur origine, et ne se rapprochent que pour entrer dans la gaîne.

C'est entre ces deux soies que vient s'ouvrir le col de la vésicule à venin. Les deux pièces extérieures de la tarière des autres Hyménoptères sont représentées par deux corps musculeux, coniques, creusés en gouttière en dedans, et qui embrassent l'aiguillon lorsqu'il est rentré dans l'abdomen.

L'aiguillon présente quelques différences suivant les espèces dans lesquelles on l'examine. C'est ainsi que, dans quelques-unes, la gaîne qui embrasse les deux soies est dentelée de chaque côté. Les dentelures des soies elles mêmes font que souvent l'aiguillon reste dans la plaie qu'il a ouverte, et alors la vésicule à venin se détache du corps avec l'aiguillon, ce qui amène infailliblement la mort de l'Insecte.

CHAPITRE SECOND.

FONCTIONS DE LA VIE DE RELATION.

Les fonctions de la vie animale, ou de la vie de relation. ont pour objet de mettre les animaux en rapport avec les corps extérieurs. Elles caractérisent particulièrement les animaux, tandis que les fonctions de la vie végétative sont communes tout à la fois aux animaux et aux végétaux. Les nouvelles fonctions qui vont nous occuper sont au nombre de trois principales, savoir la *sensibilité*, la *locomotion* et la *phonation*, ou faculté de faire entendre des sons. — La sensibilité est une propriété tout à la fois active et passive. Elle est passive, lorsque les animaux perçoivent ce qu'on appelle des sensations; elle est active lorsque ces animaux agissent sur les sensations par l'intelligence, et lorsqu'ils exécutent des actes spontanés que rien ne provoque du dehors. La sensibilité a son siége dans un appareil appelé le système nerveux, qui appartient en partie à la sphère de la vie végétative dont elle anime les organes, et en partie à la sphère de la vie animale, puisqu'elle provoque des actes volontaires. L'appareil nerveux se compose donc de deux sortes d'organes, appelés *nerfs*, dont les uns sont affectés particulièrement aux organes de la nutrition et de la génération, et les autres aux organes de la sensibilité spéciale. Ces derniers président à tous les mouvemens de l'animal, et c'est par leur moyen qu'il perçoit toutes ses sensations. La présence de nerfs affectés aux organes de la vie végétative est un second caractère essentiel des animaux, puisque les végétaux n'offrent rien de semblable, malgré les mouvements en apparence volontaires dont quelques-uns sont doués. Nous aurons donc à étudier dans la sensibilité un appareil spécial, ou le système nerveux, et les appareils des sensations extérieures, ou autrement dit les *organes des sens*. — La locomotion est la faculté que possèdent les animaux de se déplacer, ou d'une manière plus générale, d'exécuter des mouvemens volontaires avec ou sans déplacement. Cette fonction a pour organes, d'une part, une portion du système nerveux qui est essentiellement l'agent d'impulsion, et de l'autre des instrumens ou muscles, qui doivent obéir à cette impulsion. Les parties solides sont, dans les animaux articulés, l'enveloppe générale ou la peau, encroûtée de substances qui lui donnent de la consistance, et les muscles qui ont leurs points d'appui sur la peau et servent à mettre le corps en mouvement. — Enfin, nous traiterons, sous le titre de *phonation*, qui ne convient guère qu'aux animaux vertébrés. les sons ou les bruits variés que font entendre les Insectes, quoique ces bruits ne soient pas occasionnés par le passage de l'air à travers des conduits respiratoires organisés de manière à produire un véritable larynx.

ARTICLE PREMIER.

DE LA SENSIBILITÉ.

Nous venons de voir que cette fonction a pour siége le système nerveux, c'est-à-dire un appareil d'organes qui se présente dans les animaux sous deux apparences. Ce sont des masses centrales, plus ou moins nombreuses, et des cordons partant de ces masses, soit pour les mettre en rapport entre elles, soit pour se rendre aux différens organes du corps. Il résulte de cette disposition que les masses, appelées *ganglions*, sont de même nature que leurs cordons de communication, tandis que les filets, ou nerfs proprement dits, qui se répandent dans le corps, sont d'une autre nature. Ces derniers ont pour objet de mettre les organes en rapport avec les masses centrales ou ganglions. Les fonctions de ces ganglions, au contraire, sont de recevoir les impressions des organes et de leur transmettre une impulsion spéciale. Les impressions que les organes transmettent aux ganglions sont de deux sortes. Les unes proviennent des organes de la vie végétative, et sont pour la plupart sans action sur l'animal, ou du moins il n'est pas le maître de les suspendre à son gré ; les autres sont transmises par des organes appartenant essentiellement à la vie animale sur les organes des sens. Nous avons donc à étudier successivement l'appareil qui est le siège de la sensibilité générale, ou le système nerveux, et les organes sans lesquels ce système nerveux ne percevrait pas l'action des agens extérieurs. C'est en décrivant ces organes et l'appareil nerveux lui-même, que nous reconnaitrons, autant que cela est possible aujourd'hui, comment s'opère la sensibilité chez les animaux articulés.

§ Ier. DE L'APPAREIL NERVEUX.

Cet appareil présente une disposition toute spéciale dans les quatre classes d'animaux articulés qui nous occupent, ainsi que dans les Annelides. Il a l'apparence d'une chaîne ordinairement régulière, qui s'étend dans toute la longueur du corps et qui se compose de deux cordons réunis de distance en distance par de petits nœuds ou ganglions, qui sont disposés par paires. La première paire de ganglions est située dans la tête, à la partie supérieure ou dorsale du canal intestinal (ou mieux de l'œsophage), tandis que la seconde et toutes celles qui la suivent, avec leurs cordons de communication, se trouvent à la partie inférieure ou ventrale du corps de l'animal, au-dessous du canal intestinal. Les deux premières paires de ganglions et les deux cordons qui les réunissent, et qui embrassent ainsi l'œsophage, constituent ce que l'on nomme le *collier* ; elles ont été comparées, par quelques anatomistes, au cerveau des animaux vertébrés, mais nous verrons que cette comparaison n'est pas tout-à-fait exacte. Le collier et toute la chaîne ganglionnaire constituent le système nerveux de la vie animale, et sont les analogues du cerveau et de la moelle épinière des animaux vertébrés. Quant au système nerveux de la vie végétative, ou l'analogue du grand-sympathique de ces mêmes animaux, il est situé, chez les articulés, à la partie supérieure ou dorsale du canal intestinal, et présente chez les Insectes une disposition presque aussi régulière que le cordon ganglionnaire ventral. De même, dans les animaux vertébrés, ce système nerveux sympathique est moins développé que l'autre ; mais ce qu'il importe surtout de faire remarquer ici, c'est la position des deux appareils nerveux l'un au-dessous, l'autre au-dessus du canal intestinal, qui semblerait indiquer le renversement de l'un de ces deux appareils.

Le système nerveux ganglionnaire des animaux articulés présente, dans son état de plus grande simplicité, autant de ganglions qu'il y a d'anneaux au corps, en sorte que chaque anneau possède un centre nerveux d'où partent les filets ou cordons qui se rendent aux organes qu'il renferme. Mais il arrive fort souvent que plusieurs ganglions se réunissent et constituent un centre commun à plusieurs anneaux ; c'est ce que l'on remarque surtout dans les Crustacés. Souvent aussi les ganglions sont doubles et distincts dans chaque anneau, et lorsque ces ganglions paraissent simples, on en conclut qu'ils sont dûs à la réunion de deux ganglions. Il en résulte que l'on peut, d'une manière générale, considérer le système nerveux des articulés comme formé de deux cordons pairs et symétriques, qui se renflent de distance en distance, mais qui ont une certaine tendance à se réunir, soit par les ganglions, soit par les cordons qui les unissent. Nous démontrerons ce fait en citant des exemples de cette réunion. Il est remarquable surtout que la centralisation du système nerveux a lieu des animaux les plus inférieurs aux animaux les plus élevés ; et, ce qui n'est pas moins remarquable, elle se manifeste aussi dans un même animal à mesure qu'on le considère depuis les premiers états de sa vie jusqu'aux états les plus avancés. C'est une loi qui se manifeste aussi dans les animaux vertébrés ; car la centralisation la plus complète du système nerveux se montre dans l'homme.

Cette centralisation devient de plus en plus évidente, à mesure qu'on s'élève dans la série zoologique, depuis les poissons jusqu'à lui ; et le système nerveux de l'homme lui-même passe par tous les états de développement que l'on trouve dans les animaux, la disposition la plus simple de ce système répondant aux premiers âges de la vie. Mais les différences essentielles que présente le système nerveux des animaux articulés avec celui des vertébrés, c'est que chez ces derniers la centralisation s'opère au cerveau, tandis que cette même centralisation se montre dans l'étendue du corps chez les animaux articulés. Il en résulte que le collier de ces animaux, ou la portion de leur système nerveux qui entoure l'œsophage, ne correspond point au cerveau des animaux vertébrés, et que la comparaison des diverses parties de ce collier avec les lobes du cerveau et du cervelet n'est guère admissible.

La pulpe, ou la substance nerveuse des animaux articulés, ne parait différer de celle des animaux vertébrés que parce qu'elle est plus molle. Elle parait composée, sous le microscope, de globules solides extrêmement petits, et disposés en séries linéaires ou fibres très-ténues. Ces fibres ne se montrent toutefois que dans les nerfs proprement dits ; car les ganglions et les cordons qui les réunissent paraissent composés d'un amas de globules faiblement unis entre eux. La pulpe nerveuse est enveloppée d'une membrane (névrilème) de nature fibreuse, assez épaisse, et qui peut supporter sans se rompre des tractions assez fortes. Cette membrane est formée de deux feuillets, qui peuvent se comparer à la dure-mère et à la pie-mère du cerveau des animaux vertébrés.

On distingue deux substances dans la pulpe nerveuse : l'une blanche et assez ferme, qui est au centre ; l'autre molle, plus ou moins foncée, située à l'extérieur. Dans quelques espèces, la substance extérieure offre une autre couleur : on cite par exemple un Lépidoptère (*Noctua verbasci*), où elle est de couleur de carmin. Ces deux substances n'existent que dans les ganglions et leurs cordons de communication ; la première seule, ou la substance blanche, se montre dans les filets nerveux. Il faut d'ailleurs, pour reconnaître ces deux substances, que l'animal soit mort depuis peu, autrement elles finissent par se confondre et par prendre la même couleur. On a remarqué que la pulpe nerveuse laisse échapper, par la dessiccation, une substance huileuse qui reste fluide.

Examinons maintenant la disposition de l'appareil nerveux, tant sympathique que ganglionnaire, dans les quatre classes d'animaux vertébrés.

Nous avons dit que le système nerveux ganglionnaire des animaux articulés paraissait formé d'autant de ganglions distincts qu'il y a d'anneaux à leur corps, et que le nombre de ces ganglions semblait diminuer à mesure qu'on s'élevait des animaux les plus simples aux plus composés. C'est ce qui résulte des recherches entreprises à ce sujet par MM. Audouin et Milne Edwards, et dont nous allons donner connaissance.

Dans un des derniers Crustacés, le *Talitre*, il y a autant de paires de ganglions que d'anneaux. La première paire (*cephalique*) est située au-dessus de l'œsophage, dans la tête (qui est ici distincte du thorax), et la seconde appartient au premier anneau de ce thorax. Les deux ganglions de chaque paire sont réunis par un cordon de communication, semblable aux cordons qui mettent ces mêmes ganglions en rapport avec ceux de la paire suivante. Les ganglions qui appartiennent aux anneaux du thorax sont un peu plus gros que ceux de l'abdomen : c'est la seule différence que présentent entre eux ces petits renflemens ou centres nerveux, qui sont tous un peu aplatis, et dont la forme est celle d'un losange, si ce n'est que les ganglions de l'abdomen sont plus espacés que ceux du thorax. — Dans le *Cloporte*, on trouve déjà moins de paires de ganglions que d'anneaux au corps, car il n'y a que neuf paires de ganglions, outre la paire de ganglions céphaliques, et déjà les deux premières paires et les deux dernières sont presque confondues. — Dans le *Cyame de la Baleine* on observe aussi cette dernière disposition, et même la paire de ganglions postérieurs semble former un ganglion impair, situé sur la ligne médiane et accollé aux ganglions précédens. — Dans les *Phyllosomes*, les trois premières paires de ganglions thoraciques sont très-rapprochées, et les ganglions de chaque paire accollés l'un à l'autre ; les six paires suivantes, au contraire, ne se touchent pas sur la ligne médiane, mais bien d'avant en arrière, leurs cordons de communication étant très-gros et très-courts.

Enfin les six paires de ganglions abdominaux sont réunies de nouveau sur la ligne médiane, et d'avant en arrière elles communiquent entre elles par des cordons très-grêles et de plus en plus courts. — Dans les *Cymothoés*, les *Idotées*, on ne trouve déjà plus deux chaînes de ganglions distinctes. Les deux ganglions céphaliques forment un seul ganglion, dont la forme indique suffisamment l'origine ; mais les ganglions des autres paires sont entièrement confondus et situés sur la ligne médiane du corps. Cependant les cordons de communication restent séparés et doubles entre chacun des ganglions. Les cinq derniers ganglions sont très petits et très-rapprochés, à cause du peu de développement de l'abdomen. — Dans le *Homard*, le système nerveux consiste encore, comme dans ces derniers, en une chaîne de ganglions situés sur toute la longueur du corps, dont les nœuds, au nombre de treize, résultent encore évidemment de la réunion de deux autres nœuds ; mais les cordons de communication ne sont doubles que dans le thorax, car dans l'abdomen ils n'en forment plus qu'un seul. D'ailleurs, les ganglions de l'abdomen sont moins gros que ceux du thorax.

Voilà donc une série d'espèces dans lesquelles se manifeste la tendance du système nerveux ganglionnaire à se centraliser sur la ligne médiane du corps : on va voir par d'autres exemples que cette centralisation a lieu d'avant en arrière. — Dans les *Palémons*, la disposition du système nerveux est à peu près la même que celle du Homard ; mais déjà, dans le thorax, les trois dernières paires de ganglions se rapprochent au point de se confondre et de former une masse oblongue que divise une petite fente sur la ligne médiane. Il en résulte que les nerfs partent de cette masse en rayonnant, et que les derniers sont obliques. Le ganglion unique, qui vient avant cette masse (et correspond à la deuxième paire de pattes), est lié avec elle par un cordon unique et assez gros, et avant lui on trouve une autre petite masse formée par les ganglions qui correspondent à la première paire de pattes et aux pieds-mâchoires. — La *Langouste* nous offre une centralisation plus complète encore : tous les ganglions du thorax étant réunis en une masse allongée et perforée en arrière, sur la ligne médiane, pour le passage de l'artère sternale, et les traces des divers ganglions étant encore distinctes. — Dans les *Homoles*, et quelques autres Crustacés Anomoures, la

chaîne ganglionnaire de l'abdomen est réduite à l'état rudimentaire, et la masse nerveuse du thorax est suivie d'un tronc nerveux qui n'offre pas de ganglions. — Dans les Crabes (*Cancer mœnas*), la masse nerveuse du thorax est évidée au centre et forme une sorte d'anneau d'où rayonnent les nerfs dans tout le thorax, et qui, en arrière, envoie dans l'abdomen un cordon unique. Cette disposition rudimentaire du conduit abdominal est en rapport, dans les Crabes et dans les Homoles, avec le peu de développement de l'abdomen lui même. — Enfin, dans les *Maïas*, qui présentent le plus haut degré de centralisation du système nerveux, on ne trouve que deux masses nerveuses : savoir, le ganglion céphalique et une seule masse thoracique, qui n'est plus disposée en anneau et n'offre pas de traces de divisions ganglionnaires comme dans les Crabes. Cette masse est un noyau solide, un peu aplati, d'où partent, en rayonnant, tous les nerfs du thorax et de l'abdomen. Il faut remarquer, en terminant, que dans les espèces où se fait la réunion de tous les ganglions thoraciques, la partie inférieure du collier (ou le premier ganglion thoracique) est remplacée par un cordon de communication qui réunit les deux cordons partant du ganglion céphalique.

Après avoir montré comment le système nerveux tend à se centraliser des espèces inférieures aux espèces supérieures en organisation, il nous reste à faire voir qu'il se centralise dans les espèces supérieures, depuis la naissance jusqu'à l'état adulte. Or, les recherches de M. Rathke sur le développement des Ecrevisses nous en fournissent la preuve. Le système nerveux se présente d'abord chez ces animaux sous la forme de deux séries de ganglions parfaitement distinctes, et le nombre des ganglions dans chaque série est le même que celui des membres. Voilà donc l'état le plus simple du système nerveux, sauf toutefois les ganglions de l'abdomen. Plus tard, les ganglions se rapprochent sur la ligne médiane, et enfin, après une série de changemens qui sont en rapport avec ceux des autres parties du corps, le système nerveux atteint le degré de centralisation dont l'espèce est susceptible.

Il nous reste à voir maintenant comment se distribuent les nerfs qui partent des différens points de la série ganglionnaire et quels sont les nerfs sympathiques. Dans les Crustacés les plus inférieurs, dans le *Talitre* par exemple, la distribution des nerfs est très-simple. Ceux des yeux et des antennes sont fournis par les ganglions céphaliques, et les ganglions du thorax envoient en dehors deux nerfs, dont l'un pénètre dans la patte, l'autre se porte dans les muscles et les tégumens de l'anneau correspondant du corps; enfin les ganglions de l'abdomen offrent la même disposition que ceux du thorax. Mais dans les Crustacés d'un ordre plus élevé, les Homards par exemple, la distribution des nerfs est plus compliquée ainsi que nous allons le voir.

Dans ces animaux, le ganglion céphalique est presque quadrilatère, situé en arrière et au-dessous des yeux, et donne naissance à cinq paires de nerfs. La première paire occupe son bord antérieur presque tout entier; elle forme les nerfs optiques, qui sont gros et se renflent en entrant dans le pédoncule des yeux. La deuxième paire se compose de deux filets très-grêles, qui sont accollés aux nerfs optiques, et se rendent aux muscles des yeux (*nerfs moteurs oculaires*). La troisième paire de nerfs céphaliques naît au-dessous des précédens, et se porte dans les antennes internes, en fournissant une branche pour les muscles qui meuvent ces organes, et chaque nerf se divise en deux dans l'intérieur de ces antennes. La quatrième paire a son origine au-dessus des nerfs de la troisième, sur les côtés des ganglions; les nerfs qui la composent sont assez gros et se distribuent, après s'être ramifiés, dans les membranes tégumentaires de la partie antérieure du corps. Enfin les nerfs de la cinquième paire sont plus gros encore que ceux de la quatrième et ont leur origine un peu au-dessus de ces derniers : ce sont les nerfs des antennes antérieures, qui donnent une branche à l'organe de l'ouie. — Le premier ganglion thoracique est situé à une grande distance du ganglion céphalique, et résulte la réunion de plusieurs ganglions. Il part de son extrémité antérieure cinq paires de nerfs, qui se rendent aux muscles et aux mâchoires, ainsi qu'aux tégumens, et de sa partie supérieure, deux paires de nerfs qui vont aux deux premières paires de pieds-mâchoires; enfin de sa partie postérieure et latérale il part trois paires de nerfs, dont la première se rend dans les muscles du thorax, et les deux autres dans la troisième paire de pieds-mâchoires. — Le deuxième ganglion thoracique et les quatre suivans donnent de chaque côté deux cordons nerveux, et comme chacun de ces cinq

ganglions correspond à une paire de pattes, il en résulte que chaque patte reçoit deux filets nerveux ; mais ces filets se réunissent en un seul dès le premier article des pattes, après avoir envoyé des ramifications dans les muscles moteurs de ces appendices. — Chacun des ganglions abdominaux fournit deux paires de nerfs, mais le dernier ganglion n'en donne qu'une seule. De ces deux paires l'une se rend dans les appendices abdominaux (fausses pattes), et l'autre dans les muscles de l'abdomen. Le dernier ganglion, situé au niveau des appendices de la queue, donne naissance à quatre paires de nerfs qui se rendent dans le dernier article de l'abdomen et à ses appendices. — Enfin quelques nerfs partent encore des cordons de communication qui réunissent les divers ganglions. Ainsi les deux premiers cordons, qui vont du ganglion céphalique au premier ganglion thoracique, présentent, en passant sur les côtés de l'œsophage, un petit renflement d'où partent deux nerfs, dont l'un se rend aux muscles des mandibules, et l'autre se ramifie sur l'estomac, où il va former avec le nerf du côté opposé, le tronc principal du *système nerveux sympathique*. Enfin, en arrière de l'œsophage, les deux cordons de communication sont réunis par une sorte de bride dont nous avons déjà parlé, et qui semble, avec le renflement d'où part le nerf gastrique, tenir lieu de la partie inférieure du collier. Les cordons qui réunissent les deux premiers ganglions du thorax donnent naissance, vers le milieu de leur longueur, à deux filets nerveux qui se portent en haut et se perdent dans les muscles du thorax, et le cordon unique situé entre les ganglions de l'abdomen, émet aussi deux filets nerveux qui se rendent dans les muscles de l'abdomen.

Telle est la disposition des nerfs qui partent de la chaîne ganglionnaire dans un des Crustacés le plus élevés, le Homard; elle n'est pas tout-à-fait la même dans les Crustacés Décapodes Brachyoures, tels que les *Maïas*, à cause de la centralisation plus grande des ganglions. Il n'existe ici que le ganglion céphalique et le ganglion thoracique. Le premier fournit cinq paires de nerfs comme dans le Homard, mais le second, étant formé de tous les ganglions thoraciques et abdominaux, donne naissance à neuf paires de nerfs outre le cordon postérieur qui représente la chaîne ganglionnaire de l'abdomen. La première paire se divise en plusieurs branches et qui se rendent aux mandibules et aux mâchoires. Les deux paires suivantes se rendent, l'une aux deux premières paires de pieds-mâchoires et l'autre à la troisième paire de ces organes. La quatrième paire de nerfs va se ramifier dans les membranes tégumentaires de la cavité branchiale, et les cinq dernières paires se distribuent aux cinq paires de pattes, après s'être divisées, peu après leur naissance, en deux branches. dont l'une se ramifie dans les muscles du thorax.

Le système *nerveux sympathique* se compose, dans les deux espèces que nous venons d'étudier (*Homard, Maïa*), d'un long nerf impair, appelé *récurrent*, qui résulte de la réunion de deux filets nerveux sortis des cordons du collier. Ces filets, qui naissent sur un petit renflement de ces cordons, en même temps que deux petits nerfs qui vont aux mandibules, se portent en dedans, sous les cordons mêmes d'où ils partent, et remontent sur les côtés de l'œsophage. La, ils se partagent en un grand nombre de filets qui s'anastomosent et forment un plexus ou lacis sur les parois de l'estomac, après quoi ils se recourbent et se portent en avant pour s'unir sur la ligne médiane. Dans le Maïa, il existe à l'endroit où se fait cette union un petit renflement en forme de ganglion. Le nerf récurrent qui résulte de cette union s'étend sur la partie dorsale de l'estomac et de l'intestin, et se ramifie sur les parois de ces organes.

Les fonctions des deux systèmes nerveux que l'on remarque dans les Crustacés et dans les autres articulés, sont reconnus moins par l'observation directe que par l'analogie qu'ils présentent avec les deux systèmes nerveux des animaux vertébrés. Le système nerveux *récurrent* a été comparé au *sympathique* des vertébrés, à cause de sa connexion avec les viscères, et on le regarde comme présidant surtout à la digestion. Le système nerveux ganglionnaire étant celui d'où partent les nerfs qui se rendent aux appendices du corps et aux muscles, on a regardé ces nerfs comme les agens essentiels de la locomotion. Quant au siège de la sensibilité, on croit qu'il réside dans les ganglions ou centres nerveux, auxquels les nerfs transmettent les impressions du dehors. Ces ganglions auraient encore la faculté d'exciter les mouvemens volontaires, ce que prouve la section du nerf d'une des pattes, par exemple, qui détruit aussitôt dans ce membre la sensibilité et la contractilité volontaire. Il résulte de la disposition des ganglions nerveux qu'il n'y a point dans les Crustacés, non plus que dans les autres articulés, de cerveau proprement dit, mais qu'il y a autant de centres d'impulsion nerveuse, qu'il a de ganglions. Lorsque plusieurs de ces ganglions se réunissent en un seul, comme cela arrive dans le thorax des Crustacés les plus élevés, il est évident qu'il y a en même temps une plus grande centralisation des fonctions que dans les espèces plus simples. Il arrive alors que si l'on coupe la chaîne ganglionnaire au-dessous du ganglion thoracique, on paralyse seulement la partie postérieure ou abdominale, ce qui prouve l'action des ganglions nerveux sur la partie du corps dans laquelle ils se trouvent. Ces remarques suffiraient pour faire reconnaître que le ganglion céphalique, pris quelquefois pour le cerveau, ne peut être regardé comme tel, à cause de son peu de volume, qui le rend bien inférieur au gros ganglion thoracique de certains Crustacés. D'ailleurs, tous les ganglions nerveux des animaux articulés étant semblables, pourquoi l'un d'entre eux serait-il comparable au cerveau? L'expérience a confirmé ces vues, car M. Milne Edwards ayant coupé, chez une *Squille* vivante, les cordons du collier nerveux, l'animal en parut affaibli, mais non paralysé, comme il aurait dû l'être si le ganglion céphalique était le véritable cerveau : au contraire, il n'y eut de paralysie ni à la partie antérieure ni à la partie postérieure du corps ; les antennes, aussi bien que les pattes natatoires abdominales continuèrent à se mouvoir, et l'animal donnait surtout des signes de sensibilité. Il est donc évident qu'il y avait chez cet animal, un autre centre d'impulsion que le premier ganglion et l'indépendance des centres nerveux ressort aussi de cette expérience, puisque la section des cordons ne paralyse aucun des appendices du corps. D'autres expériences faites par le même anatomiste confirment cette observation et prouvent en outre que cette indépendance des ganglions nerveux est subordonnée à leur développement. Dès lors, il n'y a plus de cerveau, ou du moins il n'est pas dans la tête. En effet, la section de la chaîne ganglionnaire d'un Homard, entre le thorax et l'abdomen, paralyse d'une manière à peu près complète la portion abdominale du corps, tandis que la partie thoracique ou antérieure conserve assez long-temps encore la faculté de sauter et de se mouvoir. Il paraît au contraire qu'il y a des rapports tels entre les ganglions thoraciques, que si l'on coupe la chaîne ganglionnaire entre les deux premières pattes, c'est la moitié postérieure du corps qui semble surtout privée des facultés sensitives et locomotives. Ce sujet réclame d'ailleurs encore quelques expériences.

β. Appareil nerveux dans les Arachnides.

Cet appareil se présente sous deux modifications essentielles, suivant qu'on l'examine dans les Araignées ou dans les Scorpions. — Dans les Araignées, la centralisation du système nerveux est des plus grandes. Il n'y a que deux ganglions ou masses nerveuses, l'un dans le thorax, l'autre dans l'abdomen. La masse nerveuse du thorax est produite par la réunion du ganglion céphalique, des cordons et de la partie inférieure du collier avec les ganglions thoraciques ; elle est toutefois traversée par l'œsophage, comme dans tous les articulés. De cette masse partent, en rayonnant, les nerfs qui se rendent aux pattes et aux organes des sens. La masse nerveuse abdominale consiste en un ganglion bien inférieur en volume à la masse thoracique, avec laquelle elle communique au moyen de deux cordons très-rapprochés l'un de l'autre. C'est du ganglion abdominal que partent les nerfs des viscères, au nombre de quatre paires, dont les postérieures sont les plus longues. — Dans les Scorpions, le ganglion céphalique est tellement confondu avec les autres parties du collier nerveux, qu'on a pensé que l'œsophage ne passait pas au dessous comme à l'ordinaire. Mais il paraît, d'après M. Tréviranus, que l'œsophage traverse la masse médullaire, comme chez les Araignées. Indépendamment de cette première masse, il existe encore une chaîne nerveuse composée de sept ganglions.

γ. Appareil nerveux dans les Myriapodes.

La disposition de cet appareil étant fort simple, et en général analogue à ce qu'elle est dans les Insectes, nous ne nous y arrêterons pas. Les ganglions nerveux sont en général nombreux et disposés par paires.

δ. Appareil nerveux dans les Insectes.

Le système nerveux des Insectes se compose de deux appareils ou chaînes bien distinctes, savoir : la chaîne ganglionnaire ou sous-intestinale, située à la face ventrale de la chaîne sympathique ou sous-intestinale, qui est liée avec la précédente par son origine et s'étend sur le tube digestif. Nous allons examiner successivement chacun de ces deux appareils.

1. *Système nerveux sous-intestinal.*

Ce système se compose essentiellement 1º du collier, formé par les deux premières paires de ganglions et leur cordon de communication ; 2º de la chaîne ventrale, qui présente, de même que le collier, tantôt deux ganglions à chaque paire et tantôt un seul ganglion résultant de la réunion des deux ganglions de la même paire, plus ou moins intimement soudés entre eux. Les ganglions de la chaîne ventrale ont une tendance manifeste à se réunir, comme nous l'avons vu dans les Crustacés, pour former une masse unique, et quelquefois ils manquent tout-à-fait ; dans ce cas, les filets nerveux partent tous du collier qui représente alors véritablement le cerveau des animaux vertébrés. Cependant, il est à remarquer que la centralisation du système nerveux ne se manifeste pas, comme dans les Crustacés, des espèces les plus inférieures aux espèces les plus élevées en organisation, mais seulement, dans la même espèce, des premiers aux derniers âges de la vie. On voit que des Insectes, d'ailleurs aussi bien partagés sous le rapport de l'instinct, des fonctions locomotrices, etc., offrent de grandes différences dans le développement de leur système nerveux. Ces différences sont fondées sur des lois encore peu connues, qui paraissent tenir au plus ou moins de mobilité des trois grandes divisions du corps, savoir la tête, le thorax et l'abdomen.

Le système nerveux sous-intestinal éprouvant une centralisation manifeste à mesure que l'Insecte se rapproche de l'état adulte, il en résulte que les espèces dont les métamorphoses sont très-simples, et qui ont à peu près la même forme à tous les âges, éprouvent aussi peu de changement dans le développement de leur système nerveux.

Tels sont surtout les Hémiptères et les Orthoptères, chez lesquels le nombre des ganglions ou paires de ganglions est de treize en tout, c'est-à-dire égal au nombre des segmens du corps : cela confirme la loi déjà énoncée, que dans l'état normal du système nerveux, il y a autant de ganglions que d'anneaux au corps. On voit en effet que dans le cas où les ganglions sont en nombre inférieur à celui des anneaux du corps, quelques-uns de ces ganglions sont plus gros que les autres, ce qui indique la réunion de plusieurs d'entre eux.

On a cru pouvoir distinguer, dans la chaîne ganglionnaire des Insectes, un système de fibres chargées des fonctions de la sensibilité et un autre système présidant a la locomotion. Mais jusqu'à présent cette distinction est purement fondée sur l'observation anatomique du système nerveux et nullement sur des expériences. Lyonnet a reconnu le premier, dans la Chenille du *Cossus ligniperda*, un filet ou des fibres nerveuses situés à la partie supérieure des cordons inter-ganglionnaires, dans toute l'étendue de la chaîne, qui donnait naissance, entre chaque ganglion ou paire de ganglions, à des nerfs qu'il appelait *brides épinières*. M. Tréviranus a observé des fibres analogues dans les Araignées et dans les Scorpions. Enfin M. Newport, a étudié avec plus de soin cette division du système nerveux en deux séries de fibres dans les Crustacés et dans les Insectes. Il appelle les unes *fibres sensitives*, et les autres *fibres motrices*. Les fibres sensitives sont situées, suivant lui, à la partie inférieure de la chaîne ganglionnaire, et présentent de distance en distance, au milieu d'elles, un noyau formé de substance medullaire grise qui forme la plus grande partie de chaque ganglion. Quelques fibres seulement passent du côté interne du noyau, tandis que le plus grand nombre se porte au côté externe. C'est en se réunissant ainsi avec le noyau qu'elles constituent un ganglion. Les fibres motrices sont situées au-dessus des précédentes et ne présentent pas de noyau de substance médullaire. Elles fournissent les nerfs qui partent du bord antérieur de chaque ganglion, mais souvent aussi les deux systèmes de fibres contribuent à former un même nerf. Les nerfs des ailes, par exemple, ont une double origine, dont l'une est due entièrement aux fibres motrices, tandis que l'autre est formée en partie de fibres sensitives et motrices. Ces deux systèmes de fibres sont exactement appliqués l'un sur l'autre dans la chaîne ganglionnaire, et leur séparation n'est indiquée que par une ligne latérale sur les ganglions.

Les ganglions qui forment le collier ont été comparés, comme nous l'avons dit, au cerveau, dont le ganglion supérieur ou sus-œsophagien, simple ou double, représenterait les hémisphères cérébraux, tandis que le ganglion inférieur ou sous-œsopahien serait l'analogue du cervelet. Mais nous avons vu quelle valeur on pouvait attacher à cette comparaison, puisque chacun des ganglions de la chaîne paraît un centre également important d'impulsion nerveuse, sauf les différences qui résultent de l'inégalité de leur développement. Le collier nerveux des Insectes est situé entièrement dans la tête, et son ganglion inférieur n'est pas réduit, comme dans certains Crustacés, a une sorte de bride. On a donné aux ganglions supérieur et inférieur de ce collier le nom de ganglions céphaliques. C'est du ganglion supérieur que partent les nerfs qui se rendent aux yeux, aux antennes, et les filets qui donnent naissance au système nerveux symphatique ; le ganglion inférieur émet à son tour les nerfs des pièces de la bouche. Les nerfs des yeux, ou optiques, sont les plus gros de tout le corps, et naissent du bord extérieur du ganglion supérieur ; il vont s'épanouir dans les yeux, après s'être quelquefois divisés en deux branches, comme dans les *Pentatomes*. Il y a deux espèces de nerfs optiques, ceux des yeux composés et ceux des yeux simples ou stemmates. Les nerfs de ce dernier organe ont une origine variable sur le ganglion supérieur du collier, à cause de la position variable elle-même des yeux simples. Quelquefois, il y a autant de nerfs que de stemmates, et quelquefois tous ces nerfs sont réunis à leur naissance. Les nerfs qui se portent dans les antennes naissent du bord antérieur de chaque ganglion ou lobe de ganglion quand celui-ci est double. Ces nerfs et ceux qui partent du ganglion inférieur fournissent, dans leur trajet, des branches aux muscles moteurs des organes dans lesquels ils se rendent. Il arrive quelquefois que les nerfs partis du ganglion inférieur sont réunis à leur origine. Les cordons de communication qui réunissent les ganglions du collier sont, après les nerfs optiques, les plus gros de tout le corps. Leur longeur varie avec le diamètre de l'œsophage, d'où il arrive que les ganglions supérieurs et inférieurs sont quelquefois tres-rapprochés ; c'est le cas des Insectes suceurs, dont l'œsophage est extrêmement grêle.

Les cordons inter-ganglionnaires, d'où naît la chaîne ventrale, restent séparés dans quelques espèces , soit jusqu'au premier ganglion thoracique, soit dans toute la longueur de la chaîne. Quelquefois ils se continuent au-delà du dernier ganglion, sous la forme de deux longs filets, lorsque tous les ganglions sont situés dans l'intérieur du thorax (comme le Hanneton); quelquefois, au contraire , ces cordons disparaissent tout-à-fait, comme dans la larve du *Scarabé nasicorne*, dont les ganglions nerveux, au nombre de huit, sont réunis en une seule masse, divisée par des sillons transversaux peu profonds.

Lorsque le nombre des ganglions de la chaîne ventrale est complet, il y en a trois dans le thorax et huit dans l'abdomen; mais quand ce nombre n'est pas complet, les ganglions qui manquent appartiennent à l'abdomen. La position de chaque ganglion ne se trouve pas toujours au milieu du segment, mais bien un peu en avant ; le dernier même est situé plus en avant que les autres, parce qu'il est dépourvu de cordons de communication.

Il naît de chaque paire de ganglions, ou de chaque ganglion impair, des muscles qui se rendent dans les appendices du corps et se distribuent dans chaque anneau. Il existe en outre un système spécial de nerfs pour les organes de la respiration : ce sont les *brides épinières*, de Lyonnet, que nous avons déjà mentionnées. Ces nerfs sont superposés à la chaîne ventrale et se composent d'un filet très-grêle, placé sur la ligne médiane, entre les fibres motrices de cette chaîne. On ne distingue bien ce filet que lorsque ces dernières fibres sont séparées. Il se divise après chaque ganglion, et ses branches vont s'anastomoser avec les nerfs qui partent de ces ganglions : puis il se réunit de nouveau vers le ganglion suivant, après lequel il se divise encore et ainsi de suite. Après le dernier ganglion, ce système se perd sur l'extrémité du canal intestinal , et présente quelquefois des renflemens ou ganglions avant chacune de ses divisions, et ces renflemens sont situés au-dessus des ganglions de la chaîne ventrale, sans se confondre avec eux. C'est dans le thorax que les nerfs de ce système sont le plus développés; ils naissent en face des stigmates, et vont se distribuer dans les muscles qui ferment et qui ouvrent ces or-

ganes. Il est remarquable que ce système de nerfs n'a pas de tendance à se centraliser comme celui de la chaîne ventrale , d'où il résulte que dans certaines espèces les ganglions de chaque système ne se respondert point.

Pour terminer ce que nous avons à dire sur le système nerveux sous-intestinal , il nous reste à parler de la disposition qu'il affecte, spécialement dans les divers ordres d'Insectes.

Dans les Coléoptères , le système ganglionnaire est quelquefois concentré dans le thorax. C'est ce qu'on voit dans le Hanneton, par exemple, où les ganglions abdominaux sont représentés par un ganglion unique et alongé. Il part de ce ganglion six paires de nerfs, dont la paire du milieu, qui représente , suivant quelques anatomistes, mais peut-être à tort, les deux cordons inter-ganglionnaires, se rend à l'extrémité du corps, pour se distribuer aux organes de la génération. Les cinq autres paires se répandent dans les muscles de l'abdomen. Ce ganglion fait suite immédiatement à un autre, le second du thorax, qui est formé de deux ganglions réunis, ce qu'indique une ouverture percée à son centre, et les six paires de nerfs qui en partent vont se distribuer dans les pattes intermédiaires et postérieures, les ailes, les muscles des deux derniers segmens du thorax et de la base de l'abdomen. Le premier ganglion thoracique est simple , très gros, et il en part de chaque côté un gros nerf, qui se ramifie et se rend dans les pattes antérieures et les muscles du prothorax. — Dans les *Dytiques*, on trouve, comme dans les Hannetons, deux ganglions thoraciques, mais le troisième est remplacé par quatre petits ganglions. C'est une disposition à peu près semblable à celle que présente la larve déjà citée du *Scarabé nasicorne*.

Les autres Coléoptères ont plusieurs ganglions situés dans l'abdomen. Dans ce cas, les ganglions du thorax sont au nombre de trois, et plus gros que ceux de l'abdomen. Ces derniers sont en nombre variable, mais le plus ordinairement il y en a cinq, dont les deux derniers sont très-rapprochés,

Les Orthoptères et les Névroptères ont le système nerveux ganglionnaire disposé comme dans les derniers Coléoptères que nous avons cités, avec cette différence que les ganglions de l'abdomen sont d'ordinaire en nombre égal à celui des anneaux, sept ou huit, dont les deux derniers se touchent.

Les Hyménoptères ont cinq ganglions abdominaux, dont le dernier se confond quelquefois avec le précédent. Les ganglions du thorax sont presque confondus ; il y en a deux au plus. Les larves de ces Insectes ont le système nerveux disposé comme dans la larve du *Scarabé nasicorne*, à laquelle elles ressemblent beaucoup.

Les Hémiptères n'ont pas de ganglions dans l'abdomen, et ceux du thorax sont au nombre de deux. C'est du second de ces ganglions que partent les deux filets ou cordons inter-ganglionnaires, qui se partagent en plusieurs branches dans l'abdomen.

Les Lépidoptères ont aussi deux ganglions au thorax ; mais l'abdomen en renferme quatre ou cinq, comme dans les Hyménoptères. Les Chenilles ont douze ou treize ganglions en tout, suivant que le dernier est ou non confondu avec le précédent.

Enfin les Diptères n'ont qu'un seul ganglion thoracique d'où partent, sur les côtés, trois paires de nerfs, qui se distribuent dans les ailes, les pattes et les muscles. Il en sort en arrière un cordon assez gros qui, à son entrée dans l'abdomen, donne naissance à une paire de nerfs tres-fins ; vers le milieu de l'abdomen, ce cordon présente un petit ganglion d'où part un nerf de chaque côté, et enfin à l'extrémité il présente un autre petit ganglion qui envoie des filets nerveux aux organes de la génération et aux muscles. Dans les Diptères a l'état de larve, les ganglions sont rapprochés comme dans les larves des Hyménoptères et du *Scarabé nasicorne*, et ne se montrent souvent que sous forme de légers renflemens.

Avant de passer à la description du système nerveux symphatique, il nous reste a présenter quelques considérations sur l'influence de la chaîne nerveuse abdominale a l'égard de la vie des Insectes. Chacun sait par expérience que l'on peut enlever les pattes à une mouche, et lui enfoncer une paille dans l'abdomen sans qu'elle cesse pour cela de voler. Si elle en éprouve de la gêne, cette gêne n'a rien de comparable aux douleurs que causerait l'ablation des membres aux animaux vertébrés. Il n'en résulte point une hémorrhagie mortelle comme dans ces derniers, et la lésion des nerfs qui se rendent dans les pattes n'a point d'influence remarquable sur le reste du système nerveux. On sait aussi que des Insectes traversés d'une épingle peuvent manger comme a l'ordinaire, s'accoupler.

pondre leurs œufs, et vivre enfin pendant fort long-temps, jusqu'a ce que l'épuisement, amené par le défaut d'alimens, vienne les faire périr. On a remarqué que les Insectes placés dans cette situation se livrent d'abord a des mouvemens qui semblent dus a la douleur, mais qui cessent peu de temps après, surtout dans l'obscurité. On peut donc en conclure que la sensibilité nerveuse est beaucoup moins développée dans ces animaux que dans les animaux supérieurs, et qu'ils ne ressentent pas, à beaucoup près, les mêmes douleurs que ces derniers.

Peut-être trouvera-t-on la raison de cette absence de douleur, ou du moins son peu d'énergie, dans la dissémination ou la division des centres nerveux sur le trajet du corps. En effet, aucun ganglion en particulier ne semble l'emporter de beaucoup sur les autres en sensibilité, et le ganglion sus-œsophagien lui-même, que l'on avait comparé au cerveau, ne paraît pas exercer une influence spéciale sur les actes de la vie des Insectes. On sait en effet que si l'on enlève la tête à une mouche, elle n'en continue pas moins de voler ; elle a seulement perdu la faculté de se diriger et de prolonger son vol, ce qui paraît tenir à l'absence des yeux. Si on la jette en l'air, elle retombe souvent à terre, et en général elle ne reprend pas d'elle-même son vol, mais elle ne tombe pas dans cet état d'abattement qui devrait résulter de l'absence du cerveau. Déjà dans quelques animaux vertébrés, les Tortues par exemple, l'ablation du cerveau n'amène pas immédiatement la mort ; elle rend seulement l'animal plus lourd, plus embarrassé, et le prive de la faculté d'exercer quelques fonctions d'un ordre plus élevé que ceux de la vie purement végétative. Et cependant il y a chez ces animaux une véritable centralisation du système nerveux dans la tête. De la même manière, une mouche privée de la tête nettoiera, comme à l'ordinaire, ses ailes avec ses pattes postérieures, et, si on la place sur le dos, elle cherchera à se retourner. Dans les Insectes dont l'abdomen est très-étroit à la base, tels que les Guêpes, par exemple, on peut séparer la tête de l'abdomen sans détruire la vie et les mouvemens volontaires. On voit alors cet Insecte continuer à faire sortir son aiguillon au moindre attouchement, et le diriger vers le côté par lequel on le provoque. M. Tréviranus, ayant enlevé la tête à un *Carabe* (*C. granulatus*), et même le premier anneau du thorax (corselet ou prothorax), a vu l'Insecte continuer à exercer des mouvemens volontaires, et chercher à s'échapper. Les mouvemens ne cessèrent qu'après l'ablation du deuxième anneau (mésothorax), sans doute parce que les ganglions thoraciques étaient endommagés, ce qui prouve que la centralisation du système nerveux dans cette partie du corps est en rapport avec une plus grande sensibilité.

Un phénomène remarquable se manifeste dans les Insectes auxquels on a enlevé un seul côté du ganglion sus-œsophagien. Ils tournent alors sur eux-mêmes du côté opposé à celui où manque le ganglion, ce qui est l'inverse du mouvement des Mammifères auxquels on enlève les lobes du cervelet. Une espèce de Phalène (*Orgya pudibunda*), à laquelle on avait enlevé la moitié gauche de la tête, exécutait des mouvemens de rotation rapide du côté droit. L'ablation complète de la tête fit décrire à l'insecte des mouvemens circulaires, tantôt à droite et tantôt à gauche. Il vécut aussi pendant trois jours, sans cesser d'agiter ses ailes avec rapidité.

Une autre expérience remarquable est rapportée par M. Walckenaër. Il coupa la tête à un Cercéris (*C. ornata*), au moment où cet Insecte s'introduisait dans le nid d'un *Halicte*, ce qui ne l'empêcha pas de continuer à s'avancer dans la même direction. Detourné de cette direction, le Cercéris se remit de lui-même dans sa direction primitive. Voilà un exemple, plus frappant encore que les précédens, du peu d'influence du ganglion sus-œsophagien sur l'ensemble des mouvemens de l'insecte.

On peut donc conclure de tous ces faits que les ganglions nerveux seraient indépendans, jusqu'à un certain point, les uns des autres, en raison de leur isolement. On conçoit aussi que les cordons inter-ganglionnaires doivent établir des relations entre ces ganglions, et que ces relations sont nécessaires à l'exécution complète des mouvemens volontaires. Dans les Insectes où certains ganglions nerveux ne prédominent pas sur les autres d'une manière notable, on ne connaît pas la loi qui règle l'indépendance de ces ganglions entre eux. M. Rengger ayant coupé la chaîne ganglionnaire ventrale de quelques Chenilles sur différens points de son étendue, la partie du corps située au-delà de la section perdit tout-à-fait ses mouvemens, et ne donna plus que des signes d'irritabilité. La partie du corps devenue insensible était entraînée par l'autre comme l'eût été un corps étranger. Les alimens contenus dans le tube intestinal cessèrent d'être poussés plus loin par les mouvemens péristaltiques de l'intestin. De plus, la vie s'éteignait d'autant plus vite, que la section était faite plus près du ganglion sus-œsophagien.

Il résulte de tous ces faits que l'influence du ganglion nerveux sus-œsophagien sur les actes volontaires n'est pas essentiellement prédominante, et que les autres ganglions du corps semblent y avoir part ; mais de nombreuses expériences peuvent seules nous apprendre quelle est l'influence des divers ganglions sur ces actes. On conçoit qu'il doit être plus difficile encore d'apprécier dans quelle partie de la chaîne ganglionnaire se manifestent les phénomènes qui peuvent être rapportés à l'intelligence. Les habitudes des Insectes fournissent de nombreuses preuves d'une disposition autre que l'instinct, et si l'on ne peut refuser à ces animaux quelques traces de cette intelligence qui semble se développer de plus en plus à mesure qu'on s'élève dans la série des êtres, comment parvenir à trouver le siège de cette faculté? On peut croire que cette question sera toujours à peu près insoluble pour nous, attendu que les lésions extérieures du système nerveux, portant toujours atteinte à l'exercice des fonctions locomotrices, ne permettent plus aux Insectes de se livrer aux actes qui demandent quelque apparence de reflexion ou d'intelligence. Toutefois, l'expérience citée de M. Walckenaër semblerait prouver que la faculté de vouloir, si elle existe dans les Insectes, n'est pas exclusivement propre au ganglion sus-œsophagien, ce qui contribuerait encore à dépouiller ce ganglion des caractères que présente le cerveau dans les animaux vertébrés.

II. *Système nerveux sympathique.*

Cette partie du système nerveux des Insectes avait été observée d'abord par Swammerdam, dans la larve du *Scarabé nasicorne*, et reconnue ensuite par Lyonnet dans la Chenille du *Cossus ligniperda*. C'est le *nerf récurrent* de ce dernier. C'est dans ces derniers temps seulement que l'on a reconnu l'existence de ce nerf récurrent dans tous les Insectes, dans les autres animaux articulés et même dans les Mollusques, mais c'set chez les Insectes qu'il se montre le plus développé. Situé, comme nous l'avons vu dans les Crustacés, à la partie supérieure du tube digestif, il envoie des filets nerveux aux pièces ou appendices de la bouche, à la portion du tube digestif qui précède l'intestin, au vaisseau dorsal, et enfin aux organes de la vie végétative. Il se compose d'un double système, l'un impair et situé sur la ligne médiane, l'autre pair et placé de chaque côté du premier.

La portion impaire du système nerveux sympathique est un cordon qui naît d'un ou de plusieurs petits ganglions situés au-devant du ganglion sus-œsophagien, auquel ils sont liés par deux branches. Ce cordon passe dans le ganglion sus-œsophagien en suivant le trajet de l'œsophage, et se réunit un peu plus loin au système latéral ou pair par des cordons, pour se continuer ensuite sur le tube digestif. Le système latéral, ou la portion paire du système nerveux sympathique, est formé par des ganglions qui communiquent avec le ganglion sus-œsophagien, et avec le système impair, par des cordons nerveux en nombre variable. Ces ganglions sont au nombre de deux paires, de grosseur inégale, placées l'une à la suite de l'autre, et se touchant quelquefois; ils sont situés sur les côtés de l'œsophage, en arrière du ganglion sus-œsophagien. Des filets nerveux partent de ces ganglions pour se répandre sur l'œsophage, ou pour les mettre en communication avec le ganglion sus-œsophagien. En général, le système impair est plus développé que l'autre, et s'étend beaucoup plus loin; mais quelquefois le système pair est le plus développé, et présente un plus grand nombre de ganglions et plus d'écartement entre eux. Dans les Coléoptères, les Névroptères, les Hyménoptères et les Lépidoptères, le système impair est le plus développé, tandis que c'est le contraire dans l'ordre des Orthoptères, sauf quelques exceptions. Dans les Hémiptères et les Diptères, les deux systèmes de nerfs sympathiques sont encore peu connus. Dans une espèce de *Lygées*, suivant M. Brandt, ils ressemblent à ce qu'ils sont dans les Coléoptères, pour la disposition, c'est-à-dire que le système impair est prédominant.

On prétend que le système nerveux sympathique n'éprouve pas, pendant les métamorphoses, de changemens comparables à ceux que présente le système sous-intestinal. On peut croire cependant, qu'il se produit quelques modifications de ce système dans les espèces dont le tube intestinal éprouve lui-même des changemens importans.

§ II. DES ORGANES DES SENS.

Les animaux peuvent se mettre en rapport avec les corps ou les agens physiques extérieurs de cinq manières différentes, suivant que ces agens se manifestent par l'une ou l'autre de leurs propriétés. La faculté que possèdent les animaux de percevoir les propriétés des corps extérieurs, ou leur manière d'être dans l'espace, constitue ce que l'on appelle les sens. Par les différens points de la surface de leurs tégumens, ou par certaines parties de cette surface, développée ou non en appendices, les animaux acquièrent la notion de certaines propriétés des corps, telles que leur dureté, leur pesanteur, leur forme ; il en résulte ce que l'on appelle le *toucher*, sensation qui prend le nom de *tact*, lorsqu'elle s'exerce par des organes spéciaux ou appendices, ou par quelque partie déterminée de l'enveloppe générale. Au moyen d'un organe spécial appelé *langue*, qui est situé à l'entrée du canal intestinal, et peut être aussi à l'aide de la sensibilité spéciale de la membrane muqueuse qui tapisse la bouche, les animaux acquièrent la connaissance des propriétés sapides du corps, ce qui constitue le *goût*. C'est une modification du toucher ; une sorte de tact plus exquis. Une autre partie de l'enveloppe générale, ou plutôt un repli de cette membrane à l'intérieur, développé en membrane muqueuse dans le nez, donne connaissance à l'animal des propriétés odorantes des corps, en recevant des particules infiniment petites de ces corps, et constitue le sens de l'*odorat*. C'est encore une autre modification du toucher qui présente, ainsi que le sens du goût, ce caractère spécial, d'agir sur les corps extérieurs d'une manière chimique, en dissolvant quelques-unes de leurs particules au moyen de l'humidité de la membrane muqueuse. Ainsi, le toucher propre ment dit agit sur les corps d'une manière mécanique, tandis que le goût et l'odorat agissent sur eux d'une manière chimique.

Les deux autres sens dont il nous reste à parler sont le résultat d'une action physique de certains agens extérieurs sur des organes déterminés. Ainsi, l'air mis en vibration par des causes variées constitue pour les animaux la notion de l'*ouïe*, qui est perçue à l'aide d'un organe appelé *oreille*, destiné à faire apprécier à l'animal les ondes sonores ; et de la même manière, l'état particulier d'une substance éthérée qui remplit l'espace, ou l'existence d'un fluide spécial, appelé la lumière, se transmet à l'animal au moyen d'un autre organe appelé *œil*, et constitue le sens de la *vue*. Aucune des sensations que produisent sur le corps de l'animal les agens extérieurs ne serait perçue ou appréciée par lui sans l'intermédiaire du système nerveux, qui seul peut lui en donner la notion. Aussi est-ce par le moyen des nerfs que les organes des sens nous font connaître les diverses propriétés des corps, et les filets nerveux qui se rendent à ces divers organes, viennent tous aboutir à un centre particulier, appelé cerveau, dans les animaux vertébrés, ou bien à une portion déterminée du système nerveux, a un des ganglions de ce système, dans les invertébrés.

Les appareils ou organes des sens ne se montrent tous d'une manière certaine que dans les animaux vertébrés, chez lesquels nous les reconnaissons par la ressemblance de ces organes avec ceux que nous possédons nous-mêmes. Dans les invertébrés, il nous est difficile d'apprécier aussi bien ces organes, et nous sommes même obligés de refuser à quelques animaux de cette division plusieurs des organes des sens. On admet alors que certains sens ont leur siége à la surface même du corps, sur la peau, ce qui arrive incontestablement pour le toucher, et peut-être aussi pour l'ouïe et pour l'odorat. L'organe de la vue elle-même paraît manquer à certains animaux ; mais comme ils se montrent sensibles à l'action de la lumière, on est forcé d'admettre que cette action agit encore sur l'enveloppe très-molle de ces animaux. Quant au sens du goût, on peut croire qu'il a son siége à l'entrée du tube digestif, quel que soit d'ailleurs le développement de ce dernier. En général, on peut admettre que les cinq sens reconnus chez l'homme existent chez tous les animaux, ce que témoignent les sensations dont ils nous donnent la preuve

dans certaines circonstances de leur vie ; mais alors l'exercice de ces sensations ne nécessite pas d'organes spéciaux, comme chez l'homme et les animaux vertébrés. Dans les articulés, on trouve que certains sens ont des organes spéciaux ; tel est le cas du toucher, tel est surtout le sens de la vue ; mais les trois autres sens n'ont pas toujours de siége bien distinct. Ainsi le sens de l'ouïe ne parait dévolu à un organe spécial que dans certains Crustacés ; le sens de l'odorat n'a pas en apparence d'organe spécial, et le sens du goût n'en présente que dans quelques Insectes. Cependant, beaucoup de ces animaux entendent, beaucoup se montrent sensibles à certaines odeurs, et beaucoup choisissent leurs alimens. On ne peut donc leur refuser les sens, mais quels en sont les organes ? Nous verrons, en étudiant successivement les sensations des animaux articulés, quelles sont les parties diverses de leurs corps que l'on a prises pour ces organes et dans lesquelles on a cru devoir placer le siége de certains sens.

1. *Du toucher.*

Ce sens a son siége dans certaines parties de la peau ou de l'enveloppe générale, qui restent molles, ou dans certains appendices très-mobiles à cause du grand nombre de pièces ou d'articles dont ils sont formés. La peau elle-même, étant le plus ordinairement encroûtée de matières solides, ne peut être indistinctement partout le siége de ce sens : on le trouve plus particulièrement localisé dans les palpes, les antennes et les pattes.

Les palpes sont, comme nous l'avons vu, des appendices de la bouche qui se trouvent sous la dépendance immédiate du tube digestif. Assez ordinairement leur dernier article est revêtu d'une peau molle et sensible, qui doit être, en partie au moins, le siége du toucher. On voit ces organes exercer dans certains animaux articulés, et notamment dans quelques Insectes, les fonctions d'organes du tact ; on les voit prendre des portions de substance alimentaire, les agiter, les retourner dans tous les sens avant de les laisser pénétrer dans l'œsophage ; on les voit, en un mot, palper les corps extérieurs. Nous avons déjà décrit ces organes, en traitant de la digestion.

Les antennes, autres organes du tact, sont des appendices situés à la partie antérieure de la tête, dans le voisinage des yeux, et composés d'un nombre d'articles plus ou moins grand suivant les espèces. On voit encore ces appendices exécuter des mouvemens qui indiquent leur usage d'une manière certaine, et cependant leur enveloppe est encroûtée, comme le reste de la peau. Dans quelques espèces seulement, leur extrémité paraît plus molle que le reste et peut servir directement à apprécier la forme et les qualités des corps ; mais dans le plus grand nombre des cas, leur consistance ne permet pas de comprendre comment ils peuvent remplir cet usage, si ce n'est à cause de la grande mobilité dont ils jouissent, mobilité qui est due à leur division en plusieurs pièces articulées les unes sur les autres, au moyen d'une portion de la peau qui est restée membraneuse. Il est d'ailleurs certain que les antennes ne sont pas toujours des organes de tact. Ainsi, lorsque ces antennes sont fort courtes, et terminées par une petite soie, comment pourraient-elles exercer les fonctions d'organes du toucher ?

Les pattes sont dans le cas des antennes : assez ordinairement, elles sont composées d'articulations solides, mais mobiles les unes sur les autres, et ne peuvent constater la présence des corps extérieurs qu'à l'aide de leur mobilité. Mais dans quelques espèces, le dernier article des pattes est terminé par une membrane molle, qui peut servir d'organe du toucher. Il est certain, d'ailleurs, que les pattes donnent aux Insectes la notion des corps extérieurs, comme le prouve la manière de s'accoupler de beaucoup d'entre eux, qui saisissent les femelles à l'aide de leur pattes de devant.

Ce que nous disons des pattes peut s'appliquer aussi aux antennes, qui jouent un certain rôle dans l'accouplement de quelques espèces, mais on peut en dire autant des mandibules dans quelques autres cas. En général, tous les appendices du corps des animaux articulés paraissent servir a l'exercice du toucher, et les palpes sont peut-être les seuls organes dans lesquels la peau, restée a l'état de membrane molle, serve directement à cet usage. Dans les *Fourmis*, dans les *Ichneumons*, dont les antennes sont très-mobiles et se montrent manifestement avec les propriétés d'un organe du tact, la peau qui les revêt n'a pas ce degré de mollesse qui devrait être le caractère d'un semblable organe. La mobilité résultant du mode d'articulation et de la division des appendices, paraît donc être la condition nécessaire à l'exercice du toucher dans les animaux articulés.

D'ailleurs, le sens du toucher semble développé d'une manière très-inégale chez ces animaux. Quelques-uns semblent n'avoir qu'un toucher très-obtus, tandis que chez d'autres il est très-délicat. Ce dernier cas est, en particulier, celui des Chenilles, et surtout des Chenilles dépourvues de poils, qui se montrent extrêmement sensibles au moindre contact des corps extérieurs ; mais c'est plutôt là un toucher passif qu'un véritable tact, et il est évident que ce genre de toucher doit être en raison directe de la mollesse des tégumens ou de l'enveloppe générale.

La forme que prennent certains appendices du corps dans les animaux articulés prouve que ces appendices sont plus ou moins des organes de tact. Ainsi, dans plusieurs Crustacés, l'extrémité de quelques-unes des pattes est conformée en pinces destinées a saisir les objets, soit par le développement inusité de l'avant-dernier article de ces pattes, soit parce que le dernier article est armé de saillies et d'épines, et s'applique sur le précédent pour saisir les objets. Les mêmes faits se montrent aussi chez les Insectes. Or, il est évident que des organes de préhension sont aussi des organes de tact ; autrement, quelle preuve aurait l'animal de la présence de l'objet saisi ? Nous pouvons donc conclure que dans les animaux articulés, il n'y a pas d'organes de tact comparables à ceux que l'on trouve dans l'homme et la plupart des animaux vertébrés ; mais que ces organes sont tous les appendices du corps en général. Il en résulte que chez ces derniers animaux, le tact doit être beaucoup moins exquis que chez les autres, mais qu'il s'exerce par des organes beaucoup plus nombreux.

Les organes du tact étant ainsi disséminés sur la longueur du corps des animaux vertébrés, nous n'avons pas dû décrire ici les antennes de préférence aux autres appendices du corps, puisque ces antennes ne sont pas exclusivement les organes du tact ; nous les ferons connaître d'une manière plus complète, en traitant de l'enveloppe extérieure des animaux articulés, comme dépendance des organes de la locomotion. C'est à cette occasion que nous décrirons aussi les autres appendices du corps dont nous n'avons pas encore parlé.

II. *Du goût.*

Le siège de ce sens paraît être, ainsi que nous l'avons déjà dit, l'entrée du canal intestinal ou la cavité même de la bouche. Il ne peut exister, en effet, qu'à la surface d'une membrane muqueuse, dont l'humidité est nécessaire pour opérer la dissolution des particules alimentaires, sans laquelle il n'y aurait point de gustation véritable. On sait que dans les animaux vertébrés, la cavité buccale elle même, ou plutôt la membrane muqueuse qui la tapisse, nous donne la perception des saveurs. Quant au différentes pièces de l'intérieur de la bouche, que l'on a désignées sous le nom de langue dans les Insectes, il est possible qu'elles aient quelque part à la perception des saveurs, mais rien ne le prouve d'une manière certaine. Il n'est point douteux que les animaux articulés ne jouissent, pour la plupart au moins, de la sensation du goût. Ceux d'entre eux qui mâchent leurs alimens sont certainement dans ce cas; il n'y a tout au plus que les Insectes suceurs qui puissent avoir moins besoin de goûter leurs alimens. Les espèces dont la trompe présente a son extrémité une apparence glanduleuse doivent cependant être douées de la propriété gustative; telles sont les Abeilles, les Guêpes et les Mouches. Quelques physiologistes ont pensé que les animaux articulés étaient privés du sens du goût; mais rien n'autorise a admettre une telle manière de voir, et le choix que font ces animaux de leurs alimens suffirait pour prouver le contraire.

III. *De l'odorat.*

Il est certain que les animaux articulés perçoivent les odeurs. Plusieurs espèces jouissent manifestement de cette propriété, et sentent les substances dont elles se nourrissent, ou dans lesquelles elles doivent pondre leurs œufs à une distance considérable. On sait que l'on se procure des Homards en plaçant dans l'eau de la mer des morceaux de poissons ou de Crustacés que l'on renferme dans des paniers. D'autres espèces de Crustacés se laissent attirer de même par cet appât que l'on cache sous le sable de la mer. Certains Insectes, tels que les *Nécrophores*, qui pondent leurs œufs dans les cadavres des animaux, savent trouver les endroits qui recèlent un de ces cadavres, et l'on ne peut supposer qu'ils y soient attirés dans tous les cas par le seul sens de la vue. D'ailleurs, on sait que d'autres Coléoptères, appelés *Bousiers*, sont attirés par les excrémens des animaux, et de l'homme lui-même, et qu'ils se montrent quelquefois aussitôt que ces excrémens sont déposés sur la terre. On prétend encore que certaines espèces de Mouches, qui pondent leurs œufs dans les matières animales décomposées, se laissent tromper par l'odeur putride de certaines plantes, et viennent y déposer leurs œufs, sans que la vue leur serve aucunement à rectifier une erreur qui sera funeste à leur progéniture. L'existence de l'odorat chez les Insectes est d'ailleurs mise hors de doute par ce fait, que plusieurs mâles de Lépidoptères nocturnes sont quelquefois attirés de fort loin par la présence d'une femelle renfermée dans une boîte. Il n'y a donc point de difficulté à cet égard, mais il n'en est point de même a l'égard du siege de l'odorat, sur lequel l'on est loin d'être d'accord. On l'a placé dans les antennes, et M. de Blainville partage cette manière de voir, guidé par la position des antennes à la partie antérieure du corps. Remarquant la position du nerf olfactif en avant du corps dans les animaux vertébrés, ce savant anatomiste en conclut par analogie que le nerf qui se rend aux antennes est le nerf olfactif. Mais il est difficile de reconnaître dans les antennes des organes de l'odorat. Leur enveloppe solide ne permettrait guère à l'action des particules odorantes d'agir sur le nerf de l'olfaction. D'ailleurs on a remarqué que si l'on enlevait ces antennes, on ne détruisait pas la faculté olfactive des Insectes. Quelques expériences entreprises dans le but de reconnaître le siége de l'odorat ont fait croire qu'il résidait bien, en effet, dans les antennes; mais d'autres expériences ont amené a des résultats différens. C'est ainsi que l'on a cru trouver dans l'ouverture buccale, a l'extrémité de la trompe des Abeilles, par exemple, la partie du corps la plus sensible aux odeurs. On a cru pouvoir regarder comme organes olfactifs certaines portions membraneuses de la tête et du thorax des Insectes; mais ces parties ne se montrant point au même état chez toutes les espèces, il est difficile de leur reconnaître cette fonction, et d'ailleurs tous les observateurs n'ont pas pu les retrouver dans les mêmes espèces. L'hypothèse en apparence la plus raisonnable est celle qui place le siége de l'odorat a à l'entrée des organes respiratoires, par analogie avec ce qui se passe dans les animaux vertébrés. En effet, l'air étant le véhicule obligé des particules odorantes, il est probable que c'est dans les trachées, ou à leur origine, que cet air doit les déposer. Quelques expériences semblent même prouver que les choses se passent de cette manière, du moins dans les animaux articulés qui respirent l'air en nature. A l'égard des Crustacés, il doit en être autrement. De même que les Poissons, ces animaux doivent avoir en général l'odorat très-peu développé; mais comme certaines espèces jouissent moins fortement de la propriété de percevoir les odeurs, on a pu chercher le siége de l'odorat dans une autre partie du corps que les organes respiratoires. MM. Audoin et Edwards présument que le siége de l'odorat peut se trouver dans deux poches membraneuses situées au-devant de la cavité buccale, et qui sont en rapport avec le siége du sens de l'ouïe, dont nous parlerons tout-à-l'heure. Dans les *Langoustes*, l'ouverture des poches en question est assez grande, et occupe le milieu du tubercule auditif; mais dans d'autres espèces cette ouverture est difficile à distinguer. D'autres anatomistes regardent comme l'organe de l'odorat une cavité que présente la base des premières antennes, et dont l'ouverture se présente à leur face supérieure. Dans les *Homards*, cette cavité est formée par une sorte de vésicule de consistance semi-cornée ; mais aucun nerf n'aboutissant à cette cavité, rien ne peut encore engager à admettre cette manière de voir.

Il résulte de tous ces faits que l'organe de l'odorat n'est pas connu dans les animaux articulés. Les parties que l'on regarde comme le siége de l'olfaction des Crustacés ne se retrouvent pas dans toutes les espèces, et dans les Insectes, aucun organe n'a pu être assigné, avec quelque probabilité, comme servant à la perception des odeurs, si ce n'est l'ouverture des organes de la respiration.

IV. *De l'ouïe.*

Les animaux articulés entendent; c'est-à-dire qu'ils perçoivent les sons. On sait que les ondes sonores se propagent très-bien dans l'eau, et par conséquent les Crustacés doivent être, sous ce rapport, aussi bien partagés que les Poissons. D'ailleurs certaines observations prouvent qu'ils entendent distinctement. A l'égard des Insectes, la chose est loin d'être douteuse. On sait comment ces animaux se reconnaissent entre eux à l'aide de bruits particuliers qu'ils font entendre, et c'est un moyen de rapprochement entre les deux sexes d'une même espèce. Mais quel est l'organe de l'ouïe dans ces animaux? On en est réduit à des hypothèses pour ce qui concerne les Insectes ; mais dans les Crustacés, on croit connaître cet organe, au moins dans les espèces les mieux organisées.

L'organe auditif des Crustacés est situé sous le bord de la tête, au-devant de la cavité buccale, et en arrière des antennes de la seconde paire, ou bien dans le premier article de ces mêmes antennes. Dans les *Ecrevisses*, il existe, de chaque côté de la tête, un petit tubercule de consistance calcaire, qui présente une ouverture circulaire fermée par une membrane mince, élastique et tendue, comparable au tympan de l'oreille des animaux vertébrés. Ce tubercule renferme dans son intérieur une vésicule membraneuse remplie d'un liquide aqueux, et dans laquelle se rend un filet du nerf antennaire. Tout l'appareil est recouvert, suivant M. Milne Edwards, d'une espèce de gâteau tomenteux, qui n'aurait pas d'ailleurs de rapport avec l'organe de l'ouïe. Dans les *Langoustes*, le milieu de la membrane tympanique présente une ouverture qui communique avec l'espèce de gâteau que nous venons de citer, et cette ouverture est remplacée, dans les Crustacés Décapodes Brachyoures, par un petit disque osseux, plus ou moins mobile. Dans le Maïa et quelques autres espèces, suivant le même anatomiste, cet appareil est plus compliqué. Le disque osseux calcaire supporte en dehors un petit osselet qui se dirige vers l'organe en gâteau, et qui, près de sa base, est percé d'une ouverture fermée par une membrane élastique, auprès de laquelle se termine le nerf acoustique. De petits vaisseaux musculaires se fixent au sommet de l'osselet et sont destinés à le faire mouvoir. On voit que cet appareil constitue une sorte d'oreille beaucoup plus simple que celle des animaux vertébrés, mais à l'aide de laquelle les vibrations qui se propagent dans l'eau peuvent être transmises au nerf acoustique.

Les antennes de la seconde paire, qui sont en rapport avec cette sorte d'oreille, sont regardées par plusieurs anatomistes comme servant à faciliter la perception des sons, d'après certaines expériences de physique, relatives à la vibration des corps sous l'influence d'une tige élastique. La même considération a fait encore regarder les antennes des Insectes comme servant, au moins d'une manière indirecte, à la perception des sons. Mais rien ne prouve qu'il en soit ainsi, car les Araignées, qui n'ont point d'antennes, entendent cependant fort bien, comme le prouve l'influence de la musique sur ces animaux. Il est encore plus difficile d'admettre la manière de voir de certains auteurs, qui placent dans les antennes elles-mêmes le siège de l'audition. Si les antennes sont capables de transmettre les vibrations des corps, cet effet ne peut être dû qu'à leur grande mobilité et à leur mode de division en articles. Mais alors dans quel organe arrivent les vibrations? Sont-elles transmises directement au nerf antennaire renfermé dans leur intérieur? Si cela était, ce serait un nouveau mode d'audition, fort possible d'ailleurs, mais qu'aucune expérience n'a prouvé jusqu'ici. La grande diversité des formes que présentent les antennes n'est guère favorable à cette hypothèse. Elles sont très-développées chez des Insectes qui paraissent peu sensibles au bruit, et se montrent rudimentaires dans des espèces qui, au contraire, entendent d'une manière certaine. Telles sont les Cigales, dont les mâles font entendre un bruit retentissant qui doit être perçu par les femelles. Faut-il admettre, comme l'a dit M. Lacordaire, que la voix des Cigales est retentissante précisément parce que leurs antennes sont rudimentaires? Cette explication peut être fort ingénieuse, mais elle ne résout pas la question. Elle résultait nécessairement de l'opinion émise par ce savant, qu'il existe un rapport constant entre l'étendue de la surface des antennes et la faculté qu'ont les Insectes de faire entendre des sons.

Il faut dire toutefois qu'un très-grand nombre d'auteurs s'accordent à regarder les antennes comme les organes auditifs des Insectes. Si la chose est vraie, il faut admettre l'explication donnée plus haut et regarder les antennes comme le siège d'un mode particulier d'audition; mais alors comment les Aranéides, qui sont privées d'antennes, sont-elles affectées par les sons? Ce serait alors au moyen des palpes, qui semblent suppléer les antennes chez ces animaux. On voit qu'il reste ici des recherches à faire et des expériences à tenter. Il faudrait surtout trouver la raison du développement souvent inégal des antennes dans les deux sexes d'une même espèce, comme dans le Hanneton par exemple, où les antennes des mâles ont des feuillets beaucoup plus étendus que ceux des femelles. Ce développement n'ayant point de rapport apparent avec les habitudes de ces Insectes, en a peut-être avec leur mode d'audition.

V. *De la vue.*

Il n'en est pas de ce sens, chez les animaux articulés, comme des deux précédens; son siège est très-bien connu. Si l'on en excepte quelques espèces vivant en parasites, dans les deux classes des Crustacés et des Insectes, toutes les autres ont des yeux distincts. Il arrive souvent que des Insectes à l'état de larve sont tout-à-fait privés des organes de la vue, comme les Chenilles et quelques autres; mais à l'état d'Insecte parfait, ces organes apparaissent. Dans d'autres espèces, les yeux de la larve diffèrent de ceux de l'Insecte parfait; mais on ne sait pas encore si cette différence est apparente ou réelle, c'est-à-dire si les yeux des larves, qui sont simples et espacés, ont la même structure que ceux des Insectes parfaits, qui se rapprochent pour former des yeux composés.

Cela nous mène à parler des deux sortes d'yeux que présentent en général les animaux articulés. Ces yeux sont tantôt simples et tantôt composés. Dans certaines classes d'animaux articulés, tels que les Crustacés et les Insectes, il y a des yeux simples et des yeux composés; dans d'autres, telles que les Arachnides, on ne trouve que des yeux simples.

Parmi les Insectes, on trouve des espèces qui ont à la fois des yeux simples et des yeux composés, et dans les Crustacés on trouve plusieurs sortes d'yeux, dont la structure est intermédiaire à celle des yeux simples et à celle des yeux composés.

Les *yeux simples*, appelés aussi *yeux lisses*, *ocelles* ou *stemmates*, sont des points élevés, lisses et brillans, variables par la forme, le nombre et la situation dans les diverses espèces, mais toujours placés sur la tête, de même que les yeux composés. Ils sont formés de différentes parties, savoir : à l'extérieur, une enveloppe transparente, la *cornée*, qui se continue avec l'enveloppe générale; au-dessous de la cornée, un *cristallin* presque globuleux, transparent et assez solide, derrière le cristallin un autre corps, de forme lenticulaire, ou le *corps vitré*; l'extrémité du nerf optique, qui constitue la *rétine*, et enfin un pigment ou *choroïde*, qui remplit en grande partie l'espace que laissent les autres parties dans la cavité de l'œil. — La cornée, que l'on considère comme la continuation des tégumens, est quelquefois revêtue d'un épiderme visible, ce qui peut faire supposer que cet épiderme existe toujours, même lorsqu'il n'est pas visible. La cornée serait donc une partie essentielle de l'œil, et n'appartiendrait pas à l'enveloppe générale ; c'est ce que rendra plus probable encore la structure des yeux de certains Crustacés. — Le cristallin touche à la cornée par un point de sa surface, et lui adhère quelquefois d'une manière intime. — Le corps vitré est transparent comme le cristallin et d'un diamètre souvent égal à celui de la cornée. Les deux faces ne sont pas également convexes ; la face antérieure est plus convexe que la face postérieure. — La rétine, ou l'extrémité du nerf optique, s'épanouit sur la face postérieure du corps vitré, qui est comme enchâssé dans cette rétine. — Le pigment, qui joue le rôle de choroïde, s'avance jusqu'à la cornée, qu'il tapisse à l'intérieur, excepté dans le point occupé par le cristallin. Ce pigment forme ainsi une sorte d'iris autour du cristallin. Il tapisse ensuite les côtés du cristallin et du corps vitré et le sommet du nerf optique. La couleur de ce pigment varie ; il est souvent d'un rouge brun, quelquefois aussi d'un rouge de sang, et quelquefois noir ; mais en général il est d'une couleur assez brillante, et forme autour du cristallin un anneau bien distinct.

Cette structure des yeux simples, dans les animaux articulés, a beaucoup d'analogie avec la structure des yeux dans les Poissons, et la vision doit s'y opérer de la même manière. La lumière y subit plusieurs réfractions successives, dues à la convexité différente des parties dont il se compose, et aussi à la densité inégale de ces diverses parties. La réfraction que subit la lumière devant être assez grande, on en conclut que les objets éloignés ne peuvent se peindre sur la rétine, et que l'animal ne peut voir distinctement que les objets les plus rapprochés. Les Araignées, qui n'ont que des yeux simples, paraissent en effet ne pas apercevoir les corps placés à une certaine distance. D'ailleurs la distance nécessaire à la vision doit varier suivant que la cornée est plus ou moins convexe ; elle doit varier également avec la convexité plus ou moins grande des autres parties de l'œil, le cristallin et le corps vitré.

Les espèces qui offrent des yeux simples sont, en première ligne, les Arachnides, chez lesquels ils existent seuls. Ils y sont généralement au nombre de huit, diversement placés, et souvent d'une grosseur inégale, ce qui varie avec les genres. Leur position et leur grosseur relatives fournissent d'excellentes données pour la classification de ces animaux. — Les Myriapodes ont aussi des yeux qui paraissent simples ; mais ces yeux sont groupés de manière à faire croire qu'ils sont un passage des yeux simples aux yeux composés. Ils ont aussi quelquefois des yeux composés. — Dans les Insectes, outre les yeux composés, qui sont les plus fréquens, on trouve aussi les yeux simples. Ces derniers ne sont jamais seuls ; il existent simultanément avec des yeux composés, ce qui a fait penser que l'action de ces deux sortes d'organes n'était pas la même ; on n'a d'ailleurs aucune expérience bien certaine à cet égard. Les yeux simples n'existent pas dans tous les Insectes ; plusieurs ordres en sont tout-à-fait dépourvus, tels que les Thysanoures, les Parasites (Poux), les Syphonaptères (Puces), et les Rhipiptères. Les Coléoptères n'ont point en général d'yeux simples ; cependant il en existe deux fort petits dans quelques espèces de Brachélytres ; on n'en trouve quelquefois qu'un seul, situé au milieu du front, dans les *Anthrènes* et quelques genres voisins, suivant nos propres observations. Les Orthoptères ont presque toujours des yeux simples ; il faut en excepter les Forficules et les Blattes. Les Hémiptères sont dans le même cas que les Orthoptères, ainsi que les Hyménoptères, chez lesquels on n'en trouve aussi quelquefois qu'un seul ; mais ce cas est fort rare. Dans les Névroptères et dans les Diptères, on trouve des espèces qui ont des yeux simples et des espèces qui en sont dépourvues. Enfin, ces yeux se trouvent dans tous les Lépidoptères, mais ils sont souvent peu visibles. Le plus ordinairement ces yeux sont au nombre de trois, disposés en triangle. Dans certaines espèces de *Fourmis*, les mâles et femelles ont des yeux simples, tandis que les individus neutres en sont dépourvus.

Les *yeux composés*, appelés aussi *yeux à facettes* ou *à réseau*, sont formés par la réunion d'un grand nombre de petites facettes ou cornées soudées entre elles, et de figure hexagonale dans tous les Insectes, tandis que dans les Crustacés elles sont quelquefois de figure carrée. Ces cornées appartiennent à autant d'yeux rapprochés les uns des autres, mais qui n'ont plus en aucune manière la structure des yeux simples. Au-dessous de chaque cornée, on trouve une substance d'apparence gélatineuse, transparente, et qui forme un corps ordinairement cônique, dont la base est appliquée au centre de la cornée, tandis que les bords de celle-ci restent libres. Le cône formé par la substance gélatineuse n'est pas régulier ; c'est plutôt un cylindre qui diminue de diamètre en arrière seulement et finit par former un cône au sommet duquel vient aboutir un filet du nerf optique. Les différens cylindres ou cônes, situés derrière chaque cornée, sont parallèles, ainsi que les filets nerveux qui s'y rendent. Dans les *Hannetons*, suivant M. Straus, ces filets s'épanouissent au sommet de chaque cône en forme de rétine. Entre ces différens cônes et les filets nerveux se trouve un pigment analogue à la choroïde, qui vient tapisser chaque cornée, autour de la substance gélatineuse. Ce pigment est parcouru dans tous les sens par les branches très fines d'une trachée qui entoure le bulbe du nerf optique. La couleur de ce pigment varie beaucoup, et c'est à lui qu'est dû l'éclat souvent métallique des yeux dans les Insectes. On distingue presque toujours deux couches, dont l'extérieure est la plus brillante ; quelquefois même on en distingue trois (*Gryllus hieroglyphicus*). Dans ces Insectes, suivant M. Muller, la couche extérieure est d'un orangé pâle, la moyenne d'un rouge brillant, et l'intérieure d'un violet obscur. Celle-ci est beaucoup plus développée que les deux autres, et remplit presque toute la cavité oculaire, tandis que ces dernières sont très-minces.

On a comparé au cristallin la substance gélatineuse située derrière chaque cornée, et il paraît que dans les Diptères, ce cristallin, au lieu d'être cônique, aurait une forme lenticulaire. Dans ce cas, la vision s'effectue sans doute d'une manière à peu près analogue à ce qui a lieu dans les yeux simples, mais dans l'état le plus ordinaire des yeux composés, il ne peut y avoir qu'une réfraction très-faible, due à la connexité de chaque cornée, et l'on croit en effet que les rayons lumineux entrent à peu près parallèles dans la substance gélatineuse, ou que les rayons perpendiculaires au centre de la cornée ou dirigés suivant l'axe de chaque œil partiel, sont les seuls qui parviennent à la rétine ; tous les rayons obliques seraient absorbés par le pigment. Il en résulterait que le champ de chaque cornée étant très petit, l'étendue de la vue doit dépendre du nombre de ces cornées, et de la convexité du segment de sphère décrit par chaque œil composé. Les yeux composés doivent servir aux Insectes à voir les objets éloignés, tandis que les yeux simples ne leur donnent que la connaissance des objets qui sont proches. Il faut admettre aussi, comme conséquence de cette explication, que la vision est incomplète dans les espèces qui n'ont que des yeux simples ou que des yeux composés.

Rien n'est plus variable que le nombre des facettes ou des cornées de chaque œil composé. On en a compté dans différentes espèces depuis 50 (*Xénos*) jusqu'à 25,000 (*Mordelles*). Dans les yeux du Hanneton commun, il y a, suivant M. Straus, plus de 8,000 de ces facettes. Elles sont si petites dans quelques espèces (*Scarabées*), qu'on ne les aperçoit même pas à la loupe, et qu'un auteur a pris les yeux de ces Insectes pour des yeux simples (1).

Il est fort peu d'Insectes qui soient dépourvus d'yeux composés, si l'on en excepte les espèces à métamorphoses complètes, qui sont privées de ces sortes d'yeux pendant l'état de larve. Ces organes manquent à quelques Psélaphiens (*Claviger*), à la plupart des Diptères pupipares et aux neutres de quelques Fourmis. Ces derniers Insectes sont tout-à-fait aveugles, puisque nous avons vu plus haut qu'ils sont également dépourvus d'yeux simples. Dans tous les Insectes où ils existent, les yeux composés sont au nombre de deux ; quelquefois seulement le bord de la tête se prolonge au-dessus d'eux, et les fait paraître doubles, comme dans les *Gyrins*. Ces yeux sont toujours sessiles, ainsi que les yeux simples. Lorsqu'ils sont placés sur des prolongemens de la tête, comme certains Diptères (*Diopsis, Achias*), ils n'en sont pas moins sessiles, puisque leur support fait partie de la tête, et n'est point articulé sur elle.

Au contraire, dans les Crustacés, les yeux composés sont quelquefois supportés par un pédoncule mobile, plus ou moins long, qui se loge dans une coulisse des bords de la tête. Ces yeux existent en même temps que les yeux simples dans un petit nombre d'espèces ; mais le plus ordinairement il n'y a que deux yeux composés. Dans certains Crustacés (Daphnies), ces

(1) Fabricius, *Philosophie entomologique.*

deux yeux se rapprochent a mesure que l'animal avance en âge, et finissent par n'en former qu'un seul.

Les yeux composés ne sont pas toujours organisés dans les Crustacés comme dans les Insectes. On en distingue de deux sortes; les uns ayant la cornée lisse, les autres ayant cette cornée divisée comme à l'ordinaire. Les yeux à cornées lisses peuvent être envisagés, suivant M. Edwards, comme la réunion de plusieurs yeux simples sous une cornée commune. Ils se composent en effet de plusieurs petits cristallins, suivis d'un corps vitré et entourés d'un pigment distinct. Ces yeux se voient dans les *Nébalies*, les *Apus*, où ils existent simultanément avec des yeux simples. Les yeux à cornée divisée sont quelquefois revêtus d'un épiderme très-visible ; c'est ce qui arrive par exemple dans l'*Amphithoe Prevostii*, où, derrière la cornée générale, on trouve une seconde enveloppe de la même nature, qui adhère entièrement à la première, et qui est divisée en une multitude de facettes hexagonales. Il est probable que cette première cornée sans division, soit qu'elle recouvre un groupe d'yeux lisses, soit qu'elle recouvre des yeux composés, est une portion de l'enveloppe générale, qui se montre ici plus distincte qu'à l'ordinaire. Quoi qu'il en soit, les yeux composés, à facettes distinctes, ne sont pas tous organisés de la même manière. Ainsi, dans l'espèce que nous venons de citer, il existe derrière chaque facette ou cornée, un cristallin convexe à la base, et prolongé postérieurement en un cône à sommet obtus, à la suite duquel vient un petit cylindre de substance gélatineuse, qui aboutit au filet du nerf optique. Cette structure forme évidemment le passage des yeux simples aux yeux composes. Le corps vitré lenticulaire des premiers s'est ici transformé en une colonne cylindrique, et il ne leur manque que de perdre le cristallin et d'acquérir du pigment pour devenir des yeux composés tels que nous les avons décrits. Ces derniers existent dans la plupart des Crustacés, et ressemblent à ceux des Insectes. M. Milne Edwards regarde la membrane qui les tapisse en arrière, et qui traverse le nerf optique, comme un prolongement de la membrane moyenne des tégumens. Suivant cet anatomiste, les filets qui,

du nerf optique, se rendent aux cristallins, ne seraient pas des nerfs; il aurait cherché en vain sur le bulbe terminal du nerf optique des traces de sa division. M. de Blainville, qui avait décrit bien antérieurement l'œil de la Laugouste, n'a pas reconnu non plus cette division du nerf optique, et regarde les deux corps qui composent chaque œil partiel comme les analogues du cristallin et du corps vitré. Ces observations jettent du doute sur l'existence de filets nerveux dans les yeux composés des Insectes, où tout d'ailleurs se montre semblable aux yeux composés des Crustacés.

M. Milne Edwards décrit une autre modification des yeux composés, tout-à-fait remarquable. Elle consiste dans la présence d'un petit renflement lenticulaire qui serait enchâssé dans la substance même des facettes ou cornées. Cette modification se montrerait surtout dans les yeux des *Callianasses*; mais on la trouve aussi dans un grand nombre de Crustacés Décapodes Brachyoures. Quelquefois le renflement lenticulaire est aussi grand que la cornée ou facette, et se confond avec elle. Mais ce qu'il y aurait de plus remarquable, c'est que ces renflemens lenticulaires ne feraient pas toujours partie de la cornée même, et formeraient une couche distincte au-dessous d'elle : c'est du moins ce que M. Edwards dit avoir remarqué dans le *Crabe maculé*. C'est une observation qui demanderait à être répétée, car elle tend à faire admettre dans l'œil des Crustacés une partie nouvelle, qui n'aurait son analogue que dans l'humeur aqueuse des animaux vertébrés.

Ici se termine l'histoire des sens chez les animaux articulés. Nous ne parlerons pas d'un sens particulier que quelques auteurs ont voulu reconnaître aux Insectes, et par lequel certaines espèces prévoient les changemens qui doivent survenir dans l'atmosphère. Cette disposition se retrouve plus ou moins dans tous les animaux, et paraît tenir à la sensibilité générale. Nous ne parlerons pas non plus des sens que l'on a supposé avoir leur siége dans certains appendices du corps, tels que les palpes et les filets abdominaux, et dont rien ne prouve l'existence. En général, si ces animaux ont d'autres sens que les nôtres, il est fort difficile de nous en faire une idée.

ARTICLE SECOND.

DE LA LOCOMOTION.

Cette fonction consiste dans la propriété qu'ont les animaux de se déplacer, ou au moins d'exécuter des mouvemens volontaires, lorsqu'ils sont fixés pour toujours a la même place, comme cela arrive aux animaux les plus inférieurs. On voit par cette définition que le mot de locomotion ne s'applique pas également bien à toutes les espèces animales ; aussi a-t-il été remplacé avec avantage par celui de *motilité*, qui indique seulement la propriété qu'ont les animaux d'exécuter des mouvemens. Dans les animaux articulés, la locomotion est complete, c'est-à-dire que ces êtres peuvent se déplacer, comme les animaux des classes supérieures. Mais ils diffèrent de ces derniers en ce que les parties solides qui servent de point d'appui aux muscles destinés à les faire mouvoir, sont attachées à la partie intérieure de la peau, et non pas à un système de parties solides, que l'on a nommé les os. Afin de pouvoir servir ainsi de point d'appui, la peau devait offrir une plus grande consistance que dans les animaux vertébrés ; aussi est-elle généralement encroûtée de substances solides de nature diverse, qui sont sécrétées et déposées entre les diverses couches dont elle est formée. Il résulte encore de cette disposition que la peau devait être divisée en plusieurs parties, afin de permettre les mouvemens du corps en différens sens. C'est en effet ce qui est arrivé. La peau qui revêt toutes les parties du corps des animaux articulés se montre partagée en un grand nombre de pièces ou d'articles, dis-

posés en anneaux plus ou moins complets, dans lesquels sont renfermés les muscles et les divers organes de la vie. Dans les animaux articulés les plus simples, presque tous les anneaux du corps se ressemblent entre eux par la forme et le développement ; c'est ce qui arrive dans les Myriapodes aux différens états de leur vie, et aux Insectes dans leur état de larve. La tête seule paraît résulter de la soudure de plusieurs anneaux entre eux. Ce qui a donné lieu à cette manière de voir, c'est que dans le cas le plus ordinaire, on voit chacun des anneaux du corps donner naissance à une paire d'appendices, formés eux-mêmes de plusieurs anneaux dans les quatre classes d'animaux qui nous occupent. On a conclu par analogie que dans le cas où plusieurs paires d'appendices se trouvent attachées à un seul anneau, la tête par exemple, il y avait réellement soudure de plusieurs anneaux. C'est une manière commode de se rendre compte de la formation de l'enveloppe solide des animaux articulés et de ramener cette enveloppe à un type normal, qui n'existe que dans des cas fort rares.

Dans l'étude que nous allons faire de la locomotion, nous aurons donc à étudier deux sortes d'organes, savoir : 1° la peau et ses appendices, ou la partie solide du corps ; 2° les muscles ou parties charnues, sortes de cordes plus ou moins simples, destinées à mettre en mouvement les divers anneaux. Nous verrons ensuite quels sont les mouvemens qui résultent du jeu de ces deux sortes d'organes.

§ Ier. DE LA LOCOMOTION DANS LES CRUSTACÉS.

La peau qui protége les organes des animaux articulés et leur forme une enveloppe solide, offre différens degrés de dureté, et quelquefois même elle est tout à-fait molle. C'est ce qui arrive, par exemple, dans beaucoup de Chenilles et autres larves d'Insec-

tes. Cette peau se compose de plusieurs membranes, entre lesquelles se dépose la substance qui donne à cette enveloppe sa solidité. En se repliant dans l'intérieur du corps, elle constitue, suivant l'opinion théorique des anatomistes, les diverses membranes du tube intestinal. La nature de la substance qui se dépose entre les feuillets de la peau varie dans les différentes classes d'animaux articulés, et le mode de division que présente la peau varie davantage encore. Le nombre des appendices que supporte chaque anneau du corps présente aussi de grandes différences d'une classe à l'autre de ces animaux. Avant d'entrer dans tous ces détails, il est essentiel de faire remarquer que l'enveloppe solide des animaux articulés ne correspond réellement pas aux vertèbres des animaux supérieurs, comme on l'a prétendu. Il résulterait en effet de cette manière de voir que les animaux articulés seraient enfermés dans leurs vertèbres, ce qui s'éloigne de toute espèce d'analogie. Dans le cas fort rare où les animaux supérieurs sont enfermés dans une boîte osseuse (les Tortues), on trouve cependant la moelle épinière ou le système nerveux rachidien contenu dans un corps de vertèbres situé à la partie dorsale de ces animaux. Si donc on veut considérer les anneaux du corps des Crustacés et des Insectes comme des vertèbres, la question n'en sera pas plus avancée, et l'on aura l'inconvénient de comparer deux choses qui n'ont entre elles aucun rapport. Il n'y a non plus rien de commun entre le squelette des animaux vertébrés et l'enveloppe des articulés, si ce n'est qu'ils servent l'un et l'autre à l'insertion des muscles. Nous n'emploierons donc pas le mot squelette pour désigner l'enveloppe des animaux articulés, que nous considérons simplement comme une peau endurcie par les substances déposées dans son intérieur.

C'est en étudiant l'enveloppe des Crustacés pendant la mue, c'est-à-dire, au moment où ces animaux se dépouillent de leur ancienne peau pour en prendre une nouvelle, que l'on a pu se faire une idée de la composition de cette enveloppe. La mollesse des tégumens permet alors de reconnaître qu'ils sont formés de trois couches principales. La couche la plus intérieure a été comparée à la membrane séreuse des animaux vertébrés, tandis que la couche extérieure correspondrait à la membrane muqueuse. La couche moyenne est appelée chorion ou derme. La première de ces trois couches membraneuses, ou la plus intérieure, n'est pas toujours distincte, mais quelquefois elle constitue une membrane qui se répand sur tous les viscères et leur forme une sorte d'enveloppe. Sa face externe ou libre

est tout-à-fait lisse ; la face interne est unie à la couche moyenne ou au derme. Le derme est formé par une membrane molle, plus ou moins spongieuse, d'une certaine épaisseur, et dont la surface est ordinairement colorée. Enfin, la couche ou membrane externe est mince, mais offre assez de consistance, et ne présente pas, comme le derme, de ramifications vasculaires. Elle est sécrétée par le derme, et forme la base de la nouvelle carapace. Elle acquiert, en effet, de la consistance après la chute de l'ancienne enveloppe et reste toujours, dans certaines espèces, à l'état de membrane semi-cornée ; mais dans le plus grand nombre des cas, elle se pénètre de substance calcaire, et devient alors très-solide. Dans cet état, elle est assez épaisse et sa face interne est revêtue d'une couche mince de tissu cellulaire à l'état membraneux. Sa face externe offre des couleurs plus ou moins vives, qui se montrent dans une partie de son épaisseur. On y remarque, en outre, des poils qui n'ont rien de commun, pour la structure, avec les poils des mammifères. La composition de cette enveloppe varie suivant que sa consistance est demi-cornée ou tout-à-fait solide. Dans le premier cas, elle est formée d'albumine et d'une substance particulière, appelée *chitine*, que nous retrouverons dans la peau des Insectes; dans le second cas, elle renferme surtout du carbonate et aussi un peu de phosphate de chaux. Le carbonate de chaux distingue surtout l'enveloppe solide des Crustacés et la coquille des Mollusques, des os des animaux vertébrés, dans lesquels prédomine le dernier de ces deux sels calcaires. La coloration de la carapace des Crustacés est due à un pigment qui est soluble dans l'alcool et dans l'éther. Ce pigment est quelquefois rouge ; mais le plus ordinairement, il est brun ou verdâtre. Il devient rouge à la température de + 70°, et sous l'action des acides et de l'alcool. Il y a cependant des espèces dans lesquelles le pigment ne devient pas rouge par la chaleur, ce qui indique une différence dans sa nature. La matière colorante est secrétée par le derme, où elle se montre sous une couleur différente de ce qu'elle est dans la carapace. Le climat paraît influer sur la coloration de cette carapace, comme le prouvent les individus de la même espèce qui vivent à des latitudes différentes. L'ébullition dans une dissolution alcaline fait reconnaître que la carapace des Crustacés est formée de trois couches, dont la moyenne est la plus épaisse, mais il faut qu'elle ait été préalablement dépouillée, au moyen de l'acide hydrochlorique étendu , des sels calcaires dont elle était encroûtée. La plus grande partie de la matière colorante paraît être renfermée dans la couche extérieure de la carapace.

Telle est la structure de la peau dans les Crustacés. Il nous reste à faire connaître comment cette peau se divise en anneaux et les variations que ces anneaux présentent dans leur développement. Suivant M. Milne Edwards, le nombre normal des anneaux , du corps est de vingt-un ; il s'en faut qu'on en trouve autant dans le plus grand nombre des Crustacés ; mais quelquefois aussi il y en a davantage. Dans les *Squilles*, les vingt-un anneaux du corps sont distincts. Le premier anneau, appelé *ophtalmique* , supporte les yeux ; le troisième et le quatrième sont réunis en un seul ; les six anneaux suivans, quoique très-complets , se séparent à l'aide de la dissection, et les onze derniers sont complets et parfaitement distincts. Chacun de ces anneaux porte une paire d'appendices, dont la forme varie avec les fonctions qu'il est appelé à exécuter. Dans les autres espèces des Crustacés, un plus grand nombre des anneaux du corps se montrent soudés entre eux, tant à la partie antérieure de l'animal qu'à la partie postérieure. Ainsi, les Amphipodes ont les sept premièrs anneaux du corps réunis en un seul, et chez quelques-uns de ces Crustacés, le huitième anneau et tous les suivans sont dans le même cas. Dans le plus grand nombre des Crustacés Décapodes les quatorze premiers anneaux se réunissent, et dans quelques Décapodes Brachyoures les trois derniers aussi. En général , les anneaux sont symétriques . c'est-à-dire que chaque moitié est semblable à la moitié opposée, et chaque anneau se divise en deux arceaux ou segmens, l'un supérieur et l'autre inférieur. Le segment supérieur est regardé comme composé de quatre pièces plus ou moins réunies et disposées par paires de chaque côté de la ligne médiane. M. Milne Edwards désigne les deux pièces moyennes sous le nom de *tergum* , et les deux pièces latérales sous celui d'*épimères* ou de *flancs*. L'arceau ou segment inférieur se divise de la même manière ; les deux pièces intermédiaires constituent le *sternum*, et les deux pièces latérales portent le nom d'*épisternum*. Il existe généralement entre le segment inférieur et l'épimère, un intervalle destiné à l'insertion d'un appendice. Il faut

remarquer toutefois, que toutes les pièces indiquées ici ne se montrent pas séparées dans chaque anneau du corps. Tantôt elles manquent ; tantôt elles sont soudées entre elles, sans aucune trace de séparation. Ce n'est qu'en les étudiant sur un certain nombre de Crustacés différens que l'on parvient à les retrouver toutes. On voit souvent au point de réunion de deux pièces, une lame calcaire et solide, formée de deux couches distinctes, et qui résulte d'un repli de la membrane tégumentaire qui pénètre dans l'intérieur du corps : c'est le mode d'articulation des parties solides dans les animaux articulés. Lorsque ces parties ne sont pas réunies par une membrane (portion de la peau non encroûtée), on leur donne le nom d'*apodémes*.

La disposition des anneaux du corps, et surtout les appendices qu'ils supportent, permetent de reconnaître dans les Crustacés trois parties principales, comme dans les Insectes, savoir, la tête, le thorax et l'abdomen. Les appendices de la tête sont : les yeux, les antennes et les pièces de la bouche ; ceux du thorax sont les pattes ; ceux de l'abdomen enfin sont variables et généralement appelés fausses pattes. Ces trois parties du corps ne sont distinctes que dans les Crustacés inférieurs ; les deux premières se confondent dans la plupart des autres espèces. C'est dans le thorax que sont logés la plupart des viscères , l'abdomen ne renfermant d'ordinaire que l'extrémité du tube intestinal, ou l'intestin proprement dit. On voit donc qu'il n'existe aucun rapport entre le thorax et l'abdomen des Crustacés et ces deux parties dans les animaux vertébrés. Dans d'autres cas , au contraire (les *Squilles*) , le thorax et l'abdomen forment une cavité unique, dans laquelle sont logés les organes de la vie. La même chose a lieu dans les Edriophthalmes (*Crevettes*), où les anneaux du corps se ressemblent et portent tous une paire d'appendices. La tête seule en porte plusieurs, et on la considère comme formée de plusieurs anneaux. On ne reconnaît le thorax, dans ces animaux. qu'à la présence des pattes ambulatoires, au nombre de sept paires.

Dans les Crustacés Décapodes, le corps ne présente que deux parties essentielles. dont la première est formée par la réunion de la tête et du thorax , et la seconde se compose de l'abdomen, dont le développement est variable. Les anneaux de la tête et du thorax sont incomplets, et recouverts par une carapace ou vaste bouclier qui protége la cavité viscérale ; la partie inférieure de ces anneaux se montre seule à nu. Cette carapace peut être considérée comme résultant de la réunion de toutes les pièces dorsales des anneaux qu'elle recouvre ; cependant, M. Milne Edwards la regarde comme un prolongement de l'arceau supérieur des seuls anneaux céphaliques. Il cite à l'appui de son opinion, le grand bouclier dorsal de quelques espèces inférieures (*Nébalies, Apus*), qui recouvre entièrement la tête et le thorax, et au-dessous de laquelle les anneaux du corps sont complets ; d'autres (*Alimes, Erichthes*), dont la carapace recouvre aussi presque tout le thorax, mais ne se soude qu'avec les premiers anneaux, tandis que les trois derniers sont entiers et tout-à-fait libres ; enfin, les *Mysis*, dont les deux derniers anneaux thoraciques seuls ne sont pas recouverts par la carapace. Il n'y a qu'un pas à faire pour arriver aux Crustacés Décapodes, où tous les anneaux du thorax sont incomplets et recouverts par la carapace. Mais tous ces faits ne prouvent pas que cette carapace soit un prolongement de la partie dorsale des anneaux céphaliques plutôt que des autres anneaux du corps ; on doit plutôt en conclure qu'elle est due à la réunion des pièces tergales de tous les anneaux qui sont incomplets. C'est ce que prouve la disposition de la carapace dans les Squilles, où cette espèce de bouclier ne recouvre plus toute la tête (dont les deux premiers anneaux sont complets), mais s'étend sur les anneaux suivans, qui sont rudimentaires.

La carapace si remarquable de certains Crustacés (les *Daphnies*), qui a la forme d'une coquille bivalve, serait due, suivant M. Milne Edwards, aux épimères excessivement développées. Cette carapace naît, suivant lui, de la portion occipitale de la tête, qui est distincte de la portion frontale et se confond avec le reste du corps. Dans les *Cypris*, le développement des épimères est encore plus grand, et les valves qui en résultent cachent la tête elle-même et sont réunies par une espèce de charnière.

Les anneaux thoraciques des Crustacés Décapodes et surtout des Brachyoures, ainsi recouverts par ce grand bouclier nommé carapace, sont soudés intimement, et l'absence de leurs pièces tergales laisse en dessus un grand vide formé par le bord des épimères. Il s'élève entre ces anneaux des lames ou apodèmes qui se réu-

nissent et donnent à l'ensemble du thorax une apparence très-compliquée. Sur les côtés de cet appareil, on voit les ouvertures qui servent à l'insertion des pattes et qui séparent la partie sternale du thorax de sa partie latérale ou des flancs. La soudure des divers anneaux est indiquée antérieurement par des sillons transversaux. On nomme plastron la partie sternale sur les côtés de laquelle, à l'angle antérieur de chaque anneau, on voit une petite pièce triangulaire, qui est l'épisternum. Les pièces obliques, recouvertes par la carapace et situées au-dessus de l'ouverture des pattes, sont les épimères, qui forment, avec les lames intérieures ou apodèmes, une sorte de charpente, sur les côtés de laquelle sont appliquées les branchies. Telle est la structure du thorax dans les Crabes en particulier ; elle éprouve des modifications dans les Crustacés Décapodes Brachyoures, où les pièces du thorax sont moins développées (Langoustes), et ou les pièces sternales sont quelquefois très étroites (Ecrevisses) ; mais ce sont des détails dans l'examen desquels nous ne pouvons entrer.

Nous avons déjà dit plus d'une fois que les appendices du corps des animaux articulés avaient des formes et des usages différens, suivant qu'ils étaient situés en avant, au milieu ou en arrière. Ces appendices varient même en raison de l'âge de ces animaux. Ils sont composés de plusieurs pièces ou articles unis les uns aux autres par des modes d'articulation différens ; mais le plus ordinairement par ce qu'on appelle articulation en genglyme. Dans les Crustacés, tous les appendices appartiennent à l'arceau ou au segment inférieur de l'anneau sur lequel ils sont situés et sont disposés par paires comme dans les autres classes d'articulés. Il n'y a jamais, au moins d'une manière théorique, plus d'une seule paire d'appendices à chaque anneau. Le nombre des appendices est très variable ; il n'est que de quatre ou cinq paires dans certaines espèces, tandis que dans d'autres il s'élève à plus de soixante. Cependant, le plus ordinairement, il y a vingt paires d'appendices au corps des Crustacés. Les appendices de la première paire, ou les yeux, ne se montrent pédonculés que dans les espèces les plus élevées, c'est-à-dire dans les Crustacés Décapodes ; dans les autres, les pédoncules n'existent pas : les yeux sont alors situés immédiatement sur la tête, et on les dit sessiles, dans l'autre cas, ils sont pédonculés. Ces appendices ne sont formés que d'une seule pièce, le pédoncule des yeux, qui est plus ou moins long, suivant les espèces. Les appendices de la deuxième et de la troisième paire sont les antennes, qui, de même que les yeux, semblent attachés au segment supérieur de l'anneau ; mais leur position dans la tête des Squilles et dans les premiers âges des Ecrevisses, prouve le contraire. Les antennes manquent quelquefois dans les Crustacés d'un ordre inférieur. Ce sont des appendices formés d'un grand nombre de petits articles emboîtés les uns dans les autres, et dont le premier est ordinairement le plus grand ; quelquefois les antennes se divisent à partir du deuxième article. Les appendices de la quatrième paire sont les mandibules ; ceux de la cinquième et de la sixième sont les mâchoires, et leurs usages sont constans. Il n'en est pas de même des huit paires suivantes. Ainsi, dans les *Nébalies*, elles sont fixées à autant d'anneaux thoraciques, et constituent des pattes natatoires. Dans presque tous les Edriophthalmes, la première de ces huit paires d'appendices entre dans la composition de l'appareil buccal, et l'anneau qui la supporte fait partie de la tête. Cette disposition se rencontre aussi chez quelques Décapodes ; mais le plus ordinairement les trois premières paires d'appendices qui viennent après les mâchoires font partie de l'appareil buccal, et les cinq paires suivantes sont les appendices de la locomotion. Tous les appendices des autres paires, au nombre de douze, appartiennent à l'abdomen et sont appelés *fausses pattes*, parce que, bien qu'ils servent à la locomotion, ils sont moins développés que les précédens. Quelquefois les pattes vraies ou fausses ont la même forme et la même longueur, comme dans les *Apus* et les *Limnadies*.

Telles sont les particularités les plus essentielles de l'enveloppe extérieure des Crustacés et des appendices qu'elle supporte. Il nous reste à faire connaître comment s'exécutent les mouvemens dans ces animaux à l'aide des appendices mis en action par le système musculaire.

Les *muscles* sont la partie charnue du corps des animaux. Ils se composent de fibres réunies en faisceaux, et susceptibles de s'allonger et de se raccourcir alternativement sous l'influence des nerfs. Dans les Crustacés, les muscles sont blancs et insérés, soit sur les tégumens eux-mêmes, à leur partie interne, soit sur les lames appelées apodèmes ; quelquefois aussi ils sont fixés à des tendons calcaires de grandeur variable, tels qu'on en voit dans les grosses pattes en pinces des *Homards* et des *Ecrevisses*. On distingue les muscles en extenseurs et fléchisseurs, selon qu'ils ont pour usage d'étendre ou de raccourcir les appendices qu'ils mettent en mouvement. Les muscles moteurs des anneaux en occupent les faces supérieures et inférieures. Chacun de ces anneaux est pourvu d'un certain nombre de muscles, qui se rendent du bord antérieur au postérieur de l'anneau au bord semblable de l'anneau suivant.

C'est dans les Crustacés Décapodes Macroures que les muscles moteurs des anneaux sont le plus développés. Nous allons faire connaître, d'après M. Milne Edwards, quelle est la disposition de ces muscles. Les *muscles extenseurs* de l'abdomen sont situés à la partie dorsale des anneaux, et forment deux couches, l'une superficielle, située immédiatement sous la paroi de l'anneau, et l'autre plus profonde. La couche superficielle est très-mince, et se compose de fibres longitudinales, qui partent du bord antérieur de chaque anneau, et se terminent au bord antérieur de l'anneau suivant. De cette manière, le bord postérieur de chaque anneau reste libre et peut glisser sur l'anneau suivant. On remarque, de chaque côté de la ligne médiane du corps, deux faisceaux de fibres charnues, l'un droit et interne, l'autre oblique et externe. Les muscles qui forment la couche profonde sont plus puissans que les premiers ; ils reposent immédiatement sur l'intestin, qui les sépare des muscles fléchisseurs. On y distingue également deux faisceaux principaux de fibres ; mais ce sont ici les faisceaux internes qui sont droits, tandis que les faisceaux externes sont obliques : ces derniers ont l'apparence d'une corde tendue. Les muscles extenseurs de cette seconde couche se fixent, comme ceux de la couche précédente, au bord antérieur de chaque anneau ; mais au lieu de s'y terminer complétement, ils n'y envoient qu'un certain nombre de fibres, tandis que le reste se continue avec les fibres de l'anneau suivant. Le sixième anneau de l'abdomen est dépourvu de muscles extenseurs superficiels, et les muscles extenseurs de la seconde couche se composent d'une seule paire de faisceaux obliques. Ce sont les muscles extenseurs du premier anneau de l'abdomen qui sont les plus puissans ; ils prennent leur point d'appui sur le thorax. Les *muscles fléchisseurs* de l'abdomen se distinguent également en deux couches, l'une superficielle, l'autre profonde. La première est très-mince et composée seulement de quelques fibres. Les muscles de cette couche superficielle sont insérés sur la membrane inter-articulaire, auprès du bord postérieur de l'anneau qui suit, et leur extrémité opposée se fixe sur le bord postérieur de cet anneau. Dans les premiers anneaux de l'abdomen, ces muscles en occupent toute la largeur; mais dans le cinquième anneau, il n'existe plus que quelques fibres auprès de la ligne médiane, et, dans les anneaux suivants, il n'y en a plus du tout. On trouve enfin des vestiges de ces muscles dans toute la longueur du thorax. La couche profonde des muscles fléchisseurs de l'abdomen est très-épaisse, et occupe la plus grande partie de la cavité des anneaux. Elle forme une masse charnue dont la structure est très compliquée. Si on l'examine à la face inférieure, on y remarque des faisceaux de fibres longitudinales et d'autres faisceaux de fibres obliques, qui reposent sur la couche des muscles superficiels, et plus profondément on aperçoit des bandelettes de fibres transversales. Le premier anneau de l'abdomen reçoit du thorax un certain nombre de faisceaux charnus, qui forment de chaque côté trois muscles distincts. Le premier, appelé *muscle droit* du premier anneau, est situé auprès de la ligne médiane; il va se terminer au milieu de l'arceau inférieur de l'anneau. Le second est situé plus en dehors, et porte le nom de *muscle oblique*. Il existe quelques fibres aux parties latérales de cet anneau, tandis que le reste se porte au-delà et se contourne en haut et en arrière, où il se divise en deux portions. L'une de ces deux portions se fixe sur la masse charnue commune, et l'autre se réunit au muscle central du deuxième anneau. Le troisième muscle, enfin, est situé au-dessus des deux précédens, et paraît s'enfoncer dans la masse commune; c'est le *muscle central*. Au-dessus des muscles droits et obliques du premier anneau, on aperçoit les muscles analogues de l'anneau suivant, et plus profondément encore un *muscle transversal*, qui n'est autre chose que l'origine des muscles droits et obliques du troisième anneau. Ce muscle ne se termine pas sur les côtés de l'abdomen; mais il se recourbe en haut, se contourne autour du muscle central, s'accole à son congénère du côté opposé, et plonge vers la face inférieure de l'abdomen pour redevenir longitudinal, et constitue ainsi les muscles droits et obliques du deuxième anneau. Les choses se passent de la même manière dans les anneaux suivants:

c'est-à-dire que les muscles naissent les uns des autres au moyen du muscle central, et en s'insérant successivement à la partie inférieure de chaque anneau. Dans les Crustacés Décapodes Brachyoures, l'abdomen étant fort petit, ne présente pas de muscles fléchisseurs profonds; on n'y reconnaît bien que la couche de muscles superficiels.

Les muscles destinés à faire mouvoir les appendices du corps sont insérés d'une part à l'un des articles de ces appendices et de l'autre à l'article suivant. Les muscles du premier article sont insérés sur les parties latérales du corps, soit dans l'anneau correspondant, soit à la face de l'apodème de cet anneau, quand il existe. Dans le thorax des Crustacés Décapodes, ces muscles viennent remplir les cellules qui sont formées par les épimères et les apodèmes qui constituent la charpente de ce thorax.

La locomotion des Crustacés est presque exclusivement aquatique; mais quelques-uns d'entre eux marchent sur la terre, et la rapidité de leur marche est quelquefois si grande, qu'un homme a peine à les suivre. On en connaît qui, à certaines époques, s'éloignent des côtes à la distance de plusieurs lieues. Les Crustacés se déplacent dans l'eau, tantôt à l'aide de leurs pattes, dont l'extrémité est souvent élargie en nageoire, tantôt au moyen de leur abdomen. Ce dernier leur sert surtout à marcher à reculons. Les Crustacés Décapodes Brachyoures seuls ont l'abdomen trop petit pour qu'il leur serve à la marche.

Les appendices de la locomotion des Crustacés, ou les pattes, sont composés d'un certain nombre d'articles dont les proportions relatives sont moins différentes que dans les Insectes. On peut en dire autant des Arachnides et des Myriapodes. En général, dans ces trois classes d'animaux articulés, toutes les pièces ou tous les articles des pattes sont à peu près également développés. L'article terminal est pointu à l'extrémité (sauf quelques cas où il est élargi en nageoire) dans les Crustacés et dans les Myriapodes; les Arachnides, au contraire, ont tantôt cet article armé de deux ongles ou crochets à l'extrémité, et quelquefois trois, tantôt il est terminé en pointe comme dans les deux autres classes. Afin de pouvoir désigner les différences que présentent quelquefois dans leur développement certains articles des pattes dans les Crustacés et dans les Arachnides, on a divisé les pattes de ces animaux, comme celles des Insectes, en plusieurs parties, qui sont, à partir du corps, le trochanter et la hanche, la cuisse, la jambe et le tarse. Mais comme les pièces dont se composent ces pattes sont quelquefois au nombre de plus de cinq, on rapporte au tarse toutes celles qui se comptent après les quatre premières, par analogie avec ce qui a lieu dans les pattes des Insectes, où les tarses sont formés de plusieurs articles. On a donné des dénominations spéciales aux différentes pièces dont se composent les pattes dans les Aranéides en particulier, et l'on a regardé la cuisse et la jambe comme composées chacune de plus d'un article ; cette manière d'envisager les appendices du corps dans ces animaux est fondée sur le nombre de leurs articles, qui s'élève jusqu'à sept. Il en résulte que le tarse ne serait composé que de trois articles ; mais si l'on considère que le développement plus considérable du troisième article des pattes est très-propre à faire comparer cet article à la cuisse des Insectes, on donnera le nom de trochanter et de hanches, comme dans ces derniers animaux, aux deux premiers articles, qui sont fort courts, tandis que le quatrième article seul représentera la jambe, et enfin les trois derniers articles seront ceux du tarse. De cette manière la nomenclature des parties sera plus régulière, par cela même qu'elle sera comparable à celle des parties semblables dans les Insectes.

β. DE LA LOCOMOTION DANS LES ARACHNIDES.

Le corps des Arachnides ne se divise pas ordinairement en tête, thorax et abdomen, comme celui de quelques Crustacés et de tous les Insectes ; on n'y reconnaît bien que deux parties, dont l'une, formée par la réunion de la tête et du thorax, constitue un *céphalo-thorax*, et dont l'autre est l'abdomen même. C'est le cas des Aranéides proprement dits. Dans les Scorpions, une partie de l'abdomen se confond avec le thorax, en ce qu'elle est formée d'anneaux aussi larges que lui, tandis que le reste des anneaux constitue une sorte de queue, beaucoup plus étroite que le corps. Cette disposition est encore plus marquée dans les Phrynes, où la queue est un simple filet formé d'un grand nombre d'articles extrêmement petits, qui ne sont, pour ainsi dire, que des anneaux atrophiés. Dans les

Acarus, au contraire, tous les anneaux du corps sont confondus et ne présentent qu'une seule cavité dans laquelle sont renfermés tous les organes intérieurs.

Dans les Aranéides, le thorax présente un mode de développement comparable à celui des Crustacés Décapodes et des Crabes en particulier. Il est formé par la réunion de quatre anneaux complets, dont chacun porte une paire de pattes. Ces anneaux sont séparés par des sutures qui indiquent leur séparation primitive, et leur ensemble peut se comparer au thorax d'un Crabe dont la carapace, ou la réunion des pièces du tergum, ne s'est point développée. Mais tandis que dans le Crabe les épimères de chaque côté du corps sont écartées, ces mêmes pièces se rapprochent dans les Aranéides et viennent former par leur réunion sur la partie dorsale, une dépression très-sensible dans les grandes espèces. Au-devant de ce thorax, les anneaux céphaliques sont confondus avec lui, et ne se reconnaissent qu'aux appendices de la bouche qui y sont attachés. Les yeux sont situés à la partie antérieure et dorsale du céphalo-thorax. Les anneaux qui constituent l'abdomen sont réunis en un seul, et forment un sac tantôt ovoïde et tantôt sphérique, qui se fixe en arrière du thorax au moyen d'un pédicule très-court. La peau ou l'enveloppe de cet abdomen reste molle dans le plus grand nombre des Aranéides.

Les muscles qui servent à faire mouvoir les pattes des Aranéides sont attachés au céphalo-thorax, dans le point central formé par la dépression qui résulte de la réunion de tous les épimères. Il en est de même pour les muscles qui se rendent aux appendices de la tête. Les muscles de l'abdomen partent d'une membrane située auprès des branchies et des organes de la génération ; ces muscles sont au nombre de deux, et se portent vers l'anus pour se fixer au cercle de consistance cornée qui entoure les filières de l'anus lui-même. La première moitié de ces muscles est d'apparence cartilagineuse ; l'autre moitié seule est formée de fibres musculaires. La portion cartilagineuse donne attache à deux muscles qui sont réunis à une membrane située dans le pédicule de l'abdomen. Il part en outre de cette membrane deux autres muscles qui vont se rendre sur les côtés des ouvertures de la respiration. On peut distinguer les différens muscles de l'abdomen en extenseurs et en fléchisseurs, suivant qu'ils ont pour objet de raccourcir l'enveloppe abdominale a sa partie dorsale ou à sa partie ventrale.

Les appendices de la locomotion des Arachnides sont au nombre de quatre paires dans toutes les espèces, et la présence seule de ces appendices permet de reconnaître le thorax proprement dit. C'est la présence de ces quatre paires d'appendices qui permet de distinguer au premier coup d'œil les Arachnides des Insectes, dans lesquels il n'y a jamais que trois paires de pattes. Les Scorpions ont en outre, derrière les dernières pattes, deux organes appelés *peignes*, qui sont situés auprès des ouvertures de la génération, et dont on ignore l'usage. Ce sont deux appendices d'une seule pièce, et garnis d'un côté de petites pièces articulées et nombreuses, qui sont disposées comme les dents d'un peigne.

Il nous resterait à faire connaître la composition de la peau dans les Arachnides; mais cette enveloppe du corps étant analogue à celles des Insectes, nous en présenterons la description en traitant de la locomotion dans les Insectes. Ce que nous en dirons pourra s'appliquer également aux Myriapodes, qui offrent sous ce rapport la même structure de l'enveloppe que les Insectes et les Arachnides. En général, la substance qui donne à cette enveloppe sa solidité, est une matière particulière que nous avons déjà mentionnée sous le nom de chitine, et que l'on a appelée aussi *entomoléine*, parce que elle a été observée pour la première fois dans les Insectes.

γ. De la locomotion dans les Myriapodes.

Les Myriapodes présentent une disposition uniforme dans le développement des anneaux de leur corps, à l'exception des anneaux céphaliques, qui sont réunis et supportent un nombre assez grand d'appendices que nous avons fait connaître en traitant des organes de la digestion. Le nombre des anneaux du corps est très-grand dans les Myriapodes, et comme tous ces anneaux supportent des appendices destinés à la locomotion, la forme constante de ces appendices a fait dire que les Myriapodes n'ont point d'abdomen, et qu'ils ont seulement une tête et un thorax. Envisagé à l'intérieur, le corps des Myriapodes semble, à la vérité, formé de cette manière; mais si l'on considère que les viscères sont renfermés dans toute l'étendue de leur corps, on en concluera qu'ils ont un thorax et un abdomen pourvus d'appendices semblables, ce que nécessitait la longueur de leur abdomen. Nous avons déjà vu que la position des organes de la génération, dans certains Myriapodes, tendait à faire admettre chez eux l'existence d'une portion abdominale distincte.

Quelques Myriapodes, tels que les Jules, semblent avoir deux paires de pattes attachées au même anneau du corps; mais on regarde les anneaux ainsi pourvus de quatre appendices, comme étant formés de deux anneaux distincts, qui sont soudés par leur partie dorsale ou tergum. En général, ces anneaux ne semblent formés que de deux parties, l'une sternale et l'autre dorsale, dont les différentes pièces, dans chaque segment, sont réunis entre elles d'une manière intime. Dans les Jules, tous les anneaux du corps ne sont pas pourvus d'une double paire d'appendices, et les derniers en sont même tout-à-fait privés.

La disposition des muscles dans le corps des Myriapodes a beaucoup de rapport avec celle des muscles dans les Chenilles. Les fibres musculaires sont disposés en plusieurs séries longitudinales, qui se rendent d'un segment à l'autre, tant à la partie supérieure qu'à la partie inférieure de chaque anneau du corps.

δ. De la locomotion dans les Insectes.

L'enveloppe extérieure des Insectes est tantôt dure et tantôt flexible. La plupart du temps elle est dure dans les Insectes parfaits et molle au contraire dans les larves. Quelquefois elle offre une consistance intermédiaire à ces deux états. Cette enveloppe se compose de trois parties, dont l'intérieure est le derme, et l'extérieure forme l'épiderme; la couche intermédiaire porte le nom de couche muqueuse. Ces trois couches ne correspondent pas exactement à celles que présente l'enveloppe des Crustacés, car on n'y retrouve pas cette membrane analogue à la membrane séreuse qui revêt les organes de l'intérieur du corps: elle paraît manquer tout-à-fait dans la peau des Insectes. La couche muqueuse, au contraire, est plus développée dans ces animaux que dans les Crustacés, et l'on peut cependant supposer qu'elle existe à la surface du derme. L'épiderme de beaucoup d'Insectes, et des Coléoptères en particulier, est recouvert par une portion de la couche muqueuse. Cette couche peut être regardée comme l'analogue du pigment coloré de Crustacés; c'est elle également qui renferme la matière colorante de la peau des Insectes. Elle se compose de deux parties, dont l'une est soluble dans l'alcool, et l'autre ne l'est pas. C'est la première de ces deux parties qui se montre à l'intérieur et y forme une couche très mince, étendue sur le corps comme une espèce de vernis; elle ne se détache pas de l'épiderme, auquel elle est intimement unie, mais s'en distingue par sa couleur, qui est quelquefois très-brillante. Dans les Insectes qui ont l'enveloppe moins solide que les Coléoptères, la matière muqueuse ne se montre pas à l'extérieur; elle est alors située entre l'épiderme et le derme, ou à la face externe de ce dernier. Alors, au lieu d'être sèche, elle forme une sorte de bouillie liquide, et donne lieu aussi à ces couleurs plus ou moins brillantes que l'on remarque dans certaines espèces, telles que les Orthoptères.

La partie de cette matière muqueuse qui n'est pas soluble dans l'alcool est dépourvue de couleurs vives, et reste généralement noire ou d'un brun foncé. L'épiderme de la peau des Insectes est dur, cassant, plus épais que la couche de matière colorante qui se trouve au-dessus dans les Coléoptères, et dépourvue de fibres. Quelquefois on peut le séparer assez facilement du derme. Sa couleur est généralement obscure; mais dans quelques cas, il est incolore et laisse voir, à cause de sa transparence, la matière colorante liquide située au-dessus de lui. Il est percé d'une infinité de pores d'où sortent des poils. Le derme se reconnaît à sa couleur moins obscure, et quelquefois blanche. Il se compose ordinairement de plusieurs couches très-minces, que l'on peut reconnaître en coupant obliquement une portion de la peau. Ces couches sont composées de fibres plus apparentes à la partie intérieure qu'à la partie extérieure du derme, et ces fibres s'entrecroisent dans tous les sens. Dans les parties plus minces de la peau qui réunit les différentes articulations du corps, on retrouve les trois couches dont elle se compose. L'épiderme se sépare plus facilement du derme que dans les parties solides, et les couches du derme sont plus minces, plus molles et pourvues de fibres moins apparentes. La matière muqueuse ne s'y trouve qu'en petite quantité.

On dit généralement que l'enveloppe extérieure des Insectes est cornée, mais cela doit signifier seulement qu'elle a l'apparence de la corne. En effet, lorsqu'on brûle cette dernière substance, elle se boursoufle, se déforme et répand une odeur bien connue. Au contraire, l'enveloppe solide des Insectes brûle sans se déformer et sans répandre l'odeur de la corne brûlée. Examinée sous le rapport de sa composition chimique, elle se compose d'une matière insoluble dans la potasse, soluble, au contraire, dans l'acide sulfurique chaud, et qui ne jaunit pas sous l'influence de l'acide nitrique. C'est cette substance que M. Lassaigne a nommée *entomoléine*, et M. Odier *chitine*. L'enveloppe des Insectes en renferme 40 pour 100, en poids, suivant le premier de ces deux chimistes, et 25 seulement suivant le second. Les ailes en seraient même entièrement composées suivant M. Odier. On trouve, outre cette chitine, une autre substance animale de couleur brune, qui se dissout dans la potasse, mais non dans l'alcool, d'après M. Odier, et qui, suivant M. Lassaigne, est précipitée par les acides. Enfin il existe encore dans la peau des Insectes une huile colorée qui se dissout dans l'alcool et dans l'éther, et qui est un des principes colorans de la matière muqueuse. Cette huile, que l'on croit analogue à celle qui colore les poils des mammifères, offre des teintes variées suivant les espèces; elle est ordinairement brune (*Hanneton*, etc.), et quelquefois rouge (*Criocère*). Il se trouve encore dans la peau des Insectes quelques traces de sous-carbonate de potasse et de phosphate de chaux, mais point de carbonate de chaux, comme dans les Crustacés.

Les poils que présente souvent la peau des Insectes traversent les pores de l'épiderme que nous avons déjà mentionnés, et sont par conséquent implantés dans le derme. Ils naissent quelquefois d'un bulbe comme dans les Mammifères. Ces bulbes sont formés, suivant M. Straus, de deux renflemens situés l'un au-dessus de l'autre; le premier est hémisphérique, et le second lenticulaire; c'est du centre de ce dernier que sort chaque poil. D'autres poils paraissent appartenir à l'épiderme, et tombent avec lui pendant la mue. Enfin, les écailles de certaines parties du corps, et des ailes de Lépidoptères en particulier, paraissent analogues aux poils, mais elles sont insérées sur un pédicule et renferment plus de matière muqueuse; car pendant l'état de nymphe et de chrysalide, elles sont dans un état de fluidité semblable à celui que présente cette matière muqueuse. **Du reste,** les poils passent a la forme d'écailles par des nuances insensibles.

Après avoir examiné l'enveloppe extérieure sous le rapport de sa composition anatomique et chimique, il nous reste à voir comment elle se comporte comme organe de locomotion. Dans l'état normal, le corps des Insectes est partagé en douze anneaux, sans y comprendre la tête ; trois de ces anneaux appartiennent au thorax, et les neuf autres à l'abdomen. De son côté, la tête est formée d'un certain nombre d'anneaux réunis entre eux, et qui portent plusieurs paires d'appendices, savoir, les pièces de la bouche et les antennes. Le caractère des anneaux du thorax est de donner naissance à une paire d'appendices, appartenant à l'arceau inférieur (les pattes), et quelquefois a une autre paire d'appendices appartenant à l'arceau supérieur (les ailes). Il n'y a jamais plus de trois paires de pattes dans les Insectes, et jamais plus de deux paires d'ailes ; des trois anneaux thoraciques, c'est le premier qui ne porte point d'ailes. Quant à l'abdomen, il est dépourvu d'appendices, si ce n'est à l'extrémité, où se trouvent ceux de la génération et quelques autres dont l'usage n'est pas connu ; dans les larves de certains Insectes (Lépidoptères), on trouve cependant des appendices pairs que l'on appelle fausses pattes, et qui se distinguent des pattes véritables en ce qu'elles ne sont point articulées. Dans certaines larves d'Insectes aquatiques (Ephémères), les anneaux de l'abdomen présentent, sur les côtés, des appendices qui servent a la respiration ; nous les avons décrits précédemment sous le nom de branchies. Examinons comment se présentent les anneaux de ces trois grandes parties du corps dans les différens ordres d'Insectes.

1°. *La tête,* que l'on considère d'une manière théorique comme formée de plusieurs anneaux, n'est pas divisée d'une manière constante par des lignes ou des sillons qui indiqueraient la soudure de ces divers anneaux. Lorsqu'il existe de semblables lignes, elles sont même beaucoup moins nombreuses qu'elles ne devraient l'être, si elles répondaient aux points de réunion des anneaux. On distingue généralement, dans cette partie du corps, la face ou partie antérieure, le front situé au-dessus de la face, le vertex ou la partie la plus élevée de la tête, l'occiput ou sa partie postérieure ; enfin, les côtés sont désignés quelquefois sous les deux noms de joues et de tempes.

Il s'en faut que toutes ces parties soient bien distinctes les unes des autres ; on ne les reconnaît que par analogie de position avec la tête des animaux vertébrés et pour faciliter la description des espèces. On appelle *chaperon* ou *épistome* le bord plus ou moins évasé de la tête au-dessous des pièces de la bouche ; ce chaperon n'est pas toujours distinct du reste de la tête, mais quelquefois aussi il est arrêté en arrière par une suture ou ligne transversale.

Outre les appendices de la bouche, la tête des Insectes porte toujours une autre paire d'appendices situés dans le voisinage des yeux et que l'on nomme *antennes*. Ces antennes ne sont jamais qu'au nombre de deux, tandis qu'il y en a généralement quatre dans les Crustacés. Leur forme est extrêmement variable ainsi que le nombre des articles dont elles se composent. Dans l'état normal, on compte onze articles aux antennes, dans l'ordre des Coléoptères ; douze ou treize, suivant les sexes, dans les Hyménoptères, et quelquefois plus (Ichneumons) ; un nombre illimité dans les Orthoptères, les Névroptères et les Lépidoptères, etc. On reconnaît généralement dans les antennes trois parties principales, qui sont l'*article basilaire* ou *scapus*, la *tige* et la *massue*. L'article basilaire est ordinairement le plus grand de tous, et s'articule avec la tête au moyen d'un renflement particulier. La tige se compose de tous les autres articles, quand il n'y a pas de massue, c'est-à-dire lorsque ces derniers ne sont pas renflés en bouton ou élargis en feuillets. Quand il existe une massue, le nombre des articles de la tige varie avec les espèces. Quelquefois la tige forme un coude avec l'article basilaire, comme cela se voit dans beaucoup d'Insectes (*Charansons*, *Abeilles*, etc.). Enfin, la massue varie beaucoup sous le rapport de la forme et du nombre des articles dont elle se compose, et l'on ne peut pas toujours indiquer précisément où finit la tige et où commence la massue. Le nombre des articles de la massue varie de un à plusieurs articles (quelquefois dix ou onze). On donne des épithètes différentes aux antennes d'après leur forme ; c'est ainsi qu'il y a des antennes *pectinées*, *feuilletées en bouton*, etc. Nous avons vu que les fonctions de ces organes sont de servir au toucher, et qu'elles seraient le siège du sens de l'ouïe selon quelques anatomistes.

2°. *Le thorax* a pour caractère de supporter les organes du mouvement, c'est-à-dire les pattes et les ailes. Il se compose de trois anneaux qui présentent dans leur développement et dans le nombre de leurs pièces de grandes variations. L'étude de ces pièces est assez compliquée, mais elle est devenue plus facile depuis les travaux de MM. Audouin, Mac-Leay, etc. Nous avons déjà vu dans le thorax des Crustacés, les différentes pièces dont se composent les segmens du thorax ; elles sont les mêmes dans les Insectes, mais leur grandeur relative n'est pas égale dans les différens ordres de cette classe d'animaux. Le thorax des Insectes, de même que celui des Crustacés, ne répond point à la partie du corps qui porte le même nom dans les animaux vertébrés, car il ne renferme point exclusivement les organes de la respiration et le cœur ; ces deux espèces d'organes sont plutôt contenues dans l'abdomen que dans le thorax. Cette partie du corps est presque entièrement consacrée a renfermer les muscles qui mettent en mouvement les appendices locomoteurs, et elle livre seulement passage au tube intestinal, dont elle ne renferme que la première partie ou l'œsophage. Les trois anneaux dont se compose le thorax étant destinés a des usages différens et présentant, par suite de cette destination, un développement inégal, on les a distingués par des noms qui indiquent leur position à partir de la tête. On a nommé *prothorax* l'anneau le plus voisin de la tête, *mésothorax* l'anneau suivant, et *métathorax* le troisième anneau. D'après les recherches de M. Audouin sur cette partie du corps des Insectes, chaque anneau du thorax se compose de deux segmens dont le supérieur est formé par le tergum, et l'inférieur se compose du sternum et des flancs. Le tergum résulte de la réunion de quatre pièces, plus ou moins visibles, qui sont d'avant en arrière : le *proscutum*, le *scutum*, le *scutellum* et le *post-scutellum*. Le sternum se compose d'une pièce médiane unique, et les flancs sont formés de chaque côté par la réunion de trois pièces appelées d'après leur position *épisternum* (située sur le sternum), *épimère* (situés sur la hanche), et *parapteres* (auprès de l'aile). On donne généralement le nom de poitrine à l'ensemble du sternum et des flancs, pour distinguer le segment inférieur du segment supérieur ou tergum. Il existe en outre dans l'intérieur du thorax une pièce impaire, de forme variable, attachée à la paroi interne de la poitrine, sur la ligne médiane ; c'est l'*entothorax*, qui semble avoir pour usage de soutenir la chaîne ganglionnaire du système nerveux. D'autres

pièces semblables se trouvent quelquefois aussi dans la tête, où elles portent le nom d'*entocéphale*, et dans l'abdomen, où elles sont appelées *entogastre*. Il existe en outre dans l'intérieur du thorax des lames suturales destinées à opérer la réunion de deux pièces ; nous les avons mentionnées dans les Crustacés sous le nom d'apodèmes.

Le premier anneau du thorax, ou le prothorax, a reçu originairement le nom de corselet dans les Coléoptères, où il se montre seul au premier abord, les autres anneaux étant cachés par les ailes dans l'état de repos. Il en est de même des Orthoptères et des Hémiptères: mais dans les autres ordres d'Insectes, on a aussi donné par extension le nom de corselet au thorax entier, ce qui devient nuisible en ce qu'il n'y a plus d'uniformité dans la nomenclature. Aussi dans les ouvrages récens publiés sur l'Entomologie, a-t-on renoncé à cette dénomination, pour prendre la nomenclature plus rationnelle de prothorax. C'est ce même segment qui a été nommé cou ou collier par un grand nombre d'auteurs qui ont traité des Hyménoptères, parce que dans ces Insectes le prothorax est petit, et situé entre la tête et le reste du thorax, comme serait une espèce de collier. Les pièces dont le prothorax devrait se composer dans l'état normal sont au au nombre de douze, savoir, quatre à la partie dorsale, et huit à la poitrine. Il s'en faut cependant que ces pièces soient visibles, et généralement la partie dorsale ou le tergum du prothorax forme une sorte de bouclier dans lequel les quatre parties élémentaires sont confondues entre elles : c'est le cas de tous les Coléoptères. Dans quelques Orthoptères (*Criquets*, *Sauterelles*, etc.), on distingue quatre sutures transversales qui semblent indiquer l'existence des pièces tergales; on voit deux semblables sutures dans quelques Hémiptères (les *Réduves*). La séparation des deux segmens ou arceaux du prothorax est indiquée par une suture, et quelquefois même par une simple dépression. Quant aux pièces du segment inférieur, elles ne sont guère plus distinctes que celles du segment supérieur; le sternum, qui est saillant dans beaucoup de Coléoptères, n'est quelquefois séparé des autres parties par aucune suture. La forme de ce sternum est assez variable, et présente des caractères commodes pour la distinction des espèces. Dans les Hyménoptères, le prothorax semble quelquefois double (*Guêpes*); cela vient de ce que le tergum s'est séparé du segment inférieur pour s'appliquer en arrière sur le mésothorax, tandis que le segment inférieur étant libre, remonte vers le haut, et les deux côtés se soudent pour former un anneau complet. C'est une particularité d'organisation comparable à ce qui a lieu dans les Araignées, dont les anneaux thoraciques sont dépourvus de partie dorsale.

Le deuxième anneau du thorax des Insectes, ou le mésothorax, se reconnaît aisément parce qu'il porte la première paire d'ailes au segment supérieur, et la deuxième paire de pattes au segment inférieur. Il est plus intimement uni avec le troisième anneau du thorax qu'avec le premier, excepté dans l'ordre des Diptères, où les trois anneaux sont presque confondus en un seul. C'est le mésothorax qui présente ordinairement le plus grand nombre de pièces élémentaires. La première pièce tergale, ou le proscutum, est une petite lame ou partie membraneuse, placée ordinairement dans une position verticale ; on la retrouve surtout dans les Coléoptères et les Hémiptères Hétéroptères ; mais dans les autres ordres d'Insectes elle ne se reconnaît pas toujours. La deuxième paire ou le scutum est la plus développée, et se trouve cachée dans les Coléoptères, les Orthoptères et les Hémiptères Hétéroptères, sous la portion postérieure et dorsale du premier anneau thoracique ; on la voit à découvert dans les autres ordres d'Insectes, ainsi que dans les Hémiptères Homoptères. La troisième pièce ou le scutellum est celle que l'on trouve mentionnée sous le nom d'écusson dans les ouvrages d'Entomologie, et qui se montre à l'extérieur dans beaucoup de Coléoptères, entre l'origine des premières ailes (*élytres*) lorsqu'elles sont fermées. Sa forme et sa grandeur varient beaucoup et servent à distinguer certains genres dans l'ordre des Coléoptères. Dans quelques Hémiptères Homoptères (*Cigales*) il n'est pas toujours distinct du scutum, ainsi que dans certains Névroptères (*Libellules*). Enfin, le postscutellum, ou la quatrième pièce tergale, contribue à former l'articulation des ailes avec le scutum. Il est presque toujours caché dans le thorax, tantôt se soudant avec la pièce voisine et tantôt restant libre. — Le sternum du mésothorax présente dans les Coléoptères des formes très-variées. Il se soude avec les épisternums et les épimères, et sa partie antérieure est quelquefois creusée d'un sillon pour recevoir le sternum de l'anneau précédent,

quelquefois cette partie s'avance et constitue une sorte de pointe ou une saillie de forme variable. Les épisternums occupent la partie antérieure et inférieure du mésothorax, et les épimères sont situés sur les côtés de cet anneau. Ils sont en rapport par leur partie supérieure avec les paraptères, petites pièces qui ne paraissent exister qu'au deuxième anneau du thorax, et ne se reconnaissent pas facilement dans les Coléoptères, les Orthoptères ni les Hémiptères. Elles s'appuient sur l'épisternum, et remontent jusqu'à la base de l'aile. Ces mêmes pièces se placent même au-dessus de l'aile, dans les Hyménoptères et les Lépidoptères, et sont désignées dans les ouvrages d'Entomologie sous les noms d'*écailles*, d'*épaulettes*, de *ptérygodes*, etc. Elles sont moins développées dans le premier de ces ordres que dans le second, où elles recouvrent quelquefois presque en entier la partie dorsale du mésothorax. Elles sont alors couvertes de longs poils qui les cachent au premier abord. On ignore quel est leur usage.

Enfin, le troisième anneau du thorax ou le métathorax supporte, comme le précédent, une paire d'ailes et une paire de pattes. Il est fort peu développé dans les Hémiptères Homoptères, dans les Hyménoptères, dans les Lépidoptères et dans les Diptères ; mais il acquiert de grandes dimensions dans les autres ordres d'Insectes, ainsi que dans les Hémiptères Hétéroptères. Le proscutum, parmi les pièces tergales, est très-peu distinct, tandis que le scutum forme la plus grande partie du tergum. Ce scutum est recouvert, dans les Coléoptères, par le mésothorax, qui est très-développé ; ses côtés fournissent des points d'attache aux secondes ailes, ce qui permet de le reconnaître. Le scutellum et le postscutellum sont soudés ensemble dans les Coléoptères, et se portent à l'intérieur dans les Hyménoptères. Dans ce dernier ordre d'Insectes, on prendrait pour ces deux pièces une portion de l'enveloppe extérieure, de forme demi-circulaire, qui se trouve aussi dans les Diptères ; mais, ainsi que l'a prouvé M. Mac-Leay, cette pièce n'est autre chose que le premier anneau de l'abdomen, qui se soude avec le thorax, et se reconnaît à ses deux stigmates. Les pièces du segment inférieur, si l'on en excepte le sternum, ne se reconnaissent que dans les Coléoptères, les Orthoptères et les Névroptères, et les paraptères ne se retrouvent pas du tout.

Telles sont les parties dont se compose le

thorax des Insectes. On ne peut pas, comme nous l'avons dit, les reconnaître toutes dans la même espèce, mais il y en a toujours un certain nombre que l'on peut distinguer. Il n'en est pas de même dans l'ordre des Diptères, où elles semblent toutes confondues, et ne sont indiquées que par des inégalités ou saillies de la surface du thorax, ainsi que les trois anneaux thoraciques.

Les appendices des arceaux supérieurs du thorax sont *les ailes*, qui présentent, comme tous les autres organes, des formes très-variables. Elles n'existent pas dans tous les ordres d'Insectes, ni même dans toutes les espèces des ordres pourvus d'ailes. Tantôt ces ailes sont au nombre de quatre, et tantôt il n'y en a que deux. Dans le premier cas, le deuxième et le troisième anneau du thorax supportent chacun une paire d'ailes; dans le second, elles sont situées le plus ordinairement sur le deuxième anneau (Diptères), et quelquefois seulement, comme dans certains Orthoptères (*Perlamorphes*), sur le troisième. Trois ordres d'Insectes sont toujours privés d'ailes; ce sont : les Thysanoures, les Parasites et les Syphonaptères. Dans les autres ordres, il y a des espèces qui en sont dépourvues; tantôt ce sont les femelles seulement (*Lampyres*), tantôt les individus neutres (*Fourmis*); quelquefois les ailes de la seconde paire sont rudimentaires (*Carabes*), ou manquent tout-à-fait, par suite de la soudure des deux premières qui recouvrent le corps (*Gibbium*). D'autres Insectes, enfin, qui sont d'abord pourvus d'ailes, les perdent après l'accouplement (*Termites femelles*). On nomme ailes antérieures, celles du deuxième anneau thoracique, et postérieures, celles de l'anneau suivant, a cause de leur position à l'égard de la tête; on les distingue aussi quelquefois par les épithètes de supérieures et d'inférieures, parce que dans le repos les premières recouvrent plus ou moins les secondes; les ailes n'existent jamais dans les larves d'Insectes, et se montrent déjà en rudiment dans les nymphes.

La nature des ailes varie beaucoup. Ainsi dans la plupart des Insectes, elles sont transparentes et membraneuses, tandis que dans les Coléoptères, les ailes antérieures sont de la même consistance que le corps, et forment, par leur réunion, une sorte d'étui qui cache l'abdomen et la base du thorax, ce qui leur a valu le nom d'*élytres*. Dans les Lépidoptères, les quatre ailes sont ordinairement revêtues de petites écailles disposées eu séries régulières, et ornées de couleurs très-variées; dans les Orthoptères et la plupart des Hémiptères, les ailes antérieures sont plus solides que les autres, et ont presque toujours la même consistance que les tégumens du corps, soit dans toute leur étendue, soit dans une partie seulement. Ces ailes ont reçu, à cause de cette disposition, le nom d'*hémélytres* dans les Hémiptères.

La membrane qui forme les ailes, qu'elle soit ou non encroûtée de substances solides, est double, c'est-à-dire composée de deux feuillets appliqués l'un contre l'autre, et entre lesquels se ramifient des canaux appelés *nervures*, qui sont des vaisseaux aériens renfermant des trachées qui communiquent avec l'intérieur du corps. C'est au moyen de ces trachées que l'air pénètre dans les ailes au moment où l'Insecte passe à l'état parfait, et ces ailes, jusqu'alors petites et plissées ou chiffonnées, se distendent et acquièrent tout leur développement. On a nommé cellules la portion de la surface des ailes comprises entre les intersections des trachées. La forme et le nombre de ces cellules sont extrêmement variables, et servent à distinguer les genres dans certains ordres d'Insectes. C'est au moyen de plusieurs petites pièces articulaires, situées entre les deux arceaux de chaque anneau du thorax, que les ailes se fixent au thorax. Les membranes tégumentaires du corps s'étendent des anneaux du thorax aux ailes, en enveloppant ces différentes pièces, dont le nombre varie dans les divers ordres d'Insectes, et même d'une paire d'ailes à l'autre. On a donné des noms à ces petites pièces, que M. Audouin désigne d'une manière générale sous le nom d'*épidèmes d'articulation*, et qui ont été décrites avec soin par **Jurine**, par M. Chabrier et par M. Straus.

Les ailes de la première paire sont quelquefois accompagnées à leur origine et en arrière d'un appendice appelé *cuilleron*, a cause de sa forme voûtée. C'est une sorte de petite corbeille membraneuse qui paraît être une dépendance des ailes. Elle existe dans la plupart des Diptères, et on la retrouve à l'état rudimentaire à la face inférieure des élytres de quelques Coléoptères (*Hydrophile*), immédiatement à la base de ces élytres.

La partie supérieure des anneaux thoraciques présente encore dans les Diptères une paire d'appendices appelés *balanciers*. Ces appendices sont formés d'une petite tige cylindrique terminée par un renflement appelé *capitule*. Les balanciers sont de longueur variable, suivant les espèces, et se trouvent placés en arrière des ailes, et en apparence sur le troisième anneau thoracique. Aussi quelques anatomistes, et M. Audouin en particulier, les regardent-ils comme les rudimens de la seconde paire d'ailes ; M. Audouin assure même avoir trouvé à la base de ces balanciers de petites pièces analogues à celles qui se trouvent à l'origine des secondes ailes dans les autres Insectes, ou ce qu'il appelle des *épidèmes d'articulation*. D'autres auteurs, au contraire, Latreille et M. Macquart (1) regardent les balanciers comme des appendices vésiculeux dépendant des deux trachées postérieures du thorax, et comparables aux valves ou petites pièces qui accompagnent les stigmates de quelques larves d'Insectes aquatiques (*Éphémères, Gyrins*) ou de celles qui vivent dans des matières en putréfaction (*Musca carnaria*, etc.). Suivant M. Macquart, les balanciers ne naissent même pas sur le métathorax, ce qui devrait avoir lieu s'ils représentaient la seconde paire d'ailes, mais bien sur le premier segment qui se soude intimement avec le thorax, comme dans certains Hyménoptères. Quoi qu'il en soit, on ignore l'usage de ces organes, qui sont quelquefois dans un mouvement continuel lorsque l'Insecte est en repos. On les a regardés comme servant à maintenir l'Insecte en équilibre, et l'on a cru remarquer que lorsqu'on enlevait un des balanciers, l'animal tourbillonne et finit par tomber, et que si on les coupe tous les deux, il ne peut plus voler ; mais d'autres auteurs nient le fait. Il faut donc attendre de nouvelles expériences pour se prononcer à cet égard.

Enfin le premier anneau du thorax présente aussi dans certains Insectes (Rhipiptères), une paire d'appendices que l'on a nommés *prébalanciers*. Ce sont deux petits organes étroits, allongés, élargis au bout, arqués et plissés en éventail, que certains auteurs regardent comme des élytres, tandis que d'autres, parmi lesquels il faut citer Latreille, les prennent pour les analogues des *ptérygodes* ou paraptères. Quel que soit celui des deux organes auquel on les rapporte, ils n'en constituent pas moins un fait exceptionnel dans la série des Insectes, dont on ne trouve d'analogues que dans les petits appendices du prothorax de certains Diptères (*Psychodes, Scenopinus*). Dans tous les autres Insectes con-

nus, le prothorax ne présente, comme nous l'avons dit, aucun appendice à l'arceau supérieur. Il faut cependant en excepter encore un Coléoptère de la tribu des Longicornes (*Acrocinus longimanus*), dont les côtés du prothorax supportent une forte épine mobile et qui tourne dans une cavité spéciale.

Les appendices des arceaux inférieurs du thorax sont les *pattes*, qui s'articulent avec le sternum et les pièces des flancs. Le nombre de ces pattes est toujours de trois paires ; c'est le caractère invariable de tous les Insectes. Chacun des trois anneaux du thorax porte une paire de pattes ; mais ces organes ne servent pas toujours exclusivement à la locomotion ; ceux de la première paire sont quelquefois employés à la préhension, comme nous l'avons dit ailleurs. On distingue les pattes, d'après leur position, en *antérieures, intermédiaires* et *postérieures*, et chaque patte se compose d'articles variables dans leur forme et leur dimension, que l'on désigne par les noms de *hanche*, de *trochanter*, de *cuisse*, de *jambe* et de *tarse*. Cette dernière partie seule est composée de plusieurs articles, au nombre de cinq dans l'état le plus complet de développement, mais quelquefois aussi au nombre de quatre, de trois et même de deux, soit que plusieurs de ces articles ou un seul soient rudimentaires, soit qu'ils manquent tout-à-fait. — La hanche est la pièce la plus voisine du corps, et celle à l'aide de laquelle la patte s'articule avec le thorax. Elle est ordinairement fort courte, et le plus souvent de forme globuleuse ou cônique, mais quelquefois aussi, elle s'élargit et semble faire partie du thorax. Enfin, elle est quelquefois armée de pointes ou d'épines. — Le trochanter est un article très-court aussi, qui est plus intimement uni avec la cuisse qu'avec la hanche. Il prend quelquefois un développement remarquable et forme, en dehors de la cuisse, un appendice qui caractérise toute une tribu de Coléoptères (les *Carabiques*), mais qui existe aussi dans quelques autres Insectes du même ordre, et se termine quelquefois en épine (*Nécrophore*), ou en pointe bifide (*Onitis*). — La cuisse est ordinairement la plus longue et la plus grosse de toutes les pièces de la patte ; elle est souvent armée d'épines sur toute la longueur de son bord inférieur ou interne ; sa forme est extrêmement variable, et quelquefois elle est renflée d'une manière remarquable, ce qui caractérise surtout les

(1) *Hist. des Diptères*, t. 1, p. 9.

Insectes sauteurs. Dans certaines espèces, la cuisse est renflée dans le mâle et réduite à ses proportions ordinaires dans la femelle. En général, ce sont les pattes postérieures seulement dont les cuisses sont ainsi renflées. — La jambe est ordinairement un peu plus courte et plus grêle que la cuisse, et dans les pattes antérieures et intermédiaires, elle est presque toujours moins longue que dans les pattes postérieures. Elle prend des formes diverses, tant sous le rapport de la courbure, que sous celui de la grosseur. Son bord extérieur est quelquefois crénelé ou denté dans toute sa longueur (*Scarabéides*), et son extrémité donne attache à des épines mobiles et en nombre variable, que l'on nomme *éperons*. Dans certains Hyménoptères, la jambe des pattes postérieures est garnie de poils qui servent à recueillir le pollen des fleurs. La jambe est quelquefois, comme la cuisse, différente dans les deux sexes: ainsi elle se montre très-arquée dans les mâles de certaines espèces (*Onitis*, *Scarabés* et autres), du moins à la première paire de pattes, et leur sert à saisir le corps de la femelle. Elle offre dans d'autres Insectes (*Crabrons*), un appendice en forme de bouclier, dont on ignore l'usage et qui ne se trouve point dans la femelle, ni même dans tous les mâles du même genre. — Enfin, le tarse se compose de plusieurs articles placés bout à bout et très-mobiles, que l'on appelle aussi *phalanges*. On voit que la dénomination de toutes les pièces dont se composent les pattes est empruntée aux membres des animaux vertébrés. On s'est servi avec avantage du nombre d'articles que présentent les tarses pour classer les Insectes. Ces articles varient beaucoup sous le rapport de leur dimension, étant surtout grêles et allongés chez les Insectes coureurs, et se montrant, dans beaucoup de cas, très-élargis chez les mâles, et garnis de poils nombreux et de divers appendices. Dans les *Abeilles*, le premier article des tarses de la dernière paire de pattes est très-large, et contribue en même temps que la jambe à la récolte du pollen. Le dernier article des tarses supporte ordinairement deux *crochets* ou *ongles*, qui sont situés sur un support commun que mettent en mouvement les muscles de la patte. Le support pénètre, à cet effet, dans l'intérieur du dernier article. Ces crochets servent aux Insectes à se cramponner à différens objets ou à retenir leur proie. Ils affectent des formes très-variées,

et se montrent quelquefois développés d'une manière inégale. Les appendices que présentent les articles des tarses à leur face inférieure, tantôt leur permettent de marcher sur les surfaces les plus lisses, tantôt servent à les retenir, comme le feraient des crochets. Ces appendices sont appelés *brosses*, *pelottes* ou *ventouses*, suivant leur structure. Les brosses sont formées de poils qui ont quelquefois l'apparence du velours et garnissent la face inférieure de tous les articles ou de quelques-uns seulement. Elles se trouvent tantôt dans les mâles seulement, tantôt dans les deux sexes à la fois. Certains Insectes (*Harpales*) ont, au lieu de poils, des espèces de petites lames disposées en travers sous les tarses des mâles, et qui semblent remplir les mêmes usages que les poils. Les pelotes sont des espèces de vésicules membraneuses, de forme variable, qui sont situées à la partie inférieure et centrale des articles des tarses; elles paraissent susceptibles de certains mouvemens de contraction et de dilatation. Quelquefois, au lieu de pelotes, le dessous des articles du tarse présente une peau membraneuse et molle à laquelle on donne le nom de *sole*. Enfin, les ventouses sont des organes destinés à faire le vide, ce qui leur permet d'adhérer aux corps sur lesquels ils s'appliquent. Ce sont de petites cupules, qui peuvent se dilater et se contracter. Elles sont garnies de poils en dedans, et se fixent au tarse par un canal étroit. C'est à l'aide de ces organes que les Mouches peuvent se tenir dans une situation renversée sur le plafond de nos appartemens. On les trouve dans d'autres espèces de Diptères, dans quelques Hémiptères (*Scutellères*, *Pentatomes*), dans quelques *Hyménoptères* (*Guêpes*, *Abeilles*), mais surtout dans les mâles de certains Coléoptères (*Dytiques*), où ils sont placés, au nombre de plusieurs, sous une espèce de bouclier formé par une dilatation considérable de plusieurs articles des tarses.

3°. L'*abdomen* se distingue du thorax, dans les Insectes parfaits, parce qu'il ne supporte pas d'appendices, si ce n'est tout au plus à l'extrémité. C'est dans la cavité formée par l'enveloppe abdominale que sont renfermés presque tous les viscères et la plupart des trachées. L'abdomen fait suite au thorax sans présenter d'étranglement distinct dans la plupart des Insectes, mais beaucoup d'Hyménoptères et de Diptères ont à la base de l'abdomen un étranglement en forme de pédicule, qui est formé par le deuxième et même le troisième anneau de cette partie du corps, le premier, ou au moins son arceau supérieur, étant appliqué immédiatement sur le troisième anneau du thorax, dont il cache, comme nous l'avons vu, les deux dernières pièces. On voit en outre, chez quelques Hyménoptères, une sorte de ligament membraneux, attaché d'une part à ce premier segment abdominal devenu thoracique, et de l'autre au pédoncule de l'abdomen; ce ligament est destiné à produire les mouvemens d'élévation et d'abaissement de l'abdomen. Ce ligament est quelquefois logé dans un sillon du thorax. Les Hyménoptères qui offrent cette organisation, ne peuvent faire mouvoir la base de leur abdomen que de haut en bas, et non latéralement. Les anneaux dont se compose l'abdomen sont plus simples que ceux du thorax, et sont formés de deux arceaux que réunit ordinairement une peau plus mince que celle des arceaux eux-mêmes, et dans laquelle s'ouvrent les stigmates. Les arceaux des premiers anneaux sont généralement plus écartés entre eux que ceux des derniers, et l'on n'aperçoit plus de membrane destinée à les réunir. On admet, d'une manière théorique, que les anneaux de l'abdomen sont formés d'autant de pièces que ceux du thorax, mais que ces pièces sont soudées et confondues entre elles, parce que l'abdomen n'a pas de membres à supporter. Quelques pièces situées sur les côtes des arceaux supérieurs, dans quelques Coléoptères (*Staphylins, Hydrophiles*), viennent confirmer cette manière de voir. Tantôt les anneaux de l'abdomen s'articulent entre eux de manière que l'arceau supérieur d'un anneau recouvre celui de l'anneau suivant, et les arceaux inférieurs sont soudés par le milieu; tantôt chaque anneau est emboîté dans tout son contour par l'anneau précédent. Ce dernier mode d'articulation, qui est celui des Staphylins et de tous les Hyménoptères, permet à l'abdomen d'exécuter des mouvemens dans tous les sens, au lieu que dans le premier cas (Orthoptères, Hémiptères et presque tous les Coléoptères), les mouvemens de l'abdomen sont bornés. Quelquefois enfin, comme dans beaucoup de Lépidoptères et de Névroptères, lesanneaux sont appliqués par leurs bords, et n'ont qu'une mobilité peu étendue. Du reste, les deux arceaux de chaque anneau ne sont pas toujours également développés; quelquefois l'arceau inférieur remonte jusque sur les côtés de la partie dorsale de l'Insecte, et forme même une carène saillante le long de l'abdomen (*Réduves*, etc.); quelquefois, au contraire, l'arceau inférieur est le moins développé, comme dans les Sauterelles parmi les Orthoptères, dans les Lépidoptères et un grand nombre d'Hyménoptères. La consistance des anneaux de l'abdomen est très-variable; les anneaux inférieurs sont souvent plus durs que les supérieurs, surtout dans les espèces dont les ailes supérieures sont solides et forment un organe protecteur. Quant au nombre apparent des anneaux de l'abdomen, il est très-variable; mais nous avons vu plus haut, en parlant des organes de la génération, que les anneaux qui semblent manquer se trouvent transformés en appendices de la génération. En théorie, le nombre des anneaux de l'abdomen est de neuf, à en juger par ce qu'on voit dans les larves, où ces anneaux se présentent au complet. Le nombre apparent des anneaux de l'abdomen n'est pas toujours le même dans les deux sexes d'une même espèce; il n'est pas non plus le même en dessus qu'en dessous dans tous les Insectes, à cause des transformations que peuvent subir, non-seulement les anneaux entiers, mais même la partie supérieure ou la partie inférieure seule d'un anneau.

Les appendices que présente quelquefois l'abdomen sont situés, comme nous l'avons dit, à son extrémité. Ce sont ou des filets grêles et très-longs, au nombre de deux ou de trois (*Ephémères*), ou d'autres filets plus courts et plus épais (*Perles*), au nombre de deux ou de quatre, ou des sortes de pinces plus ou moins longues et de forme différente selon le sexe (*Forficules*), ou bien un appendice fourchu (*Podures*), replié sous le ventre pendant le repos, et se redressant lorsque l'Insecte veut sauter. Dans le seul ordre des Thysanoures, on trouve en outre des appendices latéraux qui dépendent des arceaux inférieurs de l'abdomen. Ainsi les *Machiles* présentent de chaque côté, à l'arceau inférieur de neuf des premiers anneaux, une lame ou feuillet membraneux qui s'applique sur l'arceau. Chaque lame, à l'exception des deux premières, est garnie en arrière d'un petit appendice articulé et mobile, de forme cylindrique, qui ressemble aux quatre pattes postérieures des mêmes Insectes. Voilà donc des pattes à l'abdomen, comme dans les Crustacés. Les *Lépismes* n'ont que deux paires de ces appendices, attachées au huitième et au neuvième anneau ; ils ne sont pas aplatis comme dans les *Machiles*, mais bien de forme cylindrique. Quant à l'appendice terminal des *Podures* mentionné plus haut, il est fixé à l'arceau inférieur de l'avant-dernier anneau, et se compose d'une tige flexible, qui se bifurque, et dont les deux branches sont amincies vers le bout et susceptibles de mouvemens variés. On le regarde comme formé par la réunion de deux appendices latéraux du segment inférieur. Au contraire, les filets qui terminent l'abdomen des Lépismes et des Machiles sont regardés comme des appendices du segment supérieur de l'un des anneaux, à cause de leur position sur le dernier arceau dorsal. Il en est de même de ceux des *Ephémères*, des *Phryganes*, etc. Dans les Blattes, qui ont quatre appendices au bout du ventre, deux de ces appendices appartiennent à l'arceau supérieur, et les autres à l'arceau inférieur. Quelquefois, cependant, il n'est pas facile de déterminer a quel arceau appartiennent certains appendices, tels que ceux des *Forficules* et quelques autres, qui sont au nombre de deux, et situés entre les deux arceaux du dernier anneau de l'abdomen.

Les muscles des Insectes sont composés de fibres qui ne sont pas réunies en faisceaux comme dans les animaux vertébrés ; on peut les isoler facilement après l'immersion dans l'alcool, qui leur donne de la consistance ; mais à l'état frais leur forme est assez difficile à reconnaître. Suivant M. Straus, il y a des muscles formés de fibres isolées et distinctement articulées ; d'autres, au contraire, composées de colonnes prismatiques, non articulées et parallèles : cependant ces derniers se réduisent également à des fibres articulées. Les muscles qui ont leurs points d'attache sur l'enveloppe solide elle-même, sont cylindriques ou prismatiques, et partout d'une épaisseur uniforme, tandis que les muscles qui se fixent au moyen de tendons (*apodèmes*), sont de forme variable. Ces tendons ne sont pas regardés par M. Straus comme de simples prolongemens de l'enveloppe solide ; ils en diffèrent par l'absence d'épiderme, et parce qu'ils ne renferment que fort peu de matière colorante. Ils sont d'ailleurs formés de fibres rayonnantes, et non pas de feuillets superposés comme l'enveloppe extérieure.

Les *muscles de la tête* sont au nombre de quatre paires principales dans les Insectes qui ont la tête engagée dans le prothorax,

tels que les Coléoptères ; savoir : une paire de muscles extenseurs en dessus, une paire de fléchisseurs en dessous, une troisième paire plus faible que la dernière, et qui fait exécuter les mêmes mouvemens à la tête ; enfin, une quatrième paire de muscles latéraux dont le jeu simultané fait rentrer la tête dans le prothorax, et dont le jeu alternatif la porte de l'un ou de l'autre côté. Dans les Insectes qui ont la tête dégagée du prothorax, comme les Hyménoptères, ces muscles sont réduits à l'état de rudimens. Outre les muscles déjà nommés, chaque appendice de la tête a les siens. Ainsi, dans les Coléoptères, les mandibules ont un muscle extenseur et un fléchisseur ; les mâchoires ont un grand nombre de muscles, à cause des différentes pièces dont elles sont formées et des palpes qu'elles supportent, le labre n'a qu'un muscle destiné à lui faire exécuter les mouvemens peu étendus d'avant en arrière ; la lèvre inférieure a quatre muscles, deux pour le menton et deux pour la languette ; les palpes labiaux ont en outre leurs muscles propres comme les maxillaires ; enfin, les antennes ont trois muscles : un extérieur, un fléchisseur et un élévateur, sans compter les petits muscles de chacun des articles, qui sont étendus d'un de ces articles à l'autre. Dans les Insectes suceurs, les muscles de la tête sont moins nombreux que dans les Insectes broyeurs, à cause de la modification des pièces de leur bouche.

Les *muscles du thorax* sont les plus volumineux de tout le corps ; les uns ont pour usage de maintenir en place les trois anneaux thoraciques, et les autres mettent en mouvement les pattes et les ailes. Quand le prothorax est libre, comme dans les Coléoptères, les principales masses musculaires sont situées dans le mésothorax ; les muscles du prothorax sont bien développés, et au nombre de quatre paires, qui sont attachées, par une de leurs extrémités, dans le mésothorax. Ce dernier anneau, ou ce mésothorax, a trois paires de muscles plus faibles que ceux du prothorax, et qui concourent en partie aux mouvemens des ailes. Enfin, le métathorax renferme aussi trois paires principales de muscles destinées en partie à faire mouvoir les ailes postérieures. La paire la plus volumineuse sert à abaisser ces organes ; la deuxième les ramène en arrière, et la troisième sert à les élever. Dans les Insectes dont le prothorax n'est pas détaché des deux autres anneaux, les muscles sont tous concentrés dans le mésothorax, qui est alors l'anneau le plus développé. Indépendamment de ces muscles du thorax qui agissent sur les ailes en diminuant ou en dilatant la cavité thoracique, il y en a d'autres qui agissent immédiatement sur ces organes. Ainsi les ailes ont chacune deux extenseurs et un fléchisseur unique. Quant aux muscles des pattes, ils sont plus nombreux que ceux des ailes, à cause de leur mobilité et du nombre des articles dont ces pattes se composent. C'est la hanche qui en reçoit le plus grand nombre, surtout lorsqu'elle est globuleuse et destinée à se mouvoir dans différens sens. Les muscles du trochanter sont insérés dans la hanche. Ceux de la cuisse s'attachent d'une part à la jambe et de l'autre au trochanter, et ainsi de suite jusqu'aux tarses, dont les articles sont mis en mouvement par des muscles qui s'attachent a chaque article au moyen d'un tendon.

Les *muscles de l'abdomen* sont plus simples que ceux des autres parties du corps, à cause de la simplicité des anneaux dont ils se composent et de l'absence d'appendices. Ce sont de simples bandelettes larges, minces et dépourvues de tendons. L'abdomen renferme en outre quelques muscles particuliers qui se rendent aux différens viscères. Quand l'abdomen est sessile, c'est-à-dire sans pédoncule, sa réunion avec le thorax se fait au moyen de quatre muscles qui se rendent du bord postérieur du métathorax au bord antérieur du premier anneau de l'abdomen. Ces muscles sont situés l'un en haut, l'autre en bas, et les deux autres sur les côtés. Dans le cas où l'abdomen est pétiolé, ces quatre muscles se réduisent à un seul. Les muscles des anneaux de l'abdomen forment deux larges bandes, l'une dorsale, l'autre ventrale, qui s'étendent d'une extrémité de l'abdomen à l'autre, et se divisent en bandes ou faisceaux plus petits, qui réunissent les anneaux entre eux. Quand les segmens de l'abdomen viennent à se souder, comme dans certains Coléoptères, les muscles sont alors rudimentaires. Il existe en outre des muscles qui se rendent des segmens du dos aux segmens du ventre en traversant l'abdomen, dans les Insectes chez lesquels l'abdomen se dilate et se contracte pendant la respiration (*Sauterelles*). Enfin, les deux arceaux qui forment le dernier anneau de l'abdomen ont des muscles propres, situés sur l'anneau précédent.

Telle est la disposition générale des muscles dans les Insectes parfaits; voyons comment elle se présente dans les larves.

Les muscles des larves, dans les Insectes à métamorphose incomplète, ne diffèrent pas essentiellement de ce qu'ils sont dans les Insectes parfaits, si ce n'est que les muscles des ailes sont aussi peu développés que les organes eux-mêmes. La même chose ne peut avoir lieu dans les larves des Insectes à métamorphose complète, parce qu'elles diffèrent beaucoup trop de ce qu'elles seront à l'état parfait.

Les muscles de la tête et des pièces de la bouche ne diffèrent pas beaucoup dans ces larves, des mêmes muscles dans les Insectes parfaits, sauf le développement, qui est moins considérable. Ceux qui unissent la tête à l'anneau suivant sont en nombre moins considérable que dans l'Insecte parfait; mais au lieu d'être simples, ils sont partagés en plusieurs couches superposées; la couche la plus mince de la peau est la continuation des muscles qui s'étendent dans le reste du corps. Tous les autres anneaux ayant une structure uniforme, les muscles qui les unissent sont disposés comme dans l'abdomen des Insectes parfaits; seulement ils sont plus compliqués, à cause de la mollesse de l'enveloppe et des mouvemens plus variés qu'elle exécute. Ces muscles sont partagés en couches dont les fibres sont droites dans les uns et obliques dans les autres. Quelques fibres se portent obliquement de l'arceau inférieur des anneaux vers l'arceau supérieur des anneaux voisins. Dans les larves pourvues de pattes, il y a nécessairement des muscles pour les mouvoir, ce qui complique le système musculaire dont nous venons de parler. Ces muscles, qui correspondent à ceux que présente l'Insecte parfait, ne semblent pas cependant être ceux qui se montrent après la dernière métamorphose; c'est du moins ce qui résulte des observations de M. Pictet, au sujet d'une nymphe de *Phrygane*. On n'a pas suivi, d'ailleurs, les transformations du système musculaire pendant la durée des métamorphoses que subissent les Insectes. Dans certaines larves, telles que celles des Lépidoptères, l'abdomen supporte des fausses pattes, appelées aussi pattes membraneuses, qui disparaissent avec l'état de larve ou de chenille. Ces fausses pattes sont mises en mouvement par trois muscles : l'un antérieur, l'autre postérieur et le dernier central. Les deux premiers partent des bords latéraux du segment auquel appartient la patte. Le dernier naît un peu plus haut que les précédens et s'amincit peu à peu, pour aller aboutir au fond de l'espèce d'entonnoir formé par la patte.

Les muscles des Insectes sont capables de très-grands efforts, ce qui est en rapport avec la respiration de ces animaux. On sait, en effet, que plus la respiration est développée, plus est grande la force musculaire. De même que dans les animaux vertébrés, il y a des muscles soumis à l'empire de la volonté, et d'autres qui n'y sont pas soumis; mais ils sont tous sous l'influence immédiate du système nerveux. L'électricité peut remplacer pour un temps cette influence, comme dans les animaux vertébrés. Cet agent physique agit diversement sur les Insectes vivans. Ainsi, suivant M. Straus, des Chenilles se sont à peine montrées sensibles à des commotions électriques qui auraient suffi pour renverser un homme; et des Hannetons, soumis à la même expérience, ont été d'abord comme étourdis, mais ont repris leurs mouvemens au bout de quelques instans. Des expériences faites par d'autres observateurs, sur des Diptères et des Lépidoptères, ont fait voir que l'électricité agit diversement, suivant la partie du corps à laquelle on l'applique. Ainsi, la décharge électrique causerait la mort lorsqu'elle passe par le thorax et qu'elle se rend de la tête à l'abdomen, tandis que cela n'aurait pas lieu quand elle traverse seulement la tête.

Les divers modes de locomotion des Insectes sont : la marche, qui est le mode le plus ordinaire, le saut, le vol et la nage. Ces animaux exécutent, en outre, des mouvemens très-variés dans les différentes phases de leur existence.

La marche varie beaucoup sous le rapport de la vitesse. Dans le cas le plus simple, elle n'est qu'une suite de mouvemens de reptation analogue a celle des serpens. Elle a lieu sans l'aide d'aucun membre, par la seule contraction des anneaux du corps. Quelquefois la marche est facilitée par les mandibules, qui se fixent sur le plan de position, et permettent a l'insecte d'amener en avant le reste du corps. C'est le mode de locomotion de certaines larves de Diptères, dont quelques-unes sont pourvues de soies ou de poils épineux, qui facilitent la progression. Dans les Chenilles, qui sont pourvues de pattes assez nombreuses, la rapidité de la marche n'est pas en rapport avec le nombre des pattes. Quelques-unes, nommées *arpenteuses*, ont les pattes abdominales très-éloignées des pattes thoraciques, et marchent plus rapidement que les autres, en portant successivement les premières contre les dernières, et en étendant ensuite brusquement leur corps. Il y a des Chenilles qui marchent à reculons avec autant de vitesse qu'en avant; mais ce mode de progression n'est pas le plus ordinaire : elles ne l'emploient que pour échapper à quelque danger. En général, dans les Insectes pourvus de pattes, on trouve tous les degrés possibles de vitesse, depuis la marche la plus lente jusqu'a la plus agile.

Le saut, ou le deuxième mode de locomotion des Insectes, s'exécute de trois manières différentes, soit par un mouvement général du corps, soit a l'aide des pattes postérieures, soit enfin par des organes particuliers. Le premier cas s'observe dans certaines larves qui courbent leur corps en arc et le détendent subitement, de manière que, les deux extrémités venant frapper le plan de position, le corps s'élève plus ou moins haut. Le deuxième cas est plus fréquent que les deux autres: les diverses pièces des pattes postérieures étant repliées d'abord l'une sur l'autre, leur distension subite porte le corps en l'air avec une force variable en raison de la force musculaire et de la longueur des leviers que forment les différentes parties de la patte. C'est surtout dans ce mode de locomotion que les Insectes font preuve d'une grande force musculaire. Quelquefois le saut s'exécute à l'aide d'autres organes que les pattes ; c'est ce qui a lieu dans les Podures, dont nous avons décrit plus haut l'organe du saut, et dans les *Taupins*. Ces derniers Insectes ont les pattes fort courtes, et lorsqu'ils sont renversés sur le dos, ils ne pourraient se relever. C'est alors qu'ils sautent pour se remettre sur leurs pattes, à l'aide d'un mécanisme tout particulier. Le sternum de leur mésothorax est creusé d'une cavité profonde dans laquelle est reçue une saillie du sternum de leur prothorax. Quand ils sont couchés sur le dos, ils relèvent la partie moyenne de leur corps de façon à décrire un arc dont les extrémités posent sur le sol, et par un mouvement subit, ils ramènent leur corps contre le plan de position et se trouvent élevés en l'air. Il est surtout remarquable que le choc n'ayant pas lieu dans le centre de gravité du corps, mais bien en avant, a cause de la position du point d'inflexion, ce choc agit avec plus d'intensité sur la partie antérieure du corps, et l'animal se retourne sur lui-même pendant le saut. Il retombe alors sur ses pattes et se cramponne à l'aide des crochets de ses tarses. La saillie sternale a pour usage de régulariser les mou-vemens du saut en entrant dans la cavité destinée à la recevoir, et n'en est pas, comme on l'a cru d'abord, un instrument essentiel ; c'est la contraction musculaire qui est l'agent immédiat de ce mode de locomotion.

La nage, ou le troisième mode de loco-motion des Insectes, s'exécute soit par les mouvemens du corps entier, soit à l'aide de quelques organes spéciaux, soit enfin au moyen de leurs pattes de derrière. Les espèces qui nagent par le premier de ces moyens, sont les larves des *Cousins*, parmi les Diptères, et de quelques Libellulines (*Agrions*), parmi les Névroptères. D'autres larves (*Phryganes*) se servent pour nager des branchies qu'elles ont sur les côtés du corps, tandis que celui-ci n'exécute que de faibles mouvemens. D'autres enfin, telles que les larves des Libellules proprement dites, s'avancent par saccades au moyen de l'eau qu'elles introduisent par l'ouverture anale dans leur abdomen et qu'elles en chas-sent ensuite avec force. Les autres Insectes nageurs se dirigent au moyen de leurs pattes postérieures qui sont élargies en espèce de rames. Ils sont peu nombreux et ne se trou-vent que dans les deux ordres de Coléoptè-res (*Hydrocanthares* et *Hydrophiliens*), et d'Hémiptères (*Notonectes, Naucores*). Les Hémiptères nageurs ont la singulière habi-tude de nager sur le dos. Il y a d'autres In-sectes qui vivent dans l'eau, mais ils ne nagent pas et se servent du mode contraire de locomotion (la marche) pour s'y dépla-cer. Quelques-uns même, plus légers que l'eau, sont obligés de s'attacher a quelque plante ou à tout autre objet, pour ne pas remonter a la surface.

Enfin le vol, ou le dernier mode de lo-comotion des Insectes, s'exécute au moyen des ailes par les mouvemens alternatifs d'é-lévation et d'abaissement de ces organes. Ces mouvemens n'ont pas lieu dans un plan vertical, à cause de la résistance de l'air, mais dans un plan oblique ; ils résultent du jeu alternatif des muscles du thorax qui entrent en exercice. La respiration devient plus active dans le thorax pendant le vol, et cesse au contraire, dans l'abdomen, comme si toute l'énergie vitale devait se porter alors sur les organes du vol. Les pattes et l'abdomen affectent alors des po-sitions variées, suivant les espèces, et qui doivent être en rapport avec la position du centre de gravité du corps. La force et la rapidité du vol dépendent d'un concours de circonstances qui varient avec les espèces, en raison de la grandeur et de la position des organes du vol, de l'énergie musculaire et de la consistance même des ailes. Ainsi, dans les Coléoptères, le vol est nécessai-rement moins facile que dans les Hymé-noptères, à cause de l'épaisseur des ailes de la première paire, qui sont devenues des élytres. La force musculaire que déploient certaines espèces doit être prodigieuse, si l'on en juge par les voyages qu'exécutent certains Orthoptères (*Criquets*), et par la distance à laquelle on les rencontre quel-quefois en mer. Ces Insectes ont sur les autres l'avantage de pouvoir s'élever en l'air avec leurs longues pattes de derrière avant de prendre le vol, tandis que les au-tres Insectes sont obligés de se placer sur un lieu élevé. Il y a cependant un grand nombre d'espèces dont les ailes sont assez petites pour leur permettre de s'élever im-médiatement en l'air lorsqu'elles sont pla-cées sur le sol.

ARTICLE TROISIÈME.

DE LA PHONATION OU PRODUCTION DES SONS.

La phonation est la faculté que pos-sèdent les animaux de produire des sons. Dans les animaux vertébrés, les sons se forment à l'entrée du canal qui sert à faire pénétrer l'air dans la cavité respiratoire, c'est-à-dire dans le larynx. Il n'en est pas toujours de même dans les Insectes, qui seuls, parmi les animaux articulés, font entendre des sons. Les sons produits par les Insectes sont de trois sortes : 1° ou le résultat du frottement mécanique de quel-ques parties du corps les unes contre les autres , ou contre des corps étrangers ; 2° ou bien ils sont occasionnés par le passage de l'air au travers des organes respiratoires pendant l'action du vol, ce qui produit le *bourdonnement* ; 3° ou bien, enfin, ils sont produits par des organes spéciaux.

Les sons de la première espèce appartiennent à certaines espèces de Coléoptères et d'Orthoptères. Les uns sont dus au frottement des cuisses ou des jambes postérieures contre le bord des ailes supérieures pendant le repos ; d'autres, ce qui est le cas le plus fréquent, résultent du frottement des derniers arceaux supérieurs de l'abdomen contre les élytres : à cet effet, les arceaux sont couverts de stries transversales très-fines et très-serrées ; d'autres, enfin, sont dus au frottement du pédoncule ou de la portion antérieure du mésothorax contre la partie interne du prothorax dans lequel il est reçu. Dans ce cas, le pédoncule du mésothorax est couvert également de stries ou rides transversales. Le premier cas s'observe dans certaines Cicindélètes (*Megacephala, Euprosopus, Oxycheila*), et quelques Hétéromères mélasomes parmi les Coléoptères et dans les *Criquets*, parmi les Orthoptères. Le deuxième cas est celui des *Trox*, des *Nécrophores*, du *Pælobius Hermanni* et de la plupart des Scarabéides. Enfin le troisième cas est celui de presque tous les Coléoptères longicornes et de quelques Chrysomélines (*Lema, Donacia, Hisna*, etc. Les sons qui résultent du frottement de quelques parties du corps contre un corps étranger sont plus rares que les précédens. Tel est le bruit produit par le *Moluris striata*, dont la femelle, sur le témoignage d'Olivier, appelle le mâle, en frottant contre les corps durs une saillie granuleuse de la partie inférieure du dernier anneau de l'abdomen. Tel est encore le bruit que produisent de petits Coléoptères de nos pays (*Anobies*), vulgairement appelés *Vrillettes*, en frappant à plusieurs reprises avec leurs mandibules le bois des cloisons ou des poutres de nos appartemens.

Les sons de la deuxième espèce, ou ceux qui constituent le bourdonnement, sont produits spécialement par les Hyménoptères, les Diptères et les Coléoptères. On a cru pendant long-temps qu'ils étaient dus aux vibrations de l'air pendant le vol ; mais on sait aujourd'hui que leur cause existe dans la sortie de l'air qui s'échappe des stigmates du thorax par suite de mouvemens violens. On peut en effet retrancher les organes du vol sans que les sons cessent pour cela de se faire entendre ; mais les sons se trouvent modifiés, suivant qu'on enlève une plus ou moins grande partie des ailes. Les sons deviennent alors de plus en plus aigus, et s'affaiblissent beaucoup lorsqu'on ne laisse qu'une petite portion des organes du vol. Si au contraire, on bouche les stigmates avec de la gomme ou quelque autre substance analogue, le bourdonnement cesse aussitôt. L'air chassé des stigmates par la contraction des muscles du thorax est donc la cause première du phénomène de la production des sons, et l'on conçoit que les sons deviennent plus aigus à mesure que l'on raccourcit les ailes, qui exécutent alors un plus grand nombre de vibrations dans un temps donné, sous l'influence constante des muscles du thorax. On conçoit aussi que les lèvres diversement modifiés des stigmates thoraciques vibrent d'une manière différente en raison de la quantité d'air qui se trouve chassée du thorax ; mais ces lèvres ne sont pas essentielles à la production des sons. Ce mode de phonation des Insectes est le seul qui soit analogue à la voix des animaux vertébrés, puisqu'il est dû, comme chez ces derniers, à l'action de l'air sur les conduits de la respiration.

Les sons de la troisième espèce sont dus, comme nous l'avons dit, à l'action de certains organes. Ils sont produits par les mâles de quelques Insectes appartenant aux deux seuls ordres des Hémiptères et des Orthoptères, et ont pour objet d'appeler la femelle. Les plus compliqués et les plus parfaits de ces organes sont ceux des *Cigales*. Ils consistent principalement en une membrane sèche et plissée, convexe au côté extérieur, et située de chaque côté du premier anneau de l'abdomen, derrière le stigmate de ces anneaux. La membrane plissée est renfermée dans une cavité spéciale, qui s'ouvre à la face inférieure de l'abdomen. Le son est produit par les mouvemens alternatifs qu'exécute la membrane sous l'influence d'un muscle situé sur son côté concave, et attaché par l'autre extrémité à un appendice du deuxième segment de l'abdomen. En se contractant, ce muscle tend la membrane, et la rend concave au dehors ; puis, en se relevant, il lui laisse reprendre son état primitif. Le volume du son est augmenté par deux grosses trachées vésiculeuses de l'abdomen, qui sont en rapport avec la membrane. Il existe en outre des organes ou parties annexes qui servent à modifier le son ; ce sont deux autres membranes fortement tendues au-dessus de cavités particulières du premier anneau abdominal, et le tout est protégé et recouvert par deux opercules de la même consistance que les tégumens du corps. Ces opercules sont des prolongemens du mé-tathorax. Les femelles n'ont que ces opercules et les espaces fermés par une membrane, qui sont situés au-dessus, mais il leur manque la membrane qui produit le son. Les organes sonores des Orthoptères sont assez variés. Dans les Criquets, ils ressemblent un peu à ceux des Cigales, et sont situés de la même manière. Ce sont deux cavités libres et recouvertes en partie par un opercule de forme triangulaire, qui sont fermées par une membrane très-mince et plissée, que fait vibrer un muscle grêle, et une trachée vésiculeuse, placée au-dessous d'elles, amplifie les sons. Cet appareil existe simultanément dans quelques espèces, avec celui que forment les cuisses postérieures, qui sont armées d'épines ou de lignes élevées destinées à produire du bruit par leur frottement contre les ailes supérieures. Quelques-uns de ces Insectes ont donc la propriété de faire entendre des sons de deux manières différentes ; mais d'autres (*Tetrix*) sont dépourvus des cavités abdominales, et ne produisent les sons qu'à l'aide de leurs pattes et de leurs élytres.

Du reste, dans les Criquets, ainsi que dans les Tétrix, la propriété d'émettre des sons appartient aux deux sexes. Dans les *Grillons*, vulgairement connus sous le nom de *cri-cri*, l'organe sonore est une portion de la base des ailes supérieures, plus mince que le reste, luisante, et dont les côtes ou nervures sont beaucoup plus fortes. Ces deux portions se trouvent situées l'une au-dessus de l'autre quand les ailes sont au repos, et le bruit est produit par le frottement des deux ailes qui se soulèvent, à cet effet, de manière à faire un angle avec le corps. Les cellules formées par les nervures des ailes sur la portion transparente de leur base sont plus grandes, et les nervures elles-mêmes sont plus fortes dans les mâles que dans les femelles. Suivant M. Burmeister, les organes sonores de ces Insectes ne seraient destinés qu'à renforcer le son produit par l'air qui s'échappe du thorax, et qui, rencontrant le bord replié des élytres, remonterait ainsi jusqu'aux organes sonores. Des organes analogues existent encore dans les *Sauterelles* et dans les *Courtilières* ; mais le son produit par ces Insectes, et surtout par les derniers, est beaucoup plus faible que celui des Grillons.

Il existe un dernier mode de phonation, quoique l'organe qui lui donne lieu soit encore inconnu ; c'est celui du *Sphinx Atropos*, ou vulgairement dit *Papillon à tête de mort*. Cet insecte fait entendre un cri assez fort et assez aigu, dont on n'a pu encore expliquer la cause et que l'on a en vain attribué au frottement de quelques parties du corps entre elles. Il paraît probable, et nos propres observations nous conduisent à le penser, que ce bruit est produit dans la tête, et dès lors il ne pourrait provenir que de l'air qui s'échapperait de la trompe. Mais comment l'air en serait-il expulsé ? Jusqu'ici toutes les recherches faites à ce sujet ont été impuissantes, et la cause du bruit produit par cet insecte est encore une question à résoudre.

EXPLICATION DES PLANCHES

DE L'INTRODUCTION.

Une partie des figures qui composent les planches de l'introduction était déjà faite et gravée, lorsque l'éditeur se décida à faire rédiger cette introduction, qui manquait a l'ouvrage, par suite du départ de M. le comte de Castelnau. Le nombre des dessins reunis d'abord par M. de Castelnau étant trop considérable pour le plan de l'introduction, il a fallu en supprimer beaucoup et les remplacer par d'autres, afin de présenter un ensemble de figures relatives aux principaux traits de l'organisation des Animaux Articulés. Quelqus-unes des planches étant déjà faites, il a fallu les conserver, bien qu'elles renfermassent des figures qui n'étaient point nécessaires à l'intelligence du texte. Il en résulte que ces figures n'ont pu être citées dans ce dernier, ce qui a fait recourir a cette explication des planches, a l'aide de laquelle il sera facile de prendre une idée générale de la structure des Animaux Articulés, surtout après une première lecture de l'introduction. Les planches retraceront alors d'une manière sommaire les détails présentés dans cette introduction, bien que l'ordre de ces deux parties ne soit pas le même. Pour faire disparaître autant que possible ce dernier inconvénient, on a donné a l'explication des planches plus de développement qu'elle n'aurait dû en recevoir, si les figures avaient toujours été en rapport avec le texte.

PLANCHE 1.

Cette planche représente les organes de la circulation dans les Crustacés Décapodes Brachyoures, d'après les recherches de MM. Audouin et Milne Edwards.

Fig. 1. Système artériel du *Maia squinado*.

    a. Le cœur ouvert et les artères qui en partent. On voit dans son intérieur les espèces de cloisons charnues qui le divisent.

    b. Artère ophthalmique se divisant en deux branches à l'extrémité pour se rendre aux yeux.

    c. Artère antennaire située de chaque côté de l'artère ophthalmique.

    d. Artère abdominale divisée en deux branches a son entrée dans l'abdomen.

    e. La portion postérieure du canal intestinal.

    f. Une portion des branchies mise à nu.

    g. Le foie, et en dehors un faisceau de muscles coupé.

Fig. 2. Le même animal, vu en dessous, pour montrer l'artère sternale, dont les ramifications se répandent dans les pattes.

    a. L'artère sternale, qui nait du même point que l'artère abdominale, mais qui se recourbe sous le corps pour occuper la partie inférieure du thorax.

b. Une des branches de cette artère sternale.

c. Une portion des branchies mise à nu.

Fig. 3. Coupe verticale du corps de ce même Crustacé pour indiquer la marche du sang.

a. Vaisseau afférent de chaque branchie, qui porte le sang veineux dans cet organe.

b. Vaisseau efférent de chaque branchie qui emporte le sang devenu artériel par la respiration.

c. Le cœur, dans lequel le sang artérialisé se rend par le moyen du vaisseau branchio-cardiaque placé de chaque côté entre le cœur et les branchies.

d. Sinus veineux dans lequel afflue le sang des différentes parties du corps.

e. Orifice d'un des vaisseaux veineux qui se rendent dans le sinus.

f. Une des veines qui se rendent dans le même sinus.

g. Vaisseau branchio-cardiaque.

h. Orifice de l'artère abdominale.

Fig. 4. Système veineux des branchies.

a. Sinus veineux dans lesquels afflue le sang des parties du corps.

b. Les branchies mises à découvert et présentant le vaisseau afférent dans lequel se rend le sang des sinus.

c. Origine des pattes qui ont été enlevées.

PLANCHE II.

Cette planche représente les organes de la circulation dans les Crustacés Décapodes Macroures et dans les Stomapodes, d'après les travaux de MM. Audouin et Milne Edwards. Elle renferme en outre la figure de l'Anatife d'après M. Cuvier.

Fig. 1. Système artériel du Homard mis à découvert par l'enlèvement de la carapace.

a. Le cœur.

b. Une portion des branchies.

c. L'artère ophthalmique.

d. L'artère antennaire située de chaque côté de l'artère ophthalmique.

e. L'artère abdominale supérieure et ses ramifications de chaque côté du corps.

Fig. 2. Système artériel d'une Squille mis à découvert.

a. Le cœur moins distinct des artères antérieure et postérieure que dans les Crustacés précédens. C'est un passage au vaisseau dorsal des Insectes.

b. Vaisseau formant la continuation du cœur et remplaçant l'artère sternale. Il se ramifie comme elle sur les côtés du corps.

c. Artère ophthalmique.

d. Portion du cœur aortique, ou vaisseau dorsal, sur laquelle on voit l'orifice des vaisseaux branchio-cardiaques, qui apportent le sang des branchies au cœur.

Fig. 3. Anatife reproduit d'après Cuvier pour montrer la disposition du système nerveux.

a. Représente la portion de ce système nerveux analogue au collier des autres Animaux Articulés, et les nerfs qui en partent.

b, c, d. Les divers appendices du corps de l'Anatife.

(Cette figure a été reproduite pour montrer que la disposition du système nerveux est la même dans tous les Animaux Articulés. On sait que les Anatifes sont intermédiaires entre les Animaux Articulés proprement dits et les Mollusques).

PLANCHE III.

Cette planche représente les organes de la circulation, de la respiration et de la génération des Arachnides.

Fig. 1. Araignée domestique (*Tégénaire*) mâle, dont les pattes ont été enlevées, à l'exception des hanches. Elle est vue en dessous.

a. Le palpe de chaque côté du corps, avec l'extrémité renflée, comme dans tous les mâles d'Arachnides. La portion renflée a été ouverte pour montrer sa disposition à l'intérieur.

b. Les hanches des quatre paires de pattes.

c. Orifice des organes de la respiration.

d. Les filières.

Fig. 2. Araignée domestique femelle, reconnaissable à ses palpes grêles.

a. Les palpes.

b. Les hanches.

c. Orifice des organes de la respiration et de la génération.

d. Les filières.

e. Les mandibules ou forcipules.

f. Le premier article des palpes faisant les fonctions de mâchoires.

g. La lèvre inférieure.

Fig. 3. Anatomie de la *Clubione atroce*, très-grossie et vue sur le dos.

a. Le céphalo-thorax dépouillé et montrant la masse des faisceaux musculaires qui servent à faire mouvoir les pattes.

b. Mandibules.

c. Palpes.

d. Pédoncule de l'abdomen traversé par l'œsophage.

e. Plaque sur laquelle sont fixés les organes de la respiration.

f. Ligament de cette même plaque.

g. Le cœur au milieu du corps graisseux.

h. Vaisseau partant du cœur pour se rendre à l'orifice des organes respiratoires.

i. Corps graisseux.

Fig. 4. Le cœur vu séparément, dans la même espèce.

a. Vaisseaux latéraux qui s'étendent d'une partie du cœur à l'autre. Ils présentent des ramifications en *b*, *c*, *d*, comme la portion postérieure du cœur.

Fig. 5. Détails de l'anatomie de la même espèce.

a. Le cœur rejeté en avant pour laisser voir les organes situés au-dessous.

b. Ligament du cœur, placé de chaque côté.

c. Les mêmes vaisseaux représentés en *h* (fig. 3).

d. Une portion du canal intestinal.

e. Place qu'occupent les poumons.

f. Membrane demi-circulaire, située au-dessous des poumons.

g. Muscle qui se fixe de chaque côté à la membrane demi-circulaire et qui sert à faire mouvoir l'abdomen.

h. Ligament étendu jusqu'à l'extrémité du corps et servant aussi aux mouvemens de l'abdomen.

Fig. 6. Abdomen de l'*Araignée domestique* dont la peau a été enlevée pour laisser voir le tissu graisseux et le vaisseau dorsal.

a. Le cœur ou vaisseau dorsal.

b. Vaisseaux partant du cœur et au nombre de cinq.

c. Cavité correspondant à l'ouverture de la seconde paire de poumons.

d. Corps graisseux.

Fig. 7. Un des stigmates, ou l'une des ouvertures respiratoires de l'*Epéire diadème*, avec quelques petits bulbes pilifères (le tout très-grossi).

a. Le stigmate.

b. Un des bulbes d'où naît un poil.

Fig. 8. Deux poumons formant une paire d'organes respiratoires.

a. Le poumon divisé en feuillets.

b. Petits mamelons situés dans les femelles, sous les écailles de la base du ventre.

PLANCHE IV.

Cette planche représente différentes sortes d'œufs d'Insectes, les uns isolés, les autres réunis au nombre de deux ou même davantage, et tels qu'ils sont disposés par les Insectes eux-mêmes. Sur la même planche se trouvent aussi divers Insects à l'état de larve.

Fig. 1. Œuf d'un Lépidoptère nocturne (*Geometra cratægata*), pour montrer la disposition réticulée de son enveloppe.

Fig. 2. Œuf d'un autre Lépidoptère nocturne (*Catocala nupta*), dont l'enveloppe présente des stries et des côtes.

Fig. 3. Œuf d'une seconde espèce de *Catocala* (*C. fraxini*), dont la surface est réticulée d'une autre manière.

Fig. 4. Œuf d'un autre Lépidoptère nocturne (*Geometra prunaria*), présentant à l'une de ses extrémités un sorte de petit couvercle que la larve du Papillon soulève pour sortir.

Fig. 5. Œuf d'un Hémiptère du genre *Pentatome*, offrant un couvercle plus grand que le précédent et qui est soulevé brusquement par la larve au moyen de l'appareil représenté en *a*, qui joue comme une espèce de ressort.

Fig. 6. Capsule renfermant les œufs d'une espèce de Névroptère du genre *Phryganc* (*Ph. atrata*). Cette capsule est formée d'une matière sub-gélatineuse, sèche et transparente. La réticulation qu'elle présente est due à la disposition des œufs dans son intérieur.

Fig. 7. Deux œufs d'un Lépidoptère nocturne (*Bombyx neustria*), pourvus d'un couvercle et accolés l'un à l'autre dans toute leur longueur.

Fig. 8. Groupe d'œufs appartenant à une espèce de Diptère voisine des *Psycodes*. Ces œufs, de forme ellipsoïde, ne sont soudés entre eux que par une portion de leur surface.

Fig. 9. Œuf d'un Hyménoptère (*Ophion luteum*), qui fait sa ponte dans le corps des Chenilles. Cet œuf est implanté dans la Chenille au moyen d'un bulbe qui termine son pédicule ou support.

Fig. 10. Larve d'une espèce de Diptère appartenant au genre *OEstre*. Les rangées circulaires d'épines dont son corps est armé lui servent à s'avancer dans les parties du corps des animaux où elle prend sa nourriture.

Fig. 11. Larve d'une espèce de Coléoptère aquatique (*Hydrophilus piceus*).

Fig. 12. Larve d'un autre Coléoptère aquatique (*Dyticus marginalis*).

Fig. 13. Larve du Hanneton commun, (*Melolontha vulgaris*), très-connue des agriculteurs sous le nom de *Ver blanc* et célèbre par les ravages qu'elle occasionne en se nourrissant des racines des végétaux.

Fig. 14. Larve d'un Hémiptère appartenant au genre *Reduve* (sous-genre des *Zelus*). Cette larve diffère des précédentes en ce qu'elle a tout-à-fait l'aspect de l'Insecte à son dernier état, ce qui constitue l'ordre des métamorphoses appelées incomplètes.

Fig. 15. Nymphe d'un Névroptère appartenant au genre *Libellula*. Elle ne diffère de la larve que par les rudimens d'organes du vol qu'elle porte sur le dos, ce qui constitue un ordre de métamorphoses intermédiaire entre les métamorphoses complètes et les métamorphoses incomplètes.

Fig. 16. Larve dite en queue de rat, appartenant à une espèce de Diptère (*Stratiomys*) et possédant la faculté de s'allonger à volonté pour venir respirer l'air à la surface de l'eau dans laquelle elle vit, au moyen de l'ouverture que présente l'extrémité postérieure de son corps.

PLANCHE V.

Cette planche représente des Chenilles ou larves de Lépidoptères, des Nymphes de divers Insectes, et présente en outre la disposition des pièces de la bouche, destinées à la préhension des alimens, dans les différens ordres d'Insectes.

Fig. 1. Chenille d'un Lépidoptère (*Sphinx ligustri*) accrochée à une branche d'arbre à l'aide de ses fausses pattes *b*. Les vraies pattes situées en *a* sont en repos.

Fig. 2. Chenille dite *arpenteuse*, appartenant au genre *Géomètre*. Ces deux noms lui viennent de la singularité de sa démarche, dont cette figure donnera facilement une idée. Ici les vraies et les fausses pattes sont également en action.

Fig. 3. Nymphe d'un Coléoptère aquatique (*Hydrophilus piceus*), vue du côté du ventre. On voit à la partie antérieure de son corps six crochets disposés en deux groupes, qui lui servent à rester suspendue dans son cocon, ainsi que deux autres crochets situés à la partie postérieure. Les différens appendices du corps, pattes, ailes et pièces de la bouche, sont enveloppés dans des fourreaux particuliers formés par la peau de la nymphe.

Fig. 4. Nymphe d'un autre Coléoptère aquatique (*Dyticus marginalis*), renfermée dans son cocon. Elle est également vue du côté du ventre.

Fig. 5. Nymphe ou chrysalide d'un Lépidoptère (*Sphinx convolvuli*), ayant la partie antérieure du corps enroulée pour renfermer les pièces de la bouche qui forment la trompe. La première moitié du corps est occupée de chaque côté par les ailes du papillon, encore enveloppées dans la peau de nymphe; et dans la longueur du corps, on voit sur chaque segment l'ouverture ou

stigmate d'un des conduits respiratoires.

Fig. 6. Cocon d'un Lépidoptère nocturne (*Chelonia villica*) formé de fils soyeux, lâches et renfermant la chrysalide au milieu.

Fig. 7. Nymphe d'un papillon diurne (*Papilio Machaon*), avec la bride filée par la Chenille, et qui la tient fixée à une branche d'arbre par le milieu du corps.

Fig. 8. Lèvre supérieure ou labre d'une Libelluline du genre *Æshna*.

Fig. 9. Une des mandibules du même Insecte.

Fig. 10. Une des mâchoires du même.
a. Le palpe ou lobe externe.
b. Le lobe interne.

Fig. 11. La lèvre inférieure du même Insecte avec sa paire de mâchoires.
a. La mâchoire avec son palpe formé de plusieurs pièces tresserrées.
b. La partie située au-dessous des mâchoires, représentant le menton.

Fig. 12. Lèvre supérieure très grossie d'un Hyménoptère du genre *Eucère*, ayant son bord libre garni d'une rangée de poils.

Fig. 13. Une des mandibules du même Insecte.

Fig. 14. Une des mâchoires du même.
a. Le corps de la mâchoire.
b. Le lobe interne de la mâchoire.
c. Son palpe, divisé en deux branches vers le bout, par un cas de monstruosité.

Fig. 15. Le système de la lèvre inférieure du même Insecte.
a. L'analogue du menton.
b. Pièce impaire représentant la languette formée peut-être par un lobe de chaque mâchoire devenu libre.

c. La mâchoire de chaque côté transformée en espèce de lame.

d. Le palpe de chaque mâchoire dont les deux premiers articles sont très développés et comprimés en forme de lame.

Fig. 16. Tête d'un Lépidoptère vue de profil, montrant en *a* la trompe, et en *b* un des palpes de la lèvre inférieure.

Fig. 17. Lèvre supérieure et mandibules très-rudimentaires du même Insecte. Ces pièces ne sont d'aucun usage, ce qui explique leur peu de développement.

Fig. 18. Les mâchoires du même Insecte. déroulées et présentant leur palpe à la base. Ce sont ces mâchoires qui constituent la trompe du Papillon.

Fig. 19. La lèvre inférieure *a* du même Insecte, avec ses palpes labiaux *b*, très-grossis. L'un de ces palpes est encore garni de tous ses poils, tandis que l'autre a été mis à nu.

Fig. 20. Coupe de la trompe du même Papillon, vue en dessus.

    a. Le conduit creusé dans chacune des mâchoires.

    b. Le conduit commun formé par la réunion des deux mâchoires.

Fig. 21. Coupe de la même trompe, vue en dessous. Les mêmes lettres désignent les mêmes parties.

Fig. 22. Lèvre supérieure et pièces de la bouche (moins la lèvre inférieure) d'un Hémiptère (*Pentatoma nigricornis*).

    a. La lèvre supérieure cannelée en travers.

    b. Les mandibules et les mâchoires réunies.

Fig. 23. Les mandibules et les mâchoires isolées et réduites à des sortes de soies.

    a. Les mandibules.

    b. Les mâchoires.

Fig. 24. Lèvre inférieure du même Insecte, composée de plusieurs articles et formant une gaîne ou un fourreau dans lequel sont logées les mâchoires et les mandibules, qui le dépassent à l'extrémité seulement.

Fig. 25. Une des mandibules d'un Diptère (*Tabanus italicus*).

Fig. 26. Une des mâchoires du même Insecte.

    a. Le corps de la mâchoire.

    b. Son palpe, dont le dernier article est très-développé.

Fig. 27. Le système de la lèvre inférieure du même.

    a. Pièce appelée *le support.*

    b. Pièce appelée *la tige.*

    c. Lèvre proprement dite.

Fig. 28. Pièces impaires de la bouche du même.

    a. Pièce regardée comme la lèvre supérieure ou labre.

    b. Pièce comparée à la languette.

    c. Ouverture du pharynx.

PLANCHE VI.

Cette planche est surtout destinée à faire connaître les pièces qui entrent dans la composition de la bouche des Coléoptères, et qui auraient dû régulièrement se trouver comprises dans la planche précédente. Elle renferme en outre quelques figures relatives à la structure des pattes et des ailes. Toutes ces figures ont été empruntées à l'ouvrage de M. Straus sur l'Anatomie des animaux articulés, et ont rapport au Hanneton commun (*Melolontha vulgaris*).

Fig. 1. Tête du Hanneton vue en dessus.

    a. Le chaperon ou épistome. C'est la pièce la plus antérieure de la tête, qu'il ne faut point confondre avec la lèvre supérieure, et qu'il est facile de reconnaître à la soudure intime qui la réunit à la tête, au lieu que la lèvre supérieure n'y adhère qu'au moyen d'une membrane. Dans la plupart des Coléoptères, cette lèvre fait saillie au-dessous du chaperon.

b. Les deux premiers articles, des antennes pour montrer le point d'insertion de ces organes.

c. Le palpe maxillaire de chaque côté.

d. Les yeux.

Fig. 2. La même tête vue en dessous. Les mêmes lettres désignent les mêmes parties. On voit de plus en c les palpes de la lèvre inférieure.

Fig. 3. La lèvre supérieure, divisée en deux lobes a, supportés par le corps même de la lèvre b.

Fig. 4. Une mandibule isolée est très-grossie.

a. Le bord tranchant de cette mandibule, qui est divisée en deux lobes.

b. Facette inégale et tuberculeuse que l'on a comparée aux dents molaires des Mammifères.

c. Condyle inférieur de cette mandibule.

d. Tendon coupé de son muscle adducteur.

e. Tendon coupé de son muscle abducteur.

Fig. 5. Une des mâchoires du même Insecte.

a. Le corps de la mâchoire, divisé en plusieurs pièces.

b. Son palpe.

c. Son lobe intermédiaire denté.

Fig. 6. La lèvre inférieure du même Insecte.

a. La lèvre proprement dite, formée d'une seule pièce, résultant de la soudure du lobe intermédiaire des deux mâchoires.

b. Son palpe de chaque côté.

c. La partie appelée menton, que l'on peut regarder comme formée par le corps des deux mâchoires.

Fig. 7. Antenne isolée.

a. La tige ou scapus, formée de trois articles, sans compter le condyle articulaire qui la fixe à la tête.

b. La massue formée de sept feuillets, qui sont le développement d'autant d'articles distincts.

Fig. 8. Le corselet ou prothorax du même Insecte, vu en dessous.

a. Cavités pour l'insertion des deux premières pattes.

b. Cavité postérieure située du côté de l'anneau suivant, ou mésothorax.

c. Cavité antérieure, située du côté de la tête.

Fig. 9. Une des ouvertures respiratoires ou stigmates du thorax; celle de la première paire, formée par deux lèvres que sépare une fente située dans la longueur de l'organe.

Fig. 10. Une des pattes postérieures, ou de la troisième paire.

a. La hanche, insérée au thorax par sa portion supérieure et coupée.

a. Le trochanter.

b. La cuisse.

c. La jambe.

d. Les cinq articles du tarse et les deux crochets qui le terminent.

Fig. 11. La partie moyenne de l'une des deux ailes, présentée dans la région où elle se plie dans le repos pour se coucher sous l'élytre correspondante. On y voit les nervures interrompues à l'endroit du pli de l'aile.

PLANCHE VII.

Cette planche renferme toutes les pièces du thorax, prises dans le *Dytiscus*, et dessinées d'après M. Audouin. Les figures appartiennent au premier anneau prothorax; les figures de 7 à 10 se rapportent à celles du texte

me anneau (mésothorax); enfin les figures de 16 à 23 sont celles du troisième anneau (métathorax).

Prothorax.

Fig. 1. Prothorax en dessus.

Fig. 2. Le même vu en dessous, avec l'origine d'une des pattes qu'il supporte.

Fig. 3. Le sternum isolé.

Fig. 4. L'épisternum.

Fig. 5. L'épimère.

Fig. 6. L'entothorax.

Mésothorax.

Fig. 7. Le sternum.

Fig. 8. L'épisternum et le paraptère.
a. L'épisternum.
b. Le paraptère.

Fig. 9. L'épimère.

Fig. 10. L'entothorax.

Fig. 11. Les pièces qui constituent la poitrine, ou la portion inférieure du deuxième anneau du thorax, réunies, présentant de plus l'origine d'une des pattes intermédiaires.

Fig. 12. Le préscutum ou première pièce de la portion dorsale.

Fig. 13. Le scutum ou la deuxième pièce.

Fig. 14. Le scutellum ou la troisième pièce.

Fig. 15. Le portscutellum ou la quatrième pièce.

Métathorax.

Fig. 16. Le sternum du troisième anneau thoracique.

Fig. 17. L'épisternum et le paraptère réunis.

a. L'épisternum.
b. Le paraptère.

Fig. 18. L'épimère.

Fig. 19. L'entothorax.

Fig. 20. Réunion des pièces précédentes, formant, avec la base de la troisième paire de pattes, la poitrine ou arceau inférieur du métathorax.
a. La hanche de la troisième paire de pattes, qui présente un développement singulier.
b. Le trochanter.
c. La cuisse
d. Le trochantin.

Fig. 21. Le préscutum ou la première pièce de l'arceau dorsal.

Fig. 22. Scutum et scutellum représentés en place.
a. Le scutum.
b. Le scutellum.

Fig. 23. Le postscutellum.

PLANCHE VIII.

Toutes les figures de cette planche ont rapport au système musculaire des Insectes et en partie aussi aux systèmes nerveux et trachéen. Elles sont empruntées à l'ouvrage déjà cité de M. Straus.

Fig. 1. Tête du Hanneton, dont on a enlevé la paroi supérieure.
a. Le ganglion sus-œsophagien, ou portion supérieure du collier, que l'on a comparée au cerveau des animaux vertébrés.
b. Quatre petits renflements ou ganglions situés en arrière du collier, et qui appartiennent au système nerveux lymphatique ou sus-intestinal.
b'. Petit ganglion situé au devant du collier, et qui appartient aussi à ce même système.
b''. Nerfs qui se rendent aux antennes.

c. Muscles qui se rendent au pharynx et aux diverses parties de la tête, telles que le labre, les antennes, etc.

d. Muscles moteurs des mandibules, qui forment la masse la plus importante des muscles de la tête, dans tous les Insectes broyeurs.

Fig. 2. Tête du même, présentant les mêmes parties que dans la figure précédente, et de plus les principaux troncs des trachées.

a. Vésicules formées par l'expansion de la trachée impaire qui parcourt la tête dans sa longueur.

b. Cette trachée impaire, naissant du point de réunion de deux autres trachées.

c. Chacune de ces deux dernières trachées. On voit sur la droite de la figure une autre trachée qui se répand dans les muscles de la mandibule du même côté.

d. Les muscles déjà indiqués dans la figure précédente.

Fig. 3. Une des mâchoires ouverte, pour montrer les muscles de son intérieur et ceux de son palpe.

a. Muscles moteurs de la base de la mâchoire.

b. Muscles des articles du palpe : la rangée de droite, celle des muscles adducteurs, est destinée à l'écartement du palpe ; la rangée de gauche est celle des muscles abducteurs, destinés a rapprocher le palpe du sommet de la mâchoire.

c. Muscle abducteur du lobe intermédiaire d de la mâchoire.

d. Ce lobe lui-même.

e. Muscle adducteur du même lobe.

Fig. 4. Quelques-uns des muscles de l'intérieur du thorax.

a. Muscles de la hanche d'une des pattes de la deuxième paire.

a'. Cette hanche.

b. Muscle extenseur de l'aile du même côté.

c. Autre muscle de cette aile.

d. Muscle de la hanche d'une des pattes postérieures.

d'. Cette hanche.

e. Autre muscle de la même hanche.

f. Muscles du trochanter qui fait suite a la hanche.

g. Muscle extenseur de la hanche postérieure.

Fig. 5. Une des pattes de la première paire, ouverte pour montrer les muscles qu'elle renferme

a. Muscles extérieurs du trochanter.

b. Le trochanter avec le muscle qui s'y attache et qui est destiné a rapprocher la cuisse du corps.

b'. Muscle fléchisseur du trochanter.

c. Côté de la cuisse qui renferme le muscle destiné a écarter la jambe d du corps, ou son extenseur.

c'. L'autre côté de la cuisse, renfermant le muscle destiné a rapprocher la jambe du corps, ou son fléchisseur.

d. La jambe, renfermant les muscles extenseur et fléchisseur du tarse e.

d'. Le muscle extenseur du tarse, destiné a l'écarter du corps.

d''. Le muscle fléchisseur du tarse, destiné à le rapprocher du corps.

d'''. Ce même muscle dans l'intérieur du tarse.

e. Le tarse.

f. Muscle extenseur des crochets h.

g. Muscle fléchisseur des mêmes crochets.

h. Ces crochets eux-mêmes.

Fig. 6. et 7. Les deux faces opposées d'une portion de fibre musculaire, grossie huit cents fois, d'après M. Straus.

PLANCHE IX.

Cette planche a pour objet principal le système musculaire des insectes. Les figures sont encore empruntées à l'ouvrage de M. Straus.

Fig. 1. Tête ouverte pour mettre à découvert les muscles de ses appendices, ou des pièces de la bouche.

a. Muscles fléchisseurs des mâchoires.

b. Mâchoire du côté droit.

c. Autre muscle fléchisseur des mâchoires.

d, e Autres muscles des mâchoires.

f. Muscle adducteur de la mandibule.

g. Son muscle adducteur.

h. Cette mandibule elle-même.

Fig. 2. Coupe verticale du thorax et de l'abdomen.

a, a'. Muscle élévateur de la tête.

b. Muscle abaisseur de la tête.

c. Muscle rotateur de la tête.

d. Muscle fléchisseur de la tête.

e. Muscle rétracteur de la partie inférieure de la tête.

f. Autre muscle de la même partie.

g. Muscle destiné à élever cette même partie.

h. Muscle rétracteur du prothorax.

i. Autre rétracteur de ce même anneau.

k. Son muscle élévateur.

m. Grand muscle destiné à fléchir la hanche.

n. Muscle abaisseur de l'aile.

o. Muscle élévateur de l'aile.

p. Muscles moteurs des segmens de l'abdomen.

q, q', q'', q'''. Muscles moteurs de l'organe génital mâle.

r, r', r''. Muscles moteurs du dernier anneau de l'abdomen.

s. Organe génital mâle.

t. Étui du même organe.

u. Extrémité du rectum, ou dernière partie du tube intestinal.

Fig. 3. Coupe verticale des deux derniers anneaux de l'abdomen, pour montrer les muscles qu'il renferme.

a. Muscle supérieur du dernier segment.

b. Muscle inférieur du même segment.

c. Muscle élévateur du dernier anneau supérieur.

d. Muscle abaisseur du même arceau.

e, e', e'', e'''. Muscles moteurs du cloaque et des pièces qui en dépendent.

Fig. 4. Coupe de la hanche d'une des premières pattes.

a. Un de ses muscles fléchisseurs coupe.

b, b', b''. Les trois muscles extenseurs du trochanter.

c. Son muscle fléchisseur.

PLANCHE X.

Cette planche représente l'anatomie de la Chenille du saule (*Cossus ligniperda*), d'après Lyonnet.

a. Conduit excréteur des vaisseaux soyeux ou organes sécréteurs de la soie.

b. Ces organes eux-mêmes.

c. Autres vaisseaux excreteurs analogues aux glandes salivaires.

d. Le corps graisseux ou tissu adipeux, formant deux masses rapprochées dans l'état naturel, mais écartées ici pour montrer les organes qu'elles enveloppent.

e. Jabot ou gésier, ou estomac proprement dit, précédé d'un étroit œsophage.

f. Ventricule chylifique ou duodénum.

g. Vaisseaux biliaires.

h. Première portion de l'intestin.

i. Deuxième portion de l'intestin.

k. Les deux principaux troncs trachéens qui s'étendent dans toute la longueur du corps.

l. Division postérieure de ces trachées.

PLANCHE XI.

Cette planche représente les organes digestifs des Coléoptères, d'après M. Léon Dufour. (Les objets sont très-grossis.)

Fig. 1. Organes digestifs du *Cicindela campestris.*

Cette figure présente d'abord la tête, avec ses mandibules tridentées, ses palpes et ses antennes.

a. Œsophage qui se continue immédiatement avec le jabot.

b. Jabot hérissé de plusieurs rangées longitudinales de papilles.

c. Gésier ou deuxième estomac.

d. Ventricule chylifique ou duodénum.

e. Intestin grêle.

f. Cœcum, terminé par une partie rétrécie, qui est le rectum.

g. Vaisseaux biliaires, insérés à l'extrémité du ventricule chylifique.

Fig. 2. Organes digestifs du *Gyrinus natator.*

a. Œsophage en arrière de la tête.

b. Jabot.

c. Gésier.

d. Ventricule chylifique hérissé de grosses papilles coniques.

e. Intestin grêle.

f. Cœcum.

g. Vaisseaux biliaires.

h. Vaisseaux urinaires.

i. Les deux derniers anneaux de l'abdomen.

Fig. 3. Organes digestifs du *Buprestis novem-maculatus.*

a, b, c. Œsophage et jabot confondus en un seul organe.

d. Ventricule chylifique, remarquable par les deux appendices caractéristiques de sa partie antérieure.

e. Intestin grêle.

f. Cœcum.

d. Vaisseaux biliaires. Ceux du côté droit sont remarquables par leur réunion bien au-delà de leur origine.

Fig. 4. Organes digestifs du *Staphylinus erythropterus.*

a. Œsophage.

b. Jabot.

c. Gésier.

d. Ventricule chylifique.

e. Intestin grêle.

f. Vésicules dépendant des organes de secrétion urinaire.

g. Vaisseaux biliaires.

h. Organes de secrétion urinaire.

i. Dernier anneau de l'abdomen (du mâle), et appendices au nombre de deux paires qui en dépendent.

PLANCHE XII.

Suite des organes digestifs des Coléoptères, d'après M. Léon Dufour.

Fig. 1. Organes digestifs du *Prionus coriarius.*

a. Œsophage.

b, c, d. Étranglement du jabot représentant peut-être des cavités stomacales distinctes, mais sans valvules à l'intérieur, ce qui fait regarder ces renflements comme accidentels, par M. Léon Dufour, qui ne les a pas retrouvés dans les espèces voisines.

d. Ventricule chylifique très-grêle.

e. Intestin grêle terminé par un renflement ovoïde.

f. Cœcum.

g. Vaisseaux biliaires insérés sur deux points différens du canal intestinal, savoir : à l'extrémité du ventricule chylifique d'une part, et de l'autre vers l'origine du cœcum.

Fig. 2. Organes digestifs du *Lampyris splendidula*.
    a. Jabot précédé d'un court œsophage.
    b, c, d. Ventricule chylifique.
    d'. Intestin grêle.
    e. Cœcum en massue à l'origine.
    f. Rectum précédé d'un renflement qui est peut-être un organe distinct.

Fig. 3. Organes digestifs de l'*OEdemera cærulea*.
    a. OEsophage.
    b. Jabot rejeté sur le côté.
    c. Ventricule chylifique.
    d. Intestin grêle.
    e. Cœcum.
    f. Rectum.
    g. Vaisseaux biliaires.
    h. Vaisseaux salivaires.

Fig. 4. Organes digestifs du *Lycus sanguineus*.
    a. OEsophage.
    b. Jabot.
    c, d. Ventricule chylifique.
    e. Intestin grêle.
    f. Cœcum.
    g. Vaisseaux biliaires.
    h. Vaisseau dorsal.

PLANCHE XIII.

Suite des organes digestifs des Coléoptères, d'après M. Léon Dufour.

Fig. 1. Organes digestifs du *Melolontha vulgaris*.
    a. OEsophage.
    b. Jabot.
    c. Portion ridée du ventricule chylifique, qui est fort long et enroulé plusieurs fois.
    d. Portion lisse du même organe, s'étendant jusqu'à l'insertion des vaisseaux biliaires.

e. Intestin grêle.
e'. Première portion du cœcum (ou organe distinct?)
e''. Seconde portion du cœcum (ou le cœcum tout seul?)
f. Rectum.
g. Vaisseaux biliaires, hérissés de papilles dans leur longueur.

Fig. 2. Organes digestifs du *Cetonia aurata*.
    a. OEsophage.
    d. Ventricule chylifique.
    e. Intestin grêle.
    f. Cœcum.
    f'. Rectum.
    g. Vaisseaux biliaires coupés du côté gauche.

Fig. 3. Organes digestifs du *Meloe mojalis*.
    a. OEsophage.
    b. Jabot.
    d. Ventricule chylifique plissé jusqu'à l'insertion des vaisseaux biliaires, lisse dans le reste de l'organe, qui est alors un véritable duodénum.
    e. Intestin grêle.
    f. Cœcum.
    g. Vaisseaux biliaires coupés, s'insérant sur deux portions distinctes du tube intestinal.

Fig. 4. Organes digestifs du *Copris lunaris* (mâle).
    a. OEsophage et jabot.
    b. Ventricule chylifique très-long, contourné et hérissé de papilles moins nombreuses dans la seconde partie, qui est en même temps plus grosse que la première.
    d. Cette seconde portion du ventricule chylifique.
    e. Intestin grêle.
    f. Renflement formé soit par le cœcum, soit par le rectum, soit par l'un et l'autre à la fois.
    g. Vaisseaux biliaires tronqués.

PLANCHE XIV.

Suite des organes digestifs des Coléoptères, d'après M. Léon Dufour.

Fig. 1. Organes digestifs des *Lucanus parallelipipedus.*
  a. OEsophage.
  b. Jabot.
  d. Ventricule chylifique hérissé de papilles.
  e. Intestin grêle.
  f. Cœcum et rectum.
  g. Vaisseaux biliaires.

Fig. 2. Organes digestifs du *Lixus angustatus.*
  a. OEsophage.
  b. Jabot.
  c. Portion renflée du ventricule chylifique.
  d. Seconde portion du ventricule chylifique séparée de la première par un étranglement et hérissée de papilles.
  e. Intestin grêle.
  f. Cœcum, suivi d'un rectum grêle.
  g. Vaisseaux biliaires au nombre de trois paires, insérés sur deux portions du tube intestinal. Il faut remarquer la brièveté de l'une de ces trois paires, c'est-à-dire de la plus intérieure.

Fig. 3. Organes digestifs du *Callidium bajulus* (femelle).
  a. OEsophage et jabot confondus.
  b. Ventricule chylifique.
  c. Intestin grêle.
  d. Cœcum.
  e. Rectum, séparé du cœcum par un renflement qui est peut-être un organe distinct.
  f. Vaisseaux biliaires tronqués.
  g. Conduit pour la sortie des œufs.

Fig. 4. Organes digestifs du *Coccinella septem-punctata.*
  a. OEsophage et jabot.

c. Ventricule chylifique, prolongé de chaque côte en *d* à sa partie antérieure.
  e. Intestin grêle.
  f. Cœcum suivi du rectum.
  g. Vaisseaux biliaires.
  i. Vaisseaux salivaires.

PLANCHE XV.

Organes digestifs des Hémiptères, d'après M. Léon Dufour.

Fig. 1. Organes digestifs du *Ranatra linearis.*
  a. Tendons de consistance cornée, terminés par un faisceau de fibres musculaires.
  b. Glandes salivaires.
  b'. Conduit excréteur de ces mêmes glandes.
  c. Bourses ou deuxièmes glandes salivaires.
  d. Ventricule chylifique, à surface granuleuse.
  e. Portion contournée et plus étroite de ce ventricule, qui est précédé d'un long œsophage.
  f. Vaisseaux biliaires.
  g. Cœcum.
  h. Vessie natatoire s'ouvrant dans le rectum.

Fig. 2. Organes digestifs du *Cimex lectularius.*
  a. Première paire de glandes salivaires.
  b. Seconde paire de glandes salivaires.
  c. Ventricule chylifique précédé du jabot et de l'œsophage.
  d. Portion rétrécie du ventricule chylifique.
  e. Cœcum et rectum.
  f. Vaisseaux biliaires.

Fig. 3. Organes digestifs de l'*Aphis papaveris.*
  b. Ventricule chylifique ou estomac, précédé d'un court œsophage.

c. Portion tubuleuse de l'estomac, ou peut-être l'intestin grêle.

d. Le gros intestin (cœcum ou rectum).

Nota. Il faut remarquer ici l'absence totale de vaisseaux biliaires, exception remarquable, qui est exclusivement propre au genre des Pucerons.

Fig. 4. Organes digestifs du *Psylla ficûs,* précédés de la tête et du prothorax de cet insecte.

a. OEsophage.

b. Estomac ou peut-être l'analogue du jabot.

c. Portion renflée du rétrécissement stomachal.

d. Ventricule chylifique proprement dit, qui forme un anneau complet et dont la surface présente quelques papilles.

e. Intestin.

f. Vaisseaux biliaires.

PLANCHE XVI.

Suite des organes digestifs des Hémiptères d'après M. Léon Dufour, et organes digestifs des Névroptères, d'après M. Pictet.

Fig. 1. Organes digestifs du *Cicada orni.*

a. Glandes salivaires.

b. Vaisseau dépendant de l'appareil salivaire.

c. Jabot précédé de l'œsophage.

c'. Ligament suspenseur de l'estomac.

d. Vaste poche de l'estomac ou ventricule chylifique.

e. Prolongement en forme d'intestin de ce ventricule.

f. Anse de ce même ventricule.

g. Vaisseaux biliaires.

h. Intestin grêle.

i. Portion coupée des vaisseaux biliaires.

k. Gros intestin et rectum.

l. Glandes des sécrétions excrémentitielles ou urinaires.

Fig. 2. Pièces de la bouche du *Ranatra*

linearis de la planche précédente.

a. Pièce médiane, impaire et dentée.

b. Soies canaliculées.

c. Deux pièces qui embrassent les autres a leur origine. La pièce impaire peut être considéré comme formée par la réunion du corps des deux mâchoires *b* : les deux pièces *c* seraient les analogues des mandibules.

Fig. 3. Organes digestifs des *Cixius quinque-costatus.*

a. Estomac précédé de l'œsophage.

b. Ventricule chylifique qui a la forme d'un tube étroit et se porte sur le côté droit du corps.

c. Intestin grêle.

d. Vaisseaux biliaires.

e. Gros intestin et rectum.

Fig. 4. Organes digestifs du *Phryganea striata* à l'état de larve.

a. OEsophage.

b. Ventricule chylifique, ridé en travers.

c. Intestin grêle en forme d'entonnoir.

d. Vaisseaux biliaires.

e. Cœcum ou gros intestin.

f. Vaisseaux sécréteurs de la matière soyeuse.

Fig. 5. Organes digestifs du même insecte a l'état parfait.

a. OEsophage.

b. Jabot très-développé, qui n'existait pas dans la larve.

c. Ventricule chylifique beaucoup plus court que celui de la larve et terminé à l'insertion des vaisseaux biliaires.

d. Intestin grêle, beaucoup plus étroit et plus long que dans la larve.

e. Cœcum ou gros intestin.

PLANCHE XVII.

Cette planche représente le vaisseau dorsal, ou cœur d'un Coléoptère, d'après M. Straus, et d'un Hémiptère, d'après M. Léon Dufour.

Fig. 1. Le cœur du Hanneton (*Melolontha vulgaris*).

 a. Sa portion postérieure, située dans l'abdomen.

 a'. Les différentes cavités du cœur.

 b, c. L'artère qui part de la portion antérieure et qui est située dans la tête et le thorax.

 d. Ligaments du cœur qui sont fixés par leur extrémité aux anneaux de l'abdomen.

 e. Petites arcades tendineuses, qui passent devant les ouvertures latérales du cœur et qui donnent insertion a une partie des ligamens.

 f. Couche supérieure de ligamens, enlevée sur la partie postérieure.

Fig. 2. Le cœur du même Insecte, dépouillé de ses ligamens et vu en dessus.

Fig. 3. L'extrémité antérieure du cœur du même insecte et l'artère qui en part, vues de profil.

 a, b. Les deux cavités antérieures du cœur.

 c. L'artère.

Fig. 4. Coupe latérale d'une portion du cœur du même Insecte, montrant la disposition de ses cavités.

 a. Fibres charnues circulaires de la paroi interne du cœur.

 b. Ouverture latérale du cœur, dépourvue de sa valvule semi-lunaire.

 b'. Autre ouverture latérale pourvue de sa valvule.

 d. Valvules ou cloisons incomplètes, qui séparent les cavités du cœur.

Fig. 5. Cœur du *Pentatoma griseum* d'après M. Léon Dufour.

 a. Extrémité antérieure ou céphalique de cet organe.

 b. Portion située dans le thorax.

 c. Portion située dans l'abdomen.

 d. Sa portion postérieure ou terminale.

PLANCHE XVIII.

Cette planche représente les organes de la respiration des Insectes ou les trachées, et leurs orifices ou stigmates.

Fig. 1. Appareil respiratoire du *Nepa cinerea*, d'après M. Léon Dufour.

Le corps de l'Insecte a été coupé horizontalement pour laisser voir cet appareil.

 a. Faux stigmates, d'où part un tronc trachéen qui se divise bientôt en deux branches, dont l'une se répand dans les organes du corps, et l'autre forme un cordon de communication avec la trachée correspondante du côté opposé.

 b. Stigmates du syphon ou tube respiratoire.

 c. Trachées qui s'insèrent immédiatement sur les tégumens.

 d. Sorte de sac ou utricule qui reçoit une trachée.

 e. Trachées destinées aux organes du vol et aux pattes.

 f. Sachets ou vésicules formés par les trachées.

 g. Trachées descendant dans la tête.

Fig. 2. Un des stigmates de l'abdomen du *Carabus auratus*.

Fig. 3. Un des stigmates du métathorax du même Insecte.

Fig. 4. Un des stigmates de l'abdomen de l'*Hydrophilus caraboides*.

 a. Barbes ou plumules du bord de la lamelle qui ferme le stigmate.

 b. Muscle destiné à tendre cette membrane.

Fig. 5. Portion de l'organe respiratoire

située dans le thorax du *Prionus faber*, d'après M. Léon Dufour.

a. Stigmate placé entre le prothorax et le mésothorax.

b. Stigmate placé sur le métathorax, au-devant de la troisième patte.

c. Trachées entourées de tissu adipeux.

Fig. 6. Appareil respiratoire d'un Hémiptère (*Scutellera nigro-lineata*), d'après M. Léon Dufour.

a. Stigmates et trachées qui en naissent, avec une vésicule auprès de leur origine.

b. Bourse ou organe sécréteur de la matière odorante.

Fig. 7. Dessous du corps d'un Hémiptère (*Pentatoma*), pour montrer les stigmates.

a. Les stigmates placés sur les côtés de l'abdomen.

b. Stigmates du thorax.

c. Ouverture des poches odorantes.

d. Cavité pour l'insertion des pattes.

Fig. 8. Détails de l'organisation des trachées, montrant les trois membranes dont elles se composent et le filament spiral qui les soutient.

PLANCHE XIX.

Cette planche a rapport au système respiratoire des Hannetons. Elle est empruntée à M. Straus.

Fig. 1. Coupe verticale du corps, pour montrer le trajet et les ramifications des trachées.

a. Les principaux troncs trachéens dans la longueur de l'abdomen.

b. Vésicules trachéennes sur le trajet des trachées.

c. Les mêmes à l'extrémité des trachées.

d. Trachées qui vont du premier au deuxième stigmate du thorax, et leurs vésicules.

e. Renflement fourni par les trachées du premier stigmate.

f. Autre tronc trachéen qui se rend du premier au deuxième stigmate, et les vésicules qui en partent.

g. Deux trachées qui se rendent dans la tête.

Fig. 2. Trachée partant du deuxième stigmate, et les vésicules qui l'accompagnent, plus grosses que dans la figure précédente.

Fig. 3. Trachées qui parcourent une des cuisses postérieures du Hanneton et leurs ramifications.

Fig. 4. Quelques détails de la figure précédente, plus grossis.

PLANCHE XX.

Cette planche représente les organes de la sécrétion salivaire du Bourdon, d'après M. Tréviranus, et les organes des sécrétions excrémentitielles de quelques Coléoptères, d'après M. Léon Dufour.

Fig. 1. Organes ou glandes salivaires du Bourdon.

a, b, c. Pièces de la bouche.

d. Portion du canal intestinal.

e, f. Glandes salivaires.

g. Conduits excréteurs partiels.

h. Conduit excréteur commun, formé par la réunion des conduits partiels.

Fig. 2. Appareil des sécrétions excrémentitielles du *Chlænius velutinus*.

a. Utricules ou organes dans lesquels se fait la sécrétion.

b. Canal ou conduit efférent.

c. Vésicule servant de réservoir au produit de la sécrétion.

d. Conduit excréteur, destiné à émettre ce produit.

Fig. 3. Le même appareil dans le *Cymindis humeralis*.

   a. Utricules ou vésicules sécrétoires.

   b. Conduit efférent.

   c. Réservoir.

   d. Conduit excréteur.

Fig. 4. Le même appareil dans l'*Omophron limbatum*.

   a. Vésicule sécrétoire.

   b. Conduit efférent.

   c. Réservoir.

   d. Conduit excréteur.

PLANCHE XXI.

Cette planche représente les organes générateurs de divers Coléoptères, d'après M. Léon Dufour.

Fig. 1. Organes générateurs du *Carabus auratus* femelle.

   a. Les ovaires. (L'ovaire droit est renfermé dans son enveloppe commune, tandis que l'ovaire gauche en a été dégagé, ce qui laisse voir distinctement les gaines ovigéres.)

   a'. Le calice de chacun des deux ovaires.

   b. Réservoir de la glande sébacée de l'oviducte.

   c. Vaisseau sécréteur de cette glande elle-même.

   d. Réservoir des sécrétions excrémentitielles.

   e. Utricules dans lesquelles ont lieu ces sécrétions.

   e'. Conduit efférent de ces utricules.

   f. Extrémité du tube intestinal.

   g. Ligament suspenseur des ovaires.

Fig. 2. Organes générateurs de l'*Hydrophilus piceus* femelle, et vaisseaux secréteurs de la soie.

   a. Ces derniers vaisseaux.

   b. Réservoirs de la matière soyeuse.

   c. Réservoir de la glande sébacée.

   d. Cette glande elle-même.

   e. Les ovaires.

   f. Le dernier segment de l'abdomen.

   g. Les filières par où sort la soie qui sert a former le cocon.

Fig. 3. Organes générateurs de l'*Hydrophilus piceus* mâle.

   a. Vésicules séminales.

   b. Vaisseaux que M. Léon Dufour regarde comme les principales vésicules séminales.

   b'. Autres vésicules séminales.

   c. Les testicules.

   d. Conduit éjaculateur.

   e. La verge et son armure copulatrice.

Fig. 4. Organes générateurs du *Melolontha vulgaris* mâle.

   a. Les testicules sous formes de capsules pédiculées.

   a'. Les conduits déférens de ces testicules.

   b. Les vésicules séminales, dans leur position naturelle.

   b'. Les mêmes déroulées.

   c. Conduits déférens des vésicules séminales.

   d. Conduit éjaculateur.

   e. La verge et son armure copulatrice.

Fig. 5. Organes générateurs de *Telephorus fuscus* mâle.

   a. Testicules.

   b. Conduits déférens.

   c. Vésicules séminales, première paire.

   c'. Les mêmes organes, deuxième paire.

   c''. Les mêmes organes, troisième paire.

   d. Conduit éjaculateur.

   e. Verge et armure copulatrice.

PLANCHE XXII.

Appareil générateur de quelques Insectes Hémiptères, d'après M. Léon Dufour, et d'une espèce de Lépidoptère, d'après M. Herold.

Fig. 1. Organes générateurs du *Ranatra lincaris* femelle.

    a. Les ovaires.

    b. Les calices des ovaires.

    c. Glande sébacée.

    d. Extrémité du tube intestinal.

    e. Pièces vulvaires.

    f. Oviscapte par où sortent les œufs.

    g. Vessie natatoire.

    h. Ligament suspenseur des ovaires.

Fig. 2. Organes générateurs du *Ranatra lincaris* mâle.

    a. Testicule gauche dans son état naturel.

    b. Vésicules séminales, ou supposées telles.

    c. Conduit éjaculateur.

    d. Verge et armure copulatrice.

    e. Testicule droit montrant les capsules séminifiques dégagées de leur enveloppe commune.

Fig. 3. Organes générateurs du *Cicada orni* mâle.

    a. Testicules.

    b. Conduits déférens des testicules.

    c. Vésicules séminales.

    d. Réservoir commun des vésicules séminales.

    e. Canal éjaculateur.

    f. Extrémité du tube intestinal.

    g. La verge.

    h. Anus ou terminaison du tube intestinal.

Fig. 4. Organes générateurs du *Cicada orni* femelle.

    a. Ligament supérieur des ovaires.

    b. Les ovaires.

    c. Oviductes.

    d. Glande sébacée.

    e. Autre vaisseau regardé aussi comme une glande sébacée.

    f. Extrémité du tube intestinal.

    g. Réservoir des glandes sébacées.

    h. Le conduit commun des œufs de ces glandes.

    i. Dernier anneau de l'abdomen.

Fig. 5. Organes générateurs du *Pieris brassicæ* femelle.

    a. Les ovaires.

    b. Glande sébacée.

    c. Poche copulatrice.

    d. Extrémité du tube intestinal.

    e. Organes sécréteurs du vernis qui enduit les œufs.

    f. Réservoir de ces organes.

PLANCHE XXIII.

Cette planche représente l'appareil nerveux de quelques Insectes.

Fig. 1. Système nerveux du *Pentatoma griseum*, d'après M. Léon Dufour.

    a. Ganglion céphalique.

    b. Nerfs optiques se divisant en deux branches.

    c. Nerfs des ocelles ou yeux lisses.

    d. Premier ganglion du thorax.

    e. Second ganglion du thorax.

    f. Nerfs qui naissent de ces deux ganglions.

    g. Cordon nerveux principal, faisant suite aux ganglions du thorax.

Fig. 2. Système nerveux sympathique ou sus-intestinal de la nymphe du *Sphinx ligustri*, d'après M. Newport.

a. Ganglion céphalique ou sus-œsophagien.

b. Premier ganglion des nerfs sympathiques.

c. Cordon principal du système nerveux sympathique.

d. Ganglions pairs et latéraux de ce système.

Fig. 3. Système nerveux sympathique du *Timarcha tenebricosa*, d'après le même auteur.

a. Ganglion céphalique ou sus-œsophagien.

b. Nerfs optiques.

c. Collier.

d. Nerf principal du système sus-œsophagien.

Fig. 4. Système nerveux sympathique du même Insecte à l'état de larve.

a. Les deux ganglions sus-œsophagiens.

b. Collier.

c. Ganglion sus-œsophagien.

d. Cordon principal du système nerveux sus-œsophagien.

PLANCHE XXIV.

Cette planche représente l'appareil nerveux du *Melolontha vulgaris*, d'après M. Straus, et différens détails relatifs à l'organe de la vision chez les Insectes.

Fig. 1. Système nerveux du *Melolontha vulgaris*.

a. L'œil droit recouvert de sa cornée.

b. L'œil gauche dépouillé de cette enveloppe.

c. Ganglion sus-œsophagien ou céphalique.

d. Collier.

e. Premier ganglion thoracique.

f. Deuxième ganglion.

g. Nerfs qui en partent pour se distribuer dans le corps.

Fig. 2. Facette de la cornée dans un œil composé.

Fig. 3. Quelques-unes de ces facettes plus grossies et séparées par des poils.

Fig. 4. Coupe verticale d'un œil de *Melolontha vulgaris*, d'après M. Léon Dufour.

a. La cornée divisée en facettes et précédée d'autant de cristallins.

b. Nerfs de tous les yeux partiels.

c. Epanouissement du nerf optique ou rétine.

d. Nerf optique avant sa division.

Fig. 5. Une portion plus grossie du même organe.

a. Les cornées et leurs cristallins.

b. Renflement des nerfs de chaque œil partiel.

b' Les filets de ces mêmes nerfs.

c. Autre portion de ces nerfs entourée d'un tissu filamenteux ou analogue à la charnière des Animaux Vertébrés.

Fig. 6. Autres détails de l'œil composé des Insectes, d'après M. Dugès.

a. Tubes des cornées partielles.

b. Les cristallins précédés d'une ouverture ou pupille, et séparés par un pigment choroïdien.

c. Au-devant de la pupille.

Fig. 7. Mêmes parties avec une cavité particulière ou chambre.

Fig. 8. Yeux de la Chenille du *Caseus liguiperda*, d'après Lyonnet (ce sont des ocelles ou yeux lisses).

a. Trachée qui se rend aux ocelles.

b. Nerf optique.

c. Ocelles eux-mêmes.

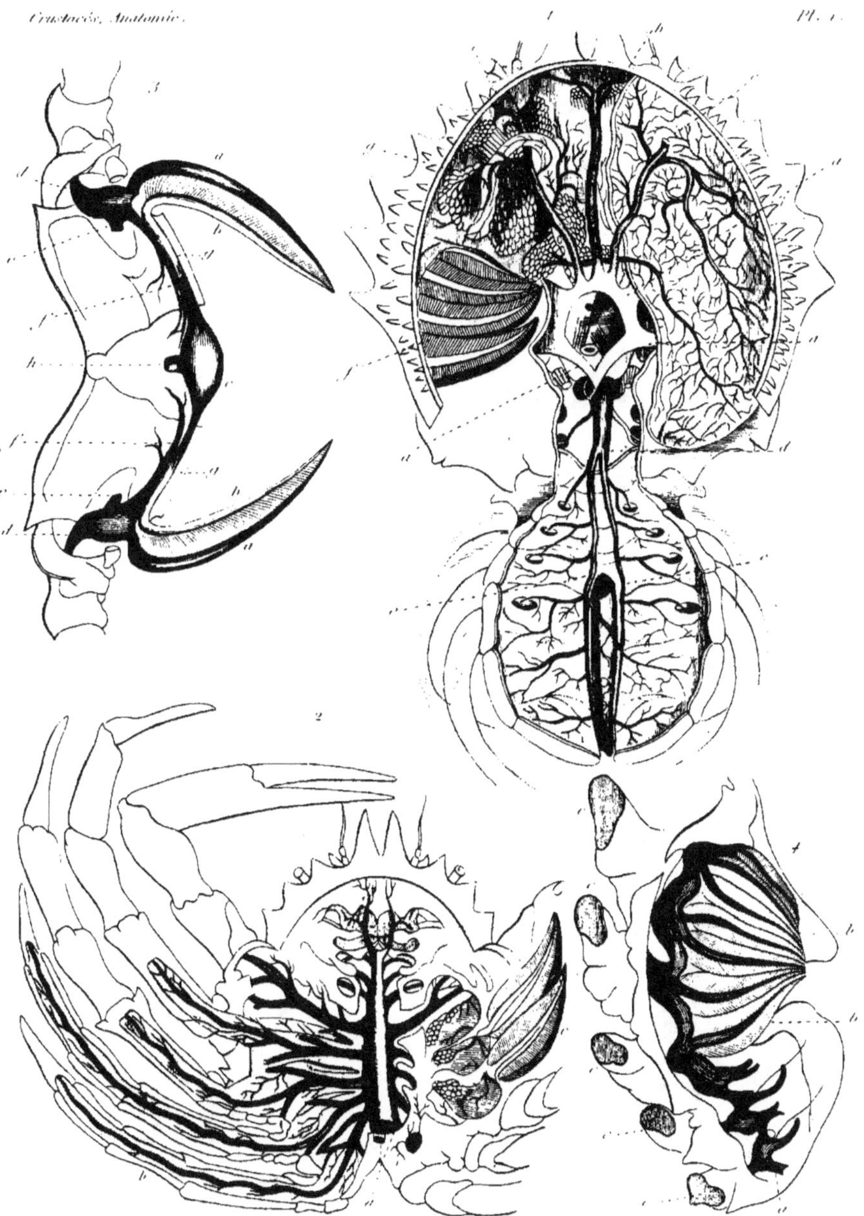

Système circulatoire.

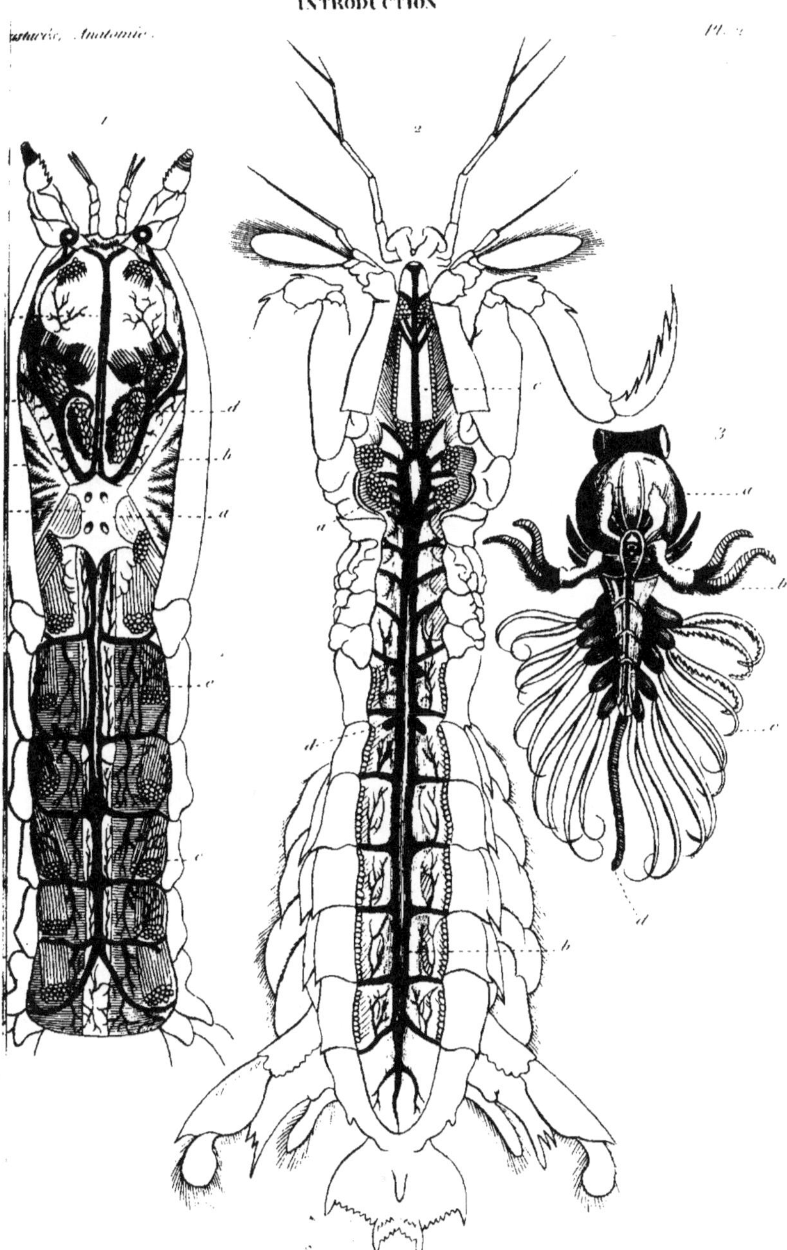

Système circulatoire.

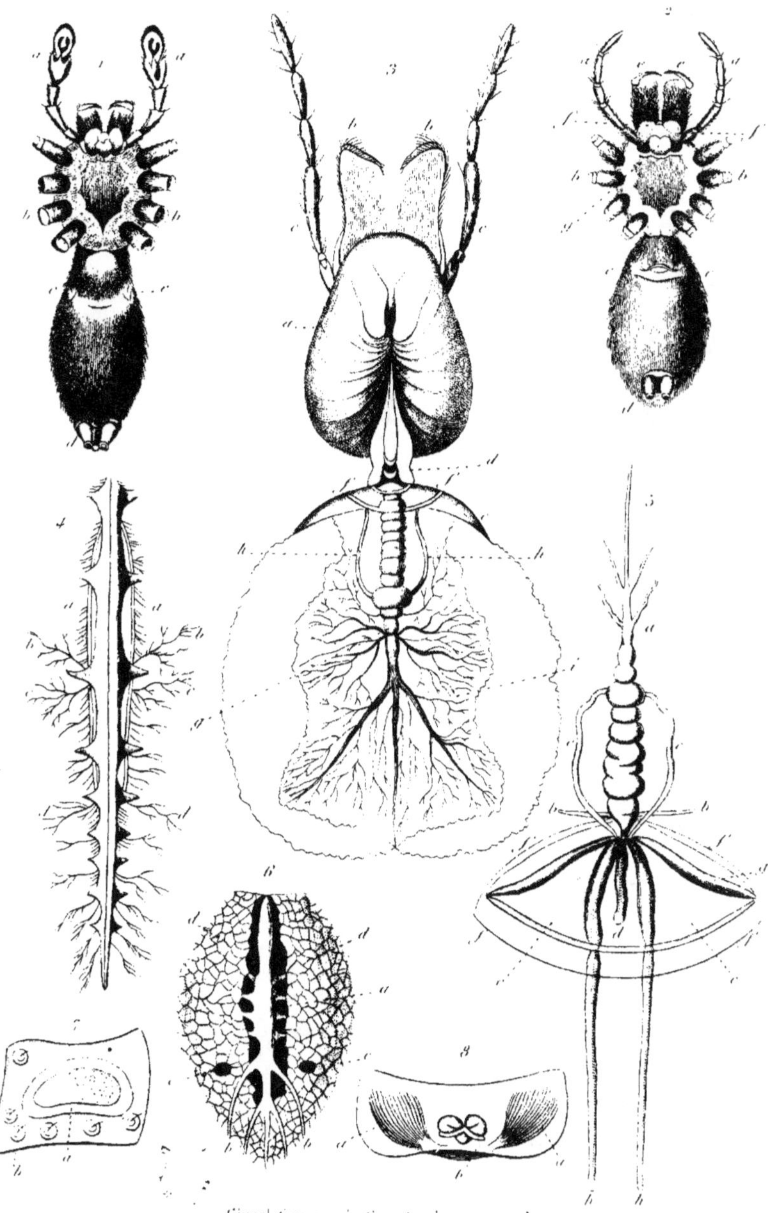

Circulation, respiration et organes sexuels
des Aranéides.

Insectes. Anatomie.

Pl. 4.

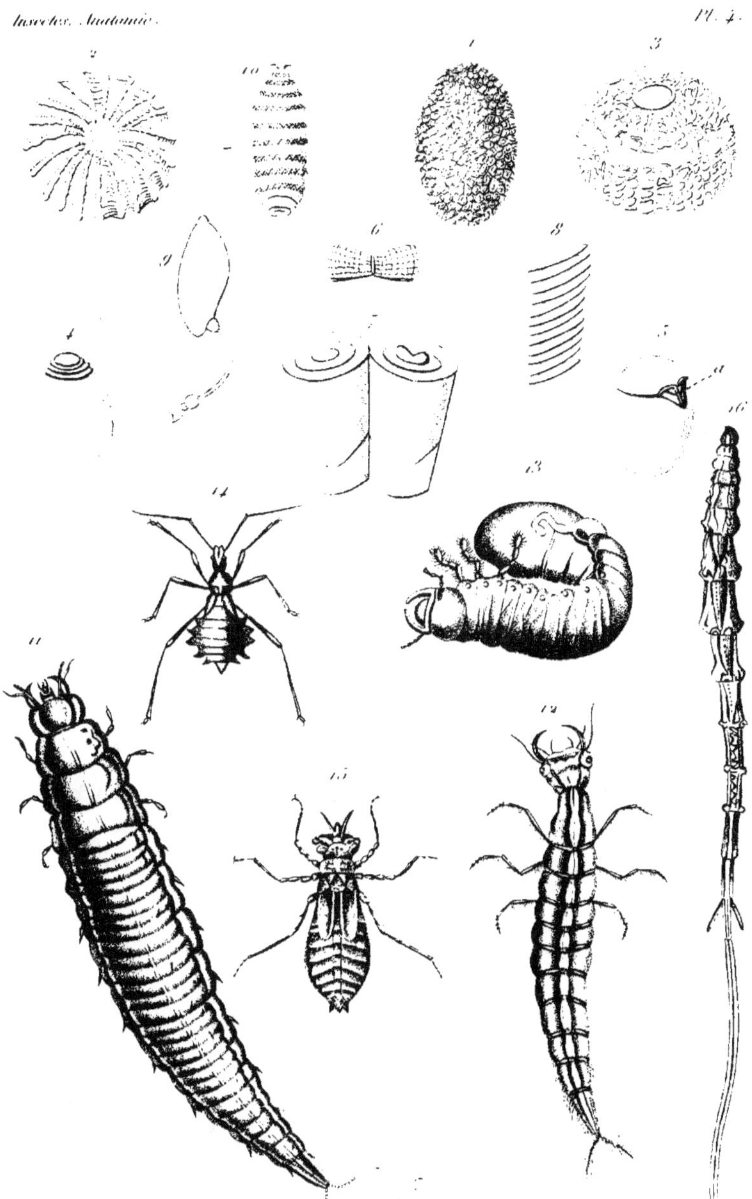

Œufs et larves.

Insectes. Anatomie Pl.

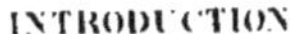

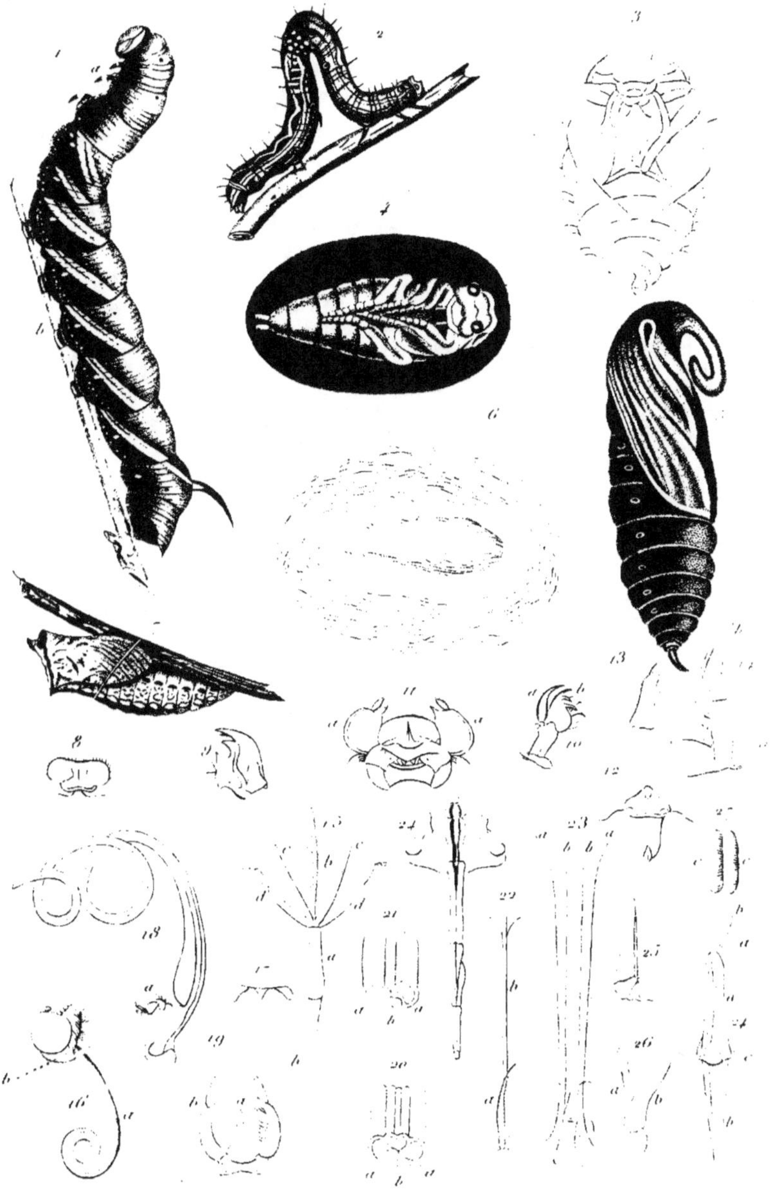

Larves, Nymphes et pièces de la bouche.

Insectes. Anatomie.   Pl. 6.

Pièces du Système tégumentaire.

Prothorax

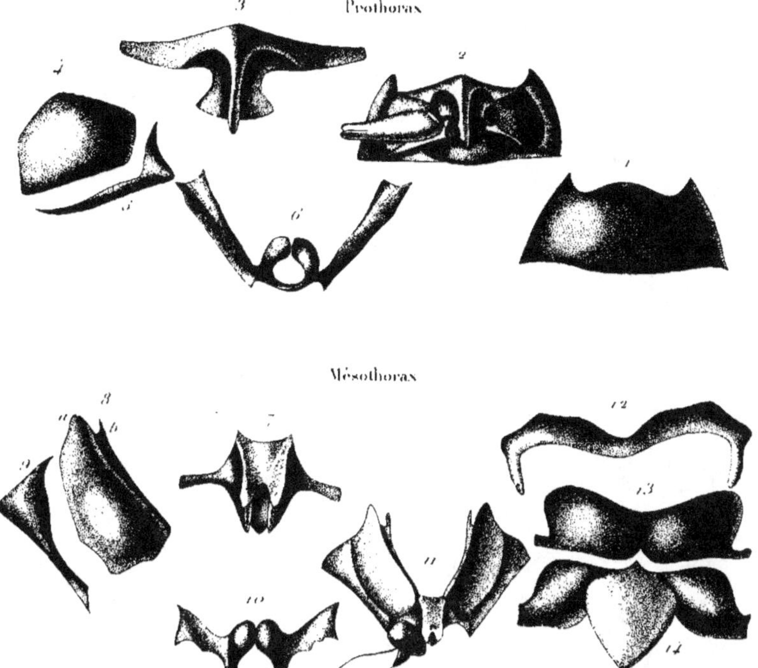

Mésothorax

Métathorax

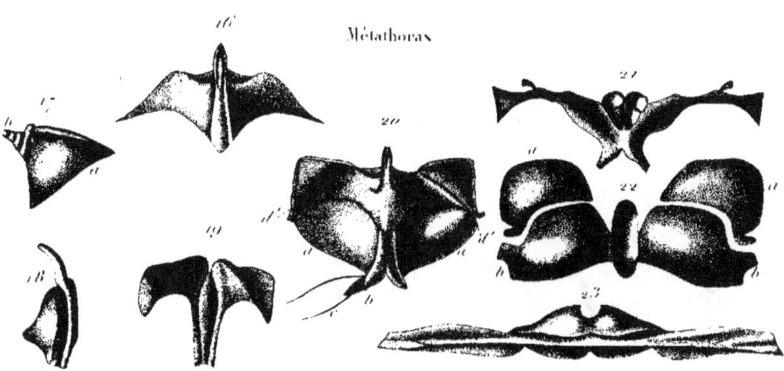

Pièces du thorax.

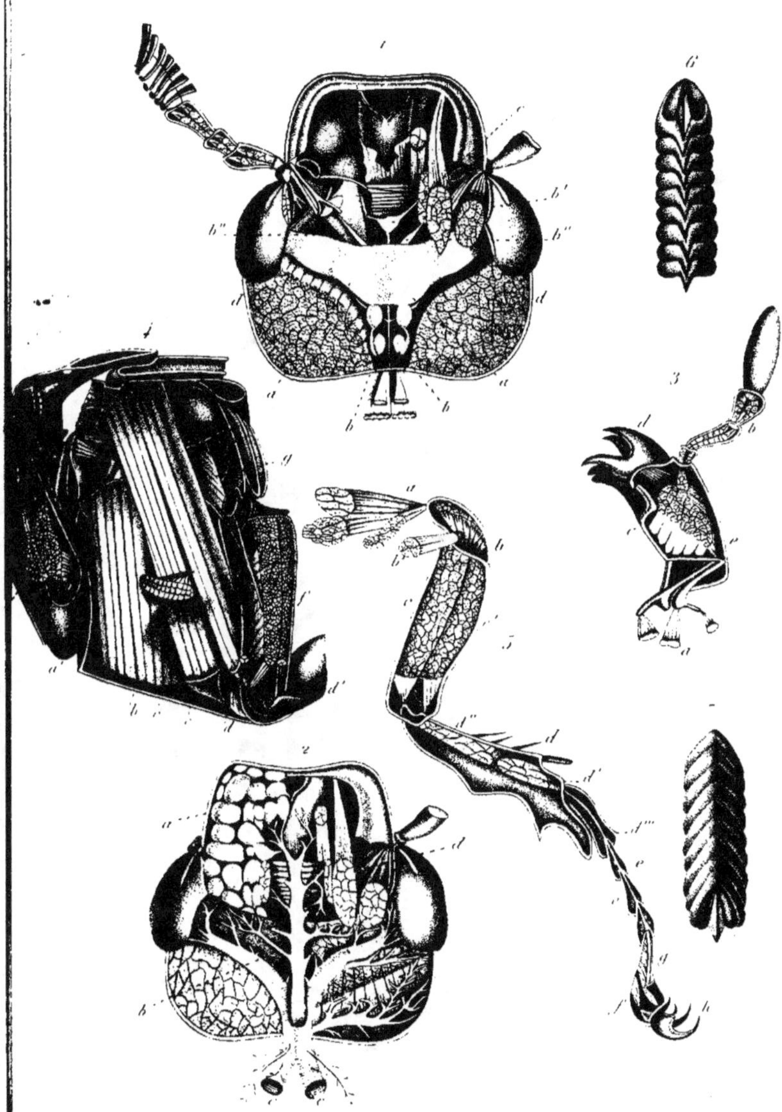

Système musculaire.

Insectes, Anatomie.

Pl. 9.

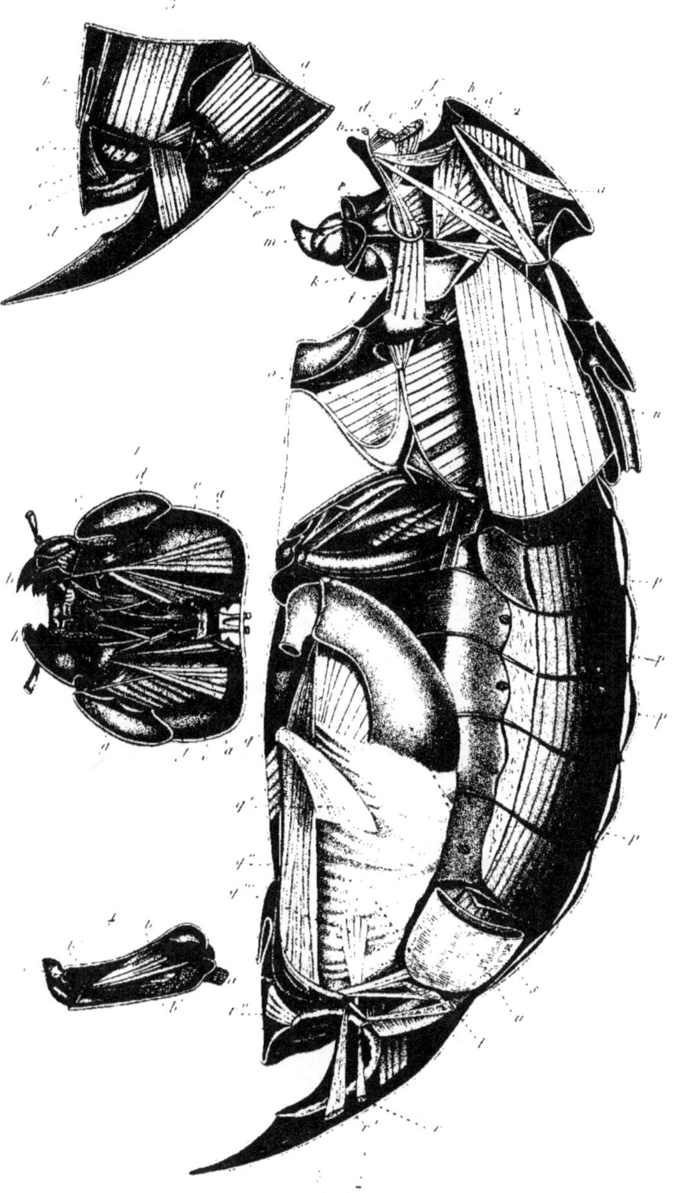

Système musculaire.

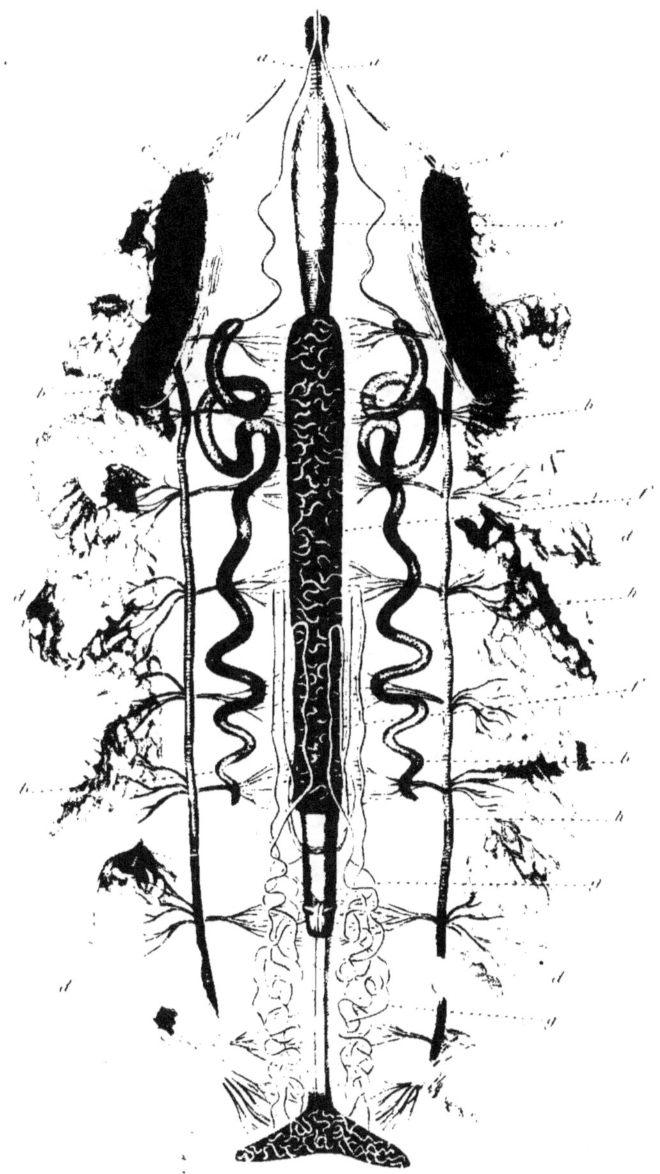

Chenille du Cossus ligniperda.

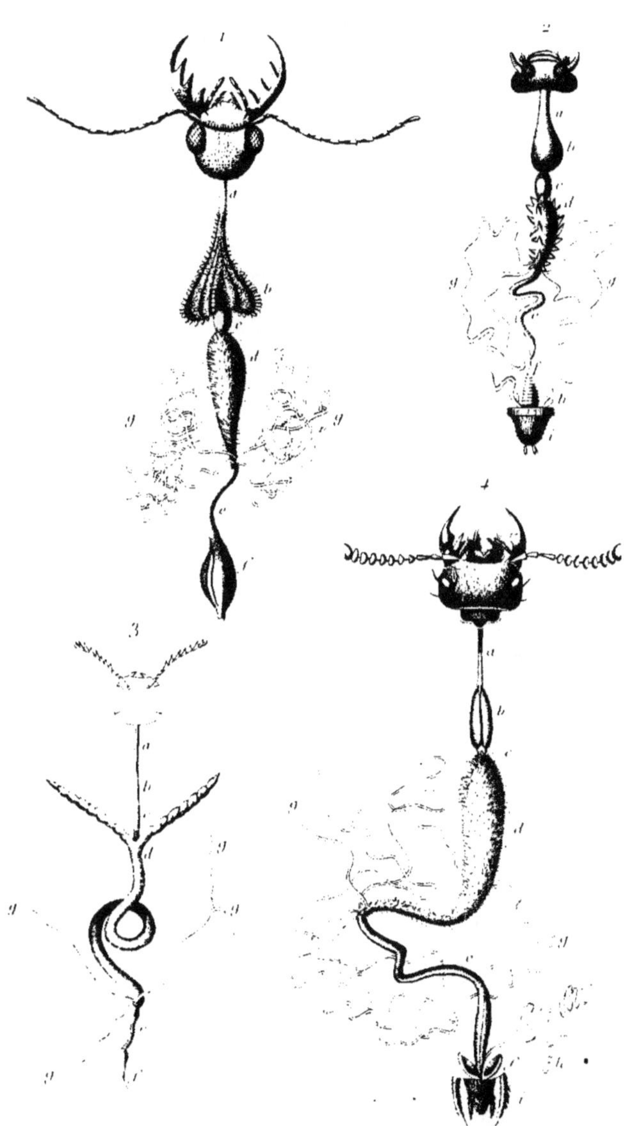

Système digestif.

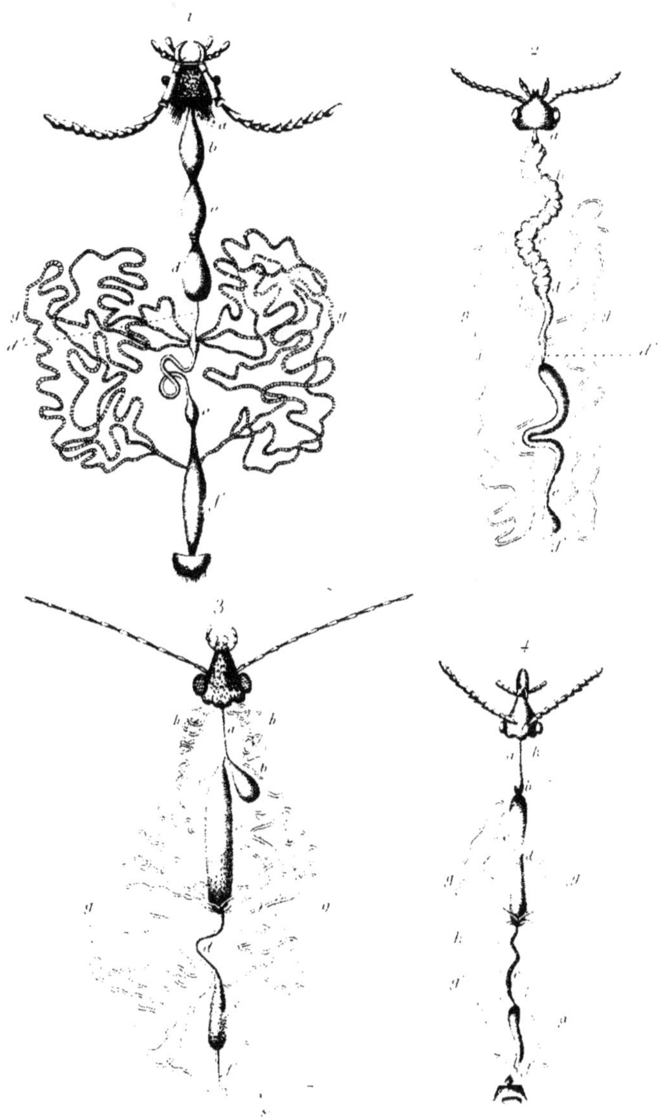

Système digestif.

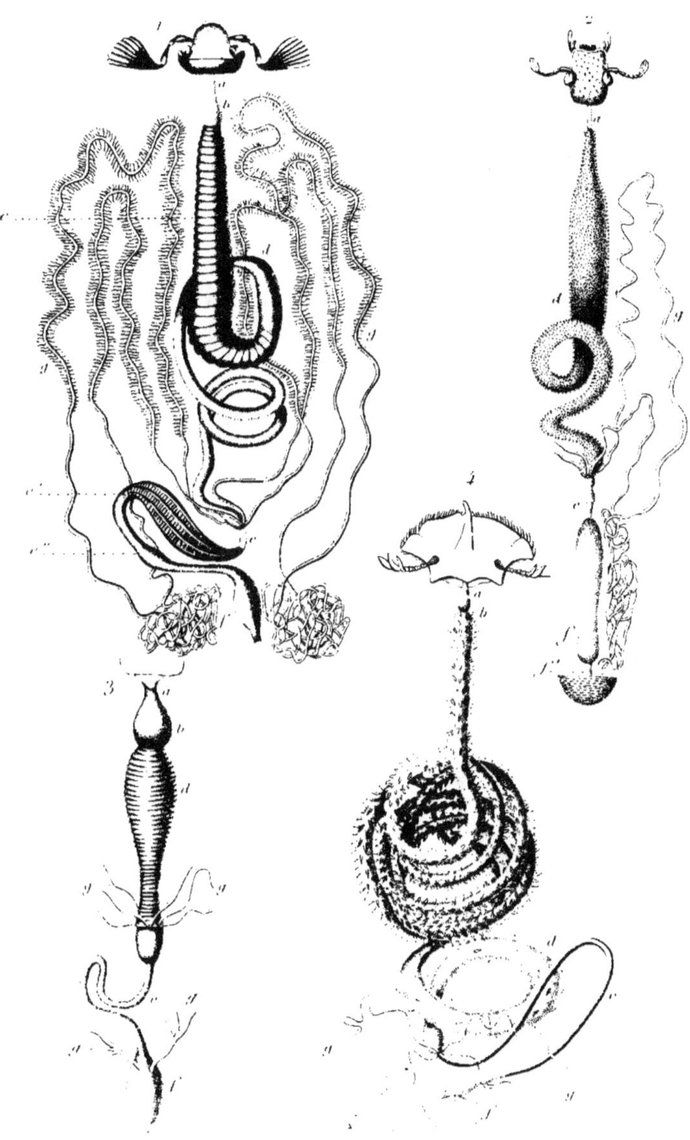

Système digestif.

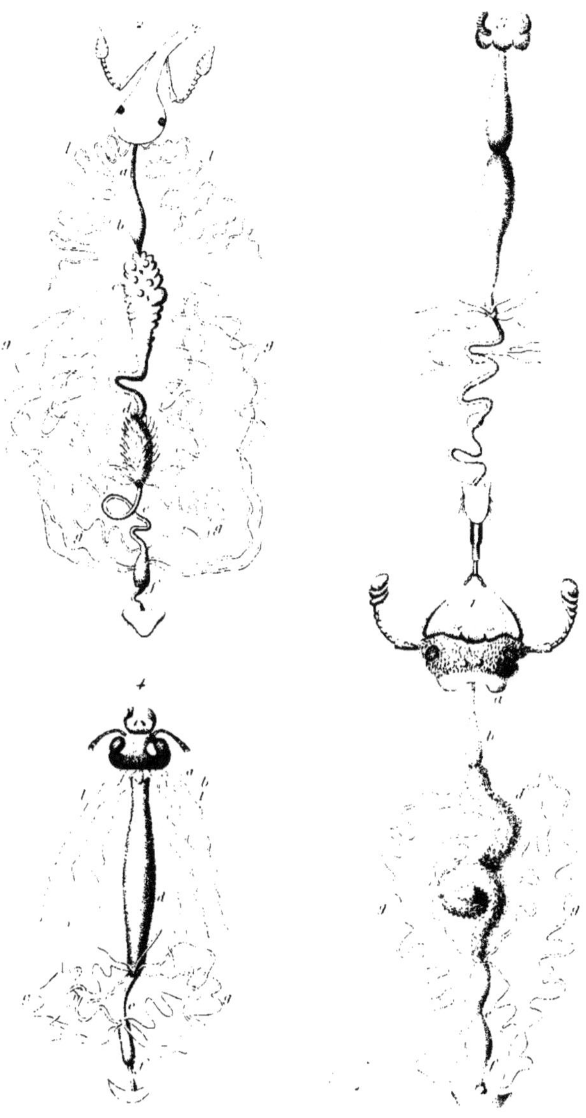

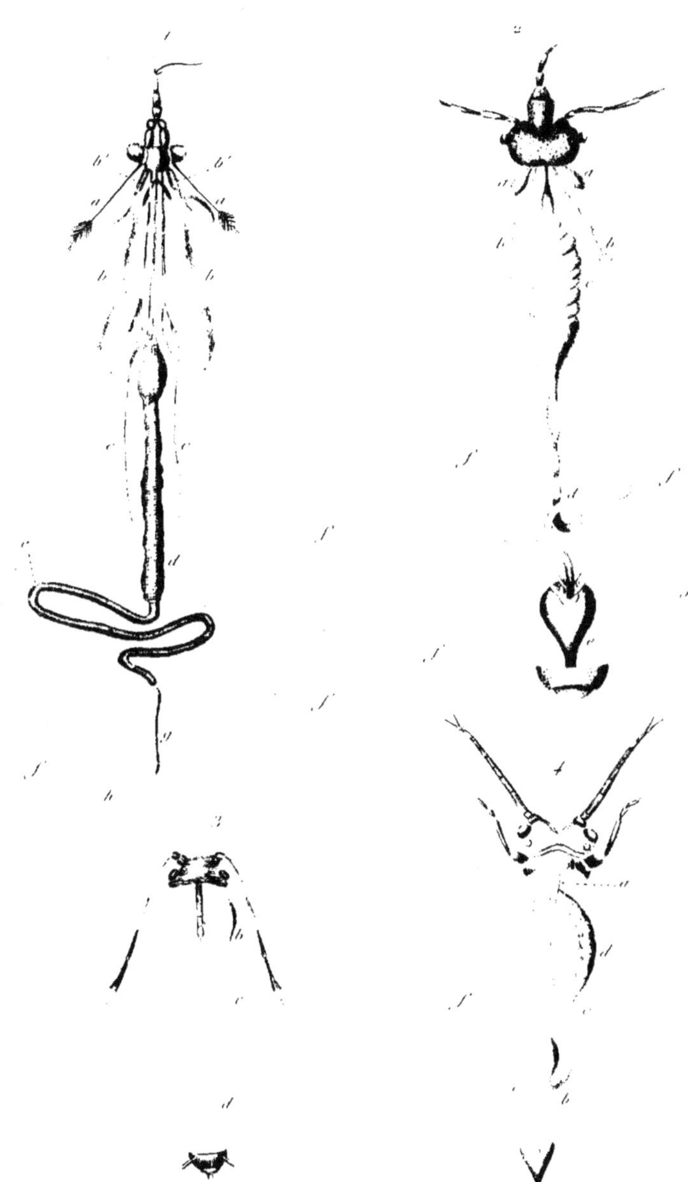

Insectes. Anatomie.

Pl. 13.

Système digestif.

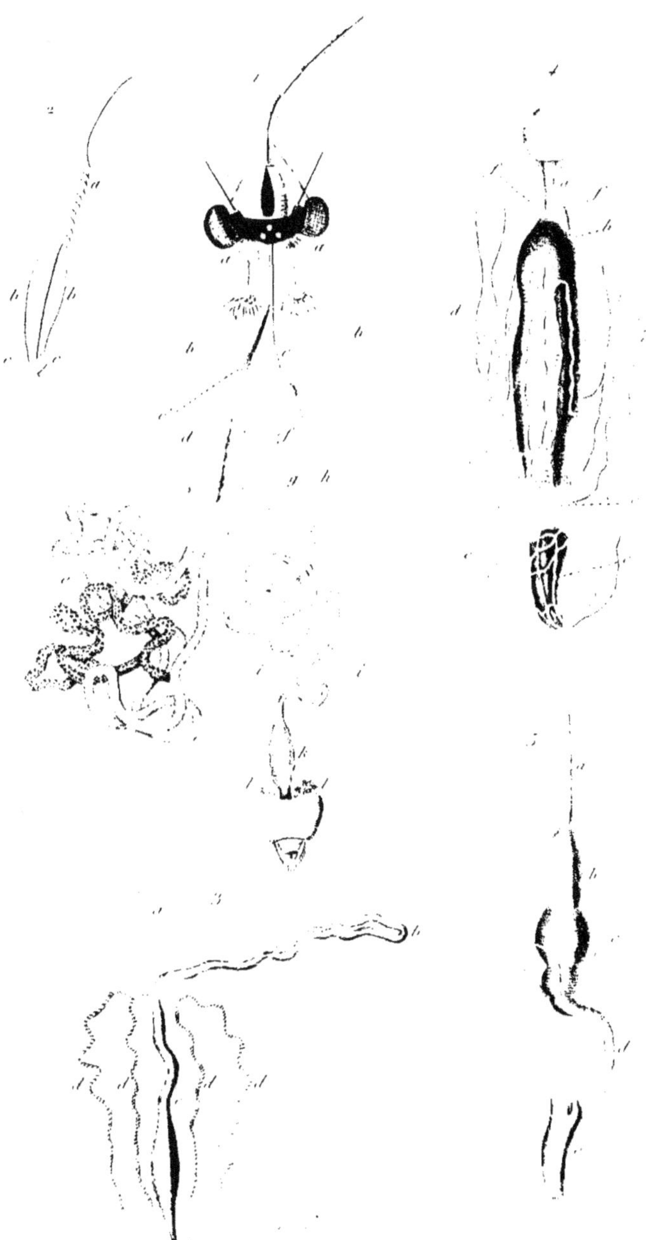

Système digestif

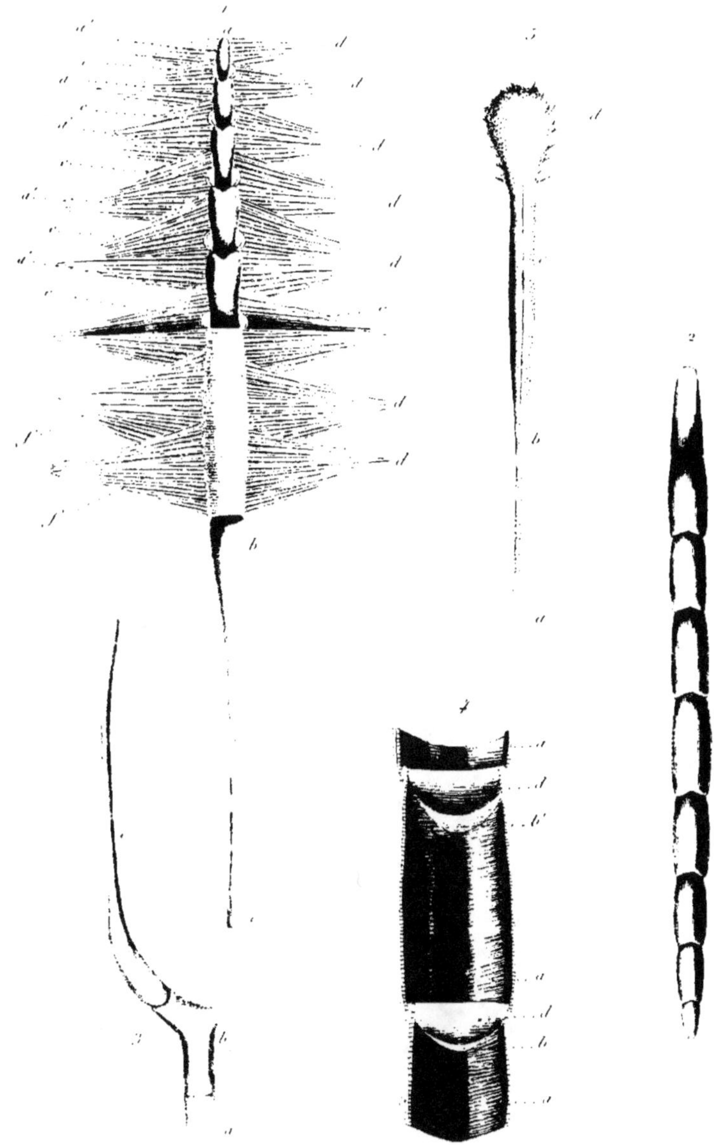

Système circulatoire.

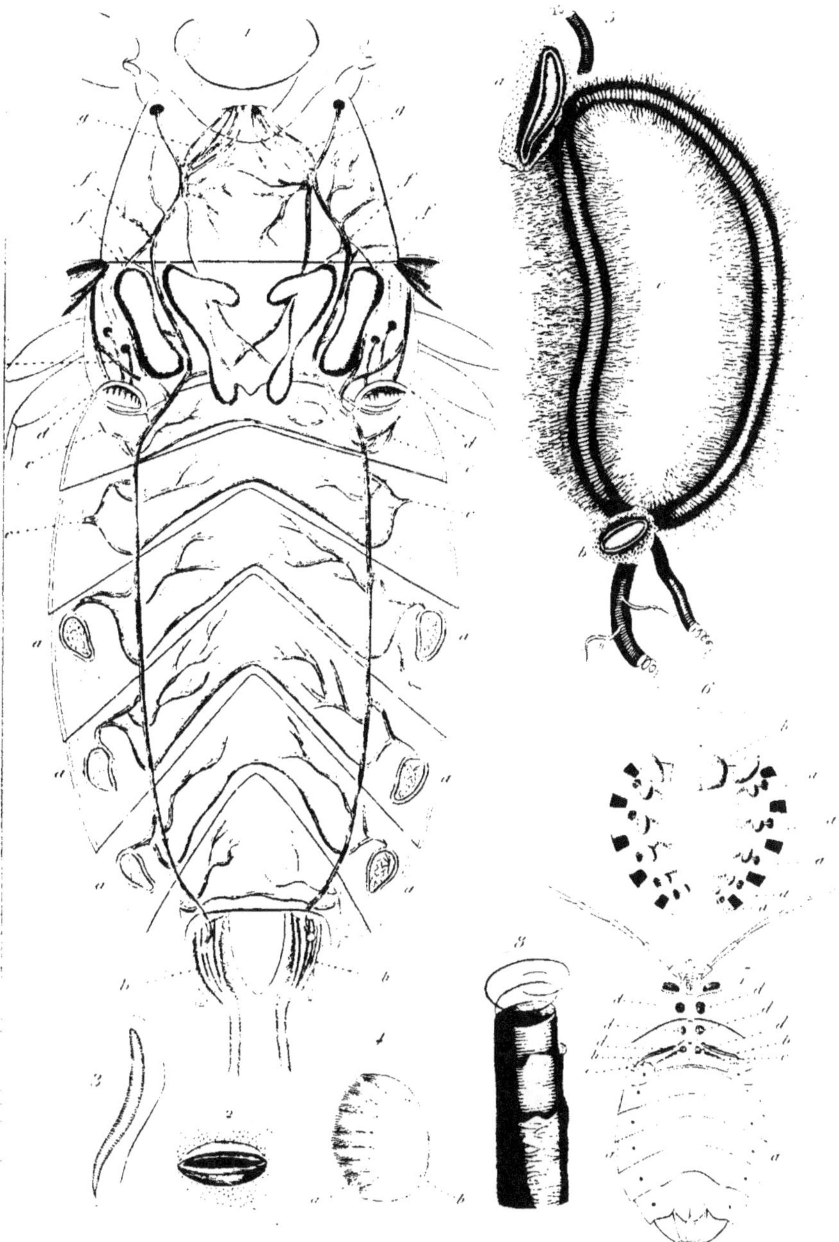

Système respiratoire.

Système respiratoire.

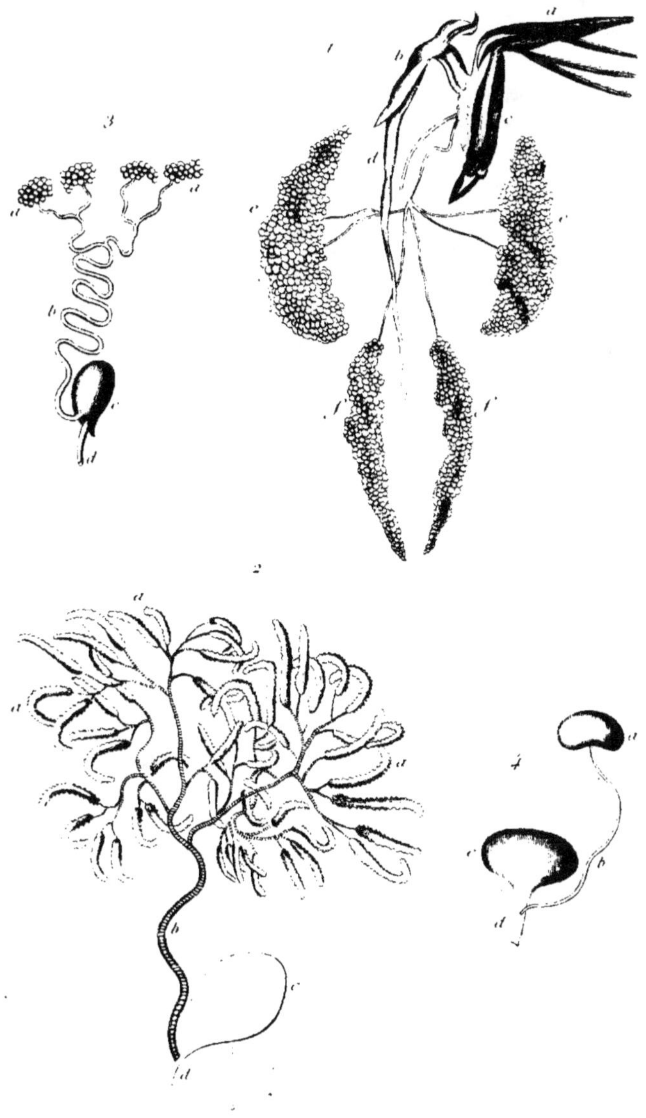

Système sécrétoire.

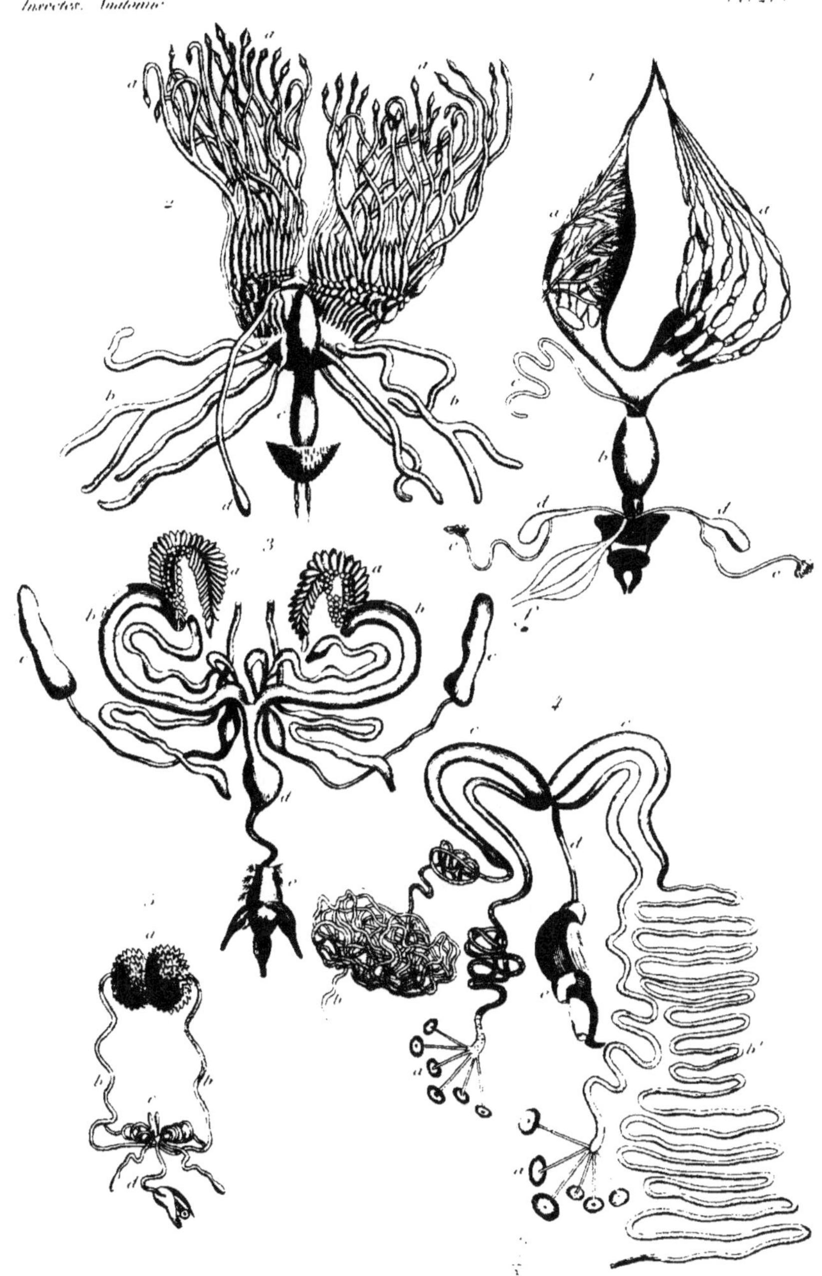

Système générateur.

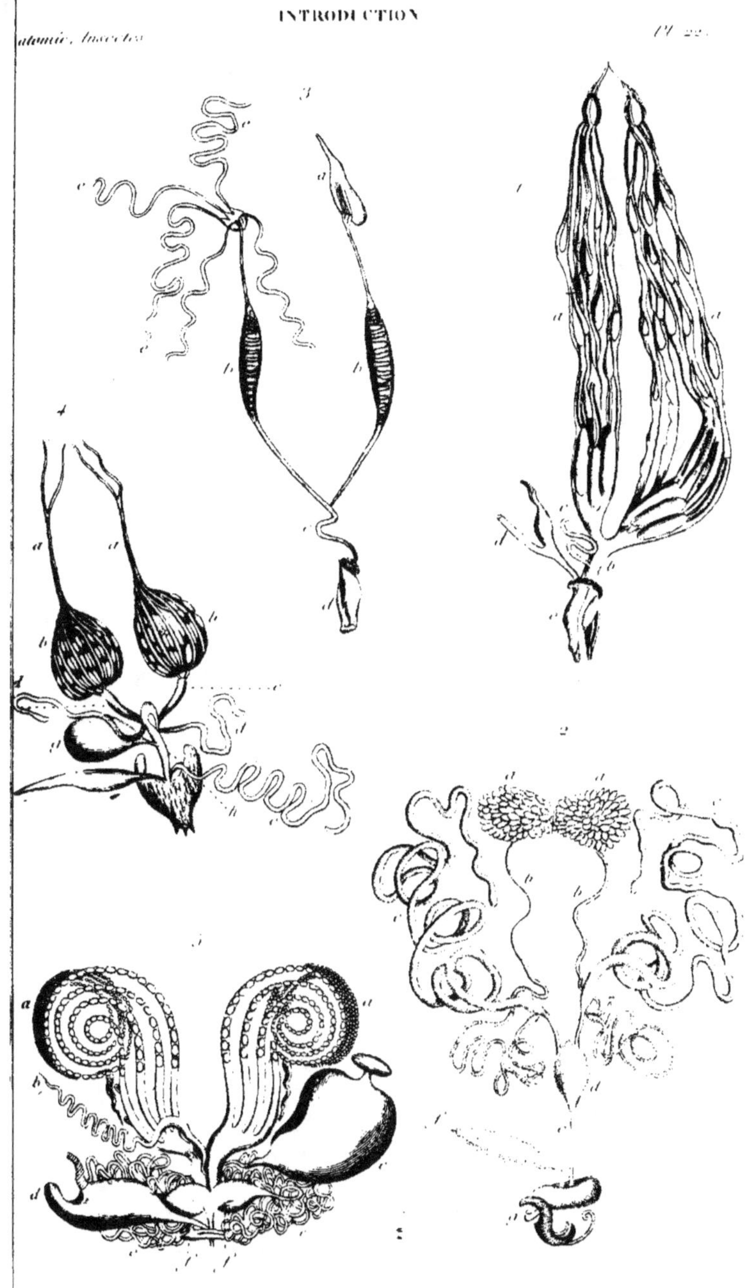

Système générateur.

Pl. 23.

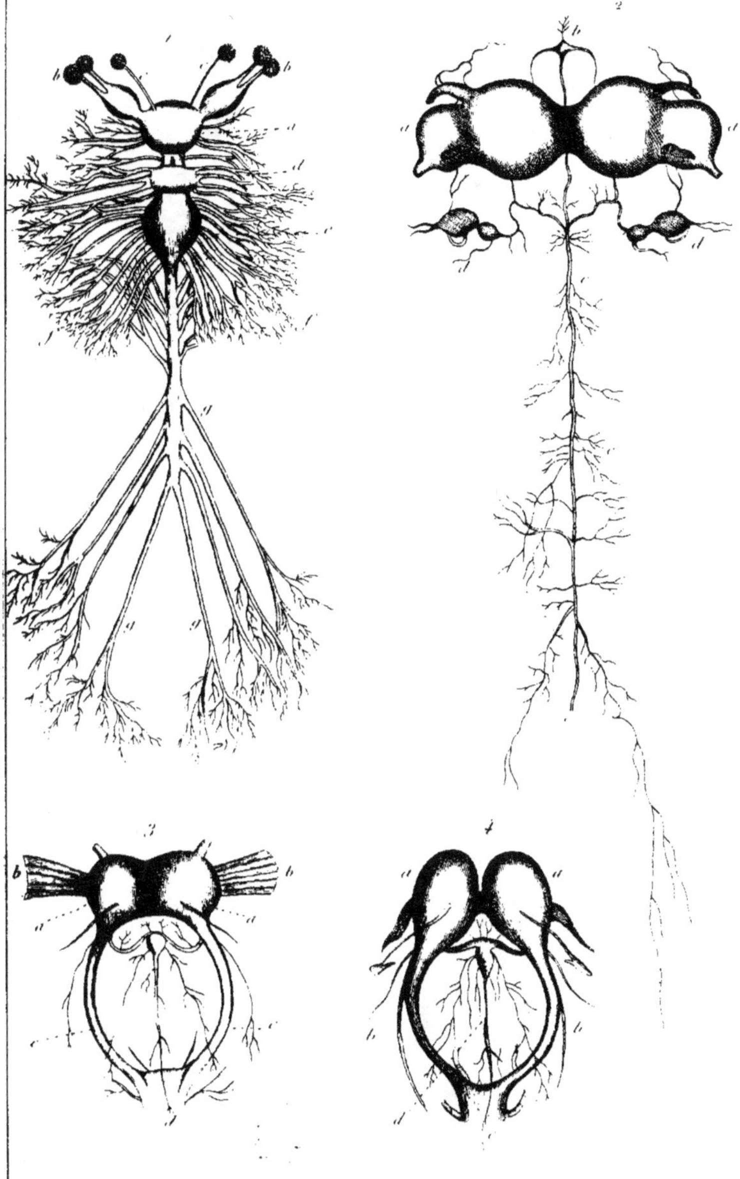

Système nerveux.

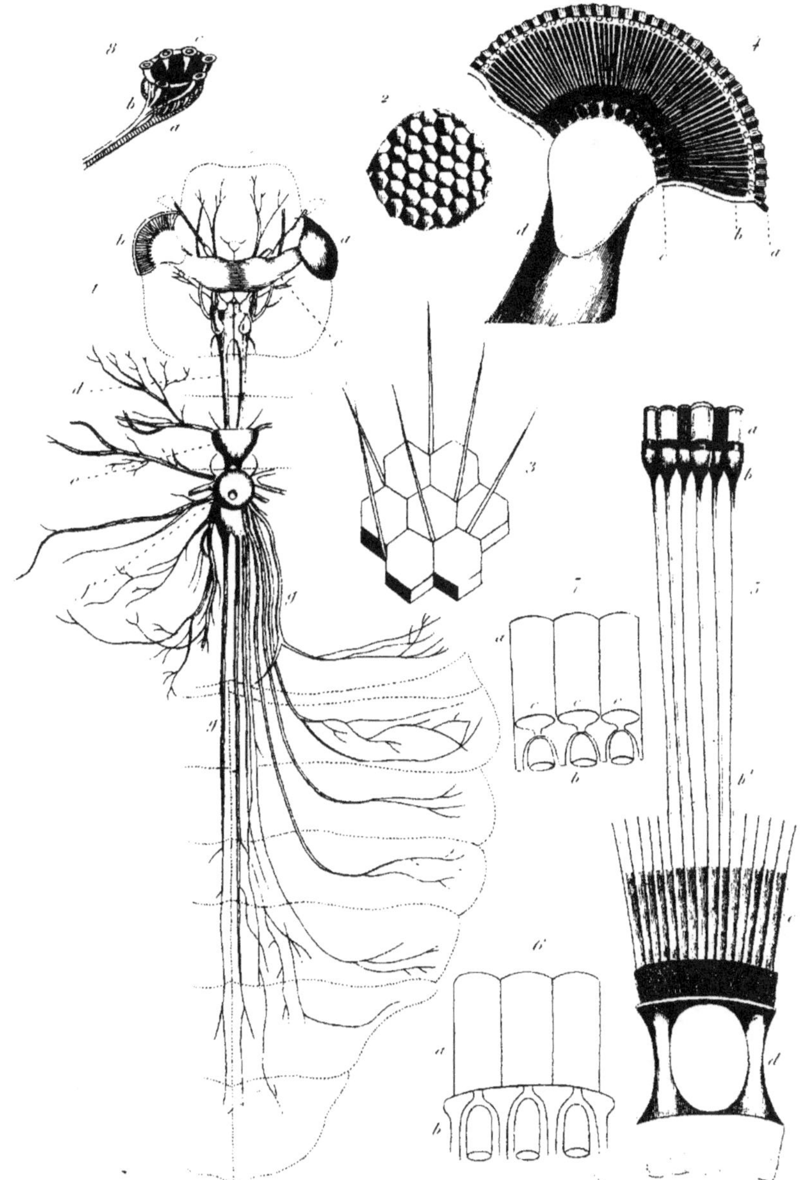

Système nerveux. Organes de la vision.

INSECTES.

Le mot Insecte signifie *coupé par sections*.

On l'a appliqué à des animaux articulés qui se distinguent des *Annelides* par la présence des pattes, des *Crustacés*, des *Arachnides* et des *Myriapodes* par ces mêmes appendices, toujours au nombre de six, et des *Monomorphes* par l'existence des métamorphoses.

L'Insecte peut se définir de la manière suivante :

Animal articulé, composé de segmens réunis de manière à former une tête, un tronc et un abdomen ; le tronc portant six pattes ; éprouvant des métamorphoses ; tête munie d'antennes et de palpes; bouche composée de pièces qui, par les modifications qu'elles éprouvent, sont tantôt propres à la mastication, et tantôt à la succion.

Les Insectes nous apparaissent, aux différentes époques de leur vie, sous quatre formes différentes : celle d'œuf, de larve, de nymphe, et enfin d'insecte parfait.

La forme, le volume, la couleur et la consistance des œufs sont variables ; la chaleur seule de l'atmosphère les fait éclore. Les larves qui naissent de ces œufs sont composées de 12 ou de 13 segmens annulaires distincts ; quelquefois elles sont apodes, le plus souvent elles ont 6 pattes assez petites et attachées non loin de la tête aux trois premiers segmens : de chaque côté neuf stigmates destinés à introduire dans les trachées l'air nécessaire à la vie : la plupart de ces larves portent de très-courtes antennes fort différentes de celles que doit avoir l'insecte parfait. Elles n'ont pas d'yeux, ou du moins ils sont cachés sous plusieurs enveloppes qui ne permettent pas à l'insecte d'en faire usage.

C'est à l'état de larve seulement que les Insectes croissent et grandissent : sa durée est beaucoup plus longue que celle de l'insecte parfait. Elle varie suivant les genres de l'abondance de la nourriture et l'élévation de la température. En général, les larves qui se nourrissent de feuilles ne restent guère plus d'un mois dans cet état ; celles au contraire qui vivent de bois ou de racines des plantes y demeurent deux ou trois ans et même plus. Dans les pays froids ou tempérés les Insectes passent sou-

vent l'hiver sous l'une de leurs trois premières formes d'œuf, de larve et de nymphe. Les larves se dépouillent plusieurs fois avant de se transformer en nymphes ; leur peau se fend dans sa longueur sur le dos, et la larve dégage peu à peu chacune de ses parties de leur vieille enveloppe. Elle se prépare, par un jeûne plus ou moins long, à ces divers changemens, et ne reprend quelque nourriture qu'après l'opération entièrement achevée. On donne à ce changement de peau le nom de mue.

Les larves sont généralement très-voraces, surtout après leurs changemens de peau, et leur bouche est armée d'instrumens analogues à leur manière de vivre. Celles qui se nourrissent de matières animales sécrètent par leur bouche une liqueur propre à ramollir ces matières ou à hâter leur décomposition ; on observe le même fait pour les larves qui vivent dans les bois.

Les nymphes des Coléoptères ne prennent aucune nourriture et ne peuvent changer de place ; une mince pellicule blanchâtre recouvre et tient comme emmaillotées toutes les parties de l'insecte parfait. Souvent la nymphe est enfermée dans une coque construite par la larve, soit avec une sorte de soie qu'elle tire de son corps, soit avec différentes matières collées ensemble par une liqueur gluante sécrétée par elle. La durée de l'état de nymphe varie beaucoup selon les circonstances, les temps et les lieux ; mais elle est en général beaucoup plus courte que celle de l'état de larve dans les Insectes dits à métamorphoses incomplètes, les *Hémiptères*, *Orthoptères*. La nymphe ne diffère généralement de l'insecte parfait que par l'absence des ailes. Dégagés de cette dernière forme, les Insectes jouissent enfin de tout le développement dont ils sont susceptibles. C'est alors qu'ils pourvoient à la reproduction de leur espèce avec un soin tout particulier, et quelquefois avec une patience et une adresse merveilleuses.

On distingue dans les Insectes parvenus à l'état d'insecte parfait trois parties principales : la tête, le thorax et l'abdomen. A ces diverses parties il faut joindre les appendices ou membres.

2

Nous allons parcourir rapidement ces diverses parties, examiner les principales pièces dont elles se composent, en les considérant sous le rapport zoologique.

La tête porte les parties de la bouche dont l'étude sert de base à la classification des Insectes.

La bouche de ces animaux se compose de deux lèvres, du menton, de la languette, des mâchoires, des mandibules et des palpes.

La lèvre inférieure est une petite pièce mobile de forme et de consistance variables ; elle termine la bouche en dessus.

La lèvre supérieure, ou labre, est une pièce mobile et souvent transversale, placée au côté supérieur de la tête.

Le menton est une pièce en forme de bouclier, de consistance coriace ou cornée, que recouvre en grande partie la lèvre.

La languette est membraneuse et composée de deux pièces mobiles ; elle se lie à la lèvre.

Les mâchoires, placées entre les mandibules et la lèvre, ont la faculté de se mouvoir latéralement ; elles varient beaucoup pour la forme et la consistance.

Les mandibules ont le même mouvement latéral que les mâchoires, mais elles recouvrent celles-ci et ont ordinairement un développement beaucoup plus grand.

Les palpes, nommés aussi antennules par les anciens auteurs, sont au nombre de quatre dans la plupart des Insectes ; deux sont placés sur la partie dorsale des mâchoires, et les deux autres au côté interne et supérieur de la lèvre. Les premiers sont appelés palpes maxillaires et sont composés de trois ou quatre articles. Les seconds, nommés palpes labiaux, sont généralement composés d'un article de moins que les précédens. Sous le rapport du nombre des palpes, les Coléoptères carnassiers font seuls exception, et ont six palpes, dont quatre maxillaires.

La bouche, telle que nous venons de la décrire, est telle que nous la présentent les Insectes broyeurs, tels que les Coléoptères, Orthoptères, etc. Chez les espèces destinées à sucer les liquides tirés du règne végétal, ces diverses parties sont modifiées de manière à former un tube ou suçoir, telle est la trompe du papillon, celle de la mouche, etc.

Nous examinerons ces diverses modifications en traitant en particulier de chacun des ordres d'Insectes suceurs.

La tête porte aussi d'autres pièces qu'il est aussi utile d'indiquer ici : ce sont d'abord deux longs filets que l'on nomme vulgairement cornes, et dont le nom véritable est antennes. Ces parties sont composées d'articles plus ou moins nombreux, et dont la forme et la grosseur, variant beaucoup, sert aussi de caractère pour reconnoître entre eux les genres si nombreux de ces animaux. Ces organes sont généralement insérés sur les côtés de la tête.

Le *chaperon* est la partie antérieure de la tête ; il recouvre souvent plus ou moins les diverses parties de la bouche.

Les yeux des insectes sont de deux sortes : les premiers, que l'on nomme yeux composés, sont formés d'un très-grand nombre de ces organes réunis ; les autres, que l'on nomme yeux lisses ou simples ou encore stemmates, ont le plus grand rapport avec l'œil de l'homme. Ce sont les élémens des yeux composés dont nous venons de parler. Beaucoup de larves n'ont que des yeux lisses.

Le *thorax*, que les anciens entomologistes appelaient dos, se divise en trois segmens qui ont reçu les noms de prothorax, mesothorax et métathorax. Chacun supporte une des paires de pattes de ces parties. Le premier de ces segmens est le seul qui soit généralement visible. En dessus il acquiert un grand développement et porte le nom de corselet. Il est suivi d'une pièce de forme plus ou moins triangulaire, mais qui n'est pas toujours visible à l'extérieur ; c'est l'*écusson*.

Le thorax porte aussi les *ailes*, qui, le plus souvent, sont au nombre de quatre dans les Coléoptères ; les deux supérieures sont de nature coriace et ont reçu le nom d'*élytres*. Lorsqu'un Insecte ne vole pas, l'aile inférieure est entièrement cachée sous l'élytre, se repliant cinq ou six fois sur elle-même. Dans les Papillons, ou Lépidoptères, les quatre ailes sont recouvertes d'écailles d'une grande ténuité. Dans les Diptères, ou Mouches, l'on ne trouve plus que les deux ailes supérieures, et dans les Strésiptères, que les deux inférieures.

L'*abdomen* est la troisième partie dont se compose le corps de l'Insecte. Il est généralement d'une étendue plus grande que la tête et le thorax, et présente constamment la division en segmens transversaux, dont le nombre varie souvent, même entre les deux sexes d'une même espèce.

Ainsi que nous l'avons déjà vu, les *pattes* sont constamment au nombre de six. Elles présentent quatre principales pièces, qui sont la *hanche*, qui joint la patte au corps ; elle est généralement allongée et d'une dimension assez considérable ; la *cuisse*, qui est souvent renflée ; la *jambe*, plus mince que la précédente, se termine le plus souvent par une ou plusieurs *épines* ; elle est suivie immédiatement du *tarse*, qui se compose lui-même de plusieurs articles, dont le dernier est le plus souvent bilobé, et qui sont souvent garnis en dessous de touffes de poils, de brosses, de pelottes, etc. Les tarses manquent quelquefois entièrement aux jambes extérieures de certains insectes fouisseurs. Leur dernier article est presque constamment terminé par deux crochets mobiles.

Nous venons de parcourir les principales pièces que l'Insecte offre extérieurement aux regards de l'observateur. Nous ne chercherons pas ici à en décrire les parties internes, renvoyant pour ces détails à chacune des principales familles de ces animaux où nous avons exposé les principaux traits de leur organisation intérieure. Nous dirons seulement ici qu'ils n'ont pas de circulation proprement dite, et que ce que l'on nomme chez eux cœur est un vaisseau sans branche, occupant en dessus toute la longueur du corps. La respiration s'opère chez eux au moyen de filets très-nombreux repliés en spirales et que l'on nomme trachées. Elles pénètrent dans toutes les parties du corps et viennent aboutir à des ouvertures placées extérieurement sur les côtés et qui ont reçu le nom de stigmates. Leur système nerveux est composé d'un cerveau transversal d'où s'étendent deux grands filets nerveux qui, après avoir entouré l'estomac, se réunissent plusieurs fois à des intervalles ordinairement réguliers pour former des nœuds ou ganglions. L'on a aussi découvert dans ces derniers temps chez ces animaux un système nerveux supérieur.

Le tube alimentaire des Insectes est formé de l'œsophage, du jabot ou estomac, du jésier, du ventricule chylifique et de l'intestin.

Leurs organes sécréteurs sont : 1° des vaisseaux biliaires qui sont des organes flottans, contournés, souvent très-longs, et 2° des vaisseaux salivaires qui manquent à la plupart des Insectes masticateurs. Quant à ces sécrétions elles-mêmes, plusieurs rendent aux arts les plus grands services. Telle est la soie, la cire, etc.

L'intérieur du corps est rempli d'un corps graisseux, composé de petits globules.

On lui a donné le nom de tissu adipeux.

Les organes de la génération sont toujours séparés, c'est-à-dire que tout Insecte est mâle ou femelle, et ne réunit jamais les organes propres aux deux sexes. Ceux du mâle sont composés de pièces propres à la copulation, et qui sortent au moment de l'accouplement, et d'organes intérieurs, qui sont les testicules, le canal déférent et les vésicules séminales. Les organes femelles sont composés d'ovaires, d'organes éducateurs et d'organes copulateurs. Les parties destinées à la génération sont presque toujours placées à l'extrémité de l'anus. Chez les mâles des libellules seuls, ils sont situés à la base de l'abdomen.

La classe des Insectes étant ainsi définie, nous allons indiquer les principaux ordres que l'on y a établis. Ils sont au nombre de huit. L'étude approfondie de ces animaux, que l'on a faite dans ces dernières années, a engagé plusieurs naturalistes à en établir un nombre plus considérable ; mais, dans un ouvrage aussi élémentaire que celui-ci, nous avons préféré, pour plus de clarté, n'adopter que ceux établis par le célèbre Linnée, en y ajoutant celui des Strésiptères, établi depuis peu d'années et reconnu par tous les naturalistes.

Il faut d'abord partager les Insectes : 1° en ceux qui broyent leur nourriture, et 2° en ceux qui se nourrissent de liquides qu'ils aspirent au moyen d'un suçoir ou d'une trompe. Les premiers forment cinq ordres, qui sont :

Les Coléoptères, dont la première paire d'ailes est de consistance solide et en forme d'étui ; ils subissent une métamorphose complète ;

Les Orthoptères, qui diffèrent principalement des précédens en ce qu'ils ne subissent que des métamorphoses incomplètes ;

Les Névroptères, dont les quatre ailes sont réticulées ;

Les Hyménoptères, qui ont quatre ailes membraneuses et nues ;

Les Strésiptères, qui diffèrent de tous les précédens en ce qu'ils n'ont que deux ailes plissées en éventail.

Les Insectes suceurs renferment trois ordres :

Les Hémiptères, qui ont quatre ailes, dont les deux supérieures sont divisées transversalement en deux parties, dont la supérieure est dure et coriace et l'inférieure membraneuse ;

Les Lépidoptères, qui ont aussi quatre

ailes, mais entièrement membraneuses et recouvertes de petites écailles, et enfin les Diptères, qui n'ont que deux ailes membraneuses.

Dans la plupart de ces ordres il se trouve quelques espèces qui semblent faire exception aux caractères que nous venons d'énumérer, mais que l'analogie force d'y placer. C'est ainsi que plusieurs femelles de Lépidoptères ou Papillons sont entièrement sans ailes; que quelques Hémiptères, tels que la punaise des lits, est le plus souvent dans ce cas. Parmi les Coléoptères, la femelle du Lampyre ou ver-luisant est un exemple semblable. Nous réunissons aussi la Puce aux Diptères, bien qu'elle soit extérieurement Aptère. D'autres animaux, bien connus par le dégoût qu'ils nous inspirent, tels que le pou, diffèrent des vrais insectes par l'absence des métamorphoses et se rangent parmi nos *Monomorphes*.

PREMIER ORDRE.

COLÉOPTÈRES.

Dans la classe immense des Insectes, les Coléoptères occupent, dans la plupart des méthodes, le premier rang. Ils le doivent non-seulement au nombre vraiment prodigieux des espèces, à la solidité de leurs tégumens, au volume de leur corps, à la variété et souvent à la bizarrerie de leurs formes, mais plus encore à la perfection de leur organisation et au développement de toutes les facultés dont la Providence les a doués. Le nom qu'ils portent leur a été donné par l'immortel Linnée; ils le doivent à la présence de deux étuis plus ou moins durs et coriaces nommés élytres, jointes l'une à l'autre dans la longueur par une ligne ou suture droite, et recouvrant ordinairement deux ailes membraneuses plus longues qu'elles, et plissées. Fabricius leur a donné le nom d'*Eleutherates*.

Si le philosophe, dans ses méditations, admire leur industrie et les ressources de leur instinct, l'habitant des campagnes tremble devant leurs ravages, tandis que l'enfance se fait un amusement des maux endurés par les victimes qu'elle va chercher dans cet ordre.

A la tête des Coléoptères se placent les Carnassiers, dont l'appétit vorace nous rend d'immenses services en arrêtant la trop grande multiplication des espèces. Phytophages, sentinelles vigilantes, ils apparaissent dès les premiers jours du printemps, et ne nous quittent qu'aux derniers jours de l'automne, lorsque l'approche de l'hiver vient ôter le mouvement et la vie aux Insectes dont nous redoutons les ravages : ils ne nous abandonnent pas même entièrement à cette époque. Plusieurs d'entre eux hivernent et semblent former une arrière-garde, pour assurer notre tranquillité lorsque la température adoucie pourroit faire apparoître de nouveau les Insectes engourdis par la rigueur du froid. La Nature s'est plu à les multiplier en proportion des avantages qu'ils nous procurent; ils forment la famille la plus nombreuse de l'ordre des Coléoptères, et sont abondamment répandus dans les contrées septentrionales et tempérées de l'Europe, et dans les portions les plus occidentales de l'Asie, partout où la vigueur et l'abondance de la végétation, suites d'une température élevée, ne sont pas en rapport avec les dévastations des Insectes phytophages. Leurs larves vivent en terre, échappent aux recherches des oiseaux et des animaux qui font leur nourriture de celles des autres Insectes, et la facilité avec laquelle elles peuvent pénétrer à d'assez grandes profondeurs les garantit des changemens de température si redoutables pour celles qui ne peuvent trouver d'abri que sous les écorces des arbres, sous les mousses, ou dans les fentes de quelques pierres.

Immédiatement après les Carnassiers viennent les Hydrocanthares, aussi agiles, aussi voraces que les premiers, mais moins répandus; ils habitent les eaux douces, font continuellement la chasse aux autres petits animaux, dont la multiplication, peu redoutable pour l'homme, se trouve déjà presque suffisamment arrêtée par l'appétit des poissons : ceux-ci contribuent à empêcher la reproduction des Hydrocanthares en dévorant leurs larves; la consistance des étuis et les épines dont les pattes sont armées, la rapidité avec laquelle il peut fuir et se dérober aux poursuites de son ennemi, met l'insecte parfait à l'abri des dangers dont il seroit menacé, et assure la conservation de l'espèce. Celle-ci venge quelquefois sa postérité, et il n'est pas rare de pouvoir observer quelques petits poissons victimes d'une attaque combinée de plusieurs Hydrocanthares.

Les Brachélytres, si reconnaissables à la beauté de leurs élytres, se trouvent en abondance dans les mêmes localités que les Carnassiers; comme eux ils attaquent les autres Insectes pour les dévorer; ils nous rendent encore des services non moins importans en se nourrissant de matières animales et végétales en décomposition; leurs larves, presque semblables à l'insecte parfait, sont encore plus utiles que lui par leur extrême voracité. On les rencontre souvent tellement gorgées de nourriture, que les segmens de leur abdomen, fortement distendus, ne leur laissent plus de possibilité de faire aucun mouvement.

Si les Sternoxes ne se présentent pas à nous sous le même aspect que les familles précédentes, la beauté et l'éclat de leurs couleurs, la richesse de leur parure, l'élégance et la variété de leurs formes, leur feront trouver grâce. L'entomologiste, dont ils ornent le cabinet, regrette que leurs espèces ne soient pas plus nombreuses en Europe, et l'agriculteur en voyant leur beauté est tenté de leur pardonner le tort que quelques-unes de leurs larves font à nos bois. Ils sont presque également répandus sur la surface du globe; mais les espèces les plus brillantes et les plus remarquables par leur taille appartiennent aux contrées chaudes de l'Asie, de l'Afrique et de l'Amérique.

Les Malacodermes ne sont pas entièrement dépourvus de ces couleurs éclatantes que tout le monde admire dans la famille précédente; ils y joignent souvent des appendices insolites dont nous ignorons l'usage; les dommages que nous pouvons reprocher à quelques-unes des tribus de ces Insectes sont bien balancés par les services que nous rendent les autres, soit à l'état de larve, soit à celui d'insecte parfait.

Les Nécrophages, à toutes les époques de leur existence, semblent destinés à nous préserver des miasmes funestes que les matières animales en décomposition peuvent répandre autour de nous. Organisés pour remplir ce but, ils sont doués d'une finesse d'odorat si subtile, qu'on a peine à s'en rendre compte et à s'expliquer leur présence presque instantanée dans des lieux où auparavant on n'en pouvoit découvrir aucun.

Les Clavicornes ont droit à notre reconnoissance pour les mêmes motifs; mais les amateurs d'histoire naturelle leur pardonnent difficilement les ravages qu'ils font dans les collections.

Les Histéroïdes sont peu remarquables sous le rapport des formes et la beauté ou la variété des couleurs; ils se rapprochent pour les mœurs des deux familles précédentes et de celle des Staphylinites.

Les Palpicornes se divisent en deux tribus bien différentes, quant aux habitudes: l'une habite les eaux et y présente le singulier fait de plusieurs espèces vivant tout à la fois de proies et de végétaux; l'autre, toute terrestre, habite les bouses et autres matières excrémentielles.

Après eux vient se ranger la nombreuse famille des Lamellicornes: les premières tribus se rapprochent, par leurs mœurs, de celle qui termine la famille des Palpicornes; les autres se classent parmi les insectes Phytophages: toutes offrent des espèces aussi remarquables par la variété de leurs formes que par l'éclat de leurs couleurs. Les premières compensent les torts que nous font les dernières.

Les Pectinicornes sont peu connus, et forment une petite famille voisine de la précédente; leurs mœurs, aussi bien que leur organisation intérieure, paraissent les en éloigner; les espèces de nos contrées vivent dans le bois des arbres fruitiers et forestiers.

Tel est l'aperçu rapide des familles qui composent la première section des Coléoptères, à laquelle on a donné le nom de Pentamères, à cause de ses tarses, composés généralement de cinq articles. Nous disons généralement, car l'analogie de mœurs, de forme, d'organisation, force à mettre dans cette section des Insectes qui en font évidemment partie par tout l'ensemble de leurs caractères, mais qu'une rigoureuse application du système forceroit à en éloigner, et à mettre des relations avec d'autres Insectes dont ils s'éloignent évidemment sous tous les rapports; c'est ainsi que certaines espèces d'Aléochares offrent des tarses composés de trois articles seulement, tandis que les genres Hétérocerus et Géorissus n'en ont évidemment que quatre; c'est ainsi que les Clerus n'ont que quatre articles aux tarses antérieurs et cinq aux postérieurs, tandis que ces tarses intermédiares sont regardés par quelques personnes comme composés de quatre articles seulement, et par d'autres comme en ayant cinq. Mais ce système des articulations des tarses auroit une bien plus funeste conséquence si on vouloit absolument l'appliquer; à la rigueur, il forceroit à mettre dans des genres et même dans des familles différentes des Insectes de même espèce. Ainsi plusieurs mâles de Cryptophages seroient placés nécessairement parmi les Tétramères, tandis que leurs femelles seraient rangées dans les Pentamères. Ainsi la nature se plaît souvent à déranger toutes nos combinaisons, à renverser tous nos systèmes; gardons-nous cependant de blâmer ceux qui ont établi avant nous ces coupes systématiques, dont on espéra longtemps d'immenses avantages qu'elles ne pouvoient réaliser. Profitons de leurs aperçus pour parvenir avec le temps à une distribution méthodique et naturelle des produits de la création. Tous nos systèmes, toutes nos méthodes, tendent au même but, celui d'arriver à la connoissance des espèces. Parmi celles qui nous sont offertes, choisissons les plus simples, les plus faciles, celles qui semblent le moins intervertir l'ordre naturel, et espérons qu'avec le secours du temps et des nombreux matériaux que l'on réunit chaque jour, on parviendra enfin à une classification satisfaisante, dont les bases seront à l'abri de toute perturbation.

C'est d'après ces considérations que nous nous sommes décidé à placer parmi les Brachélytres la petite tribu des Psélaphiens, qui, dans ces derniers temps, avoit été rejetée à la fin des Coléoptères et terminoit cet ordre comme section particulière, sous le nom de Dimères. Nous avons mis à la suite les genres Scydmenus, Mastigus, Eumicrus; nous les avons réunis en une petite tribu qui semble se lier avec les Clavicornes, mais qui, selon nous, a de bien plus grands rapports avec les Brachélytres, et surtout avec les Psélaphiens.

Il nous resteroit à jeter un coup d'œil sur l'organisation intérieure des Coléoptères; mais nous avons cru le faire avec plus d'avantage en plaçant à la suite de chaque famille les observations anatomiques qui ont été faites, et que nous devons en partie aux savans travaux de M. Léon Dufour, docteur en médecine et membre correspondant de l'Institut.

On a souvent demandé quel fruit on pouvoit retirer de l'étude des Coléoptères : nous répondrons que cette étude n'est point encore assez avancée pour qu'on ait songé à en faire l'application aux arts et aux besoins de la vie. Personne n'ignore cependant que plusieurs Insectes sont journellement employés en médecine, non-seulement en Europe, mais encore dans tout le Levant, et jusqu'aux extrémités de la Chine. Les Romains étaient extrêmement friands de certaines larves, connues chez eux sous le nom de Cossus, et qui appartiennent sans doute à la famille des Pecténicornes ou à celle des Longicornes. De notre temps encore, les Indiens et les Américains regardent comme un mets exquis les larves de certains Charansons, et plusieurs voyageurs s'accordent à dire que ces peuples ont raison. Quoi qu'il en soit, l'étude des Insectes en général, et des Coléoptères en particulier, ne sauroit être regardée par les gens raisonnables comme tout-à-fait inutile. Ce n'est pas sans but que la nature a répandu sur la surface de notre globe ce nombre véritablement prodigieux de Coléoptères; en attendant que nous puissions les utiliser pour nos besoins et notre agrement, nous trouvons dans leurs mœurs et dans leur industrie d'utiles leçons; nous avons vu d'ailleurs que beaucoup d'entre eux concouraient avec nous à la conservation des productions végétales. Les autres ont du moins l'avantage de tenir l'homme en alerte et de le forcer à user des ressources de son industrie.

Quant à la distribution générale des Coléoptères sur le globe, nous n'avons pas encore assez de données fixes pour en parler pertinemment; cependant Latreille, qui s'est occupé le premier de cette question importante, a fait quelques remarques qui doivent trouver place ici. « Les Coléoptères d'Europe ont une grande affinité avec ceux de l'Asie occidentale et du nord de l'Afrique. Ces traits de parenté se prononcent d'autant plus, que les qualités, l'exposition du sol et la température étant à peu près identiques, l'on se rapproche davantage du tropique Boréal. La domination des Carnassiers, proprement dits, si puissante en Europe, s'étend à l'occident de l'Asie jusque vers le 35ᵉ degré de latitude nord, où elle se continue par les Anthia et les Graphiptères. Les Insectes du Levant et de la Perse ont une physionomie européenne. Les parties centrales de l'Europe semblent plus riches numériquement en espèces que les pays occidentaux; ceux-ci cependant en possèdent qui leur sont exclusivement propres, et les races se prolongent assez loin du nord au sud. Les Coléoptères carnassiers et herbivores paraissent se balancer numériquement en Europe ; les Carnassiers, le Brachélytres, les Clavicornes, les Coprophages, semblent plus nombreux dans cette partie du monde que dans les autres. C'est le contraire pour l'Amérique méridionale, où dominent les Insectes herbivores ; mais l'équilibre se trouve rétabli, et par la force de la végétation, et par l'abondance des oiseaux, des reptiles et des quadrupèdes insectivores. Les espèces de l'Amérique du Nord ont beaucoup de rapport avec les nôtres, et la Faune de ce pays, aussi bien que la Flore, offre des productions communes aux deux hémisphères. Ce fait surprenant le deviendra moins si l'on considère que plusieurs de ces espèces sont propres aux climats de la Suède, du Groënland, des îles adjacentes, et que les autres, étant xylophages, ont pu y être transportées avec des bois de construction, comme cela est arrivé à Rouen, il y a quelques années, pour une espèce du genre Lyctus, propre jusque là au Nouveau-Monde. Cependant il faut observer que les Coléoptères de l'Amérique du Nord ont aussi beaucoup d'analogie avec ceux de l'Amérique méridionale ; mais en général les espèces analogues à celles de l'Europe se maintiennent de part et d'autre dans des proportions de grandeur qui n'excèdent pas les mêmes limites. »

Il serait bien difficile d'évaluer le nombre des espèces de Coléoptères répandus sur la surface du globe : tous les jours on en découvre de nouvelles, non-seulement dans les contrées peu connues ou peu fréquentées de l'ancien et du nouveau continent ; mais il ne se passe pas d'année que nous n'en découvrions quelques-unes autour de nous. Beaucoup de personnes seroient tentées d'inférer de là qu'il se crée de nouvelles espèces, et que le mélange des races donne naissance à de nouveaux produits qui se reproduisent ensuite entre eux. C'est une question bien difficile à résoudre ; mais l'analogie semble devoir faire repousser une pareille conclusion. Pour expliquer ces nouvelles découvertes, il suffit de songer que nos moyens de recherches sont bien plus nombreux qu'ils ne l'étoient il y a quelques années, et que le nombre de ceux qui s'en occupent est bien plus considérable ; d'ailleurs de toutes les parties du monde abondent dans nos grandes villes les productions des deux hémisphères, et avec eux se glissent parmi nous une foule d'Insectes xylophages, herbivores, granivores, qui, placés dans des circonstances favorables, se multiplient et s'acclimatent parmi nous. Aussi les conditions de température, la nature du sol, etc., étant identiques, le voisinage des grandes cités et des villes commerçantes présentera toujours une faune plus riche que celles des localités moins peuplées. Quoi qu'il en soit, à ce sujet, de l'opinion qu'on adoptera, du moins est-il certain que parmi les Insectes, les Coléoptères forment l'un des ordres les plus nombreux en espèces. Il y a dix ans environ, les plus riches collections en possédoient environ sept mille : depuis cette époque, ce nombre s'est triplé, et le musée de Berlin passe pour en avoir vingt-cinq mille. Or, si nous faisons attention qu'il est d'immenses contrées en Asie, dans les deux Amériques, dont nous ne possédons pas un seul Coléoptère ; si nous réfléchissons que l'intérieur du vaste continent de la Nouvelle-Hollande est entièrement inconnu sous ce rapport, et que la plupart des archipels du grand Océan n'ont jamais été explorés sous ce point de vue, nous pourrons conclure, sans crainte de nous tromper, que le nombre des Coléoptères atteint et dépasse peut-être cent mille espèces. Quelqu'effrayant que soit ce nombre, il le paraîtra moins si l'on examine seulement tout ce qu'on a trouvé autour de Paris, dans un rayon de douze à quinze lieues, et nous ne craignons pas de dire que d'ici à quelques années la Faune parisienne pourra fournir matière à un ouvrage considérable, qui ne renfermera pas moins de trois à quatre mille espèces de Coléoptères, et peut-être davantage.

Les insectes Coléoptères ont été divisés suivant le nombre apparent des articles de leurs tarses ; ainsi on a donné le nom de *Pentamères* à ceux qui en ont cinq à toutes les paires de pattes ; d'*Hétéromères* a ceux qui n'en ont que quatre aux postérieures, et cinq aux deux autres paires ; de *Tétramères* a ceux qui en ont quatre à tous les tarses, et de *Trimères* à ceux qui en ont également trois. Nous ne parlons pas ici des *Dimères*, car leurs caractères naturels les placent dans la série des *Pentamères*, avec lesquels nous les avons réunis.

PREMIÈRE SECTION.

PENTAMÈRES,

DUMÉRIL, LATREILLE.

Tous les tarses ayant leurs cinq articles visibles extérieurement.

L'analogie et les rapports naturels nous ont quelquefois fait placer parmi ces Insectes des espèces où tous les articles tarses ne sont pas visibles ; mais nous avons pensé que cet inconvénient était plus que compensé par le grand avantage de se rapprocher le plus possible d'une série naturelle.

Les Pentamères comprennent dix familles : les *Carnassiers*, les *Hydrocantares*, les *Brachélytres*, les *Sternoxes*, les *Malacodermes*, les *Nécrophages*, les *Histeroïdes*, les *Palpicornes*, et enfin les *Lamellicornes*.

PREMIÈRE FAMILLE. — CARNASSIERS, LATREILLE.

Caractères. Six palpes, dont quatre maxillaires et deux labiaux. — Antennes filiformes ou sétacées, quelquefois moniliformes. — Pattes uniquement propres à la course. — Mandibules découvertes.

Les Insectes de cette première famille de Coléoptères ont reçu un nom qu'ils justifient complètement par la voracité de leur appétit glouton ; continuellement occupés à faire la chasse aux autres Insectes, tantôt ils les attaquent à force ouverte, tantôt ils emploient la ruse pour les surprendre ; leurs mandibules fortes, la vivacité de leurs mouvemens et le développement général de leur organisation, leur donnent un grand avantage sur les autres Insectes, dont ils font leur proie ; leurs mâchoires, terminées par une pièce écailleuse en forme de griffe ou crochet, sont garnies intérieurement de cils ou de petites épines ; le menton, grand, corné, reçoit la languette dans une échancrure assez profonde ; les deux pattes antérieures, insérées sur les côtés d'un sternum comprimé, sont supportées par une grande rotule ; les quatre postérieures offrent à la base de la cuisse une forte éminence, nommée trochanter, et qui paraît destinée à éloigner les muscles de l'axe de l'articulation ; les élytres, de consistance solide, reçoivent en totalité ou presque entièrement l'abdomen ; plusieurs espèces sont privées d'ailes.

Les Carnassiers ont deux estomacs : le premier court et charnu, le second allongé et garni extérieurement de nombreux vaisseaux. Ils ont quatre vaisseaux hépatiques insérés près du pylore ; leur intestin est court et terminé par un cloaque élargi et muni de deux petits sacs destinés à la séparation d'une humeur âcre. Toutes leurs trachées sont tubulaires ou élastiques.

Les larves des Carnassiers, fort différentes entre elles, selon les divers genres, vivent de proie comme l'insecte parfait, et se procurent leur nourriture par les mêmes moyens. Leur corps est généralement allongé, cylindrique, composé de treize anneaux en comptant la tête : celle-ci est grande, cornée, armée de fortes mandibules, avec deux très-courtes antennes, et six petits grains lisses de chaque côté formant les yeux ; les mâchoires supportent chacune un palpe ; une sorte de lèvre ou languette, munie aussi de deux petits palpes courts, complète l'organisation buccale ; le segment qui tient la tête est recouvert d'une plaque écailleuse, les autres sont mous ; les trois premiers après la tête portent chacun une paire de pattes ; ces larves subissent en terre toutes leurs métamorphoses ; elles ont été peu étudiées ; il faut en accuser, et la facilité avec laquelle elles échappent à nos regards, et la difficulté de les élever : celles qui ont été observées présentent des faits curieux que nous mentionnerons dans l'occasion.

Les Carnassiers forment deux tribus : les *Cicindélètes* et les *Carabiques*.

PREMIÈRE TRIBU.

CICINDÉLÈTES,

LATREILLE.

Caractères. Mâchoires terminées par un onglet distinct, articulé, par la base, avec

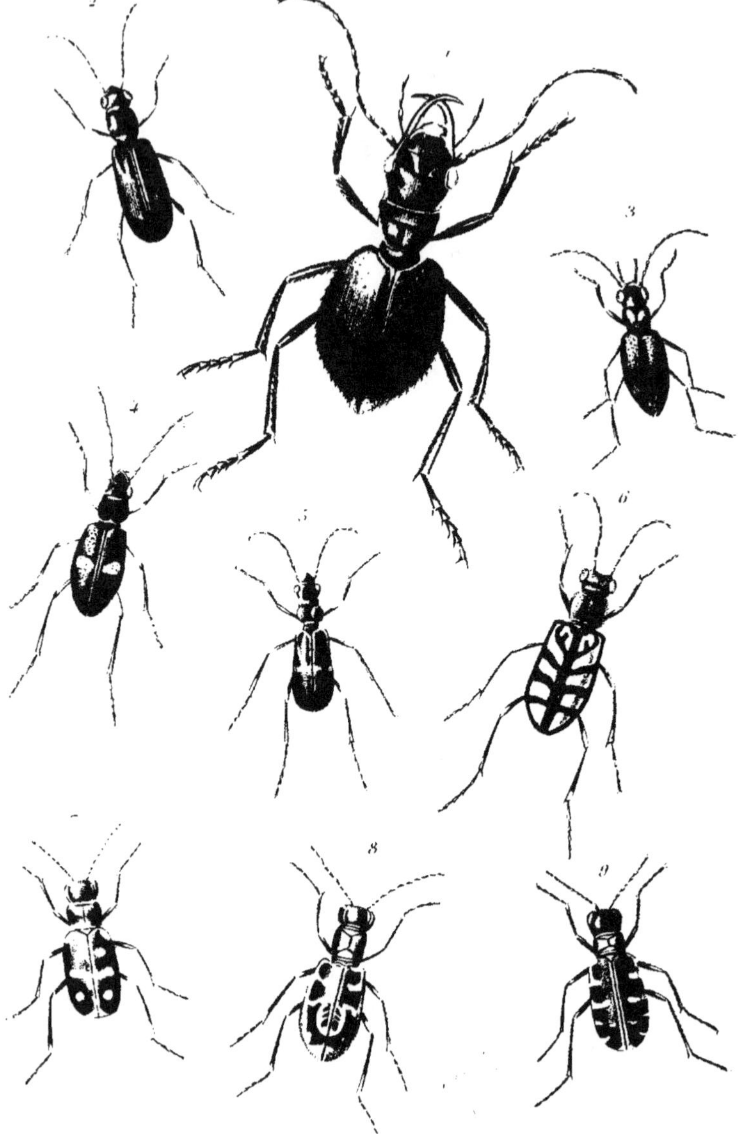

1. Manticora maxillosa.
2. Megacephala Femoralis.
3. Megacephala Adonis.
4. Oxycheila Femoralis.
5. Oxycheila Binotata.
6. Cicindela regalis.
7. —————— Maura.
8. —————— Circumdata.
9. Cicindela Littoralis.

les ailes. — Mandibules fortes. très-croisées, toujours très-dentées. — Languette très-petite et cachée par le menton.

Les Cicindélètes sont des Insectes extrêmement agiles ; leur tête est grande, leurs yeux sont gros, leurs palpes labiaux composés de quatre articles distincts. très-velus, aussi bien que les maxillaires; leurs pattes sont longues et grêles ; le côté interne de leurs jambes antérieures n'offre jamais l'échancrure qui caractérise le plus grand nombre des Insectes de la tribu des Carabiques ; leurs tarses sont longs et grêles, et leurs crochets n'offrent jamais de dentelures en dessous ; les Cicindélètes aiment les lieux sablonneux exposés au soleil, le bord des eaux et le voisinage de la mer.

Le canal alimentaire est un peu plus long que le corps ; l'œsophage est court et débouche dans un jabot dilaté postérieurement ; le gésier, oblong, est garni intérieurement de quatre lames cornées, dont les pointes sont conniventes ; le ventricule chylifique est garni de papilles bien prononcées ; le cœcum présente la même texture que celui des Carabiques, et le reste de leur organisation intérieure n'offre point de différence avec ceux-ci : seulement les vaisseaux hépatiques sont au nombre de deux, avec quatre insertions isolées autour du ventricule chylifique, à son extrémité postérieure ; les crochets vulvaires sont composés de cinq pièces, dont trois supérieures oblongues, ciliées en dehors et deux inférieures, dont trois en forme de crochets longs acérés. très-finement bifides.

La seule larve observée dans cette tribu appartient au genre Cicindela. et a été fort bien décrite par M. Desmarest (*Ancien Bulletin des Sciences, par la société Philomathique*, tom. III, p. 177, pl. 24, fig. 2, 3, 4). Son corps est allongé, mou ; la tête très-large, trapézoïde, avec des mandibules recourbées vers le haut ; le premier segment après la tête a la forme d'un bouclier grec, le deuxième et le troisième sont plus étroits, les suivans portent chacun un stigmate de chaque côté ; le huitième est renflé. et porte en dessus deux tubercules surmontés d'un petit crochet légèrement recourbé et garnis de poils raides. Ces deux crochets servent à la larve à se fixer dans le conduit perpendiculaire qu'elle habite, où elle précipite les Insectes vivant. Pour arriver à ce but. elle bouche de sa large tête son long souterrain, quand un insecte vient à passer. cette espèce de pont vient à manquer. et l'Insecte est englouti tout vivant. M. Westwood a aussi donné d'intéressans détails sur cette larve (*Ann. Sc. nat.*, t. XXII, p. 299, pl. 8).

Cette tribu contient trois groupes : les *Manticorites*, les *Mégacéphalites*, et les *Ctenostomites*.

MANTICORITES.

Tarses semblables dans les deux sexes, formés d'articles cylindriques. — Yeux petits.—Abdomen large, presque cordiforme. le bord extérieur des élytres formant une carène.

Genres : *Manticora , Platycheile*.

Insectes de grande taille, revêtus de couleurs sombres , propres à l'Afrique australe.

MANTICORA, Fabr., Oliv., Latr., etc.

Antennes insérées à une distance notable des yeux, filiformes. à articles cylindriques, le troisième allongé, anguleux. — Palpes grands, à dernier article sécuriforme , le pénultième des maxillaires extérieurs plus long que le suivant, le septième des labiaux cylindriques.—Tarses semblables, à articles cylindriques dans les deux sexes. — Mandibules plus longues que la tête, fortes. très-arquées, avec quatre dents intérieures. la troisième plus petite que les autres. — Tête large, aplatie sur le front.—Yeux petits, couverts d'une lame en dessus, et en demi-cercle. — Corselet presque en forme de cœur.—Point d'écusson visible. — Elytres soudées, aplaties en dessus, légèrement cordiformes, carénées latéralement, et enveloppant l'abdomen ; celui-ci pédiculé. — Pattes grandes.

1. MANTICORA MAXILLOSA. (Pl. 1, fig. 1.) Fabr., *Syst. El.*, 1, p. 467,; Ol., t. III, pl. 1. fig. 1. Long. 1 pouc. 7 lig. Larg. 7 lig. — Entièrement d'un noir peu luisant ; tout le corps couvert de poils assez rares et raides ; plus serrés sur les pattes. élytres très-chagrinées, surtout à la partie postérieure. — Sous les pierres, au cap de Bonne-Espérance.

PLATYCHEILE, Mac Leay;

Manticora, Fabr. , Latr.

Ce genre diffère des Manticora par les yeux arrondis. — Le premier article des palpes labiaux est presque égal au suivant.

— Les mandibules n'ont que deux fortes dents situées à la base. — Les élytres ne sont point soudées.

1. PLATYCHYLE PALLIDA.

FABR., 1, 167, 2.—MAC LEAY, *Annulosa Javanica,* 1, pag. 9. —Plus petit que le Manticora Maxillosa ; de couleur pâle ; mandibules noires à l'extrémité ; corselet canaliculé au milieu, ses angles postérieurs prolongés légèrement en pointes ; élytres très-lisses, presque transparentes ; extrémité des jambes épineuse. — Cap de Bonne-Espérance.

MÉGACÉPHALITES.

Les trois premiers articles des tarses antérieurs dilatés dans les mâles. — Yeux généralement gros. — Abdomen ovalaire oblong ; le bord extérieur des élytres ne forme point de carène. — Corselet presque carré, subisométrique.

Genres : *Omus, Megacephala, Oxycheila, Iresia, Cicindela, Odontocheila, Dromica, Euprosopus.*

Les Mégacéphalites sont de jolis Insectes de taille moyenne, revêtus de couleurs brillantes et métalliques, surtout en dessous ; leurs élytres offrent souvent des taches, des points et des lignes blanches qui forment des dessins très-variés et agréables à l'œil.

OMUS, ESCHCHOLTZ.

Antennes insérées sous un prolongement en avant des yeux, filiformes, de onze articles : le premier épais, le second moitié plus court et plus étroit, les neuf suivans de la longueur du premier et de la largeur du deuxième. — Palpes presque égaux ; les maxillaires ayant deux articles beaucoup plus longs et plus épais que les deux suivans ; le dernier comprimé, sécuriforme ; les labiaux à premiers articles très-courts, le troisième long, sécuriforme. — Tarses allongés filiformes, les trois premiers articles des antérieurs dilatés transversalement dans les mâles. — Tête presque carrée. — Yeux petits. — Mandibules très-longues, pointues, la droite avec deux, la gauche avec trois dents. — Lèvre tridentée. —Yeux arrondis. — Corselet presque carré. —Écusson point apparent. — Élytres bombées, ovalaires, embrassant l'abdomen, soudées, anguleuses latéralement. — Pattes assez courtes, fortes ; cuisses antérieures un peu renflées. — Jambes antérieures dila-

tées à l'extrémité, avec deux fortes épines — Pattes postérieures longues, à jambe étroites ; crochets des tarses grands, arqués.

Ce genre, par son facies, paraît se rapprocher beaucoup des Manticora ; mais la construction de ses tarses lui assigne la place que nous lui donnons ; il fait le passage entre les Manticorides et les Mégacéphalides, a été fondé par Eschscholtz dans sa partie entomologique du *Voyage autour du Monde* du capitaine Kotzebue ; je l'ai, le premier, fait connaître aux entomologistes français (*Ann. de la Soc. Ent.*). J'y rapporte le *Manticora cylindriformis* de Say, dont ce dernier forma depuis son genre *Amblycheila.*

1. OMUS-CALIFORNICUS.

ESCHSCHOLTZ, *Zoologischer Atlas,* p. pl. 4. fig. 1. — LAP., *Ann. Soc. Ent.,* t. p. 386. — Long. 7 lig. ¼. Larg. 2 lig. ¼. — D'un noir foncé très-brillant ; corselet légèrement bouché, avec une ligne enfoncée milieu, une autre arquée transversale avant, et une troisième transversale en arrière, peu marquées ; élytres anguleuse avec une ligne longitudinale d'un beau rouge au bord externe ; pattes velues. Californie et montagnes rocheuses de l'Amérique du Nord.

MEGACEPHALA, LATR. ;
Cicindela, FABR., OLIV.

Antennes longues, filiformes. — Palpes labiaux allongés, plus grands que les maxillaires extérieurs, le dernier article sécuriforme. — Tarses avec les trois premiers articles des antérieurs dilatés dans les mâles, presque triangulaires. — Mandibules fortes découvertes. — Tête grosse. — Yeux fort grands. — Corselet un peu plus large que long, rétréci postérieurement, et recouvrant l'écusson, dont la pointe n'atteint pas la base des élytres. — Celles-ci un peu allongées, parallèles. — Abdomen de six segmens dans les femelles, de sept dans les mâles, avec une forte échancrure à l'avant-dernier dans ce sexe. — Pattes assez fortes.

Les Mégacéphales sont des Insectes taille moyenne ou assez grande ; leurs couleurs sont généralement belles et éclatantes.

M. Lacordaire, qui a observé ces Insectes à Cayenne, nous donne quelques détails sur leur manière de vivre (*Ann. Soc. Ent.,* t. I. p. 356). «Parmi les trois espèces Mégacéphales de Cayenne, aucune ne usage de ses ailes. La *Sepulchralis*, Fabr., se trouve assez communément courant à terre dans les bois, là où le sol est sablonneux. L'*Affinis*, Dej., habite plus particulièrement les savannes. C'est là aussi, à Iracoabo, que j'ai découvert la dernière. *M. Chalybea* mihi (décrite par M. Gory, sous le nom de *Lacordaïrei*, que nous avons dû, dès lors, adopter); elle se réfugie sous les boues desséchées, dans les trous profonds creusés par des *Copris* ou des *Phaneus*, et cherche à en défendre l'entrée lorsqu'on veut la saisir. Quand elle s'aperçoit que sa résistance est inutile, elle s'enfuit jusqu'au fond de sa retraite, où le seul moyen alors de s'en emparer est d'introduire une longue paille; elle la saisit avec ses mandibules aiguës et se laisse tirer dehors sans lâcher prise. »

J'ai donné la monographie de ce genre dans la *Revue Entomologique* de M. Silbermann. »

PREMIÈRE DIVISION.

Corps aptère (*Aptema*, Lep. et Serv.).

1. MEGACEPHALA SENEGALENSIS.
Latr., *Gen. Crust. et Ins.*, 1, p. 175, n° 1. — Dej., *Spec.*, t. V, p. 199. — Long. 13 lig. Larg. 4 lig. $\frac{1}{2}$. — D'un vert foncé et bronzé; élytres très-fortement ponctuées, presque rugueuses; parties de la bouche, antennes, pattes et dernier segment de l'abdomen, jaunes. — Sénégal.

DEUXIÈME DIVISION.

Corps ailé (*Megacephala* proprement dits, Lep. et Serv.).

2. MEGACEPHALA EUPHRATICA.
Oliv., Dej., *Spec.*, 1. p. 7. —*Iconog.*, 1, pl. 1, t. 4. — Long. 8 lig. $\frac{1}{2}$. Larg. 3 lig. —D'un vert cuivreux, brillant; bouche, antennes, anus et pattes, fauves, avec une grande tache de même couleur à l'extrémité de chaque élytre, formant, par leur réunion, une espèce de cœur échancré. — Bords de l'Euphrate et du Nil. —Var. d'un bleu obscur et cuivreux, granulations un peu plus fines. — Perse.

Nota. C'est à tort que l'on a cru que cette espèce étoit aptère; elle est munie d'ailes.

3. MEGACEPHALA QUADRISIGNATA.
Dej., *Iconographie*, 1. p. 7, tab. 1, t. 2. — Long. 10 lig. Larg. 4 lig. — D'un vert bronzé; élytres plus obscures; bouche, antennes, anus, pattes et deux taches sur chaque élytre, jaunes; l'une située près de la base, et bilobée antérieurement, l'autre placée à l'extrémité au côté externe, et se prolongeant jusque sur la suture. — Sénégal.

4. MEGACEPHALA CAROLINA.
Fabr., 1, 233, n° 8, cl. 2, 33, 34, pl. 2, fig. 22. — Long. 5 $\frac{1}{2}$ à 7 lig. $\frac{1}{2}$. Larg. 1 $\frac{1}{2}$ à 2 lig. $\frac{1}{2}$. — D'un vert cuivreux brillant; antennes, bouche et pattes, fauves; élytres d'un vert-doré brillant, avec une grande tache fauve cordiforme à leur extrémité. —Amérique septentrionale.

5. MEGACEPHALA MACULICORNIS.
Lap., *Rev. Ent.*, t. II. — Long. 6 lig. Larg 2 lig. $\frac{1}{2}$. — Cette espèce, confondue jusqu'ici avec la *Carolina*, s'en éloigne par ses antennes, dont l'extrémité des troisième et quatrième articles offre une tache obscure; la granulation des élytres est aussi un peu plus forte et plus rugueuse. — Antilles, Cuba.

6. MEGACEPHALA GENICULATA.
Chevrelat. *Insectes du Mexique.* — Long. 7 lig. Larg. 2 lig. $\frac{1}{2}$. — Ressemble beaucoup à la *Carolina*, mais s'en éloigne par ses antennes, qui sont tachetées comme dans la *Maculicornis*; elle diffère de celle-ci par ses pattes, dont la couleur est d'un jaune pâle, et qui, à l'extrémité des cuisses des deux dernières paires, offre une petite tache brune peu visible; la tache en lunule de l'extrémité de l'élytre est aussi un peu moins échancrée intérieurement que dans ces espèces. — Mexique.

7. MEGACEPHALA CHILENSIS.
Lap., *Monogr. des Mégac.* (Rev. Ent., t. 2, p. 29). —Long. 7 lig. Larg. 2 lig. $\frac{1}{2}$. — Cette espèce ressemble beaucoup à la *Carolina*, mais elle en est cependant bien distincte; sa couleur est généralement beaucoup plus éclatante, surtout sur la tête et le corselet, qui sont d'un rouge cuivreux; la tête est proportionnellement moins large, les élytres plus longues, beaucoup plus foiblement ponctuées, entièrement lisses dans plus de leur moitié postérieure; la tache jaune de l'extrémité est beaucoup plus allongée, et terminée supérieurement presque en pointe; tout l'espace qu'elle occupe est finement ponctué; dessous du corps d'un vert-métallique clair; extrémité des man-

dibules noirâtre; parties de la bouche, antennes et pattes, d'un jaune clair.—Chili.

8. MEGACEPHALA MEXICANA.

GRAY, *An. Kingdom. Ins.*, t. 1, p. 263, pl. 29, t. 4. — Long. 6 lig. Larg. 2 lig. ¼. —D'un vert brillant; élytres en grande partie d'un bronzé obscur; la tache jaune en forme de lunule à l'extrémité de chaque élytre, et plus étroite à la base que dans les autres espèces; antennes, pattes et mandibules, jaunes; l'extrémité de ces dernières noire. — Mexique.

9. MEGACEPHALA SOBRINA.

DEJ., *Species.*, t. V, Suppl., p. 202, n° 11. — Long. 6 lig. Larg. 2 lig. ¼. — D'un vert cuivreux brillant; bouche, pattes et lunules apicales des élytres, jaunes; élytres finement ponctuées. — Brésil, Colombie.

10. MEGACEPHALA DISTINGUENDA.

DEJ., *Species*, t. V, Suppl., 202. 12.—Long. 5 lig. ¼. Larg. 2 lig.—D'un vert cuivreux brillant; parties de la bouche, antennes, pattes, rebord inférieur des élytres, et une tache apicale en forme de lunule, d'un jaune clair; élytres fortement ponctuées. — Tucuman.

11. MEGACEPHALA VIRGINICA.

FABR., 1, 233, 7. — Long. 7 lig. ¼. Larg. 2 lig. ¼. — D'un vert noirâtre, avec la bouche, les antennes et les pattes, ferrugineuses; élytres fortement ponctuées, avec une large bordure d'un vert brillant, et quelques points enfoncés de même couleur vers leur extrémité. — Amérique septentrionale.

12. MEGACEPHALA FEMORALIS. (Pl. 1, fig. 2.)

PERTY SPIX et MARTIUS. *Delectus anim.* (*Insectes*), p. 1. pl. 1. t. 11. — Long. 8 lig. ¼. Larg. 2 lig. ¼.—Entièrement d'un vert brillant, un peu bleuâtre; base des antennes noire; l'extrémité jaunâtre; élytres sans taches jaunes; cuisses noires, avec les jambes et les tarses fauves. — Brésil.
Nota. Cette espèce diffère de la *M. Virginica* par ses élytres, plus allongées, plus parallèles, un peu moins granuleuses, entièrement d'un vert uniforme.

13. MEGACEPHALA LACORDAIREI.

GORY, *An. Soc. Ent.*, t. 2, p. 171. — Long. 7 lig. ¼. Larg. 2 lig. ¼. — D'un bleu obscur; lèvre, mandibules, palpes, antennes, à l'exception des deuxième, troisième, quatrième et cinquième articles, qui sont

plus obscurs; extrémité de l'abdomen et pattes ferrugineuses; élytres ponctuées, surtout à la base. — Cayenne.

14. MEGACEPHALA BRASILIENSIS.

KIRBY, *Cent. of Ins.*, p. 376, n° 1. — DEJ., *Spec.*, t. I, p. 11.—Long. 7 lig. ¼ à 7 ¼. Larg. 2 lig. ¼ à 2 ¼. — D'un vert noirâtre, avec la bouche, les pattes et une ligne oblique à l'extrémité des élytres d'un jaune ferrugineux; antennes de même couleur, avec une petite tache noire vers l'extrémité des deuxième, troisième et quatrième articles; élytres fortement ponctuées, presque rugueuses, avec une bordure d'un vert brillant. — Brésil.

15. MEGACEPHALA LATREILLEI

LAP., *Monogr.* (*Rev. Ent.*, t. 2, p. 30). — Long. 7 lig. Larg. 1 lig. ¼. — Diffère de la *M. Brasiliensis* par sa taille plus petite; les élytres moins granuleuses; la tache jaune postérieure moins longue; couleur générale d'un beau vert clair métallique éclatant; bords des segmens de l'abdomen, labre, pattes et antennes, d'un jaune testacé; deuxième, troisième et quatrième articles de celles-ci avec une tache un peu brunâtre. — Brésil intérieur.

16. MEGACEPHALA AFFINIS.

DEJ., 1, 12. — Long. 6 lig. ½ à 7. Larg. 2 lig. à 2 ¼ — D'un vert noirâtre; antennes fauves, avec une tache noirâtre à l'extrémité des deuxième, troisième et quatrième articles; bouche et pattes fauves; genoux d'un brun noirâtre; élytres avec un reflet vert sur les côtés et une tache commune et cordiforme, d'un jaune testacé à leur extrémité. — Cayenne.

17. MEGACEPHALA LEBASII.

DEJ., *Species*, t. V, Suppl., p. 203, n° 13. — Long. 8 lig. Larg. 2 lig. ¼. — D'un vert bleuâtre obscur; parties de la bouche, antennes, pattes, tache apicale des élytres, jaunes; élytres presque rugueuses, d'un bleu obscur un peu verdâtre; ressemble beaucoup à l'*Affinis*, mais plus grande et de couleur différente. — Colombie.

18. MEGACEPHALA ACUTIPENNIS.

DEJ., *Spec.*, 1, C. 13, 6.—*Cic. Virginica.* OLIV., 2, 23, 30, p. 3, fig. 26. — Long. 5 lig. ¼ à 6 ¼. Larg. 2 lig. a 2 ¼. — D'un vert bronzé obscur; antennes fauves, avec une petite tache noire sur les deuxième, troisième et quatrième articles; bouche, pattes, et une tache oblique à l'extrémité de chaque élytre . d'un jaune pâle ; élytres terminées par une petite pointe aiguë, placée vers le milieu.—Antilles.

19. MEGACEPHALA SEPULCHRALIS.

Fabr., 1. p. 14.—*Variolosa*, Dej., *Spec.*, —Long. 5 lig. ¼ à 6. Larg. 1 lig. ¾ à 2.—Entièrement d'un noir obscur, légèrement bronzé en dessous ; élytres assez fortement ponctuées, raboteuses, comme variolées et légèrement sinuées à l'extrémité. — Cayenne.

20. MEGACEPHALA ÆQUINOCTIALIS.

Fabr. 1. 234, 60.—Long. 8 lig. ½. Larg. 3 lig. ¼.—Entièrement d'un jaune roussâtre avec le dessous du corps, les antennes et les pattes plus pâles ; élytres très-légèrement granulées, avec une large bande obscure à la base, et une autre un peu au-delà du milieu, n'atteignant pas le bord extérieur, et formant, par leur réunion, une tache réniforme. — Brésil.

21. MEGACEPHALA LAMINATA.

Perty, *Voyage de Spix et Martius*, Ins. 1, p. 2. pl. 1, fig. 31. —*Nocturna*; Dej., *Spec.*, t. V, sup. 203, 14. — Long. 4 lig. ½. Larg. 1 lig. ½.—D'un brun roussâtre ; bords latéraux des élytres et une grande tache à l'extrémité d'un jaune testacé très-pâle ; parties de la bouche, antennes, anus et pattes de cette couleur. — Brésil, Para.

22. MEGACEPHALA MARTII.

Perty, *Voyage de Spix et Martius. Delectus animalium (Insectes)*, p. 1. pl. 1. fig. 1. — Long. 8 lig. ½. Larg. 2 lig. ¾. —D'un vert brillant et bleuâtre, surtout sur les élytres ; corselet convexe et cylindrique ; élytres offrant à l'extrémité une tache marginale oblongue ; anus, antennes, et pattes jaunes.— Brésil.

Nota. Cette espèce me semble voisine de la *Sobrina*, Dej. ; mais je la crois distincte.

23. MEGACEPHALA ADONIS. (Pl. 1, fig. 3.)

Lap., *Rev. Ent.*, t. II, — *Étud. Ent.*, p. 35, n° 3. — *Laportei*, Chevrol., *Rev. Ent.* — Long. 6 lig. Larg. 2 lig. ½ —Corps d'un beau vert ; parties de la bouche et antennes d'un jaune testacé ; un point obscur sur les deuxième, troisième et quatrième articles de ces dernières ; élytres pointues à l'extrémité avec un beau reflet bleu sur la suture ; elles sont fortement ponctuées ; elles offrent une tache oblique et jaune, arrondie, non élargie à son extrémité supérieure ; extrémité de l'abdomen et pattes jaunes. — Cuba.

24. MEGACEPHALA PUNCTATA.

Lap., *Étud. Ent.*, p. 34. — Long. 8 lig. Larg. 3 lig. — Re semble à la *Carolina* : corps un peu élargi ; tête d'un vert cuivreux, rougeâtre sur le front ; palpes et antennes jaunes ; corselet vert. avec le milieu d'un rouge cuivreux ; élytres élargies, vertes, avec le milieu rouge ; elles sont noirâtres en arrière, avec une tache jaune à l'extrémité ; cette dernière droite, placée obliquement, et renflée à son extrémité supérieure ; derniers segmens de l'abdomen, et milieu de tous, obscurs ; pattes jaunes. — Brésil méridional.

25. MEGACEPHALA HILARII.

Lap., *Étud. Entom.*, p. 34. — Long. 6 lig. Larg. 2 lig. — D'un vert métallique ; parties de la bouche et antennes d'un jaune fauve ; les quatre premiers articles de ces derniers avec des taches obscures ; corselet comme dans la *M. Carolina* : élytres ovalaires, assez larges à la base, couvertes de points forts qui s'affaiblissent en arrière ; couleur comme dans l'espèce précitée ; la tache jaune de l'extrémité large et arrondie à sa partie supérieure ; dessous du corps d'un vert sombre au milieu ; anus et pattes jaunes. — Brésil.

Nota. Il faut aussi rapporter à ce genre quelques espèces décrites par M. Klug dans ses Annales d'Entomologie et dans son Catalogue de la collection de Berlin. L'*Occidentalis* de ce dernier ouvrage est peut-être ma *Maculicornis*.

OXYCHEILA, Dej., Latr., Lap. ; *Cicindela*, Fabr.

Antennes filiformes, grêles. — Palpes labiaux aussi longs que les maxillaires, les premiers et troisième articles allongés, le deuxième court. le quatrième sécuriforme. — Les trois premiers articles des tarses antérieurs dilatés dans les mâles.—Mandibules recouvertes par la lèvre supérieure, celle-ci triangulaire. — Tête moyenne un peu allongée. — Yeux saillans latéralement. — Corselet de la largeur de la tête, recouvrant l'écusson, dont la pointe dépasse à peine la base des élytres.—Elytres un peu allongées, beaucoup plus larges que le corselet, dilatées postérieurement. — Abdomen des mâles ayant une échancrure à l'avant-dernier segment. — Pattes grandes. Ce genre a été fondé par M. Dejean ; j'en ai donné une monographie dans la *Revue Entomologique* de Silbermann.

1. OXYCHEILA TRISTIS.

Linn., *Syst. nat.*, Gmel., t. IV, p. 1922, n° 31. — Fabr., 235, 18, pl. 3, fig. 25.— Long. 9 à 10 lig. ½ Larg. 3 lig. ¾ a 3 ¼.— D'un noir obscur légèrement bronzé; élytres ponctuées, élevées et un peu ridées longitudinalement à la base, arrondies à l'extrémité dans le mâle, coupées presque carrément dans la femelle, avec une tache jaune irrégulière, un peu oblique au milieu de chacune d'elles. — Brésil.

2. OXYCHEILA FEMORALIS. (Pl. 1, fig. 4.)

Lap., *Rev. ent.*, t. 1, liv. 3, p. 128, n° 2. — Long. 8 lig. Larg. 3 lig. — Diffère de l'*O. tristis* par sa forme beaucoup plus courte; ses élytres très-élargies au milieu n'offrent pas d'élévation à la base, la tache jaune est droite; antennes d'un jaune testacé; article basilaire et extrémité des deuxième et troisième articles noirs; jambes de la couleur des antennes, avec l'extrémité des cuisses noire. — Brésil.

3. OXYCHEILA BIPUSTULATA.

Latr., *Ins. Humboldt*, p. 153, n° 13; — Fabr., 6, fig. 1, 2; Lap., *Rev. Ent.* 1, p. 128, n° 3. — Long. 7 lig. Larg. 2 lig. ½. —D'un bleu un peu obscur; parties de la bouche et antennes noires; élytres un peu ovales, ayant chacune au milieu une tache noire, grande et veloutée, au centre de laquelle on voit une autre tache arrondie d'un jaune orangé; dessous du corps d'un bleu violet; pattes noires.—Bords du fleuve des Amazones et Colombie.

4. OXYCHEILA DISTIGMA.

Gory, *Magas. Entomolog.*, pl. 17. — Lap., *Rev. ent.*, 1, p. 129, n° 4. — Long. 7 lig. Larg. 2 lig. ½. —D'un violet obscur; mandibules noires, avec l'extrémité un peu brunâtre; palpes d'un jaunes testacé; antennes de cette couleur, avec les quatre premiers articles d'un brun rouge foncé; élytres presque parallèles, offrant au milieu une tache jaune; jambes et tarses jaunâtres. — Brésil.

5. OXYCHEILA BINOTATA. (Pl. 1, fig. 5.)

Gray, *An. Kingdom*, t. XIV, p. 264, pl. 29, fig. 2.—Lap., *Rev. ent.*, p. 130, n° 3. — Long. 6 lig. Larg. 2 lig. ½. — D'un violet verdâtre foncé; élytres très-fortement ponctuées, surtout vers la base, larges, poupres, parallèles, arrondies à l'extrémité, offrant au-dela du milieu une tache trasversale d'un brun rouge; parties de la bouche, antennes, dessous du corps et pattes noires. — Cayenne.

Nota. M. Buquet a décrit une espèce nouvelle de ce genre dans le *Magasin de Zoologie*. Elle vient de Cayenne.

IRESIA, Dej., Gray.

Les trois premiers articles des tarses antérieurs dilatés, allongés, ciliés également des deux côtés; les deux premiers grossissant très-légèrement vers l'extrémité, et presque cylindriques; le troisième, plus court, presque triangulaire. — Palpes labiaux très-allongés, plus longs que les maxillaires, le premier article allongé, saillant au-delà de l'extrémité supérieure de l'échancrure du menton, le second très-court, le troisième très-long, cylindrique, légèrement courbé, et le dernier très-allongé et sécuriforme. — Lèvre supérieure très-grande, en demi-ovale, et recouvrant les mandibules.

Ces Insectes ressemblent, pour le facies, aux Thérates; l'avant-dernier segment de l'abdomen est très-fortement échancré dans le mâle. M. Lacordaire, qui le premier a rapporté cet Insecte, le prit sur les arbres. Il vole, avec facilité, de feuille en feuille.

1. IRESIA LACODAIREI.

Dej., *Species*, sup., t. V, p. 297.—*Icon.*, 1, p. 10, t. 1, fig. 4. —*An. Kingdom.*, pl. 29, fig. 4.—Long. 4 lig. Larg. 1 lig. —Noir; élytres avec des rides tranversales d'un vert brillant, offrant des reflets bleus sur les côtés et sur la suture; poitrine, abdomen et cuisses d'un jaune roussâtre; lèvre d'un jaune pâle. — Brésil.

CICINDELA, Linn., Fabr., Oliv., Latr.

Antennes longues, filiformes. —Palpes à peu près d'égale longueur, le dernier article des labiaux grossissant un peu vers l'extrémité. — Tarses filiformes, les trois premiers articles des antennes allongés, dilatés, ciliés plus fortement en dehors qu'en dedans.—Tête grande, plus large que le corselet.— Mandibules allongées, quadri-dentées au côté interne. —Corselet presque carré. — Ecusson triangulaire. — Elytres arrondies à l'extrémité. — Pattes longues.

Les Cicindèles ont un vol court, mais rapide; plusieurs espèces exhalent, quand on les saisit, une odeur agréable et musquée; leur corps est en général très-brillant, métallique, et presque toujours de couleur verdâtre.

On trouve des Cicindèles dans toutes les parties du monde.

PREMIÈRE DIVISION.

Corps plus ou moins large, déprimé. — Lèvre supérieure un peu avancée, avec des dentelures dont le nombre varie de trois à sept. — Cuisses postérieures de longueur moyenne.

Cette division comprend les cinquième et sixième divisions du Species de M. le comte Dejean.

1. CICINDELA LUGUBRIS.

DEJ., *Species*, t. 1, p. 39. — Long. 9 lig. Larg. 3 lig. — D'un noir mat et obscur ; élytres avec un point à la base, une petite ligne au-dessous près de la suture ; une grande tache irrégulière à peu près au tiers de l'élytre ; une autre grande tache allongée, parallèle au bord postérieur ; une ligne étroite près de la suture; trois autres lignes un peu obliques entre la première et la seconde; dessous du corps d'un noir brillant. — Sénégal.

2. CICINDELA CINCTA.

FABR., 1, 240, n° 40. — OLIV., 2, 33, 6, pl. 3, t. 33. — Long. 7 lig. ¹⁄₂. Larg. 2 lig. ¹⁄₇. — Brun obscur ou noir ; élytres avec une bande latérale et quatre points blancs ; dessous du corps d'un bleu verdâtre. — Sénégal.

3. CICINDELA VITTATA.

FABR., 1, 240, 41. — Long. 6 lig. ¹⁄₄. Larg. 2 lig. — D'un cuivreux obscur, avec une bande latérale blanche, ayant une double dentelure intérieure et cinq points blancs. — Sénégal.

4. CICINDELA CHINENSIS.

FABR., 1, 23, 236.—OLIV., 2, 33, 5, pl. 2, fig. 20. — Long. 10 lig. Larg. 3 lig. ¹⁄₂. — D'un beau bleu, milieu du corselet doré; élytres vertes, avec une tache transversale d'un bleu foncé vers la base et une autre très-grande et ovale, occupant toute la moitié postérieure de l'élytre ; l'on voit un point blanc à l'angle huméral, un autre un peu en arrière, et une ligne allongée, sinuée et oblique, un peu au-delà du milieu, et enfin une assez grande tache arrondie vers l'extrémité. — Chine. — M. Dejean décrit (Species, 2, 419), sous le nom de *C. Duponti*, une espèce très-voisine de celle-ci.

5. CICINDELA AURULENTA.

FABR., 1. 239. 38. — Long. 6 lig. ¹⁄₂.

Larg. 2 lig. ¹⁄₂. — D'un beau bleu, avec une teinte d'un rouge cuivreux sur la tête et deux taches de même couleur sur le corselet ; élytres obscures, avec la suture cuivreuse, et sur chacune un point à l'angle huméral et trois taches blanches, celle du milieu transversale; dessus du corps d'un cuivreux verdâtre. — Java.

6. CICINDELA VASSELETI.

CHEVR., Ins. Mexiq.—Long. 5 lig. Larg. 2 lig. — Mandibules vertes ; palpes d'un blanc sale, avec les deux derniers articles des maxillaires et le dernier des labiaux de la couleur des mandibules ; tête offrant de nombreuses stries longitudinales, d'un vert bleuâtre, avec une large tache d'un brun pourpre, bordée de jaune, placée en arrière, qui se prolonge antérieurement au milieu et sur les côtés ; labre d'un blanc jaune, avec la base d'un vert métallique; antennes à quatre premiers articles d'un vert éclatant, offrant quelques poils ; le reste très-velu et cendré ; corselet étroit, presque cylindrique, avec un foible trait longitudinal au milieu d'un bleu verdâtre, avec les bords antérieurs et postérieurs, et une grande tache arrondie de chaque côté d'un même brun pourpre que la tête ; les bords de ces taches sont jaunes, les côtés du corselet sont garnis de poils gris; écusson triangulaire, verdâtre ; élytres parsemées de points enfoncés et très-serrés, d'un brun pourpré ; elles présentent une ligne longitudinale verte, partant de l'angle huméral et allant obliquement jusqu'à l'extrémité de l'élytre, en formant vers le milieu un angle rentrant très-fort; dessous du corps d'un vert bleuâtre métallique et très-éclatant, avec des plaques d'un rouge cuivreux sous la poitrine ; côtés du corps garnis de poils blancs ; pattes d'un vert cuivreux, pubescentes ; tarses violets. — Mexique.

7. CICINDELA REGALIS. (Pl. 1, fig. 6.)

DEJ., *Species*, t. V, Suppl., p. 251. — Long. 7 lig. Larg. 2 lig. — D'un vert cuivreux, couvert d'un léger duvet blanc, avec les antennes, les bords antérieurs et postérieurs de la tête, une ligne longitudinale de chaque côté du corselet, violets ; élytres d'un beau bleu violet, avec quatre grandes taches transversales un peu obliques, d'un blanc jaune, disposées le long des bords latéraux, couvrant presque toute l'élytre, mais n'atteignant pas la suture ; à la base, derrière l'écusson, deux taches ovales de chaque côté; dessous

du corps et pattes d'un violet éclatant. —
Sénégal.

8. CICINDELA 10 GUTTATA.

Fabr., 1, 241, 49. — Long. 6 lig.
Larg. 2 lig. ¼.—Velouté, d'un vert foncé à
reflets violets ; bords du corselet, son milieu
et celui de la tête, d'un rouge cuivreux ;
une tache blanche sur l'angle huméral, une
autre plus grande derrière celle-ci ; deux
disposées obliquement, souvent réunies sur
le milieu de l'élytre ; un petit point au bord
extérieur vers les deux tiers, et une lunule
en arrière, d'un blanc jaune ; pattes d'un
vert cuivreux. — Nouvelle-Zélande.

9. CICINDELA SEXGUTTATA.

Fabr., 1, 241. — Oliv., 2, 33, 27, pl. 2,
fig. 21. — Long. 5 lig. ¼. Larg. 2 lig.
— Vert ou bleu ; lèvre blanche ; élytres avec quatre taches, la première près
du bord latéral, à peu près au milieu ; la
seconde près de l'angle postérieur ; la troisième à l'extrémité près de la suture, et la
quatrième un peu plus bas que la première.
—Plusieurs de ces taches manquent quelquefois et même dans quelques individus
il n'en reste aucune trace. — Amérique
du Nord.

10. CICINDELA MAURA. (Pl. 1, fig. 7.)

Fabr., 1, 235, 16.— Oliv., 2, 33, pl. 3,
fig. 31. — Long. 5 lig. ¼. Larg. 2 lig. —
Presque noir, corselet rétréci en arrière, élytres avec une tache blanche à l'angle huméral, une autre un peu en arrière
de celle-ci; une bande transversale au milieu, formée de deux points qui se réunissent; un point blanc à la partie postérieure,
au bord externe, et enfin un autre à l'extrémité ; dessous du corps et pattes un peu
verdâtres. — Espagne et Barbarie.

11. CICINDELA LUCTUOSA.

Dej., Spec., t. V, Suppl., p. 227. —
Long. 7 lig. Larg. 2 lig. — Ressemble
beaucoup à la Maura, et en diffère par
les élytres, qui offrent une lunule sur l'angle huméral, une tache transversale sur
le milieu, qui n'atteint ni la suture ni
le côté externe, et une lunule à l'extrémité, qui se relève sur son bord antérieur et se termine presque en pointe. —
Barbarie.

12. CICINDELA NIGRITA.

Dej., Spec., 1, 58, 42. — Long.
6 lig. ¼. Larg. 2 lig. ¼.—Noir, cinq points
blancs sur le bord extérieur, et un autre
au milieu. — Corse.

13. CICINDELA CAMPESTRIS.

Fabr., 1, 233. — Oliv., 2, 33, 8, pl. 1,
fig. 3.—Long. 6 lig. Larg. 2 lig. ¼.—Vert ;
pattes d'un rouge cuivreux, une tache
blanche à l'angle huméral et quatre autres le long du bord extérieur, une à
l'extrémité, et une enfin au milieu ; cette
dernière est entourée d'un cercle rougeâtre.
— Paris, très-commun. — Var. Sans taches sur les élytres.
   Nota. Les Cic. Maroccana, Fab., et de-
cem-punctata, Brullé, Expéd. scient. de
Morée, ne sont probablement que des variétés de cette espèce.

14. CICINDELA APRICA.

Stephens, Illust., t. 1. p. 18.—Cic. hybrida., Fabr., 1, 234, 13. — Oliv., 2, 33,
9, pl. 1, fig. 7. — Long. 6 lig. ¼. Larg.
2 lig. ¼.—D'un brun cuivreux ; élytres avec
une lunule blanche à l'angle huméral,
une autre à l'extrémité et une bande
transversale et un peu oblique vers le milieu ; cette bande n'atteint pas la suture,
elle est plus large à la base et présente
une sinuosité vers le milieu ; abdomen
d'un vert bleuâtre ; suture des élytres et
pattes d'un rouge cuivreux ; tarses et genoux bleuâtres. — Paris, très-commun.
Cette espèce se trouve dans presque
toutes les collections de France, sous le
nom d'Hybrida ; mais c'est par erreur,
la véritable Hybrida de Linné étant la Maritima de M. Dejean.

15. CICINDELA HYBRIDA.

Linné, Syst. Ent., 2, 657, 2.—F. Succ.,
747.— Sowerby, 1, pl. 18. — Maritima,
Dej., Spec., 1, 67, 50. — Icon., 1, 52,
n° 11, t. 4, f. 5.—Long. 6 lig. Larg. 2 lig. ¼.
— Ne diffère de la précédente que par
la bande des élytres un peu dilatée à sa
base, formant un crochet au milieu et se
prolongeant davantage vers l'extrémité de
l'élytre. — Suède, Angleterre, France,
sur les bords de la Manche.

16. CICINDELA RIPARIA.

Dej., Icon., 1, pl. 4, t. 2. — Steph.,
Illust., t. 1, p. 9, pl. 1, f. 1. — Long.
6 lig. Larg. 2 lig. ¼. — Diffère de l'Aprica
par sa couleur beaucoup plus foncée et presque noire, par sa bande plus large et moins
sinuée, et enfin par sa tache humérale,
souvent divisée au milieu. — Allemagne.

17. CICINDELA TRANSVERSALIS.

Dej., Spec., 1, 66, 49. — Icon., 1,
50, n° 9, pl. 4, f. 3. — Long. 6 lig. ¼.

Larg. 2 lig. ¼. — S'éloigne de l'*Aprica* par la bande des élytres, plus étroite, moins sinueuse ; la tache humérale partagée en deux points ; dessous du corps et pattes velues. — Autriche.

18. CICINDELA TRICOLOR.

FISCHER, *Entom. de la Russie*, 1, 6, 3, pl. 1, f. 3. — Long. 1 lig. ½. Larg. 2 lig. ¼. Tête et corselet d'un vert doré ; élytres d'un beau rouge, avec une lunule blanche à l'angle huméral, une autre à l'extrémité, et au milieu une bande sinuée n'atteignant pas la suture. — Sibérie. — Var. Tête, corselet et élytres, bleus ; taches jaunes. — Sibérie.

19. CICINDELA SYLVICOLA.

DEJ., *Spec.*, 1, 67, 50. — *Icon.*, 1, 51, 10, pl. 4, f. 4. — CURTIS, 1, pl. 1. — Long. 7 lig. Larg. 2 lig. ¼. — D'un cuivreux verdâtre ; élytres avec une lunule blanche humérale, une autre à l'extrémité, et une bande au milieu, flexueuse et n'atteignant pas la suture. — Midi de la France.

20. CICINDELA SOLUTA.

DEJ., *Spec.*, 1, 70, 54. — *Icon.*, 1, 47, 6, pl. 3, f. 8. — Long. 6 lig. ½. Larg. 2 lig. ¼. — Vert un peu cuivreux ; élytres allongées, assez étroites, avec une lunule blanche à l'angle huméral, une autre à l'extrémité, toutes deux interrompues, et une bande étroite, sinuée à l'extrémité. — Hongrie.

21. CICINDELA SYLVATICA.

LINNÉ, FABR., 1, 235, 15. — OLIV., 2, 33, 12, pl. 1, f. 5. — DONOVAN, *Brit. Ins.*, X, pl. 351, f. 1. — Long. 7 lig. ½. Larg. 2 lig. ¼. Brun, presque noir ; élytres veloutées et comme variolées, avec une lunule humérale blanche, une bande ondulée au milieu, et un point de même couleur vers l'extrémité ; lèvre noire. — France, assez rare autour de Paris ; se trouve dans les forêts.

22. CICINDELA SINUATA.

FABR., 1, 234, 14. — DEJ., 1, 53, 12, tab. 4, f. 5. — Long. 4 lig. ½. Larg. 1 lig. ½. — Vert obscur ; élytres avec leurs bords latéraux blancs ; une lunule à l'angle de la base, une autre à l'extrémité, dont la pointe supérieure se recourbe du côté du bord externe, et vers le milieu une bande étroite, sinuée, paroissant formée de deux lunules dont la première tournée vers la tête et la seconde vers la suture. — Autriche.

INSECTES. I.

23. CICINDELA TRISIGNATA.

ILLIG., DEJ., *Spec.*, t. I, p. 77. — *Icon.*, 1, 54, n° 13, t. IV, fig. 7. — Long. 5 lig. Larg. 2 lig. — Diffère de la *C. Sinuata* par la bande du milieu de l'élytre, qui est plus étroite, et dont la seconde partie, celle dirigée vers la suture, est plus longue. — Midi de la France.

24. CICINDELA LUGDUNENSIS.

DEJ., *Spec.*, 1, 77, 61. — Long. 4 lig. Larg. 1 lig. ½. — Diffère de la *C. Sinuata* par sa couleur, qui est d'un vert foncé, sans teintes cuivreuses, et par la bordure latérale blanche des élytres, qui est interrompue dans deux endroits. — Midi de la France.

25. CICINDELA CIRCUMDATA. (Pl. 1, fig. 8.)

DEJ., *Spec.*, t. I, p. 82. — *Icon.*, p. 57, n° 16, pl. 5, fig. 2. — Long. 5 lig. ¼. Larg. 2 lig. — Cuivreux ; corselet, côtés de la poitrine, de l'abdomen, et pattes, pubescentes et d'un blanc de neige ; élytres avec une bordure latérale étroite, offrant à la base une lunule large, vers le milieu une tache en forme d'S qui s'étend jusque près de la suture, et dont les bords sont un peu irréguliers, et en arrière deux sortes de dents dirigées par en haut. — Midi de la France.

26. CICINDELA DILACERATA.

DEJ., *Spec.* — Long. 5 lig. ½. Larg. 2 lig. — Ressemble beaucoup à la Circumdata, mais s'en distingue par la bordure latérale des élytres, qui est très-large, la lunule de la base étroite ; la tache en forme d'S beaucoup plus large, plus irrégulière sur ses bords, et imitant des petits rameaux fort nombreux. — Iles Ioniennes.

27. CICINDELA GOUDOTII.

DEJ., *Spec.*, t. V, supp., p. 236. — *Icon.*, 1, p. 40, n° 26, t. V, fig. 2. — Long. 6 lig. Larg. 2 lig. ½. — Se distingue de la Circumdata par la bordure de ses élytres, qui est large, et par la tache en forme d'S qui est très-étroite et très-nette sur ses bords, ce qui l'éloigne aussi de la Dilacerata. — Barbarie.

Nota. Les antennes de cette espèce sont fort longues.

28. CICINDELA LITTORALIS. (Pl. 1, fig. 9.)

FABR., 1, p. 235, n° 17. — *Icon.*, 1, p. 42, n° 3, t. III, fig. 4 et 5. — Long. 6 lig. Larg. 2 lig. ½. — Bronzé cuivreux à teintes variables, élytres avec une lunule

humérale étroite , quatre points blancs ,
situés vers le milieu , dont deux sur le
bord externe , et une lunule terminale
semblable à celle de la base ; suture. pattes
et côtés de la poitrine d'un cuivreux éclatant ; abdomen d'un bleu brillant. — Midi
de la France.

29. CICINDELA BARBARA.

Long. 6 lig. ¼. Larg. 2 lig. ¼. — Diffère
de la Littoralis, dont elle n'est peut-être
qu'une variété, par sa taille plus grande,
sa couleur plus noirâtre ; les lunules des
élytres sont plus fortes ; les deux premiers
points étant réunis forment une bande
transversale assez large, qui n'atteint pas la
suture ; dessous du corps noirâtre ; pattes
très-velues et sans reflets bleus. — Barbarie.

30. CICINDELA TRIFASCIATA.

FABR., 1. p. 242, n° 54. — OL., 2, 33, p.
28, n° 30, pl. 2. fig. 18.—Long. 4 lig. Larg.
1 lig. ¼. — Allongé ; d'un cuivreux verdâtre ; élytres avec le bord latéral blanc,
une lunule humérale , une autre à l'extrémité, et une bande étroite en forme d'S sur
l'élytre, de même couleur. — Cayenne.

31. CICINDELA LATREILLEI. (Pl. 2, fig. 1.)

DEJ., Spec., 1, t. V, suppl.. p. 261. —
Long. 6 lig. Larg. 2 lig. — D'un brun bronzé ;
élytres finement granuleuses, avec une tache latérale d'un blanc jaunâtre, offrant en
arrière une dent dirigée en haut ; elles offrent aussi un point très-petit de même couleur vers le milieu de chacune, et rapproché
de la suture ; tout du long de celle-ci l'on
voit une rangée de points enfoncés ; base
des élytres un peu plissée longitudinalement ; dessous du corps pubescent ; pattes
cuivreuses. — Barbarie.

32. CICINDELA DUMOLINI.

DEJ. , Species, t. V, sup., p. 233. —
Long. 7 lig. Larg. 2 lig. ¼. — D'un vert
cuivreux ; élytres d'un vert mat, avec
une large bordure d'un blanc jaunâtre,
formant une sorte de lunule a la base ,
et imitant vers le milieu une bande large
et transversale qui n'atteint pas la suture ;
vers les deux tiers postérieurs. un point
de même couleur, près de la suture. — Sénégal.

33. CICINDELA MEXICANA.

KLUG., — Long. 4 lig. ¼. Larg. 1 lig. ¼.
— D'un brun obscur ; élytres avec une
lunule humérale bleuâtre , interrompue

dans son milieu ; une tache légèrement
transverse un peu avant le milieu, sur le
bord extérieur ; une autre petite et arrondie plus en arrière, rapprochée de la
suture. et enfin une autre près de l'extrémité ; dessous du corps pubescent ; abdomen brun ; pattes verdâtres. — Méxique.

34. CICINDELA QUADRILINEATA.

FABR.. 1, p. 239, n° 39 ; OLIV., 2, 33, p.
25. n° 25, t. I. fig. 4 et 8. — Long.
6 lig. ¼. Larg. 2 lig. ¼. — Allongé, bronzé, cuivreux ; bordure des élytres et une
bande longitudinale vers le milieu , un
peu plus près de la suture, d'un blanc jaunâtre. — Indes Orientales.

35. CICINDELA FLEXUOSA. (Pl. 2, fig. 2.)

FABR., 1, p. 237, n° 27 ; OL., 2, 33,
p. 18, n° 17, pl. 1, fig. 10. — Long.
6 lig. Larg. 2 lig. ¼.— D'un brun cuivreux
obscur ; élytres avec une large lunule
humérale , une autre en arrière, dont
l'extrémité latérale forme un point souvent séparé ; une ligne vers le milieu ,
qui se recourbe ; une et souvent deux
petites taches sur chaque élytre. à la base,
près de la suture, et une autre plus en arrière. — Midi de la France.
Nota. Le Cicindela Sardea , DEJ., n'est
peut-être qu'une variété de cette espèce ;
elle se trouve aussi à Toulon.

36. CICINDELA UPSILON.

MAC LEAY, DEJ., Spec. , t. I, p. 126,
n° 107. — Long. 5 lig. ¼. Larg. 2 lig.
— Bronzé ; élytres blanches, avec la suture bronzée et dilatée à la base, formant une sorte de V de chaque côté ; et
une ligne courbe très-étroite de même
couleur vers le milieu. et assez rapprochée
de la suture. — Nouvelle - Hollande.

37. CICINDELA NIVEA.

KIRBY, Century of insects, p. 376, n° 2.
— Long. 5 lig. ¼. Larg. 2 lig. ¼. — Bronzé, couvert d'un duvet blanc ; élytres
d'un blanc jaunâtre lisse. — Brésil.

38. CICINDELA BIRAMOSA.

FABR., 1, p. 240 , n° 42.—Long. 5 lig.
Larg. 1 lig. ¼. — Allongé, d'un cuivreux
obscur ; élytres avec une bordure latérale,
formant à l'extrémité une sorte de lunule
plus large, et imitant vers le milieu une
tache transversale. — Indes Orientales.

39. CICINDELA ZWICKII.

FISCHER, Entomographie de la Russie,
t. I. p. 194, n° 8. pl. 17, fig. 10.—Long.

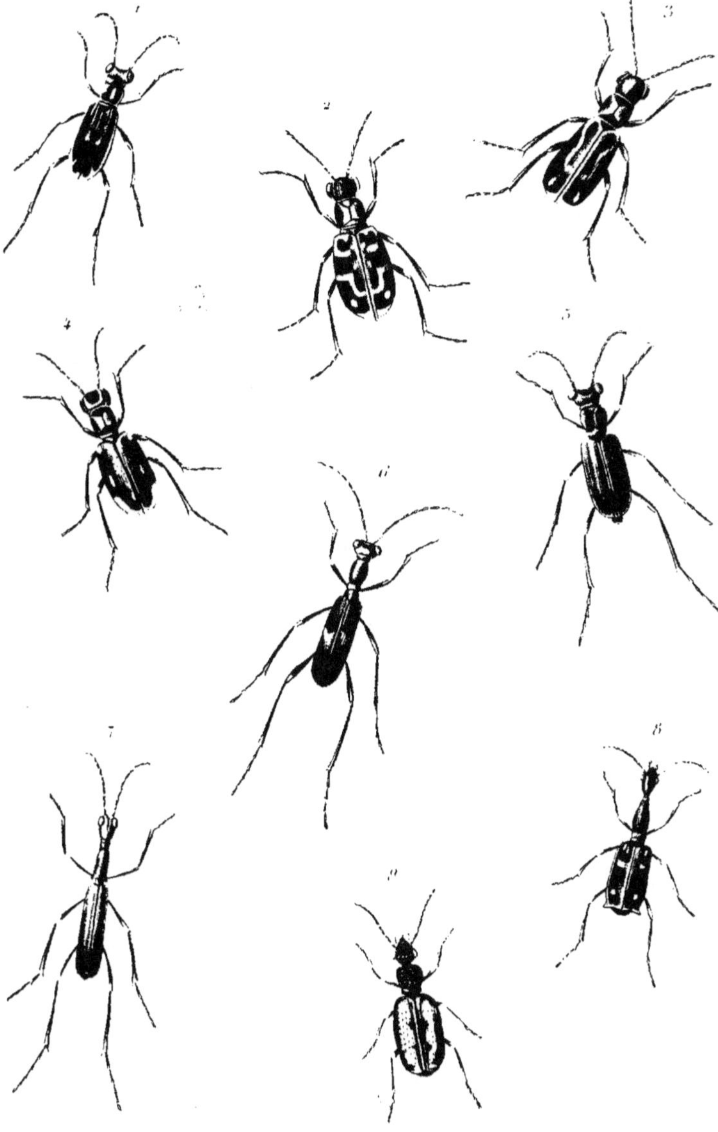

1. Cicindela Latreillei.
2. ――――― Flexuosa.
3. ――――― Paludosa.
4. ――――― germanica.
5. Cicindela nitidicollis.
6. Procephalus Jacquieri.
7. Colliuris Bonelli.
8. Casnonia Signata.
9. Lasiocera Nitidula.

5 lig. ½. Larg. 2 lig. — Allongé, un peu cylindrique, d'un bronzé très-obscur; élytres avec un point blanchâtre à l'angle de la base. — Sibérie.

40. CICINDELA PALUDOSA. (Pl. 2, fig. 3.)
Dufour, *Ann. sc. physiq.*, t. VI, p. 318. —*Scalaris Latr.*, 1, p. 60, n° 18, pl. 5, fig. 4 et 5. — Long. 5 lig. Larg. 1 lig. ½. — Allongé, d'un vert plus ou moins obscur et quelquefois d'un bleu foncé; élytres avec une ligne longitudinale large et blanchâtre près du bord externe, sinuée et interrompue, avec une lunule à la base et une autre à l'extrémité, de même couleur. — Midi de la France.

41. CICINDELA GERMANICA. (Pl. 2, fig. 4.)
Fabr., 1, p. 237, n° 29. — Long. 5 lig. Larg. 1 lig. ½. — Allongé, vert, quelquefois bleu; élytres avec un point huméral blanc; une tache allongée près du bord extérieur vers le milieu, et une lunule terminale de même couleur. — Paris.

42. CICINDELA SOBRINA.
Gory, *An. Soc. Ent.*, t. II, p. 176. — Long. 5 lig. Larg. 1 lig. ½. — Ressemble à la *Germanica*, mais s'en éloigne par sa forme un peu plus élargie, sa couleur plus obscure; une tache longitudinale brunâtre sur le milieu des élytres très-peu marquée; la tache blanche du bord extérieur toujours en triangle bien marqué, et dont la pointe est dirigée obliquement par en-bas; dessous du corps un peu bleuâtre. — Italie.

43. CICINDELA GRACILIS.
Pallas, *Voyage*, 3, p. 475, n° 40; *Iconog.* 1, p. 62, n° 20, pl. 5, fig. 8. — Long. 4 lig. ½. Larg. 1 lig. ½. — Allongé, cylindrique, d'un noir obscur un peu bronzé; élytres avec un point blanc à l'angle de la base, une tache allongée au milieu, près du bord extérieur, et une autre vers l'extrémité, remplaçant la partie supérieure de la lunule; toutes ces taches sont blanches; sur la suture une grande tache oblongue et ferrugineuse. —Sibérie.

44. CICINDELA FESTIVA.
Dej., *Species*, t. V, Suppl., p. 220. — Long. 5 lig. ½. Larg. 1 lig. ½. — Étroit, un peu cylindrique, granuleux, d'un vert à reflets bleuâtres; élytres un peu cuivreuses, avec trois taches jaunes, disposées longitudinalement près du bord extérieur, la première qui touche l'angle huméral est

longue et étroite; la seconde qui s'y joint ordinairement est ovale; et la troisième située près de l'extrémité arrondie; dessous du corps d'un beau violet; cuisses vertes, avec leur extrémité et les jambes brunâtres. — Sénégal.

45. CICINDELA CONCINNA.
Dej., *Species*, t. V, Suppl., p. 218. — Long. 6 lig. ½. Larg. 1 lig. ½. — Presque cylindrique, d'un violet éclatant; élytres fortement ponctuées d'un beau vert métallique, à l'exception de la suture, qui est de la couleur générale; une tache arrondie et d'un blanc jaunâtre sur chaque élytre, vers l'extrémité, sur le bord externe. — Sénégal.

DEUXIÈME DIVISION.

Diffère de la première par ses cuisses postérieures, dont la longueur égale presque celle de tout le corps. Ces espèces font partie de la sixième division de M. le comte Dejean.

46. CICINDELA LONGIPES.
Fabr., 1, p. 241, n° 47. — Long. 4 lig. ½. Larg. 1 lig. ½. — Allongé, un peu cylindrique, d'un vert cuivreux; élytres fortement ponctuées et d'un rouge cuivreux, avec une bordure dentelée et blanche, et un rameau tortueux en forme d'*S*. — Indes Orientales.

47. CICINDELA TENUIPES.
Guérin, *Iconogr. règne anim. Insect.*, pl. 3, fig. 7. — Dej., *Spec.*, t. 2, p. 429, 3° 142. — Long. 5 lig. Larg. 1 lig. ½. — D'un cuivreux bronzé et un peu verdâtre; élytres blanches, avec la suture et une ligne courbe et peu visible, située en arrière, de la couleur générale. — Cochinchine.

TROISIÈME DIVISION.

S'éloigne de la première par sa lèvre supérieure qui est avancée, fortement dentée et recouvre en grande partie les mandibules. La seule espèce de cette division constitue la quatrième section du *Species* de M. Dejean.

48. CICINDELA CHALYBEA.
Dej., *Species*, t. 1, p. 38. — Long. 5 lig. ½. Larg. 2 lig. — D'un beau bleu; lèvre avancée; élytres fortement ponctuées, avec une légère impression transversale à l'extrémité; jambes et tarses obscurs. — Brésil.

QUATRIÈME DIVISION.

Corps assez allongé, un peu cylindrique; lèvre supérieure avancée, presque arrondie et à peine dentelée. *Septième division* de M. Dejean.

49. CICINDELA FUNESTA.

FABR., t. 1, p. 243. n° 56. — Long. 4 lig. ½. Larg. 1 lig. ½. — Un peu cylindrique, d'un bronzé obscur; antennes trèslongues, pattes grêles et jaunes; tarses obscurs. — Indes orientales.

50. CICINDELA VIRIDULA.

SCHŒN., *Syn. Insect.*, t. 1, p. 243. n° 31. — Long. 3 lig. ½. Larg. 1 lig. — Allongé, presque cylindrique, d'un vert assez brillant; élytres plus obscures; parties de la bouche, base des antennes et pattes jaunâtres; reste des antennes obscur. — Ile Bourbon, Indes Orientales.

CINQUIÈME DIVISION.

Corps cylindrique, lèvre assez avancée, fortement dentelée. — *Troisième division* de M. le comte Dejean.

51. CICINDELA ANALIS.

FABR., 1, p. 236. n° 24. — Long. 5 lig. ½. Larg. 1 lig. ½. — Cylindrique, d'un vert bronzé; bords extérieurs des élytres d'un beau bleu éclatant; parties de la bouche, extrémité de l'abdomen et cuisses d'un jaune ferrugineux; taches obscures. — Java.

52. CICINDELA 4-PUNCTATA.

FABR. 1, p. 239, n° 36. — Long. 5 lig. ½. Larg. 1 lig. ½. — Allongé, cylindrique, d'un bleu verdâtre; élytres avec deux taches rondes et blanches; la première un peu après le milieu, la seconde vers l'extrémité. — Sénégal et Indes Orientales.

53. CICINDELA VERSICOLOR.

SCHŒNHER, DEJ., *Spec.*, t. 1, p. 37, n° 21. — Long. 5 lig. ½. Larg. 1 lig. ½. — Cylindrique, d'un bronzé obscur à reflets cuivreux; élytres fortement ponctuées, avec les côtés d'un beau bleu et un trèspetit point blanchâtre, vers le milieu; dessous du corps bleu; cuisses rougeâtres. — Côte de Guinée.

SIXIÈME DIVISION.

Corps allongé, cylindrique; lèvre supérieure transversale et courte. Cette division correspond à la *seconde* de M. Dejean.

54. CICINDELA CYLINDRICOLLIS.

DEJ., *Spec.*, t. 1, p. 34, n° 18. — Long. 5 lig. ½. Larg. 1 lig. ½. — Cylindrique, d'un bronzé obscur; élytres avec trois taches marginales blanches (la femelle n'en a que deux); dessous du corps vert. — Brésil.

Nota. L'on trouve un très-grand nombre d'espèces de *Cicindèles* décrites dans les auteurs; quelques-unes s'y trouvent sous des noms différens. L'*obliquata* de M. Dejean doit porter le nom de *Vulgaris*, qui lui avoit été précédemment donné par M. Say. Les espèces suivantes se trouvent dans le même cas. *Repanda* Dejean est l'*Hirticollis* Say. *Signata* Dej. est la *Dorsalis* Say, etc. Pour les ouvrages où l'on trouve le plus de descriptions de *Cicindèles*, nous renverrons à ceux de Fabricius, Herbst, Olivier; au travail de M. le comte Dejean sur les *Carabiques* de sa collection, à l'Iconographie des Coléoptères d'Europe du même entomologiste et de M. le docteur Boisduval; à l'ouvrage de M. Brullé sur les Insectes de Morée; à ceux de MM. Guérin et Boisduval pour les espèces recueillies par les expéditions autour du monde de MM. Duperrey et Durville; aux différents mémoires que M. Vigors a publiés sur ces insectes, dans le *Zoological Journal*; à celui déjà cité de M. Say (*Journal of the acad. of nat. sc. of Philadelphie*); à la centurie de Carabiques de M. Gory (*Ann. de la Soc. d'Entomologie*); aux travaux de Forskal, *etc.*, *etc.*

ODONTOCHEILA;

Therates, FISCHER;

Cicindela, première division Dejean.

Ces Insectes nous semblent différer assez des Cicindèles pour former un genre propre. Leur corps est allongé, cylindrique. — lèvre supérieure, très-prolongée en avant, recouvre les mandibules. — Corselet allongé. — Yeux très-saillans. — Pattes très grêles. — Les tarses sillonnés.

Espèces propres à l'Amérique du Sud. Leur vol est assez rapide; on les trouve sur les feuilles. (Lacordaire, *An. Sc. nat.*, t. 20, p. 36.)

M. Audouin a observé que les espèces

ce genre ont un poil roide au bout de leurs palpes maxillaires internes.

1. ODONTOCHEILA CAYENNENSIS.
Fabr., 1, p. 243, n° 59.—Ol., 2, 33, p. 23, n° 23, pl. 1, t. 2. — Long. 7 lig. ½, Larg. 2 lig. — D'un bronzé obscur ; élytres avec un point blanc vers le milieu du bord latéral ; dessous du corps bleu ; jambes et tarses postérieurs d'un jaune testacé. — Cayenne.

2. ODONTOCHEILA BIPUNCTATA.
Fabr.. 1, p. 238, n° 34.—Long. 6 lig. ¼. Larg. 1 lig. ½. — Bronzé obscur ; élytres avec un point blanc et allongé vers le milieu du bord externe ;. abdomen, jambes et tarses d'un jaune foncé. — Amérique Méridionale.

3. ODONTOCHEILA RUFIPES.
Klug., Dej., Spec., t. I, p. 22, n° 3. —Long. 6 lig. Larg. 1 lig. ¼.—D'un bronzé obscur ; élytres avec un point blanc sur le bord externe ; dessous du corselet, abdomen et pattes ferrugineuses. — Brésil.

4. ODONTOCHEILA LURIDIPES.
Dej., Spec., f. 1, p. 23, n° 4. — Long. 6 lig. Larg. 1 lig. ¼. — Bronzé ; élytres avec un point blanc au milieu du bord externe ; dessous du corps bleu ; anus et pattes d'un jaune testacé un peu obscur. — Cayenne.

5. ODONTOCHEILA MARGINE GUTTATA.
Dej., Spec., t. I, p. 24, n° 5. — Long. 5 lig. Larg. 1 lig. ½. — D'un bronzé obscur; élytres avec trois points blancs, sur le bord externe, dont le premier placé sur l'angle huméral est petit et quelquefois effacé ; dessous du corps d'un bleu verdâtre ; base des cuisses jaunâtre. — Cayenne.

6. ODONTOCHEILA CYLINDRICA.
Dej., Spec., t. I, p. 26, n° 8. — — Long. 7. Larg. 2 lign. ¼. — Bronzé obscur ; élytres avec trois points blancs sur le bord externe. Ce bord offre aussi un reflet d'un beau bleu ; dessous du corps de cette couleur ; mandibules recourbées presque à angle droit. — Brésil.

7. ODONTOCHEILA NODICORNIS.
Dej., Spec., t. I, p. 26, n° 9. — Long. 5 lig. ¼. Larg. 1 lig. ½. — Bronzé obscur ; élytres avec trois points blancs sur le bord externe ; dessous du corps vert ; les premiers articles des antennes du mâle renflés ; dans le même sexe, les mandibules sont courbées à angle droit. — Brésil.

8. ODONTOCHEILA NITIDICOLLIS. (Pl. 2, fig. 5.)
Dej., Spec., t. I, p. 30.—Long. 5 lig. ½. Larg. 1 lig. ½. — Bronzé, obscur ; élytres bordées latéralement d'un bleu à reflet doré, corselet d'un rouge éclatant et cuivreux, avec ses côtés et le dessous bleu, ainsi que le dessous du corps. — Brésil.

9. ODONTOCHEILA VENTRALIS.
Dej., Spec., t. I, p. 32, n° 16.—Long. 4 lig. Larg. 1 lig. ½.—D'un noir obscur, légèrement bronzé, dessous du corps bleu ; élytres un peu inégales, avec un point blanc vers le milieu, et deux autres sur le bord externe ; ces points sont souvent effacés. Abdomen d'un rouge ferrugineux. — Cayenne.

Nota. J'ai décrit, dans les *Etudes entomologiques*, quelques espèces de ce genre, remarquables par leur éclat.

DROMICA, Dej. ;
Cicindela, Icon.

Antennes semblables à celles des Cicindèles. — Palpes maxillaires, de la longueur des labiaux, à dernier article court, mince et grossissant peu vers l'extrémité. — Tarses antérieurs des mâles à trois premiers articles un peu dilatés. — Tête moyenne, une dent à peine visible dans l'échancrure du menton. — Corselet allongé et un peu rétréci en arrière. — Elytres ovalaires très-allongées, très rétrécies en arrière.—Pattes longues et grêles. — Insectes aptères.

1. DROMICA COARCTATA.
Icon., t. I, p. 37, pl. 1, fig. 5. — Long. 5 lig. ½. Larg. 1 lig. ½.—D'un bronzé obscur; élytres fortement ponctuées, avec une bande longitudinale blanche, un peu arquée, qui s'étend de l'angle de la base aux deux tiers postérieurs ; l'on voit de plus à l'extrémité une petite ligne de même couleur, située près du bord extérieur. Pattes d'un vert bronzé. — Cap de Bonne-Espérance.

2. DROMICA TUBERCULATA.
Hop.. *Anim. King. Ins.*, t. I, p. 265, pl. 29, fig. 6. — Dej., *Spec.*, t. V, p. 270, n° 3. — Long. 6 lig. ½. Larg. 2 lig. — D'un noir verdâtre ; corselet et élytres tuberculées, deux petites taches jaunes de chaque côté des élytres ; dessous du corps noir ; lèvre et palpes d'un blanc jaunâtre. — Afrique. Probablement du Cap de Bonne-Espérance.

3. DROMICA VITTATA.
Dej., *Spec.*, t. V. p. 269, n° 2 —

Long. 5 *lig.* ¼. Larg. 1 lig. ½.—D'un bronzé obscur ; élytres très-ponctuées, avec une bande latérale un peu sinueuse et blanche ; ressemble beaucoup à la *Coarctata*, mais s'en éloigne par la bande longitudinale des élytres, qui est plus large, et qui se joint à la ligne de l'extrémité, qui est aussi plus élargie. — Cap de Bonne-Espérance.

EUPROSOPUS, Latr. ;

Cicindela, Icon.

Antennes grêles un peu élargies à l'extrémité. — Palpes maxillaires de la longueur des labiaux ; les deux premiers articles de ceux-ci très-courts, le troisième renflé, le dernier étroit, court, un peu renflé a l'extrémité. — Tarses antérieurs des mâles dilatés dans leur trois premiers articles, assez courts, avec une carène longitudinale en-dessus, ciliée latéralement. Le troisième en cœur. — Tête assez forte. — Yeux très-saillants. — Corselet arrondi latéralemen. — Écusson situé au-dessus de la base des élytres, ces dernières longues et parallèles. — Pattes très-longues. Ils volent sur les feuilles, et grimpent le long du tronc des arbres avec la plus grande rapidité, et produisent, comme les *Oxycheiles*, un bruit aigu par le frottement de leurs cuisses postérieures contre le bord des élytres. (Lacordaire, *An. Sc. nat.*, t. XX, p. 37.)

1. EUPROSOPUS QUADRINOTATUS.

Latr. et Dej., *Iconogr.*, t. I, p. 38, pl. 1, fig. 8. — Long. 7 lig. ½. Larg. 2 lig. — Vert brillant ; élytres d'un bronzé obscur, avec deux taches blanches sur chacune, l'une au milieu, l'autre vers l'extrémité ; l'on voit de plus une ligne d'un vert brillant qui s'étend de l'angle de la base jusque vers le milieu ; une autre le long de la suture, et une tache de couleur semblable à l'extrémité. — Brésil.

CTENOSTOMITES.

Caractères. Troisième article des tarses antérieurs des mâles dilatés en forme de pelote. — Corps étroit, allongé. — Corselet cordiforme.

Genres : *Ctenostoma, Procephalus, Psilocera, Colliuris, Tricondyla, Therates.*

CTENOSTOMA, Klug ;

Caris, Fisch. ; Collyris, Fabr.

Antennes filiformes, presque aussi longues que le corps. — Palpes avancés, les maxillaires terminés par un article renflé et ovalaire. — Tarses antérieurs des mâles à trois premiers articles dilatés, le troisième prolongé en dedans d'une manière oblique. — Tête grande, un peu aplatie. — Corselet globuleux formant un bourrelet en avant et en arrière. — Elytres allongées, renflées en arrière.

Insectes aptères, de taille moyenne, propres à l'Amérique du Sud ; on les trouve dans les bois, à terre, et le plus souvent sur les troncs des arbres et sur les clôtures des plantations, courant avec la plus grande rapidité pendant la plus grande chaleur du jour (*Voyez* Lacordaire, *Ann. Sc. nat.*, t. XX, p. 37.)

1. CTENOSTOMA FORMICARIUM.

Fab., 1, p. 226, n° 3. — Klug., *Ent. Bras. Specimen*, p. 28, pl. 20, fig. 7. — Long. 5 lig. ½. Larg. 1 lig. — Noir bronzé ; élytres ponctuées, échancrées à l'extrémité, avec une tache transversale jaune au milieu et qui n'atteint ni le bord externe ni la suture ; pattes brunâtres. — Brésil.

2. CTENOSTOMA TRINOTATUM.

Klug., *Ctenostoma*, p. 5, n° 2. — Long. 5 lig. ½. Larg. 1 lign. — Noir bronzé ; élytres couvertes de points formant à la base des rugosités transversales, avec trois taches transversales jaunes, l'une à la base, une autre un peu au-delà du milieu, et la troisième à l'extrémité ; pattes un peu brunâtres, avec la base des cuisses jaune. — Brésil.

3. CTENOSTOMA RUGOSUM.

Klug., p. 7, n° 3, pl. 3, fig. 3. — Long. 5 lig. ½. Larg. 1 lig. — D'un noir bronzé élytres avec des points rugueux dans leur première moitié, lisses en arrière ; deux bandes transversales, et l'extrémité très-large, d'un jaune pâle. — Brésil.

PROCEPHALUS, Laporte ;

Ctenostoma, Dejean ; Caris, Fischer.

Ce genre est très-voisin de celui de *Ctenostoma*: mais il en diffère par la lèvre supérieure, plus courte, plus transversale, recouvrant moins les mandibules ; celles-ci fortes et offrant deux très-fortes dentelures à leur base. — Palpes un peu plus ovalaires à l'extrémité. — Élytres presque parallèles, non élevées en arrière, et recouvrant les ailes. — Espèces propres a l'Amérique du Sud.

1. PROCEPHALUS METALLICUS.
LAPORTE, *Rev. Ent.*, t. II, p. 36. — Long. 9 lig. Larg. 2. — D'un cuivreux verdâtre ; élytres parsemées de très-gros points enfoncés ; parties de la bouche, antennes et pattes, brunâtres ; celles-ci offrant, ainsi que la tête et les élytres, quelques poils assez longs et raides. — Cayenne.

2. PROCEPHALUS JACQUIERI. (Pl. 2. fig. 6.)
DEJ., *Species. Suppl.*, t. 5. p. 27—Long. 5 lig. ¾. Larg. 1 lig. ¼.— D'un brun obscur ; élytres très-fortement ponctuées, presque rugueuses, surtout à la base, presque lisses en arrière, avec une tache jaune en forme de V sur le milieu de chacune ; base des cuisses plus claire. — Cayenne.

3. PROCEPHALUS SUCCINCTUS.
LAPORTE, *Rev. Ent.*, t. 2. p. 36. — Long. 5 lig. ¾. Larg. 1 ¼. — Ressemble au précédent, mais plus obscur ; élytres beaucoup moins rugueuses, avec une tache jaune transversale, un peu arquée, située avant le milieu ; pattes noirâtres. — Cayenne.

Nota. Il faut ajouter à ce genre le *Caris trinotata*, de Fischer ; *Entomographie de la Russie*, t. I, pl. 4, fig 4.

PSILOCERA, BRULLÉ ;
Stenocera, BRULLÉ, OLIM.

Ce genre se distingue de tous les autres de la tribu des *Cicindélètes*, par la grande longueur des antennes, qui sont très-grêles et qui atteignent et même quelquefois dépassent l'extrémité du corps, et par l'absence de l'onglet des mâchoires. La tête de ces insectes est assez grosse, rétrécie en arrière ; les yeux sont grands, arrondis et globuleux ; le corselet est long, cylindrique, étranglé en avant et en arrière, en forme de bourrelet ; l'écusson à peine visible ; les élytres allongées, parallèles, épineuses a l'extrémité ; les pattes sont très-longues et grêles. Les espèces de ce genre sont nombreuses et propres jusqu'ici à l'île de Madagascar ; elles courent avec rapidité sur les feuilles des arbres, et volent avec facilité. Cette coupe avoit été créée par M. Brullé, sous le nom de *Stenocera*, qu'il changea depuis en celui sous lequel nous la désignons ici. J'en ai donné la monographie dans mon *Histoire naturelle des Insectes coléoptères*, faite conjointement avec M. Gory.

1. PSILOCERA CÆRULEA.
GORY et LAP., *Hist. nat. des Ins. col.*, liv. 3. p. 40 pl. 2, fig. 1. — Long. 9 lig. Larg. 2 ¼. — Bleu ; tête impressionnée en avant ; corselet globuleux, un peu raccourci ; élytres un peu élevées à la base, et très-épineuses à l'extrémité. — Madagascar.

2. PSILOCERA VIRIDIS.
GORY et LAP., *Hist. des Coléopt.*, p. 3, pl. 2. fig. 2. — Long. 8 lig. Larg. 2 lig. — Vert ; tête un peu déprimée, ponctuée ; corselet allongé ; élytres fortement ponctuées et terminées par trois épines. — Madagascar.

3. PSILOCERA ATRA.
GORY et LAP., *Hist. nat.*, p. 4, pl. 2, fig. 3. — Long. 2 lig. Larg. 2 lig. — D'un noir brillant ; corselet un peu raccourci ; élytres très-épineuses à l'extrémité ; pattes à reflet bleuâtre. — Madagascar.

4. PSILOCERA GOUDOTII.
GORY et LAP., *Hist. nat.*, p. 5, pl. 2, fig. 4. Long. 6 lig. ¼. Larg. 1 lig. ¼. — D'un noir bleuâtre ; corselet presque cylindrique ; élytres fortement ponctuées, presque carrées à l'extrémité. — Madagascar.

5. PSILOCERA PUBESCENS.
GORY et LAP., *Hist. nat.*, p. 6, pl. 2, fig. 5. — Long. 7 lig. Larg. 1 lig. ¼. — D'un bleu obscur ; parsemé d'une pubescence blanchâtre ; corselet avec une ligne longitudinale enfoncée au milieu ; élytres fortement tri-épineuses à l'extrémité. — Madagascar.

6. PSILOCERA SPINIPENNIS.
GORY et LAP., *Hist. nat.*, p. 6, pl. 2, fig. 6. — Long. 6 lig. Larg. 1 lig. ¼. — D'un noir bleu ; tête rugueuse transversalement ; corselet allongé, cylindrique ; élytres fortement ponctuées, tri-épineuses à l'extrémité. — Madagascar.

7. PSILOCERA ELEGANS.
BRULLÉ, *Hist. nat. des Ins.*, t. I, p. 110, pl. 3. fig. 3. — Long. 5 lig. Larg. 1 lig. ¼. — D'un bleu verdâtre ; corselet globuleux, strié transversalement ; élytres ponctuées et tri-épineuses a l'extrémité. — Madagascar.

8. PSILOCERA BRULLEI.

GORY et LAP., *Hist. nat. Coléop.* p. 8, pl. 2. fig. 8. — Long. 4 lig. Larg. 1 lig. — D'un bleu obscur; corselet cylindrique, rugueux en travers; élytres parallèles, avec des points réguliers formant des stries; extrémité échancrée. — Madagascar.

9. PSILOCERA ANTHRACINA.

GORY et LAP., *Hist. nat. Coléop.*, p. 9, pl. 3. fig. 9. — Long. 5 lig. Larg. 1 lig. — Très-cylindrique; d'un noir violet; corselet cylindrique; élytres très-finement ponctuées. — Madagascar.

10. PSILOCERA BRUNNIPES.

GORY et LAP., *Hist. Coléop.*, p. 9, pl. 3. fig. 19. — Long. 3 lig. Larg. ¾ lig. D'un brun noir; corselet court, globuleux; élytres très-finement ponctuées; palpes, antennes et pattes d'un brun jaune; cuisses noires. — Madagascar.

11. PSILOCERA PUSILLA.

GORY et LAP., *Histoire nat. Coléop.*, p. 9, pl. 3, fig. 11. — Long. 3 lig. ½. Larg. ½ lig. — Allongé; d'un noir opaque; corselet pourpre, cylindrique, rugueux; élytres ponctuées, carrées à l'extrémité; palpes, antennes et pattes d'un brun obscur. — Madagascar.

COLLIURIS, LATREILLE;

Collyris, FAB., BRULLÉ; *Cicindela*, OLIV.

Antennes courtes, grossissant plus ou moins vers l'extrémité. — Palpes courts; avant-dernier article des labiaux dilaté. — Tarses à quatrième article prolongé en dedans. — Forme très-allongée. — Tête assez grande, rétrécie en arrière. — Echancrure du menton, sans dents. — Corselet presque cylindrique, plus étroit en avant qu'en arrière. — Élytres très-allongées. — Pattes longues. — Jolis insectes de taille moyenne, revêtus de couleurs ordinairement bleues. — Ils sont propres à Java et aux îles voisines. J'ai donné, dans le Magasin de M. Silbermann, une liste complète des espèces de ce genre décrites dans les auteurs; elles se montent actuellement à quinze: j'ai tâché d'y éclaircir quelques points assez embrouillés de leur synonymie.

1. COLLIURIS AUDOUINI.

LAPORTE, *Rev. Entomologique* de M. Silbermann. — *C. Longicollis.* DEJ., *Species*, 1. 163. n° 1. — Long. 7 lig. Larg. 1 lig. ½. — D'un bleu un peu violet; élytres couvertes de points, formant sur le milieu des sortes de rides transversales arrondies à l'extrémité; cuisses et tarses postérieurs ferrugineux; antennes longues, obscures, avec les quatre premiers articles bleus, et une petite tache jaune sur le troisième et le quatrième. — Java.

2. COLLIURIS LONGICOLLIS.

FAB., t. I, p. 226, fig. 1. — LATREILLE, *Genera*, t. I, p. 174, pl. 6, fig. 8. — OLIVIER, *Entom.*, t. II, 33, p. 7, n° 2, tab. 2, fig. 17. — *Emarginata.* DEJ., *Spec.*, 1, 165, n° 2. — Long. 5 lig. ½. Larg. 1 lig. — Bleu; élytres fortement ponctuées, avec l'extrémité tronquée et échancrée du côté de la suture; cuisses ferrugineuses; antennes de la longueur de la tête, allant fort peu en grossissant. — Indes Orientales.

3. COLLIURIS CRASSICORNIS.

DEJ., *Spec.*, t. I, p. 166, n° 3. — Long. 6 lig, ½. Larg. 1 lig. ½. — Bleu; élytres fortement ponctuées, extrémités arrondies, un peu émarginées; cuisses ferrugineuses; antennes de la longueur de la tête et grossissant très-sensiblement vers l'extrémité. — Java.

4. COLLIURIS HORSFIELDII.

MAC LEAY, *Annulosa Javanica*, 1, p. 11, n° 5. — Long. 7 lig. ¼. Larg. 1 lig. ½. — Bleu foncé; lèvre à sept dentelures, troisième article des antennes très-long et courbé en S; élytres presque linéaires, très-fortement ponctuées, un peu échancrées à l'extrémité; vers le milieu une petite bande transversale rouge peu marquée; cuisses rougeâtres à la base; jambes postérieures de même couleur, avec leur extrémité blanche, de même que les tarses. — Java.

5. COLLIURIS MODESTA.

DEJ., *Spec.*, t. V, *Suppl.*, p. 275. — *Icon.*, 4, p. 88, t. 6, fig. 8. — Long. 5 ½. Larg. 1. lig. — Tête et corselet violets; élytres d'un vert bronzé obscur, profondément ponctuées, avec l'extrémité lisse, tronquée et émarginée; cuisses et tarses postérieurs ferrugineux; antennes plus longues que la tête, avec les cinquième, sixième et septième articles presque en entier d'un jaune testacé. — Java.

6. COLLIURIS ROBYNSII.

VANDER-LYNDEN, *Ins. de Java*, 1, p. 24, n° 6. — Long. 6 lig. ½. Larg. 1 ½. — D'un bleu violet obscur; lèvre à huit dentelures; antennes filiformes; élytres fortement ponctuées, surtout au milieu, coupées carrément à l'extrémité ; dessous du milieu des deux premières paires de cuisses, dessus et dessous du milieu des cuisses postérieures, rouges ; extrémité des jambes et tarses postérieurs blancs. — Java.

7. COLLIURIS LUGUBRIS.

VANDER-LYNDEN. *Insectes de Java*, 1, p. 22, n° 4. — Long. 6 lig. ¼. Larg. 1 lig. ½. — D'un bleu noirâtre ; antennes grêles et filiformes ; lèvre à sept dentelures ; corselet comprimé en avant ; élytres fortement ponctuées à points arrondis jusqu'aux deux tiers de la longueur, et a points allongés en arrière ; extrémité des jambes postérieures et tarses blancs. — Moluques.

8. COLLIURIS ELEGANS.

VANDER-LYNDEN, *Insectes de Java*, 1, p. 23, n° 9. — Long. 5 lig. Larg. ½ lig. — D'un beau vert ; corps étroit ; lèvre à huit dentelures ; antennes grêles et filiformes ; élytres très-fortement ponctuées à l'extrémité blanche ; base des cuisses de la dernière paire blanchâtre ; le reste des cuisses et la dernière moitié des jambes et des tarses blancs. — Java.

Nota. Il faut ajouter à ce genre les espèces suivantes :

9. *Col. Aptera.* FAB., 1, p. 226, ?. — *Major*, LATR., *Icon.*, 1, 66, pl. 14, fig. 4 et 5.

10. *C. Diardi*, LAT., *Icon.*, 1, 67.

11. *C. Arnoldi*, MAC LEAY, *Ann. Jav.*, 1. 10. 4.

12. *C. Bonellii*, GUÉRIN, *Voyage de M. Bellanger*, *part. ent.*, p. 481, pl. 11, fig. 1. (Nous avons figuré cette espèce dans notre pl. 2, fig. 7.)

13. *C. Tuberculata*, MAC LEAY, *Annal.*, *Jav.* (édit. Lequin), 105, 5.

14. *Mac-Leay*, BRULLÉ, *Hist. nat. des Ins.*, t. 4, p. 102, n° 5 (*C. Diardi*, Mac-Leay).

15. *C. Obscura*, LAP., *Études Entom.*, p. 40, pl. 1, fig. 7.

TRICONDYLA, LATREILLE ;

Collyris, FABRICIUS, SCHŒNHERR ; *Cicindela*, OLIV.

Antennes filiformes et assez longues. — Tarses antérieurs à trois premiers articles dilatés dans les mâles ; le troisième prolongé en dedans. — Palpes petits, l'avant-dernier des labiaux dilatés. — Tête assez grande. — Lèvre supérieure recouvrant entièrement les mandibules. — L'échancrure du menton sans dent. — Corselet formant une sorte de bourrelet en avant et en arrière. — Élytres élevées et bossues en arrière. — Pattes longues. — On connoît peu d'espèces de ce genre ; elles sont d'assez grande taille, et se trouvent à Java, à la Nouvelle-Guinée, et dans les îles voisines. Le *Tricondyla Aptera* habite les troncs des arbres, et marche avec agilité ; le frottement du corselet rend un petit bruit ; il a été trouvé en août et septembre (Guérin, partie ent. du voyage de Duperrey).

1. TRICONDYLA APTERA.

OLIV., 2, 33, p. 7, n° 1, pl. 1, fig. 1. — GUÉRIN, *Icon. reg. animal. Ins.*, pl. 3, fig. 3. — Long. 10. Larg. 2 lig. ½. — D'un noir un peu bleuâtre ; élytres couvertes dans leurs deux tiers antérieurs de rugosités transversales, elles sont bossues postérieurement et presque lisses ; cuisses brunâtres. — Nouvelle-Guinée.

2. TRICONDYLA CHEVROLATII.

LAP., *Rev. ent.*, t. 2. p. 38. — Long. 10 lig. Larg. 2 lig. — Noir ; tête, côtés et dessous du corps un peu bronzés ; cuisses d'un rouge obscur. — Java.

3. TRICONDYLA CYANEA.

DEJ., *Spec.*, t. I, p. 464, n° 1. — Long. 8 lig. ½. Larg. 1 lig. ¼. — D'un bleu violet ; élytres profondément ponctuées, presque rugueuses dans leur moitié antérieure ; cuisses d'un rouge ferrugineux ; jambes et tarses noirâtres. — Java.

Nota. Il faut aussi rapporter à ce genre le *Tricondyla Cyanipes*, qu'Eschscholtz décrit et figure dans la partie entomologique du voyage autour du monde du capitaine Kotzebue, *Zool. Atlas*, *Fasc.* 1, p. 6, pl. 6, fig. 4, et *Icon.*, 1, p. 57, t. VI, fig. 7, ainsi que le *Tricondyla Atrata*, Brullé, *Hist. nat. des Ins.*, t. I, p. 106, n° 5.

THÉRATES, LATR. ;

Cicindela, FAB. ; *Eurychiles*, BONELLI.

Antennes assez courtes. — Palpes maxillaires internes, petits, et d'un seul article. — Tarses à troisième article, un peu échancré à l'extrémité, et plus court que les précédents ; le dernier cordiforme ; ils ne diffèrent pas sensiblement dans les deux sexes. — Tête forte. — Yeux très-saillans. — Lèvre supérieure grande, très-avancée, et recouvrant presque entièrement les mandibules; menton n'ayant pas de dents dans son échancrure. — Corselet globuleux. — Élytres élevées à la base, échancrées ou pointues à l'extrémité.

Ce sont des insectes de taille moyenne, qui semblent propres aux îles situées au nord de la Nouvelle-Hollande.

Le *Therates Labiata* se trouve au mois d'août, et répand une odeur de rose analogue à celle du cerambix muschatus. (*Voy. de Duperrey.*)

1. THERATES LABIATA.

Fab., 1, p. 232, n° 3. — Long. 9 lig. $\frac{1}{2}$. Larg. 2 lig. $\frac{1}{4}$. — D'un bleu brillant; parties de la bouche, premier article des antennes, abdomen et les cuisses d'un rouge ferrugineux. — Nouvelle-Guinée et Nouvelle-Irlande.

2. THERATES DIMIDIATA.

Dej., *Species*, t. I, p. 159, n° 2. — Long. 5 lig. Larg. 1 lig. $\frac{1}{4}$. — Bleu et brillant; base des élytres, parties de la bouche, pattes et abdomen jaunes; les trois premiers articles des antennes jaunes, les suivants obscurs. — Java.

3. THERATES BASALIS.

Dej., *Species*, t. II, *Suppl.*, p. 437. — Guérin, *Voyag. Duperrey, Ins. Atlas*, pl. 1, fig. 6. — Long. 5 lig. $\frac{1}{4}$. Larg. 1 lig. $\frac{1}{4}$. D'un beau bleu brillant; élytres avec une nuance violette, presque tronquées à l'extrémité; lèvre supérieure, base des élytres, pattes et abdomen, d'un jaune ferrugineux. — Nouvelle-Guinée.

4. THERATES PAYENI.

Vander Lynden, *Ins. de Java*, n° 1, p. 17. — Long. 4 lig. $\frac{1}{2}$. Larg. 1 lig. $\frac{1}{4}$. — D'un vert cuivreux obscur; élytres avec la base et l'extrémité jaunes; sur la première de ces parties une tuberosité assez forte; elles sont échancrées à l'extrémité; pattes jaunes; derniers articles des tarses bruns. — Java.

5. THERATES HUMERALIS.

Mac-Leay, *Annulosa Javanica*, 1, 11, 6. — Long. 4 lig. $\frac{1}{2}$. Larg. 1 lig. $\frac{1}{4}$. — Au rapport de M. Vander Lynden (*Ins. de Java*, pl. 18), cette espèce différeroit de la précédente par les mandibules qui seroient noires, la dent latérale du labre plus forte que les autres; il paroit aussi que le bout des élytres n'est pas jaune. — Java.

6. THERATES ACUTIPENNIS.

Vander-Lynden, *Ins. de Java*, 1, p. 18, n° 4. — Long. 6. Larg. 1 lig. $\frac{1}{2}$. — Tête et corselet d'un violet bronzé; élytres d'un noir violâtre avec une tache humérale jaune et bilobée, et terminées par une légère épine; pattes noires; base et dessous des cuisses blancs. — Java.

7. THERATES CYANEA.

Latr., *Icon. Col. d'Europe*, 1, 64, pl. 1, fig. 3. — *Javanica*. Gory, *Mag. d'Entom.*, pl. 39. — Long. 5 lig. Larg. 1 lig. $\frac{1}{4}$. — D'un bleu verdâtre; lèvre jaune, transversale, avec six dentelures en avant et une de chaque côté; antennes noires, avec le premier article jaune; élytres ponctuées; pattes et abdomen jaunâtres. — Java.

8. THERATES SPINIPENNIS.

Latr. et Dej., *Icon. des Col. d'Europe*, t. I, pl. 1, fig. 3. — Long. 5 lig. $\frac{1}{4}$. Larg. 1 lig. $\frac{1}{2}$. — D'un bleu violet; corselet à reflet vert; lèvre jaune; élytres terminées par une forte épine; pattes d'un brun jaune. — Java.

DEUXIÈME TRIBU.

CARABIQUES,

LATREILLE.

Caractères. Mâchoires sans onglet articulé à leur extrémité, qui est plus ou moins pointue ou crochue. — Mandibules point ou peu dentées. — Languette ordinairement saillante hors de l'échancrure du menton.

Les Carabiques forment une des plus nombreuses tribus de l'ordre des Coléoptères. Beaucoup d'entre eux n'ont point d'ailes sous leurs élytres. Ils répandent souvent une odeur fétide, et quand on les saisit, ils dégorgent par la bouche et lancent quelquefois par l'anus une liqueur âcre et caustique qui, introduite dans l'œil, y cause momentanément une douleur très-vive, semblable à celle que produit l'action du feu. Plusieurs auteurs ont pensé que les Buprestes des anciens, regardés par eux comme un poison très-dangereux, surtout pour les bœufs, n'étaient autres que les Carabiques. Ils se trouvent sous les pierres, les écorces des arbres, et se cachent même dans la terre, sous le sable, dans les racines des plantes. L'étude des espèces est quelquefois très-difficile; celle des genres nombreux parmi lesquels on les a classés présente aussi de nombreuses difficultés. Ils sont très-répandus en Europe, surtout dans le Nord.

Les Carabiques ont un tube alimentaire dont la longueur ne dépasse pas deux fois celle du corps ; il offre souvent moins d'étendue ; un œsophage court, ordinairement rugueux, un jabot ou un estomac musculeux, et qui ne paraît être qu'un renflement de l'œsophage ; un gésier, ou second estomac oblong ou sphérique, lisse, glabre, et distinct du jabot et de l'estomac par un étranglement ; les parois internes sont armés de pièces cornées, pointus et dentées, propres à la trituration. Le ventricule chylifique, de forme et de volume variables, a une consistance molle et délicate ; il est renflé à son orifice, plus ou moins long, et terminé postérieurement par un bourrelet autour duquel s'implantent, par quatre insertions isolées, les vaisseaux hépatiques au nombre de deux ; ils sont simples, grêles, très-longs, et repliés sur eux-mêmes. L'intestin prend son origine après le bourrelet ; il varie de longueur suivant les genres ; il est renflé à sa partie postérieure et forme un cœcum, sillonné et plissé intérieurement. Le rectum est très-court.

Les organes de la génération se composent, dans les mâles, de deux testicules et de deux vésicules séminales formant chacune une bourse filiforme un peu plus longue que l'abdomen. Les femelles présentent, le long des côtés de l'abdomen, un faisceau de gaînes ovigères enveloppées dans une membrane commune très-fine et diaphane. L'oviducte est musculo-membraneux, tantôt droit, tantôt courbé ou fléchi. L'extrémité de l'abdomen présente, dans toutes les femelles, deux appendices pulpiformes, l'un à droite, l'autre à gauche de la vulve ; ce sont des crochets qui sortent dans l'acte de la copulation, et qui paroissent favoriser l'entrée de la verge dans la vulve.

Les larves des Carabiques sont en général allongées, molles ; leur corps est formé de douze anneaux ; la tête offre deux courtes antennes et une bouche armée de fortes mandibules. Le premier anneau est recouvert en dessous d'une pièce écailleuse ; le dernier présente deux appendices coniques de forme et de consistance variables. Ces larves vivent en terre pour la plupart ; leur étude est peu avancée.

PREMIÈRE COHORTE. *TRONCATIPEN-NES.*

Palpes extérieurs non subulés. — Côté interne des jambes antérieures fortement échancré. — Elytres plus ou moins tronquées en arrière.

Cette cohorte est très-nombreuse en genres ; l'on est obligé, pour suivre l'ordre naturel, d'y placer des insectes qui, sous le rapport de la forme des élytres, semblent s'en éloigner ; tel est le genre *Cténodactyla.* Elle comprent quatre gsoupes.

ODACANTHITES.

Tête très-rétrécie en arrière, et formant un col étroit. — Crochets des tarses non dentelés. — Dernier article des palpes non sécuriforme.

Genres : *Casnonia, Casnoidea, Lasiocera, Laptotrachelus, Rhagocrepis, Stenidia, Stenocheila, Odacantha, Cordistes, Trigonodactyla, Miscelus.*

CASNONIA ; *Attelabus,* LINNÉE ; *Odacantha,* FABR. ; *Ophionea,* KLUG.

Antennes composées d'articles presque égaux, le premier toujours plus court que la tête. — Palpes à dernier article ovalaire et presque pointu. — Tarses filiformes. — Tête prolongée et rétrécie en arrière en forme de col. — Corselet très-allongé, étroit, surtout en avant. — Elytres presque carrées. — Pattes moyennes.

Insectes de petite taille, revêtus de couleurs variées.

1. CASNONIA PENSYLVANICA.
FABR., *Mant.,* 1, p. 124, n° 3. — HERBST. KŒFER, X, p. 221, n° 2, pl. 173, fig. 12. — Long. 3 lig. Larg. ¼. — Noir ; élytres d'un rouge ferrugineux, avec une tache noire au milieu, une autre plus grande sur la suture et l'extrémité, de même couleur ; pattes d'un jaune ferrugineux ; extrémité des cuisses d'un brun noirâtre. — Amérique Septentrionale.

2. CASNONIA RUGICOLLIS.
DEJ., *Species,* t. I, p. 173, n° 3. — Long. 3 lig. ¼, Larg. 1 lig. — D'un noir bronzé ; corselet avec des rugosités transversales ; élytres striées, avec une tache jaune, peu distincte en arrière ; antennes et pattes d'un brun rougeâtre, varié de blanc. — Cayenne.

3. CASNONIA RUFIPES.
DEJ., *Species,* t. I, p. 172, n° 2. — Long. 4 lig. Larg. 1 lig. — Noir, presque bronzé ; élytres un peu brunâtres à l'ex-

trémité, avec une petite élévation à la base
et une autre en arrière ; pattes d'un rouge
ferrugineux ; extrémité des cuisses obscure.
— Amérique boréale.

4. CASNONIA INEQUALIS.

Dej., *Spec.*. t. V, p. 280. — *Icon.*, 1,
p. 62, t. VII, fig. 1. — Long. 3 lig. Larg.
1 lig. — Noir un peu pubescent; corselet
strié transversalement; élytres échancrées
obliquement à l'extrémité, avec des stries
longitudinales un peu irrégulières et inégales, et une petite tache jaunâtre vers le
milieu sur le bord externe ; troisième et
quatrième articles des antennes ainsi que
leur extrémité, base des cuisses et milieu
des jambes, d'un blanc jaunâtre. — Brésil.

5. CASNONIA SENEGALENSIS.

Lepeltier et Servil., *Encyclop.*, t. X,
part. 2, p. 726. — Long. 4 lig. Larg. 1 lig.
— Testacé ; tête noire ; élytres striées avec
une bande large, transversale, noire, un
peu après le milieu. — Sénégal.

Nota. M. le comte Dejean, dans son
Species. t. V, donne le nom de *Senegalensis* à une espèce de ce genre, qui ne me
semble pas différer de celle-ci : et c'est sans
doute par erreur que cette espèce est décrite comme nouvelle.

6. CASNONIA TRANSVERSALIS.

Laporte, *An. Soc. Ent.*, t. I, p. 388,
n° 3. — Long. 2 lig. ½. Larg. ⅓. — Noir
velouté ; élytres avec des stries longitudinales très-faibles, et présentant une petite
ligne transversale à la base ; deux petites
lignes longitudinales en arrière, près de
la suture, et le bord postérieur d'un jaune
pâle ; antennes, à l'exception des trois
derniers articles et base des cuisses, de
même couleur. — Sénégal.

7. CASNONIA 4-SIGNATA. (Pl. 2, fig. 8.)

Laporte, *An. Soc. Ent.*, t. I. p. 387,
n° 2. — Long. 4 lig. ½. Larg. 1 lig. ⅓. —
Noir et très-luisant ; élytres avec des stries
longitudinales formées de gros points enfoncés et écartés ; elles ont chacune deux
taches rouges peu apparentes, l'une vers
la base, et l'autre en arrière ; elles sont
échancrées à l'extrémité et offrent au côté
externe une dent assez forte ; base des antennes et pattes d'un brun rougeâtre ; extrémité des cuisses noire. — Cayenne.

8. CASNONIA QUADRI-MACULATA.

Gory, *An. Soc. Ent.*, t. II, p. 179. —
Long. 3 lig. Larg. 1 lig. — D'un noir violet ; corselet lisse ; élytres striées, avec des

points assez profonds et serrés ; sur chacune l'on voit deux taches allongées et jaunes ; mandibules, antennes et pattes, d'un
fauve clair. — Cayenne.

9. CASNONIA MACULICORNIS.

Gory, *An. Soc. Ent.*, t. II, p. 180. —
Long. 4 lig. Larg. 1 lig. — D'un brun
noir ; corselet allongé, presque cylindrique ; élytres striées, ponctuées, parallèles,
très-échancrées à l'extrémité, avec deux
épines, l'une extérieure, l'autre suturale,
couvertes de petites élévations qui se confondent ; pattes ferrugineuses, avec la base
des cuisses d'un bleu sale ; antennes avec
le troisième article ferrugineux ; les septième, huitième et neuvième, d'un blanc
sale. — Cayenne.

10. CASNONIA GENICULATA.

Gory, *An. Soc. Ent.*, t. II, p. 180. —
Long. 4 lig. Larg. 1 lig. —D'un brun noir,
parsemé de quelques poils roussâtres ; corselet cylindrique, offrant quelques petites rides
à peine visibles ; élytres légèrement tronquées à leur extrémité, offrant quelques
petites côtes à la base et à l'extrémité ; sur la
dernière l'on voit deux petites taches allongées et blanchâtres ; antennes et pattes fauves ; genoux noirs. — Brésil.

11. CASNONIA VARICORNIS.

Perty, *Voyage de Spix et Martius,
Ins.*, p. 2, pl. 1, fig. 1. — Long. 4 lig. ½.
Larg. 1 lig. ⅓. — D'un brun bronzé ; antennes variées de brun, de blanc et de roux ;
élytres striées, avec une tache transversale
jaune en arrière ; pattes brunes, avec la
base des cuisses plus claire. — Brésil.

Nota. Cette espèce, que je n'ai pas vue,
me semble être voisine de la précédente ;
mais la couleur des antennes et la forme
de la tache des élytres l'en distinguent.

CASNOIDEA, Lap. ;

Casnonia, Dej. ; *Ophionea*, Klug ;
Odacantha, Fabr.

Ce genre, que nous retirons des *Casnonia*, a le *facies* de ces derniers, mais s'en
éloigne par ses tarses, dont le pénultième
article est très-fortement bifide et presque
bilobé.

Le type de ce genre est la *Casnonia Cya-
nocephale* de Fabr.

1. CASNOIDEA CYANOCEPHALA.

Fabr., 1, p. 229. n° 3. — *Icon.*, 2.
p. 130, pl. 8, fig. 6. — Long. 3 lig. ½.

Larg. ¼ lig. — Rougeâtre ; tête d'un bleu noir, à l'exception des parties de la bouche ; élytres offrant deux bandes transversales de même couleur, avec deux petites taches blanchâtres ; avant-dernier article des tarses bifide. — Indes Orientales.

LASIOCERA, Dej.

Antennes hérissées de poils, beaucoup plus courtes que le corps, a articles presque égaux ; le premier moins long que la tête. — Palpes à dernier article de forme ovalaire et pointu à l'extrémité. — Tarses à articles allongés, presque cylindriques ; crochets non dentelés en dessous. — Menton avec une forte dent au milieu de son échancrure. — Tête presque triangulaire, rétrécie en arrière.—Yeux très-saillans.— Corselet presque globuleux, un peu prolongé postérieurement. — Elytres larges, presque parallèles, tronquées en arrière. — Pattes moyennes ; jambes antérieures échancrées.

1. LASIOCERA NITIDULA. (Pl. 2, fig. 9.)
Dej., *Spec.*, t. V, *Suppl.*, p. 284. — Long. 2 lig. ¼. Larg. 1 lig. — Bronzé ; tête et corselet couverts de gros points très-serrés ; élytres avec des stries ponctuées, et offrant une bande longitudinale d'un jaune pâle, dentelée intérieurement ; antennes et jambes jaunes ; tarses bruns. — Sénégal.

LEPTOTRACHELUS, Latr., Dej. ;
Odacantha, Fabr. ; *Spheracra*, Say.

Antennes à articles presque égaux entre eux, le premier plus court que la tête. — Palpes à dernier article ovalaire et presque pointu à l'extrémité. — Tarses presque cylindriques, le pénultième article très-fortement bilobé.—Tête ovale, rétrécie en arrière, mais non prolongée. — Corselet allongé, presque cylindrique.—Elytres très-allongées, parallèles, arrondies en arrière. — Pattes de longueur moyenne.—Jambes antérieures échancrées.

Ces insectes sont propres à l'Amérique.

1. LEPTOTRACHELUS DORSALIS
Fabr., 1, p. 229, n° 6. — Long. 3 lig. ¼. Larg. ¼ lig. — Brun ; antennes, pattes et élytres jaunes, ces dernières avec une suture brune, étroite jusqu'au milieu, où elle s'élargit pour former une grande tache oblongue. — Amérique du Nord.

2. LEPTOTRACHELUS SUTURALIS.
Laporte, *Ann. Soc. Ent.*, t. I, p. 389.

Long. 3 lig. ¼. Larg. 1 lig. — D'un jaune un peu brunâtre ; tête noire ; corselet d'un rouge obscur ; élytres avec des stries longitudinales ponctuées ; suture d'un brun noirâtre ; dessous du corps brun.—Cayenne.

3. LEPTOTRACHELUS BRASILIENSIS.
Dej., *Species*, t. V, p. 287. — Long. 3 lig. ¼. Larg. 1 lig. — Brun ; antennes, pattes et élytres jaunes. — Brésil.

4. LEPTOTRACHELUS TESTACEUS.
Dej., *Species*, t. V, p. 287. — Long. 3 lig. ¼. Larg. 1 lig. — Jaune ; élytres, antennes et pattes plus claires. — Colombie.

5. LEPTOTRACHELUS BASALIS.
Perty, *Voyage de Spix et Martius (Insectis)*, p. 2, pl. 1 fig. 5. — Long. 4 lig. Larg. 1 lig. ¼. — D'un brun jaune ; tête et une tache autour de l'écusson plus obscures ; élytres avec des stries ponctuées. — Brésil.

Nota. Il faut ajouter à ce genre une autre espèce du Brésil, décrite par M. Brullé (*Hist. nat. des Ins.*, t. 4, p. 150 et 151).

RHAGOCREPIS, Eschscholtz.

Crochets simples. — Palpes pointus. — Pénultième article des tarses bilobé. — Elytres arrondies à l'extrémité.

1. RHAGOCREPIS RIEDELII.
Esch., Gray., *An. King. Ins.*, pag. 271, t. I, pl. 19. fig. 3. — Ferrugineux ; tête brune ; base des antennes et cuisses jaunes ; reste des antennes et tarses noirs ; élytres avec des stries crénelées.— Brésil.

Nota. Ce n'est qu'avec doute que nous séparons ce genre des *Leptotrachelus*, avec lesquels il est réuni dans le règne animal anglais ; le caractère le plus important de ce genre nous semble consister dans la forme du corselet, qui, chez les *Rhagocrepis*, est très-allongé et très-rétréci en avant. M. Brullé réunit ces deux genres dans son *Histoire naturelle des Insectes*.

STENIDIA, Brullé.

Le créateur de ce genre le différencie des *Rhagocrepis*, dont il a le corselet, par ses tarses à pénultième article bilobé ; la lèvre supérieure est courte et transversale ; la tête est moins brusquement rétrécie en arrière, et le corselet est beaucoup plus grand relativement aux élytres ; ces dernières sont plus larges, moins allongées et moins parallèles ; leur extrémité est tronquée obliquement.

1. STENIDIA UNICOLOR.

BRULLÉ. *Hist. nat. Ins..* t. IV, p. 152, pl. 4. fig. 7.— Long. 4 lig. ¼. Larg. 1 lig. ¼. — D'un brun rouge : parties de la bouche et antennes plus claires : corselet ponctué ; élytres striées ; dessous du corps obscur.— Sénégal.

STENOCHEILA, LAPORTE.

Antennes à premier article un peu renflé, le deuxième court, les deux suivans assez longs et grêles, les suivans assez courts, un peu élargis.—Palpes assez longs, a dernier article ovalaire, un peu renflé au milieu, pointu à l'extrémité.—Mandibules assez longues, avancées, assez fortes, droites, légèrement arquées à l'extrémité et échancrées intérieurement dans cette partie.—Labre transversal un peu relevé antérieurement. — Tarses longs, surtout les postérieurs ; le premier article long.—Mâchoires très-épineuses. -- Tête assez forte, rétrécie en arrière. — Yeux gros, ronds.— Corselet pentagonal à côtés presque parallèles, un peu élargi en avant, convexe ; il est légèrement rebordé latéralement. — Ecusson très-petit, presque triangulaire. — Elytres allongées, convexes, fortement échancrées à l'extrémité. — Pattes et surtout les cuisses postérieures, longues.

Ce genre se rapproche par son *fascies* de celui des *Casnonia*, mais il en diffère essentiellement par, 1° la forme des mandibules ; 2° la tête non étranglée en arrière ; 3° la forme des antennes ; 4° celle du corselet.

1. STENOCHEILA LACORDAIREI.

LAPORTE, *Mag. Zool.*, t. IX, pl. 12. — Long. 4 lig. Larg. 1 lig. ¼. — D'un beau noir velouté ; tête granuleuse ; parties de la bouche brunâtres ; antennes à premier article obscur ; les trois suivans jaunes, les autres noirs ; corselet avec un léger sillon longitudinal au milieu ; élytres assez fortement striées, avec des taches d'un gris ardoisé qui forment des bandes transversales, irrégulières, sinueuses ; ces lignes sont d'un beau velouté changeant ; l'une est située vers la base, une autre vers le milieu ; et la troisième, rapprochée de la suture, occupe l'extrémité de l'élytre ; cette dernière est peu visible ; dessous du corps d'un noir peu luisant, mais non velouté ; pattes d'un brun noir, avec la base des cuisses et les trochanters, jaunes.—Cayenne.

ODACANTHA, FABRICIUS.

Attelabus, LIN. ; *Carabus*, OLIV.

Antennes cylindriques à articles à peu près égaux. — Palpes à dernier article ovalaire et un peu pointu à l'extrémité.— Tarses filiformes, l'avant-dernier article faiblement bilobé, les antérieurs très-légèrement dilatés dans les mâles. — Tête ovalaire.— Corselet formant un ovale très-allongé.— Elytres allongées, parallèles, tronquées a l'extrémité. — Pattes moyennes.

1. ODACANTHA MELANURA.

FABR., 1, p. 228, n° 1. — *Angustatus*. OLIV., 3, 35, p. 113, n° 159, pl. 1. fig. 7. — Long. 2 lig. ¼. Larg. ¼ lig. — D'un bleu verdâtre brillant ; élytres d'un jaune testacé, avec l'extrémité d'un bleu noirâtre ; base des antennes, poitrine et pattes, jaunes ; abdomen bleu. — Paris et Nord de la France.

2. ODACANTHA SENEGALENSIS.

LAPORTE, *An. Soc. Ent.*, t. I, p. 388, n° 4. — Long. 3 lig. ¼. Larg. 1 lig. ⅙. — Noir ; base des antennes, poitrine, pattes et élytres, d'un jaune testacé ; ces dernières avec de fortes stries longitudinales de points, et une tache d'un noir un peu bleuâtre, arrondie en avant et couvrant le bord postérieur ; une grande tache noire à l'extrémité des cuisses.— Sénégal [1].

CORDISTES, LATR. ;

Odacantha ; FABR. ; *Calophœna*, KLUG.

Ce genre diffère du précédent par ses antennes très-longues, dont le premier article est presque aussi long que la tête, le suivant très-court ; les tarses ont leur quatre premiers articles élargis en forme de triangle renversé et munis en dessous d'un duvet assez long. — Forme générale assez aplatie.—Tête assez grande, très-rétrécie en arrière.—Corselet presque en cœur.—Elytres planes, assez longues. — Pattes assez longues.

Ce genre est peu nombreux en espèces ;

1. Je ne connais pas les *Trichis* de M. Klug (*Symbola Physica*, n° 1, pl. 21, fig. 9). Il est probable qu'ils ne doivent pas être placés dans ce groupe, leur tête n'étant pas rétrécie en arrière. Cependant ce savant les dit voisins des *Odacanthes*. Il en décrit deux espèces : l'une d'Arabie et l'autre d'Egypte.

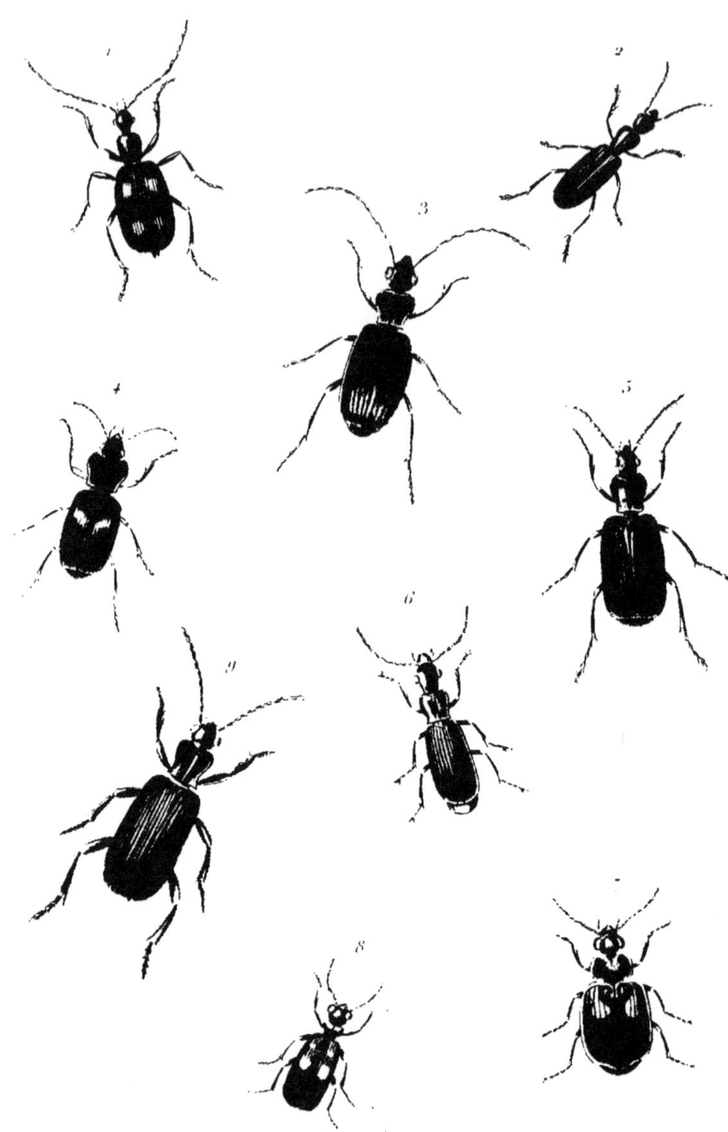

1. Cordistes acuminatus.
2. Trigonodactyla Proxima.
3. Zuphium Chevrolatii.
4. Cymindis Bisignata.
5. Plochionus OEneipennis.
6. Demetrias unipunctatus
7. Lebia Turcica.
8. Helluo Bimaculatus.
9. Helluomorpha heros.

celles que l'on connoît sont propres à l'A-
mérique méridionale; elles ne vivent que
sur les feuilles; leur vol est tellement
prompt et rapide, qu'il est difficile de les
saisir autrement qu'avec un filet. Le *C. Bifasciatus* est commun à Cayenne.

1. CORDISTES ACUMINATUS. (Pl. 3, fig. 1.)
OLIV., 3, 35, p. 66, n° 83, pl. 1, fig. 8.
— *Iconographie*, 2, p. 127, pl. 7, fig. 4.
— Long. 6 lig. Larg. 1 lig. ½. — Noir brillant; élytres tronquées obliquement en arrière et terminées par une petite dent, située extérieurement; elles sont d'un beau
bleu et offrent chacune deux taches jaunes arrondies. — Cayenne,

2. CORDISTES BIFASCIATUS.
FABR., 1, 229, n° 2. — OLIV., 3, 35,
p. 88, n° 119, pl. 7, fig. 80. — Long. 3
lig. Larg. 1 lig. — Jaunâtre; deux bandes
transversales d'un noir un peu bleuâtre sur
les élytres. — Cayenne.

3. CORDISTES MACULATUS.
DEJ., *Species*, t. I, p. 180, n° 2. —
Iconogr., 2, p. 127, pl. 7, fig. 5. — Long.
5 lig. Larg. 1 lig. ½. — Jaunâtre pâle; élytres noires avec l'extrémité et une large
base de jaune interrompue à la suture. —
Cayenne.

4. CORDISTES QUADRIMACULATUS.
GORY, *Mag. d'Entom.*, pl. 4. — Long.
10 lig. Larg. 2 lig. ½. — D'un jaune ferrugineux; sur la tête une tache noire de chaque côté, en arrière des yeux; corselet
avec son disque noir; élytres noires, avec
deux taches ferrugineuses et arrondies sur
chacune, l'une placée un peu avant le milieu et l'autre en arrière; bord extérieur
de même couleur. — Cayenne.

5. CORDISTES CINCTUS.
GRAY, *Anim. King.*, p. 272, pl. 13,
fig. 2. — Long. 8 lig. — Noir; tête et corselet rouges, élytres fortement sillonnées
et recouvertes d'une légère pubescence
grise. — Brésil.

6. CORDISTES BICINCTUS.
DEJ., *Species*, t. V, Suppl., p. 291.
— *Bifasciatus*, LATREILLE, *Voyag.* HUM-
BOLDT, p. 175, n° 24, t. 17. f. 1. —
Long. 5 lig. Larg. 1 lig. ½. — D'un jaune
pâle; élytres avec de légères stries ponctuées et terminées chacune par une petite
épine suturale; elles offrent deux bandes
transversales et noires. — Elle se trouve sur
les bords du fleuve des Amazones, et ressemble beaucoup à la *Bifasciata*.

TRIGONODACTYLA, DEJ.

Antennes courtes, à premier article assez
grand, le second court, les suivans à peu près
égaux, serrés, pubescens, un peu comprimés. — Palpes grêles; le pénultième article
assez court, le dernier long et presque
pointu à l'extrémité. — Tarses à trois premiers articles larges, triangulaires; le pénultième très-fortement bilobé. — Tête aplatie,
presque carrée. — Corselet cordiforme et
plane. — Élytres très-allongées, parallèles.
— Pattes courtes et fortes. De tous les caractères que présente ce genre, il en est un
bien remarquable, c'est que leurs mâchoires sont terminées par un crochet semblable à celui qu'offrent les *Cicindelètes*.

1. TRIGONODACTYLA TERMINATA.
DEJ., *Spec.*, t. V, p. 289. — Long. 4 lig. ½.
Long. 1 lig. ½. — Fortement ponctuée; tête
noire; corselet brunâtre; les trois premiers
articles des antennes et palpes de cette même couleur, ainsi que le dessous du corps;
le reste des antennes noirâtre et un peu pubescent; élytres d'un jaune ferrugineux,
avec de fortes stries ponctuées; une large
tache noire sur l'extrémité, qui remonte un
peu obliquement sur la suture; pattes d'un
brun clair. — Sénégal.

2. TRIGONODACTYLA PROXIMA. (Pl. 3,
fig. 2.)
LAP., *Etudes Entom.*, p. 56. — Long.
4 lig. ½. Larg. 1 lig. ½. — Ressemble beaucoup au *T. Terminata*, mais un peu plus
large; corselet plus en cœur et noirâtre,
ainsi que la tête et les antennes; une tache
de même couleur à l'extrémité des élytres;
cette tache s'étendant un peu plus sur les
bords qu'au milieu. — Sénégal.

3. TRIGONODACTYLA CEPHALOTES.
DEJ., *Spec.*, t. II, p. 439, n° 3. — Long.
3 lig. ½. Larg. 1 ½. — Aplati, brun; corselet en cœur; élytres testacées, avec une
tache grande et oblongue sur la suture, de
couleur obscure; pattes d'un jaune ferrugineux. — Indes Orientales.

MISCELUS, KLUG;
Leptodactyla, BRULLÉ.

Antennes assez longues, à premier article épais, le second court, les deux suivans coniques, les autres presque cylindriques, les derniers plus grêles, le terminal
allongé et pointu. — Palpes terminés par
un article long, cylindrique, très-légèrement tronqué à l'extrémité. — Tarses anté-

rieurs à quatre premiers articles courts, égaux, le dernier assez long ; ceux des autres paires à premier et dernier article longs ; les trois intermédiaires égaux. — Mâchoires très-arquées, terminées par un crochet soudé avec l'autre partie. — Lèvre supérieure allongée et ovalaire. — Tête en ovale long. — Yeux globuleux. — Chaperon échancré. — Corselet en cœur, rebordé latéralement. — Écusson très-petit. — Élytres un peu allongées, presque parallèles, tronquées à l'extrémité, ne recouvrant pas le bout de l'abdomen. — Pattes assez longues.

1. MISCELUS JAVANUS.

KLUG, *Annales.* — *Leptodactyla apicalis,* BRULLÉ. *Hist. nat.,* t. IV, p. 130, pl. 4, fig. 1. — Long. 5 lig. Larg. 1 lig. $\frac{1}{2}$. — D'un brun noir ; parties de la bouche rougeâtres ; élytres striées, avec une tache assez grande et d'un brun rouge, de forme arrondie, et placée sur la suture près de l'extrémité. — Java.

DRYPTITES.

Tête très-rétrécie en arrière et formant un col étroit ; crochets des tarses non dentelés ; dernier article des palpes sécuriforme.

Genres : *Zuphium, Polistichus, Diaphorus, Drypta, Trichognatha, Eunostus, Galerita, Schidonychus.*

ZUPHIUM, LATR. ; *Galerita,* FABR. ; *Carabus,* OLIV.

Antennes filiformes, longues ; le premier article aussi long que la tête, le second court. — Palpes à dernier article assez allongé et sécuriforme. — Tarses à articles cylindriques, très-foiblement dilatés dans les mâles. — Tête de forme triangulaire, rétrécie en arrière, en forme de col. — Corselet aplati et en forme de cœur. — Élytres allongées, planes. — Pattes moyennes. Ce genre est peu nombreux en espèces ; elles sont toutes de petite taille et rares dans les Collections.

J'ai donné une note monographique sur ce genre dans la *Revue Entomologique* de M. Silberman. Ces insectes sont de taille assez petite, se trouvent sous les pierres, et répandent une odeur assez forte ; ils sont généralement rares.

1. ZUPHIUM OLENS.

FABR., p. 215, n° 4. — OLIV., 3. 35, p. 94, n° 129, pl. 13, f. 156. — Long. 4 lig. Larg. 1 lig. $\frac{1}{2}$. — D'un rouge ferrugineux ; tête noire, avec les parties de la bouche et les palpes de la couleur générale ; élytres un peu pubescentes, d'un brun obscur, avec une tache arrondie et rouge à la base de chacune, et une autre commune sur la suture. — Midi de la France, Italie.

2. ZUPHIUM CHEVROLATII. (Pl. 3, fig. 4.)

LAP., *Rev. Ent.,* t. I, p. 251. — Long. 2 lig. $\frac{1}{2}$. Larg. 1 lig. — D'un jaune testacé ; tête obscure, avec une petite ligne arquée et plus claire en arrière ; élytres très-grêles, arrondies et un peu sinuées à l'extrémité, offrant quelques stries longitudinales à peine marquées. — Midi de la France, Bordeaux.

Nota. L'on a dernièrement rapporté de Sicile des insectes qui ne paraissent pas différer de cette espèce ; cependant leur taille est sensiblement plus petite. Ils ont été trouvés sous les écorces des oliviers.

3. ZUPHIUM FUSCUM.

GORY, *Mag. d'Ent.,* n° 25. — Long. 4 lig. Larg. 1 lig. $\frac{1}{4}$. — D'un brun rouge ; tête noire ; élytres de même couleur, avec une large tache ferrugineuse près de la base, qui d'un côté s'étend jusqu'à la suture, et de l'autre suit le bord extérieur dans toute sa longueur ; l'on voit de foibles côtes longitudinales ; dessous du corps et pattes d'un brun jaune. — Sénégal.

4. ZUPHIUM TESTACEUM.

KLUG et EHRENBERG, *Symb. Phil.,* 1. pl. — LAP., *Rev. Ent.,* t. I, p. 251. — Long. 5 lig. Larg. 1 lig. $\frac{1}{4}$. — Très-légèrement pubescent ; d'un brun clair et un peu jaunâtre ; élytres légèrement grisâtres, sans aucune espèce de stries. — Sénégal et Nubie.

5. ZUPHIUM AMERICANUM.

DEJ., *Species,* t. V, p. 298. — Long. 2 lig. $\frac{1}{2}$. — Larg. 1 lig. — Rougeâtre ; tête et disque des élytres bruns ; pattes d'un testacé clair. — Amérique du Sud.

6. ZUPHIUM FLEURIASI.

GORY, *An. Soc. Ent.,* t. II, p. 184. — Long. 5 lig. Larg. 2 lig. — Rouge ferrugineux ; sur chaque élytre une grande tache à l'extrémité plus obscure. — Sénégal.

POLISTICHUS, BONELLI ; *Galerita,* FABR. ; *Zuphium,* LATR.

Antennes longues, presque moniliformes ; le premier article moins long que la tête. — Palpes à dernier article fortement sécuriforme. — Tarses à articles courts et

bifides ; ceux de devant des mâles légèrement dilatés. — Tête triangulaire, légèrement rétrécie en arrière.—Corselet en cœur
et aplati.—Elytres allongées, parallèles. —
Insectes de taille moyenne ou assez petite.

1. POLISTICHUS VITTATUS.

Brullé, *Hist. nat.*, t. IV, p. 178 ; *Carabus Fasciolatus*, Oliv., Dej. — Long. 3
lig. ½. Larg. 1 lig. — Brun ; antennes
et palpes d'un rouge ferrugineux ; élytres
avec une bande longitudinale racourcie
et ferrugineuse ; poitrine, abdomen et pattes, de même couleur. — Midi de la France.

2. POLISTICHUS FASCIOLATUS.

Rossi, *Faun. Etrusca*, t. I, p. 223,
pl. 2, fig. 18 ; *Discoideus*, Dej., *Spec.*,
t. I, p. 196. — Long. 3 lig ½. Larg. 1 lig.
— Ne diffère du précédent que par le ventre, les antennes, les pattes et les palpes,
qui sont rouges, et la bande des élytres, qui
est d'un rouge pâle ; l'on voit aussi sur la
suture une large bande noire. — Italie.

3. POLISTICHUS DISCOIDEUS.

Steven., Latr. et Dej., *Icon.*, t. II,
p. 125, n° 2, pl. 10, fig. 5. — Long.
3 lig. ½. Larg. 1 lig. ¼. — D'un rouge
ferrugineux ; tête et corselet d'un brun
obscur ; extrémité des élytres de cette dernière couleur, ainsi qu'une tache située sur
la base, et qui descend le long de la suture
jusqu'à leur moitié. — Caucase, Italie.

4. POLISTICHUS BRUNEUS.

Dej., *Species*, t. V, p. 298. — Long.
3 lig. ¼. Larg. 1 lig. ¼. — Corps aptère,
brun, pubescent, très-finement ponctué ;
élytres avec des stries ponctuées ; antennes et pattes d'un jaune roussâtre. — Brésil.

Nota. M. Brulle a décrit une espèce de ce
genre des îles Canaries, dans son *Hist.
nat. des Ins.*, t. 4, p. 179.

DIAPHORUS, Dej. ;
Pseudaptinus, Lap.

Antennes assez fortes, presque moniliformes, le premier article plus grand que
les trois suivants réunis. — Palpes maxillaires allongés ; le dernier article assez fortement sécuriforme. — Palpes labiaux à
articles plus petits et plus grêles, le dernier
presque cylindrique. — Tarses a articles
presque cylindriques. — Menton offrant
une très-forte dent au milieu de son échancrure. — Lèvre supérieure courte, un peu
transversale.—Corps allongé.—Tête ovale,

rétrécie en arrière, et prolongée en un col
assez étroit. — Corselet cordiforme et allongé. — Elytres presque parallèles, tronquées à l'extrémité.

1. DIAPHORUS LECONTEI.

Dej., *Species*, t. V, p. 301. — Long. 2
lig. ½. Larg. ¼ lig.—Brun ; antennes et pattes d'un testacé pâle.—Amérique du Nord.

Nota. Il faut ajouter à ce genre :

2. *Diaphorus Dorsalis*, Brullé, *Hist.
nat. des Insec.*

3. *Albicornis* (Pseudaptinus), Lap.,
Etud. entom.

4. *Lepricuri*, Lap., *Etud. entom.* Ce
dernier est de Cayenne et non du Sénégai,
comme je l'avais dit par erreur dans cet
ouvrage.

DRYPTA, Fabr., Latr.
Cicindela, Oliv.

Antennes filiformes, le premier article
très-long, le deuxième fort court. — Palpes à dernier article fortement sécuriforme.—Les trois premiers articles des tarses antérieurs des mâles fortement dilatés ; l'avant-dernier article de tous bilobé. — Tête triangulaire.—Corselet assez
allongé, cylindrique.—Elytres ovalaires.—
Pattes assez longues. Ce genre est composé
d'espèces assez petites, de forme allongée
et gracieuse. — Il parait propre à l'ancien continent.

1. DRYPTA EMARGINATA.

Fabr., t. 1, p. 230, n° 1 ; Oliv., 2, 33,
p. 22, n° 35, pl. 3, fig. 38, Steph., *Ilust.
Brit. ent.*, t. 13, pl. 1, fig. 2.—Long. 4 lig.
Larg. 1 lig. ¼. — Un peu pubescent, d'un
beau bleu légèrement verdâtre ; parties de
la bouche, antennes et pattes d'un jaune
fauve ; tarses un peu obscurs. — Paris.

2. DRYPTA LINEOLA.

Dej., *Species*, t. I, p. 184, n° 2 ;
Mac-Leay, *Ann. Javan.* (édit. Lequien),
p. 128, 52. — Long. 4. lig. Larg. 1 lig. ½.
— Bleu obscur ; tête et corselet d'un
rouge ferrugineux ; élytres avec une ligne
longitudinale de même couleur sur chacune ; antennes et pattes jaunâtres ; genoux obscurs. — Indes Orientales.

3. DRYPTA CYLINDRICOLLIS.

Fabr., t. I, p. 231, n° 2, *Icon.*, 2, p. 119,
n° 2. pl. 10, fig. 2. — Long. 4 lig. Larg.
1 lig. — D'un jaune ferrugineux ; élytres

avec une large suture raccourcie, d'un bleu obscur, et une petite ligne de même couleur près du bord extérieur ; poitrine et abdomen d'un bleu foncé. — Italie et Midi de la France.

4. DRYPTA FLAVIPES.

Wied., *Zoologischer Magaz.*, 2, 1, p. 60, nᵒ 90 ; Dej., *Species*, t. II. p. 442, nᵒ 61. — Long. 4 lig. ¼. Larg. 1 lig. ½. — Etroite, d'un vert bronzé ; corselet presque cylindrique. parties de la bouche. antennes et pattes d'un jaune ferrugineux. — Indes Orientales.

5. DRYPTA AUSTRALIS.

Mac-Leay, Dej., *Species*, t. I, p. 185, nᵒ 3. — Long. 4 lig. Larg. 1 lig. ½. — Un peu pubescent, d'un bleu obscur ; tête , corselet et une bande longitudinale sur les élytres d'un rouge ferrugineux; cuisses jaunes, leur extrémité et les jambes noirâtres. — Indes Orientales.

6. DRYPTA LONGICOLLIS.

Dej. , *Species*, t. I, p. 185, nᵒ 4. — Long. 5 lig. ¼. Larg. 1 lig. ¼. — Allongé , d'un bleu un peu obscur; corselet allongé et cylindrique ; cuisses jaunes, avec leur extrémité et les jambes noirâtres.— Indes Orientales.

7. DRYPTA RUFICOLLIS.

Dej. , *Species*, t. V, p. 292. — Long. 5 lig. Larg. 1 lig. ¼. — D'un brun rouge; tête. à l'exception des parties de la bouche, et élytres, d'un beau vert bleuâtre ; ces dernières sont fortement ponctuées et offrent des côtes longitudinales assez nombreuses; extrémité des cuisses et du premier article des antennes noirâtre; abdomen d'un beau vert métallique.—Sénégal.

8. DRYPTA IRIS.

Long. 7 lig. ¼. Larg. 2 ¼. — D'un bleu violet; parties de la bouche et antennes d'un brun obscur; tête presque rugueuse ; corselet très-allongé , presque cylindrique, légèrement anguleux de chaque côté, très-fortement ponctué , presque rugueux, ayant une ligne longitudinale enfoncée au milieu et une impression allongée de chaque côté; élytres fortement échancrées, striées. ponctuées , d'un beau vert cuivreux, se changeant sur les côtés en un rouge doré ; abdomen et pattes violets; tarses bruns.

Ce magnifique insecte a été rapporté de Madagascar par M. Goudot, et fait partie de la collection du Muséum d'Histoire naturelle.

9. DRYPTA DORSALIS.

Dej., *Species*, t. V, p. 292. — Long. 4 lig. Larg. 1 lig. ½. — D'un jaune ferrugineux ; élytres avec une suture bleue, raccourcie, et qui se dilate au milieu ; poitrine et abdomen d'un bleu obscur. — Sénégal.

Nota. J'ai décrit plusieurs espèces nouvelles et remarquables de ce genre dans mes *Etudes entomologiques.*

TRICHOGNATHUS, Latr.

Antennes filiformes à premier article très-long et velu ; les poils dirigés par en-bas. — Palpes assez longs, tronqués un peu obliquement à l'extrémité; les maxillaires plus longs que les labiaux.—Tarses filiformes. — Tête étranglée en arrière. — Languette tridentée à l'extrémité.—Mâchoires avec une saillie assez forte et velue au côté externe.—Corselet presque carré , rétréci en arrière , coupé carrément. — Élytres en carré allongé, un peu plus larges en arrière qu'en avant.—Pattes assez longues.

1. TRICHOGNATHUS MARGINIPENNIS.

Latr., *Règn. an.* — Guérin, *Icon. Ins.*, pl. 4, t. V. — Long. 7 lig. Larg. 3 lig. — Rouge ; élytres d'un bleu ardoisé , très-légèrement striées, avec une bordure latérale et une postérieure plus large , jaunes. — Brésil.

EUNOSTUS , Lap.

Antennes à premier article gros ; le deuxième assez court; les troisième et quatrième un peu plus longs, ovalaires; tous les suivans égaux , assez épais et serrés.—Palpes longs, un peu ciliés; les maxillaires à premier article court ; le second très-long; le troisième conique , le quatrième long , épais, tronqué un peu obliquement à l'extrémité; les labiaux à premier article court; le second long; le troisième grand, fortement en hache, tronqué obliquement à l'extrémité.—Labre court, transversal.—Tarses à quatre premiers articles égaux ; le cinquième long.—Crochets forts.—Tête arrondie, étranglée en arrière, à yeux grands et globuleux.—Corselet en cœur, très-élargi et arrondi en avant, fortement rétréci en arrière , tronqué postérieurement.—Écusson très-petit, triangulaire.—Élytres assez larges. tronquées obliquement en arrière , plus courtes que l'abdomen.—Pattes fortes, cuisses grandes , élargies; jambes antérieures un peu arquées et très-fortement échancrées en dedans ; cuisses postérieures très-grosses, surtout dans les mâles ; chez ceux-ci elles dépassent de beaucoup les élytres, sont très-renflées et offrent en-dessous plusieurs dents.

Ce genre a de grands rapports avec celui des *Trichognathus;* mais s'en distingue par ses antennes beaucoup plus courtes, plus épaisses ; le premier article proportionnellement moins long ; les palpes maxillaires plus courts, à dernier article beaucoup plus élargi ; le même des labiaux allant toujours en grossissant, et non rétréci dans les deux tiers de sa longueur, comme dans les *Trichognathus;* la tête ets plus large en arrière ; le corselet beaucoup plus étranglé postérieurement ; les cuisses beaucoup plus fortes, surtout les postérieures ; les épines qui garnissent toutes les parties de la bouche du *Trichognathus* sont ici remplacées par des poils.

Nous avons établi ce genre dans nos *Etudes entomologiques* et l'avons depuis[1] figuré dans notre *Histoire naturelle des Insectes Coléoptères.*

1. EUNOSTUS LATREILLEI.

Lap., *Etud. Ent.*, p. 142, n° 1.—Long. 4 lig. Larg. 1 lig. ½. — D'un brun obscur pubescent ; parties de la bouche et antennes rouges ; tête lisse, avec deux impressions longitudinales en avant ; corselet rebordé latéralement, sillonné au milieu, inégal, surtout en arrière ; élytres striées ; dessous du corps d'un brun obscur ; pattes d'un brun rouge.—Madagascar.

GALERITA, Fabr. ;
Carabus, Oliv.

Antennes très-longues ; l'article de la base de la longueur de la tête.—Palpes très-avancés, à dernier article fortement sécuriforme. — Tarses antérieurs des mâles à trois premiers articles assez fortement dilatés.—Tête ovalaire, assez allongée, très-rétrécie en arrière.—Mandibules assez fortes, mais courtes. — Corselet cordiforme. — Elytres ovales, allongées, planes. — Pattes fortes et longues. Insectes d'assez grande taille et propres jusqu'ici à l'Amérique et au Sénégal.

1. GALERITA BOREALIS.

Americana, Dej., *Spec.*, 1, p. 187. — Long. 10 lig. Larg. 3 lig. ½. — Noir, pubescent ; élytres un peu bleuâtres ; pattes et antennes d'un rouge ferrugineux ; les dernières avec une tache obscure assez grande sur les second, troisième et quatrième articles.— Amérique Boréale.

2. GALERITA CYANIPENNIS.

Dej., *Americana*, Fabr., 1, p. 214, n°1. —Oliv., 3, 35, p. 63, n° 77, t. VI, f. 72. —Long. 9 lig. Larg. 3 lig. — Noir ; corselet et premier article des antennes ferrugineux ; les autres d'un brun noirâtre ; élytres un peu allongées et d'un bleu assez clair. — Amérique du Nord, où elle est commune.

3. GALERITA LECONTEI.

Dej., *Spec.*, t. V, p. 294.—Long. 8 lig. Larg. 3 lig. — Noir ; base des antennes, pattes et corselet ferrugineux ; élytres plus courtes que dans la *Borealis*, et noires.— Amérique du Nord.

4. GALERITA AMERICANA.

Lin., *H. nat.*, 2, p. 674, n°19. — Degeer, 4, p. 107, n° 3, t. XVII, f. 21.—*Geniculata*, Dej., *Spec.*, t. V, p. 297.—*Icon.*, pl. 7, f. 6. — Long. 7 lig. ¼. Larg. 2 lig. ¼. — Noir ; élytres ovalaires, avec des côtes, dans les intervalles de chacune desquelles l'on voit deux lignes élevées, et antennes et corselet rougeâtres ; pattes d'un jaune ferrugineux, avec l'extrémité des cuisses noire. —Guadeloupe et Cayenne.

5. GALERITA BRASILIENSIS.

Dej., *Spec.*, t. 11, p. 442. — Long. 9 lig ½. Larg. 3 lig. ½.—D'un noir bleuâtre ; tête et corselet d'un rouge sanguin en-dessus ; élytres ovales, d'un noir obscur, un peu bleuâtre, offrant des côtes élevées, dont les intervalles sont couverts de stries très-fines, très-serrées, et transversales, visibles à la loupe.—Brésil.

6. GALERITA ANGUSTICOLLIS.

Dej., *Spec.*, t. V, p. 295.—Long. 8 lig. ¼. Larg. 2 lig. ½. D'un noir bleuâtre ; tête et corselet rougeâtres ; élytres parallèles, de couleur presque bleue, offrant des côtes élevées, dont les intervalles sont couverts de stries très-serrées, transversales et visibles à la loupe.—Brésil.

7. GALERITA OCCIDENTALIS.

Oliv., 3, 35, p. 64, n° 79, pl. 8, f. 94. —Long. 7 lig. ¼. Larg. 2 lig. ½.—Allongée ; d'un noir bleuâtre ; tête et corselet rouges ; base des antennes presque noire ; le reste roussâtre ; élytres avec des côtes élevées. —Cayenne.

8. GALERITA UNICOLOR.

Latr. et Dej., *Icon.*, 2, p. 117, pl. 6.

f. 6.—Long. 6 lig. ½. Larg. 2 lig. ¼.—Entièrement noir bleuâtre ; élytres avec des côtes élevées, dans les intervalles de chacune desquelles l'on voit deux petites lignes élevées. — Cayenne.

9. GALERITA INTERSTITIALIS.

Schœn., Dej., *Spec.*, t. V, p. 295.—Long. 9 lig. ½. Larg. 3 lig.—Noir ; corselet en cœur ; élytres avec des côtes longitudinales élevées ; dans les intervalles l'on voit deux petites lignes longitudinales élevées et une rangée de points enfoncés, peu marqués. — Sierra-Leone.

10. GALERITA AFRICANA.

Dej., *Spec.*, t. I, p. 190, n° 4.—Long. 10 lig. ½. Larg. 3 lig. ½.—D'un noir un peu bleuâtre ; élytres avec des côtes élevées, dont les intervalles sont occupés par des poils courts et de petites stries longitudinales peu marquées. -- Sénégal.

11. GALERITA LACORDAIREI.

Dej., *Spec.*, t. II, suppl., p. 443, n° 7.—Long. 6 lig. ½. Larg. 2 ¼.—Un peu pubescent, noir ; élytres allongées, avec des côtes dans les intervalles de chacune desquelles l'on voit deux lignes longitudinales élevées.—Buénos-Ayres.

12. GALERITA COLLARIS.

Dej., *Spec.*, t. II, p. 444.—Long. 8 lig. Larg. 2 lig. ½.—Ressemble à l'*Insularis*, mais un peu plus petite, plus bleuâtre ; corselet plus étroit ; les côtes des élytres plus marquées, avec les lignes intermédiaires moins visibles. — Buénos-Ayres.

13. GALERITA INSULARIS.

Ruficollis, Dej., *Spec.*, t. I, p. 191, n° 5. — Long. 8 lig. ½. Larg. 3 lig. — Noir ; corselet rouge ; élytres un peu bleuâtres avec un grand nombre de lignes longitudinales ; extrémité des antennes roussâtre. — Ile de Cuba.

Nota. Nous avons dû changer le nom de *Ruficollis*, donné par M. Dejean à cette espèce, ce nom ayant été déjà employé par M. Latreille pour une autre espèce de ce genre.

14. GALERITA RUFICOLLIS.

Latr., *Voyage de Humboldt*, 2, p. 120, n° 149, t. XL, f. 10 et 11. — *Affinis*, Dej., *Spec.*, t. V, p. 296.—Long. 7 lig. Larg. 2 lig. ½.—Noir ; corselet rougeâtre ; élytres assez courtes, avec de foibles côtes dont les intervalles offrent deux lignes élevées ; extrémité des antennes d'un rouge testacé obscur ; la base d'un brun noirâtre.—Parties équatoriales de l'Amérique du Sud.

15. GALERITA BRACHINOIDES.

Perty, *Voyage de Spix et Martius. Ins.*, p. 5, pl. 1, t. 14—Long. 10 lig. Larg. 3 lig. —Tête noire ; corselet et palpes d'un rouge fauve ; antennes et pattes jaunes ; tarses plus obscurs ; élytres noires, avec des côtes, dont les intervalles montrent deux lignes élevées ; dessous du corps obscur.—Brésil.

Nota. L'on trouvera dans mes *Etudes entomologiques* la description de plusieurs espèces nouvelles de ce genre.   •

SCHIDONYCHUS, Klug.

Nous pensons que c'est ici que doit venir ce genre, qui ne diffère de celui de *Ctenodactyle* que par les crochets des tarses, qui ne sont pas dentelés, mais divisés en deux dans la moitié de leur longueur.

1. SCHIDONYCHUS BRASILIENSIS.

Klug, *An. d'Ent.*—Jaune ; tête et corselet bruns ; élytres striées, bordées de brun, avec la suture de même couleur jusqu'aux deux tiers, où cette tache va rejoindre le bord. — Brésil.

CTENODACTYLITES.

Tête rétrécie en arrière et formant un col étroit.—Crochets des tarses dentelés en dessous.

Genres : *Ctenodactyla, Agra.*

CTENODACTYLA , Dej.

Antennes filiformes. — Palpes termines par un article ovalaire et un peu pointu.—Tarses à trois premiers articles élargis, triangulaires, l'avant - dernier fortement bilobé.—Tête arrondie, rétrécie en arrière et formant une sorte de col. — Corselet plane.—Elytres allongées, un peu élargies vers l'extrémité, où elles sont arrondies.

M. Lacordaire nous donne (*An. Soc. Ent.*, t. I, p. 357) les détails suivans sur ce genre : « La *Chevrolati* se trouve dans les bois, courant parmi les herbes; les deux autres (*Maculata* et *Tristis*) vivent sur les fleurs d'une plante aquatique de la famille des Pontédériées, et je ne les ai jamais rencontrées que dans les savanes noyées de l'Affronaque, au mois d'avril, pendant la saison des pluies; leur vol est très-agile, et le moindre mouvement imprimé à la fleur suffit pour les faire envoler. Ce sont les seuls Carabiques, à ce que je crois, qui fréquentent les fleurs. •

1. CTENODACTYLA CHEVROLATI.

Dej., *Spec.*, t. 1, p. 227.—Long. 5 lig. Larg. 1 lig. ¼. — D'un noir un peu bleuâtre ; corselet d'un rouge ferrugineux ; dessous du corps brunâtre ; antennes et pattes d'un jaune testacé.—Cayenne.

2. CTENODACTYLA MACULATA.

Gory, *An. Soc. Ent.*, t. II, p. 182.— Long. 5 lig. ¼. Larg. 1 lig. ¼. — Tête et élytres noires ; corselet, quatre taches sur les élytres et une petite bande marginale sur le bord externe de celles-ci, les trois premiers articles des antennes et pattes fauves.—Cayenne.

3. CTENODACTYLA TRISTIS.

Gory, *An. Soc. Ent.*, t. II , p. 183. — Long. 3 lig. Larg. 1 lig. — D'un noir bronzé ; antennes, cuisses, pattes et tarses, d'un jaune pâle. — Cayenne.

4. CTENODACTYLA DRAPIEZII.

Gory, *An. Soc. Ent.*, t. II , p. 181. — Long. 5 lig. ¼. Larg. 2 lig. — D'un brun rouge obscur ; élytres avec des stries ponctuées ; leur couleur offre des reflets verdâtres ; antennes, à l'exception des deux premiers articles, qui sont d'un brun rouge, et pattes, fauve clair. — Cayenne.

AGRA, Fabr. ;
Carabus, Oliv.

Antennes filiformes. — Palpes à dernier article sécuriforme. — Tarses à crochets dentelés en dessous ; les trois premiers articles élargis, cordiformes, l'avant-dernier bilobé.—Tête ovalaire, rétrécie en arrière et formant un cou.—Corselet cylindrique, allongé, rétréci en avant.—Élytres longues. — Pattes assez fortes.

PREMIÈRE DIVISION.

Espèces à élytres unidentées à l'extrémité.

1. AGRA CATENULATA.

Klug, *Mon.*, *Agra*, p. 29, n° 12, pl. 11, fig. 3. — Long. 5 lig. ¼. — Rougeâtre cuivreux, brillant ; tête lisse ; corselet fortement ponctué, presque rugueux ; élytres avec des points encavés. — Brésil.

2. AGRA ERYTHROPUS.

Dej., *Spec.*, t. I, p. 199. — Long. 9 lig. Larg. 2 lig. ¼. — Ressemble à l'*Ænea*, mais plus petit et proportionnellement plus large ; d'un noir bronzé ; tête ovale ; corselet foiblement ponctué ; élytres avec des lignes ponctuées, presque tronquées a l'extrémité ; antennes et pattes rougeâtres. — Brésil.

3. AGRA BRUNIPENNIS.

Gory, *An. Soc. Ent.*, t. II, p. 183. — —Long. 7 lig. Larg. 2 lig.—D'un brun ferrugineux ; tête ovale, lisse ; corselet lisse, avec un sillon de chaque côté, dans lequel on aperçoit quelques gros points enfoncés ; élytres avec des lignes de points ; antennes et pattes ferrugineuses. —Cayenne.

DEUXIÈME DIVISION.

Espèces à élytres bidentées à l'extrémité.

4. AGRA ÆNEA.

Fabr., 1, p. 224, n° 1. — Klug, *Mon.*, *Agra*, p. 12, pl. 1, fig. 1. —Long. 11 lig. Larg. 2 lig. ¼. — Bronzé ; tête allongée, brillante ; parties de la bouche brunâtres ; corselet allongé aussi et offrant des points enfoncés ; élytres parsemées de points enfoncés et presque rugueuses. — Brésil.

5. AGRA RUFESCENS.

Klug, *Mon.*, *Agra*, p. 14, n° 2, pl. 1, fig. 2. — Dej., *Spec.*, t. II, p. 445. — Long. 10 lig. — D'un brun bronzé ; antennes et pattes d'un brun de poix ; tête ovale et lisse ; corselet allongé, ponctué, presque rugueux ; élytres parsemées de points enfoncés. — Brésil.

6. AGRA INFUSCATA.

Klug, *Mon.*, *Agra*, p. 15, n° 3, pl. 1, fig. 3. — Long. 9 lig.— Tête allongée et lisse ; corselet d'un noir bronzé, ponctué ; élytres bronzées et ponctuées. — Brésil.

7. AGRA ATERRIMA.

Klug, *Mon.*, *Agra*, p. 17, n° 4. — *Tristis*, Dej., *Spec.*, t. V, p. 302. — Long. 7 lig. — Noir ; tête très-étroite et lisse ; corselet allongé, ponctué ; élytres avec des stries ponctuées. — Bahia.

8. AGRA VARIOLOSA.

Klug, *Mon.*, *Agra*, 1. p. 18, n° 5, pl. 1, fig. 5. — Long. 6 lig. —·D'un brun bronzé, pubescent ; tête ovale ; base excavée ; corselet allongé, ponctué ; élytres avec des stries ponctuées ; elles sont plissées et presque rugueuses. — Bahia.

9. AGRA EXCAVATA.

Klug, *Mon.*, *Agra*, p. 21, n° 6, pl. 1, fig. 6. — Long. 5 lig. —D'un noir bronzé ; tête ovale, excavée à la base ; corselet allongé, ponctué ; élytres avec des stries

ponctuées ; dessous du corps et pattes bruns.
— Para.

10. AGRA IMMERSA.

Klug, *Mon.*, *Agra*, p. 21, n° 7, pl. 1,
fig. 7. — Loug. 4 lig. — Tête ovale, lisse,
avec occiput excavé ; elle est d'un brun
noirâtre ainsi que le corselet, qui est allongé, ponctué, et un peu pubescent ; élytres un peu cuivreuses, avec des stries ponctuées. — Para.

11. AGRA CHALCOPTERA.

Klug, *Mon.*, *Agra*, p. 23, n° 8, pl. 1,
fig. 8. — Long. 5 lig. $\frac{1}{2}$. — Tête noire,
excavée à la base ; corselet allongé, ponctué
d'un noir bronzé un peu pubescent ; élytres d'un vert bronzé et métallique, avec
des stries ponctuées et des impressions irrégulières. — Para.

12. AGRA BREVICOLLIS.

Klug, *Mon.*, *Agra*, p. 25, n° 9, pl. 1,
fig. 9. — Long. 5 $\frac{1}{2}$. — Tête allongée, excavée à la base ; corselet allongé et ponctué
d'un noir bronzé ; élytres avec des stries
ponctuées ; bordure latérale des élytres à
reflet violet. — Para.

13. AGRA ATTENUATA.

Klug, *Mon.*, *Agra*, p. 26, pl. 2, fig. 1.
— *Agra Puncticollis*, Dej., *Spec.*, t. I,
p. 204, n° 4. — Long. 6 lig. — Tête ponctuée
en arrière, noire ; corselet de même couleur,
allongé, presque cylindrique ; élytres cuivreuses, avec des stries ponctuées. — Brésil.

14. AGRA GEMMATA.

Klug, *Mon.*, *Agra*, p. 28, n° 11, pl. 2,
fig. 2. — *Agra Breuloides*, Dej., *Spec.*, t. I,
p. 200, n° 3. — Long. 7 $\frac{1}{2}$. — Tête rétrécie et lisse ; corselet excavé et ponctué
d'un brun roussâtre ; élytres d'un brun
jaune ponctué, avec de petites taches noires entre les points, et disposées en stries ;
pattes rougeâtres. — Brésil.

15. AGRA FILIFORMIS.

Dej., *Spec.*, t. V, p. 308. — Long.
5 lig. $\frac{1}{2}$. Larg. 1 lig. — Cylindrique, rougeâtre ; tête très-étroite, lisse ; corselet
avec des points disposés en lignes longitudinales ; élytres avec des stries qui paroissent crénelées. — Brésil.

16. AGRA BUQUETI.

Gouy, *An. Soc. Ent.*, t. II, p. 184. —
Long. 9 lig. Larg. 2 lig. — D'un vert
bleuâtre obscur ; tête étroite, lisse, parsemée en arrière de points ; corselet avec des
lignes longitudinales de points ; élytres

avec des stries ponctuées ; antennes et
pattes d'un rouge ferrugineux. — Cayenne.

TROISIÈME DIVISION.

Élytres tridentées à l'extrémité.

17. AGRA GENICULATA.

Klug, *Mon.*, *Agra*, p. 30, pl. 2, fig. 4.
— Long. 6 $\frac{1}{2}$. — Brun noirâtre ; tête retrécie et lisse ; corselet allongé, ponctué ; élytres avec de gros points cuivreux disposés
en stries ; pattes jaunes ; extrémité des cuisses brune. — Para.

18. AGRA RUFIPES.

Fabr., p. 225, n° 2. — Long. 6 lig. $\frac{1}{2}$. —
Brun ; tête lisse ; corselet variolé ; élytres
avec des stries ponctuées ; antennes et pattes rougeâtres ; extrémité des cuisses noire.
— Amérique Méridionale.

19. AGRA RUFICORNIS.

Klug, *Monogr.*, *Agra*, p. 33, n° 15,
pl. 2, f. 6. — Long 6 lig. $\frac{1}{2}$. — Noir bronzé ;
tête allongée, lisse ; corselet étroit, avec des
points rugueux ; élytres avec des stries ponctuées ; abdomen un peu brunâtre ; parties
de la bouche, antennes et pattes d'un brun
rouge. — Para.

20. AGRA ATTELABOIDES.

Fabr., 1, p. 225, n° 3. — Long. 7 lig. —
D'un brun noir ; tête impressionnée en arrière ; corselet ponctué, presque rugueux
et légèrement plissé transversalement ; antennes et pattes rougeâtres. — Indes Orientales ?

Nota. M. le comte Dejean croit que
cette espèce est américaine ainsi que toutes
les autres de ce genre.

21. AGRA FEMORATA.

Klug, *Mon.*, p. 36, n° 17. — Long 7 lig.
— Noir bronzé ; tête ovale, lisse ; corselet
allongé, ponctué, presque rugueux ; cuisses
très-élargies ; jambes et tarses brunâtres.
— Para.

22. AGRA EXCAVATA.

Klug. *Mon.*, *Agra*, p. 38, n° 18, pl. 2,
f. 9. — Long. 8 lig. — Noir bronzé ; tête
ovale, lisse, très-légèrement impressionnée en arrière ; corselet allongé, ponctué,
presque rugueux ; élytres avec des stries
ponctuées ; pattes un peu bleuâtres ; tarses
bruns. — Para.

23. AGRA MULTIPLICATA.

Klug, *Mon.*, *Agra*, p. 39, n° 19, pl. 3,
f. 1. — Long. 6 lig. $\frac{1}{2}$. — Noir bronzé ; tête

lisse, avec une très-légère impression en arrière; corselet allongé, ponctué; élytres d'un brun cuivreux, avec des stries ponctuées.—Para.

24. AGRA CUPREA.

Klug, *Mon.*, *Agra*, p. 41, n° 20. — Long. 7 lig.—Tête lisse, impressionnée en arrière; corselet allongé, d'un noir violâtre, ponctué; élytres cuivreuses, avec des stries ponctuées; pattes brunâtres.

25. AGRA SPLENDIDA.

Latr., *Icon.*, 1, p. 76, t. VIII, f. 2.— Dej., *Spec.*, t. V, p. 303.—Long. 9 lig. $\frac{1}{2}$. Larg. 2 lig. $\frac{1}{2}$. — Noir; tête assez étroite, lisse; corselet avec de profondes lignes de points; élytres d'un beau vert cuivreux, avec des reflets d'un rouge métallique très-brillant; elles présentent des stries ponctuées. — Du Pérou.

26. AGRA CANCELLATA.

Dej., *Spec.*, t. V, p. 304.—Long. 7 lig. $\frac{1}{2}$. Larg. 2 lig. — Cylindrique; d'un ferrugineux bronzé; tête étroite, lisse; corselet avec de profondes lignes de points; élytres d'un jaune testacé, un peu roussâtre, avec un reflet d'un vert bronzé, assez brillant; elles présentent des stries ponctuées; les intervalles sont un peu relevés; les deuxième, quatrième et l'extrémité du sixième, sont interrompus par de gros points enfoncés qui en occupent toute la largeur; antennes et pattes d'un testacé un peu roussâtre.—Brésil.

27. AGRA CUPRIPENNIS.

Dej., *Spec.*, t. V, p. 305. — Long. 7 lig. $\frac{1}{2}$. Larg. 1 lig. $\frac{1}{2}$. — Cylindrique; d'un noir bronzé; tête étroite, lisse; corselet avec des lignes de points; élytres d'un rouge cuivreux, avec des stries ponctuées; on voit sur le troisième, près de la deuxième série, sur le cinquième près de la quatrième, et sur le septième près de la sixième, une rangée de points enfoncés et assez marqués; pattes un peu verdâtres.—Brésil.

QUATRIÈME DIVISION.

Élytres n'ayant pas sensiblement de dents à l'extrémité.

28. AGRA CHEVROLATI.

Gory, *An. Soc. Ent.*, t. II, p. 186.— Long. 5 lig. $\frac{1}{2}$. Larg. 1 lig. $\frac{1}{2}$. — Cylindrique; d'un vert cuivreux; tête ovale, brune, lisse; corselet avec de profondes lignes de points; élytres d'un rouge cuivreux, tron

quées carrément à l'extrémité; sur leur base de petites lignes enfoncées avec des points; sur le reste, des taches irrégulières, placées avec des points dans leur enfoncement; parties de la bouche, antennes, abdomen et pattes, d'un brun rouge.—Brésil.

CYMINDITES.

Tête peu ou point rétrécie en arrière, ne formant pas un col.—Crochets des tarses dentelés en dessous.—Palpes labiaux à dernier article sécuriforme.

Genres : *Cymindis*, *Calleida*, *Plochionus*, *Cryptobatis*.

CYMINDIS, Latr. ;

Carabus, Fabr. ; *Lebia*, Duft. ;

Tarus, Clairv., Steph.

Antennes assez courtes, filiformes. — Palpes labiaux à dernier article sécuriforme, élargi dans les mâles. — Tarses à crochets dentés en dessous; les antérieurs un peu dilatés dans les mâles. — Tête ovale, très-légèrement rétrécie en arrière. — Corselet en cœur. — Élytres ovales, planes, tronquées au bout.

Insectes de taille moyenne, se trouvant sous les pierres. On en connoît environ cinquante espèces.

1. CYMINDIS HUMERALIS.

Fabr., 1, 181, n° 63.—Oliv., 3, 85, p. 95, n° 131, pl. 13, f. 154.—Steph., *Ill. Brit. Ent.*, 1, p. 33, pl. 2, f. 4. — Long. 4 lig. $\frac{1}{2}$. Larg. 1 lig. $\frac{1}{2}$. — Noir ponctué; élytres striées, avec les bords latéraux et une tache humérale un peu oblique qui se confond avec le bord extérieur, d'un jaune ferrugineux; parties de la bouche, antennes et pattes de cette dernière couleur.—France.

2. CYMINDIS LINEATA.

Schoen., *Syn.*, *Ins.*, 1, p. 179. n° 61. pl. 3. f. 5.—Long. 4 lig. Larg. 1 lig. $\frac{1}{2}$. — Brun; ponctué; parties de la bouche, antennes et corselet rougeâtres; élytres avec des stries profondes, dont les intervalles sont ponctués; la tache humérale, se prolongeant jusqu'à l'extrémité de l'élytre et formant une ligne un peu arquée, d'un jaune ferrugineux, ainsi que le bord externe et les pattes.—Midi de la France.

3. CYMINDIS MELANOCEPHALA.

Dej., *Spec.*, t. I, p. 210, n° 10.—Long. 3 lig. $\frac{1}{2}$. Larg. 1 lig. $\frac{1}{4}$.—Noir; entièrement couvert de points très-serrés ; un peu pubescent ; corselet rougeâtre ; bordure des élytres, et une tache humérale qui s'y réunit, d'un jaune ferrugineux ; parties de la bouche et antennes d'un ferrugineux un peu foncé ; pattes plus claires.—*Var.* Sans tache humérale.—Pyrénées.

4. CYMINDIS AXILLARIS.

FABR., *Syst. El.*, p. 182, n° 66.—Long. 4. lig. Larg. 1 lig. $\frac{1}{4}$.—Brun ; un peu pubescent ; couvert de points très-serrés; corselet rougeâtre; bordure des élytres et une ligne humérale d'un jaune ferrugineux ; parties de la bouche et antennes de même couleur ; pattes plus claires. — Midi de la France.

5. CYMINDIS MILIARIS.

FABR., 1, p. 182, n° 65.—Long. 4 lig. $\frac{1}{2}$. Larg. 1 lig. $\frac{1}{4}$.—Fortement ponctué ; pubescent ; d'un brun obscur ; élytres d'un bleu violâtre, striées, avec les intervalles des stries finement ponctués ; antennes, parties de la bouche et pattes, d'un rouge ferrugineux. — Autriche, et quelques parties de la Normandie.

6. CYMINDIS VARIEGATA.

DEJ., *Spec.*, t. 1, p. 217, n° 18.—Long. 4 lig. Larg. 1 lig. $\frac{1}{2}$. Brun ; un peu pubescent ; élytres avec des stries ponctuées ; bordure des élytres et plusieurs taches parsemées peu distinctes, d'un jaune ferrugineux ; parties de la bouche, antennes et palpes de même couleur.—Antilles.

7. CYMINDIS CINGULATA.

DEJ., *Spec.*, p. 209, n° 8. — Long. 3 lig. $\frac{1}{2}$. Larg. 1 lig. $\frac{1}{4}$. — Noir ; ponctué, surtout sur la base des élytres ; bords latéraux des élytres et une tache humérale qui s'y joint, parties de la bouche, antennes et pattes ferrugineuses. — Styrie.

8. CYMINDIS COADUNATA.

DEJ., *Spec.*, t. I, p. 210, n° 9. — Long. 3 lign. $\frac{1}{2}$. Larg. 1 lig. $\frac{1}{4}$. — Ponctué, noir ; corselet d'un rouge ferrugineux ; base des élytres profondément ponctuée ; bords latéraux et une tache humérale se joignant au bord, d'un jaune ferrugineux ; pattes plus pâles. — Pyrénées.

9. CYMINDIS BISIGNATA. (Pl. 3, fig. 4.)

DEJ., *Spec.*, t. V, p. 322. — Long. 5 lig. Larg. 2 lig. $\frac{1}{4}$. — Couvert de points très-serrés, noir ; corselet élargi et rebordé ; élytres avec de faibles stries longitudinales et une petite tache sur chaque élytre, dentelée sur ses bords et située à la base ; elle

est de couleur orange ; cuisses de même couleur avec leur extrémité et les jambes brunâtres. — Sénégal.

Nota. Les tarses de cette espèce ne m'ayant pas paru dentelés, et sa forme différant de celle des autres *Cymindis*, j'avois établi sur elle une nouvelle conque générique, sous le nom de *Cymindoïda*: mais le premier de ces caractères ayant été mal observé, ce genre ne peut être maintenu.

10. CYMINDIS HOMAGRICA.

DUFT., 2, p. 240, n° 4. — Long. 3 lig. Larg. 1 lig. $\frac{1}{2}$. — Noir, ponctué ; corselet, bordure des élytres, et une ligne humérale, d'un jaune ferrugineux; antennes et parties de la bouche de même couleur. — Midi de la France.

Nota. M. Stephens a décrit une espèce de ce genre qui lui paroît nouvelle ; *C. Lævigatus*, Illust. Brit. Ent., 1, p. 32, pl. 2, fig. 2. Elle habite l'Angleterre.

CALLEIDA.

Antennes filiformes. — Palpes labiaux à dernier article fortement sécuriforme. — Tarses à trois premiers articles triangulaires, l'avant-dernier bilobé ; les crochets dentelés en dessous. —Tête ovale, peu rétrécie en arrière. — Corselet allongé, cordiforme.—Élytres longues, parallèles, tronquées à l'extrémité.

Ce genre est formé sur de jolis petits insectes tous exotiques : M. le comte Dejean en énumère vingt-une espèces ; M. Gory en a décrit deux nouvelles (*Rufula* et *Splendida*) dans sa centurie de Carabiques, *An. de la Soc. Ent.*, t. II.

1. CALLEIDA MARGINATA.

DEJ., *Spec.*, t. I, p. 222, n° 2. — Long. 4 lig. $\frac{1}{2}$. Larg. 1 lig. $\frac{1}{4}$. — Vert bronzé ; tête en partie brunâtre ; bordure des élytres d'un beau rouge cuivreux ; dessous du corps et cuisses d'un noir un peu verdâtre ; pattes d'un brun noir. — Amérique Boréale.

2. CALLEIDA DECORA.

FABR., 1, p. 181, n° 60. — *Icon.*, 2, p. 132, t. VII, fig. 7. — Long. 3 lig. $\frac{1}{2}$. Larg. 1 lig. $\frac{1}{4}$. — Vert brillant ; tête d'un brun noir ; base des antennes, poitrine et pattes, d'un rouge ferrugineux ; extrémité des cuisses d'un noir bleuâtre ; tarses obscurs. — Amérique Septentrionale.

3. CALLEIDA ANGUSTATA.

DEJ., *Spec.*, t. V, p. 338. — Long.

5 lig. Larg. 1 lig. — Rouge ; tête noire, excepté en arrière ; antennes brunâtres, à l'exception de la base ; élytres d'un bleu métallique, avec des stries longitudinales ; extrémité des cuisses noirâtre ; abdomen de même couleur ; extrémité rouge. — Sénégal.

4. CALLEIDA RUFICOLLIS.

FABR., 1, p. 185, n° 80. — Long. 5 lig. Larg. 1 lig. ¼. — Diffère du précédent par sa forme plus large ; abdomen d'un noir luisant. — Sénégal.

5. CALLEIDA FASCIATA.

DEJ., *Spec.*, t. V, p. 337. — *Icon.*, 1, p. 99, t. II, fig. 4. — Long. 4 lig. ¼. Larg. 1 lig. ¼. — D'un brun rouge ; tête noirâtre ; base des élytres et leur extrémité d'un bleu métallique ; extrémité des cuisses noirâtre. — Sénégal.

6. CALLEIDA CYANIPENNIS.

PERTY, *Voyage de Spix et Martius, Ins.*, p. 5, pl. 1, tabl. 1, fig. 13. — Long. 4 lig. ¼. Larg. 1 lig. ¼. — Tête, antennes, corselet et rebords des élytres d'un ferrugineux obscur ; élytres bleues, sillonnées ; dessous du corps et pattes d'un noir sanguin. — Brésil.

PLOCHIONUS, DEJ. ;
Carabus, FABR. ; *Lebia*, LATR.

Antennes un peu moniliformes et assez courtes ; les sept derniers articles un peu plus gros que ceux qui les précèdent. — Palpes labiaux à dernier article sécuriforme. — Tarses à articles courts, élargis, cordiformes, l'avant-dernier bilobé ; crochets dentelés en dessous. — Tête triangulaire, peu rétrécie en arrière. — Corselet presque carré, coupé carrément en arrière. — Élytres planes en carré un peu allongé. — Pattes courtes.

L'on ne connoît encore que deux espèces de ce genre ; elles se trouvent sous les écorces.

1. PLOCHIONUS BONFILSII.

DEJ., *Spec.*, t. II, p. 251, n° 1. — Long. 4 lig. Larg. 1 lig. ¼. — D'un jaune testacé sans aucune tache ; élytres assez fortement striées, avec deux petits points enfoncés entre la deuxième et la troisième strie.

Nota. Cet insecte paroît habiter les quatre parties du monde ; M. le comte Dejean le cite du Midi de la France, de l'Amérique du Nord et de l'Ile-de-France, et nous en avons vu un individu venant de l'Inde.

2. PLOCHIONUS BINOTATUS.

DEJ., *Spec.*, t. I, p. 252, n° 2. — Long. 3 lig. ¼. Larg. 1 lig. ¼. — Distinct du précédent par une grande tache plus claire que le fond, située plus près de la base que de l'extrémité. — Iles Mariannes.

3. PLOCHIONUS ÆNEIPENNIS. (Pl. 3. fig. 5.)

DEJ., *Spec.*, t. V ; p. 362. — Long. 4 lig. ¼. Larg. 1 lig. ¼. — D'un brun rouge ; élytres d'un vert bronzé, avec des stries profondes ; cuisses d'un testacé un peu rougeâtre. — Sénégal.

4. PLOCHIONUS BOIDUVALII.

GORY, *An. de la Soc. Ent.*, t. II, p. 189. — Long. 3 lig. ¼. Larg. 2 lig. — Entièrement d'un rouge ferrugineux ; tête plus obscure ; élytres striées. — Sénégal. *Nota.* Cet insecte ressemble au *Plochionus Bonfilsii*, mais en diffère par sa taille plus petite, et ses élytres tronquées plus obliquement à l'extrémité.

CRYPTOBATIS, ESCH. ;
Aspasia, DEJ. ;
Lebia, DEJ., *Spec.*, t. I.

Antennes filiformes. — Palpes maxillaires à dernier article cylindrique et tronqué à son extrémité ; crochets des tarses dentelés en dessous ; les articles légèrement triangulaires ou cordiformes, le pénultième fortement bilobé. — Corps court et aplati. — Tête ovale, peu rétrécie postérieurement. — Corselet transversal, plus large que la tête, légèrement prolongé postérieurement dans son milieu. — Élytres larges, presque carrées.

1. CRYPTOBATIS CYANOPTERA.

DEJ., t. I, p. 258. — *Lebia Viard*, GORY. *An. Soc. Ent.*, t. II, p. 190. — Long. 3 lig. Larg. 1 lig. ¼. — Jaune ; élytres bleues ; antennes, jambes et tarses noirs. — Brésil.

LEBIITES.

Tête non rétrécie en arrière, en forme de col. — Crochets des tarses dentelés en dessous. — Palpes labiaux à dernier article non sécuriforme.

Genres : *Onypterygia, Demetrias, Dromius, Lebia, Coptodera, Orthogonius, Hexagonia.*

ONYPTERYGIA, DEJ.

Antennes filiformes, assez longues. — Palpes à dernier article allongé, presque cylindrique, un peu ovalaire.—Lèvre plane, transversale, très-légèrement échancrée en avant.—Menton avec une dent simple au milieu de son échancrure. — Tarses à trois premiers articles assez allongés, presque triangulaires, et garnis de poils en dessus; le pénultième fortement bifide et presque bilobé.—Tête ovale, rétrécie derrière les yeux.—Corselet assez court, presque carré, très-arrondi sur les côtés.—Élytres allongées, ordinairement terminées par une pointe sur la suture.

Insectes d'Amérique : toutes les espèces connues jusqu'ici sont du Mexique.

1. ONYPTERYGIA HOPFNERI.

DEJ., *Spec.*, t. V, p. 347. — Long. 6 lig. Larg. 2 lig. $\frac{1}{4}$. D'un vert bronzé brillant; élytres d'un rouge cuivreux; antennes, jambes et tarses noirs; extrémité des élytres tronquée. — Mexique.

2. ONYPTERYGIA FULGENS.

DEJ., *Spec.*, t. V, p. 348. — Long. 6 lig. Larg. 2 lig. — D'un vert éclatant; élytres avec les côtés d'un rouge bronzé; dessous du corps et pattes d'un vert plus obscur; antennes, à l'exception des premiers articles, jambes et tarses, noirs. — Mexique.

3. ONYPTERYGIA TRICOLOR.

DEJ., *Spec.*, t. V, p. 349. — Long. 5 lig. Larg. 1 lig. $\frac{1}{4}$. — D'un bleu violet et brillant; élytres d'un brun rougeâtre à la base, et violettes dans le reste de leur étendue; antennes, parties de la bouche, jambes et tarses, noirs. — Mexique.

4. ONYPTERYGIA FULGIPENNIS.

Long. 4 lig. $\frac{1}{4}$. Larg. 2 lig. — Tête olivâtre, avec les palpes et les antennes de couleur brune; mandibules et lèvre supérieure noires; corselet assez court, un peu rétréci en arrière, d'un vert obscur, avec quelques légères rides ondulées et transversales à peine visibles; il offre de chaque côté, en arrière, une impression qui se réunit, l'une avec l'autre, par une ligne transversale; écusson obscur; élytres d'un cuivreux brillant, à reflets verts et rouges : elles sont striées et arrondies en arrière; l'intervalle de la troisième strie présente deux points enfoncés; dessous du corps d'un brun bronzé; pattes de même couleur, à reflets verdâtres. — Mexique.

DEMETRIAS, BONELLI;
Lebia, DUFT.;
Carabus, LINN., FABR., OLIV.

Ce genre, qui n'est qu'un démembrement de celui de *Dromius*, s'en éloigne par les tarses, dont les les trois premiers articles sont presque triangulaires, et dont le pénultième est très-fortement bilobé.

Leur forme est très-allongée : on les trouve sur les broussailles.

1. DEMETRIAS IMPERIALIS.

GERMAR, *Col.*, *Sp. Nov.*, p. 1, n° 1. —Long. 2 lig. $\frac{1}{4}$. Larg. $\frac{1}{4}$ lig. — D'un jaune pâle; tête noire, avec les parties de la bouche et les antennes pâles; corselet ferrugineux, rétréci en arrière; élytres avec des stries ponctuées très-faibles.

2. DEMETRIAS UNIPUNCTATUS. (Pl. 3, fig. 6.)

GERMAR, *Col.*, *Sp. Nov.*, p. 1, n° 2. — Long. 2 lig. Larg. $\frac{1}{4}$ lig. — Pâle; tête noire; corselet ferrugineux, un peu rétréci en arrière; élytres avec de faibles stries ponctuées et une suture d'un brun noirâtre, qui est très-étroite à la base, et va en s'élargissant vers l'extrémité, où elle forme une grande tache arrondie.—France.

3. DEMETRIAS ATRICAPILLUS.

LINNÉ, *Syst. nat.*, 2, p. 673, n° 42. — DUFT., 2, p. 256, n° 25. — Pâle; tête noire; corselet un peu ferrugineux, légèrement rétréci en arrière; élytres avec de très-faibles stries dont les intervalles sont ponctués; poitrine et base de l'abdomen d'un brun noir. — France.

4. DEMETRIAS ELONGATULUS.

DUFT., p. 257, n° 26. — *Le Bupreste fauve à tête noire*, GEOFFROY, *Hist. des Ins.*, 1, p. 153, n° 25. — *C. Atricapillus*, OLIV., 3, pl. 9, fig. 106.—Long. 2 lig. $\frac{1}{4}$. Larg. $\frac{1}{4}$ lig. — Pâle; tête noire; corselet ferrugineux, un peu rétréci en arrière, à angles postérieurs avancés; élytres faiblement striées avec les intervalles ponctués; poitrine et base de l'abdomen d'un brun noir.—France.

Nota. Cette espèce ressemble beaucoup à la précédente, mais s'en distingue par son corselet, dont les angles postérieurs sont relevés et un peu saillants.

DROMIUS. BONNELLI, DEJ.;
Carabus, FAB.; *Lebia*, LATR.

Antennes assez courtes, filiformes. — Palpes à dernier article cylindrique. —

Tarses à crochets dentés en dessous. — Tête ovale. — Corselet en cœur. — Élytres assez planes. — Pattes assez longues.

Ce sont de petits insectes très-agiles que l'on trouve sous les écorces et au pied des arbres.

1. DROMIUS LINEARIS.
Oliv., 3, 35, p. 111, n° 156, pl. 11, fig. 167. — Long. 2 lig. Larg. ½ lig. — Allongé ; ferrugineux ; élytres d'un jaune pâle, avec l'extrémité obscure et des stries ponctuées : pattes et antennes d'un jaune pâle. — France.

2. DROMIUS MELANOCEPHALUS.
Dej., *Spec.*, t. I, p. 234, n° 2. — Long. 1 lig. ½. Larg. ¼ lig. — Tête noire ; corselet carré, d'un rouge ferrugineux ; élytres faiblement striées ; dessous du corps brunâtre ; pattes et antennes d'un jaune pâle. — France.

3. DROMIUS 4-SIGNATUS.
Dej., *Spec.*, t. I, p. 236, n° 4. — Long. 1 lig. ¼. Larg. ¼ lig. — Tête noire ; corselet carré, rougeâtre ; élytres faiblement striées, brunes, avec deux taches grandes et pâles, l'une à la base et l'autre terminale ; antennes et pattes plus claires ; dessous du corps brun. — Paris.

4. DROMIUS BIFASCIATUS.
Dej., *Spec.*, t. I, p. 237, n° 5. — Long. 1 lig. ½. Larg. ¼ lig. — Diffère du 4-signatus par sa taille plus petite ; le corselet un peu plus rouge ; la bande des élytres est dentée au milieu sur ses deux bords ; la tache postérieure des élytres n'est pas terminale ; elle est en forme de lunule. — Paris.

5. DROMIUS QUADRINOTATUS.
Duft., 2, p. 253, n° 23. — Steph., *Illustr. Brit. entom.*, t. I, p. 21, pl. 1, fig. 4. — Long. 2 lig. ¼. Larg. ½ lig. — Allongé ; tête noire ; corselet couleur de poix, assez allongé, rétréci en arrière, à angles postérieurs relevés et un peu saillans ; élytres brunes, avec de foibles stries longitudinales et deux taches jaunes ; dessous du corps couleur de poix ; antennes et pattes d'un jaune pâle. — Paris.

6. DROMIUS QUADRIMACULATUS.
Fabr., 1, p. 207, n° 203. — Long. 2 lig. ½. Larg. 1 lig. — Oblong ; tête noire ; corselet presque carré, rougeâtre, angles postérieurs arrondis ; élytres faiblement striées, brunes, avec deux taches jaunes ;

dessous du corps noirâtre ; antennes et pattes jaunes. — Paris.

7. DROMIUS AGILIS.
Fab., 1, p. 185, n° 83. — Long. 2 lig. ½. Larg. 1 lig. — Oblong ; tête et corselet rougeâtre ; ce dernier carré ; élytres brunes, avec des stries longitudinales, et deux lignes formées de sept ou huit points enfoncés assez gros ; antennes et pattes d'un jaune un peu ferrugineux. — Paris.

8. DROMIUS FENESTRATUS.
Fab., 1, p. 209, n° 210. — Long. 2 lig. ½. Larg. 1 lig. — Diffère de l'Agilis par une tache assez grande située vers le milieu des élytres, et qui se prolonge vers la base. L'on voit souvent vers l'extrémité des élytres une petite tache peu marquée.

Nota. M. le comte Dejean ne regarde cet insecte que comme une variété du *Dromius agilis* ; mais les individus que nous en avons vus avaient des caractères bien tranchés qui ne nous ont pas permis de les réunir.

9. DROMIUS GLABRATUS.
Duft., 2, p. 248, n° 16. — Long. 2 lig. ½. Larg. 1 lig. — D'un noir bronzé ; corps allongé ; corselet carré ; élytres à peine striées ; jambes et tarses brunâtres. — France.

10. DROMIUS CORTICALIS.
Dufour, *Ann. des Sc. physiques*, 6, 18° cah., p. 322, n° 10. — Long. 1 lig. ½. Larg. ½ lig. — Diffère du *Dromius Glabratus* par les antennes, dont les deux premiers articles sont d'un brun rougeâtre, et ses élytres qui offrent chacune une tache grande et blanchâtre. — Espagne.

11. DROMIUS PALLIPES.
Dej., *Spec.*, t. I, p. 245, n° 15. — Long. 1 lig. ¼. Larg. ¼ lig. — Oblong ; bronzé obscur ; élytres presque lisses, très-faiblement striées ; dessous du corps noir ; pattes d'un jaune pâle. — Autriche.

12. DROMIUS PUNCTATELLUS.
Duft., 2, p. 248, n° 15. — Long. 1 lig. ½. Larg. ¼ lig. — Bronzé obscur ; un peu élargi ; élytres très-faiblement striées, avec deux points enfoncés sur la troisième strie ; dessous du corps et pattes noirs ; tarses brunâtres. — Paris.

13. DROMIUS TRUNCATELLUS.
Fabr., 1, p. 210, n° 222. — Long. 1 lig. ½. Larg. ½ lig. — Diffère du *Punctatellus* par sa taille un peu plus petite, sa couleur

beaucoup plus noire ; les élytres n'ont pas de points enfoncés. — Midi de la France.

14. DROMIUS QUADRILLUM.

DUFT., 2, p. 246, n° 12.—Long. 4 lig. $\frac{1}{4}$. Larg. $\frac{1}{4}$ lig. — Noir un peu bronzé ; corselet court ; élytres striées, avec de petits points enfoncés entre les stries et deux taches blanchâtres sur chacune ; dessous du corps et pattes noirs. — Midi de la France.

LEBIA, LATR. ;

Carabus, FABR. ;

Lebia et *Lamprias*, BON., MAC-LEAY.

Antennes filiformes et assez courtes. — Palpes a dernier article un peu ovalaire.— Tarses a avant-dernier article bifide.—Tête assez petite, ovale, rétrécie en arrière. — Corselet court et prolongé dans son milieu, au bord postérieur. — Élytres larges. — Pattes moyennes.

Insectes de taille assez petite, revêtus de jolies couleurs. — Ce genre est très-nombreux en espèces. Il y en a près de quatre-vingts de décrites dans les auteurs.

1. LEBIA PICTA.

DEJ., *Spec.*, t. I. p. 254, n° 1.—Long. 5 lig. $\frac{1}{4}$. Larg. 2 lig. $\frac{1}{4}$. — D'un rouge ferrugineux, ponctué ; corselet avec deux taches noires ; antennes de même couleur, avec la base du premier article rouge ; élytres jaunes ; suture et deux taches noires, dont l'une à la base ; l'autre, plus grande, proche de la suture.—Sénégal.

2. LEBIA PUBIPENNIS.

DUFOUR, *Ann. S. Phys.*, t. VI, p. 321, —*L. Fulvicollis*, DEJ., *Spec.*, t. I, p. 255. —Long. 4 lig. $\frac{1}{4}$. Larg. 2 lig. — D'un bleu noirâtre ; corselet, dessus de la poitrine et cuisses rouges ; élytres bleues, avec des stries profondes et ponctuées, dont les intervalles le sont assez fortement ; jambes et tarses noirâtres.—Midi de la France.

3. LEBIA FULVICOLLIS.

FABR., t. I, p. 193, n° 127. — Long. 5 lig. Larg. 2 lig. $\frac{1}{4}$.—Ressemble beaucoup au précédent, avec lequel il est confondu dans beaucoup de collections; mais s'en distingue aisément par le dessous du corps, qui est entièrement bleu ; les points des élytres sont plus petits et placés de chaque côté des stries.—Alger.

4. LEBIA CYANOCEPHALA.

FABR., 1, p. 200; n° 167.—STEPH., *Ill.*

Brit. Ent., 1, 29, pl. 11, f. 1.—Long. 3 lig. Larg. 1 lig. $\frac{1}{4}$. — Vert ; corselet et pattes rougeâtres ; extrémité des cuisses noirâtre ; écusson noirâtre ; élytres avec des stries ponctuées ; les intervalles le sont aussi. —*Var.* Elytres d'un beau bleu.—Paris.

5. LEBIA CHLOROCEPHALA.

GYL., 2, p. 180, n° 2.—Long. 3 lig. Larg. 1 lig. $\frac{1}{4}$.—Bleu violet ; corselet, poitrine et pattes rougeâtres; élytres d'un vert brillant, avec des stries ponctuées ; les intervalles le sont très finement. — Paris.

6. LEBIA RUFIPES.

DEJ., *Spec.*, t. 1, p. 258. — Long. 2 lig. $\frac{1}{4}$. Larg. 1 lig. $\frac{1}{4}$.—D'un noir violet ; poitrine et pattes rougeâtres; élytres bleues, avec des stries très-finement ponctuées ; les intervalles le sont aussi.—Brésil.

7. LEBIA SELLATA.

DEJ., *Spec.*, t. I, p. 259.—Long. 5 lig. Larg. 2 lig. $\frac{1}{4}$. — Rouge ferrugineux ; élytres d'un jaune brunâtre, avec deux taches dorsales et communes, l'une à la base, l'autre grande, en arrière; et de plus une petite tache noire allongée, en forme de virgule renversée, sur l'angle huméral. —Cayenne.

8. LEBIA CYATHIGERA.

ROSSI, *Faune Etrusque*, p. 222, n° 549, pl. 7, f. 3. Long. 2 lig. $\frac{1}{4}$. Larg. 1 lig. $\frac{1}{4}$. —Noir ; corselet et élytres rougeâtres ; sur ces dernières, trois taches noires, dont l'une sur la suture, est double; elles sont striées; pattes rougeâtres. — Midi de la France, Italie.

9. LEBIA CRUX MINOR.

FABR., 1, p. 202, n° 177.—Long. 2 lig. $\frac{1}{4}$. Larg. 1 lig. $\frac{1}{4}$.—Noir ; corselet et élytres rougeâtres ; ces dernières avec des taches, offrant par leur réunion une croix noire ; pattes rouges ; extrémité des cuisses et tarses noirs. — Midi de la France; très-rare à Paris.

10. LEBIA NIGRIPES.

DEJ., *Spec.*, 1, p. 262, n° 10. — Long. 2 lig. $\frac{1}{4}$. Larg. 1 lig. $\frac{1}{4}$.—Noir ; corselet et élytres d'un rouge ferrugineux ; élytres avec une croix noire; pattes noires; deux premiers articles des antennes et une partie du troisième rouges.—Midi de la France.

11. LEBIA TURCICA. (Pl. 3, fig. 7.)

FABR., 1, p. 203, n° 181.—Long 2 lig. Larg. 1 lig.—Noir ; corselet d'un rouge ferrugineux ; élytres striées, noires, avec une grande tache humérale jaune ; pattes de même couleur.—Midi de la France.

12. LEBIA 4-MACULATA.

Dej., *Spec.*, t. 1, p. 264.—Long. 2 lig. Larg. 1 lig. — Diffère de la *Turcica* par une tache arrondie, d'un jaune testacé, située près de la suture, vers l'extrémité de l'élytre.—Midi de la France.

13. LEBIA HUMERALIS.

Sturm, Dej., *Spec.*, 1, p. 264. n° 13.—Long. 1 lig. ¼. Larg. ¼ lig.—Noir ; corselet rouge ; élytres avec des stries ponctuées ; une tache humérale petite et terminale ; milieu et extrémité de l'abdomen et pattes, d'un rouge ferrugineux. — Autriche.

14. LEBIA HŒMORRHOIDALIS.

Fabr., 1, p. 203, n° 182.—Long. 2 lig. Larg. 1 lig.—D'un rouge un peu ferrugineux ; élytres noires, avec leur extrémité couleur du corps.—Paris.

15. LEBIA BIFASCIATA.

Dej., *Spec.*, t. I, p. 267, n° 16.—Long. 2 lig. ¼. Larg. 1 lig. ¼.—Rouge ferrugineux ; tête, élytres, extrémité de l'abdomen et pattes, vertes ; les premières offrent deux bandes rougeâtres, l'une un peu avant le milieu, l'autre terminale. — Cayenne.

16. LEBIA VITTATA.

Fabr., 1, p. 202, n° 178.—Oliv., 3, 35, p. 97, n° 134, pl. 6, f. 69.—Long. 2 lig. ¼. Larg. 1 lig. ¼. — D'un rouge ferrugineux ; élytres d'un jaune testacé, avec la suture et une bande raccourcie, noires ; antennes et pattes de cette couleur. — Amérique Septentrionale.

17. LEBIA MELANURA.

Dej., *Spec.*, t. V, p. 370.—Long. 3 lig. Larg. 2 lig. ¼.—Jaune ; tête et extrémité des elytres noires ; ces dernières avec de fortes stries ; bande de l'abdomen jaune ; le reste noir.—Sénégal.

L'on peut réunir aux *Lebia* le genre que j'ai établi dans mes *Etudes entomologiques*, sous le nom de *Chelonodema*. Il s'en distingue par ses tarses, très - fortement dentelés, et la forme élargie et très-convexe de son corps. Il semble se rapprocher beaucoup de celui de *Cryptobatis*[1].

COPTODERA, Dej.;

Carabus, Fabr. ; *Lebia*, Latreille.

Antennes moniliformes.—Palpes à dernier article cylindrique.—Tarses à avant-dernier article bifide ; les antérieurs à articles cordiformes ; les autres filiformes ; crochets dentelés en dessous. — Tête ovalaire. — Corselet court et transversal. — Élytres presque carrées, un peu allongées, planes.

Ce genre est composé d'espèces revêtues généralement de jolies couleurs.

1. COPTODERA FESTIVA.

Dej., *Spec.*, t. I, p. 274, n° 1.—Long. 3 lig. ¼. Long. 1 lig. ¼.—D'un jaune ferrugineux ; corselet avec deux taches d'un vert bronzé ; élytres d'un vert bronzé, striées, avec deux bandes ondées et interrompues jaunes ; extrémité des cuisses et des jambes brunâtre.—Cuba.

2. COPTODERA SIGNATA.

Dej., *Spec.*, t. I, p. 275, n° 2.—Long. 2 lig. ¼. Larg. 1 lig.—Tête noire ; corselet d'un jaune ferrugineux, avec une tache noire dans son milieu ; élytres striées d'un noir bronzé, avec une bande transversale interrompue, située avant le milieu, et jaune ; bandule étroite des élytres et une tache assez grande à l'extrémité, de même couleur. — Amérique Septentrionale.

3. COPTODERA EMARGINATA.

Dej., *Spec.*, t. I, p. 276.—Long. 4 lig. ¼. Larg. 2 lig. — Bronzé cuivreux ; élytres striées, avec trois points enfoncés à peine visibles. Elles offrent chacune à l'extrémité

---

[*] Eschscholtz a séparé des *Lebia* les trois genres suivans :

1° *Loxocrepis*, qui rentre dans les *Simplicimanes* ;

2° *Lia*, crochets dentelés. — Palpes filiformes presque pointus, penultième article des tarses bilobé ; élytres larges, tronquées un peu obliquement, bord postérieur du corselet un peu prolongé au milieu. Ces insectes correspondent aux *Lamprias* de Bonelli.

1. *Lebia Dorsalis*, Dej., *Spec.*, t. II, p. 465. — Long. 5 lig. Larg. 2 lig. ¼. — D'un jaune ferrugineux ; élytres plus pâles, avec deux grandes taches communes sur la suture. — Antennes, jambes et tarses, noirs. — Brésil.

3° *Physodera*.—Palpes labiaux comprimés, dilatés, tronqués ; corselet élargi latéralement ; élytres larges, tronquées ; penultième article des tarses bilobé.

1. *Physodera Dejeanii*, Esch. — Long. 4 lig. — Manille. — *Nota*. Ces genres sont figurés dans l'*Animal Kingdom*, pl. 29. Nous n'avons pu encore examiner suffisamment ces genres ; mais si ces caractères sont réels, le premier, au moins, ne doit plus rester dans ce groupe.

une dent assez forte, située au côté extérieur. Dessous du corps ferrugineux ; parties de la bouche, antennes et pattes jaunes. — Brésil.

4. COPTODERA ÆRATA.

Knoch, Dej., *Spec.*, t. I, p. 277. —
Long. 2 lig. ½. Larg. 1 lig. ¼.—Vert bronzé ; élytres très-légèrement striées, avec
deux points enfoncés ; elles sont tronquées
obliquement a l'extrémité ; dessous du corps
obscur ; antennes et pattes brunes. Amérique Septentrionale.

5. COPTODERA UNDULATA.

Perty, *Voyage de Spix et Martius, Ins.,*
p. 5, pl. 1. f. 12. — Long. 4 lig. ½. Larg.
1 lig. ½. — Tête, corselet et élytres d'un
vert bronzé ; ces dernières avec deux bandes transversales d'un brun jaune, sinueuses et peu régulieres ; dessous du corps,
pattes et antennes brunes.—Brésil.

Nota. La *Coptodera depressa*, Dej.,
Spec., t. V. p. 393, doit peut-être être rapportée à cette espèce, dont elle nous paroît très-voisine.

ORTHOGONIUS, Mac-Leay. Dej. ;
Carabus, Schoenher, Wiedemann.

Antennes assez courtes, un peu comprimées, plus fortes à la base que vers l'extrémité. — Palpes à dernier article cylindrique.—Tarses à articles triangulaires ; l'a-
vant-dernier bilobé ; les crochets dentelés
en-dessous.—Tête ovalaire ; corselet court,
transversal, tronqué carrément en arrière ;
élytres larges, très-légèrement convexes.

Toutes ces espèces connues sont de l'ancien continent ; on en connoît huit ou neuf.

M. Mac-Leay a le premier décrit les caractères de ce genre (*Annal. Javan.*). Il en
décrit trois espèces: 1° *Picilabris.* 2° *Brun-
nilabris.* 3° *Alternans.*

1. ORTHOGONIUS DUPLICATUS.

Wied., *Zool. Mag.*, 1, 3. p. 466, n° 14.
—Long. 7 lig. ½. Larg. 3 lig.— D'un noir
assez luisant ; élytres avec des stries légèrement ponctuées ; les intervalles offrent
alternativement quelques points épars. —
Indes Orientales.

2. ORTHOGONIUS SENEGALENSIS.

Dej., *Spec.*, t. V, p. 399. — Long.
7 lig. Larg. 3 lig. ½.—Noir ; corselet transversal, un peu rétréci en arrière, avec les
angles postérieurs droits ; élytres avec des
stries ponctuées, dont les intervalles offrent

de petits points enfoncés, peu marqués et
un peu écartés les uns des autres.—Sénégal.

3. ORTHOGONIUS ACROGONUS.

Wiedemann, *Zool. Mag.*, 1, 3. p. 467,
n° 15. — Long. 7 lig. Larg. 3 lig. — D'un
brun obscur et luisant ; avec les côtés du
corselet et les élytres d'un brun clair et
testacé ; ces dernières avec de fortes stries
ponctuées ; leur bord latéral est obscur ;
dessous de la poitrine d'un brun clair ; abdomen et pattes d'un brun obscur et luisant ; bords latéraux des segmens de l'abdomen et cuisses d'un brun jaune.—Java.

4. ORTHOGONIUS HOPEI.

Gray, *Ann. Kingdom.*, pag. 273, pl. 13,
fig. 4. — *Malabaricnsis.* Gory, *Ann. Soc.
Ent.*, t. II, p. 196. — Long. 8 lig. Larg.
4 lig.—Elytres d'un brun rouge, avec des
stries ponctuées ; tête noire, corselet noir
avec les bords latéraux et les cuisses d'un
brun rouge ; antennes, jambes et tarses
d'un brun de poix.—Indes.

HEXAGONIA, Kirby.

Labre transversal cilié en avant.—Mandibules sans dents, aiguës.—Lèvre trilobée
— Palpes labiaux à dernier article gros et
arqué. — Palpes maxillaires à article terminal semblable aux autres.—Corps très-déprimé.—Tête presque aussi grande que le
corselet, en forme de cou en arrière.—Corselet rétréci en arrière, avec un angle obtus de chaque côté, de manière à figurer
une sorte d'hexagone.—Jambes antérieures
échancrées.—Élytres non raccourcies, presque échancrées à l'extrémité et extérieurement.

Nota. Je n'ai pas vu ce genre en nature
et ne le place ici que sur l'opinion de
M. Latreille (*Rég. anim.*). M. Kirby le
place entre les *Lebia* et les *Galerites.*

1. HEXAGONIA TERMINATA.

Kirby, *Trans. of the Linn. Soc.* de
London, t. XIV. — Long. 4 lig. — Tête
semblable à celle des forficules, et noire
avec les parties de la bouche et les antennes roussâtres ; élytres rousses, avec des
stries ponctuées ; leur extrémité est noire ;
pattes testacées. — Indes Orientales.

BRACHINITES.

Tête non étranglée en arrière, en forme
de col. — Crochets et tarses non dentelés ;
la plupart jettent, lorsqu'on les inquiete,

une liqueur caustique qui souvent produit une explosion.

Genres : *Helluo*, *Helluomorpha*, *Pleuracanthus*, *Goniotropis*, *Ozæna*, *Ictinus*, *Nomius*, *Physia*, *Aptinus*, *Brachinus*, *Corsyra*, *Aploa*, *Drepanus*, *Dyscolus*, *Arsinoe*, *Promecoptera*, *Catascopus*, *Eurydera*, *Thyreopterus*, *Nycteis*, *Eucheyla*, *Pericalus*, *Colpodes*, *Graphipterus*, *Piezia*, *Anthia*.

HELLUO, Bonelli ;

Galerita, Fabr. ; *Lebia*, Latr.

Antennes moniliformes. — Palpes à pénultième article un peu conique, le dernier élargi et tronqué. — Tarses à articles courts, cordiformes ; crochets non dentelés. — Menton offrant une forte dent au milieu de son échancrure. — Tête rétrécie en arrière. — Corselet cordiforme plane, tronqué en arrière. — Élytres presque carrées, un peu allongées. — Pattes assez fortes.

Insectes de taille assez grande : toutes les espèces sont exotiques[1].

1. HELLUO COSTATUS.

Latr., *Règn. anim.*, t. II. pl. 2, fig. 6, (*Lebie* à côtes). — Long. 10 lig. Larg. 3 lig. ¼. Noir ; revêtu d'un duvet un peu grisâtre ; tête parsemée de points ; corselet en cœur, court, couvert de points très-serrés ; élytres larges, avec trois côtes très-fortes, entre chacune desquelles l'on en voit une autre plus foible ; dessous du corps, pattes, antennes et parties de la bouche, un peu brunâtres et légèrement velus. — Port-Jakson.

2. HELLUO HIRTUS.

Fabr., 1, p. 214, n° 3. — *Icon.*, 2, p. 95, pl. 7, fig. 1. — Long. 7 lig. Larg. 2 lig. ¼. — Noir ; parsemé de poils assez courts et hérissés ; lèvre supérieure ponctuée, transversale, et presque échancrée ; élytres striées, oblongues et ovales. — Indes Orientales.

[1]. Je ne connois pas le genre *Planetes de Mac-Leay*. Il semble ne différer essentiellement des *Helluo* que par son labre non terminé en pointe.

Planetes Bimaculatus, Mac-Leay, *Ann. javan.* (édit. Lequien), p. 131, 56. — Noir ; labre, palpes, antennes, pattes et une tache au milieu des élytres, ferrugineux ; ces dernières striées. — Java.

Mac-Leay suppose aussi que l'on doit rapporter à ce genre le *Helluo distactus* d'Escholtz décrit dans le *Magaz. de zoologie* de Wiedemann.

3. HELLUO TRIPUSTULATUS.

Fabr., 1, p. 218, n° 6. — Long. 5 lig. Larg. 1 lig. ¼. — Brun noirâtre ; légèrement pubescent, très-fortement ponctué ; lèvre supérieure arrondie, lisse ; deux taches sur les élytres, et cuisses jaunes ; parties de la bouche, antennes, jambes et tarses, ferrugineux. — Java.

4. HELLUO BIMACULATUS. (Pl. 3, fig. 8.)

Dej., *Spec.*, t. V, p. 402, n° 10. — Long. 6 lig. Larg. 2 lig. — Noir ; fortement ponctué ; corselet court ; élytres très-finement ponctuées, avec des stries assez fortes, et une tache ronde assez grande sur chaque élytre, près de la suture, avant le milieu ; dessous du corps un peu brunâtre. — Sénégal.

5. HELLUO IMPICTUS.

Wied., *Zool. Magas.*, 2, 1, p. 49, n° 70. — Long. 6 lig. Larg. 2 lig. — Très-ponctué ; brun ; labre arrondi, lisse ; parties de la bouche, antennes, pattes et abdomen, ferrugineux. — Java.

Nota. M. le comte Dejean décrit, dans le *Species* des Coléoptères de sa collection, plusieurs autres *Helluo*, dont quelques-uns appartiennent peut-être au genre suivant.

Nota. M. Brullé réunit à ce genre :

1° Les *Pleuracanthus* de M. Gray, qui ont la lèvre en forme de dent aiguë.

2° Les *Planetes* de M. Mac-Leay, dont les palpes labiaux sont plus élargis que les maxillaires ; et enfin,

3° Le genre suivant, qui me semble devoir en être séparé.

HELLUOMORPHA ;

Helluo, Dej., Brullé.

Antennes comprimées, s'élargissant beaucoup vers l'extrémité, à dernier article cylindrique ; les deux suivans coniques, tous les autres comprimés et larges. — Palpes maxillaires à dernier article grand et tronqué ; le même des labiaux allongé, un peu arqué et légèrement tronqué. — Menton offrant une forte dent au milieu de son échancrure. — Tarses à articles un peu allongés, ceux des pattes antérieures plus élargis ; les crochets non dentelés en dessous. — Tête rétrécie en arrière. — Corselet cordiforme, tronqué postérieurement. — Élytres très-allongées, parallèles, un peu arrondies en arrière. — Pattes fortes.

Insectes d'Amérique.

1. **HELLUOMORPHA HEROS.** (Pl. 3, fig. 9.)
Gory, *Ann. Soc. Ent.*, t. II, p. 197. — Long. 1 lig. ¼. Larg. 3 lig. ¼. — Fortement ponctué; noir, un peu pubescent; élytres très longues, parallèles, avec des stries ponctuées; dessous de l'abdomen, pattes et antennes, d'un brun rougeâtre. — Brésil.

2. **HELLUOMORPHA BELLICOSA.**
Long. 9 lig. Larg. 3 lig. — Ressemble au précédent, plus petit, mais corselet plus large en avant, plus en cœur; élytres moins longues à proportion, avec des côtes plus écartées, et deux rangées de points entre chacune; dessous du corps et pattes rougeâtres. — Brésil.

3. **HELLUOMORPHA PRÆUSTA.**
Dej., *Spec.*, t. I, p. 289. — Long. 7 lig. Larg. 2 lig. — Ferrugineux, très-ponctué; labre arrondi; élytres rougeâtres à la base, noires dans le reste de leur étendue; elles offrent de foibles côtes longitudinales, et sont très-pubescentes; dessous de l'abdomen obscur. — Amérique du Nord.
Nota. Il faut aussi rapporter à ce genre les espèces suivantes du *Species* des Coléoptères de la collection de M. Dejean: *Clairvillei, Laticornis, Nigripennis, Pygmæus:* elles sont du Nord de l'Amérique.

OZÆNA, Oliv.;
Ictinus, Lap., *Olim.*

Antennes fortes, assez longues, à premier article renflé; le deuxième court, les troisième et quatrième presque carrés, les autres moniliformes; le dernier renflé, plus large que tous les autres, tronqué à l'extrémité, qui est amincie de chaque côté en forme de lame. — Chaperon transversal un peu échancré en avant. — Labre transversal étroit, à angles antérieurs arrondis. — Mâchoires assez grandes, recourbées et pointues à l'extrémité, ciliées intérieurement. — Galette à dernier article très-long, arqué. — Palpes maxillaires à dernier article grand, un peu arqué, tronqué à l'extrémité; les deux précédens épais, égaux et courts; les labiaux à dernier article long, un peu arqué et légèrement ovalaire. — Menton avec une forte dent au milieu de son échancrure. — Tarses à quatre premiers articles égaux, courts, un peu transversaux; le dernier assez long. — Tête assez grande. — Yeux saillans. — Mandibules assez fortes, larges, saillantes, aiguës. — Corselet court, en cœur, largement rebordé latéralement, tronqué carrément en arrière. — Élytres parallèles, étroites, du double aussi longues que la tête et le corselet réunis. — Pattes fortes. — Cuisses longues, non renflées. — Jambes antérieures foiblement échancrées.

1. **OZÆNA DENTIPES.**
Encyclop. méthodique, t. VIII, p. 618. — *Ictinus Tenebrioïdes*, Lap., *Étud. ent.*, p. 54, pl. 2, fig. 3. — Long. 10 lig. Larg. 2 lig. ¼. — D'un brun noir, finement ponctué; tête avec deux petites impressions longitudinales entre les yeux; corselet avec une ligne longitudinale au milieu, et une transversale en arrière; élytres offrant, près de l'extrémité et sur le bord latéral, une petite carène tronquée en avant; elles ont des stries longitudinales assez nombreuses parties de la bouche un peu rougeâtres. — Cayenne.

ICTINUS, Lap.;
Ozæna, Dej.

Antennes courtes, à articles serrés, grossissant vers l'extrémité. — Palpes courts assez gros; les labiaux à dernier article élargi et tronqué. — Menton avec une dent. — Tarses filiformes. — Tête assez allongée. — Lèvre échancrée. — Yeux saillans. — Mandibules courtes, pointues. — Labre étroit, un peu échancré. — Corselet presque carré. — Élytres allongées. — Pattes moyennes.
Les insectes de ce genre sont exotiques.
Nota. Ce genre avoit été jusqu'ici placé parmi les *Scaritides:* il nous semble se rapprocher davantage des *Brachinites;* nous nous croyons d'autant plus fondés dans ce changement, que les observations de M. Lacordaire nous font savoir (*An. Soc. Ent.*, t. I, p. 357) qu'il a, comme les *Brachines*, la faculté d'émettre par l'anus une fumée caustique accompagnée d'explosion; deux espèces surtout lui ont donné un nombre considérable d'explosions; et la vapeur qu'elles émettent, suivant cet entomologiste, les mêmes propriétés que celles des *Brachines;* elle exhale la même odeur, et brûle les corps qui y sont exposés.

1. **ICTINUS ROGERI.**
Dej., *Spec.*, 1, 434, 1. — Long. 6 lig. Larg. 1 lig. ½. — D'un brun obscur, plus clair en dessous; abdomen noirâtre; base des antennes d'un brun rougeâtre; corselet avec une ligne longitudinale enfoncée, une autre transversale près du bord an

rieur, peu marquee; élytres avec de fortes stries, dont les intervalles sont très-légèrement ponctués. — Cayenne.

2. ICTINUS BRUNNEUS.

Dej., *Spec.*, 4. 435. 2. — Long. 4 lig. Larg. 1 lig. ¼. — D'un brun obscur, un peu ferrugineux, plus clair en dessous; les quatre premiers articles des antennes un peu rougeâtres; corselet avec une ligne enfoncée au milieu, et deux impressions transversales, l'une à la base, l'autre au bord antérieur; élytres avec des stries dont les intervalles sont très-légèrement ponctués. — Cayenne.

3. ICTINUS PRÆUSTUS.

Long. 4 lig. Larg. 1 lig. ¼. — D'un brun rougeâtre; devant de la tête, bords latéraux du corselet et suture, plus clairs; corselet en cœur; élytres avec des stries à peine marquées; bord inférieur des élytres, le premier article des antennes et les pattes, d'un brun jaune; antennes épaisses. — Cayenne. — *Nota.* Il faut ajouter à ce genre: les *Ozæna Lævigata*, *Castanea*, *Gyllenhallii* et *Granulata*, Dej., *Spec.*, t. II et t. V supplément, ainsi que plusieurs autres décrites dans mes *Etudes Entomologiques*, dans l'*Histoire Nat. des Insectes* de M. Brullé, les *Annales* de M. Klug, etc.; suivant ce dernier, les *Pachyteles* de M. Perty ne seraient que des *Ozænes*, c'est-à-dire nos *Ictines*[1]. Le genre *Goniotropis* de M. Gray (*Animal Kingdom*) diffère de nos *Ictinus* par la lèvre. qui est entière et non échancrée. L'espèce vient du

[1] 1. *Pachyteles*, Perty.—Antennes presque moniliformes allant en grossissant vers l'extrémité; labre presque carré, un peu transversal; mandibules courtes, cornées; menton court, transversal, trilobé. — Palpes maxillaires *externes* de trois articles, le premier court, le deuxième un peu renflé et courbe, le troisième ovale, cylindrique, plus long que les autres; les *internes* de deux articles filiformes. — Palpes labiaux de trois articles, le premier très-petit, le deuxième déprimé, le troisième cylindrique et tronqué à l'extrémité. — Tarses à articles à peu près égaux; les quatre premiers articles courts, obconiques; le cinquième plus long; crochets non dentelés en dessous. Tête assez grande. Corselet en cœur, très-échancré en avant, tronqué en arrière. Ecusson petit, triangulaire. Elytres presque parallèles, arrondies à l'extrémité. — *Nota.* Ce n'est qu'avec beaucoup de doute que nous plaçons ici ce genre, que nous n'avons pas vu en nature.

2 *Pachyteles Lævis*, Perty, *Voyag. Spix et Martius* (*Ins.*), p. 4, pl. 1, fig. 9. — Long.

INSECTES. I.

Brésil. et se trouve magnifiquement figurée dans l'ouvrage que nous venons de citer.

NOMIUS, Lap.

Antennes fortes, à premier article assez épais, le deuxième court, le troisième le plus long. tous les autres arrondis, assez serrés et allant un peu en grossissant vers l'extrémité; le dernier ovalaire et pointu. — Palpes grêles, à dernier article long et un peu ovalaire. — Menton un peu convexe et sans dents. — Tarses un peu allongés, à premier et cinquième articles les plus longs; les autres épais et triangulaires. — Corps allongé. — Tête assez grande. — Yeux ronds. — Corselet court. en cœur. — Ecusson petit. triangulaire. — Elytres allongées, parallèles. — Pattes moyennes. — Cuisses un peu renflées. — Jambes antérieures fortement échancrées.

1. NOMIUS GRÆCUS.

Lap., *Etudes Entom.*, p. 145. — Long. 3 lig. Larg. 1 lig. — Corps d'un brun-châtain brillant. offrant quelques longs poils; corselet fortement rebordé, avec une strie longitudinale au milieu; élytres offrant des stries ponctuées; dessous du corps rougeâtre. — Orient?

PHYSEA, Brullé;
Trachelizus, Brullé. Olim.
Czæna, Klug.

Ce genre diffère. suivant M. Brullé, des *Ozænes* (*Ictinus*). par la forme du corselet. qui est très-large, très-échancré au bord antérieur, arrondi sur les côtés, et un peu prolongé au milieu en arrière; les élytres sont renflées et offrent une saillie vers l'extrémité; la lèvre supérieure est échancrée; les cuisses antérieures ne sont pas dentées, mais offrent une forte échancrure.

3 lig. ½. Larg. 1 lig. ¼. — D'un brun de poix, brillant; corselet en cœur rebordé, élytres striées. — Brésil.

3. *Pachyteles Striola*, Perty, *Voyag. Spix et Martius* (*Ins.*), p. 4, pl. 1, fig. 10. — Long. 3 lig. Larg. 1 lig. ½. — D'un brun de poix; corselet presque en cœur; élytres avec des côtes élevés, dont les intervalles sont rugueux. — Brésil.

4. *Pachyteles Tuberculatus*, Perty, *Voyag. Spix et Martius* (*Ins.*), fig. 5. — Long. 3 lig. ½. Larg. 1 lig. ¼. — D'un brun de poix; corselet, dessous du corps et pattes rougeâtres; élytres avec trois rangées de petits tubercules. — Brésil.

1. PHYSEA TESTUDINEA.

KLUG, *Ann. d'Ent.* (Jarbucher.) — *Trachelizus rufus*, BRULLÉ, *Hist. des Ins.*, t. IV. p. 259. — Long. 7 lig. Larg. 3 lig. — Brun ; corselet légèrement ridé ; élytres très-faiblement striées. — Brésil.

APTINUS, BONELLI ;
Brachinus, FABR.

Antennes filiformes. — Palpes à dernier article un peu renflé, surtout à l'extrémité. — Tarses antérieurs des mâles fortement dilatés. — Tête ovale. — Levre supérieure courte. — Mandibules découvertes. — Corselet cordiforme. — Elytres plus larges en arrière qu'à la base.

Insectes aptères de taille moyenne, propres, jusqu'ici, à l'ancien continent, et se trouvant sous les pierres.

M. Léon Dufour a fait connaître (*Mém. du Mus. d'Hist. nat.*) les mœurs de l'espèce qu'il nomme *Displosor*. Elle a, comme les *Brachinus*, la faculté de produire une forte explosion ; la fumée a une odeur forte qui ressemble à celle de l'acide nitrique ; elle change en rouge le papier bleu, et produit sur la peau l'effet d'une brûlure dont on se ressent pendant plusieurs jours.

1. APTINUS BALLISTA.

GERMAR, *Coleop. Spec. nov.*, p. 2, n° 3. — *Icon.*, 2, p. 100, n° 1, pl. 8, fig. 1. — *Br. Displosor*, DUFOUR, *loc. cit.* — Long. 6 lig. Larg. 2 lig. ¼. — Noir ; élytres tronquées un peu obliquement à l'extrémité, avec des stries assez fortes ; corselet d'un rouge un peu ferrugineux ; dessous du corps et pattes un peu brunâtres. — Pyrénées.

2. APTINUS NIGRIPENNIS.

FABR., 1, p. 218, n° 5. — *Fastigiatus*, OLIV., 3, 35, p. 63, n° 73, pl. 8, f. 93. — Long. 7 lig. Larg. 2 lig. ¼. — Ressemble beaucoup au *Ballista*, mais en diffère par sa taille plus petite ; la tête, les antennes, le corselet et les pattes sont d'un brun un peu noirâtre. — Cap de Bonne-Espérance.

3. APTINUS MUTILATUS.

FAB., 1, p. 218, n° 7. — *Icon.*, 2, p. 101, n° 2, pl. 8, f. 2. — Long. 5 lig. Larg. 2 lig. ¼. — Noir ; élytres striées ; antennes et pattes d'un jaune ferrugineux ; corselet avec une impression transversale en arrière. — Autriche.

4. APTINUS ATRATUS.

DEJ., *Spec.*, t. I, p. 294, n° 4. — Long. 5 lig. ¼. Larg. 2 lig. ¼. — Ressemble beaucoup au *Mutilatus*, mais en diffère par la couleur des antennes et des pattes d'un brun noirâtre obscur, et par sa couleur générale plus foncée. — Autriche.

5. APTINUS PYRENÆUS.

Icon., 2, p. 102, n° 3, pl. 8, fig. 3. — Long. 3 lig. ½. Larg. 1 lig. ¼. — Noir ; élytres striées ; antennes ferrugineuses ; pattes d'un jaune testacé. — Pyrénées.

6. APTINUS JACULANS.

ILLIG., *Icon.*, 2, p. 103, n° 4, pl. 8, f. 4. — Long. 4 lig. Larg. 1 lig. ¼. — Brun ; tête, antennes et corselet, d'un rouge ferrugineux ; élytres légèrement pubescentes, striées ; pattes jaunes. — Espagne.

7. APTINUS ALPINUS.

DEJ., *Spec.*, t. V, p. 409, n° 10. — *Icon.*, 1, p. 155, n° 4, pl. 16, f. 6. — Long. 4 lig. ½. Larg. 1 lig. ¼. — Noir ; élytres avec des côtes ; extrémité des antennes et tarses d'un brun un peu roussâtre. Ressemble à l'*Atratus*, et se trouve dans le département des Basses-Alpes.

BRACHINUS, FABR.
Carabus, OLIV.

Antennes assez courtes, fortes, filiformes. — Palpes à dernier article plus fort que les autres, et allant en grossissant jusqu'à l'extrémité. — Tarses antérieurs des mâles, non sensiblement dilatés. — Tête ovale. — Mandibules découvertes. — Point de dent sensible au milieu de l'échancrure du menton. — Corselet en cœur. — Elytres presque carrées, assez allongées, un peu plus larges en arrière qu'à la base. — Pattes assez fortes.

Insectes de taille moyenne ou assez grande, produisant, lorsqu'on veut les saisir, une détonation par l'anus. M. Kirby, qui a observé l'espèce la plus commune en Europe (*Crepitans*), l'a vue échapper, par ce moyen, à son ennemi acharné le *Calosoma Inquisitor*. Ces détonations peuvent se répéter une vingtaine de fois de suite. Le *Brachinus Complanatus* produit aussi une détonation très-forte, et l'action de la vapeur est si puissante qu'elle occasione une douleur forte et prolongée. (*Ann. King. Ins.*, t. 1, p. 268.)

Les *Brachines* se trouvent ordinairement sous les pierres. Plusieurs espèces de l'Inde (*Bimaculatus*, Fabr. ; *Longipalpis*, Wied.) habitent sous l'écorce des palmiers. (*Voy.* Westerm., *Rev. Ent.* de Silbermann.)

M. Sollier a, dans ces derniers temps (*Ann. Soc. Ent.*), partagé ce genre en

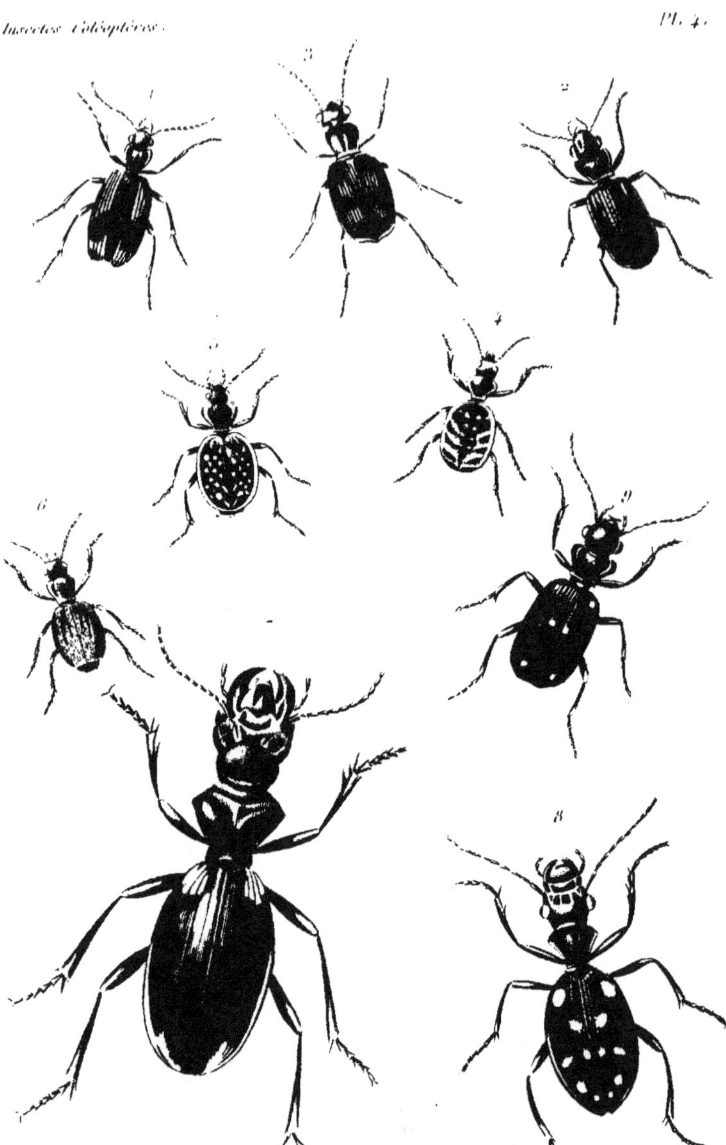

1. Brachinus Causticus.
2. Catascopus Elegans.
3. ———————— Quadrimaculatus.
4. Graphipterus Barthelemii
5. Graphipterus Minutus.
6. ———————— Rousii.
7. Anthia Venator.
8. ———————— 12 guttata.
9. Anthia Septemguttata.

plusieurs coupes. Les caractères sur lesquels elles sont établies ne nous ayant pas paru d'une grande valeur, nous renvoyons le lecteur au mémoire de ce savant, car nous n'avons adopté le genre *Aptinus,* lui-même, que pour nous conformer à l'usage général.

PREMIÈRE DIVISION.

Elytres à côtes élevées ; presque toutes les espèces sont de grande taille et exotiques, une seule est européenne.

1. BRACHINUS JURINEI.
DEJ., *Spec.,* t. 1, p. 299, n° 1. — Long. 9 lig. ¼. Larg. 3 lig. ¼. — D'un jaune testacé ; élytres noires avec les bords latéraux et postérieurs jaunes ; le premier forme, sur l'angle huméral, une tache assez grande de même couleur. — Sénégal.

2. BRACHINUS BIMACULATUS.
OLIV., 3, 35, p. 65, n° 81, pl. 2, f. *a, b, c.*—Long. 7 lig. ¼. Larg. 3 lig.—Tête et antennes jaunâtres ; une tache allongée et brunâtre au sommet du premier ; corselet d'un brun noirâtre, avec une tache jaune et oblongue de chaque côté ; élytres striées, noires, avec une tache ronde et jaune à la base, une autre large et dentelée latéralement au milieu, et l'extrémité de même couleur. — Indes Orientales.

3. BRACHINUS HISPANICUS.
DEJ., *Icon.,* 2, p. 404, n° 1, pl. 8, f. 5.— Long. 7 lig. Larg. 2 lig. ¼.— Tête, antennes et corselet, d'un rouge ferrugineux ; élytres striées, noires, avec une grande tache jaune et un peu dentelée sur la base ; la bande du milieu assez large et fortement dentelée, le milieu du bord latéral jaunâtre ; pattes jaunes avec une tache brunâtre au bout des cuisses. — Espagne (Algesiras).

4. BRACHINUS SENEGALENSIS.
DEJ., *Spec.,* t. I, p. 308, n° 14. — Long. 6 ¼. Larg. 2 lig. ¼. — Jaune ; élytres striées, noires, élargies en arrière, avec un point huméral jaune ; le bord latéral et la bande médiane dentelée et raccourcie, de même couleur. — Sénégal.

5. BRACHINUS PARALLELUS.
DEJ., *Spec.,* t. I, p. 309, n° 15. — Long. 7 lig. Larg. 2 lig. ¼.—Diffère du *Senegalensis* par les élytres plus larges à la base, presque parallèles ; la tache humérale est plus allongée, la bande du milieu est plus étroite, et celle du milieu plus large que dans cette espèce. — Sénégal.

6. BRACHINUS CATOIREI.
DEJ., *Spec.,* t. 1, p. 301, n° 4. — Long. 7 lig. ¼. Larg. 3 lig. — Tête et corselet d'un rouge ferrugineux ; élytres allongées et un peu étroites, striées, noires, avec une tache humérale, une bande médiale abrégée sinueuse et jaune ; extrémité de même couleur, ainsi que les antennes et les pattes. — Bengale.

7. BRACHINUS AFRICANUS.
DEJ., *Spec.,* t. 1, p. 308, n° 7. — Long. 6 lig. Larg. 2 lig. ¼. — Tête, antennes et corselet, d'un rouge ferrugineux, ce dernier sans points enfoncés ; élytres striées, noires, avec une bande médiane raccourcie et sinueuse ; extrémité, antennes et pattes, rouges ; dessous du corps presque entièrement de cette couleur.—Barbarie (Tripoli).

8. BRACHINUS COMPLANATUS.
FABR., 1, p. 217, n° 2.—*Planus,* OLIV., 3, 35, p. 62, n° 76, pl. 6, f. 63.—Long. 7 lig. ¼. Larg. 3 lig. — Jaune ; angles postérieurs du corselet aigus ; élytres striées, noires, avec une tache humérale ; le bord extérieur, une bande au milieu raccourcie et sinueuse, et l'extrémité, d'un jaune testacé. — Cayenne.

9. BRACHINUS SEXMACULATUS.
DEJ., *Spec.,* t. I, p. 313. — Long. 4 lig. ¼. Larg. 1 lig. ¼. — Ferrugineux ; élytres striées, d'un brun noirâtre, avec la bordure extérieure d'un jaune testacé ; trois taches sur chacune, et les pattes de même couleur. — Indes Orientales.

DEUXIÈME DIVISION.

Elytres striées, mais n'offrant pas de côtés élevés comme dans la première division ; espèces de taille généralement assez petite.

10. BRACHINUS CAUSTICUS. (Pl. 4, fig. 1.)
LATR., *Icon.,* 2, p. 114, n° 12, pl. 9, fig. 8.—Long. 5 lig. Larg. 2 lig. ¼.—D'un jaune ferrugineux ; élytres très-faiblement striées ; une large suture, et une grande tache en arrière, brunes.—Midi de la France (Montpellier).

11. BRACHINUS RUFICEPS.
FABR., 1, p. 219, n° 10.—Long. 5 lig. ¼. Larg. 2 lig. ¼. — Brun ; un peu pubescent ; tête d'un jaune ferrugineux ; antennes et pattes de même couleur. —Cap de Bonne-Espérance.

4.

12. BRACHINUS CREPITANS.
FABR., 1. p. 219, n° 12.—OLIV., 3, 35, p. 64, n° 80, pl. 4. fig. 35. — STEPH., *Illustr. Brit. Ins.*, t. I. p. 34, pl. 11, f. 6. — Long. 4 lig. Larg. 1 lig. $\frac{2}{3}$. — D'un rouge ferrugineux ; antennes un peu pubescentes, avec une tache obscure et assez grande sur les troisième et quatrième articles ; élytres d'un bleu quelquefois verdâtre. — Paris.

13. BRACHINUS EXPLODENS.
DUFT., 2, p. 234, n° 3.—*Icon.*, 2, p. 107, n° 3. pl. 8, fig. 7.—Long. 2 lig. $\frac{1}{2}$. Larg. 1 lig. $\frac{1}{4}$. — D'un rouge ferrugineux ; élytres bleues avec de faibles stries ; abdomen obscur, ainsi que les troisième et quatrième articles des antennes. — Paris.

14. BRACHINUS GLABRATUS.
DEJ., *Icon.*, 2, p. 108, n° 4, pl. 8, f. 3.— Long. 3 lig. $\frac{1}{2}$. Larg. 1 lig. $\frac{1}{2}$. — Ne diffère de l'*Explodens* que par sa taille plus grande et ses antennes sans taches. — Midi de la France.

15. BRACHINUS PSOPHIA.
DEJ. et LATR., *Icon.*, 2, p. 108, n° 5, pl. 9. f. 1. — Long. 3 lig. Larg. 1 lig. $\frac{1}{2}$.—D'un rouge ferrugineux ; corselet un peu rétréci en avant ; élytres d'un bleu verdâtre avec des côtes assez faibles.—Midi.

16. BRACHINUS BOMBARDA.
ILLIG., *in. Wied. Zool. Arch.*, 2, p. 112, n° 9. — DEJ. et LATR., *Icon.*, 2, p. 109, n° 6, pl. 9, f. 2. — Long. 3 lig. $\frac{1}{2}$. Larg. 1 lig. $\frac{1}{2}$.—D'un rouge ferrugineux ; élytres faiblement striées, d'un bleu verdâtre, avec une tache rouge et triangulaire autour de l'écusson. — Midi de la France.

17. BRACHINUS SCLOPETA.
FABR., 1, p. 220, n° 13. — STEPH., *Illustr. Brit. Ins.*, t. I, p. 36, pl. 2, f. 5. — Long. 2 lig. $\frac{1}{2}$. Larg. 1 lig. $\frac{1}{4}$. — D'un rouge ferrugineux ; élytres faiblement striées, d'un beau bleu, avec la suture rouge dans toute sa moitié antérieure. — Paris.

18. BRACHINUS EXHALANS.
ROSSI, *Mant.*, 1, p. 84, n° 192, pl. 1, f. B. — Long. 2 lig. $\frac{1}{2}$. Larg. 1 lig. $\frac{1}{4}$. — D'un rouge ferrugineux ; élytres d'un bleu obscur, avec deux taches jaunes, l'une au-dessous de l'angle de la base, la deuxième en arrière ; elles offrent des côtes assez faibles. — Midi de la France.

19. BRACHINUS CRUCIATUS.
LATR. et DEJ., *Icon.*, 2, p. 112, n° 10, pl. 9, fig. 6.—Long. 2 lig. $\frac{1}{4}$. Larg. 1 lig. $\frac{1}{4}$. — D'un noir peu brillant ; antennes et pattes d'un jaune ferrugineux ; élytres un peu pubescentes, avec deux grandes taches de la couleur des antennes ; l'une à l'angle de la base, l'autre arrondie un peu au-delà du milieu ; pattes jaunes, avec une tache brune sur les cuisses. — Caucase.

20. BRACHINUS NIGRICORNIS.
DEJ., *Spec.*, 5, p. 429. — *Icon.*, 1, p. 60, n° 3, tab. 17, f. 3. — Long. 4 lig. Larg. 1 lig. $\frac{1}{3}$. — Rouge ; élytres d'un bleu obscur, avec de fortes côtes longitudinales ; antennes noires, à l'exception des deux premiers articles et de la base du troisième ; abdomen noir. — France Méridionale.

21. BRACHINUS ETSLANS.
DEJ., *Spec.*, t. V, p. 430. — *Icon.*, 1, p. 163, n° 6, t. 17, f. 6. — Long. 3 lig. $\frac{1}{2}$. Larg. 1 lig. $\frac{1}{3}$. — Ressemble au *Crepitans*, mais plus allongé ; ferrugineux ; corselet oblong presque en cœur ; élytres d'un bleu un peu violet, avec de faibles côtes longitudinales ; le reste comme dans le *Crepitans*. — Espagne et Barbarie.

22. BRACHINUS GRÆCUS.
DEJ., *Spec.*, t. V, p. 430. — BRULLÉ. *Expéd. Sc. de Morée, Ins.*, pl. 33, f. 2. — Long. 4 lig. $\frac{1}{4}$. Larg. 1 lig. $\frac{1}{4}$. — Ressemble à l'*Immaculatus* ; ferrug,neux ; élytres d'un bleu verdâtre, avec de faibles côtes longitudinales ; abdomen obscur. — Morée et Sicile.

23. BRACHINUS DORSALIS.
DEJ., *Spec.*, t. V, p. 423. — Long. 4 lig. Larg. 2 lig. — D'un jaune clair ; élytres avec de faibles côtes ; suture noire s'élargissant en arrière pour former une large tache carrée. — Sénégal.

CORSYRA, STÉVEN ;
Cymindis, FISCHER.

Antennes filiformes et assez courtes. — Palpes à dernier article cylindrique. — Tarses cylindriques, les antérieurs dilatés légèrement dans les mâles. — Tête presque triangulaire. — Mandibules découvertes. — Une dent faible et peu avancée dans l'échancrure du menton. — Corselet large et convexe. — Elytres planes, larges, ovalaires. — Pattes moyennes.

1. CORSYRA FUSULA.
FISCHER, *Entomogr. de la Russie*, 1. p. 123, n° 4, pl. 12, f. 3. — Long. 3 lig.

Larg, 1 lig. ¼. — Très-ponctué; brun;
bordure des élytres, une grande tache humérale qui se confond avec elle, et une
bande transversale en arrière, d'un jaune
un peu roussâtre; dessous du corps brun;
pattes et antennes plus claires. — Sibérie.

APLOA, Hope.

Antennes de onze articles, le premier
épais, le deuxième petit, le troisième long,
les autres égaux. — Palpes maxillaires a
dernier article cylindrique, le même des labiaux tronqué à l'extrémité.—Labre transversal un peu émarginé, cilié. — Menton
transversal à angles avancés, mais sans
dent au milieu. — Tarses à premier article
le plus grand, les deux suivants égaux, le
quatrième petit, le cinquième de la longueur du premier; crochets simples.—Corps
déprimé. — Tête ovale. — Corselet un peu
en cœur.—Elytres tronquées, assez larges.

1. APLOA PICTA.

Hope, *Transac. of the Zool. Soc.*, t. I,
p. 91, pl. 13, fig. 1. — Long. 5 lig. Larg.
2 lig ¼. — Jaune; élytres striées avec deux
taches sur la base et une bande irrégulière
en arrière, noires. — Indes Orientales.

DREPANUS, Illig.;

Pseudomorphus, Heteromorphus, Kirby;
Axinophorus, Latr., Dej., Gray.

Antennes courtes et filiformes.—Palpes
maxillaires à dernier article presque cylindrique. — Le même des labiaux très-
fortement sécuriforme. — Lèvre courte. —
Menton avec une très-forte dent au milieu
de son échancrure. — Tarses presque cylindriques.—Tête assez grande.—Corselet
presque transversal, un peu rétréci en
avant.—Elytres en carré long. — Pattes
très-courtes.

1. DREPANUS EXCRUCIANS.

Kirby, *Linn.*, *Transact.*, 14, p. 101.
— *Lecontei,* Dej., *Spec.*, t. V, p. 435.—
Icon. 1, p. 176, n° 1, t. 19, f. 2. — Long.
3 lig. ¼. Larg. 1 lig. ¼. — D'un brun noirâtre; corselet d'un rouge ferrugineux;
palpes, antennes et pattes d'un testacé
roussâtre. — Amérique du Nord.

2. DREPANUS LACORDAIREI.

Icon.. 1, p. 176, n° 2. — Dej., *Spec.*,
5, p. 437. — Long. 4 lig. Larg. 1 lig. ¼.
— D'un brun noir; palpes, antennes et
pattes, d'un brun roussâtre; élytres striées.
— Brésil.

3. DREPANUS BRASILIENSIS.

Gray, *Anim. King. Ins.*, t. 1, p. 271,
pl. 13, f. 5. — Long. 8 lig. — D'un brun
de poix obscur, luisant; corselet avec un
grand rebord latéral; élytres offrant six fortes stries longitudinales, dont les plus rapprochées de la suture n'atteignent pas la
base; palpes, pattes, antennes, côté du corselet et élytres, d'un brun rougeâtre.—Brésil.

DYSCOLUS, Dej.

Antennes filiformes. — Palpes à dernier
article allongé, un peu cylindrique, légérement pointu à l'extrémité.—Lèvre plane,
transversale.—Menton avec une forte dent
au milieu de son échancrure. — Tarses allongés, assez grêles, les antérieurs triangulaires et garnis en dessous de quelques
poils.—Tête un peu triangulaire.—Corselet en cœur, tronqué en arrière. — Elytres
ovalaires, allongées.

1. DYSCOLUS MEMNONIUS.

Dej., *Spec.*, t. V, p. 439.—Long. 7 lig.
Larg. 2 lig. ¼. — Noir; tête offrant entre
les antennes deux impressions longitudinales et une transversale; élytres avec de
profondes stries; l'intervalle de la troisième
offre trois points enfoncés; palpes et antennes d'un brun roussâtre.—Guadeloupe.

2. DYSCOLUS BRUNNEUS.

Dej., *Spec.*, t. V, p. 440. — Long.
4 lig. ¼. Larg. 1 lig. ¼. — D'un brun roussâtre; tête offrant entre les antennes deux
impressions longitudinales; élytres oblongues et ovales, striées, avec deux points enfoncés sur le troisième intervalle; antennes
et pattes d'un jaune testacé.—Guadeloupe.

3. DYSCOLUS ŒNEIPENNIS.

Dej., *Spec.*, t. V, p. 441.—Long. 5 lig. ¼.
Larg. 1 lig. ¼. — Noir; tête offrant entre
les antennes deux faibles impressions et
deux gros points enfoncés; élytres presque
parallèles, d'un bronze obscur, striées, avec
trois points enfoncés sur le troisième intervalle. — Java.

ARSINOE, Lap.

Antennes de longueur moyenne, à premier article grand, le deuxième très-court,
les autres à peu près égaux. — Palpes a
dernier article fort, allant en grossissant et
tronqué à l'extrémité.—Labre assez grand,
transversal, couvrant en partie les mandibules.—Menton avec une forte dent au mi-

lieu de son échancrure. — Tarses antérieurs à deux premiers articles égaux et un peu allongés, les deux suivants très-courts, triangulaires, le cinquième assez long; ceux des autres paires de pattes plus allongés, de même forme, garnis en dessous de poils très-serrés. — Tête grande. — Yeux saillants.—Corselet transversal, court, un peu en cœur, tronqué en arrière; largement rebordé sur les côtés.—Elytres allongées, plus courtes que l'abdomen; pattes fortes.

Insectes de forme aplatie.

1. ARSINOE QUADRIGUTTATA.

Lap., *Études Entom.*, p. 58, pl. 2, fig. 6. — Long. 4 lig. ½. Larg. 1 lig. ¾. — Noir; partie postérieure de la tête, corselet, deux taches rondes sur chaque élytre, base et milieu de l'abdomen, d'un brun rouge; base des cuisses rougeâtre. — Madagascar.

PROMECOPTERA, DEJ.;
Lebia, WIEDMANN.

Antennes filiformes. — Palpes à dernier article allongé, un peu ovalaire et légèrement pointu.—Lèvre plane, transversale.—Menton avec une forte dent au milieu de son échancrure. — Tarses presque cylindriques.—Tête triangulaire.—Corselet légèrement cordiforme. — Elytres allongées, parallèles, sinuées obliquement à l'extrémité.

1. PROMECOPTERA MARGINALIS.

WIED., *Zoolgischer Magazin*, t. II, 1, p. 61, n° 89. — Long. 3 lig. Larg. 1 lig. — D'un jaune testacé; élytres striées, avec une bande qui suit le bord extérieur, d'un vert bronzé assez brillant, qui commence au-dessous de l'angle huméral et ne va pas tout-à-fait jusqu'à l'extrémité; antennes et pattes d'un jaune testacé très-pâle. — Bengale.

CATASCOPUS, KIRBY;
Carabus, WIED.

Antennes courtes, filiformes. — Palpes à dernier article cylindrique. — Tarses à articles cylindriques; crochets simples. — Tête forte. — Lèvre recouvrant presque entièrement les mandibules. — Une dent arrondie dans l'échancrure du menton. — Corselet en cœur, court. — Elytres assez larges, planes, en carré, fortement échancrées à l'extrémité.

Insectes revêtus de jolies couleurs, propres, jusqu'ici, aux Indes et à la côte occidentale de l'Afrique.

M. Westermann, qui a observé ces insectes aux Indes, a trouvé le *Catascopus Elegans*, Fab. (*Fascialis*, Wied), sous l'écorce des palmiers. (Voy. *Rev. Ent.* de M. Silbermann, n° 1, p. 105.)

1. CATASCOPUS ELEGANS. (Pl. 4, fig. 2.)

FABR., 1, p. 184, n° 76. — MAC-LEAY, *An. Javan.*, 1, p. 15, n° 22. —*Fascialis*, WIED., *Zool. Magazin*, 1, 3, p. 465, n° 12.—DEJ., *Spec.*, t. I, p. 329.— *Icon.*, 2, p. 116, pl. 7, f. 8. — Long. 6 lig. ½. Larg. 2 lig. ¾. — D'un beau vert; élytres offrant une teinte bleue, striées, avec des points dans les stries; dessous du corps et pattes d'un bleu obscur.—Indes Orientales.

Nota. Le *Catascopus Hardwickii*, de Kirby (*Trans. of the Linnean Soc. of London*, 14, p. 98, t. 3, fig. 1), quoique très-voisin de cet insecte, me semble devoir former une espèce distincte.

2. CATASCOPUS ÆQUATUS.

DEJ., *Spec.*, t. V, p. 452. — Long. 6 lig. ½. Larg. 2 lig. ¾. — Vert; élytres striées, les stries assez faiblement ponctuées, avec les intervalles presque planes; bordure latérale dorée; dessous du corps et pattes d'un bleu verdâtre obscur.—Iles Philippines.

3. CATASCOPUS SENEGALENSIS.

DEJ., *Spec.*, t. V, p. 453. — Long. 4 lig. ½. Larg. 1 lig. ¾. — D'un vert métallique; corselet anguleux; élytres d'un bleu violet, avec des stries ponctuées; bordure verte; dessous du corps et pattes brunâtres — Sénégal.

4. CATASCOPUS SMARAGDULUS.

DEJ., *Spec.*, t. I, p. 334, n° 2. — Long. 3 lig. ½. Larg. 1 lig. ½. — Vert; stries latérales seules visiblement ponctuées; bordure des élytres d'un rouge doré brillant; poitrine, abdomen et pattes, bruns. — Java.

5. CATASCOPUS BRASILIENSIS.

DEJ., *Spec.*, t. V, p. 454, n° 5.—*Icon.*, 1, p. 179, t. 19, f. 4.—Long. 6 lig. Larg. 2 lig. — D'un vert bronzé obscur; élytres avec des stries foiblement ponctuées dont les intervalles sont égaux, et presque planes; pattes et dessous du corps d'un brun noirâtre, avec l'abdomen rougeâtre.—Brésil.

6. CATASCOPUS RUFIPES.

Gory, *Ann. Soc. Ent.*, t. 11, p. 204.
— Long. 4 lig. ¼. Larg. 1 lig. ¼. — D'un
vert bleuâtre ; élytres presque parallèles, striées et fortement ponctuées, avec
trois points enfoncés entre la troisième
strie ; antennes, abdomen et pattes ferru
gineux. — Sénégal.

7. CATASCOPUS QUADRIMALATUS. (Pl. 4, fig. 3.)

Mac-Leay, *Ann. Javan*, p. 142. —
C. 4-Signatus, Lap., *Ann. Soc. Ent.*,
t. I, p. 392, n° 9. — Long. 3 lig. ¼. Larg.
1 lig. ¼.—D'un vert cuivreux très-brillant ;
corselet étroit ; élytres échancrées à l'extrémité, et offrant de fortes stries longitudinales ; elles ont chacune deux larges taches jaunes dont la postérieure est bilobée ;
dessous du corps obscur ; pattes jaunes, antennes brunes. — Java.

Nota. Ajoutez à ce genre :

8. *C. Beauvoisi*, Lap., *Etudes Entom.*,
p. 60, d'Oware.

9. *C. Nitidulus*, Lap., *id.*, de Java.

10. *C. Lateralis*, Brullé, *Hist. nat.
des Ins.*, t. IV, p. 233, de la Nouvelle-
Hollande.

11. *C. Splendidus*, Fabr., *Syst. El.*,
t. 1, p. 184, du Bengale.

EURYDERA, Lap.

Antennes de onze articles, grêles, le
premier un peu plus fort et le deuxième
plus court que les autres, les sept derniers
un peu pubescents. — Palpes assez longs,
le dernier article ovalaire, allongé.—Une
petite dent au milieu de l'échancrure du
menton. — Mandibules fortes, arquées. —
Labre un peu allongé, échancré en avant.—
Tarses allongés, grêles, les premier et
cinquième articles longs. — Tête assez
large, rétrécie en arrière en forme de cou.
—Corselet cordiforme, tronqué postérieurement. — Elytres presque planes, ovalaires, rebordées, larges, tronquées en avant.
— Ecusson petit, triangulaire. — Pattes
moyennes.

Toutes les espèces connues sont de Madagascar. On les trouve sous les pierres et
sous les troncs d'arbres abattus.

1. EURYDERA ARMATA.

Lap., *Mag. d'Ent.*, pl. 36.—*Flavicornis*,
Gory, *Ann. Soc. Ent.*, t. 11, p. 203.—Long.
6 lig. ¼. Larg. 3 lig. — D'un brun noirâtre :
élytres terminées, chacune en arrière, par
une épine assez longue ; elles sont striées
longitudinalement et offrent chacune deux
taches de couleur orange : toutes les deux
placées sur la suture, l'une, grande, derrière
l'écusson, l'autre, transversale, un peu en
arrière ; le bord latéral offre aussi quelquefois une nuance orangée ; dessous du corps,
antennes et pattes ferrugineuses. —Madagascar.

2. EURYDERA STRIATA.

Guérin, *Mag. Zool.*, cl. IX, pl. 22.
— Long. 10 lig. Larg. 4 lig. — D'un noir
un peu brillant ; derniers articles des antennes brunâtres ; élytres striées, armées
chacune, à l'extrémité, d'une faible dent ;
dessous du corps noir avec quelques teintes
rougeâtres aux bords des segments de l'abdomen. — Madagascar.

3. EURYDERA SPINOSA.

Gory, *Ann. Soc. Ent.*, t. 11, p. 202.
— Long. 9 lig. Larg. 4 lig. — D'un brun
noir ; élytres striées, épineuses à l'extrémité ; sur la suture, une rangée de gros
points enfoncés sur les bords, qui sont relevés. — Madagascar.

4. EURYDERA SUBLÆVIS.

Lap. et Gory, *Hist. nat. des Coléop.*,
Mon. des Eurydera, p. 3, pl. 4, fig. 3. —
Long. 8 lig. ¼. Larg. 4 lig. — Noir ; élytres
grandes, à peine striées, terminées par une
forte épine, et offrant vers les deux tiers
postérieurs une tache rouge, grande, transversale et bilobée. — Madagascar.

Nota. Le genre *Eurydera* est voisin de
celui de *Thyreopterus ;* mais il s'en distingue par plusieurs caractères des parties de
la bouche ; le corselet, dans les *Eurydera*,
est en cœur, et presque *carré* dans les
Thryreopterus ; ces derniers, enfin, ont
leurs élytres tronquées presque carrément
en arrière, tandis qu'elles vont en se rétrécissant pour former une pointe dans les
Eurydera. J'ai décrit un grand nombre
d'espèces de ce genre dans mes *Etudes Entomologiques*, et en ai donné une mono
graphie complète dans mon *Histoire natu
relle des Coléoptères*.

THYREOPTERUS, Dej.

Antennes filiformes. — Palpes à dernier
article allongé et cylindrique. —Labre re
couvrant presque entièrement les mandibu
les, presque carré, arrondi antérieuremen
sur les côtés, et échancré dans son milieu.—
Menton avec une très-forte dent simple au
milieu de son échancrure. — Tarses à arti

cles presque cylindriques. —Tête triangulaire.—Corselet cordiforme un peu carré ; élytres assez courtes et assez larges, échancrées obliquement à l'extrémité.

1. THYREOPTERUS FLAVOSIGNATUS.

Dej., *Spec.*, t. V, p. 440.—Long. 4 lig. Larg. 2 lig. — D'un brun noirâtre, un peu pubescent ; corselet presque carré ; élytres faiblement striées, ponctuées, avec trois taches jaunes, dont la dernière sur la suture et commune ; cuisses jaunes ; jambes noires ; tarses bruns. — Sénégal.

2. THYREOPTERUS TETRASTIUS.

Dalman, Dej., *Spec.*, t. V, p. 448. — Long. 3 lig. Larg. 1 lig. ¼. — D'un brun noir ; élytres striées, avec chacune deux taches jaunes et arrondies, la première vers l'angle de la base, et la deuxième vers l'extrémité ; sur l'intervalle de la troisième strie l'on voit trois points enfoncés. — Java.

3. THYREOPTERUS UNDULATUS.

Dej., *Spec.*, t. V, p. 449. — Long. 2 lig. ¼. Larg. 1 lig. — D'un brun noir ; élytres striées, avec deux points enfoncés sur le troisième intervalle ; elles offrent deux bandes annelées et interrompues d'un jaune testacé ; antennes et pattes de cette couleur. — Sénégal.

Nota. Ajoutez à ce genre :

Le *Thyreopterus subappendiculatus*, Dej., *Spec.*, et le *T. Ater*, Laporte, *Étud. Ent.*, p. 149.

NYCTEIS, Lap. ;
Catascopus, Gory.

Antennes filiformes, assez courtes, à premier article grand, le deuxième assez court, les autres égaux.—Palpes à pénultième article triangulaire, le dernier long, presque cylindrique, un peu arrondi à l'extrémité — Menton sans dent. — Lèvre supérieure avancée, non échancrée en avant.—Tarses presque cylindriques. — Crochets dentelés en dedans. — Tête très-grande, presque triangulaire, très-peu rétrécie en arrière. — Yeux grands, assez saillants. — Mandibules fortes, arquées et aiguës. — Corselet court, à peine plus large que la tête, rétréci en arrière, rebordé sur les côtés. — Ecusson très-petit. — Elytres larges, très-fortement échancrées en arrière. — Pattes moyennes.

Nota. La lèvre très-avancée de ce genre le place auprès des *Catascopus*, mais il en diffère, ainsi que des *Thyreopterus* et des *Eurydera*, par l'absence de la dent du menton ; il se distingue aussi des *Pericalus* par sa lèvre non échancrée en avant.

1. NYCTEIS MADAGASCARIENSIS.

Gory. *Ann. Soc. Ent.*, t. II, p. 205.—Long. 4 lig. Larg. 2 lig.—Bouche, antennes, bords du corselet et pattes, ferrugineux ; tête. disque du corselet et élytres d'un noir verdâtre ; ces dernières avec des côtes élevées, échancrées à l'extrémité, offrant une épine de chaque côté de l'échancrure, un point sur la troisième côte, et une rangée de gros le long du bord externe. — Madagascar.

2. NYCTEIS BREVICOLLIS.

Lap., *Étud. Ent.*, p. 148. — *Hist. nat. des Col.*, 3ᵉ liv., pl. 1, fig. 2.—Long. 4 lig. ¼. Larg. 2 lig. ¼. — D'un noir luisant ; parties de la bouche et antennes brunes ; élytres fortement striées, avec une grande tache arrondie et rouge sur chacune, en arrière ; pattes un peu brunes. — Madagascar

EUCHEYLA, Dej. et Boisd.

Antennes filiformes. —Palpes maxillaires à dernier article cylindrique. — Les mêmes des labiaux presque sécuriformes. — Lèvre grande, avancée, arrondie en avant, et recouvrant entièrement les mandibules. — Menton sans dent au milieu de son échancrure. — Tête allongée, un peu triangulaire. — Corselet légèrement cordiforme.—Elytres en carré long, fortement échancrées à l'extrémité.

1. EUCHEYLA FLAVILABRIS.

Icon., 1, p. 178, t. VIII, f. 3. — Long. 3 lig. ¼. Larg. 1 lig. ¼. — D'un vert cuivreux et bronzé, ponctué ; élytres avec chacune deux points enfoncés ; labre, palpes, antennes et pattes, jaunes. — Brésil.

PERICALUS, Mac-Leay.

Tête large, presque plane, rétrécie en arrière. — Chaperon tronqué en avant. — Labre allongé, incisé antérieurement. — Mandibules avancées, presque parallèles, un peu arquées à l'extrémité. — Palpes à peine aussi longs que les mandibules. — Tête large. — Corselet carré, tronqué en arrière. — Elytres tronquées à la base, presque planes. — Pattes grêles. — Abdomen armé de poils épineux.

1. PERICALUS CICINDELOIDES.
Mac-Leay, *Ann. Javan.*, 1, 2.—Gray,
Ann. King. Ins., pl. 15, fig. 2 — Long.
6 lig. Larg. 3 lig. — Bleu; élytres striées,
antennes et pattes noires. — Java.

2. PERICALUS GUTTATUS.
Chevrolat, *Mag. Zool.*, cl. IX, pl. 46.
— Long. 6 lig. Larg. 3 lig. — D'un noir
un peu bleuâtre; corselet avec une ligne
longitudinale au milieu; élytres striées,
avec dix petits points rouges sur chacune;
corps d'un noir mat en dessous. — Java.

COLPODES. Mac-Leay.

Tarses antérieurs des mâles à quatre premiers articles larges, le pénultième bilobé.—
Labre en carré transversal et entier. — L'é-
chancrure du menton sans dent. — Tête de
la longueur du corselet, celui-ci en cône
tronqué, échancré en avant, arrondi et
un peu rebordé sur les côtés. — Élytres légèrement échancrées.

1. COLPODES BRUNNEUS.
Mac-Leay, *Ann. Javan.* (édit. Lequien),
p. 115, pl. 4, f. 3. — Gray, *Ann. King.
Ins.*, pl. 15, f. 3. — Long. 6 lig.—Entièrement brun; corselet rebordé latéralement;
élytres striées. — Java.

2. COLPODES HARDWICHII.
Gray, *Zool. Miscellany*, n° 1, p. 21.—
Long. 6 lig. ½. Larg. 2 lig. ½. — D'un brun
verdâtre, brillant; parties de la bouche ferrugineuses; trois premiers articles des antennes rouges, les autres bruns et pubescens. — Népaul. Indes Orientales.

3. COLPODES BUCHANNANI.
Gray, *Zool. Miscellany*, n° 1, p. 21.
— Long. 4 lig. ½. Larg. 1 lig. ½. — D'un
vert bronzé, brillant; parties de la bouche
ferrugineuses; antennes velues et rougeâtres. — Népaul. Indes Orientales.

GRAPHIPTERUS, Latr.;
Anthia, Fabr.; *Carabus*, Oliv.

Antennes filiformes.—Languette en partie membraneuse. — Palpes à dernier article cylindrique. — Tarses de devant dilatés dans les mâles. — Lèvre supérieure
avancée. — Mandibules en grande partie
cachées par la lèvre. — Tête ovale.—Corselet cordiforme. — Élytres planes, cylindriques, larges, arrondies.

Insectes de taille moyenne, aptères, habitant les contrées les plus chaudes de l'A-
sie et de l'Afrique.

M. Lefebvre a donné (*Ann. Soc. Ent.*,
t. 1, p. 311) quelques renseignemens sur
le *Graphipterus Variegatus*, qu'il a eu occasion d'examiner en Égypte. Cet insecte,
loin d'être nocturne, comme la plupart des
naturalistes le croient, a été trouvé par lui,
les premiers jours de mars, au plus fort de
la chaleur du jour, à six journées de marche du Nil, dans le désert Lybique, à
l'oasis de Bahruch, sur les gros monticules
de sable qui, à l'ouest, dominent le village
de Zabou, ainsi qu'à la petite oasis d'Har-
rarah, qui en est peu distante. Ce Carabique ne s'y tient jamais dans les parties cul-
tivées, mais seulement à leur jonction avec
le sol inculte du désert; toujours plus vo-
lontiers sur les mamelons ombragés de Ta-
maris rabougris, seule végétation qui y
paraisse, et aux pieds desquels il semble
habiter. On l'entend plutôt qu'on ne le voit,
à cause d'un stridulus assez distinct semblable au mot xéxé continuellement répété,
et qui provient du frottement de la partie
interne de la cuisse, des pattes postérieures
contre le bord des élytres qui débordent
l'abdomen. Renfermés plusieurs ensemble
dans une boîte, quelque spacieuse qu'elle
soit, ils s'y mutilent de toute manière, avec
une promptitude et une rage plus grande
encore que chez les autres Carabiques. Il
est fort abondant là où il se trouve: mais,
la nuit, M. Lefebvre n'a jamais pu venir à
bout de le rencontrer, malgré le soin qu'il
y mit.

1. GRAPHIPTERUS VARIEGATUS.
Fabr., 1, p. 223, n° 13.—Long. 9 lig.
Larg. 4 lig. ½. — Noir; bordure du corselet, des élytres, et six taches sur chacune
de celles-ci, d'un gris blanc formé d'un duvet très-court. La bordure des élytres offre
deux fortes dents intérieures. — Égypte.

2. GRAPHIPTERUS MULTIGUTTATUS.
Latr. *Gen. Crust. et Ins.*, 1, p. 186,
n° 1, pl. 6. fig. 11. — Long. 7 lig. Larg.
3 lig. ½. — Noir; bordure du corselet, des
élytres et huit taches, d'un duvet blanchâtre; celle des élytres avec deux dents. —
Égypte.

3. GRAPHIPTERUS LUCTUOSUS.
Dej., *Spec.*, t. I. p. 334, n° 3.—Long.
7 lig. Larg. 3 lig. ½.—Noir; bords du corselet, quinze à dix-huit taches sur les élytres et leurs bordures, d'un duvet gris;

celles-ci sans dent au côté interne — Barbarie.

4. GRAPHIPTERUS PELETERI.

Long. 7 lig. $\frac{1}{4}$. Larg. 3 lig. $\frac{1}{4}$. — Cet insecte ressemble tellement au *Luctuosus* qu'il n'en est peut-être qu'une variété ; cependant j'ai eu occasion d'en voir un assez grand nombre d'individus, tous absolument pareils. Il est entièrement d'un noir mat ; le corselet a une bordure latérale blanche ; les élytres présentent aussi une bordure latérale, étroite, régulière et de même couleur, qui émet en dedans trois petites avances, se dirigeant obliquement par en bas ; la dernière, qui se trouve placée vers le milieu, est la plus longue ; ces avances sont des sortes de petits traits étroits, et pas plus larges à la base qu'au sommet ; les élytres ont en outre huit petits points de même couleur placés en ligne oblique : deux sur la base, à la hauteur de la première avance ; trois à la hauteur de la seconde ; un en arrière, vers le milieu de la largeur ; et deux près du bord postérieur.—Cet insecte se trouve à Oran, et a été envoyé par M. Lepelletier de Saint-Fargeau, officier supérieur aux chasseurs d'Afrique.

5. GRAPHIPTERUS BARTHELEMII. (Pl. 4, fig. 4.)

DEJ., *Spec.*, t. V, p. 457. — Long. 6 lig. Larg. 2 lig. $\frac{1}{4}$. — Noir ; bordure du corselet, celle des élytres étroite, égale partout, et neuf ou dix points sur chaque élytre, d'un blanc gris ; elles sont, de plus, en grande partie couvertes d'un duvet cendré. — Tunis.

6. GRAPHIPTERUS MINUTUS. (Pl. 4, fig. 5.)

Icon., 2, p. 96, pl. 6. f. 4. — Long. 5 lig. $\frac{1}{4}$. Larg. 2 lig. $\frac{1}{4}$. — Diffère du précédent par sa taille plus petite, ses élytres plus planes, rondes, et dont les points sont au nombre de dix-huit à vingt. — Egypte.

7. GRAPHIPTERUS CICINDELOIDES.

OLIV., 3. 35. p. 50, n° 56, pl. 2, f. 425. Long. 7 lig. $\frac{1}{4}$. Larg. 3 lig. $\frac{1}{4}$. — Velu ; d'un brun jaune ; bords du corselet et des élytres d'un jaune clair ; dessous du corps et pattes d'un noir luisant. — Cap de Bonne-Espérance.

8. GRAPHIPTERUS LIMBATUS.

Long. 4 lig. $\frac{1}{4}$. Larg. 2 lig. $\frac{1}{4}$. — Diffère de la *Cicindeloides*, à laquelle elle ressemble, par sa taille beaucoup plus petite : le duvet serré, dont il est couvert, est aussi beaucoup plus obscur ; les côtés du corse-let et des élytres sont d'un jaune verdâtre ; dessous du corps et pattes noirs. — Cap de Bonne-Espérance. Envoyé par MM. Verreaux.

9. GRAPHIPTERUS EXCLAMATIONIS.

FABR., 1, p. 223, n° 14. — Long. 6 lig. Larg. 2 lig. $\frac{1}{4}$. — Noir, bordé de blanc ; élytres avec une bande longitudinale assez étroite, plus près de la suture que du bord extérieur, dont l'extrémité se recourbe vers la suture ; et une petite ligne entre cette bande et le bord extérieur, qui va de la base au quart des élytres ; enfin, un point allongé placé au-dessous, un peu au-dela du milieu. — Barbarie. Oran.

10. GRAPHIPTERUS ANCORA.

DEJ., *Spec.*, t. V, p. 460. — Long. 7 lig. Larg. 3 lig. $\frac{1}{4}$. — Noir ; recouvert d'un duvet jaunâtre en dessus ; corselet avec une ligne longitudinale au milieu, noire ; élytres ayant vers la base une tache noire et oblongue, qui descend jusque vers le milieu, et vers l'extrémité une ligne oblique légèrement courbée, presque parallèle au bord extérieur, et qui ne se prolonge pas jusqu'à la suture ; celle-ci est aussi noire, ne va pas jusqu'à l'extrémité, et se termine par un crochet qui la joint au milieu de la ligne oblique postérieure. — Cap de Bonne-Espérance.

11. GRAPHIPTERUS CORDIGER.

DEJ., *Spec.*, t. V, p. 461. — Long. 5 lig. Larg. 2 lig. $\frac{1}{4}$. — Noir ; couvert en dessus d'un duvet jaunâtre ; une ligne noire au milieu du corselet ; sur les élytres, une grande tache noire au-delà du milieu ; elle est cordiforme et commune ; elle se prolonge sur la suture jusqu'à l'extrémité ; la partie de la suture entre la base et la tache du milieu également noire. — Cap de Bonne-Espérance.

12. GRAPHIPTERUS TRILINEATUS.

FABR., 1, p. 225, n° 9. — OLIV., 3, 35, p. 51, n° 58, t. 9, fig. 10. — Long. 5 lig. Larg 2 lig. $\frac{1}{4}$. — Noir ; bords du corselet et élytres couverts d'un duvet blanchâtre ; la suture un peu plus large à la base, et une ligne longitudinale noire.—Cap de Bonne-Espérance.

13. GRAPHIPTERUS ARCUATUS.

GORY. *Ann. Soc. Ent.*, t. II, p. 206. — Long. 7 lig. Larg. 3 lig. — Ressemble au *Trilineatus ;* noir ; couvert de poils jaunes très-serrés ; une bande longitudinale et large sur la tête ; une autre sur le corseet se rétrécissant en arrière ; sur chaque élytre une ligne longitudinale n'atteignant ni la base, ni l'extrémité ; cette ligne est recourbée en arrière en forme de crochet ; une autre le long de la suture, qui se rétrécit tellement vers les deux tiers, qu'elle devient presque invisible ; toutes ces bandes et lignes noires. — Cap de Bonne-Espérance.

14. GRAPHIPTERUS HOPPEI.

Long. 5 lig. ¼. Larg. 2 lig. ¼. — Corps allongé, noir ; côtés du corselet couverts d'un duvet cendré très-serré ; élytres avec une large bordure marginale, et une bande longitudinale assez étroite, rapprochée de la suture, et qui se dilate subitement vers la moitié de sa longueur. — Cap de Bonne-Espérance.

15. GRAPHIPTERUS VITTATUS.

DEJ., *Spec.*, t. V, p. 461. — Long. 5 lig. ¼. Larg. 2 lig. ¼. — Noir ; recouvert en dessus d'un duvet jaunâtre ; corselet avec une ligne noire au milieu ; élytres avec trois lignes longitudinales noires. — Cap de Bonne-Espérance.

16. GRAPHIPTERUS SENEGALENSIS.

DEJ., *Spec.*, t. V, p. 246. — *Obsoletus*, OLIV., 3, 35, p. 56, n° 68, tab. 5, f. 60. — Long. 5 lig. ¼. Larg. 2 lig. ¼. — Velu ; d'un gris cendré, avec les bords latéraux et cinq lignes longitudinales sur les élytres blanches : dessous du corps, pattes et antennes, brunâtres. — Sénégal.

17. GRAPHIPTERUS OBSOLETUS.

FABR., *Syst. Eleuth.*, p. 224, n° 16. — Long. 5 lig. Larg. 2 lig. — Brun ; tête et dessus du corselet recouverts d'un duvet cendré ; élytres oblongues, avec la bordure et trois bandes d'un duvet cendré. — Cap de Bonne-Espérance.

18. GRAPHIPTERUS INCANUS.

DEJ., *Spec.*, t. V, p. 464. — Long. 5 lig. ¼. Larg. 2 lig. ¼. — Noir ; tête et corselet couverts d'un duvet cendré ; élytres oblongues, avec la bordure et six bandes velues et cendrées. — Cap de Bonne-Espérance.

19. GRAPHIPTERUS VESTITUS.

DEJ., *Spec.*, t. V, p. 464. — Long. 5 lig. Larg. 2 lig. ¼. — Noir ; couvert en-dessus d'un duvet cendré un peu roussâtre. — Cap de Bonne-Espérance.

20. GRAPHIPTERUS OBSCURUS.

GORY, *Ann. Soc. Ent.*, t. 2, p. 207.

— Long. 5 lig. Larg. 2 lig. ¼. — Noir : corselet et élytres couverts d'un duvet blanchâtre, une ligne sur le corselet et sur chaque élytre ; une bande longitudinale large, placée sur le milieu, et noire ; les deux premiers articles des antennes fauves, les autres plus obscures. — Cap de Bonne-Espérance.

Nota. Il faut aussi ajouter à ce genre :

21. L'*Anthia Umbraculata*, FABR.

22. Le *Graphipterus Rouxii*, que nous figurons ici, pl. 4, fig. 6, et qui vient de Barbarie. Cette espèce est décrite dans nos *Études Entomologiques*, p. 57, n° 3.

23. Le *Graphipterus sennariensis* du même ouvrage, p. 149, n° 2.

PIEZIA, BRULLÉ.

Ce genre forme le passage entre les *Anthia* et les *Graphipterus*.

Les antennes vont en s'élargissant et sont comprimées. — Les élytres sont planes et en ovale allongé.

1. PIEZIA AXILLARIS.

BRULLÉ, *Hist. nat. des Ins.*, t. IX, p. 272. — Long. 10 lig. Larg. 3 lig. ¼. — Noir ; ponctué ; tête et corselet ayant de chaque côté une bande de poils roux, qui se prolonge sur la base des élytres ; ces dernières avec de forts sillons velus. — Cap de Bonne-Espérance.

ANTHIA, WEBER, FABR. ;
Carabus, OLIV.

Antennes filiformes. — Palpes à dernier article presque cylindrique. — Languette longue, avancée entre les palpes, cornée en entier. — Tarses de devant un peu dilatés dans les mâles. — Tête grande, dégagée ; lèvre supérieure arrondie, avancée. — Mandibules en grande partie cachées par la lèvre. — Yeux saillants. — Corselet en cœur, assez étroit. — Élytres ovales, convexes. — Pattes fortes.

Insectes de grande taille, de couleur ordinairement noire, avec des taches blanches. — Propres à l'Afrique et à une partie de l'Asie. Leurs mœurs sont à peu près inconnus. On les trouve dans le sable, ordinairement non loin des étangs salés, ou des rivières, sous les pierres. Quand on les inquiète, ils répandent par l'anus une liqueur caustique. L'*Anthia Sexguttata* se trouve assez communément à la racine du bananier

(Voy. Westermann, *Rev. Ent.*, t. 1, p. 104).

M. Lequien a donné dans le *Magasin de Zoologie* une notice monographique d'un grand intérêt, sur ce genre. Il décrit une larve qu'il croit être celle de l'*Anthia Sexguttata*, M. Westermann l'ayant envoyée comme telle à M. Latreille ; cette larve est longue d'environ un décimètre ; sa largeur est de dix centimètres ; elle est entièrement écailleuse ; le corps est subcylindrique, plat en-dessous, composé de douze anneaux. Sa tête n'offre qu'un œil de chaque côté ; sa couleur est noire, avec les anneaux bordés de rouge.

Nous avouons que cette larve ne nous semble pas être celle d'un Carabique.

Nous avons décrit plusieurs nouvelles espèces de ce genre dans nos *Etudes Entomologiques*.

PREMIÈRE DIVISION.

Corselet des mâles prolongé en arrière.

1. ANTHIA MAXILLOSA.

FABR., 1, p. 220, n° 1.—OLIV., 3, 35, p. 13, 1.—OLIV., 8, f. 90 et pl. 1. t. X.—Long. 10 lig. Larg. 6 ½. — Entièrement noir ; avec un léger duvet cendré sur les quatre premiers articles des antennes ; élytres presque lisses.—Cap de Bonne-Espérance.

2. ANTHIA THORACICA.

FABR., 1, p. 221. n° 2.—OLIV., 3, 35, p. 14, n° 2, t. IV.—♀, *Fimbriatus*, OLIV., 3, 35, 14, n° 2, pl. 10, f. 5.—Thumberg, *Nov. Ins. Sp.*, 3, p. 70, 83.— Long. 20 lig. Larg. 7 lig. — Noir ; mandibules longues dans les mâles ; corselet, dans ce dernier sexe, prolongé en arrière et fortement échancré au milieu dans les deux sexes. Il offre deux taches blanches ; élytres presque lisses, avec les bords latéraux couverts d'un duvet blanchâtre, très-serrés, formant une bordure.— Cap de Bonne-Espérance.

3. ANTHIA CINCTIPENNIS.

LEQUIEN, *Mag. Zool.*, cl. IX, n° 3, pl. 38. — Long. 18 lig. Larg. 6 lig. — Ressemble beaucoup à la *Thoracica*, mais plus petite ; le corselet entièrement noir ; élytres presque striées, bordées de blanc.—Cap de Bonne-Espérance.

4. ANTHIA SEXGUTTATA.

FABR., 1. p. 221, n° 4.—OLIV., 3, 35, p. 15, n° 4, pl. 1, f. 6.—Long. 18 lig.

Larg. 6 lig. — Noir ; élytres presque lisses ; deux taches sur le corselet et quatre sur les élytres, d'un blanc grisâtre, formé d'un duvet court et serré.— Indes Orientales.

DEUXIÈME DIVISION.

Corselet non prolongé en arrière chez les mâles. convexe.

5. ANTHIA VENATOR. (Pl. 4, fig. 7.)

FABR., 1, p. 222, n° 5.—*Cursor*, OLIV., 3, 35, p. 16, n° 5, pl. 10, f. 116.— Long. 23 lig. Larg. 7 ½. — Noir ; élytres presque lisses, avec une bordure étroite et une tache blanchâtre et palmée, formée de la réunion des cinq petites sur la base, blanchâtres.— Environs de Tripoli et Sénégal.

6. ANTHIA HOMOPLATA.

LEQUIEN, *Mag. Zool.*, cl. IX, n° 6, pl. 39. — Long. 20 lig. Larg. 6 ½. — Ressemble à la *Nimrod* ; noir ; élytres avec des stries ponctuées ; une tache humérale arrondie et la moitié postérieure du bord externe, blanches et velues.—Cap de Bonne-Espérance.

7. ANTHIA BURCHELLI.

HOPE, *Anim. King.*, t. XIV, p. 270. pl. 13, f. 1.— Long. 19 lig. Larg. 7 lig. ½.— Noir ; trois premiers articles des antennes, côtés du corselet et sillons des élytres, garnis de poils courts et jaunâtre.—Cafrerie.

8. ANTHIA NIMROD.

FABR., 1, p. 222, n° 6. — *Errans*, OLIV., 3, 35, p. 16, pl. 10, f. 117, n° 6.— Long. 16 lig. Larg. 5. — Noir ; élytres avec des stries longitudinales et deux taches arrondies, d'un duvet blanc, sur chacune ; la première vers la base est presque bilobée ; la deuxième près de l'extrémité. — Sénégal.

9. ANTHIA SULCATA.

FABR., 1, p. 222, n° 6.—OLIV., 3, 35, p. 24, n° 17, pl. 8, f. 97. — Long. 15 lig. Larg. 5 lig.— Noir ; corselet avec ses bords blancs ; élytres sillonnées, avec leur contour et trois taches enfoncées, couverts d'un duvet blanchâtre.— Sénégal.

10. ANTHIA SEXMACULATA.

FABR., 1, p. 222, n° 7.— Long. 12 lig. Larg. 4 lig. ½.— Noir ; bordure du corselet, moitié postérieure de la bordure des élytres et quatre taches, d'un duvet blanc ; des stries assez fortes sur les élytres. — Egypte et Barbarie.

11. ANTHIA MARGINATA.

DEJ., *Spec.*, t. 1, p. 347, n° 8. — *Icon.*, 1, p. 182, pl. 19, fig. 5. — Long. 12 lig. Larg. 4 lig.— Noir; bordure du corselet, les élytres, et huit taches, d'un duvet serré et blanchâtre; des stries sur les élytres.— Nubie.

12. ANTHIA DUODECIMGUTTATA. (Pl. 4, fig. 8.)

BON. , *Mém. Acad. Turin*, t. V, p. 451. — *Icon.* 94, pl. 6, f. 1. — Long. 15 lig. Larg. 5 lig.— Noir, élytres striées avec la bordure postérieure et six taches formées d'un duvet blanchâtre.— Arabie.

13. ANTHIA DECEMGUTTATA.

LINN., *Syst. nat.*, 1, p. 669. 10, FABR., 1, p. 223, n° 3.—10-*Guttatus*, OLIV., 3, 35, p. 22, n° 10, pl. 9, f. 15.—Long. 15 lig. Larg. 5 lig. $\frac{1}{2}$. — Noir; corselet avec une petite tache blanche de chaque côté; élytres avec quatre stries profondes et cinq taches d'un duvet blanchâtre; ces taches sont peu constantes, s'effacent souvent, et forment ainsi plusieurs variétés. — Cap de Bonne-Espérance.

14. ANTHIA VILLOSA.

THUMBERG in SCHŒN., *Syn. Ins.*, t. I, p. 233, n° 7.— *Decem-Sulcata*, BON., *Obs. ent.*, *Mém. Acad. Turin*, p. 452.— Long. 16 lig. Larg. 5 lig. $\frac{1}{2}$.— Noire; élytres avec quatre sillons revêtus de poils d'un blanc cendré.—Cap de Bonne-Espérance.

15. ANTHIA BIGUTTATA.

BON., *Obs. ent.*, *Mém. Acad. Turin*, t. 5, p. 462. — GERMAR, *Mag.*, 4, p. 108. — Long. 13 lig. Larg. 4 lig. $\frac{1}{2}$.—Noir; élytres striées, les intervalles des stries offrant des poils bruns; l'on voit un point blanc et oblong sur chaque élytre avant le milieu; labre non dentelé. — Cap de Bonne-Espérance.

16. ANTHIA LIMBATA.

DEJ., *Spec.*, 5, 466, 15.—Long. 14 lig. Larg. 5 lig. $\frac{1}{2}$. — Noir; élytres sillonnées; bordure presque interrompue, velue et blanche; labre non dentelé. — Cap de Bonne-Espérance.

TROISIÈME DIVISION.

Corselet déprimé, en cœur.

17. ANTHIA SEPTEMGUTTATA. (Pl. 4, fig. 9.)

FABR., 1, p. 222, 8.—*Icon. Col. d'Eur.*, p. 94, pl. 6, f. 2.—*Sex-Notata*, THUMBERG in SCHŒNN., *Syn.*, 1, p. 233, 6. —Long. 10 lig. Larg. 4 lig. — Brun, velu; élytres avec huit stries et trois points jaunes et pubescents sur chacune; dessous du corps et pattes noirs.— Cap de Bonne-Espérance.

18. ANTHIA RUGOSOPUNCTATA.

THUMBERG in SCHŒNN., *Syn. ins.*. 1, p. 234, 17.—LEQUIEN, *Mag. Zool.*, cl. IX. pl. 40.—Long. 9 lig. Larg. 3 $\frac{1}{2}$.—Brun, velu, élytres peu convexes, non terminées en pointes, ayant chacune quatre sillons, dans lesquelles se trouvent deux rangées de points enfoncés, séparées par une côte élevée, presque aussi forte que celles qui forment les sillons; ce qui, au premier coup-d'œil, les fait paraître avoir huit stries formées par des lignes presque égales; dessous du corps et pattes noirâtres. — Cap de Bonne-Espérance.

QUATRIÈME DIVISION.

Corselet en cœur allongé, presque cylindrique.

19. ANTHIA MACILENTA.

OLIV., 3, 35, p. 26, 20, pl. 12, f. 130.— Long. 8 lig. Larg. 3 lig. —Etroit; noir; couvert en dessus d'une pubescence brune; corselet en cœur, oblong; élytres oblongues, avec des points arrondis, disposés en stries; elles sont presque lisses en arrière. — Cap de Bonne-Espérance.

20. ANTHIA GRACILIS.

DEJ., *Spec.*, 5, 468, 17.— Long. 6 lig. $\frac{1}{2}$. Larg. 2 lig. $\frac{1}{2}$. —Etroit; noir, recouvert en-dessus d'une pubescence brune; corselet oblong en cœur; élytres ovales, oblongues, avec des sillons profondément ponctués.—Cap de Bonne-Espérance.

Nota. Cette espèce ressemble beaucoup a la précédente dont elle n'est peut-être qu'une variété sexuelle.

DEUXIÈME COHORTE. *BIPARTIS*, LATR. *Scaritides*, DEJ.

Caractères. Elytres entières ou légèrement sinuées à leur extrémité postérieure. — Palpes extérieurs non subulés. — Côté interne des jambes antérieures fortement échancré.—Tarses semblables dans les deux sexes, ou très-peu différens.

Les *Bipartis* forment une division particulière facile à reconnaître. La tête est large; le corselet grand, séparé de l'abdo-

men par un intervalle ; les pattes généralement courtes ; les tarses courts ; les jambes antérieures dentées extérieurement ;
l'échancrure du menton offre une dent à son
milieu. Ces Insectes sont tous revêtus de
couleurs obscures, rarement métalliques ; ils
vivent tous à terre, et se tiennent cachés
dans des trous qu'ils y creusent à l'aide de
leurs pattes antérieures. Plusieurs espèces
ne quittent leurs retraites que pendant la
nuit.

SIAGONITES.

Caractères : Palpes labiaux terminés par
un article grand et sécuriforme. — Le même des maxillaires terminé par un article
un peu plus gros. — Menton recouvrant
presque toujours le dessous de la tête et
inarticulé ; jambes antérieures non palmées.

Genres : *Enceladus, Siagona.*

Le corps des *Siagonites* est très-aplati,
et souvent dépourvu d'ailes.

ENCELADUS, Bon. ;

Scarites, Oliv., Herbst. ; *Carabus,* Fabr.

Antennes filiformes ; le premier article
cylindrique, assez court ; le troisième plus
court que le deuxième. —Palpes maxillaires
à dernier article tronqué obliquement. —
Tarses filiformes. — Tête assez grande. —
Labre fortement échancré. — Languette
prolongée dans son milieu.—Lèvre soudée.
— Corselet cordiforme, largement tronqué ; ses angles postérieurs un peu dilatés
et pointus. — Élytres aplaties. — Pattes
fortes. — Les jambes antérieures non palmées, sans échancrure au côté interne.

1. ENCELADUS GIGAS.

Bon., *Obs. ent.*, 2, p. 281, n° 1. —
Icon., 1, p. 188, t. XX. f. 1. — Long.
19 lig. Larg. 6 lig 1. — Aptère, noir ; corselet un peu en cœur ; élytres striées. —
Cayenne.

2. ENCELADUS LÆVIGATUS.

Fabr., *Ent. syst.*, 1, p. 143, n° 86. —
Oliv., 3, 36, p. 6, n° 4, t. II. f. 18. —
Long. 11 lig. Larg. 4 lig. — Ailé, noir ;
corselet en cœur ; élytres lisses. — Ce bel
insecte vient probablement de Cayenne.

SIAGONA, Latr., Bon., Dej. ;

Cucujus et *Galerita,* Fabr.

Antennes presque sétacées ; le premier
allongé, conique, les autres cylindriques,
égaux entre eux. — Palpes assez courts, le
dernier article des maxillaires extérieurs un
peu renflé vers l'extrémité. — Tarses composés d'articles entiers, le dernier allongé.
— Tête presque carrée. — Menton très-
grand, inarticulé, échancré, avec une dent
bifide au milieu. — Corselet cordiforme,
échancré en avant, et séparé des élytres par
un étranglement. — Élytres très-déprimées.
— Pattes moyennes. — Cuisses assez fortes.
— Jambes antérieures point dentées extérieurement, échancrées au côté interne.

Insectes d'assez grande taille, et a couleurs sombres ; ils appartiennent à l'ancien
continent.

PREMIÈRE DIVISION

Abdomen ovale.—Angles huméraux des
élytres nullement saillans. — Espèces aptères.

1. SIAGONA RUFIPES.

Fabr., 2, 93, 7. — Latr., *Gen. Crust.
et Ins.*, 1, 109, pl. 7, fig. 9. — Long.
7 lig. 1. Larg. 2 lig. — D'un brun noir,
ponctué ; élytres ovales, planes, rétrécies à
la base ; antennes et pattes rougeâtres.—
Barbarie et extrémité méridionale de l'Espagne.

2. SIAGONA FUSCIPES.

Bon., *Obs. ent.*, 2, p. 26, n° 2.—Long.
8 lig. Larg. 2 lig. 1. — Ne diffère de la
Rufipes que par sa taille plus grande, les
élytres moins planes, moins rétrécies en
avant, et par les antennes et les pattes plus
obscures. — Egypte.

3. SIAGONA DORSALIS.

Dej., *Spec.*, t. V, p. 477, n° 12. —
Long. 3 lig. 1. Larg. 1 lig. — Fortement
ponctuée ; d'un brun rouge ; tête et corselet plus foncés, avec quelques poils ; élytres
avec une large tache ovale noire sur la suture, s'étendant jusqu'aux deux tiers postérieurs. — Sénégal.

4. SIAGONA SENEGALENSIS.

Dej., *Spec.*, t. V, p. 476, n° 10. —
Long. 5 lig. Larg 1 lig. 1.—Fortement
ponctuée ; un peu pubescente ; d'un brun
noir ; élytres avec une large tache ovale
rouge occupant toute la partie postérieure.
—Sénégal.

DEUXIÈME DIVISION.

Abdomen ovale, tronqué à la base. —

Angles huméraux prononcés. — Espèces
ailées.

5. SIAGONA DEPRESSA.

FABR., 1, 215, 5. — Long. 5 lig. Larg.
1 lig. ½. — Brun ; ponctué ; élytres presque
planes, parallèles ; antennes et pattes
rougeâtres. — Indes Orientales.

6. SIAGONA FLESUS.

FABR., 1, p. 216, n° 7. — Long. 4 lig.
Larg. 1 lig. ½. — D'un brun un peu ferrugineux ; ponctué ; élytres presque planes,
parallèles, avec le disque noirâtre ; antennes et pattes rougeâtres.—Indes Orientales.

7. SIAGONA OBERLEITNERI.

DEJ., Spec., 5, p. 477. — Icon., 1,
p. 191, n° 2, t. 20, f. 3. — Long. 4 lig.
Larg. 1 lig. ½. — D'un brun assez foncé ; entièrement et fortement ponctué ;
antennes longues, un peu velues ; corselet
avec une très-foible ligne au milieu et une
impression longitudinale de chaque côté ;
élytres ovales, aplaties, un peu pubescentes,
d'un brun rouge ; abdomen de même couleur. — Céphalonie et Morée.

8. SIAGONA EUROPEA.

DEJ., Spec., t. II, p. 468. — Long.
5 lig. Larg. 1 lig. ½. — D'un brun
noir ; tête et corselet parsemés de points ;
élytres presque planes, ovalaires, ponctuées ; antennes et pattes d'un rouge ferrugineux obscur. — Sicile, Sardaigne, etc.

Nota. Ce genre est assez peu nombreux
en espèces ; l'une des plus remarquables est,
sans contredit, la *Siagona Herculeana* (*Etudes Entomologiques*, p. 151). Cet insecte
devrait peut-être former un genre nouveau
(*Luperca mihi*), à cause de ses palpes
maxillaires à dernier article entièrement
transversal, arqué, arrondi à l'extrémité.
Il est plus convexe que les *Siagones*, et
sans impressions sur le corselet. Les jambes antérieures ne sont nullement échancrées. — Il vient du Décan (Indes Orientales).

SCARITITES.

Caractères. Palpes d'égale grosseur partout ou amincis à l'extrémité ; les labiaux à
dernier article en forme de cône renversé
et allongé, ou presque cylindrique et
aminci à sa base. — Menton articulé, laissant toujours à découvert une grande partie de la bouche. — Jambes antérieures
palmées, dentées extérieurement. — Labre
très-court transversal. — Deuxième article
des antennes aussi long ou plus long que le
suivant.

Genres : *Pasimachus, Scapterus, Acan-
thoscelis, Scarites, Carenum, Oxygna-
thus, Oxystomus, Camptodontus, Clivina, Dyschirius.*

Les *Scaritites* sont généralement de
grande taille ; ils sont fouisseurs comme
l'indique la construction de leurs jambes
antérieures ; ils fréquentent le bord des
eaux douces, les rivages de la mer, etc.

PASIMACHUS, BON., LATR., DEJ.

Scarites, FABR., OLIV., PAL. BAUV.

Antennes moniliformes, insérées au coin
interne de l'œil. — Palpes filiformes. —
Tarses filiformes. — Tête grande. — Yeux
petits.— Mandibules saillantes, dentées intérieurement. — Mâchoires obtuses. — Lèvre courte, large. —Corselet cordiforme,
échancré à ses deux extrémités. — Élytres
déprimées, soudées. — Pattes moyennes.
—Jambes antérieures échancrées, dentées,
et comme digitées au côté externe.

On présume que les mœurs de ces Insectes aptères diffèrent peu de celles des
autres *Scaritites.* Toutes les espèces connues sont de l'Amérique septentrionale.

1. PASIMACHUS DEPRESSUS.

FABR., 1, 123, 1. — OLIV., 3, 36, 1,
pl. 2, fig. 15. — Long. 13 lig. Larg. 5 lig.
— D'un noir assez brillant, plus obscur en
dessous, avec les bords du corselet et des
élytres bleuâtres ; celles-ci sont très-lisses,
courtes, ovales, déprimées, avec une ligne
de petits points élevés le long du bord extérieur ; jambes antérieures tridentées. —
Amérique Boréale.

2. PASIMACHUS MARGINATUS.

FABR., 1, 123, 2. — OLIV., 3, 36, 2,
pl. 2, fig. 20. — Long. 15 lig. Larg.
5 lig. ½. — D'un noir assez brillant, bleuâtre en dessous ; côtés du corselet et des
élytres d'un bleu assez brillant ; ces dernières ovales, avec sept côtes élevées ; entre
les stries qu'elles forment on aperçoit quelques points enfoncés assez gros, mais peu
marqués, et une ligne de petits points élevés le long du bord extérieur. — Amérique
Boréale.

3. PASIMACHUS MEXICANUS.

GRAY, *Anim. King.*, p. 274, pl. 12, fig. 1.
— Long. 10 lig. Larg. 4 lig. ½. — D'un

vert obscur ; corselet presque cordiforme avec les bords plus clairs : antennes, pattes et mandibules noires. — Mexique.

Nota. Il faut aussi rapporter à ce genre le *Scarites sublævis*, Palissot Bauv.. 7. p. 107, tab. 15. fig. 4 . ainsi que le *P. subsulcatus* de Say.. *Trans. of the am. Phil. Trans..* new. serie . p. 19 . n° 2.

SCAPTERUS. Dej.

Antennes courtes , moniliformes. — Palpes labiaux à dernier article allongé , presque cylindrique. — Tarses filiformes. — Tête presque carrée. — Labre court , *tri*dente. — Mandibules peu avancées, assez fortement dentées à la base. — Corselet convexe, presque cylindrique. — Ecusson cordiforme. — Elytres cylindriques parallèles. — Pattes très-courtes. — Jambes antérieures fortement palmées, les intermédiaires bidentées a l'extrémité.

1. SCAPTERUS GUERINI.

Dej. , *Spec.* , 2, 472, 1.—Guérin. *Icon. Règ. Ann. Ins.* , pl. 5, fig. 3. — Long. 7 lig. ½. Larg. 2 lig. — D'un noir assez brillant ; tête chagrinée antérieurement, avec un tubercule assez fort sur le front : élytres avec des stries fortement ponctuées ; jambes antérieures 4-dentées. — Indes Orientales.

ACANTHOSCELIS, Latr., Dej.,Lepel., Serv. ; *Scarites*, Fabr.

Antennes moniliformes , le premier article très-grand. —Palpes labiaux à dernier article presque cylindrique. — Tarses filiformes. — Tête assez grande. — Labre très-court, tridenté. — Mandibules grandes, fortement dentées intérieurement. — Corselet convexe, presque carré. — Ecusson cordiforme. — Elytres courtes, très-convexes. — Pattes courtes. — Cuisses grosses ; les quatre jambes postérieures légèrement arquées, concaves au côté interne, convexes et chargées de petites épines au côté externe ; les trochanters très-grands, renflés. — Jambes antérieures fortement palmées.

1. ACANTHOSCELIS RUFICORNIS.

Fabr., 1, 124, 11. — Guérin, *Icon. Règ. anim. Ins..* pl, 5 , fig. 8.— Long. 8 lig. ½. Long. 3, lig. ½.— D'un noir assez brillant ; antennes, palpes, tarses et épines des jambes ferrugineux ; jambes d'un brun noirâtre ; les antérieures tridentées ; élytres avec

une faible dent de chaque côté à la ba[se] fortement striées vers l'extrémité, gra[nu]leuses latéralement ; l'extrémité rid[e] transversalement. — Cap de Bonne-Es[pé]rance.

SCARITES, Fabr.

Antennes à premier article beaucoup p[lus] grand que les autres, ceux-ci presque mon[i]formes. — Palpes labiaux à dernier arti[cle] cylindrique. — Tarses filiformes.—Men[ton] trilobé, concave et articulé. — Mandibu[les] grandes , dentelées en dedans. — T[ête] grande , corselet en forme de demi-cer[cle] échancré en avant.— Elytres assez aplat[ies] arrondies en arrière. — Pattes fortes, jambes antérieures palmées.

Ce sont des insectes d'assez grande tai[lle] de couleur noire.

PREMIÈRE DIVISION.

Deux épines aux jambes intermédiai[res]

1. SCARITES PYRACMON.

Rossi, *Faune Etrus.*, 1, p. 227, 567 *Sc. Gigas*. Oliv., 3, 36 , 3, pl. 4, fig. 1 Long. 15 lig. Larg. 5 lig.—Noir et luis[ant] élytres élargies en arrière, presque lis[ses] avec quelques stries peu marqués form[ées] de points ; jambes antérieures avec 1 dentelures.—Midi de la France.

2. SCARITES BUCIDA.

Pallas, *Iter.* 5, p. 493, n° 50 *bi* Long. 15 lig. ½. Larg. 5 lig. ½.—Resse[mble] beaucoup au précédent, et n'en diffère p[res]que que par ses jambes antérieures, qu[i à] quatre dentelures, et les élytres un [peu] plus fortement striées.—Bords de la Caspienne.

3. SCARITES EXARATUS.

Dej., *Spec.*, 1, 372, 7. — Long. 13 Larg. 4 lig. — Noir ; jambes anté[rieu]res a trois dentelures, les autres en a[yant] deux ; élytres assez fortement striées stries se réunissant deux à deux ver[s l'ex]trémité.—Cap de Bonne-Espérance.

4. SCARITES EXCAVATUS.

Kirby, *Cent. of Insects*, 377, 3. — L[ong.] 16 lig. Larg. 4 lig. ½. — Allongé , [les] jambes antérieures à trois dentelures ; [ély]tres offrant chacune sept stries profon[des] dans lesquelles l'on voit de gros point[s] foncés. — Brésil.

5. SCARITES CAYENNENSIS.

Dej., *Spec.*, 1, 385, 18.— Long. 14 lig. Larg. 4 lig. — Noir ; jambes antérieures à trois dentelures, les postérieures quatre ; élytres allongées, présentant de profondes stries, et trois points enfoncés près de la troisième strie sur chacune.— Cayenne.

6. SCARITES SENEGALENSIS.

Dej.. *Spec..* t. I, 386, 20.— Long. 16 lig. ¼. Larg. 4 lig. ¼.— Noir ; jambes antérieures à trois dentelures, antennes denticulées ; élytres assez allongées, avec d'assez fortes stries ; près de l'extrémité de la troisième, il y a un point enfoncé. — Sénégal.

7. SCARITES GLYPTICUS.

Perty, *Voyage de Spix et Martius, Ins.*, p. 8, pl. 2, f. 4.—Long. 16 lig. Larg. 4 lig.— Noir ; jambes antérieures tridentées et biépineuses ; corselet transversal ; côtés droits. les angles postérieurs tronqués obliquement, avec une très-forte ligne longitudinale au milieu ; élytres avec des sillons impressionnés comme dans le *Scarites excavatus,* Kirb.; le corps est plus petit et plus déprimé que dans cette espèce, dont il n'est peut-être cependant qu'un des sexes. — Brésil.

8. SCARITES GOUDOTII.

Guérin, *Mag. Zool.*, cl. IX, pl. 5. — Long. 15 lig. Larg. 6 lig.— Noir peu luisant ; jambes antérieures tridentées, les autres denticulées ; tète carrée ; corselet en croissant ; élytres ovales, déprimées, offrant des lignes assez larges. peu marquées. lisses, entre lesquelles l'on observe de petits points peu élevés. — Madagascar.

9. SCARITES HEROS.

Latr., *Ins.. Caillaud.* n° 5, pl. 1, fig. 5. — Ailé ; noir ; allongé ; convexe ; trois dentelures aux pattes antérieures ; mandibule gauche unidentée, la droite bidentée : élytres striées sans points enfoncés sur les stries du milieu, et sans aucuns gros points dispersés sur leur surface ; devant de la tête lisse.— Nubie.

10. SCARITES SUBTERRANEUS.

Fabr., 1, 124. n° 8; Oliv., 3. 36, 7. pl. 1, fig. 10.— Long. 8 lig. Larg. 2 lig. ¼. Noir; jambes de devant ayant trois épines, les autres denticulées ; élytres assez allongées. très-faiblement ponctuées. mais avec d'assez fortes stries, près de la troisième desquelles il y a trois points enfoncés.— Cayenne.

DEUXIÈME DIVISION.

Une seule épine aux jambes intermédiaires.

11. SCARITES ROTUNDIPENNIS.

Dej., *Spec.*, 1, p. 401. n° 35. — Long. 15 lig. Larg. 5 lig, ¼.—Noir ; jambes antérieures ayant trois dentelures ; élytres ovales. presque arrondies, faiblement striées, avec les intervalles des stries très-finement réticulés. — Cap de Bonne-Espérance.

Nota. Une variété de cette espèce est figurée par M. Boisduval, *Voyage de l'Astrolabe, Ins. Col.,* pl. 6, f. 2.

12. SCARITES PLANUS.

Bon., *Observ.*, 2, p. 38, n° 13.— Long. 7 lig. ¼. Larg. 2 lig.— Noir ; jambes antérieures ayant trois dentelures, les suivantes deux ; le sommet de la tête fortement ponctué ; élytres avec des stries ponctuées, sur la troisième desquelles on voit trois points enfoncés. — Egypte. Midi de la France.

13. SCARITES ARENARIUS.

Bon., *Observ.*, 2, 40. 25.— Long. 8 lig. Larg. 2 lig. ¼.—Noir ; jambes antérieures ayant trois dentelures. les deux autres paires deux ; tête présentant des stries longitudinales ondulées, assez serrées ; élytres assez allongées. avec des stries ponctuées : deux points enfoncés et distincts près de la troisième strie. — Midi de la France.

14. SCARITES TERRICOLA.

Bon.. *Obs.,* 2, p. 39. n° 14. — Long. 8 lig. Larg. 2 lig. ¼.— Noir ; trois petites dentelures aux jambes de devant, trois aux deux autres paires ; tête avec des stries longitudinales ; élytres avec des stries ponctuées ; dans les intervalles de ces stries il y a des rides transversales assez peu marquées.— Midi de la France.

Nota. Les Scarites ne s'écartent pas, vers le Nord, des bords de la Méditerranée. C'est avec étonnement que nous en retrouvons une espèce en Angleterre, *Scarites Beckwithii,* Steph.. *Illust. Brit. Ent..* 1. p. 37. pl. 3, f. 1. Cet insecte. qui n'a été trouvé que trois fois en Angleterre, semble être très-voisin du *Subterraneus.* On a voit aussi cru, mais par erreur, que le *Scarites lævigatus* se trouvoit en ce pays.

CARENUM, Bon., Latr. ;

Scarites, Fabr. ; *Arnidius,* Leach.

Antennes moniliformes.—Palpes maxillaires extérieurs à dernier article renflé, une fois plus long que le précédent; les labiaux terminés par un article grand, triangulaire. — Tarses filiformes. — Tête assez grande. — Menton mobile, laissant à découvert une partie de la bouche. — Labre denté. — Mâchoires droites, obtuses. — Mandibules grandes. — Corselet cordiforme. — Elytres un peu déprimées. — Pattes assez fortes. — Jambes antérieures dentées au côté externe.

1. CARENUM CYANEUM.

FABR., 1, 125, 13. — Long. 6 lig. Larg. 2 lig. — D'un bleu lisse, brillant; antennes et pattes noires. — Nouvelle-Hollande.

2. CARENUM MARGINATUM.

BOISD., *Voyage de l'Astrolabe*, Ins., 2e part., p. 23. — Long. 12 lig. Larg. 4 lig. — D'un noir bleuâtre, luisant: avec les côtés du corps verdâtres; dessous du corps noir. — Nouvelle-Hollande.

OXYGNATHUS, DEJ.

Antennes moniliformes; le premier article très-long, les deuxième et troisième presque coniques, un peu allongés; les autres arrondis. — Palpes assez allongés, les labiaux plus courts, le dernier article allongé, presque cylindrique. — Mandibules grandes, arquées, très-aiguës. — Tête assez grande, presque carrée. — Corselet presque carré. — Elytres allongées, parallèles, cylindriques, arrondies à l'extrémité. — Jambes antérieures palmées.

OXYGNATHUS ELONGATUS.

DEJ., *Spec.*, 2, 474, 1. — Long. 5 lig. Larg. 1 lig. — D'un noir plus brillant en dessus qu'en dessous; antennes et palpes d'un brun ferrugineux rougeâtre; élytres avec des sillons profonds et ponctués; les intervalles relevés, arrondis et lisses; pattes d'un brun noirâtre; jambes intermédiaires avec une assez forte épine près de l'extrémité. — Indes-Orientales.

OXYSTOMUS, LATR.

Antennes moniliformes, le premier article très-grand. — Palpes labiaux presque aussi longs que les maxillaires externes, recourbés avec le premier article, saillant, cylindrique; le deuxième assez court; le dernier fusiforme, long, pointu. — Tarses filiformes. — Tête allongée, assez grande.

— Menton trilobé, concave. — Labre court, tridenté. — Mandibules grandes, avancées, aiguës, souples. — Corselet presque carré. — Elytres très-allongées, parallèles. — Pattes courtes, jambes antérieures assez fortement palmées; les intermédiaires épineuses ou dentées extérieurement.

1. OXYSTOMUS CYLINDRICUS.

DEJ., *Spec.*, 1, 410, 1. — Long. 9 lig. Larg. 2 lig. — D'un noir assez brillant; corselet avec une ligne longitudinale au milieu, et une autre parallèle au bord antérieur; élytres fortement striées, pubescentes à l'extrémité; les intervalles assez étroits, relevés; jambes antérieures dentées. — Brésil.

2. OXYSTOMUS GRANDIS.

PERTY, *Voy. de Spix et Martius*, Ins., pl. 2, f. 7. — Long. 16 lig. Larg. 3 lig. — Noir, lisse, cylindrique; mandibules très-avancées, arquées et pointues; jambes antérieures ayant cinq dentelures; élytres sillonnées. — Brésil.

CAMPTODONTUS, DEJ., LATR.

Antennes filiformes; le premier article plus gros et aussi long que les deux suivans; les autres allongés, presque cylindriques. — Palpes allongés; les labiaux plus courts; le dernier article allongé, un peu ovalaire, presque cylindrique. — Mandibules grandes, arquées, très-aiguës. — Tête assez grande, ovale, un peu rétrécie postérieurement. — Corselet un peu cordiforme, assez plan. — Elytres un peu déprimées, allongées, presque parallèles. — Jambes antérieures palmées.

1. CAMPTODONTUS CAYENNENSIS.

DEJ., *Spec.*, 2, 477, 1. — PERTY, *Voy. de Spix et Martius*, Ins., p. 9, pl. 11, f. 8. — Long. 6 lig. Larg. 1 lig. — Noir, assez brillant; antennes et palpes d'un rouge ferrugineux; élytres assez planes, avec des sillons larges dans lesquels on voit une rangée de très-gros points enfoncés; les intervalles minces et assez relevés; jambes intermédiaires avec une petite épine à l'extrémité. — Cayenne.

2. CAMPTODONTUS CLIVINOIDES.

LAP., *Ann. de la Soc. Ent.*, t. I, p. 393, n° 12. — Long. 8 lig. Larg. 1 lig. — D'un noir luisant; corselet avec une ligne longitudinale au milieu, et deux petites impressions de chaque côté, l'une en arrière, l'au-

tre près du milieu ; élytres ovales, avec des
stries lisses ; pattes antérieures bidentées.
— Cayenne.

CLIVINA, LATR., BON., DEJ.;

Scarites, FABR.; *Carabus*, HERBST.

Antennes moniliformes, le premier article très-long. — Palpes labiaux à dernier
article presque cylindrique ; le même des
palpes extérieurs ovalaire, pointu. —
Tarses filiformes. — Tête assez petite,
presque triangulaire. — Mandibules courtes. — Labre entier. — Languette glabre.
— Paraglosses saillantes et membraneuses.
— Corselet carré. — Elytres allongées,
parallèles, convexes.— Pattes assez fortes.
— Jambes antérieures palmées, tridentées
extérieurement ; les intermédiaires acci-
dentées au côté externe.

Petits insectes ailés, propres surtout aux
régions septentrionales ; les lieux humides
et sablonneux, le bord des rivières et des
eaux, sont leurs demeures de prédilection.

1. CLIVINA ARENARIA.

FABR., 1, 125, 15. — OLIV., 3, 36,
pl. 1, fig. 6. — Long. 3 lig. Larg. ¼ lig.
— D'un brun noirâtre, plus clair en dessous ; élytres avec des stries ponctuées et
quatre points enfoncés, distincts, sur la
troisième strie ; pattes d'un rouge ferrugineux. — Paris.

Var. *Collaris*, HERBST., *Arch.*, 5, 141,
56, pl. 29, fig. 15. — Tête et corselet
d'un brun noirâtre ; élytres plus pâles. —
Paris.

Var. *Discipennis*, MÉG. — Semblable à
la précédente, avec une tache commune sur
les élytres, de la couleur du corselet. —
Paris.

Var. *Sanguinea*, LEACH. — D'un brun
ferrugineux rougeâtre. — Paris.

Var. *Gibbicollis*, MÉG. — D'un jaune
testacé très-pâle. — Paris.

2. CLIVINA YPSILON.

DEJ., *Spec.*, t. V, p. 502. — *Icon.*,
1, p. 217, n° 2, t. XXIII, fig. 2. —
Long. 2 lig. ½. Larg. ¼ lig. — Diffère de
la *Cl. Arenaria* par son corselet impressionné latéralement, et offrant une ligne
enfoncée au milieu, qui, par sa réunion
avec deux petites lignes transversales au
bord antérieur, forme une espèce d'ypsi-
laire. — Caucase.

3. CLIVINA LOBATA.

BON., *Obs. ent.*, 2, 49, 2. — Long.
3 lig. Larg. ¼ lig. — Plus étroite et plus
cylindrique que la *C. Arenaria* : d'un brun
ferrugineux ; antennes et pattes un peu
plus pâles. — Indes-Orientales.

4. CLIVINA PICIPES.

BON., *Obs. ent.*, 2, 49, 3. — Long.
3 lig. ¼. Larg. 1 lig. — Plus grande que la
C. Arenaria : d'un noir assez luisant ; stries
des élytres très-marquées, fortement ponctuées sous les quatre points enfoncés, distincts sur la troisième strie ; dessous du
corps noirâtre ; antennes et pattes d'un
rouge ferrugineux. — Amérique.

5. CLIVINA BIPUSTULATA.

FABR., 1, 125, 14. — 4-*Maculata*,
PALL. BAUV., 7, 107, pl. 15, fig. 6. —
Long. 3 lig. Larg. ½ lig. — D'un noir assez
luisant, plus clair en dessous ; élytres avec
des stries de points enfoncés ; la base, une
tache à l'extrémité, les antennes et les
pattes, rouges.— Amérique-Boréale.

6. CLIVINA CRENATA.

DEJ., *Spec.*, 1, 418, 8. — Long.
3 lig. ¼. Larg. 1 lig. — D'un brun noir ;
devant de la tête beaucoup plus clair ; antennes d'un rouge ferrugineux ; élytres
d'un vert bronzé, avec des stries fortement
ponctuées ; cinq ou six points enfoncés sur
les troisième et cinquième intervalles, et
une petite tache jaune près de l'extrémité ;
pattes ferrugineuses. — Cayenne.

7. CLIVINA MANDIBULARIS.

DEJ., *Spec.*, t. V, p. 498, n° 26. —
Long. 5 lig. Larg. 1 lig. — D'un brun
rouge ; devant de la tête un peu rugueux ;
corselet avec une ligne longitudinale au
milieu ; élytres striées ; jambes antérieures
4-dentées. — Sénégal.

DISCHYRIUS, BON., LATR.;

Clivina, DEJ.; *Scarites*, FABR.;

Misodera, ESCHSCH.

Les *Dischyrius* se distinguent des *Clivina* par le dernier article des palpes labiaux, proportionnellement plus gros que
dans celles-ci, et presque en massue sécuriforme ; par le corselet globuleux, par les
dentelures ou petites épines très-peu distinctes qui remplacent les dents du côté
externe des jambes antérieures. — Le côté
se prolonge en une longue pointe, opposée
à un fort éperon du côté interne.

Les petits insectes de ce genre ont les mêmes mœurs que les *Clivines*.

1. DISCHYRIUS ARCTICUS.

Gyll., 2 . 168 , 1. — Long. 3 lig. Larg. 1 lig. $\frac{1}{7}$.— D'une couleur bronzée, un peu cuivreuse , lisse, brillante; labre, mandibules, palpes, antennes et pattes, d'un rouge ferrugineux; dessous du corps d'un brun noirâtre; élytres très-lisses, avec quelques stries ponctuées, peu marquées près de la suture, effacées vers l'extrémité et sur les bords latéraux. — Suéde, Finlande.

Nota. Cet insecte forme le genre *Misodera* d'Eschscholtz.—*Nova genera Coleopterorum Faunæ Europeæ*, dans le *Bulletin de la Soc. imp. des Naturalistes de Moscou*, an. 1830. M. Curtis en a formé une coupe sous le nom de *Leiochiton*.

2. DISCHYRIUS NITIDUS.

Dej., *Spec.*, 1, 421, 9. — Long. 2 lig. Larg. $\frac{1}{2}$ lig. — D'une couleur bronzée assez brillante, d'un brun noirâtre un peu bronzé en dessous; élytres avec des stries assez fortement ponctuées, et trois points enfoncés, peu distincts, près de la troisième strie du côté de la suture; pattes, antennes, mandibules et palpes, d'un brun un peu ferrugineux. — Paris. Rare.

3. DISCHYRIUS CYLINDRICUS.

Dej., *Spec.*, 1, 423, 11.—Long. 2 lig. Larg. $\frac{1}{2}$ lig. — Plus étroite et plus cylindrique que la *C. Nitida*, plus foncée, moins brillante; corselet moins globuleux; élytres plus allongées, presque parallèles. — Perpignan.

Nota. M. Stephens (*Illust. Brit. Ent.*, 1, p. 42, n° 5) décrit, sous le nom d'*Arenosus*, une espéce très-voisine de la précédente, dont elle diffère par son corps plus élargi, le corselet moins globuleux, et les stries des élytres plus profondément ponctuées. — Cette espéce se trouve en Angleterre.

4. DISCHYRIUS ÆNEUS.

Dej., *Spec.*, 1, 423, 12. — Long. 1 lig. $\frac{1}{2}$. Larg. $\frac{1}{2}$ lig. — Sa taille et sa couleur plus foncée, moins brillante, la distinguent de la *C. Nitida*. —'France.

Nota. La *C. Tristis* de M. Stephens (*Illustr.*, t. 1, p. 43, 8) ne me semble être qu'une variété de cette espéce.

5. DISCHYRIUS THORACICUS.

Dej., *Spec.*, t. I, 115, 16. — Long. 1 lig. $\frac{1}{7}$. Larg. $\frac{1}{2}$ lig. —Bronzé, assez brillant; élytres avec des stries légérement ponctuées, et trois points enfoncés, peu distincts, prés de la troisième strie; pattes et antennes d'un jaune brunâtre. — Paris.

6. DISCHYRIUS SEMISTRIATUS.

Dej., *Spec.*, 1, 427, 19. — Long. 1 lig. $\frac{1}{2}$. Larg. $\frac{1}{2}$ lig. — D'un bronzé obscur; élytres avec des stries assez fortement ponctuées depuis la base jusque vers le milieu; toute l'extrémité et les bords extérieurs lisses.— Normandie.

7. DISCHYRIUS RUFIPES.

Dej., *Spec.*, 1, 428, 20. — Long. 1 lig. $\frac{1}{2}$. Larg. $\frac{1}{2}$ lig. — D'un brun bronzé; élytres avec des stries profondes, fortement ponctuées; leur extrémité lisse; dessous du corps d'un brun noirâtre; pattes et antennes d'un rouge ferrugineux. — Autriche.

8. DISCHYRIUS GIBBUS.

Fabr., 1, 126, 17. — Oliv., 3, 36, 19, pl. 2, fig. 16.—Long. 1 lig. $\frac{1}{2}$. Larg. $\frac{1}{2}$ lig. — D'un noir bronzé, brunâtre en dessous; élytres presque globuleuses, avec des stries ponctuées, presque effacées vers l'extrémité et les bords latéraux. — Paris.

DITOMITES.

Caractéres. Palpes d'égale grosseur partout, ou amincis à l'extrémité; les labiaux à dernier article en forme de cône renversé et allongé, ou presque cylindrique et aminci à la base. — Menton articulé, laissant toujours à découvert une grande partie de la bouche. — Jambes antérieures ni palmées ni dentées extérieurement. — Labre court, transversal.—Deuxième article des antennes sensiblement plus court que les suivans.

Genres : *Morio, Hyperion, Catapiesis, Hemiteles, Homalomorpha, Perigona, Ditomus, Aristus, Carterus, Glyptus, Scapterus, Apotomus, Coscinia, Melænus.*

Les *Ditomites* sont, le plus souvent, de moyenne taille, revêtus de couleurs sombres; leurs mœurs sont à peu près celles des *Scaritides.* — On les trouve a terre, sous les pierres.

MORIO, Latr.

Antennes moniliformes.—Palpes labiaux à dernier article presque cylindrique, tronqué à l'extrémité. — Menton présentant une profonde échancrure au milieu de la-

1. Hyperion Schroteri
2. Harpalus Ruficornis.
3. Harpalus Distinguendus.
4. Harpalus Rubripes.
5. Harpalus Anxius.
6. Ophonus Cordatus.
7. Ophonus Puncticollis.
8. Ophonus Maculicornis.
9. Cymindromorphus Etruscus.

quelle il y a une petite dent presque bifide. — Labre échancré profondément. — Tête un peu rétrécie en arrière. — Corselet rétréci aussi en arrière. — Elytres assez allongées, presque parallèles. — Pattes assez fortes. — Jambes antérieures terminées par deux épines et fortement échancrées en dedans, mais non palmées en dehors.

1. MORIO MONILICORNIS.

Latr., *Gen. Crust. et Ins.*, 1, p. 206, nº 12. — Long. 7 lig. ½. Larg. 2 lig. ½. — Noir brillant; élytres profondément striées, les stries de la base un peu ponctuées; premier article des antennes brun. — Etats-Unis, Antilles, Caïenne.

2. MORIO BRASILIENSIS.

Dej., *Spec.*, 1, 432, 2.—Long. 7 lig. ½. Larg. 2 lig. ½. — Noir brillant, plus large que le précédent; élytres avec des stries profondes qui paraissent lisses, et offrant un point enfoncé un peu au-delà du milieu, près de la seconde strie du côté extérieur, et une impression assez forte sur le bord extérieur, près de l'extrémité. — Brésil.

3. MORIO ORIENTALIS.

Dej., *Spec.*, 1, 432, 3. — Long. 6 lig. Larg. 4 lig. ½. — Noir brillant; pattes rougeâtres; élytres un peu déprimées, presque parallèles, et plus courtes que dans les précédents. — Java.

Nota. Un *Morio* du Sénégal, qui ne diffère peut-être pas essentiellement de cette espèce, est décrit par M. Gory sous le nom de *Parallelus* (*Ann. de la Soc. Ent.*).

4. MORIO PYGMÆUS.

Dej., *Spec.*, t. V, *Suppl.*, p. 512. — Long. 2 lig. ½. Larg. 1 lig. —Brun; élytres allongées, presque parallèles, avec des stries ponctuées; pattes d'un rouge ferrugineux. — Amérique-Septentrionale.

HYPERION, Lap.;

Scarites, Schreb.; *Heteroscelis*, Boisd.

Antennes courtes, à premier article grand; le deuxième court; les deux suivans coniques; les autres à peu près égaux; le dernier ovalaire. — Palpes filiformes; le premier article des extérieurs court; le deuxième long, arqué; le quatrième plus long que le troisième, allongé, et un peu arrondi à l'extrémité; palpes internes plus grêles, à deuxième article le plus long. —Mâchoires fortement arquées, très-velues intérieurement. — Menton large, transver-

sal, très-fortement échancré au milieu, et offrant une très-forte dent bifide. — Labre carré, fortement échancré au milieu, avec les bords latéraux arrondis. — Mandibules grandes, arquées, pointues à l'extrémité, offrant une très-forte dent près de la base. —Tarses antérieurs un peu courts; les quatre premiers articles triangulaires; tarses des autres paires plus allongés; le premier article le plus grand.—Crochets assez grêles et arqués. — Corps filiforme et très-allongé. — Tête grande, plane, presque carrée, rétrécie derrière les yeux. — Ceux-ci assez petits, globuleux, suivis en arrière d'un gros tubercule. — Corselet assez semblable à celui des *Scarites*, allongé, allant en se rétrécissant en arrière, tronqué au bord postérieur. — Élytres très-allongées, parallèles, arrondies à l'extrémité, et très-légèrement sinuées.—Pattes assez courtes. — Cuisses moyennes; les postérieures assez longues, dépassant notablement l'extrémité de l'abdomen. — Jambes terminées par trois épines; les antérieures un peu comprimées, offrant une très-légère échancrure en dessous; cette échancrure munie à sa partie supérieure d'un aiguillon coudé; jambes intermédiaires droites; les postérieures fortement arquées.

1. **HYPERION SCHROTERI.** (Pl. 5, fig. 1.)
Schreb., *Trans. de la Soc. Linn.*—Long. 28 lig. Larg. 6 lig. — Entièrement d'un noir luisant; élytres fortement striées; dessous des tarses garni de poils un peu brunâtres. — Nouvelle-Hollande.

CATAPIESIS, Brulé;

Axinophorus, Gray; *Basoleia*, Westw.

Antennes de onze articles comprimés et presque carrés; le premier gros, le deuxième court, le troisième plus long que les suivans, le dernier pointu. — Palpes a dernier article en ovale très-allongé.—Menton à dent tronquée et plus courte que les côtés.—Labre à peine échancré au milieu. —Tarses antérieurs des mâles à quatre premiers articles élargis; celui de la base presque en carré; les deuxième et troisième triangulaires, transversaux; le quatrième cordiforme.—Tête ovale.—Corselet transversal, échancré en avant, un peu rétréci en arrière, rebordé sur les côtés. — Élytres grandes, un peu tronquées à l'extrémité. —Pattes assez fortes. — Jambes antérieures garnies d'une rangée de cils courts.

CATAPIESIS NITIDA.

Brullé, *Hist. nat. des Ins.*, t. V, p. 43, pl. 2, f. 2. — *Axinophorus Brasiliensis?* Gray, *Anim. Kingdom*. — Long. 8 lig. Larg. 3 lig. — D'un noir luisant ; élytres lisses en avant, ayant en arrière des stries longitudinales ; celles placées sur les côtés s'étendant seules jusqu'à la base ; dessous du corps brun ; pattes et antennes d'un rouge obscur. — Brésil.

Nota. C'est peut-être ici que doit venir le genre *Melisodera* de M. Westwood (*Magas. de Zool.*, 1835). Il ne lui donne pour caractères que d'avoir les bords des élytres entiers, les jambes antérieures échancrées vers le milieu, le corselet très-rétréci en arrière, les lobes du menton aigus. D'après la planche qui accompagne ce mémoire, le menton serait unidenté ; le labre un peu échancré.

Il n'y rapporte qu'une seule espèce : le *M. Picipennis*, qui est long de sept lignes et demi, d'un brun obscur, et a les élytres fortement ponctuées. — Il vient de la Nouvelle-Hollande.

HEMITELES, Brullé.

Ce genre diffère de celui de *Catapiesis* par ses antennes, dont les articles sont grèles, cylindriques, et un peu amincis à la base. — La lèvre supérieure moins longue que large. — La dent du menton simple et obtuse. — Les palpes filiformes. — Leur forme est moins aplatie. — Le corselet est moins long que large, un peu rétréci en arrière. — Les élytres sont ovalaires. — Les jambes antérieures offrent quelques petites épines sur les côtés, et les tarses de la même paire, à articles triangulaires et presque semblables dans les deux sexes, offrent, dans les mâles, une double série de petites écailles.

HEMITELES INTERRUPTUS.

Brullé, *Hist. nat. des Ins.*, t. V, p. 44. — Long. 5 lig. Larg. 2 lig. — D'un noir un peu soyeux ; élytres striées en arrière ; celles de ces stries placées sur les côtés atteignant seules la base ; pattes brunes. — Madagascar.

HOMALOMORPHA, Brullé.

Antennes très-courtes, à articles presque carrés. — Lèvre supérieure très-courte, avec une échancrure profonde et triangulaire. — Mandibules presque droites. — Palpes presque cylindriques. — Menton ayant une dent courte et bifide. — Tarses à deuxième et troisième article élargis, triangulaires, garnis en dessous de petites écailles en forme de houppe. — Corps très-aplati, en carré long. — Corselet aussi long que large, échancré en avant. — Pattes moyennes. — Jambes antérieures légèrement crénelées en dehors.

HOMALOMORPHA CASTANEA.

Brullé, *Hist. nat. des Ins.*, t. V, p. 46. — Long. 6 lig. Larg. 4 lig. $\frac{1}{4}$. — D'un châtain clair et luisant, un peu plus foncé sur la tête et le corselet ; élytres avec des stries qui n'atteignent pas tout-à-fait la base. — Caïenne.

PERIGONA, Lap.

Antennes courtes, allant en grossissant vers l'extrémité ; le premier article grand ; les deux suivans triangulaires ; tous les autres grands ; le dernier un peu ovalaire. — Palpes longs, à dernier article pointu, enclavé à sa base dans le pénultième. — Menton avec une dent assez saillante et pointue. — Lèvre transversale tronquée en avant, très-légèrement échancrée. — Tarses antérieurs a trois premiers articles fortement élargis ; le quatrième moins sensiblement. — Corps plan. — Tête assez grande. — Mandibules fortes et aiguës. — Yeux globuleux. — Corselet élargi en avant, à angles antérieurs avancés, à côtés arrondis, rétréci en arrière, tronqué au bord postérieur. — Écusson triangulaire, assez grand, tronqué un peu obliquement à l'extrémité. — Pattes fortes. — Jambes antérieures arquées et fortement échancrées au côté interne. — Cuisses offrant une excavation qui occupe plus de la moitié de leur longueur.

PERIGONA PALLIDA.

Lap., *Étud. entom.*, p. 152. — Long. 1 lig. $\frac{1}{2}$. Larg. $\frac{3}{4}$ lig. — D'un jaune rougeâtre ; tête et corselet un peu plus obscurs ; ce dernier rebordé latéralement, sillonné au milieu, et offrant une impression allongée de chaque côté. — Sénégal.

DITOMUS, Bon., Latr.

Carabus, Calosoma, Scaurus, Fabr. ; *Scarites,* Oliv., Rossi.

Antennes filiformes, à articles allongés, presque cylindriques. — Palpes filiformes, terminés par un article ovale ; les labiaux

plus courts que les maxillaires extérieurs.
— Tarses filiformes. — Tête assez petite ;
celle de plusieurs ♂ portant une corne
dans son milieu, et une autre sur chaque
mandibule. — Labre assez avancé, très-
échancré. — Yeux très-saillans. — Corselet plus ou moins cordiforme. — Ecusson
très-petit. — Élytres déprimées. — Pattes
moyennes.—Jambes antérieures assez fortement échancrées au côté interne.—Corps
assez allongé.

Les *Ditomus* sont de moyenne taille,
pourvus d'ailes. Ils ne sont point revêtus
de couleurs brillantes, et recherchent les
endroits chauds et sablonneux, y creusent
des trous assez profonds, et s'y tiennent cachés. Leurs larves ont beaucoup de ressemblance avec celles des Cicindèles, et vivent
de la même manière.

1. DITOMUS CALYDONIUS.

FABR., 1, 188. 97. — ROSSI, *Faun.
Etrusca*, 1, 228, 571. pl. 8, fig. 8, 9.—Long.
7 lig. Larg. 2 lig. ¦. — Légèrement pubescent, très-ponctué, d'un noir obscur, plus
clair en dessous ; corselet avec une ligne
longitudinale peu marquée ; sa base et ses
angles postérieurs coupés carrément ; élytres avec des stries assez fortement ponctuées ; pattes d'un brun roussâtre ; tête
du ♂ avec une corne avancée, échancrée :
mandibules cornues ; tête de la ♀ avec une
très-petite corne aiguë. — Midi de la
France.

2. DITOMUS CORNUTUS.

DEJ., *Spec.*, 1. 440, 2.—Long. 6 lig.
Larg. 2 lig.—Il diffère du *Ditomus Caly-
donius* par sa taille, la corne de la tête plus
avancée, moins relevée dans le ♂, avec
son extrémité un peu dilatée, pointue et
dentée latéralement ; le corselet moins
large, et ses angles postérieurs plus arrondis ; les stries des élytres plus marquées et
plus ponctuées ; antennes et pattes plus
rouges. — Espagne.

3. DITOMUS DAMA.

SCHŒNN., *Syn. Ins.*, 1, 192, 138. —
ROSSI, *Faun. Etrusca*, M., 1, 92, 206,
pl. 2, fig. H, h. — Long. 4 lig. Larg. 1 lig. ¦.
— Pubescent, d'un brun noir, plus clair
en devant ; élytres avec des stries ponctuées ; les intervalles avec des points très-
serrés ; pattes, palpes et antennes d'un
rouge ferrugineux ; tête du ♂ offrant de
chaque côté, au-dessus des yeux, une petite élévation, et à la base de chaque mandibule une assez longue corne pointue

et recourbée, concave intérieurement, avec
une dent extérieure ; tête de la ♀ mutique ; la base des mandibules un peu relevée.— Italie. Rare.

4. DITOMUS FULVIPES.

DEJ., *Spec.*, 1, 444, 6. — Long.
4 lig. Larg. 1 lig. ¦.—D'un brun noir, très-
ponctué ; élytres avec des stries ponctuées ;
les intervalles le sont très-fortement ; antennes et pattes rouges. — Paris. On le
trouve ordinairement sur la tige des Graminées.

5. DITOMUS SIAGONOIDES.

BRULLÉ, *Expéd. de Morée*, *Ins.*, p. 118,
nᵒ 116. — Long. 3 lig. ¦. Larg. 1 lig. ¦.—
Très-déprimé, noir, profondément ponctué ; élytres avec des stries ponctuées ; palpes et pattes ferrugineux ; antennes plus
obscures ; mandibules des mâles armées
d'une corne recourbée, celles des femelles
n'ayant qu'une petite dent.—Morée.

ARISTUS, ZIÉG. ;

Ditomus, LATR. ; deuxième division. DEJ.

Les *Aristus* diffèrent des *Ditomus* par la
tête très-grosse, mutique dans les deux
sexes, aussi bien que les mandibules. —
Le labre peu avancé, très-peu échancré.
— Les yeux peu saillans. — Le corselet
court, presque en croissant, très-échancré
antérieurement ; ses angles antérieurs pointus. — Corps assez court. — Mêmes mœurs
que les *Ditomus*.

1. ARISTUS LONGICORNIS.

FABR., t. 1, p. 214. nᵒ 10. — *Ditomus Robustus*, DEJ., *Spec.*, 5, part. 2,
p. 522, nᵒ 17. — *Icon.*, pl. 27, f. 1. —
BRULLÉ, *Expéd. de Morée*, *Ins.*, pl. 34,
f. 3. — Long. 7 lig. Larg. 2 lig. ¦. — D'un
noir un peu brunâtre, très-fortement ponctué ; tête très-grosse ; corselet en cœur
très-élargi ; élytres ovalaires, avec les stries
ponctuées, dont les intervalles sont couverts de points ; antennes et pattes d'un
brun rouge.

Var. Pattes ferrugineuses, un peu obscures. — Assez commun en Morée, au mois
d'août.

Nota. L'examen de la collection de
M. de la Ballardière m'a convaincu que
cet insecte est bien le *Calosoma Longicornis* de Fabricius, car un individu de
cette espèce y porte encore ce nom, et
l'étiquette est de l'écriture de ce célèbre
entomologiste lui même.

2. ARISTUS CYANEUS.

OLIV., *Coléopt.*, 3, 36, p. 11, n° 10, pl. 2, fig. 17. — DEJ., *Spec.*, 5, part. 2, p. 523, n° 18. — *Icon.*, pl. 27, fig. 2. — Long. 9 lig. Larg. 3 lig. ¦. — D'un bleu violet, très-fortement ponctué ; corselet un peu arrondi ; antennes, jambes et tarses d'un noir un peu brunâtre. — Se trouve, au printemps, en Morée et dans l'Asie-Mineure.

3. ARISTUS CÆRULEUS.

BRULLÉ, *Expéd. de Morée, Ins.*, p. 116, n° 109. — Long. 8 lig. Larg. 3 lig. — Ressemble beaucoup au *D. Cyaneus*, Oliv., mais s'en éloigne par : 1° dans le *Cyaneus*, le corselet est plus carré, plus large que long ; dans l'autre, c'est le contraire ; 2° chez le premier, les élytres sont à peine striées, tandis que dans le *Cæruleus* elles sont marquées de stries profondes ; 3° les élytres sont plus étroites, ovalaires, tandis qu'elles sont larges et presque carrées dans l'espèce d'Olivier. En général, l'insecte est beaucoup plus cylindrique. — Morée.

4. ARISTUS CAPITO.

ILLIG., DEJ., *Spec.*, 1. 444. 7. — Long. 6 lig. Larg. 2 lig. ¦. — Noir, plus foncé en dessous, très-ponctué, pubescent ; élytres larges, avec des stries finement ponctuées ; les intervalles couverts de points enfoncés, très-serrés ; tarses et épines des jambes d'un brun obscur. — Espagne, Midi de la France.

5. ARISTUS OBSCURUS.

STEV., DEJ., *Spec.*, 1. 445. 8. — Long. 5 lig. ¦. Larg. 2 lig. — Noir, très-ponctué ; élytres un peu bleuâtres, avec des stries ponctuées ; les intervalles couverts de points assez serrés ; antennes et tarses d'un brun rougeâtre. — Crimée.

6. ARISTUS SULCATUS.

FABR., 1. 122. 5. — *Bucephalus*, OLIV., 3, 36, 14, pl. 1, fig. 3-5. — Long. 5 lig. Larg. 2 lig. — D'un noir assez brillant, un peu brunâtre en dessous ; palpes, antennes, tarses et épines des jambes, d'un brun roussâtre très-ponctué ; corselet avec une ligne longitudinale peu marquée au milieu et une impression transversale ; les angles postérieurs très-aigus ; élytres avec des stries ponctuées ; les intervalles le sont peu et quelquefois même ils sont lisses. — Midi de la France.

7. ARISTUS NITIDULUS.

STEV., DEJ., *Spec.*, 1. 447. 11. — Long.

4 lig. ¦. Larg. 1 lig. ¦. — Noir, obscur en dessous, très-ponctué ; élytres allongées, avec des stries ponctuées, les intervalles ponctués ; antennes, tarses et épines des jambes, brunâtres. — Russie-Méridionale.

8. ARISTUS SPHÆROCEPHALUS.

OLIV., 3, 36, 15, pl. 1, fig. 4. — Long. 3 lig. ¦. Larg. 1 lig. ¦. — D'un noir brunâtre en dessous, un peu plus brillant en dessus ; palpes, antennes, d'un rouge ferrugineux obscur ; pattes d'un brun roussâtre ; élytres avec des stries ponctuées ; les intervalles ont des points enfoncés peu serrés. — Espagne, Midi de la France, Sicile.

CARTERUS, *Icon.*

Antennes filiformes, à articles allongés et presque cylindriques. — Menton concave et trilobé. — Palpes labiaux peu allongés, le dernier article presque cylindrique. — Tarses antérieurs des mâles à quatre premiers articles dilatés. — Tête assez grande, surtout dans les mâles. — Corselet cordiforme. — Elytres peu convexes. — Jambes antérieures non palmées.

CARTERUS INTERRUPTUS.

Icon., 1, p. 233, n° 1, t. XXVI, f. 1. — DEJ., *Spec.*, 5, p. 516, n° 1. — Long. 6 lig. ¦. Larg. 2 lig. — D'un noir un peu brunâtre, très-finement ponctué ; corselet large, en cœur ; élytres avec des stries ponctuées, dont les intervalles sont un peu relevés et entièrement couverts de points ; antennes et pattes d'un brun rougeâtre. — Portugal.

GLYPTUS, BRULLÉ.

Ainsi que les *Carterus*, ces insectes ont les quatre premiers articles des tarses antérieurs des mâles élargis ; leur surface inférieure est garnie de deux rangées de papilles nombreuses. — Les antennes sont très-courtes, moniliformes, élargies au milieu. — Labre court, faiblement échancré. — Mandibules très-arquées, saillantes, peu épaisses, sans dents et assez aiguës. — Menton avec une dent courte et divisée en deux par une petite suture. — Palpes maxillaires à dernier article court et ovale ; le même des labiaux plus long et cylindroïde. — Corps large et aplati. — Corselet en carré, plus large que long, à angles arrondis. — Jambes élargies à l'extrémité ; les antérieures aplaties en dehors et ciliées sur les côtés.—Les cuisses antérieures renflées, mais bien moins que les postérieures, qui sont très-grosses, avec les trochanters très-développés.

GLYPTUS SCULPTILIS.

Brullé, *Hist. nat. des Ins.*, t. V, p. 84, pl. 4, fig. 4. — Long. 9 lig. Larg. 3 lig. ¼. — D'un noir terne ; élytres avec de fortes stries, dont les intervalles sont ciselés en travers ; le troisième offre deux points enfoncés.—Indes-Orientales?

DAPTUS, Fischer.

Antennes moniliformes. — Palpes à dernier article cylindrique tronqué à l'extrémité. — Tarses antérieurs très-peu dilatés dans leurs quatre premiers articles.—Menton n'offrant pas de dent dans son échancrure. — Tête un peu triangulaire.— Mandibules assez arquées. — Corselet un peu en cœur ou carré.—Élytres presque parallèles, recouvrant les ailes.

1. DAPTUS VITTATUS.

Fisch., *Ent. de la Russie*, p. 38, n° 2, pl. 45, fig. 17. - Long. 3 lig. ¼. Larg. 1 lig. ¼.—Jaunâtre, avec une tache brune et oblongue sur chaque élytre ; corselet en cœur.—Dalmatie, Russie.

2. DAPTUS INCRASSATUS.

Dej., *Spec.*, 4, 21, 2.—Long. 7 lig. Larg. 3 lig.—Plus convexe que le précédent, d'un jaune testacé ; quelquefois les élytres ont une tache noirâtre ; elles offrent neuf stries ; corselet carré ; les pattes plus courtes que dans le *Vittatus*. — Amérique-Septentrionale.

APOTOMUS, Hoff.

Scarites, Rossi, Oliv.

Antennes filiformes, à articles allongés, presque cylindriques. — Palpes labiaux allongés, à dernier article falciforme ; les maxillaires antérieurs sont longs ; les extérieurs longs, à dernier article ovoïdo-cylindrique. — Tarses allongés, filiformes. — Tête petite. — Yeux saillans. — Labre légèrement échancré, peu avancé. — Mandibules courtes. - Corselet globuleux. — Élytres allongées, convexes.—Pattes moyennes. — Cuisses un peu renflées. — Jambes antérieures échancrées au côté interne. — Les *Apotomus* sont de petits insectes ; on les trouve sous les pierres.

1. APOTOMUS RUFUS.

Oliv., 3, 36, 18. pl. 2, fig. 13.—Long. 2 lig. Larg. ¼. — D'un rouge ferrugineux, couvert de poils assez longs, de couleur plus claire : antennes un peu plus obscures ; corselet avec une ligne enfoncée au milieu ; élytres avec des stries fortement ponctuées. — Midi de la France.

2. APOTOMUS TESTACEUS.

Dej., *Spec.*, 1, 451. 2. — Long. 2 lig. Larg. ⅓ lig.—Diffère de l'*A. Rufus* par sa forme plus étroite et sa couleur plus claire ; il est moins velu, et un duvet très-court remplace les poils des élytres ; celles-ci sont moins fortement striées, et les points des stries moins profonds. — Russie-Méridionale.

COSCINIA, Dej.

Antennes assez fortes, à articles obconiques ; le premier presque cylindrique, un peu plus gros et plus long que les autres.— Menton assez large, très-court, largement échancré et sans dent au milieu de son échancrure. — Palpes maxillaires à dernier article presque cylindrique et tronqué à l'extrémité. — Lèvre presque carrée, échancrée en avant.—Tarses antérieurs à articles presque cylindriques. — Tête grande, ovalaire. — Mandibules peu avancées, non dentées en dedans. — Corselet cordiforme. — Jambes antérieures non palmées.

1. COSCINIA SCHUPPELII.

Dej., *Spec.*, t. I, p. 363. — Long. 1 lig. ½. Larg. ⅓ lig. — Un peu pubescent, fortement ponctué, brun ; moitié postérieure des élytres noire, leur base ferrugineuse. — Égypte.

2. COSCINIA FASCIATA.

Dej., *Spec.*, t. V, p. 479. — Long. 2 lig. Larg. ½ lig. — Tête et corselet bruns, très-ponctués ; élytres un peu jaunâtres, avec une large bande transversale d'un brun noirâtre vers les deux tiers de leur longueur ; pattes un peu obscures. — Sénégal.

3. COSCINIA BASALIS.

Dej., *Spec.*, t. V, p. 480. — Long. 2 lig. ½. Larg. ¼.—D'un brun noir, pubescent ; tête et corselet très-ponctués ; élytres avec des points enfoncés disposés en lignes, et près de la base une bande transversale un peu oblique et d'un rouge ferrugineux.—Sénégal.

MELOENUS , Dej.

Antennes longues, à articles cylindriques.
— Palpes terminés par un article renflé et
tronqué à l'extrémité. — Menton laissant a
découvert une grande partie de la bouche,
assez court et trilobé. — Tarses longs, grêles, à articles filiformes. — Tête ovale. —
Corselet cordiforme. — Elytres ovalaires,
allongées. — Pattes moyennes.

MELOENUS ELEGANS.

Dej.. *Spec.*, t. V, p. 482. — Long. 3 lig. ;.
Larg. 1 lig. — D'un noir velouté, mat,
fortement ponctué ; élytres avec des stries
ponctuées ; antennes, à partir du quatrième
article. grises et velues ; parties de la bouche un peu jaunâtres. — Sénégal.

TROISIÈME COHORTE. — QUADRIMANES ,
Latr. ;

Harpaliens , Dej.

Caractères. Les quatre premiers articles des tarses antérieurs et intermédiaires
dilatés dans les ♂ ; le dessous de ces articles, à un très-petit nombre d'exceptions
près, est garni de deux rangées de papilles
ou d'écailles. avec un vide linéaire intermédiaire. — Corps presque toujours ailé.
— Corselet transversal ou tout au moins iso-
métrique. — Mandibules point remarquablement fortes. — Palpes extérieurs terminés par un article allongé, ovalaire ou fusiforme. — Languette notablement saillante,
obtuse ou tronquée, avec deux paraglosses
distincts en forme d'oreillette. — Pattes
robustes. — Jambes épineuses. — Crochets
des tarses, simples.

Les *Quadrimanes* comprennent le genre
Harpalus, tel que Bonelli l'avait restreint
dans sa *Distribution générale des Carabiques* ; ils forment une division nombreuse,
et l'une des plus difficiles à étudier sous les
rapports génériques ou spécifiques. Ces insectes n'atteignent que très-rarement une
grande taille ; ils aiment les lieux sablonneux et exposés au soleil. Plusieurs espèces sont très-communes et revêtent des
couleurs brillantes et métalliques ; les changemens nombreux qui modifient ces couleurs dans les mêmes espèces, viennent encore ajouter aux difficultés que présente l'é-
tude de ces insectes. Les coupes que nous
avons proposées, d'après le dernier ouvrage
de M. Latreille, en y ajoutant seulement
celle des Cyclosomites, sont bien loin d'ê-

tre complètement satisfaisantes, et parai
sent même éloigner des insectes qui sen
bleraient devoir être fort rapprochés les ur
des autres.

ACINOPITES.

Caractères. Echancrure du menton un
dentée. — Labre échancré en avant. -
Corps convexe. — Tête très-grosse. — Pa
tie antérieure du corps au moins aussi lar
que les élytres.
Genres : *Cratacanthus* , *Acinopus*, *Ge
dromus.*
Insectes de moyenne taille , à couleu
sombres et non métalliques.

CRATACANTHUS , Dej. ;
Daptus, Latr.

Antennes filiformes. — Palpes à derni
article très-peu ovalaire et tronqué à s
extrémité. — Tarses des mâles à quatre ar
cles antérieurs triangulaires et dilatés.
Menton ayant une dent aiguë au milieu
son échancrure. — Lèvre supérieure écha
crée. — Tête forte, non rétrécie en arriè
— Corselet presque carré. — Elytres as
courtes. — Pattes assez fortes, les antérie
res échancrées.

CRATACANTHUS PENSYLVANICUS.

Dej. . *Spec.* . t. IV, p. 41, 4. — Long
lig. ;. Larg. 2 lig. — Brun noirâtre ; cor
let sinué en arrière ; élytres avec neuf str
fortes et lisses, et une rangée de points ê
foncés aux bords extérieurs ; antenne
palpes et pieds d'un rouge ferrugineux.
Amérique-Boréale.

ACINOPUS, Latr. , Dej. ;
Scarites, Oliv.

Antennes filiformes. — Palpes à dern
article presque cylindrique, allongé, tr
qué à l'extrémité. — Tarses antérieurs
mâles dilatés dans leurs quatre premiers
ticles, et triangulaires. — Menton prés
tant une dent obtuse au milieu de
échancrure. — Lèvre supérieure éch
crée. — Tête presque carrée, renflée en
rière. — Corselet presque carré. — Ely
assez allongées, convexes. — Pattes a
fortes ; les antérieures échancrées.

1. ACINOPUS MEGACEPHALUS.

Illig.. *Magaz.* 4. p. 353, n° 95. — I
pes, Oliv. 3. 36, 13, pl. 1, fig. 7. — Le

6 lig. **Larg. 2 lig. ¼.**—Noir ; élytres striées, avec un point enfoncé, très-peu marqué sur chacune, en arrière ; antennes. palpes et tarses rougeâtres. — Midi de la France. Rare aux environs de Paris.

2. ACINOPUS AMBIGUUS.

Dej., *Spec.*, t. IV, p. 35.—Long. 6 lig. ¼. **Larg. 2 lig. ¼.** — Ressemble beaucoup au précédent, mais ses élytres sont un peu plus courtes, et n'offrent pas le point enfoncé de l'autre espèce.—Sicile.

3. ACINOPUS BUCEPHALUS.

Dej., *Spec.*, t. IV, 36. — Long. 7 lig. **Larg. 2 lig. ¼.** — Ressemble au *Megacephalus* : mais il en diffère par son corselet, plus étroit en arrière qu'en avant ; les stries des élytres finement ponctuées et n'offrant pas de points enfoncés ; la tête du mâle est fort grande, et son corselet offre en dessous un sternum avancé et formant un tubercule obtus. — Midi de la France.

4. ACINOPUS QUADRICOLLIS.

Brullé, *Expéd. de Morée, Ins.*, p. 119. n° 118. — Ressemble beaucoup au *Megacephalus*, mais s'en éloigne : 1° par le chaperon, qui, comme dans le *Minutus*, est simplement échancré, au lieu de former un angle rentrant ; 2° par le corselet plus carré ; 3° par les élytres plus larges — Morée.

5. ACINOPUS MINUTUS.

Brullé, *Expéd. de Morée, Ins.*, p. 118, n° 117, pl. 33. f. 11. — Ressemble au *Megacephalus*, mais s'en éloigne par sa taille beaucoup plus petite ; son corselet offrant un très-fort sillon longitudinal au milieu ; son corps beaucoup plus allongé ; le corselet et les élytres plus convexes : épines des jambes postérieures beaucoup plus longues et plus grêles. — Morée.

GEODROMUS, Dej.

Antennes courtes, filiformes.—Palpes à dernier article allongé, légèrement ovalaire, presque cylindrique et tronqué. — Les premiers articles des quatre tarses antérieurs fortement dilatés, assez courts, assez serrés, et cordiformes dans les ♂. — Tête presque triangulaire, un peu rétrécie en arrière. — Mandibules assez avancées, arquées et aiguës. — Corselet transversal, presque carré. —Élytres peu allongées, légèrement ovales, presque parallèles. — Pattes courtes. assez fortes.

GEODROMUS DUMOLINII.

Dej., *Spec.*, 4. 165, 1. — Long. 5 lig. **Larg. 2 lig. ¼.** — D'un brun foncé presque noir, roussâtre en dessous ; corselet avec une ligne longitudinale au milieu, et deux impressions transversales en arrière, peu marquées ; élytres avec des stries lisses ; les intervalles presque plans ; antennes. palpes et pattes d'un jaune testacé. — Sénégal.

HARPALITES.

Caractères. Échancrure du menton unidentée. — Labre entier, ou simplement un peu concave. — Corps plus ou moins ovalaire ou ovoïde, un peu rétréci au devant.

Genres : *Cratocerus*, *Somoplatus*, *Paramecus*, *Axinotoma*, *Harpalus*, *Ophonus*, *Geobænus*, *Gynandromorphus*, *Acupalpus*, *Tetragonoderus*.

Les *Harpalites* forment un groupe très-nombreux. Beaucoup d'espèces offrent des couleurs brillantes et métalliques ; les ♀ ont toujours moins d'éclat que les ♂, et sont souvent mates, tandis que ceux-ci sont lisses et luisans.

CRATOCERUS, Dej.

Antennes moniliformes. —Palpes maxillaires à dernier article ovalaire. — Tarses antérieurs à quatre premiers articles dilatés. — Menton ayant une dent simple au milieu de son échancrure. — Tête un peu triangulaire. — Mandibules assez fortes, arquées. — Yeux assez saillans. — Corselet presque carré, avec les côtés arrondis. — Élytres ovales.

CRATOCERUS MONILICORNIS.

Dej., *Spec.*, t. IV, p. 14, 1. — Long. 4 lig. ½. Larg. 2 lig. — Noir ; antennes, pattes et palpes. d'un rouge ferrugineux ; bord inférieur des élytres de même couleur ; dessous du corps d'un brun noirâtre ; corselet avec une strie en arrière, de chaque côté. — Brésil.

SOMOPLATUS, Dej.

Antennes moniliformes. — Palpes à dernier article cylindrique tronqué à l'extrémité. — Tarses antérieurs à quatre premiers articles très-peu dilatés. — Menton ayant une dent simple dans le milieu de son échancrure. — Tête un peu triangulaire. — Mandibules assez arquées.—Corselet large et court. — Élytres aplaties, de forme un peu carrée. — Pattes peu allongées.

OMOPLATUS SUBSTRIATUS.

Dej., *Spec.*, 4, 16, 1.—Long. 3 lig. ½. Larg. 1 lig. ½. — Jaune ferrugineux ; élytres un peu pubescentes, couvertes de petits points enfoncés, et offrant chacune neuf stries très-peu marquées. — Sénégal.

PARAMECUS, Dej. ;
Acinopus, Eschsch.

Antennes courtes, filiformes. — Palpes à dernier article très-légèrement ovalaire, presque cylindrique et tronqué.—Les quatre premiers articles des quatre tarses antérieurs légèrement dilatés dans les mâles, cordiformes. — Tête assez grosse, presque carrée.—Mandibules assez fortes. — Labre transversal. — Corselet presque carré, rétréci postérieurement. — Ecusson court, triangulaire. — Elytres presque parallèles, assez allongées. — Pattes courtes.

1. PARAMECUS CYLINDRICUS.

Dej., *Spec.*, 4, 44, 1. — Long. 5 lig. ½. Larg. 1 lig. ½. — D'un noir obscur ; légèrement cylindrique ; corselet avec une ligne longitudinale assez marquée, et une impression arquée, transversale en avant, et une autre en arrière peu marquée, avec une petite impression longitudinale, courte, de chaque côté de la base ; élytres d'un noir verdâtre un peu bronzé, avec des stries lisses plus marquées à la base ; dessous du corps d'un brun noirâtre ; palpes, antennes et pattes d'un brun roussâtre. — Buénos-Ayres.

2. PARAMECUS LEVIGATUS.

Dej., *Spec.*, 4, 45, 2. — Long. 4 lig. Larg. 1 lig. ½. — D'un brun noirâtre ; corselet couvert de petites rides transversales ondulées ; élytres d'un noir verdâtre peu bronzé, avec des stries lisses : leur bord extérieur et le dessous du corps d'un brun roussâtre ; pattes d'un rouge ferrugineux. — Chili.

AXINOTOMA, Dej.

Antennes filiformes. — Palpes à dernier article un peu séculiforme. — Tarses antérieurs des mâles un peu dilatés dans ses quatre premiers articles. — Menton offrant une dent simple au milieu de son échancrure. — Tête un peu arrondie. — Corselet presque carré. — Élytres ovales, assez allongées, recouvrant des ailes. — Pattes assez courtes ; les antérieures échancrées.

AXINOTOMA FALLAX.

Dej., *Spec.*, t. IV, 30. — Long. 4 lig. ½. Larg. 1 lig. ½. — Noir de poix ; palpes et pattes d'un jaune testacé ; lèvre supérieure et antennes d'un brun roussâtre ; élytres ayant chacune neuf stries et un point enfoncé en arrière. — Sénégal.

HARPALUS, Latr., Bon., Dej. ;
Carabus, Fabr., Oliv. ; *Hypolithus*, Dej.

Antennes filiformes. — Palpes assez saillans, à dernier article légèrement ovalaire, presque cylindrique et tronqué. — Les quatre premiers articles des quatre tarses antérieurs fortement dilatés dans les ♂. — Tête plus ou moins arrondie, rétrécie en arrière.—Mandibules peu avancées. — Menton concave.—Corselet plus ou moins carré. — Élytres plus ou moins allongées, presque parallèles.—Pattes assez fortes. — Jambes antérieures assez fortement échancrées.

Les *Harpalus* sont, à ce qu'il paraît, répandus partout ; mais ils abondent surtout dans les régions tempérées et boréales de l'hémisphère septentrional ; ils aiment les endroits arides, sablonneux, et se tiennent ordinairement sous les pierres. Ils sont, en général, d'assez petite taille, les ♂ toujours un peu plus brillans que les ♀.

PREMIÈRE DIVISION.

(*Harpalus*, Dej.)

Les quatre tarses antérieurs moins longs que larges, fortement triangulaires ; élytres plus ou moins convexes.

1. HARPALUS HOSPES.

Sturm, 4, 88, 51, pl. 92, fig. c, C. — Long. 5 lig. ½. Larg. 2 lig. — Ovale-oblong, légèrement pubescent, d'un vert bronzé obscur en dessus, presque noir en dessous ; corselet avec deux petites impressions ponctuées à sa partie postérieure ; les angles postérieurs arrondis ; élytres avec des stries plus finement ponctuées dans la ♀ que dans le ♂, profondément sinuées, et légèrement dentées à l'extrémité ; labre, palpes, premier article des antennes et tarses d'un brun roussâtre. — Hongrie.

2. HARPALUS SULCATULUS.

DEJ., *Spec.*, 4, 246. 46.—Long. 5 lig. ¼.
Larg. 2 lig. ¼. — Ovale ; d'un noir bleuâtre obscur, quelquefois d'un vert bronzé en
dessus, très-finement ponctué ; corselet
avec deux petites impressions en arrière,
rétréci en avant ; les angles postérieurs obtus ; élytres avec des stries profondes, sinuées obliquement à l'extrémité ; les intervalles offrant alternativement de petits
points peu marqués, disposés en ligne ; extrémité des palpes, premier article des antennes et tarses d'un brun roussâtre. —
Brésil.

3. HARPALUS RUFICORNIS. (Pl. 5, fig. 2.).

FABR., 1, 180, 53 ; OLIV., 3, 35. 67,
pl. 8, fig. 91. —Long. 6 lig. ¼. Larg. 2 lig. ¼.
— Ovale-oblong, légèrement pubescent,
d'un brun obscur ; corselet finement ponctué en arrière, avec deux petites fossettes
peu marquées ; ses angles postérieurs
droits ; élytres très-finement ponctuées,
striées ; palpes, antennes et pattes d'un
rouge ferrugineux. — Paris, Tanger, toute
l'Europe.

4. HARPALUS GRISEUS.

PANZ., *Faun. Germ.*, 38, 1. — Long.
4 lig. ¼. Larg. 1 lig. ¼.—Plus petit que le
Ruficornis ; corselet plus lisse, moins ponctué postérieurement ; antennes et pattes
d'un rouge ferrugineux plus pâle, un peu
jaunâtre.—Paris, toute l'Europe.

5. HARPALUS NIGRIPENNIS.

DEJ., *Spec.*, 4, 260, 56.—Long. 4 lig. ¼.
Larg. 1 lig. ¼. — Oblong ; tête et corselet d'un rouge ferrugineux, le dernier rétréci postérieurement, ponctué latéralement, et impressionné ; ses angles postérieurs droits ; élytres d'un noir assez brillant, striées, légèrement sinuées à l'extrémité ; palpes, antennes et pattes d'un jaune
testacé ; dessous du corps et bord inférieur
des élytres d'un brun rougeâtre.—Amérique-Boréale.

6. HARPALUS EMARGINATUS.

DEJ., *Spec.*, 4, 263, 58.—Long. 5 lig.
Larg. 1 lig. ¼.—Oblong, noir, assez brillant en dessus ; corselet rétréci en arrière,
avec deux petites fossettes latérales ; les angles postérieurs obtus ; élytres avec des
stries ponctuées, et profondément sinuées à
l'extrémité ; le troisième intervalle des
stries avec un point enfoncé ; labre, antennes, palpes, pattes et dernier segment de
l'abdomen d'un rouge ferrugineux, plus ou
moins brunâtre.—Ile-Bourbon.

7. HARPALUS DISPAR. *

DEJ., *Spec.*, 4, 267. 61. — Long. 4 lig. ¼.
Larg. 1 lig. ¼. — Oblong ; d'un vert
bronzé assez clair, quelquefois très-obscur,
ou d'un brun noirâtre, toujours plus brillant
dans les ♂ ; corselet ponctué en arrière,
avec deux petites impressions latérales ; ses
angles postérieurs arrondis ; élytres avec
des stries et les côtés finement ponctués ; le
troisième intervalle ayant un point enfoncé ; antennes, palpes et pattes d'un
rouge ferrugineux, ou d'un brun noirâtre.
— Midi de la France.

8. HARPALUS ÆNEUS.

FABR., 1, 197, 146.—Long. 4 lig. Larg. 1
lig. ¼.—Oblong ; d'un vert bronzé plus ou
moins brillant ou obscur, quelquefois d'un
brun noirâtre, mais quelquefois un peu
verdâtre en dessous ; corselet avec deux
impressions latérales ponctuées ; les angles
postérieurs presque droits ; élytres avec des
stries lisses, fines et assez marquées ; les côtés très-finement ponctués ; elles sont profondément sinuées et légèrement dentées à
l'extrémité ; le troisième intervalle présente un point enfoncé ; base des mandibules, palpes, antennes et pattes d'un rouge
ferrugineux, quelquefois un peu obscur.—
Paris, toute l'Europe.

9. HARPALUS CONFUSUS.

DEJ., *Spec.*, 4, 271, 64.—Long. 4 lig. ¼.
Larg. 1 lig. ¼. — Diffère de l'*H.
Æneus*, par ses antennes d'un brun obscur, avec l'extrémité de chaque article un
peu roussâtre ; le premier d'un rouge ferrugineux ; cuisses d'un noir un peu brunâtre.— France.

Nota. Il varie beaucoup pour les couleurs.

10. HARPALUS DISTINGUENDUS. (Pl. 5,
fig. 3.)

STURM, 4, 39, 20. pl. 83, fig. *a*, A. —
Long. 4 lig. ¼. Larg. 1 lig. ¼.—Diffère de
l'*Harpalus Æneus*, par ses antennes d'un
brun obscur, avec le premier article d'un
rouge ferrugineux ; les angles postérieurs
du corselet droits ; les bords latéraux des
élytres tout-à-fait lisses ; les cuisses noires ;
les jambes d'un brun roussâtre, quelquefois
d'un rouge ferrugineux, avec l'extrémité
noirâtre ; tarses d'un brun noirâtre. — Paris.

11. HARPALUS PATRUELIS.

DEJ., *Spec.*, 4, 275. 69.—Long. 4 lig. ¼.
Larg. 1 lig. ¼. — Diffère de l'*H. Distinguendus*, par les angles postérieurs d'u

corselet, un peu arrondis ; cuisses d'un brun
noirâtre ; jambes et tarses d'un brun roussâtre.— Midi de la France.

12. HARPALUS MINUTUS.

Dej., *Spec.*, 4, 277, 72.— Long. 2 lig. ¼.
Larg. 1 lig. — Diffère de l'*H. Distinguendus* par sa taille ; le corselet couvert de
petites rides transversales ondulées ; ses angles postérieurs arrondis ; pattes d'un brun
noirâtre.— Espagne.

13. HARPALUS LATERALIS.

Dej., *Spec.*, 4, 278, 731.— Long. 4 lig.
Larg. 1 lig. ¼.— Diffère de l'*H. Distinguendus* par une large bordure et l'extrémité des élytres d'un jaune testacé pâle ;
palpes, antennes et pattes de même couleur.— Espagne.

14. HARPALUS CUPREUS.

Dej., *Spec.*, 4, 281, 75. — Long. 5 lig. ¼.
Larg. 2 lig. ¼. — Diffère de l'*H. Distinguendus* par le corselet plus carré, plus
large en arrière, avec sa base couverte de
petits points enfoncés ; pattes d'un brun
noirâtre ou d'un rouge ferrugineux. —
France.

15. HARPALUS PULCHER.

Dej., *Spec.*, 4, 282, 76. — Long.
7 lig. ¼. Larg. 2 lig. ¼. — Ovale-
oblong ; tête et corselet d'un vert bronzé ;
le dernier avec une impression latérale de
chaque côté, en arrière ; les angles postérieurs obtus ; élytres cuivreuses, striées
profondément, sinuées à l'extrémité ; le
troisième intervalle avec quatre points enfoncés ; dessous du corps plus obscur ; jambes, tarses et antennes d'un brun noirâtre ;
cuisses d'un noir bronzé.— Nouvelle-Hollande.

16. HARPALUS 8-PUNCTATUS.

Dej., *Spec.*, 4, 291, 83.— Long. 4 lig. ¼.
Larg. 1 ¼.— Oblong ; d'un bronzé obscur en
dessus et d'un brun noirâtre en dessous ; corselet avec une impression de chaque côté, en
arrière ; les angles postérieurs droits ; élytres
striées, sinuées, avec quatre points sur le
troisième intervalle ; leur extrémité rougeâtre ; palpes et antennes d'un jaune testacé pâle ; jambes et tarses d'un rouge ferrugineux.— Buénos-Ayres.

17. HARPALUS HONESTUS.

Dufft., 2, 85, 93. — Long. 4 lig.
Larg. 1 lig. ¼. — Ovale-oblong ; d'un
vert bronzé, quelquefois d'un bleu violet ou
d'un noir plus ou moins brillant ; corselet un

peu rétréci en arrière, avec deux impressions ; les angles postérieurs droits ; élytres
striées, légèrement sinuées à l'extrémité ;
le troisième intervalle avec un point enfoncé ; le septième en offrant ordinairement plusieurs en arrière ; palpes, premier
article des antennes, tarses et épines des
jambes d'un rouge ferrugineux ; dessous du
corps d'un brun noirâtre ; jambes d'un brun
roussâtre. — Paris.

18. HARPALUS IMPRESSIPENNIS.

Dej., *Spec.*, 4, 301, 89.— Long. 4 lig.
Larg. 1 lig. ¼. — Diffère de l'*H. Honestus*
par sa couleur noire assez brillante ; tarses
d'un rouge ferrugineux. — Espagne.

19. HARPALUS SULPHURIPES.

Germ., *Spec. Ins. nov.*, 1, 24, 39. —
Long. 4 lig. Larg. 1 lig. ¼. — Diffère
de l'*H. Honestus* par l'absence de points
enfoncés sur le septième intervalle ; les
jambes et les tarses d'un rouge ferrugineux ;
il est, en dessus, d'un noir bleuâtre, d'un
brun noirâtre en dessous ; il est aptère. —
France.

20. HARPALUS CONSENTANEUS.

Dej., *Spec.*, 4, 302, 91.—Long. 3 lig. ¼.
Larg. 1 lig. ¼. — Une forme plus allongée,
l'absence de reflet bleuâtre, et la présence
d'ailes sous les élytres, distinguent cette espèce de l'*H. Sulphuripes*. — Espagne.
France méridionale.

21. HARPALUS PYGMÆUS.

Dej., *Spec.*, 4, 303, 92. — Long. 3 lig.
Larg. 1 lig. — Oblong ; d'un brun noir ;
corselet ponctué en arrière, avec une impression de chaque côté ; les angles postérieurs presque droits ; élytres striées, légèrement sinuées à l'extrémité ; le troisième
intervalle avec un point enfoncé ; palpes,
antennes, jambes et tarses d'un brun ferrugineux ; dessous du corps et cuisses d'un
brun noirâtre. — France méridionale.

22. HARPALUS PUMILUS.

Dej., *Spec.*, 4, 305, 94.— Long. 3 lig. ¼.
Larg. 1 lig. ¼.— Oblong ; d'un noir obscur ;
corselet avec deux impressions peu marquées ; les angles postérieurs presque
droits ; élytres striées et sinuées postérieurement ; le troisième intervalle avec un
point enfoncé ; palpes, antennes, base des
jambes et tarses, d'un rouge ferrugineux
un peu obscur ; dessous du corps et pattes
d'un brun noirâtre. — Allemagne.

23. HARPALUS PIGER.

Gyll., 4, 438, 33-34. — Long. 3 lig. ¼.

Larg. 1 lig. ¼. — Aptère; ovale - oblong ; noir assez brillant dans les ♂ ; corselet avec une impression de chaque côté, en arrière ; ses angles postérieurs obtus ; élytres assez courtes, striées, sinuées postérieurement ; le troisième intervalle avec un point enfoncé ; base des antennes, tarses et épines des jambes, d'un rouge ferrugineux ; dessous du corps et pattes d'un brun obscur. — France.

24. HARPALUS PERPLEXUS.

GYLL. , 4, 434, 31-33. — *Glaberellus*, STURM, 4 , 57, pl. 86, fig. *b*, B. — Long. 4 lig. ¼. Larg. 1 lig. ¼.—Oblong ; d'un brun noirâtre ; d'un vert un peu bronzé plus brillant dans les ♂ ; corselet ponctué en arrière, avec une impression de chaque côté ; les angles postérieurs droits ; élytres striées, sinuées obliquement en arrière ; un point enfoncé sur le troisième intervalle ; palpes, antennes et pattes d'un rouge ferrugineux. — France.

25. HARPALUS SICULUS.

DEJ., *Spec.* , 4, 316, 104. — Long. 5 lig. Larg. 2 lig.—Oblong ; tête et corselet d'un noir obscur légèrement bronzé ; le dernier ponctué postérieurement, avec deux petites impressions ; les angles postérieurs droits ; élytres d'un vert bleuâtre obscur, striées, légèrement sinuées à l'extrémité ; le troisième intervalle avec un point enfoncé ; palpes, premier article des antennes, base des jambes et tarses d'un rouge ferrugineux ; dessous du corps et cuisses noirs. — Sicile.

26. HARPALUS PUNCTATO-STRIATUS.

DEJ., *Spec.*, 4, 319, 106. — Long. 4 lig. ¼. Larg. 1 lig. ¼. — Oblong ; d'un brun noirâtre : corselet très-légèrement ponctué, plus fortement ponctué en arrière, avec deux impressions ; les angles postérieurs droits ; élytres d'un vert bronzé obscur, avec des stries ponctuées, sinuées à l'extrémité ; un point enfoncé sur le troisième intervalle ; base des antennes, jambes et tarses d'un rouge ferrugineux. — Midi de la France.

27. HARPALUS CALCEATUS.

CREUTZ, STURM., 4, 23, 11, pl. 81, fig. *a*, A. — Long, 5 lig. ¼. Larg. 2 lig. ¼. — Ovale-oblong ; noir : corselet ponctué en arrière, avec deux légères impressions et quelques rides transversales ondulées ; angles postérieurs droits ; élytres profondément striées, légèrement sinuées à l'extrémité ; palpes, antennes et tarses d'un rouge ferrugineux ; dessous du corps et pattes d'un brun noirâtre. — Paris.

28. HARPALUS FERRUGINEUS.

FABR., 1, 197, 150. — Long. 5 lig. ¼. Larg. 2 lig. ¼. — Ovale-oblong ; ferrugineux ; avec les élytres plus pâles ; corselet avec une impression ponctuée de chaque côté, en arrière ; les angles postérieurs droits ; élytres profondément striées, un peu sinuées à l'extrémité ; palpes, antennes, d'un jaune ferrugineux pâle. — Allemagne.

29. HARPALUS HOTTENTOTA.

DUFT., 2, 80, 85. — STEV., 4, 25, 12, pl. 81, fig. *c*, C. — Long. 5 lig. Larg. 2 lig. — Ovale-oblong ; noir ; assez brillant en dessus ; corselet sinué de chaque côté, en arrière, avec deux impressions légèrement ponctuées ; les angles postérieurs droits ; élytres avec des stries lisses assez marquées, un peu sinuées à l'extrémité ; un point sur le troisième intervalle ; palpes, antennes, jambes et tarses d'un rouge ferrugineux ; cuisses d'un brun noirâtre. — France.

30. HARPALUS LIMBATUS.

GYLL., 4, 443, 32 - 33, STEV., 4, 50, 27, pl. 85, fig. *a* A. — Oblong, noir ; assez brillant dans les ♂ ; corselet bordé latéralement de roux, ponctué en arrière, avec deux légères impressions ; angles postérieurs obtus, élytres courtes, striées ; légèrement sinuées en arrière ; un point enfoncé sur le troisième intervalle ; palpes, antennes et pattes d'un rouge ferrugineux ; dessous du corps d'un brun noirâtre. — France.

31. HARPALUS 4-PUNCTATUS.

DEJ., *Spec.*, 4. 326, 111. — Long. 4 lig. ¼. Larg. 1 lig. ¼. — Diffère de l'*H. Limbatus* par sa forme plus allongée, le corselet moins ponctué en arrière ; sans bordure roussâtre ; deux points enfoncés sur le troisième intervalle — France.

32. HARPALUS MAXILLOSUS.

STEV., DEJ., *Spec.*, 4, 329, 113. — Long. 4 lig. Larg. 1 lig. ¼. — Oblong, noir ; corselet avec deux impressions ponctuées ; les angles postérieurs droits ; élytres striées, légèrement sinuées à l'extrémité ; un point enfoncé sur le troisième intervalle ; antennes, pattes et palpes d'un rouge ferrugineux. — France méridionale.

33. HARPALUS LUTEICORNIS.

STURM. . 4, 60. 33. pl. 87, fig. *a*, A. —

Long. 3 lig. ½. Larg. 1 lig. ¼.— Diffère de l'*H. Limbatus* par sa forme plus raccourcie, sa couleur d'un brun noirâtre, le corselet à peine ponctué à la base, les angles postérieurs moins obtus et coupés plus carrément. — Allemagne.

34. HARPALUS SATYRUS.

STURM. 4. 122, 70, pl. 96. fig. c. C. — Oblong, d'un brun noirâtre plus ou moins foncé ; corselet légèrement en cœur, avec quelques rides transversales ondulées ; ses bords ponctués ; deux impressions ; ses angles postérieurs droits ; élytres striées, légèrement sinuées à l'extrémité ; un point enfoncé sur le troisième intervalle ; palpes, base des mandibules, les deux premiers articles des antennes et les pattes d'un rouge ferrugineux ou quelquefois d'un brun roussâtre.— France.

35. HARPALUS HERBIVAGUS.

SAY, *Trans. of the Americ. Phil. Society*, new serie, 11. 29, 6. — Long. 4 lig. Larg. 1 lig. ½. — Oblong, d'un brun noirâtre, quequefois très-foncé ; corselet avec deux impressions et ses angles postérieurs obtus ; élytres finement striées, légèrement sinuées à l'extrémité ; un point enfoncé sur le troisième intervalle ; dessous du corps d'un brun noirâtre; palpes, antennes et pattes d'un jaune testacé.—Amérique-Septentrionale.

36. HARPALUS SOLITARIS.

DEJ. , *Spec.*. 4, 337, 120. — Long. 4 lig. ½. Larg. 1 lig. ½.— Oblong, noir ; corselet ponctué postérieurement , avec deux légères impressions ; ses angles postérieurs obtus ; élytres finement striées, légèrement sinuées en arrière ; un point enfoncé sur le troisième intervalle ; palpes, antennes, jambes et tarses d'un rouge ferrugineux ; dessous du corps et cuisses d'un brun noirâtre. — Kamtschatka.

37. HARPALUS MARGINELLUS.

DEJ.. *Spec.* , 4 , 388. 121. — Long. 5 lig. Larg. 2 lig.— Diffère de l'*H. Limbatus* par son corselet. coupé plus carrément a sa partie postérieure , et quatre ou cinq points enfoncés à l'extrémité du septième intervalle.— Styrie.

38. HARPALUS RUBRIPES. (Pl. 5, fig. 4.)

STURM. 4. 55. 30. pl. 86. fig. a, A. — Long. 4 lig. ½. Larg. 2 lig. — Ovale, oblong ; corselet ponctué latéralement, ridé en arrière, avec deux impressions ; ses angles postérieurs droits ; quelques rides transversales ondulées ; élytres avec des stries lisses, l'extrémité légèrement sinuée ; le troisième intervalle avec un point, le septième avec plusieurs points en arrière; palpes, antennes et pattes d'un rouge ferrugineux ; ♂ luisant, d'un violet bleuâtre ou d'un vert bronzé ; ♀ noire opaque, avec la tête et le corselet d'un noir légèrement violet.— France.

39. HARPALUS SOBRINUS.

DEJ.. *Spec.*, 4, 341. 123.—Long. 4 lig. ½. Larg. 1 lig. ¼. — Diffère de l'*H. Rubripes* par sa forme plus étroite, le dessous du corps , les cuisses d'un brun noirâtre. — Pyrénées-Orientales.

40. HARPALUS ZABROIDES.

DEJ., *Spec.*, 4, 343, 125.— Long. 6 lig. ½. Larg. 2 lig. ¼. — Ovale, oblong, large, d'un noir assez brillant ; corselet rétréci légèrement en avant, légèrement sinué de chaque côté en arrière, avec deux petites impressions ; ses angles postérieurs droits, assez aigus ; troisième intervalle avec un point enfoncé ; tarses d'un rouge ferrugineux. — Moscou.

41. HARPALUS HIRTIPES.

GYLL. , 2, 123, 35, t. IV, 441, 35. — Long. 6 lig. Larg. 2 lig. ½.—Ovale, assez large, noir, assez brillant dans les ♂ ; corselet assez court, avec deux petites impressions en arrière ; les angles postérieurs droits ; des rides transversales ondulées peu distinctes ; élytres avec des stries lisses, sinuées en arrière, avec un point sur le troisième intervalle ; tarses d'un rouge ferrugineux ; jambes d'un brun noirâtre.— Allemagne.

42. HARPALUS SEMIVIOLACEUS.

DEJ. , *Spec.*, t. IV, p. 346 , n° 128. *Melapsus* et *Depressus* , STURM , 4 , pl. 80 , fig. A, B. — Long. 5 lig. Larg. 2 lig. — Ovale , d'un noir assez brillant, un peu bleuâtre en dessous; corselet d'un vert bleuâtre, violet, noir, etc., un peu rétréci et ponctué en arrière, avec deux légères impressions ; ses angles postérieurs presque droits ; élytres striées, légèrement sinuées; le troisième intervalle avec un point ; le septième avec plusieurs points enfoncés en arrière ; extrémité des articles des palpes , premier article des antennes, d'un rouge ferrugineux ; tarses d'un brun noirâtre.— Paris.

43. HARPALUS OPTABILIS.

DEJ.. *Spec.*, 4 , 350, 130. — Long.

5 lig. ½. Larg. 2 lig. ¼. Ovale-oblong ;
noir assez brillant ; corselet rétréci antérieurement, légèrement ponctué de chaque côté en arrière, avec deux faibles impressions ; les angles postérieurs droits ;
élytres striées, légèrement sinuées ; le troisième intervalle avec un point enfoncé ; le
septième et le cinquième avec plusieurs
point enfoncés en arrière ; palpes, antennes et tarses d'un rouge ferrugineux, jambes d'un brun noirâtre — Sibérie.

44. HARPALUS IMPIGER.

Duft., *Faun. Austr.*, 2, 103, 121. —
Sturm, 4, 30, 16 pl. 82, fig. *b*, B.—Long.
4 lig. Larg. 1 lig. ¼. — Ovale ; d'un brun
noirâtre ; corselet assez court, un peu rétréci en avant, avec deux petites impressions
en arrière ; les angles postérieurs droits ;
élytres avec des stries fines ; le troisième intervalle avec deux ou trois points ; le septième avec plusieurs points en arrière ; palpes, antennes et pattes d'un rouge ferrugineux. — France.

45. HARPALUS TENEBROSUS.

Dej., *Spec.*, 4, 358, 135. — Long.
4 lig. ½. Larg. 1 lig. ¼. — Oblong, noir,
un peu bleuâtre en dessus ; corselet ponctué, un peu rétréci en avant, avec deux petites impressions en arrière ; les angles postérieurs presque droits ; élytres avec des
stries plus marquées à l'extrémité, un point
enfoncé sur le troisième intervalle, et un
autre assez gros sur le septième, vers l'extrémité ; dessous du corps, cuisses et jambes d'un brun noirâtre ; les palpes, les deux
premiers articles des antennes et les tarses
d'un rouge ferrugineux. — France.

46. HARPALUS MALENCHOLICUS.

Dej., *Spec.*, 4, 359, 136. — Long.
4 lig. ½. Larg. 2 lig. — Ovale-oblong, noir ;
corselet un peu rétréci en avant, avec une
impression finement ponctuée de chaque
côté en arrière ; les angles postérieurs droits ;
élytres avec des stries à peine ponctuées,
sinuées en arrière ; un point sur le troisième intervalle, plusieurs autres sur le huitième ; palpes, antennes et tarses d'un
rouge ferrugineux ; dessous du corps d'un
brun noirâtre. — Paris.

47. HARPALUS TARDUS.

Gyll., 2, 120. 33. — *Fuliginosus*,
Sturm. 4, 91, 52, pl. 92, fig. *d*, D. —
Long. 4 lig. Larg. 1 lig. ¼. — Ovale,
noir ; corselet un peu rétréci en avant,
avec une impression de chaque côté en ar-

rière, et quelques rides transversales ondulées à peine distinctes ; ses angles postérieurs
droits ; élytres avec des stries lisses ; l'extrémité légèrement sinuée ; un point
sur le troisième intervalle ; palpes, antennes, base des jambes et tarses d'un rouge
ferrugineux ; cuisses et extrémité des
jambes d'un brun noirâtre. — Paris.

48. HARPALUS FLAVICORNIS.

Dej., *Spec.*, 4. 366, 141. — Long.
3 lig. ½. Larg. 1 lig. ¼. — Plus court que
l'*H. Tardus ;* les angles postérieurs du
corselet plus arrondis ; un point sur le troisième intervalle ; un autre assez gros sur
le septième ; jambes et tarses entièrement
d'un rouge ferrugineux. — Dalmatie.

49. HARPALUS CAUTUS.

Dej., *Spec.*, 4, 367, 143. — Long.
4 lig. ½. Larg. 1 lig. ¼. — Ovale-oblong,
d'un noir assez brillant ; corselet avec
deux impressions en arrière, ses angles
postérieurs légèrement arrondis ; élytres avec des stries lisses, légèrement
sinuées ; un point sur le troisième intervalle ; palpes, le premier article des antennes et tarses d'un rouge ferrugineux ;
dessous du corps d'un brun noirâtre. —
Californie.

50. HARPALUS SERRIPES.

Sturm, 4, 26, 13 pl. 81. fig. *b*, B.
— Long. 4 lig. ½. Larg. 2 lig. — Ovale,
légèrement convexe, noir ; corselet rétréci en avant, avec une impression de chaque côté en arrière et quelques rides transversales ondulées ; ses angles postérieurs
presque droits ; élytres avec des stries lisses, assez fines, légèrement sinuées ; un
point sur le troisième intervalle ; palpes,
premier article des antennes et tarses d'un
rouge ferrugineux ; dessous du corps d'un
noir bleuâtre. — Paris.

51. HARPALUS FUSCIPALPIS.

Dej., *Spec.*, 4, 373, 148. —
Long. 3 lig. ½. Larg. 1 lig. ¼. — Ovale-
oblong, noir ; corselet rétréci en avant ;
avec deux légères impressions en arrière ;
ses angles postérieurs droits ; élytres striées,
sinuées postérieurement ; un point enfoncé
sur le troisième intervalle ; palpes et dessous du corps d'un brun noirâtre ; premier
article des antennes d'un rouge ferrugineux. — Autriche.

52. HARPALUS ANXIUS. (Pl. 5. f. 5.)

Sturm, 4, 72, 41. pl. 89. fig. *b*, B. —

Long. 4 lig. ¦. Larg. 2 lig. — Ovale-oblong,
noir ; corselet rétréci antérieurement,
avec deux petites impressions en arrière ;
ses angles postérieurs droits ; quelques rides transversales ondulées sur la surface ;
élytres avec des stries fines, sinuées à l'extrémité ; un point enfoncé sur le troisième
intervalle ; palpes, les trois premiers articles des antennes et tarses, d'un rouge ferrugineux. — Paris.

53. HARPALUS SERVUS.

GYLL. , 4, 437, 33, 34. — Long. ,
4 lig. Larg. 1 lig. ¦. — Ovale, d'un
brun noir ; corselet rétréci en avant,
avec deux légères impresions en arrière ;
angles postérieurs droits ; élytres quelquefois d'un brun rouge, striées et sinuées à
l'extrémité ; un point sur le troisième intervalle ; palpes, antennes et tarses d'un
rouge ferrugineux. — Paris.

54. HARPALUS FLAVITARSIS.

DEJ., *Spec.*, 4, 378, 152. — Long. 3
lig. Larg. 1 lig. ¦. — Ressemble à l'*H.
Anxius*, mais il est plus court ; les palpes, les antennes et les tarses sont d'un
jaune testacé un peu roussâtre ; angles
postérieurs du corselet obtus. — Allemagne.

55. HARPALUS PICIPENNIS.

DUFT., *Faun. Austr.*, 2, 102, 118. —
STURM, 4, 75, 43. pl. 90. fig. *a*, A. — Long.
2 lig. ¦. Larg. 1 lig. ¦. — Court, d'un brun
noirâtre ; corselet court, large, avec deux
impressions en arrière, quelques rides transversales ondulées, ses angles postérieurs arrondis ; élytres assez convexes, striées, légèrement sinuées ; palpes, antennes et pattes d'un rouge ferrugineux. — Paris.

56. HARPALUS ÆREUS.

DEJ. , *Spec.* , 4 , 384 , 156. — Long.
3 lig. Larg. 1 lig. ¦. — Un peu ovale,
court, d'un bronzé obscur, presque noir en
dessous ; corselet large, court, un peu
rétréci en arrière, avec deux légères impressions ponctuées, ses angles postérieurs
droits ; élytres courtes, striées, légèrement
sinuées ; un point sur le troisième intervalle ; extrémité des articles des palpes, les
deux premiers articles des antennes, base
des jambes et tarses d'un jaune-brun roussâtre. — Nouvelle-Hollande.

57. HARPALUS EPHIPPIUM.

DEJ., *Spec.*, 4, 389, 160. — Long. 5
lig. Larg. 2 lig. ¦. — Ovale, d'un jaune
testacé assez pâle ; corselet rétréci en

avant, avec deux légères impressions en
arrière, ses angles postérieurs droits, légèrement aigus ; élytres striées, légèrement
sinuées en arrière ; les stries sont très-finement ponctuées, un point sur le troisième
intervalle ; suture brune. — Sénégal.

58. HARPALUS XANTHORHAPHUS.

WIED., *Zool. Mag.*, 2, 1, 55, 80. —
Long. 3 lig. Larg. 1 lig. ¦. — Ovale-
oblong, d'un jaune testacé obscur ; la tête,
deux taches sur le corselet et trois bandes
peu marquées sur les élytres, brunes ; corselet large, rétréci postérieurement, presque cordiforme, avec deux impressions en
arrière, ses angles postérieurs droits ; élytres striées, légèrement sinuées, un point
sur le troisième intervalle ; dessous du corps
d'un brun noirâtre ; palpes, antennes et pattes d'un jaune testacé assez pâle. — Cap
de Bonne-Espérance.

DEUXIÈME DIVISION.

(*Hypolithus*, DEJ.)

Les quatre tarses antérieurs aussi longs
que larges, légèrement triangulaires et bifides à l'extrémité. — Elytres peu convexes.

59. HARPALUS TOMENTOSUS.

DEJ., *Spec.*, 4, 168, 1. — Long. 6 lig. ¦
Larg. 2 lig. ¦. — D'un brun noirâtre, pubescent, très-légèrement rugueux ; corselet
avec ses angles postérieurs arrondis, légèrement rétréci en avant ; élytres sinuées à
l'extrémité, striées ; palpes, les deux premiers articles des antennes et les pattes
d'un jaune assez pâle. — Sénégal.

60. HARPALUS SAPONARIUS.

OLIV., 3, 35, 87, pl. 3, fig. 26. — Long.
5 lig. Larg. 2 lig. ¦. — D'un brun noirâtre,
pubescent, très-légèrement rugueux ; corselet d'un brun ferrugineux, avec une tache noirâtre au milieu, ses angles postérieurs obtus ; élytres striées, avec le bord
extérieur et de nombreuses taches ferrugineuses peu marqués ; antennes testacées ;
pattes d'un jaune pâle. — Sénégal.

61. HARPALUS ACICULATUS.

DEJ., *Spec.*, 4, 178, 9. — Long. 3 lig. ¦.
Larg. 1 lig. ¦. — Oblong, d'un brun noirâtre ; tête et corselet très-finement ponctués, le dernier avec deux légères impressions ponctuées en arrière, ses angles postérieurs obtus, arrondis ; élytres très-finement ponctuées, striées, les intervalles ef

frant alternativement une ligne de points enfoncés; palpes et antennes ferrugineux ; pattes testacées.— Sénégal.

62. HARPALUS FUSCUS.

Dej., *Spec.*, 4, 173, 5. — Long. 4 lig. Larg. 1 lig. ¼.—D'un brun noirâtre ; tête et corselet très-faiblement ponctués , celui-ci avec de légères impressions; élytres très-ponctuées , légèrement striées ; antennes et pattes d'un jaune testacé pâle. —Sénégal.

63. HARPALUS PULCHELLUS.

Dej., *Spec.*, 4, 181, 12.— Long. 3 lig. Larg. 1 lig. ¼. — Très-finement ponctué, testacé ; tête, disque du corselet. une large suture raccourcie et deux taches en arrière d'un bleu verdâtre obscur; palpes et pattes plus pâles. — Sénégal.

64. HARPALUS RUFILABRIS.

Dej., *Spec.*, 4, 185, 15. — Long. 4 lig. Larg. 1 lig. ¼.—D'un bleu noirâtre , légèrement pubescent ; tête et corselet très-finement ponctués, ce dernier avec deux légères impressions ponctuées en arrière ; ses angles postérieurs presque droits ; élytres très-légèrement rugueuses, striées; labre ferrugineux ; antennes , palpes et pattes d'un jaune testacé assez pâle. — Cayenne.

Nota. Il faut particulièrement consulter, pour les *Harpalus*, les ouvrages de Duftelmidt, Sturm, Dejean et Stephens, où un grand nombre d'espèces sont décrites et figurées.

OPHONUS, Zieg., Latr. ;
Harpalus, Dej.

Antennes filiformes. — Palpes à dernier article assez allongé , légèrement ovalaire, ou presque cylindrique et tronqué. — Les quatre tarses antérieurs des ♂ fortement dilatés et garnis en dessous de poils serrés. — Tête arrondie , rétrécie postérieurement. —Corselet plus cordiforme ou trapézoïde. — Elytres allongées, presque parallèles.—Pattes assez fortes. — Jambes antérieures fortement échancrées.

Les *Ophonus* sont des insectes agréables à l'œil par leurs couleurs veloutées et soyeuses. Toutes les espèces sont ailées très-finement, et fortement ponctuées, pubescentes ; elles habitent les champs, et se tiennent cachées sous les pierres, les mottes de terres, etc.

Nota. Quoique ces insectes n'offrent pas rigoureusement de caractères génériques, ils présentent cependant un fasciès si différent de celui des *Harpalus*, que nous avons cru devoir les en séparer.

1. OPHONUS COLUMBINUS.

Germar, *Reisenach Dalmatien*, p. 197, n° 84.— Long. 7 lig. Larg. 2 lig. ¼.—Tête et corselet fortement ponctués, d'un brun noirâtre légèrement bleu; angles postérieurs du corselet obtus ; élytres d'un bleu violet , très-finement ponctuées, striées ; palpes, antennes et pattes d'un rouge ferrugineux.—Paris. Rare.

2. OPHONUS SABULICOLA.

Sturm, 4, 87, 51, pl. 92, fig. B. — *Azureus*, Oliv., 3, 35, 99, pl. 12, fig. 135. — Long. 6 lig. Larg. 2 lig. ¼.—L'absence de teinte bleuâtre sur la tête et le corselet des élytres, ordinairement d'un bleu verdâtre ; le corselet moins large en avant, et moins arrondi sur les côtés : tels sont les caractères qui distinguent cette espèce de l'*O. Columbinus*. Elle est plus petite.—Paris. Rare.

3. OPHONUS MONTICOLA.

Dej., *Spec.*, 4, 195, 3. — Long. 6 lig. Larg. 2 lig. ¼.—D'un vert bronzé plus ou moins clair ou obscur ; il ressemble beaucoup à l'*O. Sabulicola*, mais il est plus allongé , plus finement et plus fortement ponctué, avec les palpes, les antennes et les pattes moins rouges. — France Orientale.

4. OPHONUS DIFFINIS.

Dej., *Spec.*, 4, 196, 4. — Long. 5 lig. Larg. 1 lig. ¼. — Ressemble beaucoup à l'*O. Monticola*, dont il diffère par sa taille, la couleur d'un brun noirâtre sur la tête et le corselet, les élytres d'un bleu verdâtre, et son corselet plus convexe; palpes, antennes et pattes comme dans l'*O. Sabulicola*.— France Méridionale.

5. OPHONUS OBSCURUS.

Herbst, 192, 120. — Sturm, 4, 85, 49, pl. 92, fig. *a*, A.— Long. 5 lig. Larg. 1 lig. ¼.—Oblong, légèrement pubescent ; tête et corselet d'un brun noirâtre légèrement violet; corselet court, légèrement arrondi ; élytres d'un bleu violet, très-finement ponctuées et striées; palpes, antennes et pattes d'un rouge ferrugineux; dessous du corps brun. — France Méridionale.

6. OPHONUS OBLONGIUSCULUS.

Dej., *Spec.*, 4, 198, 6.—Long. 5 lig. ¼.

Larg. 2 lig.— Ovale -allongé, légèrement
pubescent, d'un brun noirâtre, très-finement ponctué; corselet rétréci postérieurement, un peu convexe, arrondi sur les côtés; élytres striées; palpes, antennes et
pattes d'un rouge ferrugineux; dessous du
corps et bord inférieur des élytres d'un
brun rougeâtre.— Paris. Rare.

7. OPHONUS DITOMOIDES.
Dej., *Spec.*, 4, 199, 7.— Long. 5 lig. ¦.
Larg. 1 lig. ¦.— Diffère de l'*O. Oblongius-
culus* par son corselet cordiforme, très-
large en avant, fort rétréci en arrière; les
stries des élytres plus marquées, et le duvet dont il est couvert beaucoup moins
serré.— France Méridionale.

8. OPHONUS INCISUS.
Dej., *Spec.*, 4, 201, 8 — Long. 5 *lig.*
Larg. 2 lig. — Oblong, légèrement pubescent, d'un brun noir; tête et corselet
ponctués; le dernier presque cordiforme,
ses angles postérieurs droits; élytres très-
finement ponctuées, avec des stries très-
profondes en arrière, légèrement dentées;
palpes, antennes et pattes d'un rouge ferrugineux; dessous du corps d'un brun rougeâtre. — France Méridionale.

9. OPHONUS PUNCTULATUS.
Sturm, 4, 101, 58, pl. 93, fig. *d*, D. —
Long. 4 lig. Larg. 1 lig. ¦.—Ovale-oblong,
légèrement pubescent; d'un vert bronzé un
peu bleuâtre en dessus, d'un brun rougeâtre en dessous; tête et corselet ponctués,
celui-ci légèrement cordiforme, ses angles
postérieurs droits; élytres très-finement
ponctuées, striées; palpes, antennes et pattes d'un rouge ferrugineux. — France
Orientale.

10. OPHONUS CHLOROPHANUS.
Sturm, 4, 108, 62. — Panz., *Faun.
Germ.*, 73, 3.—Long. 3 lig. Larg. 1 lig. ¦.
— Ovale-oblong, légèrement pubescent, d'un vert bronzé quelquefois un
peu bleuâtre, un peu plus obscur sur la
tête et le corselet: ces deux parties ponctuées, la dernière presque carrée, rétrécie
en arrière, avec ses angles postérieurs
presque droits; élytres très-finement ponctuées, striées; palpes, antennes et pattes
d'un rouge ferrugineux; dessous du corps
brun, un peu rougeâtre. — Paris.

11. OPHONUS LATICOLLIS.
Dej., *Spec.*, 4, 203, 10. — Long. 4 lig.
Larg. 1 lig. ¦. — Diffère de l'*O. Chloro-*

phanus par sa couleur bleue un peu violette, son corselet plus large et plus rétréci
en arrière, ses angles postérieurs droits.—
Sibérie.

12. OPHONUS AZUREUS.
Illig., *Mag.*, 1, 51, 36-37. — Long.
3 lig. ¦. Larg. 1 lig. ¦. — Se distingue de
l'*O. Chlorophanus* par sa couleur d'un
bleu violet, rarement un peu verdâtre, et
son corselet plus arrondi et plus rétréci en
arrière. — Midi de la France.

13. OPHONUS CORDICOLLIS.
Dej., *Spec.*, 4, 209, 15.—Long. 3 lig. ¦.
Larg. 1 lig. ¦. — Ovale-oblong, légèrement pubescent, d'un brun noirâtre; tête
et corselet très-fortement, quoique finement, ponctués; le dernier court, cordiforme, ses angles postérieurs droits; élytres très-finement ponctuées, striées;
palpes, antennes et pattes d'un rouge
ferrugineux; dessous du corps d'un brun
un peu roussâtre. — Russie Méridionale.

14. OPHONUS MERIDIONALIS.
Dej., *Spec.*, 4, 210, 17.—Long. 3 lig. ¦.
Larg. 1 lig. ¦. — Oblong, légèrement pubescent, d'un brun noirâtre; tête et corselet ponctués, celui-ci presque carré, rétréci
en arrière, avec ses angles postérieurs obtus; élytres très-finement ponctuées, striées;
palpes, antennes et pattes d'un rouge ferrugineux; dessous du corps d'un brun rougeâtre.— France Méridionale.

15. OPHONUS ROTUNDATUS.
Dej., *Spec.*, 4, 212, 19.—Long. 3 lig. ¦.
Larg. 1 lig. — Diffère de l'*O. Meridiona-
lis* par sa taille, son corselet plus allongé,
plus rétréci en arrière, avec ses angles postérieurs arrondis, et ses élytres plus étroites. — France Méridionale.

16. OPHONUS VELUTINUS.
Dej., *Spec.*, 4, 213, 20.—Long. 3 lig. ¦.
Larg. 1 lig. ¦.—Ovale-oblong, légèrement
pubescent, d'un brun noirâtre; tête et corselet ponctués, le dernier court, presque
carré, rétréci en arrière, ses angles postérieurs obtus; élytres très-finement ponctuées, striées; palpes, antennes et pattes
d'un rouge ferrugineux; dessous du corps
d'un brun noirâtre. — Sénégal.

17. OPHONUS CORDATUS. (Pl. 5, f. 6.)
Sturm, 4, 106, 61, pl. 94, fig. *e*, E. —
Long. 4 lig. Larg. 1 lig. ¦.—Ovale-oblong,
légèrement pubescent, brun plus ou moins

roussâtre ; tête et corselet ponctués, celui-ci cordiforme, légèrement rétréci en arrière, ses angles postérieurs droits ; élytres très-finement ponctuées, striées ; palpes, antennes et pattes d'un rouge ferrugineux ; dessous du corps d'un brun rougeâtre. — France Méridionale.

18. OPHONUS PUNCTICOLLIS. (Pl. 5, f. 7.)
Gyll., *Ins. Suec.*, 2, 108, 25. — Long. 8 lig. $\frac{1}{2}$. Larg. 1 lig. $\frac{1}{2}$. — Ovale-oblong, légèrement pubescent, brun ; tête et corselet ponctués, ce dernier légèrement en cœur, ses angles postérieurs droits ; élytres très-finement ponctuées, striées ; palpes, antennes et pattes d'un rouge ferrugineux ; dessous du corps et bord inférieur des élytres d'un brun rougeâtre. — France, toute l'Europe.

19. OPHONUS BREVICOLLIS.
Dej., *Spec.*, 4, 218, 24. — Long. 3 lig. Larg. 1 lig. $\frac{1}{2}$. — Plus petit, plus court que l'*O. Puncticollis*, brun ; tête et corselet un peu rougeâtres, corselet plus large, plus court ; élytres plus ovales, plus finement ponctuées, moins fortement striées. — France.

20. OPHONUS MACULICORNIS. (Pl. 5, f. 8.)
Duft., *Faun. Austr.*, 2, 90, 101. — Sturm, 4, 110, 63, pl. 94, fig. *d*, D. — Long. 2 lig. $\frac{1}{2}$. Larg. 1 lig. — Ovale-oblong, légèrement pubescent, d'un brun noir ; tête faiblement ponctuée ; corselet presqué carré, un peu rétréci en arrière, très-ponctué ; ses angles postérieurs droits ; élytres très-finement ponctuées, striées ; palpes et pattes d'un rouge ferrugineux ; antennes d'un brun obscur un peu roussâtre, avec la base d'un jaune testacé ; dessous du corps d'un brun noirâtre.—France.

21. OPHONUS COMPLANATUS.
Dej., *Spec.*, 4, 220, 26. — Long. 3 lig. Larg. 1 lig. $\frac{1}{2}$. — Diffère de l'*O. Maculicornis* par ses antennes entièrement d'un rouge ferrugineux, et son corselet un peu plus large. — Styrie.

22. OPHONUS SIGNATICORNIS.
Duft., *Faun. Austr.*, 2, 91, 102. — Sturm, 4, 118, 68, pl. 96, fig. *b*, B.—Long. 2 lig. $\frac{1}{2}$. Larg. 1 lig. $\frac{1}{2}$. — Ovale-oblong, légèrement pubescent, d'un noir obscur ; tête lisse ; corselet court, presque carré, ponctué ; ses bords, ses angles postérieurs presque droits ; élytres assez courtes, très-finement ponctuées, striées ; palpes, jambes et tarses d'un rouge ferrugineux ; et antennes de cette couleur, avec une tache obscure sur les troisième et quatrième articles ; dessous du corps d'un brun noirâtre.—Paris. Rare.

23. OPHONUS HIRSUTULUS.
Dej., *Spec.*, 4, 226, 30.—Long. 3 lig. $\frac{1}{2}$. Larg. 1 lig. $\frac{1}{2}$. — Ovale-oblong, légèrement pubescent, d'un brun noirâtre ; tête lisse ; corselet court, presque carré, ponctué latéralement ; le disque presque lisse ; ses angles postérieurs droits ; élytres très-finement ponctuées, striées ; palpes, antennes pattes, d'un rouge ferrugineux ; dessous du corps d'un brun noirâtre.—Italie.

24. OPHONUS FLAVICOLLIS.
Dej., *Spec.*, 4, 227, 31. — Long. 3 lig. Larg. 1 lig. — Ovale allongé, légèrement pubescent, d'un brun noirâtre ; tête faiblement ponctuée ; corselet presque cordiforme, ponctué ; ses angles postérieurs obtus, arrondis ; élytres très-finement ponctuées, striées ; palpes, antennes et pattes d'un rouge ferrugineux ; dessous du corps d'un brun noirâtre. — Italie, Espagne.

25. OPHONUS MENDAX.
Rossi, *Faun. Etrusca*, 1, 223, 552, pl. 2, fig. 10. — Long. 3 lig. $\frac{1}{2}$. Larg. 1 lig. $\frac{1}{2}$. — Ovale-oblong, légèrement pubescent, d'un brun noirâtre ; tête et corselet ponctués, ce dernier presque carré, ses angles postérieurs obtus, arrondis ; élytres d'un rouge ferrugineux obscur, très-finement ponctuées, striées ; palpes, antennes et pattes d'un rouge ferrugineux. — France Méridionale.

26. OPHONUS GERMANUS.
Fabr., 1, 204, 187.—Oliv., 3, 35, 139, pl. 5, fig. 56.—Long. 4 lig. Larg. 1 lig. $\frac{1}{2}$. —Ovale, légèrement pubescent, très-finement ponctué ; tête, élytres, palpes, antennes et pattes d'un rouge ferrugineux jaunâtre ; corselet cordiforme, d'un bleu violet bordé de brun roussâtre ; une grande tache commune d'un bleu violet sur la partie postérieure des élytres ; dessous du corps souvent d'un noir bleuâtre.—France.

27. OPHONUS OBSOLETUS.
Dej., *Spec.*, 4, 232, 34. — Long. 3 lig. $\frac{1}{2}$. Larg. 1 lig. $\frac{1}{2}$. — Ovale-oblong, légèrement pubescent, ponctué, d'un jaune testacé ; corselet légèrement cordiforme, avec deux impressions latérales en arrière ; élytres striées, avec une grande tache

oblongue, noirâtre, sur chaque élytre ; palpes, antennes et pattes d'un jaune testacé pâle. — Midi de la France.

28. OPHONUS PALLIDUS.

Dej., *Spec.*, 4 . 234 . 37. — Long. 2 lig. ¼. Larg. 1 lig. — Oblong, légèrement pubescent. très-finement ponctué, d'un jaune testacé ; corselet cordiforme, avec deux impressions latérales en arrière ; élytres striées, avec une grande tache oblongue, noirâtre, sur chacune ; pattes assez pâles. — Espagne, France Méridionale.

29. OPHONUS PUBESCENS.

Gyll., 2. 109, 26. — *Arhens Faun. Ins. Eur.*, 9, pl. 3. — Long. 2 lig. ¼. Larg. 1 lig. — Oblong, légèrement pubescent, ponctué, brun ou testacé ; corselet cordiforme, avec deux impressions latérales en arrière ; élytres avec des stries finement ponctuées ; palpes antennes et pattes , un peu roussâtres. — Nord de la France.

GEOBOENUS, Dej. ;

Carabus, Illig. ; *Calathus*, Eschsch.

Antennes filiformes. — Palpes assez saillans, à dernier article assez allongé, légèrement ovalaire et tronqué. — Les quatre premiers articles tarses des antérieurs assez fortement dilatés dans les mâles et cordiformes ; les quatre premiers articles des intermédiaires légèrement dilatés, presque cylindriques. — Tête presque triangulaire, rétrécie en arrière. — Mandibules assez arquées et aiguës. — Corselet presque carré. — Elytres un peu ovales, assez allongées. — Pattes assez allongées. — Jambes antérieures assez fortement échancrées.

GEOBOENUS LATERALIS.

Dej., *Spec.*. t. IV . p. 403. — Long. 3 lig. Larg. 1 lig. ¼. — Ovale-oblong , d'un brun noirâtre légèrement bronzé ; élytres faiblement striées. trois points enfoncés sur le troisième intervalle ; bord du corselet et des élytres. palpes. antennes et pattes d'un jaune testacé plus ou moins pâle.—Cap de Bonne-Espérance.

GYNANDROMORPHUS, Dej.;

Carabus. Schoenn ; *Harpalus*, Sturm.

Antennes filiformes. — Le premier article long, renflé.— Palpes assez saillans, à dernier article allongé, légèrement ovalaire, presque cylindrique et tronqué.

— Les quatre premiers articles des quatre tarses antérieurs fortement dilatés dans les ♂ : les deuxième, troisième et quatrième cordiformes ; le premier article des tarses antérieurs fortement dilaté dans les ♀. — Tête presque triangulaire , rétrécie en arrière. — Mandibules assez arquées et aiguës — Corselet très-légèrement cordiforme. — Elytres allongées, presque parallèles. — Pattes assez fortes. — Jambes antérieures fortement échancrées,

GYNANDROMORPHUS ETRUSCUS.

Sturm , 4. 97, 56, pl. 93. fig. c, C. — Long. 4 lig. ¼. Larg. 1 lig. ¼. — Ponctué, légèrement pubescent ; tête d'un brun noir ; corselet d'un bleu noirâtre ; élytres d'un rouge ferrugineux, avec une grande tache postérieure d'un bleu noirâtre ; palpes, antennes et pattes ferrugineux. — Midi de la France.

ACUPALPUS, Latr. ;

Harpalus Gyll. ; *Trechus* , Sturm ; *Stenolophus, Trechus, Carabus*, Fabr.

Antennes longues, filiformes ; le premier article gros, long ; le deuxième très-court ; le troisième un peu plus long que les suivans ; ceux-ci légèrement comprimés, le dernier ovalaire. — Palpes à dernier article allongé, légèrement ovalaire, et terminé en pointe. — Les quatre premiers articles des quatre tarses antérieurs dilatés dans les mâles, et triangulaires ou cordiformes. — Mandibules courtes arquées, aiguës. — Tête rétrécie postérieurement. — Corselet plus ou moins carré, cordiforme ou arrondi. — Elytres allongées, presque parallèles, légèrement ovales. — Pattes peu allongées. — Les insectes de ce genre sont tous de petite taille, bruns ou noirâtres ; ils vivent sous les pierres et les débris des végétaux, dans les endroits humides et sur le bord des rivières.

1. ACUPALPUS DISCICOLLIS.

Dej., *Spec.*, 4, 436,1. — Long. 2 lig. ¼. Larg. 1 lig. — Ovale-oblong, légèrement pubescent ; jaune testacé, roussâtre, avec le labre, une grande tache oblongue sur la tête, une autre très-petite à la base du dernier article des palpes, une presque arrondie sur le milieu du corselet, une oblongue sur chaque élytre vers la suture , et le dessous du corps. d'un brun noirâtre ; tête et corselet avec d'assez gros points enfoncés ; élytres légèrement sinuées à l'extrémité, toutes couvertes de petits points enfoncés ; les stries sont lisses. — Russie Méridionale.

2. ACUPALPUS RUFITHORAX.

SAHLBERG, *Diss. Ent. Ins. Fennica*, p. 260, n° 80. — Long. 2 lig. Larg. ⅓ lig. — Très-légèrement pubescent ; d'un jaune testacé un peu rougeâtre, avec la tête, l'extrémité des mandibules, une grande tache oblongue sur les élytres vers la suture, et le dessous du corps, d'un brun noirâtre ; palpes et premier article des antennes d'un jaune testacé assez pâle ; tête et corselet avec des points enfoncés assez gros ; élytres couvertes de petits points enfoncés ; stries fines. — Finlande.

3. ACUPALPUS COGNATUS.

GYLL., 4, 455, 70-71. — Long. 1 lig. ⅓. Larg. ⅓ lig. — Légèrement pubescent ; d'un brun noirâtre, avec la base des antennes, l'extrémité du dernier article des palpes, les pattes et les élytres d'un jaune testacé un peu rougeâtre ; les élytres striées, avec les bords latéraux et l'extrémité couverts de très-petits points enfoncés. — Suède.

4. ACUPALPUS PLACIDUS.

GYLL., 4, 453, 69. — Long. 2 lig. Larg. ⅓ lig. — Oblong, d'un jaune testacé, avec la tête, les mandibules, le labre, une tache à la base du dernier article des palpes. les antennes (la base exceptée), une grande tache au milieu du corselet, l'écusson, une grande tache oblongue sur les élytres vers la suture, et le dessous du corps, d'un brun noirâtre ; tête lisse ; élytres à stries lisses, avec les bords latéraux et l'extrémité couverts de très-petits points enfoncés. — Suède, Allemagne.

5. ACUPALPUS CONSPUTUS.

DUFT.. 2. p. 148. n° 194.—STURM. 6. 71, pl. 149, fig. *a*, A. — Long. 2 lig. Larg. ⅓ lig. —Allongé. testacé. avec la tête, l'extrémité des mandibules. les antennes, à l'exception de la base. l'écusson, une grande tache oblongue sur chaque élytre vers la suture, et le dessous du corps, d'un brun noirâtre : labre, mandibules et corselet d'un rouge testacé ; élytres légèrement sinuées a l'extrémité, avec des stries lisses. — France.

6. ACUPALPUS DORSALIS.

FABR.. 1. 208, n° 207. — STURM, 6. 9, pl. 14, fig. *b*, B. — Long. 1 lig. ⅓. Larg. ⅓ lig. — Oblong, testacé, avec la tête, le labre,

les mandibules, les antennes, non compris le premier article, une tache sur le milieu du corselet, l'écusson et le dessous du corps, d'un brun noirâtre ; une grande tache de cette couleur, souvent un peu bleuâtre sur les élytres ; stries des élytres lisses. — Europe.

7. ACUPALPUS BRUNNIPES.

STURM, 6, 88, 12. — *Atratus*, DEJ., *Spec.*, t. IV. p. 449. pl. 151, fig. *b*, B. — Long. 1 lig. ⅓. Larg. ⅓ lig. — Ressemble à l'*A. Dorsalis* ; d'un brun noirâtre ; palpes d'un brun obscur, avec l'extrémité du dernier article d'un jaune testacé assez pâle ; stries des élytres moins marquées ; pas de points enfoncés entre la deuxième et la troisième strie comme dans toutes les espèces précédentes. — France Méridionale.

8. ACUPALPUS MERIDIANUS.

LINN., *Syst. Nat.*, 2, 67, 36. — OLIV., 3. 35, 148, pl. 13. fig. 153. — Long. 1 lig. ⅓. Larg. ⅓ lig. — Oblong. d'un brun noirâtre assez foncé ; labre et mandibules d'un brun roussâtre ; palpes, antennes et pattes d'un jaune testacé, quelquefois un peu obscur ; une grande tache à la base des élytres, et la suture de cette même couleur ; stries lisses. — Paris.

9. ACUPALPUS FLAVICOLLIS.

STURM, 6, 87, pl. 151, fig. *c*, C. — *Luridus*, DEJ., *Spec.*, t. IV, p. 454. — Long. 1 lig. ⅓. Larg. ⅓ lig. — Oblong, d'un brun roussâtre plus ou moins obscur ; palpes. premier article des antennes, bords extérieurs et suture des élytres et pattes d'un jaune testacé ; corselet de cette couleur, plus obscur au milieu ; stries des élytres lisses ; pas de points enfoncés entre la deuxième et la troisième strie ; dessous du corps d'un brun noirâtre. — France, Espagne.

10 ACUPALPUS NIGRICEPS.

DEJ.. *Spec.*, 4, p. 453, f. 12. — Long. 1 lig. ⅓. Larg. ⅓ lig. — Tête noire ; labre et dessous du corps d'un brun noirâtre ; bords du labre, mandibules et corselet d'un brun rougeâtre ; palpes, côtés inférieurs du corselet et pattes d'un jaune testacé ; élytres d'un brun noirâtre, avec un léger reflet bleuâtre, surtout vers l'extrémité, et la suture un peu roussâtre. — France.

11. ACUPALPUS EXIGUUS.

DEJ.. *Spec.*, 4, 456, 14. — Long. ⅓ lig.

Larg. ¦ lig. — D'un brun noirâtre assez
foncé, presque noir ; palpes, antennes et
dessous du corps d'un brun noirâtre ; mandibules et pattes d'un brun un peu roussâtre ; élytres à stries lisses et assez fortement marquées. — France, Sibérie.

12. ACUPALPUS ELONGATULUS.
Dej., *Spec.*, 4, 457, 15. — Long. 2 lig.
Larg. ⅓ lig. — D'un jaune testacé un peu
rougeâtre ; extrémité des mandibules, une
tache oblongue plus ou moins grande sur
le milieu des élytres, et le dessous du corps,
d'un brun obscur ou noirâtre ; côtés inférieurs du corselet et extrémité de l'abdomen
roussâtres ; palpes et pattes d'un jaune testacé assez pâle ; élytres à stries lisses et fortement marquées. — Amérique Septentrionale.

13. ACUPALPUS COLLARIS.
Gyll., 2, 166, 72, 4, 455, 72. — Long.
1 lig. ¼. Larg. ½ lig. — D'un rouge testacé
assez clair, plus foncé sur les élytres ;
extrémité des mandibules noirâtre ; palpes
et pattes d'un jaune testacé assez pâle ;
poitrine et abdomen d'un brun noirâtre ;
corselet presque carré ; ses angles postérieurs obtus et ses impressions latérales
ponctuées ; élytres assez convexes, légèrement sinuées à l'extrémité, à stries lisses
et fortement marquées, avec un point enfoncé entre la deuxième et la troisième
strie ; point d'ailes sous les élytres. — Allemagne.

14. ACUPALPUS FULVUS.
Marsham, *Ent. Brit.*, 1, p. 456. —
Harpalinus, Dej., *Spec.*, 4, 471, 27. —
Long. 2 lig. ¼. Larg. 1 lig. — Ressemble
beaucoup au *Collaris* : corselet plus court
et plus arrondi latéralement ; impressions
plus marquées ; stries des élytres moins profondes ; les cinquième, sixième et septième
très-légèrement ponctuées ; des ailes sous
les élytres. — Paris.

15. ACUPALPUS RUFULUS.
Dej., *Spec.*, 4, 470, 26. — Long. 2 lig. ¼.
Larg. 1 lig. — D'un rouge testacé un peu
jaunâtre sur les élytres ; dessous du corps
d'un brun rougeâtre ; pattes d'un jaune
testacé assez pâle ; des ailes sous les élytres ; ressemble beaucoup à l'*A. Harpalinus*. — France Méridionale.

16. ACUPALPUS DISTINCTUS.
Dej., *Spec.*, 4, 470, 25. — Long.
2 lig. ¼. Larg. 1 lig ¼. — Ressemble à l'*A.*

Harpalinus ; toute la base du corselet est
ponctuée ; il n'y a pas de point enfoncé
entre la deuxième et la troisième strie ;
dessous du corps d'un brun rougeâtre ; pattes d'un jaune testacé assez pâle. — France
Méridionale.

17. ACUPALPUS 4-PUSTULATUS.
Dej., *Spec.*, 4, 477, 32. — Long. 2 lig. ¼.
Larg. 1 lig. — Tête et corselet, labre,
mandibules, palpes, les deux premiers articles des antennes et pattes d'un jaune
testacé plus ou moins pâle, quelquefois un
peu roussâtre ; antennes, poitrine et abdomen d'un brun roussâtre ; élytres d'un brun
noirâtre, avec deux grandes taches : la première réniforme vers l'angle de la base ; la
deuxième arrondie vers l'extrémité ; le
bord extérieur et terminal des élytres d'un
jaune testacé ; ailé. — Sénégal.

18. ACUPALPUS METALLESCENS.
Dej., *Spec.*, 4, 482, 35. — Long. 1 lig. ¼.
Larg. ½ lig. — Noir assez brillant, légèrement bronzé ; labre, mandibules, palpes,
antennes et cuisses d'un brun noirâtre ;
extrémité du dernier article des palpes et
jambes d'un blanc jaunâtre ; l'extrémité de
celles-ci et les tarses d'un brun obscur un
peu roussâtre ; des ailes sous les élytres ;
stries très-peu marquées. — France Méridionale. Ce n'est qu'avec doute que cet insecte est placé dans le genre *Acupalpus*.

TETRAGONODERUS, Dej.;
Carabus, Fabr.; *Elaphrus*, Illig.;
Bembidium, Wiedm.

Antennes filiformes, assez longues ; le
premier article gros et long, les trois suivans presque coniques ; les autres égaux,
un peu comprimés, presque cylindriques ;
le dernier terminé en pointe obtuse. — Palpes à dernier article légèrement ovalaire et
tronqué à l'extrémité. — Les six premiers
articles des quatre tarses antérieurs dilatés
assez fortement dans les ♂. — Mandibules
peu avancées, assez arquées et aiguës. —
Tête triangulaire. — Corselet court, plus
ou moins carré, et souvent rétréci postérieurement. — Elytres légèrement ovales
ou presque carrées, presque tronquées à
l'extrémité, et légèrement échancrées. —
Pattes plus ou moins allongées. — Les insectes de ce genre ressemblent un peu aux
Dromius et aux *Lebia*. Toutes les espèces
sont exotiques.

1. TETRAGONODERUS QUADRUM.

Fabr., 1, 200. 166.—Oliv., 3. 35, 104, pl. 11, fig. 120.—Long. 3 lig. Larg. 1 lig. ¼. — Bronzé obscur, noir en dessous ; labre, mandibules cuisses d'un brun noirâtre ; palpes, antennes, jambes et tarses d'un jaune testacé un peu roussâtre ; élytres à stries lisses, avec une large bande longitudinale d'un jaune pâle, élargie vers l'extrémité. — Sénégal.

2. TETRAGONODERUS INTERRUPTUS.

Dej., *Spec.*, 4, 488, 2. — Long. 3 lig. Larg. 1 lig. ¼. — Ressemble au *T. Quadrum :* palpes et les trois premiers articles des antennes d'un jaune testacé un peu roussâtre ; élytres ayant la bande longitudinale interrompue au milieu, et formant quatre taches oblongues. — Sénégal.

3. TETRAGONODERUS VIRIDICOLLIS.

Dej., *Spec.*, 4, 489, 3. — Long. 3 lig. Larg. 1 lig. ¼. — Vert bronzé ; élytres à stries très-légèrement ponctuées, avec deux grandes taches d'un jaune pâle : la première composée de cinq taches allongées vers l'angle de la base ; la deuxième en lunule vers l'extrémité ; pattes d'un jaune testacé. — Sénégal.

4. TETRAGONODERUS 4-NOTATUS.

Fabr., 1, 186, 84. — Long. 2 lig. ¼. Larg. 1 lig. ¼. — Bronzé obscur, noirâtre en dessous ; palpes, les trois premiers articles des antennes et les pattes, d'un jaune testacé ; élytres à stries lisses, avec deux taches d'un jaune pâle : l'une composée de deux autres vers l'angle de la base ; la deuxième presque carrée, et composée de quatre vers l'extrémité ; jambes postérieures et tarses un peu brunâtres. — Indes.

5. TETRAGONODERUS ARCUATUS.

Klug, Dej., *Spec.*, 4, 495, 7.—Long. 2 lig. ¼. Larg. 1 lig. ¼. — Bronzé obscur ; les deux premiers articles des antennes d'un jaune testacé un peu roussâtre ; élytres à stries lisses, avec une bande sinuée, légèrement arquée, d'un blanc jaunâtre vers l'extrémité ; dessous du corps d'un noir verdâtre ; pattes d'un brun roussâtre. — Egypte.

6. TETRAGONODERUS BIGUTTATUS.

Thunberg, *Nov. Ins. Spec.*, p. 76. — Long. 2 lig. ¼. Larg. 1 lig. —Bronzé presque noirâtre ; labre, palpes, mandibules, dessous du corps et pattes d'un brun noi-

râtre ; élytres à stries lisses et fines, avec une tache d'un blanc jaunâtre, presque carrée vers l'extrémité : cette tache composée de quatre autres. — Cap de Bonne-Espérance.

7. TETRAGONODERUS LECONTEI.

Dej., *Spec.*, 4, 499, 10.—Long. 2 lig. ¼. Larg. 1 lig. — Bronzé obscur ; brun noirâtre en dessous ; les deux premiers articles des antennes d'un jaune testacé un peu roussâtre ; pattes d'un brun roussâtre ; élytres à stries lisses, avec une tache oblongue d'un jaune pâle à l'angle de la base, et une bande arquée et sinuée près de l'extrémité. — Amérique Septentrionale.

8. TETRAGONODERUS VARIEGATUS.

Dej., *Spec.*, 4, 503, 13. — Long. 2 lig. Larg. 1 lig.—Tête et corselet d'un bronzé obscur ; palpes, antennes et pattes d'un jaune testacé assez pâle ; élytres à stries lisses, d'un blanc jaunâtre, avec une bande bronzée obscure à la base, une autre inégale et sinuée vers le milieu, une troisième très-inégale à l'extrémité, et trois points sur le disque, d'un bronzé obscur. — Cayenne.

STENOLOPHITES.

Caractères. Echancrure du menton sans aucune dent. — Labre entier, ou simplement un peu concave. — Corps plus ou moins ovalaire ou ovoïde, un peu rétréci en devant.

Genres : *Stenolophus, Agonoderus, Amblygnathus, Eucephalus, Platymetopus, Gynandropus, Selenophorus, Barysomus, Hippolœtis.*

Les *Stenolophites* sont d'assez jolis insectes, de taille moyenne ou petite ; les uns habitent les endroits humides et le bord des eaux ; les autres, les champs sablonneux et arides ; quelques espèces grimpent sur les graminées, où, sans doute, elles vont chercher leur proie.

STENOLOPHUS, Meg. ;

Harpalus, Gyll., Sturm ; *Carabus,* Fabr.

Antennes longues, filiformes ; le premier article plus gros et aussi long que les deux suivans, le deuxième très-court, les suivans presque cylindriques, très-légèrement comprimés ; le dernier ovalaire, pointu.—Palpes assez saillans ; le dernier article allongé, presque cylindrique et tronqué.

— Les quatre premiers articles des tarses
antérieurs fortement dilatés dans les mâles,
le quatrième très-fortement bilobé ; les
quatre premiers articles des tarses intermédiaires assez fortement dilatés. — Mandibules courtes, arquées, aiguës. — Tête
presque triangulaire, rétrécie postérieurement. — Corselet carré, avec ses angles
plus ou moins arrondis ou ovalaires, et
quelquefois même presque arrondis. —
Élytres assez allongées, un peu ovales,
presque parallèles. — Pattes allongées. —
Corps oblong. — Insectes ailés, au-dessous
de la taille moyenne, pleins de vivacité et
d'agilité ; vivent sous les pierres, dans les
endroits humides et au bord des eaux.

PREMIÈRE DIVISION.

Corselet carré.

1. STENOLOPHUS VAPORARIORUM.
Fabr., 1, 206, 198.—Oliv., 3, 35, 177,
pl. 5, fig. 57.—Long. 3 lig. Larg. 1 lig. ¼.
— Tête, poitrine, abdomen, extrémité des
mandibules, noirs ; corselet et élytres d'un
rouge ferrugineux, les dernières à stries
lisses, avec une grande tache commune,
d'un noir légèrement bleuâtre, allant depuis le tiers jusqu'à l'extrémité de l'élytre ;
deux points enfoncés sur chaque élytre :
l'un près de la deuxième strie, vers les
deux tiers de sa longueur ; l'autre près de
la septième, vers l'extrémité ; palpes, les
deux premiers articles des antennes et les
pattes d'un jaune testacé pâle. — Paris.

2. STENOLOPHUS DISCOPHORUS.
Fisch., *Entom. de la Russie*, 11, 141, 1,
pl. 26, fig. 9.—Long. 3 lig. Larg. 1 lig. ¼.
— Plus allongé que le *S. Vaporariorum*,
auquel il ressemble beaucoup ; palpes, les
trois premiers articles des antennes et les
pattes d'un jaune testacé pâle ; élytres
moins rouges, plus jaunes ; la tache moins
grande, presque ovale, et placée presque
au milieu ; stries des élytres plus profondes. — Autriche, Espagne.

3. STENOLOPHUS UNICOLOR.
Dej., *Spec.*, 4, 411, 4. — Long.
2 lig. ¼. Larg. 1 lig. — D'un brun noirâtre ; corselet et élytres d'un rouge ferrugineux ; palpes, les deux premiers articles
des antennes et les pattes d'un jaune testacé assez pâle. — Californie.

4. STENOLOPHUS ELEGANS.
Dej., *Spec.*, 4, 412, 5. — Long. 2 lig.

Larg. ½ lig. — Tête, poitrine et abdomen
noirs ; corselet et élytres d'un rouge testacé ; les dernières striées, légèrement sinuées à l'extrémité, avec une grande tache
noire un peu bleuâtre, du tiers aux trois
quarts de la longueur ; les contours sont
assez incertains ; palpes, les deux premiers
articles des antennes et pattes d'un jaune
testacé assez pâle. — France Méridionale.

5. STENOLOPHUS VESPERTINUS.
Illig., *Kæfer Preus.*, 1, 197, 81. —
Long. 2 lig. ¼. Larg. 1 lig. — D'un brun
noirâtre, avec un léger reflet bleuâtre sur
le milieu des élytres ; corselet avec une
bordure latérale d'un jaune testacé pâle ;
élytres à stries lisses ; leurs bords latéraux
d'un brun roussâtre ; pattes d'un jaune testacé assez pâle ; premier article des antennes de cette couleur. — Paris.

6. STENOLOPHUS FUGAX.
Dej., *Spec.*, 4, 429, 17.—Long. 2 lig. ¼.
Larg. ¼ lig. — D'un brun noirâtre, avec
les élytres d'un vert bronzé obscur ; labre
d'un rouge ferrugineux ; palpes, les deux
premiers articles des antennes et pattes
d'un jaune testacé pâle ; bords latéraux du
corselet et des élytres, écusson et bords de
la suture roussâtres. — Sénégal.

7. STENOLOPHUS CONCINNUS.
Dej., *Spec.*, 4, 430, 18.—Long. 2 lig. ¼.
Larg. 1 lig. — D'un brun noirâtre, avec
un léger reflet bleuâtre, plus marqué sur
les élytres ; labre d'un rouge ferrugineux ;
palpes, antennes et pattes d'un jaune testacé assez pâle ; base des mandibules, écusson, extrémité des élytres et de la suture,
dessous du corps, d'un brun roussâtre. —
Ile-de-France.

DEUXIÈME DIVISION.

Corselet ovalaire ou presque arrondi.

8. STENOLOPHUS VELOX.
Dej., *Spec.*, 4, 416, 7.—Long. 4 lig. ½.
Larg. 1 lig. ¼. — D'un brun noirâtre légèrement bronzé sur les élytres ; celles-ci
avec des stries lisses ; leur bord latéral, le
labre, les palpes et les pattes, les deux ou
trois premiers articles des antennes, et
quelques petites lignes entre les stries, à
l'extrémité des élytres, d'un jaune testacé
plus ou moins pâle. — Sénégal.

9. STENOLOPHUS SMARAGDULUS.
Fabr., 1, 209, 211. — Long. 2 lig. ½.

Larg. 1 lig.—D'un brun noirâtre, avec un reflet bleuâtre ; palpes, les deux premiers articles des antennes, les bords latéraux du corselet et des élytres, trois petites taches vers leur extrémité et les pattes d'un jaune testacé ; élytres striées assez forte-ment. — Indes.

10. STENOLOPHUS MARGINATUS.

DEJ., *Spec.*, 4, 427, 16.—Long. 2 lig. ⅓. Larg. 1 lig. — D'un vert bronzé plus ou moins obscur, noirâtre en dessous ; palpes, premier article des antennes, bords latéraux du corselet et des élytres, extrémité de la suture et pattes d'un jaune testacé plus ou moins pâle. — Espagne.

AGONODERUS. DEJ. ;

Feconia, SAY ; *Carabus*, FABR.

Les *Agonoderus* diffèrent des *Stenolo-phus* par les quatre premiers articles des quatre tarses antérieurs, très-légèrement di-latés dans les ♂. leurs mandibules assez ai-guës, la tête non rétrécie postérieurement, et le corps légèrement cylindrique.

1. AGONODERUS LINEOLA.

FABR., 1, 197, 149 ; OLIV. 3, 35. 103, pl. 7. fig. 75.—Long. 3 lig. ⅓. Larg. 1 lig.⅓. — D'un jaune testacé ; une tache noirâ-tre entre les yeux ; corselet avec quelques rides transversales et deux taches latérales noirâtres ; élytres avec une fascie noire, raccourcie, fourchue antérieurement ; an-tennes, pattes et palpes pâles.— Amérique Septentrionale.

2. AGONODERUS PALLIPES.

FABR., 1, 200, 465 ; OLIV., 3, 35. 121, pl. 9, fig. 99.—Long. 3 lig. Larg. 1 lig. ⅓. — D'un jaune testacé ; tête, disque du cor-selet et une grande tache commune sur les élytres noirs. — Amérique Septentrionale.

3. AGONODERUS INFUSCATUS.

DEJ., *Spec.*, 4, 54, 3.—Long. 2 lig. ⅓. Larg. 1 lig. ⅓.—D'un bronzé obscur en dessus, noirâtre en dessous ; élytres avec une large bordure et la suture d'un jaune obscur ; palpes et pattes d'un jaune testacé assez pâle. — Amérique Septentrionale.

AMBLYGNATHUS, DEJ.

Antennes assez courtes. filiformes. — Palpes peu saillans. à dernier article assez allongé, un peu ovalaire. presque pointu. quoique tronqué.— Les quatre premiers articles des quatre tarses antérieurs légère-ment dilatés dans les ♂. — Tête assez grande, arrondie, rétrécie postérieurement. — Yeux nullement saillans. — Mandibules assez fortes.— Labre plan. — Corselet plus ou moins carré et rétréci postérieurement. — Elytres légèrement ovales, presque pa-rallèles.— Pattes moyennes.

Insectes de moyenne taille. de couleur noire ou métallique, ayant le fasciès des *Harpalus*.

1. AMBLYGNATHUS JANTHINUS.

DEJ., *Spec.*. 4, p. 67, n° 4.--Long. 5 lig. Larg. 1 lig. ⅓.—D'un bleu brillant ; corse-let presque carré, rétréci en arrière ; ély-tres striées ; les intervalles offrant alternati-vement une ligne de points très-faibles ; antennes et pattes brunes.— Cayenne.

2. AMBLYGNATHUS CORVINUS.

DEJ.. *Spec.*, 4, p. 65, n° 2.—Long. 5 lig. Larg. 1 lig. ⅓. — D'un noir brillant ; corse-let carré, un peu rétréci en avant ; élytres striées ; les intervalles offrant alternative-ment une ligne de points ; antennes et pat-tes brunes. -- Brésil.

3. AMBLYGNATHUS CEPHALOTUS.

DEJ., *Spec.*. t. IV. p. 62, n° 1.— Long. 5 lig. ⅓. Larg. 2 lig.—D'un noir brillant ; corselet carré, un peu rétréci en arrière ; élytres striées ; les intervalles offrent alter-nativement des lignes très-faibles de points enfoncés ; antennes et pattes brunes. — Cayenne.

EUCEPHALUS.

Antennes courtes, filiformes. à dernier article un peu fort. les autres à peu près égaux. — Palpes a dernier article allant un peu en pointe et tronqué à l'extrémité. — Quatre premiers articles des quatre tarses antérieurs des mâles triangulaires et dilatés. — Labre transversal. — Mandi-bules courtes. — Menton sans dent dans son échancrure. — Corps court, épais. — Tête très-grande dans le mâle. — Corse-let arrondi sur les côtés, très-peu rétréci en arrière. — A angles un peu arrondis. — Écusson très-petit. — Élytres assez courtes, convexes. — Pattes antérieures fortes, un peu élargies, armées dans les deux sexes, au côté interne, de trois den-telures. et fortement échancrées en dedans.

1. EUCEPHALUS CAPENSIS.

LAP., *Études Entom.*. p. 66. pl. 2, f. 5.

— Long. 3 lig. Larg. 1 lig. — D'un brun obscur; antennes et parties de la bouche rougeâtres; corselet rebordé, avec un léger sillon longitudinal au milieu; élytres avec des côtes longitudinales serrées les unes contre les autres; pattes d'un jaune rougeâtre. — Cap de Bonne-Espérance.

PLATYMETOPUS, Dej. :

Carabus, Schœnn.; *Ophonus*, Eschscu.

Antennes filiformes, assez courtes. — Palpes assez saillans, à dernier article ovalaire, un peu renflé, presque aminci vers l'extrémité, et tronqué. — Les quatre premiers articles des quatre tarses antérieurs assez fortement dilatés dans les ♂. — Tête arrondie, rétrécie en arrière. — Yeux plus ou moins saillans. — Mandibules peu avancées. — Labre un peu arrondi. — Corselet plus ou moins carré, rétréci en arrière. — Élytres allongées, légèrement ovales, presque parallèles. — Pattes moyennes. — Le corps peu convexe. — Jambes antérieures assez fortement échancrées.

1. PLATYMETOPUS TESSELLATUS.
Dej.. 4, p. 78, nᵒ 8. — Long. 3 lig. ¹. Larg. 1 lig. ¹. — Brun obscur, finement ponctué; tête d'un vert bronzé; corselet d'un jaune à reflets bronzés; élytres jaunes, avec des stries faiblement ponctuées: chacune offre, en arrière, quatre taches d'un vert métallique dont l'une est très-allongée; antennes et pattes jaunes. — Sénégal.

2. PLATYMETOPUS VESTITUS.
Dej.. *Spec.*, 4. p. 76, nᵒ 6. — Long. 4 lig. Larg. 1 lig. ¹. — Noir un peu bronzé, pubescent, très-finement ponctué; élytres avec des stries finement ponctuées; intervalles des stries alternativement un peu élevés; base des antennes et pattes jaunes. — Sénégal.

3. PLATYMETOPUS QUADRIMACULATUS.
Dej., *Spec.*. 4. p. 70. nᵒ 1. — Long. 3 lg. ¹. Larg. 1 lig. ¹. — D'un bronzé obscur, ponctué: élytres avec des stries ponctuées et deux taches jaunes sur chacune: l'une à la base, formée de deux; l'autre transversale, en arrière; pattes et base des antennes jaunes; l'extrémité de celles-ci noirâtres. — Cochinchine.

GYNANDROPUS, Dej.

Antennes filiformes. — Palpes maxillaires à dernier article assez allongé, un peu ovalaire et tronqué à l'extrémité. — Les quatre premiers articles des quatre tarses antérieurs dilatés dans les mâles : le premier des antérieurs très-légèrement triangulaire ; les trois suivans beaucoup plus petits, triangulaires et presque cordiformes ; le premier des tarses antérieurs de la femelle fortement dilaté et très-légèrement triangulaire. — Tête ovale. — Mandibules courtes, arquées et assez aiguës. — Corselet presque carré, arrondi sur les côtés. — Élytres allongées, presque parallèles.

1. GYNANDROPUS AMERICANUS.
Dej., *Spec.*, t. V, p. 818. — Long. 3 lig. ¹. Larg. 1 lig. ¹. — Noir; corselet impressionné de chaque côté en arrière; élytres striées, avec les intervalles offrant alternativement une rangée de points enfoncés; antennes et pattes jaunes. — Amérique du Nord.

SELENOPHORUS, Dej.

Harpalus, Sturm, Gyll. ; *Carabus*, Fabr.; *Selenophorus* et *Anysodactylus*, Dej.

Antennes assez courtes, filiformes. — Palpes à dernier article légèrement ovalaire, presque cylindrique et tronqué. — Les quatre premiers articles des quatre tarses antérieurs dilatés dans les ♂. — Tête plus ou moins arrondie, rétrécie en arrière. — Mandibules peu avancées. — Corselet plus ou moins carré ou trapézoïde. — Élytres plus ou moins allongées. — Pattes assez fortes. — Jambes antérieures assez fortement échancrées.

Insectes de taille moyenne ou petites, de couleurs sombres ou plus ou moins métalliques; leurs mœurs sont celles de tous les genres voisins.

PREMIÈRE DIVISION.

Selenophorus, Dej.

Palpes peu saillans. — Les quatre premiers articles des quatre tarses antérieurs assez fortement dilatés dans les ♂; les trois premiers aussi longs que larges, légèrement cordiformes; le quatrième avec cette forme assez prononcée.

1. SELENOPHORUS SCARITIDES.
Sturm, 4. p. 84, 47, pl. 94. fig. c. C. — Long. 4 lig. Larg. 1 lig. ¹. — Ovale, noir; corselet presque arrondi, un peu rétréci en arrière, bi-impressionné

en arrière ; élytres courtes, avec des stries lisses, antennes et tarses ferrugineux. — Autriche.

2. SELENOPHORUS ÆRUGINOSUS.
DEJ., *Spec.*, t. IV. p. 125, n° 38. — Long. 5 lig. ¦. Larg. 2 lig. ¦. — Noir brillant; corselet presque carré, bi-impressionné en arrière; élytres bronzées, avec des stries longitudinales dans les troisième et cinquième intervalles, offrant de petits points disposés en lignes; antennes et pattes jaunes. — Cayenne.

3. SELENOPHORUS OCHROPUS.
DEJ., *Spec.*, t. IV, p. 122, n° 123. — Long. 5 lig. ¦. Larg. 2 lig. ¦. — Noir brillant; corselet presque en cœur, impressionné de chaque côté en arrière; élytres avec des stries dont le troisième intervalle présente des points peu marqués et disposés en stries; palpes, antennes et pattes jaunes. — Sénégal.

4. SELENOPHORUS SENEGALENSIS.
DEJ., *Spec.*, t. IV, p. 120, n° 34. — Long. 6 lig. ¦. Larg. 2 lig. ¦. — Noir brillant; corselet carré, arrondi sur les côtés; élytres presque parallèles, verdâtres, avec des stries ponctuées, dont les intervalles offrent d'assez gros points disséminés ça et là; palpes brunâtres, avec leur extrémité presque rouge, ainsi que le premier article des antennes. — Sénégal.

5. SELENOPHORUS TRICOLOR.
GUÉRIN, *Icon. Reg. Anim.*, pl. — *Speciosus*, DEJ., *Spec.*, t. IV, p. 117, n° 32.—*Dejeanii*, Perty, *Voyage de Spix. et Mart.*, p. 12, pl. 3, f. 4. — Long. 8 lig. ¦. Larg. 3 lig. ¦.—Noir. assez fortement ponctué; et tête corselet d'un beau rouge cuivreux; élytres ovales, fortes, un peu rougeâtres vers l'extrémité, avec des stries dont les intervalles sont ponctués; extrémité des palpes et premier article des antennes jaunes. — Brésil.

6. SELENOPHORUS CALIGINOSUS.
FABR., 1, p. 188, n° 98. — OLIV., 3, 35, p. 49, n° 54, pl. 6, fig. 64. — Long. 11 lig. Larg. 4 lig. ¦. — Très-grand, oblong, noir; corselet presque carré, très-faiblement ponctué; angles postérieurs droits; élytres avec des stries profondes; parties de la bouche, antennes et tarses brunâtres. — Amérique Boréale.

7. SELENOPHORUS CHALYBEUS.
DEJ., *Spec.*, t. IV, p. 110, n° 26.

— Long. 4 lig. Larg. 1 lig. ¦. — Noir brillant, à reflets bleus; corselet carré, avec deux impressions un peu ponctuées en arrière; angles postérieurs obtus; élytres striées, très-faiblement ponctuées; intervalles des stries offrant alternativement des points très-petits et disposés en lignes; cuisses et jambes brunes; antennes et tarses jaunes. — Antilles.

8. SELENOPHORUS PULLUS.
DEJ., *Spec.*, t. IV, p. 94, n° 11. — Long. 2 lig. ¦. Larg. 1 ¦. — Oblong, bronzé obscur; corselet presque carré, ponctué et biimpressionné en arrière; élytres avec des stries dont les intervalles offrent alternativement des points peu marqués, rangés en stries; base des antennes et pattes jaunes. — Brésil.

9. SELENOPHORUS MULTIPUNCTATUS.
DEJ., *Spec.*, 4, p. 87, n° 6. — Long. 3 lig. Larg. 1 lig. ¦. — D'un bronzé obscur; corselet carré assez plan, biimpressionné en arrière; élytres avec des stries dont les intervalles offrent alternativement de gros points rangés en lignes; base des antennes, palpes et pattes jaunes. — Cayenne.

10. SELENOPHORUS LINEATOPUNCTATUS.
DEJ., *Spec.*, t. IV, p. 87, n° 5. — Long. 3 lig. Larg. 1 lig. ¦. — Bronzé; corselet carré, un peu rétréci en avant, à angles postérieurs droits; il est biimpressionné en arrière, bordé latéralement d'une couleur roussâtre; intervalle des stries offrant alternativement une rangée de gros points enfoncés; base des antennes et pattes jaunes. — Cayenne.

11. SELENOPHORUS STIGMOSUS.
GERMAR. *Sp. Nov.*, p. 25. n° 41. — *Impressus*, DEJ., *Spec.*, t. IV, 82, n° 1. — Long. 4 lig. ¦. Larg. 1 lig. ¦. — Bronzé; corselet un peu transversal, presque carré, à angles postérieurs obtus, et impressionnés de chaque côté en arrière; il a une bordure latérale étroite et jaunâtre; élytres avec des stries dont les intervalles offrent alternativement des lignes formées de points enfoncés; base des antennes, palpes et pattes jaunes. — Amérique du Nord.

DEUXIÈME DIVISION.
Anysodactylus, DEJ.

Palpes assez saillans; les deuxième, troisième et quatrième articles des quatre tarses antérieurs très-fortement dilatés dans les ♂ ; les deuxième et troisième moins longs que larges, légèrement cordiformes ; le quatrième presque bilobé, très-fortement cordiforme.

12. SELENOPHORUS HEROS.

Fabr., 1, p. 204, n° 188. — Long. 4 lig. ⅓. Larg. 1 lig. ½. — D'un jaune testacé ; corselet, partie postérieure des élytres et dessous de la poitrine noirs. — Espagne, Barbarie.

13. SELENOPHORUS VIRENS.

Dej., *Spec.*, 4, p. 135, n° 2. — Long. 5 lig. Larg. 2 lig. - D'un vert bronzé ; corselet carré, avec une impression ponctuée de chaque côté en arrière ; angles postérieurs arrondis ; élytres striées ; intervalles de la troisième strie avec deux ou trois points enfoncés en arrière ; base des antennes rougeâtre. — Midi de la France.

14. SELENOPHORUS SIGNATUS.

Illig., *Kafer Preus*, 1, p. 174, n° 44. — Long. 5 lig. ½. Larg. 2 lig. ½. — Noir, assez large ; corselet carré, faiblement ponctué en avant, fortement en arrière, impressionné de chaque côté ; élytres striées, d'un bronzé obscur ; antennes brunes. — France.

15. SELENOPHORUS BINOTATUS.

Latr., 1, p. 193, n° 126. — Long. 5 lig. ½. Larg. 2 lig. — Noir ; corselet carré, ponctué en arrière, où il est impressionné de chaque côté ; élytres striées, avec un point enfoncé sur le troisième intervalle ; premier article des antennes, quelquefois le deuxième, et les tarses, rougeâtres. — Paris.

16. SELENOPHORUS INTERMEDIUS.

Dej., *Spec.*, t. IV, p. 139. — Long. 6 lig. ½. Larg. 2 lig. ½. — Noir ; corselet carré, un peu rétréci en arrière, où il est impressionné de chaque côté ; élytres striées, avec un point enfoncé sur le troisième intervalle des stries ; le dessous du premier article des antennes et les tarses rougeâtres. — Midi de la France.

17. SELENOPHORUS SPURCATICORNIS.

Dej., *Spec.*, t. IV, p. 142, *Carabus Binotatus*, *Var. d.* Duft., 2, p. 78, n° 83. — Long. 5 lig. Larg. 2 lig. — Noir ; corselet carré, ponctué, et faiblement biimpressionné en arrière ; élytres striées, avec un point impressionné sur le troisième intervalle ; premier article des antennes brun, ainsi que les pattes. — Paris.

18. SELENOPHORUS GILVIPES.

Dej., *Spec.*, t. IV, p. 143, n° 8. — Long. 4 lig. ¼. Larg. 1 lig. ¼. — Plus allongé que le précédent ; noir ; corselet carré, ponctué et faiblement biimpressionné en arrière ; élytres assez courtes, avec des stries faibles ; un point sur le troisième intervalle ; premier article des antennes et pattes jaunes. — Midi de la France.

19. SELENOPHORUS NIGRICRUS.

Dej., *Spec.*, t. IV, p. 144, n° 9. — Long. 5 lig. ½. Larg. 2 lig. — Noir ; corselet carré, court, ponctué en arrière, où il est biimpressionné ; angles postérieurs obtus ; élytres avec des stries faiblement ponctuées : six petits points sur le troisième intervalle ; premier article des antennes et cuisses jaunes ; jambes et tarses bruns. — Sénégal.

20. SELENOPHORUS XANTHOPUS.

Dej., *Spec.*, t. IV, p. 145, n° 10. — Long. 5 lig. ½. Larg. 2 lig. ¼. — Noir brillant ; corselet carré, avec deux impressions ponctuées en arrière ; angles postérieurs un peu arrondis ; élytres avec des stries faiblement ponctuées ; sur le troisième et le quatrième intervalle l'on voit cinq ou six petits points enfoncés ; pattes et antennes jaunes. — Sénégal.

21. SELENOPHORUS AGRICOLA.

Say, *Transact. of the american phil. Soc., new series*, 2, p. 33, n° 15. — Long. 6 lig. Larg. 2 lig. ½. — Noir ; corselet carré, avec deux impressions ponctuées en arrière ; élytres très-finement ponctuées, striées, avec un point sur le troisième intervalle des stries ; premier article des antennes brun. — Amérique Boréale.

BARYSOMUS ;

Barysomus et *Bradybœnus*, Dej. ;
Carabus, Fabr., Oliv.

Antennes courtes, filiformes. — Palpes assez courts, à dernier article très-légèrement ovalaire, presque cylindrique et tronqué. — Les quatre premiers articles des quatre tarses antérieurs très-légèrement dilatés, courts, serrés, plus ou moins cordiformes. — Tête assez forte. — Mandibules courtes, peu aiguës ou obtuses. — Labre très-court. — Corselet presque carré, moins long que large. — Elytres assez courtes, presque parallèles. — Pattes assez fortes. — Jambes antérieures assez fortement échancrées.

Ces insectes ont le faciès des *Amara*.

PREMIÈRE DIVISION.

(*Barysomus*, Dej.)

Tête courte, large, point rétrécie postérieurement ; corps court, assez épais ; pattes très-courtes.

1. BARYSOMUS SEMI-VITTATUS.

Fabr., 1, p. 201, n° 472. — Long. 2 lig. ¼. Larg. 4 lig. ¼. — Tête et corselet d'un bronzé obscur ; élytres d'un brun noir plus clair près de la suture, avec une bande longitudinale sur chacune, placée près de la suture : elle est interrompue et blanche ; antennes et pattes brunes. — Indes Orientales.

2. BARYSOMUS GYLLENHALII.

Dej., *Spec.*, t. IV, p. 59, n° 2. — Long. 3 lig. Larg. 4 lig. ¼. — Bronzé ; corselet avec quatre points enfoncés ; élytres striées ; antennes et pattes ferrugineuses. — Indes Orientales.

3. BARYSOMUS HOPFNERI.

Dej., *Spec*, 4, p. 57, n° 1. — Long. 4 lig. ¼. Larg. 2 lig. — Bronzé obscur ; élytres striées, avec deux points plus gros sur chacune ; antennes et pattes brunes. — Mexique.

DEUXIÈME DIVISION,

Bradybœnus, Dej.

Tête presque arrondie, très-légèrement rétrécie en arrière ; corps court, peu convexe ; pattes assez courtes.

4. BARYSOMUS CAYENNENSIS.

Lap., *Ann. de la Soc. Ent.*, 4, p. 395.— Long. 4 lig. ¼. Larg. 2 lig. ¼. — Noir peu brillant ; tête transversale, avec un petit sillon transversal en avant ; lèvre supérieure jaune ; corselet transversal, presque carré, avec deux petites rides transversales au milieu, un petit sillon au milieu, qui ne se prolonge pas jusqu'aux bords, et deux petites impressions en arrière ; écusson petit ; élytres non ponctuées, avec des séries longitudinales lisses ; jambes, palpes et antennes brunes. — Cayenne.

5. BARYSOMUS SCALARIS.

Oliv., 33, 35, p. 78, n° 405, t. X, f. 414. — Long. 4 lig. ¼. Larg. 2 lig. — Brun ; corselet avec deux bandes longitudinales courtes, d'un vert bronzé ; élytres striées,

avec une bande longitudinale d'un cuivreux obscur sur chacune, près de la suture ; elle s'arrête avant l'extrémité, et s'élargit un peu après le milieu. — Sénégal.

6. BARYSOMUS FESTIVUS.

Dej., *Spec.*, t. IV, p. 463, n° 2.—Long. 3 lig. ¼. Larg. 4 lig. ¼.—Vert bronzé ; corselet avec une large bordure latérale d'un jaune testacé ; une bande longitudinale de même couleur, un peu sinueuse, sur chaque élytre ; pattes et antennes jaunes. — Sénégal.

HIPPOLOETIS, Lap.

Antennes courtes, très-grêles, filiformes, à premier article assez gros, le deuxième très-court, le troisième le plus long, tous les autres linéaires, filiformes. — Palpes à dernier article long, cylindrique, et très-légèrement arrondi à l'extrémité. — Lèvre supérieure courte, arrondie. — Menton échancré, n'ayant pas de dent au milieu de son échancrure. — Tarses des deux premières paires de pattes à quatre premiers articles un peu dilatés dans les mâles ; les antérieurs à articles courts et serrés.—Tête très-grande, arrondie, très-légèrement rétrécie en arrière. — Mandibules fortes, arquées, un peu aiguës. — Yeux ronds. — Corselet très-large, en demi-lune, à angles antérieurs très-aigus, arrondi sur les côtés. — Ecusson petit, triangulaire. — Élytres assez grandes, convexes, anguleuses à l'angle huméral, fortement échancrées à l'extrémité. — Pattes fortes.—Cuisses un peu renflées.

1. HIPPOLOETIS RUFA.

Lap., *Etud. entom.*, p. 453. — Long. 3 lig. Larg. 4 lig. ¼. — D'un brun rouge clair et luisant ; corselet fortement rebordé ; élytres lisses, avec quelques lignes longitudinales à peine visibles. — Sénégal.

CYCLOSOMITES.

Caractères. Echancrure du menton bidentée. — Labre échancré. — Corps arrondi ou allongé.

Genres : *Cyclosomus*, *Promecoderus*.

Les deux genres qui viennent prendre place ici semblent, au premier coup d'œil, appartenir aux *Simplicimanes* ; mais la forme des tarses antérieurs ne permet pas de les placer dans cette cohorte.

CYCLOSOMUS, Latr. ;
Scolytus, Fabr.

Antennes filiformes. — Palpes à dernier article presque cylindrique, tronqué à l'extrémité. — Tarses à articles triangulaires, à quatre premiers articles dilatés dans les mâles. — Menton offrant une dent bifide au milieu de son échancrure. — Corps aplati et presque arrondi. — Tête triangulaire. — Corselet trapézoïdal. — Élytres en demi ovale et recouvrant des ailes. — Pattes courtes.—Jambes antérieures échancrées.

1. CYCLOSOMUS FLEXUOSUS.
Fabr., 1, 247, 1. — Long. 4 lig. Larg. 2 lig. ½. — Brun presque noir; élytres d'un jaune ferrugineux, avec la base, la suture, une bande au milieu sinuée, raccourcie, et enfin l'extrémité noires, ainsi qu'un point sur chaque élytre et neuf stries; antennes et pieds ferrugineux. — Indes-Orientales.

2. CYCLOSOMUS BUCQUETI.
Dej., *Spec.*, t. V, p. 812. — Long. 3 lig. Larg. 1 lig. ½. — Couleur de poix; corselet d'un vert bronzé, avec les bords latéraux jaunes; élytres de cette dernière couleur, avec la suture, la base et une bande au milieu, sinuée et raccourcie, d'un vert bronzé; antennes et pattes jaunes. — Sénégal.

PROMECODERUS, Dej.

Antennes filiformes. — Palpes à dernier article presque cylindrique et tronqué à l'extrémité. — Tarses antérieurs à quatre premiers articles triangulaires et dilatés dans les mâles. — Menton offrant une dent un peu bifide au milieu de son échancrure. — Corps allongé. — Tête un peu renflée en arrière. — Corselet ovalaire. — Élytres très-allongées, et ne recouvrant pas d'ailes, à ce qu'il paraît.—Pattes fortes: antérieures échancrées assez fortement.

PROMECODERUS BRUNNICORNIS.
Dej., *Spec.*, 4, 28, 1. — Long. 7 lig. Larg. 2 lig. ½. — D'un vert presque noir, à reflets un peu violets; parties de la bouche, antennes et tarses bruns; corselet très-lisse; élytres faiblement striées; les jambes noires, un peu brunâtres. — Nouvelle-Hollande.

CRATOGNATHITES.

Caractères. Echancrure du menton sa aucune dent. — Labre échancré.
Genre : *Cratognathus.*
Cette coupe ne renferme qu'un se genre; nous n'avons pu le faire entrer da aucune autre.

CRATOGNATHUS, Dej.

Antennes assez courtes, filiformes. Palpes assez saillans, à dernier article as allongé, très-légèrement ovalaire, presq cylindrique et tronqué. — Les quatre p miers articles des quatre tarses antérie très-légèrement dilatés, assez courts, cor formes. — Tête assez grosse, presque c rée. — Mandibules fortes, assez avancé —Corselet presque cordiforme. — Élyt peu allongées, presque parallèles.—Pat courtes. — Jambes antérieures assez for ment échancrées.

1. CRATOGNATHUS MANDIBULARIS.
Dej., *Spec.*, 4, 48, 1. — Long. 4 lig Larg. 1 lig. ¼. — D'un brun noir as brillant; corselet presque en cœur, a deux impressions latérales en arrière; (tres avec des stries lisses, un point enfo sur le troisième intervalle; palpes, ant nes et pattes d'un rouge ferrugineux. Buénos-Ayres.

2. CRATOGNATHUS SCARITIDES.
Perty, *Voyage de Spix et Marti* p. 13, pl. 3, f. 7. — Long. 6 lig. ½. L 2 lig. ½. — D'un noir de poix brillant; bre, antennes et pattes ferrugineux; co let transversal, presque en cœur; ély striées, avec un point peu visible en arri sur la troisième strie. — Brésil.

Quatrième cohorte. — *SIMPLICII NES*, Latr. ;
Feroniens, Dej.

Caractères. Les deux tarses antérie seuls ayant deux ou trois de leurs arti dilatés dans les ♂. Ces tarses, ainsi é gis, ne forment cependant pas de pal carrée ou orbiculaire: ils sont garnis en sous de poils peu serrés.
Les *Simplicimanes* forment une coh très-nombreuse, dans laquelle vienne ranger beaucoup de genres fort diffé entre eux, quant aux faciés, mais pré

tant tous les caractères essentiels qui les distinguent des Quadrimanes. Nous les partagerons en petits groupes, et nous ferons en sorte de rapprocher les genres qui ont entre eux le plus d'analogie. Il est un de ces groupes qui excite, et excitera peut-être encore long-temps, de grands débats entre les naturalistes. Les uns, et parmi eux est Latreille, dont l'opinion est d'un si grand poids en cette matière, et M. le comte Dejean, qui a fait une étude toute spéciale des Carabiques, veulent laisser dans un seul genre, nommé *Feronia*, une quantité immense d'insectes dont le faciès est quelquefois très-différent, et ils fondent leur sentiment sur l'absence presque totale de caractères pour établir des coupes génériques sur des bases un peu solides. Les autres, et à leur tête est un entomologiste célèbre, M. Bonelli, partagent ce groupe en un grand nombre de genres établis, il est vrai, sur des caractères peu importans peut-être au premier coup d'œil, et surtout d'une étude embarrassante et difficile ; mais ces genres, ainsi fondés, ont cependant un très-grand avantage : celui de réunir des espèces dont le port, la tournure, le faciès, enfin, et même les mœurs, sont tout-à-fait semblables. Cet avantage nous a paru trop considérable pour le sacrifier entièrement, et nous avons donc maintenu ces genres. Les personnes qui partageraient l'opinion des premiers naturalistes les regarderont simplement comme des divisions du grand genre *Feronia*, et, dans ce cas même, l'établissement de ces genres servira à les guider dans la recherche des espèces.

POGONITES.

Caractères. Les deux premiers articles des tarses antérieurs dilatés dans les ♂. — Crochets des tarses simples.

Genres : *Pogonus, Cardiaderus, Barypus, Patrobus, Melanotus, Omphreus.*

Les *Pogonites* fréquentent le bord des eaux douces et salées ; ils sont généralement revêtus de couleurs métalliques, et de taille petite ou moyenne.

POGONUS, Ziég.;

Platysma, Sturm;

Carabus, Duft. ; *Harpalus*, Ahrens.

Antennes légèrement comprimées ; le premier et le second article cylindriques, les premier et troisième plus longs, les au-

tres à peu près d'égale longueur, le dernier en ovale allongé. — Palpes peu saillans, à dernier article assez allongé, légèrement ovalaire, presque pointu. — Les deux premiers articles des tarses antérieurs dilatés dans les mâles. — Mandibules assez courtes, un peu arquées et aiguës. — Tête presque triangulaire. — Yeux gros. — Corselet court, presque transversal et carré. — Elytres assez allongées, presque parallèles. — Pattes assez courtes. — Insectes de petite taille, habitant exclusivement les bords de la mer et des eaux salées, et revêtus presque tous de couleurs métalliques.

1. POGONUS PALLIDIPENNIS.

Dej., *Spec.*, 3, 7, 1. — Long. 3 lig. ¼. Larg. 1 lig. ¼. — D'un vert bronzé ; tête et corselet très-brillans ; palpes et antennes roussâtres ; pattes et élytres d'un jaune pâle, avec un reflet bronzé qui forme souvent une assez grande tache dorsale ; stries pointillées à fond bronzé. — Bords de la Méditerranée, France.

2. POGONUS LURIDIPENNIS.

Ahrens, *Faun., Ins. Europ.*, 7, 3. — Long. 3 lig. ¼. Larg. 1 lig. ¼. — Ressemble au *P. Pallidipennis*, est plus petit, d'un vert bronzé plus clair ; élytres plus courtes, plus larges, d'un jaune pâle, avec un léger reflet bronzé au fond des stries, et quelquefois sur les élytres, où il ne forme pas de tache. — France Septentrionale.

3. POGONUS LITTORALIS.

Sturm, 5, 67, 17, pl. 115, fig. *a*, A. — Long. 3 lig. Larg. 1 lig. ¼. — D'un bronzé obscur, très-brillant en dessous, quelquefois verdâtre ou cuivreux ; palpes d'un brun roussâtre ; antennes de cette couleur avec une tache obscure à l'extrémité de chaque article : le premier, vert bronzé obscur ; les troisième et quatrième noirâtres ; corselet plus large que long, presque lisse, fortement ponctué à la base ; élytres très-légèrement convexes, avec neuf stries ponctuées ; les troisième et quatrième, sixième et septième, se réunissent deux à deux avant l'extrémité des élytres ; trois points enfoncés entre la deuxième et la troisième strie ; pattes roussâtres, un peu bronzées. — Bord de la Méditerranée, France.

4. POGONUS HALOPHILUS.

Ahrens, *Faun, Ins. Europ.* 10, pl. 1. — Long. 3 lig. Larg. 1 lig. ¼. — Ressemble au *P. Littoralis*, mais un peu plus petit ; d'une couleur bronzée, assez brillante, souvent un peu cuivreuse ; corselet avec quelques points enfoncés au bord antérieur ; stries des élytres moins enfoncées, surtout vers l'extrémité : les sixième et septième encore moins marquées que les autres ; pattes roussâtres, peu bronzées. — Bords de l'Océan, France.

5. POGONUS GILVIPES.

Dej., *Spec.*, t. III. p. 148. — Long. 2 lig. ½. Larg. 1 lig. — Ressemble au *P. Littoralis*, d'un bronzé obscur, un peu cuivreux ; palpes antennes et pattes, d'un jaune roussâtre ou pâle ; élytres à stries plus fortement ponctuées ; cinq points enfoncés entre la deuxième et la troisième strie. — Bord de la Méditerranée, France.

6. POGONUS RIPARIUS.

Dej., *Spec.*, 3, 16, 11. — Long. 3 lig. ½. Larg. 1 lig. ½. — Bronzé, quelquefois obscur ou cuivreux ; corselet rétréci antérieurement, sinué sur les côtés, point rétréci en arrière ; élytres à stries peu marquées, surtout vers l'extrémité : les sixième et septième le sont très-peu ; trois points enfoncés entre la deuxième et la troisième ; pattes roussâtres légèrement bronzées. — Bords de la Méditerranée, France.

7. POGONUS MERIDIONALIS.

Dej., *Spec.*, 3, 17, 13. — Long. 3 lig. Larg. 1 lig. ½. — Assez étroit ; d'un bronzé obscur ; les mâles plus brillans ; élytres avec les sixième et septième stries aussi marquées que les autres : cinq à sept points enfoncés entre la deuxième et la troisième ; deux à quatre points entre la quatrième et la cinquième, vers l'extrémité, et deux ou trois entre la sixième et la septième ; pattes roussâtres un peu bronzées. — Bords de la Méditerranée, France.

8. POGONUS GRACILIS.

Dej., *Spec.*, 3, 18, 15. — Long. 2 lig. ½. Larg. ½ lig. — D'un vert bronzé obscur ; labre, palpes, antennes et pattes, d'un jaune roussâtre ; élytres avec des stries légèrement ponctuées : trois points enfoncés entre la deuxième et la troisième strie. — Bords de la Méditerranée, France.

9. POGONUS TESTACEUS.

Dej., *Spec.*, 3, 20, 17. — Long. 2 lig. Larg. ½ lig. — D'un jaune testacé, plus obscur en dessous, avec un reflet bronzé, surtout sur la tête et le corselet ; élytres à stries légèrement ponctuées ; trois points enfoncés peu marqués entre la deuxième et la troisième strie ; pattes pâles. — Bords de la Méditerranée, France.

10. POGONUS FILIFORMIS.

Dej., *Spec.*, 3, 21, 18. — Long. 2 lig. ½. Larg. ½ lig. — Très-étroit ; d'un vert bronzé obscur ; brun noirâtre en dessous ; mandibules d'un brun roussâtre ; palpes, antennes et pattes d'un jaune roussâtre ; élytres à stries légèrement ponctuées ; trois points enfoncés entre la deuxième et la troisième strie. — Sardaigne.

CARDIADERUS, Dej.;
Daptus, Fisch. ; *Pogonus.* Sturm.

Antennes allongées, filiformes. — Palpes à dernier article allongé, presque ovalaire et pointu. — Les deux premiers articles des tarses antérieurs dilatés dans les mâles. — Mandibules grandes. — Tête un peu renflée postérieurement. — Corselet cordiforme, rétréci postérieurement. — Élytres allongées, parallèles, peu convexes.

CARDIADERUS CHLOROTICUS.

Fisch., *Entom. de la Russie*, 2, 10, 3, pl. 46, fig. 8. — Long. 3 lig. ½. Larg. 1 lig. ½. — D'un jaune pâle légèrement testacé ; élytres avec une légère teinte bronzée, formant quelquefois une tache sur le disque ; stries légèrement ponctuées, et deux points enfoncés sur la troisième extrémité des mandibules, noirâtres. — Sables de la Sibérie.

BARIPUS, Dej.;
Molops, Germ.

Antennes minces ; premier et troisième article longs, cylindriques ; le deuxième de moitié plus court, le quatrième et les suivans en ovale allongé. — Palpes presque égaux, à dernier article cylindrique et tronqué à l'extrémité. — Les deux premiers articles des tarses antérieurs dilatés dans les mâles. — Mandibules fortes, aiguës. — Tête presque triangulaire. — Corselet convexe, presque ovalaire. — Élytres convexes, en ovale allongé. — Pattes courtes. — Écusson n'atteignant pas la base des élytres. — Point d'ailes.

1. BARIPUS RIVALIS.

Germ., *Coléopt., Spec., Nov.*, 21, 34. — Long. 6 lig. Larg 2 lig. ½. — D'un brun

noirâtre, bronze obscur en dessus, un peu
verdâtre ou cuivreux; palpes et antennes
d'un brun roussâtre; élytres avec huit
sillons peu enfoncés, à fond vert métallique.
— Buénos-Ayres.

2. BARIPUS SPECIOSUS.

Dej., *Spec.*, t. V, p. 703. — Long.
10 lig. ¼. Larg. 3 lig. ¼. — Tête et
corselet d'un noir bleuâtre, varié de rougeâtre cuivreux; élytres convexes, d'un
rougeâtre cuivreux, avec des côtes élevées
d'un bleu noir; dessous du corps bleu, avec
les pattes de même couleur. — Brésil méridional.

PATROBUS, Meg.;

Platysma, Sturm; *Harpalus*, Gyll.;

Carabus, Fabr.

Antennes filiformes, à articles allongés, cylindriques : le premier plus gros, le deuxième très-court. — Palpes saillans, d'égale
longueur, à dernier article allongé, cylindrique et tronqué. — Les deux premiers
articles des tarses antérieurs dilatés dans
les mâles. — Mandibules assez courtes, arquées et aiguës. — Tête triangulaire et
rétrécie postérieurement. — Yeux gros. —
Corselet cordiforme, aplati, et rétréci
par derrière. — Elytres presque planes,
en ovale allongé. — Pattes longues,
assez fortes. — Insectes de petite ou moyenne taille, peu agiles, vivant sous les
pierres ou débris de végétaux, appartenant presque tous aux régions les plus
froides de l'Europe.

Espèces privées d'ailes.

1. PATROBUS RUFIPES.

Fabr., 1, 184, 75. — Long. 4 lig. Larg.
1 lig. ¼. — D'un brun quelquefois clair,
quelquefois très-foncé; palpes, abdomen
et pattes d'un rouge ferrugineux; labre,
antennes, dessous du corselet et poitrine
d'un brun roussâtre; élytres avec huit
stries : les troisième et quatrième, sixième
et septième, se réunissent deux à deux, la
base des quatre ou cinq premières assez fortement ponctuée; trois points enfoncés entre
la deuxième et la troisième strie, et une
ligne de points enfoncés entre la huitième
et le bord extérieur. — France et Allemagne.

2. PATROBUS FOVEOCOLLIS.

Fisch., *Entom. de la Russie*. 2. 129.
2, pl. 19, fig. 5. — Long. 4 lig. ¼. Larg.

1 lig. ¼. — Ressemble au *P. Rufipes*; corselet moins cordiforme; élytres plus convexes; stries moins ponctuées : les deuxième et troisième, sixième et septième, se
réunissant deux à deux; quatre points enfoncés entre les deuxième et troisième
stries. — Ile d'Ounalaschka.

3. PATROBUS AMERICANUS.

Dej., *Spec.*, 3. 34. — Long. 6 lig.
Larg. 2 lig. ¼. — D'un brun luisant presque noir; palpes et pattes d'un jaune ferrugineux, testacé ou roussâtre; labre et antennes d'un rouge ferrugineux; élytres
striées comme dans le *P. Rufipes*; derrière du corselet et poitrine d'un brun noirâtre; abdomen roussâtre plus clair à l'extrémité. — Amérique Septentrionale.

Espèces ailées.

4. PATROBUS SEPTENTRIONIS.

Schœnh., *Syn.*, 3, 29, 2. — Long. 4 lig.
Larg. 1 lig. ¼. — Ressemble au *P. Rufipes*;
mais la présence des ailes l'en distingue facilement; en outre, le corselet est plus
court, les élytres plus allongées, les stries
moins fortement ponctuées, les pattes
plus obscures. — Suède et Finlande.

5. PATROBUS RUFIPENNIS.

Dej., *Spec.*, 3. 33. 7. — Long.
5 lig. Larg. 1 lig. ¼. — Tête et corselet
noirs; labre, palpes, antennes, abdomen et
élytres d'un rouge ferrugineux; poitrine
d'un brun roussâtre; pattes d'un jaune
testacé. — France méridionale.

MÉLANOTUS, Dej.

Antennes courtes, presque moniliformes;
palpes à dernier article assez allongé, presque cylindrique et tronqué à l'extrémité.
— Menton offrant une dent simple au milieu de son échancrure. — Tête triangulaire. — Corselet assez court et presque
transversal. — Elytres peu allongées et
presque parallèles.

Nota. A l'exemple de M. le comte Dejean, nous conservons ce genre dans les
Féroniens, mais nous croyons qu'il serait
mieux placé parmi les *Harpaliens*.

1. MÉLANOTUS FLAVIPES.

Dej., *Spec.*, t. V, p. 700. — Long. 5 lig.
Larg. 2 lig. ¼. — Noir, un peu brunâtre;
une tache rougeâtre peu marquée entre
les yeux; corselet transversal; élytres
striées, avec un point enfoncé sur le troisième intervalle et vers les deux tiers de

l'élytre; antennes et pattes d'un jaune testacé. — Buénos-Ayres et partie méridionale du Brésil.

2. MELANOTUS IMPRESSIFRONS.

DEJ., *Spec.*, t. V, p. 701.—Long. 6 lig. ¼. Larg. 2 lig. ½. — Noir; pas de tache rouge entre les yeux, mais deux impressions arrondies entre les antennes; corselet presque transversal; élytres striées; antennes, tarses et trochanter d'un brun un peu roussâtre. — Partie méridionale du Brésil.

OMPHREUS, DEJ.

Antennes filiformes, à articles allongés, un peu comprimés; le premier très-long, presque fusiforme. — Palpes assez grands; le dernier article sécuriforme. — Mandibules très-aiguës. — Tête assez grande, presque ovale, un peu rétrécie en arrière. — Corselet légèrement cordiforme.—Elytres en ovale très-allongé, presque planes. — Pattes grandes et fortes.

OMPHREUS MORIO.

DEJ., *Spec.*, 3, 94, 1. — Long. 10 lig. Larg. 3 lig. ¼.—D'un noir brillant, surtout sur la tête et le corselet; élytres très-finement striées, avec une ligne de points enfoncés entre la septième et huitième strie; dessous du corps d'un brun obscur; palpes et tarses d'un brun noirâtre.—Montenegro.

STENOMORPHITES.

Caractères. Le premier article des tarses antérieurs des mâles seul dilaté.
Genre unique : *Stenomorphus.*

STENOMORPHUS, DEJ.

Antennes filiformes, un peu plus courtes que la moitié du corps; le premier article un peu renflé, le deuxième court, le troisième assez long, les autres égaux. — Palpes maxillaires à dernier article presque cylindrique; celui des labiaux un peu plus court, plus large, presque ovalaire, et l'un et l'autre tronqués à l'extrémité. — Menton sans dent au milieu de son échancrure. — Tarses à crochets non dentelés en dessous.—Tête oblongue. —Mandibules courtes, arquées et presque obtuses. — Corselet très-allongé, un peu rétréci en arrière. — Elytres allongées et parallèles.

STENOMORPHUS ANGUSTATUS.

DEJ., t. V, p. 697. — Long. 5 lig. ¼. Larg. 1 lig. ½. — Noir; corselet allongé, rétréci en arrière, couvert de rides transversales et ondulées, avec une impression longitudinale de chaque côté, en arrière; élytres allongées, parallèles, avec de fortes stries; antennes et pattes d'un brun noirâtre. — Colombie.

CALATHITES.

Caractères. Les trois premiers articles des tarses antérieurs dilatés dans les ♂; crochets des tarses dentelés en dessous.
Genres : *Dolichus, Ctenipus, Calathus, Pristodactyla, Taphria.*
Les *Calathites* sont des insectes très-agiles, de moyenne taille, presque toujours de couleurs sombres. Ils habitent au pied des arbres et sous les pierres. Plusieurs espèces sont aptères; quelques-unes hivernent sous les écorces des arbres.

DOLICHUS, BON.;

Harpalus, GYLL.; *Carabus*, FABR.;
Agonum, GERM.

Antennes filiformes, à articles allongés, presque cylindriques.—Palpes assez grands, à dernier article presque cylindrique et tronqué à l'extrémité.—Les trois premiers articles des tarses antérieurs dilatés dans les mâles; crochets des tarses dentelés en dessous. — Mandibules un peu avancées, arquées et assez aiguës. — Tête triangulaire, un peu rétrécie postérieurement. — Corselet ovalaire ou cordiforme.—Elytres planes, sinuées, ovales ou parallèles.
On ne connaît qu'une espèce d'Europe; les autres sont du cap de Bonne-Espérance.

PREMIÈRE DIVISION.

Espèces ailées.

1. DOLICHUS FLAVICORNIS. (Pl. 6, fig. 1.)
FABR., 1, 181, 56.—STURM, 5, pl. 129, fig. *a, n.* — Long. 7 lig. Larg. 2 lig. ¼. —D'un brun noirâtre, plus foncé en dessus qu'en dessous; deux taches sur la tête, entre les yeux; labre et extrémité de l'abdomen d'un brun ferrugineux; palpes, antennes et pattes d'un jaune testacé; une grande tache commune d'un rouge ferrugineux, à la base des élytres. — Cet insecte est rare en France; il se trouve cependant

1. Dolichus flavicornis. 1a. lèvre et palpes labiaux, la même. 1b. mâchoire et palpes maxillaires. 1c. labre. 2. Calathus Cisteloides. 3. Calathus Ochropterus. 4. Calathus Microplerus. 5. Abax Striola. 6. Abax Ovalis. 7. Abax Parallelus. 8. Steropus Madidus.

assez abondamment dans le Dauphiné, au pied des montagnes, sous les pierres.

2. DOLICHUS BADIUS.

GERM., *Mag., der Ent.*, 4, 114, 13. — Long. 6 lig. ½. Larg. 2 lig. ½. — D'un brun noirâtre, avec le devant de la tête et le labre d'un brun ferrugineux ; palpes et antennes plus clairs ; élytres sinuées et presque tronquées à l'extrémité, d'un rouge ferrugineux : l'extrémité plus ou moins obscure ; poitrine et base des cuisses d'un rouge ferrugineux. — Cap de Bonne-Espérance.

3. DOLICHUS STRISTI.

— Long. 6 lig. Larg. 2 lig. ½. Noir, palpes et antennes d'un brun rouge ; premier article de ces dernières et labre d'un brun obscur ; corselet étroit ; élytres étroites à la base, élargies en arrière, assez fortement striées ; tarses d'un brun rouge.— Cap de Bonne-Espérance.

DEUXIÈME DIVISION.

Espèces privées d'ailes.

4. DOLICHUS RUFIPES.

DEJ., *Spec.*, 3, 41. — Long. 6 lig. ½. Larg. 2 lig. ½. — D'un brun noirâtre ; bord du labre, palpes, antennes et pattes d'un rouge ferrugineux. — Cap de Bonne-Espérance.

5. DOLICHUS SULCATUS.

DEJ., *Spec.*, 3, 41, 5. — Long. 9 lig. Larg. 2 lig. ½. — Allongé, noir ; élytres d'un rouge ferrugineux ; stries des élytres formant des sillons profonds ; huit points enfoncés entre la deuxième et la troisième strie ; pattes très-grandes.—Cap de Bonne-Espérance.

6. DOLICHUS RUFIPENNIS.

DEJ., *Spec.*, t. V, p. 706. — Long. 6 lig. ½. Larg. 2 lig. ½. — Noir ; corselet oblong, presque en cœur ; élytres striées et ferrugineuses. — Cap de Bonne-Espérance.

CTENIPUS, LATR. ;

Pristonichus, DEJ. ; *Lamostenus*, BON. ;

Sphodrus, STURM ; *Harpalus*, GILL. ;

Carabus, FABR, OLIV.

Antennes filiformes ; le deuxième article plus court, le troisième plus long que les autres. — Palpes assez grands, le dernier article presque cylindrique et tronqué à l'extrémité. — Les trois premiers articles des tarses antérieurs dilatés dans les mâles ; crochets des tarses dentelés en dessous. — Mandibules un peu arquées et aiguës. — Tête presque ovale. — Yeux petits. — Corselet cordiforme, allongé, rétréci en arrière. — Élytres plus larges que le corselet, allongées, ovales, un peu sinuées à l'extrémité. — Pattes allongées, assez fortes.

Insectes d'assez grande taille, de couleur foncée, habitant les endroits humides, sous les pierres ou dans les troncs des vieux arbres, et paraissant propres à l'ancien Continent.

PREMIÈRE DIVISION.

Espèces privées d'ailes.

1. CTENIPUS TERRICOLA.

OLIV., 3, 35, 68, pl. 11, fig. 124. — D'un brun noirâtre ; palpes d'un brun roussâtre ; labre et antennes d'un brun un peu ferrugineux, quelquefois rougeâtre ; élytres noires, bleuâtres ou d'un brun noirâtre, ou d'un brun violet, avec neuf stries très-légèrement ponctuées : les troisième et quatrième, cinquième et sixième, se réunissant souvent deux à deux ; pattes quelquefois d'un rouge presque ferrugineux ; jambes intermédiaires arquées. — France.

2. CTENIPUS OBLONGUS.

DEJ., *Spec.*, 3, 50, 6. — Long. 7 lig. Larg. 2 lig. ½. — Ressemble au *P. Terricola*, mais plus allongé ; corselet plus étroit ; élytres plus ovales et plus convexes, d'un noir assez brillant ; les stries sont lisses, et les jambes intermédiaires très-légèrement arquées. — France méridionale.

3. CTENIPUS ANGUSTATUS.

DEJ., *Spec.*, 3, 50, 7. — Long. 7 lig. ½. Larg. 2 lig. ½. — Ressemble au *P. Terricola*, mais il est plus allongé, plus étroit, plus déprimé ; élytres noires, sans reflet violet, a stries très-légèrement ponctuées ; pattes longues et grèles ; les jambes intermédiaires droites. — France méridionale.

4. CTENIPUS CÆRULEUS.

DEJ., *Spec.*, 3, 53, 10. — Long. 6 lig. ½. Larg. 2 lig. ½.—Plus allongé, plus étroit et plus déprimé que le *P. Terricola* ; d'un bleu obscur un peu violet, bleu noirâtre en dessus ; pattes plus courtes, d'un brun noirâtre, avec un léger reflet violet sur les cuisses ; jambes intermédiaires droites. Piémont.

5. CTENIPUS ALPINUS.

Dej., *Spec.*, 3, 56, 13. — Long. 8 lig. Larg. 3 lig. ½. — D'un bleu obscur presque noir; élytres à stries fines et légèrement ponctuées; intervalles presque plans; pattes d'un noir obscur; jambes intermédiaires droites. France méridionale.

6. CTENIPUS ELEGANS.

Dej., *Spec.*, 3, 59, 17. — Long. 5 lig. Larg. 1 lig. ½. — Étroit, allongé; d'un brun ferrugineux un peu roussâtre plus clair en dessous; pattes très-longues, d'un rouge ferrugineux; jambes intermédiaires droites. — Carniole.

7. CTENIPUS VENUSTUS.

Clairv., Dej., *Spec.*, 3, p. 60, 18, 7. Long. 5 lig. Larg. 2 lig. ½. D'un bleu plus ou moins foncé, plus obscur en dessous; élytres à stries fortement ponctuées, presque crénelées: les intervalles un peu relevés; pattes assez courtes, d'un brun noirâtre; jambes intermédiaires droites. — France méridionale.

DEUXIÈME DIVISION.

Espèces ailées.

8. CTENIPUS COMPLANATUS.

Dej., *Spec.*, 3, 58, 16. — Long. 6 lig. ½. Larg. 2 lig. ½. — La présence des ailes et les jambes intermédiaires droites, feront distinguer sur-le-champ cet insecte du *P. Terricola*, auquel il ressemble beaucoup. — France méridionale.

CALATHUS, Bonn. ;

Harpalus, Gyll ; *Carabus*, Fabr., Oliv.

Antennes filiformes, à articles allongés, cylindriques, un peu comprimés. — Palpes grands, à dernier article allongé, presque cylindrique et tronqué à l'extrémité. — Les trois premiers articles des tarses antérieurs dilatés dans les mâles; crochets des tarses fortement dentelés en dessous. — Mandibules peu avancées, légèrement arquées et aiguës. — Tête ovale. — Corselet trapézoïde. — Élytres légèrement ovales, peu rétrécies antérieurement et arrondies à l'extrémité.

Insectes de moyenne taille, ordinairement de couleur sombre, très-vifs, habitant sous les pierres, aux pieds des arbres, dans les champs, au bord des eaux, et paraissant propres à l'Europe, au Nord de l'Asie, de l'Afrique et de l'Amérique.

PREMIÈRE DIVISION.

Espèces privées d'ailes.

1. CALATHUS CISTELOIDES. (Pl. 6, fig. 2.)

Illig., *Kæf. Preuss.*, 1, 163, 27. — *Flavipes*. Oliv., 3, 35, 100, pl. 8, fig. 86. — Long. 5 lig. ½. Larg. 2 lig. ¼. — D'un noir brunâtre plus brillant dans le mâle que dans la femelle; la tête, le corselet et le dessous du corps le sont dans les deux sexes; élytres avec neuf stries peu profondes et très-légèrement ponctuées; à l'extrémité de la seconde, à la base et au milieu de la troisième et de la cinquième, au milieu de la huitième, quelques points enfoncés, dont le nombre et la grosseur varient; antennes d'un brun roussâtre; le premier article plus clair; bords antérieurs et latéraux du labre roussâtres; palpes d'un ferrugineux obscur; pattes d'un rouge ferrugineux. — Paris.

Quelquefois des individus un peu plus grands ont les antennes plus obscures, les pattes d'un brun noirâtre, les stries encore plus légèrement ponctuées, et les points sur les troisième et cinquième stries très-rares, un peu plus courts et un peu plus longs, ou nuls. Ces insectes sont le *C. Frigidus*, Dej., que ce même auteur a réuni depuis, comme simple variété, au *C. Cisteloides*.

2. CALATHUS LATUS.

Dej., *Spec.*, 3, 65, 2. — Long. 6 lig. Larg. 2 lig. ½. — Plus grand et plus large que le *C. Cisteloides*; base du corselet entièrement et plus fortement ponctuée; élytres à stries plus profondes; leur ponctuation plus distincte; pattes d'un brun noirâtre. — France.

3. CALATHUS GLABRICOLLIS.

Dej., *Spec.*, 3, 68, 4. — Long. 5 lig. ½. Larg. 2 lig. ½. — Ressemble beaucoup au *C. Cisteloides*; mais il est un peu plus court et plus large, et s'en distingue aisément par la base du corselet presque lisse, ayant seulement, près des angles postérieurs, deux ou trois points enfoncés peu marqués. — Trieste.

4. CALATHUS FULVIPES.

Gyll., 2, p. 128, n° 39, et p. 4, p. 441, n° 39. — *C. Flavipes*, Sturm, 5, 112, 3, pl. 122, fig. a, A. — D'un noirâtre plus brillant dans les mâles que dans les femelles; palpes, antennes et pattes d'un rouge ferrugineux; une étroite bordure de même couleur sur les côtés du corselet, qui est presque lisse à sa base ; élytres à stries lisses, avec deux points enfoncés entre la deuxième et la troisième, et quelques autres sur la huitième, près de l'extrémité ; bord inférieur des élytres d'un brun ferrugineux obscur. — France.

5. CALATHUS COMPLANATUS.
DEJ., *Spec.*, 3, 73. 9. — Long. 5 lig. Larg. 2 lig. ¼. — D'un brun obscur ; devant de la tête roussâtre ; palpes, antennes et pattes d'un jaune testacé roussâtre ; élytres avec des stries profondes, lisses ; entre la troisième et la quatrième strie, quatre points enfoncés, et une rangée de points enfoncés près de la huitième. — Ile de Madère.

6. CALATHUS METALLICUS.
DEJ., *Spec.*, 3, 74, 10. — Long. 4 lig. ¼. Larg. 1 lig. ¼. — D'un bronzé vert et brillant dans les mâles ; antennes d'un brun roussâtre, avec le premier article rouge ferrugineux ; dessous du corps et cuisses d'un brun noirâtre ; jambes et tarses roussâtres. —Hongrie.

7. CALATHUS ROTUNDICOLLIS.
DEJ., *Spec.*, 3, 75, 11. — Long. 4 lig. ¼. Larg. 1 lig. ¼.—Brun ; angles postérieurs du corselet arrondis ; élytres à stries lisses et peu profondes, avec cinq points enfoncés entre la deuxième et la troisième strie ; pattes d'un brun roussâtre.—France.

8. CALATHUS GREGARIUS.
SAY, *Trans. of the American Phil. Soc.*, *new series.* 2, p. 47, nᵒ 21. — Long. 4 lig. Larg. 1 lig. ¼. — Ressemble au *C. Melanocephalus* ; d'un noir obscur ; corselet plus allongé ; bords latéraux d'un brun ferrugineux ; quelques points enfoncés entre les deuxième et troisième stries ; antennes et pattes d'un jaune testacé pâle. — Amérique-Septentrionale.

9. CALATHUS MELANOCEPHALUS.
FABR., 1, 190, 112.—OLIV., 3, 35, 124, pl. 2, fig. 14. — Long. 3 lig. ¼. Larg. 1 lig. ¼.—D'un brun noirâtre ; tête noire ; palpes, antennes et pattes d'un jaune testacé pâle ; corselet presque lisse, d'un rouge ferrugineux tant en dessus qu'en dessous ; élytres à stries lisses : trois points enfoncés entre la deuxième et la troisième, une ligne de points enfoncés près de la huitième, vers l'extrémité ; bords extérieur et inférieur des élytres un peu roussâtres. — Paris.

10. CALATHUS OCHROPTERUS. (Pl. 6, fig. 3.)
STURM, 5, 115, 5, pl. 123, fig. *a*, A.— Long. 3 lig. ¼. Larg. 1 lig. ¼. — Ressemble au *C. Melanocephalus* : d'un brun obscur ; tête et élytres presque noires ; corselet d'un brun rougeâtre, avec les bords latéraux roussâtres ; élytres, pattes et antennes comme dans le *C. Melanocephalus*. — France.

11. CALATHUS MICROPTERUS. (Pl. 6, fig. 4.)
STURM, 5, 113, pl. 122, fig. *b*, B.—Long. Larg. 3 lig. ¼. 1 lig. ¼. — Ressemble au *C. Melanocephalus* ; d'un noir obscur un peu brunâtre ; angles du corselet un peu arrondis postérieurement ; ses bords latéraux d'un brun ferrugineux ; élytres, pattes et antennes comme dans le *C. Melanocephalus*. — France, Allemagne.

Nota. Le *Calathus Mollis* de Marsch. et de Stephens, dont M. Walker m'a envoyé plusieurs individus, ne me semble pas différer de l'espèce précédente.

DEUXIÈME DIVISION.

Espèces ailées.

12. CALATHUS FUSCUS.
FABR., 1, 191, 113.—OLIV., 3, 35, 101, pl. 12, fig. 147. — Long. 5 lig. Larg. 2 lig. — Brun ; corselet roussâtre sur les côtés, presque lisse ; ses angles postérieurs aigus ; élytres presque ovales, à stries peu profondes, avec deux points enfoncés entre la deuxième et la troisième strie ; antennes, palpes et pattes d'un jaune testacé assez pâle. — France, Allemagne.

13. CALATHUS CIRCUMSEPTUS.
GERM., *Ins. Spec.*, 15, nᵒ 23. —*Limbatus*, DEJ., *Spec.*, 3, 72, 8. — Long. 5 lig. Larg. 2 lig. — D'un brun noirâtre, avec les bords latéraux du corselet et des élytres d'un jaune testacé brun ; angles postérieurs du corselet obtus ; élytres à stries peu profondes, avec deux points enfoncés entre la deuxième et la troisième ; palpes, antennes et pattes d'un jaune testacé assez pâle. — France méridionale.

PRISTODACTYLA, DEJ.

Antennes filiformes, à articles presque cylindriques, allongés. — Palpes allongés, avec le dernier article presque cylindrique et tronqué. — Les trois premiers articles des tarses antérieurs dilatés dans les mâles. Mandibules un peu arquées, assez aiguës.

— Corselet ovalaire, arrondi postérieurement. — Elytres ovales-allongées, un peu convexes.

PRISTODACTYLA AMERICANA.
Dej., *Spec.*, 3, 83. — Long. 4 lig. ½. Larg. 2 lig. — D'un brun noir ; élytres profondément striées, avec deux points enfoncés entre la deuxième et la troisième strie ; antennes et pattes d'un rouge ferrugineux. — Amérique-Septentrionale.

TAPHRIA. Bon. :
Synuchus, Gyll. : *Agonum*. Sturm.

Antennes filiformes, à articles allongés, cylindriques. — Palpes assez grands ; le dernier article des maxillaires allongé, presque cylindrique et tronqué ; le dernier des labiaux fortement sécuriforme. — Les trois premiers articles des tarses antérieurs dilatés dans les mâles. — Tête rétrécie en arrière, presque triangulaire. — Yeux saillans. — Mandibules un peu arquées, assez aiguës. — Corselet ovalaire, arrondi postérieurement. — Elytres en ovale allongé un peu convexe. — Pattes assez courtes et assez fortes.

TAPHRIA VIVALIS.
Gyll., 2, 77, 1. et 4. 424. 1. — Long. 3 lig. ½. Larg. 1 lig. ½. — D'un brun plus ou moins foncé ; bords du labre ferrugineux ; palpes, antennes et pattes d'un rouge ferrugineux ; élytres a stries lisses, avec deux ou trois points enfoncés entre la deuxième et la troisième strie ; poitrine et dessous du corselet d'un brun noirâtre ; abdomen d'un brun ferrugineux. — France, dans les bois et les montagnes, sous les pierres, les mousses, etc.

FÉRONITES.

Caracteres. Les trois premiers articles des tarses antérieurs fortement dilatés dans les ♂. — Tarses bifides a l'extrémité, leurs crochets sans dentelures.
Genres : *Pœcilus*, *Argutor*, *Omaseus*, *Platysma*, *Pterostichus*, *Abax*, *Percus*, *Omalosoma*, *Molops*, *Steropus*, *Cophosus*, *Camptoscelis*, *Cnemacanthus*, *Cephalotes*, *Stomis*, *Zabrus*, *Mazoreus*, *Distrigus*, *Abacetus*, *Drimostoma*, *Abaris*, *Pelor*, *Polysitus*, *Acorius*, *Eutroctes*, *Rathymus*, *Strigia*, *Heteracantha*.
Les *Féronites* sont des insectes de moyenne taille, ou au-dessous ; leurs couleurs varient selon les espéces, depuis le noir le plus foncé jusqu'au vert cuivreux le plus brillant. Les différences sur lesquelles nous établissons les coupes génériques où nous rangeons les nombreuses espèces de *Féronites*, étant généralement difficiles à saisir, et de peu d'importance, permettront aux personnes qui ne partageront pas notre manière de voir, de réunir toutes ces espèces dans le grand genre *Feronia*, Latr., Dej., dont tous ces genres seront regardés alors comme de simples subdivisions propres à faciliter la recherche des espèces.

POECILUS, Bon. ;
Feronia, Latr., Dej. ;
Carabus, Oliv., Fabr. ;
Pœcilus et *Sogines*[1], Leach, Steph.

Antennes légèrement comprimées, assez courtes, renflées extérieurement, le troisième article anguleux, le quatrième article des palpes maxillaires de la longueur du précédent. — Languette courte, légèrement tronquée, les deux soies terminales éloignées. — Mandibules légèrement dentées à la base. — Corselet rétréci à sa base, avec deux stries latérales, l'extérieure très-petite ou effacée par des points enfoncés. — Espèces généralement ailées ; on en trouve cependant quelques-unes qui sont aptères ou du moins dont les ailes raccourcies ne sont pas propres au vol. Ce sont des insectes de moyenne taille, de couleur verte ou métallique, quelquefois noire. — Leur corps est assez allongé. — Les palpes sont assez minces.

PREMIÈRE DIVISION.

Espéces ailées.

1. POECILUS PUNCTULATUS.
Fabr., 1, 191, n° 115. — Long. 5 lig. ½. Larg. 2 lig. ½. — Noir ; corselet assez court, avec un sillon transversal en arrière et de deux petites impressions très-peu marquées ; élytres faiblement striées, avec trois points enfoncés distincts sur la troisième strie. — France. Rare.

---

[1] Le genre *Sogines* des entomologistes anglais est établi sur le *Pœcilus Punctulatus*. Il ne diffère de ses congénères que par son corps plus aplati

2. POECILUS CUPREUS.

Fabr., 1, 195, 134. — Oliv., 3. pl. 3, fig. 25. — D'un bronzé un peu verdâtre; impressions postérieures du corselet assez fortement marquées; élytres assez fortement striées, avec trois points enfoncés sur la troisième, à sa partie postérieure; les deux premiers articles des antennes rougeâtres; dessous du corps et pattes noirs. — Paris. Très-commun.

3. POECILUS CURSORIUS.

Dej., *Spec.*, 3, p. 210. — Long. 5 lig. Larg. 2 lig. ¼. — Ressemble beaucoup au précédent, et n'en diffère que par les points de la troisième strie, qui ne sont qu'au nombre de deux, et par sa couleur qui est violette. — Midi de la France.

4. POECILUS DIMIDIATUS.

Fabr., 1, 194, 129. — Oliv., 3, 35, 94, pl. 2, fig. 121. — Long. 6 lig. Larg. 2 lig. ¼. Tête et corselet d'un cuivreux rougeâtre; élytres vertes, fortement striées, avec quatre points enfoncés près de la troisième strie; dessous du corps et pattes noirs. — Paris. Rare.

5. POECILUS STRIATO-PUNCTATUS.

Sturm, 5, p. 101, n° 38, pl. 119, fig. *b*, B. — Long. 6 lig. Larg. 2 lig. — Ressemble au *Cupreus*, d'un vert bronzé ou bleuâtre; corselet un peu en forme de cœur; élytres avec des stries ponctuées, et des points enfoncés et distincts. — Lyon.

6. POECILUS INFUSCATUS.

Dej., *Spec.*, t. III, 224, 17. — Long. 5 lig. Larg. 1 lig. ¼. — Assez allongé, d'un vert bronzé, quelquefois presque noir; corselet un peu en forme de cœur, lisse, avec les enfoncemens postérieurs peu marqués; élytres assez fortement striées, avec deux points enfoncés. — Midi de la France.

7. POECILUS PUNCTICOLLIS.

Dej., *Spec.*, t. III, p. 228, 21. — Long. 5 lig. Larg. 1 lig. ¼. — D'un bronzé obscur et verdâtre; corselet arrondi latéralement, ponctué au milieu; élytres assez allongées, striées, avec deux points enfoncés sur chacune. — Midi de la France.

8. POECILUS PERUVIANUS.

Dej., *Spec.*, t. III, p. 232, 25. — Long. 4 lig. ¼. Larg. 1 lig. ¼. — D'un bronzé obscur; corselet presque carré; élytres déprimées sur la suture, légèrement sinuées vers l'extrémité, les deuxième, troisième et qua-

trième stries, beaucoup moins marquées que les autres; antennes et tarses un peu rougeâtres. — Pérou.

9. POECILUS SEMIPLICATUS.

Long. 6 lig. Larg. 2 lig. — Ressemble beaucoup au *Peruvianus*; d'un bronzé obscur, avec les parties de la bouche et les antennes brunes; corselet bi-impressionné en arrière; élytres très-faiblement striées à la base et au milieu, plus fortement sur les côtés et plissées en arrière; elles présentent trois points sur la deuxième strie; tarses bruns. — Nouvelle-Hollande. Collection de M. Gory.

10. POECILUS MARGINATUS.

Long. 6 lig. ¼. Larg. 2 lig. — D'un noir luisant; antennes un peu brunâtres; corselet très-arrondi sur les bords latéraux, avec une belle nuance rouge sur les côtés, une ligne longitudinale au milieu, et deux fortes impressions en arrière; élytres ovales, d'un noir lisse, assez faiblement striées, présentant deux points enfoncés sur le troisième intervalle en arrière; bords d'un rouge de feu, offrant une nuance verte aux angles huméraux; pattes brunes. — Nouvelle-Hollande.

Cet insecte fait partie de la collection de M. Gory. Il est voisin du *P. Kingii.* MacLeay, *Ins. du Voyage de King*, p. 438, n° 2.

11. POECILUS NITIDUS.

Dej., *Spec.*, 4, 227, 20. — Long. 4 lig. ¼. Larg. 1 lig. ¼. — Tête et corselet d'un beau rouge cuivreux brillant; le dernier légèrement arrondi, avec deux impressions latérales en arrière; élytres d'un vert bronzé, brillantes, avec des stries de points enfoncés, et deux points enfoncés en arrière, sur le troisième intervalle; labre, mandibules, palpes et dessous du corps noirs; antennes d'un brun obscur, les trois premiers articles noirs. — Espagne.

DEUXIÈME DIVISION.

Espèces non ailées.

12. POECILUS VIATICUS.

Germ., *Ins. Sp. Nov.*, p. 16, n° 26. — Long. 6 lig. Larg. 2 lig. ¼. — Violet; élytres fortement striées, avec trois points enfoncés; pattes noires. — Midi de la France. Grèce.

13. POECILUS LEPIDUS.

Fabr., 1, 189, 107. — Long. 6 lig. Larg

2. lig. — Plus allongé que le précédent, d'un vert foncé ; élytres assez fortement striées, avec trois points enfoncés ; dessous du corps vert obscur ; pattes noires. — Paris.

Var. Entièrement noire. — Pyrénées.

14. POECILUS GRESSORIUS.

DEJ., *Spec.*, 3, 220. — Long. 6 lig. Larg. 2 lig. ¹. — Allongé, d'un bleu violet ; corselet presque en forme de cœur ; élytres faiblement ponctuées, avec trois points enfoncés. — Département des Basses-Alpes.

ARGUTOR, Még. ;

Pœcilus, Bon. ; *Feronia*, Latr., Dej. ;

Platysma, Sturm. ;

Carabus, Oliv., Fabr. ;

Harpalus, Gyll.

Mêmes caractères que les *Pœcilus*, dont les *Argutor* se distinguent par leurs antennes, plus longues, très-légèrement comprimées, dont le troisième article n'est pas anguleux. Ce sont de petits insectes, souvent aptères, de couleurs sombres, très-rarement métalliques ; on les rencontre sous les pierres ; leur corps est assez allongé, quelquefois large et déprimé.

Ces insectes ressemblent généralement à de petits *Calathus*.

PREMIÈRE DIVISION.

Espèces ailées.

1. ARGUTOR VERNALIS.

FABR., 1, 20, 202. — Long. 3 lig. Larg. ¹ lig. — Noir ; antennes et pieds d'un brun obscur ; le corselet est fortement ponctué de chaque côté en arrière ; élytres assez fortement ponctuées et offrant chacune trois points enfoncés. — Paris. Commun.

2. ARGUTOR RUBRIPES.

DEJ., *Spec.*, 3, 248, 39. — Long. 3 lig. Larg. 1 lig. ¹. — D'un bleu brillant ; antennes et pieds rougeâtres ; corselet un peu en forme de cœur, ponctué en arrière de chaque côté ; élytres striées, et n'offrant chacune, qu'un seul point enfoncé. — Midi de la France.

3. ARGUTOR LUCIDULUS.

DEJ., *Spec.*, 4, 239, 30. — Long. 5 lig. Larg. 1 lig. ¹. — D'un noir brillant, en dessus, avec un léger reflet bleuâtre sous les élytres, d'un noir obscur en dessous ; cor-

selet carré, ses angles postérieurs arrondis ; élytres ovales-oblongues, avec des stries faiblement ponctuées, et un point enfoncé sur le troisième intervalle ; palpes, antennes et pattes d'un rouge ferrugineux. — Amérique-Boréale.

4. ARGUTOR ERYTHROPUS.

DEJ., *Spec.*, 4, 243, 33. — Long. 4 lig. Larg. 1 lig. ¼. — D'un noir assez brillant en dessus, d'un brun noirâtre en dessous ; corselet presque carré, ses angles postérieurs arrondis ; élytres ovales-oblongues, avec des stries lisses et trois points enfoncés sur le troisième intervalle ; palpes d'un brun roussâtre ; antennes d'un brun obscur, avec le premier article d'un rouge ferrugineux ; pattes de cette couleur. — Amérique-Boréale.

DEUXIÈME DIVISION.

Espèces aptères.

5. ARGUTOR STRENUUS.

PANZ., *Faun. Germ.*, 38, n° 6. — STURM, 5, p. 71, n° 19. — Long. 2 lig. ¹. Larg. 1 lig. ¼. — Plus allongé que le *Vernalis* ; antennes et pieds plus rouges ; corselet plus en forme de cœur, et ponctué dans toute sa partie postérieure, trois points enfoncés sur chaque élytre. — Paris.

6. ARGUTOR INTERSTINCTUS.

STURM, 5, pl. 116, fig. *b*, B. — Long. 3 lig. Larg. 1 lig. ¹. — Ne diffère du précédent que par son corselet, qui offre, près de l'angle postérieur, une seconde impression longitudinale très-courte. — Allemagne.

7. ARGUTOR AMÆNUS.

DEJ., *Spec.*, t. III, p. 255, 47. — Long. 2 lig ¹. Larg. 1 lig. — D'un noir un peu ferrugineux ; antennes tout entières ; palpes et pieds rougeâtres ; extrémité de l'abdomen un peu roussâtre ; les élytres avec trois points enfoncés, comme dans les espèces précédentes. — Pyrénées.

8. ARGUTOR PUMILIO.

DEJ., *Spec.*, 3, 256, 48. — Long. 3 lig. Larg. ¹. — Ressemble au *Pusillus*, mais en diffère en ce qu'il est moins allongé, que son corselet est carré, et qu'il n'a que deux points enfoncés sur les élytres.

9. ARGUTOR DEPRESSUS.

DEJ., *Spec.*, t. III, p. 257, 50. — Long.

3 lig. ¼. Larg. 1 lig. ¼. — D'un brun noirâtre ; antennes et pattes rougeâtres ; corselet presque carré, déprimé ainsi que les élytres, celles-ci striées, avec trois points enfoncés. — France.

10. ARGUTOR SPADICEUS.

Dej., *Spec.*, t. III, p. 263. 56. — Long. 2 lig. ¼. Larg. 1 lig. — D'un brun presque noir ; antennes et pieds rougeâtres ; corselet presque carré, un peu sinué latéralement près de la base ; élytres assez courtes, striées, avec les intervalles des stries ponctués et deux points enfoncés sur chaque élytre. — Lyon.

11. ARGUTOR AMAROIDES.

Dej., *Spec.*, t. III, p. 266, 59. — Long. 3 lig. ¼. Larg. 1 lig. ¼. — D'un noir un peu ferrugineux ; antennes et pattes rougeâtres ; corselet presque carré, bistrié en arrière ; élytres avec des stries finement ponctuées et deux points enfoncés sur chacune. — Pyrénées Orientales.

12. ARGUTOR ABAXOIDES.

Dej., *Spec.*, t. III, p. 267, 60. — Long. 4 lig. ¼. Larg. 1 lig. ¼. — Ressemble beaucoup au précédent, mais il est plus large ; les pattes d'un rouge brunâtre. — Hautes Pyrénées.

13. ARGUTOR PULLUS.

Gyll., 4, p. 429, n° 17-18. — Long. 2 lig. ¼. Larg. 1 lig. ¼. — Plus étroit que le *Strenuus* ; article basilaire des antennes seul ferrugineux. — France.

14. ARGUTOR PUSILLUS.

Dej., *Spec.*, 3, 225, 46. — Long. 2 lig. ¼. Larg. 1 lig. ¼. — Noir ; antennes, pieds et palpes rouges, une grande tache obscure sur les derniers ; deux premiers articles des antennes rougeâtres ; corselet assez aplati. — Pyrénées. R. 225.

15. ARGUTOR LONGICOLLIS.

Duft., 2. p. 180, n° 243. — Sturm, 5. p. 80, n° 25, pl. 116, f. *d*, D. — *Negligens*, Dej. *Spec.*, t. III, p. 249. 40. — Long. 2 lig. ¼. Larg. 1 lig. — D'un brun noirâtre, déprimé ; corselet presque carré, légèrement rétréci, et ponctué en arrière ; élytres légèrement déprimées, ovales-oblongues, avec des stries ponctuées et un point enfoncé sur le troisième intervalle, palpes, antennes et pattes d'un rouge ferrugineux ; dessous du corps très ponctué. — Paris. Très-rare.

16. ARGUTOR RUFUS.

Duft., 2, p. 105, n° 124. Sturm.

5, 76, 22, pl. 116, fig. *a*, A. — Long. 3 lig. Larg. ¼ lig. — D'un rouge ferrugineux obscur, avec les élytres plus foncées, celles-ci assez courtes, avec des stries lisses, trois points enfoncés sur le troisième intervalle ; corselet presque carré ; palpes, antennes et pattes d'un rouge ferrugineux. — Autriche et France.

Nota. Je crois que c'est sur cet insecte que M. Stephens a formé son genre *Platyderus*, qu'il distingue des *Calathus* par les tarses, dont les crochets sont simples. Cet insecte seroit alors le *Carabus Ruficollis* de Marsham. Ce genre pourroit peut-être être adopté. Sa forme plus aplatie, son corselet non rétréci en arrière, lui donnent un facies particulier. Il faudroit alors prendre pour type du genre *Argutor*, les espèces nommées *Vernalis*, *Strenuus*, *Eruditus*, etc., et rapporter au genre *Platyderus* celles que l'on a appelées *Rufus*, *Calathoides*, *Abaxoides*, *Barbarus*, etc.

17. ARGUTOR BARBARUS.

Dej., *Spec.*, 4, 261, 54. — Long. 4 lig. ¼. Larg. 1 lig. ¼. D'un brun noir, obscur, et quelquefois un peu roussâtre en dessous ; corselet rétréci en avant, presque carré, légèrement convexe, avec quelques rides transversales ondulées à peine distinctes ; élytres allongées, parallèles, un peu convexes, striées, avec deux points enfoncés sur le troisième intervalle ; palpes, antennes et pattes d'un rouge ferrugineux. — Midi de la France, Espagne, Egypte, Barbarie, etc.

18. ARGUTOR UNCTULATUS.

Duft., 104, n° 123, Sturm, 6, 22, 8, pl. 140, fig. *d*. D. — Long. 3 lig. Larg. 1 lig. ¼. — D'un brun noir, plus ou moins roussâtre en dessous ; corselet presque carré, ponctué de chaque côté en arrière, avec quelques rides transversales ondulées à peine distinctes ; élytres assez courtes, rétrécies en arrière, avec des stries finement ponctuées et deux points enfoncés à peine marqués sur le troisième intervalle ; palpes, antennes et pattes d'un rouge ferrugineux. — Autriche.

OMASEUS, Ziegl. ;

Melanius, Bon. ; *Feronia*, Latr., Dej. ;
Carabus, Fabr., Oliv. :
Harpalus, Sahl., Gyll. : *Platysma*, Sturm

Antennes assez fortes, filiformes. — Palpes grêles, le quatrième article transparent à son extrémité, de la longueur du troisième; languette tronquée. — Anus des ♂ avec une fossette ou un point élevé. — Élytres entières très-légèrement ovales, presque parallèles. — Corps allongé. — Pattes assez fortes.

Les *Omaseus* sont d'assez grands insectes ordinairement aptères et de couleur noire : c'est sous les pierres qu'on les rencontre ; leur corselet est presque carré et tronqué postérieurement.

PREMIÈRE DIVISION

Espèces aptères.

1. OMASEUS LEUCOPHTHALMUS.

Fabr., p. 177, n° 41. — *Melanarius*. Illig., *Kaf. Preus.*, 1, p. 163, n° 28. — Long. 6 lig. Larg 2 lig. $\frac{1}{2}$. — Noir ; parties de la bouche brunâtres ; corselet presque carré, avec quelques rides transversales, et, de chaque côté, une assez grande impression fortement ponctuée, et dans laquelle on distingue deux impressions longitudinales ; élytres allongées, profondément striées, avec deux points enfoncés sur chacune. — Paris.

2. OMASEUS MELAS.

Creutz., *Ent.*, *Vers.*, 1. p. 114, n° 6, pl. 2, fig. 18. — Long. 7 lig. Larg. 2 lig. $\frac{1}{2}$. — Ressemble au précédent, mais il est plus grand ; son corselet est plus arrondi ; les élytres sont un peu moins allongées, et moins fortement striées. — Midi de la France.

Nota. Les *Omaseus Italicus* de Bonelli, et *Depressus* de Ziégler, ne sont peut-être que des variétés de cette espèce.

3. OMASEUS COPHOSIOIDES.

Dej., *Spec.*, 4, 269, 62, — Long. 9 lig. Larg. 3 lig. — Assez allongé et assez étroit ; d'un noir assez brillant en dessus ; corselet légèrement rétréci en arrière, avec deux impressions un peu rugueuses ; élytres presque parallèles, avec des stries lisses bien marquées et deux points enfoncés sur le troisième intervalle ; anus des ♂ avec une impression assez large, un peu arrondie. — Hongrie.

4. OMASEUS MAGUS.

Hummel, *Essais Entomol.*, 4, 23. 6. — Long. 5 lig. $\frac{1}{2}$. Larg. 2 lig. $\frac{1}{2}$. — D'un noir assez brillant ; corselet arrondi latéralement, avec deux petites stries en arrière ; élytres assez courtes, ovales-oblongues, presque parallèles, avec des stries

lisses, et quatre points enfoncés sur le troisième intervalle. — Sibérie.

5. OMASEUS STYGICUS.

Say, *Trans. of the Am. Phil. Soc.*, new. series. 2, 41, 11. — Long. 7 lig. Larg. 2 lig. $\frac{1}{2}$. — D'un noir assez brillant ; corselet légèrement rétréci en arrière, ses angles postérieurs arrondis ; élytres ovales-oblongues, avec des fortes stries lisses et deux points enfoncés sur le troisième intervalle ; palpes et jambes d'un brun roussâtre ou noirâtre ; tarses d'un brun ferrugineux. — Amérique du Nord.

PREMIÈRE DIVISION.

Espèces ailées.

6. OMASEUS ATERRIMUS.

Fabr., 1, p. 198, n° 155. — Oliv., 3, 35, 69, pl. 12, fig. 141. — Long. 6 lig. Larg. 2 lig. $\frac{1}{2}$. — Il ressemble beaucoup au *Melanaria*; mais il en diffère en ce qu'il est plus petit, d'un noir plus brillant, par son corselet presque carré et par la présence des ailes sous les élytres. — Paris.

7. OMASEUS NIGERRIMUS.

Dej., *Spec.*, 3, 291, 85. — Long. 6 lig. Larg. 2 lig. $\frac{1}{4}$. — Ne diffère de l'*Aterrimus* que par son corselet un peu plus étroit en arrière qu'en avant, et par les stries des élytres, un peu plus marquées. — Pyrénées.

8. OMASEUS PENNATUS.

Dej., *Spec.*, 3, 270, 63. — Long. 8 lig. Larg. 3 lig. Ne diffère du *Leucophthalmus* que par sa forme un peu plus allongée et par ses élytres recouvrant des ailes ; ce n'en est peut-être qu'une variété. — Paris. Très-rare.

9. OMASEUS NIGRITA.

Fabr., 1, 200, n° 164. — Sturm, 5, p. 64, n° 15. — Long. 4 lig. $\frac{1}{2}$. Larg. 1 lig. $\frac{1}{4}$. — Noir ; diffère du *Melanaria* par ses ailes et ses élytres, qui offrent chacune trois points enfoncés ; les angles postérieurs de son corselet un peu anguleux. — Paris.

10. OMASEUS ANTHRACINUS.

Illig., *Kaf. Preuss.*, 1, p. 181, n° 55. — Long. 4 lig $\frac{1}{2}$. Larg. 1 lig. $\frac{1}{4}$. — Il a les plus grands rapports avec le *Nigrita*, mais son corselet est un peu plus long, un peu sinué sur les côtés près de la base, et n'offre pas de dents en arrière. Paris.

11. OMASEUS MINOR.

Saul., *Dissert. Entom.. Ins. Fennica.*

p. 221. n° 8 — Long. 3 lig. ½. Larg. ½ lig. ½. — Noir ; antennes et pattes d'un brun roussâtre ; corselet un peu en forme de cœur, ponctué de chaque côté, avec deux impressions longitudinales distinctes ; élytres allongées, striées, ses stries presque lisses ; trois points enfoncés sur chaque élytre. — France. Rare.

Nota. Le *Platysma Gracilis* de Sturm (Dej., *Spec.*, t. III, p. 287) ne nous paraît être qu'une variété un peu plus grande de cette espèce.

12. OMASEUS MERIDIONALIS.

Dej., *Spec.*, t. III. p. 289. — Long. 6 lig. Larg. 2 lig. — Noir ; corselet court, en forme de cœur, à angles postérieurs arrondis ; élytres allongées, parallèles , striées, avec trois ou quatre points enfoncés sur les élytres. — Midi de la France. Très-rare.

PLATYSMA, Bon., Sturm ;
Feronia, Latr., Dej. ;
Carabus, Fabr., Oliv. ;
Molops , Germar.

Antennes légèrement comprimées, plus grêles extérieurement. — Languette tronquée ; quatrième article des palpes aminci à sa base ; le même des maxillaires plus court que le précédent. — Tête large. — Corselet cordiforme, avec deux stries de chaque côté à la base, l'extérieure très-petite , les angles postérieurs droits.— Corps déprimé.

Insectes de taille généralement moyenne, de couleur sombre ; ils fréquentent les lieux frais, humides et sablonneux des bois.

DEUXIÈME DIVISION.

Espèces ailées.

1. PLATYSMA CORINTHIA.

Germar, *Ins. Spec. Nov.*, 21, 33.—Long. 7 lig. Larg. 2 lig. ½. — D'un noir bronzé ; corselet en forme de cœur, arrondi antérieurement, très-rétréci en arrière, avec une petite impression longitudinale de chaque côté près du bord postérieur ; élytres assez allongées, couvertes de stries dont les trois extérieures presque effacées ; trois points enfoncés sur chaque élytre.—Brésil.

2. PLATYSMA PICIMANA.

Duft., t. 11, p. 159, n° 208 ; — Sturm. 5, p. 48, n° 6, pl. 3, fig. *b*, B. — Long. 6 lig.

Larg. 2. — D'un noir brunâtre ; pattes rouges ; corselet cordiforme, ridé transversalement, avec une impression longitudinale de chaque côté de la base et en arrière ; élytres assez aplaties, oblongues, striées, avec trois points enfoncés sur chacune.— Paris. Rare.

DEUXIÈME DIVISION.

Espèces aptères.

3. PLATYSMA GRAJA.

Dej., *Spec.*, t. III, p. 341, 104. — Long. 5 lig. Larg. 1 lig. ½.—Ressemble au *Picimana* ; mais le corselet est plus court, et seulement deux points enfoncés sur chaque élytre.—Piémont.

4. PLATYSMA IMPETRICOLA.

Dej., *Spec.*, t. III, p. 331, 122.— Long. 3 lig. ½. Larg. 1 lig. ½.—D'un noir bronzé, base des antennes et pieds rougeâtres ; corselet cordiforme ; élytres avec des stries assez peu marquées, faiblement ponctuées, et offrant sur chaque élytre quatre points enfoncés et distincts. — Kamschatka.

5. PLATYSMA LUCZOTII.

Dej., *Spec.*, t. III, p. 321, 112.— Noir ; corselet presque carré, anguleux en arrière ; élytres assez courtes, ovales, striées, avec chacune cinq points enfoncés.—Terre-Neuve.

PTEROSTICHUS, Bon., Sturm ;
Feronia, Latr., Dej. ;
Carabus, Fabr., Oliv. ;
Harpalus, Gyll. ;
Platysma, Germar.

Antennes filiformes, assez fortes, composées d'articles assez allongés, presque obconiques. — Quatrième article des palpes aminci à la base, de la longueur du précédent. — Languette arrondie. — Corselet presque cordiforme, terminé, en arrière, par deux angles aigus. — Élytres le plus souvent tronquées obliquement, et comme échancrées à l'extrémité, avec deux séries, au moins, de trois ou plusieurs points enfoncés. ♂ présentant toujours, sur le dernier segment abdominal, une crête longitudinale.

C'est dans les pays montagneux que ces insectes se plaisent, c'est là qu'on les trouve ordinairement sous les pierres ; ils sont de taille moyenne ou au-dessus ; leur corps est le plus souvent allongé et déprimé, et les pattes sont assez fortes et assez allongées ; presque toutes les espèces sont privées d'ailes.

1. PTEROSTICHUS NIGER.

Fabr., 1, 178, 46. — Sturm, 5, 5, 1. — Long. 7 lig. $\frac{1}{2}$. Larg. 2 lig. $\frac{1}{4}$. — Ailé, noir ; corselet un peu carré, avec deux stries de chaque côté ; élytres allongées, profondément striées, et trois points enfoncés sur chaque élytre. — France.

2. PTEROSTICHUS FASCIATO - PUNCTATUS.

Fabr., 1, 178, 42. — Sturm, 5, 7, 2. — Long. 7 lig. Larg. 2 lig. $\frac{1}{4}$. — Noir ; corselet en forme de cœur, impressionné transversalement en avant ; l'impression transversale de sa partie postérieure fortement marquée, et ayant de chaque côté une ligne longitudinale enfoncée ; élytres ovales, assez planes, fortement striées, avec des rangées de points enfoncés sur les troisième, cinquième et septième stries ; les bords latéraux des élytres sont relevés presque en forme de carène. — Autriche.

3. PTEROSTICHUS PARUM-PUNCTATUS.

Germar, *Coléopt. Spec. Nov.*, p. 19, n° 31. — Long. 7 lig. Larg. 2 lig. $\frac{1}{4}$. — Noir ; les antennes, à l'exception de leur base, d'un brun foncé ; corselet en forme de cœur, impressionné comme dans le précédent ; élytres obtuses, striées, avec trois points enfoncés. — France, Paris.

4. PTEROSTICHUS HONNORATII.

Dej., *Spec.*, t. III, p. 343, 132. — Long. 7 lig. Larg. 2 lig. $\frac{1}{4}$. — Noir ; pattes brunes ; corselet cordiforme, avec une petite ligne longitudinale de chaque côté en arrière ; élytres planes, oblongues, striées, trois ou quatre points enfoncés sur les élytres. — Midi de la France.

5. PTEROSTICHUS FEMORATUS.

Dej., *Spec.*, 3, p. 345, 134. — Long. 6 lig. $\frac{1}{2}$. Larg. 2 lig. $\frac{1}{4}$. — Noir ; cuisses rouges ; corselet cordiforme, avec une petite strie longitudinale de chaque côté en arrière ; élytres planes, oblongues, striées profondément, avec quatre points enfoncés sur chaque élytre. — Auvergne.

6. PTEROSTICHUS RUFIPES.

Dej., *Spec.*, t. III, p. 345, 133. — Long. 7 lig. Larg. 2 lig. $\frac{1}{4}$. — Ressemble beaucoup au *Femoratus* ; mais les élytres sont plus allongées et les stries moins fortes ; les jambes et les tarses d'un brun rougeâtre. — Midi de la France.

7. PTEROSTICHUS DUFOURII.

Dej., *Spec.*, 3, p. 346, 135. — Long. 7 lig. $\frac{1}{2}$. Larg. 2 lig. $\frac{1}{4}$. — Diffère du *Parum-Punctatus* par ses élytres moins striées, et par ses points enfoncés qui sont au nombre de cinq sur chaque élytre ; il est entièrement noir. — Pyrénées.

8. PTEROSTICHUS TRUNCATUS.

Dej., *Spec.*, 3, 347, 136. — Long. 6 lig. $\frac{1}{2}$. Larg. 2 lig. $\frac{1}{4}$. — Noir ; jambes et tarses rougeâtres ; corselet cordiforme, bistrié de chaque côté en arrière ; élytres planes et carrées, allongées, presque tronquées en arrière ; élytres avec des stries profondes et trois ou cinq points enfoncés sur chacune. — Basses-Alpes.

9. PTEROSTICHUS PREVOSTII.

Dej., *Spec.*, 3, p. 364, 15. — Long. 6 lig. $\frac{1}{2}$. Larg. 2 lig. $\frac{1}{4}$. — D'un cuivreux verdâtre ; antennes et pattes noires ; corselet un peu cordiforme, avec une strie de chaque côté en arrière ; stries assez faibles et très-légèrement ponctuées ; les points enfoncés moins marqués sur les troisième, cinquième et septième stries. — Suisse.

M. Dejean rapporte à cette espèce, comme variété, le *Pterostichus Duvalii*, des collections ; celui-ci est d'une couleur presque noire.

10. PTEROSTICHUS XATARTII.

Dej., *Spec.*, 3, p. 366, 151. — Long. 5 lig. $\frac{1}{2}$. Larg. 1 lig. — Noir ; corselet cordiforme, bistrié en arrière ; élytres bronzées, assez planes, faiblement striées ; les points enfoncés du troisième intervalle sont petits et peu marqués. — Pyrénées-Orientales.

11. PTEROSTICHUS EXTERNE-PUNCTATUS.

Dej., *Spec.*, 3, 369, 153. — Long. 5 lig. $\frac{1}{2}$. Larg. 2 lig. $\frac{1}{4}$. — Cuivreux, un peu verdâtre ; antennes et pieds noirs ; corselet presque carré, arrondi latéralement, bistrié de chaque côté en arrière ; élytres assez planes, faiblement striées, avec des rangées de petits points enfoncés sur les troisième, cinquième et septième intervalle, de ces stries, et une rangée de points sur le bord. — Basses-Alpes.

12. PTEROSTICHUS YVANII.

Dej., *Spec.*, 3, 372, 156. — Long. 4 lig. $\frac{1}{2}$. Larg. 1 lig. $\frac{1}{2}$. — Noir ; extrémité

des antennes brunâtre; corselet presque
carré, un peu arrondi sur les côtés, bistrié
de chaque côté en arrière; élytres un peu
bronzées, oblongues, striées, une rangée
de quatre à sept points enfoncés sur la
troisième, et une autre de trois à cinq sur
la cinquième; quelquefois il en existe une
troisième rangée sur la septième. — Basses-
Alpes.

13. PTEROSTICHUS METALLICUS.

Fabr., 1. 189, 102. — Sturm, 5, p. 15,
n° 6. — Long. 6 lig. Larg. 2 lig. ¼. — D'un
cuivreux un peu bronzé; corselet en carré,
court, avec deux petites stries de chaque
côté, en arrière; élytres assez courtes, très-
faiblement striées, avec deux points enfoncés sur chacune; dessous du corps noir;
pattes un peu brunâtres. — Partie orientale
de la France.

14. PTEROSTICHUS PANZERI.

Még., Catal., Ins. Vien., 1802, n° 200.
— Panz, Faun. Germ., 89, 8. —
Long. 6 lig. ½. Larg. 2 lig. ¼. — Noir; corselet assez légèrement rétréci en arrière,
avec des rides transversales ondulées assez
distinctes; élytres ovales-oblongues, avec
de faibles stries à peine ponctuées, et quatre ou cinq points enfoncés sur le troisième
intervalle; palpes d'un brun noirâtre. —
Autriche, Piémont, etc.

15. PTEROSTICHUS FLAVO-FEMORATUS.

Dej., Spec., 4, 352. 140. — Long. 6 lig. ¼.
Larg. 2 lig. ¼. — D'un noir assez brillant en dessus; corselet légèrement rétréci
en arrière, avec des rides transversales ondulées assez distinctes; élytres ovales-oblongues, légèrement convexes, avec d'assez
fortes stries lisses et deux ou trois points
enfoncés sur le troisième intervalle; les
trois premiers articles des antennes noirs;
les suivans et les palpes d'un brun obscur;
cuisses d'un jaune testacé. — Piémont.

16. PTEROSTICHUS CRIBRATUS.

Dej., Spec., 4. 354. 142. — Long. 6 lig. ¼.
Larg. 2 lig. ¼. — D'un noir assez brillant en dessus; corselet légèrement rétréci
en arrière, avec des rides transversales ondulées assez distinctes; élytres presque arrondies à l'extrémité, ovales-oblongues,
avec des lignes longitudinales de points,
fortement marqués, et séparés par des lignes
un peu élevées; palpes d'un brun noirâtre;
antennes de cette couleur, avec les trois
premiers articles noirs. — Piémont.

17. PTEROSTICHUS RUTILANS.

Dej., Spec., 4. 356. 144. — Long.
5 lig. ½. Larg. 2 lig. ½. — D'un vert-bronze
brillant, un peu cuivreux sur la tête et le
corselet; celui-ci fortement rétréci en arrière, avec des rides transversales ondulées
assez distinctes; élytres ovales-oblongues,
avec des stries à peine ponctuées et quatre
gros points enfoncés qui occupent toute la
largeur du troisième intervalle; labre,
mandibules, palpes, antennes, à l'exception
des trois premiers articles, et abdomen
d'un brun noirâtre. — Piémont. Auvergne.

18. PTEROSTICHUS SELMANNI.

Duft., 2. 154. 202. — Long. 7 lig. ½.
Larg. 2 lig. ¼. — D'un bronzé cuivreux
plus ou moins obscur; corselet légèrement
cordiforme sans rides transversales; élytres
ovales-oblongues, avec des stries lisses, les
intervalles offrant alternativement des fossettes souvent peu marquées; dessous du
corps d'un noir verdâtre; antennes et pattes noires; jambes et tarses bruns. — Autriche.

19. PTEROSTICHUS JURINEI.

Schœnh., Syn. Ins., 1. 186. 94. — Long.
5 lig. ½. Larg. 1 lig. ½. — D'un bronze
obscur plus ou moins noirâtre, surtout sur
la tête et le corselet; élytres ordinairement
plus claires; corselet presque rugueux à sa
base; élytres presque arrondies à l'extrémité, avec des stries très-légèrement ponctuées et quatre ou cinq gros points enfoncés sur le troisième intervalle; antennes
brunes; les trois premiers articles et les
pattes noirs. — Autriche, Suisse.

20. PTEROSTICHUS TRANSVERSALIS.

Duft., 2. 65, 65. — Sturm. 5, 26, 12,
pl. 107, fig. D. — Long. 6 lig. ½. Larg.
2 lig. ¼. — Noir, assez brillant en dessous;
corselet légèrement rétréci en arrière; élytres assez courtes, avec d'assez fortes stries
lisses et trois points enfoncés sur le troisième intervalle; les bords des élytres sont
légèrement relevés en carène; antennes
brunes, à l'exception des trois premiers articles. — Autriche.

21. PTEROSTICHUS OBLONGO-PUNCTATUS.

Fabr., 1, 183, 70. — Oliv., 3, 35, 114,
pl. 12, fig. 140. — Long. 4 lig. ½. Larg.
1 lig. ¼. — Ailé; d'un bronzé plus ou moins
obscur; corselet légèrement en cœur, avec
quelques légères rides transversales ondulées; élytres assez courtes, ovales-oblongues, avec des stries à peine ponctuées, et

cinq ou six points enfoncés sur le troisième intervalle ; dessous du corps et cuisses noirs ; parties de la bouche, jambes et tarses d'un brun plus ou moins roussâtre. — France, Paris ; rare.

ABAX, Bon., Sturm ;

Feronia, Latr., Dej. ;

Carabus, Fabr., Oliv. ; *Harpalus*, Gyll. ;

Antennes assez fortes, filiformes. — Languette tronquée, courtes. — Corselet grand. subisométrique, presque carré, à angles postérieurs droits, avec deux stries de chaque côté à la base. — Elytres peu allongées, presque parallèles, avec un pli ou rebord transversal à la base des élytres, depuis l'angle huméral jusqu'à la suture. — Corps large. — Pattes assez fortes, assez allongées.

Les *Abax* sont tous aptères, d'une taille assez grande, de couleur noire et luisante ; on les rencontre sous les pierres, où ils ne paraissent pas faire beaucoup de mouvemens.

1. ABAX STRIOLA. (Pl. 6. fig. 5.)

Fabr., 1, 188, 99. — Sturm, 4. p. 147, n° 1, pl. 100.—Long. 8 lig. Larg. 3 lig. — Noir, large, aplati ; corselet bistrié en arrière ; élytres striées ; les troisième, quatrième, cinquième et sixième stries se réunissant deux à deux à l'extrémité ; la septième strie est élevée, et forme une sorte de petite carène ; une rangée de point. sur le bord des élytres. — Paris.

2. ABAX PYRENEUS.

Dej., *Spec.*, 3, 380. 161. — Long. 7 lig. Larg. 3 lig. — Diffère principalement du précédent en ce qu'il est un peu plus allongé, et que les bords latéraux des élytres n'offrent que quelques points à la base et à l'extrémité. — Pyrénées-Orientales.

3. ABAX CARINATUS.

Duft., 2, p. 66, n° 66. — Sturm, pl. 101, fig. a A. — Long. 6 lig. Larg. 2 lig. — Se distingue des autres espèces par ses élytres, dont les intervalles des stries forment ordinairement des côtes élevées et presque carénées. — Autriche.

4. ABAX OVALIS. (Pl. 6. fig. 6.)

Duft., t. II. p. 64. n° 63. Sturm, 4, p. 150, n° 2, pl. 102. fig. A. — Long. 6 lig. Larg. 2 lig. Noir, très-large ; corselet presque carré ; angles antérieurs avancés, bistriés de chaque côté en arrière ; élytres courtes, avec une rangée de points enfoncés le long du bord extérieur ; tarses un peu bruns. —Nord de la France, Allemagne.

5. ABAX EXARATUS.

Dej., *Spec.*, 4, 381, 162. — Long. 6 lig. Larg. 2 lig. — Noir, plus étroit et plus petit que l'*A. Striola* ; corselet un peu rétréci en arrière ; stries des élytres lisses ; tarses d'un brun roussâtre. — Piémont.

6. ABAX PARALLELUS. (Pl. 6, fig. 7.)

Duft., 2, p. 64, n° 64.—Sturm, pl. 102, fig, 6. — Long. 7 lig. Larg. 2 lig. — Allongé, noir ; corselet presque carré ; bistrié en arrière de chaque côté ; élytres presque parallèles, striées ; ces stries faiblement ponctuées ; une rangée de points enfoncés sur les bords latéraux. — Rouen.

7. ABAX AMERICANUS.

Dej., *Spec.*, 3, p. 392, 172. — Long. 9 lig. Larg. 3 lig. — Noir ; corselet presque carré, arrondi latéralement, bistrié de chaque côté en arrière, où il offre aussi un enfoncement transversal ; élytres oblongues, avec des stries légèrement ponctuées, un point enfoncé sur chaque élytre. — Amérique-Septentrionale.

8. ABAX SCHUPPELII.

Palliardi, *Beschreibung*, etc., p. 43, pl. 4, fig. 20, 21. — Long. 11 lig. Larg. 4 lig. — Noir ; corselet un peu en forme de cœur, arrondi sur les côtés, bistrié en arrière ; élytres un peu allongées, avec des stries ponctuées, et les intervalles des stries formant alternativement des sortes de côtes élevées. —Bannat.

PERCUS, Bon. ;

Abax, Sturm ; *Feronia*, Latr., Dej. ;

Carabus, Fabr., Oliv.

Antennes filiformes, assez fortes. — Palpes assez forts ; le quatrième article des maxillaires plus court que le précédent. — Languette tronquée et comme échancrée. — Corselet presque toujours cordiforme. — Elytres entières, sans pli transversal à la base des élytres, avec deux points souvent oblitérés, l'un au-dessous de l'autre. — Mandibules inégales, celle de droite plus courte.

Les *Percus*, propres au Midi de la France, à l'Espagne et aux côtes de la Méditerranée, sont des insectes de grande taille, toujours aptères, de couleur noire et luisante : on les trouve sous les pierres.

1. PERCUS LORICATUS.

DEJ., *Spec.*, t. 3, p. 403, 180. — Long. 13 lig. ¼. Larg. 4 lig. ¼. — Noir; corselet presque carré, un peu rétréci en arrière, avec une strie de chaque côté, et crénelé sur ses côtés ; élytres un peu élargies en arrière, presque lisses, très-légèrement réticulées, avec une ligne longitudinale un peu élevée près du bord extérieur. — Corse.

2. PERCUS PATRUELIS.

DUF., *Ann. Sc. Phys.*, t. VI, p. 313. — *Navaricus*, DEJ., *Spec.*, t. 3, p. 408, 185. — Long. 8 lig. Larg. 2 lig. ¼. — Noir; corselet concave en forme de cœur; élytres ovales, entièrement lisses, convexes, avec une rangée de points écartés aux bords latéraux. — Pyrénées-Orientales.

3. PERCUS RAMBURI.

LAP., *Ann. de la Soc. Ent.*, t. 2, p. 394. — Long. 11 lig. Larg. 3 lig. ¼. — D'un noir assez brillant ; extrémité des palpes un peu rougeâtre ; corselet court un peu triangulaire, tronqué en arrière ; élytres ovales presque lisses, avec un assez grand nombre de petites lignes longitudinales, un peu sinueuses, et dont plusieurs sont formées de petits points enfoncés.

Cette espèce ressemble au *P. Loricatus*, et se trouve en Corse.

4. PERCUS NEPALENSIS.

GRAY, *Zool. Miscellany*, n° 1, p. 21. — Long. 7 lig. Larg. 2 lig. ¼. — D'un noir bronzé ; élytres avec des lignes impresionnées de points. — Népal, Indes-Orientales.

5. PERCUS LINEATUS.

SOLIER, *Ann. de la Soc. Ent.*, t. I, p. 119. — Long. 7 lig. ¼. Larg. 2 lig. ¼. — D'un noir luisant, avec deux fortes impressions longitudinales entre les yeux; corselet un peu cordiforme, échancré au milieu en arrière, rebordé latéralement, avec un sillon longitudinal, au milieu, et une forte impression de chaque côté sur le bord postérieur ; il présente des rides longitudinales, surtout visibles en arrière ; élytres ovalaires, courtes, d'un noir terne, avec trois côtes longitudinales, dont l'extérieure, plus forte, atteint seule l'extrémité ; entre chacune de ces côtes l'on en voit une autre beaucoup plus faible ; elles sont séparées par des

stries longitudinales, très-peu marquées et formées de petits points enfoncés ; dessous du corps et pattes d'un noir assez brillant ; tarses brunâtres ; antennes noires à la base, avec quelques poils ; le reste un peu velu et un peu cendré. — Bône, côte septentrionale d'Afrique.

OMALOSOMA, VIGORS ;

Feronia, BRULLÉ.

Antennes longues, à premier article gros, le deuxième un peu plus court, le troisième allongé, tous les suivans un peu comprimés, le dernier ovalaire. — Palpes longs, le dernier article élargi et tronqué à l'extrémité. — Labre transversal, arrondi sur les côtés, légèrement trilobé en avant. — Tarses assez forts, les quatre premiers articles des antérieurs dilatés. — Tête grande. — Mandibules longues, fortes et arquées. — Yeux petits. — Corselet en cœur, écusson très-petit. — Elytres ovales, planes. — Pattes fortes.

Ce genre est composé de très-grands insectes, propres aux parties chaudes de l'ancien Continent.

1. OMALOSOMA CYANEA.

Long. 13 lig. Larg. 4 lig. — D'un beau bleu luisant ; élytres avec des côtes, dont l'une plus forte placée près du bord externe. — Nouvelle-Hollande.

Nota. Il faut rapporter à ce genre l'*Omalosoma Vigorsi*, Gory, *Ann. de la Soc. Ent.*, de la Nouvelle-Hollande, et les *Feronia Striatocollis* et *Levicollis*, Brullé, *Hist. nat. des Ins.*, grands et magnifiques insectes de Madagascar, ayant vingt lignes de long.

MOLOPS, BON. ;

Feronia, LATR., DEJ. ;

Carabus, FABR., OLIV.

Antennes grenues, presque moniliformes. — Palpes assez minces; le quatrième article égal en longueur au précédent ou un peu plus long. — Languette petite, légèrement échancrée. — Mandibules moyennes, celle de droite dentée à la base et au milieu. — Corselet rétréci en arrière, terminé par deux angles aigus en forme de petites dents, avec une strie de chaque côté à la base. — Corps court, assez épais. — Pattes fortes, assez courtes.

8

Insectes de taille moyenne ou au-dessus, toujours aptères, de couleur noire luisante ou tirant sur le brun. On les trouve sous les pierres.

MOLOPS TERRICOLA.

Fabr., 1. 178, 43. — Sturm, 4, pl. 103, fig. a, A. — Long. 6 lig. Larg. 2 lig. ½. — Noir, un peu brunâtre; antennes et pieds de cette dernière couleur; corselet cordiforme, avec deux impressions longitudinales de chaque côté; élytres assez courtes, striées. — France.

M. le comte Dejean rapporte à cette espèce, comme variétés, les *Molops Punctatus* de Dahl, *Melas* de Ziégler et *Brunnipes* de Mégerle.

STEROPUS, Meg.;

Pterostichus, Bon., Sturm;

Feronia, Latr., Dej.;

Carabus, Fabr., Oliv.

Mêmes caractères que les *Molops*, mais les antennes sont plus longues. — Le corselet est arrondi à ses angles postérieurs. — L'abdomen est ovalaire, l'angle extérieur de la base des élytres obtus.

Ces insectes, de taille moyenne, toujours aptères, de couleur noire et luisante, rarement brune ou métallique, ont le corps assez convexe, plus allongé que les *Molops*. Ils se trouvent sous les pierres.

1. STEROPUS CONCINNUS.

Sturm, 4. p. 175, n° 7, pl. 104, fig. C. — Long. 7 lig. Larg. 2 lig. ½. — Noir; corselet arrondi; élytres ovales, striées, avec un point enfoncé sur chacune. — Paris.

2. STEROPUS MADIDUS. (Pl. 6, fig. 8.)

Fabr., 1, p. 181, n° 59. — Long. 7 lig. Larg. 2 lig. ½. — Diffère du précédent par ses cuisses rouges. — Paris.

COPHOSUS, Ziég.;

Pterostichus, Sturm;

Feronia, Latr., Dej.;

Carabus, Fabr., Oliv.

Un pli ou rebord transversal à la base des élytres. — Corselet court et presque carré, très-légèrement rétréci en arrière. — Corps en quadrilatère allongé ou cylindrique. — Antennes assez courtes. — Palpes assez forts.

Insectes d'assez grande taille, aptères, noirs et luisans.

1. COPHOSUS MAGNUS.

Dej., *Spec.*, t. III, p. 334. — Très-allongé, noir; corselet carré; élytres parallèles, fortement striées, avec deux ou quatre points enfoncés. — Hongrie.

2. COPHOSUS CYLINDRICUS.

Herbst, *Archiv.*, p. 132, n° 17, pl. 29, f. 2. — Sturm, 5, p. 33, n° 16, pl. 108, f. c. — Un peu plus petit, plus allongé et plus cylindrique que le précédent; élytres proportionnellement un peu plus longues. — Hongrie.

Nota. Nous croyons que cette espèce n'est qu'une variété de la précédente, de même que la *Filiformis*; car, ainsi que l'observe M. le comte Dejean, les différences que l'on indique entre elles ne sont pas bien constantes.

CAMPTOSCELIS, Dej.;

Molops, Germar; *Scarites*, Oliv.;

Carabus, Fabr.

Antennes courtes, à articles presque cylindriques légèrement comprimés, le premier gros, le second court, le troisième un peu plus long que les autres. — Palpes courts, à dernier article presque cylindrique et tronqué. — Les trois premiers articles des tarses antérieurs dilatés dans les mâles. — Mandibules courtes, très-arquées, presque obtuses. — Tête grosse, presque carrée, un peu renflée postérieurement. — Corselet tronqué par-devant, arrondi par-derrière. — Elytres légèremennt convexes et ovales, presque parallèles. — Pattes courtes et assez fortes. — Jambes intermédiaires fortement arquées. — Point d'ailes sous les élytres.

1. CAMPTOSCELIS HOTTENTOTA.

Oliv., 3, 36, 9, pl. 2, fig. 19. — Long. 8 lig. Larg. 2 lig. ½. — D'un noir assez brillant en dessus; labres, palpes, antennes d'un brun roussâtre; élytres à stries lisses, beaucoup plus profondes dans le ♂ que dans la ♀. — Cap de Bonne-Espérance.

CNEMACANTHUS, Gray.

Antennes moniliformes, de longueur moyenne. — Mandibules saillantes, faiblement dentelées. — Labre court, transversal, presque bilobé. — Palpes maxillaires à dernier article fusiforme tronqué. — Palpes labiaux terminés par un article ovalaire et tronqué. — Menton avec une dent simple et aiguë. — Tête ovale. — Corselet globuleux. — Elytres ovalaires, convexes. — Jambes antérieures dilatées, avec deux fortes épines au côté interne.

1. CNEMACANTHUS GIBBOSUS.

Gray, *Ann. Kingdom, Ins.*, t. 1, p. 276, pl. 15, fig. 1.—Long. 7 lig. ¼. Larg. 3, lig. —Noir, nuancé de vert bronzé; élytres striées; pattes noires; antennes et tarses bruns. — Afrique.

2. CNEMACANTHUS CYANEUS.

Brullé. *Hist. Nat. des Ins.*, t. IV, p. 376, pl. 15, fig. 4. — Long. 10 lig. Larg. 4 lig. — D'un bleu obscur; élytres très-faiblement striées; sur les bords on voit deux rangés de gros points enfoncés; sur chaque segment de l'abdomen il y a une série transversale de points semblables. — Ce bel insecte est assez commun au Chili.

3. CNEMACANTHUS DESMARESTII.

Long. 11 lig. Larg. 5 lig. — D'un brun obscur tirant quelquefois sur le vert; tête ayant quelques lignes longitudinales entre les yeux; parties de la bouche et antennes d'un brun rouge; corselet transversal, très-arrondi et légèrement rebordé sur les côtés. rétréci en arrière; élytres très-convexes. grandes. offrant quelques lignes longitudinales très-élevées; dessous du corps et pattes d'un brun rouge; jambes antérieures ayant une seule dent terminale à l'extrémité, au côté externe. et deux épines intérieurement. — Cordova.

Nota. M. Brullé décrit une quatrième espèce du même genre. sous le nom d'*Obscurus*; elle vient aussi du Chili.

CEPHALOTES, Bon. :

Broscus, Panzer; *Harpalus*. Gyll. ; *Carabus*, Fabr. ; *Scarites*. Oliv.

Antennes minces. à articles presque cylindriques ou obconiques : le premier plus gros, le deuxième plus court, le troisième un peu plus long que les autres. — Palpes assez courts, le dernier article des maxillaires allongé. presque cylindrique et tronqué; celui des labiaux un peu sécuriforme. — Les trois premiers articles des tarses antérieurs dilatés dans les mâles. — Mandibules assez courtes. un peu arquées et assez aiguës. — Tête assez grande. presque ovale. — Corselet convexe. cordiforme. très-rétréci postérieurement. — Elytres légèrement ovales ou presque parallèles. — Pattes assez grandes et assez fortes.

L'espèce que l'on trouve en France s'y rencontre dans les endroits sablonneux, sous les pierres.

PREMIÈRE DIVISION.

Espèces ailées.

1. CEPHALOTES VULGARIS.

Dej.. *Spec.*, t. III, p. 428. —*C. Cephalotes*, Fabr., 1, 187, 94. — Oliv., 3, 36, 6. pl. 1, fig. 9.—Long. 11 lig. Larg. 3 lig. ¼. — Noir, avec le labre et les palpes d'un brun noirâtre; élytres striées, très-peu marqués, sinuées par de très-petits points enfoncés. —Paris.

2. CEPHALOTES NOBILIS.

Dej., *Spec.*, 3, 422, 5. — Long. 7 lig. Larg. 2 lig. ¼.—D'un vert bronzé assez clair et brillant; antennes d'un jaune ferrugineux; élytres à stries assez marquées et légèrement ponctuées; abdomen brun roussâtre. — Asie Mineure, Smyrne.

DEUXIÈME DIVISION.

Espèces privées d'ailes.

3. CEPHALOTES LÆVIGATUS.

Dej., *Spec.*, 3, p. 431, 3. — Long. 10 lig. Larg. 3 lig. ¼. Il est un peu plus petit et moins allongé que le *C. Vulgaris*, avec lequel on pourroit le confondre s'il n'étoit pas privé d'ailes. — Egypte, Syrie.

STOMIS. Clairv. ;

Carabus, Duft.

Antennes à articles presque cylindriques; le premier gros, long, le deuxième court, le troisième un peu plus court que les suivans.—Palpes longs; le dernier article des maxillaires presque cylindrique et tronqué, celui des labiaux un peu sécuriforme. — Les trois premiers articles des tarses antérieurs dilatés dans les mâles. — Mandibules grandes. étroites. un peu arquées. assez aiguës. — Tête presque triangulaire. allongée. — Corselet allongé, un peu cordiforme et convexe. — Elytres un peu convexes. en ovale très-allongé. — Point d'ailes sous les élytres. — Pattes longues. assez fortes.

Insectes de petite taille. propres à l'Europe. et se trouvant presque toujours réunis. en petite société. sous les pierres et les débris de végétaux. au bords des eaux et dans les endroits humides.

8.

STOMIS PUMICATUS.

Clairv., *Entom. Helv.*. 2, pl. 48, fig. 6.
— Long. 3 lig. ¹⁄₂. Larg. 1 lig. ¹⁄₄. — D'un
brun noir, avec les palpes, les antennes et
les pattes d'un rouge ferrugineux ; labre,
mandibules et dessous du corps d'un brun
un peu roussâtre ; élytres à stries bien marquées et assez fortement ponctuées. —
France, Allemagne.

ZABRUS, Clairv. ;

Harpalus, Gyll. ;

Carabus et *Blaps*, Fabr. ;

Carabus, Duft.

Antennes minces, à articles presque cylindriques ; le premier gros, le second court, le
troisième un peu plus long que les autres. —
Palpes assez courts, le dernier article presque cylindrique et tronqué. — Les trois
premiers articles des tarses antérieurs dilatés dans les mâles. — Menton avec une
dent simple. — Mandibules assez courtes,
arquées, presque obtuses. — Tête assez grosse, presque triangulaire. — Corselet convexe, transversal, carré, trapézoïde ou arrondi sur les côtés. — Pattes courtes et fortes.
Insectes de moyenne taille, peu agiles,
vivant sous les pierres.

PREMIÈRE DIVISION.

Espèces privées d'ailes.

1. ZABRUS FEMMORATUS.
Dej., *Spec.*, 3, 441, 1. — Long. 10 lig. ¹⁄₂.
Larg. 4 lig. ¹⁄₂. — Ressemble beaucoup au
Z. Blaptoides, mais il est plus grand, plus
allongé ; le corselet moins large ; les élytres moins parallèles, plus ovales ; les stries
plus distinctes ; ♂ avec les cuisses postér-
rieures légèrement renflées ; les jambes
postérieures un peu dilatées à l'extrémité.
— Iles de la Grèce.

2. ZABRUS CURTUS.
Dej., *Spec.*, 3, 445, 5. — Zimm., *Monogr.*. 40. 4. — Long. 6 lig. Larg. 3 lig.
— Noir assez brillant dans les ♂, plus
terne dans les ♀ ; labre, palpes et tarses
d'un brun roussâtre ; élytres sinuées près de
l'extrémité, a stries assez marquées et
très-légèrement ponctuées. — Paris.

3. ZABRUS INFLATUS.
Dej., *Spec.*. 3. 446. 6. — Zimm.. *Monogr.*,
p. 38. Long. 6 lig. ¹⁄₂. Larg. 3 lig. ¹⁄₂.
D'un noir brillant dans les ♂, plus terne dans

les ♀ ; labre et tarses d'un brun un peu
roussâtre ; palpes d'un jaune testacé roussâtre ; élytres à stries peu marquées, fines
et lisses. — Départements de la Gironde
et des Landes, sur le bord de la mer.

4. ZABRUS OBESUS.
Dej., *Spec.*, 3, 448, 7. — Zimm.,
Monogr.. p. 33. — Long. 7 lig. Larg.
3 lig. ¹⁄₂. Noir ; palpes et tarses d'un brun
roussâtre ; labre d'un brun noirâtre ; corselet légèrement bronzé par-devant, d'un
bronzé verdâtre par-derrière et sur les côtés,
brillant dans les mâles, obscur dans les
femelles ; élytres d'un vert bronzé, souvent
un peu cuivreuses, plus terne dans les ♀ ;
elles ont des stries assez marquées, presque
lisses. — Hautes-Pyrénées.

5. ZABRUS FONTENAYI.
Dej., *Spec.*, t. V, p. 786. — *Robustus*, Zimm., *Monogr. der Carabiden*,
p. 52. — Long. 8 lig. ¹⁄₂. Larg. 4 lig. —
Noir ; corselet court, presque carré, ponctué en avant et en arrière ; élytres assez
courtes, convexes, avec de très-faibles stries
ponctuées ; antennes et tarses d'un brun
rougeâtre. — Morée.

DEUXIÈME DIVISION.

Espèces ailées.

6. ZABRUS GIBBUS. (Pl. 7, fig. 1.)
Fabr., 1, 189, 11, 105. — *Madidus*,
Oliv., 3, 35, 73. pl. 5, fig. 61. — Le *Bupreste Paresseux*, Geoffroy, 1, 159, 34. —
D'un noir assez brillant, souvent un peu brunâtre en dessous ; labre, palpes jambes et
tarses d'un brun un peu roussâtre ; élytres
quelquefois légèrement bronzées ; antennes
peu verdâtres, sinuées à l'extrémité, avec
des stries assez marquées et assez fortement
ponctuées. — Paris.

Nota. Il faut ajouter à ce genre les
Z. Pinguis, *Puncticollis* et *Orsinii*, de
Dej. (*Spec.*, t. V), ainsi que le *Z. Puncticollis*, Brullé (*Expéd. sc. de Morée*)
(ce dernier est différent de celui de M. Dejean), et beaucoup d'autres espèces décrites par M. Zimmermann (*Monogr. der
Carabiden*) ; enfin M. Gory a décrit deux
espèces de ce genre dans sa Centurie de
Carabiques (*Ann. de la Soc. Ent.*, t. II.)

PELOR, Bon., Zimm. ;

Carabus, Fabr. ;

Pelobatus, Stev.

Antennes filiformes assez courtes. —

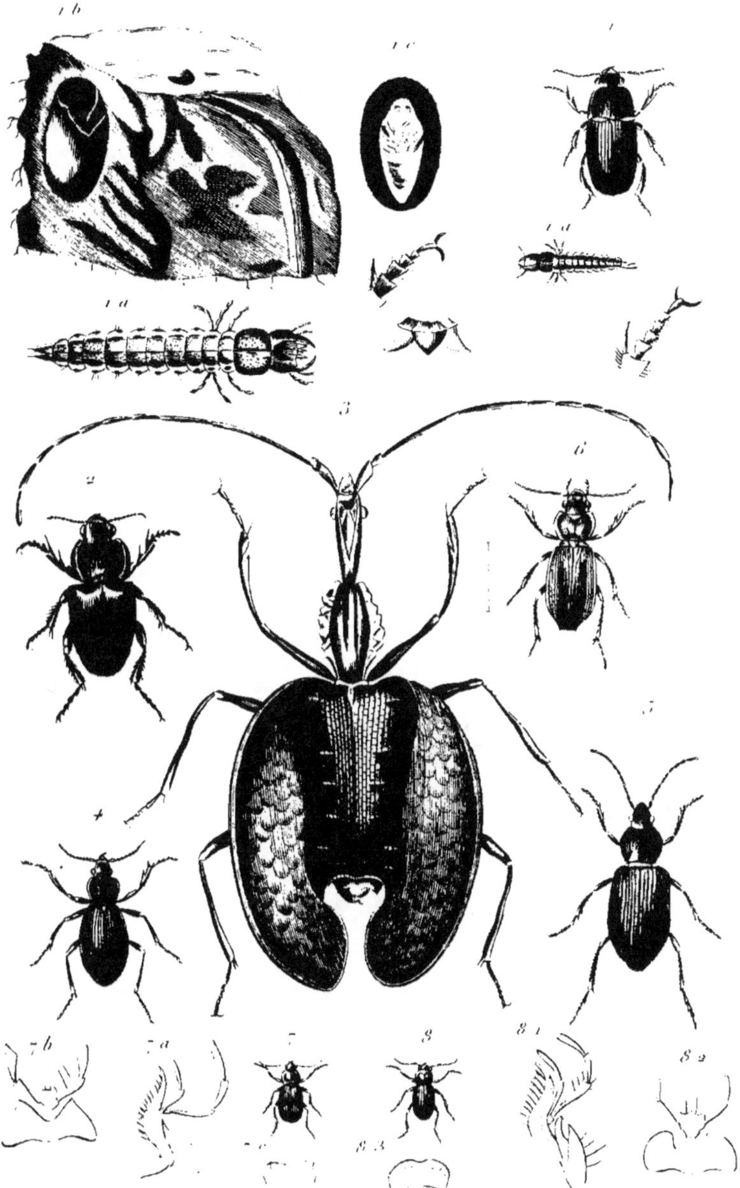

1. Zabrus Gibbus. 1-a. larve à différents âges. 1-b. sillons creusés par elle dans la terre. 1-c. nymphe. 2. Pelor Blaptoides. 3. Mormolyce Phyllodes. 4. Sphodrus Planus. 5. Antarctia Œnea. 6. Agonum Modestum. 7. Callistus Lunatus. 7-a. mâchoire et palpe maxillaire. 7-b. lèvre et palpes labiaux. 7-c. labre. 8. Loricera Pilicornis. 8-1. mâchoire et palpe maxillaire. 8-2. lèvre et palpes labiaux. 8-3. labre.

Palpes à dernier article peu allongé et tronqué à l'extrémité. — Tarses antérieurs des mâles dilatés et cordiformes.

L'absence de dents aux tibias postérieur des ♂; éloigne ces insectes des *Eutroctes* et les trois premiers articles des tarses antérieurs cordiformes les distinguent des *Polysitus* et des *Acorius*; enfin la dent du milieu de l'échancrure du menton bifide ne permet pas de les confondre avec les *Zabrus*.

1. PELOR SPINIPES. (Pl. 7, fig. 2.)
Fabr., 1, p. 142, n° 5.— *Blaptoides.* — Zimm., *Monogr.*, p. 66. — *Sturmi*, Fisch. *Mém. Soc. Nat. Moscou*, t. V, p. 467.—Long. 8 lig. ¼. Larg. 4 lig.—D'un noir assez brillant dans les ♂, plus terne dans les ♀; labre et palpes d'un brun rougeâtre; élytres à stries peu marquées, formées par une suite de très-petits points enfoncés. —Autriche.

POLYSITUS, Zimm.

Le mâle sans dent aux quatre jambes postérieures. — Les trois premiers articles des tarses antérieurs triangulaires. — Une dent simple au milieu de l'échancrure du menton.

1. POLYSITUS FARCTUS.
Zimm., *Monogr.*, p. 71. — Long. 5 lig. Larg. 2 lig. ¼. — Noir; tête faiblement ponctuée.— Alger.

2. POLYSITUS VENTRICOSUS.
Zimm., *Monogr.*, p. 72. — Long. 4 lig. Larg. 2 lig. — Diffère du précédent en ce qu'il est entièrement lisse.— Orient.

ACORIUS, Zimm.

Ce genre diffère de celui de *Zabrus* par les caractères. — Le mâle sans dent aux quatre jambes postérieures.—Les trois premiers articles des tarses antérieurs triangulaires. — Une dent bifide au milieu de l'échancrure du menton.

ACORIUS METALLESCENS.
Zimm., *Monogr.*, p. 75. — Long. 3 lig. ½. Larg. 1 lig. ½. — Métallique; corselet rétréci en arrière; élytres avec des stries ponctuées. — Egypte.

EUTROCTES. Zimm. ;

Pelobatus, Fisch.; *Blaps*, Adams.
Le ♂ a une dent aux quatre jambes postérieures.

1. EUTROCTES AURICHALCEUS.
Adams, *Mém. de la Soc. imp. nat. Moscou*, 5, p. 307, n° 24.— Zimm., *Monogr.*, p. 18.— *Pelobatus Adamsii*, Fisch., *Mém. Soc. imp. nat. Moscou*, 5, p. 468.

2. EUTROCTES CONGENER.
Zimm., *Monogr. der Carabiden*, p. 19. — Diffère du précédent par les stries des élytres, qui sont presque effacées et raccourcies. Ces deux espèces viennent de la Russie-Méridionale.

MAZOREUS, Ziég. ;

Badister, Creutzer; *Trechus*, Sturm.

Antennes minces, à articles allongés, presque cylindriques; le premier plus long et plus gros, le deuxième plus court, le troisième de la longueur des suivans, qui sont légèrement comprimés. — Palpes assez courts, le dernier article assez allongé, presque cylindrique et tronqué.— Les trois premiers articles des tarses antérieurs dilatés dans les mâles. — Mandibules assez arquées et aiguës. — Tête presque triangulaire.—Yeux assez saillans. — Corselet très-court, transversal, arrondi latéralement, un peu prolongé postérieurement dans son milieu, séparé des élytres par un étranglement.— Ecusson atteignant à peine la base des élytres. — Celles-ci presque ovales allongées, arrondies, presque tronquées à l'extrémité.

Insectes de petite taille, vivant sous les pierres, dans les endroits humides.

MAZOREUS WETERHALLII.
Gyll., 3, p. 698, n° 68-69. et 4, p. 455, n° 68-69. — *Luxatus*, Dej., *Spec.*, t. III, p. 337. —*T. Laticollis*, Sturm, 6, 103, 22, 150, fig. d, D. — Allongé, d'un brun plus ou moins foncé, plus ou moins roussâtre; base des élytres, antennes, palpes et pattes d'un jaune ferrugineux un peu roussâtre; labres, mandibules et dessous du corps d'un brun roussâtre. — Paris.

DISTRIGUS, Dej.

Antennes à articles allongés, légèrement comprimées; le premier assez gros, le second court, les autres égaux.— Palpes assez longs, à dernier article presque cylindrique et tronqué. — Les trois premiers articles des tarses antérieurs dilatés dans les mâles. — Mandibules courtes, un peu arquées, assez aiguës. — Tête presque triangulaire. — Corselet presque carré, arrondi sur les côtés. — Élytres assez convexes, ovales, allongées. — Pattes courtes, assez fortes.

DISTRIGUS IMPRESSICOLLIS.

Dej.. *Spec.*, 3, 193, 1.—Long. 4 lig. ⁅. Larg. 1 lig. ⁅.— D'un noir assez brillant, avec quelques reflets changeans sur les élytres, un peu brunâtre en dessous; labre, pattes et tarses d'un brun roussâtre ; élytres à stries légèrement ponctuées. — Indes.

ABACETUS, Dej.

Antennes à articles légèrement comprimés. presque en carrés allongés ; le premier gros, le second court, le troisième un peu plus long que les autres.— Palpes assez courts, à dernier article allongé, presque cylindrique et tronqué. — Les trois premiers articles des tarses antérieurs dilatés dans les mâles. — Mandibules courtes, un peu arquées, assez aiguës. — Tête presque triangulaire.—Corselet trapézoïde, presque de la largeur des élytres à sa base.— Élytres diminuant de la base vers l'extrémité ; celle-ci arrondie.—Pattes courtes.

ABACETUS GAGATES.

Dej., *Spec.*, 3, p. 197, 1, 5. — Larg. 2 lig. — D'un brun noirâtre, noir assez brillant en dessus; labre, palpes et tarses d'un brun roussâtre; élytres à stries peu profondes.—Sénégal.

DRIMOSTOMA, Dej.

Antennes assez courtes, presque moniliformes. — Palpes maxillaires à dernier article terminé presque en pointe ; palpes labiaux à dernier article tronqué à l'extrémité. — Menton trilobé.—Lobe intermédiaire en pointe assez aiguë. — Tarses antérieurs des mâles à trois premiers articles dilatés, aussi longs que larges, un peu cordiformes. — Tête triangulaire, un peu pointue en avant. —Mandibules assez saillantes, légèrement arquées et très-aiguës. — Corselet presque carré. — Élytres ovalaires, un peu allongées, assez convexes.

DRIMOSTOMA SCHONHERRI.

Dej., *Spec.*, t. V, p. 747. — Long. 3 lig. ⁅. Larg. 1 lig. ⁅. — Brun; corselet à angles postérieurs droits; élytres ovales, avec de profondes stries ponctuées ; antennes et pattes jaunes. — Sierra-Léone.

ABARIS, Dej.

Antennes courtes. un peu comprimées et presque filiformes. — Palpes à dernier article presque cylindrique et tronqué à l'extrémité. — Menton avec une dent simple et presque obtuse au milieu de son échancrure. — Tarses antérieurs des mâles à trois premiers articles dilatés et triangulaires. — Tête triangulaire. — Yeux assez gros. — Corselet carré. — Élytres ovalaires, allongées.

ABARIS ÆNEA.

Dej., *Spec.*, t. V, p. 781. — Long. 2 lig. ⁅. Larg. 1 lig. ⁅. — Bronzé ; élytres avec des stries profondes et un point enfoncé sur le troisième intervalle, un peu au delà du milieu; antennes, jambes et tarses d'un jaune rougeâtre. — Colombie.

RATHYMUS, Dej.

Ce genre diffère des *Abacetus* par le dernier article des tarses allongé, large, un peu dilaté à l'extrémité et tronqué. — Les mandibules sont très-fortes, élargies à la base, obtuses. — La tête large, presque carrée. — Les antennes ont leurs premiers articles cylindriques, les derniers presque moniliformes. — Le corselet est presque carré transversal. — Les élytres légèrement bombées. — Les pattes assez fortes.

RATHYMUS CARBONARIUS.

Dej., *Spec.*, t. V, p. 784, 1. — Long. 5 lig. Larg. 2 lig. ⁅.—Noir, très-finement granuleux; corselet avec une ligne longitudinale au milieu ; élytres avec des stries longitudinales, au fond desquelles on voit des stries très-serrées; antennes un peu velues; palpes et tarses brunâtres.—Sénégal.

STRIGIA, Brullé.

Ressemble aux *Rathymus*, mais s'en distingue par le labre très court et entier. —La dent du menton bifide.—Les mandibules grandes, épaisses, arquées et striées. —Les palpes terminés par un article un peu élargi. — Les antennes comprimées, et un peu plus grandes vers le bout. Ils ont la forme des *Rathymus*.

STRIGIA MAXILLARIS.

Brullé, *Hist. nat. des Ins.*, t. IV. p. 385, pl. 15, f. 6. — Long. 6 lig. Larg. 2 lig. ⁅. — Noir ponctué; côtés du prothorax verdâtres; élytres avec des stries ponctuées. — Indes-Orientales.

HETERACANTHA, Brullé.

Très-voisins des précédens, mais remarquables par leurs jambes antérieures, dont l'une des grandes épines est située à l'extrémité, et élargie de manière à pouvoir creuser la terre. — Les mandibules sont avancées et fortes. — Les palpes grêles.— Le labre court et bilobé. — Corps plat.— Corselet cordiforme. — Elytres larges et courtes.

Insectes de forme remarquable.

HETERACANTHA DEPRESSA.

BRULLÉ, *Hist. nat. des Ins.*, t. IV, p. 384, pl. 16, fig. 1. — Long. 7 lig. Larg. 3 ¼. — D'un brun obscur; antennes, pattes et dessous du corps ferrugineux; élytres à peine striées. — Egypte.

SPHODRITES.

Caractères. Tous les articles des tarses entiers dans les deux sexes. — Leurs crochets sans dentelures.— Les trois premiers articles des tarses antérieurs, dilatés dans les ♂.— Dernier article des palpes allongé, presque cylindrique et tronqué. — Troisième article des antennes très-long.

Genres : *Mormolyce, Sphodrus.*

Les *Sphodrites* sont encore peu connus ; le premier genre de ce petit groupe a été placé, par quelques auteurs, parmi les *Tronchatipennes*. Nous croyons que c'est à tort, et nous pensons, avec M. Latreille, qu'il doit être rangé ici.

MORMOLYCE, HAGENB.

Antennes filiformes, très-longues, de douze articles ; le premier épais, le deuxième très-court, les suivans, à l'exception du troisième, presque égaux entre eux.— Palpes maxillaires internes grêles, de deux articles, les externes de quatre, le dernier arrondi, obtus, les labiaux à articles arrondis.—Tarses linéaires, le premier article grand, les suivans égaux entre eux. — Les crochets menus, recourbés.— Tête longue, déprimée.— Mandibules fortes, arquées, dentées au milieu, intérieurement. — Mâchoires lobées, pointues, ciliées.—Yeux saillans.—Corselet longs, dilaté sur les bords.— Ecusson long, pointu, en partie caché. — Elytres presque membraneuses, leurs bords latéraux très-dilatés, et fortement échancrées en arrière, prolongées au-delà du corps, enveloppant, en dessous, l'abdomen, par l'extension de la dilatation latérale. — Abdomen déprimé, ovale, cylindrique. — Pattes longues, grê-

les. — Cuisses comprimées, presque linéaires. — Jambes comprimées, presque droites, les antérieures fortement échancrées, avant leur extrémité, celle-ci dilatée.

On ne connait qu'une seule espèce de ce genre ; elle est pourvue d'aile ; elle a été l'objet d'un mémoire particulier, où ce singulier insecte de forme tout-à-fait insolite, a été représenté.

MORMOLYCE PHYLLODES. (Pl. 7, fig. 8.)

HAGENB., *Nov. Col. Genus. Nuremberg*, 1825, fig. *a*, *b*.—Long. 35 lig. Larg. 15 lig. — D'un brun de poix luisant, avec les bords extérieurs des élytres plus clairs, neuf lignes longitudinales enfoncées sur le milieu des élytres, avec des tubercules sur la troisième dilatation latérale articulée.— Java.

Nota. Une larve très-remarquable, figurée par Herbst et par Perty (Insectes de l'Inde) ne serait-elle pas celle de cet insecte ?

SPHODRUS, CLAIRV. ;

Harpalus, GYLL.; *Carabus*, FABR.;

Antennes filiformes, à articles allongés ; le deuxième très-court, le troisième très-long, les autres égaux entre eux.—Palpes longs, à articles allongés, le dernier presque cylindrique et tronqué. — Les trois premiers articles des tarses antérieurs dilatés dans les mâles. — Mandibules avancées, fortes, un peu arquées.—Tête allongée.— Corselet cordiforme. — Elytres ovales-allongées.—Pattes grandes, assez fortes.—

Insectes d'assez grande taille, de couleur noire, propres à l'Europe et à l'Asie ; l'espèce de France vit dans les caves, les souterrains, les endroits humides et sombres.

PREMIÈRE DIVISION.

Espèces ailées.

1. SPHODRUS PLANUS. (Pl. 7, fig. 4.) CLAIRV., *Entom. Helvet.*, 2, p. 86, fig. 12.—FABR., 1, 179. 47.—D'un noir un peu brillant; les élytres plus ternes, un peu sinuées à l'extrémité et à stries fines très-légèrement ponctuées, troisième et quatrième, cinquième et sixième, se réunissant deux à deux; palpes d'un brun roussâtre. — Paris.

DEUXIEME DIVISION

Espèces privées d'ailes.

2. SPHODRUS LATICOLLIS.

Dej., *Spec.*, 3, 90, 2.—Long. 10 lig. ¹⁄₂.
Larg. 4 lig. — Plus court et plus large que
le *Sp. Planus*, auquel il ressemble ; tête
plus grosse ; corselet plus grand ; élytres
moins sinuées ; l'absence des ailes jointe à
ces caractères comparatifs le fait aisément distinguer. — Sibérie.

TRIGONOTOMITES.

Caractères. Les trois premiers articles
des tarses antérieurs dilatés dans les ♂ ;
crochets des tarses sans dentelures. — Dernier article des palpes labiaux sécuriforme.
Genres : *Myas, Lesticus, Trigonotoma,
Catadromus.*
Les *Trigonotomites* sont en général de
grands insectes. Quelques-uns présentent
des couleurs métalliques; on ne sait rien
de leurs mœurs.

MYAS , Ziég. ;
Abax, Palliardi.

Antennes à articles courts, en carré,
dont les angles sont arrondis ; le premier
et le deuxième très-courts, le troisième un
peu plus long. — Palpes courts, à dernier article sécuriforme. — Les trois premiers articles des tarses antérieurs dilatés dans les
mâles. — Mandibules courtes, un peu arquées, assez aiguës. — Tête presque triangulaire, avancée.—Corselet presque carré.
— Élytres ovales ou parallèles. — Pattes
courtes et fortes. — Point d'ailes sous les
élytres.

1. MYAS CHALYBEUS.

Palliardi , *Beschreibung zweyer de-
caden neuer und wenig bekannter cara-
bicinen*, 41 , pl. 4 , fig. 19.—Long. 7 lig. ¹⁄₂.
Larg. 3 lig. ¹⁄₄. — Noir, avec les élytres
d'un beau bleu d'acier quelquefois un peu
violet, et un léger reflet de cette dernière
couleur sur les côtés du corselet : élytres à
stries très-peu profondes et fort légèrement
ponctuées; labre et jambes d'un noir un peu
brunâtre ; palpes, antennes, à l'exception de
la base, et tarses d'un brun un peu roussâtre. — Hongrie.

2. MYAS RUGOSICOLLIS.

Brullé, *Expéd. de Morée. Ins.*, p. 122,
n° 133, pl. 33, f. 9. — Long. 7 ¹⁄₂. Larg.
3 lig. ¹⁄₄.—Ressemble au *Chalybeus*, mais
plus étroit ; la couleur des élytres est d'un
violet plus éclatant ; le corselet est mau-

qué de rides transversales profondes. —
Morée. C'est peut-être une variété du précédent.

LESTICUS, Dej. ;

Antennes à articles allongés, légèrement
comprimées ; le premier gros, le second
court, le troisième plus long que les autres.
— Palpes assez grands, le dernier article
des maxillaires presque cylindrique et
tronqué, le dernier des labiaux un peu sécuriforme.— Les trois premiers articles des
tarses antérieurs dilatés dans les mâles.
— Mandibules peu avancées, arquées, très-
aiguës.— Tête arrondie.—Corselet cordiforme, très-rétréci en arrière. — Élytres
allongées, un peu ovales, presque parallèles, sinuées à l'extrémité. — Pattes
assez fortes. — Point d'ailes sous les élytres.

LESTICUS JANTHINUS.

Dej., *Spec.*, 3. 190, 1.—Long. 8 lig.
Larg. 3 lig.—Noir, brillant ; tête, corselet et élytres d'un violet pourpre ; élytres striées et ponctuées, avec quelques
points enfoncés entre la deuxième et la
troisième strie.—Java.

TRIGONOTOMA, Dej. ;
Omaseus, Mac-Leay.

Antennes courtes, à articles cylindriques : le premier gros, le deuxième court,
les autres peu allongés. — Palpes assez
grands, le dernier article des maxillaires
allongé, presque cylindrique et tronqué ;
celui des labiaux grand, beaucoup plus
fortement sécuriforme dans les mâles que
dans les femelles.— Les trois premiers articles des tarses antérieurs dilatés dans les
mâles. — Mandibules arquées et aiguës.—
Tête ovale. — Corselet presque carré ou
cordiforme.—Élytres allongées, presque
parallèles. — Pattes grandes et fortes.

1. TRIGONOTOMA VIRIDICOLLIS.

Mac-Leay, *Annulosa javanica*, 1, 17, 28.
— Long. 10 lig. Larg. 3 lig. ¹⁄₄.—Tête et
corselet d'un vert bronzé, tant en dessus
qu'en dessous ; labre, mandibules, base des
antennes, poitrine, abdomen, cuisses et
jambes noirs ; tarses d'un brun roussâtre ;
élytres violettes, à stries profondes, légèrement ponctuées, les intervalles lisses. —
Indes.

2. TRIGONOTOMA AUSTRALIS.

Long. 9 lig. Larg. 3 lig. — D'un noir

luisant; tête un peu bronzée, avec deux impressions entre les yeux; corselet en cœur, rebordé latéralement, avec une ligne longitudinale au milieu, et deux traits au bord postérieur, d'un vert brillant, un peu bronzé au milieu; élytres bronzées, ovales, striées, avec trois points sur la troisième strie; le bord extérieur d'un vert éclatant; dessous du corps et pattes noirs. — Nouvelle-Hollande. Collection de M. Gory.

CATADROMUS, Mac-Leay;
Carabus, Oliv.

Antennes courtes, à articles cylindriques; le premier gros, le second court, le troisième plus long, les autres égaux entre eux. — Dernier articles des palpes maxillaires presque cylindrique et tronqué, celui des labiaux un peu sécuriforme. — Les trois premiers articles des tarses antérieurs dilatés dans les mâles. — Mandibules grosses, grandes, un peu arquées, assez aiguës. — Tête presque ovale. — Yeux saillans. — Corselet presque carré, ses côtés arrondis. — Élytres allongées, presque parallèles. — Pattes courtes et très-fortes.

CATADROMUS TENEBRIOIDES.
Oliv., 3, 35. 18, pl. 6, fig. 67. — Long. 28 lig. Larg. 8 lig. ¼. — D'un noir assez brillant; bords latéraux du corselet et des élytres d'un beau vert métallique; élytres lisses et striées, avec deux points enfoncés près de la deuxième strie, et deux ou trois près de l'écusson. — Java.

Nota. J'ai décrit, dans mes *Études Entomologiques*, une seconde espèce de ce genre propre à la Nouvelle-Hollande (*Catad. Australis*); elle est sensiblement plus petite que la précédente. M. Boisduval en a depuis décrit une troisième sous le nom de *C. Lacordairei. Voy. de l'Astrolabe, Ent.*, 2ᵉ part., p. 34. Cette dernière n'a pas deux pouces de long; son corselet est en cœur; elle vient du nord de la Nouvelle-Hollande.

AMARITES.

Caractères. Les trois premiers articles des tarses antérieurs dilatés dans les ♂. — Crochets des tarses sans dentelures. — Dernier article des palpes labiaux allongé, légèrement ovalaire et tronqué.

Genres: *Amara, Antarctia, Lophidius.*

Les *Amarites* sont des insectes de moyenne taille, presque toujours ailés, de couleurs brunes ou métalliques, très-répandus dans nos contrées. Ils vivent sous les pierres, et aiment les endroits sablonneux, les bords des eaux, etc.

AMARA, Bon.;
Harpalus, Gyll.; Carabus, Fabr., Oliv.; Amara, Bradytus, et Curtonotus, Stéphens.

Antennes assez minces, filiformes; le premier article gros, le second court, le troisième un peu plus long que les suivans. — Palpes assez courts, à dernier article assez allongé, un peu ovalaire et tronqué. — Les trois premiers articles des tarses antérieurs dilatés dans les mâles. — Mandibules assez courtes, arquées, peu aiguës. — Tête presque triangulaire. — Corselet transversal, le plus souvent trapézoïde, quelquefois carré ou rétréci postérieurement et presque cordiforme, légèrement rebordé sur ses bords latéraux. — Élytres un peu convexes, assez courtes, légèrement ovalaires; leur extrémité arrondie.

Insectes de petite ou de moyenne taille, de couleur métallique ou brune, vivant sous les pierres, et recherchant les endroits arides, secs et sablonneux. L'Europe, le nord de l'Afrique et de l'Asie, et l'Amérique-Septentrionale, sont, jusqu'à présent, les seules parties du monde où l'on ait trouvé des insectes de ce genre, fort nombreux en espèces ayant toutes un faciès bien prononcé, et faciles à confondre entre elles.

PREMIÈRE DIVISION.

Corselet trapézoïde, de la largeur des élytres à sa base, se rétrécissant un peu vers la tête; base du corselet marquée d'impressions assez profondes.

1. AMARA VULGARIS.
Fabr., 1, 195, 137. — Long. 3 lig. ¼. Larg. 1 lig. ¼. — On ne confondra pas cette espèce avec l'*A. Trivialis*, dont elle a le faciès et les couleurs, si l'on fait attention que le premier article des antennes seulement est d'un rouge ferrugineux ou brun roussâtre, que les deux impressions de la base du corselet sont peu marquées et presque toujours lisses, et que les pattes sont entièrement ou noires ou d'un brun noirâtre. — France, Allemagne.

2. AMARA SIMILATA.
Sturm, 6, 40, 21, pl. 144, fig. a. A. —

Long, 4 lig. Larg. 2 lig. — Deux impressions de chaque côté de la base du corselet, couvertes de petits points enfoncés; ses stries plus marquées et moins profondes à la base que vers l'extrémité, les jambes et les tarses d'un brun roussâtre, une tache un peu plus grande, distinguent cette espèce de l'*A. Vulgaris*, dont elle a le faciès et les couleurs.

3. AMARA FAMILIARIS.

STURM, 6, 59, 34, pl. 147, fig. *a*, A.— Ressemble beaucoup à l'*A. Communis*, par la forme, la grandeur et la couleur; les pattes sont entièrement d'un rouge ferrugineux un peu jaunâtre. — Paris.

4. AMARA STRIATO-PUNCTATA.

DEJ., *Spec.*, 3, p. 480, 22. — Long. 4 lig. ½. Larg. 2 lig. — Bronzé, obscur, les trois premiers articles des antennes, les jambes et les tarses d'un rouge ferrugineux un peu obscur; impressions de la base du corselet bien marquées et ponctuées; stries des élytres plus ou moins fortement ponctuées, moins profondes à la base qu'à l'extrémité. — France.

5. AMARA BRUNNEA.

GYLL., 2, 143, 52, et 4, 446, 52.—Long. 3 lig. ½. Larg. 1 lig. ½.—D'un brun noirâtre, souvent un peu roussâtre; palpes, antennes et pattes d'un rouge ferrugineux; impressions de la base du corselet assez fortement ponctuées; stries des élytres assez profondes et ponctuées.—France Méridionale.

DEUXIÈME DIVISION.

Corselet plus ou moins rétréci postérieurement.

6. AMARA EXIMIA.

DEJ., *Spec.*, 3, 493, 37. — Long. 3 lig. ½. Larg. 1 lig. ½. — D'un brun noirâtre, roussâtre en dessous; palpes, antennes et pattes d'un rouge ferugineux; les deux impressions de la base du corselet bien marquées, et toute la base couverte de points enfoncés assez gros; élytres avec neuf stries ponctuées, les troisième et quatrième, cinquième et sixième, se réunissant deux à deux avant l'extrémité. — France.

7. AMARA FUSCA.

DEJ., *Spec.*, 3, 497, 40. — Long. 4 lig. Larg. 2 lig. — Moins large, plus brun et moins bronzé que l'*A. Ingenua*; palpes antennes et pattes d'un rouge ferrugineux

plus clair que dans l'*Ingenua*; dessous du corps brun, plus ou moins roussâtre; corselet un peu plus long, un peu moins arrondi sur les côtés. — France Méridionale.

8. AMARA PATRICIA.

DUFT, 2, 110, 132. — *A. Mancipum*, STURM, 6, pl. 141, fig. *e*, C. — Long. 4 lig. ½. Larg. 2 lig. ½. — D'un brun noirâtre, plus ou moins roussâtre en dessous; palpes antennes et pattes d'un rouge ferrugineux; corselet assez convexe, légèrement arrondi sur les côtés; impressions de la base du corselet couvertes de points enfoncés; angles antérieurs presque arrondis, les postérieurs coupés presque carrément; élytres légèrement ovales, assez convexes, à stries assez fortement marquées et ponctuées; bord inférieur des élytres et labre d'un brun roussâtre. — Paris.

9. AMARA APRICARIA.

FABR., 1, 205, 193. — Long. 3 lig. ½. Larg. 1 lig. ½. — D'un brun noirâtre légèrement bronzé; palpes antennes et pattes d'un rouge ferrugineux; labre, bord inférieur des élytres et dessous du corps d'un brun roussâtre; corselet peu convexe, presque carré; la base couverte de points enfoncés assez gros; angles antérieurs arrondis, les postérieurs avec une très-petite dent; élytres à stries assez, profondes et plus fortement ponctuées vers la base qu'à l'extrémité. — Paris.

10. AMARA SPINIPES.

OLIV., 3, 35, 74, pl. 12, fig. 142.—*Aulica*, ILLIG., *Kæf. Preus*, 1, p. 174, n° 43. —Long. 6 lig. Larg. 2 lig. ½. — D'un brun noirâtre, avec le labre, le bord inférieur des élytres et le dessous du corps d'un brun rougeâtre; palpes antennes et pattes d'un rouge ferrugineux; base du corselet marquée de points enfoncés, excepté sur les bords; élytres assez convexes, à stries assez marquées et ponctuées, surtout vers la base; les troisième et quatrième, cinquième et sixième, se réunissant deux à deux avant l'extrémité.—Paris. On le trouve, comme les autres espèces, sous les pierres, mais aussi quelquefois dans les têtes de chardons, au moment de la maturité des graines.

Nota. Je n'ai pas cru devoir adopter plusieurs genres formés aux dépens de celui-ci par les naturalistes anglais, et qui ne sont établis que sur la forme du corselet; ce sont les suivans: *Bradytus,* formé sur l'*A. Consularis* et *Curtonotus,* dont l'*A.*

Aulica est le type. Voici, du reste, les caractères que leur assigne M. Stéphens.

> Corps { convexe { Corps rétréci en arrière. . . . . . 1. *Curtons* ou
> Corselet transversal. . . . . . . 2. *Bradytus.*
> déprimé. . . . . 3. *Amara*[1].

[1] M. Mac-Leay ne faisant de tous les genres suivans que des sous-genres des *Amara*, je les place ici, en prévenant cependant que je ne les connais pas en nature.

CŒLOSTOMUS, Mac-Leay.

Antennes à articles presque égaux, le deuxième plus court. — Labre transversal, plus large à la base, à bord antérieur velu, échancré, muni de six soies distinctes, et à lobes arrondis. — Mandibules un peu inégales, fortes, arquées, obtuses, crénelées, cachées sous le labre. — Palpes très-courts; le dernier article des maxillaires longs et subulés. — Lèvre trèspetite.—Paraglosses près de deux fois plus longues qu'elle, formant une membrane presque carrée, bilobée en avant, plus étroite à la base. — Menton à dent très-petite, aiguë. — Corselet échancré, bordé, convexe, presque orbiculaire, tronqué au bord antérieur. — Elytres un peu sinuées à l'extrémité, striées.

CŒLOSTOMUS PICIPES

Mac-Leay, *Ann. Jav.* (édit. Lequien), 123, 43. — Long. 2 lig. $\frac{1}{4}$. — Noir brillant; antennes obscures, avec les deux premiers articles pâles; pattes brunes; élytres un peu couleur de poix vers l'extrémité. — Java.

ŒPHIDIUS, Mac-Leay.

Antennes deux fois plus longues que la tête, plus grosses à l'extrémité, moniliformes, à deuxième et troisième articles égaux. — Labre en carré, transversal, à peine échancré en avant. — Mandibules larges, triangulaires, courbées au côté externe. — Palpes maxillaires à dernier article allongé, plus grêle, subulé. — Menton à dent simple. — Tête triangulaire. — Corselet bordé, deux fois plus large que long, échancré en avant, presque sinué, lobé en arrière.—Corps oblong, un peu déprimé. — Elytres un peu échancrées, striées. — Deux dernières paires de pattes un peu épineuses.

ŒPHIDIUS ADELIOIDES.

Mac-Leay, *Ann. Jav.* (édit. Lequien), 123, 42. — Long. 2 lig. $\frac{1}{4}$. — Noir brillant; labre et pattes un peu brunâtres; antennes et palpes ferrugineux; élytres soyeuses. — Java.

ANAULACUS, Mac-Leay.

Antennes moniliformes, épaisses, à peine plus longues que la tête, à deuxième et troisième

ANTARCTIA, Dej.; *Harpalus*, Germ.; *Carabus*, Fabr.

Antennes à articles allongés, presque cylindriques; le premier article gros, le articles presque égaux. — Labre court, large, en carré transversal, à angles obtus, presque échancré à l'extrémité. — Mandibules larges, triangulaires, courbées au côté externe. — Palpes maxillaires à dernier article court, cylindrique, à peine plus grêles à l'extrémité. — Paraglosses distinctes, membraneuses, minces et cylindriques. — Menton trilobé. — Tête triangulaire. — Corselet deux fois plus large que long, échancré en avant, à peine convexe en arrière. — Corps un peu déprimé, large. — Ecusson non distinct. — Elytres un peu échancrées. — Quatre pattes postérieures un peu épineuses.

ANAULACUS SERICIPENNIS.

Mac-Leay, *Ann. Jav.* (édit. Lequien), 122, 41. — Long. 2 lig. $\frac{1}{4}$. — D'un noir brillant; bouche, antennes et pattes ferrugineuses; élytres très-lisses et soyeuses, avec deux taches rouges. — Java.

HYPHARPAX, Mac-Leay.

Antennes de la longueur du corselet, plus grosses à l'extrémité, à deuxième et troisième articles égaux. — Labre carré. — Mandibules un peu allongées et pointues. — Palpes maxillaires à troisième article allongé, grêle, un peu conique. — Palpes labiaux à dernier article court, subulé. — Menton tridenté.—Tête triangulaire, marquée de deux fossettes entre les yeux.—Corselet court, un peu convexe, en carré transversal arrondi sur les côtés. — Elytres striées.

HYPHARPAX LATERALIS.

Mac-Leay, *Ann. Jav.*, 121, 40 (édit. Lequien). —Long. 2 lig. $\frac{1}{4}$.—D'un noir brillant; bouche, antennes et pattes ferrugineuses; élytres à extrémités ferrugineuses et à stries latérales criblées de points. — Java.

DIORICHE, Mac-Leay.

Antennes linéaires, pubescentes, à troisième article plus court que les deux précédens pris ensemble. — Lèvre en carré transversal, avec les angles arrondis. — Mandibules courtes. — Palpes maxillaires à quatrième article subulé, le précédent plus court, presque conique; palpes labiaux à dernier article aigu, presque subulé. — Menton ayant une dent simple et grêle.—Corselet large, ponctué, bordé, en cœur un peu carré, échancré en avant. — Elytres striées, sinuées à l'extrémité et à peine échancrées.

DIORICHE TORTA

Mac-Leay, *Ann. Jav.*, 120, 38 (édit. Lequien).

deuxième très-court, le troisième un peu plus long que les autres. — Palpes assez courts, le dernier article allongé, presque cylindrique et tronqué.—Les trois premiers articles des tarses antérieurs dilatés dans les mâles. — Mandibules fortement arquées.—Tête presque triangulaire.—Corselet court, presque carré ou légèrement cordiforme.—Elytres assez allongées, presque parallèles et légèrement sinuées à l'extrémité.— Pattes assez courtes.

Insectes de moyenne taille, de couleur métallique, toujours ailés, propres à l'extrémité de l'Amérique Méridionale, et paraissant y tenir la place des *Amara* et des *Harpalus.*

ANTARCTIA CARNIFEX.

Oliv., cl. 3, 35, 97, pl. 7, fig. 73. — Long. 5 lig. Larg. 2 lig. ½. — D'un bronzé obscur, verdâtre ou cuivreux, vert en dessous ; palpes, antennes et pattes d'un jaune testacé ; labre d'un brun roussâtre ; élytres avec neuf stries peu marquées et deux points enfoncés entre la deuxième et la troisième. — Buénos-Ayres.

Nota. Il faut ajouter à ces espèces plusieurs autres décrites par M. le comte Dejean, *Species*, t. V, et par M. Guérin, *Partie entomologique du Voyage de la Coquille.* Nous figurons ici, pl. 7, fig. 5, celle qui a reçu le nom d'*Ænea.*

LOPHIDIUS. Dej.

Antennes filiformes. — Palpes à dernier article allongé, cylindrique et tronqué à l'extrémité. — Menton offrant une dent simple au milieu de son échancrure.— Tarses antérieurs des mâles fortement dilatés dans leurs trois premiers articles ; ceux-ci aussi longs que larges, triangulaires et garnis en dessus d'appendices dentelés.— Tête triangulaire.— Mandibules peu avancées, arquées.— Corselet un peu transverses.— Elytres ovalaires, un peu tronquées à l'extrémité.

LOPHIDIUS TESTACEUS.

Dej., *Spec.*, t. V, 802.— Long. 2 lig. ½. Larg. 1 lig. ½.—D'un jaune testacé ; élytres un peu plus pâles, avec de faibles stries ponctuées.— Sierra-Leone.

—Long. 2 lig. ½.—D'un noir brillant ; antennes ferrugineuses ; pattes jaunes ; élytres d'un noir bronzé ; les troisième et sixième stries ponctuées.— Java.

M. Mac Leay pense que le *Carabus Thaiddri* rentre peut-être dans ce genre.

CINQUIÈME COHORTE.—*PATELLIMANES,* Latr., Dej.

Caractères. Les deuxième, troisième et quatrième premiers articles des tarses antérieurs seuls dilatés dans les ♂, formant une palette obiculaire ou un quadrilatère allongé, dont le dessous est garni de poils serrés ou de papilles formant une espèce de brosse. — Crochets des tarses simples. — Elytres jamais tronquées à l'extrémité.

Les *Patellimanes* forment une division assez nombreuse en espèces ; elles fréquentent, pour la plupart, les bords des rivières et les lieux aquatiques et humides. — Leurs pattes sont ordinairement longues et grêles.

ANCHOMENITES.

Caractères. Tête rétrécie insensiblement à sa base.— Mandibules pointues.— Palette des tarses antérieurs étroite, allongée, et formée de trois articles, offrant en dessous deux séries longitudinales de papilles ou de poils, avec un vide intermédiaire. — Une dent simple au milieu de l'échancrure du menton.—Labre entier ou sans échancrure notable.

Genres : *Platynus, Cardiomerus. Agonum, Olisthopus, Loxocrepis, Euleptus, Anchomenus.*

Les *Anchoménites* sont de jolis petits insectes extrêmement agiles ; quelques espèces ont des couleurs métalliques brillantes.

PLATYNUS, Bon. ;
Anchomenus, Sturm; *Carabus,* Fabr.

Antennes filiformes, longues et minces. — Palpes à dernier article allongé, presque cylindrique et tronqué. — Les trois premiers articles des tarses antérieurs dilatés dans les mâles.— Mandibules assez arquées et aiguës. — Tête en ovale un peu allongé. —Corselet cordiforme, rétréci postérieurement, angles postérieurs toujours marqués, aplatis.— élytres planes, ovales, rétrécies antérieurement, l'angle de la base n'étant jamais marqué, leur extrémité sinuée ou tronquée obliquement. — Pattes longues et assez fortes.

Insectes aptères, de moyenne taille, de couleur noire ; vivant sous les pierres, au pied des arbres, et paraissant propres à l'Europe et à l'Amérique du Nord.

2. PLATYNUS COMPLANATUS.

Bon., Dej., *Spec.*, 3, 99, 4. — Long 1 lig. ¼. Larg. 2 lig. ½. — D'un brun noirâtre, deux taches roussâtres entre les antennes; celles-ci ferrugineuses, avec une tache obscure sur les trois premiers articles; trochanter, jambes et tarses d'un brun ferrugineux; angles postérieurs du corselet droits. — Piémont.

3. PLATYNUS SCROBICULATUS.

Fabr., 1, 178, 44. — Long. 5 lig. Larg. 2 lig. — D'un brun noirâtre, roussâtre en dessous; labre, palpes, antennes et pattes d'un rouge ferrugineux; deux taches rougeâtres entre les yeux. — Autriche, France.

CARDIOMERUS, Rossi.

Ce genre diffère de celui de *Platynus* par l'avant-dernier article des tarses profondément échancré, et par la dent du menton, qui est bifide. — Le corselet est presque carré, un peu rétréci en arrière.

CARDIOMERUS GENEI.

Rossi, *Ann. Soc. Ent.*, t. 3, p. 320, pl. 3. fig. B. — Long. 5 lig. Larg. 2 lig. — D'un brun obscur; élytres striées, avec deux points sur chacune; parties de la bouche et antennes rougeâtres. — Sicile.

AGONUM, Bon.:

Harpalus, Gyll.; *Carabus*, Fabr., Oliv.

Antennes filiformes, à articles allongés, cylindriques, le deuxième court, le troisième à peine plus long que les autres. — Palpes à dernier article cylindrique, ovalaire et tronqué. — Les trois premiers articles des tarses antérieurs dilatés dans les mâles. — Mandibules légèrement arquées, assez aiguës. — Tête petite. — Corselet arrondi, point d'angles postérieurs marqués. — Elytres en ovale allongé, sinuées à l'extrémité. — Pattes longues et grêles.

Insectes de petite taille, revêtus souvent de brillantes couleurs métalliques, vivant au bord des eaux, sous les pierres et les débris de végétaux, et habitant l'Europe, le nord de l'Asie, de l'Afrique, et de l'Amérique Septentrionale.

1. AGONUM MARGINATUM.

Fabr., 199, nº 162. — Oliv., 3, 35, 115. pl. 9. fig. 98. — Long. 4 lig. ½. Larg. 2 lig. — D'un vert bronzé clair, plus foncé en dessous, un peu cuivreux sur la tête et le corselet; premier article des antennes, base des cuisses, jambes, bords extérieur et inférieur des élytres d'un jaune testacé pâle; labre, mandibules, palpes, tarses, extrémité des jambes et cuisses d'un brun noirâtre; la dernière un peu bronzée; suture des élytres cuivreuse. — Paris.

2. AGONUM MODESTUM. (Pl. 7. fig. 6.)

Sturm, 5, 205, 6. — Long. 4 lig. Larg. 1 lig. ½. — Vert cuivreux et brillant sur la tête, le corselet et l'écusson; suture des élytres d'un violet cuivreux; six points enfoncés entre la deuxième et la troisième strie; dessous du corps vert-bronzé; pattes noires, avec un léger reflet verdâtre; antennes obscures. — Paris.

3. AGONUM SEXPUNCTATUM.

Fabr., 1. 199, 159. — Oliv., 3, 35, 114, pl. 5, fig. 50. — *Le Bupreste à étuis cuivreux*. Germ., 1, 149, nº 14. — Long. 4 lig. Larg. 1 lig. ½. — Tête et corselet d'un vert bronzé clair et brillant; élytres d'un rouge cuivreux brillant, avec les bords d'un vert clair; six points enfoncés entre la deuxième et la troisième strie; base des antennes, labre, dessous du corps et cuisses d'un vert bronzé obscur; antennes, mandibules, palpes, jambes et tarses d'un brun noirâtre. — Paris.

On rencontre quelquefois des individus moins brillans, et presque obscurs.

4. AGONUM PARUM PUNCTATUM.

Fabr., 1, 199, 153. — Long. 4 lig. Larg. 1 lig. ½. — Tête et corselet vert-bronzé, clair ou obscur, quelquefois un peu bleuâtre; élytres d'un bronzé cuivreux, quelquefois bleuâtre, quelquefois très-obscur, avec trois points enfoncés entre la deuxième et la troisième strie; labre, mandibules, palpes et antennes d'un noir obscur; dessous du corps d'un vert bronzé obscur; cuisses obscures, un peu bronzées; jambes et tarses d'un brun roussâtre obscur; les jambes souvent plus claires au milieu. — Paris.

5. AGONUM VERSUTUM.

Gyll., 4, 451. 61, 62. Lææ. Dej., *Spec.*, t. III. — Long. 3 lig. ½. Larg. 1 lig. ¼. — Bronzé obscur, presque noirâtre; premier article des antennes un peu roussâtre; corselet un peu plus court; élytres un peu moins larges, et stries moins profondes que dans l'*A. Viduum*, auquel il ressemble beaucoup. — Suède, Allemagne.

6. AGONUM LUGUBRE.

Dej., *Spec.*, 3, 154, 23.—Long. 3 lig. ¼. Larg. 1 lig. ¼. — L'absence de reflet métallique, une couleur noire assez brillante, le corselet plus étroit et plus arrondi, des élytres moins larges, des stries moins profondes, sont les seuls caractères qui distinguent cette espèce de l'*A. Viduum.* — Paris.

7. AGONUM SORDIDUM.

Dej., *Spec.*, 3, 155, 24. — *Icon.*, pl. 120, f. 5. — Brullé, *Morée*, pl. 34, f. 7. — Long. 3 lig. ¼. Larg. 1 lig. ¼. — Tête et corselet noirs, assez brillans, un peu métalliques; mandibules, palpes et antennes d'un brun roussâtre; élytres d'un jaune obscur brunâtre, a stries ponctuées, avec trois points enfoncés entre la deuxième et la troisième; dessous du corps brun obscur; pattes d'un jaune testacé pâle. — Iles Ioniennes et Morée.

8. AGONUM ATRATUM.

Sturm. 5, 189, 6, pl. 135, fig. *a*, A. *Nigrum*, Dej., *Spec.*, t. III. — D'un noir plus obscur que l'*A. Lugubre;* corselet plus étroit moins arrondi; élytres moins convexes, astries moins marquées; pattes et antennes d'un brun noirâtre. — France.

9. AGONUM PELIDNUM.

Sturm. 5, 194, 9, pl. 135, fig. *b*, B. — Bronzé obscur un peu verdâtre, noir obscur en dessous; stries des élytres assez profondes; pattes d'un brun roussâtre; il ressemble beaucoup à l'*A. Picipes:* le corselet est plus large, plus arrondi, les élytres plus convexes, moins allongées. — France.

OLISTHOPUS, Dej.;

Agonum, Bon., Sturm;

Harpalus, Gyll.

Antennes filiformes, a articles allongés. — Palpes a dernier article allongé, ovalaire, terminé en pointe. — Les trois premiers articles des tarses antérieurs dilatés dans les mâles. — Mandibules un peu arquées, assez aiguës. — Tête presque triangulaire. — Corselet presque orbiculaire, fortement échancré par devant. — Elytres presque planes, ovales-allongées, fortement sinuées a l'extrémité.

Insectes de petite taille, assez agiles et vivant sous les pierres.

OLISTHOPUS ROTUNDATUS.

Sturm, 5, 213, 21. — Long. 3 lig. ¼. — Larg. 1 lig. ¼. — Brun obscur, brunâtre en dessus, roussâtre et quelquefois un peu bronzé en dessous; palpes, pattes et base des antennes d'un jaune testacé pâle; corselet un peu roussâtre; élytres à stries très-légèrement ponctuées; les intervalles lisses, avec trois points enfoncés entre le deuxième et le troisième.—France, Allemagne.

Nota. Ajoutez aux espèces décrites par M. Dejean, l'*Olisthopus Græcus*, Brullé; *Expédit. scientifique de Morée.*, *Ins.*, p. 124, pl. 54, f. 5.

LOXOCREPIS, Eschsch.

Lamprias, Mac-Leay.

Palpes filiformes, presque tronquées à l'extrémité. — Tarses prolongés au côté externe, avec les crochets des tarses simples. — Élytres sinuées et pointues en arrière.

LOXOCREPIS RUFICEPS.

Mac-Leay, *Ann. Tav.*, éd. Leg., p. 126. — Long. 4 lig. Larg. 1 lig. ¼. — Rouge; élytres bleues.—Java.

EULEPTUS, Klug.

Ce genre se distingue par l'absence totale de la dent du menton; le corps est un peu allongé; la tête ovale; les antennes longues; le corselet en cœur long; les élytres ovales et les pattes grêles.

EULEPTUS GENICULATUS.

Klug., *A. des Ins. de Madagascar*, p. 43, pl. 1, t. VIII. — Long. 5 lig. Larg. 1 lig. ¼. — D'un noir un peu soyeux; élytres striées; pattes jaunes, avec le bout des cuisses noir. —Madagascar.

ANCHOMENUS, Bon.

Harpalus, Gyll.; *Carabus*, Fab.

Antennes filiformes à articles allongés, presque cylindriques; le premier plus gros, le deuxième le plus court.—Palpes assez grands, le dernier presque cylindrique, ovalaire et tronqué. — Les trois premiers articles des tarses antérieurs dilatés dans les mâles. — Mandibules un peu arquées, assez aiguës.—Tête ovale, rétrécie postérieurement. — Corselet cordiforme : les angles postérieurs toujours marqués.—Elytres légèrement convexes, en ovale allongé : angles antérieurs arrondis, mais toujours marqués; l'extrémité légèrement sinuée. — Pattes peu allongées.

Insectes au-dessous de la taille moyenne, de couleurs sombres ; vivant sous les pierres, au bord des eaux et dans les lieux humides, quelquefois sous les écorces d'arbres; propres à l'Europe. au nord de l'Asie et au Nouveau-Continent.

Espèces ailées.

1. ANCHOMENUS ANGUSTICOLLIS.

FABR., 1, 182, 64. — T. V, pl. 130. — D'un noir assez brillant ; labre et mandibules d'un brun noirâtre ; palpes d'un brun roussâtre ; antennes et dessous du corps d'un brun noirâtre; cuisses et jambes brunes; tarses plus clairs. — France, Allemagne, Italie.

2. ANCHOMENUS PRASINUS.

FABR., 1, 206, 195. — Oliv.. 3, 35, 146, pl. 13, fig. 152. — Long. 3 lig. ½. Larg. 1 lig. ½. — Tête et corselet d'un vert bronzé assez clair ; labre et mandibules d'un brun obscur ; palpes, base des antennes et pattes d'un jaune pâle un peu roussâtre ; élytres ferrugineuses, avec une grande tache commune, arrondie, d'un vert clair ou bleuâtre. occupant toute la moitié postérieure, sans se confondre avec le bord, et se prolongeant sur la suture jusque près de l'écusson ; dessous du corps et écusson d'un noir obscur un peu verdâtre. — Paris.

Espèces privées d'ailes.

3. ANCHOMENUS OBLONGUS.

FABR., 1, 186, 90. — Long. 2 lig. ½. Larg. 1 lig. ½.—Tête et corselet d'un brun noirâtre ; labre, mandibules plus clairs ; antennes, palpes et pattes d'un jaune ferrugineux assez pâle ; élytres d'un brun obscur, plus clair sur les bords et vers l'extrémité ; dessous du corps d'un brun roussâtre. — France, Allemagne.

CALLISTHITES.

Caractères. Tête rétrécie insensiblement à sa base.—Mandibules pointues.— Palette des tarses antérieurs étroite, allongée, formée de trois articles, et garnie en dessous d'une brosse de poils serrés et continus. — une dent souvent bifide au milieu de l'échancrure du menton. — Labre entier ou sans échancrure notable.

Genre : *Callistus, Loricera, Vertagus, Oodes, Chlœnius, Epomis, Dinodes.*

De jolies couleurs et des taches souvent brillantes parent les *Callistites:* ce sont des insectes de moyenne taille. généralement veloutés; ils se trouvent au pied des arbres, sous les pierres, au bord des eaux, dans les terrains humides.

CALLISTUS, Box., Latr., Dej.;
Carabus, FABR.. OLIV. ;
Anchomenus, STURM.

Antennes filiformes, légèrement comprimées ; les deuxième et troisième articles presque cylindriques. — Palpes peu saillans, le dernier article allongé, presque ovalaire, ponctué.— Les trois premiers articles des tarses antérieurs dilatés dans les mâles, et garnis d'une brosse en dessous.— Mandibules peu avancées, légèrement arquees, étroites et aiguës. — Tête presque triangulaire.— Corselet presque en cœur. — Elytres assez allongées, presque parallèles.— Pattes de grandeur moyenne.

La seule espèce connue de ce genre ; habite sous les pierres, presque toujours en société de quatre à six individus.

CALLISTUS LUNATUS. (Pl. 7, fig. 7.)

FABR., 1. 205, 194. — OLIV.. 3. 35, 145, pl, 3, fig. 27. — Long. 3 lig. Larg. 1 lig. ½.— Tête et abdomen noir-bleuâtre ; base des antennes, bouche et palpes d'un rouge ferrugineux ; écusson entièrement de cette couleur; élytres jaunes, avec trois taches noires, arrondies, l'une à l'angle de la base, la deuxième presque transversale, au milieu, et la troisième presque à l'extrémité des élytres; pattes d'un jaune blanchâtre, avec les genoux et l'extrémité des jambes noirs. — France, Allemagne.

Nota. Il faut ajouter aux espèces connues de ce genre, le *Callistus quadri-pustulatus,* Gory, *Ann. Soc. Ent.,* t. II, p. 215.

LORICERA, Latr.;
Carabus, FABR., OLIV.

Antennes filiformes, les quatre premiers articles plus gros que les suivans, tous nus les six premiers garnis de longs poils roides, les autres pubescens. — Palpes filiformes, avec le dernier article allongé, presque ovalaire et tronqué. — Les trois premiers articles de tarses antérieurs dilatés dans les mâles. — Mandibules courtes et arquées. — Tête ovale. petite. — Yeux très-saillans. — Corselet arrondi, rebordé. — Élytres assez allongées, presque parallèles. — Pattes de longueur moyenne.

Les seules espèces connues de ce genre

habitent les bords des eaux et les lieux humides de l'Europe.

LORICERA PILICORNIS. (Pl. 7, f. 8.)
Fabr., 1. 193, 128. — Oliv., 3, 35, 85. pl. 2, fig. 119. — Long. 3 lig. ½. Larg. 1 lig. ½. — D'un vert bronzé un peu obscur, noir en dessous; palpes, base et extrémités du premier article des antennes, jambes et tarses d'un jaune ferrugineux plus ou moins brun. — Paris.

Var. — Diffère de l'espèce par les bords et l'extrémité des élytres d'un jaune ferrugineux obscur. — Suède.

VERTAGUS. Dej.

Antennes filiformes. — Palpes maxillaires très-fortement sécuriformes. — Menton avec une dent simple au milieu de son échancrure. — Tarses antérieurs des mâles à trois premiers articles dilatés. — Tête presque en losange. — Corselet très-allongé, un peu ovalaire. — Élytres allongées, un peu plus larges vers l'extrémité.

VERTAGUS BUQUETI.
Dej., *Spec.*, t. V. p. 609. — Long. 4 lig. ½. Larg. 1 lig. ¼. — D'un vert bronzé, ponctué; élytres avec la partie postérieure d'un bleu violet ou obscur, qui se fond avec la couleur verte; elles offrent aussi chacune, vers les deux tiers de la longueur, une grande tache jaune presque carrée et composée de plusieurs taches allongées; bouche, antennes et pattes noires. — Sénégal.

OODES, Bon., Latr., Dej.;

Harpalus, Gyll.; *Carabus*, Fabr.

Antennes filiformes. — Palpes peu avancés, à articles allongés, à peu près égaux: le dernier presque ovalaire et tronqué. — Les trois premiers articles des tarses antérieurs dilatés dans les mâles, et garnis de brosses. — Mandibules peu avancées, un peu arquées, assez aiguës. — Tête presque triangulaire. — Corselet trapézoïdal, de la largeur des élytres à la base. — Élytres assez allongées, presque parallèles, avec deux petits points enfoncés entre la deuxième et la troisième strie.

Ces insectes, de moyenne grandeur et de couleur noire ou métallique, fréquentent les bords des eaux, où ils se tiennent sous les pierres et les débris des végétaux.

1. OODES HELOPIOIDES.
Fabr., 1. 196, 144. — Long. 3 lig. ½. Larg. 1 lig. ¼. — D'un noir assez brillant; palpes et antennes d'un brun obscur, noirâtre, striées et finement ponctuées. — France.

Nota. Ajoutez à ce genre les espèces décrites par M. le comte Dejean, dans le cinquième volume du *Species*, et trois espèces que M. Gory a fait connaître dans le deuxième volume des *An. de la Soc. Entomologique*, quelques-unes que j'ai décrites dans mes *Etudes Entomologiques*, et plusieurs autres que M. Buquet a fait connaître dans les *Annales de la Société d'Entomologie*.

CHLÆNIUS, Bon., Latr., Dej.;

Harpalus, Gyll.; *Carabus*, Fabr., Oliv.

Antennes filiformes, le deuxième article court, le troisième de la longueur des autres, tous grêles, cylindriques. — Palpes filiformes, allongés, le dernier article un peu ovalaire et tronqué. — Les trois premiers articles des tarses antérieurs dilatés dans les mâles et garnis en dessous d'une brosse. — Mandibules peu avancées, assez aiguës. — Tête presque triangulaire. — Corselet cordiforme ou trapézoïdal. — Élytres en ovale plus ou moins allongé. — Pattes assez allongées.

Jolis insectes, généralement de grandeur moyenne, parés de couleurs métalliques, répandus dans les deux Continens, et vivant aux bords des eaux et dans les endroits humides, sous les pierres et les débris des végétaux.

PREMIÈRE DIVISION.

Élytres ornées de taches jaunâtres.

CHLÆNIUS 4-NOTATUS.
Dej., *Spec.*, t. II. p. 299. — Long. 10 lig. Larg. 4 lig. — Tête et corselet d'un vert bronzé brillant; lèvre supérieure, palpes, antennes, bords des élytres et de l'abdomen, deux taches, l'une vers le milieu, transversale, ondulée, l'autre petite, presqu'à l'extrémité; cuisses, jambes et tarses d'un jaune pâle ou ferrugineux; élytres d'un vert obscur avec un duvet jaunâtre, court et serré; dessous du corps noirâtre. — Sénégal.

DEUXIÈME DIVISION.

Élytres avec une bordure jaune, ou seulement une tache de cette couleur à l'extrémité.

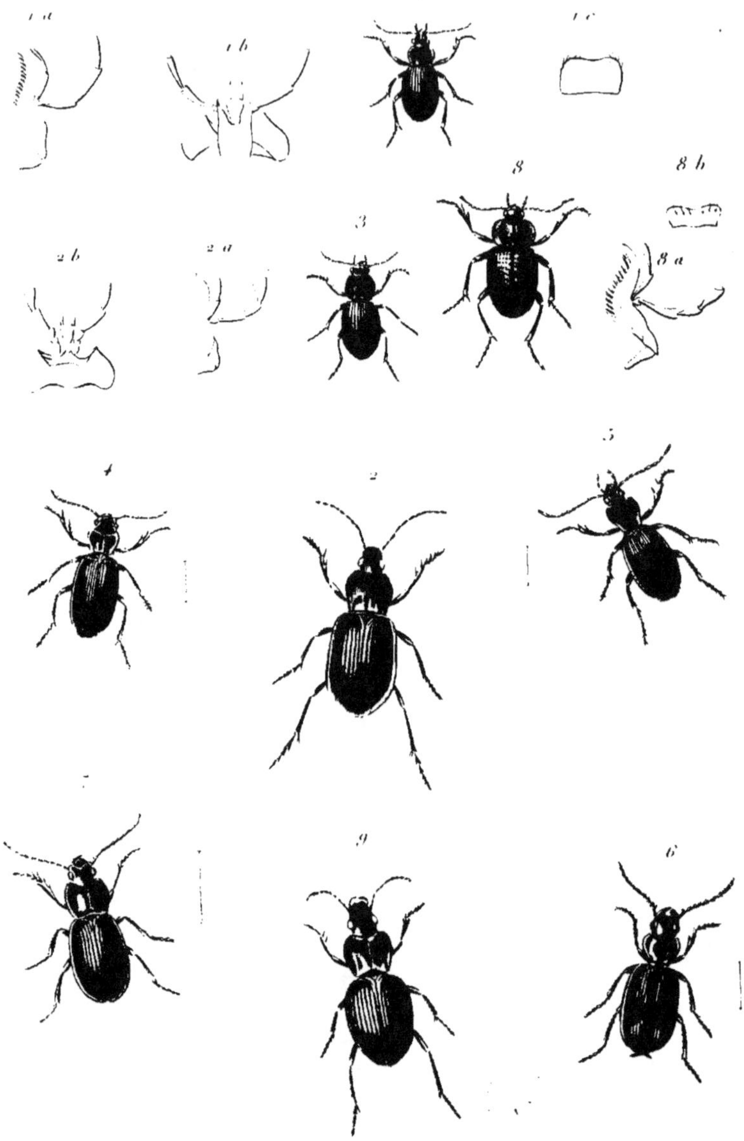

1. Chlænius Schranki. 1 a. machoire et palpe maxillaire. 1 b. levre et palpes labiaux. 1 c. labre. 2. Epomis Crœsus. 3 Dinodes Azureus. 3 a. machoire et palpe maxillaire. 3 b. levre et palpe labiaux. 4 Badister Pellatus. 5 Badister Humeralis. 6. Badister Cephalotes. 7. Licinus Depressus. 8. Licinus Silphoides. 8 a. machoire et palpe maxillaire. 8 b. labre. 9. Licinus Latreillei.

2. CHLÆNIUS VELUTINUS.

Duft., 2, p. 168, n° 222. — *Cinctus*, Oliv., 3, 35, 118, pl. 3, fig. 28. — Long. 7 lig. Larg. 3 lig. — Tête et corselet d'un vert bronzé brillant; élytres d'un vert obscur, couvertes d'un duvet serré un peu jaunâtre; labre, palpes, antennes, bords supérieur et inférieur des élytres, bord de l'abdomen et pattes d'un jaune ferrugineux plus ou moins pâle; dessous du corps d'un brun noirâtre. — Paris.

3. CHLÆNIUS FESTIVUS.

Fabr., 1, 184, 74. — Long. 6 lig. $\frac{1}{2}$. Larg. 2 lig. $\frac{1}{4}$. — Tête et corselet d'un vert métallique un peu cuivreux doré et brillant; élytres d'un vert bronzé, avec un duvet peu serré; lèvre supérieure, palpes, antennes, bord des élytres et de l'abdomen et pattes d'un jaune ferrugineux un peu foncé. — France Méridionale.

4. CHLÆNIUS BORGIÆ.

Dej., *Spec.*, t. II, 311, 13. — Long. 7 lig. Larg. 3 lig. — Tête et corselet d'un vert bronzé brillant; élytres d'un vert bronzé, couvertes d'un duvet peu serré; leur bord extérieur, le labre, les palpes, les antennes, les jambes et les tarses d'un jaune un peu ferrugineux et foncé; dessous du corps et cuisses d'un brun noirâtre. — Sicile.

5. CHLÆNIUS SPOLIATUS.

Fabr., 1, 183, 72. — Long. 6 lig. $\frac{1}{4}$. Larg. 3 lig. — D'un beau vert bronzé; élytres glabres; lèvre supérieure, palpes, antennes et pattes d'un jaune un peu foncé et ferrugineux; bordure des élytres d'un jaune presque blanchâtre. — France Méridionale.

6. CHLÆNIUS AGRORUM.

Oliv., 3, 35, 117, pl. 12, fig. 144. — Long. 5 lig. $\frac{1}{4}$. Larg. 2 lig. $\frac{1}{2}$. — D'un beau vert; tête brillante; corselet et élytres avec un duvet un peu jaunâtre; antennes brunâtres; leur base, le labre, les palpes, les bords supérieur et inférieur des élytres, le bord de l'abdomen et les pattes d'un jaune ferrugineux; poitrine et dessous du corselet d'un noir verdâtre un peu bronzé; abdomen brun-noirâtre. — Paris.

7. CHLÆNIUS VESTITUS.

Fabr., 1, 200, 163, 3, 35, 116, pl. 5, fig. 49. — Long. 4 lig. $\frac{1}{2}$. Larg. 2 lig. — Tête et corselet d'un beau vert brillant; élytres vertes assez brillantes, avec un duvet serré jaunâtre; labre, palpes, antennes,

bord inférieur des élytres et pattes d'un jaune ferrugineux; les élytres ont une bordure de cette couleur plus large, un peu sinuée, et dentelée à l'extrémité; dessous du corps d'un brun noirâtre. — Paris.

TROISIÈME DIVISION.

Elytres sans taches ni bordures.

8. CHLÆNIUS ÆRATUS.

Schœnn., *Syst. Ins.*, 1, 177, 50. — *Algerinus*, Gory, *Ann. Soc. Ent.*, t. II. — Long. 6 lig. $\frac{1}{2}$. Larg. 2 lig. $\frac{1}{2}$. — Tête et corselet cuivreux; élytres d'un vert bronzé, couvertes d'un duvet serré roussâtre; lèvre supérieure et palpes d'un brun noirâtre; dessous du corps et pattes noires. — Barbarie.

9. CHLÆNIUS SCHRANKII. (Pl. 8, fig. 1.)

Sturm, 5, 138, 9, pl. 124. — Tête et corselet d'un vert bronzé un peu cuivreux; élytres vertes, légèrement bleuâtres; labre, palpes, les trois premiers articles des antennes et les pattes d'un rouge ferrugineux; dessous du corps d'un noir obscur, verdâtre en certaines parties. — Paris.

10. CHLÆNIUS MELANOCORNIS.

Dej., 2, 350, 50. — Long. 4 lig. $\frac{1}{2}$. Larg. 2 lig. — Tête et corselet d'un vert bronzé un peu cuivreux et brillant; élytres vertes, un peu bleuâtres, avec un duvet serré jaunâtre; labre brun-roussâtre; palpes brunâtres, avec la base de chaque article d'un rouge ferrugineux; antennes obscures, avec le premier article et la base des deux suivans un peu ferrugineux; dessous du corps noir-obscur, verdâtre en certaines parties; pattes ferrugineuses; tarses avec l'extrémité de chaque article d'un brun noirâtre, ou entièrement de cette couleur. — Paris.

11. CHLÆNIUS NIGRICORNIS.

Fabr., 1, 198, 156. — Long. 4 lig. $\frac{1}{2}$. Larg. 2 lig. — Diffère du *Chl. Melanocornis* par le labre et les palpes d'un brun noirâtre; le premier article des antennes brun-noirâtre ou légèrement ferrugineux, et les pattes entièrement d'un brun noirâtre. — Paris.

12. CHLÆNIUS TIBIALIS.

Dej., *Spec.*, 2, p. 352, 52. — Long. 4 lig. $\frac{1}{2}$. Larg. 2 lig. — Tête et corselet d'un vert bronzé; élytres vertes, pubescentes; labre, palpes et les trois premiers articles des antennes d'un rouge ferrugirmiz; cuisses d'un brun très-foncé ; jambes d'un jaune blanchâtre ; leur extrémité et les tarses d'un brun un peu roussâtre. — France.

13. CHLÆNIUS NIGRIPES.

Dej., *Spec.*, 2, 353. 53. — Long. 5 lig. Larg. 2 lig. ¼. — Tête et corselet d'un vert bronzé cuivreux ; élytres vertes, pubescentes ; labre, palpes et antennes noirâtres ; les deux premiers articles de celles-ci d'un rouge ferrugineux obscur ; dessous du corps et pattes noirs. Cette espèce varie un peu pour les couleurs. — France Méridionale.

14. CHLÆNIUS HOLOSERICEUS.

Sturm, 5, 134, 7. — Oliv., 3, 35, 72, pl. 11, fig. 122. — Long. 5 lig. ¼. Larg. 2 lig. ¼. — Tête et écusson d'une couleur bronzée obscure ; corselet et élytres d'un noir obscur, avec un duvet très-serré, brun, un peu jaunâtre ; labre, palpes, antennes, dessous du corps et pattes noirs. — Paris.

15. CHLÆNIUS SULCICOLLIS.

Sturm, 5, 144, 12, pl. 125, fig. B. — Entièrement noir plus ou moins obscur ; corselet et élytres avec un duvet très-serré d'un brun un peu jaunâtre, et quelques poils blanchâtres ; le corselet a trois impressions assez profondes a sa partie postérieure. — Paris.

16. CHLÆNIUS QUADRISULCATUS.

Sturm, 5, 142, 11, pl. 126. — Long. 5 lig. Larg. 2 lig. ¼. — D'un vert bronzé un peu cuivreux ; élytres pubescentes, avec trois côtes et la suture élevées d'une couleur cuivreuse brillante ; labre, palpes, antennes, dessous du corps et pattes noirs. — Allemagne.

17. CHLÆNIUS CHRYSOCEPHALUS.

Rossi, 1, 220, 544, pl. 2, fig. 9. — Long. 4 lig. Larg. 1 lig. ¼. — Tête, corselet et écusson d'une belle couleur cuivreuse un peu dorée ; élytres bleues, un peu verdâtres, avec un duvet court, serré, jaunâtre ; labre, dessous du corps et antennes d'un noir obscur ; base des antennes, palpes et pattes d'un rouge ferrugineux. — France Méridionale.

18. CHLÆNIUS CÆRULEUS.

Stev., *Mem. de la Soc. Imp. des Nat. de Moscou*, 2. 37. 7. — Long. 6 lig. Larg. 2 lig. ¼. — D'un beau bleu violet ; corselet cordiforme ; élytres avec des stries profondes ; dessous du corps, antennes et pattes noirs. — Russie Méridionale.

Nota. Cent quatorze espèces de ce genre sont décrites dans le *Species* de M. le comte Dejean. Il faut y joindre une douzaine d'autres, décrites par M. Gory, *Ann. Soc. Ent.*, t. II. D'autres espèces, enfin, ont été décrites par Wiedman, Gray (*Zool. Miscl.*), etc.

Le *Chlænius Cæsus*, Dej., *Spec.*, me paraît être l'*Analis* d'Oliv.

EPOMIS, Bon., Dej. ; *Chlænius*, Sturm ; *Carabus*, Duft., Rossi, Fabr.

Antennes filiformes. — Dernier article des palpes allongé, fortement sécuriforme, plus dilaté dans les mâles. — Les trois premiers articles des tarses antérieurs dilatés dans les mâles. — Mandibules courtes, un peu arquées. — Tête presque triangulaire. — Corselet presque carré ou très-légèrement en cœur.

Ces insectes ressemblent beaucoup aux *Chlænius*, dont ils ont sans doute les mœurs.

1. EPOMIS CIRCOMSCRIPTUS.

Sturm, 5, 124, 1. — *C. Cinctus*, Rossi, 1, pl. 4, fig. 9. — Long. 10 lig. Larg. 4 lig. ¼. — Tête et corselet d'un vert bronzé obscur ; élytres d'un vert obscur très-foncé ; labre, palpes, antennes, bord extérieur des élytres, bords de l'abdomen et pattes d'un jaune ferrugineux ; dessous du corps d'un brun obscur. — France Méridionale et quelquefois aux environs de Paris, où il a été trouvé par M. le professeur Desmarest. M. Stephens le cite aussi comme un insecte d'Angleterre.

2. EPOMIS CRÆSUS. (Pl. 8, fig. 2.)

Fabr., 1, 188, 71. — Long. 13 lig. Larg. 5 lig. ¼. — Diffère de l'*E. Circumscriptus* par sa taille, la bordure marginale des élytres, plus large en arrière ; les stries moins profondes, et les intervalles ponctués et velus. — Sénégal.

3. EPOMIS CARBONARIUS.

Dej., *Spec.*, t. V, p. 669. — Long. 8 lig. Larg. 3 lig. — Large, bombé, noir, finement ponctué ; corselet de la largeur des élytres, en arrière ; celles-ci avec des côtes longitudinales ; les stries ponctuées ; extrémité des palpes rougeâtre. — Sénégal.

4. EPOMIS DUVAUCELII.

Dej., *Spec.*, t. V, p. 668. — Long. 9 lig. Larg. 4 lig. — Large, fortement ponctué, d'un violet un peu velouté et obscur ; élytres avec des stries formées de points serrés ;

labre, palpes, antennes, bords latéraux des
élytres et pattes d'un jaune clair.—Bengale.

5. EPOMIS DEJEANII.

Solier. Dej., *Spec.*, t. V, p. 669.—
Brullé. *Expéd. sc. de Morée, Ins.*, pl. 34,
f. 2.—Long. 7 lig. ½. Larg. 3 lig. — Ressemble à l'*E. Duvaucelii*; il en diffère par
sa forme plus allongée. et par sa couleur
d'un beau bleu violet éclatant; abdomen
entièrement noir. – Morée.

Nota. Il faut ajouter à ce genre :

1° L'*Epomis Goryi*, Gray. *Anim. Kingdom, Ins.*, t. I, p. 276, pl. 15, f. 5. Cette
espèce, qui vient du Sénégal, est très-voisine du *Cæsus*, Fabr., mais beaucoup plus
allongée;

2° *Capensis*, Gory, *Cent. Carab., Ann.
Soc. Ent.*, t. II, p. 228;

3° *Senegalensis*. Gory, *Cent. Carab.,
Ann. Soc. Ent.*, t. 11, p. 229. [1]

DINODES, Bon.;

Chlænius, Sturm, Latr.;
Carabus, Duft.

Antennes filiformes, avec les huit derniers articles un peu plus gros et légèrement comprimés. — Palpes avec le dernier article court et légèrement sécuriforme. — Les trois premiers articles des
tarses antérieurs dilatés dans les mâles. —
Mandibules peu avancées, assez aiguës et
arquées. — Tête presque triangulaire. —
Corselet presque carré ou arrondi. — Les
insectes de ce genre ont les plus grands
rapports avec les *Chlænius*.

1. DINODES AZUREUS. (Pl. 8, fig. 3.)
Duft. 2, p. 232, n° 19.—Sturm, 5, 140,

[1] Je ne connais pas le genre *Lissauchenus*, Mac-
Leay, *Ann. Jav.*, t. I. M. Latreille le place après
les *Epomis*, tandis que le savant qui a créé cette
coupe n'en fait qu'un sous-genre des *Panagæus*.
La figure qu'il en donne semble cependant
confirmer l'opinion du savant entomologiste
français. Voici les caractères que M. Mac-Leay
assigne à ce genre.
Labre transversal non échancré en avant.—
Mandibules aiguës, la gauche la plus grande.—
Palpes maxillaires allongés, à quatrième article
presque conique et tronqué à l'extrémité ;
palpes labiaux à dernier article grand et sécuriforme.—Menton ayant une dent simple dans son
échancrure.

LISSAUCHENUS RUFIFEMORATUS.
Mac-Leay, *Ann. Jav.* (édit. Lequien), 109, 16,
pl. 4, f. 1. — Long. 6 lig. — Noir ; tête et corselet d'un vert bronze : élytres striées, avec une
tache jaune située un peu en arrière. — Java.

10, pl. 127. —D'une belle couleur bleue,
quelquefois un peu verdâtre, pubescent ;
labre, dessous du corps d'un brun obscur ;
palpes de cette couleur, avec l'extrémité de
chaque article un peu ferrugineuse ; antennes d'un brun obscur : leur base et les
pattes d'un rouge ferrugineux. — France
Méridionale.

3. DINODES MAILLEI.

Dej., *Spec.*, t. V. p. 661. n° 3.—Brullé,
Exped. sc. de Morée, pl. 34, t. VI.—Long.
5 lig. Larg. 2 lig. — D'un bleu violet très-
éclatant, très-fortement ponctué ; élytres
avec des côtes longitudinales ; premier article des antennes, leur extrémité et crochets
des tarses d'un brun roux ; antennes, palpes, dessous du corps et pattes noirs. —
Morée ; sous les pierres, surtout en hiver.

Cette espèce n'est peut-être qu'une variété du *Rufipes*.

DICŒLITES.

Caractères. Tête rétrécie insensiblement à sa base. — Mandibules le plus
souvent obtuses, comme tronquées, et bidentées ou fourchues à l'extrémité. — Palette des tarses de plusieurs espèces formée
seulement de deux articles, et souvent
large et orbiculaire.—Point de dent au milieu de l'échancrure du menton.—Labre
distinctement échancré ou bilobé.

Genres : *Badister, Licinus, Rembus,
Dicælus.*

Les *Dicœlites* sont des insectes de taille
moyenne, quelquefois au-dessous, et leurs
couleurs sont généralement sombres.

BADISTER, Clairv.;

Amblychus, Gyll. ; *Carabus*, Fabr., Oliv.;
Badister et *Trimorphus*, Stephens.

Antennes filiformes, à articles cylindriques. — Palpes maxillaires allongés, les
labiaux courts; dernier article allongé, ovalaire et pointu. — Les premiers articles
des tarses antérieurs dilatés dans les mâles,
garnis en dessous d'une brosse. — Mandibules courtes, arrondies, obtuses. — Tête
arrondie, déprimée et échancrée antérieurement. — Yeux plus saillans. — Corselet cordiforme, échancré antérieurement. — Elytres en ovale-allongé, entières. — Corps ailé.

Insectes de petite taille, de couleurs mélangées : on les rencontre sous les pierres et
les débris de végétaux; toutes les espèces
connues sont européennes.

M. Stephens a formé un genre particulier du *Badister Peltatus* sous le nom de *Trimorphus* ; il diffère de ses congénères par la longueur proportionnelle des articles des palpes maxillaires externes. Dans cette espèce le dernier article est beaucoup plus long que les précédens, tandis qu'il est plus court que le troisième chez les *Badister.* Ce dernier genre est encore très-peu nombreux en espèces.

1. BADISTER BIPUSTULATUS.

FABR., 1, 203, 184.—*Car. crux minor.* OLIV., 3, 35, 137, pl. 8. fig. 96. — Long. 2 lig. ½. Larg. 1 lig. — D'un jaune ferrugineux, rougeâtre, avec la tête, l'écusson, la poitrine et l'abdomen d'un noir un peu bleuâtre ; à l'extrémité de chaque élytre une tache de même couleur en fer à cheval dont les deux extrémités se rapprochent vers la suture, et laissent au milieu une tache arrondie de la couleur des élytres. — France.

2. BADISTER LACERTOSUS.

STURM, 3, 188, 2, pl. 75, fig. 11.—Long. 2 lig. ¼. Larg. 1 ¼. — La tête plus grosse, le corselet plus court et plus convexe, l'écusson d'un rouge-obscur, et la tache rougeâtre plus grande et presque transversale au milieu des deux taches noires; l'extrémité des élytres, distinguent cette espèce du *B. Bipustulatus.* — France.

3. BADISTER PELTATUS. (Pl. 8, fig. 4.)

STURM, 3, 189, 3, pl. 76, fig. *a, A.* — Long. 2 lig. ¼. Larg. 1 lig. — D'un brun foncé, un peu bronzé, avec un reflet bleuâtre ou métallique; derniers articles des palpes blanchâtres; antennes obscures avec le premier article plus pâle ; bords latéraux du corselet et des élytres avec une étroite bordure brunâtre très-claire et un peu jaunâtre; stries des élytres lisses; pattes d'un brun-clair un peu jaunatre. — France.

4. BADISTER HUMERALIS. (Pl. 8, fig. 5.)

BON., *Obs. Ent.*, 2, 11, 2.—*B. Sodalis,* STURM. pl. 76. fig. *B.* — Long. 2 lig. Larg. 1 lig. — Noirâtre brillant; base et extrémité des palpes d'un jaune pâle ; antennes jaunâtres avec les deuxièmes, troisièmes et quatrièmes articles, brunâtre ; bords latéraux du corselet, ceux des élytres. une grande tache a l'angle huméral, quelquefois la suture, jaunâtres ; pattes d'un jaune pâle. — France.

Nota. Nous figurons ici, pl. 8, fig. 6, le *Badister cephalotes,* de M. Dejean, que l'on trouve aussi en France.

LICINUS, LATR., DEJ. ; *Carabus,* FABR., OLIV.

Antennes filiformes, à articles grêles, cylindriques. — Palpes allongés, les labiaux plus courts, le dernier article fortement sécuriforme. — Les deux premiers articles des tarses antérieurs fortement dilatés, avec une brosse en dessous. — Mandibules courtes, arrondies, très-obtuses, avec une dent assez forte près de l'extrémité. — Tête arrondie, déprimée et échancrée antérieurement. — Yeux peu saillans. — Corselet plus ou moins arrondi, quelquefois presque carré, échancré antérieurement. — Élytres planes, en ovale plus ou moins allongé, sinuées à leur extrémité. — Pattes assez grandes.

Insectes de couleur sombre, affectionnant les terrains calcaires et élevés de l'Europe et du Nord de l'Afrique. Leurs larves ont, dit-on, de grands rapports avec celles des *Harpalus.*

PREMIÈRE DIVISION.

Espèces privées d'ailes.

1. LICINUS AGRICOLA.

OLIV., 3, 35, 64, pl. 5, fig. 53.—Long. 7 lig. Larg. 3 lig.—Cet insecte ressemble beaucoup au *L. Silphoïdes,* dont il diffère par sa taille, sa couleur plus terne. les stries des élytres moins fortement ponctuées, et leurs intervalles couverts de points plus petits et plus serrés. — Rive gauche du Rhône, Italie, etc.

2. LICINUS HOFFMANSEGGII.

STURM, 3, 181, 4.—Long. 5 lig. ½. Larg. 2 lig. ½.—D'un noir assez brillant; labre et palpes d'un brun noirâtre, avec l'extrémité de chaque article ferrugineux-brun; corselet presque en cœur, légèrement ponctué ; élytres rétrécies à la base, élargies au milieu, rétrécies et arrondies à l'extrémité, avec des stries lisses ; intervalles un peu relevés et légèrement ponctués. — France, Allemagne.

Cet insecte varie beaucoup pour la taille, même pour la forme; Sturm et Dahl ont fait deux espèces, *L. Nebrioides,* Sturm, *L. Separatus,* Dalh, de deux de ces principales variétés.

3. LICINUS CASSIDEUS.

FABR., 1, 190. 108.—*Marginatus,* OLIV., 35, 65, pl. 13, fig. 150. — Long. 6 lig. ¼. Larg. 2 lig. ¼. — D'un noir mat, plus brillant en dessous ; corselet presque carré, un peu arrondi sur les côtés, très-ponctué, presque de la longueur des élytres ; celles-ci coupées presque carrément à l'extrémité, striées et ponctuées, avec les intervalles plans, couverts de points enfoncés et peu marqués.— France.

4. LICINUS DEPRESSUS. (Pl. 8, fig. 7.)
PAYK. *Fauna Suecica,* 1, p. 110, n° 18. — *Cossiphoïdes,* STURM. pl. 74, fig. *o,* O. — Long. 5 lig. Larg. 2 lig. — Ressemble beaucoup au *L. Cassideus* ; la tête est plus petite ; son corselet plus arrondi, plus petit, un peu convexe, et au milieu plus fortement ponctue ; ses élytres sont moins planes.— France.

DEUXIÈME DIVISION.

Espèces ailées.

6. LICINUS SILPHOIDES. (Pl. 8. fig. 8.)
FABR.. 1. 190, 109. — STURM. 3, pl. 74, fig. A. — Long. 6 lig. Larg. 2 lig. $\frac{1}{4}$. — D'un noir peu brillant, plus opaque dans la femelle ; palpes d'un brun noirâtre ; élytres avec des stries assez fortement ponctuées ; leurs intervalles relevés et couverts de points enfoncés assez gros, peu serrés ; dessous du corps et pattes d'un noir plus brillant que le dessus. — Paris. etc.

Les espèces nommées par M. le comte Dejean. *L. Granulatus, L. Siculus, L. Brevicollis, Spec.,* 2. p. 396 et 397. ne sont peut-être que de simples variétés locales du *L. Silphoides.*

8. LICINUS ÆQUATUS.
DEJ.. *Spec.,* 2. 399. 8. — Long. 6 lig. Larg. 2 lig. $\frac{1}{4}$.—Ressemble beaucoup au *L. Peltoïdes.* dont il se distingue par la tête et le corselet plus petits, les stries des élytres moins enfoncées. et leurs intervalles point relevés. mais couverts de points enfoncés assez serrés et assez marqués. — France.

9. LICINUS OBLONGUS.
DEJ., *Spec..* 2, p. 404. 12. — Long. 5 lig. $\frac{1}{2}$. Larg. 2 lig. — D'un noir plus brillant en dessous qu'en dessus ; corselet cordiforme. légèrement ponctué ; élytres étroites. allongées, assez planes. avec des stries plus enfoncées et finement ponctuées ; intervalles plans et légèrement ponctués. — France Méridionale.

Nous figurons ici. pl. 8. fig. 9. le *Licinus Latreillei,* de nos *Études Entomologiques.*

REMBUS. LATR.. DEJ.;
Carabus, FABR.

Antennes filiformes. — Palpes maxillaires allongés, les labiaux plus courts ; dernier article presque ovalaire et tronqué.— Les trois premiers articles des tarses antérieurs dilatés dans les mâles et garnis d'une brosse en dessous. — Mandibules courtes, un peu arquées, assez aiguës. — Tête presque triangulaire. — Corselet très-légèrement convexe, plus étroit que les élytres. — Celles-ci assez allongées, presque parallèles.

Le faciès des insectes de ce genre semble les rapprocher des *Omaseus* et des *Pterostichus* dont leurs caractères essentiels les en éloignent beaucoup.

1. REMBUS POLITUS.
FABR, 1, 189. 116. — Long. 7 lig. Larg. 3 lig. — D'un noir assez brillant, plus obscur en dessous ; élytres avec des stries lisses, très-légèrement ponctuées ; palpes d'un brun obscur ; antennes d'un brun roussâtre avec la base noirâtre. — Indes Orientales.

2. REMBUS ORIENTALIS.
Long. 6 lig. $\frac{1}{2}$. Larg. 2 lig. $\frac{1}{4}$.—D'un noir luisant, lisse ; élytres aplaties, faiblement striées ; corselet transversal très-court, avec une impression de chaque côté et une faible ligne au milieu ; pattes et antennes rougeâtres. — Java.

Nota. On connaît huit ou neuf espèces de ce genre ; la plupart viennent de l'Inde : l'une se trouve en Egypte (*Egyptiacus* Dej.). et une autre (*Impressicollis* Dej.). vient de l'Amérique du Nord. [1]

[1] M. Mac-Leay place ici son genre *Dirotus,* dont il ne fait qu'un sous-genre de celui de *Rembus.* Nous ne connoissons pas cet insecte.

DIROTUS, MAC-LEAY.

Antennes à premier article obconique et plus gros que les autres, de la longueur du troisième, et deux fois plus long que le deuxième ; les derniers articles égaux, filiformes, le onzième subulé. Labre carré, muni antérieurement de six scies, à peine échancré, à angles aigus. — Mandibules très-pointues, avancées, étroites, arquées à l'extrémité, et munies au plus d'une dent à la base. — Mâchoires longues, minces, comprimées en forme de faux, armées au côté interne d'épines courtes et pointues. — Palpes maxillaires internes à premier article long et très-mince, le deuxième presque trois fois plus

DICOELUS. Bon., Dej., Latr.

Antennes filiformes. — Palpes allongés,
avec le dernier article sécuriforme. — Les
trois premiers articles des tarses antérieurs
dilatés dans les mâles, garnis de brosse.
— Mandibules peu avancées, un peu arquées et aiguës. — Tête arrondie en ovale.
— Corselet carré ou trapézoïdal, échancré
pour recevoir la tête. — Elytres peu allongées, larges. — Pattes assez fortes. —
Insectes propres à l'Amérique du Nord et
de couleur noire ou violette.

DICOELUS PURPURATUS.

Bon., *Obs. Ent.*, 2, p. 45. n° 4. —
Chalybæus, Dej., *Spec.*, 2. p. 385. —
Long. 11 lig. ½. Larg. 4 lig. ½. — Noir violet, à reflets pourprés; devant de la tête,
labre, mandibules, palpes, base des antennes et pattes noirs; dessous du corps
d'un noir un peu violet. — Amérique Septentrionale.

Nota. Les collections renferment une
quinzaine d'espèces de ce genre.

PANAGEITES.

Caractères. Tête rétrécie brusquement
à sa base.

Genres : *Pelecium*, *Erypus*, *Cynthia*,
Asporina, *Euchroa*, *Microcheila*, *Brachy-
gnathus*, *Panagæus*, *Coptia*, *Dercylus*,
Geobius.

Les *Panageïtes* sont de jolis insectes
assez rares dans les collections, et dont

court et cylindrique; les maxillaires externes à
premier article très-petit, le deuxième gros et
ovalaire, le troisième très-mince, un peu conique,
plus long que les deux précédens réunis, le quatrième plus court, un peu conique : palpes
labiaux à premier article gros, court et presque
cylindrique, le deuxième très-court et globuleux, le troisième grêle, un peu conique, près
de deux fois plus long que les précédens réunis;
le dernier plus court, légèrement obconique,
obtus à l'extrémité. — Lèvre presque carrée,
tronquée à l'extrémité, avec deux soies terminales. — Paraglosses minces, membraneuses de
chaque côté, cylindriques ou plutôt subulées,
beaucoup plus longues que la lèvre. — Menton
tridenté; la dent du milieu simple. — Corselet
plus long que large, convexe, bordé.

DIROTUS SUBIRIDESCENS.

Mac-Leay, *An. Jav.* (édit. Lequien), 114, 2. —
Long. 4 lig. — D'un noir brillant; palpes, antennes et tarses rougeâtres, corselet très-court;
élytres striées et irisées. — Java.

quelques espèces semblent, par leur faciès,
appartenir à la cohorte suivante.

PELECIUM, Kirby, Latr., Dej.

Antennes filiformes. — Palpes à dernier
article fortement sécuriforme. — Menton
trilobé. — Tarses antérieurs dilatés dans
leurs quatre premiers articles, au moins,
dans les mâles. — Tête ovale. — Mandibules fortes, assez avancées. — Corselet un
peu en cœur. — Elytres ovales, un peu
allongées. — Pattes assez fortes; les antérieures échancrées.

1. PELECIUM CYANIPES.

Kirby, *Century of Ins.*, 378, 4, pl. 21,
fig. 1. — Long. 8 lig. Larg. 2 lig. ½. —
D'un bleu noirâtre; palpes brunâtres, ainsi
que l'extrémité des antennes; corselet avec
un enfoncement longitudinal de chaque
côté; élytres striées; pattes d'un bleu un
peu plus clair que le reste du corps. —
Brésil.

2. PELECIUM REFULGENS. (Pl. 9, fig. 1.)

Guérin, *Mag. d'Ent.*, n° 23. — Long.
7 lig. Larg. 2 lig. — D'un brun obscur;
palpes plus clairs; antennes velues; tête
avec deux sillons longitudinaux de chaque
côté; corselet ovale, à angles antérieurs
non proéminens, avec un sillon au milieu
et une impression large de chaque côté
en arrière; il est bronzé, avec son bord
postérieur vert; élytres ovales, bombées,
d'un beau vert cuivreux à reflets métalliques, avec de fortes stries longitudinales
lisses; extrémité des jambes et tarses très-
velus. — Brésil.

ERYPUS, Dej.

Antennes moniliformes. — Palpes à dernier article très-faiblement sécuriforme. —
Menton trilobé. — Tarses antérieurs dilatés dans leurs quatre premiers articles, au
moins, dans les mâles. — Tête oblongue. —
Corselet assez allongé, un peu cordiforme.
— Elytres ovales, un peu allongées. —
Pattes assez fortes; les antérieures échancrées.

ERYPUS SCYDMÆNOIDES.

Dej., *Spec.*, t. IV. 40, 1. — Long.
2 lig. ½. Larg. 1 lig. — D'un noir brillant;
parties de la bouche, antennes et tarses
brunâtres; corselet avec un enfoncement
longitudinal de chaque côté en arrière;
écusson petit; élytres lisses; le dessous du
corps moins brillant. — Mexique.

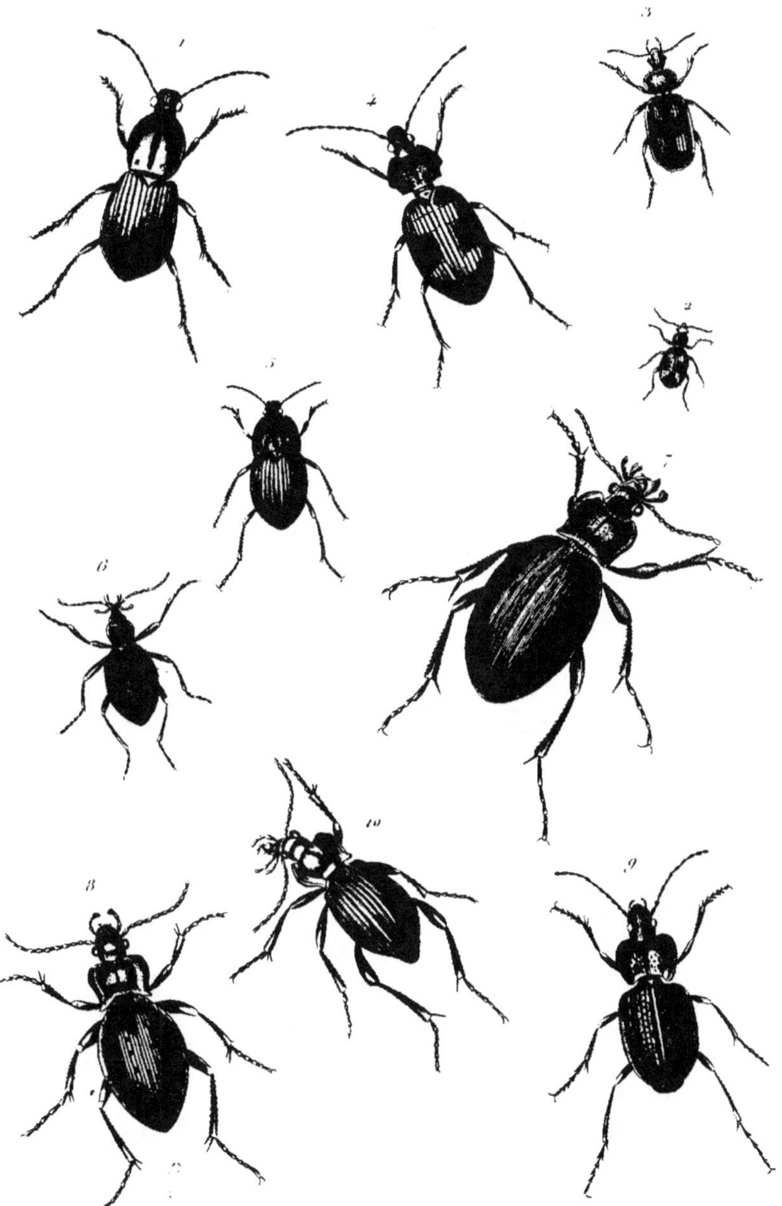

1 Pelecium Refulgens. 2 Panagæus Crux-Major 3 Panagæus Quadripustulatus 4 Panagæus
Festivus 5 Dercylus Ater 6 Cychrus Rostratus 7 Procustes Coriaceus 8 Carabus Catenulatus
9 Carabus Lævigatus 10 Carabus Auratus

CYNTHIA, Latr. ;

Microcephalus. Dej., Latr., Oliv. ;
Platysma? Perty.

Antennes à articles légèrement comprimés, presque cylindriques : le premier gros, le deuxième court, le troisième un peu plus long que les suivans. — Palpes assez courts ; leur dernier article sécuriforme. — Les trois premiers articles des tarses antérieurs dilatés dans les mâles. — Mandibules assez courtes, un peu arquées, assez aiguës. — Tête presque ovale. — Corselet presque carré, de la largeur des élytres à sa base. — Élytres presque parallèles, légèrement ovales. — Pattes assez courtes.

CYNTHIA DEPRESSICOLLIS.

Dej., *Spec.*, 3, 199, 1. — Long. 7 lig. Larg. 2 lig. ¼. — Noir assez brillant ; tête, corselet et élytres d'un bleu obscur un peu violet ou verdâtre : palpes, antennes, excepté la base, tarses, d'un brun roussâtre ; labre, mandibules, base des antennes, cuisses et jambes d'un noir un peu brunâtre ; élytres profondément striées. — Brésil.

Nota. Ce genre renferme cinq ou six espèces, la plupart inédites. Il faut peut-être y rapporter le *Platysma Licinoides,* Perty, *Voyage de Spix et Martius, Ins.*, pl. 3, f. 1 ; mais je crois plutôt qu'il rentre dans le genre suivant.

ASPORINA, Lap.

Antennes filiformes, de longueur moyenne, à premier article le plus grand, le deuxième court, le troisième long, tous les suivans à peu près égaux et pubescens. — Palpes maxillaires à premier article très-court, le deuxième le plus long, les troisième et quatrième à peu près égaux, non renflés, le dernier un peu échancré à l'extrémité. — Les labiaux à premier article très-court, le deuxième long, le dernier très-légèrement élargi et tronqué obliquement à l'extrémité ; labre transversal dentelé sur son bord antérieur, fortement ponctué en avant, et garni de poils assez longs ; mandibules courtes : menton offrant une dent bifide au milieu de son échancrure. — Tarses de la femelle à premier article long, les autres à peu près égaux ; tous offrant des poils épineux en assez grand nombre ; crochets assez grêles ; les tarses anté

rieurs sont un peu plus courts et à articles triangulaires. — Tête assez grande, ovalaire. — Yeux petits et globuleux. — Corselet grand, presque carré, arrondi sur les côtés, échancré en avant et un peu en arrière. — Élytres grandes, ovalaires, convexes. — Pattes moyennes.

ASPORINA GIGANTEA.

Lap., *Etud. Entom.*, p. 85, pl. 2, fig. 1. — Long. 13 lig. Larg. 5 lig. ½. — Noir ; élytres très-fortement striées. — Brésil.

EUCHROA, Brullé.

Très-voisins des *Cynthia,* mais s'en distinguent par leurs palpes maxillaires cylindriques et leur lèvre supérieure carrée, un peu plus large que longue, et divisée en deux par une ligne longitudinale.

EUCHROA NITIDICOLLIS.

Brullé, *Hist. Nat. des Ins.*, t. IV, p. 336, pl. 13, t. II. — Long. 7 lig. Larg. 2 lig. ½. — Noir ; tête et corselet d'un cuivreux doré ; élytres bleues, striées. — Brésil.

MICROCHEILA, Brullé.

Très-voisins des précédens. — Labre court, transverse, laissant à découvert la presque totalité des mandibules. — Menton avec une dent aiguë. — Palpes labiaux terminés par un article triangulaire. — Tête ovalaire. — Corselet plus large que long, avec un bord assez large et un peu anguleux en arrière. — Élytres oblongues.

MICROCHEILA PICEA.

Brullé, *Hist. Nat. des Ins.* t. IV, p. 337, pl. 13, t. III. — Long. 5 lig. Larg. 2 lig. — Brun ; élytres finement striées. — Madagascar.

BRACHYGNATHUS. Perty.

Eurysoma, Dej.; *Panagæus.* Latr.

Antennes filiformes. — Palpes maxillaires à dernier article très-fortement sécuriforme. — Menton avec une dent simple au milieu de son échancrure. — Tête assez petite, oblongue ; corselet ovalaire, quelquefois un peu allongé ; élytres courtes, ovales, et plus ou moins convexes.

Grands insectes de l'Amérique du Sud, à corps glabre et brillant.

1. BRACHYGNATHUS FULGIDIPENNIS.

Latr., Guérin, *Icon.*, *Règ. Anim. Ins.*,

pl. 6, fig. 14.— *Oxygonus*, Perty, *Voyage de Spix et Mart.*, *Ins.*, t. VII, pl. 11. f. 3.— *Fulgidus*. Dej., *Spec.*, t. V, p. 595. — Long. 7 lig. Larg. 3 lig. ½. — Noir; corselet d'un bleu violet, avec des points enfoncés épars, très-légèrement échancré en avant, arrondi latéralement, élargi en arrière; les angles postérieurs relevés, prolongés en pointe aiguë; il offre en dessus trois sillons longitudinaux; élytres larges, bombées, d'un brun vert cuivreux, à reflets rouges et dorés, avec des stries crénelées. — Brésil.

2. BRACHYGNATHUS MUTICUS.

Perty, *Voyage de Spix et Mart.*, *Ins.*, p. 7, pl. 11. f. 1.— Dej., *Spec.*, t. V, p. 597. — Long. 7 lig. Larg. 3 lig. ½. — Noir; corselet ovale, élargi au milieu, rétréci et arrondi en arrière, avec une forte ligne longitudinale au milieu et une autre de chaque côté en arrière; élytres d'un beau vert métallique cuivreux, avec des stries lisses; bord inférieur des élytres violet.—Brésil.

3. BRACHYGNATHUS FESTIVUS.

Dej., *Spec.*, t. V. p. 596.—Long. 7 lig. Larg. 3 lig. ½. — D'un bleu violet presque noir; corselet d'un violet éclatant, sans points enfoncés, de même forme que dans le *B. Fulgidipennis*; ses angles postérieurs sont prolongés avec un sillon longitudinal au milieu, et un autre très-large de chaque côté sur la moitié postérieure; élytres bombées, moins larges, d'un beau rouge cuivreux très-éclatant, avec les bords latéraux d'un bleu violet et des stries longitudinales lisses. — Paraguay.

4. BRACHYGNATHUS MINUTUS.

Perty, *Voyage de Spix et Mart.* (*Ins.*), p. 7. — Long. 7 lig. ½. Larg. 2 lig. ¼. — Noir; tête et corselet d'un bleu noir; ce dernier étroit, allongé, faiblement ponctué, avec de fortes impressions longitudinales, ses angles postérieurs très-aigus; élytres d'un bronzé doré, avec des stries ponctuées. — Brésil.

5. BRACHYGNATUS INTERMEDIUS.

Perty, *Voyage de Spix et Mart.*, p. 8.— Long. 9 lig. ½. Larg. 3 lig. ½. — Noir; corselet un peu arrondi, rétréci en avant, mutique en arrière; élytres dorées, avec des stries ponctuées. — Brésil.

PANAGÆUS, Latr., Dej.;

Carabus, Linn., Oliv., Fabr.

Antennes filiformes, à articles cylindriques: le premier et le troisième plus larges, le second court, les autres égaux entre eux. — Palpes allongés, avec le dernier article fortement sécuriforme. — Les huit premiers articles des tarses antérieurs dilatés dans les mâles et garnis en dessous de longs poils.—Mandibules courtes, arquées et pointues. — Tête petite. — Yeux saillans, globuleux. — Corselet orbiculaire. — Élytres assez allongées, un peu convexes et presque parallèles. — Pattes de longueur moyenne. — Insectes peu communs, vivant au pied des arbres et y passant l'hiver en société, selon quelques auteurs.

1. PANAGÆUS CRUXMAJOR. (Pl. 9, fig. 2.)

Fabr., 1, 202, 176. — *B. Bipustulatus*. Oliv., 3, 35, 143, pl. 8, fig. 95. — Long. 4 lig. Larg. 1 lig. ¼. — Noir, velu, avec le bord extérieur des élytres et deux fascies transversales d'un rouge ferrugineux, interrompues par la suture: l'antérieure plus large et découpée sur les bords. — France et Allemagne.

2. PANAGÆUS TRIMACULATUS.

Dej., *Spec.*, t. II, p. 288, 5. — Long. 3 lig. ¼. Larg. 1 lig. ¼. — Ne diffère du *P. Cruxmajor* que par le bord extérieur des élytres noirs et par la bande transversale du milieu, remplacée par trois taches, l'une presque cordiforme sur la suture, les deux autres arrondies, près du bord extérieur des élytres. — France.

Cet insecte ne me paraît être qu'une variété du précédent.

3. PANAGÆUS 4-PUTULATUS. (Pl. 9, fig. 3.)

Sturm. 3. 172. 2, pl. 73, fig. P. — Ressemble au *P. Cruxmajor*; mais le bord extérieur des élytres est noir et la bande transversale du milieu est remplacé par une tache de même couleur, arrondie, isolée, sur chaque élytre.— France et Allemagne.

5. PANAGÆUS VICINUS.

Gory, *Ann. Soc. Ent.*, t. II. p. 214. Long. 3 lig. ¼. Larg. 1 lig. ¼. — Noir, pubescent; corselet rétréci et prolongé en arrière; élytres d'un rouge ferrugineux, avec une tache commune à la base, une bande transversale vers le milieu et une autre tache à l'extrémité, noirâtres; cette dernière est commune.

Nota. Cette espèce, qui ressemble au *P. Cruxmajor*, se trouve au Brésil.

Nota. Il faut aussi placer ici les espèces suivantes: *Fasciatus*, Say; *Australis*, Cru-

ciatus, *Lætus* et *Amabilis*, Dejean ; quant aux suivantes, qui sont toutes de grande taille, elles nous semblent devoir constituer un genre nouveau, car leur forme diffère de celle des vrais *Panagæus* et les rapproche des *Cychrus*. Il paraît aussi certain que les tarses antérieurs ne sont pas dilatés dans les mâles; n'ayant pu vérifier ce dernier caractère sur un assez grand nombre d'individus, nous nous contentons, en ce moment, d'indiquer ces différences. Si l'on partage notre opinion et que ces espèces soient par la suite érigées en un genre particulier, nous proposons de lui donner le nom de *Eudema*: ce sont tous des insectes des parties les plus chaudes de l'Afrique et de l'Asie. Fabricius en avait fait des *Cychrus*.

6. PANAGÆUS REGALIS.

GORY, *Ann. Soc. Ent.*, t. II, p. 213. — Long. 10 lig. Larg. 4 lig. ¼. — Allongé, noir, très-fortement ponctué, presque granuleux; corselet très-rebordé, presque rond; élytres striées, une large tache transversale jaune vers le tiers. et une autre vers les deux tiers postérieurs de chaque élytre. — Sénégal.

7. PANAGÆUS REFLEXUS.

LIN., *Syst. Nat.*,—GMELIN, 1, 4, p. 1962, nº 56. — FABR., 1. p. 166. nº 3. — OLIV., 5, 36, p. 37, nº 36. t. VII, fig 77.—*Nobilis*, DEJ., *Spec.*, t. II, p. 285. — Long. 7 lig. ¼. Larg. 3 lig. ¼. — Noir; élytres ovales, convexes, fortement striées, avec deux taches d'un jaune citron : l'une transversale, placée en avant; et l'autre sinueuse, située en arrière ; elles sont formées de petits traits longitudinaux. — Cap de Bonne-Espérance.

Nous figurons ici, pl. 9, fig. 4. le *Panagæus Festivus*. décrit par M. Gory. dans les *Ann. de la Soc. Ent.*

COPTIA, BRULLÉ.

Panagæus, LAP.

Ces insectes diffèrent des précédens par la forme grêle et ovalaire du dernier article des palpes maxillaires, qui est tronqué très-obliquement à l'extrémité. et semble se terminer en pointe. — Le dernier article des palpes labiaux est plus large, et coupe presque transversalement. — Labre court et peu sensiblement échancré. — Tarses antérieurs des mâles à trois premiers articles élargis.

COPTIA ARMATA.

LAP., *Ann. Soc. Ent.*, t. I. p. 391. —

Long. 4 lig. Larg. 1 lig. ¼. — Un peu velu. noir, très-fortement ponctué, surtout le corselet : celui-ci élargi vers le milieu et échancré sur les côtés postérieurs, et offrant deux très-fortes dents de chaque côté; une ligne longitudinale au milieu; élytres avec des stries longitudinales ponctuees; les intervalles ponctués; antennes et tarses brunâtres. — Cayenne.

DERCYLUS, LAP.

Ce genre diffère des *Panagæus* par l premier article des palpes renflé, le dernier très-court. légèrement dilaté, en hache. — Les deuxième et troisième articles des tarses antérieurs très-dilatés, et carrés dans les cinq.

Nous n'avons vu de ce genre que deux individus en mauvais état.

DERCYLUS ATER. (Pl. 9, fig. 5.)

LAP., *Ann. Soc. Ent.*, t. I, p. 392. — Long. 6 lig. ¼. Larg. 3 lig. ¼. — Large, noir, assez luisant. lisse; corselet très-large, coupé carrément en arrière, avec une ligne au milieu, et une impression longitudinale de chaque côté en arrière; élytres avec des pattes striées, lisses; angle huméral saillant. — Brésil.

GEOBIUS, DEJ.

Antennes filiformes.—Palpes maxillaires à dernier article allongé. très-légèrement ovalaire et terminé presque en pointe. — Palpes labiaux à dernier article très-fortement sécuriforme. — Menton offrant une dent simple et un peu arrondie au milieu de son échancrure. — Articles des tarses très-légèrement triangulaires, le premier un peu plus long que les autres; les crochets des tarses dentelés en dessous.—Tête assez petite, allongée.—Corselet ovalaire.—Elytres un peu allongées. presque parallèles.

GEOBIUS PUBESCENS.

DEJ., *Spec.*, t. V. p. 606. — Long. 3 lig. ¼. Larg. 1 lig. ¼. — Noir, pubescent; corselet ovale, ponctué, avec une strie de chaque côté en arrière; élytres d'un violet obscur, avec des stries ponctuées dont les intervalles sont ponctués; palpes d'un jaune testacé; antennes et pattes d'un brun roussâtre. — Buénos-Ayres.

SIXIÈME COHORTE. — *GRANDIPALPES*, LATR.;

Simplicipèdes, DEJ.

Caractères. Jambes antérieures sans

échancrure, au côté interne ou en offrant une qui forme simplement un canal oblique et linéaire près de l'extrémité, sans avancer sur la face antérieure. — Mandibules robustes. — Yeux saillans. — Élytres entières ou simplement sinuées.

Les *Grandipalpes* renferment les insectes les plus grands et les plus remarquables parmi tous les carabiques; ils sont souvent ornés de couleurs brillantes et métalliques; leur agilité est remarquable.

CYCHRITES.

Caractères. Côté interne des mandibules entièrement ou presque entièrement denté dans toute sa longueur : point de dents au milieu de l'échancrure du menton; corps épais, sans ailes.

Genres : *Pamborus. Cychrus, Scaphinotus, Sphæroderus.*

Les *Cychrites* sont des insectes rares et recherchés; ils habitent les bois : on les y rencontre sous les pierres et la mousse.

PAMBORUS, Latr., Dej.

Antennes filiformes. — Palpes très-saillans, avec le dernier article sécuriforme, un peu ovale. — Tarses semblables dans les deux sexes. — Mandibules courtes, très-courbées et dentées intérieurement. — Yeux gros. — Corselet presque cordiforme, assez grand. — Élytres un peu convexes et allongées.

Ce genre remplace les *Carabes* à la Nouvelle-Hollande.

1. PAMBORUS ALTERNANS.

Latr., *Encyc. méth.*, 8, 678, 1. — Long. 13 lig. Larg. 4 lig. ½. — Noir; corselet d'un noir bleuâtre; élytres sillonnées et granulées, avec sept côtes élevées, non compris la suture et le bord extérieur; ces côtes interrompues vers l'extrémité. — Nouvelle-Hollande.

2. PAMBORUS MORBILLOSUS.

Boisd., *Voyage de l'Astrol.*, *Ins.*, t. II, p. 27. — Long. 13 lig. Larg. 4 lig. ½. — Noir; corselet d'un bleu obscur; élytres d'un rouge cuivreux, avec des sillons granuleux dont les intervalles sont très-élevés et interrompus en arrière. — Nouvelle-Hollande.

3. PAMBORUS VIRIDIS.

Gory, *Magas. de Zool.* — Long. 14 lig. Larg. 4 lig. ½. — D'un noir luisant; côtés du corselet et élytres d'un vert assez brillant; ces dernières avec des côtes non interrompues, à l'exception de l'avant-dernière vers le bord extérieur. Ce bel insecte vient des bords de la rivière Hunter. Ile Maquarie.— Nouvelle-Hollande.

4. PAMBORUS ELONGATUS.

Gory, *Magas. de Zool.* — Long. 13 lig. Larg. 4 lig. — Noir; corps un peu allongé; corselet plus étroit que dans les précédens, avec les côtés verts; élytres d'un noir terne un peu bronzé, offrant de fortes côtes longitudinales interrompues en arrière; l'avant-dernière vers le bord extérieur, interrompue dans toute sa longueur. — Même localité que le précédent.

5. PAMBORUS GUERINI.

Gory, *Mag. d'Entom.*, pl. 26. — Long. 10 lig. Larg. 3 lig. ½. — Noir; élytres avec des côtes parmi lesquelles trois plus élevées que les autres, et interrompues; leur couleur est d'un vert obscur, avec les côtés dorés. — Nouvelle-Hollande.

Nota. Ainsi que je l'ai dit dans mes *Études Entomologiques*, cet insecte doit probablement former un genre nouveau (*Callimosoma*). Le corselet est très-grand, arrondi sur les côtés, échancré en avant et en arrière; les élytres sont courtes, ovales, convexes.

CYCHRUS, Fabr.;

Carabus, Oliv.; *Tenebrio*, Linn.

Antennes sétacées, insérées dans une fossette, à articles allongés, cylindriques, le premier fort long, renflé à l'extrémité. — Palpes longs; le dernier article des maxillaires extérieurs et le dernier des labiaux sécuriformes, plus dilaté dans les mâles. — Tarses semblables dans les deux sexes. — Mandibules étroites, avancées, dentées intérieurement. — Tête étroite.— Yeux petits. — Corselet cordiforme, plus large que la tête. — Élytres soudées, avec une carène latérale, et embrassant une partie de l'abdomen; celui-ci ovoïde. — Pattes assez longues et minces.

Insectes de moyenne taille, de couleur sombre, et paroissant avoir pour habitations les parties froides de l'Europe, de la Russie Asiatique et de l'Amérique Septentrionale, où on les rencontre sous les mousses, aux pieds des arbres, sous les pierres, surtout dans les montagnes.

1. CYCHRUS ITALICUS.

Bon., *Obs. Ant.*, 2, 17, 2. — *Ros-*

tratus, Pétagna, *Ins. cel.*, p. 25, fig.
21. — Long. 10 lig. ¹⁄. Larg. 4 lig. ¹⁄. —
Noir; tête avec une impression transversale entre les yeux; corselet avec les angles
postérieurs presque droits, et une impression transversale en arrière; élytres fortement ponctuées, avec trois lignes longitu-
nales élevées, assez saillantes. — Italie.

2. CYCHRUS ELONGATUS.

Dej., *Spec.*, t. 11, 7, 3. — Hoppe,
Nov. Act. Acad., C. L. C., *Nat. Cur.*, 12,
p. 479, 2, pl. 4, fig. 3.— Long. 7 lig. ¹⁄.
Larg. 3 lig. 4. — Noir; tête lisse; corselet
légèrement échancré postérieurement,
avec les angles postérieurs un peu arrondis
et relevés, et une impression profonde près
de la base; élytres ponctuées, avec trois
lignes longitudinales élevées, peu marquées.
— France, Allemagne, etc.

3. CYCHRUS ROSTRATUS. (Pl. 9, fig. 5.)

Fabr., 1, 165, 1.—Oliv., 3, 35, 46, pl. 4,
fig. 37. — Long. 6 lig. ¹⁄ à 7 lig. ¹⁄. Larg. 2
lig. ¹⁄ à 3 lig. ¹⁄.—Tête lisse; noir peu brillant; corselet avec une impression transversale en arrière, et les angles postérieurs
arrondis et peu relevés; élytres fortement
ponctuées, avec trois lignes longitudinales
élevées, très-peu marquées; dessous du
corps plus brillant que le dessus.— France,
Allemagne.

4. CYCHRUS ATTENUATUS.

Fabr., 1, 166, 2.—*Pubescedens*, Oliv.,
3, 35, 47, pl., 2, fig. 128.— Long. 6 à 7
lig. ¹⁄. Larg. 2 lig. ¹⁄ à 3 lig. ¹⁄.— Noir; tête
avec une impression et quelques rides
transversales; corselet ovale, ridé transversalement, avec un enfoncement près de la
base et une ligne longitudinale enfoncée,
bien marquée, au milieu; élytres un peu
cuivreuses, ponctuées, avec trois lignes
élevées bien marquées; jambes testacées;
tarses brunâtres. — France, Allemagne, etc.

SCAPHINOTUS, Latr.;

Cychrus, Fabr.; *Carabus*, Oliv.

Antennes sétacées. — Palpes avec le
dernier article sécuriforme plus dilaté dans
les mâles. — Les trois premiers articles des
tarses antérieurs légèrement dilatés dans
les mâles.— Mandibules étroites, avancées,
dentées intérieurement.— Tête petite. —
Corselet assez grand, à côtés déprimés,
relevés et prolongés postérieurement. —

Élytres soudées, fortement carénées sur les
côtés, et embrassant une partie de l'abdomen.

SCAPHINOTUS ELEVATUS.

Fabr., 166, 4. — Oliv., 35, 48, pl.
7, fig. 82. — Long. 9 lig. Larg. 4 lig. —
Noir; tête avec quelques rides transversales;
corselet d'un noir violet, avec une ligne
longitudinale enfoncée au milieu; élytres
striées et ponctuées, violettes, un peu cuivreuses. — Amérique Septentrionale.

SPHÆRODERUS, Dej., Latr.

Antennes filiformes. — Palpes avec leur
dernier article fortement sécuriforme plus
dilaté dans les mâles. — Les trois premiers
articles des tarses antérieurs dilatés dans
les mâles.— Les deux premiers très-fortement. — Mandibules étroites, avancées,
dentées intérieurement. — Corselet convexe, ovale ou orbiculé. — Élytres soudées
sur les côtés et embrassant une partie
de l'abdomen.

Insectes de moyenne taille, dont les
espèces connues appartiennent a l'Amérique Septentrionale.

1. SPHÆRODERUS LECONTEI.

Dej., *Spec*, 2, 15, 1. — Long. 6 lig.
Larg. 2 lig. ¹⁄. — Noir; corselet ovale,
bleu, avec une impression transversale et
deux lignes longitudinales enfoncées; élytres ovales, allongées, un peu cuivreuses,
bordées de bleu, ponctuées a la base, rugueuses à l'extrémité; poitrine bleue; abdomen et pattes noirs. — Amérique Sep-
tentrionole.

2. SPHÆRODERUS STENOSTOMUS.

Weber, *Obs. Ent.*, 43, 31. — Long.
5 lig. ¹⁄. Larg. 2 lig. ¹⁄. — Noir; tête avec
un enfoncement transversal derrière les
yeux; corselet noir-bleuâtre, avec une ligne longitudinale enfoncée au milieu et
deux impressions latérales raccourcies; élytres d'un noir bronzé un peu cuivreux,
striées et fortement ponctuées. — Amérique Septentrionale.

3. SPHÆRODERUS BILOBUS.

Dej., *Spec.*, t. 11, 10, 3. — Noir; corselet violet, un peu cuivreux, avec une ligne longitudinale fortement marquée au
milieu, et deux impressions transversales au
bord antérieur et près de la base; élytres
ovales, violettes, fortement ponctuées e
striées; tarses un peu roussâtres. — Amérique Septentrionale.

Il faut aussi rapporter à ce genre :

4. *Sphæroderus Nitidicollis*, magnifique insecte, figuré par M. Guérin dans son *Icon. du Reg. Anim.*; il se trouve à Terre-Neuve.

5. *Niagarensis* de mes *Etudes Entomologiques*.

PROCERITES.

Caracteres. Mandibules armées au plus d'une ou deux dents situées à leur base. — Une dent entière ou bifide au milieu de l'échancrure du menton. — Corps épais, le plus souvent privé d'ailes.

Genres: *Tefflus, Procerus, Procrustes, Carabus, Calosoma.*

Les *Procerites* sont de grande taille, souvent très-brillans : les espèces en sont nombreuses; elles fréquentent les bois, les champs; plusieurs ne se plaisent que sur les montagnes : c'est au printemps et à l'automne qu'on les rencontre en plus grand nombre.

TEFFLUS, Leach;
Carabus, Fabr.

Antennes filiformes. — Palpes très-saillans, avec leur dernier article fortement sécuriforme, presque ovale, allongé. — Tarses semblables dans les deux sexes. — Mandibules un peu arquées, aiguës. — Corselet presque hexagonal. — Elytres grandes, convexes, en ovale-allongé. — Point d'ailes. — Pattes grandes et fortes.

TEFFLUS MEGERLEI.
Fabr., 1, 169, 5. — Long. 23 lig. Larg. 8 lig. ½. — Noir assez luisant; tête avec plusieurs enfoncemens irréguliers entre les antennes; corselet avec une ligne longitudinale enfoncée au milieu, et les bords latéraux et postérieurs un peu relevés; élytres avec sept côtes lisses élevées, non compris la suture et le bord extérieur; l'intervalle des côtes avec une ligne de petits tubercules élevés. — Guinée et Sénégal, dans les marais.

PROCERUS, Meg.;
Carabus, Fabr.

Antennes filiformes. — Palpes avec le dernier article fortement sécuriforme et plus dilaté dans les mâles. — Tarses semblables dans les deux sexes. — Mandibules peu arquées, aiguës, avec une dent à leur base. — Corselet presque cordiforme. — Ecusson large. — Elytres en ovale-allongé. — Pattes grandes et fortes.

Insectes de très-grande taille.

1. PROCERUS SCABROSUS.
Fab., *Ent. Syst.*, 1, p. 16. — *Carabus Gigas*, Creutzer, *Entom.*, *Versuche*, pl. 2, fig. 13.—Long. 20-24 lig. Larg. 8-10 lig.— Noir assez luisant; tête ridée; corselet chagriné, avec les bords latéraux un peu relevés, une ligne longitudinale peu enfoncé au milieu, et une impression transversale près de la base; élytres couvertes de gros points élevés, très-nombreux. — Carniole.

2. PROCERUS OLIVIERI.
Dej., *Spec.*, 2, 24, 22. — *Scabrosus*, Oliv., 3, 35, 7, pl. 7, fig. 83. — Long. 19-22 lig. Larg. 8-9 lig. — D'un blanc violet en dessus, noir en dessous; corselet oblong, tronqué, légèrement en cœur, avec les bords latéraux un peu relevés; élytres couvertes de gros points élevés, sans ordre. — Constantinople.

3. PROCERUS TAURICUS.
Adam, *Mém. de la Soc. Imp. des Nat. de Moscou*, 5, pl. 10, fig. 1, 2, 4, 5. — Long. 21 lig. Larg. 8 lig. — D'un beau bleu, noir en dessous; corselet rugueux, tronqué, cordiforme; élytres couvertes de gros points élevés placés en ligne droite: dessous du corselet, bords de la poitrine et de l'abdomen bleuâtres. — Crimée.

4. PROCERUS CAUCASICUS.
Dej., *Spec.*, t. II, p. 25, 4. — Adams, *Mém. de la Soc. Imp. des Nat. de Moscou*, 5, pl. 10, fig. 3, 6. — Long. 18. lig. Larg. 7 lig. ½. — Noir, d'un beau bleu verdâtre en dessus; corselet rugueux, tronqué, cordiforme; élytres avec de gros points élevés, plus serrés, et placés irrégulièrement. — Montagne du Caucase.

5. PROCERUS DUPONCHELII.
Dej., *Spec.*, t. V.—Brullé, *Mag. Zool.*, et 9, pl. 9.—*Expéd. de Morée. Ins.*, p. 126, pl. 33, t. IV.—Long. 22 lig. Larg. 8 lig. ½. — Noir, rugueux; corselet allongé, étroit; élytres couvertes de gros points allongés, disposés en séries presque régulières.

Cette espèce, que M. Brullé a prise au pied du mont Ithome (Morée), au mois de mai, ressemble au *Scabrosus*, mais s'en distingue aisément par la forme de son corselet.

PROCRUSTES, Bon.;
Carabus, Fabr.

Antennes filiformes : deuxième et quatrième articles les plus courts, les autres égaux entre eux. — Palpes avec le dernier article fortement sécuriforme et plus dilaté dans les mâles. — Les quatre premiers articles des tarses antérieurs dilatés dans les mâles. —Mandibules légèrement arquées, très-aiguës, avec une dent a leur base. — Lèvre supérieure trilobée. — Une forte dent bifide au milieu de l'échancrure du menton.—Corselet continu cordiforme. — Elytres en ovale-allongé.

Insectes d'assez grande taille, de couleur noire, luisante en dessous; vivant sous les pierres, dans les bois, les champs et les jardins.

1. PROCRUSTES CORIACEUS. (Pl. 9, fig. 7.)
Fabr. , 1 , 468. — Oliv. , 3 , 35 , pl. 1 , fig. 1. — Long. 15 -17 lig. Larg. 6 - 7 lig. — Noir ; tête avec deux impressions longitudinales entre les antennes; corselet avec des rides transversales et des points enfoncés peu marqués; élytres couvertes de points irréguliers serrés, qui les font paraitre chagrinées. — France.

Nous rapportons à cette espèce, comme variétés? les : *Procrustes Sprætus* et *Rugosus*, Dej. , *Spec.*, t. II , p. 29, qui n'en diffèrent que par de légères différences de taille , de couleur , et qui se trouvent tous deux en Dalmatie.

2. PROCRUSTES CERYSII.
Dej. , *Spec.* , 2 , 30 , 4. — Long. 12 lig. Larg. 4 lig. ¾.— Noir, ovale-oblong ; élytres avec des points enfoncés , petits , presque rangés en stries. — Asie Mineure.

3. PROCRUSTES FOUDRASII.
Dej. , *Spec.*, t. V , p. 529. — *Iconogr.*, 1 , p. 280, n° 4, pl. 32, fig. 4. — Long. 14 lig. Larg. 5 lig. ¼. — Noir. ovale, allongé; élytres ponctuées, avec une triple série longitudinale de points enfoncés.—Iles Ioniennes et Morée; dans les plaines au mois de mai.

4. PROCRUSTES GRÆCUS.
Dej., *Spec.*, t. V, p. 530. — *Icon.*, 1, p. 284 , n° 5, pl. 33, f. 1. — Long. 12 lig. ¾. Larg. 4 lig. ¼. — Noir, oblong-allongé ; élytres avec des points entremêlés et un peu rugueux. — Iles Ioniennes et Morée.

5. PROCRUSTES BANONII.
Dej., *Spec.*, t. V , p. 530. — *Icon.*, 1 , p. 282 , n° pl. 33 , f. 3. — Long. 12 lig. Larg. 5 lig. — Noir, ovale oblong; corselet rebordé, un peu arrondi; élytres très-faiblement rugueuses. — Morée et Iles Ioniennes.

CARABUS, Linn. ;
Tachypus, Weber ;
Plectes, *Cechenus*, Fisch.

Antennes filiformes, à articles cylindriques oblongs, le deuxième et le quatrième les plus courts. — Palpes assez grands, le dernier article plus ou moins sécuriforme. — Les quatre premiers articles des tarses antérieurs dilatés dans les mâles. — Mandibules fortes, aiguës, pointues, avec une petite dent a leur base. — Tête grande. — Yeux arrondis, saillans. — Corselet plus ou moins allongé, plus ou moins cordiforme, échancré antérieurement et postérieurement. — Ecusson très-petit. — Elytres en ovale allongé. — Corps aptère. — Pattes fortes.

Ce genre renferme de nombreuses espèces de grande taille et fort souvent remarquables par leurs couleurs brillantes et métalliques; elles semblent propres à l'ancien Continent et spécialement a l'Europe; l'Amérique Septentrionale en possède quelques-unes. Les montagnes et les grandes forêts sont l'habitation de prédilection des insectes de ce genre; on les y trouve sous la mousse, les pierres, les feuilles sèches et dans les vieux troncs d'arbres ; les champs et les jardins même aux environs de nos villes, en fournissent aussi quelques espèces.

PREMIÈRE DIVISION.

Elytres couvertes de points irréguliers, sans stries distinctes.

1. CARABUS CŒLATUS.
Fabr.. 1, 169 , 3. — Long. 19 lig. Larg. 7 lig. — D'un noir assez brillant ; corselet fortement ponctué et comme chagriné , noir quelquefois bleuâtre : angles postérieurs ; prolongés; élytres plus larges que le corselet, d'un noir bleuâtre, surtout au bord. — Carniole.

DEUXIÈME DIVISION.

Elytres à stries élevées plus ou moins interrompues.

2. CARABUS ALYSSIDOTUS.

ILLIG., *Käfer Preuss.*, 1. 147. — Long. 9 lig. ½. Larg. 4 lig. — Corselet bronzé-obscur, cuivreux vers la base; élytres plus bronzées que le corselet, souvent un peu cuivreuses; bords latéraux violets: elles ont des lignes de points élevés de différentes grandeurs; les quatrième, huitième et douzième sont formées de points plus gros; intervalles ponctués; dessous du corps et pattes noirs. — France, Italie.

TROISIÈME DIVISION.

Élytres avec trois rangées de points oblongs élevés et des stries élevées entre elles.

3. CARABUS CATENULATUS. (Pl. 9, fig. 8.)

FABR., 1. 170. 9. — *C. Intricatus*, OLIV., 3, 35, 11, pl. 1, fig. 11. — Long. 10 lig. Larg. 4 lig. ½. — D'un bleu foncé, bords latéraux du corselet et des élytres d'un bleu violet; élytres assez convexes et avec des stries de points enfoncés; les intervalles presque interrompus, avec trois lignes de points enfoncés sur les quatrième, huitième et douzième; dessous du corps et pattes d'un noir brillant. — France.

Cet insecte varie beaucoup pour la taille, la couleur, la forme et même le dessin des élytres. Deux de ses nombreuses variétés ont été décrites sous les noms de *C. Harcyniæ* et *Cyanescens*. Sturm.

4. CARABUS MONILIS.

FABR., 1. 171. 1, 15. — *C. Catenulatus*, OLIV., 3. 35, 34. pl. 3. fig. 29. — Long. 12 lig. Larg. 4 lig. ½. — Varie beaucoup pour la couleur, depuis le vert métallique clair jusqu'au noir; élytres avec des lignes élevées, lisses: les quatrième, huitième et douzième interrompues; des points oblongs élevés, les intervalles ponctués, quelquefois presque lisses; dessous du corps et pattes d'un noir brillant. — France.

Les *Carabus affinis* et *Consitus* Panzer, au dernier desquels il faut rapporter les *C. Granulatus*, Oliv., ne sont que des variétés de cette espèce, selon l'observation de M. le comte Dejean qui, dans les nombreux individus qu'il possède, a trouvé tous les passages intermédiaires des uns aux autres.

5. CARABUS ARVENSIS.

FABR., 1, 174. 25. — Long. 7 lig. ½. Larg. 3 lig. ½. — Vert-bronzé, ou bronzé-obscur, ou violet-cuivreux; élytres avec des lignes élevées plus ou moins interrompues par de petites lignes transversales: les quatrième, huitième et douzième interrompues par des points oblongs élevés; dessous du corps et pattes noirs; cuisses quelquefois d'un rouge ferrugineux. — France et Allemagne.

6. CARABUS VAGANS.

OLIV., 3. 35, 39, p. 3, fig. 28. — Long. 9 lig. ½. Larg. 4 lig. — D'un bronzé obscur, quelquefois verdâtre sur les bords du corselet et des élytres, celles-ci couvertes de lignes élevées: les impaires peu marquées, les quatrième, huitième et douzième, interrompues et formant trois lignes de points oblongs élevés; les intervalles avec quelques petits points; dessous du corps et pattes noirs. — France Méridionale.

QUATRIÈME DIVISION.

Élytres avec trois rangées de points oblongs élevés, et des stries élevées entre elles; tête très-grosse et renflée en arrière.

7. CARABUS LUSITANICUS.

FABR., 21, 171, 16. — Long. 11 lig. Larg. 4 lig. ½. — Corselet et élytres d'une couleur bronzée, avec les bords ordinairement un peu verdâtres; élytres couvertes de stries élevées; les deuxième, sixième et dixième formées par une suite de petits points oblongs; les quatrième, huitième et douzième plus gros et plus élevés; les intervalles marqués de petits points alternativement enfoncés et élevés; dessous du corps et pattes noirs. — Portugal.

Le *Carabus Luczotii* de nos *Études Entomologiques* rentre dans cette division; nous le figurons ici, pl. 9, fig. 9.

CINQUIÈME DIVISION.

Élytres avec trois rangées de points oblongs élevés et une côte élevée entre elles.

8. CARABUS ALTERNANS.

PALLIARDI *Beschreibung Zweyer* 21, pl. 2 fig. 10. — Long. 13 lig. Larg. 5 lig. — Bronzé, un peu cuivreux, quelquefois un peu verdâtre, avec les bords du corselet et des élytres cuivreux, plus ou moins brillans; élytres en ovale très-allongé, avec trois lignes longitudinales élevées, entre lesquelles une rangée de points oblongs élevés; intervalles assez larges, avec une ou deux rangées de petits points enfoncés; dessous du corps et pattes d'un noir brillant. — Corse et Sicile.

9. CARABUS CANCELLATUS.
ILLIG., *Kœf. Preus.*, 1, p. 154, n° 18.
— *C. Granulatus*, FABR., 1, 176, 36.
— Long. 10 lig. Larg. 4 lig. — D'une
couleur bronzée, plus ou moins verdâtre,
quelquefois obscure, souvent un peu cuivreuse; premier article des antennes rouge-
ferrugineux; élytres avec le bord extérieur
sinué près de la suture, et formant dans la
femelle une espèce de dent: elles ont trois
lignes élevées, lisses; entre elles une rangée
de gros points oblongs élevés; les intervalles sont assez grands, plus ou moins
granulés; dessous du corps et pattes noirs;
les cuisses souvent d'un rouge ferrugineux.
— France.

10. CARABUS GRANULATUS.
LINN., *Syst. nat.*, 1, 668, 2. — *C. Cancellatus*, FABR., 1, 176, 37.—Long. 9 lig.
Larg. 3 lig. ½. — Ressemble au *C. Cancellatus*, plus étroit et plus allongé; bronze-
obscur quelquefois verdâtre; élytres allongées, un peu déprimées: leur bord extérieur sinué vers l'extrémité; sur chaque
élytre, trois lignes élevées; entre elles une
rangée de points oblongs élevés: les intervalles légèrement chagrinés; dessous du
corps et pattes noirs; quelquefois les cuisses
d'un rouge ferrugineux. — France, Allemagne.

SIXIÈME DIVISION.

Elytres à côtes élevées et à larges fossettes entre elles.

11. CARABUS CLATHRATUS.
FABR., 1, 176, 38.—OLIV., 3, 35, 33, pl. 5,
fig. 59; et pl. 11, fig. 59 *b*.—Long. 12 lig.
Larg. 5 lig. — Bronzé-obscur quelquefois
un peu verdâtre; élytres en ovale très-allongé, avec trois lignes longitudinales élevées, et entre elles une rangée de très-gros
points enfoncés, séparés par un point oblong
élevé; intervalles un peu chagrinés; bord
extérieur un peu sinué vers l'extrémité;
dessous du corps et pattes noirs. — France
Méridionale.

SEPTIÈME DIVISION.

Elytres à côtes élevées.

12. CARABUS AURATUS. (Pl. 9, fig. 10.)
FABR., 1, 175, 30. — OLIV., 3, 35, 30,
pl. 5, fig. 51.—*Le Bupreste doré et sillonné
a larges bandes*, GEOFF., 1, p. 142. —
Long. 11 lig. Larg. 4 lig. — D'une belle
couleur verte dorée; labre, mandibules,
palpes, base des antennes, cuisses et jambes
d'un rouge ferrugineux; élytres avec trois
côtes longitudinales, obtuses, de la couleur
des élytres; intervalles très-légèrement granulés; bord extérieur sinué sur l'extrémité,
et formant une dent dans la femelle; dessous du thorax verdâtre; le reste du corps
est noir. — Paris; très-commun.

13. CARABUS PUNCTATO-AURATUS.
DEJ., *Spec.*, 2, 113, 61.—Long. 10 lig.
Larg. 4 lig. — Ressemble beaucoup au *C.
Auratus*: mais il est plus petit et plus convexe; bronzé plus ou moins vert; labre,
mandibules, palpes, écusson, dessous du
corps, cuisses et tarses d'un brun noirâtre
ou obscur; base des antennes noire; élytres avec trois lignes longitudinales élevées,
noirâtres; intervalles légèrement ponctués;
leur bord extérieur n'est point sinué à l'extrémité. — France.

14. CARABUS LOTHARINGUS.
DEJ., *Spec.*, 2, 488, 129.—Long. 10 lig.
Larg. 4 lig. — Ressemble au *C. Auratus*:
il est un peu moins allongé; le corselet un
peu plus court, plus rétréci par-derrière,
plus large par-devant; les élytres un peu
plus courtes, plus arrondies; les trois côtes
élevées et la suture sont un peu bronzées
et cuivreuses; cuisses et tarses d'un brun
noirâtre; base des antennes rougeâtre;
jambes ferrugineux-rougeâtre. — Cet insecte se trouve aux environs de Montpellier et en Bourgogne.

15. CARABUS AURO-NITENS.
FABR., 1, 175, 32.—*C. Auratus*, OLIV.,
3, 35, 3, pl. 11, fig. 51. — Long. 10 lig.
Larg. 4 lig. — D'un beau vert doré très-
brillant; labre, mandibules, palpes, écusson et tarses d'un brun noirâtre; premier
article des antennes et cuisses d'un rouge
ferrugineux; jambes d'un brun rougeâtre;
élytres avec trois côtes élevées noires,
lisses; les intervalles très-légèrement chagrinés; dessous du corps noir. — France,
Allemagne.

16. CARABUS FESTIVUS.
DEJ., *Spec.*, 2, 115, 63.—Long. 10 lig.
Larg. 3 lig. ½. — Corselet d'un rouge cuivreux; élytres d'un beau vert, avec trois
lignes longitudinales noirâtres élevées; les
intervalles très-légèrement ponctués, sans
rangées de points enfoncés; dessous du corps
noir; cuisses d'un rouge ferrugineux; jambes et tarses d'un brun noirâtre. — France.

17. CARABUS FARINESI.

DEJ., *Spec.*, 2, 115, 62.—Long. 10 lig. Larg. 3 lig. ¼. — Corselet d'un vert doré, moins brillant que celui du *C. Festivus*; élytres vertes, un peu dorées : les trois lignes longitudinales élevées, peu marquées, d'un rouge cuivreux ainsi que la suture; intervalles très-finement ponctués; dessous du corps noir; cuisses et tarses d'un brun noirâtre; jambes d'un rouge ferrugineux. — France.

18. CARABUS SOLIERI.

DEJ., *Spec.*, 2, 119, 67. — Long. 11 lig. ¼. Larg. 4 lig. ¼. — D'un beau vert doré; bords latéraux du corselet et des élytres d'un rouge cuivreux; mandibules et palpes d'un noir bleuâtre; élytres avec les lignes élevées, noires, assez larges; les intervalles assez fortement chagrinés; dessous du corps et pattes noirs. — France.

19. CARABUS NITENS.

FABR., 1, 177, 10. — OLIV., 3, 35, 38, pl. 2, fig. 18. — Long. 7 lig. ¼. Larg. 3 lig. ¼. — Tête et corselet d'un vert doré cuivreux; labre, mandibules et palpes brun-noirâtre; élytres d'un beau vert, avec une bordure d'un rouge doré un peu cuivreux; suture noire, aussi bien que trois côtes élevées, lisses, très-marquées; les intervalles ridés transversalement; dessous du corps et pattes noirs. — France, Allemagne.

20. CARABUS MELANCHOLICUS.

FABR., 1, 177, 39. — Long. 11 lig. Larg. 4 lig. — Bronzé-obscur, un peu cuivreux; suture des élytres un peu relevée : elles ont trois côtes relevées assez tranchantes; les intervalles très-finement ponctués, avec quelques points plus gros qui forment trois lignes longitudinales; dessous du corps et pattes noirs.—Midi de la France et Espagne.

HUITIÈME DIVISION.

Elytres à stries fines et crénelées.

21. CARABUS PURPURASCENS.

FABR., 1, 170, 8.— OLIV., 3, 35, 12, pl. 4, fig. 40, et pl. 5, fig. 48. — *Le Bupreste azuré de Geoff.* — Long. 12 lig. ¼. Larg. 4 lig. ¼. — Assez allongé; noir, légèrement bleuâtre, avec les bords latéraux du corselet et des élytres violets; élytres couvertes de stries serrées, fortement ponctuées, intervalles minces et relevés, avec trois rangées de points enfoncés sur les troisième, septième et onzième intervalles; dessous du corps et pattes d'un noir luisant.— France, Paris.

NEUVIÈME DIVISION.

Elytres presque lisses, finement granulées ou ponctuées, sans stries distinctes.

22. CARABUS VIOLACEUS.

FABR., 1, 170, 7. — OLIV., 3, 35, 10, pl. 4, fig. 39. — Long. 11 lig. ¼. Larg. 4 lig.— D'un noir bleuâtre, avec les bords latéraux du corselet et des élytres d'un bleu violet, souvent verdâtre, quelquefois cuivreux; élytres couvertes de très-petits points élevés, serrés, sans ordre; dessous du corps et pattes d'un noir brillant. — Allemagne.

23. CARABUS EXASPERATUS.

STURM, 3, 88, 34, pl. 63, fig. a A. — Long. 12 lig. Larg. 4 lig. ¼. — Ressemble au *C. Violaceus*; plus allongé que lui, noir en dessus, avec les bords latéraux du corselet et des élytres d'un violet moins brillant; ponctuation des élytres plus forte et plus irrégulière; sous chaque élytre on aperçoit trois lignes longitudinales élevées, assez marquées dans certains individus, peu apparentes dans les autres, interrompues par des points enfoncés peu marqués. — France, Allemagne.

24. CARABUS GLABRATUS.

FABR., 170, 6. — OLIV., 3, 35, 32, pl. 10, fig. 112. — Long. 12 lig. Larg. 5 lig. — Noir brillant, un peu bleuâtre en dessus; élytres assez convexes, lisses à la vue, simples, mais à la loupe on les aperçoit couvertes de très-petits points élevés, placés en longueur. —Allemagne.

DIXIÈME DIVISION.

Elytres plus ou moins ponctuées, sans stries distinctes, avec trois rangées de points enfoncés, plus ou moins marqués.

25. CARABUS CARCELI.

GONY, *Cent. Carab. Ann. Soc. Ent.* t. II, p. 214.—Long. 12 lig. Larg. 4 lig. ¼. — Ovale, noir, corselet court, large; élytres ovales, convexes, granulées, avec trois stries longitudinales de points enfoncés et peu marqués. Cette espèce, qui se trouve à Smyrne, a de grands rapports avec le *C. Graecus*, mais elle en diffère par son corselet plus court, plus large, par les élytres plus longues, plus convexes et plus rétrécies vers l'extrémité.

ONZIÈME DIVISION.

Elytres presque striées, et avec trois rangées de points enfoncés plus ou moins marqués.

26. CARABUS HORTENSIS.

FABR., 1, 172, 18. — OLIV., 3, 35, 22, pl. 4, fig. 33. — Long. 11 lig. Larg. 5 lig. —Bronzé, verdâtre ou cuivreux, quelquefois noir ou bleuâtre ; élytres assez convexes, couvertes de petits points élevés un peu allongés, avec trois rangées de points enfoncés peu marqués ; dessous du corps et pattes d'un noir assez brillant ; femelle plus large et plus convexe que le mâle. — France.

27. CARABUS MONTICOLA.

DEJ., *Spec.*, 2, 157, 98. — Long. 8 lig. Larg. 3 lig. ¼. — Ressemble au *C. Hortensis*, est plus large, plus court, plus convexe, bronzé très obscur ; bords latéraux du corselet et des élytres un peu bleuâtres ; les élytres paraissent plus lisses que dans l'*Hortensis* et leurs points élevés forment presque des stries distinctes. — France.

28. CARABUS CONVEXUS.

FABR., 1, 175, 29. — *Le Bupreste azuré* var. *C.* GEOFF., 1, p. 144. — Long. 7 lig. Larg. 3 lig. — Court, assez convexe ; noir assez luisant, quelquefois bleuâtre, avec les bords latéraux du corselet et des élytres d'un bleu un peu violet ; élytres couvertes de stries crénelées, serrées, peu marquées ; les intervalles légèrement interrompus, avec trois rangées de points enfoncés peu marqués. — Paris.

DOUZIÈME DIVISION.

Elytres striées et avec trois rangées de points enfoncés très-marqués.

29. CARABUS GEMMATUS.

FABR., 1, 172, 17. — OLIV., 3, 35, 21, pl. 3, fig. 30. — Long. 12 lig. Larg. 4 lig. ¼. — Noir ; un peu bronzé en dessus, avec les bords latéraux du corselet et des élytres quelquefois un peu cuivreux ; élytres couvertes de stries très-serrées, bien marquées, dans lesquelles on voit une rangée de petits points enfoncés : de plus, elles ont chacune trois rangées de points

enfoncés, cordiformes, dorés. — Allemagne.

30. CARABUS SYLVESTRIS.

FABR., 1, p. 173, 19. — Long. 9 lig. ¼. Larg. 4 lig. —D'un noir-bronzé, un peu cuivreux en dessus ; élytres légèrement sinuées et déprimées vers l'extrémité, couvertes de stries fort serrées, avec une rangée de points enfoncés dans chacune ; les intervalles un peu crénelés, et, de plus, trois rangées de points enfoncés bien marqués. — France.

31. CARABUS LATREILLEI.

DEJ., *Spec.*, 2, 168, 108. — Long. 6 lig. ¼. Larg. 3 lig. — Plus déprimé que le *C. Sylvestris* ; d'un bronzé-obscur presque noir, un peu verdâtre en dessus ; élytres couvertes de lignes peu élevées, leurs intervalles avec des points élevés irréguliers ; trois rangées de gros points enfoncés presque cordiformes, éloignés les uns des autres. — Piémont.

TREIZIÈME DIVISION.

Elytres lisses ou avec trois rangées de points enfoncés.

32. CARABUS SPLENDENS.

FABR., 1, 175, 2. — OLIV., 3, 35, 45, pl. 1, fig. 2. — Long. 12 lig. Larg. 5 lig. — D'un beau vert doré, avec des reflets plus ou moins cuivreux ; écusson noirâtre ; élytres avec quelques petits points élevés le long du bord extérieur ; dessous du corps et pattes noirs. — Vallées et prairies des Pyrénées.

33 CARABUS RUTILANS.

DEJ., *Spec.*, 2, 173, 112. — Long. 14 lig. Larg. 5 lig. — D'un vert doré très-brillant, avec des reflets d'un rouge cuivreux ; écusson noirâtre ; élytres rétrécies à la base, du double plus larges que le corselet dans le milieu, très-lisses, avec trois rangées longitudinales de points enfoncés joints par une ligne d'un rouge cuivreux ; dessous du corps et pattes très-allongées, noirs. — France, Pyrénées.

QUATORZIÈME DIVISION.

Elytres presque planes et un peu rugueuses.

34. CARABUS HISPANUS.

FABR., 1, 171, 13. — OLIV., 3, 35, 14, pl. 1, fig. 9. — Long. 13 lig. Larg. 4 lig. ¼. —

10

Tête d'un bleu-violet, noire antérieurement; corselet d'un bleu un peu violet; presque cordiforme; écusson noirâtre; élytres dorées, brillantes, les bords extérieurs d'un violet cuivreux, couvertes de points enfoncés presque rangés en stries, qui les font paraître un peu inégales, avec trois rangées de points enfoncés peu distincts; dessous du corps et pattes noirs. France Méridionale.

35. CARABUS CYANEUS.
FABR., 1, 171, 11. — OLIV., 3, 35, 13, pl. 5, fig. 47. — Long. 12 lig. ½. Larg. 4 lig. ½. — D'un noir brillant en dessous, d'un bleu assez foncé en dessus, avec les bords du corselet et des élytres violets; élytres un peu déprimées, rétrécies antérieurement, près du double plus large que le corselet du milieu, couvertes de gros points enfoncés, presque rangés en stries, et séparés par des points élevés formant des lignes interrompues, dont trois plus marquées que les autres. — Paris, France.

QUINZIÈME DIVISION.

Elytres planes, plus ou moins striées, avec trois rangées de points enfoncés. — Corselet cordiforme. — Tête non renflée.

36. CARABUS DEPRESSUS.
AHRENS, *Faun. Ins. Ent.*, 3, pl. 3. — Long. 10 lig. Larg. 4 lig. — D'un noir-bronzé en dessus, avec des reflets cuivreux; élytres couvertes de stries peu marquées, avec trois rangées de gros points enfoncés sur un fond cuivreux. — Suisse et Piémont.

SEIZIÈME DIVISION.

Elytres planes, plus ou moins striées, avec trois rangées de points enfoncés, plus ou moins marqués. — Corselet presque transverse. — Tête renflée.

37. CARABUS IRREGULARIS.
FABR., 1, 173, 21. — OLIV., 3, 35, 25, pl. 11, f. 131. — Long. 11 lig. Larg. 4 lig. — Noir, d'un bronzé cuivreux en dessus; corselet transversal; écusson noirâtre; élytres assez planes, avec des stries peu régulières de petits points élevés, et trois rangées de gros points enfoncés sur un fond cuivreux. — France et Allemagne.

38. CARABUS PYRENÆUS.
DUFOUR, DEJ.. *Spec.*, 2, 188, 174. — Long. 9 lig. Larg. 3 lig. ½. — Noir. d'un bronzé obscur en dessus, quelquefois vert ou

d'un bleu-violet, avec les bords latéraux du corselet et des élytres d'un rouge cuivreux, souvent d'un violet-purpurin; corselet transversal; élytres larges à la base, presque parallèles, striées irrégulièrement, avec trois rangées de points enfoncés peu marqués; les intervalles entre ces points quelquefois relevés. — Pyrénées.
Nota. Nous figurons pl. 10, fig. 1, le *D. Dalmatinus.*

CALOSOMA, WEBER, FABR.
Carabus, OLIV.; *Callisthenes,* FISCHER.

Antennes filiformes, le troisième article plus long, un peu comprimé et tranchant sur le côté extérieur. — Palpes à dernier article un peu séculiforme. — Les quatre premiers articles des tarses antérieurs dilatés dans les mâles. — Mandibules fortes, un peu arquées, sans dents sensibles intérieurement. — Tête grande. — Yeux proéminens. — Corselet presque orbiculaire. — Ecusson très-petit. — Elytres grandes, presque carrées. — Pattes grandes et fortes. — Corps déprimé, oblong.
Insectes d'assez grande taille, de couleurs brillantes, exhalant une odeur forte, et vivant de chenilles à leurs différens états.

1. CALOSOMA SYCOPHANTA. (Pl. 10, fig. 2.)
FABR., 1, 212, 5. — OLIV., 3, 35, 43, pl. 3, fig. 31. — Long. 11 lig. ½ à 13 lig. ½. Larg. 5 lig. ½ à 6 lig. ½. — D'un bleu violet-noirâtre; antennes et pattes noires; élytres d'un vert doré ou cuivreux, brillantes, avec des stries pointillées et trois lignes longitudinales de petits points enfoncés; jambes intermédiaires arquées dans le mâle. — Paris. se trouve dans les bois, où il se nourrit à l'état de larve et d'insecte parfait des chenilles du *Bombyx processionca,* FABR.

2. CALOSOMA INQUISITOR.
FABR., 1, 212, 7. — OLIV., 3, 35, 40, pl. 1, fig. 3. — D'un bronzé plus ou moins cuivreux, quelquefois obscur, même noir ou un peu violet; élytres striées et ponctuées, avec des rides transversales bien distinctes, et trois rangées longitudinales de points enfoncés; dessous du corps d'un vert-métallique plus ou moins obscur, quelquefois d'un noir violet; base des antennes, mandibules, palpes et pattes noirs; jambes intermédiaires du mâle légèrement arquées. — France.

3. CALOSOMA AURO-PUNCTATUM.
DEJ., *Spec.*, 2. 203. 10. — Long. 9 lig. ½ à 2 lig. Larg. 4 lig. à 5 lig. ½. — D'une cou-

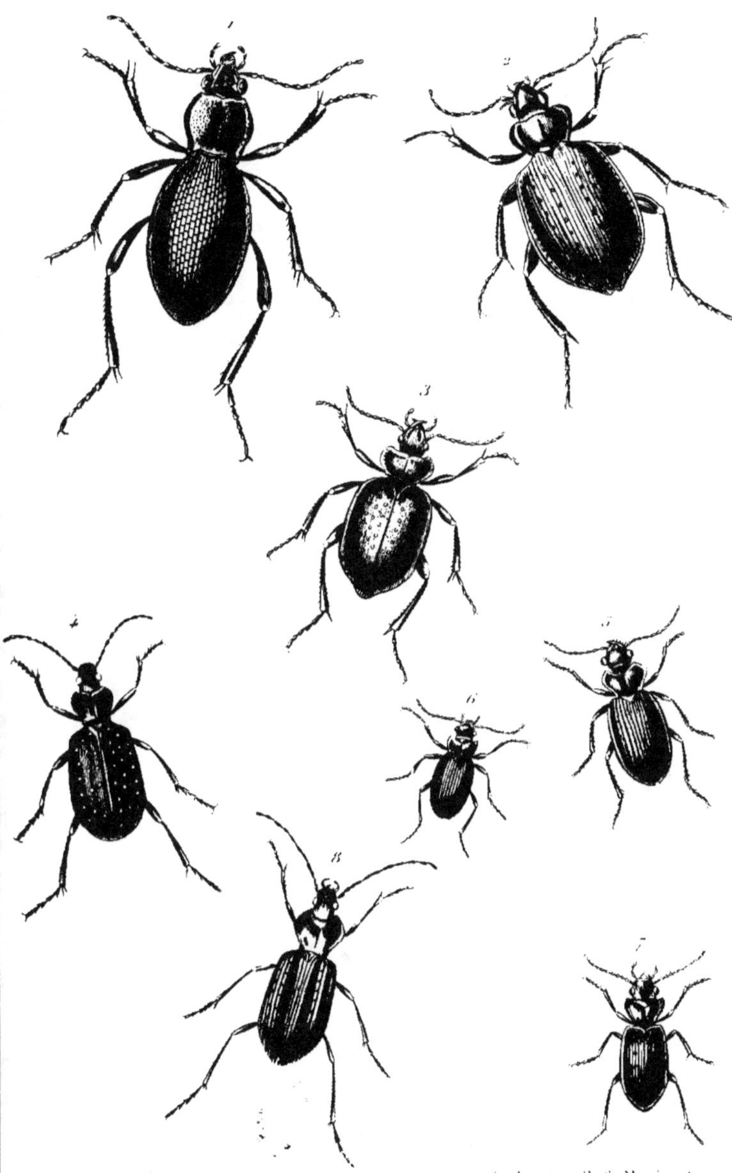

1. Carabus Dalmatinus
2. Calosoma sycophanta
3. Calosoma Sericeum
4. Calosome Maderæ
5. Leistus Rufo-Marginatus
6. Nebria Brevicollis
7. Nebria Gyllenhalii
8. Nebria Nivalis

leur bronzée, verte ou noirâtre; élytres couvertes de stries transversales ondulées, dont les intervalles semblent former des stries longitudinales; trois rangées de points enfoncés cuivreux; dessous du corps et pattes noirs; jambes intermédiaires et postérieures arquées fortement dans le mâle, légèrement dans la femelle. — Suède et Allemagne.

4. CALOSOMA INDAGATOR.

FABR., 211, 4. — OLIV., 3, 35, 44, pl. 8, fig. 88. — Long. 12 lig. Larg. 5 lig. — D'un noir-bronzé; élytres très-finement striées dans leur longueur, avec de petites stries transversales ondulées, et trois rangées longitudinales de points enfoncés de couleur cuivreuse ou verdâtre. — France, Italie.

Nota. Le *Calosoma Laterale* de Kirby a été figuré par Perty, Insectes du *Voyage* de Spix et Martius, pl. 11, t. IX, sous le nom de *Calosoma Granulatum*. Cette espèce est du Brésil.

Nota. Nous avons figuré ici, pl. 40, fig. 3, le *Calosoma Sericeum*, et pl. 40, fig. 4, le *Madera*.

NÉBRIITES.

Caractères. Mandibules sans dents notables; une dent bifide au milieu de l'échancrure du menton. — Labre entier. — Corps très-peu épais, le plus souvent ailé. — Languette s'élevant en pointe dans sonmilieu.

Genres : *Leistus*, *Pterotoma*, *Nebria*, *Metrius*, *Elaphus*, *Pelophila*, *Blethisa*, *Notiophilus*, *Omophron*.

Les *Nébriites* fréquentent les lieux humides et aquatiques; les tarses antérieurs sont toujours dilatés dans les ♂ : les palpes extérieurs sont un peu dilatés à leur extrémité, avec le dernier article en forme de cône renversé et allongé; les jambes antérieures d'un grand nombre ont une courte échancrure au côté interne, où l'un des éperons inséré plus haut que l'autre; ils sont fort agiles, et souvent revêtus de couleurs métalliques.

LEISTUS, FRŒHLICH;

Pogonophorus, LATR.; *Carabus*, FABR.; *Manticora*, JURINE, PANZER.

Antennes minces, sétacées, le premier article allongé. — Palpes très-longs, minces, à articles cylindriques; le dernier des maxillaires un peu dilaté vers l'extrémité, le dernier des labiaux presque triangulaire. — Les trois premiers articles des tarses anté-

rieurs dilatés dans les mâles. — Mandibules courtes, dilatées à la base. — Mâchoires garnies extérieurement de soies roides, très-fortes. — Tête rétrécie en arrière, avec des soies roides presque épineuses à la base. — Yeux assez gros. — Corselet cordiforme. — Elytres entières, allongées. — Pattes allongées. — Insectes de petite taille, vivant sous les pierres et les écorces, dans les lieux humides, et paroissant exclusivement propres à l'Europe tempérée.

1. LEISTUS SPINIBARBIS.

FABR., 1, 181, 61. — OLIV., 3, 35, 84, pl. 3, fig. 22. — Long. 3 lig. ¼ à 4 lig. ¼. Larg. 1 lig. ¼ à 1 lig. ¼. — D'un beau bleu en dessus; dessous du corps d'une couleur obscure-bleuâtre; bouche, antennes et pattes d'un brun roussâtre, quelquefois plus claires; mandibules et palpes d'un rouge ferrugineux; élytres striées et ponctuées. — France.

Var. Lèvre supérieure, les antennes et les palpes d'un rouge ferrugineuxclair.

2. LEISTUS TERMINATUS.

DEJ., *Spec.*, 2, 218, 6. — Long. 3 lig. à 3 lig. ¼. Larg. 1 lig. ¼ à 1 lig. ¼. — Diffère du *L. Spinilabris* par le vertex, l'extrémité des élytres et celle de l'abdomen d'un brun noirâtre; les bords latéraux du corselet forment avec sa base un angle obtus; il est droit dans le *Spinilabris*. — France, Allemagne.

3. LEISTUS FULVIBARBIS.

DEJ., *Spec*, 21, 215, 2. — Long. 3 lig. ¼ à 3 lig¼. Larg. 1 lig. ¼ à 1 lig. ¼. — D'un brun noirâtre un peu bleuâtre; bouche, antennes et palpes d'un rouge ferrugineux; élytres ponctuées et striées. — France.

4. LEISTUS NITIDUS.

STURM. 3, 157. 3, pl. 71, fig. B. — Tête et corselet d'un brun noirâtre brillant, un peu bronzé; élytres d'un verdâtre-bronzé; dessous du corps d'un brun-noirâtre, avec l'extrémité de l'abdomen, la bouche, les antennes et les pattes rougeâtres. — France Méridionale.

5. LEISTUS SPINILABRIS.

FABR., 1, 204, 189. — Long. 3 lig. à 3 lig. ¼. Larg. 1 lig. ¼ à 1 lig. ¼. — Ferrugineux plus ou moins obscur, avec le dessous du corps, surtout les côtés, la bouche, les antennes et les palpes d'un jaune ferrugineux assez clair. — Paris.

Nota. M. Newmann (*Entom. Magazine.*

n° 1, p. 286) décrit trois nouvelles espèces de ce genre, dont voici les phrases caractéristiques. — Elles sont d'Angleterre.

6. LEISTUS NIGRICANS.

Newmann. — Long. 4 lig. Larg. 1 lig. ¼. — Noirâtre, à reflets un peu irisés ; bouche, antennes et tarses couleur de poix.

7. LEISTUS JANUS.

Newmann. — Long. 4 lig. Larg. 1 lig. ¼. — Rougeâtre ; prothorax et tête d'un bleu presque noir, avec une belle bordure rougeâtre ; élytres de cette dernière couleur, avec une teinte irisée.

8. LEISTUS INDENTATUS.

Newmann. — Long. 3 lig. Larg. 1 lig. — D'un noir pourpre ; bouche, antennes et pattes ferrugineuses ; élytres avec une strie transversale et commune sur la base.

Il faut aussi rapporter à ce genre le *Leistus Montanus*, Stephens, *Illust. Brit. Entom.*, qui est très-voisin du *L. Janus*.

Nota. Nous avons figuré ici, pl. 10, fig. 5, le *L. Rufo-marginatus*.

PTEROLOMA, Dej.

Antennes allongées et allant un peu en grossissant vers l'extrémité. — Palpes à dernier article presque pointu, un peu ovalaire. — Menton sans dent au milieu de son échancrure. — Labre court, un peu échancré en avant. — Tête ovalaire. — Mandibules peu saillantes. — Corselet presque en cœur. — Elytres ovalaires.

1. PTEROLOMA FORSTROMII.

Gyll., 4, 418, 1. — Eschsch., *Zool. Atlas*, Fasc. 1, p. 7, pl. 4, f. 3. — Dej., *Spec.*, 5, p. 570. — D'un brun-noir ; corselet rebordé, parsemé, et offrant en arrière trois impressions ; élytres oblongues, ovales, avec des stries ponctuées ; antennes et pattes rougeâtres. — Suède et Kamtschatka ; très-rare.

2. PTEROLOMA PALLIDUM.

Eschsch., *Zool. Atlas*, Fasc. 1, p. 7, pl. 8, f. 8. — D'un jaunâtre pâle ; corselet faiblement rebordé ; élytres avec des stries ponctuées. — Kamtschatka.

NEBRIA, Latr., Bon.;
Carabus, Fabr. ; *Alpæus*, Bon.

Antennes filiformes, à articles allongés, cylindriques. — Palpes filiformes, avec le dernier article allongé, un peu sécuriformes. — Les trois premiers articles des tarses antérieurs dilatés dans les mâles, triangulaires ou cordiformes. — Mandibules peu saillantes, un peu arquées, édentées intérieurement. — Tête assez grande, presque triangulaire. — Yeux saillans. — Corselet court, cordiforme. — Elytres allongées, entières. — Pattes longues. — Corps déprimé. — Insectes de moyenne taille, offrant des espèces ailées et d'autres aptères, dont Bonelli avait composé son genre *Alpæus*, qui n'a pas été adopté ; ils paraissent habiter exclusivement les montagnes, les bords de la mer, les eaux douces courantes. Un petit nombre d'espèces sont étrangères à l'Europe.

PREMIÈRE DIVISION.

Espèces ailées.

1. NEBRIA ARENARIA.

Fabr., 1, 179, 49. — Oliv., 3, 35, 62, pl. 5, fig. 54. — Long. 7 lig. ½ à 8 lig. ¼. Larg. 3 lig. ¼ à 3 lig. ½. — D'un jaune testacé, avec les yeux noirs, la suture et plusieurs lignes ou taches oblongues plus ou moins marquées de cette couleur, formant deux bandes noires irrégulières, inégales, quelquefois réunies, quelquefois séparées sur le disque des élytres, mais n'atteignant point leurs bords latéraux ni leur extrémité ; suture des élytres noire. — Bords de la Méditerranée et de l'Océan, depuis l'Espagne jusqu'en Bretagne et en Angleterre.

2. NEBRIA SABULOSA.

Fabr., 1, 179, 50. — *Livida*, Oliv., 3, 35, 82, pl. 6, fig. 6. — Long. 7 lig. Larg. 2 lig. ½. — D'un jaune-brunâtre, avec la tête, les bords antérieurs et postérieurs et le dessous du corselet, une grande tache, la base au milieu des élytres, la poitrine et l'abdomen, excepté l'extrémité, de couleur noire. — Allemagne.

3. NEBRIA BREVICOLLIS. (Pl. 10, fig. 6.)

Fabr., 1, 191, 114. — Sturm, 3, pl. 57. — Long. 5 lig. Larg. 2 lig. — D'un noir-luisant, avec les antennes, les palpes, les mandibules, les jambes et les tarses d'un brun-rougeâtre ; élytres à stries pointillées, avec quatre gros points enfoncés sur le bord de la troisieme strie. — Paris.

4. NEBRIA GYLLENHALII. (Pl. 10, fig. 7.)

Sturm, 3, 142, 3, pl. 68, fig. A. — Long. 4 lig. ½. Larg. 2 lig. — D'un noir-luisant surtout en dessus ; élytres à stries finement pointillées, avec trois gros points

enfoncés entre la deuxième et la troisième
strie ; tarses d'un brun-rougeâtre. — Auvergne.

Nota. M. Newmann (*Entom. Magazine*, n° 1, p. 285) pense que l'on doit
réunir, comme n'étant que des variétés les
unes des autres. les espèces suivantes : *Gyllenhalii, Nivalis, Arctica*, Dejean. et *Mar-
shallana*, Stephens. Le même auteur décrit, dans le même endroit. trois nouvelles
espèces de ce genre, trouvées en Angleterre ou dans les montagnes de l'Ecosse ; il
les nomme *Lata, Varicornis* et *Impressa* ;
la première est voisine de la *Brevicollis*. et
la deuxième est à peine distinctes de l'*He-
geri*, Dejean.

5. NEBRIA PSAMMODES.

Rossi, *Mant. Ins.*. 1 , 85 , 193, pl. 5 ,
fig. M. — Long. 6 lig. Larg. 2 lig. $\frac{1}{4}$. —
D'un noir-luisant. avec la tête. les antennes,
le corselet, le bord extérieur et inférieur
des élytres et les pattes testacés. — Midi
de la France.

6. NEBRIA PICICORNIS.

Fabr.. 1 , 180 , 55. — Long. 6 lig. $\frac{1}{2}$.
Larg. 2 lig. $\frac{1}{4}$. — D'un noir-luisant. avec la
tête, les antennes, les pattes et l'extrémité
de l'abdomen d'un jaune rougeâtre ou
ferrugineux. — Midi de la France.

DEUXIÈME DIVISION.

Alpæus Bonelli.

Espèces privées d'ailes.

7. NEBRIA RUBRIPES.

Dej.. *Spec.*, t. II, 241, 18. —
Long. 5 lig. $\frac{1}{4}$. Larg. 2 lig. — D'un
noir assez brillant , avec les palpes, le
premier article des antennes, la base et
l'extrémité des deuxième , troisième et
quatrième, et les suivans roussâtres: cuisses
rougeâtres ; jambes et tarses un peu plus
foncés. — Auvergne.

8. NEBRIA FOUDRASII.

Dej.. *Spec.*, 2 , p. 246, 23. — Long. 5
lig. $\frac{1}{2}$. Larg. 2 lig. — Ne diffère de la *N.
Lafresnayi* que par sa taille plus étroite et
la couleur rougeâtre des antennes et des
pattes. — Lyon.

9. NEBRIA CASTENEA.

Dej.. *Spec.*. 2, 250, 29. — Long. 4 lig. $\frac{1}{2}$.
Larg. 1 lig. $\frac{1}{2}$. — Brune, plus ou moins
foncée ; palpes, antennes. jambes. tarses
et extrémités des cuisses d'un rouge ferru-

gineux. — Alpes de la Suisse et du Piémont.

Bonelli avait établi deux espèces nommées *Alpæus Concolor* et *Ferrugineus* sur
des individus dont la couleur devient de
plus en plus pâle à mesure que l'on approche du sommet des montagnes.

10. NEBRIA ANGUSTICOLLIS.

Bon., *Obs. Ent.* , 1 , 57, 5. — Long. 3
lig. $\frac{1}{2}$. Larg. 1 lig. $\frac{1}{4}$. — Etroite, allongée,
d'un brun noir ou ferrugineux ; palpes,
antennes et pattes d'un rouge ferrugineux ;
dessous du corps plus clair que le dessus.
— Alpes de la Suisse et du Piémont.

Nota. Nous figurons, pl. 10, fig. 8, la
N. Nitida, espèce de Sibérie.

METRIUS, Eschsch.

Antennes un peu plus courtes que la
moitié du corps , allant en grossissant
vers l'extrémité. — Palpes à dernier article assez fortement sécuriforme. — Tarses à articles cordiformes : le premier des
antérieurs un peu plus grand que les autres. — Menton avec une dent bifide au
milieu de son échancrure. — Tête oblongue. — Mandibules peu saillantes, non
dentelées intérieurement. — Corselet
carré. — Elytres ovales, assez convexes.
— Pattes moyennes.

METRIUS CONTRACTUS.

Eschsch., *Zool. Atlas*, p. 8, pl. 4, f. 4.
— Long. 5 lig. $\frac{1}{2}$. Larg. 2 lig. $\frac{1}{4}$. — Noir ;
corselet carré : élytres ovales, convexes,
avec de faibles stries ponctuées ; pattes
d'un brun noir. — Californie.

ELAPHRUS, Fabr., Latr.

Antennes courtes, un peu plus grosses
vers l'extrémité, composées d'articles en
forme de cône renversé. — Palpes filiformes, à dernier article cylindrique allongé.
— Les quatre premiers articles des tarses
antérieurs un peu dilatés dans les mâles.
— Mandibules peu saillantes, arquées,
édentées. — Tête grosse. rétrécie postérieurement. — Yeux globuleux et très-saillans. — Corselet un peu plus étroit que la
tête , arrondi et rétréci à ses deux extrémités. — Ecusson très-petit. — Elytres arrondies postérieurement, parallèles, un peu
convexes, et couvertes de grandes taches
rondes enfoncées. — Pattes de longueur
moyenne.

Insectes de petite taille , courant avec

vitesse, et habitant les endroits vaseux et humides des marais, où ils se cachent dans les herbes et près des racines.

1. ELAPHRUS ULIGINOSUS.

Fabr., 1, 245, 1. — Long. 3 lig. ¼. Larg. 1 lig. ¼.—D'un bronzé plus ou moins obscur; mandibules, palpes, extrémité des antennes noirs ou noirâtres : les quatre premiers articles des antérieures d'un bleu verdâtre; élytres finement ponctuées, avec quatre rangs de taches rondes d'un bleu violet; leurs bords un peu cuivreux, presque lisses; dessous du corps et cuisses d'un beau vert bronzé; jambes et tarses d'un bleu-noirâtre. — France et Allemagne.

2. ELAPHRUS CUPREUS.

Dej., *Spec.*, 2, 275. 2. — Long. 3 lig. ¼. Larg. 1 lig. ¼. — On le distingue de l'*E. Uliginosus* à ses jambes et à la base des cuisses, d'un jaune testacé un peu roussâtre; tarses d'un bleu noir; les autres différences sont légères. — France et Allemagne.

3. ELAPHRUS RIPARIUS.

Fabr., 24, 5, 2.—*Paludosus*, Oliv., 2, 34, 2, pl. 1, fig. 4. — Le *Bupreste à mamelons*, Geoff., p. 156. — Long. 3 lig. Larg. 1 lig. ¼. — Bronzé, plus ou moins verdâtre; élytres couvertes de points enfoncés très-nombreux, avec quatre rangs de grandes taches rondes, violettes et cuivreuses au milieu, d'un vert bronzé sur les bords; dessous du corps, palpes, base des antennes et pattes d'un vert-bronzé brillant; base des cuisses et milieu des jambes d'un jaune testacé. — Paris.

4. ELAPHRUS LITTORALIS.

Dej., *Spec.*, 2, 275. 6. — Long. 3 lig. Larg. 1 lig. ¼. — D'un bronzé assez clair; dessous du corps d'un vert bronzé cuivreux; cuisses à base testacée; jambes de même couleur, avec les extrémités et les tarses d'un vert bronzé. — Autriche, Hongrie.

5. ELAPHRUS SPLENDIDUS.

Fisch., *Entom. Russ.*, 3, p. 267, n° 6, t. XIV, f. 9. — Dej., *Icon.*, t. II, p. 139, pl. 86, f. 1.—Curtis, *Entom. Magaz.*, n° 1, p. 38. — Long. 3 lig. ¼. Larg. 1 lig. ¼. — D'un vert bronzé, très-ponctué; corselet et front impressionné; élytres avec des côtes interrompues, d'un bronzé brillant; quatre séries de taches ocellées d'un bleu-verdâtre; jambes et

tarses d'un noir-bleuâtre. — Kamtschatka; trouvé aussi en Ecosse.

6. ELAPHRUS LAPPONICUS.

Gyll., t. II, p. 8, n° 2.—Dej., *Icon.*, t. II, p. 131, pl. 86, t. II.— Curtis *Brit. Entom.*, pl. 295.—Curtis *Entom. Magaz.*, n° 1, p. 38.—*Elongatus*, Eschsch., Fisch., *Entom. Russ.*, 3, p. 266, n° 5, t. XIV, f. 8. — Long. 4 lig. ¼. Larg. 1 lig. ¼. — Oblong, d'un cuivreux bronzé; tête et corselet très-ponctués; élytres parsemées de points, avec quatre séries de taches ocellées et bleues peu marquées. — Laponie et Ecosse.

PELOPHILA, Dej.;
Blethisa, Bon.; *Nebria*, Gyll.; *Carabus*, Fabr., Oliv.

Antennes filiformes, courtes. — Palpes avec leur dernier article allongé, presque ovalaire. —Les trois premiers articles des tarses antérieurs des mâles dilatés en cœur, très-larges et très-courts. — Corselet court, presque carré et rétréci postérieurement. Elytres allongées, presque ovales.—Pattes assez courtes et fortes.

Les insectes de ce genre habitent les contrées les plus froides du Nord.

PELOPHILA BOREALIS.

Fabr., 1, 182. 69. — Oliv., 3, 39, 110, pl. 12, fig. 39. — Long. 4 lig. ¼. Larg. 2 lig. — D'un bronzé obscur plus ou moins foncé; palpes et antennes d'un bleu noirâtre, avec la base des premiers articles un peu plus claire; corselet ridé transversalement; élytres avec des stries lisses, les troisième et cinquième avec quatre ou cinq gros points enfoncés; dessous du corps noir; pattes brunes, rougeâtres ou noires.—Suède, Sibérie.

M. de Mannerh. a distingué dans ce genre cinq espèces, sur des différences qui, selon M. le comte Dejean, ne constituent que de simples variétés. Nous ne déciderons pas la question; mais il semble que les individus dans lesquels les stries des élytres sont ponctuées offrent sous ce rapport un caractère d'une assez grande importance.

BLETHISA, Bonelli;
Nebria, Gill.; *Carabus*, Fabr., Oliv.

Antennes grossissant un peu vers le bout, avec les deuxième et troisième articles aussi gros que les autres.—Palpes avec le der

nier article allongé, presque ovalaire. —
Les quatre premiers articles des tarses antérieurs dilatés dans les mâles. — Mandibules assez saillantes. — Yeux assez gros et assez saillans. — Corselet, rebordé, plan, presque carré, plus large que la tête. — Elytres
assez allongées, presque parallèles, un peu
convexes.

L'espèce la plus connue de ce genre
ressemble beaucoup aux Elaphrus, tant par
la tournure que par les caractères plus essentiels.

BLETHISA MULTIPUNCTATA.

Fabr., 182, 68; Oliv. 3. 35, 109, pl. 12,
fig. 138. — Bronzée, plus ou moins obscure,
bords du corselet et des élytres d'un vert
légèrement cuivreux; antennes brunâtres,
avec le premier article d'un vert-bronzé,
et les trois suivans d'un noir bleuâtre; élytres striés avec de petits points enfoncés et
brillans au fond des stries; les intervalles
assez relevés, le deuxième entrecoupé par
quatre ou cinq, et le quatrième par trois
ou quatre gros points enfoncés; dessous du
corps d'un bronzé-cuivreux, assez brillant;
pattes noires, à reflet d'un vert-métallique.
—France, Allemagne.

NOTIOPHILUS, Duméril ;
Elaphrus, Fabr.

Antennes grossissant un peu vers l'extrémité. — Palpes filiformes, avec le dernier
article allongé, un peu renflé, presque ovalaire et tronqué. — Tarses édentés, semblables dans les deux sexes. — Mandibules
presque cachées. — Tête large. — Yeux
très-grands, point saillans. — Corselet presque plane et carré, aussi large que la tête.
— Elytres un peu convexes, allongées, parallèles, striées, avec un intervalle lisse entre
la première et la deuxième strie. — Ce
genre, peu nombreux, renferme de petites
espèces européennes fort agiles, et vivant
dans les endroits humides, sous les pierres,
et au pied des arbres.

1. NOTIOPHILUS AQUATICUS.

Fabr. 1, 246, 7; Oliv. 2. 34, 5. pl. 1,
— Long. 2 lig. ¼. Larg. 1 lig. — Bronzé,
un peu cuivreux, plus ou moins foncé; palpes et antennes noirâtres; élytres avec un
point enfoncé assez marqué sur l'élytre,
entre la troisième et la quatrième strie; dessous du corps et pattes d'un noir bronzé. —
Paris.

2. NOTIOPHILUS BIGUTTATUS.

Fabr. 1, 247, 19. — Oliv., 2. 34, 6. pl. 1,
fig. 3. — Long. 2 lig. ¼. Larg. 1 lig. — D'un
bronzé brillant; base des antennes et milieu
des jambes d'un jaune testacé; deux points
enfoncés, l'un vers le tiers, l'autre moins
marqué vers le bout des élytres; l'extrémité
de celles-ci d'un jaune testacé. — Paris.

3. NOTIOPHILUS, 4-PUNCTATUS.

Dej., Spec.,2, 280, 3. — Long. 2 lig. ¼.
Larg. 1 lig. — Diffère du N. Biguttatus par
deux points enfoncés bien marqués, placés
l'un au dessus de l'autre, un peu avant le
milieu, entre la troisième et la quatrième
strie des élytres. — Paris.

OMOPHRON, Latr. ;
Scolytus, Fabr. ; Carabus. Oliv.

Antennes filiformes, à articles allongés,
cylindriques. — Palpes allongés, filiformes, leur dernier article presque ovalaire.
— Tarses filiformes, le premier article des
antérieurs dilaté dans les mâles en forme de
carré allongé. — Mandibules un peu saillantes, arquées, édentées intérieurement.
— Tête assez large, enfoncée dans le corselet. — Yeux peu saillans, quoique grands.
— Corselet court, transversal, à peu près
de la largeur des élytres; point d'écusson
dessous et extrémité des jambes antérieures
d'un brun rougeâtre pâle. — Paris.

1. OMOPHRON LIMBATUM.

Fabr., 1, 247, 2. — Oliv., 3, 35, 122,
pl. 4. fig. 43. — Long. 5 lig. Larg. 2 lig.
— D'un jaune ferrugineux, plus foncé en
dessous, avec une grande tache échancrée
dans son milieu, au bord postérieur de la
tête; une autre sur la base du corselet n'atteignant ni les côtés ni le bord antérieur,
et trois bandes transversales inégales, sinuées irrégulièrement et réunies par la suture, d'une belle couleur verte et bronzée. —
Bords de la Seine, dans les endroits où croissent la potentilla americana et le polygoneus
persicaria; nous l'avons souvent trouvé occupé à manger de petits coquillages fluvia-
tiles jetés sur le sable par le mouvement
des eaux.

2. OMOPHRON CAPENSE.

Gory, Ann. de la Soc. Ent., t. II, p. 212.
Long. 2 lig. Larg. 1 lig. ¼. — D'un jaune
pâle; bords latéraux du corselet argentés,
ainsi qu'une ligne qui borde extérieurement
les élytres; le reste de la tête et du corselet d'un vert doré; sur les élytres une
grande tache irrégulière brune. — Cap de
Bonne-Espérance.

Nota. Cette espèce est peut-être l'*Omophron suturalis*, que M. Guérin a figuré dans son magnifique ouvrage, *Iconographie du Règne animal.*

3. OMOPHRON LECONTEI.

Dej., *Spec.*, t. V, p. 582—Long. 2 lig. ½. Larg. 1 lig. ¼.— D'un brun-jaune ; bord postérieur de la tête, une tache transversale sur le corselet ; suture et trois bandes ondées sur les élytres d'un vert bronzé. — Amérique du Nord.

Nota. Il faut encore rapporter à ce genre 1° *Omophron Americanum*, Dej. ; 2° *Minutum*, du même : ce dernier est du Sénégal ; 3° *Tesselatum*, Dej., Egypte ; 4° *Labiatum*, Fabr., Amérique Boréale ; 5° *Variegatum*, Oliv., d'Espagne.

Septième cohorte. — *SUBULIPALPES.*

Caractères. Jambes antérieures échancrées au côté interne ; pénultième article des palpes maxillaires en forme de cône renversé, se réunissant avec le dernier, et par leur réunion offrant un ensemble ovalaire.

Les *Subulipalpes* comprennent les Carabiques de la plus petite taille ; ils sont très-agiles.

BEMBIDIONITES.

Palpes extérieurs à pénultième article grand et en forme de toupie ; le dernier plus petit et conique ; le premier article des tarses antérieurs dilatés dans les mâles.

Genres : *Tachypus*, *Bembidium*, *Philochthes*, *Peryphus.*

Ces insectes fréquentent les bords des eaux, et se trouvent sur le sable ou à la racine des plantes ; ils courent vite ; par leur forme singulière, ils font le passage naturel des carnassiers terrestres aux carnassiers aquatiques. La larve de l'espèce que l'on rencontre à Paris, et dont la découverte est due aux observations de M. Desmarest, est allongée, déprimée, conique, composée de douze anneaux ; sa tête est trapézoïdale, avec deux courtes antennes de cinq articles ; cette larve a deux mandibules dentelées, deux mâchoires et six palpes ; elle relève l'extrémité de son corps comme les *Staphylius.*

TACHYPUS, Meg. ;

Elaphrus, Duft., Fabr., Oliv. ;

Cicindela, Linn.

Antennes filiformes ; le premier article assez gros. — Tarses à premier et dernier article plus longs que les intermédiaires. — Tête transversale, plus large que le corselet. — Yeux très-gros. — Corselet peu déprimé, rétréci en arrière et un peu en avant, tronqué postérieurement. — Pattes assez grêles. Ce genre est composé de quelques petites espèces qui ressemblent assez aux *Elaphrus.*

1. TACHYPUS PALLIPES.

Duft., *Ann. Austr.*, 2, 197, 8.—Long. 3 lig. ½. Larg. 1 lig. ½. — D'un cuivreux bronzé, un peu pubescent ; antennes et pattes d'un jaune pâle ; corselet de la largeur de la tête ; élytres presque lisses, d'un vert un peu irisé. — Paris.

2. TACHYPUS FLAVIPES.

Fabr., 1, 246, 6. — Oliv., *Ent.*, 2, 34, 8. 7, pl. 1, t. II. — Long. 2 lig. ½. Larg. 1 lig. — D'un bronzé-brunâtre un peu pubescent ; élytres d'un gris nébuleux, vaguement ponctuées ; base des antennes, palpes et pattes jaunes. — France.

BEMBIDIUN, Meg. ; *Cicindela*, Linn. ;

Elaphrus, Duft. ; *Carabus*, Fabr. ;

Bembidion et *Lopha*, Meg. et Dej.

Diffèrent des *Tachypus* par leurs yeux moins saillans, et leur tête moins large que le corselet.

PREMIÈRE DIVISION

(*Bembidium*, Meg.)

Corselet non rebordé postérieurement. Insectes de couleurs généralement métalliques.

1. BEMBIDIUM PALUDOSUM.

Gyll., t. 1, part. 2, p. 34, n° 20. — Long. 2 ½. Larg. 1 lig. — D'un vert-métallique foncé très-brillant en dessous, cuivreux-verdâtre presque mat en dessus, avec quelques reflets rougeâtres ; corselet large, un peu bombé, avec une ligne enfoncée au milieu : les angles postérieurs arrondis ; élytres avec des stries de très-petits points verts enfoncés et deux plaques presque carrées de même couleur sur l'intervalle de la deuxième à la troisième strie, vers le milieu et les deux tiers postérieurs ; premier article des antennes, base des cuisses jaunâtre. — Élytres courtes, convexes, presque en demi-ovale. — Pattes allongées,

—Corps presque hémisphérique, convexe en dessus et en dessous.

Quelques individus ont le bord des antennes et le milieu des jambes jaunâtres; appartiennent-ils à une autre espèce?

2. BEMBIDIUM STRIATUM.

Duft., 2, p. 198, n° 10. — Panz., Fabr., VI, pl. 186, n° 50, t. CIII, f. 6, B.—Long. 2 lig. Larg. ½ lig. — D'un vert métallique foncé, brillant, cuivreux en dessus; tête et corselet ponctués, ce dernier cordiforme, avec une ligne enfoncée au milieu: élytres avec des stries de points enfoncés; antennes brunâtres: leur premier article et les pattes rougeâtres. — Paris.

3. BEMBIDIUM IMPRESSUM.

Fabr. 1, 188, 100. — Long. 2 lig. ½. Larg. 1 lig.—D'un vert métallique foncé, brillant en dessous, cuivreux, un peu verdâtre et mat en dessus; corselet large, avec une ligne enfoncée au milieu; ses angles postérieurs un peu en pointe; élytres avec des stries de très-petits points enfoncés, les intervalles larges et aplatis, deux impressions presque carrées, d'un vert métallique, sur l'intervalle entre la deuxième et la troisième strie, vers la moitié et les deux tiers postérieurs de chaque élytre; antennes brunâtres, le premier article, la base des palpes, les cuisses et les jambes d'un jaune pâle, avec quelques reflets métalliques. — Dauphiné.

DEUXIÈME DIVISION.

(Lopha, Meg.)

Corselet rebordé postérieurement, surtout aux angles. Insectes généralement de couleurs obscures, avec des taches jaunes sur les élytres.

4. BEMBIDIUM 4-GUTTUM.

Fabr., 1, 207, 204. — Oliv., Ent., 3, 35, 108, 151, pl. 13, t. CLX. — D'un noir bronzé très-brillant; corselet rétréci en arrière; élytres avec des stries ponctuées à la base et deux taches blanches; pattes jaunes. — Paris.

5. BIMBIDIUM QUADRIMACULATUM.

Linn., S. Nat., 2, p. 658, n° 13. — Long. 1 lig. ½. Larg. ½ lig. — D'un noir un peu verdâtre, brillant; jambes et tarses jaunes; corselet rétréci en arrière; élytres avec des stries ponctuées sur la base et une tache humérale sur chaque élytre, d'un jaune pâle. — France.

6. BEMBIDIUM ARTICULATUM.

Panz., Fan., 30, t. XXI. — Long. 1 lig. ½. Larg. ½. — D'un noir bleuâtre, brillant; antennes et pattes jaunes; corselet en cœur un peu allongé; élytres jaunes, avec deux bandes transversales et brunes placées en arrière. — Paris.

PHILOCHTHES, Stephens;

Leja, Még., Dej.; *Carabus*, Fabr., Oliv., *Elaphrus*, Duft.

Antennes grossissant un peu vers l'extrémité; le premier article assez grand, les autres courts et épais; corselet très-court, en forme de cœur très-évasé.

1. PHILOCHTHES GUTTULA.

Fabr., 1, 208, 209.—Gyll., Ins. Suec., t. I, part. 2, p. 27.—Long. 1 lig. ½. Larg. ½ lig.—D'un noir, un peu verdâtre, brillant; corselet avec les angles arrondis; élytres avec des stries ponctuées et une tache apicale; pattes roussâtres. — France.

2. PHILOCHTHES DORIS.

Illig., Col. Bor., 1, 232, 16. — Elaph. minutus, Duft., Faun., 2, 220, 38.—Long. 1 lig. ½. Larg. ⅓ de lig.—D'un noir un peu bleuâtre et brillant; corselet avec quatre impressions en arrière; élytres avec des stries ponctuées et une tache apicale jaune, ainsi que les pattes. — Paris.

3. PHILOCHTHES CELER.

Fabr., 1, 210, 217. — Rufipes, Oliv., Ent., 3, 35, 112, 158, pl. 14, fig. 164. — Long. 1 lig. ½. Larg. ½.—D'un bronzé brillant; corselet court, lisse, arrondi sur les côtés; élytres avec des stries longitudinales profondes et ponctuées; antennes et pattes d'un brun-jaune. — Paris.

4. PHILOCHTHES PUSILLA.

Gyll., Ins. Suec., t. I, part. 4, p. 405. — Long. 1 lig. ½. Larg. ½ lig.—D'un noir-brillant; antennes, pattes et extrémité des élytres couleur de poix; disque du corselet très-lisse; stries des élytres n'atteignant pas l'extrémité. — France, Suède.

PERYPHUS;

Peryphus et Notaphus, Még.; *Carabus et Elaphrus*, Fabr.

Les *Peryphus* diffèrent des deux genres précédents par leur forme aplatie, leurs antennes longues, grêles, filiformes; le premier article grand, le deuxième court, les autres de longueur égale; corselet en forme de cœur tronqué, un peu plus long que large.

PREMIÈRE DIVISION.

(*Peryphus*, Még.)

Corselet très-rétréci en arrière.

1. PERYPHUS EQUES.

Sturm, 6, p. 114, n° 4, t. CLV, fig. a. A. — Long. 4 lig. Larg. 1 lig. ¹⁄₂.— D'un bleu brillant; corselet avec une faible ligne longitudinale au milieu et une large tache transversale noire sur son disque; élytres avec des stries finement ponctuées qui ne s'étendent pas jusqu'à l'extrémité; la base des élytres est d'un brun-rouge; la suture et leur partie postérieure de la couleur générale; jambes et tarses bruns; antennes noirâtres. — Allemagne et département de Basse-Alpes.

2. PERYPHUS TRICOLOR.

Fabr., 1, 185, 81. — *Faricolor*, Sch. *Syn. Ins.*, 1, p. 189, n° 110. — Long. 2 lig. Larg. ¹⁄₂.— Ressemble à l'*Eques*, mais en diffère par sa taille plus petite, sa couleur d'un vert éclatant, les cuisses et le premier article des antennes jaunes. — Midi de la France.

3. PERYPHUS DELITUS.

Dej., *Spec.*, t. V, p. 122. — Long. 2 lig. Larg. ¹⁄₂. — D'un vert éclatant; corselet avec un sillon au milieu; base des antennes et pattes d'un brun rouge; élytres avec de fortes stries longitudinales ponctuées, et deux taches jaunes sur chacune: l'une grande sur l'angle huméral, l'autre transversale et ovale vers l'extrémité. — Paris.

4. PERYPHUS CRUCIATUS.

Dej., *Spec.*, t. V, p. 114. — Long. 2 lig. ¹⁄₂. Larg. 1 lig.—Diffère des deux précédents par ses élytres, dont la tache jaune de la base est fort grande, touche le bord externe et atteint presque la suture; celle de l'extrémité touche aussi au bord latéral, ce qui forme, par la réunion des élytres, une sorte de croix au milieu; les élytres offrent des stries faiblement ponctuées.—Midi de la France.

5. PERYPHUS COERULEUS.

Dej., *Spec.*, t. V, p. 133. — Long.

3 lig. Larg. 1 lig ¹⁄₂. — Aplati, d'un vert bleuâtre métallique foncé; élytres avec des stries de très-petits points enfoncés, et deux autres plus gros sur la troisième strie, vers le milieu et les trois quarts postérieurs de l'élytre; antennes brunâtres, le premier article et les tarses un peu rougeâtres. — Paris.

6. PERYPHUS DECORUS.

Panzer, *Faun. Germ.*, 73, n° 4. — Long. 2 lig. Larg. ¹⁄₂. — D'un vert foncé, métallique, brillant, noirâtre en dessous; élytres avec des stries de points enfoncés, et deux autres plus gros sur la troisième strie, vers le milieu et les deux tiers postérieurs; antennes, palpes et pattes d'un jaune testacé. — Paris.

DEUXIÈME DIVISION.

(*Notaphus*, Még.)

Corselet peu rétréci en arrière.

7. PERYPHUS USTULATUS.

Duft., *Faun. Austr.*, 2, 202, 15. — Long. 2 lig. Larg. ¹⁄₂. lig. — Noir, glabre; tête et corselet d'un vert bronzé; élytres livides, avec des taches et des stries d'un brun clair; parties de la bouche, base des antennes et pattes tachetées de jaune. — Paris.

TRECHITES.

Palpes extérieurs à dernier article au moins de la longueur du précédent.

Genres : *Trechus, Epaphius, Lachnophorus, Ega, Chalybe, Blemus, Aëpus, Cillenum* ¹.

TRECHUS, Clairv., Stephens.

Antennes filiformes : le premier article plus gros. — Palpes à dernier article aussi long ou plus long que le précédent, mince et pointu. — Tarses antérieurs à deux premiers articles dilatés. — Tête ovale. — Corselet presque carré, très-peu rétréci en arrière. — Ecusson triangulaire. — Élytres assez larges, aplaties. — Pattes

¹ Ne connoissant pas le genre suivant, je le place ici sur le témoignage de l'auteur.

GNATHAPHANUS, Mac-Lean.

Antennes à articles presque égaux : le deuxième plus court. — Labre transversal presque

moyennes. — Insectes de petite taille, habitant les lieux humides.

1. TRECHUS RUBENS.

FABR., 1, p. 187, n° 92. — Long. 2 lig. Larg. 1 lig. — D'un brun rouge ; corselet carré ; élytres oblongues, avec des stries lisses. — Paris.

2. TRECHUS COLLARIS.

PAYK, *Faun.*, 1, 146, 64. — D'un brun noir brillant; corselet roux ; élytres convexes et rougeâtres sur leurs bords latéraux et postérieurs : elles offrent des stries profondes et lisses ; pattes jaunes. — France, Allemagne.

3. TRECHUS RIVULARIS

GYLL., *Ins. Suec.* t. I, part. 2, p. 33, n° 18. — D'un brun noir-brillant ; antennes et pattes jaunes ; corselet en cœur ; élytres bleuâtres, avec quelques stries longitudinales, fortes et sans points, qui ne s'étendent pas jusqu'à l'extrémité, a l'exception de la suturale. — Suède.

EPAPHIUS. LEACH, STEPHENS;

Trechus des Auteurs; *Carabus*, OLIV.

Antennes à premier article assez grand. — Palpes maxillaires avec le dernier article plus grand que les précédens, conique et pointu. — Les labiaux ayant leurs deux derniers articles à peu près égaux. — Labre court, transversal, arqué. — Menton offrant

carré, avec les angles antérieurs arrondis. — Mandibules presque cachées sous le chaperon ; celle de gauche visible seulement à la base. — Palpes maxillaires à dernier article presque subulé ; le troisième plus court, obconique ; palpes labiaux à dernier article plus court que le précédent, aigu.—Menton court, transversal, avec une dent très-petite et simple. — Tête transversale, presque carrée, plus large que longue tronquée en avant, avec la face très-courte. — Corselet comme dans les Harpalus, mais marqué de chaque côté, en arrière, d'une petite fossette linéaire courte.—Corps oblong.—Élytres échancrées ou découpées à l'extrémité, striées irrégulièrement, avec quelques points sur le centre.

GNATHAPHANUS VULNERIRENNIS.

MAC-LEAY, *Ann. Jav.*, édit. Lequien, 118, 32. — Long. 5 lig. 1/2. — Noir; élytres avec six stries : la deuxième courte, et l'espace entre les septième et huitième offrant des points enfoncés.—Java.

M. Mac-Leay soupçonne que l'*Harpalus Tunbergi* de Schœnher pourrait rentrer dans ce genre.

une seule dent au milieu de son échancrure. —- Tarses antérieurs des mâles à deux premiers articles dilatés. — Tête grande, triangulaire.—Mandibules un peu allongées, arquées et pointues. — Yeux petits. — Corselet transversal, en cœur, convexe, arrondi en arrière. — Élytres assez larges, ovalaires, ne recouvrant pas d'ailes.

EPAPHIUS SECALIS.

OLIV., *Ent.*, 3, 35, 114, 162, pl. 14, t. CLXI. — Long. 2 lig. Larg. 1 lig. — Ferrugineux, brillant; corselet convexe, arrondi en arrière ; élytres avec des stries ponctuées; pattes pâles. — Paris.

LACHNOPHORUS, DEJ.

Antennes filiformes. — Palpes extérieurs assez allongés, un peu renflés vers la base, diminuant insensiblement de grosseur et terminé en pointe ; le pénultième des maxillaires moins long que le dernier, aussi gros que lui à son extrémité, assez mince à sa base, et presque en triangle allongé. — Menton avec une dent simple au milieu de son échancrure. — Tête presque triangulaire. — Mandibules peu avancées, arquées et assez aiguës. — Corselet cordiforme. — Corps oblong. — Élytres presque parallèles.

Ce genre paraît nombreux en petites espèces exotiques.

1. LACHNOPHORUS PILOSUS.

DEJ., *Spec.*, t. V, p. 25. — Long. 1 lig. 1/2. Larg. 1/2 lig. — Noir, pubescent; élytres avec de profondes stries ponctuées, lisses en arrière, offrant une tache jaune à la partie postérieure ; base des antennes et pattes un peu plus claires. — Brésil.

2. LACHNOPHORUS PUBESCENS.

DEJ., *Spec.*, t. V, p. 30. — Long. 2 lig. Larg. 1/2 lig. — Noir, pubescent; élytres avec de fortes stries ponctuées en avant, lisses en arrière; base des antennes, jambes et tarses plus clairs. — Amérique du Nord.

BLEMUS, ZIÉG., MEG.

Ces insectes diffèrent des *Trechus* par leur forme allongée, leurs mandibules grandes et leur corselet très-rétréci en arrière.

Ce sont de très-petits insectes qui habitent les bords de la mer.

BLEMUS AREOLATUS.

CREUTZ., *Entom., Vers*, p. 115, n° 71, tab. 2, t. XIX. *a.* — Long. 1 lig. ½. Larg. ½ lig. — D'un brun foncé; corselet avec un sillon long au milieu; élytres avec des stries longitudinales assez fortes, avec une grande tache ovale et d'un brun clair occupant tout le milieu; pattes et antennes rougeâtres. — Allemagne, France.

EGA, LAP.

Antennes assez longues : le premier article un peu plus fort, le deuxième court, les autres à peu près égaux et allant un peu en grossissant; le dernier pointu. — Palpes fort épais, à pénultième article large, un peu dilaté et anguleux intérieurement : le dernier très-petit et pointu. — Labre très-court, transversal, un peu échancré au milieu. — Mandibules assez longues, grêles, arquées. — Tarses grêles, filiformes, à premier article plus long que les autres; crochets très-grêles. — Tête grande, ovalaire. — Yeux petits et ronds. — Corselet très-petit, beaucoup moins large que la tête, globuleux, rebordé en arrière. — Elytres en carré long, élevées à la base et en arrière. — Pattes assez grêles.

EGA FORMICARIA.

LAP., *Etudes Entom.*, p. 93. — Long. 2 lig. Larg. ½. — D'un brun rouge, pubescent; élytres striées, obscures en arrière; dessous du corps d'un brun jaunâtre; pattes et base des antennes jaunes : les quatre derniers articles de celles-ci noirs. — Cayenne.

AEPUS, LEACH, STEPHENS ; *Blemus*, DEJ.

Antennes avec le premier article assez grand et découvert. — Palpes maxillaires avec le dernier article plus court que les précédents : les internes avec le dernier article plus grêle ; le troisième des externes le plus gros, en massue; le dernier pointu.

— Palpes labiaux à deux derniers articles à peu près égaux. — Labre bilobé. — Menton faiblement échancré et offrant trois dentelures. — Tarses très-velus, les antérieurs avec une épine courbée sous le pénultième article. — Tête grande, ovale. — Yeux petits. — Mandibules avancées, avec de fortes dentelures en dedans. — Corselet presque en cœur, tronqué. — Elytres déprimées, ne recouvrant pas d'ailes.

AEPUS FULVESCENS.

STEPHENS, *Brit. Ent.*, 1, 174, 1. — CURTIS, 5, pl. 203. — DEJ., *Spec.*, t. V, p. 27. — Long. 1 lig. ½. Larg. ½. lig. — D'un jaune-ocracé, plus clair en dessous; antennes et tête plus obscures. — Angleterre.

CHALYBE, LAP.

Antennes assez longues, filiformes, à premier article assez long : le deuxième un peu plus court, les suivants à peu près égaux, le dernier pointu à l'extrémité. — Palpes externes à premier article long : le deuxième plus court, le troisième grand, renflé et ovalaire, le quatrième très-court, à peine visible, pointu; les autres palpes grêles et filiformes. — Mandibules longues, presque droites et pointues. — Labre carré, inégal. — Tarses filiformes, à premier article plus long que les autres. — Tête ovalaire. — Yeux très-gros. — Corselet étroit, beaucoup moins large que la tête, un peu en cœur, très-allongé. — Elytres en carré long. — Pattes moyennes.

CHALYBE LEPRIEURI.

LAP., *Etudes Entom.*, p. 92. — Long. 2 lig. Larg. ½. lig. — Très-fortement ponctué, d'un vert métallique obscur; base des antennes jaunes; élytres élevées en arrière, très-fortement striées, avec deux taches jaunes sur chacune : la plus grande près de la base, l'autre en arrière; dessous du corps d'un vert presque noir; pattes jaunes. — Cayenne.

DEUXIÈME FAMILLE. — HYDROCANTHARES, LATREILLE.

Caractères. Six palpes dans la plupart. — Pattes propres a la natation : la dernière paire éloignée des autres. — Mandibules presque cachées et arquées. — Corps ovale ou ovoïde. — Corselet transversal.

Les *Hydrocanthares* habitent les eaux douces, à la surface desquelles ils s'élèvent souvent pour respirer; ils se nourrissent de proie : leurs larves, longues, étroites et pourvues de fortes mandibules, sont aussi carnassières, et se métamorphosent en terre, sur les bords des eaux.

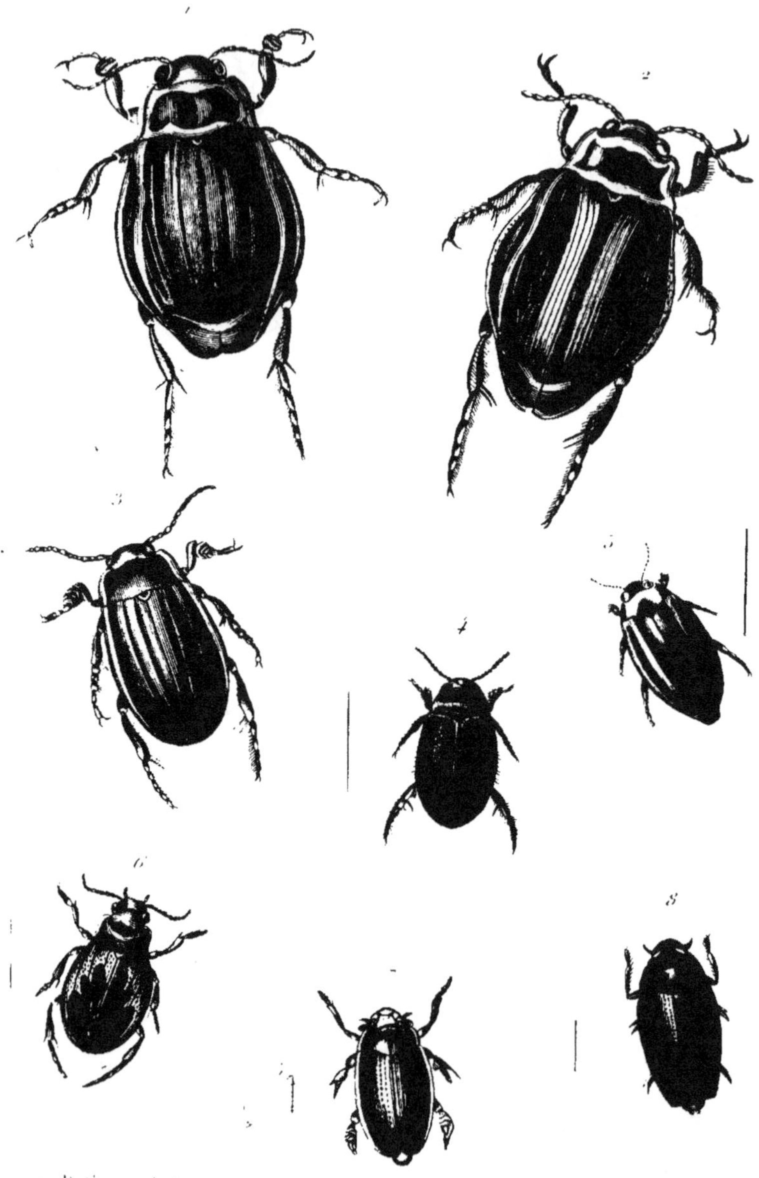

1. Dytiscus Latissimus mâle.
2.   id.   id.   femelle.
3. Dytiscus Punctulatus.
4. Dytiscus Cinereus.
5. Dytiscus Bilineatus.
6. Hygrobia Hermanni.
7. Gyrinus minutus.
8. Gyrinus Bicolor.

PREMIÈRE TRIBU.

DYTISCITES.

Caractères. Antennes filiformes, très-rarement en massue dans quelques mâles, allongées. — Pattes antérieures plus courtes que les autres ou de même longueur. — Les quatre postérieures comprimées, amincies vers le bout, et ciliées. — Yeux entiers.

Les *Dytiscites* nagent avec beaucoup de vitesse ; ils sont très-voraces et se jettent avec impétuosité sur les insectes dont ils font leur proie. Au moyen de leurs ailes ils se transportent souvent, pendant la nuit, à de grandes distances, et c'est ainsi que l'on peut expliquer leur présence dans les amas d'eaux causés par les pluies.

Leur tube alimentaire ressemble à celui des *Carabiques*, mais le jabot est terminé postérieurement par un bourrelet annulaire produit par la saillie de l'orifice du gésier. — Celui-ci est armé antérieurement de quatre pièces cornées et pointues, et de mamelons charnus. — L'intestin grêle est plus long que dans les *Carabiques*, filiforme et replié. — Le cœcum est terminé par un appendice vermiculaire contourné en spirale, et s'insère à l'origine du rectum par un rétrécissement en forme de col ; le cœcum est une véritable vessie natatoire. — Deux vaisseaux biliaires semblables à ceux des *Carabiques* ont quatre insertions isolées autour de l'extrémité du ventricule chylifique. — Les ovaires sont deux faisceaux d'une trentaine de gaines chacun. — L'oviducte est cylindrique. — Il n'y a point de crochets vulvaires, mais un labre corné composé de deux lames contiguës.

Les larves des *Dytiscites* sont toujours longues, renflées au milieu ; les derniers anneaux forment un cône allongé, garni latéralement de poils flottans. — Deux petits corps cylindriques, placés à l'extrémité, servent à l'introduction de l'air dans les trachées ; on distingue aussi des stigmates sur les côtés de l'abdomen. — La tête des larves est grande, armée de mandibules arquées. — Six pattes garnies de poils à leur partie inférieure, occupent deux à deux les trois premiers segmens ; le premier de ceux-ci porte, tant en dessus qu'en dessous, une plaque écailleuse. — Les larves des *Dytiscites* se déplacent dans les eaux par des mouvemens vermiculaires et rapides, en frappant l'eau de la partie postérieure de leur corps.

M. le docteur Erichson a publié un travail sur cette tribu, sous le titre de *Genera Dyticeorum*, Berlin, 1832. M. Leach avoit auparavant formé plusieurs nouveaux genres dans son *Zoological Myscellany*.

Genres : *Dytiscus*, *Trogus*, *Eunectes*, *Colymbetes*, *Agabus*, *Copelatus*, *Laccophilus*, *Noterus*, *Hydraporus*, *Leucorea*, *Hyphidrus*, *Anisomera*, *Hygrobia*, *Haliplus*, *Cnemidotus*.

DYTISCUS, Linn., Fabr., Oliv. ;
Dytiscus, *Hydaticus* et *Acilius*, Leach.

Antennes filiformes. — Palpes un peu renflés à l'extrémité. — Tarses allongés, les antérieurs avec les deux premiers articles dilatés en forme de palette dans les ♂. — Tête transversale. — Corselet un peu rétréci en avant. — Écusson assez grand, arrondi postérieurement. — Élytres arrondies à l'extrémité, assez bombées, souvent sillonnées dans les ♀. — Pattes grandes, fortes. — Insectes d'assez grande taille en général, et de couleur le plus souvent obscure [1].

PREMIÈRE DIVISION.

Palpes maxillaires supérieurs, avec le premier article assez court, le deuxième un peu plus long, le troisième plus long, le quatrième à peu près de la longueur du précédent. — Palpes maxillaires inférieurs à troisième article presque aussi long que le deuxième. — Palette des tarses antérieurs du ♂ orbiculaire, celle des tarses intermédiaires garnie en dessous de poils roides, serrés. — Cuisses avec un sillon pour recevoir la jambe ; de chaque côté une rangée de poils roides en forme d'épines. — Jambes antérieures garnies, avant le tarse, de deux rangées de poils roides. — Anus échancré. (*Dytiscus*, Leach.)

1. DYTISCUS LATISSIMUS. (Pl. 11, f. 1 et 2.) Fabr., 1, 257. 1. — Oliv., 3, 40. 1. pl. 2. fig. 8. — Long. 17 lig. Larg. 11 lig. — D'un brun-verdâtre foncé ; élytres élargies sur les côtés, surtout au milieu ; devant de

[1] Au moment de donner le bon à tirer de cette feuille, nous recevons le premier numéro de l'*Iconographie des Hydrocanthares d'Europe* de M. Aubé. Nous regrettons de n'avoir pu profiter de cet important travail.

la tête, une petite ligne renversée entre les yeux, tous les bords du corselet, une ligne longitudinale près du bord extérieur de chaque élytre, et une ligne transversale joignant celle-ci vers l'extrémité, jaunes; dessous du corps et pattes ferrugineux; élytres des femelles sillonnées; divisions postérieures du sternum divergentes, acuminées. — Allemagne et Vosges.

2. DYTISCUS MARGINALIS.

Fabr., 1, 258, 3. — Oliv., 3, 40, 3, pl. 1, fig. 1.— Long. 13 lig. Larg. 7 lig.— Ovale. brun-verdâtre foncé; bord antérieur de la tête, une ligne arquée entre les yeux, tous les bords du corselet et ceux des élytres, jaunes, avec une petite ligne transversale de même couleur avant l'extrémité; dessous du corps et pattes ferrugineux; bord antérieur des segmens de l'abdomen avec une étroite bordure noire; élytres de la femelle sillonnées; divisions postérieures du sternum courtes, larges, lancéolées. — Paris.

3. DYTISCUS CIRCUMCINCTUS.

Gyll., *Ins. Suec.*, 4, p. 371. — Long. 14 lig. Larg. 7 lig. — Diffère du *Marginalis* par sa forme plus allongée, plus rétrécie antérieurement, et l'absence des sillons sur les élytres des femelles; le devant de la tête entièrement jaune. empêche de le confondre avec le *D. Circumductus*; divisions postérieures du sternum courtes, acuminées. — Autriche et Nord de la France.

4. DYTISCUS CIRCUMFLEXUS.

Fabr., 1, 258, 4. — *Flavo-Scutellatus*. Latr., *Genera Crust. et Ins.*, 1, 231.— Long. 13 lig. Larg. 6 lig. ½.—Ne diffère du *D. Marginalis* que par sa forme ovale-allongée, sa couleur d'un vert plus clair et l'écusson jaune; bord antérieur des segmens de l'abdomen fortement bordé de noir; divisions postérieures du sternum allongées, étroites, subulées. — Paris.

5. DYTISCUS CIRCUMDUCTUS.

Zieg.—Long. 13 lig. Larg. 7 lig.—D'un vert-obscur; ne diffère du *D. Marginalis* que par sa tête offrant une bande transversale jaune, mais dont le bord antérieur est vert; élytres des femelles non sillonnées; divisions postérieures du sternum assez longues. arquées en dedans, ponctuées. — Paris.

6. DYTISCUS PUNCTULATUS. (Pl. 11. fig. 3.)

Fabr., 1, 259. 5. — *Punctatus*, Oliv., 3, 40, 5, pl. 1, fig. 6. — Long. 12 lig. ½.

Larg. 6 lig. ½.—D'un brun-verdâtre, foncé, avec le devant de la tête. les bords latéraux du corselet et des élytres jaunes; dessous du corps noir; pattes noirâtres; élytres de la femelle sillonnées; divisions postérieures du sternum courtes, divergentes ou obtuses. — Paris.

DEUXIÈME DIVISION.

Palpes maxillaires supérieurs, avec le premier article assez court, les trois suivans d'égale longueur. — Les maxillaires inférieurs à troisième article moitié plus court que le deuxième. — Palette des tarses antérieurs du ♂ orbiculaire, celle des tarses intermédiaires garnie en dessous de papilles pneumatiques. — Jambes postérieures terminées par deux crochets inégaux. — Anus entier. (*Hydaticus*, Leach.)

7. DYTISCUS CINEREUS. (Pl. 11, fig. 4.)

Fabr., 1, 262. 21. — Oliv., 3, 40, 11, pl. 4, fig. 32.—Long. 6 lig. Larg. 3 lig. ½. — D'un cendré-obscur; ovale légèrement bombé; devant de la tête, deux taches en forme de V à la partie postérieure, bords latéraux du corselet. une bande transversale au milieu, et bord des élytres jaunes; dessous du corps et pattes ferrugineux; divisions postérieures du sternum très-courtes, divergentes, obtuses. — Paris.

8. DYTISCUS TRANSVERSALIS.

Fabr., 1, 265. 38. — Oliv., 3, 40, 23. pl. 3, fig. 22. — Long. 5 lig. ½. Larg. 3 lig. —Ovale-allongé, noir; devant de la tête et toute la partie antérieure du corselet rouges; bord des élytres jaune, avec quelques petites lignes longitudinales qui s'en échappent; une bande transversale jaune interrompue près de la base des élytres; pattes noirâtres; corselet lisse dans les mâles, avec quelques petites stries dans la femelle; divisions postérieures du sternum très-courtes. divergentes, obtuses. — Paris.

9. DYTISCUS HYBNERI.

Fabr., 1. 265. 35. — Oliv., 3, 40, 22. pl. 4. fig. 33. — Long. 6 lig. ½. Larg. 3 lig. ½. — D'un brun noir; devant de la tête, bords antérieur et latéraux du corselet rougeâtres; élytres avec une bande marginale jaune divisée en deux vers le milieu; pattes rougeâtres; corselet lisse dans le mâle. plissé transversalement dans la femelle; divisions postérieures du sternum. divergentes; très-courtes, obtuses.— Paris.

10. DYTISCUS SUCCINCTUS.

Long. 6 lig. Larg. 3 lig. ½. — Ovale, noir ; bord antérieur de la tête, une petite ligne transversale entre les yeux, bords latéraux du corselet, une bande transversale au milieu de celui-ci, jaunes ; élytres avec une tache allongée a l'angle huméral, une fascie dentée et interrompue à la base, une bande irrégulière et interrompue au milieu, et une petite tache transversale vers l'extrémité, n'atteignant pas la suture, jaunes ; les quatre pattes antérieures et les antennes jaunâtres ; divisions postérieures du sternum très-courtes, divergentes, arrondies. — Brésil.

Nota. Cet insecte n'est peut-être qu'une variété du *Dytiscus interruptus*, Sturm, *Catal.*, p. 56, t. I, fig. 3 ; cependant il en diffère en ce que ce dernier n'a pas de bande transversale à la base des élytres ; la tache de l'extrémité est aussi de forme un peu différente.

Nota. Nous figurons pl. 11, f. 5, le *D. Bilineatus* de l'Ile-Bourbon.

TROISIÈME DIVISION.

Palpes maxillaires supérieurs avec le premier article court, le deuxième un peu plus long, le troisième un peu plus long que le deuxième, le quatrième allongé. — Les maxillaires inférieurs à troisième article plus court que le deuxième. — Palette des tarses antérieurs du ♂ ovale allongée ; celle des tarses intermédiaires garnie en dessous et sur les côtés de poils spongieux. —Anus échancré (*Acilius*, LEACH).

11. DYTISCUS SULCATUS.

FABR., 1, 261, 14. — OLIV., 3, 40, 10, pl. 4, fig. 31.—Long. 7 lig. Larg. 4 lig. ½.— Aplati, cendré ; tête et corselet noirs ; devant de la tête, tous les bords du corselet, une ligne dilatée à l'extrémité, transversale au milieu, jaunes ; une tache irrégulière, transversale, noire à l'extrémité des élytres, et un point de même couleur, vers le milieu du bord extérieur ; dessous du corps noir, avec l'extrémité des segmens de l'abdomen jaune ; pattes jaunâtres ; jambes et tarses postérieurs noirs ; élytres de la femelle, base des cuisses postérieures, avec une tache noire sillonnée ; intervalles velus. — Divisions postérieures du sternum très-courtes, obtuses, divergentes. — Paris.

12. DYTISCUS SULCIPENNIS.

SAHLBERG, *Dissert. ent. Fennica.*—ZET-TERSTEDT, *Kongl. Ventenskaps Academiens*, année 1824. — Long. 6 lig. Larg. 4 lig. — Diffère du *Sulcatus* par la couleur des élytres, plus uniforme ; les cuisses des pattes postérieures entièrement d'un brun jaune. — Nord de la France.

QUATRIÈME DIVISION.

Palpes maxillaires supérieurs, avec le premier article court ; les deux suivans plus longs, égaux entre eux ; le quatrième plus long ; les maxillaires inférieurs à troisième article plus court que le deuxième ; palette des tarses antérieurs du ♂ presque orbiculaire ; celle des tarses intermédiaires garnie en dessous de pelottes ou papilles pendantes. — Anus entier. — (*Meladema.*)

13. DYTISCUS CORIACEUS.

LAP., *Etud. Ent.* — Long. 9 lig. Larg. 4 lig. ¼. — Tête et corselet très-larges ; élytres allongées, presque parallèles, couvertes de points très-serrés, presque chagrinées, avec trois rangées longitudinales raccourcies de points sur chaque élytre ; toa l'insecte est noir ; antennes, pattes et dessous du corps brunâtres. —France Méridionale.

CYBISTER, CURTIS ;
Trogus, LEACH ;
Dytiscus, OLIV., FABR., LATR.

Les *Trogus* se distinguent des véritables *Dytiscus* par les articles des antennes plus grêles et plus allongés. — Les jambes intermédiaires et postérieures sont très-courtes, celles-ci élargies, surtout à l'extrémité, découpées à cette même extrémité et garnies de petites épines roides en forme de peigne. — Les crochets des tarses postérieurs n'ont qu'un seul article. — Point de rangées de poils roides aux cuisses antérieures et intermédiaires, mais seulement quelques petites épines raides, courtes, sur la surface de ces dernières. — Une forte épine aux jambes antérieures avant le tarse, dans le ♂. Palette de celui-ci transverse, ovale-allongé ; l'article qui la suit très-court.— Les cinq articles des tarses intermédiaires dilatés dans le même sexe et diminuant un peu de grosseur vers l'extrémité, avec une rangée de poils roides en dessous vers l'extrémité.—Anus entier. — Les élytres des *Trogus* sont un peu bombées, élargies vers le milieu, rétrécies vers l'extrémité ; celles des ♀ ne sont jamais sillonnées.

CYBISTER ROESELII.

FABR., 1, 259, 7. — OLIV., 3, 40, 5,
p. 3, fig. 21. — Long. 14 lig. ½. Larg.
7 lig. ¼. — Ovale-aplati, olivâtre ; devant
de la tête, bords latéraux du corselet et
des élytres jaunes ; élytres du mâle, avec
deux stries de points enfoncés peu distincts ; celles de la femelle avec de petites
lignes enfoncées, courtes, irrégulières et
fort nombreuses ; dessous du corps jaune ;
divisions postérieures du sternum très-
courtes, divergentes, arrondies. — Paris.

EUNECTES, ERICHSON ;
Eretes, LAP. ;
Dytiscus, FABR., OLIV., LATR.

Les *Eretes* se distinguent des *Dytiscus*
par leurs palpes maxillaires supérieurs
ayant les trois premiers articles très-courts,
d'égale longueur ; le quatrième, presque
aussi long que les trois autres pris ensemble, un peu renflé vers le milieu, obtus et
tronqué à l'extrémité. — Les maxillaires
inférieurs ont les deux premiers articles
courts, élargis à l'extrémité, le troisième,
aussi grand que les deux précédens pris
ensemble, arrondi sur une de ses faces,
échancré sur l'autre, obtus à l'extrémité.
— Le devant de la tête et le labre sont
fortement échancrés. — Les yeux sont très-
gros, saillans. — Les crochets des tarses sont
grands, égaux, presque droits. — Anus
échancré. — Élytres terminées par une petite pointe à la suture.

EUNECTES STICTICUS.

LINNÉ. *Griseus*. FABR., 1, 263, 25. —
OLIV., 3, 40, 16, p. 2, fig. 12. — Long.
6 lig. ½. Larg. 3 lig. ¼. — D'un cendré
jaunâtre clair, avec de gros points enfoncés
sur les élytres, un point sur le derrière de
la tête, deux taches transversales sur le
milieu du corselet, un point vers le milieu
du bord extérieur des élytres, une tache
postérieure transversale dentelée et trois
rangées de points longitudinaux noirs ; divisions postérieures du sternum très-courtes,
obtuses, divergentes. — France Méridionale

Il se trouve aussi dans les quatre parties
du monde.

Nota. Le *Dytiscus Sticticus* de Fabricius ne m'en paraît pas différer.

COLYMBETES, CLAIRV., LATR. :
Dytiscus, FABR ; Colymbetes et Ilybius,
ERICHSON.

Ce genre, généralement adopté par les
entomologistes, renferme des espèces de
taille moyenne, dont les mâles ont leurs
trois premiers articles des tarses antérieurs
presque également dilatés et formant une
petite palette en carré long. — Le corps est
parfaitement ovale, peu bombé en dessous.
— Les yeux sont très-peu saillans ; ils présentent d'ailleurs les caractères et les habitudes des *Dytiscus*.

Nota. M. le docteur Erichson, dans son
Genera Dyticeorum, partage les Colymbètes en deux genres : il sépare, sous le nom
d'*Ilybius*, les espèces suivantes : *Ater*, FABR. ;
Fenestratus, FABR. ; *Fuliginosus* et *Lacustris*, FABR. ; *Guttiger* et *Angustior*,
GYLL.

Le caractère de ce nouveau genre consiste dans la longueur proportionnelle des
deuxième et troisième articles des palpes
labiaux, qui sont à peu près égaux dans les
Ilybius, tandis que dans les Colymbètes le
deuxième est sensiblement plus long. M. Say
a aussi établi, sur le *Dytiscus Interrogatus*
de Fabricius, le genre *Coptotomus* ; il a entièrement la forme des *Colymbetes*, mais
s'en distingue par ses palpes, qui sont tronqués obliquement et un peu échancrés à
l'extrémité. Les crochets des pattes postérieures sont inégaux ; les trois derniers articles des antennes sont plus allongés que
les autres.

1. COLYMBETES FUSCUS.

FABR., 1, 261, 17, — *Striatus.* OLIV., 3,
40, 13, pl. 2, fig. 20. — Long. 7 lig. ¼.
Larg. 3 lig. ¼. — Ovale-allongé ; obscur,
avec la tête et le corselet noirs ; devant de
la tête, côtés du corselet et bords des élytres jaunâtres ; celles-ci avec de petites stries
transversales, serrées, visibles à la loupe ;
dessous du corps et pattes noirs : les antérieures plus claires : divisions postérieures
du sternum divergentes, courtes, arrondies.
— Paris.

2. COLYMBETES BIPUSTULATUS.

FABR., 1, 263, 29. — OLIV., 3, 40, 18,
pl. 3, fig. 26. — Long. 5 lig. Larg. 2 lig. ½.
— Aplati, finement guilloché ; noir, un peu
bronzé ; élytres avec quelques rangées un
peu irrégulières de points enfoncés, éloignées de la suture ; deux pustules rouges
peu marquées sur le vertex ; bouche et antennes rougeâtres ; dessous du corps et pattes
noirs ; tarses un peu bruns. Paris.

Var. Jambes antérieures rouges. — Paris.

3. COLYMBETES 2-GUTTATUS.

OLIV., 3, 40, 25. pl. 4, fig. 36. — Long.

4 lig. Larg. 2 lig. ¼.—D'un noir luisant un peu cuivreux; élytres avec quatre stries longitudinales de points enfoncés, et un enfoncement longitudinal près du bord extérieur: une tache rouge sur chacune près de l'extrémité; antennes rougeâtres; pattes brunes. — France Méridionale.

4. COLYMBETES GUTTATUS.

PAYKULL, *Faun. Succ.*. 1. 211, 20.—*Fenestratus*, PANZ., *Faun. Germ.*, 90. 1. — Long. 3 lig. ¼. Larg. 2 lig.—Très-finement guilloché; d'un beau noir luisant; labre et deux pustules sur le vertex rougeâtres; élytres avec un point ferrugineux vers les deux tiers de l'élytre, près du bord extérieur; antennes rougeâtres. — France.

5. COLYMBETES ATER.

FABR.. 1, 264, 33.—PANZ., *Faun. Germ.*, 38, pl. 15. — Long. 6 lig. Larg. 3 lig. ¼. — Bombé, noir, peu luisant, avec le devant de la tête, deux points entre les yeux, un trait velu longitudinal près du bord extérieur, vers les deux tiers de l'élytre, et une autre petite tache velue, oblique, près de l'extrémité; le bord latéral du corselet et le bord latéral des élytres, à sa base, d'un rouge ferrugineux obscur; antennes et palpes jaunâtres; pattes ferrugineuses: les postérieures plus foncées, presque noirâtres; abdomen en partie ferrugineux; élytres légèrement sinuées vers l'extrémité. — Paris.

6. COLYMBETES FENESTRATUS.

FABR. 1, 264. 32. — OLIV. 3, 40. 21, pl. 3, fig. 27.— Long. 5 lig. Larg. 2 lig. ¼. — Bombé, d'un bronzé cuivreux peu brillant, avec le devant de la tête, deux points entre les yeux, les bords latéraux du corselet et des élytres, un trait velu longitudinal près du bord, vers le milieu; un point velu près de l'extrémité; le dessous du corps, les antennes et les pattes, d'un ferrugineux plus ou moins rougeâtre; chaque élytre offre deux séries longitudinales de petits points enfoncés irréguliers; élytres légèrement sinuées à l'extrémité — Paris.

7. COLYMBETES 4-GUTTATUS.

Long. 5 lig. ¼. Larg. 2 lig. ¼. — Bombé, noir, légèrement bronzé, avec le devant de la tête, deux points entre les yeux, les antennes et les pattes rougeâtres, un trait vitré, longitudinal, près du bord extérieur de l'élytre; vers la moitié, une petite tache vitrée près de l'extrémité; antennes jaunes; dessous du corps et pattes postérieures d'un brun rougeâtre très-foncé, surtout le thorax;

élytres ayant chacune deux rangées longitudinales de petits points enfoncés, distants. — Paris.

8. COLYMBETES FULIGINOSUS.

FABR., 263, 37.—*Lacustris*, FABR., 1, 264, 34. — PANZ., *Faun. Germ.*, 38, 34. — Un peu bombé, allongé, assez brillant, très finement guilloché, avec de petits points enfoncés formant des stries irrégulières sur les élytres; deux points sur le vertex; parties de la bouche, pattes et dessous du corps ferrugineux rougeâtre; corselet et élytres bronzés, avec les bords latéraux jaunes. — Paris.

Var. Le dessous du corps d'un brun noirâtre. — Paris.

9. COLYMBETES DIDYMUS.

OLIV., 3, 40, 26, p. 4, fig. 37.—*Vitreus*, PAYK. — Long. 4 lig. Larg. 2 lig. ¼. — Presque lisse, brillant, d'un noir bronzé; bouche et antennes jaunâtres; deux pustules rougeâtres sur le vertex; bords latéraux du corselet un peu bruns; élytres avec deux ou trois rangées longitudinales de points enfoncés, et deux taches jaunes sur chacune: la première formée de deux petites lignes vers le milieu du côté externe, la deuxième punctiforme, près de l'extrémité; dessous du corps et pattes postérieures noirs; les quatre antérieures rougeâtres. — Paris; plus commun dans le Midi et en Espagne.

10. COLYMBETES ABBREVIATUS.

FABR. , 1, 265, 40.—OLIV.. 3. 40. 27, pl. 4, fig. 38. — Long. 3 lig. ¼. Larg. 2 lig. — Un peu bombé, finement ponctué, noir, bronzé et assez brillant en dessus; devant de la tête et bords latéraux du corselet rougeâtres; élytres avec des points enfoncés formant des stries longitudinales irrégulières; le bord externe, une bande dentelée près de la base, une petite tache vers le milieu près du bord extérieur, et un point arrondi vers l'extrémité près du bord, jaunes; pattes de la bouche et antennes rougeâtres. — Paris.

11. COLYMBETES MACULATUS.

FABR.. 1. 266, 45. — OLIV., 3, 40. 29, pl. 2. fig. 46. — Long. 4 lig. Larg. 2 lig. ¼. — Légèrement bombé, très-finement ponctué; tête noirâtre, avec le devant et deux pustules sur le vertex rougeâtres; corselet rougeâtre, avec les bords antérieur et postérieur noirs: celui-ci dilaté dans son milieu; élytres jaunâtres, avec la suture noire; une

bande de même couleur, raccourcie antérieurement, rejoignant la suture à l'extrémité de l'élytre où elle se dilate ; une autre
bande longitudinale, isolée, un peu oblique
et dilatée à sa partie antérieure ; trois
petites taches allongées, dont l'une tout près
du bord vers le tiers de l'élytre , les deux
autres l'une au dessus de l'autre près de la
deuxième bande ; et enfin une bande moins
marquée vers le bord externe ; dessous du
corps brun ; pattes un peu plus claires ; antennes et bouche ferrugineuses. — Paris.
Très-rare.

Var. Dans certains individus, généralement plus petits et moins rares dans les eaux
des environs de Paris, les taches prennent
une grande extension, et les élytres paraissent noires avec les bords , une tache a l'angle huméral, une autre près de la suture
se réunissant à celle-ci, une autre irrégulière vers le milieu de l'élytre près du bord,
et point arrondi vers l'extrémité , jaunes ;
dans cette variété les pattes sont plus claires;
quelquefois les taches sont réunies par de
petits traits longitudinaux.

12. COLYMBETES GYLLENHALII.

Notatus , GYLL. , *Ins. Succ.* — Long.
4 lig. ¼. Larg. 2 lig. ¼. — Tête, antennes,
bouche, devant de la tête, deux points sur le
vertex et corselet, ferrugineux, celui-ci avec
une tache presque triangulaire au milieu, le
bord postérieur noir et ses bords latéraux pâles; élytres olivâtres, avec une ligne suturale,
les bords des élytres et une foule de petites
lignes croisées en tous sens, jaunes; pattes
jaunes: ♀ les deux tiers des élytres, à partir de
la base , marqués d'un grand nombre de
petites hachures ou enfoncemens irréguliers;
poitrine noire, avec quelques taches noires
sur les bords latéraux des segmens. ♂ Elytres plus foncées, sans hachures , avec deux
ou trois lignes longitudinales de points enfoncés peu marqués ; dessous du corps noir,
avec le bord inférieur des segmens et
l'anus ferrugineux. — Paris. Très-rare.

13. COLYMBETES INSULARIS.

Long. 4 lig. ¼. Larg. 2 lig. ¼. — Noir ;
devant de la tête, bords latéraux du corselet dilatés au milieu, jaunes; une tache de
même couleur sur l'angle huméral, et deux
autres sur chaque élytre au bord postérieur;
antennes et les deux premières paires de
pattes jaunes. — Guadeloupe.

14. COLYMBETES 2-PUNCTATUS.

FABR., 1, 264, 31. — OLIV., 3, 40, 20,
pl. 2, fig. 15. — Long. 3 lig. ¼. Larg. 2 lig.

— Presque lisse, assez brillant, un peu
aplati; tête noire, avec la partie antérieure
et deux pustules sur le vertex, rougeâtres;
corselet court, jaunâtre, avec deux points
noirs vers son milieu et quelques lignes
de points enfoncés; élytres jaunes, avec un
grand nombre de petites taches irrégulières
noires, sur le disque; dessous du corps noir;
les bords de l'abdomen et l'anus jaunâtres;
antennes, parties de la bouche et pattes ferrugineuses. — Paris.

15. COLYMBETES ADSPERSUS.

FABR., 1, 267, 51. — PANZ., *Faun. Germ.*,
38, pl. 18. — Long. 4 lig. ¼. Larg. 2 lig. ¼.
— Ferrugineux; partie postérieure de la
tête, noire, avec deux points ferrugineux;
bord postérieur du corselet légèrement noirâtre; élytres brunes, avec les bords extérieurs et inférieurs, une ligne près de la suture et une quantité de petites lignes courtes transversales qui se croisent en différens
sens, ferrugineux; dessous du corps noir,
avec la lame pectorale et le bord postérieur
des segmens ferrugineux. — Paris.

16. COLYMBETES COLLARIS.

PAYKULL, *Faun. Succ.*, 1, 200, 9. — Long.
4 lig. ¼. Larg. 2 lig. ¼. — Un peu plus
grand que le *C. Adpersus*, auquel il ressemble beaucoup; il est un peu moins foncé:
les petites lignes ferrugineuses des élytres
sont encore plus nombreuses et leur donnent une teinte plus claire, le dessous du
corps est entièrement ferrugineux. — Paris.

17. COLYMBETES NOTATUS.

FABR., 1, 267, 50. — OLIV., 3, 40, 32,
pl. 5, fig. 47. — Long. 5 lig. Larg. 2 lig. ¼.
— Noir; parties de la bouche, antennes,
devant de la tête, deux points sur le vertex
ferrugineux ; corselet de cette couleur, avec
une tache transversale plus ou moins allongée, raccourcie, et quatre points noirs; élytres d'un brun olivâtre, avec les bords, une
ligne longitudinale près de la suture et une
foule de petites lignes toutes transversales,
croisées en différens sens, jaunes; les quatre
pattes antérieures jaunes, les postérieures
d'un brun noirâtre. — Paris.

18. COLYMBETES AGILIS.

FABR., 1, 266, 44. — Long. 4 lig. ¼.
Larg. 2 lig. ¼. — Très-finement guilloché,
jaunâtre; tête ferrugineuse , avec le vertex
noir, deux points ferrugineux sur celui-ci;
corselet ferrugineux; écusson noir; élytres
d'un brun olivâtre, avec deux ou trois ran-

gées peu distinctes de points enfoncés, une ligne suturale; les bords des élytres et une foule de petits traits croisés en tous sens jaunâtres. — Paris.

19. COLYMBETES BRUNNEUS.
FABR., 1. 266, 46, *suppl.*, 64-34-35. — Long. 3 lig. ¾. Larg. 2 lig. — Un peu bombé; tête et corselet d'un brun obscur; élytres d'un brun olivâtre, avec trois rangées longitudinales de points enfoncés assez irréguliers, et les bords latéraux bruns; bord inférieur des élytres, antennes, parties de la bouche et pattes rougeâtres; les cuisses des quatre antérieures. les postérieures et le dessous du corps noirs. — Paris et Midi de la France.

20. COLYMBETES STURMII.
SCHŒN.. *Syn. Ins.*, 2, 18. 41. — Long. 3 lig. ¾. Larg. 2 lig. — Finement guilloché ; antennes jaunes ; tête d'un noir bronzé, avec sa partie antérieure et deux pustules sur le vertex rougeâtres ; corselet d'un noir-bronzé, avec ses bords latéraux jaunes ; élytres olivâtres, avec deux rangées longitudinales de points peu marquées, les bords latéraux jaunes ; la base des élytres un peu de cette couleur ; pattes brunes : cuisses intermédiaires et postérieures, et dessous du corps noirs ; bord inférieur des segmens de l'abdomen et anus rougeâtres. — France.

21. COLYMBETUS PALUDOSUS.
FABR. 1, 266, 42. — Long. 3 lig. Larg. 1 lig. ¾. — Un peu bombé , assez brillant, noir; devant de la tête . deux points sur le vertex, bords du corselet et parties de la bouche rougeâtres ; élytres brunes, avec des points enfoncés formant quelques stries irrégulières vers l'extrémité, la base et le bord extérieur ferrugineux ; pattes ferrugineuses ; cuisses des antérieures et des postérieures noires. — Paris.

22. COLYMBETES FEMORALIS.
PAYK., *Faun. Succ.*, 1, 215, 24.—Long. 3 lig. Larg. 1 lig. ¾. — Noir; devant de la tête et deux points sur le vertex rougeâtres; base des antennes jaune; bords latéraux du corselet jaunâtres; élytres avec des points enfoncés irréguliers, noires, assez brillantes, avec une large tache brune qui commence à l'angle huméral et s'étend le long du bord extérieur sur une grande partie de l'élytre ; pattes rougeâtres. — Paris.

23. COLYMBETES OBLONGUS.
ILLIG.. *Mag.*, 1, 72, 17-18. — Long.

3 lig. ¾. Larg. 1 lig. ¾. — Allongé. un peu aplati, très-finement guilloché, avec quelques points enfoncés formant des stries longitudinales sur les élytres : celles-ci d'un brun-rougeâtre plus foncé dans le milieu; bord postérieur de la tête et une ligne peu marquée au milieu du corselet, noirâtres; antennes, parties de la bouche et pattes ferrugineuses; dessous du corps noir. — Paris.

24. COLYMBETES CHALCONATUS.
PANZER, *Faun. Germ.*, 38, 17. — Long. 3 lig. ¾. Larg. 2 lig. — Légérement guilloché, entièrement bronzé ; deux rangées transversales de points enfoncés sur le corselet , trois autres longitudinales et un peu irrégulières sur les élytres ; deux petites pustules rougeâtres sur le vertex ; bouche et antennes rougeâtres ; bord inférieur des élytres de même couleur à sa partie antérieure ; dessous du corps noir ; les quatre pattes antérieures rougeâtres, les postérieures noires.—France.

25. COLYMBETES SNEWDONIUS.
NEWMANN, *Entom. Mag.*, n° 1, p. 55. D'un noir bronzé. lisse ; tête offrant en arrière deux points ferrugineux ; antennes et pattes couleur de poix. Cette espèce ressemble au *C. Bipustulatus*, mais plus petite , plus convexe et plus étroite ; les élytres du ♂ offrent de faibles stries. — Trouvé en juin dans les montagnes de *Snewdon*, en Angleterre.

26. COLYMBETES MEXICANUS.
Long. 4 lig. ½. Larg. 2 lig. ¼. — Ovale ; tête jaune. avec une tache transversale noire entre les yeux ; corselet jaune, avec une ligne transversale obscure au milieu ; écusson triangulaire . large , jaunâtre: élytres obscures, un peu olivâtres. presque noires, ternes, non ponctuées. bordées latéralement de jaune ainsi que les côtés; segmens de l'abdomen, dessous du corps, noirs; pattes d'un brun-jaune. — Mexique.

AGABUS , LEACH ;
Dytiscus, FABR.. OLIV. ;
Partie des Agabus, ERICHSON.

Ce genre diffère des *Colymbetes* par les palpes plus allongés et les antennes dilatées à l'extrémité dans les mâles, en massue, comprimées et dentées en scie.— Le dernier article est ovalaire. — Les tarses postérieurs et intermédiaires sont épineux en

dessous dans les ♀ , et garnis dans les ♂
d'une membrane comprimée et dentée.

AGABUS SERRICORNIS.

Payk., *Act. Acad. Sc. Stock.*, 1799. p.
49. — *Faun.* t. III. p. 443. — Long. 4 lig. ¼.
Larg. 2 lig. ¼. — Bombé ; antennes ferrugineuses d'un noir peu brillant; devant de la
tête, parties de la bouche, deux pustules
sur le vertex, bords latéraux du corselet,
des élytres et pattes d'un brun-rougeâtre ;
élytres avec deux ou trois rangées de points
enfoncés, distans, irréguliers, peu visibles.
—France.

COPELATUS, Erichson;
Dytiscus , Fabr.

Ecusson visible. — Pattes postérieures
ciliées dans les deux sexes. — Crochets des
tarses égaux. — Antennes à deuxième et
troisième articles égaux : le quatrième plus
court, les suivans égaux. — Palpes maxillaires à trois derniers articles à peu près
égaux. — Corps ovale, plan.

COPELATUS POSTICATUS.

Fabr., t. 1. p. 298, nº 54. — Noir; élytres finement striées à la base et à l'extrémité. — Iles de l'Amérique.

LACCOPHILUS , Leach;
Dytiscus , Fabr.

Ce genre diffère peu de celui des *Colymbetes.* — L'écusson n'est pas visible, et les
tarses antérieurs sont peu dilatés dans les
mâles. — La conformation des tarses ne
permet pas de les confondre avec les *Hydroporus* , auxquels ils ressemblent pour
la taille et le faciès.

1. LACCOPHILUS MINUTUS.

Fabr., 1, 272, 78.—*Marmoreus*, Oliv.,
3, 40, 28, pl. 5, fig. 49. — Long. 2 lig. ¼.
Larg. 1 lig. ¼. — Assez brillant, d'un jaune
pâle ; élytres d'un olivâtre pâle, avec plusieurs taches vers le bord des élytres et
quelques lignes longitudinales sur le disque,
d'un jaune-blanchâtre. — Paris.
Var. D'une couleur plus foncée, avec
des taches moins distinctes, obscures. Panzer. *Faun. Germ.*, 36, 3.—Paris.

2. LACCOPHILUS VARIEGATUS.

Knoch. — Long. 2 lig. Larg. 1 lig. —
Assez brillant et ferrugineux; extrémité
des antennes, bord postérieur de la tête et

du corselet , une large tache au bord antérieur de celui-ci , noirâtres; élytres noires,
avec une tache sur chacune et le bord extérieur jaunes : deux de ces taches placées
l'une à côté de l'autre près de la base ; la
troisième en croissant vers les deux tiers
postérieurs ; la dernière, petite, à l'extrémité; dessous du corps et pattes roussâtres.
—Paris. Très-rare.

NOTERUS, Clairville;
Dytiscus , Fabr., Oliv.

Antennes un peu dilatées vers le milieu.
— Palpes labiaux ayant leur dernier article
échancré et comme fourchu. — Tarses offrant cinq articles distincts : les deux premiers des quatre antérieurs formant une
palette allongée dans les ♂ , le premier
article des antérieurs recouvert, dans le
même sexe, d'un large éperon en forme de
lance. — Tête moyenne. — Corselet transversal. — Elytres assez bombées, rétrécies
vers l'extrémité. — Pattes moyennes ; la
pièce pectorale qui supporte les derniers
pieds a, de chaque côté, une coulisse profonde.

Les petits insectes de ce genre vivent
dans les eaux ; ils sont pourvus d'ailes : on
n'en connaît qu'un très-petit nombre d'espèces.

1. NOTERUS CRASSICORNIS.

Fabr., 1, 273, 81. — Oliv., 3, 40, 45,
pl. 4 , fig. 34. — Long. 2 lig. Larg. 1 lig.
—D'un brun rouge ; corselet très-large ;
élytres avec de gros points enfoncés irréguliers, visibles surtout en arrière ; dessous du
corps noirâtre. — Paris.

2. NOTERUS CAPRICORNIS.

Herbst, *Arch.*, 128, 25, pl. 28, fig. C.—
Long. 2 lig. Larg. ¾ lig. —Très-allongé,
ovale ; corselet moins large que les élytres ;
celles-ci plus grêles que dans le *N. Crassicornis*, d'un châtain clair ; de gros points
enfoncés sur le disque. — Paris.

HYDROPORUS, Clairv. ;
Hyphidrus, Latr., Schœn.

Antennes assez longues, le premier article plus grand que les autres, ceux-ci égaux
entre eux. — Palpes filiformes, leur dernier
article ovoïde et pointu.—Tarses antérieurs
et intermédiaires courts, assez épais; leurs
trois premiers articles assez grands, spongieux en desssus , un peu dilatés dans les mâ-

les ; le quatrième très-petit, peu distinct et reçu dans une échancrure du troisième ; le cinquième allongé et terminé par deux crochets recourbés ; tarses postérieurs allongés, diminuant de grosseur de la base vers l'extrémité ; le premier article très-grand, le quatrième un peu plus petit que les autres. —Tête assez large.—Yeux assez grands.— Corselet arrondi latéralement et légérement prolongé au milieu de son bord postérieur. — Point d'écusson apparent — Elytres de la largeur du corselet à leur base, un peu élargies vers leur milieu et terminées presque en pointe. — Corps ovalaire, peu bombé.

Insectes de petite taille, propres, pour la plupart, aux régions froides et tempérées de l'Europe.

PREMIÈRE DIVISION.

Corps en ovale allongé peu bombé.

1. HYDROPORUS 12-PUSTULATUS.
Fabr., 1, 270, 64. — Oliv.. 3, 40, 55, pl. 5, fig. 46. — Long. 2 lig. $\frac{1}{4}$. Larg. 1 lig. $\frac{1}{4}$. — D'un jaune rougeâtre, avec le bord antérieur du corselet et une tache bilobée au milieu du bord postérieur, noirs ; élytres noires, ayant chacune six larges taches et les bords rougeâtres ; dessous du corps d'un brun rougeâtre. — France.

2. HYDROPORUS DEPRESSUS.
Fabr., 1, 268, 56. — *Elegans*, Panz., *Faun. Germ.*, 24, 5.—Long. 2 lig. Larg. 1 lig. $\frac{1}{4}$. — Antennes, tête et corselet jaunes, ce dernier avec les bords antérieurs et postérieurs noirs; élytres de cette couleur, avec le bord externe, trois taches marginales, deux autres sur le disque et quelques traits longitudinaux, jaunes ; dessous du corps brun ; pattes d'un jaune brunâtre.—France.

3. HYDROPORUS OPATRINUS.
Germ., *Spec. Ins. Nov.*, 1, 31, 50. — Long. 2 lig. $\frac{1}{2}$. Larg. 1 lig. $\frac{1}{2}$. — Pubescent, ponctué, noir, assez brillant ; une tache rougeâtre transversale sur le vertex ; antennes, parties de la bouche, genoux et tarses d'un brun-rougeâtre.—France Méridionale.

4. HYDROPORUS DORSALIS.
Fabr., 1, 267, 59. — Oliv.. 3, 40, 34, pl. 1, fig. 3. — Long. 2 lig. $\frac{1}{2}$. Larg. 1 lig. —Légérement pubescent, noir, avec la tête, les bords extérieurs du corselet, deux lignes latérales et transversales au milieu

deux petites taches à la base des élytres, le bord extérieur de celles-ci sinués, et les pattes d'une couleur rougeâtre plus ou moins foncée. — France.

Var. Les taches de la base des élytres nulles.

Var. Les taches de la base des élytres réunies au bord externe et formant une espèce de fasciès. — France.

5. HYDROPORUS ERYTHROCEPHALUS.
Fabr. 1, 267, 47. — Long. 1 lig. $\frac{1}{2}$. Larg. 1 lig. — Pubescent, noir, avec la base des antennes, la tête, une légère bordure latérale du corselet et les pattes rougeâtres ; élytres d'un brun-noirâtre, avec les bords latéraux plus clairs. — Paris.

6. HYDROPORUS PLANUS.
Fabr., 1, 268, 55. — Marsh., Ent. *Birt.*, 1, 425, 30. — Long. 1 lig. $\frac{1}{2}$. Larg. 1 lig. — Ressemble beaucoup à l'*H. Erythrocephalus*; mais la tête et le corselet sont entièrement noirs ; les cuisses sont noires et les élytres moins foncées. — Paris.

7. HYDROPORUS DAHLII.
Long. 2 lig. Larg. 1 lig. — Il ressemble beaucoup aux *H. Erythrocephalus* et *Planus*, mais il est plus allongé. plus aplati, d'un noir plus foncé et plus brillant; les élytres paraissent ponctuées et couvertes d'un très-léger duvet grisâtre; pattes et antennes d'une couleur rougeâtre foncée. — Midi de la France et Italie.

Nota. Cette espèce a été envoyée par M. Dahl à ses correspondans sous le nom de *H. Auritus.*

8. HYDROPORUS GRISEOSTRIATUS.
Degeer, 4, 103.—*Areolatus*, Duft., *Fn.* 1, 274. — Long. 2 lig. Larg. 1 lig. — Antennes. tête, corselet et pattes rougeâtres ; bord postérieur de la tête et du corselet noir, ce dernier avec deux taches irrégulières raccourcies. longitudinales noires ; élytres d'un jaune pâle, avec la base, la suture et plusieurs lignes longitudinales noires; on voit aussi sur le disque et vers l'extrémité plusieurs points noirs qui réunissent souvent entre elles les lignes longitudinales; dessous du corps noir. — France.

9. HYDROPORUS PICIPES.
Fabr., 1, 269, 61.—Panz., *Faun. Germ.*, 14. 3. — Long. 2 lig. Larg. 1 lig.—Fortement ponctué. noirâtre, avec le devant de la tête, la partie antérieure du corselet, les pattes, plusieurs lignes longitudinales su:

les élytres, les bords externes et inférieurs de celles-ci en grande partie d'un jaune-ferrugineux, rougeâtre. — Paris.

10. HYDROPORUS LINEATUS.

FABR., 1, 272. 73. — OLIV., 3. 40, pl. 5. f. 43. — Long. 1 lig. ¾. Larg. ¼ lig. — Légèrement pubescent, jaunâtre, avec l'extrémité des antennes, le milieu du bord antérieur, le bord postérieur du corselet noirâtres ; élytres de cette couleur, avec le bord extérieur et quatre lignes longitudinales jaunâtres. — Paris.

11. HYDROPORUS LEPIDUS.

SCHŒNN., *Syn. Ins.*, 2, 30, 8. — OLIV., 3, 40, 37, pl. 5, fig. 51. — Long. 1 lig. ¾. Larg. 1 lig. — Finement ponctué, noir ; base des antennes et pattes ferrugineuses ; bords latéraux du corselet jaunes ; ceux des élytres jaunes, dilatés près de la base et se réunissant par un petit trait transversal à une tache allongée de même couleur située près de la suture ; vers le milieu de l'élytre une petite tache jaune, en croissant, se réunit extérieurement par une ligne longitudinale au bord extérieur, qui se dilate près de l'extrémité et forme une tache allongée qui ne touche pas cependant à la suture. — Midi de la France.

12. HYDROPORUS 6-PUSTULATUS.

FABR., 1, 269, 58. — OLIV., 3, 40, 36, pl. 4, fig. 35. — Long. 1 lig. ¾. Larg. 1 lig. — Légèrement pubescent et ponctué ; noir, avec la base des antennes, la tête (excepté le tour des yeux), les bords latéraux du corselet, une tache en croissant à la base, deux autres à l'extrémité près du bord extérieur et réunies ensemble, les bords inférieur et extérieur de l'élytre et les pattes, ferrugineux. — Paris.

13. HYDROPORUS TRISTIS.

PAYK., *Faun. Suec.*, 1, 232, 44. — ILLIG., *Mag.*, 4, 211. — Long. 2 lig. ¾. Larg. 1 lig. — Fortement ponctué, brun en dessus, avec le devant de la tête, le milieu du corselet, le dessous du corps et les pattes ferrugineux. — Paris.

14. HYDROPORUS FLAVIPES.

FABR., 1, 273, 82. — Long. 1 lig. Larg. ½ lig. — Noir, avec la base des antennes, les bords latéraux du corselet, ceux des élytres, et quelques lignes longitudinales à leur base et à leur extrémité jaunes ; pattes rougeâtres. — Paris.

15. HYDROPORUS GEMINUS.

FABR., 1, 272, 75. — PANZ. *Faun.* Germ., 26, pl. 2. — Long. 1 lig. Larg. ½ lig. — Noir, avec la base des antennes, une tache dentée inférieurement à la base des élytres, une autre vers le milieu près du bord, un troisième près de l'extrémité et le bord extérieur jaunes ; pattes rougeâtres ; la base du corselet offre deux petits enfoncements longitudinaux qui se prolongent sur l'élytre et la suture a de chaque côté dans toute sa longueur une ligne enfoncée. — Paris.

16. HYDROPORUS AMÆNUS.

Long. 1 lig. Larg. ½ lig. — Noir ; base des antennes jaunes ; élytres noires, avec une très-large bordure sinuée jaune, renfermant deux lignes longitudinales isolées raccourcies à leurs extrémités, noires ; pattes ferrugineuses. — France.

17. HYDROPORUS GRANULARIS.

FABR., 1, 270, 67. — OLIV., 3, 40, pl. fig. 13. — Long. 1 lig. Larg. ½ lig. — Noir, avec le bord des antennes, deux lignes longitudinales sur le disque des élytres, leur bord extérieur et les pattes, d'un jaune rougeâtre obscur ; les deux lignes des élytres paraissent dorées lorsque l'insecte nage. — Paris.

18. HYDROPORUS MINUTISSIMUS.

GERMAR, *Spec. Ins. Nov.*, 1, 31, 51. — Long. ¼ de lig. Larg. ¼ de ligne. — Noir, corselet jaune ; élytres avec quelques fortes stries longitudinales et trois bandes transversales jaunes, ne joignant pas la suture, en forme de fer à cheval ; dessous du corps, pattes et antennes rougeâtres. — Midi de la France.

DEUXIÈME DIVISION.

Corps court, bombé, épais (genre *Hygrotus*, Stephens).

19. HYDROPORUS INÆQUALIS.

FABR., 1, 272, 77. — OLIV., 3, 40, 4, pl. 3, fig. 29. — Long. 1 lig. ¾. Larg. ½ lig. — Ponctué, ferrugineux ; bord des yeux et base du corselet noirs ; élytres de cette couleur, avec les bords extérieur et inférieur ferrugineux ; une tache irrégulière ferrugineuse près de l'angle huméral, qui émet une ligne de même couleur qui va rejoindre, vers les deux tiers de l'élytre, le bord extérieur ; on voit aussi, près de l'extrémité, plusieurs petites lignes de même couleur, qui se réunissent et encadrent les parties noires du disque de l'élytre. — Paris.

20. HYDROPORUS FLUVIATILIS.

Leach, *Assimilis*, *var.* B. Kunze, *Ent. Frag.*, 64.—Long. 1 lig. ½. Larg. 1 lig.— Large; antennes jaunes, avec les derniers articles noirâtres; tête jaune, avec le bord postérieur noirâtre; corselet rougeâtre, avec le disque noirâtre et les bords latéraux jaunes; impression profonde près de ces bords; élytres noires, avec quelques petites stries très-peu marquées; une grande tache s'arrondissant à la base; deux petits traits près de la suture, vers le milieu; une tache irrégulière près du bord extérieur, vers les deux tiers, réunie à celle de la base par une petite ligne longitudinale; une autre tache à l'extrémité des élytres, près la suture; bord extérieur et inférieur des élytres jaune; dessous du corps noir; pattes rougeâtres. — France.

21. HYDROPORUS RETICULATUS.

Fabr., 1, 273, 80. — *Collaris*, Panz., *Faun. Germ.*, 26, 4.—Long. 1 lig. ½. Larg. 1 lig. — Ponctué, ferrugineux; élytres noires, avec le bord extérieur sinué et plusieurs lignes longitudinales réunies à leur sommet près de la base, et à leur extrémité près du bord postérieur, d'un jaune ferrugineux. — Paris.

22. HYDROPORUS PICTUS.

Fabr., 1, 273, 83. — Illig., *Mag.* 4, 211. — Long. 1 lig. Larg. ½ lig. — Ponctué, noir, avec la base de antennes, la tête, les bords latéraux du corselet et les pattes, rougeâtres; élytres, avec une tache irrégulière à la base, et une autre crochue vers l'extrémité, jaunes, réunies ensemble par une ligne de même couleur; bord inférieur des élytres jaune. — Paris.

Var. La ligne qui réunit les deux taches des élytres manque tout-à-fait.

23. HYDROPORUS CONFLUENS.

Fabr., 1, 270, 68. — Oliv., 3, 40, 41, pl. 5, fig. 44.— Long. 1 lig. ½. Larg. 1 lig. — Tête ferrugineuse, avec le vertex noir; corselet ferrugineux; élytres d'un jaune pâle, avec quatre lignes longitudinales noires sur le disque, réunies avant l'extrémité; élytres terminées par une pointe aiguë; dessous du corps noir; pattes ferrugineuses.— Paris.

LEUCOREA, Lap.

Ce genre s'éloigne de celui d'*Hydroporus* par sa tête beaucoup plus petite, son corselet étroit, les tarses des quatre pattes postérieures élargis, mais très-longs, écartés et non réunis en forme de palette; les élytres sont ovalaires.

LEUCOREA TARSATA.

Lap., *Etud. Ent.*, p. 106, nº 3. — Long. 2 lig. Larg. 1 lig. — Noir, entièrement granuleux; corselet presque carré, un peu transversal, beaucoup plus étroit que les élytres; pattes obscures, milieu des cuisses des deux premières paires, tarses et antennes rougeâtres. — Cayenne.

HYPHYDRUS, Latr.;
Dytiscus, Linn.; *Hydrachna*, Fabr.

Quoique peu différens des vrais *Hydroporus*, les insectes de ce genre s'en distinguent facilement par leur corps court, épais, ovale, très-bombé, presque globuleux.—Le cinquième article des quatre tarses antérieurs est très-petit et peu saillant au delà du précédent.

1. HYPHYDRUS OVATUS.

Linn., *Syst. nat.*, 2,667. — *Gibba*, Fabr., 1, 256, 2. ♀.—*Hyd. Ovalis*. Fabr., 1, 256. —Oliv., 3, 40, 39, pl. 3, fig. 28.—Long. 2 lig. ½. 3, ♂. Larg. 1 lig. ½.—Ponctué, ferrugineux, assez luisant, avec les élytres brunes; leur bord ferrugineux. ♂ moins distinctement ponctué, presque lisse, peu brillant, avec un reflet soyeux; la base et le bord des élytres d'un jaune ferrugineux obscur ♀.

Var. Bord postérieur du corselet légèrement noirâtre.

2. HYPHYDRUS VARIEGATUS.

Knoch, *New Beytrage, Insektenkunde.* — Long. 2 lig. ½. Larg. 1 lig. ½. — Ponctué, ferrugineux; bord postérieur de la tête et base du corselet noirs; élytres de cette couleur, avec une tache jaune à l'angle huméral, une autre sur la même ligne, près de la suture, une bande transversale dentelée, raccourcie au delà du milieu de l'élytre, une autre près de l'extrémité, et les bords sinués, jaunes. — France Méridionale.

ANISOMERA, Brullé.

Ce genre diffère du précédent par ses palpes, dont le dernier article est ovalaire, avec le bout tronqué, et ses tarses, dont les quatre premiers articles courts, et le dernier de la longueur de tous les autres réunis ; les crochets sont égaux. — Du reste, les parties de la bouche sont comme dans les *Hygrobia*, et son écusson est apparent.

ANISOMERA BISTRIATA.

Brullé, *Hist. Nat. des Ins.*, t. V, p. 205. — D'un brun foncé, avec la bouche, les antennes et les pattes d'un jaune roux ; élytres un peu nuancées de roussâtre près de l'écusson, avec deux stries de points enfoncés, d'où sortent des poils soyeux. — Chili.

HYGROBIA, Latr. :

Hydrachna, Fabr.. Clairv. ; *Pælobius*, Schœnn., Erichson.

Antennes assez courtes ; le premier article grand, cylindrique, renflé ; les suivans courts et coniques. — Palpes extérieurs renflés à l'extrémité ; les antérieurs peuvent se replier sous la hanche.—Tarses allongés, composés de cinq articles distincts. — Tête avancée, grande. — Yeux gros. — Mandibules saillantes et fortement échancrées. — Corselet étroit, transversal. — Ecusson triangulaire. — Elytres très - convexes. — Corps ovoïde, très-épais.—Pattes grandes. — Jambes et tarses garnis de longs poils. — Palette des ♂ formée des quatre premiers articles, en carré long.

Insectes de moyenne taille, ailés, et vivant quelquefois en grande abondance dans les eaux stagnantes.

HYGROBIA HERMANNI. (Pl, 11, fig. 6.)

Fabr., 1, 255, 1. — Oliv.. 3, 40, 24, pl. 2, fig. 14.—Long. 5 lig. Larg. 2 lig. ¼. —D'un brun, rougeâtre fortement ponctué ; antennes, parties de la bouche et pattes plus claires, presque ferrugineuses ; milieu du bord antérieur du corselet, son bord postérieur, une grande tache commune sinuée latéralement et antérieurement, une tache autour des yeux, poitrine et extrémité de l'abdomen, noirs.— Paris.

HALIPLUS, Lat.;

Dytiscus. Fabr., Oliv.

Antennes de dix articles. — Palpes filiformes, le dernier subulé et très-petit. — Tarses filiformes, presque semblables dans les deux sexes. — Tête avancée. — Point d'écusson visible. — Corps bombé. — Pattes postérieures armées, longues : leurs cuisses recouvertes par une double lame en forme de bouclier. — Insectes de très-

petite taille, nageant et volant facilement, et se trouvant quelquefois sur les sommités de plantes ; toutes les espèces connues sont propres à l'Europe.

1. HALIPLUS ELEVATUS.

Gyl., *Ins. Suec.*, 1, p. 545. — Panz. *Faun.*, 14, fig. 9. — Long. 2 lig. Larg. 1 lig. — Corps ovale-allongé ; d'un jaune pâle ; corselet avec deux sillons longitudinaux ; élytres striées ayant chacune une carène longitudinale vers le milieu, et plusieurs lignes noires. — Nord de la France.

2. HALIPLUS OBLIQUUS.

Fabr., 1, 270, 69. — *Amœnus*, Oliv.. 3, 40. 58, pl. 5, fig. 50. — Long. 1 lig. ¼. Larg. ¼ de lig. — Jaune ; élytres striées, noires. avec deux bandes ondées interrompues et l'extrémité jaunes.

Var. Plus foncé ; élytres noires, avec le bord, une tache près de l'extrémité, et plusieurs lignes sur le disque, pâles. — Paris.

3. HALIPLUS FERRUGINEUS.

Linn.. *Syst. Nat.*, 2, 266, 16.— *Fulvus*, Fabr., *Var.*, 61, 271, 70. — Long. 1 ¼. Larg. 1 lig. — Ovale, convexe, ferrugineux ; élytres profondément ponctuées et striées, légèrement olivâtres ; corselet ponctué. — Paris.

Var. Stries des élytres rembrunies, avec des taches éparses, oblongues, d'un brun noir. — Paris.

4. HALIPLUS BISTRIOLATUS.

Duft., *Fauna.*—*Lineatocollis*, Gyll.. *Ins. Suec.*, 1, 549.— Ovale, convexe ; tête noire ; corselet pâle, ponctué, avec deux impressions longitudinales courtes à l'extrémité, et une petite tache noire au milieu ; élytres olivâtres, fortement ponctuées, avec des stries longitudinales et quelques petites taches noires ; dessous du corps et pattes jaunes.— Paris.

5. HALIPLUS IMPRESSUS.

Fabr., 1, p. 27, 71. — Oliv., 3, 40, 42, pl. 4, fig. 40. — Long. 1 lig. ¼. Larg. ¼ de lig.—D'un jaune-ferrugineux ; élytres avec des stries noires. profondément ponctuées. et quelques petites taches foncées.— Paris.

Nota. Nous ne connoissons pas le genre *Hydrocanthus* de M. Say, formé sur deux espèces de l'Amérique du Nord (*Transac. Am. Soc.*. t. II). Il le caractérise par des palpes labiaux à dernier article entier,

élargi et comprimé. Il a la forme des *No-*
terus, mais les hanches conformées comme
celles des *Haliplus*.

CNEMIDOTUS, Illig., Erich.

Diffèrent des *Haliplus* par le dernier
article des palpes maxillaires, qui est grand
et conique.

Ce genre a été établi par Illiger, dans son
Magasin, 1, p. 373.

CNEMIDOTUS CÆSUS.

Duft., *Faun.* — Long. 1 lig. $\frac{2}{3}$. Larg.
1 lig. — Tête et corselet jaunes, ce
dernier avec quelques gros points enfoncés
en arrière; élytres olivâtres, très-fortement ponctuées; dessous du corps et pattes
jaunes. — Paris.

DEUXIÈME TRIBU.

GYRINITES.

Caractères. Antennes courtes en massue,
le deuxième article prolongé extérieurement en forme d'oreillette; pattes antérieures beaucoup plus longues que les autres, avancées en forme de bras, les quatre
postérieures dilatées en forme de lames
membraneuses. — Les tarses des mêmes également dilatés et disposés en falbalas. —
Yeux partagés en deux par les bords latéraux
de la tête. — Extrémité de l'abdomen dépassant les élytres.

Les *Gyrinites* sont des insectes pourvus
d'ailes; leurs élytres un peu métalliques
reflètent à la surface des eaux la lumière du
soleil, de manière à les faire paraître comme
autant de points animés et saillans; l'extrême agilité de leurs mouvemens dans
toutes les directions leur a fait donner le
nom de *Tourniquet.* On les voit presque toujours en grand nombre à la surface des eaux,
où ils plongent avec une célérité remarquable dès qu'ils sont menacés du moindre
danger.

Les *Gyrinites* ont le tube alimentaire
quatre fois aussi long que le corps; l'œsophage gros, le jabot très-lisse, membraneux,
le gésier ovale oblong. garni intérieurement
de pièces propres à la suturation; le ventricule chylifique est court, hérissé de pupil-
les conoïdes; l'intestin grêle est filiforme,
deux fois aussi long que le corps. séparé
par une légère contracture du cœcum, celui-ci est un peu renflé. avec des plissures
transversales: les vaisseaux biliaires ressem-

blent à ceux des *Dytiscetes ;* les ovaires
sont composés d'une vingtaine de gaines,
les crochets vulvaires sont très-ciliés.

Les larves des *Gyrinites* ont le corps linéaire, mince, de 13 anneaux, les trois premiers portant une paire de pattes, et les
six suivans ont de chaque côté de longs filets flexibles, le dernier est très-petit et terminé par quatre crochets; les pattes sont
fort longues. Ces larves, pour se métamorphoser, filent une coque de soie de forme
ovale, pointue à ses deux extrémités.

Genres: *Gyrinus, Porrorhynchus, En-*
hydrus, Dyneutes, Adelotopus.

Nota. L'on a établi dans ces derniers
temps quelques autres genres parmi les
Gyrinites, mais leur adoption ne nous a
pas paru nécessaire dans un ouvrage élémentaire, tels sont ceux : 1° d'*Orectochilus*,
Esch., formé sur des espèces à écusson apparent, à labre avancé et à palpes labiaux
tronqués, et 2° de *Gyretes*, Brullé, à écusson caché, à labre arrondi et à languette
échancrée.

GYRINUS, Fabr., Oliv.. Latr.

Palpes filiformes au nombre de six. —
Écusson visible, triangulaire. — Corps
ovale. — Espèces d'assez petite taille en
général. luisant et décrivant sur l'eau des
cercles nombreux.

1. GYRINUS NATATOR.

Fabr., 1, 274, 1. — Oliv., 3, 41, 1,
pl. 1, fig. 1. — Long. 2 lig. $\frac{1}{2}$. Larg. 1 lig. $\frac{1}{4}$.
— D'un noir bronze brillant; élytres striées;
leur bord inférieur, le devant de la poitrine et les pattes rougeâtres. — Paris.

2. GYRINUS MARINUS.

Gyll., *Ins. Suec.*, 1, 143. 4. — Long.
2 lig. $\frac{1}{2}$. Larg. 1 lig. $\frac{1}{4}$. — D'un noir bronzé;
élytres striées; dessous du corps cuivreux;
pattes rougeâtres. — Paris; on le trouve
quelquefois dans les eaux salées.

3. GYRINUS STRIATUS.

Fabr.. 1, 275. 9. — Oliv., 3, 41. 2.
p. 1, fig. 2. — D'un vert-bronzé brillant; élytres fortement striées, avec leurs bords et
les pattes d'un jaune clair. — France.

4. GYRINUS LINEATUS.

Hoff.. *Urinator. Germ.* — Long. 3 lig. $\frac{1}{2}$.
Larg. 1 lig. $\frac{1}{4}$. — D'un noir-bronze. à reflets
irisés sur les élytres; celles-ci striées; bord
inférieur des élytres. dessous du corps et
pattes rougeâtres; poitrine noirâtre. —
France.

5. GYRINUS MINUTUS. (Pl. 11, f. 7.)
FABR., 1, 276, 10. — *Bicolor*, OLIV.,
3, 41, 8, pl. 1, fig. 8. — Long. 1 lig. ¼.
Larg. ¼ lig. — D'un noir un peu verdâtre; élytres striées; bord inférieur des élytres, dessous du corps et pattes rougeâtres. — Paris.

6. GYRINUS BICOLOR. (Pl. 11, fig. 8.)
PAYK., *Faun. Succ.*, 1, 239, 2. — FABR.,
1, 274, 2. — Long. 3 lig. Larg. 1 lig. —
D'un vert-olivâtre luisant, très-allongé; élytres striées, leur suture et leur bord d'un vert métallique; bouche et pattes rougeâtres. — France.

7. GYRINUS DEJEANI.
BRULLÉ, *Expéd. sc. de Morée, Ins.*,
p. 128, n° 161, pl. 34, t. X. — Long. 3 lig.
Larg. 1 lig. — Noir; dessus du corps d'un verdâtre obscur et lisse; élytres avec des stries ponctuées qui diminuent de profondeur en s'approchant de la suture; antennes vertes; pattes et palpes rougeâtres: ♂ beaucoup plus allongé, plus étroit que les ♀; les élytres sont presque parallèles. — Laconie, Morée.

8. GYRINUS VILLOSUS.
FABR., 1, 276, 14. — ILLIG., *Kæf. preuss.*,
1, 271, 2. — Long. 2 lig. ½. Larg. 1 lig. ½.
— Olivâtre, couvert en dessus d'un léger duvet gris; élytres entières; bord inférieur des élytres; dessous du corps et pattes rougeâtres. — Paris.
Nota. Cette espèce est le type du genre *Orectichilus*, d'Eschs.

9. GYRINUS ÆNEUS.
BRULLÉ, *Hist. nat. des Ins.*, t. II, p. 241.
— Long. 4 lig. Larg. 2 lig. — Cuivreux; élytres lisses, échancrées à leur extrémité, avec une forte épine au bord extérieur; bord inférieur des élytres et dessous du corps noirs; pattes rouges, les antérieures plus foncées. — Cayenne. Cet insecte est le type du *Gyretes*.

PORRORHYNCHUS, LAP.

Antennes courtes, insérées dans une cavité devant les yeux, à articles très-serrés, le dernier grand et tronqué obliquement à son extrémité. — Labre très-grand, très-avancé en pointe, cilié. — Palpes maxillaires à trois premiers articles courts, le dernier plus grand et tronqué à son extrémité. — Mandibules arquées et aiguës. — Tarses antérieurs courts, avec deux poils épineux sous chaque article. — Tête grande, avancée en pointe en avant. — Corselet transversal, à bords latéraux droits, allant en arrière en s'élargissant. — Bord antérieur très-avancé au milieu, à angles très-marqués; bords postérieurs presque droits, un peu arrondis au milieu. — Élytres larges, convexes au milieu. — Pattes antérieures très-longues, dépassant de beaucoup le corps; les autres courtes et semblables à celles des *Gyrinus*.

PORRORHYNCHUS MARGINATUS.
LAP., *Études Entom.*, p. 108. — Long.
7 lig. Larg. 3 lig. ½. — Cuivreux, un peu bronzé; bords latéraux du corselet et ceux des élytres jaunes, ces derniers avec un point noir vers le tiers de leur longueur; les élytres sont dentelées en arrière sur les bords latéraux, et l'extrémité présente trois épines: celle près de la suture très-peu marquée, et les deux autres très-fortes et très-aiguës; dessous du corps d'un jaune clair; pattes de même couleur, les antérieures plus brunes, finement dentelées au côté interne, avec l'extrémité des cuisses et la base des jambes noires. — Java.

ENHYDRUS, LAP.;
Gyrinus, WIEDM., GUÉRIN, PERTY.

Ce genre diffère des *Gyrinus* par ses jambes antérieures dilatées à l'extrémité. — Les tarses des mêmes pattes très-élargis, aplatis, spongieux en dessous, avec deux rangées de dents assez fortes au côté interne. — Les deux crochets du dernier article sont forts.

ENHYDRUS SULCATUS.
WIEDM.; GERM., *Mag. Entom.*, 4, p. 119
— GUÉRIN, *Icon. Reg. Anim.*, pl. 8, t. VIII
— PERTY, *Ins. Voy. de Spix et Mart.*, p. 16
pl. 3, t. XVI. — Long. 8 lig. Larg. 5 lig.
— D'un bronzé obscur, à beaux reflets violets; élytres avec des stries longitudinales fortes et nombreuses; dessous du corps et pattes noirs. — Brésil.

DYNEUTES, MAC-LEAY;
Gyrinus, FABR., OLIV., etc.

Palpes au nombre de quatre: les labiaux filiformes, les maxillaires un peu en masse. — Point d'écusson visible. — Corps ovale, un peu aplati, légèrement élargi postérieurement.
Espèces généralement de grande taille et exotiques.

1. DYNEUTES POLITUS.

MAC-LEAY, *Ann. Jav.*, édit. Leq.. p. 133.
— Long. 8 lig. ¼. Larg. 5 lig. — D'un noir
verdâtre cuivreux; élytres lisses, arrondies
vers l'extrémité, avec un léger sinus; bord
inférieur des élytres, dessous du corps et
pattes rougeâtres. — Java.

2. DYNEUTES SINUOSIPENNIS.

Long. 6 lig. ¼. Larg. 3 lig. ½. — Un peu
allongé, noir peu brillant; élytres lisses,
offrant au bord extérieur et près de l'extrémité une petite sinuosité, et terminées par
une petite pointe obtuse, arrondie; dessous
du corps et pattes d'un brun rougeâtre. —
Thibet.

3. DYNEUTES AMERICANUS.

FABR., 1, 275, 4.—OLIV., 3, 41, 5 p. 1,
fig. 5.—Long. 4 lig. ¼. Larg. 2 lig. ½.—Noir
peu luisant; élytres lisses, arrondies au bord
extérieur, un peu tronquées à l'extrémité,
avec une légère dépression; dessous du
corps et pattes d'un brun-rougeâtre. —
Amérique du Nord.

4. DYNEUTES VARIANS.

Long. 8 lig. Larg. 5 lig. — Noir; élytres avec quelques côtes assez faibles vers
le bord extérieur et à l'extrémité; pattes
d'un brun noir. — Dongola.

ADELOTOPUS, HOPE.

Antennes de onze articles, dont le premier grand, le deuxième petit et arrondi,
le troisième petit, menu, tous les autres
formant une massue renflée.—Labre transversal. — Mâchoires à lobe interne, aigu,
garni intérieurement de cils; le lobe interne ovalaire.—Palpes maxillaires courts,
de quatre articles, le dernier ovale et tronqué. — Les labiaux à article terminal
grand et tronqué — Menton grand, corné,
émarginé, avec une dent obtuse. — Tarses
simples, de la longueur des jambes; crochets droits. — Corps oblong. — Tête enfoncée dans le corselet. — Mâchoires fortes
et cornées, armées intérieurement de deux
dents obtuses.—Corselet conique, tronqué
en avant, aussi large que les élytres en arrière. — Prosternum pointu, prolongé entre
les pattes antérieures. — Pattes courtes,
les cuisses dilatées en avant. — Les jambes
dans les fossettes.

1. ADELOTOPUS GYRINOIDES.

HOPE, *Trans. Soc., Ent. of London*, n° 1,
p. 12, pl. 1. — Long. 2 lig. ¼. Larg. 1 lig.
— D'un noir brillant; côtés du corselet et
pattes couleur de poix. —Ce singulier insecte vient des établissements anglais de la
rivière des Cygnes, à la Nouvelle-Hollande.

TROISIÈME FAMILLE. — BRACHÉLYTRES, CUV.

Caractères. Quatre palpes. — Antennes
ordinairement composées d'articles lenticulaires. — Presque tous ces insectes ont les
élytres beaucoup plus courtes que l'abdomen.

PREMIÈRE SOUS-FAMILLE. — MICROPTÈRES, GRAV.

Tarses ayant le plus souvent cinq articles
visibles extérieurement. — Ils ont le faciès
des *Forficules.*—La tête est généralement
grande. — Les mandibules fortes. — Les
antennes courtes. — Le corselet assez large.
—Les élytres très-courtes, recouvrant des
ailes. — Abdomen dépassant notablement
les élytres. — L'anus garni de deux vésicules, que l'insecte fait sortir à sa volonté,
et d'où il s'échappe une vapeur subtile qui
souvent a l'odeur de l'acide sulfurique. —
Les pattes sont fortes. — Les tarses antérieurs sont souvent dilatés.

Ils sont très carnassiers, courent avec vitesse, et alors relèvent leur abdomen. Ils
vivent dans la terre, sous les pierres, etc.

La larve est carnassière et ressemble à
l'insecte parfait; sa forme est conique; le
dernier segment est muni de deux appendices coniques et velus.

Nous empruntons au travail de M. Léon
Dufour (*An. Sc. nat.*, 1824, octobre) le
passage suivant sur les organes de la digestion de ces insectes.

« Dans les Staphylinus proprement dits,
le canal alimentaire a tout au plus deux fois
la longueur de l'insecte. Il n'offre de différence essentielle avec celui des carnassiers

précédens (*Carabiques* et *Hydrocantha-res*), que l'absence d'un jabot. L'œsophage, qui est presque capillaire, conserve un diamètre uniforme jusqu'a son embouchure dans le gésier. Celui-ci, logé dans le mésothorax, est ellipsoïde ou oblong, roussâtre, et ses parois ont une consistance élastique. Il est garni en dedans de quatre arêtes brunes, allongées, faiblement cornées, composées d'une imbrication de dents très-acérées, sétiformes, dont les pointes, disposées en brosse, sont dirigées vers l'axe de l'organe. Ces arêtes sont creusées en gouttière et effilées en avant, où elles convergent pour la formation d'une valvule. Chacune d'elles m'a paru, dans les quatre Staphylius que j'ai désignés, divisible en plusieurs lanières garnies de soies. Cette même organisation existe aussi dans le *Staphylinus Politus*, dont Ramdohr a figuré le canal digestif. Le ventricule chylifique est allongé, hérissé de papilles un peu moins prononcées que celles des *Dytiques*; elles sont plus longues et plus uniformes dans le *S. Olens* et le *S. Politus*, que dans l'*Erytropterus*, où vers la fin de l'organe elles ressemblent à des granulations. Dans le *S. Punctatissimus*, les papilles se présentent sous la forme de granulations arrondies, terminées par un petit bec que la loupe seule rend sensible dans les contours de l'organe. Vers la partie postérieure de celui-ci, elles sont plus rares, plus grêles, plus saillantes. Ces papilles, surtout les granuleuses, qui sont très-apparentes dans l'insecte vivant ou tout récemment mort, s'effacent presque tout-à-fait après une demi-heure de macération. L'intestin grêle est filiforme, plus ou moins flexueux. Le cœcum forme, dans le *S. Olens* et le *Punctatissimus*, une dilatation très-distincte, ovale, arrondie. Il est allongé et moins ample dans les deux espèces.

Le tube digestif des *Pedères* a la même longueur respective que dans les *Staphylins*. On serait tenté de prendre pour un jabot la dilatation allongée qui précède le ventricule chylifique ; mais un œil attentif, aidé de la loupe, distingue à travers les parois de cette dilatation quelques traits d'un brun pâle, que l'analogie, malgré toute ma sobriété pour l'invoquer, doit faire regarder comme l'indice des écailles intérieures qui caractérisent le gésier des *Staphilins*. Le ventricule du chyle est fort long. Il forme à peu près les deux tiers de tout le canal, et est tout chagriné par des points papillaires rendus à peine sensibles par le microscope, et qui s'effacent même vers la partie postérieure du ventricule. L'intestin grêle est fort court, et le cœcum oblong et peu distinct. »

PREMIÈRE TRIBU.

SAPHYLINIDES,
Mannerh.

Fissilabres, Latr.

Labre échancré. — Tête nue et séparée du corselet par un cou ou un étranglement visible.

Cette tribu comprend les plus grandes espèces connues parmi les *Brachélytres*; ils répandent presque tous une odeur plus ou moins désagréable lorsqu'on les saisit, et rejettent une liqueur contenue dans deux vésicules rétractiles placées près de l'anus. — Les hanches des deux palpes antérieurs sont très-grandes. — Les mandibules sont fortes. — Ils courent avec vitesse, et alors relèvent leur abdomen. — Les tarses antérieurs sont généralement dilatés, surtout dans les mâles. — Ces insectes habitent les endroits les plus sales, tels que les matières excrémentielles, les champignons pourris, les matières en putréfaction, les charognes ; quelques-uns se trouvent sous les pierres et les écorces des arbres; leur larve est conique et allongée ; le dernier anneau se prolonge en forme de tube ; il est muni de deux appendices velus.

OCYPORITES.

Palpes labiaux sécuriformes.
Genres : *Oxyporus, Astrapæus*.

OXYPORUS, Fabr.;
Staphylinus, Linné.

Antennes courtes, épaissies vers l'extrémité; le premier article allongé et renflé, le deuxième très-petit, les troisième et quatrième presque orbiculaires, les suivans transversaux. — Palpes maxillaires filiformes, les labiaux terminés par un article transversal et en demi-cercle. — Tarses grêles, le deuxième article un peu plus long que les autres, les antérieurs non dilatés. — Tête grande. — Mandibules longues, très-avancées. — Corselet arrondi, convexe, tronqué en avant. — Écusson très-petit. —

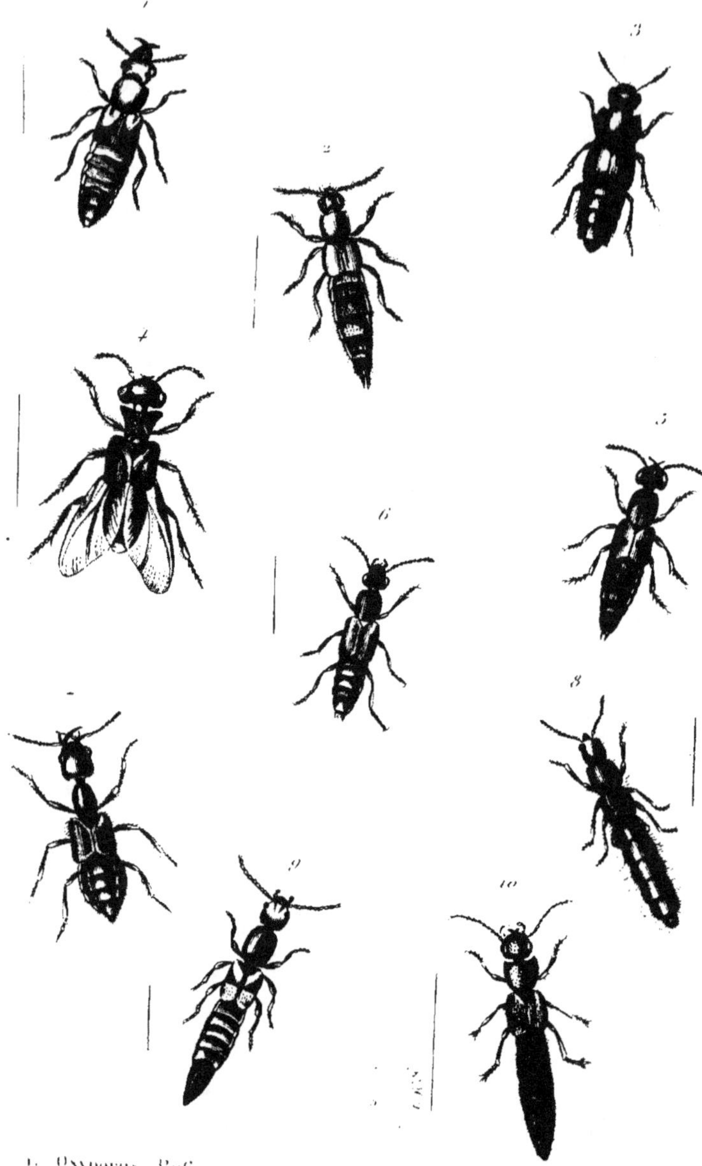

1. Oxyporus Rufus.
2. Astrapaeus Ulmineus.
3. Velleius Dilatatus.
4. Leistrophus Gravenhorsti.
5. Staphylinus Biplagiatus.
6. Staphylinus Bicolor.
7. Stercutia Violacea.
8. Platyprosopus Fallax.
9. Lathrobium Elongatum.
10. Taenodema Semicyanea.

Elytres carrées. — Abdomen épais, large, court, rebordé. — Pattes assez fortes.

Insectes de taille moyenne, propres aux contrées tempérées des deux mondes : on les trouve dans les bolets.

1. OXYPORUS RUFUS. (Pl. 12, fig. 1.)
LINN., FABR., 2, 604, 1. — OLIV., 3, pl. 1, t. 1. — Long. 4 lig. Larg. 1 lig. ¼. — Rouge ; tête, les deux derniers segmens de l'abdomen, dessous de la poitrine et partie postérieure des élytres, noirs, la base de celles-ci jaunes. — Paris.

2. OXYPORUS MAXILLOSUS.
FABR., *Ent. Syst.*, O., n° 2. — PANZ., *Faun. Germ.*, II. 46, t. XX. — GRAV., *Microp.*, p. 152. — Long. 3 lig. — D'un brun-jaunâtre ; tête, corselet et angles postérieurs plus obscurs. — Allemagne.

3. OXYPORUS SCHOENHERRII.
SAHLBERG, *Ins. Fennica.* — MANNERHEIM, *Staph.*, p. 19, n° 3. — Long. 3 lig. ¼. Larg. 1 lig. ¼. — Noir, glabre ; antennes, jambes, tarses et élytres jaunes ; les angles postérieurs externes de celles-ci noires. — Finlande.

ASTRAPOEUS, GRAV. ;
Staphylinus, ROSSI.

Diffère du genre *Oxyporus* par ses palpes, qui sont tous terminés par un article grand et presque en triangle, et par les tarses, dont les antérieurs sont dilatés. — Les mandibules sont beaucoup moins avancées. — Tête assez petite. — Corselet arrondi en arrière, tronqué en avant. — Elytres moins courtes que dans les Oxyporus ; la forme générale est plus allongée. — Ils habitent sous les écorces.

ASTRAPOEUS ULMINEUS. (Pl. 12, fig. 2.)
FABR., 2, 595. — *Ulmi*, ROSSI. — OLIV., *Ent.*, t. III, n° 42, p. 17. — Long. 4 lig. ½. Larg. 1 ¼. — D'un noir luisant ; élytres, partie de la bouche, antennes et extrémité de l'avant-dernier segment de l'abdomen rouges ; abdomen un peu irisé. — Europe et Nord de l'Asie. Sous les écorces de l'orme.

Nota. L'*Astrapœus Rufipes.* Latr., *Genera*, t. I, p. 285, forme, pour les entomologistes anglais, le genre *Tasgius*, Leach ; voyez l'exellent catalogue des insectes d'Angleterre de M. Stephens, ouvrage qui s'éloigne tellement de tous les catalogues de collections, que, sous le rapport de la

synonymie, il peut être comparé à l'admirable travail de Schœnherr.

STAPHYLINITES.

Palpes labiaux filiformes, de même que les maxillaires. — Antennes insérées devant les yeux. — Corps ordinairement un peu renflé.

Genres : *Velleius, Creophilus, Leistrophus, Emus, Smilax, Hematodes, Staphylinus, Cafius, Physetops, Gyrohypnus.*

VELLEIUS, LEACH, MANNERHEIM ;
Staphylinus, FABR., GYLL., PAYK., MARSH.

Antennes longues, le premier article long, le deuxième court, le troisième long, tous ceux de quatre à dix prolongés intérieurement en dents de scie, le dernier ovale et pointu. — Palpes filiformes. — Corselet presque orbiculaire, tronqué en avant, beaucoup plus large que les élytres.

La seule espèce connue habite les nids de frelons ; elle est rare.

VELLEIUS DILATATUS. (Pl. 12, fig. 3.)
FABR., 2, 592, 14. — GYLL. *Ins. Succ.*, t. II, p. 299. — Noir ; corselet presque orbiculaire, dilaté sur les côtés ; ceux-ci d'un bronzé luisant ; antennes à dernier article brunâtre ; élytres velues, l'angle huméral brunâtre. — France.

CREOPHILUS, KIRBY, MANNERHEIM, STEPH. ;
Staphylinus, LINNÉ, FABR., DEGEER, GYLL., MARSH.

Antennes courtes, les cinq derniers articles élargis, transversaux ; le dernier tronqué obliquement. — Palpes filiformes. — Tête et corselet glabres. — Corselet élargi en avant, à angles antérieurs saillans ; la surface est glabre.

Ces insectes se trouvent dans les bouses.

1. CREOPHILUS MAXILLOSUS.
LINNÉ, FABR., 2, 592, 11. — OLIV., 3, 42, 9, pl. 1, fig. 5. — Long. 7 lig. Larg. 2 lig. ¼. — D'un noir brillant ; une bande transversale sinuée, grise sur les élytres ; une autre sur l'abdomen, interrompue dans son milieu ; celui-ci gris en dessous, à l'exception des deux derniers segmens. — Paris.

2. CREOPHILUS VARIEGATUS.
MANNERHEIM, *Staph.*, p. 20, n° 2. —

Long. 6 lig. Larg. 2 lig.—Tête et corselet noir, brillant; élytres et abdomen, avec des bandes irrégulières, velues et cendrées, bords postérieurs des élytres jaunes, leur angle huméral est d'un noir luisant; dessous du corps noir, varié de cendré, avec le rebord inférieur des élytres brun. — Brésil.

LEISTROPHUS, Perty ;
Schyzochilus, Gray.

Antennes assez courtes, grêles ; le premier article très-long, très-grêle ; le deuxième court, le troisième long, le quatrième de la longueur du deuxième, le cinquième un peu plus court ; tous ces articles sont très-grêles ; le sixième est court, presque grenu ; les suivans sont semblables ; le dernier est long et pointu. — Palpes filiformes, à dernier article court, grêle, pointu ; les maxillaires beaucoup plus longs que les labiaux. — Labre très-fortement bifide. — Tarses dilatés dans les deux sexes, à quatre premiers articles larges, transversaux, ciliés, et garnis en dessous de fortes pelottes membraneuses. — Les crochets antérieurs sont longs. — Tête large, très-grande, transversale, presque concave en avant. — Mandibules des mâles très-grandes, très-avancées, très-arquées, grêles et aiguës, ayant dans leur milieu une avance anguleuse et un peu dentelée ; celles des femelles cachées sous le labre. — Corselet beaucoup plus petit que la tête, presque triangulaire, élargi en avant, à angles antérieurs très-avancés, arrondis en arrière. — Elytres beaucoup plus larges que le corselet, presque carrées. — Ecusson grand, arrondi en arrière. — Pattes assez longues.

Nota. Ce genre a été établi vers la même époque, par MM. Perty et Gray ; mais ces deux entomologistes n'ont connu qu'un seul des sexes.

LEISTROPHUS GRAVENHORSTI. (Pl. 12, fig. 4.)

Perty, *Voyage de Spix et Mart., Ins.,* p. 32, pl. 7, fig. 6. — *Brasiliensis.* Gray ; *Anim. Kingdom, Ins.,* p. 304, pl. 32, fig. 3. — Long. 8 lig. Larg. 2 lig. $\frac{1}{2}$. — Dessus du corps verdâtre, varié de jaune et de fauve, velu ; abdomen avec les deux premiers segmens jaunes, les cinquième et quatrième bruns, les derniers fauves. — Brésil.

EMUS, Leach, Mannerheim ;
Staphylinus, Linn., Fabr., Grav., Gyll., Kirby.

Antennes courtes, assez fortes, à premier article long, fort ; le deuxième court, le troisième plus long, les deux suivans à peu près égaux, les sixième, septième, huitième, neuvième et dixième transversaux, le dernier ovalaire et pointu. — Palpes filiformes, à dernier article grêle et pointu. — Tarses antérieurs très-dilatés, formant une sorte de palette. — Corps généralement velu. — Tête grande. — Mandibules fortes, aiguës. — Corselet de la largeur de la tête, presque triangulaire, arrondi en arrière. — Elytres presque carrées. — Pattes fortes.

1. EMUS HIRTUS.
Fabr., 2, 589, 2.—Oliv., 3, 42, 7, pl. 1, fig. 6. — Long. 8 lig. Larg. 2 lig. $\frac{1}{2}$. — Noir, légèrement velu ; tête, presque tout le corselet et les trois derniers segmens de l'abdomen couverts de poils d'un jaune doré ; une large bande transversale grise occupe la partie postérieure des élytres. — Paris. Rare.

2. EMUS NEBULOSUS.
Fabr., 2, 590, 3. — Long. 6 lig. Larg. 2 lig. — D'un gris jaunâtre varié de brun, pubescent ; écusson noir, avec une petite ligne jaune au milieu ; les quatre premiers articles des antennes, les genoux et les jambes d'un brun clair ; côtés du corselet comprimés et échancrés postérieurement. — Paris. Rare.

3. EMUS MURINUS.
Fabr., 2, 590, 4. — Oliv., 3, 42, 15, pl. 6, fig. 51, *a. b.* — Long. 6 lig. Larg. 1 lig. $\frac{1}{2}$. — Diffère du *S. Nebulosus* par sa forme plus allongée, sa couleur légèrement cuivreuse, ses pattes noires et les côtés du corselet entiers. — Paris.

4. EMUS PUBESCENS.
Fabr., 2, 590, 6. — Oliv., 42, pl. 2, fig. 15. — Long. 4 lig. $\frac{1}{4}$. Larg. 1 lig. $\frac{1}{4}$.— D'un brun nébuleux, velu ; tête couverte de poils d'un jaune un peu doré ; base des antennes et pattes rougeâtres ; dessous du corps couvert d'un duvet argenté. — Paris.

Nota. Ajoutez à ce genre les *Emus Speciosus* et *Inauratus,* Mannerheim (*Staph.*), ainsi que les *St. Chrysocephalus* et *Chloropterus* de Grav.

SMILAX, Lap.

Antennes de onze articles, courtes, très-velues, allant en diminuant de grosseur de la base à l'extrémité ; premier article gros, un peu triangulaire ; deuxième plus grêle, court ; le troisième un peu plus long et plus élargi que les suivans ; tous ceux-ci à peu près égaux, courts ; le dernier échancré transversalement à l'extrémité. — Palpes maxillaires assez longs, à premier article court, le deuxième long, les deux derniers plus grêles, le pénultième allongé, le quatrième pointu. — Les labiaux à premier article court, le deuxième grand, renflé, offrant plusieurs poils épineux ; le troisième asssez long, grêle et pointu. — Lèvre presque carrée, un peu élargie en avant, ayant une faible dent au milieu de son bord antérieur, munie de paroglosses. — Menton carré. — Mâchoires courtes, un peu ciliées en dedans ; labre très-court, transversal. — Mandibules fortes, peu arquées, très-pointues à l'extrémité. — Tarses antérieurs très-dilatés ; les quatre premiers articles formant une sorte de palette très-élargie ; ceux des autres parties des pattes composés d'articles presque carrés, un peu allongés. — Tête assez arrondie, plus étroite que le corselet ; celui-ci un peu transversal, échancré en avant, légèrement arrondi sur les côtés et au bord postérieur, convexe en dessous. — Elytres presque carrées, courtes, tronquées un peu obliquement en arrière. — Abdomen déprimé ; les articles de la base assez larges, et allant en se rétrécissant jusqu'à l'extrémité. — Pattes moyennes, un peu comprimées. — Jambes garnies d'épines.

SMILAX AMERICANUS.

Lap., *Etud. Entom.*, p. 117. — Long. 6 lig. Larg. 2 lig. ½. — Très-velu ; tête et corselet d'un bleu brillant ; antennes et palpes un peu rougeâtres ; élytres finement granuleuses, entièrement couvertes de longs poils bruns, et parsemées de petits tubercules ; abdomen noirâtre, velu, avec l'anus rouge ; pattes d'un brun rouge. — Cayenne et Brésil.

HEMATODES, Lap.

Antennes très-courtes, pas plus longues que la tête : le premier article grand, le deuxième moyen, tous les suivans très-courts, très-serrés, larges, allant en grossissant, et formant une sorte de massue ; le dernier échancré au bout. — Palpes assez forts, velus, presque filiformes, le dernier article un peu pointu. — Tarses très-courts, surtout les antérieurs : ceux-ci à articles transversaux très-élargis ; le cinquième presque carré ; ceux des autres paires de pattes, courts, presque filiformes. — Tête assez grande, de la largeur du corselet. — Chaperon transversal. — Labre arrondi en avant. — Mandibules assez fortes, arquées. — Corselet un peu avancé au milieu, en avant, presque droit latéralement, arrondi en arrière. — Ecusson très-petit. — Elytres courtes. — Abdomen assez long. — Pattes larges, comprimées. — Jambes très-élargies.

HEMATODES BICOLOR.

Lap., *Etud. Ent.*, p. 113, pl. 3, f. 6. — Long. 7 lig. Larg. 2 lig. ½. — D'un rouge luisant, garni de poils noirs assez longs, placés surtout latéralement ; dessous de la tête et côtés du corselet noirs ; élytres ponctuées, garnies de poils grisâtres ; abdomen noir, velu, avec les deux derniers segmens rouges ; dessous du corps, pattes et antennes noirs, ces dernières couvertes de poils un peu brunâtres, de même que les parties de la bouche ; chaperon jaune ; pattes antérieures dentelées au côté externe, les autres munies de poils épineux. — Cette espèce se trouve à Buénos-Ayres ; on la prend volant dans les broussailles.

STAPHYLINUS, Linn., Fabr.

Antennes insérées entre les yeux, de onze articles moniliformes, dont le premier le plus long, le dernier échancré à l'extrémité. — Palpes filiformes. — Tarses antérieurs dilatés fortement, surtout dans les mâles ; le premier article le plus long. — Tête convexe. — Ecusson petit, triangulaire. — Corselet arrondi en arrière, droit sur les côtés et tronqué en avant. — Elytres assez courtes. — Abdomen élargi, presque toujours rebordé. — Pattes moyennes.

Ce genre, très-nombreux en espèces, semble habiter les cinq parties du monde ; on en a trouvé au Groenland et l'on en connaît des contrées équinoxiales ; elles sont d'une taille assez grande, moyenne ou petite ; quelques espèces habitent les bouses ; on en trouve d'autres sous les pierres.

La larve du *Staphylinus Tristis* est décrite par M. Waterhouse, *Trans. Ent., Soc. of London,* n° 1, p. 32, pl. 3, f. 2.

elle est longue de six lignes ; la tête et le prothorax sont coriaces et d'un noir de poix ; le mésothorax et le métathorax un peu moins durs, d'un blanc jaune ; l'abdomen très-mou et de même couleur. Elle se change en nymphe vers la fin de mars, et l'insecte parfait appparaît au milieu du mois de mai.

PREMIER SOUS-GENRE.

Staphylinus proprement dits.

Ocypus, Kirby ;
Ocypus et *Georius*, Leach.

Corselet peu élargi en avant, tronqué antérieurement, avec des points nombreux et irréguliers. — Corps presque glabre, finement pubescent.

1. STAPHYLINUS OLENS.
Fabr., 2, 591, 8. — Oliv., 3, 42, 9, pl. 1, fig. 1. *a, b, c.* — Long. 10 lig. Larg. 3 lig. — Très-légèrement pubescent, très-ponctué, d'un noir mat. — Paris.

2. STAPHYLINUS ERYPTHROPTERUS.
Fabr.. 2, 593, 16. — Oliv., 3, 41, 12, pl. 2, fig. 14. — Long. 8 lig. Larg. 2 lig. — D'un noir mat, pubescent, très finement ponctué ; base des antennes. élytres et pattes rouges ; tout le bord du corselet d'un jaune doré ; écusson noir, velouté ; le bord inférieur du premier segment et une tache oblique sur les quatre suivans, d'un jaune doré. — Paris.

3. STAPHYLINUS CARINTHIACUS.
Dahl. , *in Collect.* — Long. 5 lig. Larg. 1 lig. ¼. — Noir, pubescent ; tête et corselet recouverts d'un léger duvet jaune ; élytres d'un brun-rouge ; cuisses noires ; jambes d'un brun-rouge. — Paris. Très-rare.

4. STAPHYLINUS STERCORARIUS.
Grav., *Coleop. Micr.*, 11, 12. — Oliv., 3, 42, 18, pl. 3, fig. 23. — Long. 6 lig. Larg. 1 lig. ¼. — D'un noir mat, pubescent ; antennes, élytres et pattes d'un brun clair ; abdomen taché de jaune — Écusson noir. — Paris.

5. STAPHYLINUS FOSSOR.
Fabr., 2, 593, 18. — Panz., *Faun. Germ.*, 27, pl. 6. — Long. 6 lig. Larg. 2 lig. — Noir, pubescent ; partie postérieure de la tête, corselet, base des élytres, d'un brun violet ;

extrémité des élytres et jambes jaunes ; antennes et dessous du corps noirâtres. — Paris. Rare.

6. STAPHYLINUS BRUNNIPES.
Fabr., 2, 595, 26. — Oliv., 3, 42, 13, pl. 1, fig. 7, *a, b.* — Larg. 6 lig. Long. 1 lig. ¼. — Noir, très-ponctué ; base, dernier article des antennes et pattes d'un brun très-clair. — Paris.

7. STAPHYLINUS CYANEUS.
Fabr., 2, 592. 13. — Oliv.. 3, 42, 14, tab. 1, fig. 4. — Long. 8 lig. ¼. Larg. 1 lig. ¼. — Noir ; tête, corselet et élytres très-ponctués, légérement bleuâtres. — Brésil.

8. STAPHYLINUS POSTICALIS.
Long. 6 lig. Larg. 2 lig. — D'un noir luisant ; tête très-fortement ponctuée, verdâtre ; parties de la bouche, élytres, et deux derniers segmens de l'abdomen rougeâtres ; pattes et antennes brunâtres. — Brésil.
Nota. Cette espèce me semble voisine du *Rufipennis* de Fabricius ; mais elle s'en distingue surtout par la couleur de l'abdomen.

9. STAPHYLINUS TERMINALIS.
Long. 5 lig. Larg. 1 lig. ¼. — D'un noir obscur ; deux derniers segmens de l'abdomen oranges ; antennes et parties de la bouche rougeâtres. — Brésil ?

10. STAPHYLINUS MORIO.
Grav., *Coleop. Micr.*. 6, 4. — *Monogr.*, 112, 121. — *Similis*, Oliv., *Ent.*, pl. 5, 42. — Long. 5 lig. Larg. 1 lig. ¼. — D'un noir obscur ; tête et corselet brillans ; ce dernier très-finement ponctué et offrant une carène longitudinale faibe ; tarses brunâtres. — Paris.

11. STAPHYLINUS ÆNEOCEPHALUS.
Grav., *Monogr.*, 8, 8. — Gyll. *Faun.* I, part. 2, p. 292, n° 12. — Long. 6 lig. Larg. 1 lig. ¼. — Noir, pubescent ; tête et corselet d'un bronzé brillant, très-finement ponctués ; élytres et tarses d'un brun-jaune ; abdomen avec des lignes longitudinales cendrées. — Paris. Rare.

12. STAPHYLINUS LUTARIUS.
Grav., *Monogr. Micropt.* — Long. 6 lig. Larg. 2 lig. — Noir, légérement velu ; tête et corselet couverts d'un duvet jaune ; élytres d'un brun clair ; jambes de même couleur ; cuisses noires ; antennes brunes ; le premier article noir ; abdomen taché de jaune. — Paris. Rare.

13. STAPHYLINUS FUSCATUS.
GRAV., *Monogr. Micropt.*—Long. 6 lig. larg. 1 lig. 1/2. — Noir, très-fortement ponctué; corselet avec une carène longitudinale; pattes un peu brunes. — Paris.

14. STAPHYLINUS SIMILIS.
FABR., 2, 594. 9. — OLIV., 42, pl. 5. fig. 42. — Long. 6 lig. Larg. 1 lig. 1/2. — Noir mat, très-ponctué; élytres un peu brunes; tête et corselet avec une petite carène longitudinale au milieu; corselet luisant. — Paris.

15. STAPHYLINUS RUFIPES.
FABR., 2, 600. 61. — OLIV., 42, pl. 4, fig. 35.—Long. 7 lig. Larg. 1 lig. 1/2.—D'un noir brillant, fortement ponctué; élytres avec une teinte bleuâtre; pattes d'un brun noirâtre. — Paris.

DEUXIÈME SOUS-GENRE.

Philonthus,
Philontus, Quedius, Raphirus, Bisnius,
Gabrius, LEACH, STEPHENS.

Corselet presque rond, avec des séries de points sur les côtés. — Corps généralement brillant et de couleur métallique.

PREMIÈRE DIVISION.

Faciès du premier sous-genre, mais une série de points nombreux de chaque côté.

16. STAPHYLINUS BICOLOR. (Pl. 12, fig. 6.)
LAP., *Etud. Ent.*, p. 115, 6. — Long. 6 lig. Larg. 1 lig. 1/2.—D'un beau bleu clair; tête fortement ponctuée; corselet lisse au milieu, avec quatre stries longitudinales de points: les deux du milieu droites, les latérales arquées; quelques points sur les côtés; élytres très-fortement ponctuées, pubescentes, d'un jaune-châtain; parties de la bouche, antennes, pattes et abdomen d'un brun clair; ce dernier avec une bande transversale noire. — Cayenne.

DEUXIÈME DIVISION.

Sect. IV. Subd. I, GYLL.; partie du genre *Philonthus*, LEACH.
Corselet presque rond, tronqué en avant, lisse en dessus, avec quelques gros points sur les bords latéraux, et de chaque côté une série de deux ou trois très-gros.

17. STAPHYLINUS SPLENDENS.
FABR., 2, 594, 21.—Long. 6 lig. Larg.

1 lig. 1/2.—Noir et brillant; élytres d'un vert bronzé; tête un peu plus large que le corselet; celui-ci légèrement sinué sur les bords; son disque très-lisse. — Paris.

18. STAPHYLINUS LAMINATUS.
GRAV., *Monogr.*, 16, n° 17. — Long. 6 lig. Larg. 1 lig. 1/2.—Noir; tête assez étroite, arrondie, d'un vert-cuivreux, ainsi que le corselet; élytres d'un cuivreux un peu bleuâtre; côtés du corselet arrondis; son disque très-lisse. — France, Allemagne.

TROISIÈME DIVISION.

Sect. IV, Subdiv. II. GYLL.; genre *Quedius* et partie des *Philonthus*, LEACH.
Séries dorsales de deux ou trois points.

19. STAPHYLINUS MOLOCHINUS.
GRAV., *Micropt.*, 46, 6.—Long. 3 lig. 1/2. Larg. 1 lig.— Noir et brillant; front lisse, écusson ponctué; élytres courtes, d'un brun-châtain; antennes et pattes d'un brun-ferrugineux. — Paris.

20. STAPHYLINUS IMPRESSUS.
GRAV., *Monogr.*, 35, 51.—PANZ., *Faun.*, 36, fig. 21.—Long. 3 lig. 1/2. Larg. 1 lig.— Noir et brillant; élytres avec trois rangées longitudinales de points enfoncés; leurs bords latéraux postérieurs et la suture d'un brun-rouge; abdomen irisé; bord des segmens brunâtres. — Paris.

21. STAPHYLINUS PRÆCOX.
GRAV., *Monogr.*, 172, 27. — Long. 2 lig. 1/2. Larg. 1/3 lig.—D'un brun-ferrugineux brillant; tête d'un brun noir; élytres finement ponctuées; dessous du corps plus clair. — Paris.

22. STAPHYLINUS ATTENUATUS.
GRAV., *Monogr.*, 27 38.—Long. 2 lig. 1/2. Larg. 1/4 lig. — Allongé; d'un brun noir, brillant; antennes et pattes jaunâtres. — Paris. Rare.

QUATRIÈME DIVISION.

Sect. III, Subdiv. IV, GYLL.; genres *Philonthus, Confius* et *Bisnius*, LEACH.
Séries dorsales de quatre points.

23. STAPHYLINUS CYANIPENNIS.
FABR., 2, 597, 37.—*Amœnus*, OLIV., 42, pl. 4. fig. 36. — Long. 5 lig. Larg. 1 lig. 1/2. — D'un noir luisant; élytres d'un bleu éclatant, passant quelquefois au vert. — Paris, dans les champignons. Très-rare.

Nota. Une espèce très-voisine, mais que je crois distincte, se trouve dans l'Amérique du Nord.

24. STAPHYLINUS ÆNEUS.

Rossi, *Faun. Etr.*, n° 613. — Long. 4 lig. Larg. 1 lig.—Noir et luisant; élytres d'un vert bronzé; tête petite, carrée; corselet sinué sur les bords, avec un petit enfoncement de chaque côté. — Paris. Très-commun.

25. STAPHYLIHUS POLITUS.

Fabr., 2, 594, 22. — Oliv., 3, 42, 25, pl. 2, fig. 10.—Long. 4 lig. Larg. 1 lig.— Noir et brillant, légèrement verdâtre en dessus; premier article des antennes rougeâtre en dessous; tête ovale, plus étroite que le corselet. — Paris.

26. STAPHYLINUS MARGINATUS.

Fabr., 2, 597, 38. — Oliv., 3, 42, 33, pl. 3, fig. 29.—Long. 3 lig. ½. Larg. 1 lig. — Noir et brillant; bords latéraux du corselet et pattes d'un jaune testacé; tête ovale; élytres un peu velues; d'un cuivreux-bleuâtre.—Angleterre, Paris. Très-rare.

27. STAPHYLINUS ALBIPES.

Grav., *Monogr.*, 28, 40. — Long. 3 lig. Larg. ½ lig.—Noir et brillant; tête ovale; élytres brunâtres; pattes et segmens de l'abdomen en dessous, jaunes.—Allemagne, Paris. Rare.

28. STAPHYLINUS CEPHALOTES.

Grav., *Monogr.*, 22, 27. — D'un noir brillant; pattes, extrémité de l'abdomen et bords de ses segmens d'un brun-ferrugineux; tête grande et orbiculaire. — Paris.

Nota. Cette espèce forme le genre *Bisnius* de Leach.

CINQUIÈME DIVISION.

Sect. iv, Subdiv. iv, Gyll.; genre *Philonthus*, Leach.
Séries dorsales de cinq points.

29. STAPHYLINUS VERNALIS.

Grav., *Micropt.*, 75, 67. — D'un noir brillant; tête ovale; parties de la bouche, base des antennes et pattes d'un brun jaune. — Paris.

30. STAPHYLINUS OCHROPUS.

Grav., *Monogr.*, 39, 57. Long. 3 lig. ½. Larg. 1 lig. — Court, d'un noir brillant; élytres d'un brun un peu verdâtre; pattes brunes; antennes un peu velues. — Paris, Suède.

31. STAPHYLINUS EBENINUS.

Grav., *Monogr.*, 170, 21.—Long. 3 lig. ½. Larg. ¼ lig. — Allongé, noir, brillant; tête orbiculaire; élytres d'un cuivreux-verdâtre; pattes d'un brun clair. — Paris.

32. STAPHYLINUS SANGUINOLENTUS.

Grav., *Monogr.*, 36, 53. — Long. 3 lig. Larg. ½ lig. — D'un noir brillant: tête orbiculaire; élytres avec la suture et une ligne sur l'angle huméral rouges; extrémité des cuisses antérieures et quelquefois des intermédiaires jaunes. — Paris.

33. STAPHYLINUS BIPUSTULATUS.

Grav., *Monogr.*, 37, 54. Long. 3 lig. ½. Larg. ¼ lig. — D'un noir brillant; élytres avec une tache oblique et rouge sur chacune, en arrière; pattes noires. — Paris.

SIXIÈME DIVISION.

Sect. iv, Subdiv. v, Gyll., genre *Philonthus*, Leach.
Séries dorsales de six points.

34. STAPHYLINUS FULVIPES.

Grav., *Monogr.*, p. 24, n° 33.—*Cruentatus*, Oliv., n° 34, pl. V, fig. 49.—Long. 3 lig. Larg. ¼ lig.—Noir, brillant; base des antennes et élytres d'un brun-jaune; ces dernières un peu velues; tête arrondie.— Paris, Suède, Allemagne.

35. STAPHYLINUS MICANS.

Grav., *Monogr.*, 76, 69. — Long. 4 lig. Larg. 1 lig. — Noir, brillant, légèrement recouvert d'un duvet soyeux; élytres fortement ponctuées; pattes jaunes; tête ovale. — Paris, Suède.

36. STAPHYLINUS VIRGO.

Grav., *Monogr.*, 69, 45. — Long. 3 lig. Larg. ½ lig. — Noir, brillant; parties de la bouche et tarses d'un brun ferrugineux; élytres très-finement ponctuées; tête presque ovale. — Paris.

SEPTIÈME DIVISION.

Sect. iv, Subdiv. vi, Gyll.
Séries dorsales composées d'un grand nombre de points (une dizaine).—Espèces de petite taille.

37. STAPHYLINUS PUNCTUS.

Panz., *Faun. Germ.*, 2, 27, t. VII. — Long. 3 lig. ½. Larg. 1 lig. — D'un noir brillant; côtés du corselet avec un grand nombre de points; élytres cuivreuses; pattes brunâtres. — Paris. Rare.

HUITIÈME DIVISION.

Sect. v. GYLL. ; genre *Gabrius*, LEACH.
Corselet ovale-oblong. — Corps linéaire
et allongé.

38. STAPHYLINUS CINERACEUS.
GRAV., *Monogr.*, 49, 74. — Long. 4 lig. —
D'un brun presque opaque ; parties de la
bouche, base des antennes et pattes d'un
jaune obscur ; tête carrée ; côtés du corselet
très-fortement ponctués : élytres un peu pubescentes. — Allemagne.

Nota. Pour les espèces de ce genre,
comme pour tous les *Brachélytres*, il faut
consulter les ouvrages de Gravenhorst, de
Gyllenhal, de Mannerheim, etc. M. Arra-
gòna en a aussi décrit plusieurs espèces
dans un petit travail intitulé : *De quibusdam Coleopteris Italiæ.*

CAFIUS, LEACH, MANNERHEIM.

Ce genre ne diffère du précédent que
par les antennes, dont le dernier article n'est
pas échancré à l'extrémité.
Ce sont des insectes de petite taille.

1. CAFIUS NANUS.
GRAV., *Micropt.*, 56, 93. — Long. 3 lig.
Larg. 1 lig. — Noir et brillant ; base des antennes et pattes d'un brun-jaune ; élytres
brunes ; corselet un peu rétréci en arrière,
avec des séries dorsales de cinq points. --
Paris.

2. CAFIUS XANTHOLOMUS.
GRAV., *Micropt.*, 41, 3. — Long. 3 lig.
Larg. 1 lig. — Noir, un peu brillant ; élytres bordées de jaune ; abdomen avec des
lignes longitudinales grises : pattes jaunâtres. — Allemagne, Angleterre.

3. CAFIUS ATERRIMUS.
GRAV., *Monogr.*, 41, 62. — Long. 3 lig.
Larg. 1 lig. — Noir et brillant ; base des antennes brune ; pattes d'un brun-jaune ; tête
oblongue ; corselet avec des séries dorsales
de six points. — Paris.

PHYSETOPS. MANNERHEIM ;
Staphylinus. PALLAS. STURM.

Antennes plus courtes que la tête, à premier article un peu allongé, presque en
massue : les autres à peu près égaux, les
deuxième et troisième presque coniques,
les suivans moniliformes, le dernier
pointu. — Palpes presque égaux, filiformes,
à dernier article un peu plus court que le
précédent, tronqué ; le même des labiaux
élargi. — Tarses antérieurs des mâles élargis. — Corps linéaire allongé. — Tête un
peu renflée, tenant au corselet par un col
peu distinct. — Corselet élargi en avant. —
Élytres carrées, un peu déprimées.

PHYSETOPS TARTARICUS.
PALLAS, *Iter.*, t. II, *App.*, p 30. —
STURM. *Catal.*, p. 61, pl. 4, f. 9. — *Tar-
taricus*, MANNERHEIM, *Préc. Brach.*,
p. 33. — Long. 8 lig. Larg. 2 lig. — Corps
allongé, entièrement noir. — De la Grande-
Tartarie.

GYROHYPNUS, KIRBY, MANNERHEIM ;
Xantholinus, DAHL. ; *Staphylinus.*, FABR.,
GRAV., GYLL. ;
Xantholinus et *Gyrohypnus*, KIRBY.

Diffèrent des *Staphylinus* par leurs tarses antérieurs non sensiblement dilatés. —
Leurs antennes un peu cendrées, composées d'articles plus grenus ; le dernier est
ovalaire et pointu. — Le labre est très-petit. — Jambes antérieures épineuses en dedans. — Forme générale allongée.
Les espèces de ce genre sont de taille
moyenne. Elles se trouvent particulièrement sous les pierres, dans les lieux humides.

1. GYROHYPNUS ELONGATUS.
GRAV., *Microp. Bruns.*, p. 46, n° 66. —
Long. 2 lig. ¼. Larg. ½ lig. — Noir et brillant ; élytres avec des points formant des
sortes de stries peu régulières ; pattes brunâtres. — Paris.

2. GYROHYPNUS FULGIDUS.
GRAV., *Monogr.*, p. 48, n° 71. — Long.
6 lig. Larg 1 lig. ½. — Noir, avec quelques
poils assez longs ; élytres ponctuées, rouges.
— Paris.

3. GYROHYPNUS PYROPTERUS.
GRAV., *Monogr. Micropt.* — Long. 3 lig.
Larg. ½ lig. — D'un noir luisant ; élytres
d'un rouge brillant, avec des points disposés
en stries longitudinales ; la rangée de gros
points de chaque côté du corselet formant
presque une strie. — Paris.

4. GYROHYPNUS ELEGANS.
GRAV., *Micropt. Bruns.*, p. 46, n° 68.
— Long. 5 lig. Larg. ½ lig. — Noir ; cor-
selet, élytres et pattes d'un brun rouge ;

dessous de l'abdomen et antennes brunâtres; élytres fortement ponctuées.—Paris.

5. GYROHYPNUS GODETI.

Long. 3 lig. ¼. Larg. ⅓ lig. — Noir; corselet, extrémité de l'abdomen et pattes d'un brun-rouge ; antennes et élytres un peu brunâtres ; celles-ci fortement ponctuées, avec une petite tache jaune à leur extrémité. — Volhynie.

6. GYROHYPNUS BATYCHRUS.

KNOCH, GYLL., *Ins. Suec.*, t. 1, pars 4, p. 480. — Long. 2 lig. ¼. Larg. ¼ lig. — Noir ; élytres fortement ponctuées, d'un brun-olivâtre; antennes et pattes rougeâtres. — Paris.

7. GYROHYPNUS ALTERNANS.

GRAV., *Monogr.*, p. 48, n° 72. — Long. 3 lig. Larg. ⅓ lig. — D'un brun brillant ; tête, élytres et extrémité de l'abdomen noires; tête carrée. — Midi de la France. *Var.* Elytres noires.

8. GYROHYPNUS OCHRACEUS.

GRAV., *Monogr.*, p. 48, n° 64. — Long. 2 lig. ¼. Larg. ¼ lig. — D'un brunâtre brillant et variable, corselet oblong. — Sous les écorces des arbres ; Allemagne, Paris. Rare.

LATHROBITES.

Tous les palpes filiformes. — Antennes insérées devant les yeux, à la base des mandibules. — Corps généralement linéaire.

Genres *Eulissus, Sterculia, Platyprosopus, Lathrobium, Achenium, Cryptobium, Dolicaon.*

EULISSUS, MANNERHEIM;

Staphylinus, PERTY.

Antennes insérées devant les yeux, à la base des mandibules, plus courtes que la tête, avec le premier article très-grand, très-long ; le deuxième court, presque conique; le troisième grand, en massue ; les autres courts, lenticulaires; le dernier à peine pointu. — Palpes filiformes. — Tarses à articles bifides, avec le dernier un peu plus long.— Corps allongé.— Tête grande, rétrécie en avant. — Corselet trapézoïde, élargi en avant. — Elytres presque carrées. — Pattes courtes.

Ce sont généralement de beaux insectes,

de taille assez grande ; tous sont exotiques; on les trouve dans les bouses.

EULISSUS CHALYBEUS.

MANNERH., *Précis d'un Arrang. des Brachélytres*, p. 35, n° 1.— Long. 10 lig. Larg. 2 lig. — D'un beau bleu très-éclatant; corselet avec quelques poils; élytres fortement ponctuées, d'un beau violet ; pattes d'un brun - rouge ; antennes noires. — Brésil.

Nota. Rapportez aussi à ce genre le *St. Fulgens*, Fabr., *Saphyreus* et *Rutilus*, Perty (*Ins. du Voyage de Spix et Martius*).

STERCULIA, LAP.;

Staphylinus, OLIV.

Antennes de onze articles, courtes, épaisses, soudées avec le premier ; celui-ci très-long, le deuxième court, le troisième presque de la longueur du premier, les suivant très courts, transversaux, allant en grossissant ; le dernier fortement échancré latéralement. — Palpes maxillaires à premier article court, le deuxième le plus long, le troisième renflé, le quatrième court, arrondi à l'extrémité; les labiaux à premier article court, les deux autres à peu près égaux ; le troisième renflé, ovalaire, comprimé. — Menton court, transversal, fortement échancré au milieu, à angles arrondis.—Mandibules fortes, avancées, arrondies. — Tête grande, plus ou moins ovalaire. — Corselet assez long, arrondi en arrière, très-rétréci en avant. — Ecusson triangulaire, arrondi en arrière. — Elytres plus longues que larges, tronquées obliquement en arrière. — Tarses à articles à peu près égaux, ceux des antérieurs un peu triangulaires, les autres filiformes.

1. STERCULIA VIOLACEA. (Pl. 12, fig. 7.)

OLIV., t. III, n° 42, n° 3, pl. 1, fig. 8. — Long. 12 lig. Larg. 1 lig. ¼.—D'un beau bleu-violet, pubescent; mandibules avancées, avec une forte dent au côté interne. —Cayenne.

2. STERCULIA LEPRIEURI.

LAP., *Etud. Ent.*, p. 118.—Long. 12 lig. Larg. 1 lig. ¼. — D'un beau bleu métallique très-éclatant et pubescent; tête très-fortement ponctuée; antennes noires, à l'exception des trois premiers articles, qui sont de la couleur générale; corselet avec un léger sillon longitudinal au milieu, et une large dépression de chaque côté ; élytres un peu violettes. — Cayenne.

3. STERCULIA FORMICARIA.

LAP., *Etud. Ent.*, p. 419, pl. 3, fig. 3. — Long. 12 lig. Larg. 1 lig. ¼. — Noir, pubescent, tête couverte de très-petites élévations irrégulières ; corselet avec une ligne longitudinale au milieu ; tarses un peu rougeâtres. — Cayenne.

PLATYPROSOPUS, MANNERH.;
Metopius, STEV.

Antennes plus longues que la tête, filiformes, insérées devant les yeux, composées d'articles presque coniques ; le premier grand, le deuxième ovalaire-oblong. — Palpes courts, filiformes, à dernier article cylindrique et tronqué. — Labre cilié. — Menton profondément échancré. — Languette bifide. — Tarses antérieurs dilatés (peut-être seulement dans les mâles). — Corps linéaire, déprimé. — Tête ovale, tenant au corselet par un cou à peine distinct.

PLATYPROSOPUS ELONGATUS. (Pl. 12, fig. 8.)

MANNERHEIM, *Précis Brach.*, p. 36. — Long. 6 lig. — D'un brun un peu rougeâtre ; élytres et pattes châtaines ; tête opaque ; corselet glabre ; élytres finement rugueuses. — Du Caucase, de la Crimée et de l'Arménie.

LATHROBIUM, GRAV.;
Pæderus, FABR.

Antennes insérées devant les yeux, filiformes ; premier et troisième articles grands, le deuxième court, les autres presque orbiculaires ; le dernier ovale et pointu. — Palpes a dernier article plus petit que le pénultième et pointu ; les maxillaires très-sensiblement plus longs que les labiaux. — Tarses courts, à dernier article très-grand, les antérieurs très-dilatés dans les deux sexes. — Forme générale allongée.

1. LATHROBIUM ELONGATUM. (Pl. 12, fig. 9.)

LINN., FABR., 2, 609, 3. — PANZ., *Faun. Germ.*, 9. 12. — Long. 3 lig. ¼. Larg. ⅛ de lig. — Allongé, fortement ponctué, noir ; élytres brunes ; pattes et antennes rougeâtres. — Paris.

2. LATHROBIUM FULVIPENNE.

FABR., 2, 609, 4. — Long. 3 lig. ¼. Larg. ¼ lig. — Ressemble à l'*Elongatum*, mais en diffère par ses élytres, dont la base est noire, et la partie postérieure d'un rouge éclatant ; une très-faible carène longitudinale sur le corselet. — Paris.

3. LATHROBIUM TERMINATUM.

GRAV., *Monog.*, 55, 7. — *Quadratum, Var.*, GYLL., *Faun.*, t. 1, part. 2, p. 367. — Long. 3 lig. Larg. ¼. de lig. — D'un brun-noir ; une tache arrondie et jaune à l'extrémité de chaque élytre ; abdomen noir. — Paris. Rare.

ACHENIUM, LEACH;
Lathrobium, GRAV.

Ce genre diffère de celui de *Lathrobium* par son corps très-déprimé et son corselet en forme de trapèze.

ACHENIUM DEPRESSUM.

GRAV, *Micropt.*, 812, 6. — Long. 3 lig. Larg. ¼ lig. — Très-aplati, noir, un peu pubescent ; partie postérieure des élytres, pattes et antennes rougeâtres. — Paris.

Nota. J'ai décrit, dans mes *Etudes Entomologiques*, une deuxième espèce de ce genre venant du Caucase.

CRYPTOBIUM, MANNERH.;
Lathrobium, GRAV., GYLL.;
Pæderus, PAYK.;
Ochthephilum, STEPHENS.

Antennes coudées, à premier article très-long ; les autres a peu près égaux ; les deuxième et troisième presque coniques ; ceux de quatre à dix lenticulaires ; le dernier arrondi. — Palpes inégaux : les maxillaires de beaucoup ; le plus long avec le dernier article petit et conique, et l'avant-dernier grand et en massue. — Tarses a premier article long. — Corps linéaire, allongé. — Corselet en carré long. — Abdomen assez long.

CRYPTOBIUM FRACTICORNE.

GRAV. *Monogr.*, 130, 3. — GYLL., *Ins. Succ.*, t. II, p. 369. — Long. 1 lig. Larg. ¼. lig. — Noir, brillant ; tête et corselet allongés ; premier article des antennes formant une massue très-longue ; pieds d'un brun-jaune. — Autriche, Suède, Russie.

DOLICAON, LAP.

Antennes assez longues, grêles, non coudées ; le premier article de la longueur du troisième ; le deuxième très-court ; les autres à peu près égaux. — Les palpes maxillaires à premier article assez court ; le deuxième long ; le troisième un peu conique ; le quatrième petit et arrondi. — Palpes labiaux courts, grêles, à deuxième article le plus long ; le dernier court. — Lèvre assez courte, un peu arrondie en avant. — Labre court, transversal, un peu échancré en avant.—Tarses antérieurs à quatre premiers articles élargis et triangulaires ; ceux des autres pattes allongés et filiformes ; le premier article un peu plus long que les suivans. — Corps allongé. — Tête grande, ovalaire, plus large que le corselet, non étranglée en arrière. — Mandibules très-arquées, aiguës.—Corselet allongé, presque droit sur les côtés. — Elytres très-courtes.

Ce genre a de grands rapports avec celui de *Lathrobium*, mais s'en distingue par ses palpes maxillaires, dont le dernier article est arrondi au lieu d'être pointu ; la tête est à peine rétrécie en arrière.

DOLICAON LATHROBIOIDES.

Lap., *Etud. Ent.*, p. 120, pl. 4. f. 1. — Long. 8 lig. Larg. 2 lig. — Fortement ponctué, noir ; une ligne lisse et longitudinale au milieu de la tête et du corselet ; elytres très-courtes ; parties de la bouche, antennes et pattes d'un brun-rouge.— Cap de Bonne-Espérance.

DEUXIÈME TRIBU.

STÉNIDES,
Mannerheim.

Longipalpes, Latr.

Labre entier. — Tarses de l'article apparens.—Dernier article des palpes à peine visible ; le troisième article renflé. — Tête dégagée, entièrement nue, et séparée du corselet.

PŒDERITES.

Antennes insérées devant les yeux.
Genres : *Tœnodema*, *Pinophilus*, *Pæderus*, *Stilicus*, *Procirrus*, *Eristhetus*.

TOENODEMA, Lap. ;
Pæderus, Perty.

Antennes insérées au-dessous des yeux, très-grêles, longues, de onze articles : le premier long, le deuxième court, les autres filiformes, le dernier ovalaire.-- Palpes très-longs, très-avancés ; le dernier article grand, aplati, ovale.—Tarses très-larges, velus ; le pénultième article bilobé, les antérieurs très-élargis. — Tête triangulaire.—Mandibules courtes.— Corselet un peu plus large que la tête, en demi-cercle en arrière. — Ecusson petit, triangulaire, allongé. — Elytres presque carrées, un peu allongées. — Abdomen très-long, grêle ; pattes moyennes. — Insectes de forme allongée ; ils sont ailés.

TOENODEMA SEMI-CYANEA. (Pl. 12, fig. 10.)

Perty, *Voyage de Spix et Martius*, p. 33, pl. 7, fig. 8. — Long. 8 lig. Larg. 1 lig. ¼. — Très-fortement ponctué ; d'un bleu-violet ; pattes, dessous du corps et abdomen noirs ; bords postérieurs des segmens du dernier, jaunes. — Brésil.

PINOPHILUS, Grav. ;
Lycidus, Leach.

Antennes assez longues, grêles, insérées devant les yeux, de onze articles : le premier assez grand, le deuxième conique, les trois suivans plus allongés, les autres formant un petit renflement à leur extrémité, le dernier renflé et pointu. — Palpes à pénultième article triangulaire ; le dernier plus grêle et pointu. — Tarses antérieurs très-dilatés dans leurs quatre premiers articles, et garnis en dessous de grandes membranes ; ceux des autres paires de pattes plus grêles ; le premier et le dernier article longs, les autres courts. — Tête de la largeur du corselet. — Yeux moyens, arrondis. — Chaperon et labre transversaux ; ce dernier velu. — Mandibules grandes, avancées, très-arquées, n'offrant pas de dent au côté interne.—Corselet en carré-long, un peu rétréci en arrière, à angles antérieurs bien marqués. — Elytres en carré-long. — Abdomen très-long, presque filiforme. — Pattes assez longues ; les cuisses et les jambes antérieures dilatées ; les jambes postérieures anguleuses au-dessous de leur insertion avec les tarses.

PINOPHILUS LATIPES.

Grav., *Monogr.*, p. 202, n° 2. — *Lycidus Xanthopus*, Leach. — Long. 9 lig. Larg. 1 lig. ¼. — Noir, pubescent, très-fortement ponctué, surtout sur la tête et le corselet ; une ligne un peu élevée et longitudinale au milieu de ce dernier ;

élytres à points plus petits et plus serrés; abdomen offrant des poils roussâtres assez serrés ; mandibules et labre d'un brun-jaune ; pattes et antennes de cette dernière couleur ; l'extrémité de chaque article des antennes est obscure. — Amérique du Nord.

POEDERUS, Fabr., Oliv., Grav., Gyll., Mannerheim ;

Staphylinus, Linné, Geoff. ;

Pæderus et Sunius , Leach. Stephens.

Antennes insérées devant les yeux, allant en grossissant d'une manière insensible vers l'extrémité ; le premier article renflé ; le dernier ovale et pointu. — Palpes maxillaires à pénultième article grand; le dernier très-petit et pointu. — Tarses grêles ; avant-dernier article bifide. — Forme générale allongée. — Tête assez grande. — Corselet arrondi. globuleux.— Elytres convexes. de la longueur du corselet. — Abdomen allongé. — Pattes assez longues.

Insectes de taille assez petite. de forme élégante ; on les trouve dans les lieux humides ; leurs mouvemens sont très-vifs.

1. POEDERUS RIPARIUS.
Fabr., 2, 608, 1. — Oliv., 3, pl. 1, f. 2.— Long. 2 lig. ¼. Larg. ½ lig. — D'un rouge clair ; élytres d'un bleu-violet ; tête, deux derniers segmens de l'abdomen et genoux noirs ; corselet allongé.— Paris. Il se retrouve sur une grande partie du globe.

2. POEDERUS GOUDOTI.
Long. 1 lig. ½. Larg. ¼. lig. — Diffère du *Riparius* par sa taille beaucoup plus petite, son corselet plus globuleux, sa tête plus petite, ses élytres plus grenues, ses antennes. dont les quatre derniers articles seuls sont noirs. — Madagascar.

3. POEDERUS LITTORALIS.
Grav. — Long. 3 lig. Larg. ¼ lig.—Diffère du *Riparius* par sa taille plus grande et son corselet globuleux. — Paris.

4. POEDERUS AUSTRALIS.
Guérin, *Voyag. Duperrey, Zool.*, p. 63. — *Atlas, Ins.* pl. 1, f. 23.—Long. 2 lig. ½. Larg. ½ lig. — Cette espèce ressemble beaucoup au *P. Riparius*; sa taille est la même, ainsi que la disposition de ses couleurs ; mais les pattes sont entièrement noires.—Port-Jackson.

5. POEDERUS BREVIPENNIS.
Dahl., *Collect.* — Long. 2 lig. ½. Larg. ¼ lig.—S'éloigne des deux précédens par ses élytres très-courtes; son corselet est un peu globuleux. — Paris.

6. POEDERUS OCHRACEUS.
Grav., *Monogr.*, 59, 4. — Long. 2 lig. Larg. ¼. lig. — Rougeâtre ; tête noire ; abdomen d'un brun-noirâtre ; pattes jaunâtres. — Paris.
Nota. Cet insecte forme le genre *Sunius* de MM. Leach et Stephens.

7. POEDERUS KLUGII.
Long. 4 lig. Larg. ⅞ lig. — Noir ; tête et corselet violets ; la première ponctuée ; élytres bleues et pubescentes. — Madagascar, où il est assez commun.

8. POEDERUS BERNIERI.
Long. 2 lig. ¼. Larg. ½ lig. — Ne diffère du précédent que par sa taille, moitié plus petite, et ses élytres plus fortement granuleuses, et à reflets verdâtres. — Madagascar.

9. POEDERUS RUFICOLLIS.
Fabr., 2, 608 2. — Oliv., t. III, pl. 1, f. 1. — Long. 3 lig. Larg. ¼ lig. — Noir ; élytres violettes ; corselet et base des palpes rouges. — Paris.
Nota. M. Arragona a décrit une espèce de ce genre (*P. Melanurus*) dans son travail sur les insectes d'Italie : *De quibusdam Coleopteris Italiæ*, p. 10 ; et M. Guérin en a fait connaître plusieurs dans sa *Partie Entomologique du Voyage de Duperrey.*

STILICUS, Latr.;

Rugilus, Leach, Mannerheim;

Pæderus, Fabr., Grav., Gyll.

Ce genre diffère de celui des *Pæderus* par ses tarses entiers. — Les dernier articles des antennes sont globuleux. — La tête est beaucoup plus grande. — Le corselet est presque ovalaire, rétréci en avant et en arrière.

1. STILICUS ORBICULATUS.
Fabr., 2, 609, 9. — Oliv., t. 3, pl. 1, fig. 7. — Long. 2 lig. ½. Larg. ¼ lig. — Noir, très-fortement ponctué ; corselet avec une très-faible carène longitudinale; parties de la bouche, antennes et pattes d'un jaune-rougeâtre ; tête grande, carrée. — Paris.

2. STILICUS ANGUSTATUS.

FABR., 2, 599, 50. — OLIV., t. III,
pl. 2, 18. — Long. 2 lig. Larg. ½ lig. —
Noir, allongé ; parties de la bouche, antennes, bords postérieurs des élytres et
pattes jaunes. — Paris.

3. STILICUS BICOLOR.

OLIV., 3, 447, pl. 4, f. 4. — Long.
1 lig. ¼. Larg. ½ lig. — Tête noire ; corselet rouge ; élytres d'un brun-châtain ;
abdomen noir, un peu pubescent ; pattes
jaunes ; antennes brunes. — Paris.

4. STILICUS FORMICARIUS.

Long. 4 lig. Larg. ½ lig. — Noir ; tête
grande, ovalaire, granuleuse ; base des palpes
et antennes, à l'exception du premier article,
jaunes ; corselet très-étroit, lisse, tenant à la
tête par un long pédoncule ; élytres courtes,
couvertes de très-gros points enfoncés, avec
le bord postérieur jaune ; extrémité de l'abdomen brunâtre ; pattes d'un jaune clair,
avec la seconde moitié des cuisses noire.
— Colombie.

Nota. Il faut ajouter à ce genre les *P.
Rubricollis* et *Lævigatus*, GYLL. ; *Fusculus.*
MANNERHEIM ; *Fragilis*, GRAV. ; *Immunis*
et *Punctipennis*, CURTIS.

5. STILICUS CASTANEUS.

GRAV., *Monogr.*, p. 60, n° 3. — Long.
4 lig. Larg. ½ lig. — D'un brun un peu brillant ; tête et milieu de l'abdomen noirâtres ;
tête carrée ; antennes et parties de la bouche
rougeâtres. — Allemagne, Paris. Très-rare.

PROCIRRUS, LATR.

Ce genre diffère des *Pæderus* par le
quatrième article des palpes maxillaires
très-distinct, et se terminant en massue ;
dernier article des antennes ovoïdo-coni-
que, plus grand que le précédent. — Tête
jointe au corselet par un pédicule allongé.
— Corselet étroit, allongé. — Les deux
tarses extérieurs très-dilatés ; premier article des autres tarses très-long. — Le pénultième bifide.

PROCIRRUS LEFEBURI. (Pl. 13, fig. 4.)

LATR., *Regn. anim.*, 2ᵉ édit., t. I,
p. 436. — GUÉRIN, *Icon. Reg. anim.*, f. 9,
fig. 6. — Long. 3 lig. Larg. ¼. — Ponctué, d'un brun jaunâtre ; corselet en quadrilatère allongé. — Sicile.

ERISTHETUS, KNOCH, MANNERH. ;

Erasthetus, GRAV., GYLL.

Antennes insérées devant les yeux, de

onze articles, dont les deuxième, quatrième, cinquième, sixième, septième et
huitième, très-petits ; le dernier plus gros
que tous les autres, ovale et pointu à l'extrémité. — Palpes maxillaires à dernier article plus épais que les autres. — Tarses
petits, semblables dans les deux sexes. —
Tête arrondie, de la largeur du corselet. —
Celui-ci arrondi, un peu rétréci postérieurement. — Élytres assez larges, presque carrées. — Abdomen assez élargi. —
Pattes moyennes.

Les espèces de ce genre sont de très-petite taille.

1. ERISTHETUS SCABER.

GRAV., *Micropt.*, 202, 1. — GYLL. *Ins.
Succ.*, 1, part. 2, p. 461. — Long. ½ lig. Larg.
½ lig. — D'un brun noirâtre, un peu brillant,
très-finement ponctué ; parties de la bouche, devant de la tête, antennes et pattes, d'un brun-jaune ; corselet presque
en cœur, avec deux impressions en arrière
et une strie suturale sur chaque élytre. —
Paris. Très-rare.

2. ERISTHETUS RUFICAPILLUS.

Collect. Von Winthiem. — Long. ½ lig.
Larg. 4 lig. — Noir, obscur ; tête d'un brun
rouge ; corselet et élytres brillans et finement ponctués ; le premier offre à son
milieu une ligne longitudinale ; antennes
et pattes d'un jaune clair. — Versailles ;
trouvé par M. Blondel.

STENITES.

Antennes insérées entre les yeux.
Genres : *Stenus, Dianous.*

STENUS, LATR., GRAV., GYLL., LEACH ;

Staphylinus, LINN., PAYK. ;

Pæderus, OLIV.

Antennes insérées vers les bords internes des yeux ; de onze articles : le premier et surtout le troisième longs : les
trois derniers formant la massue. — Palpes
maxillaires longs ; le pénultième article
grand, et cachant presque le dernier. —
Les labiaux courts, l'avant-dernier article
grand et globuleux. — Tarses assez grêles ;
le premier article plus long que les autres.
— Languette très-extensible. — Forme
générale allongée et rétrécie. — Tête
transversale. — Yeux très-gros. — Mandibules grêles, assez avancées et fourchues. —
Lèvres très-extensibles. — Corselet ovoïde.

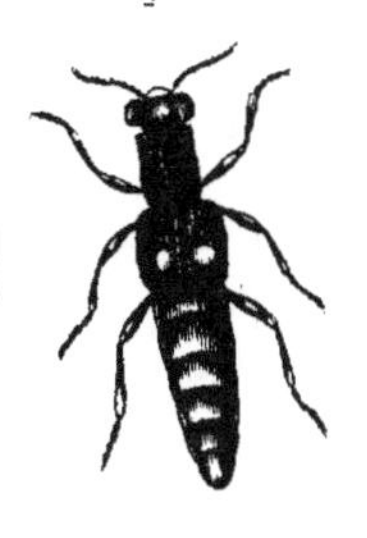

1. Procirrus Lefebvrei.
2. Stenus Biguttatus.
3. Dianous Carulescens.
4. Eleusis Tibialis.
5. Siagonum 4-Corne.
6. Osorius Ater.
7. Cilleus Castaneus.
8. Tachyporus Bipustulatus.
9. Drusilla Canaliculata.

— Elytres courtes. — Abdomen linéaire.
— Pattes grêles et longues.

Les espèces de ce genre sont nombreuses, de taille assez petite. Elles habitent les lieux humides.

M. Stephens, dans son *Catalogue des insectes d'Angleterre*, énumère soixante-cinq espèces de ce pays. Un assez grand nombre d'autres sont décrites dans les ouvrages de MM. Gravenhorst, Gyllenhal, Mannerheim, Curtis.

Espèces à taches jaunes sur les élytres.

1. STENUS BIGUTTATUS. (Pl. 13, fig. 2.)

FABR., 2, 662, 4.—OLIV., pl. 1, f. 3.— Long. 2 lig. Larg. ¼ lig. — Noir, fortement ponctué, avec des poils courts un peu argentés ; élytres avec un point jaune en arrière ; devant de la tête excavé et presque caréné. — Paris.

2. STENUS BIMACULATUS.

GYLL., *Ins. Succ.*, t. I., pars 1, p. 466, n° 3. — *Juno*, GRAV., *Monogr.*, 1541. — Long. 2 lig. Larg. ¼ lig. — Noir, fortement ponctué, avec un duvet argenté ; élytres avec un point jaune en arrière ; pattes jaunes ; genoux noirs ; devant de la tête bicanaliculé. — Paris.

Espèces sans taches jaunes.

3. STENUS JUNO.

FABR., 2, 602, 2. — *Boops*, GRAV., *Micropt.*, 226, 4. — Long. 2 lig. Larg. ¼ lig. — Noir, profondément ponctué ; base des palpes jaune ; corselet allongé ; abdomen rebordé ; devant de la tête bicanaliculé. — Paris.

4. STENUS MAURUS.

MANNERH., *Précis d'un Arrang. des Brachélytres*, p. 41, n° 2. — Long. 2 lig. Larg. 1 lig. ¼. — Ressemble au précédent ; d'un noir opaque, très-profondément ponctué, presque rugueux ; corselet allongé, impressionné ainsi que les élytres ; front bicanaliculé ; abdomen rebordé. — Allemagne.

5. STENUS BOOPS.

GRAV., *Micropt.*, 226, 4, *Var.* 1.—Long. 2 lig. ¼. Larg. ¼ lig. — Noir, fortement ponctué ; palpes jaunes ; pattes testacées, avec les genoux noirs ; abdomen rebordé. — Paris.

6. STENUS CICINDELOIDES.

GRAV., *Monogr.*, 155, 4. — Long. 2 lig. Larg. ¼ lig. — Noir, un peu brillant, fortement ponctué ; palpes et antennes jaunes ; pattes de cette couleur, avec les genoux noirs ; abdomen non rebordé. — Paris.

7. STENUS OCULATUS.

GRAV., *Monogr.*, 155, 3. — *Similis*, HERBST, *Arch.*, 1, 1, 65, 5. — Long. 2 lig. Larg. ¼.— Noir, avec des poils courts et blancs, finement ponctué ; antennes jaunâtres, avec le premier article noir ; pattes jaunes ; genoux noirs, abdomen non rebordé. — Paris.

8. STENUS BINOTATUS.

GYLL., *Monogr.*, p. 474, n° 9. — Long. 2 lig. Larg. ¼ lig. — Allongé, noir, finement ponctué, avec des poils courts et argentés ; milieu des antennes et base des palpes ferrugineux ; corselet allongé ; abdomen faiblement rebordé. — Paris.

9. STENUS BUPHTALMUS.

GRAV., *Monogr.*, 156, 6. — Long. 1 lig. ¼. Larg. ¼ de lig. — Noir, très-finement ponctué, avec des poils un peu argentés ; corselet oblong, faiblement canaliculé ; abdomen rebordé ; antennes courtes. — Paris.

10. STENUS PROBOSCIDEUS.

OLIV., *Ent.*, 3, 44, 5, pl. 1, fig. 5.— Long. 1 lig. ¼. Larg. ¼ de lig. — Noir, un peu brillant ; palpes, antennes et pattes jaunes ; genoux brunâtres ; front canaliculé ; abdomen rebordé. — Paris.

11. STENUS PALLIPES.

GRAV., *Monogr.*, 157, 7.—Long. 1 lig. ¼. Larg. ¼ de lig.— D'un noir-brunâtre, velu, fortement ponctué ; milieu des antennes, palpes et pattes jaunes ; corselet court ; abdomen non rebordé. — Paris.

12. STENUS FUSCIPES.

GRAV., *Monogr.*, 157, 8.—Long. 1 lig. ¼. Larg. ¼ de lig. — Noir, un peu brillant, fortement ponctué ; palpes, partie postérieure des antennes et pattes d'un brun ferrugineux ; corselet oblong ; abdomen rebordé. — Paris.

13. STENUS CIRCULARIS.

GRAV., *Monogr.*, 157, 9. — Long. 1 lig. Larg. ¼. — Noir, presque opaque ; parties de la bouche et pattes d'un brun-ferrugineux ; corselet court, arrondi ; abdomen rebordé : antennes un peu plus longues que la tête. — Paris. Rare.

DIANOUS, Leach, Mannerh. ;
Stenus, Gyll.

Différent des *Stenus* par la languette, qui est cachée, et l'absence des filets de l'abdomen. Cette coupe ne devrait probablement former qu'une simple division du genre *Stenus*, dont elle a tant le faciès.

DIANOUS CÆRULESCENS. (Pl. 13, fig. 3.)
Gyll., *Ins. Succ.*, t. I. part. 2, p. 463, n° 1. — Long. 2 lig. ¼. Larg. ½. — D'un noir-bleuâtre, finement ponctué ; élytres avec un point en arrière brun ; antennes noires, un peu velues. — Suède, Paris. Très-rare.

TROISIÈME TRIBU.

OXYTELIDES,

Mannerh.

Denticrures, Latr.

Labre entier. — Tarses n'ayant, le plus souvent, que trois ou quatre articles, visibles, non dilatés. — Antennes moniliformes ou à articles ovalaires. — Tête dégagée, souvent armée de cornes dans les mâles. — Jambes ordinairement dentelées au côté externe. — Le corps est souvent déprimé. — Mandibules ordinairement avancées et triangulaires.

Cette tribu ne comprend qu'un seul groupe, celui des *Oxyteliles* ; ses genres sont : *Leptochirus*, *Eleusis*, *Piestus*, *Siagonium*, *Bledius*, *Osorius*, *Oxytelus*, *Platystethus*, *Tragophlœus*, *Coprophilus*, *Chasolium*.

LEPTOCHIRUS, Germ. ;

Irineus, Leach ; *Oxytelus*, Oliv.

Antennes assez courtes, filiformes : le premier article renflé ; les autres grenus. — Palpes courts et filiformes. — Tarses assez longs. — Tête transversale. — Mandibules grandes, avancées, aussi longues au moins que la tête, dentelées à l'extrémité. — Corselet carré, à angles postérieurs échancrés. — Élytres assez courtes. — Forme générale allongée et très-aplatie. — Jambes antérieures élargies et dentelées au côté externe.

Ce genre est composé d'un petit nombre d'espèces de taille assez grande, et propres à l'Amérique et aux Indes Orien-

tales. On les trouve sous les écorces en décomposition, qu'ils fouillent en tous sens ; ils sont souvent réunis en très-grande quantité. (Lacordaire, *Ann. Sc. Nat.*, t. XXII, p. 54.)

1. LEPTOCHIRUS SCORIACEUS.
Germ., *Spec. Ins. Nov.*, p. 35, n° 58, p. 1, f. 1. — Long. 9 lig. Larg. 2 lig. ¼. — D'un noir lisse et très-luisant ; antennes et pattes velues ; une ligne longitudinale enfoncée sur le milieu du corselet ; une strie suturale sur les élytres. — Brésil et Mexique.

2. LEPTOCHIRUS LÆVIS.
Long. 6 lig. Larg. 1 lig. ¼. — Entièrement d'un noir luisant ; tête lisse, avec une petite ligne impressionnée et oblique de chaque côté du bord antérieur, non surmontée de cornes ; corselet avec un fort sillon longitudinal au milieu ; élytres avec une stries suturale ; antennes parsemées de poils un peu cendrés. — Java. Collection de M. Gory.

3. LEPTOCHIRUS MINUTUS.
Long. 4 lig. Larg. ¼. lig. — Noir ; tête allongée, surmontée de deux cornes dirigées en avant ; mandibules très-avancées ; parties de la bouche et antennes brunâtres ; corselet en carré un peu long, sillonné au milieu et garni de poils sur les côtés ; élytres pubescentes latéralement, offrant une strie suturale ; abdomen pubescent ; jambes et tarses brunâtres. — Java. Collection de M. Gory.

ELEUSIS, Lap.

Ce genre doit être placé entre les *Leptochirus* et les *Piestus*. — Les antennes sont de la longueur de celles du premier de ces genres, mais vont en grossissant jusqu'à l'extrémité. — Les palpes sont terminés par un article court, grêle et pointu. — Le corps est déprimé. — La tête très-grande et carrée. — Les mandibules avancées et arquées. — Le corselet très-court, moins grand que la tête, tronqué en avant, presque en demi-cercle en arrière. — Elytres carrées. — Abdomen très-déprimé.

ELEUSIS TIBIALIS. (Pl. 13, fig. 4.)
Lap., *Études Entom.*, p. 131. — Long. 3 lig. Larg. 1 lig. — Entièrement noir ; tête très-fortement ponctuée ; corselet lisse, avec quatre impressions punctiformes ; élytres et abdomen lisses ; jambes et

parties de la bouche rougeâtres. — Cet insecte vient de Madagascar.

PIESTUS, Grav., Perty, Lepel., Serv.; *Zirophorus*, Dalm.; *Oxytelus*, Oliv.; *Tricoryna*, Gray.

Le genre *Piestus* a été établi par Gravenhorst, dans sa *Monogr. Coleopt. Micropt.* Olivier avoit auparavant décrit, sous le nom d'*Oxytelus Bicornis* (*Encycl. Méth.*), un insecte qui présente le même ensemble de caractères génériques; depuis lors, ce genre est tombé en oubli, ou a été confondu avec celui de *Leptochirus*, de Germar; on a aussi mal à propos réuni à ce dernier les *Zirophorus* de Dalman (*Analecta Entom.*), qui sont les véritables *Piestus*. Nous devons au dernier des entomologistes que nous venons de citer, d'avoir le premier rapporté à ce genre le *Cucujus Spinosus*, de Fabricius. (*Syst. Eleuth.*).

Antennes très-longues, à premier article assez gros; les deux suivans allongés; les quatrième, cinquième et sixième presque carrés; les autres triangulaires; les deux derniers plus courts. — Palpes sensiblement plus longs que les mandibules, à dernier article conique. — Tarses courts, assez forts, à dernier article long. — Tête triangulaire. — Chaperon arrondi en avant. — Corselet plan, presque carré, à angles postérieurs échancrés obliquement. — Ecusson très-petit, triangulaire. — Elytres planes, carrées, fortement striées. — Abdomen large. — Pattes moyennes. — Jambes antérieures élargies et dentelées.

Ce genre a de grands rapports avec celui de *Leptochirus*; mais il en diffère par la longueur de ses antennes et par la forme de son abdomen, qui est large et proportionnellement court.

PIESTUS BICORNIS.

Oliv., *Encycl. Méth.*, t. VIII, part. 2, p. 615. — *Fronticornis*, Dalman, *Ann. Ent.*, 1828. — *Striata*, Gray, *Anim. Kingdom Ins.*, t. 1, p. 306, pl. 32, f. 5. — Long. 4 lig. Larg. 1 lig. — D'un noir luisant; parties de la bouche et antennes d'un brun-rouge; tête armée de deux cornes; mandibules avancées, longues, arquées à l'extrémité; corselet carré, avec une forte ligne enfoncée et longitudinale au milieu; élytres avec des stries nombreuses et très-serrées; abdomen a deux derniers segmens jaunes et couverts de poils roux; tarses brunâtres. — Colombie.

Nota. J'ai donné une monographie de ce genre dans mes *Etudes Entomologiques*.

SIAGONIUM, Kirby, Westwood, Stephens; *Siagonium*, Curtis; *Prognatha*, Latr., Blondel.

Mandibules très étroites, très-arquées ou lunulées, plus grandes, et avec un appendice dentiforme à leur bord interne dans les mâles. — Dernier article des palpes cylindrique; ceux des antennes presque obconiques, et dont les derniers à peine plus épais. — Antennes longues. — Tête presque carrée. — Corselet arrondi en arrière. — Elytres presque carrées. — Abdomen assez long.

SIAGONIUM QUADRICORNIS. (Pl. 13, fig. 5.)

Kirby et Spence, 1, *E*, 1, pl. 1, f. 3, 315. — Curtis, 1, pl. 23. — Westw., *Zool. Journ.*, 3, 61. — *Rufipennis*, Guérin, *Icon. du Regn. Anim., Ins.*, pl. 10, f. 1. — Long. 2 lig. Larg. $\frac{1}{4}$ lig. — Noir, ponctué; disque des élytres rouge; antennes pubescentes, rouges, ainsi que les pattes et l'anus; le ♂ a deux cornes arquées sur la tête et dirigées en avant. — Nord de la France et Angleterre.

Var. Brunâtre.

Nota. L'on doit aussi rapporter à cette espèce le *Prognatha*, trouvé par M. Blondel autour de Versailles, et décrit par lui dans les *Ann. des Sc. Nat.*, avril 1827.

BLEDIUS, Leach, Mannerheim, Curtis; *Oxytelus*, Grav., Gyll.; *Staphylinus*, Payk.

Antennes coudées, allant un peu en grossissant; le premier article très-long, un peu courbe. — Palpes maxillaires longs, à premier article presque conique; le deuxième de même forme, plus épais; le troisième un peu élargi; le dernier aciculaire; les labiaux à premier article petit; le deuxième allongé et presque conique; le dernier plus court et pointu. — Labre transversal. — Mâchoires cornées, courbes, obtuses. — Tarses triarticulés. — Corps linéaire, cylindrique. — Tête armée de cornes dans les mâles. — Mandibules dentelées intérieurement. — Corselet armé, dans les mâles, de cornes. — Jambes sans échancrures; les quatre antérieures comprimées et dentelées en dehors.

Nota. C'est à tort que M. le comte de Mannerheim, dans son *Précis d'un nouvel arrangement des Brachélytres*, travail du reste si remarquable, donne ce genre comme synonyme de celui de *Siagonium*, Kirby, ou *Prognatha* de Latreille.

1. BLEDIUS TRICORNIS.

Payk., *Faun.*, 3. 396, 38.—Oliv., 3, 41, 42, pl. 6, f. 56. — Long. 3 lig. ¦. Larg. 1 lig. — Noir, un peu brillant, fortement ponctué; élytres rougeâtres, avec la base et la suture noires; tête avec deux cornes; corselet prolongé au milieu en une corne assez longue; pattes brunâtres; ♀ tête et corselet mutiques. — Midi de la France.

2. BLEDIUS FRACTICORNIS.

Payk., *Faun.*, 3, 382, 19. — Long. 1 lig. ¦. Larg. ¦.—Noir, brillant, parties de la bouche, antennes et pattes rougeâtres; corselet fortement ponctué, avec un sillon au milieu.— Paris.

Nota. Le genre *Esperophilus*, de Leach, est formé sur cette espèce, en y joignant la *Talpa*, Gyll.

3. BLEDIUS GYLLENHALII.

Arenarius, var., Gyll., *Ins. Suec.*, t. 1, part. 2, p. 449.—Long. ¦ lig. Larg. ¦ lig. — Diffère du précédent par ses élytres d'un jaune livide, avec la base et la suture noirâtres.— Suède.

Nota. Il faut ajouter à ce genre les : *Bledius Taurus*, Germ., *Fauna Insectorum Europæ*, 12, 2.—*Unicornis*, id., 12, 3.—*Elongatus*, Mannerheim.—*Bledius Stephensii*, Zool. *Journ.*, Westwood, 3. p. 61, 301 et 509. pl. 11, f. 4. Cette espèce est le *Bledius Skrimshirii*, Curtis, 3, pl. 143, et peut-être, selon Stephens, le *Taurus* de Germar que nous venons de citer.

OSORIUS, Leach. Latr.

Diffèrent des *Oxytelus* par leurs tarses, dont quatre articles sont bien distincts. — Leurs mandibules sont courtes et très-pointues à l'extrémité. — Le corps est cylindrique.—Tête presque carrée.—Antennes grenues et courtes.—Corselet presque cordiforme, tronqué en arrière. — Forme générale cylindrique. — Jambes élargies et dentelées.

Ce genre ne se compose que de fort peu d'espèces, toutes exotiques.

1. OSORIUS ATER. (Pl. 13, fig. 6.)

Perty, *Ins. Voy. Spix et Martius*, p. 30, tab. 7, f. 1. — *Cornutus*, Lap., *Ann. de la Soc. Ent.*, t. 1 p. 395.—Long. 5 lig. Larg. 1 lig. ¦.—Cylindrique, noir; tête avec deux cornes courtes dirigées en avant; élytres un peu élevées près de la suture—Antennes et pattes rougeâtres.—Brésil.

2. OSORIUS INCISICRURUS.

Latr., *Nouv. Ann. du Mus.*, t. 1, p. 85, nº 1.—Lap., *Etud. Ent.*, pl. 4, f. 2—Long. 5 lig. ¦. Larg. 1 lig. ¦. — D'un noir très-luisant, avec les tarses roussâtres; mandibules dentées le long du bord interne; une dent plus forte à l'une des deux; trois au bord antérieur de la tête, dont une au milieu et les autres latérales; corselet point rebordé à son extrémité postérieure, vaguement ponctué sur les côtés, avec deux lignes enfoncées, courtes, interrompues, et rapprochées parallèlement au milieu du dos; une impression à chaque angle postérieur; les deux jambes postérieures fortement et longuement retrécies supérieurement, n'ayant au côté extérieur que des poils, et trois petites épines, dont les deux inférieures réunies à leur base. — Madagascar.

OXYTELUS, Grav., Gyll.;
Staphylinus, Linn., Panz., Oliv.

Antennes assez longues, insérées devant les yeux, à premier article grand, le deuxième petit et grêle, les suivans grenus, allant en grossissant jusqu'à l'extrémité; le dernier ovale et pointu. — Palpes maxillaires un peu plus longs que les labiaux, à dernier article en forme d'alène. — Tarses de trois articles distincts. — Mâchoires membraneuses, obtuses. — Menton tronqué. — Corps allongé, déprimé. — Tête sans cornes.—Labre presque carré.—Mandibules presque droites, bidentées au côté interne.—Corselet sillonné longitudinalement.

Ce sont des insectes de taille moyenne.

1. OXYTELUS CARINATUS.

Grav., *Monogr.*, 106. 6.—Panz., *Faun.*, 57. fig. 24. — *Piceus*, Oliv., 3, 42, 23, pl. 3, fig. 30. — Long. 2 lig. ¦. Larg. 1 lig. — Noir, peu luisant; parties de la bouche et pattes d'un brun-rougeâtre; corselet élargi en avant, crénelé sur les côtés, avec trois sillons longitudinaux et raccourcis en dessus. — Paris.

2. OXYTELUS PICEUS.

Grav., *Monogr.*, 105. 5.—Long. 1 lig. ¦. Larg. ¦. lig. — Noir, peu brillant; corselet transversal, arrond. sur ses bords, avec trois sillons longitudinaux égaux; parties de la bouche, base des antennes, élytres et pattes jaunes. — Paris.

3. OXYTELUS DEPRESSUS.

Grav., *Monogr.*, 103, 3.—Long. 1 lig¦. Larg. ¦. — Noir, opaque, très-finement ponctué; corselet avec des carènes dont les intervalles sont sillonnés; élytres brunâtres; parties de la bouche 'et pattes d'un brun-rouge.—Paris, Suède.

4. OXYTELUS NITIDULUS.

Grav., *Monogr.*, 107, 8. — Long. ¦ de lig. Larg. ¦. lig.—Noir, peu brillant. fortement ponctué; corselet avec trois sillons longitudinaux presque linéaires; parties de la bouche et pattes jaunes. — Paris.

5. OXYTELUS CŒLATUS.

Gyl., *Ins. Succ.*, t. I, part. 1, 2, p. 459, nº 13. — Grav., *Monogr.*, 103, 4, *Var.* 2. — Long. 1 lig. ¦. Larg. ¦ de lig. — D'un brun-noir assez brillant; corselet très-court, faiblement rebordé, avec deux lignes arquées en dessus; parties de la bouche, pattes et extrémité de l'abdomen brunes.—Paris.

6. OXYTELUS FULIGINOSUS.

Grav., *Monogr.*, 102, 1. — Long. 1 lig. Larg. ¦.—Noirâtre, un peu brillant, finement ponctué; pattes jaunes; antennes et élytres brunâtres; corselet presque en cœur, très-faiblement bisillonné. — Paris.

PLATYSTETHUS, Mannerh.

Antennes un peu coudées, courtes, allant en grossissant vers l'extrémité; le premier article est grand, les deuxième et troisième égaux. — Palpes inégaux; les maxillaires à premier article très-court, le deuxième en massue allongée, le troisième de même longueur et presque cylindrique, le dernier légèrement subulé; les labiaux très-courts, à articles à peu près égaux, le premier et le deuxième presque cylindriques, le dernier pointu. — Labre étroit, transversal. — Mâchoires presque membraneuses, avancées, obtuses. — Menton presque carré. — Tarses de trois articles distincts, le dernier très-long. — Corps court, déprimé.—Tête et corselet élargis; la première de la longueur du corselet dans la ♀ et plus large dans le ♂.

1. PLATYSTETHUS MORSITANS.

Grav., *Monogr.*, 108, 9. — Long. 1 lig. ¦. Larg. ¦. —D'un noir brillant, fortement ponctué; parties de la bouche, jambes et tarses jaunes; tête inégale et sans cornes; corselet court et avec un sillon.

Nota. Dans son Catalogue, M. le comte Dejean indique cette espèce comme la ♀ du *Cornutus;* nous croyons que c'est à tort, car, outre plusieurs différences qui ne sont pas sexuelles, telles que la ponctuation et la couleur des jambes, l'habitation de ces deux espèces nous semble décider la question: le *Morsitans* étant commun autour de Paris, et le *Cornutus* ne s'y trouvant pas à notre connaissance.

2. PLATYSTETHUS CORNUTUS.

Grav., *Monogr.*, 109, 10. — Long. 1 lig. ¦. Larg. ¦. lig.—Noir, brillant, faiblement ponctué; tête avec deux cornes droites; corselet très-court, avec un profond sillon au milieu; parties de la bouche et tarses rougeâtres. — Suède, Allemagne, Nord de la France.

TRAGOPHLOEUS, Mannerh.;
Oxytelus, Grav., Gyll.

Antennes coudées, à premier article long et presque cylindrique; les suivans à peu près égaux, obconiques, tronqués, allant un un peu en grossissant; le dernier grand, ovale. — Palpes maxillaires longs, à pénultième article globuleux, renflé; le dernier très-petit, aciculaire; les labiaux à articles égaux, à dernier article pointu. — Labre transversal tronqué. — Mâchoires obtuses et membraneuses. — Tarses de trois articles, le dernier long. — Corps linéaire, déprimé. — Tête et corselet sans cornes. —Jambes grêles, droites, sans dentelures.

TRAGOPHLOEUS CORTICINUS.

Grav., Gyll., *Ins. Succ.* t. II, p. 645. — De Suède et de Finlande.

COPROPHILUS, Latr;
Omalium, Grav., Gyll., *Staphylinus*, Oliv.; *Elonium*, Leach.

Antennes beaucoup plus longues que la tête, grenues, et grossissant d'une manière insensible jusqu'à l'extrémité.—Palpes filiformes, à dernier article conique — Mandibules arquées, point lunulées, et sans dents dans les deux sexes.— Corps aplati. — Jambes dentées au côté externe. — Elytres courtes.

Ces insectes ressemblent sous tous les

tres rapports aux *Omalium*. avec lesquels ils ont été confondus.

COPROPHILUS RUGOSUS.

Oliv.. 3. 42, 30. 42. pl. 5. f. 45. — Guér., *Icon. Reg. anim.. Ins.*, pl. 10. fig. 2. — Long. 2 lig. ¼. Larg. 1 lig. ¼. — Allongé, linéaire, d'un noir brillant ; parties de la bouche et pattes d'un brun ferrugineux ; corselet ponctué, avec trois impressions ; élytres avec des stries crénelées. — Paris.

CHASOLIUM, Lap.

Antennes à articles grenus, allant un peu en grossissant jusqu'à l'extrémité ; le dernier ovalaire est pointu. — Palpes terminés par un petit article grêle et pointu.— Tarses grêles.— Corps déprimé. — Tête très-grande. très-déprimée. — Yeux petits, situés sur les côtés. — Mandibules grêles et assez saillantes. — Corselet en cœur, creusé au milieu, très-élevé sur les côtés. —Ecusson petit. — Élytres très-courtes et carrées. — Pattes moyennes. — Jambes antérieures offrant vers le milieu un angle assez fort, et dans la moitié inférieure, des dentelures à peine sensibles le long du bord externe.

CHASOLIUM ERNESTINI.

Lap., *Etud. Ent.*, 11,132.—Long. 2 lig. Larg. ½ lig. — D'un brun obscur ou luisant ; élytres jaunes, avec la base. la suture et l'extrémité obscures ; les parties de la bouche, les antennes et les pattes rouges. — Cet insecte vient de Madagascar.

QUATRIÈME TRIBU.

OMALIDES,

MANNERH.;

Aplatis, Latr.

Labre entier. — Tarses de cinq articles distincts. — Tous les articles des palpes visibles.—Antennes insérées devant les yeux. — Pattes non épineuses. — Corps plus ou moins aplati. — Tête dégagée.

Cette tribu comprend un seul groupe : celui des *Omalites*. Les genres sont *Phlæocharis*, *Tænosoma*, *Cillæus*, *Omalium*, *Anthobium*. *Acidota*, *Anthophagus*, *Ino*, *Proteinus*. *Micropeplus*.

PHLÆOCHARIS, Mannerheim.

Antennes à premier article globuleux, le deuxième de même longueur ; ceux de trois à six presque coniques ; de sept a neuf globuleux. un peu plus forts et lenticulaires ; le dixième et le onzième beaucoup plus grands ; le dernier globuleux.—Palpes maxillaires à pénultième article grand, renflé, orbiculaire, le dernier très-petit et aciculaire.—Labre transversal un peu arrondi en avant.— Tarses antérieurs dilatés et garnis de pelottes ; ceux des autres pattes simples. —Corps petit, presque linéaire. — Tête triangulaire. Pattes courtes.

PHLÆOCHARIS SUBTILISSIMA.

Mannerheim, *Précis Brach.*, p. 50. — Larg. 1 lig. — D'un brun obscur, pubescent : parties de la bouche, antennes et bord des segmens de l'abdomen rougeâtres. — Sous l'écorce des pins, en Finlande.

TÆNOSOMA, Mannerheim ;

Aleochara, Grav., Gyll.

Antennes à premier article épais, le second plus court et conique, ceux de 3 à 8 petits et arrondis, les neuvième, dixième et onzième un peu plus grands et presque orbiculaires. — Palpes maxillaires à pénultième article grand et dilaté ; le dernier petit et subulé.—Tarses à premier article très-long. — Corps linéaire, allongé.

TÆNOSOMA GRACILE.

Mannerheim, *Précis Brach.*, p.51, n° 1. — D'un noir brillant, très-finement ponctué ; base des antennes et palpes jaunes ; corselet convexe, profondément impressionné en arrière ; antennes longues et noires vers l'extrémité. — Russie.

Nota. Ajoutez ? *Tænosoma Pusillum*, Gyll., *Ins. Suec.*, t. 11, p. 409.

CILLOEUS. (Pl. 13. fig. 7.)

Antennes courtes, de douze articles : le premier grand, le deuxième plus long que les suivants, ceux-ci courts, les quatre derniers forment une massue renflée. — Mandibules fortes, arquées, presque entièrement recouvertes par le chaperon.—Palpes maxillaires terminés par un article grand et conique. — Labre fortement échancré, à côtés très-avancés et offrant au milieu deux faibles dents. — Tarses à quatre premiers articles de toutes les pattes très-élargis et formant une pelotte spongieuse. — Corps déprimé, très-allongé, à côtés presque parallèles.—Tête grande, un peu retrécie derrière les yeux. — Corselet presque carré, un peu arrondi latéralement. — Écusson large et triangulaire. — Élytres en carré-long.—Abdomen déprimé.—Pattes fortes. — Cuisses larges.

Toutes les espèces de ce genre sont de Madagascar. À l'état de repos, les antennes se couchent sous le thorax.

1. CILLOEUS CASTANEUS.

LAP., *Etud. Ent.*, p. 133. Long. 4 lig. Larg. ½ lig.—D'un brun-châtain, finement ponctué; élytres avec de fortes stries ponctuées.

2. CILLOEUS SUTURALIS.

LAP., *Etud. Ent.*, p. 133.—Long. 2 lig. Larg. ½ lig. — Noir, ponctué; élytres avec de fines stries ponctuées, jaunes, avec la suture et le bord postérieur d'un brun-noir; bords postérieurs des segmens de l'abdomen et pattes d'un brun jaune.

OMALIUM, GRAV.;

Megarthrus, KIRBY;

Anthobium et *Elonium*, LEACH.

Antennes allant en grossissant vers l'extrémité; le premier article grand, le deuxième petit, le troisième assez long, le dernier pointu.—Palpes filiformes.—Tarses grêles, avec tous leurs articles bien distincts, simples; le premier article beaucoup plus long que les autres. — Corps court, assez petit et dégagé. — Corselet transversal, presque carré, à angles arrondis. — Élytres un peu plus longues que larges, assez aplaties. — Pattes moyennes.

Ce genre est composé d'un assez grand nombre d'espèces de taille assez petite; leur couleur est généralement brunâtre.

PREMIÈRE DIVISION.

Corps court, arrondi.—Élytres longues, couvrant presque tout l'abdomen.

1. OMALIUM PICEUM.

GYLL., t. 1, pars 2, p. 200, n° 3. — Long. 2 lig. Larg. 1 lig. ¼.— D'un brun-rougeâtre, brillant; antennes épaisses à l'extrémité; pattes d'un jaune clair; corselet avec de larges points enfoncés; côtés arrondis. — Suède, France.

2. OMALIUM ASSIMILE.

PAYK., *Faun.*, 3, 509, 53.—Long. 1 lig. Larg. ½ lig. — D'un brun-jaune, brillant; pattes plus claires; corselet avec de larges points enfoncés, un peu rétréci en arrière; côtés arrondis. — Suède, Paris.

3. OMALIUM TECTUM.

PAYK., *Faun.*, 3, 41, 56. — OLIV., 3, 42, 36, 52, pl., 3, f. 21.—Long. 1 lig. Larg. ½ lig.—D'un noir brillant, finement ponctué; côtés du corselet faiblement canaliculés; base des antennes, élytres et pattes d'un jaune obscur; ces dernières sont grandes. — Paris.

4. OMALIUM OPHTHALMIUM.

PAYK., *Faun.*, 3, 409, 54.—Long. 1 lig. ½. Larg. ½ lig. — D'un brun-jaune un peu brillant, très-finement ponctué; élytres et pattes plus claires; antennes longues, avec leur extrémité obscure. — Paris, Allemagne

5. OMALIUM DEPRESSUM.

PAYK., *Faun.*, 3, 412, 58.—OLIV., 3, 42, 36, 51, pl. 3, fig. 26. — Long. 1 lig ½. Larg. ¼ lig.—D'un noir obscur, déprimé, très-finement ponctué; pattes ferrugineuses; corselet profondément canaliculé; angles postérieurs émarginés. — Angleterre, Paris, Suède.

Nota. Le genre *Megarthrus* de M. Kirby est formé sur cette espèce.

DEUXIÈME DIVISION.

Corps oblong. — Élytres courtes.

6. OMALIUM CRENATUM.

FABR., 2, 596, 34. — Long. 2 lig. Larg. 1 lig. — D'un brun ferrugineux brillant, fortement ponctué; antennes et pattes d'un brun-jaune; corselet arrondi; élytres avec des stries ponctuées. — Paris.

ANTHOBIUM, LEACH, MANNERH., STEPH.;

Omalium, GRAV., GYLL.;

Staphylinus, PAYK., OLIV.;

Partie des Silpha, MARSHAM.

Les *Anthobium* diffèrent principalement des *Omalium* par leur corps court, et leurs élytres longues et recouvrant presque tout l'abdomen.

1. ANTHOBIUM OXYACANTHUM.

GYLL., *Ins. Succ.*, t. 1, pars 2. p. 247, n° 16.—Long. 1 lig. ½. Larg. ¼ lig.—Noir-obscur, finement ponctué, antennes d'un brun ferrugineux, avec la base noire; pattes brunâtres; corselet avec trois impressions, et rétréci en arrière. — France.

leurs élytres assez longues, qui recouvrent presque tout l'abdomen; ils ont le faciès de quelques *Scaphidium*; leurs palpes sont filiformes et acuminés.

1. HYPOCYPHTUS LONGICORNIS.

Payk., Gyll. , *Ins. Succ.*, t. I, p. 191. — Ovale, noir, pubescent, ponctué; antennes et pattes ferrugineuses; élytres tronquées en arrière. — Suède, France.

2. HYPOCYPHTUS LÆVIUSCULUS.

Mannerh. , *Précis*, p. 58, n° 2. — *Longicorne, Var.* Gyll., *Ins. Succ.*, t. I, p. 191. — D'un noir brillant, lisse; antennes et pattes de la couleur générale. — Suède et Finlande.

Nota. On trouve plusieurs autres espèces de ce genre autour de Paris. Il faut aussi rapporter à ce genre le *St. Agaricina* de Linné, qui est peut-être celui de Marsham, *Ins. d'Anglet.*, 1, 129, ainsi que le *T. Granulum*, Grav., *Monogr.*, qui, selon M. Stephens. est le *Sc. Acuminatum*, Marsh. 1, 231, et que M. le comte de Mannerheim confond à tort avec le *Longicorne* de Payk.

TACHYPORITES.

Corps non globuleux, plus ou moins allongé.

Genres : *Tachinus, Tachyporus.*

TACHINUS, Grav. ;
Staphylinus, Linné, Oliv. ;
Oxyporus, Fabr.

Antennes de onze articles : le premier gros, les suivans grêles , les autres plus gros, en cône renversé ; le dernier ovalaire.—Palpes filiformes. — Tarses grêles, a articles bien distincts. — Tête petite, engagée en partie dans le corselet. — Corselet convexe. à bords latéraux rabattus. — Élytres un peu plus longues que le corselet. et convexes. — Abdomen conique. — Pattes moyennes. — Jambes ciliées et épineuses.

Ce genre est composé d'espèces de taille assez petite , qui habitent les bouses et les champignons ; leurs mouvemens sont très-agiles.

PREMIÈRE DIVISION.

(*Tachinus,* Mannerh.)

Corps élargi, entièrement et finement ponctué.

1. TACHINUS SUBTERRANEUS.

Fabr., 2, 605, 4. — Long. 2 lig. ¼. Larg. 1 lig. — Oblong, d'un brun-noir, brillant ; pattes d'un brun-jaune ; élytres avec une tache humérale allongée et jaune: anus bidenté. — France.

2. TACHINUS MARGINATUS.

Fabr., 2, 605, 6.—Long. 2 lig. Larg. ½ lig. — D'un brun-noir, brillant; bords du corselet , élytres et pattes d'un brun testacé ; la suture des premières et une tache marginale noires; antennes longues et grêles. — Paris.

3. TACHINUS RUFIPES.

Linné, *Syst.*, 2, 685, 24. Fabr., 2, 607, 21. — Long. 2 lig. Larg. ¾ lig. — D'un noir brillant; pattes rougeâtres; antennes brunes; bords postérieurs des élytres ferrugineux. — Paris.

4. TACHINUS MARGINELLUS.

Fabr. , 2, 607, 23. — Long. 1 lig. ¼. Larg. ½ lig. — D'un noir brillant, très-finement ponctué ; base des antennes, pattes, bords du corselet, une ligne allant de l'angle huméral à l'extrémité des élytres, d'un brun-jaune.—Paris.

DEUXIÈME DIVISION.

Bolitobius, Mannerheim, Leach.;
Bolitobius et *Megacronus,* Steph.

Corps étroit, allongé.—Corselet et élytres ordinairement lisses ou avec de simples stries de points.

5. TACHINUS ATRICAPILLUS.

Fabr. (*Staphylinus*), 2, 599, 43. — Oliv., 3, 42, 29. 40, pl. 4, f. 39. — Long. 3 lig. ¼. Larg. 1 lig. ¼. — D'un brun-roux, brillant ; tête , poitrine, écusson et extrémité de l'abdomen noirs ; élytres d'un bleu-noirâtre, avec une lunule humérale et l'extrémité jaunes. — Paris.

6. TACHINUS ANALIS.

Fabr., 2, 598, 45. — Oliv., *Ent.*, 3, 42, 28, 58, pl. 3, f. 24. — Long. 3 lig. ¼. Larg. 1 lig. ¼.—D'un noir brillant ; base et extrémité des antennes. élytres et anus. d'un brun-roux. — Paris.

TACHYPORUS, Grav.:
Staphylinus, Linn., Oliv. ;
Oxyporus, Fabr.

Ce genre ne diffère de celui des *Tachinus* que par ses antennes, qui . à partir du deuxième article, vont en grossissant jusqu'à l'extrémité ; et surtout par ses palpes terminés en manière d'alène.

Les insectes qui rentrent dans ce genre sont de taille moyenne, revêtus de couleurs assez variées, et habitent les champignons.

PREMIÈRE DIVISION.

Tachyporus, MANNERH. ;

Tachyporus et *Conurus*, STEPHENS.

Corps court, obtus en avant.

1. TACHYPORUS CRYSOMELIUS.
FABR., 2. 606, 14. — PANZ., *Faun.*, 9, fig. 14. — Convexe, d'un noir brillant très-lisse, glabre ; corselet, pattes et base des antennes d'un jaune-brun ; élytres jaunes, avec la base et l'angle huméral noirs.—Paris.

3. TACHYPORUS MARGINATUS.
GRAV., *Monogr.*, 127, 5. — Convexe, d'un noir très-lisse ; antennes, pattes et côtés du corselet jaunes ; élytres d'un brun-jaune, avec la base et l'angle huméral noirs. — Paris.

3 TACHYPORUS BIPUSTULATUS. (Pl. 13, fig. 8.)
FABR., 2, 606, 9. — PANZ., *Faun.*, 16, fig. 21. — Convexe, noir, pubescent et soyeux, très-finement ponctué ; antennes et pattes d'un brun-jaune ; une tache transversale sur la base des élytres et extrémité de l'abdomen jaunes.—Paris.

4. TACHYPORUS LEPIDUS.
GRAV., *Micropt.*, 26, 4.—Allongé, d'un noir brillant, lisse ; parties de la bouche, base des antennes et pattes d'un brun-jaune ; tête arrondie ; élytres avec trois stries ponctuées.—Paris.

SIXIÈME TRIBU.

ALÉOCHARIDES,
MANNERH.

Partie des Applatis, LATR.

Labre entier ; tarses de cinq articles visibles ; tous les articles des palpes visibles ; antennes situées au bord interne des yeux.

Ce sont généralement des insectes de petite taille. Ils se répartissent en deux groupes.

LOMICHUSITES.

Palpes maxillaires allongés, à dernier article conique.
Genre *Lomechusa*.

LOMECHUSA, GRAV.;
Staphylinus, FABR., OLIV. ;
Dinarda et *Lomechusa*, LEACH.

Antennes de onze articles, les trois premiers épais, les autres cupulaires, le dernier ovale-aigu. — Palpes acuminées. — Tarses grêles.—Tête très-petite.—Corselet transversal, avec des rebords relevés, à disque convexe et canaliculé, et à angles postérieurs aigus.

PREMIÈRE DIVISION.

(*Lomechusa*, LEACH, MANNERH.)

Premier article des antennes très-renflé.

1. LOMECHUSA PARADOXA.
GRAV., *Micropt.*, 111, 3. -- Long. 2 lig. Larg. ¦ de lig.—D'un brun-rougeâtre peu brillant ; élytres et pattes d'un jaune clair ; antennes courtes ; angles postérieurs du corselet et des élytres un peu avancés ; corselet lisse, impressionné de chaque côté. -- Paris.

2. LOMECHUSA EMARGINATA.
FABR., 2, 600, 57. — OLIV., 3, 42, 44, pl. 2, fig. 12.—Long. 2 lig. Larg. ¼ de lig. — D'un brun rougeâtre, très-finement ponctué ; élytres d'un jaune clair ; antennes longues ; angles postérieurs du corselet et des élytres prolongés en pointes aiguës. — Paris.

DEUXIÈME DIVISION.

(*Dinarda*, LEACH.)

Premier article des antennes un peu plus grand que les autres.

3. LOMECHUSA DENTATA.
GRAV., *Micropt.*, 181, 4. — Long. 1 lig. Larg. ¼ lig.—D'un noir-opaque, très-fortement ponctué, presque rugueux ; antennes courtes ; corselet émarginé latéralement ; pattes et élytres d'un brun clair ; leurs angles postérieurs ainsi que ceux du corselet terminés en pointe. — Paris. Rare.

ALÉOCHARITES.

Palpes maxillaires courts, à dernier article subulé.

Genres : *Gymnusa*, *Aleochara*, *Sphenoma*, *Oxypoda*, *Microcera*, *Oligota*, *Trichophya*, *Homalota*, *Gyrophæna*, *Bolitochara*, *Drusilla*, *Falagria*.

GYMNUSA, KARSTEN., MANNERH. ;
Aleochara, GRAV., GYLL. ;
Staphylinus, PAYK.

Antennes très-grêles et longues. — Palpes à quatrième article presque caché. — Tarses grêles. — Bouche avancée. — Tête en partie cachée dans le corselet ; celui-ci très-petit, court et convexe, rétréci en avant. — Elytres carrées. — Pattes grêles. — Jambes antérieures épineuses.

GYMNUSA BREVICOLLIS.
PAYK., *Faun.*, 3, 398, 40. — Long. 2 lig. ¼. Larg. ⅙ de lig. — Noir, peu brillant ; antennes filiformes ; leur base et les tarses jaunes ; disque du corselet bombé en avant ; élytres finement granuleuses. — Suède.

ALEOCHARA, KNOCK, GRAV., GYLL., MANNERHEIM ;
Lomechusa, LATR., *Staphylinus*, PAYK.

Antennes courtes, épaisses, à deuxième article deux fois plus court que le troisième ; tête cachée en partie dans le corselet, plus large que le corselet. — Celui-ci convexe, court, rétréci et échancré en avant, à bords latéraux rabattus. — Elytres très-courtes, transversales, arrondies à l'extrémité. — Pattes non épineuses. — Corps très-fortement ponctué.

Nous croyons que l'on peut réunir à ce genre celui d'*Encephalus* de M. Kirby (*Stephens*, *Illust. Brit. Ent.*, *Coleopt.*, t. 3, p. 163). M. Westwood en a figuré une espèce, *Complicans* (*Magas. de Zoologie*). Cet insecte se roule en boule.

1. ALEOCHARA FUMATA.
GRAV., *Monogr.*, 172, 64. — Long. 1 lig. ½. Larg. ¼ de lig. — Linéaire, noir, peu brillant, très-fortement ponctué ; antennes d'un brun-ferrugineux à base plus claire ; élytres, pattes, extrémité de l'abdomen et bords des segmens du ventre d'un brun jaune. — Paris.

2. ALEOCHARA NITIDA.
OLIV., *Ent.*, 3, 42, 43, pl. 5, fig. 44. — Long. 1 lig. Larg. ¼ de lig. — Linéaire, noir, très-brillant ; élytres avec une tache

terminale rougeâtre ; pattes d'un brun ferrugineux ; corselet parsemé de quelques points, avec un espace lisse au milieu, et de chaque côté une rangée de points. — Paris.

SPHENOMA, MANNERHEIM.

Antennes coudées, allant un peu en grossissant, à articles à peu près égaux, à l'exception du dernier, qui est oblong, ovale et presque pointu. — Palpes maxillaires à pénultième article en massue, le dernier subulé. — Tarses grêles à articles égaux. — Corps allongé. — Tête cachée. — Corselet convexe, presque tronqué en avant, arrondi sur les côtés. — Abdomen très-long.

SPHENOMA ABDOMINALE.
MANNERHEIM, *Précis Brach.*, p. 69, n° 1. — Long. 2 lig. Larg. ⅓ lig. — Linéaire ; d'un brun-jaune, brillant ; abdomen obscur ; corselet convexe, égal, presque tronqué en avant. — Suède et Finlande.

OXIPODA, MANNERHEIM ;
Aleochara, GRAV., GYLL.

Antennes coudées, allant légérement en grossissant. — Palpes maxillaires à dernier article subulé. — Tarses grêles. — Tête en partie cachée dans le corselet. — Celui-ci court, convexe, rétréci en avant. — Elytres presque carrées. — Abdomen conique, grêle et assez long.

1. OXIPODA RUFICORNIS.
GRAV., *Monogr.*, 91, 34. — Long. 2 lig. Larg. ⅓ lig. — D'un brun assez brillant, pubescent ; base des antennes, élytres, pattes, bords des segmens de l'abdomen et extrémité de celui-ci, jaunes ; corselet avec une impression en arrière. — Allemagne.

2. OXIPODA OPACA.
GRAV., *Monogr.*, 89, 31. — Long. 2 lig. Larg. ⅓ lig. — D'un brun-noir, opaque, pubescent ; base des antennes, pattes, extrémité de l'abdomen et bords des segmens en dessous ferrugineux ; élytres brunes ; corselet convexe et très-légérement impressionné. — Allemagne, Paris.

3. OXIPODA UMBRATA.
GRAV., *Monogr.*, 90, 32. — Long. 1 lig. Larg. ⅓ lig. — Allongé, linéaire, noir, presque opaque, pubescent ; pattes jaunes, base des antennes et élytres brunes ; ces dernières sont longues ; corselet un peu rétréci en avant. — Allemagne, France.

4. OXIPODA ALTERNANS.
GRAV., *Monogr.*, 85. 26. —Long. 2 lig.
Larg. ¦ lig. — Allongé , d'un brun-jaune
brillant, très-finement ponctué ; tête noire ;
angles huméraux , poitrine et une bande
sur l'abdomen en arrière, d'un brun foncé.
— Paris, Suède.

MICROCERA, MANNERHEIM.

Antennes courtes, coudées, à premier
article assez long et presque cylindrique ;
le deuxième grand , globuleux ; ceux de
trois à six petits , de sept à dix plus épais,
transversaux, formant avec le dernier, qui
est globuleux, une sorte de massue. —
Palpes maxillaires allongés ; pénultième article oblong et ovale , le dernier aciculaire. — Tarses à premier article un peu
plus long que les suivans. — Corps convexe, rétréci en avant, plus large en arrière.
— Corselet court, arrondi , convexe,
beaucoup plus étroit que les élytres ; celles-ci convexes.

MICROCERA INFLATA.
MANNERHEIM, *Précis Brach.*, p. 72, n° 1.
— Brun, très-finement ponctué et un peu
pubescent ; abdomen plus obscur ; base des
antennes et pattes jaunes. — Russie.

OLIGOTA , MANNERHEIM ;
Aleochara , GRAV., GYLL.

Antennes presque coudées, à premier
article long , épais, cylindrique ; le deuxième globuleux ; ceux de trois à six très-
petits , globuleux ; les autres subitement
plus épais, comprimés, et formant une massue avec le dernier, qui est grand et arrondi. — Palpes maxillaires à pénultième
article renflé ; le dernier aciculaire. —
Tarses a articles à peu près égaux.—Corps
presque linéaire , déprimé. — Tête cachée
sous le corselet. — Corselet court, transversal, un peu convexe. — Pattes courtes.

OLIGOTA PUSILLIMA.
GRAV., GYLL., *Ins. Succ.*, t. IV, p. 491.
— De Suède et d'Allemagne.

TRICHOPHYA , MANNERHEIM ;
Aleochara , GYLL.

Antennes à premier article grand , épais,
renflé ; le deuxième court, globuleux ;
les autres à peu près égaux, très grêles,
garnis de poils. — Palpes maxillaires à
dernier article pointu. — Tarses à articles
à peu près égaux. — Corps un peu déprimé.—Tête arrondie, renfoncée sous le corselet. — Celui-ci court, transversal, arrondi sur les côtés et en arrière. — Pattes
longues.

TRICHOPHYA PILICORNIS.
GYLL., *Ins. Succ.*, t. II, p. 417. —
Noir, un peu brillant, finement ponctué ;
pattes d'un brun jaune. — Suède.

HOMALOTA , MANNERHEIM ;
Aleochara , GYLL.

Antennes courtes, moniliformes, coudées, à premier article grand, renflé ; le
deuxième court, globuleux ; ceux de trois
à dix un peu plus grands, allant en grossissant et presque globuleux ; le dernier
ovalaire. — Palpes maxillaires à dernier
article très-petit, aciculaire ; le pénultième conique. — Tarses à dernier article
très-long. — Corps linéaire, plan. — Corselet un peu plus étroit que les élytres,
presque tronqué à la base et à l'extrémité,
arrondi sur les côtés. — Pattes courtes.

HOMALOTA PLANA.
GYLL., *Ins. Succ.*, 2, p. 402, n° 24. —
Long. 1 lig. Larg. ¼ lig. — Allongé , linéaire, déprimé, d'un noir presque opaque,
ponctué ; antennes, pattes et anus d'un
brun ferrugineux ; corselet faiblement canaliculé ; élytres carrées et brunes. —
Suède.

GYROPHÆNA , MANNERHEIM ;
Aleochara, GRAV., GYLL. ;
Staphylinus, PAYK.

Antennes longues, à premier article allongé , renflé ; le deuxième court, presque
conique ; troisième et quatrième petits et
très-courts ; ceux de cinq à dix courts,
transversaux , épais ; le dernier ovale. —
Palpes maxillaires très-courts, à pénultième article presque conique ; le dernier
pointu à l'extrémité. — Tarses à articles
égaux.—Corps court, déprimé, se repliant
en boule.—Corselet très-court, transversal, arrondi sur les côtés et en arrière.

1. GYROPHÆNA NITIDULA.
GYLL., *Ins. Succ.*, t. I, pars 2, p. 413,
n° 35. — Long. 1 lig. Larg. ¦ lig.—Court,
d'un noir brillant ; base des antennes,
pattes et disque des élytres d'un jaune-rou-

geâtre ; corselet très-court, parsemé de
points, rebordé à la base. — Allemagne,
France.

2. GYROPHÆNA NANA.
Payk., *Faun.*, 3, 408, 52.—Long. 1 lig.
Larg. ¼ lig. — Court, d'un brun-noir luisant ; corselet court, parsemé de points,
rebordé en arrière ; antennes, pattes, bords
du corselet, élytres et base de l'abdomen
jaunes.—Suède, Finlande et France.

Nota. La variété *B* de Gyllenhal, *Ins.
Suec.*, t. II, p. 414, a été érigée en espèce
par M. le comte de Mannerheim sous le
nom d'*Affinis* (*Précis Brach.*, p. 74, n° 3).

3. GYROPHÆNA POLITA.
Grav., *Monogr.*, 99. 48. — Long. ½ lig.
Larg. ¼ lig. — Court, d'un noir brillant ;
antennes et pattes d'un jaune pâle ; élytres et extrémité de l'abdomen d'un brun
de poix ; tête ovalaire ; corselet très-court,
lisse, rebordé en arrière. — France.

BOLITOCHARA, Mannerheim ;
Aleochara, Knock, Grav., Gyll.,
Stephens ;
Staphylinus, Linn., Payk.

Antennes coudées, à premier article plus
long, renflé ; le deuxième et troisième allongés ; les autres allant en grossissant, élargis, un peu perfoliés ; le dernier oblong et
pointu à l'extrémité.—Tarses à premier article le plus long ; les autres égaux.—
Corps un peu déprimé, presque linéaire
en arrière. — Corselet large, arrondi sur les
côtés.

Insectes de taille assez petite; ils courent
avec rapidité ; ils sont très-nombreux en espèces.

PREMIÈRE DIVISION.

Tête enfoncée dans le corselet.—Corselet presque carré, peu rétréci en arrière,
très-convexe.

1. BOLITOCHARA COLLARIS.
Grav., *Monogr.*, 72, 6. — Oliv., *Ent.*,
3, pl. 2, fig. 13.—Long. 2 lig. Larg. ¾ lig.
— D'un brun-jaunâtre, brillant, fortement
ponctué ; tête, base des antennes, élytres,
poitrine et extrémité de l'abdomen noirs ;
une impression sur le corselet, en arrière.—
Paris.

2. BOLITOCHARA ANALIS.
Grav., *Monogr.*, 76, 14.—Long. 1 lig.

Larg. ¼ lig.—Noir, peu brillant, très-fortement ponctué ; parties de la bouche, base
des antennes, élytres, pattes et extrémité
de l'abdomen jaunes; corselet impressionné transversalement en arrière. — Paris, Suède.

3. BOLITOCHARA LINEARIS.
Grav., *Monogr.*, 69, 2. — Long. 1 lig.
Larg. ¼.—D'un brun-noir, un peu brillant ;
base des antennes et pattes jaunes ; front
sans impressions ; côtés du corselet avec une
impression large, mais courte. —Paris.

4. BOLITOCHARA ANGUSTULA.
Gyll., *Ins. Suec.*, t. I, part. 2, p. 393,
n° 16. —Long. 1 lig. Larg. ¼.— Noir, un
peu brillant ; parties de la bouche, base des
antennes, élytres et pattes jaunes; front
impressionné ; corselet faiblement canaliculé.— Paris.

5. BOLITOCHARA ELONGATULA.
Grav., *Monogr.*, 79, 48. — Long. 1 lig.
Larg. ¼ lig.—Noir, presque opaque ; antennes longues, brunes, ainsi que les élytres ;
pattes et abdomen jaunâtres ; corselet presque carré, avec une impression transversale en arrière.—Paris, Suède.

6. BOLITOCHARA TERMINALIS.
Grav., *Micropt.*, 160, 29.—Long. 2 lig.
Larg. ½ lig.—D'un noir brillant, un peu pubescent ; palpes et antennes ferrugineuses ;
élytres brunes ; pattes et extrémité de l'abdomen jaunes.— Paris.

DEUXIÈME DIVISION.

Diffère de la première par le corselet
court et transversal ; il est déprimé et ordinairement impressionné et canaliculé.

7. BOLITOCHARA DEPRESSA.
Grav., *Monogr.*, 100, 49. — Long.
1 lig. ½. Larg. ½ lig. — D'un brun-jaunâtre, brillant; tête, extrémité des antennes
et bords de l'abdomen d'un brun noir ;
corselet impressionné et arrondi en arrière ; pattes jaunâtres. — France.

8. BOLITOCHARA SERRICANS.
Grav., *Micropt.*, 159, 28. — Long.
1 lig. ½. Larg. ½ lig.—Noir et brillant, très-
fortement ponctué, pubescent ; corselet
faiblement sillonné au milieu ; antennes et
élytres d'un brun ferrugineux ; extrémité
de l'abdomen et pattes jaunes. — France.

9. BOLITOCHARA SOCIALIS.
Payk., *Faun.*, 3, 407, 51. — Oliv., 3

42, 53, pl. 3, f. 25.—Long. ⅓ lig. Larg. ¼ lig. — Noir et brillant, faiblement ponctué ; élytres presque carrées, jaunes, avec les angles postérieurs bruns; écusson de même couleur ; pattes d'un brun-jaune ; corselet déprimé et arrondi en arrière. — France.

10. BOLITOCHARA NIGRITULA.
Grav., *Monogr.*, 85, 25. — Long. ⅓ lig. Larg. ¼ lig.—Noir et brillant; corselet court; élytres d'un brun-jaune, bordées d'une couleur plus obscure; antennes et pattes d'un jaune clair. — France.

11. BOLITOCHARA FUNGI.
Grav., *Micropt.*, 157, 24.—Long. ⅓ lig. Larg. ¼ lig. — Court, d'un noir brillant, très-fortement ponctué, un peu pubescent; antennes assez longues, jaunes, ainsi que les pattes. — Paris.

12. BOLITOCHARA PUMILIO.
Grav., *Monogr.*, 98, 46.—Long. ¼ lig. Larg. ¼ lig. — Court, élargi, d'un noir peu brillant, très-fortement ponctué; antennes courtes, brunes, ainsi que les élytres; pattes jaunes; corselet court, sinué en arrière. — France.

13. BOLITOCHARA CINNAMOMEA.
Grav., *Monogr.*, 88, 30.—Long. 1 lig. ¼. Larg. ¼ lig. — Court, élargi, d'un brun opaque, très-finement ponctué; corselet court; élytres déprimées, couleur de canelle; base des antennes et pattes jaunes. — France.

14. BOLITOCHARA BOLETI.
Linné, *Syst.*, 2, 686, 26. — Degéer, *Ins.*, 4, 26, 13, pl. 1, f. 13-17.—Long. ⅓ lig. Larg. ¼ lig. — Court, d'un brun-noir, brillant, finement ponctué ; antennes et pattes plus pâles ; élytres brunes; corselet court, rebordé. — Paris.

DRUSILLA, Leach, Mannerheim; *Aleochara*, Grav., Gyll.; *Staphylinus*, Payk.

Ne diffèrent des *Bolitochara* que par leur corselet allongé, à peine arrondi sur les côtés, et canaliculé.

1. DRUSILLA CANALICULATA. (Pl. 13. fig. 9.)
Fabr., 2, 599, 52. — Oliv., 3, 42, 25, pl. 3, f. 31. — Long. 2 lig. Larg. ¼ lig. — D'un brun clair, fortement ponctué; tête et milieu de l'abdomen noirâtres; ce dernier plus clair à la base et jaune à l'extré-mité ; corselet canaliculé et impressionné. — Paris. Très-commun.

2. DRUSILLA EXARATA.
Mannerheim, *Précis Brach.*, p. 85. — Long. 1 lig. ¼. Larg. ¼ lig. — D'un jaune-roussâtre, très-finement ponctué, couvert d'une pubescence soyeuse; tête et milieu de l'abdomen noirs; corselet court, très-faiblement canaliculé. — Finlande.

FALAGRIA ;
Aleochara, Knoch, Grav., Gyll. ;
Staphylinus, Payk. ;
Falagria et *Antalia*, Leach ;
Falagria, *Antalia* et *Calodera*, Mannerh.

Antennes épaisses, à premier article long, épais et cylindrique ; deuxième plus petit et épais ; troisième grêle et presque conique ; ceux de quatre à dix courts, transversaux, assez épais ; le dernier ovalaire et obtus. — Palpes maxillaires à pénultième article allongé, presque cylindrique ; le dernier très-petit, pointu. — Tête dégagée et arrondie, plus large que la base du corselet. — Celui-ci presque en cœur. — Elytres plus larges que le corselet.

PREMIÈRE DIVISION.
(*Falagria*, Leach, Mannerheim.)

Elytres non plissées à la base.—Premier article des tarses un peu plus long que les autres.

1. FALAGRIA SULCATA.
Grav., *Monogr.*, 73, 9. — Oliv., 3, pl. 6, f. 52. — Long. 1 lig. Larg. ¼ lig. — D'un noir brillant, un peu pubescent; pattes d'un jaune pâle; antennes d'un brun ferrugineux; corselet en forme de cœur, profondément enfoncé au milieu dans sa longueur.
Var. Base des antennes jaune. — Paris.

2. FALAGRIA NIGRA.
Grav., *Monogr.*, 75, 12.—Long. 1 lig. Larg. ¼ lig. — D'un noir brillant, finement ponctué; antennes et pattes d'un brun jaune; corselet un peu en cœur, faiblement strié au milieu.
Var. Elytres jaunes. — Allemagne.

DEUXIÈME DIVISION.
(*Calodera*, Mannerheim.)

Elytres non plissées à la base. — Tous les articles des tarses égaux.

3. FALAGRIA NIGRITA.

MANNERHEIM, *Précis*, p. 86, n° 1. —
Al. Æthiops , *Var.* GRAV. , *Monogr.*,
p. 153. — Long. 2 lig. Larg. ⅓ lig. — D'un
noir obscur, pubescent ; corselet canaliculé. — Suède et France.

Ajoutez à cette division les *Calod. Pro-
tensa* et *Testacea*, Mannerheim (*op. cit.*).

TROISIÈME DIVISION.

(*Antalia* , LEACH, MANNERHEIM.)

Elytres plissées à la base.

4. FALAGRIA IMPRESSA.

OLIV., 3, 42, 28, pl. 5, f. 41. — Long.
2 lig. Larg. ⅓ lig. — D'un brun-jaune
brillant ; tête et deux derniers anneaux de
l'abdomen noirs ; corselet un peu cordiforme , avec une strie en avant et quatre
impressions oblongues en arrière.— Paris.

5. FALAGRIA RIVULARIS.

GRAV. , *Monogr.*, 73, 8. — Long. ¼ lig.
Larg. ¼ lig. — Noir brillant ; antennes et
pattes d'un brun ferrugineux ; corselet un
peu en cœur, avec une strie en avant, et
quatre impressions oblongues en arrière ;
élytres un peu plissées à la base. — Allemagne.

DEUXIÈME SOUS-FAMILLE. —**PSELAPHIENS** , LATR. ;

Pselaphii, LATR. ; *Pselaphidea*, LEACH ; *Pselaphidæ*, DENNY ; *Pselaphi*, REICH.

Yeux ordinairement visibles. — Palpes
au nombre de quatre, inégaux ; les maxillaires de quatre articles. — Labre corné,
ronqué ou échancré en avant. — Labre
en cœur, corné. — Languette petite ,
membraneuse, munie de chaque côté d'un
appendice membraneux. — Mandibules
cornées, avancées, ordinairement dentées.
— Mâchoires membraneuses. — Antennes
composées d'articles au nombre d'un a
six.—Corselet en cœur ou cylindrique, et
allongé.— Elytres tronquées à l'extrémité,
plus courtes que l'abdomen , recouvrant des
ailes.— Ecusson à peine visible. — Abdomen grand , obtus. — Pattes allongées.
— Cuisses en massue. — Jambes arquées.
—Tarses ayant trois articles visibles extérieurement : le premier petit, le deuxième
allongé , le troisième filiforme.

Insectes de très-petite taille, que l'on
trouve dans les prés, sous l'écorce des arbres et sous les pierres. Ils marchent avec
rapidité, surtout le soir ; et ils courent
alors avec vitesse sur les tiges des graminées. Ils sont carnassiers.

L'un de nos meilleurs observateurs,
M. Aubé , étudie depuis long-temps cette
famille , et nous en a donné une monographie aussi complète que possible , accompagnée de charmantes figures. Quoique venant après les travaux, du reste très-
recommandables, de MM. Reichenbach,
Leach, Denny, etc., cet ouvrage n'en est
pas moins d'un très-grand intérêt, tant par
la connaissance parfaite des espèces des
auteurs, que par celle d'un très-grand nombre d'objets nouveaux. Pour notre part,
nous devons déclarer que M. Aubé nous
a donné beaucoup de renseignemens
qui nous ont été très-utiles pour cette
partie de notre travail, et a même bien
voulu nous permettre de consulter sa
monographie, lorsqu'elle était manuscrite
encore. Ils ne forment qu'un seul groupe
naturel, celui des

PSELAPHITES.

Genres : *Marnax* , *Tyrus* , *Chennium* ,
Ctenistes, *Pselaphus*, *Bryaxis* , *Bythinus* ,
Tychus , *Trimium* , *Batrisus* , *Euplectus* ,
Claviger, *Articerus*.

MARNAX, LAP. ;
Metopias , GORY.

Antennes aussi longues que le corps,
de onze articles, le premier aussi long que
les sept suivans , les trois derniers formant
une massue. — Tarses terminés par deux
crochets inégaux. — Tête offrant une
avance frontale très-prononcée , et sur laquelle sont insérées les antennes. — Corselet globuleux, presque en cœur, tronqué.
— Elytres assez longues.

MARNAX CURCULINOIDES. (Pl. 14, fig. 1.)
GORY, *Mag. de Zool.*, cl. 9, pl. 42. —
Long. 2 lig. Larg. ¼ lig. — Pubescent,
ferrugineux ; élytres finement ponctuées.
—Cayenne.

Nota. M. Gory avoit donné à ce genre
le nom de *Metopias* ; mais il ne pouvoit être
conservé, étant trop voisin de celui de

1. Marnax Curculionoides.
2. Ctenistes Palpalis.
3. Tychus Niger.
4. Trimium Brevicorne.
5. Batrisus Formicarius.
6. Claviger Testaceus.
7. Mastigus Palpalis.
8. Scydmaenus H.

Metopius (*Hyménoptères*). Je lui ai, en conséquence, substitué celui de *Marnax* (*Etudes Entomologiques*).

TYRUS, AUBÉ;

Pselaphus, GYLL., REICH.

Antennes de onze articles. — Palpes à premier article presque conique. — Crochets des tarses égaux. — Corselet presque sphérique.

TYRUS MUCRONATUS.

GYLL., *Ins. Succ.*, t. IV, 231, 9. — *Insignis*, REICH., *Monogr.*, 60, pl. 2, f. 16.— *Crassicornis?* FABR., *S. El.*, 2, 601, 64.— Pubescent, noir; antennes, élytres et pattes rougeâtres; corselet avec une très-petite ligne demi-circulaire, et placée en arrière. — Suède, Allemagne.

CHENNIUM, LATR., LEPELT., SERV.

Antennes presque perfoliées, de onze articles; le dernier presque globuleux; les autres lenticulaires et à peu prés égaux. — Palpes à deuxième article grand et sphérique, simples. — Tarses très-courts; le dernier article portant deux crochets égaux. — Tête dégagée. — Mandibules cornées. — Corselet presque cylindrique. — Elytres recouvrant des ailes, et tronquées à l'extrémité. — Pattes moyennes. — Hanches allongées et pédiculées.

1. CHENNIUM BITUBERCULATUM.

LATR., *Gen. Crust. et Ins.*, t. III, p. 77, n° 1. — Long. $\frac{3}{4}$ lig. Larg. $\frac{1}{4}$ lig. — D'un brun-châtain; tête bituberculée en avant; corselet bordé en avant, avec une ligne enfoncée et arquée de côté, en arrière; élytres lisses, avec deux stries longitudinales, l'une sur la suture, l'autre le long du bord externe. — Midi de la France.

CTENISTES, REICH.;

Dionyx, LEPEL. et SERV.

Antennes de onze articles, assez épaisses. — Palpes avec les trois derniers articles portant un prolongement pointu extérieurement. — Tarses ayant deux crochets égaux.

1. CTENISTES PALPALIS. (Pl. 14. fig. 2.)

REICH., *Monogr.*, pl. 1. fig. A. — Long. 1 lig. $\frac{1}{4}$. — Corps pubescent, rougeâtre; corselet allongé. — Allemagne.

2. CTENISTES DEJEANII.

LEPEL. et SERV., *Encyclop.*, t. X. p. 221. — Long. 1 lig. Larg. $\frac{1}{4}$ lig. — Testacé, granuleux, pubescent; corselet avec un petit sillon transversal; élytres avec une strie suturale et une au bord externe, suture brunâtre. — Midi de la France et Paris.

Nota. Cet insecte forme le genre *Dionyx* de MM. Lepeltier et Serville.

PSELAPHUS, HERBST, DENNY, REICH.,

Pselaphus et *Kunzea*, LEACH [1];

Anthicus, PANZ.

Antennes de onze articles moniliformes, les trois derniers renflés, le terminal ovale. — Palpes maxillaires plus longs que la

1 Quoique nous n'ayons pas adopté les genres de Leach, nous avons pensé que le lecteur serait peut-être bien aise de connaître les caractères qu'il leur assigne, et nous avons cru devoir les donner ici.

PSELAPHUS, LEACH.

Antennes à premier et deuxième article allongés, légèrement cylindracés; les troisième, quatrième, cinquième, sixième, septième et huitième un peu globuleux, égaux; les neuvième et dixième presque égaux, légèrement globuleux, un peu renflés, plus gros que les autres; le onzième allongé, ovale, un peu renflé. — Palpes maxillaires tres-longs, à premier article filiforme, dilaté subitement en massue à l'extrémité; le deuxième un peu globuleux; le troisième filiforme, grossissant peu à peu vers l'extrémité. — Corps court, convexe.

BRYAXIS, LEACH.

Antennes avec les deux premiers articles légèrement cylindracés, plus épais que les autres; les troisième, quatrième, sixième et septième allongés, cylindracés; le cinquième plus long; le huitième légèrement globuleux, plus petit; les neuvième, dixième et onzième allongés, formant une massue; le dernier pointu à l'extrémité. — Palpes maxillaires à premier article en massue, très-rétréci à la base; le deuxième un peu globuleux; le troisième conique. — Corps court, convexe. — Corselet avec deux fossettes réunies par un sillon.

REICHENBACHIA, LEACH.

Antennes à premier et deuxième article plus épais que les autres; les troisième, quatrième, cinquième, sixième et septième égaux, courts; le huitième un peu plus long; le neuvième légèrement globuleux; le dixième lenticulaire; le onzième un peu obtus à l'extrémité. — Palpes maxillaires à premier article en massue, très-

tête et le corselet réunis, coudés; le dernier article ovale, allongé, muni d'une pointe à l'extrémité. — Palpes labiaux courts et filiformes. — Tarses à premier article court, les deuxième et troisième longs, le dernier muni d'un seul crochet. — Tête dégagée. — Corselet tronqué. — Ecusson petit. — Elytres courtes, convexes. — Pattes assez fortes.

PREMIÈRE DIVISION.

Corselet sans impression transversale. (Aubé.)

rétréci à la base; le deuxième un peu globuleux; le troisième conique. — Corps court, convexe. — Corselet, avec des fossettes distinctes.

BYTHINUS, Leach.

Antennes de onze articles; le premier épais, cylindracé; le deuxième plus épais que le premier, avancé en pointe au côté interne dans le ♂: les troisième, quatrième, cinquième, sixième septième et huitième articles égaux, lenticulaires; le onzième ovale, très-ponctué à l'extrémité. — Palpes maxillaires à premier article filiforme, renflé peu à peu; le deuxième ovale; le troisième très-grand, ovale, très-étroit à la base. — Corps court et convexe.

ARCOPAGUS, Leach.

Antennes à premier et deuxième article plus épais que les autres : le premier allongé, le deuxième presque globuleux; les troisième, quatrième, cinquième, sixième, septième et huitième égaux, presque globuleux; le neuvième plus épais, lenticulaire; le dixième de même forme, plus grand; le onzième plus épais, ovale, pointu. — Palpes maxillaires à premier article filiforme, un peu en massue; le deuxième ovale, allongé; le troisième ovale, très-étroit à la base.

KUNZEA, Leach.

Antennes à premier et deuxième articles plus épais que les autres; premier article allongé, cylindracé, dilaté intérieurement; le deuxième un peu globuleux: les troisième, quatrième, cinquième, sixième, septième et huitième un peu globuleux, égaux; le neuvième épais, lenticulaire; le dixième globuleux, lenticulaire; le onzième plus épais, ovale, pointu. — Palpes maxillaires à premier article filiforme, un peu en massue; le deuxième ovale, allongé; le troisième ovale, très-étroit à la base. — Corps court, convexe.

KUNZEA NIGRICEPS.

Leach, *Zool. Journal*, n° 8. 449. — Ferrugineux; antennes, pattes et palpes plus pâles: tête noire. — Italie, forêts de pins. Très rare.

26. PSELAPHUS HEISEL.

Herbst, t. IV, p. 109, n. 1, tab. 39, fig. *a*. — Reichemb., *Monogr.*, p. 28, pl. 1, f. 2. — Denny, *Monogr.*, pl. 9, f. 2. — *Eurygaster*, *Bech. Begb.* 2, pl. 2, t. VIII. — Long. 1 lig. — D'un châtain presque noir, lisse; corselet élargi au milieu, rétréci en avant et en arrière; cuisses un peu renflées. — Paris.

2. PSELAPHUS HERBSTII.

Reich., *Monogr.*, p. 25, tab. 1, f. 1. — *Heisei*, Herbst, *Coléop.*, IV, p. 110, tab. 39, f. 10, *a*. — Denny, *Monogr.*, pl. 19, fig. 1. — *Brevipalpis*, Schrank, B, 1, 438. — Long. 1 lig. — D'un châtain presque noir, un peu pubescent; corselet allongé, presque cylindrique, lisse, brillant; abdomen triangulaire. — Paris.

DEUXIÈME DIVISION.

Corselet avec une impression transversale (Aubé).

4. PSELAPHUS DRESDENSIS.

Herbst, t. IV, 110. — Leach., *Zool., Mys.* 87. — Denny, *Monogr.*, 47, pl. 10, f. 2. — *Heisei*, Payk., f. 3, 364. — Long. 1 lig. — Noir, pubescent; corselet anguleux. — Paris.

BRIAXYS, Knoch, Denny;

Pselaphus, Panz., Illig., Payk., Reich., Gyll.; *Antichus*, Fabr.;

Staphylinus, Linn.;

Briaxys et Reichenbachia, Leach.

Antennes composées de onze articles, les derniers renflés, le terminal pointu. — Palpes maxillaires avancés, mais plus courts que la tête et le corselet; le dernier article en forme de cône, un peu dilaté extérieurement. — Palpes labiaux courts et filiformes. — Tarses terminés par un seul crochet. — Tête dégagée. — Corselet en cœur, avec trois impressions. — Elytres courtes. — Pattes moyennes.

A. Trois impressions presque égales sur le corselet; la médiane quelquefois plus grande que les autres. (Aubé.)

PREMIÈRE DIVISION.

Impressions réunies par un sillon transversal. (Aubé.)

1. BRIAXYS SANGUINEA.

FABR., 1, p. 293, n° 22. — REICH., *Monogr.*, p. 49, pl. 2, f. 11.—DENNY, *Monogr.*, 34, pl. 7, f. 3. — D'un rouge sanguin; antennes, palpes et pattes plus pâles; tête, corselet et élytres glabres, luisants, ponctués. — Europe. Paris.

2. BRIAXYS LONGICORNIS.

LEACH, *Zool. Journ.*, 8, 451.—DENNY, *Monogr.*, 34, pl. 7, f. 3. — Ferrugineux; antennes, palpes et pattes plus pâles; tête, corselet et élytres très-glabres, brillants; avec de nombreux points enfoncés. — Londres, Paris.

DEUXIÈME DIVISION.

(*Reichenbachia*, LEACH.)

Impression non réunies par un sillon transversal; hanches antérieures dépourvues d'épines. (Aubé.)

3. BRIAXYS FOSSALATA.

REICH., *Monogr.*, 54, 13, pl. 2, f. 13. — DENNY, *Monogr.*, 37, pl. 8, f. 1.—Long. 1 lig. — Châtain, un peu pubescent; palpes, antennes et pattes ferrugineux; corselet presque en cœur, un peu globuleux, avec trois impressions fortes et égales. — France.

4. BRIAXYS HÆMATICA.

REICH., *Monogr.*, p. 52, pl. 2, f. 12.— LEACH, *Zool. Mag.*, 3, 86. — DENNY, *Monogr.*, 38, pl. 8, f. 2.—Long. 1 lig. ¼. — Rougeâtre, brillant; corselet presque en cœur, avec trois impressions, dont celle du milieu la plus petite. — Paris.

TROISIÈME DIVISION.

(*Reichenbachia*, LEACH.)

Impressions non réunies par un sillon transversal; hanches antérieures dépourvues d'épines. (Aubé.)

5. BRIAXYS XANTHOPTERA.

REICH., *Monogr.*, p. 56, tab. 2, fig. 14.— Long. 1 lig. ¼. — Noir; élytres rouges; corselet avec une grande impression au milieu et une petite de chaque côté. — Paris, Allemagne.

B. Trois impressions inégales sur le corselet; la médiane la plus petite. (Aubé.)

6. BRIAXYS IMPRESSA.

PANZ., *Faun. Germ.*, 89, 10. — LEACH

Zool. Mag., 3, 86.—DENNY, *Monogr.*, 36, pl. 7, f. 4. — LEACH, *E E*, IX, 117.— Long. 1 lig. — Noir; élytres d'un rouge obscur; corselet d'un noir luisant; antennes obtuses à l'extrémité. — Paris.

7. BRYAXIS JUNCORUM.

LEACH, *Zool. Journ.*, 452. — DENNY, *Monogr.*, 40, pl. 8, f. 3. — Long. 1 lig. — D'un brun marron, couvert d'un léger duvet cendré; antennes et pattes plus claires; corselet un peu globuleux; les fossettes latérales plus grandes; les postérieures très-petites. — Londres, Paris.

BYTHINUS, LEACH, LAM., DENNY, LATR.; *Psclaphus*, PANZ., PAYK., REICH., GYLL.; *Arcopagus*, LEACH, DENNY, LATR.; *Kunzea*, LEACH.

Antennes de onze articles. — Palpes maxillaires à dernier article très-grand, long, sécuriforme. — Tarses terminés par un seul crochet. — Corps convexe. — Corselet en cœur, avec une impression arquée sur la base.

1. BYTHINUS CURTISIANUS.

LEACH, *Zool. Journ.*, 4, 8, 446. — *Curtisii*, LEACH, *Zool. Miscell.*, III, 81.—D'un brun varié; bouche, antennes et pattes d'un brun marron; corselet plus large que la tête; élytres ponctuées. — Angleterre, Paris.

2. BYTHINUS BURELLII.

DENNY, *Monogr.*, 22, pl. 4, f. 1. — Long. ¾ lig.—Noir, ponctué, un peu brillant; deuxième article de l'antenne du ♂ très-grand, aplati et un peu en lunule; antennes et pattes d'un ferrugineux pâle. — Londres.

3. BYTHINUS SECURIGER.

REICH., *Monogr.*, 45, pl. 1, f. 15. — LEACH, *Zool. Mag.*, 3, 83. — DENNY, *Monogr.*, 21, pl. 3, f. 2. — Long. ¾ lig. — Brun; corselet ponctué et brillant; deuxième article de l'antenne sécuriforme dans les mâles; antennes et pattes d'un ferrugineux brillant. — Angleterre, Paris.

B. Deuxième article des antennes non prolongé en dedans (*Arcopagus*, Leach).

4. BYTHINUS BULBIFER.

REICH., *Monogr.*, 37, pl. 37, f. 1. — LEACH, *Zool. Mag.*, 3, 84. — DENNY, *Monogr.*, 24, pl. 5, f. 1. — Long. ¾ lig.—

D'un noir luisant, pubescent; antennes en massue; palpes d'un ferrugineux pâle; pattes d'un châtain obscur; élytres fortement ponctuées. — Paris.

5. BYTHINUS GLABRICOLLIS.

REICH., *Monogr.*, 43, 8, pl. 1. f. 8. — Long. 1 lig. — D'un brun de poix, pubescent; antennes, palpes et pattes testacés; corselet globuleux et glabre; élytres ponctuées; devant de la tête biimpressionné. — Paris.

6. BYTHINUS RUFICOLLIS.

LEACH. *Zool. Journ.*, n° 8, 448.—D'un brun marron; antennes, palpes et pattes plus pâles; tête finement ponctuée; corselet légèrement rugueux; élytres très-ponctuées, brillantes. — Italie, dans les forêts.

7. BYTHINUS PUNCTICOLLIS.

DENNY, *Monogr.*, 26, pl. 5, f. 3. — Long. ½ lig. — Ferrugineux obscur, ponctué et brillant; corselet très-large, dilaté en avant, et fortement ponctué; cuisses très-renflées dans la ♀. — Angleterre.

Nota. Ajoutez à cette division le

8. *Bythinus Clavicornis.* PANZ., *Faun. Germ.*, 99, 3. — Les *Kunzea* de Leach ne sont aussi, probablement que des *Bythinus.*

TYCHUS, LEACH, STEPH.;
Pselaphus, REICH., PAYK.

Antennes à premier et deuxième article les plus épais, un peu cylindriques; le premier plus long que le deuxième; les troisième, quatrième, cinquième, sixième, septième et huitième subglobuleux; les premier, troisième et quatrième plus épais, surtout dans les ♂; les neuvième et dixième globuleux, lenticulaires; le dixième plus grand; le onzième ovale, plus épais, pointu. — Palpes maxillaires à dernier article sécuriforme. — Tarses terminés par un seul crochet. — Corps court, convexe. — Corselet anguleux latéralement, sans impression en dessus.

Nota. Ce genre devroit peut-être être réuni avec celui de *Bythinus.*

TYCHUS NIGER. (Pl. 14, fig. 3.)

PAYK., *Faun.*, 3, 365, 4. — REICH., *Monogr.*, 35, 5, pl. 1, fig. 5.—Long. ½ lig.— Noir, un peu pubescent; pattes jaunâtres; corselet lisse; élytres finement ponctuées; antennes brunâtres.

Var. Disque des élytres d'un brun marron. — France, Angleterre, Suède.

Nota. Le *Pselap. Niger*, Payk., *Faun.* 3, 365, n° 4, est le ♂ de cette espèce; de même que le *Pselap. Nodicornis*, Reich., Beyt., 12, pl. 2, f. 10.

TRIMIUM, AUBÉ;
Pselaphus, REICH., GYLL.;
Euplectus, DENNY, STEPH.

Antennes de onze articles, à dernier article très-grand. — Palpes maxillaires à dernier article unique, très-légérement dilaté en dedans. — Tarses terminés par un seul crochet. — Corps allongé, cylindrique. — Corselet ovale, avec un sillon transversal en arrière.

1. TRIMIUM BREVICORNE. (Pl. 14, fig. 4.)

REICH., *Monogr.*, p. 47, tab. 1, f. 10.— DENNY, *Monogr.*, 18, pl. 2, f. 4. — Long. ⅓ lig. — D'un châtain-brillant, un peu pubescent; antennes de la longueur du corselet; le dernier article très grand. — Angleterre.

BATRISUS, AUBÉ;
Pselaphus, REICH.; *Bryaxis*, DENNY.

Antennes de onze articles, insérées dans une fossette latérale. — Palpes maxillaires à dernier article ovalaire. —Tarses terminés par un seul crochet.—Corps allongé, un peu cylindrique.—Corselet avec trois sillons longitudinaux.

Ces insectes, qui, parmi ceux de cette famille, sont de la plus grande taille, se trouvent dans les fourmilières.

1. BATRISUS FORMICARIUS. (Pl. 14, fig. 5.)

Long. 1 lig. ¼. Larg. ½ lig.— D'un rougeâtre brillant; tête très-fortement ponctuée et inégale; corselet presque lisse, offrant un lobe de chaque côté; élytres avec un petit pli longitudinal à la base.— Paris.

2. BATRISUS VENUSTUS.

REICH., *Monogr.*, p. 65, pl. 2, f. 18.— *Nigriventris*, DENNY, *Monogr.*, p. 41, pl. 7, f. 1.— Long. 1 lig. ½.— D'un ferrugineux brillant; abdomen noir; corselet globuleux et canaliculé; élytres avec une strie. — Paris.

EUPLECTUS, KIRBY, LEACH, STEPHENS;
Pselaphus, ILLIG., PAYK., GYLL., REICH.;
Staphylinus, PANZ., MARSH.;
Anthicus, FABR.: *Bryaxis*, CURTIS.

Antennes de onze articles. — Palpes maxillaires à dernier article conique.—Tar-

ses terminés par un seul crochet. — Corps déprimé , très-allongé. -- Corselet ayant souvent une impression en forme de croix.
A. Une impression sur le vertex.

1. EUPLECTUS SULCICOLLIS.
Reich., *Monogr.*, 62. tab. 2, f. 17.—Curtis, *Brit. Ent.*, t. VII, n° 315. — *Ps. Dresdensis*, Illig ; *Kœff. Preuss.*, 1 , p. 290, 1. — Payk., *Faun.*, 2. 365. — Fabr.. *s, E,* 1. p. 293. n° 22.— Long. 1 lig. ½.—Déprimé, rouge, pubescent ; élytres incisées vers l'angle externe.— Allemagne.

2. EUPLECTUS NANUS.
Reich., *Monogr.*, 69, 20. pl. 2. f. 20. — *Reichenbachii*, Leach, *Zool. Misc.*, 3. 32.— Denny, *Monogr.*, 9. pl. 1. t. 1.— Long. ½. lig.— Allongé, un peu déprimé, d'un châtain brillant, légèrement pubescent ; antennes assez épaisses, jaunes, ainsi que les pattes ; devant de la tête avec une élévation triangulaire ; corselet en cœur, avec une impression profonde en forme de croix.— Allemagne, Angleterre.
B. Vertex non-impressionné.

3. EUPLECTUS KIRBII.
Denny , *Monogr.*, 14 , pl. 2 , f. 1. — Long. 1 lig.— D'un châtain obscur, très-allongé, déprimé ; corselet rétréci en avant et en arrière.— Angleterre.

4. EUPLECTUS SANGUINEUS.
Denny. *Monogr.*, p. 10, pl. 1, f. 2. — Long. ½. — Allongé, d'un brun marron , pubescent ; tête avec deux dépressions convergentes qui se joignent en avant. — Angleterre.

5. EUPLECTUS KARSTENII.
Reich., *Monogr.*, 74 , 21, pl. 2 , f. 21.— *Sanguineus*, Panz.. *Faun.*, 11 , f. 9. — Long. ½ lig. — Très-allongé , linéaire, un peu déprimé, d'un brun testacé brillant, un peu pubescent ; pattes plus pâles ; corselet en cœur, avec une légère impression un peu en croix ; devant de la tête avec deux légers sillons.— Paris, Allemagne.

6. EUPLECTUS SIGNATUS.
Reich., *Monogr.*, 73, 22. pl. 2. f. 22.— Denny, *Monogr.*, 13, pl. 1, f. 4. — Long. ½ lig.—Linéaire, allongé, un peu déprimé, pubescent. d'un brun jaunâtre ; pattes plus pâles ; devant de la tête avec deux impressions et un sillon transversal ; corselet en cœur, avec une légère impression un peu en croix. — Allemagne. Suède. France.

7. EUPLECTUS BICOLOR.
Denny, *Monogr.*, 17, pl. 2, f. 3.--*Glabriusculus*, Gyll., *Faun. , Suec.*, t. IV, 236 , 13. — Long. ½ lig. — Noir ; corselet large et arrondi , rétréci en arrière, avec trois impressions, dont celle du milieu un peu plus grande que les autres. — Angleterre, Suède.

8. EUPLECTUS AMBIGUUS.
Reich., *Monogr.*, 67, 19, pl. 2, fig. 19. — Gyll., *Ins. Suec.*, t. 1. pars 4, p. 235, n° 12. — Long. ¼ lig. — Allongé, un peu déprimé, châtain, glabre ; antennes et pattes jaunes ; corselet un peu en cœur, avec trois impressions en arrière. — Allemagne , Suède.

9. EUPLECTUS PUSILLUS.
Denny. *Monogr.* , p. 15. p. 2, f. 2. — Long. ¼ lig.—D'un noir brillant, finement ponctué et pubescent ; corselet arrondi et un peu déprimé ; la partie postérieure avec trois impressions réunies par une ligne demi - circulaire ; antennes grandes. — Angleterre.

10. EUPLECTUS LESTERBROOKIANUS.
Leach , *Zool. Journal*, 2, 445. — D'un brun ferrugineux foncé ; antennes , palpes et pattes plus pâles ; corselet légèrement rugueux ; élytres finement ponctuées. — Danemarck, dans les bois ; très-rare ; et Angleterre.

CLAVIGER, Muller, Panz., Latr.

Antennes de six articles : les premier et deuxième plus petits , légèrement globuleux, les derniers en massue. — Palpes maxillaires très-courts. filiformes. armés de deux ongles à l'extrémité.—Tarses munis d'un seul crochet. — Tête dégagée. — Yeux non apparens. — Corselet rétréci en avant et en arrière. — Elytres très-courtes. — Pattes fortes.
Insectes vivant dans les fourmilières.

PREMIÈRE DIVISION.

Clavigéres proprement dits.

Antennes grossissant d'une manière insensible jusqu'à l'extrémité ; les deux premiers articles petits. globuleux ; les troisième, quatrième et cinquième lenticulaires. perfoliés ; le sixième plus grand que les autres, allongé et cylindrique.

1. CLAVIGER TESTACEUS. (Pl. 14. fig. 6.)
Latr. *Gen. Crust. et Ins.*, t. III. p. 78.

n°1 ; *Encycl.*, pl. 372 bis, f. 33. — Long. ½ lig. Larg. ¼ lig.—D'un brun-testacé ; corselet avec une fossette en arrière ; élytres finement striées. — Allemagne, Suède, et Nord de la France.

DEUXIÈME DIVISION.

Clavifer, MIHI.

Antennes terminées brusquement en massue; premier article assez grand, deuxième très-petit, globuleux ; troisième et quatrième allongés, presque cylindriques, cinquième court ; sixième très-grand, formant seul une massue globuleuse.

2. CLAVIGER LONGICORNIS.
GERM., *Mag. ant.*, 1818, p. 85, pl. 2, fig. 16. — Long. 1 lig. Larg. ¼. — Tes-

tacé un peu roussâtre et pubescent en dessus ; abdomen formant en dessus deux petits sillons longitudinaux. — Élytres très-courtes. — Odenbach.

ARTICERUS, DALM.

Antennes d'un seul article terminé par une massue, tronqué à son extrémité. — Yeux distincts, latéraux et saillans. — Forme du *Claviger.*,

ARTICERUS ARMATUS.
DALM., *Ens. du Copal*, p. 23, pl. V, f. 12. — Ferrugineux, massue des antennes cylindrique ; tronqué de la largeur de la tête ; cuisses intermédiaires bidentées ; toutes les jambes munies d'une seule dent. — Trouvé dans le copal.

TROISIÈME SOUS-FAMILLE. — PALPEURS, LATR. ;

Scydmenides, LEACH, DENNY, STEPHENS.

Quatre palpes inégaux ; les maxillaires longs, de quatre articles, dont le dernier souvent plus petit que les autres. — Lèvre cartilagineuse, presque carrée, tronquée à la base. — Languette membraneuse, presque carrée, trilobée à l'extrémité. — Labre tranversal corné, les angles antérieurs arrondis. — Mâchoires cornées, arquées, aiguës. — Mandibules cornées, arquées, avancées en pointe, unidentées à la base. — Antennes longues et grêles. — Yeux grands, globuleux, proéminens. — Tête dégagée.— Front plus ou moins convexe.— Corselet de forme variable. — Élytres oblongues, ovalaires, recouvrant des ailes et s'étendant sur tout l'abdomen. — Ecusson très-petit, triangulaire. — Pattes assez grêles et sans épines; cuisses renflées. — Tarses de cinq articles distincts. — On ne connaît pas les mœurs de ces petits insectes : mais ils sont probablement carnassiers : ils se tiennent à terre, sous des pierres et sous les écorces des arbres ; on les prend aussi quelquefois dans les fourmilières.
Ces insectes ne constituent qu'un seul groupe.

SCYDMOENITES.

Genres : *Mastigus, Scydmænus, Eumicrus, Microdema, Cladicus.*

MASTIGUS, ILLIG., HOFF., LATR., HELLW., KUNZ., DENNY;
Plinus, FABR., OLIV.; *Notoxus*, THUNB.

Antennes de onze articles presque fili-

formes, coudées après le premier article ; les deux premiers les plus longs ; les autres presque cylindriques, allant un peu en grossissant ; le onzième ovalaire. — Palpes maxillaires grands, avancés; le dernier article formant avec le précédent une massue ovale ; les labiaux terminés par un article très-petit. — Tarses à articles cylindriques, entiers : les quatre premiers égaux ; le dernier plus long. — Tête ovale. —Corselet presque en cœur, tronqué en arrière.—Elytres ovalaires.

1. MASTIGUS PALPALIS. (Pl. 14, fig. 7.)
LATR., *Hist. nat. des Crust. et Ins.*, 71, 186.—*Gen. Crust. et Ins.*, 1, 284, pl. 8, fig. 5. — Long. 3 lig. ½. Larg. 1 lig ½. — Allongé, noirâtre, avec de petit poils gris; tête et corselet plus distinctement ponctués que les élytres; celles-ci plus brunes, terminées en pointe dans les ♀, arrondies dans les ♂; vertex avec une impression presque triangulaire ; extrémité des antennes rougeâtre; patte d'un brun clair. — Portugal, Sicile.

2. MASTIGUS GLABRATUS.
KLUG, *Ent. Monog.*, 166, 2. — Long. 2 lig. ½. Larg. 1 lig. — Diffère du *M. Palpalis* par sa taille plus courte, son corselet plus étroit et comprimé, ses élytres tronquées; tête très-finement ponctuée, aplatie en dessus et impressionnée; milieu des antennes rougeâtre; palpes noirâtres; corselet à peine ponctué; élytres testacées, tronquées, avec de très-légères stries

transversales et des stries longitudinales ponctuées ; pattes noirâtres. — Cap de Bonne-Espérance.

3. MASTIGUS FUSCUS.

KLUG, *Ent. Monog.*, 167, 3. — Long. 2 lig. ½. Larg. 1 lig. — Ressemble au *M. Glabratus.* — Noir, soyeux ; tête très-finement ponctuée ; vertex aplati, sillonné; base des antennes légèrement velue ; corselet fortement ponctué, un peu élevé ; élytres un peu plus courtes que l'abdomen, ovales, avec de très-petites stries transversales et des stries longitudinales à peine ponctuées ; pattes d'un brun foncé. — Cap de Bonne-Espérance.

Les auteurs rapportent encore à ce genre les insectes suivans :

4. PTINUS SPINICORNIS.

FABR., *Syst. El.*; OLIV., *Ins.*, 2, 10, 11, pl. 1, f. 5.—*Mastig. Deustus*, SCHOENH., *Syn. Ins.*, t. II, p. 59, n° 2.

5. MASTIGUS FLAVUS.

SCHOENH., *Syn. Ins.*, t. 11, p. 59, n° 3. — *Notoxus Flavus*, THUMB., *Nov. Ins. Spec.*, p. 101.

SCYDMÆNUS, LATR., GYLL., KUNZE, DENNY ;

Psclaphus, HERBST., PAYK., ILLIG. ;
Anthicus, FABR.; *Notoxus*, PANZ.;
Lytta, MARSH.

Antennes de onze articles, insérées au-devant des yeux : les sept ou huit premiers articles ovales, globuleux, les trois ou quatre derniers subitement plus gros, formant une massue.—Palpes maxillaires légèrement en massue, de quatre articles : le quatrième petit, conique, subulé ; les labiaux très-courts. — Tarses allongés, quelquefois dilatés, à articles cylindriques, le premier et le dernier très-longs.—Tête globuleuse.—Yeux assez saillans.—Corselet petit, allongé, de formes diverses. — Ecusson triangulaire, petit, quelquefois caché. — Elytres ovales ou oblongues, soudées ; l'angle huméral saillant. — Pattes grêles, en massue. — Jambes linéaires, un peu arquées.

Insectes de très-petite taille ; on les rencontre ordinairement au pied des arbres, sous les pierres, et souvent en société avec les *Pselaphus* ; mœurs et transformations ignorées ; les antennes et les pattes des mâles sont plus fortes que celles des femelles.

MM. Kunze et Denny nous ont donné d'excellentes monographies de ce genre

PREMIÈRE DIVISION.

Les trois derniers articles des antennes subitement élargis.

SCYDMÆNUS QUADRATUS.

KUNZE, *Monog. der Ameirenkæfer*, 13, 5, fig. 5. — *Wetterhalis, Gyll.?* — Long. ½ lig. — Noir, brillant, pubescent ; corselet presque carré, convexe, velu, avec quatre petits enfoncemens à la base; plus étroit antérieurement ; écusson très-petit ; élytres courtes, ovales, ponctuées, avec quatre légers sillons à leur base. — Allemagne.

DEUXIÈME DIVISION.

Les quatre derniers articles des antennes subitement plus grands.

2. SCYDMÆNUS CLAVIGER.

KUNZE, 14, 6, fig. 6. — *Helwigii*, SCHMID, *Mag.*, 580, 2. — Long. ½ lig. — D'un brun-noir, brillant; antennes, palpes et pattes d'un brun-rougeâtre clair ; antennes courtes, les premiers articles petits, minces, serrés; les derniers écartés, très-grands ; corselet presque carré, tronqué postérieurement, velu latéralement, avec une impression transversale profonde à la base ; écusson petit ; élytres ovales, très-lisses, avec un enfoncement de chaque côté de la base. — Allemagne.

3. SCYDMÆNUS HIRTICOLLIS. (Pl. 14, fig. 8.)

ILLIG., *Kaf Preuss.*, 1, p. 292.—PAYK., *Faun.*, 3, p. 367. — GYLL., *Ins. Succ.*, 1, p. 286. — KUNZE, *Monogr.*, p. 16, Sp., 7, f. 7.—DENNY, *Monogr.*, p. 62, pl. 12, f. 1. —Long. ½ lig.—D'un brun noir, brillant; palpes, jambes et tarses un peu plus clairs; antennes grêles, plus longues que la tête et le corselet pris ensemble, d'un brun plus clair à leur base ; point d'ecusson apparent ; corselet presque carré, velu, plus étroit antérieurement, avec un enfoncement à sa base ; élytres ovales, avec une impression profonde de chaque côté. — Suède; bords des lacs.

4. SCYDMÆNUS RUTILIPENNIS.

KUNZE, *Monogr.*, p. 17, Sp., 8, f. 8.— DENNY, *Monogr.*, pl. 12, f. 2. — Long. 1 lig. — D'un noir luisant ; corselet noir, pubescent ; antennes longues, pubescentes, rougeâtres : les quatre derniers articles noirs; élytres d'un rouge - marron très-brillant, avec l'extrémité noirâtre ; pattes rougeâtres. — Angleterre, Allemagne.

5. SCYDMÆNUS ANGULATUS.

Kunze, *Monogr der Ameirenkæfer.* 18, 9, fig. 9. — Long. 1 lig. — D'un brun-noir, légérement déprimé, brillant, avec les palpes, les antennes et les pattes rougeâtres; antennes de moyenne longueur; corselet presque carré, velu; les angles antérieurs tronqués, sa base carénée, avec quatre petites impressions; écusson très-petit; élytres ovales-oblongues, légèrement velues, avec quatre enfoncemens à leur base et la suture un peu élevée. — Allemagne.

6. SCYDMÆNUS ELONGATUS.

Kunze, *Monogr. der Ameirenkæfer*, 19, 10, fig. 10. — Denny, *Monogr.*, p. 65, pl. 13, f. 2. — Long. ¾ lig. — Allongé, brun, pubescent; antennes, palpes et pattes rougeâtres; antennes courtes; corselet allongé, ponctué; ses angles postérieurs arrondis, courbés; sa base carénée; avec quatre impressions; écusson arrondi; élytres ovales-oblongues, ponctuées. — Allemagne.

7. SCYDMÆNUS SPARSHALLI.

Denny, *Monogr.*, p. 66, pl. 13, f. 3. — Long. ½ lig. — Ferrugineux, pubescent et brillant; tête un peu rétrécie; corselet avec une impression à la base qui remonte un peu sur les côtés. — Angleterre.

8. SCYDMÆNUS DENTICORNIS.

Kunze, *Monogr. der Ameirenkæfer*, 20, 11, fig. 11.—Denny, *Monogr.*, p. 64, pl. 13, f. 1.—Long. ½ lig.—Très-lisse, pubescent, presque velu, d'un brun-noir, avec les antennes, les palpes, les jambes et les tarses rougeâtres; les derniers articles des antennes inégaux, le huitième et le neuvième denticulés; corselet presque carré, plus étroit à sa partie antérieure, avec deux impressions à sa base; son bord postérieur renflé; écusson très-petit; élytres ovales-oblongues, avec six petites impressions à leur base. — Allemagne.

9. SCYDMÆNUS PUBICOLLIS.

Kunze, *Monogr. der Ameisenkæfer*, 21, 12, fig. 12.—Long. 1 lig.—D'un brun-noir, brillant, pubescent; avec les antennes, les palpes et les pattes rougeâtres; antennes et pattes fortes; les quatre derniers articles des premières globuleux, rapprochés; cor-

selet oblong, cordiforme, tronqué postérieurement, avec deux impressions, velu; point d'écusson apparent; élytres ovales, elliptiques, avec deux sillons à la base. — Allemagne.

10. SCYDMÆNUS GIBBOSICOLIS.

Long. 1 lig. ½. — D'un brun obscur ; cinq derniers articles des antennes élargis ; corselet très-convexe et velu; élytres lisses velues en arrière; pattes pubescentes. -- Madagascar.

11. SCYDMÆNUS DEFLEXICOLLIS.

Long. 1 lig.—D'un brun luisant; quatre derniers articles des antennes élargis; corselet étroit, comprimé latéralement; élytres rouges, lisses, un peu pubescentes en arrière. — Madagascar.

Ces deux insectes ont été rapportés par M. Goudot.

TROISIÈME DIVISION.

Articles des antennes grossissant peu à peu.

12. SCYDMÆNUS GODARTI.

Latr., *Gen. Crust. et Ins.*, 282, pl. 13, fig. 6 (la figure est au moins médiocre).—Long. 1 lig.—Ovale, d'un brun-rougeâtre assez brillant, pubescent; palpes jaunâtres; corselet un peu allongé, carré, rétréci postérieurement, avec une impression à sa base; écusson petit; élytres ovales un peu courtes, ponctuées, avec quatre petites impressions à leur base. — Paris.

13. SCYDMÆNUS SCUTELLARIS.

Kunze, *Monogr. des Ameirenkæfer*, 23, 14, fig. 14. — Denny, *Monog.*, p. 67, pl. 12, f. 8.—Long. ½ lig.—Ovale, pubescent, d'un noir foncé; antennes et tarses d'un beau rouge; tarses rougeâtres; corselet presque carré, convexe, rétréci postérieurement; la base marquée transversalement de points enfoncés, ses angles antérieurs arrondis, courbé; écusson très-petit; élytres ovales, ponctuées, avec quatre petites impressions à la base; base de la suture et écusson élevés.—Allemagne et Angleterre.

Var. Cuisses antérieures dilatées à leur extrémité, en triangle comprimé.

14. SCYDMÆNUS BICOLOR.

Denny, *Monogr.*, p. 68, pl. XIII, f. 4. — Long. ½ lig. — Allongé, d'un marron foncé, brillant et pubescent; corselet rugueux en arrière; le huitième article des antennes plus petit que le précédent. — Angleterre.

15. SCYDMÆNUS PUSILLUS.

Kunze, p. 25, f. 15. — Denny, p. 70, pl. 14, f. 1. — Long. ¼ lig. — Noir, oblong, un peu pubescent, brillant ; corselet un peu allongé, rétréci en arrière, avec une double rangée de points; élytres ponctuées offrant quatre sillons à la base. — France, Allemagne, Angleterre.

16. SCYDMÆNUS COLLARIS.

Kunze, Monogr., p. 26; Spec. 16, f. 16. — Denny, Monogr., p. 69, pl. XIV, f. 2. — S. Minutus, Gyll, Ins. Suec., t. I, p. 285. — Long. ⅙ lig. — Oblong, noir, ponctué ; corselet un peu élargi en avant, rétréci en arrière, et offrant dans cette partie une double rangée de points; suture et écusson un peu élevés. — France, Angleterre, Allemagne, Suède.

17. SCYDMÆNUS WIGHAMII.

Denny, Monogr., p. 71, pl. XIV, f. 3. — Long. 1 lig. — Brun, brillant, un peu pubescent ; corselet tronqué à la base, avec trois impressions; tête avec deux points sur le front ; antennes et pattes rougeâtres ; élytres avec quatre dépressions à la base. — Angleterre.

EUMICRUS, Lap.;

Scydmænus, 1° divis., Kunze, Denny ; Pselaphus, Payk. ; Notoxus, Panz. ; Lytta, Marsham.

Palpes maxillaires à quatrième article à peine visible. — Corselet beaucoup plus étroit que les élytres, et rétréci en avant. — Antennes à articles un peu carrés.

1. EUMICRUS TARSATUS.

Kunze, Monogr., p. 11, sp. 3, f. 3. — Denny, Monogr., p. 57, pl. 11, f. 1. — Hellwigii, Latr., Payk. — Minutus, Panz., — Piceus, Marsham. — Long. 1 lig. ¼. — Brun, pubescent et brillant; corselet ovalaire, avec quatre impressions à la base ; élytres ovales, avec deux lignes enfoncées à la base ; tarses antérieurs dilatés. — Paris.

2. EUMICRUS RUFICORNIS.

Denny, Monogr., p. 59, pl. XI, f. 2. — Long. 1 lig. ¼. — D'un brun noir ; corselet allongé. très-pubescent; antennes et pattes d'un ferrugineux obscur et velues ; élytres très-larges. — Angleterre.

3. EUMICRUS RUFUS.

Kunze, Monogr. der Ameisenkæfer. 19, 2. fig. 2. — Long. ¼ lig. — Point d'écusson ;

d'un brun-rougeâtre, brillant, légèrement pubescent ; corselet légèrement globuleux, ponctué ; la ponctuation de la base plus serrée, élytres ovales, un peu convexes, soudées, ponctuées, tronquées à l'extremité. — Allemagne, Caucase.

4. EUMICRUS HELLWIGII.

Fabr., 1, 292, 21 ; Herbst., Coléop., pl. 3 ; Fabr, 39, fig. 12. — Long. 1 lig. — Point d'écusson ; d'un testacé rougeâtre, brillant, légèrement pubescent ; corselet ponctué, ovale, renflé, avec deux petites impressions postérieures peu marquées ; élytres ovales, oblongues, soudées, tronquées à l'extrémité. — Sous l'écorce des arbres. Allemagne.

La forme du corselet varie dans cette espèce ; il est plus ou moins convexe, plus ou moins déprimé et enfoncé au milieu; quelquefois il est lisse.

MICRODEMA, Lap.

Scydmænus, Kunze, Denny.

Palpes maxillaires à quatrième article à peine visible. — Corselet beaucoup plus large que les élytres, élargi en avant. — Antennes à articles granuleux.

MICRODEMA THORACICA.

Kunze, Monogr., p. 12, f. 4. — Denny, p. 61, pl. XI, f. 5. — Long. ¼ lig. — Brun-noir, pubescent ; tête petite, penchée; antennes et pattes d'un jaune ferrugineux et velues. — Paris. Très-rare. Se trouve sous la mousse, au pied des arbres.

Nota. Cet insecte me semble être le Cephemium Truncorum de Muller.

CLIDICUS, Lap.

Antennes insérées entre les yeux de onze articles : le premier très-long, le deuxième assez petit, les suivans presque coniques et égaux entre eux. — Palpes maxillaires très-longs, le pénultième infudibuliforme, échancré, recevant le dernier ; celui-ci conique et pointu. — Tarses filiformes, à articles à peu près égaux. — Tête presque triangulaire. — Yeux très-petits, placés sur de gros tubercules. — Corselet très-convexe. — Pattes très-longues, surtout les postérieures. — Cuisses un peu renflées à l'extrémité.

CLIDICUS GRANDIS.

Lap., Ann. de la Société Ent., t. I, p. 397,

n° 1.—*Etud. Ent.*, p. 130, n° 1.— Long. 3 lig ¼. Larg. 1 lig. — Très-ponctué, presque velu, d'un brun rouge ; élytres avec des stries formées d'assez gros points enfoncés. — Java.

TROISIÈME FAMILLE. — STERNOXES.

Caractères. Corps de consistance toujours ferme et solide, droit.—Presternum allongé, dilaté antérieurement, en forme de mentonnière, jusque sous la bouche, et prolongé postérieurement en une pointe reçue dans un enfoncemement de l'extrémité antérieure du mésosternum. — Tête verticale. — Antennes se logeant pendant le repos dans une rainure, sur les côtés inférieurs du corselet, près du sternum.—Pattes en partie contractiles; les antérieures éloignées de l'extrémité antérieure du corselet.

Les *Sternoxes* sont une des plus belles familles des *Coléoptères pentamères*. Tous les insectes qui la composent sont pourvus d'ailes ; les uns atteignent une taille très-grande ; les autres sont extrêmement petits.

PREMIÈRE TRIBU.

BUPRESTIDES,
LATREILLE.

Caractères. Corps non propre à sauter. —Saillie postérieure du presternum ne s'enfonçant point dans une cavité antérieure du mésoternum. — Mandibules entières. — Palpes terminés généralement par un article ou presque cylindrique ou ovoïde, quelquefois globuleux. — Yeux ovales. — Corps le plus souvent ovalaire.

Les *Buprestides* se présentent à nous avec l'éclat des plus belles couleurs ; ils marchent lentement, mais volent avec beaucoup d'agilité dans les temps secs et chauds. Pour éviter d'être pris, ils se laissent tomber à terre quand on veut les saisir. Les ♀ sont pourvues d'une tarière cornée composée de trois pièces, au moyen de laquelle elles déposent leurs œufs dans le bois dont leurs larves doivent se nourrir. Celles-ci ont été décrites dans ces derniers temps par MM. Audouin et Aubé ; elles ressemblent beaucoup à celles des *Longicornes*. Le tube alimentaire des *Buprestides* a trois fois environ la longueur du corps ; leur œsophage est grêle ; le ventricule chylifique distinct du jabot par un étranglement brusque ; le jabot est allongé, tubuleux, flexueux ou replié, parfaitement glabre ; l'intestin grêle est court, presque droit ; le cœcum s'en distingue par une contracture, et se fait remarquer par sa forme allongée et cylindroïde; le rectum est droit et court; les vaisseaux biliaires ne paraissent pas différer de ceux des *Carabiques*.

Nous avons publié, M. Gory et moi, une monographie de ces insectes dans notre *Hist. nat. des Ins. Coléopt.*

CHRYSOCHROITES.

Caractères. Pas d'écusson visible.
Genres. *Sternocera, Julodis, Acmæodera, Chrysochroa.*

STERNOCERA, Esch., Solier;
Buprestis, Fabr., Oliv.

Ecusson non apparent.—Menton presque triangulaire, avancé en pointe vers la languette.—Dernier article des palpes maxillaires court, arrondi à son extrémité.—Corselet trilobé en arrière. — Mésosternum avancé en pointe extérieurement.—Tarses larges, aplatis, à dernier article presque carré et armé de deux petits crochets recourbés en dessous et peu visibles.—Corps très-bombé, ovalaire. — Corselet et tête très-inclinés en avant. — Troisième article des antennes plus long que les suivans.

Insectes de grande taille, très-éclatans; leur corps est lisse; ils sont propres aux contrées les plus chaudes de l'ancien continent.

1. STERNOCERA CASTANEA.

Fabr., 2, 191.—Oliv., 2, 32, 28, pl. 2, fig. 8. — Long. 23 lig. Lar. 8 lig. ¼. — Noir un peu verdâtre ; corselet avec des enfoncemens longitudinaux, irréguliers, profonds, garnis de poils serrés, formant des taches rougeâtres ; élytres finement ponctuées, d'un brun-fauve, avec une tache ronde, soyeuse, et plus claire à la base sur chacune, et trois ou quatre autres le long du bord extérieur en arrière ; on en voit plusieurs autres petites et irrégulières le long de la suture ; le dessous du corps présente plusieurs taches fauves ; les antennes et les pattes entièrement de cette couleur. — Sénégal.

2. STERNOCERA CHRYSIS. (Pl. 15, fig. 6.)
Fabr., 2, 194, 44. — Oliv., 2, 32, 24, pl. 2, fig. 8. — Long. 21 lig. Larg. 8 lig. — D'un vert-cuivreux éclatant ; corselet très-fortement ponctué ; élytres lisses, d'un brun-marron un peu violet ; pattes de même couleur ; antennes noires. — Indes Orientales.

3. STERNOCERA STERNICORNIS.
Fabr., 2, 193, 43. — Oliv., 2. 32. 29, pl. 6, fig. 52. — Long. 15 lig. Larg. 7 lig. — Entièrement d'un beau vert-cuivreux très-éclatant ; antennes noires ; corselet très-fortement ponctué ; élytres presque lisses, avec un enfoncement arrondi à la base de chacune, et un grand nombre d'autres plus petits et moins marqués sur toute l'élytre ; tarses d'un brun-noirâtre. — Indes Orientales.

4. STERNOCERA INTERRUPTA.
Fabr., 2, 193, 42. — Oliv. 32, 2, 30, pl. 4, fig. 28. — Long. 13 lig. Larg. 6 lig. — Tête et corselet d'un vert-cuivreux obscur ; le dernier avec une ligne longitudinale au milieu, et de gros points enfoncés garnis de poils grisâtres courts et serrés ; élytres couvertes de points d'un noir violet, avec trois enfoncemens longitudinaux à la base, l'un au bord externe, l'autre vers le milieu, le troisième près de l'écusson, en forme de point ; tous trois garnis de poils blanchâtres, courts et serrés ; à la partie postérieure de l'élytre, une ligne longitudinale presque toujours interrompue et garnie de poils blanchâtres, plus près du bord extérieur que de la suture ; dessous du corps et pattes cuivreux, couverts de poils grisâtres. — Sénégal.

JULODIS, Eschsch., Solier ;
Buprestis, Fabr., Oliv.

Écusson non apparent. — Menton échancré en avant. — Tarses fortement dilatés et comprimés ; le dernier article à peu près de la longueur du quatrième. — Corps court, très-convexe en dessus, couvert de poils. — Mésosternum non prolongé en pointe.

PREMIÈRE DIVISION.

Espèces à corps orné de faisceaux de longs poils. — Espèces généralement du cap de Bonne-Espérance.

1. JULODIS FASCICULARIS.
Fabr., 2, 201, 88. — Oliv., 2, 32, 70. pl. 4, fig. 38. — Long. 14 lig. Larg. 6 lig. — Allongé, d'un vert-cuivreux, brillant ; tête rugueuse, avec quelques poils jaunes ; corselet inégal, parsemé de très-gros points serrés, et offrant des faisceaux de poils jaunes disposés longitudinalement ; élytres un peu rugueuses, très-ponctuées, avec de nombreux fascicules de poils jaunes assez petits, et formant des séries longitudinales ; dessous du corps d'un cuivreux obscur, un peu pubescent, avec trois faisceaux de poils de chaque côté du thorax, et un autre plus petit à chaque extrémité des segmens de l'abdomen ; pattes de la couleur de ce dernier ; antennes noires. — Cap de-Bonne-Espérance.

DEUXIÈME DIVISION.

Espèces à corps pubescent, mais non recouvert de longs faisceaux de poils. — Espèces de grande taille, généralement propres à l'Orient et aux bords de la Méditerranée.

2. JULODIS VARIOLARIS.
Linn., *Sc. Nat.*, 4, p. 1934, 81. — Fabr., 2, p. 202, 90. — Oliv., *Ins.*, 2, p. 53, tab. 8, fig. 85. — Herbst, *Coléop.*, p. 63, t. D, f. 2. — Long. 14 lig. Larg. 7 lig. — Un peu allongé, d'un vert obscur, un peu bleuâtre sur la tête et le corselet ; tout le corps revêtu (dans les individus bien frais) d'une petite pubescence jaune ; tête couverte de petites rides longitudinales ; corselet couvert de points enfoncés, avec une petite tache formée de duvet blanc, située en arrière, au milieu ; une autre de chaque chaque côté, et les bords latéraux de même couleur ; élytres couvertes de points enfoncés, et offrant quatre séries longitudinales de larges taches blanches, formées d'un duvet très-court ; le long du bord extérieur, on voit une autre ligne de points semblables, mais très-petits ; dessous du corps à reflets un peu bleuâtres, et couvert de petits points blancs ; pattes couvertes de poils cendrés : antennes noires. — Bagdad.
Nota. Cette espèce ressemble beaucoup, d'après la description d'Olivier, à son *B. Syriaca*: mais il lui indique des côtes élevées sur les élytres, qui manquent entièrement à mon espèce.

TROISIÈME DIVISION.

Espéces de petite taille, généralement propres à l'Afrique australe.

3. JULODIS HIRTA.

Fabr., 2, 202, 93. — Oliv., 2, 32, 75, pl. 3. fig. 18. — Long. 8 lig. Larg. 4 lig. — Velu, très-ponctué, d'un vert métallique, avec les bords latéraux de l'abdomen et le bord inférieur des segmens cuivreux-rougeâtres ; élytres d'un brun-jaunâtre, avec la suture et trois côtes longitudinales raccourcies, d'un vert-métallique; celle du bord plus large ; antennes noires ; pattes d'un brun clair. — Cap de Bonne-Espérance.

ACMÆODERA, Eschsch.

Antennes de onze articles : le premier un peu allongé, les autres courts et un peu en scie depuis le cinquième.—Palpes maxillaires à dernier article ovalaire. — Tarses étroits, à articles simples : le premier court, le quatrième long. — Tête arrondie. — Yeux grands et ovalaires. — Corselet tronqué en arrière. — Élytres convexes, allant en se rétrécissant jusqu'en arrière. — Mésosternum non prolongé en pointe.

Insectes généralement de taille assez petite.

ACMÆODERA TÆNIATA.

Fabr., 2, p. 199, n° 76. — Long. 4 lig. Larg. 1 lig. ¼. — D'un noir cuivreux ; élytres avec des lignes longitudinales de points, et offrant chacune un point jaune vers la base, et deux bandes transversales de même couleur en arrière. — Allemagne.

CHRYSOCHROA, Carcel et Lap. ;

Catoxantha, Steraspis, Cyria;

Chrysochroa, Solier ;

Buprestis, Fabr., Klug.

Ecusson non apparent. — Menton tronqué ou échancré en avant. — Tarses non sensiblement dilatés; dernier article deux fois plus long au moins que le quatrième. — Corselet aplati, bisinué en arrière. — Corps déprimé en dessus.

Ces insectes nous semblent propres aux contrées chaudes de l'ancien continent.

PREMIÈRE DIVISION.

(*Catoxantha*, Dej. , Serv.)

Palpes maxillaires à dernier article petit, cylindrique, plus court que le pénultième ; dernier article des labiaux cylindrique, et notablement plus grand que le premier. — Menton corné à sa base, membraneux vers la languette. — Labre bilobé ; lobes atteignant presque la base. — Corps déprimé en dessus, peu convexe. — Yeux allongés. — Corselet subitement rétréci en avant. — Elytres longues, à angles huméraux un peu saillans, élargis vers le milieu. — Abdomen large.

1. CHRYSOCHROA OPULENTA. (Pl. 15, fig. 5.)

Gory, *Mag. Zool.*, cl. 9, pl. 17.—Long. 23 lig. Larg. 8 lig.—D'un beau vert doré; élytres offrant de fortes côtes longitudinales et une tache transversale jaune sur chacune, situées vers les deux tiers postérieurs; en dessous, une grande partie de la poitrine et de l'abdomen jaunâtre; sur chaque segment de ce dernier, deux taches latérales noires. — Java.

2. CHRYSOCHROA BICOLOR.

Fabr., 2, 186, 2. — Guérin, *Icon.* — Long. 30 lig. Larg. 10 lig.—Très-allongé, finement ponctué, d'un vert assez foncé, très-brillant ; une tache rougeâtre de chaque côté du corselet, sur les angles postérieurs; une large tache transversale d'un jaune-rougeâtre sur les élytres, en arrière ; dessous du corps d'un jaune brun; antennes noires. — Java.

DEUXIÈME DIVISION.

(*Steraspis*, Dej., Solier.)

Antennes courtes, larges, de onze articles : le premier assez gros, le deuxième très-court, les trois suivans triangulaires, les autres triangulaires, fortement élargis au côté interne ; le dernier tronqué à l'extrémité. — Tarses munis en dessous de fortes palettes membraneuses. — Menton très-court, corné. — Corps allongé, peu convexe, non velu. — Ecusson non apparent.

Cette division a de grands rapports avec la précédente ; mais elle s'en éloigne par la forme de ses antennes, qui sont beaucoup plus courtes, plus fortes et très-dentelées. Ces insectes semblent être propres à l'Afrique. Ils sont de grande taille, et revêtus de couleurs belles , mais non très-éclatantes.

3. CHRYSOCHROA SPECIOSA.
Klug et Ehrenberg, *Symb. Phys.* liv. 1, *Bupr.*, n° 1, *Zool.*, 2, *Ins.*, pl. 1, fig. 11. —*Scabra*, Latr., *Voyag. Cailliaud*, t. IV, p. 279, n° 9, f. 9. — Long. 18 lig. Larg. 6 lig. — D'un vert assez éclatant et cuivreux ; rugueux ; corselet avec un sillon longitudinal et violet au milieu ; bords latéraux de même couleur ; il offre aussi une impression allongée de chaque côté, en arrière ; élytres couvertes de rugosités et de stries longitudinales très-serrées et irrégulières ; dessous du corps d'un beau rouge-cuivreux, recouvert d'un duvet épais et jaunâtre ; pattes cuivreuses ; antennes noires. — Nubie.

TROISIÈME DIVISION.

(*Cyria*, Solier, Serv.)

Dernier article des palpes maxillaires obconique ou sécuriforme, aussi long que le pénultième ; article terminal sécuriforme. — Menton corné à sa base , membraneux vers la languette ; articles des antennes peu dilatés.

4. CHRYSOCHROA IMPERIALIS.
Fabr., 2, 204, 98.—Herbst, *Coléop.*, 9, 32, pl. 146. fig. 3. — Long. 13 lig. Larg. 4 lig. — Noir ; côté du corselet jaune ; élytres de cette couleur, avec une tache transversale noire à la base, une bande transversale irrégulière et dentelée sur les bords, vers le tiers de l'élytre ; une autre vers le milieu ; enfin une large tache irrégulière vers l'extrémité, vers la suture ; celle-ci noire ; dessous du corps et pattes couverts d'un duvet gris, avec le milieu de l'abdomen, et une tache arrondie aux bords latéraux de chaque segment, lisses ; extrémité des élytres arrondie. — Nouvelle-Hollande.

QUATRIÈME DIVISION.

(*Chrysochroa*, Solier, Dej.)

Diffère de la division précédente par le dernier article des palpes maxillaires obconique.— Menton échancré ou tronqué , entièrement corné. — Articles de la massue des antennes dilatés.

5. CHRYSICHROA FULGIDA.
Fabr., 2, 197. 60. — Illig., *Mag.*, 4.

89, 6.— Long. 18 lig. Larg. 5 lig. ¼. — D'un vert très-éclatant ; corselet très-fortement ponctué sur les côtés, offrant deux bandes longitudinales d'un rouge éclatant, deux petites impressions sur son milieu, en avant ; élytres avec une bande longitudinale semblable à celle du corselet , sur chacune ; abdomen à reflets cuivreux et rouges très-éclatans.— Chine.

6. CHRYSOCHROA VITTATA.
Fabr. , 2 , 187 , 7.— Oliv. , 2 , 32 , 4 , pl. 3 , fig. 17. — Long. 11 lig. Larg. 5 lig. — D'un vert éclatant ; une bande longitudinale dorée sur chaque élytre ; celles-ci bidentées à l'extrémité des côtes longitudinales ; leurs intervalles très-fortement ponctués ; dessous du corps cuivreux, très-éclatant. — Chine.

7. CHRYSOCHROA OCELLATA.
Fabr. , 2 , 193 , 38.— Oliv. , 2 , 32 , 31, pl. 1, fig. 3. — Long. 11 lig. Larg. 5 lig.— D'un vert éclatant ; bords latéraux du corselet avec une large tache à la base de chaque élytre et une autre ovale vers l'extrémité, d'un rouge-cuivreux très-brillant ; sur le milieu de chaque élytre, une large tache arrondie, d'un blanc jaunâtre, avec une bordure noire ; dessous du corps d'un jaune cuivreux ; pattes d'un vert clair ; élytres presque tronquées, très-légèrement bidentées. —Chandernagor.

8. CHRYSOCHROA FULMINANS.
Fabr. , 2 , 195 , 53.—Herbst, *Coléopt.*, 9, 68, pl. 142, fig. 2.— Long. 15 lig. Larg. 4 lig.— Ponctué, d'un beau vert très-éclatant ; antennes noires ; élytres avec de faibles stries longitudinales de points enfoncés , leur extrémité d'un beau rouge-cuivreux, avec un grand nombre de petites dentelures au bord extérieur ; dessous du corps très-éclatant.— Java.

BUPRESTITES.

Caractères. Écusson visible, petit, suborbiculaire, souvent ponctiforme.—Corselet coupé presque droit en arrière.
Genres : *Stigmodera, Capnodis, Buprestis.*

STIGMODERA, Eschsch. ;
Stigmodera et *Conognatha.* Eschsch. ;
Themognatha, Solier.

Labre très-avancé, très-pointu , souvent bifide à son extrémité. — Palpes maxillai res à premier article assez long, le deuxiè-me très-court, le troisième moyen. — Menton grand, corné à la base, membraneux et tronqué en avant.—Mâchoires longues, dépassant l'extrémité des mandibules.— Antennes grêles : le premier article assez long, les deux suivans moyens, tous les autres à peu près égaux. — Tarses grêles, le quatrième article le plus court. — Tête assez petite.—Corselet court, transversal, aussi large à sa base que les élytres, se rétrécit en avant.— Ecusson grand, allongé.—Elytres aplaties, presque parallèles et dentées en scie à leur extrémité.—Présternum tantôt gibbeux et renflé, tantôt déprimé.

PREMIÈRE DIVISION.

(*Stigmodera*, Eschsch.)

Menton corné à sa base et membraneux antérieurement.— Labre sillonné longitudinalement au milieu. — Présternum déprimé.

Insectes de la Nouvelle-Hollande.

1. STIGMODERA GRANDIS.

DONOVAN, *Epit. of the Ins. of New.-Holl.*— Long. 18 lig. Larg. 9 lig. — Noir, un peu cuivreux, et velu en dessous ; corselet rugueux ; élytres ponctuées, avec des côtes élevées, arrondies ; bords latéraux du corselet et des élytres d'un brun-rougeâtre ; élytres avec une petite dent près de l'extrémité.—Nouvelle-Hollande.

DEUXIÈME DIVISION.

(*Conognatha*, Eschsch.)

Menton corné à sa base et membraneux antérieurement.— Labre bifide.— Présternum gibbeux et renflé.

Insectes d'Amérique.

2. STIGMODERA AMÆNA.

KIRBY, *Trans. Linn.*—Long. 11 lig. Larg. 4 lig. ¼.—Aplatie en dessus : devant de la tête prolongé en pointe, d'un bleu très-éclatant ; élytres avec des stries longitudinales peu distinctes à la base, très-fortes vers l'extrémité, dentelées à l'extrémité jusque passé le tiers de l'élytre ; une large bande transverale jaune, en arrière.—Brésil.

TROISIÈME DIVISION.

(*Themognatha*, Solier.)

Menton entièrement corné.

3. STIGMODERA VARIABILIS.

DONOVAN. *Epit. Ins. New.-Holl.* — Long.

15 lig. Larg. 6 lig. — D'un vert bronzé ; côtés du corselet fauves ; élytres striées, d'un brun-rouge, avec la suture et des bandes transversales souvent interrompues, d'un vert cuivreux. — Cette espèce se trouve à la Nouvelle-Hollande, où elle est fort commune ; elle varie beaucoup pour les couleurs.

CAPNODIS, Eschsch., Solier ; *Buprestis*, Fabr., Oliv., Klug., Ehrenberg.

Antennes de onze articles, assez courtes : le premier article un peu renflé, les deux suivans très-courts, le quatrième assez long, conique ; les autres transversaux. — Palpes maxillaires à premier article allongé ; les deux derniers courts et ovoïdes. — Tarses à articles larges, aplatis ; les quatre premiers en forme de croissant, à angles très-prolongés et très-pointus ; le cinquième élargi, en carré long.— Menton grand, transversal, tronqué en avant, avec trois petites dents peu sensibles. — Labre presque carré, échancré en avant.— Ecusson très-petit.—Elytres grandes, un peu atténuées en arrière.

Ces insectes paraissent ne pas s'éloigner beaucoup des bords de la Méditerranée ; ils sont généralement de grande taille et noirs.

1. CAPNODIS CARIOSA.

FABR., 2, 205, 108.—OLIV., 2, 32, 80, pl. 7, fig. 68.—Long. 15 lig. Larg. 6 lig.— Noir ; corselet d'un blanc de neige, avec six plaques noires, et deux plus petites en avant ; élytres rétrécies en carène, faiblement striées, parsemées ainsi que le dessous du corps de taches blanches.—Italie et Morée.

2. CAPNODIS TENEBRIONIS.

FABR., 2, 206, 113. — OLIV., 2, 32, 84 ; OLIV., 5, fig. 27.—Long. 9 lig. Larg. 3 lig. ¼. — D'un noir foncé peu brillant, avec des points allongés, enfoncés, disposés en lignes longitudinales sur les élytres ; corselet dilaté et arrondi latéralement, très-fortement ponctué, avec plusieurs élévations irrégulières, lisses, d'un noir brillant ; une forte impression au dessus de l'écusson ; élytres rétrécies vers l'extrémité, tronquées, avec de petites stries transversales. — France méridionale.

Cette espèce se trouve aussi sur les côtes de la Vendée ; mais les individus qui

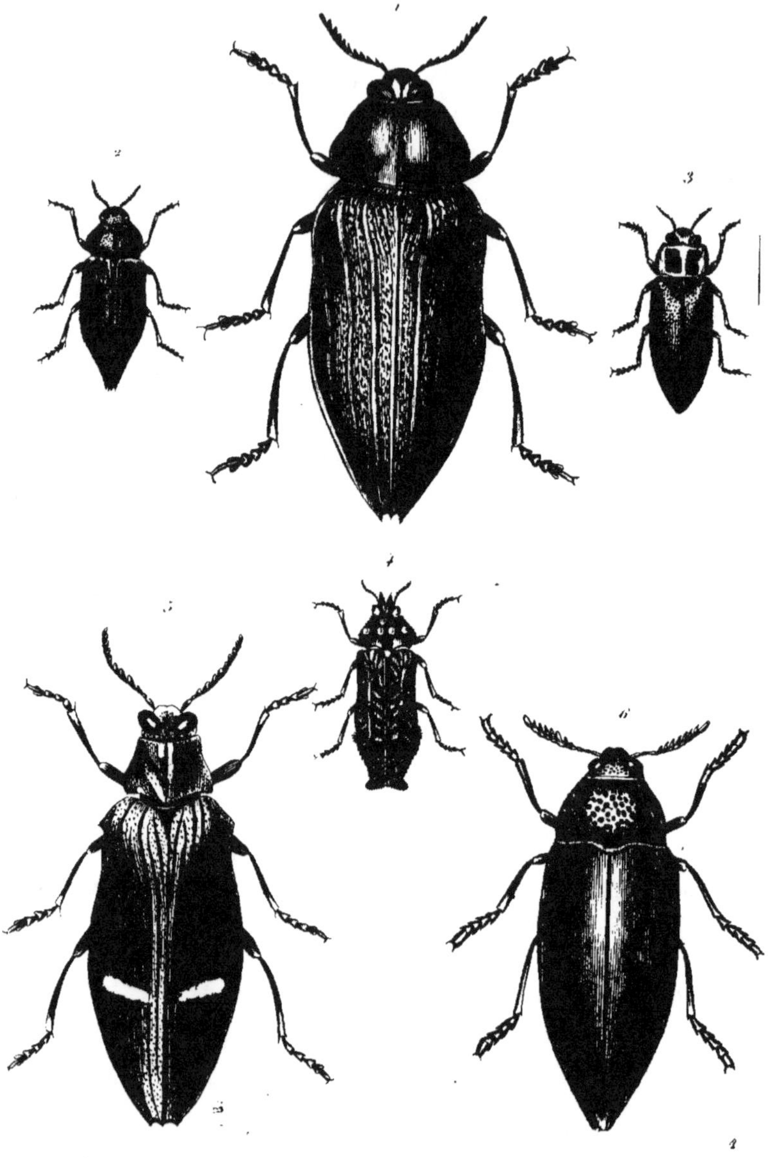

1. Buprestis gigantea.
2. id. ænea.
3. Anthaxia manca.
4. Amorphosoma penicillata.
5. Chrysochroa opulenta.
6. Sternocera chrysis.

proviennent de cette localité sont généralement beaucoup plus petits que ceux
du Midi.

3. CAPNODIS TENEBRICOSA.

Fabr., 2, 206, 112. — Oliv., 2, 32, 82,
pl. 5, fig. 48. — Long. 8 lig. Larg. 3 lig. —
D'un brun-noir un peu cuivreux ; corselet
avec un enfoncement en arrière et quatre
impressions lisses et noires ; élytres avec
des stries longitudinales de points enfoncés et de petites taches nombreuses, d'un
cuivreux un peu brillant ; dessous du
corps et pattes noirs. — Midi de la France.

BUPRESTIS, Linn., Fabr., Oliv., Richards, Geoffr.

Antennes courtes, dentées en scie, et
semblables dans les deux sexes, à dernier
article non échancré. — Labre non avancé
en pointe. — Palpes filiformes, avec leur
dernier un peu plus gros et ovoïde. — Tarses ayant leurs articles en forme de cœur
renversé, avec l'avant-dernier bifide, le
dernier grand et terminé par deux forts
crochets. — Tête presque verticale, avec
les mandibules épaisses, courtes. — Les
mâchoires bilobées. — Corselet transversal.
— Ecusson petit. — Elytres assez aplaties,
assez allongées. — Pattes généralement
fortes. — Arrière-sternum non prolongé en
pointe.

Les insectes de ce genre sont remarquables par leurs couleurs, souvent brillantes
et métalliques ; ils sont en général de forme ovale, allongée ; on les trouve sur le
bois ; ils volent avec une grande facilité,
et se laissent tomber quand on veut les saisir.

PREMIÈRE DIVISION.

(*Euchroma*, Serv., Solier.)
(*Buprestis*, Fabr., Oliv.)

Antennes de onze articles : le premier
fort, renflé ; le deuxième court ; le troisième conique ; les suivans dilatés en scie ; le
dernier échancré à l'extrémité. — Palpes
maxillaires à deux premiers articles presque égaux ; le troisième sécuriforme. —
Mandibules fortes, aiguës, dentelées. —
Menton court, transversal. — Labre grand,
carré. — Yeux très-grands, ovales, rapprochés vers le sommet de la tête. — Corselet
convexe, sinué en arrière. — Ecusson très-
petit. — Elytres grandes. — Abdomen of-

frant, au bord postérieur des cinq segmens,
une échancrure large et anguleuse dans les
♂, et profonde et étroite dans les ♀. —
Tarses garnis de pelottes beaucoup plus
fortes chez les ♂ que chez les ♀.

Très-grands insectes, des parties les plus
chaudes de l'Amérique, revêtus de couleurs
métalliques très-brillantes.

1. BUPRESTIS GIGANTEA. (Pl. 15, fig. 1.)

Fabr., 2, 187, 6. — Oliv., 2, 32, 3, pl. 1,
fig. 1. — Long. 26 lig. Larg. 11 lig. — D'un
vert cuivreux à reflets rouges très-éclatans ;
élytres rugueuses, bidentées à l'extrémité,
et offrant des stries longitudinales assez irrégulières. — Cayenne et Brésil.

DEUXIÈME DIVISION.

(*Chalcophora*, Serv.)

Elytres non rétrécies subitement en arrière. — Menton transversal. — Dernier
article des palpes maxillaires cylindrique.

2. BUPRESTIS MARIANA.

Fabr., 2, 195, 49. — Oliv., 2, 32, 41,
pl. 1, fig. 4. — D'un brun bronzé, ponctué ;
corselet inégal, avec plusieurs lignes élevées, latérales, irrégulières, et une droite au
milieu ; élytres très-légèrement rugueuses,
avec la suture, le bord extérieur et quatre
côtes élevées, lisses, sur chacune ; celles du
milieu irrégulières et raccourcies ; on voit
de plus, sur chaque élytre, deux impressions
irrégulières, cuivreuses, l'une derrière l'autre ; dessous du corps d'un cuivreux doré ;
anus échancré ; pattes cuivreuses ; tarses
bruns. — Allemagne.

TROISIÈME DIVISION.

Buprestis, Solier ; *Ancylocheira*, Eschsc.

Elytres non rétrécies subitement en arrière. — Menton transversal. — Dernier article des palpes maxillaires un peu sécuriforme.

3. BUPRESTIS RUSTICA.

Fabr., 2, 204, 101. — Oliv., 2, 2, 190,
pl. 3, fig. 22. — Verdâtre, d'un vert bronzé
toujours brillante, très-ponctuée, surtout
vers les côtés ; corselet rétréci et fortement
échancré en avant, bisinué postérieurement ;
élytres avec des stries régulières de points
enfoncés, tronquées et bidentées à l'extrémité. — Midi de la France,

4. BUPRESTIS PUNCTATA.

Fabr. 2, 191, 27. — Oliv., 2, 32, 14,

pl. 10, fig. 114. — Long. 7 lig. Larg. 3 lig.
— Diffère du *B. Rustica* par une tache longitudinale d'un jaune orangé sur le bord latéral du corselet, en avant; cinq autres taches aux côtés de l'abdomen, et une autre sur le front. — France Méridionale.

Var. D'un beau bleu-violet.

Cette espèce n'est peut-être que le ♂ du *B. Rustica*.

5. BUPRESTIS MICANS.

Fabr., 2, 189, 18. — Oliv., 2, 32, 89, pl. 5, fig. 51. — Long. 9 lig. Larg. 3 lig. — D'un vert très-éclatant; côtés des élytres et leur partie postérieure d'un rouge cuivreux brillant. — Midi de la France.

6. BUPRESTIS AUSTRIACA.

Fabr., 2, 263, 96. — Oliv., 2, 32, 20, pl. 10, fig. 113.—Long. 9 lig. Larg. 3 lig. — Ne diffère du *B. Micans* que par son écusson plus large, enfoncé au milieu, d'un rouge cuivreux; deux petits points enfoncés sur le corselet; dessous du corps cuivreux-rougeâtre. — France.

7. BUPRESTIS FLAVO-MACULATA.

Fabr., 2, 193, 41. — 8-*Guttata, Var. Major*, Oliv., 2, 32, 36, pl. 4, fig. 36. — Long. 6 lig. Larg. 2 lig. ½. — Ponctuée, d'un brun noir bronzé, avec la bouche et plusieurs taches sur la tête, jaunes; l'une d'elles, ordinairement plus grande et de forme carrée, présente deux points noirs; élytres avec des stries de points enfoncés et quatre taches jaunes de forme et de taille variables sur chacune; dessous du corps taché de jaune; cuisses antérieures renflées, arquées; les jambes antérieures courbées et armées dans le mâle d'une forte épine. — France Méridionale.

TROISIÈME DIVISION.

(*Polycesta*, Serv).

Élytres gaufrées, non rétrécies subitement en arrière. — Menton presque cordiforme. Corps très-aplati, large.

8. BUPRESTIS PORCATA.

Fabr., *Syst. Eleut.* — Long. 7 lig. ½. Larg. 3 lig. — Entièrement couverte de gros points enfoncés, d'un vert métallique obscur; corselet plus large que les élytres, arrondi sur les côtés; élytres avec des côtes longitudinales fortes, qui n'atteignent pas l'extrémité, et dont la couleur est bronzée; les intervalles sont couverts de très-gros points enfoncés; dessous du corps cuivreux. — Antilles.

QUATRIÈME DIVISION.

(*Psiloptera*, Serv.)

Élytres souvent rétrécies un peu subitement en arrière, et prolongées à leur extrémité. qui est échancrée et épineuse. — Présternum avancé en pointe vers la bouche. — Palpes à dernier article presque carré.

9. BUPRESTIS COLLARIS.

Fabr., 2, 188, 10. — Oliv., 2, 32, 6, pl. 2, fig. 9. — Long. 18 lig. Larg. 7 lig. ¼. — Vert; élytres fortement striées, corselet avec une large bande transversale noire au milieu; dessous du corps brillant; milieu de la poitrine et de l'abdomen d'un rouge-cuivreux éclatant; élytres rétrécies et bidentées à l'extrémité. — Cayenne.

CINQUIÈME DIVISION.

(*Pelecopselaphus*, Serv).

Élytres allant en se rétrécissant vers l'extrémité, qui est dentée en scie. — Présternum non avancé. — Labre rectangulaire. — Quatrième article des tarses à peine visible.

10. BUPRESTIS ANGULARIS.

Schœnn., *Syn. Ins.*, 3, 232, 102. — Long. 9 lig. Larg. 4 lig. — D'un brun verdâtre, à reflets d'un rouge cuivreux, et vert éclatant en dessus; corselet avec un enfoncement longitudinal au milieu; élytres rétrécies vers l'extrémité et dentelées au bord extérieur, avec quatre côtes très élevées; leurs intervalles assez finement ponctués. — Brésil.

SIXIÈME DIVISION.

Dicera, Esch.;

(*Latipalpis*, Solier).

Diffèrent des précédens par le quatrième article des tarses, qui est de grandeur moyenne.

11. BUPRESTIS ÆNEA. (Pl. 15, fig. 2.)

Linn., *Syst.*, 2, 662, 19. — *Camelica* Fabr., 2, 189, 16. — *Subrugosa*, Herbst Coléop., 9, 92. 49, pl. 143. 2.—D'un brun bronzé. cuivreux en dessous; tête et corselet très-rugueux; élytres rugueuses striées, bidentées à l'extrémité; quelques taches lisses et noirâtres sur les élytres. - France Méridionale.

12. BUPRESTIS BEROLINENSIS.

Fabr., 2, 188, 14. — Herbst. *Coléop.*, 9, 90, 48, pl. 143, fig. 1. — D'un bronzé-verdâtre, cuivreux en dessous ; corselet ponctue, légèrement canaliculé ; élytres très-ponctuées, avec des tubercules noirs, bidentées à l'extrémité. — Allemagne.

13. BUPRESTIS RUTILANS.

Fabr., 2, 192, 35. — Oliv., 2, 32, 54, pl. 5, fig. 45. — Long. 6 lig. Larg. 2 lig. ¼. — D'un vert-bleuâtre, granuleux ; élytres avec des stries longitudinales ; leurs bords latéraux et ceux du corselet d'un cuivreux-rougeâtre ; des points noirs plus ou moins nombreux sur le corselet et les élytres ; dessous du corps et pattes d'un vert brillant. — Midi de la France.

SEPTIEME DIVISION.

(*Chrysesthes*, Serv.)

Elytres en scie à leur extrémité. — Présternum non avancé. — Labre bilobé.

14. BUPRESTIS TRIPUNCTATA.

Fabr., 2, 197, 62. — Oliv., 2, 32, 53, pl. 2, fig. 10, — Long. 9 lig. Larg. 3 lig. — Ponctuée, d'un vert foncé ; élytres dentelées à l'extrémité, le long du bord extérieur, jusqu'au tiers des stries longitudinales, et assez irrégulièrement, avec trois points enfoncés sur chacune ; dessous du corps et pattes d'un vert éclatant. — Cayenne.

HUITIEME DIVISION.

(*Chrysodema*.)

Antennes de longueur moyenne, à premier article allongé, deuxième court, les suivans à peu près égaux. — Tarses à trois premiers articles triangulaires ; le quatrième très-fortement cordiforme, garnis en dessous de palettes. — Corselet presque droit sur les côtés. — Elytres dentelées le long du bord externe, en arrière. — Espèces revêtues de couleurs brillantes, offrant ordinairement des impressions plus ou moins marquées, surtout sur le corselet. — La tête est fortement avancée en avant. — Ces insectes se trouvent aux Indes Orientales et surtout dans les îles de l'Archipel Indien.

15. BUPRESTIS RADIANS.

Guérin, *Voyage d'Urville*, Zool., p. 63. — Long. 10 lig. Larg. 4 lig. — D'un vert

doré ; corselet avec deux grandes impressions d'un cuivreux doré très-brillant ; élytres avec huit ou dix côtes longitudinales dont les intervalles sont granuleux et dorés ; pattes d'un vert doré très-brillant. — Nouvelle-Irlande.

CHRYSOBOTHRITES.

Ecusson visible. — Antennes à troisième article au moins deux fois de la longueur du quatrième. — Corps déprimé. — Corselet bisinué en arrière.

Genres : *Belionota, Colobogaster, Chrysobothris*.

BELIONOTA, Eschscholtz.

Ecusson en triangle très-allongé, prolongé et pointu en arrière. — Pattes intermédiaires peu écartées à leur insertion. — Palpes maxillaires à troisième article notablement plus long que le troisième. — Antennes à deuxième article très-court, conique ; le cinquième très-allongé, les suivans triangulaires. — Tarses à troisième article fortement divisé en deux lobes aigus, embrassant le quatrième abdomen bicaréné.

Ces insectes paraissent propres à l'ancien Continent.

BELIONOTA SCUTELLARIS.

Fabr., 2, 203, 94. — *Pyrotis*, Herbst, *Coléop.*, 9, 59, pl. 141, fig. 7. — Long. 41 lig. Larg. 4 lig. — Très-ponctuée, d'un vert foncé peu brillant, plus clair et cuivreux en dessous ; angles postérieurs du corselet avec une tache d'un rouge cuivreux très-brillant ; élytres avec quatre-vingt-dix-neuf lignes élevées, irrégulières ; milieu de l'abdomen avec un large sillon ; bord inférieur des segmens bleuâtre. — Ile-de-France.

COLOBOGASTER, Solier ;
Buprestis, Fabr.

S'éloignent des *Belionotes* par le troisième article des tarses, qui est à peine échancré. — Ecusson de grandeur moyenne. — Mandibules courtes.

Le type de ce genre est le *Buprestis* 4-*Dentata* de Fabricius.

CHRYSOBOTHRIS, Esch.c.

Ecusson petit, triangulaire. — Pattes intermédiaires peu écartées à leur insertion. —

Antennes à premier article allongé, deuxième très-court, obconique ; le troisième beaucoup plus long que le quatrième, les suivans courts, épais, peu dilatés, allant en diminuant de largeur jusqu'au dernier. — Palpes à dernier article presque cylindrique. — Menton court, transversal, à peine échancré en avant. — Tarses à quatrième article très-petit. — Tête grande. — Corselet transversal, ordinairement prolongé carrément en arrière au-dessus de l'écusson. — Elytres grandes, offrant souvent des impressions. — Cuisses antérieures offrant une dent assez forte. — Présternum déprimé.

CHRYSOBOTHRIS AFFIXIS.

FABR., 2, 199, 71. — *Chrysostigma*, HERBST, *Arch.*, 5, 117, pl. 28, fig. 6. — —Diffère du *B. Chrysostigma* par la ponctuation générale beaucoup plus faible ; les rides transversales du corselet bien moins fortes, et les élytres entièrement de même couleur, avec des rudimens de côtes élevées à peine distincts. — Paris.

ANTHAXIA, ESCHSC.

Ils diffèrent des *Cratomerus* par les antennes, dont les neuf derniers articles sont très-peu dilatés et seulement au dehors. —Cuisses des mâles non renflées. —Les couleurs sont à peu près semblables entre les deux sexes.

1. ANTHAXIA SALICIS.

FABR., 2, 216, 163. — OLIV., 2, 32, 108, pl. 2, fig. 13. — Long. 3 lig. Larg. 1 lig. —Granuleuse, d'un bleu éclatant ; deux taches noires presque carrées sur le corselet ; élytres impressionnées ; d'un rouge-cuivreux, avec la base bleue. ; dessous du corps et pattes d'un vert métallique. —Paris.

2. ANTHAXIA SEPULCHRALIS.

FABR., 2, 188. —Long. 3 lig. ½. Larg. 1 lig. ½. —D'un noir un peu bronzé, finement rugeux ; corselet avec une impression de chaque côté ; élytres légérement impressionnées ; dessous du corps d'un vert obscur.— Autriche. Paris. Rare.

3. ANTHAXIA VIMINALIS.

Long. 2 lig. ½. Larg. ½ lig. — Tête un peu pubescente, ponctuée, d'un vert-cuivreux ; corselet d'un vert-bleuâtre, avec une très large tache carrée de chaque côté, d'un bleu-violet obscur ; élytres d'un rouge métallique, avec une tache

triangulaire verte à la base, autour de l'écusson ; dessous du corps ponctué, d'un vert brillant ; abdomen un peu bronzé ; antennes et tarses obscurs. — Italie et Midi de la France.

4. ANTHAXIA MANCA. (Pl. 15, fig. 3.)

FABR., 2, 211, 137. — OLIV., 2, 32, 97, pl. 2, fig. 12.—Long. 4 lig. Larg, 1 lig. ½. — Très-finement granuleux, un peu pubescent, d'un rouge-cuivreux éclatant, avec deux bandes longitudinales sur le corselet ; les élytres et les antennes d'un brun foncé très-légérement cuivreux. — Paris.

5. ANTHAXIA NITIDA.

ROSSI, *Faun. Etrus. Mant.*, 1, 63, 154. —Long. 2 lig. ½. Larg. ¼ lig.—Vert, très-finement ponctué ; élytres avec de petites stries longitudinales ; corselet avec un grand enfoncement noir de chaque côté. —Midi de la France.

Var. Bord des élytres et leur partie postérieure d'un rouge-cuivreux éclatant. Il est sans doute le ♂

6. ANTHAXIA NITIDULA.

FABR., 2, 245, 160.—OLIV., 2, 32, 109, pl. 11, fig. 119. — Long. 2 lig. ½. Larg. ½ lig.—Ovale, déprimé, d'un vert doré assez brillant ; corselet légérement rugueux, avec une impression transversale de chaque côté au delà du milieu ; élytres légérement rugueuses, arrondies à l'extrémité ; dessous du corps très-brillant. — Paris.

7. ANTHAXIA CICHORII.

OLIV., 2, 32, 91, 129. pl. 12, fig. 131. — Long. 2 lig. ½. Larg. ½ lig. — Finement ponctué, d'un vert clair métallique ; tête pubescent ; abdomen éclatant ; l'un des sexes a les élytres d'un rouge-cuivreux. — France Méridionale.

8. ANTHAXIA UMBELLATARUM.

FABR., 2, 204, 131. —OLIV., 2, 32, 112, pl. 3, fig. 23. —Long. 2 lig. ½. —Larg. 1 lig. —Diffère du *B. Sepulchralis* par la taille, la couleur générale plus verdâtre, et l'absence des impressions latérales du corselet. — Paris.

CRATOMERUS, SOLIER ;
Buprestis, FABR., OLIV.

Ecusson apparent, presque triangulaire. — Pattes intermédiaires peu écartées à leur insertion. — Antennes à deuxième article assez petit, presque conique ; **les neuf der-**

niers comprimés et dilatés des deux côtés.— Tête verticale.—Corselet presque carré, tronqué en arrière. — Elytres tronquées à la base. — Cuisses postérieures renflées dans les mâles.

Les deux sexes diffèrent beaucoup sous le rapport des couleurs.

CRATOMERUS CYANICORNIS.

Fabr., 2, 207, 119. — Oliv., 2, 32. 96, pl. 2, fig. 11.—Long. 5 lig. Larg. 1 lig. ½. — ♂ d'un rouge cuivreux très-éclatant, milieu du corselet et élytres d'un beau vert; deux bandes longitudinales sur le corselet et bords latéraux des élytres d'un bleu-noirâtre; antennes et pattes d'un bleu métallique; ♀ entièrement d'un vert brillant; deux bandes noires sur le corselet. — Midi de la France, Italie.

AGRILITES.

Ecusson visible, plus ou moins triangulaire. — Corselet prolongé en arrière au-dessus de l'écusson.—Antennes à troisième article au plus de la longueur du quatrième. — Pattes intermédiaires peu écartées à leur insertion. — Deuxième article des palpes maxillaires sensiblement plus long que le troisième.

Genres : *Sphenoptera*, *Pœcilonota*, *Stenogaster*, *Agrilus*, *Pseudagrilus*, *Amorphosoma*.

SPHENOPTERA, Solier.

Écusson apparent, transversal à la base, pointu en arrière. — Pattes intermédiaires peu écartées à leur insertion. — Antennes à deuxième article obconique, les sept derniers courts, un peu dilatés. — Tarses à crochets simples.—Palpes maxillaires gros et courts, à deuxième article peu allongé. — Menton non tronqué en avant.

Insectes de taille moyenne ou assez petite, généralement de couleur métallique; la tête est large; le corselet est bisinué en arrière.

SPHENOPTERA LAPIDARIA.

Brullé, *Expéd. scient. de Morée. Ent.*, p. 134, n. 178, pl. 35, f. 1.—Long. 5 lig. ½. Larg. 1 lig. ½. — Ressemble au *Geminata*, mais plus grand, plus allongé; corselet avec trois très-fortes impressions longitudinales en dessus; dessous du corps d'un cuivreux un peu rougeâtre, brillant. — Sous les pierres en Morée, et très-commun à Smyrne.

Nota. Il faut aussi rapporter à ce genre les *B. Antiqua*, Illig.; *Metallica*, Fabr.; *Tricuspidata*, Schœnn.; *Pulverulenta*, Herbst; *Corrugata*, *Ambigua*, *Trispinosa*, *Tamaricis*, *Dongolensis* et *Ardens* de Klug et Ehrenberg, *Symb. Phys.*, etc.

PŒCILONOTA, Eschsch.

Diffère du *Sphenoptera* par le menton tronqué en avant, et les palpes maxillaires dont les articles sont grêles.—Corps étroit, peu convexe.—Abdomen très-long, presque parallèle.

PŒCILONOTA INTERROGATIONIS.

Klug, *Bup. Entomol. Brasil.*, 424, n. 6, pl. 40, fig. 4. — Long. 8 lig. Larg. 3 lig. —Très-allongé, noir; corselet un peu cuivreux, avec ses bords latéraux jaunes; une ligne jaune un peu courbe sur chaque élytre, partant de l'angle huméral et s'étendant jusqu'à moitié de la longueur; elle est suivie d'un point de même couleur; une large bande transversale rouge près de l'extrémité; celle-ci tronquée obliquement, avec une pointe près de la suture et une autre au bord externe; milieu de la poitrine et une large tache sur les trois premiers segmens de l'abdomen, jaunes; antennes très-courtes; corselet prolongé au milieu, en avant; angles antérieurs pointus. — Brésil.

STENOGASTER, Solier;
Buprestis, Fabr.

Ressemblent aux *Agrilus* par leur forme très-allongée; mais s'en éloignent par leurs tarses, dont le quatrième article seulement est muni en dessous d'une pelotte.

STENOGASTER ATOMARIUS.

Fabr. — Long. 6 lig. Larg. 1 lig. ½.— Noir, ponctué, couvert de taches dorées; dessous du corps d'un cuivreux luisant. — Cayenne et Brésil.

Nota. Je crois que dans les collections il y a plusieurs espèces de confondues sous ce nom.

AGRILUS, Esch-ch., Solier, Curt.

Écusson très-petit, paraissant divisé en deux parties, l'antérieure transversale, la postérieure aiguë; dernier article des palpes maxillaires ovalaire.—Tarses avec des pelottes sous les quatre premiers articles; le crochets armés d'une dent.—Corps allongé, linéaire. — Petites espèces que l'on trouve sur le bois.

1. AGRILUS UNDATUS.

FABR., 2, 206, 109.—HERBST, *Coléop.* 9, 208, pl. 154, fig. 12. — Long. 6 lig. Larg. 2 lig.—D'un vert cuivreux ; la partie postérieure des élytres d'un noir un peu violet, avec trois bandes transversales en zig-zag bleuâtres ; près de la base, derrière l'écusson, de chaque côté, une petite élévation noirâtre. — Paris. Rare.

2. AGRILUS BIFASCIATUS.

OLIV., 2, 32, 58, pl. 11, fig. 123. — Long. 6 lig. ¼. Larg. 2 lig. ¼. — D'un vert un peu cuivreux ; partie postérieure des élytres d'un vert très-foncé, avec deux bandes transversales sinueuses et blanchâtres. — Midi de la France.

3. AGRILUS BIGUTTATUS.

FABR., 2, 212, 144 ; — OLIV., 2, 32, 104, pl. 5, fig. 75.—Long. 4 lig. ¼. Larg. 1 lig. ¼. — Vert-obscur ; une petite tache blanche sur la suture en arrière, et quelques autres sur les segmens abdominaux. — Paris.

4. AGRILUS VIRIDIS.

FABR., 2, 212, 143 ; OLIV., 2, 32, 116, pl. 11, fig. 127. — Long. 3 lig. Larg. ½ lig.— D'un vert bronzé, ponctué ; front convexe ; corselet très-court, avec des rugosités et des impressions transversales, et une autre longitudinale au milieu ; élytres très-légèrement dentées à l'extrémité ; tarses noirâtres ; dessous du corps brillant.— Paris.

Var. Tête et corselet dorés. — Paris.

Var. Corselet et élytres d'un vert-violet. — Paris.

5. AGRILUS OLIVACEUS.

GYLL., *Ins. Suec.*, 1, 454, 14.—Long. 3 lig. Larg. ½ lig.—D'un vert olivâtre, ponctué ; corselet presque rugueux, sans rides ni impressions transversales, avec une ligne longitudinale à peine distincte ; élytres légèrement crénelées ; l'extrémité un peu tronquée. — Paris.

Var. D'un-vert bleuâtre. — Paris.

6. AGRILUS 6-GUTTATUS.

HERBST, *Coléop.*, 9, 265, 183, pl. 153, fig. 3 ab. — Long. 4 lig. ¼. Larg. 1 lig. — D'un vert obscur ; élytres avec trois taches blanches sur chacune, et quelques petits points blancs sur les bords des segmens abdominaux. — Paris.

7. AGRILUS HYPERICI.

CREUTZ., *Ins.*, 122, 14, pl. 3, fig. 26.— Long. 2 lig. ¼. Larg. 1 lig. — Ponctué, d'un cuivreux assez éclatant, légèrement cylindrique ; corselet avec une petite strie transversale en arrière. — France.

AMORPHOSOMA, LAP.;
Buprestis, KLUG.

Antennes de onze articles : le premier gros, renflé ; les trois suivans de même forme, mais un peu plus petits ; tous les suivans dentés en peigne. — Tarses larges, dilatés, garnis en dessous de membranes. —Crochets larges et courts. — Corps tuberculeux, épais. — Tête assez grande. — Corselet transversal, anguleux sur les côtés. — Écusson assez grand, triangulaire. — Élytres moins larges que le corselet. — Pattes très-courtes. — Cuisses un peu renflées.

Insectes remarquables, à corps offrant ordinairement des tubercules et des houppes de poil.

AMORPHOSOMA PENICILLATA. (Pl. 15, fig. 4.)

KLUG, *Ent. Brasil.*, p. 429, pl. 40, fig. 12. — Long. 4 lig. ¼. Larg. 1 lig. ¼.— Cuivreux, marbré de taches noires ; tête avec deux cornes courtes, velues et noires ; corselet plus long que les élytres, et arrondi latéralement ; élytres avec chacune une côte longitudinale élevée, et plusieurs faisceaux de poils noirs. — Brésil.

TRACHISITES.

Pattes intermédiaires très-écartées à leur insertion.—Deuxième article des antennes gros, ovalaire, aussi renflé que le premier.

Genres : *Trachys*, *Brachys*, *Aphanisticus*.

TRACHYS, FABR.;
Buprestis, LINN.

Antennes courtes, moniliformes, de onze articles, les cinq derniers en scie, formant une petite massue. — Tarses très-courts, avec les pelottes larges ; le dernier article terminé par deux crochets recourbés. — Tête perpendiculaire, enfoncée au milieu. — Mandibules fortes. — Corselet transversal, prolongé, dans son milieu postérieur, en un lobe triangulaire.—Écusson en forme de pointe. —Élytres aplaties, triangulaires, courtes. — Pattes assez longues.

Insectes de petite taille, pourvus d'ailes, et fréquentant les arbres et les fleurs.

1. TRACHYS NANA.

Fabr., 2, 220. 11. — Herbst, *Coléop.* 9, 273, 191, pl. 156, fig. 4. — Long. 1 lig. Larg. ¼ lig. — Glabre, d'un noir légèrement bronzé; élytres avec de légères stries de points enfoncés et une ligne latérale élevée. — Anjou.

2. TRACHYS PYGMÆA.

Fabr., 2, 219, 3. — Oliv., 2, 32, 119, pl. 4, fig. 34. — Long. 1 lig. Larg. ¼. lig. — Tête et corselet lisses, bronzés; élytres bleues, fortement ponctuées; corps et pattes d'un noir bronzé. — Paris. Très-rare.

3. TRACHYS MINUTA.

Fabr., 2, 219, 5. — Herbst, *Col.*, 9, 272, pl. 156, fig. 3. — Long. 1 lig. ½. Larg. ¼ lig. — D'un noir bronzé assez brillant, un peu velu; élytres inégales, plus claires, avec quatre fascies ondulées de poils blanchâtres. — Paris.

BRACHYS, Dej.;

Brachys, *Pachyscelus* et *Taphrocerus*, Solier;

Trachys, Fabr.

Ces insectes diffèrent des Trachys, dont ils ont le faciès, par leurs antennes, qui sont reçues dans un sillon profond, creusé dans le présternum.

PREMIÈRE DIVISION.

(*Brachys*, Solier.)

Massue des antennes de six articles.

1. BRACHYS TESSELLATA.

Fabr. — Long. 2 lig. Larg. 1 lig. — D'un bronzé obscur, parsemé de poils d'un rouge de brique, et de quelques lignes ondées, transversales et blanchâtres; dessous du corps obscur. — Amérique du Nord.

DEUXIÈME DIVISION.

(*Pachyschelus*, Solier.)

Massue des antennes de cinq articles. — Jambes élargies.

2. BRACHYS SCUTELLATA.

Pachyschelus Scutellatus. Solier, *Ann. Soc. Ent.*, t. II. p. 314. — D'un noir brillant; corselet et écusson d'un cuivré doré; élytres vertes, ponctuées; bords et partie postérieure de la suture d'un cuivré rougeâtre; une impression latérale de chaque côté, un peu au-dessous de l'angle huméral. — Brésil.

TROISIÈME DIVISION.

(*Taphrocerus*, Solier.)

Massue des antennes de cinq articles. — Jambes étroites, linéaires.

3. BRACHYS ALBOGUTTATA.

Long. 2 lig. ½. Larg. 1 lig. ½. — Noir; corselet avec quelques rides transversales sur les côtés; élytres fortement ponctuées, avec une côte élevée sur chacune à partir de l'angle huméral jusqu'à l'extrémité; une autre côte plus près de la suture, visible seulement à la base; plusieurs taches transversales ondées, formées de petits poils blancs. — Géorgie d'Amérique.

APHANISTICUS, Latr.;

Buprestis, Fabr., Germaer, Oliv.

Antennes logées dans un canal parallèle à l'épistome, terminées par une massue oblongue, comprimée, formée de quatre articles un peu en scie. — Palpes un peu renflés à leur extrémité. — Tarses filiformes; les crochets unidentés vers la base. — Tête excavée au milieu. — Corselet presque carré. — Élytres très-allongées. — Pattes moyennes. — Insectes ailés, de petite taille; on les trouve dans les clairières des bois sur les bruyères.

1. APHANISTICUS EMARGINATUS.

Fabr., 2, 213, 151. — Oliv., 9, 32, 117, pl. 10, fig. 116. — Long. 1 lig. ½. Larg. ½. lig. — Noir; corselet avec deux rides transversales; élytres fortement ponctuées, surtout à la base. — Paris.

2. APHANISTICUS PUSILLUS.

Oliv., 2, 32, 91, 131, pl. 12. fig. 133. — Long. 1 lig. Larg. ¼ lig. — Noir; corselet avec une ride transversale en avant; élytres fortement ponctuées. — Paris. Rare.

DEUXIÈME TRIBU.

EUCNEMIDES.

Caractères. Corps non apte à sauter. — Tête verticale. — Mandibules souvent terminées en une pointe simple. — Palpes terminés tantôt en ovale, tantôt en hache. — Yeux ronds. — Corps ordinairement cylindrique.

Insectes peu brillans, qui, pour la plupart, se trouvent dans les bois.

EUCNÉMITES.

Caractères. Antennes ordinairement reçues dans des sillons du thorax, quelquefois libres, le plus souvent pectinées. — Pattes contractiles. — Corps plus ou moins cylindrique.

Genres : *Xylobius, Nematodes, Eucalosoma, Silenus, Melasis, Tharops, Scython, Dirhagus, Cephalodendron, Emathion, Fornax, Galba, Eucnemis, Pterotarsus, Galbodema, Epiphanis.*

XYLOBIUS, Latr.,

Xylophilus, Manher., Eschsch.;
Elater, Fabr., Oliv., *Æmidius,* Latr.

Les antennes des Xylobius sont assez longues, renflées, composées d'articles presque carrés ; les deuxième et troisième plus petits, le dernier ovale, allongé. — Le front est convexe. — Le chaperon élargi, échancré, presque quadridenté.—Le corselet transversal. — Les élytres sont dilatées derrière la base, allongées, rétrécies à l'extrémité. — Leurs tarses n'ont pas de lames. — Le corselet est entier en dessous, et les lames pectorales étroites.—Le quatrième article des tarses est entier.

1. XYLOBIUS ALNI.
Fabr., 2, 246, 127.—*Alni* et *Testaceus,* Herbst, *Coll.* 10, pl. 167, fig. 8. — Long. 2 lig. ¼. Larg. 1 lig. — Noir, lisse, assez brillant, ponctué ; élytres avec des stries ponctuées, d'un rouge-brun, avec une grande tache oblongue au delà du milieu ; antennes et pattes d'un brun-rouge. — Suède.

2. XYLOBIUS CRUENTATUS.
Gyll., 1, 435, 64, *Ann. Sc. nat.,* pl. 27, fig. 3 et 4. — Long. 3 lig. Larg. 1 lig. ¼.— Convexe, d'un brun obscur ; corselet finement ponctué, avec une fossette transversale, oblongue, au milieu, et une autre moins marquée vers la base ; élytres avec des stries crénelées, leurs bords latéraux, la suture vers l'extrémité, les angles postérieurs du corselet, les pattes, les antennes, le bord de l'abdomen, et une ligne oblique sur chaque segment, d'un rouge sanguin. — Finlande. Très-rare.

3. XYLOBIUS GIGAS.
Mannerh., *Ann. des Sc. nat.,* 3, 429, 1, pl. 27, fig. 1-2.—Long. 11 lig. Larg. 3 lig. — Oblong, ponctué, noirâtre, pubescent ; élytres brunes, avec des stries longitudinales ponctuées ; dessous du corps d'un brun foncé ; antennes, parties de la bouche et pattes plus claires.— Cap de Bonne-Espérance.

Nota. Cette espèce est le type du genre *Æmidius* de Latreille.

NEMATODES, Latr. ;

Elater, Fabr., Herbst. ;
Eucnemis, Mannerheim ;
Hypocœlus et *Nematodes,* Eschsch.

Antennes écartées à leur naissance, ayant le premier article allongé, le second très-court, les quatre suivans égaux, en cône renversé ; les cinq derniers plus épais, très-légèrement perfoliés ; le dernier cylindrique et pointu. — Palpes courts. — Tarses filiformes, composés d'articles cylindriques entiers. — Tête enfoncée jusqu'aux yeux dans le corselet. — Labre et mandibules cachés. — Corselet allongé. — Elytres allongées, parallèles. —Corps linéaire et très-étroit. — Palpes moyens. — Les deux hanches postérieures fortement prolongées en arrière.

PREMIÈRE DIVISION.

Un sillon au milieu du corselet, en dessous, pour la réception des antennes.

1. NEMATODES PROCERULUS.
Mannerheim, *Ann. Sc. Nat.,* 3, 432, 9, pl. 27, fig. 17, 18, 19.—Long. 1 lig. ¼. Larg. ⅓ lig. — Allongé, noir, couvert de poils gris ; antennes perfoliées en dehors ; jambes et tarses rougeâtres ; corselet sans fossettes ; élytres striées. — Suède.

2. NEMATODES SAHLBERGI.
Mannerheim, *Ann. Sc. Nat.,* 3, 431, 7, pl. 27, fig. 12 et 13.—Long. 3 lig. ¼. Larg. 1 lig. — Allongé, ferrugineux ; corselet très-bombé en avant ; élytres presque rugueuses, légèrement striées ; antennes épaisses et en scie dans les deux sexes. — Finlande. Très-rare.

DEUXIÈME DIVISION.

(*Hypocœlus,* Esch.)

Corselet sans sillon pour la réception des antennes.

3. NEMATODES FILUM.

FABR. . 2 , 240 , 97. — MANNERHEIM , *Ann. Sec. Nat.*, pl. 27, f. 20 et 21. — Long. 3 lig. Larg. ½ lig. — Noir ; antennes et pattes testacées ; corselet à peine sillonné au milieu ; élytres striées. — Autriche.

EUCALOSOMA.

Antennes écartées à leur naissance , assez longues, simples, de onze articles : le premier très-gros, le deuxième très-petit, les autres allongés, comprimés ; le dernier long et cylindrique—Tarses longs, grêles ; les antérieurs plus élargis, à premier article assez long, les deux suivans triangulaires ; le troisième bilobé et prolongé en dessous ; ceux des autres paires à premier article aussi long que tous les autres réunis ; les deuxième et troisième allongés, simples. mais offrant un petite pointe de chaque côté à leurs angles inférieurs ; le pénultième bilobé, prolongé en dessous en palette ; tous les crochets forts, renflés à la base.—Tête ronde. — Yeux globuleux. — Corselet convexe. — Ecusson un peu oblong. — Elytres ovalaires , allongées , formant sur la suture un angle un peu aigu. — Hanches de la dernière paire de pattes prolongées en angle au-dessus de leur insertion. — Pattes moyennes. — Cuisses un peu renflées et comprimées. — Jambes grêles et simples.

Les antennes libres de ce genre ne permettent de le confondre qu'avec les *Xylobius*, les *Nematodes*, les *Hilochares* et les *Silenus*.

Il se distingue du premier par ses antennes écartées à la base, et dont le troisième article est plus long que tous les suivans. Le dernier article de ces mêmes parties, long, cylindrique et pointu, le distingue des *Hilochares* et des *Silenus*. qui l'ont ovoïde ; il ne pourroit donc être confondu qu'avec les *Nematodes ;* mais il s'en distingue par ses antennes sensiblement plus longues que la tête et le corselet réunis, et dont tous les articles, à partir du troisième, sont égaux, presque cylindriques, comprimés ; le corps est beaucoup moins allongé.

EUCALOSOMA VERSICOLOR.

Long. 6 lig. Larg. 2 lig. ½.— Noir, finement ponctué , pubescent ; corselet d'un jaune-rougeâtre , avec trois taches noires, l'une très-grande, placée au milieu, et une autre allongée, de chaque côté ; écusson et élytres noirs, ces dernières très-faiblement striées. avec une bande longitudinale sur chacune, large et n'atteignant pas l'extrémité ; dessous du corps, jambes et tarses d'un noir cendré ; prothorax, partie du rebord inférieur des élytres située sous l'angle huméral et cuisses jaunes ; antennes noires, avec l'extrémité du dixième article et tout le onzième jaunes.—Ce joli insecte vient du Brésil.

SILENUS , LATR.

Antennes de onze articles : le premier renflé , le deuxième très-court, les suivans égaux entre eux.— Palpes à dernier article presque globuleux.—Tarses courts, grêles. entiers, avec trois articles garnis en dessous de palettes en forme de lames.— Tête enfoncée dans le corselet.— Mandibules simples, ponctuées.— Mâchoires unilobées.— Corselet convexe , dilaté à ses angles postérieurs, avec deux rainures latérales pour loger les antennes.— Ecusson arrondi.— Elytres bombées.— Pattes courtes.—Jambes élargies à l'extrémité.— Corps presque cylindrique.

SILENUS BRUNNEUS.

LATR. , *Ann. Soc. Ent.*. t. III , p. 129. — Long. 4 lig. Larg. 1 lig. ½. — Très-ponctué , couvert d'un duvet gris-cendré ; antennes , à l'exception du premier article, et tarses jaunes.—Amérique du Nord.

Nota. J'ai décrit (*Rev. Ent.*, t. III) une espèce de Java, qui me semble se rapporter à ce genre.

MELASIS , OLIV. , FABR. , LATR.

Antennes de onze articles : le premier grand, renflé , les suivans grenus et ponctués à partir du troisième.—Palpes courts, menus, renflés à l'extrémité.— Tarses entiers, presque cylindriques. terminés par deux crochets assez courts.— Tête penchée en avant. grande.— Mandibules courtes.— Mâchoires petites. — Corselet presque carré. bombé, un peu plus large antérieurement , ses angles postérieurs prolongés en pointe.—Ecusson petit, arrondi.— Elytres plus étroites que le corselet, allongées. — Pattes et jambes très-larges, comprimées.

Les insectes de ce genre sont pourvus d'ailes ; ils sont de taille moyenne , de forme très-allongée, et vivent sur le bois, où ils percent des trous cylindriques.

MELASIS FLABELLICORNIS. (Pl. 16. fig. 5.)

FABR.. 1. 331. 1.— HERBST, *Coléopt.*. 5,

49, 1, pl. 44, fig. 1.—Long. 7 lig. Larg.
1 lig.—Ponctué, très-légèrement pubescent. noir ; élytres finement striées ; jambes et antennes brunâtres.—Paris.

THAROPS, Lap. ;
Isorhipis, Lacord. et Boisduval.

Antennes à premier article grand, le second très-petit, les deux suivans coniques ; les autres émettent chacun un rameau court. — Palpes maxillaires assez épais ; le premier article court, le deuxième long, le troisième très-court, le dernier ovalaire. — Tarses grêles : le premier article beaucoup plus long que les autres, les deux tarses postérieurs très-longs. — Corps allongé. — Tête assez grande. — Corselet long, un peu rétréci en avant, arrondi sur les côtés, bisinué au bord postérieur, un peu échancré au-dessus de l'écusson, à angles postérieurs très-pointus. — Ecusson arrondi, un peu allongé. — Elytres très-longues, étroites, un peu arrondies à l'extrémité. — Pattes longues, très-grêles. — Jambes nullement comprimées.

THAROPS MELASOIDES.
Lap., *Revue Entom.*, t. III, p. 169. — *Lepaigei*, Lacord. et Boisd., *Faun. Entom.*, *Paris*, t. 1, p. 623.—Long. 4 lig. ⅓. Larg. 1 lig.—Très-finement ponctué, d'un brun clair, recouvert d'un duvet jaunâtre ; parties de la bouche rougeâtres ; antennes et tarses bruns ; corselet avec un fort sillon longitudinal au milieu ; élytres très-faiblement striées.

Ce bel insecte habite les Vosges. et a été retrouvé dans la forêt de Fontainebleau.

SCHYTON. Lap.;
Cryptochile, Boisduval.

Antennes à premier article grand, le second très court. le troisième long, triangulaire ; tous les autres égaux. fortement en scie ; le dernier ovalaire.—Palpes forts, épais ; les maxillaires à premier article court, le deuxième gros ; le troisième court, le dernier grand, fortement sécuriforme, les labiaux courts. épais, a articles gros ; le dernier sécuriforme, un peu arrondi. — Tarses de toutes les paires à peu près égaux, n'offrant pas de palettes dans leurs articles ; les antérieurs à premier article assez long, les deux suivans triangulaires. le quatrième bilobé ; dans les deux autres paires. le premier le plus grand ; le second plus long

que les deux suivans réunis, le quatrième bilobé. — Crochets grêles, arqués. — Corps cylindrique, assez épais. — Tête grande, ronde. — Yeux un peu transversaux. — Corselet très-convexe, arrondi en avant, à angles postérieurs prolongés et pointus. — Ecusson carré. — Elytres assez longues. un peu arrondies à l'extrémité.— Pattes moyennes.

SCHYTON BICOLOR.
Lap., *Revue Entom.*. t. III, p. 170. — *C. Melanoptera*, Boisduval, *Voyag. de d'Urville, Ins.*, 2ᵉ part. , p. 102. — Long. 4 lig. ¼. Larg. ¼ lig.—Finement ponctué, pubescent, d'un brun-rouge ; élytres noires. avec des stries ponctuées.—Nouvelle-Guinée.

DIRHAGUS, Eschs. ;
Elater, Fabr. , Oliv., Latr.

Antennes de la longueur du corselet dans les ♀, plus grandes dans les ♂, assez épaisses, fortement dentées en scie, presque pectinées dans les ♂ ; le deuxième article nodiforme. — Tarses sans lames, avec le quatrième article bilobé. — Des sillons au-dessous du corselet, sur les bords latéraux. — Ecusson déprimé.

Tels sont les caractères les plus apparens qui distinguent des autres genres voisins les petits insectes qui rentrent dans celui-ci.

1. DIRHAGUS MINUTUS.
Fabr.. 2, 242, 106.—*Angustus*, Herbst, *Coll.*, 10, 98, pl. 167, fig. 4. — Long. 2 lig. ½. Larg. ¼ lig. — Allongé, noir, pubescent, ponctué, assez brillant sur le corselet : celui-ci allongé, avec ses angles postérieurs obtus, convexe ; élytres déprimées, avec des stries de points enfoncés ; les intervalles plans ; la strie suturale plus marquée que les autres. surtout en arrière ; tarses bruns. — Allemagne.

2. DIRHAGUS PYGMÆUS.
Fabr., 2, 246, 129.—Herbst, *Coléop.*, 10. 96, pl. 167, fig. 2. — Long. 2 lig. ½. Larg. ¼ lig. — Oblong, presque cylindrique, noir. légèrement pubescent ; jambes et tarses d'un testacé pâle ; corselet presque aussi long que large ; ses angles postérieurs allongés, aigus ; élytres assez convexes, fortement et irrégulièrement ponctuées, presque rugueuses, avec une seule strie suturale assez bien marquée, et des rudimens de stries vers l'extrémité ; anus testacé. — Allemagne.

3. DIRHAGUS ORNATUS.

Long. 2 lig. ¼. Larg. ¼ lig.—Pubescent, tête et antennes noires; corselet rouge; avec la partie antérieure et le milieu noirs; écusson de cette dernière couleur; élytres striées, ponctuées, jaunes, avec la suture et une bordure marginale noires; abdomen brun, avec le bord postérieur des segmens rougeâtres; pattes jaunes.

Ce joli insecte vient de la Colombie, et fait partie de la collection de M. Gory.

CEPHALODENDRON, Latr.

Antennes grêles, à premier article très-gros, le deuxième très-court, les autres allongés, émettant chacun un rameau très-long. — Palpes maxillaires à premier article court, le deuxième gros, le troisième assez grand, triangulaire; le quatrième grand, arrondi à l'extrémité, arqué extérieurement; les labiaux à dernier article grand, arrondi à l'extrémité. — Tarses longs, grêles, à premier et dernier article les plus longs; les tarses des pattes antérieures un peu élargis. — Corps ovalaire. — Tête arrondie. — Yeux ronds. — Corselet arrondi en avant et sur les côtés, élargi en arrière, à angles postérieurs aigus, un peu convexe en dessus. — Ecusson petit, arrondi en arrière. — Elytres allongées. — Pattes moyennes.

CEPHALODENDRON RAMICORNE.

Lap., Revue Ent., t. III, p. 470. — Long. 5 lig. ¼. Larg. 2 lig. — Entièrement et fortement ponctué, pubescent, d'un noir-olivâtre; antennes un peu brunes, à l'exception du premier article; élytres striées; pattes d'un brun-noir. — Cap de Bonne-Espérance.

EMATHION, Lap.

Antennes à premier article très-long, grêle; le deuxième très-court, le troisième long, les deux suivans égaux, courts; les autres allant tous en s'élargissant; le dernier long, conique, pointu, se logeant de chaque côté dans des rainures presternales. — Tarses n'offrant pas de pelottes sous leurs articles; les antérieurs courts, à premier article assez long; les deux suivans triangulaires, le pénultième en cœur; ceux des deux autres paires de pattes, longs, grêles, à premier article plus long que tous les autres réunis; les deux suivans égaux, le pénultième très-court.—Crochets petits

grêles, arqués. — Corps cylindrique, très-allongé. — Tête assez grande. — Yeux ronds. — Corselet recouvrant la tête, convexe en dessus, arrondi en avant, droit sur les côtés, bisinué en arrière, échancré au-dessus de l'écusson, à angles postérieurs très-pointus. — Ecusson petit et arrondi. — Elytres très-longues, très-étroites, presque parallèles, terminées en pointe. — Pattes assez longues. — Cuisses un peu comprimées. — Jambes grêles.

EMATHION CYLINDRICUM.

Lap., Revue Ent., t. III, p. 171. — Long. 6 lig. Larg. 1 lig. ¼. — Noir, finement ponctué, recouvert d'un duvet doré; élytres offrant quelques très-faibles lignes longitudinales. — Cayenne.

FORNAX, Lap.

Antennes longues, grêles, presque filiformes, à premier article gros, épais; le deuxième très-court, le troisième plus long que les suivans, ceux-ci à peu près égaux et allant en s'amincissant jusqu'à l'extrémité: le dernier est cylindrique et pointu; elles se logent de chaque côté dans un sillon longitudinal et profond, situé immédiatement sous les bords latéraux du corselet. — Palpes maxillaires à premier article court, le deuxième grand, renflé; le troisième assez grêle, court et triangulaire; le dernier un peu sécuriforme, à angles arrondis; les labiaux terminés par un article gros et un peu arrondi à l'extrémité. — Mandibules offrant une très-forte dent au côté interne. — Chaperon présentant un petit angle au milieu de son bord antérieur. — Tarses antérieurs assez gros: le premier article le plus long, les trois suivans garnis en dessous de pelottes membraneuses, le pénultième un peu cordiforme.—Tarses des deux paires postérieures longs, grêles: premier article plus long que les autres réunis, le deuxième moins long, le troisième encore plus court, le quatrième large, court, en cœur. — Crochets petits, se rétrécissant vers le milieu, et pointus à l'extrémité. — Corps à côtes parallèles.—Tête grande.— Yeux ronds.—Corselet convexe en dessus, échancré en avant, arrondi sur les côtés, bisinué en arrière, très-légèrement échancré au-dessus de l'écusson, à angles postérieurs très-pointus.—Ecusson grand, large, et un peu arrondi. — Elytres assez longues, un peu élargies vers les deux tiers postérieurs, et pointues à l'extrémité. — Pattes longues. — Cuisses comprimées. — Jambes assez grêles.

FORNAX RUFICOLLIS.

LAP., *Revue Ent.*, t. III, p. 172. — Long. 6 lig. Larg. 1 lig. ½. — Très-finement ponctué, un peu pubescent; tête noire; antennes, parties de la bouche et corselet d'un brun-rouge un peu obscur; élytres d'un brun un peu violet, fortement striées, avec les intervalles des stries fortement ponctués; dessous du corps et pattes d'un rouge obscur. — Cayenne.

GALBA, LATR.;
Eucnemis, ESCHSCH.

Antennes pectinées, reçues pendant le repos dans une rainure latérale en dessous du corselet. — Palpes à dernier article ovoïde. — Tarses filiformes, à articles cylindriques entiers, avec des pelottes en dessous. — Tête arrondie.—Mandibules pointues. — Mâchoires unilobées. — Corselet convexe, bombé antérieurement; ses angles postérieurs dilatés en triangle.—Ecusson arrondi en arrière. — Elytres un peu bombées, de la largeur du corselet à la base, se rétrécissant insensiblement vers l'extrémité. — Pattes assez courtes. — Corps presque cylindrique.

1. GALBA ORIENTALIS.

LAP., *Revue Ent.*, t. III, p. 173, n° 3. — Long. 5 lig. Larg. 1 lig. ½. — Très-ponctué, couvert d'un duvet gris-doré; élytres striées; antennes et pattes brunes. — Java.

2. GALBA GRANDIS.

Long. 7 lig. ½. Larg. 2 lig. ½. — Cette espèce est l'une des plus grandes du genre; elle est finement ponctuée, entièrement couverte d'un duvet doré; le corselet est très-convexe, avec deux petites impressions ponctiformes en dessus; les élytres striées; les antennes, à l'exception de l'article de la base, et les pattes d'un brun-jaune; les antennes sont simples. — Brésil.

EUCNEMIS, SCHOENH., AHRENS, MANNERH.

Antennes filiformes, avec le premier article grand, renflé; le deuxième très-court, le dernier ovale. — Palpes cachés, avec le dernier article presque sécuriforme. — Tarses entiers, filiformes, courts; le premier article plus long.--Mandibules fortes,

courtes, bifides, arquées. — Tête arrondie en avant, inclinée. — Corselet bombé, plus large que la tête et que les élytres. —Ecusson arrondi.— Elytres allongées, bombées. — Corps elliptique.

Insectes de moyenne taille, vivant dans les bois, à l'état de larve.

1. EUCNEMIS CAPUCINUS.

AHRENS, *Faun.* — MANNERH., *Ann. Sc. nat.*, 3, p. 31, 5, pl. 27, f. 9 et 10.—Long. 3 lig. Larg. 1 lig. — Très-ponctué, légèrement pubescent, noir, luisant; tête avec une ligne élevée dans son milieu; élytres avec des stries peu marquées; jambes antérieures et tarses d'un brun-rougeâtre. — Paris. Rare.

2. EUCNEMIS SERICATUS.

MANNERH., *Ann. Sc. nat.*, 3, 430, 4, pl. 27, fig. 7 et 8. — Long. 6 lig. Larg. 2 lig.—Brun, pubescent, soyeux; antennes comprimées, presque en scie; corselet avec deux fossettes à sa partie postérieure; élytres avec des stries lisses. — Brésil.

3. EUCNEMIS MONILICORNIS.

MANNERH., *Ann. Sc. nat.*, 3, 431, 6, pl. 27, fig. 11. — Long. 3 lig. Larg. 1 lig. — Noir, légèrement pubescent; antennes moniliformes; le premier article et les pattes ferrugineux; élytres avec de légères stries finement ponctuées. — Amérique du Nord.

Nota. Je n'ai pas vu en nature le genre *Piestocera* de M. Perty; mais il me semble peu différer de celui d'*Eucnemis*. Il lui donne pour caractères essentiels d'avoir onze articles aux antennes, les articles comprimés, les tarses antérieurs plus courts que les jambes, à deuxième et quatrième article triangulaires; le quatrième cordiforme; les postérieurs de la longueur des jambes, à premier, deuxième et troisième article filiformes; le quatrième trigone. Il n'en décrit qu'une espèce. Je crois, du reste, que ce genre est le même que celui de *Galba*.

PIESTOCERA DIRCÆOIDES.

PERTY, *Voy. Spix et Martius, Ins.*, p. 23, pl. 5, f. 11.—Long. 5 lig. ½. Larg. 1 lig. ½. — Soyeux, jaune; élytres brunes, presque striées; dessous du corps brun. — Brésil.

PTEROTARSUS, ESCHSCH.;
Melasis, DALM.

Antennes reçues dans des rainures présternales, de onze articles: le premier long, gros, arqué; les deux suivans renflés, courts; les autres petits, flabellés, émettant chacun un long rameau.— Palpes très-petits, à dernier article presque globuleux.— Tarses grêles, leurs premiers articles très-courts, le dernier très long; les premiers sont garnis en dessous de longs appendices allongés, triangulaires et pendans. — Tête perpendiculaire rentrant presque entièrement dans le corselet.— Mandibules courtes, fortes, arquées, pointues. — Corselet convexe, dilaté latéralement; ses angles postérieurs prolongés. — Écusson enfoncé, grand, arrondi à ses deux extrémités.— Élytres convexes, cylindriques.— Pattes courtes, fortes.— Jambes comprimées.

Les insectes de ce genre ont des ailes; ils sont propres à l'Amérique; une tarière articulée, souvent externe, indique qu'ils déposent leurs œufs dans le bois.

1. PTEROTARSUS TUBERCULATUS.

DALM., *Ann. Ent.*, p. 54.— Long. 5 lig. Larg. 2 lig.— Très-fortement ponctué, pubescent, noir; corselet très-inégal; élytres brunâtres, avec des tubercules noirs; antennes jaunes, à l'exception de la base; pattes fauves. — Brésil.

2. PTEROTARSUS HISTRIO.

GUÉRIN, *Icon. Règ. anim.*, pl. 12, f. 2.— Long. 5 lig. Larg. 2 lig.— Orange, deux petites taches au-dessus des yeux; une large bande transversale sur le corselet, qui n'atteint pas les bords; et deux autres sur les élytres; extrémité de celles-ci jaune, ainsi que le dessous du corps; dessous du mésothorax noir — Brésil.

Nota. Voyez la *Revue Entom.*, t. III, où j'ai décrit plusieurs espèces de ce genre.

GALBODEMA;

Pterotarsus, GUÉRIN.

Antennes flabelliformes, ayant le premier article allongé, et se logeant, pendant le repos, dans deux fossettes profondes situées sous les bords latéraux du corselet. — Palpes à dernier article grand, tronqué obliquement à l'extrémité, et en forme de hache. — Mandibules terminées par trois dents inégales.— Tarses à deuxième, troisième et quatrième article entiers, prolongés en dessous en palettes allongées, formées par le prolongement inférieur des pelottes. — Tête petite. — Corps convexe, presque cylindrique.— Pattes courtes.

GALBODEMA MARMORATUM.

GUÉRIN, *Part. ent. Voy. Duperrey*

p. 68, pl. 2, f. 3. — Long. 6 lig. Larg. 2 lig. ¼. — D'un noir-bleuâtre; corselet globuleux, tuberculeux, profondément échancré en avant, presque pointu en arrière; élytres ponctuées, avec des sillons obliques, épineuses à l'extrémité, avec des taches d'un noir velouté; tarses ferrugineux.— Nouvelle-Guinée.

EPIPHANIS, ESCHSCH.

Antennes ayant le premier et les quatre derniers articles très-longs, les six intermédiaires très-courts.— Palpes courts, renflés et tronqués à l'extrémité.— Tarses filiformes, cylindriques; le dernier article très-long; les crochets courts et simples.—Tête bombée. — Corselet transversal, rétréci antérieurement; ses angles postérieurs longs, pointus.— Écusson rond. — Élytres assez bombées.— Pattes courtes.

EPIPHANIS CORNUTUS.

ESCHSCH., *Zool. Atlas.* p. 9, pl. 4. fig. 6. Long. 2 lig. ¼. Larg. ½ lig. — D'un brun-rougeâtre clair; tête noirâtre, fortement ponctuée, avec une petite avance cornue, au milieu; corselet noir, fortement ponctué; élytres d'un brun-rouge, finement striées, les intervalles très-finement ponctués; dessous du corps d'un brun-noirâtre; pattes d'un brun-rouge. — Ile Sitcha.

Nota. Nous n'avons pas vu ce genre.

CRYPTOSTOMITES.

Caractères. Antennes libres, ayant une partie de leurs articles pectinés. — Pattes peu contractiles.— Corps ovalaire.

Genres: *Cryptostoma*, *Cerophytum*, *Phyllocerus*.

CRYPTOSTOMA, LATR.;

Elater, FABR.; *Ceratogonys*, PERTY.

Antennes de onze articles: le premier grand, renflé; le deuxième et le quatrième très-petits, les autres cylindriques, plus allongés dans les ♂; le dernier ovale, court, très-long dans les ♂; ceux-ci ont les angles internes du sommet du troisième article et des sept suivans prolongés en forme de dents, et une épine droite au côté interne du troisième près de la base.— Palpes très-petits, cachés.— Tarses presque sétacés, entiers. — Tête découverte. — Labre et mandibules cachés par le présternum; celles-ci unidentées sous les pointes.—Mâ-

choires unilobées, petites. — Corselet rétréci en avant, ses angles postérieurs prolongés en pointe et embrassant l'angle huméral. — Ecusson ovale. — Elytres un peu
déprimées, arrondies à l'extrémité. — Pattes assez longues.

CRYPTOSTOMA SPINICORNE.

Fabr., 2. 235. 70. — Herbst. *Coleopt.*, 10,
129. 161. — Long. 4 lig. ¼. Larg. 1 lig. ¼.
— Finement ponctuée, noire, peu brillante, avec la tête, le corselet, l'écusson,
la poitrine, la base des cuisses d'un rouge-
ferrugineux; élytres avec des stries peu
marquées. — Cayenne.

Nota. Le *Ceratogonys Rufithorax*, de
M. Perty, *Voyage de Spix et Martius,
Ins.*, p. 24, pl. 5, f. 12. est une espèce
très-voisine, propre au Brésil.

CEROPHYTUM, Latr. ;

Melasis, Oliv.

Antennes insérées devant les yeux. en
scie dans les ♀, de onze articles, chacun
émettant dans les ♂, à partir du troisième,
un rameau assez long, plat et rétréci à sa
base. — Palpes à dernier article presque
sécuriforme. — Tarses avec les quatre premiers articles courts, triangulaires, le pénultième bifide. — Tête assez avancée. —
Mâchoires bilobées. — Corselet un peu
bombé. — Ecusson petit, triangulaire. —
Elytres un peu bombées, presque parallèles. — Pattes assez longues.

On trouve les *Cerophytum* sur le bois au
printemps; ils sont rares.

CEROPHYTUM ELATEROIDES.

Latr., *Gén. Crust. et Ins.*, 1, 347, 1.
— *Buprestoïdes*, Oliv., 2, 304, pl. 4, fig. 1.
— Long. 3 lig. Larg. 1 lig. — Noir, très-légèrement pubescent; corselet et élytres
fortement ponctués; les dernières avec des
stries de points enfoncés; antennes et pattes
rougeâtres. — Paris. Tres-rare.

PHYLLOCERUS. Dej., Latr.,

Lepeltier, Serv.

Antennes de onze articles : les premier,
troisième et quatrième grands; le deuxième petit, les six derniers petits et pectinés,
le dernier allongé, également pectiné. —
Palpes courts, filiformes. — Tarses filiformes, velus en dessous. — Tête dégagée. —
Corselet rétréci antérieurement, légèrement bombé. — Ecusson petit. — Elytres

allongées, se rétrécissant jusqu'à l'extrémité. — Pattes moyennes.

PHYLLOCERUS FLAVIPENNIS.

Lepeltier et Serv., *Encycl. Méth.*,
t. 11, p. 116. — Long. 7 lig. ½. — Noir,
convert d'un léger duvet roussâtre; élytres
d'un brun clair, très-finement ponctuées.
et offrant des stries ponctuées dans leur
moitié postérieure; tarses garnis en dessous
de poils ferrugineux. — Dalmatie.

THROSCITES.

Caractères. Chaperon rétréci en avant.
— Tarses privés de lames à leur surface inférieure. — Antennes terminées par une
massue, et reçues dans des sillons du thorax.

Genres : *Chelonarium, Throscus.*
On ignore les mœurs des *Throscites.*

CHELONARIUM, Fabr., Latr.

Antennes de sept articles : les deuxième
est troisième très-grands, anguleux; les quatre derniers très-petits, presque cylindriques; les deux derniers un peu plus gros.
— Palpes égaux, a dernier article sécuriforme. — Tarses courts, spongieux en dessous;
le dernier article allongé, conique. — Tête
cachée. — Mandibules très-petites, aiguës. —
Corselet semi-circulaire. — Elytres ovales,
embrassant l'abdomen, et dilatées à la base.
— Pattes courtes, comprimées. — Jambes
étroites; les antérieures plus larges que les
autres. — Corps ovoïde.

Ces insectes, dont les mœurs sont inconnues, sont propres à l'Amérique du
Sud.

1. CHELONARIUM HÆMARROUM.

Perty, *Ins. Voy. Spix et Martius,*
p. 37, pl. 7, f. 16. — Long. 2 lig. ½. Larg.
1 lig. ¼. — Ovale, d'un noir brillant; élytres rougeâtres à l'extrémité; bord postérieur du corselet crénelé. — Brésil.

2. CHELONARIUM SIGNATUM.

Dalman, *Ephém. Entom.*, *fascic.* 1,
p. 32. n° 3. — Long. 3 lig. — D'un brun-
obscur, glabre, brillant, très-finement ponctué; élytres jaunes, avec une tache commune dorsale, et d'autres petites sur les côtés brunes; antennes ferrugineuses; les articles de la base obscurs. — Brésil.

3. CHELONARIUM UNDATUM.

Lap. *Rev. Ent.*, t. III, p. 178. — Long.

2 lig Larg. 1 lig. — D'un noir brillant; corselet d'un brun-rouge; élytres avec une fascie de poils blanchâtres vers les deux tiers postérieurs. — Brésil.

Nota. Cette espèce est peut-être une variété du *Chelonarium ornatum*, Klug, *Specimen Ent. Bras.* (in *Nov. Act. Physico-Med. Acad. Cæs. Car. N. Cur.*, t. XIII, p. 431);—Perty., *Ins. Voy. Spix et Mart.*, p. 36. pl. 7. f. 15. J'ai cependant beaucoup de doute à cet égard : ce qui m'a déterminé à en faire provisoirement une espèce séparée.

4. CHELONARIUM PUNCTATUM.

Shœnh., 1. p. 109, 2,—Fabr., 1, p. 102, 2.—Illig., *Mag.*, III, p. 154. — Dalm., *Ephém.*, 1, p. 31, nº 1. — Long. 3 lig. — D'un brun obscur, brillant; antennes, à l'exception de la base, et tarses, d'un brun clair; élytres parsemées de points formés de poils blancs.

5. CHELONARIUM ATRUM.

Fabr., I, p. 101, 1. — Schœnh., *Syn. Ins.*, I, p. 109, 1.—Dalman., *Ephem.*, 1, p. 32, nº 2.—Noir, brillant; pattes antérieures brunes. — Amérique du Sud.

6. CHELONARIUM BEAUVOISI.

Latr., *Gen. Crust. et Ins.*, 2. 45. 1, 8. fig. 7 et 8. — Long. 3 lig. Larg. 1 lig. ¼. —Noir, brillant; bord postérieur du corselet avec une rangée de points enfoncés; élytres avec une fascie transversale de poils blanchâtres située à la partie postérieure de l'élytre; tarses rougeâtres; massue des antennes pâle. — Saint-Domingue.

THROSCUS, Latr.;
Trixagus, Kugel., Gyllenhal;
Elater, Linn.. Oliv.

Antennes de onze articles : les deux premiers plus grands que les suivans; ceux-ci, jusqu'au huitième inclusivement, granuleux; les trois derniers grands, dilatés au côté interne, se logeant dans une cavité latérale inférieure du corselet.—Palpes en massue; leur dernier article sécuriforme. — Tarses grêles; le pénultième article bifide.—Mandibules pointues.—Tête enfoncée jusqu'aux yeux dans le corselet. — Celui-ci presque trapézoïdal. — Ecusson transversal, petit. — Elytres allongées. étroites. — Pattes courtes, contractiles.

THROSCUS ADSTRICTOR.

Fabr.. 1, 316. 24.— *Claricornis.* Oliv..

2, 31. 78, pl. 8, fig. 85. — Long. 1 lig. ½. Larg. ½ lig. —D'un brun de poix, pubescent; élytres avec de faibles stries ponctuées; dessous du corps plus clair. — Paris.

LISSOMITES.

Caractères. Chaperon rétréci en avant. — Tarses munis de lames à leur surface inférieure. — Antennes filiformes et reçues dans les rainures thoraciques.

Genre : *Lissomus.*

LISSOMUS, Dalman;
Lissodes, Latr.; *Drapetes*, Még.

Antennes filiformes, courtes. —Côtés du corselet dilatés inférieurement et formant à leur partie extérieure une rainure oblique, et non dans le sens de la longueur du corselet. — Palpes courts, avec le dernier article sécuriforme.—Tarses courts, entiers, garnis en dessous de pelottes prolongées en manière de lobes ou de petites palettes. —Tête découverte.—Mandibules courtes, arquées. — Corselet rebordé, très-bombé, large, arrondi sur les côtés, échancré postérieurement dans son milieu: ce qui forme vers l'écusson deux petites pointes.—Ecusson arrondi. — Elytres bombées dans leur milieu, déprimées, et moins larges à leur extrémité; de la largeur du corselet à la base. — Pattes antérieures logées dans des enfoncemens latéraux du dessous du corselet.

Insectes de moyenne taille. On en connait une seule espèce d'Europe; les autres sont propres à l'Amérique.

1. LISSOMUS PUNCTULATUS.

Dalman, *Ephém. Ent.*, nº 1, p. 14.— Long. 5 lig. Larg 2 lig. ¼.— ♀ ponctuée, d'un brun rougeâtre, lisse, très-brillant; élytres avec de très-petits points disposés presque régulièrement, et un enfoncement près de l'angle huméral. — ♂ noir, très-luisant, ponctué; élytres avec un enfoncement au bord antérieur, et l'angle huméral très-saillant; elles offrent des points nombreux formant des stries peu régulières; pattes et base des antennes rougeâtres.

Nota. Les deux sexes de cette espèce diffèrent beaucoup l'un de l'autre. M. Lacordaire, le premier, reconnut qu'ils appartenaient à la même espèce. On doit peut-être rapporter au ♂ le *Lissomus forcalatus*, Dalm.. *Ephém.*, 1, p. 14. nº 2.

2. LISSOMUS LACORDAIREI.

Long. 4 lig. Larg. 1 lig. ¼. — Noir, luisant,

ponctué ; élytres d'un brun-châtain, avec
l'angle huméral très-saillant , et des points
nombreux disposés, sur les élytres, en stries
régulières. — Cayenne.

3. LISSOMUS EQUESTRIS.
FABR., 2, 244, 119.— HERBST, *Col.*, X,
82. pl. 165. fig. 7. — Long. 2 lig. Larg.
1 lig. — D'un noir brillant, ponctué, avec
une large fascie transversale rouge sur la
moitié antérieure des élytres.—Allemagne.

Nota. M. Eschscholtz forme sur cette
espèce son genre *Drapetes.* Les autres,
toutes exotiques, sont ses *Lissomus.* Leur
corselet est presque carré , plus large en
avant qu'en arrière.

TROISIÈME TRIBU.

ELATERIDES,
LATR.

Caractères. Corps apte à sauter.—Saillie postérieure du présternum s'enfonçant
dans une cavité du mésosternum. — Mandibules généralement échancrées.—Palpes
généralement terminées en hache.—Yeux
ovalaires.—Corps plus ou moins ovalaire.

Ces insectes , bien remarquables par la
faculté qu'ils ont de sauter a une grande
distance. ont été appelés *Scarabés à ressort*
et *Taupins* par les anciens Entomologistes.
Ils se tiennent sur les plantes basses et les
fleurs. Lorsqu'on veut les saisir, ils se laissent tomber à terre , et plient leurs pattes
contre le corps.

La larve est composée de douze anneaux,
le dernier formant une plaque rebordée et
anguleuse , avec deux pointes mousses et
courbées en dedans; au-dessous étaient des
mamelons, chacun destiné à aider la larve
dans ses mouvemens. Six pattes, des palpes
et de très-courtes antennes, étaient les autres organes extérieurs de cette larve.

Les *Elatérides* se nourrissent de substances végétales ; le tube digestif a une fois
et demie a peu près la longueur du corps ;
l'œsophage est fort court, renflé en un
jabot conoïde ; le ventricule chylifique est
allongé, presque droit, terminé brusquement par un bourrelet. autour duquel s'insèrent les vaisseaux biliaires semblables a
ceux des Carabiques ; l'intestin grêle est filiforme, flexueux, terminé par un cœcum
oblong; le rectum est filiforme. Les organes
générateurs des femelles sont très compliqués.

TETRALOBITES.

Caractères. Chaperon dilaté antérieurement.—Tarses munis de lames a leur surface inférieure. — Antennes filiformes.

Genres : *Tetralobus, Semiotus , Allotrius, Eschscholtzia, Pomachilius, Conode-
rus, Monocrepidius, Synaptus.*

Les *Tetralobites* sont généralement de
grande taille; nos contrées n'en fournissent
qu'un petit nombre d'espèces ; les plus brillantes sont propres à l'Amérique. Leurs
mœurs sont inconnues.

TETRALOBUS, SERVILLE, LEPEL. ;
Elater, FABR., OLIV.

Antennes filiformes, avec le premier article long, renflé à son extrémité, arqué ;
les deux suivans très-courts, les quatrième,
cinquième , sixième, septième, huitième.
neuvième et dixième prolongés inférieurement en une espèce de feuillet court et
incliné sur l'article suivant ; le dernier al-
longe, aplati a son extrémité ; celles du
mâle ayant les mêmes articles prolongés
en un long feuillet formant éventail. —
Palpes courts, épais, terminés par un article
en forme de hache. — Tarses assez longs,
filiformes. carénés en dessus ; les quatre premiers garnis en dessous d'appendices ou
feuillets membraneux, aplatis, ovalaires.
— Tête très-inclinée, avec la partie antérieure du front rebordée. — Corselet arrondi sur les côtés, rebordé; ses angles postérieurs prolongés en pointe , embrassant
l'angle huméral des élytres.—Ecusson presque cordiforme. — Élytres presque parallèles. arrondies à l'extrémité, et terminées
en pointe à la suture , assez bombées. —
Crochets des tarses simples.

1. TETRALOBUS FLABELLICORNIS.
FABR., 2, 221, 2.—OLIV., 2, 31, 1, pl. 28.
—Long. 28 lig. Larg. 9 lig.—Ressemble
beaucoup aux *Cinereus*, mais est un peu
plus étroit ; les élytres sont terminées en
arrière en une pointe aiguë. — Java.

2. TETRALOBUS CINEREUS.
GORY. *Ann. Soc. Ent.*, t. I. — Long.
28 lig. Larg. 10 lig.—Très-finement ponctué, noir, assez brillant. entièrement couvert d'un duvet gris-cendré obscur ; élytres
avec quelques côtes longitudinales peu élevées, arrondies à l'extrémité. et terminées
a la suture en une petite pointe. — Sénégal.

3. TETRALOBUS GIGAS. (Pl. 16, fig. 10.)
FABR., 2, 221, 1. — Long. 26 lig. Larg.
9 lig.—Brun, très-ponctué, soyeux en dessous ; élytres avec des côtes longitudinales
peu élevées. — Dessous du corps presque
noir. — Sénégal.

SEMIOTUS, Eschsc. ;

Pericallus, Lep. et Serv. ;

Elater, Fabr., Oliv., Herbst.

Antennes plus courtes que le corselet :
le premier article grand, arqué, renflé à son
extrémité ; le deuxième très-court ; les suivans égaux entre eux, aplatis, formant un
peu la scie inférieurement ; le dernier ovalaire, sans appendice. —Tarses filiformes,
carénés en dessus ; le quatrième article plus
court que tous les autres ; les deuxième,
troisième et quatrième garnis en dessous
d'un appendice ou feuillet membraneux,
aplati, large, ovalaire. —Tête avancée. —
Le front prolongé en avant, enfoncé au
milieu, et presque toujours armé latéralement de deux pointes ou cornes courtes
et fortes.—Corselet en carré long prolongé
au milieu postérieurement ; les angles postérieurs prolongés en pointe et embrassant
l'angle huméral. —Ecusson presque rond,
échancré antérieurement au milieu.—Elytres diminuant de largeur jusqu'à l'extrémité, échancrées et terminées en pointe à
la suture.—Crochets des tarses simples.—
Jolis insectes variés de jaune et de noir, très-
brillans et propres à l'Amérique.

1. SEMIOTUS SUTURALIS.
FABR., 2, 234, 52.—DRURY, 68, pl. 47,
fig. 2. — Long. 12 lig. Larg. 3 lig. —Tête
noire, avec deux petites cornes très-pointues ; antennes noires, pectinées ; corselet
d'un jaune-rougeâtre, avec deux tubercules
au tiers antérieur du bord latéral ; une ligne
longitudinale noire, dilatée latéralement
vis-à-vis des tubercules ; élytres jaunes, avec
la suture et les trois quarts postérieurs du
bord externe noirs ; elles ont des stries de
points brunâtres ; dessous du corps jaune,
avec deux taches allongées sous le corselet,
et deux lignes latérales de même couleur
sur la poitrine et l'abdomen. — Cayenne.

2. SEMIOTUS DISTINCTUS.
HERBST. — Long. 15 lig. Larg. 3 lig.
— Ponctué, d'un jaune-rougeâtre très-
brillant ; une ligne longitudinale noire, assez large, au milieu du corselet ; élytres
lisses, avec de petites rides transversales,

une ligne longitudinale près de la suture
et une autre près du bord externe, d'un
beau rouge ; des stries de points bruns enfoncés sur les élytres ; antennes noires, le
premier article jaune ; base de l'abdomen noirâtre. — Deux enfoncemens ovales
garnis de petites cloisons sur le dernier
segment. — Brésil.

3. SEMIOTUS FURCATUS.
FABR., 2, 231, 51. — HERBST., *Col.*, 9,
335, pl. 158, fig. 4. — Long. 9 lig. Larg.
2 lig. ¼. —Brillant ; tête et corselet avec
deux points enfoncés, assez profonds, rougeâtres ; corselet avec une bande longitudinale noire au milieu ; élytres rougeâtres
en avant, jaunes postérieurement, avec
leur bande commune sur la suture, et deux
bandes latérales raccourcies en avant, réunies ensemble postérieurement, et se con-
fondant à l'extrémité avec la suture, noires ;
suture échancrée et terminée en pointe ;
antennes, dessous du corps et pattes jaunes.
— Brésil.

4. SEMIOTUS INTERMEDIUS.
HERBST.. *Col.*, 10, 8, 21, pl. 159, fig. 4.
— Long. 10 lig. Larg. 2 lign. ¼. — Tête
et corselet avec de petites lignes courtes,
enfoncées en forme de points ; une tache arrondie sur le devant et une autre noire sur
le vertex ; corselet rougeâtre, avec les bords
jaunâtres ; au milieu deux bandes longitudinales noires, racourcies en avant, échancrées au côté extérieur, et deux taches latérales noires vers le milieu du bord extérieur. — Elytres lisses, avec des stries de
points enfoncés jaunes, avec l'écusson, la
suture s'élargissant vers l'extrémité, et deux
bandes longitudinales raccourcies en avant,
au bord extérieur, d'un brun-rougeâtre,
et quelquefois noires ; pattes et dessous du
corps jaunes ; avec deux bandes latérales
longitudinales noires ; antennes noires, avec
les deux premiers articles jaunâtres ; élytres échancrées à l'extrémité de la suture,
et terminées en pointes ; segment anal
échancré, avec deux enfoncemens ovales,
garnis de petites cloisons ; tout l'insecte est
très-brillant — Brésil.

ALLOTRIUS.

Les *Allotrius* diffèrent des *Semiotus* par
leurs antennes un peu plus longues que le
corselet ; la tête presque cachée dans le corselet, coupée carrément ; corselet carré,
un peu rétréci postérieurement ; les au-

ples antérieurs de niveau avec le front, et arrondis ; élytres arrondies à l'extrémité.

ALLOTRIUS QUADRICOLLIS.

Long. 7 lig. ¼. Larg. 2 lig. — Pubescent, d'un brun-rouge marbré de noir ; élytres avec des stries longitudinales ponctuées, et offrant vers les deux tiers postérieurs une sorte de fascie transversale peu marquée, souvent interrompue, et formée de poils grisâtres ; dessous du corps noirâtre. — Java.

ESCHSCHOLTZIA ;

Elater, FABR., OLIV. ;

Athoüs, ESCHSCH.

Les Eschscoltzia diffèrent des Pericallus par les antennes un peu plus longues que le corselet, par les tarses diminuant de grosseur de la base à l'extrémité, le corselet non prolongé dans son milieu postérieur, l'écusson ovalaire, non échancré, les élytres presque parallèles, arrondies à l'extrémité.

Insectes vivant dans les bois.

ESCHSCHOLTZIA RHOMBEA.

OLIV., 231, 25, pl. 2, fig. 16. — Long. 7 lig. Larg. 2 lig. ¼. — Ponctué, pubescent, brun ; élytres avec des stries de points enfoncés plus obscurs ; antennes, dessous du corps et pattes plus clairs. — France Méridionale.

POMACHILIUS, ESCHSCH. ;

Elater, GERMAR.

Une seule lame sous le troisième article des tarses, avec le premier article des tarses postérieurs un peu plus long que le suivant ; tel est le caractère assigné par M. Eschscholtz à son genre Pomachilius dans le tableau des Elatérides.

POMACHILIUS SUBFASCIATUS.

GERMAR. *Col. spec. nov.* 1, 50, 80. — *Unendus*, ESCHSCH. — Long. 3 lig. Larg. ¼ lig. — Linéaire, testacé, pubescent, ponctué ; une ligne noire au milieu du corselet ; élytres avec des stries de points enfoncés, avec une tache commune à la base ; la suture au delà du milieu, et deux fascies étroites et raccourcies, noires ; élytres terminées en pointe. — Brésil.

CONODERUS, ESCHSCH. ;

Elater, FABR., OLIV., GERMAR.

Bouche avancée. — Antennes à articles comprimés ; le deuxième lenticulaire, le troisième cylindrique. — Le quatrième article des tarses avec une lame en dessous. — Corselet long et conique.

1. CONODERUS MALLEATUS.

GERMAR. *Spec. ins. nov.* 1, 50, 81. — Long. 8 lig. Larg. 2 lig. ¼. — Finement ponctué, noir ; corselet légèrement pubescent, avec trois lignes longitudinales et le bord extérieur couverts de poils gris ; élytres avec des stries ponctuées couvertes d'un duvet brun, avec une bande marginale et une autre au milieu, toutes deux raccourcies, testacées, une fascie de même couleur à la partie postérieure ; pattes brunes. — Brésil.

2. CONODERUS FORMOSUS.

Long. 7 lig. Larg. 2 lig. — Noir ; tête et dessous du corps couverts d'un duvet cendré ; corselet allongé, avec les bords et trois bandes longitudinales gris, formés par un duvet serré ; élytres avec des stries ponctuées ; une bande longitudinale jaune, partant de l'angle huméral et allant jusqu'à la moitié de l'élytre, un petit trait de même couleur sur le bord antérieur ; vers les trois quarts de l'élytre, une fascie en demi-cercle de même couleur ; extrémité couverte de poils gris. — Brésil.

MONOCREPIDIUS, ESCHSCH. ;

Elater, FABR., OLIV.

Les Monocrepidius ont une seule lame située sous le quatrième article des tarses ; les crochets de ceux-ci sont simples. — Le corselet est bombé et un peu dilaté latéralement. — Les lames pectorales sont aiguës et dilatées à la base.

1. MONOCREPIDIUS PUBESCENS.

Long. 6 lig. Larg. 2 lig. — Très-finement ponctué ; recouvert d'un duvet gris cendré ; d'un brun-rougeâtre, avec les antennes, les parties de la bouche, et les pattes plus claires. — Brésil.

2. MONOCREPIDIUS PALLIPES.

FABR., 2, 244, 102. — HERBST, *Col.*, 10, 133, 163. — Long. 3 lig. Larg. 1 lig. — D'un brun testacé, légèrement ponctué ; élytres noires, lisses, avec des stries profondément ponctuées ; antennes et pattes pâles. — Tranquebar.

3. MONOCREPIDIUS GEMINATUS.

GERMAR. *Spec. ins. nov.* 1, 43, 71. —

Perty, p. 22, pl. 5, fig. 7. — Long. 10 lig. Larg. 5 lig. — Noir, fortement ponctué, couvert d'un duvet gris ; corselet canaliculé au milieu ; élytres avec des stries ponctuées ; les intervalles alternativement plus blancs. — Brésil.

4. MONOCREPIDIUS UNIFASCIATUS.

Fabr.. 2. 245, 125. — Herbst, *Col.* 10, 139, 179. — Ferrugineux, brillant ; élytres striées, avec une fascie noire au milieu, élargie au bord extérieur. — Amérique Méridionale.

Nota. Il faut aussi rapporter à ce genre les *E. Scalaris*, Germ. ; *Asininus*. Germ.; *Liridus*, Degeer; *Vespertinus*. Fabr.; *Amplicollis*, Schœn.; *Unifasciatus*, Fabr.

SYNAPTUS, Eschsch.;
Elater, Fabr., Latr., Oliv.

Les Synaptus appartiennent aux Elatérides pourvus de lames au dessous des tarses, mais ils n'en ont qu'une seule sous le troisième article. — Leurs crochets sont dentelés ; ce sont les seuls de la division, avec les Estheropus, qui présentent ce dernier caractère.

1. SYNAPTUS FILIFORMIS.

Fabr., 2, 235, 72. — Oliv., 2. 31, 65, pl. 4, fig. 41. — Long. 4 lig. ½. Larg. 1 lig. — Très-ponctué, entièrement couvert d'un duvet gris-cendré ; brun. avec la tête et le disque du corselet plus foncés ; antennes, pattes, et le bord inférieur des élytres et des segmens de l'abdomen. et anus d'un brun-rougeâtre clair ; élytres avec des stries de points enfoncés. — Paris.

2. SYNAPTUS UNGULISERRIS.

Gyll. ; Schœn.. *Syn. Ins.*, 3 suppl., 136. 186. — Long. 3 lig. ¼. Larg. ¼ lig. — Très-finement ponctué. d'un beau noir, recouvert d'un duvet gris très-court ; antennes et pattes testacées ; élytres d'un brun-rougeâtre. avec des stries ponctuées. — Russie Méridionale.

Nota. Le genre Estheropus a été établi sur un insecte du Brésil que nous n'avons pas vu. — La lame est placée sous le quatrième article des tarses.

AGRIOTITES.

Caractères. Chaperon dilaté antérieurement. — Tarses privés de lames a leur surface inférieure. — Antennes filiformes.

Genres : *Hemirhipus. Adelocera, Pyrophorus, Alaüs, Amaurus, Chalcolepidius, Ctenicera, Pachydera, Megacnemius, Ludius, Elater, Agrypnus, Agriotes, Caloderus, Priopus, Loberderus, Dicronychus, Campylus, Cylindroderus.*

Les *Agriotites* forment un groupe très-nombreux en espèces ; ce sont, à l'exception de quelques-unes placées dans les genres précédens, toutes celles qui composaient le genre *Elater* de Fabricius : M. Eschscholtz, après de nombreuses observations, y a introduit un grand nombre de genres, que nous avons signalés, soit comme divisions du genre *Elater*. soit comme susceptibles de former réellement des genres; celui qu'il nomme *Hemiops* nous semble devoir être rangé parmi les *Cebrionites*.

M. Stephens est aussi l'auteur d'un travail sur ces insectes, et les caractères de ses genres étant publiés. doivent avoir la préférence sur ceux d'Eschscholtz. Nous allons donner ici le tableau des genres qu'il a introduits parmi les *Elaterites*.

A. Tarses simples.

a. Antennes à deuxième et troisième article allongés ; le dernier allongé et presque pointu.

Genre : *Cataphagus*, Steph.

Espèces : *El. Limbatus*, Fabr., *Marginatus*, Linn., *Spatator*, Linn., *Obscurus*. Linn., *Lineatus*, Linn.

Genre : *Hypnoidus*, Steph. (*Hypolithus*, Eschsch.). Diffère du précédent par le dernier article de l'antenne. qui est court et tronqué obliquement.

Espèces. *El. Riparius*, Fabr., *Rivularis*. Gyll., *Agricola*. Zet. . *4-Pustulatus*. Fabr., *Dermestoides*, Herbst.. *Pulchellus*, Linn.

b. Antennes à deuxième et troisième article très-courts. presque globuleux.

Dernier article des antennes allongé et grêle.

Perimecus, Dilwyn (*Melanotus*, Eschsch.)

Espèce. *El. Fulvipes*, Herbst.

Dernier article des antennes court et simple.

Elater, Linné.

Dernier article des antennes terminé subitement en pointe.

Ludius, Latr.

c. Antennes à deuxième article très-court, presque globuleux, le troisième allongé.

Corselet convexe.

1. Premier article des tarses grand. allongé.

Eucnemis.

2. Premier article des tarses de grandeur moyenne, assez court.

Corps allongé.

Caloderus, Steph. (*Cardiophorus*, Eschsch.).

Espèces. *Thoracicus*. Fabr., *Ruficollis*, Linn., *Equieti*, Herbst.

Corps élargi.

Selatosomus, Steph.

Espèces. *Æneus*. Linn., *Cruciatus*, Linn.

Corselet presque déprimé.

1. Yeux médiocres, à peine proeminens.

Palpes sécuriformes.

Ctenicerus, Latr.

Palpes filiformes.

Aplotarsus. Steph.

Espèces. *Testaceus*, Fabr., *Rufipes*. Fabr., *Quercus*, Oliv.

2. Yeux grands, proéminens.

Campylus. Latr.

B. Tarses dilatés.

a. Quatrième article des tarses petit.

Crochets pectinés.

Ctenonychus, Steph.

Espèces. *Hirsutus*, Steph., *Pilosus*. Fabr. ?

Crochets simples.

Anathrotus, Dillwyn (*Athous*, Eschsc.). Espèces. *E. Pubescens*. Marsham, *Niger*. Linn., *Hæmorrhoidalis*, Fabr., *Elongatus*, Marsham, *Subfuscus*, Gyll., *Vittatus*, Fabr., *Angularis*, Steph., *Longicollis*, Fabr.

b. Quatrième article des tarses bifide.

Ceratophytum. Leach.

Espèce. *Latreillii*, Leach.

HEMIRHIPUS, Latr.

Antennes courtes, de douze articles : le premier grand, arqué ; le deuxième globuleux ; le troisième ayant en dessous une dent assez forte et longue ; les huit suivans émettent un anneaux large, aplati ; le dernier ovale-allongé, aplati. — Palpes terminés par un article sécuriforme. — Tarses filiformes, allongés, terminés par deux forts crochets. — Tête avancée. — Front avec une carène saillante. — Mandibules arquées. — Corselet un peu bombé, presque carré, prolongé postérieurement en son milieu, avec une espèce de tubercule. — Ses angles postérieurs embrassant les élytres. — Ecusson relevé, rond. — Elytres déprimées, aplaties, presque parallèles, arrondies à l'extrémité. — Pattes assez fortes.

1. HEMIRHIPUS LINEATUS.

Fabr., 2, 223. 12. — Oliv., 2, 31, 5, pl. 6, fig. 63. — Long. 18 lig. Larg. 6 lig. — Ponctué, très-velouté en dessus, noir, avec le front, les bords antérieur et latéraux du corselet, une ligne au milieu, de couleur roussâtre ; élytres striées, avec une tache longitudinale roussâtre, raccourcie à son extrémité, et une autre en devant à la base, très-courte. — Brésil.

2. HEMIRHIPUS 5-SIGNATUS.

Long. 11 lig. Larg. 3 lig. ¼. — Ponctué, d'un jaune-rougeâtre, avec deux points sur le front, une ligne longitudinale au milieu du corselet, deux autres latérales, raccourcies, et deux points près des angles postérieurs noirs ; élytres jaunes, avec quelques côtes peu élevées, les deux tiers postérieurs de la suture et des bords latéraux d'un brun-noir ; antennes noires, rougeâtres à la base ; abdomen avec le milieu brun et deux lignes latérales noires. — Brésil.

ADELOCERA, Latr. ;

Elater, Germ., Fabr.

Antennes filiformes, en scie, se logeant dans le repos dans une fossette au-dessus du corselet. — Palpes courts. — Tarses entiers sans palettes en dessous. — Tête orbiculaire, cachée. — Corselet transversal, convexe, avec une profonde fossette en dessous, pour loger les pattes antérieures. — Elytres convexes, allongées. — Pattes moyennes. — La base des cuisses recouverte par une grande lame pectorale.

1. ADELOCERA OVALIS.

Germar, *Col. Spec. Nov.*, 1, 49, 79. — Long. 2 lig. ¼. Larg. 1 lig. — D'un brun-noir, fortement ponctué ; antennes et pattes rouges ; élytres avec des stries de points serrés, chacun offrant une scie en forme d'écaille, les intervalles arrondis. — Perse.

2. ADELOCERA BRASILIENSIS.

Long. 18 lig. Larg. 4 lig. — Brun fortement ponctué, avec de petits poils courts, jaunâtres, soyeux ; premier article des antennes, cuisses, jambes et élytres d'un brun-rougeâtre ; celles-ci, avec des stries fortement ponctuées ; les intervalles avec une rangée de très-petits points ; les deux tiers postérieurs de la suture noirâtres. — Brésil.

3. ADELOCERA CHABANNII.

Guérin. *Icon. Reg. Anim., Ins.*, pl. 12,

1. Hemirhipus 5-lineatus.
2. Semiotus cornutus.
3. Pterotarsus testaceus.
4. Callirhipis scapularis.
5. Melasis flabellicornis.
6. Rhipicera abdominalis.
7. Chamœrrhipis Senegalensis.
8. Ptiocerus Brasiliensis.
9. Galba Hagenbachii.
10. Tetralobus gigas.
11. Alletrius quadricollis.

fig. 4. — Long. 12 lig. Larg. 3 lig. ½. — Tres-fortement ponctué, couvert de poils jannes couchés ; d'un brun jaunâtre ; milieu du corselet avec une tache sinuée sur les côtés et plusieurs autres latérales noirâtres ; suture et bord extérieur des élytres de cette couleur ; antennes et dessous du corps noirs ; corselet prolongé dans son milieu postérieur vers les deux tiers de sa longueur en une pointe obtuse relevée. — Cayenne.

Ajoutez à ce genre l'*Adelocera Caliginosa*, Guérin, *Voy. de Duperrey.*, pl. 14, f. 7. et suivant M. Latreille (*Ann. Soc. Ent.*, t. III, p. 144), les *Elater Fuscus* et *Marmoratus* de Fabricius.

PYROPHORUS, Eschsch. ;

Elater, Fabr., Latr., Oliv.

Antennes à premier article grand, arqué. très-renflé à l'extrémité ; les deux suivans plus courts que le quatrième ; les autres aplatis, allongés et disposés en scie inférieurement ; le dernier allongé, obtus à l'extrémité. — Palpes peu saillans, a dernier article sécuriforme. — Tarses filiformes ; le quatrième article plus petit que tous les autres ; les quatre premiers garnis en dessous d'une brosse épaisse de poils serrés. — Carène du front aiguë. — Corselet presque carré, bombé au milieu, avec deux vésicules phosphorescentes au-dessus des angles du corselet. — Ceux-ci prolongés en pointe et embrassant l'angle huméral. — Point de sillons en dessous pour loger les antennes : deux vésicules phosphorescentes au-dessus de l'angle antérieur. — Elytres assez bombées, diminuant insensiblement de largeur et terminées en une petite pointe à la suture. — Crochets des tarses simples.

Insectes phosphorescens nocturnes, étrangers a notre Europe. Ils vivent de cannes a sucre ; ils broient les parties ligneuses avec leurs mandibules et parviennent ainsi jusqu'à la matière sucrée. — La lumière qu'ils répandent dépend d'eux ; mais elle continue si les vésicules sont séparées de l'animal immédiatement après sa mort. (Voyez Curtis. *Zool. Journ.*)

M. Lacordaire, dans son excellent mémoire sur les insectes du Brésil (*Ann. Sc. Nat.*, t. XXII), donne les détails suivans sur ces insectes.

Il est rare de rencontrer pendant le jour les espèces lumineuses, mais dés que la nuit vient, elles paraissent en assez grande quantité. Leur vol est plus rapide que celui des *Elater* ordinaires et se soutient plus long-temps. Les espèces en sont assez nombreuses, et l'on en rencontre jusqu'à Buénos-Ayres et au Chili.

Le plus grand de tous et le plus commun est l'*E. Noctiluens*. Linné, dont il est parlé dans les plus anciennes relations de voyages, et sur lequel cependant on n'a pas encore donné de renseignemens exacts ; l'insecte entier n'est pas lumineux, ainsi que l'ont dit quelques auteurs, et entr'autres *Brown*, cité dans le dernier ouvrage de M. Latreille. Ses réservoirs phosphoriques sont au nombre de trois, dont deux en forme de taches arrondies près des angles postérieurs du corselet et sans communication l'un avec l'autre ; le troisième est situé a la partie postérieure du mésothorax, dans une cavité triangulaire, aplatie et tapissée d'une membrane extrêmement fine et légèrement cornée a l'ouverture. On peut, en s'y prenant avec adresse, après avoir passé l'insecte à l'eau bouillante, détacher cette membrane. et alors elle ressemble à une poche contenant la matière phosphorique. Lorsque l'insecte vole. le mésothorax se sépare du métathorax, et il jette par la une lumière moins vive que celle des taches du corselet, mais qui parait plus considérable de loin ; elle s'affoiblit et disparoît même entièrement au gré de l'animal. Après sa mort la matière phosphorique perd peu à peu son éclat, et finit par s'éteindre tout-a-fait ; on peut la lui rendre au moyen de l'eau bouillante : il est possible, comme on l'a dit, de lire dans l'obscurité la plus profonde. au moyen de cette lumière ; mais il faut pour cela promener l'insecte de ligne en ligne, et je doute beaucoup de ce que l'on a rapporté sur le parti qu'en tiraient les Indiens pour s'éclairer dans leurs voyages de nuit, ou pour travailler. Suivant le même naturaliste (*Ann. Soc. Ent.*, t. I, p. 359), ces insectes, ainsi que les *Sampyres*. sont moins nombreux a Cayenne qu'au Brésil et y produisent une illumination moins brillante.

PREMIÈRE DIVISION.

Pyrophorus proprement dits.

Corselet presque aussi large que long, arrondi sur les côtés. — Tête large, presque perpendiculaire, enfoncée au milieu. — Antennes plus courtes que le corselet.

1. PYROPHORUS NOCTILUCUS.
Fabr.. 2. 223. 13. — Oliv., 2. 31. 13,

pl. 2. fig. 14. — Long. 15 lig. Larg. 5 lig.
— Très-ponctué, noir, entièrement couvert
d'un duvet épais, court, jaunâtre ; élytres
terminées par une petite pointe, avec quelques stries de points enfoncés très-peu marquées sur le disque, plus fortes sur les côtés ; les deux taches du corselet lisses, d'un
jaune pâle, arrondies. — Cayenne. — Il
varie pour la taille.

2. PYROPHORUS PHOSPHOREUS.

Fabr., 2, 223, 14. — Oliv., 2, 31, 14,
pl. 2, fig. 14. — Long. 12 lig. Larg. 4 lig.
— Ressemble beaucoup au *P. Noctilucus*,
dont il se distingue à peine par sa taille plus
petite, un peu plus rétrécie vers l'extrémité
des élytres, et surtout par un tubercule au-
dessus du corselet, sur l'écusson beaucoup
plus élevé que dans le *Noctilucus*, où il est
souvent à peine sensible. — Cayenne. — Il
varie pour la taille.

3. PYROPHORUS PHOSPHORESCENS.

Long. 18 lig. Larg. 6 lig. — Très-ponctué, noir-brunâtre, couvert d'un duvet
jaunâtre ; élytres avec des stries longitudinales bien distinctes de points enfoncés ;
les deux taches du corselet lisses, d'un
jaune pâle, arrondies, ovales ; élytres terminées par une pointe courte, obtuse, à
peine sensible. — Guyane Française. Antilles. — Varie pour la taille.

DEUXIÈME DIVISION.

(*Stilpnus.*)

Corselet plus long que large, ses côtés
presque droits et parallèles. — Tête moins
large, avancée, presque horizontale, un
peu enfoncée au milieu. — Elytres allongées. — Antennes aussi longues ou plus
longues que le corselet.

4. PYROPHORUS ACUTIPENNIS.

Long. 12 lig. Larg. 4 lig. — Ponctué,
brun ; corselet plus foncé ; élytres avec des
stries de points enfoncés, terminées en
pointe : tout l'insecte est couvert d'un assez
long duvet gris-cendré, qui cache en partie les deux taches du corselet : celles-ci
sont d'un jaune pâle, arrondies, avec quelques points enfoncés. — Guyane Française.

5. PYROPHORUS HAVANIENSIS.

Long. 9 lig. Larg. 2 lig. — Brun,
ponctué, couvert d'un assez long duvet gris-
cendré ; taches du corselet touchant au

bord extérieur, jaunes, avec quelque
points enfoncés ; élytres terminées en pointe,
avec des stries de points enfoncés ; dessous
du corps noir. — La Havane.

TROISIÈME DIVISION.

(*Belania.*)

Corselet presque aussi large que long,
incliné à ses bords antérieurs. — Tête très-
large, très-enfoncée au milieu. — Bouche
avancée, perpendiculaire. — Yeux globuleux.

6. PYROPHORUS BUPHTHALMUS.

Klug. — Long. 8 lig. Larg. 2 lig. —
Finement ponctué, pubescent, brun ; tête
et corselet plus foncés, élytres avec des
stries fortement ponctuées ; antennes et
pattes jaunâtres ; dessous du corps d'un
brun foncé, avec les bords de l'abdomen
et l'extrémité d'un brun-jaunâtre.—Brésil.

ALAUS, Eschsch. ;
Elater, Fabr., Oliv., Hope.

Antennes plus courtes que le corselet :
le premier article est renflé, le deuxième
très-court, les autres égaux entre eux, et le
dernier allongé, appendicé. — Tarses garnis en dessous de poils couchés, peu épais,
ne formant point une brosse et occupant
toute la surface inférieure, sans être disposés en rangées comme dans les *Payphus.*—
Tête inclinée, avancée. — Front enfoncé
en dessus, avec la carène frontale aiguë.—
Corselet plus long que large, presque carré,
un peu arrondi aux côtés antérieurs, ses angles postérieurs peu prolongés, embrassant
l'angle huméral : dessous du corselet sans
sillon pour loger les antennes.—L'écusson
ovale.—Elytres un peu courbées, presque
parallèles, arrondies sur les côtés postérieurs et un peu tronquées, avec des taches ovalaires, formées de poils serrés et
ordinairement entourées de poils d'une autre couleur. — Ecusson ovale.—Elytres un
peu bombées, presque parallèles, arrondies
sur les côtés postérieurs et un peu tronquées. — Crochets des tarses simples.

Insectes de grande taille, propres à l'A-
mérique.

1. ALAUS OCULATUS.

Fabr., 2, 222, 9.—Oliv., 2, 31, pl. 3,
fig. 34. — Long. 15 lig. Larg. 4 lig. —
Très-ponctué, noir assez brillant ; corselet
avec deux taches latérales, ovales, ocellées,

formées par un duvet soyeux, noir, enca-
drées de poils d'un noir-cendré ; tête. bords
latéraux du corselet, tant en dessus qu'en
dessous, partie antérieure et côtes de la
poitrine couverts de poils d'un gris-cendre.
une foule de petites touffes de ces mêmes
poils sont répandues en forme de petites taches sur les élytres ; celles-ci arrondies à
l'extrémité. — Amérique du Nord.

2. ALAUS LUSCIOSUS.

Hope, *Anim. Kingdom, Ins.*, t. I,
p. 363, pl. 31, fig. 5.—Long. 17 lig. — Il
ressemble beaucoup à l'*Oculatus*, mais il
est plus large, plus convexe ; il est noir,
avec des taches ocellées, d'un noir velouté
sur le corselet.—Mexico.

3. ALAUS MYOPS.

Fabr., 2, 222. 8. — Oliv., 2. 31. 7 ;
pl. 6, fig. 64. — Long. 17 lig. Larg.
5 lig. — Très-ponctué, noir, assez brillant ;
corselet avec deux taches latérales, ovales.
allongées, étroites (le côté intérieur de l'o-
vale presque droit), formées d'un duvet
soyeux, noir ; tout le corps couvert en dessus d'un duvet gris et brunâtre, qui forme
une marqueterie irrégulière de taches brunes et cendrées ; dessous du corselet. bords
de la poitrine et de l'abdomen couverts d'un
duvet gris-cendré ; élytres arrondies à l'extrémité, terminées en une petite pointe à
la suture.—Caroline.

Nota. Il faut rapporter à ce genre l'*E-
later Goryi*, Gory, *Mag. Zool.*, t. XI.
f. 30.

AMAURUS.
Elater, Fabr.,

Antennes presque aussi longues que le
corselet. contourées d'ailleurs comme dans
les *Pyrophorus*, leurs articles un peu plus
allongés. — Tarses comme dans les *Pyrophorus*, mais les articles garnis en dessous
de poils peu serrés, formant une espèce de
petite brosse. — Corselet plus long que
large, bombé, arrondi à ses angles antérieurs, les postérieurs allongés en pointe et
embrassant l'angle huméral, point de taches sur le corselet.—Elytres bombées.
diminuant de largeur vers l'extrémité et
arrondies en pointe. — Ecusson grand,
ovale, allongé.

Insectes de couleurs sombres et tous exotiques.

1. AMAURUS SENEGALENSIS.

Long. 14. Larg. 4 lig. — D'un brun-noirâtre ; tête et corselet avec de gros points
enfoncés ; les stries ponctuées ; antennes,
partie de la bouche et pattes testacées. —
Sénégal.

2. AMAURUS TOMENTOSUS.

Fabr., 1, 222.—Long. 15 lig. Larg.
5 lig. — Ponctué, noir, couvert d'un duvet
jaunâtre ; élytres avec des stries ponctuées ;
antennes et pattes brunes.—Manilles.

3. AMAURUS FUSCIPES.

Fabr., 2. 224. 17. — Oliv., 2. 31. 20,
pl. 3, fig. 21. — Long. 15 lig. Larg. 5 lig.

Très-fortement ponctué, d'un brun-noir
très-brillant et comme vernissé ; antennes,
parties de la bouche et pattes brunes. —
Bengale.

CHALCOLEPIDIUS, Eschsc. ;
Elater, Fabr., Latr.

Antennes plus courtes que le corselet ; le
premier article grand, renflé ; le deuxième
très-court ; les suivans égaux entre eux,
aplatis. formant la scie inférieurement ; dernier article allongé, ovalaire.—Tarses filiformes, légèrement carénés en dessus ; le
dernier article le plus court ; les quatre
premiers garnis en dessous de rangées de
poils serrés formant une brosse. — Tête
avancée, inclinée.—Carene frontale aiguë.
— Corselet plus long que large, rebordé,
arrondi latéralement en avant, et plus étroit.
—Les angles postérieurs très-peu prolongés,
presque droits ; il est prolongé au milieu à
sa base. et ce prolongement est fortement
échancré au milieu pour recevoir la partie
antérieure de l'écusson ; point de sillons en-
dessous pour loger les antennes. — Ecusson en forme de triangle cordiforme. échancré au milieu antérieurement et postérieurement.—Elytres bombées, diminuant peu
vers l'extrémité, où elles sont légèrement
arrondies sur les bords et coupées presque
carrément. — Crochets des tarses simples.

Insectes de grande taille. avec des stries
généralement garnies d'un duvet de couleur
différente de celui qui recouvre les élytres ;
ce qui forme des raies longitudinales.

1. CHALCOLEPIDIUS STRIATUS.

Fabr., 2, 226. 28.—Oliv., 2, 31. 11. pl. 1.
fig. 2.—Long. 15 lig. Larg. 4 lig. ¼.— Noir.
assez brillant, entièrement couvert d'un
duvet d'un gris-rougeâtre un peu doré : les
stries garnies d'un duvet bleu. — Cayenne.

2. CHALCOLEPIDIUS VIRENS.

Fabr., 2. 226. 29.—Oliv., 2, 12. pl. 2,

fig. 19. — Long. 17 lig. Larg. 5 lig. — Noir, luisant, entièrement couvert d'écailles couleur lie de vin, légèrement dorées en-dessous; le fond des élytres avec une rangée étroite, peu marquée, de poils grisâtres. — Amérique.

3. CHALCOLEPIDIUS SULCATUS.
Fabr., 2, 226, 27. — Oliv., 2, 31, 9, pl. 2, fig. 10. — Long. 19 lig. Larg. 6 lig. — Noir, assez brillant, couvert en-dessous d'écailles d'un brun-rougeâtre foncé, tête, écusson et corselet couverts des mêmes écailles, avec les deux tiers du bord extérieur du corselet couverts d'un duvet blanchâtre s'élargissant vers la base; élytres avec un duvet d'un blanc-grisâtre; la suture et trois côtes élevées n'atteignant ni la base ni l'extrémité, noires. — Brésil.

4. CHALCOLEPIDIUS PORCATUS.
Fabr., 2, 225, 26. — Oliv., 2, 31, 10, pl. 7, fig. 74. — Long. 15 lig. Larg. 5 lig. — Noir, assez brillant; corselet noir, avec quelques points enfoncés irréguliers et quelques facettes longitudinales peu profondes sur la surface; le milieu, les bords externes des élytres et le fond des stries couverts de poils épais d'un gris-blanchâtre, accompagnés sur les côtés de quelques écailles jaunâtres-dorées assez brillantes; dessous du corps couvert d'écailles d'un brun-rougeâtre. — Brésil.

5. CHALCOLEPIDIUS OBSCURUS.
Long. 17 lig. Larg. 6 lig. — Très-finement ponctué, d'un noir assez brillant, un peu violet, avec de petites écailles d'un gris-violet; élytres avec cinq côtes élevées, lisses; trois d'entre elles atteignent l'extrémité; les deux autres très-courtes sont placées alternativement entre les deux premières du côté de la suture. — Guadeloupe.

Nota. Je crois que l'on peut réunir à ce genre, comme division, les *Campsosternus*, Latr. (*Ann. Soc. Ent.*, t. III, p. 141). L'extrémité antérieure du présternum est impressionnée; ce sont de beaux insectes, à couleurs métalliques vertes et dorées, qui viennent des Indes-Orientales. Le type est l'*Elater Fulgens* de Fabr.; l'on doit aussi y rapporter les espèces suivantes:

5. CHALCOLEPIDIUS AUREOLATUS.
Gray. *Anim. King. Ins.*, t. 1, p. 363, pl. 31, f. 6. — Long. 15. — Ressemble beaucoup à l'*Auratus*; antennes noires, comprimées; corselet large, déprimé, d'un vert à reflets pourpres, avec les bords rele-

vés et verts; élytres pointues à l'extrémité, d'un beau vert-bronzé très-éclatant; elles ont des stries ponctuées. — Indes, côtes de Tanasserine.

6. CHALCOLEPIDIUS AURATUS.
Drury. — Long. 13 lig. Larg. 4 lig. — Finement ponctué, d'un beau vert métallique, à reflets bleuâtres, cuivreux en dessous; tête et antennes noires. — Cochinchine.

CTENICERA, Latr.;
Elater, Fabr., Oliv.;
Agrypnus, Ludius, Eschscholtz;
Corymbites, Latr.

Antennes longues, pectinées dans toute leur longueur, plus fortement dans les ♂ que dans les ♀. — Palpes terminés par un article sécuriforme. — Tarses filiformes, soyeux, composés d'articles à peu près d'égale longueur, et terminés par deux crochets simples. — Tête avancée. — Corselet assez allongé, ses angles postérieurs prolongés, divergens, embrassant l'angle huméral. — Point de sillon en dessous pour loger les antennes. — Écusson assez petit. — Élytres allongées, un peu aplaties. — Pattes moyennes.

Insectes de taille moyenne, revêtus généralement de jolies couleurs.

1. CTENICERA PECTINICORNIS.
Fabr., 2, 234, 49. — Oliv., 2, 31, 26, pl. 1, fig. 4. — Long. 7 lig. Larg. 2 lig. — Ponctuée; légèrement pubescente; d'un beau vert-cuivreux très-brillant, souvent avec quelques reflets rougeâtres et bleuâtres; antennes et palpes noirs; pattes métalliques; tarses noirâtres; élytres avec des stries de points enfoncés. — Paris.

2. CTENICERA SIGNATA.
Panzer, *Faun. Germ.*, 77, 5. — Long. 7 lig. Larg. 2 lig. — Ponctuée; pubescente, principalement sur le corselet; d'un vert métallique assez brillant; antennes et palpes noirâtres; élytres jaunes, avec des stries de points enfoncés; une tache oblongue d'un vert métallique foncé à leur extrémité, sur chaque élytre; bord extérieur de celles-ci de la même couleur. — France.

3. CTENICERA AULICA.
Panzer. *Faun. Germ.*, 77, 6. — Ressemble beaucoup à la *Ctenicera Signata*, dont elle ne diffère que par ses élytres entièrement jaunes. — France.

4. CTENICERA CUPREA.

FABR., 2, 231, 54. — OLIV., 2, 31, 50, p. 5, fig. 50.—Long. 5 lig. ¼. Larg. 1 lig. ¼. — Ponctuée; pubescente, principalement sur le corselet; d'un vert métallique assez brillant, avec quelques reflets cuivreux et violets; élytres avec des stries de points enfoncés verdâtres; la première partie des élytres jaune, avec la suture et une partie du bord d'un vert métallique; la seconde moitié de cette couleur; antennes, palpes et pattes noirs, légèrement métalliques. — France.

5. CTENICERA ÆRUGINOSA.

FABR., 2, 231, 50. — PANZER, *Faun. Germ.*, 87, 3.—Long. 5 lig. ¼. Larg. 1 lig. ¼. — Ponctuée, légèrement pubescente, d'un vert métallique brillant, avec des reflets cuivreux et violets; élytres avec des stries de points enfoncés; antennes, palpes et pattes noirs. — France.

6. CTENICERA HÆMATODES.

FABR., 2, 237, 81. — OLIV., 2, 31, 52, pl. 1, fig. 6. — Long. 5 lig. Larg. 1 lig. ¼. — Légèrement pubescente, noire, assez brillante; corselet couvert d'un épais duvet rougeâtre; élytres d'un beau rouge, avec des stries de points enfoncés et deux côtes élevées. — Paris. Rare.

Sa larve vit dans le bois des poiriers et des pommiers.

7. CTENICERA CASTANEA.

FABR., 2, 232, 57. — OLIV., 2, 31, 51, pl. 5, fig. 5.—Long. 5 ¼. Larg. 2 lig.—Légèrement pubescente, noire, assez luisante; corselet couvert d'un duvet épais jaune; élytres jaunes, avec des stries de points enfoncés bruns, et leur extrémité noire.— Paris.

8. CTENICERA AFFINIS.

Long. 5 lig. Larg. 1 lig. ¼. — Diffère de a *Cten. Castanea* par son corselet noir, assez brillant, à peine pubescent, et ses élytres plus foncées, presque rougeâtres, un peu élargies au delà du milieu.—Italie et Pyrénées.

6. CTENICERA BOEBERI.

GERMAR, *Spec. Ins. Nov.* 1, 51, 82. — Long. 4 lig. Larg. 1 lig. — Très-finement ponctuée, pubescente, d'un noir métallique un peu verdâtre; élytres jaunes, avec deux taches allongées sur chacune, l'une vers le milieu, l'autre vers les trois-cinquièmes postérieurs; elles offrent

des stries ponctuées, et dans la ♀ les deux taches réunies forment une bande longitudinale raccourcie. — Sibérie.

PACHYDERES, GUÉRIN.

Antennes de onze articles, fortement en scie, presque flabellées; les deux premiers articles et le dernier simples.—Palpes larges, à dernier article fortement sécuriforme. — Tarses allongés, le pénultième article bilobé. — Tête petite. — Corselet arrondi antérieurement, avec ses angles présternaux très-prolongés obliquement en arrière. — Élytres plus étroites que le corselet, rétrécies vers l'extrémité. — Pattes assez longues.

PACHYDERES RUFICOLLIS.

GUÉRIN, *Icon. Reg. Anim. Ins.*, pl. 12, fig. 5. — Long. 7 lig. Larg. du corselet 3 lig., des élytres 1 lig. ¼. — Noirâtre; corselet rouge, avec un léger sillon au milieu; élytres striées et bidentées à l'extrémité. — Brésil.

MEGACNEMIUS, ESCHSCH.;
Tomicephalus, LATR.

Antennes fortes, à trois premiers articles épais, le deuxième très-court, les autres comprimés, triangulaires, un peu en scie. — Labre échancré. — Palpes longs : les maxillaires à deuxième article long, le troisième assez court, le dernier assez élargi, tronqué à l'extrémité, le même des labiaux plus sécuriforme. — Tarses filiformes : les antérieurs à quatre premiers articles courts; le premier des autres paires long. — Tête petite.—Corselet long, à côtés presque droits, à angles postérieurs pointus. — Écusson presque rond. — Élytres longues, étroites, presque pointues à l'extrémité.

Quoique les caractères de ce genre diffèrent essentiellement de ceux du précédent, je ne puis m'empêcher de croire qu'il n'est peut-être établi que sur la ♀ des Pachydères.

MEGACNEMIUS SANGUINICOLLIS.

LATR., *Ann. Soc. Ent.*, t. 3, p. 146. — Long. 6 lig. Larg. 2 lig. — Ponctué; d'un noir assez brillant; corselet d'un rouge sanguin; dessous du prothorax noir au milieu. — Brésil.

LOBÆDERUS, GUÉRIN;
Elater, PERTY.

Antennes moniliformes, insérées sous la

saillie du chaperon, de onze articles, dont le premier est le plus grand et le dernier le plus petit, ovoïdes. — Labre très-petit, caché par la saillie du chaperon. — Mandibules fortes, crochues, ayant une dent sous la pointe. — Mâchoires terminées par un lobe membraneux arrondi, formant un peu la pointe intérieurement; très-velues. — Palpes maxillaires courts, de quatre articles : le premier très-petit, le deuxième le plus grand, le troisième aussi long que le premier, plus étroit, et le dernier de la même longueur, élargi au bout, et tronqué obliquement pour former la figure d'une hache. — Lèvre inférieure transverse. — Palpes labiaux très-courts, de trois articles, dont le premier petit, le deuxième trois fois plus long, et le troisième aussi grand que les précédens réunis, un peu élargi et tronqué. — Menton très-avancé, cachant presque entièrement la bouche. — Tarses à articles cylindriques. — Tête petite. — Corselet ayant un lobe corné, courbé en dehors et arrondi au bout, sous chaque angle postérieur.— Élytres allongées. — Pattes assez longues.

LOB.EDERUS MONILICORNIS.

GUÉRIN, *Mag. d'Entom.*, n° 9, pl. 9. — *El. Appendiculatus*, PERTY, *Ins. Voy. Spix et Martius*, pl. 5, f. 13. — Long. 9 lig. Larg. 2 lig. ¼. — Pubescent, d'un marron-rougeâtre; élytres striées, garnies d'un duvet jaunâtre plus foncé que celui du corselet; dessous du corps et pattes d'un rouge-marron, recouverts d'un duvet jaunâtre. — Brésil.

LUDIUS. LATR. :

Elater, FABR., OLIV., GRAY; *Steatoderus, Ludius, Beteophorus, Cardiorhinus et Limonius*. ESCH.; *Selatosomus*, STEPH.

Les *Ludius* diffèrent des *Elater* par l'absence de la carène frontale; ils sont d'une forme généralement plus large et de taille assez grande.

Nota. Le genre *Diacanthus* de Latreille (*Ann. de la Soc. Ent.*, t. III) correspond en grande partie a celui-ci. Il y place les *Elater Æneus, Latus, Cruciatus*. Le genre *Limonius* d'Esch. est formé sur les *Elater, Holosericeus, Bipustulatus*, etc. Latreille a changé ce nom en celui de *Prosternon* (*Ann. Soc. Ent.*).

1. LUDIUS RUBIDUS.

Long. 10 lig. Larg. 3 lig. — Très-ponc-

tué, surtout sur le corselet; d'un rouge-brun, avec les pattes plus pâles; élytres avec des stries de points bruns enfoncés.— Brésil.

G. *Steatoderus*, Eschscholtz.

2. LUDIUS FUSCUS.

Long. 9 lig. Larg. 2 lig. ¼. — Très-finement et fortement ponctué, pubescent, d'un brun-noir; corselet et abdomen rougeâtres. — Amérique Boréale.

G. *Steatoderus*. Eschsc.

3. LUDIUS FERRUGINEUS.

FABR., 2, 225, 25. — OLIV., 2, 31, 22, pl. 3, fig. 35. — Long. 7 lig. ¼. Larg. 2 lig. ¼. — Très-ponctué, pubescent; corselet ferrugineux, avec ses bords latéraux et postérieurs et ses angles noirs; écusson noir; élytres ferrugineuses, avec des stries ponctuées; tête, antennes et dessous du corps noirs; pattes brunes, surtout les tarses. — Paris. Rare.

G. *Steatoderus*, Eschsc.

4. LUDIUS TESSELLATUS.

FABR., 2, 229, 41. — OLIV., 2, 31, 30, pl. 3, fig. 22. — Long. 6 lig. ¼. Larg. 4 lig. ¼. — Ponctué, d'un vert-cuivreux, assez brillant, recouvert en dessous d'un duvet gris-cendré, assez serré, et en dessus de ce même duvet, qui par son mélange avec un autre brun et légèrement métallique, forme sur les élytres et le corselet des taches cendrées peu marquées; pattes d'un noir métallique, avec les crochets des tarses roussâtres; antennes et palpes noirs; élytres striées. — Paris.

5. LUDIUS CRUCIATUS.

FABR., 2, 232, 55. — OLIV., 2, 31, 41, pl. 4, fig. 40. — Long. 4 lig. ¼. Larg. 4 lig. ¼. — Ponctué, très-légèrement pubescent, assez brillant; tête noire; antennes noirâtres, la base un peu brune; corselet rouge, avec les bords latéraux, le bord et les angles postérieurs et une large tache au milieu noirs; élytres avec des stries de points jaunes enfoncés; suture, une large bande transversale au delà du milieu, le bord extérieur depuis cette bande jusqu'à l'extrémité, une grande tache allongée à l'angle huméral, noirs; dessous du corps noir, avec les bords latéraux de l'abdomen et l'anus rougeâtres; pattes brunâtres, avec l'extrémité des cuisses et les tarses noirâtres. — Paris. Très-rare

Cet insecte rentre dans le genre *Selatosomus* de Stephens.

6. LUDIUS METALLICUS.

GYLL., *Ins. Succ.*, 1, 392, 49. — *Nigricornis.* PANZ., *Faun. Germ.*, 61, 5.—Long. 4 lig. ½. Larg. 1 lig. ½. — Ponctué, très-pubescent, d'un noir-bronzé-verdâtre assez brillant; élytres striées; pattes et crochets des tarses testacés; ceux-ci noirâtres. — Paris.

7. LUDIUS LATUS.

FABR., 2, 232, 58. — *Germanus*, OLIV., 2, 31, 27, pl. 2, fig. 12. — Long. 7 lig. Larg. 2 lig. ½. — Très-bombé, ponctué, pubescent, assez brillant, vert-bronzé, un peu cuivreux-rougeâtre sur les élytres; celles-ci avec des stries de points enfoncés; les intervalles larges, un peu arrondis; antennes et palpes noirs; pattes brunes; tarses un peu rougeâtres. — Paris.

Var. Pattes rougeâtres. — Paris.

8. LUDIUS ÆNEUS.

FABR., 2, 230, 47. — OLIV., 2, 31, 28, pl. 8, fig. 83.—Long. 6 lig. Larg. 2 lig. —Ponctué, moins bombé que le *L. Latus*, auquel il ressemble; légérement pubescent en dessous, très-brilllant, d'un vert métallique quelquefois éclatant, ayant aussi quelquefois des parties cuivreuses sur les élytres; d'un vert métallique en dessous, quelquefois noir; antennes, et parties de la bouche noires; pattes métalliques; crochets des tarses rougeâtres. — France.

Cet insecte fait partie du genre *Selatosomus* de Stephens.

9. LUDIUS MELANCHOLICUS.

FABR., 2, 241, 100. — PANZ., *Faun. Germ.*, 95, 11.—Long. 6 lig. Larg. 1 lig. ½. — Plus étroit, moins bombé que le *L. Æneus.* auquel il ressemble beaucoup par la couleur; la tête et le corselet sont toujours d'un noir-bleuâtre; les pattes quelquefois rouges. — Laponie.

10. LUDIUS RUGOSUS.

Long. 6 lig. Larg. 2 lig. ½. — Ponctué, légérement pubescent, d'un noir un peu bleuâtre; élytres avec des stries longitudinales et des plissures transverses qui les rendent comme rugueuses; leur couleur est d'un rouge cuivreux un peu violet. — Suisse.

11. LUDIUS PYRENÆUS.

Long. 7 lig. Larg. 2 lig. ½. — D'un noir métallique verdâtre, très-ponctué; élytres d'un noir-bleuâtre, assez brillant, avec des stries de points enfoncés et de très-petites stries transversales irrégulières entre les intervalles. — Pyrénées.

12. LUDIUS IMPRESSUS.

FABR., 1, 230, 48. — Long. 6 lig. Larg. 2 lig. ½. — Finement ponctué, pubescent, d'un brun obscur bronzé; élytres avec des stries de petits points enfoncés, assez brillantes; dessous du corps un peu violet, assez brillant; corselet légérement canaliculé au milieu. — Suède, Allemagne.

13. LUDIUS HOLOSERICEUS.

FABR., 2, 228, 39. — OLIV., 2, 31, pl. 3, fig. 33. — Long. 5 lig. Larg. 1 lig. ½. — Noir, peu brillant, entièrement couvert d'un duvet soyeux gris-jaunâtre ou blanchâtre, avec quelques nébulosités; pattes brunes; jambes et tarses rougeâtres; les cuisses ont quelquefois aussi cette couleur; élytres avec des sries de très-petits points enfoncés.—Paris.

14. LUDIUS NIGRANS.

Long. 7 lig. ½. Larg. 2 lig. ½. — D'un noir foncé brillant, légérement pubescent, ponctué; élytres avec des stries de points enfoncés; antennes et tarses bruns.—Amérique Boréale.

15. LUDIUS INCINCTUS.

PANZ. — Long. 5 lig. Larg. 1 lig. ½. — Très-ponctué, très-légérement pubescent, très-brillant et comme vernissé, d'un noir brunâtre, avec les bords inférieur et extérieur des élytres rougeâtres; jambes brunes, avec les tarses et quelquefois même les jambes et une partie des cuisses couleur de brique. — Paris.

16. LUDIUS BRASILIENSIS.

Long. 6 lig. ½. Larg. 1 lig. ½. — Pubescent, noir; tête et corselet très-ponctués; le dernier très-bombé, avec ses bords latéraux largement jaunes; élytres lisses, de cette couleur, avec des stries de points enfoncés, les intervalles élevés, arrondis; la suture, l'écusson et le bord extérieur raccourci en avant, noirs. — Brésil.

G. Cardiorhinus. ESCH.

17. LUDIUS HUMERALIS.

Long. 6 lig. Larg. 1 lig. ½. — Noir, pubescent, assez brillant; tête et corselet très-ponctués; bords latéraux de celui-ci rougeâtres; élytres d'un noir-verdâtre, avec une large tache jaune occupant tout le bord, depuis l'angle huméral jusque vers le milieu de l'élytre. — Brésil.

G. Cardiorhinus. ESCH.

18. LUDIUS PLAGIATUS.
Germ., *Spec. Ins. Nov.*, 1, 51, 83. —
Long. 7 lig. Larg. 2 lig. ½. — Noir; bouche avancée ; corselet bombé, testacé, avec
une tache noire au milieu ; élytres ponctuées, avec des stries de points enfoncés,
testacées, avec la suture et le bord extérieur noirs ; dessous du corps noir ; pattes
brunes. — Brésil.

Cet insecte a le labre incisé, et rentre dans
le genre *Cardiorhinus*, Esch.

ELATER, Fabr., Oliv. ;

Limonius, *Athous*, *Aphanobius*, *Elater*,
Dresterius, *Cryptohypnus*, *Oophorus*,
Dolopius, *Ectinus*, *Acolus*, Esch.

Antennes assez courtes, en scie, de onze
articles. — Palpes assez courts, terminés
par un article sécuriforme. — Tarses filiformes, garnis en dessous de poils, et terminés par deux crochets simples. — Tête
assez petite, avec une carène transversale
sur le front. — Mandibules découvertes
en dessus. — Mâchoires courtes. — Corselet en carré allongé, avec ses angles antérieurs plus ou moins prolongés. — Point
de sillons en dessous pour loger les antennes. — Ecusson court, arrondi ou ovalaire. — Elytres allongées, un peu bombées. — Pattes moyennes.

Ces insectes sont de taille moyenne et
de couleurs généralement sombres ; ils sautent avec facilité et volent, surtout le soir ;
on les trouve dans les champs, sur les végétaux et même sous les pierres.

PREMIÈRE DIVISION.

(G. *Limonius*, Esch.)

Lames pectorales lancéolées, très-étroites, point dilatées subitement au côté interne. — Tarses soyeux. — Sternum aplati. —
Premier article des tarses un peu plus long
que le suivant.

1. ELATER NITIDICOLLIS.
Long. 3 lig. ½. Larg. 1 lig. — Ponctué, duvet
gris, noir-verdâtre, un peu métallique, avec
le corselet vert-noirâtre métallique, très-
brillant ; pattes d'un noir-brunâtre ; élytres
avec des stries de gros points enfoncés. —
Paris.

2. ELATER MUS.
Illig. — Long. 3 lig. ½. Larg. 1 lig. —

Ponctué, couvert d'un duvet gris-jaunâtre, vert, noirâtre, métallique, brillant ;
élytres avec des stries de points enfoncés ;
la base des antennes, celles des cuisses et
leur extrémité, les jambes et les tarses, ferrugineux. — Paris.

3. ELATER BIPUSTULATUS.
Fabr., 2, 247, 134. — Oliv., 2, 31, 69,
pl. 2, fig. 13. — Long. 3 lig. Larg. 1 lg.
— Ponctué, noir, brillant ; élytres avec des
stries de points enfoncés et un point huméral rouge ; pattes brunes ; tarses ferrugineux ;
les jambes participent quelquefois de cette
couleur. — Paris.

4. ELATER CYLINDRICUS.
Payk., *Faun. Suec.*, 3, 34, 28. — Gyll.,
Ins. Suec., 1, 394, 22. — Long. 4 lig. ½.
Larg. 1 lig. ½. — Confondu par plusieurs
auteurs avec le *Rufipes*, dont quelques-uns
le regardent comme le ♂ : le *Cylindricus*
en diffère par ses antennes plus longues,
sa forme plus étroite, plus bombée, ses
élytres plus parallèles, moins rétrécies
vers l'extrémité, et couvertes d'un duvet
plus épais, surtout sur le corselet ; une partie du bord inférieur de l'élytre rougeâtre
vers le milieu. — Paris.

5. ELATER NIGRIPES.
Gyll., *Ins. Suec.*, 1, 395, 23. — Long.
4 lig. ½. Larg. 1 lig. ½. — Très-ponctué,
très-pubescent, d'un noir un peu verdâtre
et métallique, peu brillant ; antennes, parties de la bouche et cuisses noires ; jambes
et tarses moins foncés ; crochets des tarses
rougeâtres. — Paris.

6. ELATER MINUTUS.
Fabr., 2. 242, 106. — *Angustus*, Herbst,
Coléop., 10, 98, pl. 167, fig. 4. — Long.
2 lig. Larg. ½ lig. — Très-finement ponctué, pubescent, noir ; corselet assez brillant ; élytres opaques, avec des stries formées de points oblongs ; la strie suturale
offre des points plus marqués, surtout en
arrière. — France.

7. ELATER BRUCTERI.
Fabr., 2, 243, 111. — Herbst, *Coléop.*,
10, 91, pl. 166, fig. 6. — Long. 3 lig. Larg.
1 lig. — D'un brun-bronze, ponctué ;
antennes noires ; corselet brillant ; élytres
très-fortement ponctuées, avec des stries
légèrement enfoncées, peu brillantes, finement pubescentes ; cuisses brunes ; jambes
et tarses plus pâles. — Allemagne.

DEUXIÈME DIVISION.

(*Anathrotus*, Dillwyn, Stephens ;
Athous, Esch.)

Diffère de la première division par l'article basilaire des tarses, égal en longueur aux deux suivans.

8. ELATER CRASSICOLLIS.

Dej., *Coll.*—Long. 4 lig. Larg. 1 lig. ¼. — Très-ponctué, pubescent. bombé ; tête et corselet noirs ; deux taches sur le devant de la tête, au-dessous des yeux, et tous les bords du corselet d'un jaune-rougeâtre, élytres testacées, avec des stries de points enfoncés, la base de la suture brunâtre et deux longues bandes longitudinales raccourcies, noires, le long du bord extérieur ; antennes, parties de la bouche et pattes jaunes ; dessous du corps testacé ; poitrine brunâtre. — Paris.

9. ELATER RUFUS.

Fabr., 2, 225, 24.—Herbst, *Coléop.*, 10, 24, pl. 160, fig. 6. — Long. 12 lig. Larg. 3 lig. ¼. — Ponctué, d'un rouge-ferrugineux ; tête et disque du corselet plus foncés ; yeux noirs ; élytres avec des stries ponctuées ; dessous du corps plus pâle ; pattes courtes. — Allemagne.

10. ELATER UNDULATUS.

Payk., *Faun. Suec.*, 3, 8, 10. — *Bifasciatus*, Panz., *Faun. Germ.*, 3, 14.—Long. 8 lig. Larg. 2 lig. — Très-ponctué, noir, couvert d'un duvet gris cendré qui occupe la base et l'extrémité des élytres, et forme vers leur surface deux fascies ondulées. — Autriche.

11. ELATER SCRUTATOR.

Gyll., *Ins. Suec.*, 1, 418, 42.—Herbst, *Coléop.*, 10, 73, pl. 164, fig. 8. — Long. 5 lig. Larg. 1 lig. ¼. — Pubescent, noir, brillant ; tête et corselet très-ponctués ; élytres jaunâtres, avec des stries de points enfoncés. — Volhynie.

12. ELATER HIRTUS.

Herbst, *Arch.*, 5, 114, 30. — *Niger*, Oliv., 2, 31, 34, pl. 6, fig. 65. — Long. 6 lig. Larg. 2 lig. — Ponctué, noir, luisant, comme vernissé, recouvert d'un duvet gris-cendré ; élytres avec des stries de points enfoncés ; écusson très-bombé ; tarses brunâtres. — Paris.

13. ELATER LONGICOLLIS.

Fabr., 2, 241, 101. — Oliv., 2, 31, 49, pl. 8, fig. 81. — Long. 4 lig. Larg. 1 lig. — Ponctué, pubescent ; corselet en carré long, d'un jaune livide, plus clair en dessous ; tête et corselet avec ses bords inférieurs plus foncés, souvent d'un brun-rougeâtre ; élytres avec des stries de points enfoncés, et une ligne longitudinale noirâtre le long du bord extérieur, a partir de la base jusqu'aux deux tiers ; cette ligne disparaît quelquefois. — Paris.

Var. D'un brun-noir, avec le bord antérieur du corselet, une partie du bord latéral et ses angles postérieurs roussâtres ; élytres d'un jaune pâle, avec la suture un peu plus obscure et une grande ligne longitudinale noire le long du bord extérieur ; cuisses brunâtres ; jambes et tarses presque jaunes. Quelques entomologistes regardent cette variété comme l'un des sexes.

Var. Un peu plus petite, brune, avec une bande étroite longitudinale jaunâtre au milieu de chaque élytre.

14. ELATER VITTATUS.

Fabr., 2, 231, 53.—*Marginatus*, Oliv., 2, 31, 43, pl. 3, fig. 29. — Long. 4 lig. Larg. 1 lig. — Ponctué, pubescent, brillant, noir ; parties de la bouche, deux taches latérales sur le devant de la tête au-dessous des yeux, tous les bords du corselet et ses angles, ferrugineux ; élytres avec des stries de points enfoncés, d'un jaune un peu rougeâtre, avec la suture un peu plus foncée, surtout à la base, et une ligne longitudinale noire près du bord extérieur, n'atteignant pas l'extrémité de l'élytre ; antennes, pattes et abdomen, celui-ci en tout ou en partie, ferrugineux. — Paris.

Il ressemble à l'*Elater Longicollis. Var.* ; mais il est plus brillant, et beaucoup plus bombé.

15. ELATER HÆMORRHOIDALIS.

Fabr., 2, 235, 71. — *Ruficaudis*, Gyll., 11, 409, 38. — Long. 5 lig. Larg. 1 lig. ¼. — Ponctué, couvert d'un duvet gris-cendré, peu brillant ; tête et corselet foncés ; élytres d'un brun de poix, avec des stries de points enfoncés ; abdomen brun, avec les bords latéraux et inférieur des segmens ferrugineux ; bord inférieur des élytres rougeâtre ; pattes noirâtres. — Paris.

Cette espèce varie beaucoup ; les élytres sont quelquefois presque noires, d'autres fois brunes, avec les bords plus foncés ; souvent plus claires, avec le point huméral jaune ; le dessous du corps est souvent testacé, d'autres fois noir. etc.

16. ELATER CERVINUS.

Long. 7 lig. Larg. 2 lig. — Allongé,
ponctué, pubescent, d'un brun-rougeâtre ; corselet plus foncé; antennes, jambes et tarses plus pâles ; élytres avec des
stries de points enfoncés. — Nord de la
France.

17. ELATER DEJEANII.

Yvan., *Collection.* — Long. 8 lig. Larg.
2 lig. ¼. — Assez bombé, ponctué, pubescent, noir; élytres d'un brun-rouge, avec
des stries de points enfoncés.—France Méridionale.

TROISIÈME DIVISION.

(*Aphanobius*, Esch.)

Lames pectorales dilatées subitement en
dedans.— Quatrième article des tarses entier.— Poils du dessous des tarses très-serrés.

18. ELATER HEPATICUS.

Germ., *Sp. Nov.*, 1, 43, 70.— Oblong,
très-ponctué, brun, garni de poils roussâtres;
antennes et pattes ferrugineuses; corselet
convexe, avec une impression profonde en
arrière.—Brésil.

19. ELATER SIMPLEX.

Germ., *Spec. Nov.*, 1, 42, 69.—Oblong,
très-ponctué, brun, garni de poils gris; antennes et pattes ferrugineuses; corselet
convexe canaliculé ; élytres déprimées. —
Brésil.

QUATRIÈME DIVISION.

(*Elater*, Esch.)

Tarses soyeux. — Lame pectorale avec
une grande dent au côté interne.

20. ELATER MEGERLEI.

Long. 4 lig. ¼. Larg. 1 lig. ¼. —
Très-ponctué, pubescent, d'un brun-
marron assez brillant ; dessous du corps
d'un brun rougeâtre ; antennes et pattes un
peu moins foncées, presque ferrugineuses;
élytres avec des stries de points enfoncés.
— Paris. Rare. Sa larve vit dans le bois du
saule-marceau.

21. ELATER EPHIPPIUM.

Fabr., 2, 238, 84. — Oliv., 2, 31, 54,
pl. 5, fig 48.—Long. 5 lig. Larg. 1 lig. ¼.
—Ponctué, pubescent, noir, assez brillant ;
élytres avec des stries de gros points bruns,
enfoncés, rouges, avec une grande tache

noire, commune, ovale, sur le milieu du
disque ; tarses brunnâtres. — Paris.

22. ELATER SANGUINEUS.

Fabr., 2, 238, 83. — Oliv., 2, 31, 53,
pl. 1, fig. 7, p. 5, fig. 48. — Long. 5 lig.
Larg. 2 lig. — Ponctué, pubescent, noir,
très-brillant en dessus sur le corselet ; celui-ci sillonné au milieu et couvert d'un
duvet d'un rouge sanguin ; élytres
avec des stries de gros points enfoncés ; extrémité des jambes et tarses rougeâtres. —
Paris.

23. ELATER CROCATUS.

Ziegl. — Long. 5 lig. ¼. Larg. 1 lig. ¼.
—Ponctué, pubescent, noir, plus ou moins
clair; corselet très-brillant en-dessus ; élytres d'un jaune-marron plus ou moins foncé,
avec des stries de gros points enfoncés ;
tarses rougeâtres. Varie un peu pour la
taille. — Paris.

24. ELATER FERRUGATUS.

Zieg. — Long. 5 lig. Larg. 2 lig. — Ressemble beaucoup à l'*E. Sanguineus*, dont
il diffère par le duvet du corselet, qui est
noir au lieu d'être jaunâtre. — Paris.

25. ELATER BALTEATUS.

Fabr., 2, 239, 88. — Oliv., 2, 31, 56,
pl. 8, fig. 77.—Long. 4 lig. Larg. 1 lig. ¼.
—Ponctué, pubescent, noir, assez brillant ;
élytres avec des stries de points enfoncés,
les deux tiers antérieurs d'un rouge-brun,
le tiers postérieur noir ; antennes rougeâtres ; pattes brunes; tarses rougeâtres. —
Allemagne.

26. ELATER ELONGATULUS.

Fabr., 2, 239, 90. — Oliv., 2, 31, 57,
pl. 6, fig. 58. — Long. 3 lig. Larg. 1 lig.
— Très-ponctué, pubescent, brillant, noir;
élytres d'un rouge jaunâtre, avec des stries
de points enfoncés ; leur extrémité noire;
tarses rougeâtres. — Paris.

27. ELATER TRISTIS.

Fabr., 2, 236, 75. — Oliv, 2, 31, 64,
pl. 4, fig. 39. — Long. 4 lig. Larg 1 lig. ¼.
— Très-ponctué, très-légèrement pubescent, noir, avec une tache à l'angle huméral ; le bord externe des élytres et les tarses
jaunâtres ; élytres avec des stries ponctuées.
Finlande.

28. ELATER AUSTRIACUS.

Ziegler.—Long. 4 lig. Larg. 1 lig. ¼.—
Finement ponctué, pubescent, noir, assez brillant ; élytres jaunes, avec des stries
ponctuées, une tache noire, ovale, à l'extrémité de chacune d'elles. — Allemagne.

29. ELATER PRÆUSTUS.
FABR., 2. 238, 85. — HERBST., *Coléop.*,
10, 60, pl. 163, fig. 4.—Long. 3 lig. ¼. Larg.
1 lig. — Diffère de l'*E. Sanguineus* par sa
taille, son corselet moins convexe, sans sillon longitudinal au milieu ; élytres d'un
rouge plus clair, avec l'extrémité plus ou
moins noire ; tarses d'un brun-ferrugineux
assez clair. — Allemagne.

30. ELATER NIGRINUS.
GYLL., *Ins. Suec.*, 1, 421, 51.—*Pilosu-
lus*, HERBST., *Coleop.*, 10, 69, pl. 164, fig. 2.
— Long. 3 lig. Larg. ¼ lig.— Légèrement
pubescent, finement ponctué, assez brillant ; antennes et pattes brunes ; tarses plus
clairs ; élytres avec des stries ponctuées ;
les intervalles rugueux ; anus brun. — Allemagne.

CINQUIÈME DIVISION.

(*Drasterius*, ESCHSC.)

Lames pectorales dilatées subitement et
arrondies en-dedans ; tarses avec le quatrième article entier, soyeux ; palpes très-
peu sécuriformes, presque acuminés .

31. ELATER AMPLICOLLIS.
GYLL., SCHŒN., *Syn. Ins.*, 3, *Suppl.*,
141, 194. — Long. 6 lig. Larg. 2 lig. —
D'un brun de poix, légérement pubescent ;
antennes et pattes pâles ; corselet grand,
déprimé, inégal ; élytres avec des stries
profondes de points enfoncés. — Amérique
Méridionale.

32. ELATER BIMACULATUS.
FABR., 2, 233, 79. — OLIV., 2, 31, 70,
pl. 5, fig. 45. — Long. 2 lig. Larg. ¾ lig.
— Ponctué, pubescent, noir, assez brillant ;
antennes et pattes d'un brun-rougeâtre ;
cuisses brunes ; élytres avec des stries de
points enfoncés ; les deux premiers tiers
d'un rouge-brun, avec une tache latérale
ou même une petite fascie transversale raccourcie, noire ; le tiers postérieur noir,
avec une tache arrondie, rougeâtre ou testacée au milieu. — France.
Var. Plus petit ; élytres noires, avec
quelques points à la base, une fascie transversale oblique, et une tache arrondie à
l'extrémité, rougeâtres. — France.

SIXIÈME DIVISION.

(*Hypnoidus*, STEPH.; *Cryptohyponus*, ESCH.; *Hypolithus*, ESCH.)

Diffère de la cinquième division par les
palpes plus fortement sécuriformes, et l'é-
cusson large et tronqué à la base.

33. ELATER RIVULARIS.
GYLL., 1, 403, 32. — *Riparius*, PANZ. ,
Faun. Germ., 34, fig. 12. — Long. 2 lig.
Larg. ¼ lig.—Ponctué, noir, un peu bronzé
en dessus ; antennes, pattes, angles postérieurs du corselet et bord extérieur des
élytres d'un brun-ferrugineux ; la suture
participe quelquefois de cette couleur ; élytres avec des stries de points enfoncés assez profonds ; les intervalles arrondis. —
Suède.

34. ELATER PULCHELLUS.
FABR., 2, 243, 114.   OLIV., 2, 31, 73,
pl. 4, fig. 38.—Long. 1 lig. ¼. Larg. ¼ lig.
Ponctué, pubescent, noir, un peu brillant ; une ligne élevée vers le milieu du
corselet ; celui-ci assez bombé ; les angles
postérieurs un peu rougeâtres ; base des
antennes, palpes et pattes testacés ; une fascie oblique de cette couleur, échancrée en-
dedans, depuis l'angle huméral jusqu'à la
suture ; une petite tache ronde vers le tiers
de l'élytre, et une autre allongée à l'extrémité ; bord inférieur jaunâtre dans sa partie postérieure ; élytres avec des stries profondes de points enfoncés. — France Méridionale.

35. ELATER 4-PUSTULATUS.
FABR., t. II, 248, 137. — Long.
1 lig. ¼. Larg. ¼ lig. — Ponctué, pubescent, noir, avec la tête et le corselet
brillans ; élytres avec des stries assez profondes de points enfoncés, et deux taches
testacées sur chacune, l'une à l'angle huméral, l'autre à l'extrémité, toutes deux
un peu allongées ; antennes brunâtres, pattes
et angles postérieurs du corselet testacés.
— Paris.

36. ELATER 4-GUTTATUS.
Long. 1 lig. ¼. Larg. ¼ lig. — Très-finement ponctué, pubescent, noir : tête et corselet point brillans ; les angles postérieurs
de ce dernier noirs ; élytres avec des stries
de points enfoncés, et deux taches testacées sur chaque élytre, l'une à l'angle huméral, l'autre arrondie en forme de point
vers l'extrémité ; base des antennes et pattes
testacées ; cuisses avec un peu plus ou
moins de brun ; extrémité des antennes noirâtre ; confondu avec l'*E. 4-Pustulatus*, il
en diffère par son corselet beaucoup moins
bombé, plus allongé, rétréci en avant, point
arrondi sur les côtés, avec une ligne longi-

tudinale élevée, quelquefois peu distincte dans son milieu ; sa couleur moins brillante, d'un noir mat obscur, et par la forme des taches, qui sont aussi un peu plus pâles, surtout celles de l'extrémité. — Dauphiné.
Var. Point de tache à l'angle huméral.
Var. Aucune tache sur les élytres.

37. ELATER MERIDIONALIS.
Long. 1 lig. Larg. $\frac{1}{4}$ lig. — Très-finement ponctué, pubescent, noir, point brillant ; pattes et antennes noirâtres ; corselet avec une ligne longitudinale élevée au milieu. — Dauphiné.

38. ELATER RIPARIUS.
FABR., 2, 243, 110. — *Littoreus*, HERBST, *Coleop.*, 10, 86, pl. 165, fig. 12. — Long. 3 lig. Larg. 1 lig. — D'un noir métallique verdâtre, un peu pubescent ; élytres avec des stries longitudinales ; premier article des antennes et pattes jaunes. — Suède.

39. ELATER MINUTISSIMUS.
PEYROL. — Long. 1 lig. Larg. $\frac{1}{2}$ lig. — Pubescent, d'un noir un peu brillant. — France.

SEPTIÈME DIVISION.

(*Oophorus*, ESCHSCH.)

Mêmes caractères que la sixième, avec l'écusson ovale.

40. ELATER SENICULUS.
Long. 3 lig. Larg. 1 lig. — Pubescent, finement ponctué, brun ; élytres un peu plus claires ; pattes et antennes jaunâtres. — Sénégal.

41. ELATER DORSALIS.
SAY. — Long. 3 lig. $\frac{1}{4}$. Larg. 1 lig. — Très-finement ponctué, jaune ; tête, une ligne au milieu du corselet et deux taches sur chaque élytre, noires ; élytres striées ; poitrine noire ; abdomen brunâtre. — Amérique du Nord.

HUITIÈME DIVISION.

(*Scricus*, ESCHSCH.)

Front convexe, perpendiculaire. — Bouche située en dessous. — Lames pectorales larges, presque égales.

42. ELATER FUGAX.
FABR., 2, 237, 80. — GYLL., *Ins. Suec.*, 1. 428, 57. — Long. 4 lig. Larg. 1 lig. $\frac{1}{4}$. —

Très-finement ponctué, soyeux, noir ; élytres d'un brun-rougâtre, avec des stries de points enfoncés. — Paris.

43. ELATER BRUNNEUS.
FABR., 2, 237, 79. — OLIV., 2, 31, 58, pl. 3, fig. 30. — Long. 4 lig. Larg. 1 lig. $\frac{1}{4}$. — Assez bombé, très-ponctué, soyeux, d'un brun-rouge, avec les antennes, la tête, la poitrine, et une ligne au milieu du corselet et ses angles postérieurs, noirs ; élytres avec des stries de points enfoncés. — Allemagne.

NEUVIÈME DIVISION.

(*Dolopius*, ESCHSCH.)

Diffère de la huitième par les lames pectorales rétrécies au côté externe, dilatées subitement en dedans.

44. ELATER MARGINATUS.
FABR., 2, 236, 76. — *Lateralis*, OLIV., 2, 31, 71, pl. 8, fig. 80. — Long. 2 lig. $\frac{1}{4}$. Larg. $\frac{1}{4}$ lig. — Très-ponctué, pubescent, brun, avec les bords du corselet, les antennes, les pattes et les élytres testacés ; celles-ci avec des stries de points enfoncés, et le bord extérieur brun ou noir. — Paris.
Var. Elytres entièrement testacées ; abdomen jaunâtre. — Paris.

DIXIÈME DIVISION.

(*Ectinus*, ESCHSCH.)

Diffère de la neuvième, par les lames pectorales dilatées peu à peu en dedans.

45. ELATER VOLHYNIENSIS.
ZIEG. — Long. 5 lig. $\frac{1}{4}$. Larg. 1 lig. $\frac{1}{4}$. — D'un brun-rouge, fortement ponctué ; tête et le disque du corselet noirs ; élytres avec des stries longitudinales assez fortes ; dessous du corps un peu velu, noirâtre ; milieu de l'abdomen, pattes et extrémité des antennes rougeâtres. — Volhynie.

46. ELATER ATERRIMUS.
FABR., 2, 227, 34. — *Obscurus*, OLIV., 2, 31, 35, pl. 8, fig. 76. — Long. 5 lig. Larg. 1 lig. $\frac{1}{4}$. — Assez finement ponctué, d'un noir un peu violet et légèrement métallique, très-légèrement pubescent ; antennes et pattes d'un brun obscur. — Paris.

47. ELATER FLAVESCENS.
DEJ., *Collect.* — Long. 5 lig. Larg.

1 lig. ¦. — Bombé, très-ponctué, peu brillant, pubescent. jaunâtre, livide ; tête et corselet plus foncés, un peu rougeâtres, presque bruns ; bords des élytres avec une ligne longitudinale noirâtre raccourcie. — Paris.

ONZIÈME DIVISION.

(*Adrastes*, ESCHSCH.)

Diffère de la précédente par ses antennes filiformes, point en scie.

48. ELATER LIMBATUS.

FABR., 2, 242, 109. — OLIV., 2, 31, 75, pl. 7, fig. 73. — Long. 2 lig. Larg. ¼ lig. — Légérement ponctué, pubescent. noir ; antennes et pattes d'un brun-ferrugineux, pâle ; élytres assez bombées, testacées, avec des stries ponctuées ; la suture et le bord extérieur d'un brun noir. — Paris.

Var. Elytres testacées, avec la suture et le bord extérieur à peine plus foncés. *E. Pallens,* Fabr., 2, 242, 108.

Var. Elytres noires, avec une tache humérale oblongue, testacée. *E. Lateralis,* Herbst, *Coleop.,* 10, 101, pl. 167, fig. 9. *Minutus,* OLIV., 2, 31, 31, 76, pl. 6, fig. 62.

DOUZIÈME DIVISION.

(*Æolus*, ESCHSCH.)

Quatrième article des tarses bilobé ; ce caractère sépare cette division de toutes les précédentes.

49. ELATER SCRIPTUS.

FABR., 2, 244. 116. — HERBST. *Coleop.,* 10, 136, 174. — *Æmabilis,* DEJ., *Collect.* — Long. 3 lig. Larg. 1 lig. — Noir ; corselet rouge, ponctué de noir, avec le bord latéral très-étroit, et une large ligne au milieu, de couleur noire ; antennes et élytres ferrugineuses ; ces dernières striées, avec trois fascies, noires, les deux antérieures ondulées. la dernière située à l'extrémité. — Amérique Méridionale.

50. ELATER MACULATUS.

FABR., 2, 235, 69. — OLIV., 2, 31, 18, pl. 2, fig. 18. — Long. 10 lig. Larg. 3 lig. ¼. — Ferrugineux, plus foncé en dessous ; antennes noires ; tête tachée de noire ; corselet ferrugineux, avec une large tache noire au milieu, un point de même couleur de chaque côté ; élytres d'un rouge sanguin,

lisses, avec trois ou quatre taches foncées disposées dans le sens de la longueur ; elles sont terminées par deux dents, l'antérieure plus longue. — Amérique du Sud.

51. ELATER CRUCIFER.

ROSSI, *Faun. Etrus.,* 1, 183, 454, pl. 5, fig. 9, *édit. Hellwig,* 1, 210, 454, pl. 5, fig. 9. — Long. 2 lig. ¼. Larg. ¼ lig. — Ponctué, jaune ; bords latéraux du corselet, une ligne longitudinale au milieu, base et côtés des élytres, écusson, suture et une bande transversale vers les deux tiers postérieurs, noirs ; poitrine et abdomen de cette couleur. — Italie.

Nota. Voyez pour des espèces de plusieurs de ces divisions, le bel ouvrage de M. Brullé sur les Insectes de Morée ; le premier, et sur les notes que je lui avais communiquées, il a rapporté, dans un ouvrage imprimé, les *Elatérides* aux genres d'Eschscholtz.

AGRYPNUS, ESCHSCH. ;

Elater, FABR. OLIV.

Les *Agrypnus* diffèrent des *Elater* par deux sillons profondément creusés sous le thorax, pour loger les antennes dans le repos.

1. AGRYPNUS CONSPERSUS.

GYLL., *Ins. Succ.,* 1, 377, 3. — Long. 8 lig. Larg. 2 lig. ¼. — D'un brun noir, très-ponctué, couvert d'écailles pâles ; corselet inégal, ses angles postérieurs et ses côtés, surtout en dessous, d'un brun ferrugineux ; élytres brunes, variées d'écailles brunes et pâles. — Suède.

2. AGRYPNUS ATOMARIUS.

FABR., 2, 229, 42. — *Carbonarius,* OLIV., 2, 31, 24, pl. 2. fig. 11. — Long. 8 lig. Larg. 2 lig. ¼. — Fortement chagriné, noir foncé. peu brillant. avec un grand nombre de petites taches blanches formées de poils de cette couleur ; corselet avec une large dépression au milieu. — France.

3. AGRYPNUS FASCIATUS.

FABR., 2, 229, 43. — OLIV., 2, 31, 39, pl. 5, fig. 46, et pl. 1, fig. 5. — Long. 8 lig. Larg. 2 lig. ¼. — Très-ponctué, légérement rugueux, d'un noir foncé ; corselet canaliculé au milieu, couvert d'écailles d'un gris-jaunâtre assez brillant, qui laissent à nu quelques places noires ; ces mêmes écailles forment sur les élytres différentes petites taches et une fascie ondulée vers les deux tiers postérieurs ; elles recouvrent aussi le dessous du corps. — Autriche.

4. AGRYPNUS MURINUS.

Fabr. 2, 228, 37. — Oliv., 2, 31, 29, pl. 2, fig. 9.—Long. 6. lig. Larg. 2 lig. $\frac{1}{4}$.— Ponctué, noir, recouvert tant en dessus qu'en dessous d'un duvet serré gris-cendré et brun, qui, par le mélange de ces deux couleurs, forme une espèce de marqueterie irrégulière ; un tubercule peu élevé vers le milieu du corselet ; antennes (à l'exception du premier article) et taches rougeâtres. — Paris.

5. AGRYPNUS VARIUS.

Fabr., 2. 229. 44. — Oliv., 2. 31, 40, pl. 3, fig. 26.—Long. 5 lig. Larg. 1 lig. $\frac{1}{2}$. —Chagriné, noir, couvert de poils courts bruns, avec le dessus de la tête, les bords latéraux du corselet, la base des élytres et une fascie transversale vers les deux tiers postérieurs, couverts de poils d'un jaune-doré brillant ; dessous du corps, antennes et pattes d'un brun testacé, avec des poils dorés ; ils s'enlèvent très-facilement. — Paris.

6. AGRYPNUS ORNATICOLLIS.

Long. 5. lig. Larg. 1 lig. $\frac{1}{2}$.—Très-ponctué, presque rugueux, d'un noir foncé mat; bords latéraux du corselet et devant de la tête couverts de poils d'un jaune-rougeâtre doré. — Brésil.

AGRIOTES, Eschsch. ;

Elater, Fabr., Oliv., Latr. ;

Ctenonychus, Steph.

Les *Agriotes* diffèrent des *Elater* par leurs antennes point en scie, filiformes, composées d'articles cylindriques un peu renflés à l'extrémité. — Leur front est convexe, perpendiculaire, et la bouche située tout-à-fait en dessous.

Ces insectes vivent à terre. La larve d'une espèce (*Segetis*) cause en Suède de grands ravages en rongeant les racines des céréales.

PREMIÈRE DIVISION.

Agriotes, Eschsch.

Lames pectorales grandes, presque égales.

1. AGRIOTES SEGETIS.

Gyll., *Striatus*, Fabr. 2. 241. 105. *acutus*, Oliv., 2. 31. 62. pl. 3. fig. 52.

— Long. 4 lig. $\frac{1}{2}$. Larg. 1 lig. $\frac{1}{2}$. — Très-ponctué, pubescent, noir, avec le corselet et les élytres bruns ; celles-ci avec des stries de points enfoncés ; les intervalles alternativement bruns et jaunâtres ; antennes jaunes ; pattes d'un brun-jaunâtre. — Paris.

2. AGRIOTES GILVELLUS.

Zieg. — *Blandus*, Germ. — Long. 4 lig. Larg. 1 lig. $\frac{1}{2}$. — Ponctué, pubescent, peu brillant ; tête et corselet noirs ; dessous du corps brun ; premier article des antennes noir, les autres rougeâtres et ferrugineux ; l'extrémité et le dessus des cuisses, les jambes, les tarses et les élytres d'un jaune ferrugineux ; cuisses brunâtres. — Paris.

Var. Entièrement d'un brun-noir, avec les antennes rougeâtres ; cuisses brunes ; jambes et tarses ferrugineux.

El. Fusculus, Még.—Paris.

Var. Elytres d'un jaune ferrugineux, avec l'extrémité brunâtre.—Paris.

3. AGRIOTES SPUTATOR.

Fabr., 2, 240, 94.—*Variabilis*, Herbst, *Coléop.* 10, 75, pl. 164, fig. 11. — Long. 4 lig. Larg. 1 lig. $\frac{1}{2}$. — Obscur, ponctué, couvert d'un duvet cendré-gris; élytres un peu soyeuses, avec des stries de points enfoncés; antennes et pattes d'un brun rougeâtre obscur. — Paris.

4. AGRIOTES VARIABILIS.

Fabr., 2, 241, 98. — Degéer, *Ins.*, 4, 147, tab. 5, fig. 19. — Long. 3 lig. Larg. 1 lig. $\frac{1}{2}$. — Ponctué, brun, assez brillant, couvert d'un duvet assez long, cendré ; élytres avec des stries de points enfoncés ; antennes et pattes testacées.—Paris.

Var. Entièrement d'un brun-testacé clair, avec la tête et le dessous du corps plus foncé.—Paris.

Var. Elytres entièrement jaunâtres, avec la tête et l'écusson bruns.—Paris.

Var. Brun, avec les élytres jaunâtres. — Paris.

On trouve une foule de nuances et de passages entre toutes ces variétés.

5. AGRIOTES TIBIALIS.

Még. — Long. 3 lig. $\frac{1}{2}$. Larg. 1 lig. — Très-ponctué, pubescent, noir, brillant sur le corselet; antennes et cuisses noirâtres ; parties de la bouche, bord inférieur des élytres, extrémité du segment anal, base et extrémité des cuisses, jambes et tarses testacés ; élytres avec des stries de points enfoncés.—Paris.

6. AGRIOTES GALLICUS. (Nouvelle espèce.)

Long. 3 lig. Larg. 1 lig.—Brun plus ou moins foncé, ponctué, couvert d'un duvet grisâtre, avec les antennes (à l'exception du premier article) et les jambes ferrugineuses; cuisses un peu plus foncées.—Paris.

7. AGRIOTES PILOSUS.

FABR., 2, 241, 99.—LEACH, *Itin.*, t. II, 1, pl. A, fig. 1.—Long. 6 lig. Larg. 1 lig. $\frac{1}{4}$. — Finement ponctué, peu brillant, d'un brun noir, entièrement recouvert d'un duvet gris-cendré; élytres avec des stries de points enfoncés; pattes brunes; antennes et tarses d'un brun rougeâtre.—Paris.

Cette espèce forme le genre *Ctenonychus* de Stephens.

DEUXIÈME DIVISION.

(*Adrastes*, ESCHSCH.)

Lames pectorales rétrécies au côté externe.

Nota. Nous ne connaissons pas les espèces qui rentrent dans cette division.

CALODERUS, STEPH.;
Cardiophorus, ESCHSCH.;
Elater, FABR., OLIV., LATR.

Les *Cardiophores* se distinguent des *Elater* par leur écusson en forme de cœur, et leur corselet plus bombé, presque globuleux.

Ces insectes se tiennent sous les écorces et sur les feuilles des arbres; ils sont de petite taille.

1. CALODERUS BIGUTTATUS.

FABR., 2, 244, 118. — OLIV., 2, 31, 66, pl. 6. fig. 59.—Long. 3 lig. $\frac{1}{4}$. Larg. 1 lig. $\frac{1}{4}$. — Très-légèrement ponctué, pubescent, noir, peu brillant; élytres avec des stries de points enfoncés, et une tache arrondie, rouge, vers le milieu de chaque élytre, près du bord extérieur; tarses brunâtres. — France.

2. CALODERUS THORACICUS.

FABR., 2, 236, 77. — OLIV., 2, 31, 59, pl. 3, fig. 24.—Long. 3 lig. $\frac{1}{2}$. Larg. 1 lig. $\frac{1}{2}$. —Pubescent en dessous, noir, très-brillant; élytres striées et ponctuées; thorax rouge, avec le bord postérieur en dessus, et une large ligne au milieu, en dessous, noirs.—Paris.

3. CALODERUS RUFICOLLIS.

FABR., 2, 237, 78. OLIV., 2, 31, 60,

pl. 6. fig. 61.—Long. 3. lig. Larg. 1 lig.—Très-finement ponctué, pubescent, noir, brillant, surtout sur le corselet; celui-ci avec la moitié postérieure rouge; élytres avec des stries de points enfoncés.—**France Méridionale.**

Var. Tout le corselet noir, à l'exception d'une bande transversale assez étroite qui en occupe la base. — France Méridionale.

4. CALODERUS RUFIPES.

FABR., 2, 242, 105. — OLIV., 2, 31, 62, pl. 7, fig. 72. — Long. 3 lig. Larg. 1 lig. —Pubescent, surtout en dessous, noir, assez brillant; élytres striées et ponctuées; pattes rouges; tarses bruns. — Paris; il passe l'hiver sous les écorces des ormes.

5. CALODERUS PICTUS. (Nouvelle espèce.)

Long. 3 lig. $\frac{1}{2}$. Larg. $\frac{1}{2}$.—Très-finement ponctué, pubescent, assez brillant, noir; corselet rouge, avec une large ligne au milieu en dessous, et le bord postérieur noir; élytres avec des stries de points enfoncés et une tache transversale isolée, rouge vers le milieu de l'élytre près du bord extérieur; tarses bruns.—France Méridionale.

Nota. Cette espèce est, je crois, l *Lt Ornatus* de la collection de M. Dejean

6. CALODERUS DISCICOLLIS.

HERBST, *Coléop.*, 10, 106. pl. 166, fig. 8. — Long. 3 lig. Larg. 1 lig. — Diffère du *C. Ruficollis* par la tache du corselet, qui, au lieu d'être transversale, a une forme allongée et laisse libres les angles antérieurs du corselet.—Allemagne.

7. CALODERUS SUBMACULATUS. (Nouvelle espèce.)

Long. 4 lig. Larg. 1 lig. $\frac{1}{2}$. — Diffère du *C. Thoracicus* par le duvet gris-cendre dont il est recouvert, son corselet plus foncé, avec ses angles postérieurs larges, obtus, arrondis.—France Méridionale.

8. CALODERUS 2-PUNCTATUS.

FABR., 2, 245, 120. — ILLIG., *Mag.*, 11. 16.—Long. 3 lig. $\frac{1}{2}$. Larg. 1 lig.—Très-fortement ponctué, pubescent, noir; élytres rouges, avec deux grandes taches noires allongées sur chacune; elles ont des stries de points enfoncés.—Espagne.

9. CALODERUS STRIATO-PUNCTATUS. (Nouvelle espèce.)

Long. 5 lig. Larg. 1 lig. $\frac{1}{2}$. — D'un beau noir, couvert d'un duvet cendré; élytres avec des stries de points enfoncés. — Sénégal.

10. CALODERUS SOBRINUS. (Nouvelle espèce.)

Long. 5 lig. ¹⁄₄. Larg. 1 lig. ¹⁄₄. — D'un
brun-rouge, pubescent; élytres avec des
stries de points enfoncés; pattes et antennes d'un jaune - rougeâtre. — Indes-
Orientales.

Nota. Cette espèce et la suivante portent,
dans la Collect. de M. Dejean, les noms
que nous leur avons conservés.

11. CALODERUS EXARATUS (Nouvelle espèce.)

Long. 2 lig. ¹⁄₄. **Larg.** ¹⁄₄. lig.— Très-
légèrement pubescent, noir; élytres avec
des stries assez profondes de points enfoncés; elles sont brunes aussi bien que les
pattes.— Midi de la France.

12. CALODERUS EQUISETI.

Herbst., *Coléop.*, 10, 67, 74, pl. 163,
fig. 12.—Long. 4 lig. Larg. 1 lig. ¹⁄₄.—Noir,
avec un léger duvet cendré, très-finement
ponctué, presque lisse, assez brillant; corselet avec un sillon très-léger au milieu;
élytres avec des stries ponctuées; les intervalles lisses; pattes brunes; base des cuisses,
genoux et tarses souvent testacés. — Paris.

13. CALODERUS EBENINUS.

Zenker., **Germ.**, *Collect. Spec. Nov.*,
1, 58, 94.—Larg. 3 lig. ¹⁄₄. Larg. 1 ¹⁄₄. lig.—
D'un noir lisse, brillant; élytres avec des
stries ponctuées; dessous du corps recouvert d'un très-léger duvet gris; genoux
bruns.—Allemagne.

14. CALODERUS 6-PUNCTATUS.

Illig., *Mag.*, 6, 9, 15.— *Signatus*, **Oliv.**,
2, 31, 68, pl. 7. fig. 71. — Long. 3 lig.
Larg. 1 lig. — Ponctué, d'un brun-noir;
corselet avec une bande transversale rouge
à sa partie postérieure; élytres striées,
avec un point gris à la base, une tache raccourcie près du bord extérieur, vers le milieu de l'élytre, et l'extrémité de celle-ci
d'un gris-jaune; pattes rougeâtres. — Espagne.

15. CALODERUS ADVENA.

Fabr., 2, 243, 112. — **Herbst**, *Coléop.*,
10, 143, 188. — Long. 3 lig. Larg. 1 lig.
— Noir, peu brillant; élytres striées, ponctuées, d'un gris-cendré foncé; pattes de
cette couleur; poitrine noire. — Espagne.

CAMPYLUS, **Fisch.**;
Exophthalmus, **Latr.**;
Hammonius, **Muhlfeld**;
Elater, **Fabr.**, **Latr.**, etc.

Antennes dentées comme dans les véritables *Elater*, ayant leurs articles beaucoup
plus allongés, insérées sous les bords
d'une saillie frontale qui est déprimée et
arquée antérieurement. — La tête ne s'enfonce pas postérieurement dans le corselet
jusqu'aux yeux. — Ceux-ci sont globuleux
et saillans. — Le corselet est presque carré, long, un peu élargi postérieurement.
—Les élytres sont très-allongées, linéaires,
parallèles, arrondies à l'extrémité. — Le
menton laisse à découvert toutes les parties
de la bouche. — Le dernier article des palpes est plus allongé que dans les *Elater.*—
Les tarses sont aussi plus allongés.

Ces insectes ne paraissent pas avoir à
un aussi haut degré que les *Elater* la faculté de sauter.

1. CAMPYLUS LINEARIS.

Fabr., 2, 233, 62. — **Oliv.**, 2, 31,
pl. 7, fig. 67.—Long. 4 lig. ¹⁄₂. Larg. 1 lig.
— Ponctué, pubescent, noir; antennes
brunâtres; devant de la tête, élytres, parties de la bouche et pattes testacés; corselet
rougeâtre, avec une ligne enfoncée au milieu et deux impressions obliques assez
profondes à sa base, près des angles postérieurs; dessous du corps noirâtre, avec un
duvet gris, les bords latéraux des segmens de l'abdomen et l'anus ferrugineux;
élytres avec des stries de gros points enfoncés. — Paris.

Var. Antennes noirâtres; cuisses obscures. — Paris.

2. CAMPYLUS DENTICOLLIS.

Fabr., 2, 233, 31. — *Pyrrhopterus*,
Fabr., 2, 237, 82. — **Oliv.**, 2, 31, 45,
pl. 7. fig. 66. — Long. 6 lig. Larg. 2 lig.
— Ressemble beaucoup au *C. Linearis*; il
est plus grand, noir, brillant; corselet rouge,
avec son bord postérieur noir, un enfoncement longitudinal au milieu et ses angles
postérieurs très-pointus; élytres d'un rouge sanguin, avec des stries fortement ponctuées. — France, Allemagne.

3. CAMPYLUS BOREALIS.

Payk., *Faun. Succ.*, 3, 6, 7. — **Gyll.**,
Ins. Suec., 1, 385, 12. — Ponctué, noir,
glabre; corselet avec de gros points con-
fluens, légèrement canaliculé au milieu,
avec une impression transversale de chaque
côté au delà du milieu; élytres avec des
stries crénelées, les intervalles carénés;
dessous du corps un peu bleuâtre; extrémité des jambes et tarses bruns. — Suède.

Nota. Il faut aussi rapporter à ce genre
l'*Elater Mesomelas*, **Fabr.**

Je crois que c'est ici que doit se placer le genre *Macromalocera* de Hope, *Trans. Soc. Ent. of London*, remarquable surtout par ses antennes, qui dépassent la longueur du corps, et sont très-comprimées. Il en décrit deux espèces propres à la Nouvelle-Hollande.

PRIOPUS ;

Elater, Fabr., Oliv., Latr. ;

Aptopus, *Melanotus*, *Perothops*, Esch. ;

Perimecus, Dillwyn, Steph.

Les *Priopus* se distinguent essentiellement des *Elater* par leurs crochets des tarses dentelés en dessous. — Toutes les espèces que nous avons vues appartiennent au genre *Melanotus*, Eschscholtz; nous y réunissons le genre *Aptopus* du même auteur, qui se distingue du *Melanotus* par les angles du thorax très-courts ; et les *Perothops*, dont les yeux sont ovales, tandis que dans le *Melanotus* ils sont globuleux.

1. PRIOPUS FRONTALIS. (Nouvelle espèce.)
Long. 6 lig. Larg. 1 lig. ¼. — Ponctué, d'un brun-rouge ; front très-avancé ; yeux grands ; corselet sillonné au milieu ; élytres avec des stries de points enfoncés. — Java.

2. PRIOPUS OBSCURUS.
Fabr., 2, 233, 63. — Oliv., 2, 1, pl. 8, fig. 76. — Long. 5 lig. ½. Larg. 1 lig. ¼. — Ponctué, pubescent, assez brillant ; élytres avec des stries de gros points enfoncés ; antennes, palpes et pattes d'un brun testacé. — Paris.

3. PRIOPUS NIGER.
Fabr., 2, 227, 35. — *Aterrimus*, Oliv., 2, 31, 33, pl. 5, fig. 53. — Long. 6 lig. ¼. Larg. 2 lig. — Très-ponctué, pubescent, noir, peu luisant ; élytres avec des stries de points enfoncés ; jambes et tarses d'un brun-noirâtre ; corselet avec une ligne un peu élevée, noire, brillante dans son milieu, souvent peu distincte dans les ♂, d'une forme moins bombée et moins large que celle des ♀. — Paris.

4. PRIOPUS BRUNNIPES.
Még., Germ., *Spec. Ins. nov.*, 1, 67, 41. — Long. 6 lig. Larg. 2 lig. — Très-ponctué, très-pubescent, noir, peu brillant ; élytres avec des stries de gros points enfoncés ; il diffère du *Niger*, auquel il ressemble, par sa forme plus rétrécie posté-

rieurement, et surtout par les derniers articles des antennes plus allongés ; le dernier plus grand que le précédent. — Paris.

5. PRIOPUS FUSCUS.
Fabr., 2, 228, 40. — Herbst, *Coléop.*, 10, 125, 153. — *Hirticornis*, Herbst, *Coléop.*, 10, 47, pl. 162, fig. 4. — *Orientalis*, Dej., *Collect.* — Long. 7 lig. Larg. 2 lig. ¼. — Noir, ponctué ; antennes brunes, fortement velues au côté interne ; côtés du corselet et bords latéraux des élytres garnis de poils jaunes : ces dernières avec des stries ponctuées à la base, qui disparaissent avant le milieu ; pattes d'un brun-marron. — Bengale.
M. Latreille a rapporté cette espèce au genre *Adelocera*, G. *Melanotus*, Eschsch.

DICRONYCHUS , Eschsch.

Les *Dicronychus* diffèrent de tous les autres genres des *Elaterides* par les crochets de leurs tarses, qui sont bifides. — Les palpes sont assez longs. — Le front enfoncé au milieu. — Les antennes longues. — L'écusson allongé, ovalaire, et de forme très-allongée et assez bombée. — Les espèces de ce genre que nous connaissons sont propres au Sénégal.

1. DICRONYCHUS SERRATICORNIS.
Dej., *Collect.* — Long. 8 lig. Larg. 2 lig. ¼. — Très-ponctué, pubescent, d'un brun-noir ; élytres avec des stries ponctuées ; antennes et pattes d'un brun-jaunâtre, les premières fortement en scie, avec le dernier article fort long, relevé au milieu. — Sénégal.

2. DICRONYCHUS SENEGALENSIS.
Long. 7 lig. ¼. Larg. 2 lig. ¼. — Très-ponctué, pubescent, noir ; antennes en scie, avec le dernier article ovale-ollongé ; élytres avec des stries ponctuées. — Sénégal.

CYLINDRODERUS, Eschsch. ;
Cebrio, Germ.

Antennes presque aussi longues que le corps : le premier article renflé, les deux suivans très-courts, globuleux, les autres allongés, comprimés. — Palpes filiformes. — Tarses longs, à articles entiers, garnis en dessous d'une très-petite pièce occupant l'extrémité des quatre premiers articles. — Tête inclinée. — Mandibules fortes a l'extrémité. — Yeux peu saillans. — Corselet allongé, un peu plus large en avant qu'en arrière, avec ses angles postérieurs prolongés et divergens. — Écusson arrondi en arrière. — Elytres très-allongées, presque cylindriques. — Pattes assez grêles. — Port des *Elater*.

Nota. Ce genre est généralement placé parmi les *Cébrionites* ; mais il nous semble venir d'une manière plus naturelle avec les *Elaterides*.

CYLINDRODERUS FEMORATUS.

GERM., *Spec. nov.*, 1, 61, 98. — Long. 6 lig. Larg 1 lig. ¦. — Ponctué, d'un noir bronzé, très-légèrement pubescent ; base des élytres et cuisses d'un jaune-rougeâtre ; élytres finement striées. — Brésil.

DEUXIÈME FAMILLE. — MALACODERMES.

Caractères. Corps presque toujours de consistance plus ou moins molle, incline en avant. — Présternum point dilaté ni avancé antérieurement, en forme de mentonnière, et très-rarement prolongé en pointe reçue dans une cavité ou l'extrémité antérieure du mésosternum. — Tête inclinée en avant. —Antennes ne se logeant pas dans une fossette sous le corselet.

Les *Malacodermes* composent une famille nombreuse d'insectes peu remarquables par leur taille, mais souvent ornés de couleurs brillantes et métalliques. Ils fréquentent généralement les fleuves, les bois ; quelques espèces vivent à terre ; d'autres nous sont nuisibles par leurs ravages ; presque toutes sont pourvues d'ailes.

Le tube alimentaire des *Malacodermes* est toujours plus long que le corps. — Le jabot court. — Le ventricule chylifique allongé. —L'intestin grêle presque toujours filiforme. —Le rectum allongé.

PREMIÈRE TRIBU.

CÉBRIONITES,
LATR.

Caractères. Mandibules pointues. sans échancrure ni dent. — Palpes filiformes ou plus grêles à l'extrémité.—Corps arqué ou bombé en dessus.—Tête sans étranglement à sa partie postérieure.

Nous connaissons peu de chose des mœurs des *Cébrionites*. Les espèces les plus communes de nos contrées se tiennent sur les plantes et recherchent les lieux aquatiques ou humides, les prairies. etc.: toutes sont ailées. On ne sait rien de leurs larves ni de leurs transformations. qui ont lieu probablement en terre. Leur anatomie n'a pas encore été faite.

CEBRIONITES.

Caractères. Corps oblong.—Présternum terminé en pointe.

Genres : *Cebrio, Hemiops, Physodactylus, Phlegon*.

CEBRIO, OLIV., FABR., LATR. ;
Selenodon, LATR. ; *Cebrio, Boscia, Tibesia, Dumerilia, Brongniartia*, LEACH.

Antennes de onze articles, longues, filiformes, un peu en scie dans les ♂, courtes, serrées, moniliformes, et terminées en massue dans les ♀. — Palpes allongés, filiformes : le dernier article cylindrique. — Tarses filiformes, sans pelottes. —Tête courte. — Yeux grands. — Mandibules fortes, avancées. — Corselet presque trapézoïdal ; les angles postérieurs prolongés. — Ecusson petit. — Elytres assez écartées postérieurement, et plus courtes que l'abdomen dans les ♀ : celles-ci aptères. — Pattes longues. —Cuisses postérieures appendiculées à leur base.

Ces insectes volent et s'accouplent par les temps d'orage.

M. Leach a donné une Iconographie de ce genre dans le *Zoological Journal*.

PREMIÈRE DIVISION

(*Analestesa*, LEACH.)

Corselet carré, presque anguleux antérieurement. — Sternum prolongé en avant. —Deuxième article des antennes plus court que le troisième, le dernier brusquement terminé en pointe.—Deuxième article des palpes maxillaires plus long que le troisième ; le dernier article de tous les palpes tronqué obliquement à l'extrémité.

1. CEBRIO BICOLOR.

FABR.. 2. 14. 3, *Palis. de Beauv., Ins.,*

Afr. et Amér., 1, 9, pl. 1, fig. 2. — Long. 8 lig. Larg. 2 lig. ½. — Allongé, brun en dessus; tête et corselet presque noirs, le dernier presque carré; élytres faiblement striées; dessous du corps, pattes, parties de la bouche d'un brun-jaune. — Colombie.

Nota. M. Latreille a formé sur cette espèce son genre *Selenodon.* (*Ann. Soc. Ent.*, t. III, p. 164.)

2. CEBRIO TESTACEUS.

Long. 7 lig. Larg. 2 ½. lig. — Un peu allongé, d'un brun clair, très-légérement pubescent; tête noire; élytres avec de faibles côtes longitudinales. — Espagne.

Nota. C'est près de cette espèce que doit se placer le *Cebrio Nigricollis*, Laporte (*Rev. Ent.*, t. IV). Il est d'Orient.

3. CEBRIO FUSCUS.

FABR., 2, pl. 14, n° 2. — GUÉRIN, *Icon.*, pl. 13, t. II. — Long. 8 lig. ½. Larg. 3 lig. — D'un brun-noir; corselet rétréci en avant; dessous du corps velu; élytres avec de faibles côtes longitudinales. — Cap de Bonne-Espérance.

DEUXIÈME DIVISION.

(*Boscia*, LEACH.)

Diffère de la première par les deuxième et troisième articles des antennes égaux entre eux, les autres plus courts, le dernier graduellement atténué. — Deuxième et troisième article des palpes maxillaires égaux : le dernier acuminé, celui des labiaux tronqué à l'extrémité.

4. CEBRIO PICEUS.

LEACH, *Zool. Journ.*, 1, 36. — Long. 5 lig. Larg. 1 lig. ½. — Allongé, entièrement brun; corselet très-fortement ponctué, presque carré; élytres finement striées; antennes, palpes et pattes d'un jaune testacé. — Amérique du Nord.

5. CEBRIO PUNCTATUS.

LEACH., *Zool. Journ.*, 1, 37. — Long. 10 lig. Larg. 3 lig. — D'un noir foncé; corselet presque rugueux; élytres ponctuées: antennes, palpes et pattes bruns; dessous du corps et pattes fortement ponctués. — Amérique Boréale.

6. CEBRIO OLIVACEUS.

LEACH, *Zool. Journ.*, 1, 37. — Long. 6 lig. ½. Larg. 2 lig. ½. — Olivâtre; antennes, palpes et pattes verdâtres; corselet et élytres légérement ponctués; dessous du corps glabre, avec quelques très-petits points. — Amérique Boréale.

7. CEBRIO GLABER.

LEACH, *Zool. Journ.*, 36. — Long. 4 lig. Larg. 1 lig. ½. — Noirâtre, glabre; tête, corselet, élytres, dessous du corps, avec de très-petits points disséminés. — Amérique Boréale.

8. CEBRIO MINUTUS.

LEACH, *Zool. Journ.*, 1, 28. Long. 2 lig. Larg. ½ lig. — Glabre, d'un brun-rougeâtre; antennes, palpes et pattes d'un rouge-ferrugineux : tête et corselet avec de gros points enfoncés; élytres légérement striées; les intervalles ponctués; dessous du corps avec de très-petits points. — Amérique Boréale.

TROISIÈME DIVISION.

(*Cebrio*, LEACH.)

Corselet transversal, arrondi en avant. — Sternum concave. — Premier et troisième article des antennes plus courts que les autres; le dernier subitement acuminé. — Palpes maxillaires de la longueur de la tête; les troisième et quatrième articles égaux en longueur, légérement en massue; dernier article des labiaux en massue.

9. CEBRIO GIGAS.

FABR., 2, 14, 1. — *Longicornis*, OLIV., 2, 30 *bis*, 1, pl. 1, fig. 1. — ♀ *Brevicornis*, OLIV., 2, 30 *bis*, 2, pl. 1, fig. 2. — *Premelus*, LEACH, 1, 39. — Long. 12 lig. Larg. 3 lig. — Pubescent, très-finement ponctué, d'un brun testacé; tête, corselet et antennes noirâtres; élytres avec des stries longitudinales assez faibles et nombreuses; ♀ entièrement jaunâtre. — France Méridionale.

10. CEBRIO ABDOMINALIS.

Long. 10 lig. Larg. 2 lig. ½. — Noir, pubescent; élytres striées; abdomen rouge. — Alger.

11. CEBRIO RUFICOLLIS.

FABR., t. II, p. 15, n° 4. — *Fabricii*, LEACH, *Zool. Journ.*, 1, 40. — *Xanthomerus*, HOFFM. — Long. 8 lig. Larg. 3 lig. — Velu, noir; élytres avec des stries longitudinales; dessous du corps et cuisses d'un jaune-brun; jambes et tarses brunâtres. — Espagne, Pyrénées.

Le *Hammonia Melanocephala*, Leach, *Zool. Journ.*, est, selon M. Dejean, la ♀ de cette espèce.

12. CEBRIO MORIO.

Leach, *Zool. Journ.*, 1, 40. — Long. 4 lig. ¼. Larg. 1 lig. ¼. — D'un noir foncé, cuisses avec une ligne testacée de chaque côté; les quatre hanches antérieures testacées; tête, corselet et dessus du corps couverts de longs poils noirs; antennes garnies de poils noirs en dessus, de poils ferrugineux en dessous; poitrine, abdomen et pattes couverts de poils d'un brun-ferrugineux; antennes avec de petites lignes élevées.—Espagne, Portugal.

Nota. Il faut aussi rapporter à ce genre le *Cebrio Rubripennis* décrit par M. Guérin dans la partie entomologique du *Voyage autour du Monde de M. Durville;* le *C. Suturalis,* Boisduv., *Voyage de Durville:* et une autre espèce du Mexique décrite par M. Chevrolat (*Insectes du Mexique* ¹).

HEMIOPS, Esch.

Antennes courtes, de onze articles : le premier assez grand, le deuxième très-petit, le troisième le plus long de tous, les autres triangulaires, le dernier ovalaire, terminé par un faux article très-petit. — Palpes forts, épais, terminés par un article un peu arrondi. — Tarses forts, à premier et quatrième article les plus grands.—Tête arrondie. — Corselet convexe. — Ecusson allongé et arrondi en arrière. — Elytres cylindriques. — Pattes moyennes. — Corps épais.

L'on connoit de ce genre deux espèces qui, toutes les deux, habitent l'Asie Orientale.

Les genres *Dumerilia* et *Brongniartia,* Leach, sont probablement fondés sur des individus femelles du genre *Cebrio.* Voici les caractères qu'il leur assigne.

Élytres écartées postérieurement, antennes et tarses courts.

Dumerilia. Troisième article des antennes beaucoup plus gros que les autres, le dernier terminé graduellement en pointe.

Brongniartia. Antennes moniliformes, le dernier article pointu.

DUMERILIA PULCHRA.

Leach, *Zool. Journ.* — Tête noire, corselet et élytres d'un rouge sanguin : pattes brunâtres; abdomen d'un noir bleuâtre brillant. — Afrique Australe.

BRONGNIARTIA ATRA.

Leach, *Zool. Journ.*—D'un noir foncé; corselet fortement ponctué; élytres avec des stries ponctuées. — Barbarie.

HEMIOPS PLANA.

Long. 7 lig. ¼. Larg. 2 lig. ½. — Jaune, pubescent; antennes et tarses noirs. — Chine.

PHYSODACTYLUS, Fisch., Latr., *Drepanius?* Perty.

Antennes de onze articles : le premier épais, les deux suivans moniliformes, les autres dentés en scie. — Palpes labiaux filiformes; les maxillaires plus longs, avec les deux premiers articles sécuriformes; le dernier cylindrique. — Tarses, leurs trois articles intermédiaires présentant, en dessous, une pelotte membraneuse, orbiculaire. — Tête arrondie. — Mandibules fortes.—Mâchoires ciliées.—Corselet bombé, transversal. — Ecusson grand, ovale. — Elytres allongées, ovales. — Corps oblong. — Pattes fortes. — Cuisses postérieures renflées.

PHYSODACTYLUS HENNINGII.

Fisch., *Ann. des Sc. Nat.*, 3, 450, pl. 27. — Long. 7 lig. ¼. Larg. 2 lig. ½. — Noir, ponctué, pubescent; tête brune; corselet rouge; élytres avec des stries ponctuées, un peu brunâtres. — Amérique Méridionale.

Nota. Je crois que cet insecte est le *Drepanius Clavipes,* Perty, *Voyage de Spix et Martius, Ins.,* p. 25, pl. 5, t. XV.

PHLEGON.

Antennes assez longues, dépassant notablement la tête et le corselet réunis; le premier article gros, le deuxième très-petit, les six suivans courts, presque grenus, le troisième un peu plus long que les autres, les trois derniers très-longs, prolongés chacun au côté externe en un long rameau; les trois articles réunis presque aussi longs que tous les autres pris ensemble. — Labre transversal très-court. — Lèvre arrondie. — Tarses à quatre premiers articles garnis en dessous de brosses velues; ceux des pattes antérieures presque égaux; le premier seulement un peu plus long que les autres, ceux-ci triangulaires; aux autres paires de pattes ils sont grêles, avec le premier article presque aussi long que les autres réunis; le pénultième un peu cordiforme; les crochets grêles et arqués.

Ce genre remarquable est établi sur un insecte ayant le port et le corselet du *Cebrio;* la tête et les élytres ont la même forme; les pattes sont grêles; les jambes

antérieures n'ont aucune épine à leur extrémité ; les palpes manquent au seul individu que j'ai vu. et qui fait partie de la collection de M. Buquet.

PHLEGON BUQUETI.

Long. 8 lig. Larg. 2 lig. ¼. — Entièrement brun, finement ponctué. et couvert
d'une pubescence jaunâtre ; élytres striées.
Cet insecte vient probablement du Brésil.

Nota. C'est peut-être auprès de ce genre
que devroit être placé celui d'*Epiphanis*
d'Eschscholtz, que nous avons placé provisoirement parmi les *Eucnemites.*

RHIPICÉRITES.

Caractères. Corps oblong.—Présternum
non avancé en pointe.—Antennes à articles
munis de rameaux, au moins dans l'un des
sexes.—Un appendice garni de poils entre
les crochets des tarses.

Genres : *Rhipicera, Callirhipis, Ptiocerus, Chamœrhipes, Sandalus, Anelastes,
Heliotis, Selasia.*

RHIPICERA, LATR., KIRBY;

Polytomus, DALMAN ; *Ptiocerus*, HOFF. ;
Ptilinus, FABR., HERBST, SCHŒNH. ;
Hispa, FABR., GMEL., DRURY.

Antennes de vingt articles au moins dans
les ♂ ; d'environ quarante-cinq à cinquante
dans les ♀ ; le premier gros, les suivants
courts. émettant chacun dans les ♂ un rameau linéaire très-court dans les premiers articles, très-longs dans les intermédiaires et
moyens dans ceux de l'extrémité. — Palpes
presque égaux, le dernier article renflé.—
Tarses avec les quatre premiers articles
courts, en cœur, garnis en dessous de pelottes,
le dernier allongé, cylindrique, terminé par
deux forts crochets.—Tête avancée, rétrécie
avant la bouche.—Mandibules fortes, très-
arquées.—Corselet court, convexe.—Ecusson presque rond ; la partie antérieure reçue dans une petite excavation du corselet.
— Elytres allongées, bombées, recouvrant
l'abdomen.—Pattes assez longues.—Corps
ovale, allongé.

J'ai donné une monographie du groupe
des *Rhipicérites* dans le troisième volume
des *Annales de la Société d'Entomologie.*

1. RHIPICERA MARGINATA.

DALM., *Ann. Soc. Ent.*, p. 22, n° 2, pl. 4.
—KIRBY, *Linn. Trans.*, t. XVIII.—Long.

6 lig. à 4 ¼. Larg. 2 lig. ¼ a 12.—Pubescent,
d'un noir-verdâtre, suturé ; bords antérieur
et latéraux des élytres jaunes ; pattes rougeâtres ; une tache bronzée sur les cuisses ;
antennes et tarses noirs. —Brésil.

2. RHIPICERA CYANEA.

GUÉRIN, *Icon. Reg. anim.*, *Ins.*, pl. 13,
fig. 7. —Long. 10 lig. Larg. 3 lig. ¼.—Très-
ponctuée, d'un bleu-noirâtre, avec le dessous du corps et les élytres un peu plus
clairs ; ces dernières avec des lignes longitudinales élevées ; base des cuisses rougeâtre.—Brésil.

3. RHIPICERA MYSTACINA.

FABR., 1, p. 328. — DRURY, *Ins.* t. II,
pl. 48, f. 7.—Long. 7 lig. Larg. 2 lig. ¼.—
Fortement ponctuée, noir, peu brillant, avec
une foule de taches blanches formées d'un
duvet court et serré ; base des cuisses
rouge. — Nouvelle-Hollande.

Nota. Je crois qu'il faut rapporter à cette
espèce le *Rhipicera Femorata*, Kirby ;
Descrip. of the Ins. Collected by R. Brown,
n° 9 ; Boisduval, *Voyage de Durville, Ins.*,
2e part., p. 111.

4. RHIPICERA ABDOMINALIS.

KLUG, *Ent. Bras. Spec.*, p. 12, n° 17.
— Long. 9 lig. Larg. 3 lig. ¼. —Diffère de
la *Rh. Cyanea* par l'absence de lignes élevées sur les élytres, et par la couleur rouge
de son abdomen.—Brésil.

Nota. Il faut rapporter à ce genre :
1° *R. Fulva*, LAP., *Monogr. Ann. Soc.
Ent.*, t. III. p. 236, 3. — Espèce peu connue, et de l'Amérique du Nord ;
2° *R. Femorata*, DALM. ; *Act.*, HOFF.,
1, 120 ; *Analect. Ent.*, 1822, p. 21.—Des
parties méridionales du Brésil.

CALLIRHIPIS, LATR.

Antennes très-rapprochées à la base, de
onze articles : le premier grand, arqué,
renflé ; le deuxième très-petit ; les suivans
émettant chacun un anneau long, un peu
aplati. — Palpes courts, filiformes, à dernier article ovale. un peu renflé. — Tarses
filiformes, sans pelottes, à dernier article
très-long et terminé par deux forts crochets.—Tête avancée.—Mandibules courtes, fortes.—Corselet presque triangulaire,
élargi postérieurement.—Ecusson rond.—
Elytres allongées.—Pattes moyennes.

Insectes d'assez grande taille, ailés. Ils
se distinguent des *Rhipicères* par les antennes droites, non insérées sur un tubercule.

1. CALLIRHIPIS GORYI.

Guérin, *Icon. Règ. anim.*, *Ins.*, pl. 13.
fig. 5. — Long. 9 lig. Larg. 2 lig. ¼. —
Ponctué, d'un brun-noir ; corselet avec
un enfoncement longitudinal au milieu, et
un autre arrondi de chaque côté en arrière;
élytres avec trois côtes élevées sur chacune;
dessous du corps un peu velu ; abdomen,
pattes et antennes un peu rougeâtres. —
Brésil, *Collect.*, Gory.

2. CALLIRHIPIS INSULARIS.

Long. 7 lig. Larg. 2 lig. ¼. — Ressemble
beaucoup au *Goryi*, mais en diffère par sa
taille plus petite, et son corselet avec un
sillon au milieu, mais sans impressions latérales ; les cuisses sont noires. — Guadeloupe.

3. CALLIRHIPIS SCAPULARIS.

Lap., *Monogr.*, *Ann. Soc. Ent.*, t. III,
p. 256, n° 13. — Long. 8 lig. Larg. 2 lig. ¼.
— D'un jaune-rougeâtre ; corselet avec une
tache assez grande, noire, en arrière; élytres de cette couleur, avec trois côtes élevées, et une tache jaune qui couvre l'angle
huméral et s'étend obliquement sur l'élytre
jusque près de la suture ; tarses et antennes
noirs, excepté l'article de la base. — Brésil.
Nota. Cette espèce ainsi que la suivante
sont remarquables par une petite pointe
que présente de chaque côté le bord antérieur du dessous du corselet. M. Saunders a
décrit, dans le troisième numéro des *Trans-
actions de la Société Entomologique de
Londres*, une troisième espèce présentant
le même caractère et la même bigarrure
de couleurs. Il émet l'opinion que ces insectes pourraient former un groupe particulier ; si cette manière de voir était partagée, je proposerais de donner a cette
coupe le nom de *Celadonia*.

4. CALLIRHIPIS BICOLOR.

Lap., *Monogr.*, *Ann. Soc. Ent.*, t. III,
p. 255, n° 12. — Long. 7 lig. Larg. 3 lig.
— D'un jaune rougeâtre ; corselet avec
deux petits enfoncemens au milieu : élytres
d'un noir un peu violet, avec des côtes élevées et longitudinales; abdomen brunâtre ;
antennes, a l'exception de l'article basilaire,
extrémité des jambes et tarses, noirs. —
Cayenne.
Nota. Ce genre comprend dix-sept espèces, toutes fort rares dans les collections.

PTIOCERUS, Thumb. ;
Microrhipis, Guer.; *Melanis*, Fabr.

Antennes de onze articles, insérées sur
un ou deux tubercules fortement prononcés
le premier grand, le deuxième très-petit, les
neuf suivans émettant de longues feuilles
aplaties, de même dimension entre elles.
— Palpes terminés par un article ovalaire,
renflé. — Tarses à quatre premiers articles
élargis. — Tête inclinée, grande. — Yeux
très-gros. — Mandibules fortes, arquées,
pointues. — Corselet un peu rétréci antérieurement. — Ecusson arrondi. — Elytres
convexes. — Pattes assez fortes.

Insectes ailés dont on connoît peu d'espèces, qui ont de l'analogie avec les *Rhip-
cera*, dont ils se distinguent au premier coup
d'œil par leurs antennes de onze articles.

1. PTIOCERUS MYSTACINUS.

Thumb., *Mém. Acad. Stock.*, f. 27, p. 4.
— Fabr., t. I, p. 331. — *Dumerilii*, Guér.,
Mag. d'Ent., pl. 4. — Long. 7 lig. Larg.
2 lig. ¼. — D'un noir bleuâtre ; corselet avec
une ligne longitudinale au milieu ; élytres
ponctuées, avec trois lignes longitudinales
élevées. — Cap de Bonne-Espérance.

2. PTIOCERUS BRUNNEUS.

Lap., *Ann. Soc. Ent.*, t. III, p. 265,
n° 4. — Long. 9 lig. Larg. 3 lig. ¼. — Très-
ponctué, pubescent, d'un brun-jaunâtre ;
avec le corselet, la tête et le dessous du
corps noirâtres. — Brésil.

3. PTIOCERUS VESTITUS.

Gory, *Coll.* — Long. 6 lig. ¼. Larg. 3 lig.
— Corps ovale, élargi, d'un brun-rouge,
recouvert d'une pubescence cendrée ; corselet très-convexe, avec une très-légère
ligne enfoncée au milieu ; écusson arrondi,
blanchâtre ; élytres élargies, convexes,
granuleuses, avec des lignes longitudinales
assez fortes ; elles sont marbrées de brun
et de cendré ; dessous du corps et pattes
d'un brun cendré. — Nouvelle-Hollande.
Cette espèce est voisine de la *Goryi*
(*Monogr.*, *Ann. Soc. Ent.*, t. III, p. 264,
n° 3), mais s'en distingue par son corps
beaucoup plus élargi.

CHAMÆRHIPIS, Latr. ;
Eurhipis, Lap.

Antennes insérées sur des tubercules,
entre les yeux, formées de onze articles,
dont le premier assez renflé, le second en
coupe, et les suivans émettant chacun un
long rameau, qui, par leur réunion, forment un éventail — Mandibules avancées,
arquées, pointues. — Palpes à dernier article
ovalaire. — Tarses grêles, filiformes, mu-

nis chacun . en dessous , de deux pelottes membraneuses peu visibles.—Tête grande, ronde. — Yeux très-gros et globuleux. — Corselet presque carré , pas plus large que la tête en avant. — Élytres sensiblement plus larges , a angles huméraux saillans. — Pattes assez grêles.

CHAM.ERHIPIS SENEGALENSIS.

Lap., *Ann. Soc. Ent.*, t. III, p. 259. — Cendré, pubescent ; élytres acuminées , offrant de fortes côtes longitudinales ; antennes rougeâtres, a l'exception de la base. — Sénégal.

SANDALUS, Knoch.

Antennes courtes, de onze articles en scie, les quatre derniers grands et formant une massue. — Palpes a dernier article ovale et velu. — Tarses avec des pelottes sous les quatre premiers articles.

Je n'ai pas vu ce genre en nature.

1. SANDALUS NIGER.

Knoch, *N. Beytræge*. p. 140. — Long. 9 lig. Larg. 3 lig.—Entièrement noir; élytres impressionnées, et offrant trois nervures. — Du Brésil.

ANELASTES , Kirby.

Antennes filiformes, à articles moniliformes ; le dernier lunulé. — Palpes trèscourts, filiformes ; les maxillaires à dernier article un peu plus grand , oblique et tronqué.— Labre petit et arrondi en avant. — Lèvre carrée et bifide.—Mâchoires courtes, à lobe grand. corné, glabre , et arrondi à l'extrémité. — Menton transversal. — Tête arrondie.— Mandibules avancées. courbes et pointues.—Corselet convexe, trilobé en arrière , à angles postérieurs pointus. — Élytres ovalaires.

1. ANELASTES DRURII.

Kirby. *Cent.* (édit. Lequien) . p. 11 , n° 15, pl. 1. f. 2. — Long. 6 lig.— D'un brun obscur ; élytres avec des stries ponctuées. — Patrie inconnue.

HELIOTIS. Lap.

Antennes moins longues que le corps, filiformes. à premier article grand . mais plus courts que tous les suivans; ceux-ci a peu près égaux ; le dernier plus long. cylindrique. pointu a l'extremité. — Labre grand, arrondi en avant, recouvrant toutes les parties de la bouche. — Palpes trèscourts, filiformes. — Mandibules très-arquées et pointues à l'extrémité. — Tarses grêles, sans pelottes, à premier article plus grand que les autres, surtout aux tarses des deux dernières paires. — Crochets grêles, non munis entre eux de faisceaux de poils. — Corps allongé. — Tête inclinée.—Yeux ronds. — Corselet un peu convexe, échancré au bord antérieur, arrondi sur les côtés. élargi en arrière, à angles postérieurs très aigus , a bord postérieur avancé dans son milieu. — Ecusson petit, ponctiforme. — Elytres allongées, parallèles. — Pattes assez grêles.

HELIOTIS HOPEI.

Lap., *Rev. Ent.*, t. IV. — Long. 4 lig. Larg. 1 lig. ½. — Entièrement d'un brunchâtain, finement rugueux, un peu pubescent ; élytres striées ; dessous du corps ponctué; pattes et antennes un peu plus claires. — Cet insecte m'a été communiqué par le révérend M. Hope, qui l'a reçu des établissemens de la rivière des Cygnes, à la Nouvelle-Hollande.

SELASIA, Lap.

Antennes de onze articles ; le premier très-gros, le second très-court. cupuliforme, tous les suivans portant un rameau. qui, par leur réunion, forment un panache comme dans les mâles des *Rhipicères*.—Palpes forts, épais ; les maxillaires à dernier article tronqué. — Tarses assez grêles ; ceux des pattes antérieures plus courts que les autres ; le premier article le plus long . les deux suivans égaux, le quatrième trescourt. — Tête découverte, grande, transversale, à yeux très-saillans.— Mandibules fortes, arquées, bidentées à l'extrémité. — Corselet un peu plus étroit que la tête, presque carré. transversal . un peu arrondi au bord postérieur.—Ecusson triangulaire. —Elytres molles. allongées. arrondies a l'extrémité. — Pattes assez fortes.

SELASIA RHIPICEROIDES.

Lap., *Rev. Ent.*, t. IV. — Long. 3 lig. Larg. ¼ lig. — Pubescent. ponctué. jaune ; corselet et antennes un peu rougeâtres; élytres avec une large bande longitudinale. obscure et un peu oblique, qui part de l'angle huméral et va rejoindre la suture un peu avant l'extrémité. — Sénégal.

ATOPITES.

Caractères. Corps oblong. — Prosternum non avancé en pointe. Antennes non munies de rameaux. — Tarses sans appendices, velus entre les crochets.

Genres : *Ptilodactyla*, *Lairus*, *Atopa*, *Petalon*.

PTILODACTYLA, Illig., Latr.;
Pyrochroa, Degeer.

Les *Ptilodactyla* diffèrent des *Atopa* par leurs antennes fortement en scie ou demipectinées dans les ♂.

Les espèces connues sont ailées et propres à l'Amérique.

1. PTILODACTYLA THORACICA.

Long. 6 lig. Larg. 3 lig. — Finement ponctuée, pubescente, d'un noir opaque, avec le corselet, les cuisses et les parties de la bouche d'un gris-jaunâtre sale ; corselet bombé en avant, avec un enfoncement transversal en arrière.—Cayenne.

2. PTILODACTYLA ELATERINA.

Guér., *Icon. du Règ. anim.*, pl. 13, fig. 9.—Long. 4 lig. Larg. 1 lig. ¼.—D'un brun obscur ; pattes et dessous du corps plus foncés. — Amérique du Nord.

LAIRUS.

Antennes filiformes, longues, de onze articles : le premier globuleux, les deuxième et troisième très-petits, les autres longs, un peu coniques, à peu près égaux.—Palpes à dernier article sécuriforme. — Tarses à premier article un peu allongé ; les trois suivans triangulaires, munis chacun en dessous de prolongemens membraneux. — Le corps est arrondi, convexe, globuleux. — La tête est enfoncée dans le corselet.— Les yeux globuleux.—Le corselet convexe, échancré en avant, bisinué en arrière. — Ecusson petit, triangulaire.—Elytres grandes, embrassant le ventre, convexes. — Pattes fortes. — Cuisses et jambes comprimées ; les dernières ciliées au côté externe.

Ce genre, composé d'espèces de taille assez petite, semble être propre à l'Amérique du Sud ; il se rapproche de celui de *Ptilodactyla* ; mais s'en distingue aisément par sa forme globuleuse et ses tarses prolongés en dessous.

1. LAIRUS SULCATUS.

Long. 3 lig. Larg. 2 lig. — D'un brun obscur, luisant, finement ponctué, pubescent ; élytres fortement striées, ponctuées; dessous du corps et pattes rougeâtres. — Brésil.

2. LAIRUS MARMORATUS.

Long. 3 lig. Larg. 1 lig. ¼.—D'un brun-rouge, finement ponctué, pubescent ; écusson noir ; élytres striées, ponctuées, d'un rouge clair, marbrées de petites taches noires ; dessous du corps, pattes et antennes d'un brun-rouge. — Cayenne.

3. LAIRUS AFFINIS.

Long. 2 lig. Larg. 1 lig. ¼.—Ressemble beaucoup au précédent, mais s'en distingue par sa taille plus petite, sa couleur un peu plus obscure; le dessous du corps noir, avec les pattes d'un brun foncé. — Cayenne.

ATOPA, Fabr.;
Dascillus, Latr.

Antennes de onze articles : les deux premiers courts, les suivans égaux entre eux, allongés. — Palpes filiformes ; le dernier article plus grand, presque cylindrique, obtus. — Tarses avec leurs trois premiers articles cordiformes, le quatrième profondément bilobé, le dernier très-allongé, terminé par deux forts crochets.—Tête avancée.— Mandibules fortes. — Mâchoires bifides.— Corselet court, transversal. — Ecusson semi-circulaire. — Elytres bombées, ovales. —Pattes moyennes.—Corps ovale, allongé. —Insectes ailés, de taille moyenne, propres à l'Europe. On ignore leurs mœurs.

1. ATOPA CERVINA.

Fabr., 2, 15, 1. — Donov., *Br. Ins.*, pl. 78, fig. 3. — Long. 4 lig. Larg. 2 lig. — D'un brun-noirâtre, avec les antennes, les élytres, les pattes et le dernier segment de l'abdomen d'un jaune testacé ; tout l'insecte est couvert d'un épais duvet cendré. — France.

2. ATOPA CINEREA.

Fabr., 2, 15, 2. —*Cervina*, Oliv., 3, 54, 1, pl. 1, fig. 2. — Long. 4 lig. Larg. 2 lig. — Brune, avec un léger duvet serré d'un jaune pâle ; anus et crochets des tarses testacés ; pattes pubescentes, d'un brun noir. — France.

PÉTALON, Perty.

Antennes fortes, de onze articles : le premier grand, le second très-petit, les suivans un peu en scie. — Palpes à dernier article ovale, un peu renflé. — Tarses à articles très-larges, très-velus, bilobés ; les quatre premiers portant en dessous des palettes ;

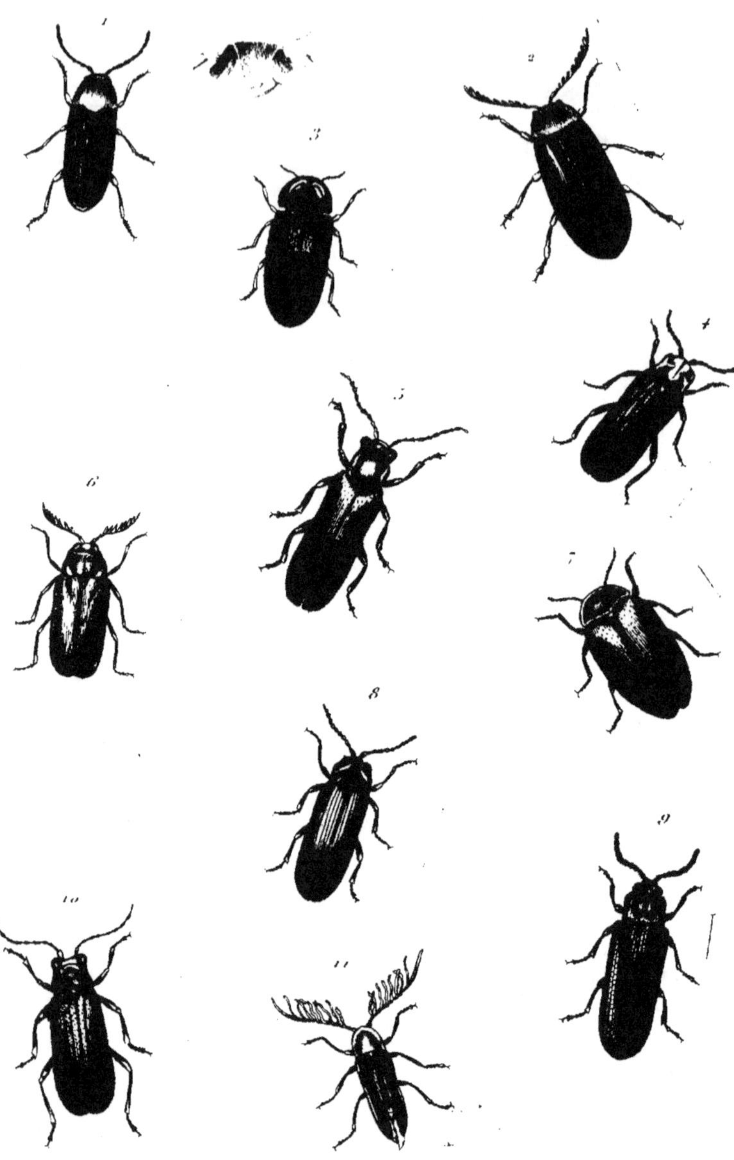

1. Petalon fulvum.
2. Ptilodactyla thoracica.
3. Lampyris splendidula.
4. Lycus aurora.
5. Telephorus abdominalis.
6. Drilus flavescens.
7. Cyphon pallidus.
8. Lycus sanguineus.
9. Omalisus suturalis.
10. Telephorus Melanurus.
11. Cladophorus lateralis.

crochets des tarses très-recourbés en dessous. — Tête arrondie. — Mandibules fortes, surmontées chacune à leur base d'une
sorte de disque arrondi et creusé au milieu. — Forme générale des *Atopa*.

1. PETALON FULVULUM.

WIEDM.—Long. 3 lig. Larg. 1 lig. ¼.—
Couvert d'un duvet très-serré, court et
jaune; élytres avec des stries longitudinales
de points serrés; dessous du corps et pattes
jaunâtres. — Java.

CYPHONITES.

Caractères. Corps hémisphérique ou en
ovale court et bombé.

Genres : *Cyphon, Scyrtes, Nycteus, Eubria.*

Les mandibules sont peu ou point apparentes, les palpes maxillaires terminés en
pointe.

Ce sont de petits insectes fort agiles. Ils
fréquentent les prairies humides, et se trouvent sur les plantes au bord des eaux;
quelques espèces peuvent sauter.

CYPHON, FABR., PAYK. ; *Elodes*, LATR.

Antennes assez longues, filiformes; le
premier article renflé, les deux suivans
plus courts et plus petits; les autres égaux
entre eux, presque cylindriques. — Palpes
assez courts; les maxillaires plus longs, à
dernier article subulé; les labiaux à dernier
article un peu renflé, fourchu. — Tarses
assez courts; le premier article long; le
pénultième bilobé.—Tête petite, inclinée.
—Yeux gros.—Mandibules allongées, minces, aiguës.—Corselet transversal, légèrement bombé, arrondi sur les côtés.—Ecusson assez grand, presque triangulaire. —
Elytres légèrement bombées, arrondies à
l'extrémité, molles.—Pattes assez longues.

Ce genre ne renferme que des insectes
de très-petite taille, de couleur sombre ou
livide. Toutes les espèces connues sont
propres à l'Europe; on les trouve sur les
plantes, principalement dans les prairies et
les lieux humides des bois; ils sont très-
agiles et échappent facilement. On les voit
rarement faire usage de leurs ailes.

1. CYPHON PALLIDUS.

FABR., 1, 501, 1, 3, 547, pl. 1. f. 10.—
Melanurus, SCHŒN., *Var.* 6. — Long.
2 lig. ¼. Larg. 1 lig.—Allongé, ponctué,
pubescent, jaune, avec le dessous du corps

noirâtre; corselet très-arrondi et rebordé
en avant et sur les côtés, coupé carrément
par derrière, et prolongé en carré dans son
milieu, avec une petite impression à l'extrémité de chaque élytre un peu obscure
de chaque de ce prolongement; antennes
très-longues, noirâtres, avec les deux premiers articles jaunâtres.— Paris.

Var. Abdomen, suture et moitié postérieure de chaque élytre, noirâtres.—Paris.

2. CYPHON LIMBATUS.

Long. 2 lig. Larg. 1 lig. ¼.—Très-ponctué, pubescent, d'un brun-gris, avec les
bords latéraux du corselet, le devant de la
tête, la base des antennes, les pattes et le
dessous du corps d'un jaune pâle; corselet très-large.—Paris.

3. CYPHON GRISEUS.

FABR., 1, 502, 3.—PANZ., *Ent. Germ.*,
1, 171, 6. — Long. 1 lig. ¼. Larg. 1 lig.
—Très-ponctué, pubescent, assez brillant,
brun-noirâtre, avec la tête et le corselet
plus foncés; les parties de la bouche, la
base des antennes et les pattes d'un jaune
livide; extrémité des antennes brune. —
Paris.

4. CYPHON PUBESCENS.

FABR., 1, 502, 4.—GYLL., *Ins. Succ.,* 1,
370, 5. — Long. 1 lig. ¼. Larg. 1 lig. —
Très-ponctué, pubescent, livide, assez brillant, avec le corselet, la tête, et le dessous du corps un peu plus foncés; pattes et
base des antennes plus pâles; l'extrémité
de ces dernières brunes. — Paris.

5. CYPHON OVALIS.

SAY.—Long. 1 lig. Larg. ¾ lig. — Très-
finement ponctué, d'un jaune testacé; corselet un peu brunâtre. — Amérique Boréale.

6. CYPHON PADI.

GYLL., *Ins., Succ.*, 1, 371, 6.—Long.
¾ lig. Larg. ¼ lig. — Ponctué, pubescent,
assez brillant, jaunâtre; corselet brunâtre,
avec les bords latéraux jaunâtres; tête,
extrémité des antennes, une tache sur la suture à la base, une autre vers le milieu et
dessous du corps un peu noirâtres.—Paris.

Var. Presque entièrement d'un brun-
gris. — Paris.

7. CYPHON SCRIPTUS.

Long. 1 lig. ¼ Larg. 1 lig. — Très-finement ponctué, d'un jaune clair; quelques
petites taches sur le corselet brunes; élytre
avec deux bandes transversales très-irrégu

lières, sinueuses et interrompues. et une petite tache à l'extrémité d'un brun foncé ; extrémité des antennes et des cuisses noirâtre. — Sénégal.

8. CYPHON AFRICANUS.

Long. 2 lig. ¼. Larg. 1 lig. ¼. — Finement ponctué, d'un gris-jaune; élytres avec quatre côtes élevées sur chacune ; base des antennes et pattes jaunes ; extrémité des antennes noires. — Sénégal.

SCYRTES, Latr.;
Cyphon, Fabr.

Ce genre ne formait dans Fabricius qu'une division du genre *Cyphon*; M. Latreille l'a convertie en genre. En effet, les différences sont assez notables. — Les cuisses sont grosses, et les postérieures très-renflées. — Les jambes sont terminées par deux forts éperons dont l'un est très-long. — Le premier article des tarses est long et celui des tarses postérieurs de la longueur des autres pris ensemble. — Le corps est plus ovale et plus large. — La tête moins avancée.

Insectes de très-petite taille ; on les rencontre sur les plantes aquatiques; à les voir sauter on les prendrait pour des *Altises*. — Leurs larves sont inconnues.

1. SCYRTES HEMISPHERICUS.

Panz., *Faun. Germ.*, 96, fig. 7. — Long. 1 lig. ¼. Larg. 1. lig. — Très-ponctué, pubescent. noir, brillant; base des antennes pâle ; pattes noirâtres. avec les jambes et les tarses d'un jaune pâle. — Paris.

2. SCYRTES ORBICULARIS.

Panz., *Faun. Germ.*, 8, 6. — Long. 1 lig. ¼. Larg. 1 lig. ¼. — Orbiculaire, très-finement ponctué, pubescent, d'un brun jaune. — France Méridionale.

NYCTEUS, Latr.;
Hamaxobius, Ziegl.;
Eucynctus, Schuppel.

Ce genre. à cause de ses tarses entiers, ne pourrait être confondu qu'avec les *Eubria*. Mais il en diffère par ses antennes, dont le troisième article est beaucoup plus petit que les autres; ceux de l'extrémité sont presque grenus ; toutes les jambes sont terminées par deux éperons assez forts.

NYCTEUS HÆMORRHOUS.

Ziegl. — Long. 1 lig. ¼. Larg. ¼ lig. —

Très-finement ponctué. pubescent ; d'un brun-noir avec l'extrémité des élytres et les pattes rougeâtres; élytres très-faiblement striées. — Autriche.

2. NYCTEUS MERIDIONALIS.

Long. 1 lig. ¼. Larg. 1 lig. — Diffère du *N. Hæmorrhous* par sa forme plus bombée et ses élytres entièrement d'un brun-noir. — Espagne.

EUBRIA, Ziegl., Latr.;
Cyphon, Germar.

Ce genre diffère des *Cyphons* par ses antennes un peu dentées en scie, le deuxième article très-petit, les deux suivans grands, celui de l'extrémité pointu et échancré. — Les articles des tarses sont entiers. — Les éperons des jambes sont presque nuls.

EUBRIA PALUSTRIS.

Germar, *Faun. Ins. Eur.*, 4, 3. — Long. 1 lig. Larg. ½ lig. — Très-finement ponctué, d'un beau noir; élytres un peu olivâtres. avec des stries longitudinales assez fortes ; dessous du corps, pattes et antennes noirs; base de celles-ci jaunâtre. — Paris.

DEUXIÈME TRIBU.

LAMPYRIDES,
Latr.

Caractères. Mandibules entières ou unidentées. — Palpes plus gros à l'extrémité. — Corps aplati. — Tête sans étranglement à sa partie postérieure.

Les *Lampyrides* composent une tribu nombreuse où l'éclat des couleurs vient se joindre quelquefois à la bizarrerie des formes. Lorsqu'ils se croient menacés de quelque danger ou qu'on les saisit, ils replient aussitôt leurs antennes et leurs pieds contre le corps, et restent immobiles dans cet état. Plusieurs espèces recourbent alors l'abdomen en dessous. Les unes se tiennent à terre, les autres fréquentent les arbres et les fleurs; toutes paraissent carnassières; quelques-unes même attaquent les individus de leur espèce.

L'anatomie de ces insectes a présenté plusieurs différences notables dans les insectes soumis aux investigations. Le tube digestif ou intestinal a une fois et demie la longueur du corps; il est revêtu de tuniques minces et diaphanes; l'œsophage se renfle en un jabot oblong séparé par une valvule annulaire du ventricule chylifique. Celui-ci lisse, droit et membraneux. L'intestin grêle est filiforme, flexueux, avec quelques rides transversales près du cœcum; ce dernier allongé; le rectum est peu marqué.

Les vaisseaux biliaires, au nombre de quatre, deux en avant et deux en arrière; chaque ovaire est composé d'une vingtaine de glandes très-courtes. L'oviducte s'enfonce avec le rectum dans un étui commun, et il est terminé par deux appendices courts et biarticulés.

Dans le *Lampyris Splendidula*, le canal alimentaire a deux fois la longueur du corps. L'œsophage est d'une telle brièveté qu'il devient inaperçu, il se dilate subitement en un sabot court, et il est séparé par un étranglement du ventricule chylifique; celui-ci est très-long; l'intestin grêle est fort court, flexueux et offre un renflement qui représente le cœcum et qui se termine par un rectum allongé. Il n'y a que deux vaisseaux biliaires, insérés comme dans les carnassiers; les ovaires sont composés d'une trentaine de gaines biloculaires.

Les *Cantharis* ont un canal digestif sans aucune inflexion. — L'œsophage est renflé à son issue de la tête. — Le ventricule chylifique est allongé. — L'intestin grêle filiforme. — Le cœcum peu distinct. — Les vaisseaux biliaires ne diffèrent pas de ceux des *Lycus*.

LYCUSITES.

Caractères. Antennes très-rapprochées à leur base. — Tête découverte, souvent prolongée en museau. — Yeux petits. — Point de segmens abdominaux phosphorescens.

Genres : *Dictyoptera, Calopteron, Lycus, Omalisus.*

Les *Lycusites* sont de beaux insectes de couleurs ternes, mais variées, et souvent de formes bizarres; les plus belles espèces sont étrangères à l'Europe.

M. Guérin a introduit dans le genre *Lycus* un grand nombre de subdivisions; mais son ouvrage étant encore inédit (*Voyage d'Urville, partie entomologique*), nous ne pouvons en publier ici les caractères.

DICTYOPTERA, Latr.;
Lycus, Fabr., Latr.

Antennes comprimées, avec le premier article renflé à l'extrémité, le deuxième plus court, les autres égaux entre eux. —

palpes courts; les maxillaires plus longs que les labiaux, terminés en massue. — Tarses courts, avec les troisième et quatrième articles cordiformes. — Tête avancée en une espèce de museau court, incliné. — Corselet presque carré, rebordé; ses angles arrondis. — Ecusson grand, triangulaire. — Elytres aplaties, très-légèrement élargies à l'extrémité. — Pattes assez grandes, aplaties. — Les jambes arquées. — Segment anal échancré dans les ♀.

Insectes propres à l'Europe, de moyenne taille, vivant du suc des fleurs et fréquentant les bois. La larve de la première espèce est linéaire, aplatie, noire, avec le dernier anneau en forme de plaque rouge, terminée par deux cornes cylindriques comme articulées et arquées. Elle a six pattes, et vit sous les écorces du chêne.

1. DICTYOPTERA AURORA.
Fabr., 2, 116, 30. — Panz., *Faun. Germ.*, 41, pl. 10. — Long. 5 lig. Larg. 1 ½ lig. — Noir, avec les bords latéraux du corselet et les élytres rouges; celles-ci articulées et striées. — France Méridionale.

2. DICTYOPTERA SANGUINEA.
Fabr., 2, 110, 29. — Oliv., 29, 4, pl. 4, fig. 1. — Long. 3 lig. ½. Larg. 1 lig. ½. — D'un noir très-foncé, luisant, avec les bords latéraux du corselet et les élytres d'un rouge sanguin; celles-ci soyeuses, avec de légères stries longitudinales, et des points enfoncés. — Paris.

3. DICTYOPTERA MINUTA.
Fabr., 2, 117, 34. — Oliv., 2, 29, 13, pl. 4, fig. 13. — Long. 2 lig. ½. Larg. 1 lig. ½. — Antennes à articles plus allongés que dans le *D. Sanguinea*, noires, avec le dernier article roussâtre; tout l'insecte est d'un brun-noir luisant, à l'exception des élytres, d'un rouge sanguin. Celles-ci ont la suture et quatre côtes élevées, entre chacune desquelles une double strie de points enfoncés; dessus de la tête avancé en forme d'écaille relevée; corselet avec deux légers enfoncemens au milieu du bord antérieur. — France.

CALOPTERON, Nobis;
Lycus, Fabr., Oliv., *Dictyoptera*, La

Les *Calopteron* diffèrent des *Dictyop* par leur tête non prolongée en museau.

Les antennes larges, comprimées. dentelées en scie. — Les angles postérieurs du corselet prolongés latéralement et les élytres étroites à la base et s'élargissant beaucoup en forme de triangle jusqu'à l'extrémité ; elles ont des côtes élevées, longitudinales, et de nombreuses petites sinuosités transversales.

Ces insectes sont revêtus de couleurs brillantes, et propres au Nouveau-Monde.

1. CALOPTERON BRASILIENSE.

DEJ., *Collect.* — Long. 8 lig. ¼. Larg. à la base des élytres, 1 lig. ¼ ; à leur extrémité 6 lig. — Noir, avec les côtés du corselet, une large tache à la base de l'élytre et une bande transversale vers le milieu, jaunes. — Brésil.

2. CALOPTERON LIMBATUM.

FABR., 2. 115. 25. — Long. 8 lig. ¼. Larg. 1 lig. ¼ à la base, 5 à l'extrémité. — Diffère du *C. Brasiliense* par les élytres entièrement noires, à l'exception de la base transversale du milieu et d'une très petite tache sur l'angle huméral ; le milieu des segmens de l'abdomen est ordinairement taché de jaune — Brésil.

3. CALOPTERON FASCIATUM.

FABR., 2. 111, 8 ; OLIV., 2, 29, pl. 1, fig. 8. — Long. 6 lig. ¼. Larg. 1 lig. ¼ à la base. 6 à l'extrémité. — D'un brun-noir, avec les côtés du corselet, l'angle huméral et la base des cuisses jaunes ; une bande blanche transversale, sinueuse sur les bords, vers le milieu des élytres. — Cayenne.

4. CALOPTERON BICOLOR.

FABR., 2, 113, 16 ; OLIV., 2. 29, 9, pl. 1. fig. 9. — Long. 5 lig. Larg. 1 lig. ¼ à la base, 3 ¼ à l'extrémité. — Rouge, avec la moitié postérieure des élytres d'un vert éclatant à reflets bleus ; antennes et tarses noirs ; élytres avec une élévation vers l'extrémité. — Saint-Domingue. Cuba.

5. CALOPTERON TRICOLOR.

FABR., 2. 112. 15. OLIV., 2, 29, 10, pl. 1, fig. 10. — Long. 4 lig. Larg. 1 lig. ¼ à la base. 2 ¼ à l'extrémité. — D'un jaune-brun ; élytres avec leur moitié antérieure brune. suivie d'une bande plus claire, et le tiers postérieur noirâtre ; antennes noirâtres. — Cayenne.

Les *Calopteron Atratum, Cinctum, Rufipenne*, Fabr., nous paraissent devoir constituer un nouveau genre à cause de leurs antennes flabellées dans les ♂. De

leur tête prolongée en museau très-long et de leurs élytres parallèles. Toutes les espèces sont de la Nouvelle-Hollande ; n'ayant pu voir qu'une ♀ en mauvais état, nous nous contentons de les signaler ici en les désignant sous le nom générique de *Porrostoma*.

LYCUS, LATR., FABR., OLIV.

Les *Lycus* diffèrent des *Dictyoptera* par la tête prolongée en un très-long museau, portant les palpes à son extrémité. — Les antennes en scie, avec le deuxième article remarquablement petit et le troisième très-allongé. — Les élytres très-dilatées, en forme de feuille dans les ♂. — Les cuisses très-grosses, très-renflées, arquées.

Ce sont des insectes d'assez grande taille ; nous les croyons propres à l'Afrique. Ils sont ailés ; leurs mœurs sont inconnues.

1. LYCUS FLAVICANS.

Long. 12 lig. Larg. 11 lig. ♂ ; 4 lig. ¼ ♀. — D'un jaune orangé, avec l'écusson et une tache de chaque côté noirâtres ; une autre tache très-grande occupe toute la partie postérieure des élytres ; elles se rétrécissent subitement en arrière dans les ♂ ; antennes (à l'exception des trois premiers articles), jambes et tarses noirs. La ♀ présente sur les élytres trois côtes élevées qu'on ne voit pas dans les ♂ ; ceux-ci n'offrent que deux lignes longitudinales sinuées. — Sénégal.

2. LYCUS AFRICANUS.

Long. 12 lig. Larg. 11 lig. ♀. — Diffère du *Lycus Scutellaris* par sa forme plus aplatie, sa couleur généralement plus noirâtre, son écusson jaune, et l'absence des taches noires qui accompagnent celui-ci dans le *Scutellaris*. — Sénégal.

3. LYCUS SENEGALENSIS.

Long. 10 lig. Larg. 9 lig. ¼ ♀. — D'un jaune orangé ; élytres avec une élévation très-marquée à la base et une autre dans le milieu sur la suture ; leur partie postérieure offre une très-large tache noire qui suit le bord latéral jusque vers le milieu de l'élytre ; antennes (à l'exception des trois premiers articles), jambes et tarses noirs. — Sénégal.

4. LYCUS ROSTRATUS.

FABR., 2. 110, 3. — OLIV. 2. 29, 7, pl. 1, fig. 4. — Long. 8 lig. Larg. 5 lig. ♀. — D'un jaune orangé, avec le disque du corselet, une très-large tache sur la base de l'élytre couvrant l'écusson, et une autre couvrant la partie postérieure, noirs; dessous du corps, pattes et antennes de même couleur, ainsi que le milieu des segmens abdominaux. — Cap de Bonne-Espérance.

5. LYCUS TERMINATUS.

Dalman, Schoenn., *Syn. Ins.*, 4, pl. 1, fig. 9. — Long. 7 lig. Larg. 2 lig. ¼ ♀. — Jaune; une tache allongée, noire, au milieu du corselet; tout le tour postérieur des élytres de même couleur, ainsi que les antennes; pattes brunes. — Sénégal.

Nota. Cette espèce est dans plusieurs collections sous le nom de *Fastiditus.*

6. LYCUS MIRABILIS.

Long. 10 lig. Larg. 6 lig. ¼. — Noir, un peu pubescent; tête triangulaire, terminée en pointe; corselet grand, presque carré, coupé droit en avant; côtés obliques, allant en s'élargissant en arrière; bord postérieur arqué et prolongé au-dessus de l'écusson; élytres très-grandes, rondes, très-convexes, embrassant très-largement l'abdomen, rouges, avec une bande transversale sur la base, la suture qui s'élargit en croix vers son milieu, une grande tache plus près du bord externe et l'extrémité noires; jambes très-comprimées; antennes fortes, très-peu comprimées, dentelées. — Colombie.

Nota. Cet insecte devrait probablement former une coupe particulière. (*Celiasis, mihi.*)

La ♀ a les antennes assez courtes et grêles; les élytres sont à côtés parallèles, et les deux taches du milieu sont remplacées par une bande transversale, arquée, et qui n'atteint pas le bord externe.

OMALISUS, Geoffroy, Oliv., Fabr., Latr.

Antennes filiformes. — Le premier article renflé; les deux suivans très-courts; les autres presque cylindriques, et à peu près égaux entre eux. — Palpes courts; les labiaux filiformes; les maxillaires plus longs, presque en massue. — Tarses assez courts, filiformes; le quatrième article très-petit. — Tête point avancée en museau, en partie découverte. — Mandibules minces, très-arquées, assez longues, pointues. — Corselet presque carré, terminé postérieurement de chaque côté en pointe aiguë. — Écusson assez grand,

triangulaire. — Elytres noires, aplaties, arrondies à l'extrémité. — Corps allongé, déprimé.

Insectes de petite taille, faisant rarement usage de leurs ailes. On les rencontre sur différentes plantes, sur les charmes et les chênes. Dès qu'ils s'aperçoivent qu'on veut les saisir, ils se laissent tomber, et rarement on les retrouve. La larve et les mœurs de ces insectes n'ont pas encore été découvertes.

1. OMALISUS SUTURALIS.

Fabr., 2, 108, n° 1. — Oliv., 2, 24, 1, pl. 1, fig. 1. — Long. 2 lig. ½. Larg. 1 lig. — Ponctué, noir; élytres avec des stries longitudinales de gros points enfoncés; leurs bords largement d'un rouge obscur, plus étendu vers l'extrémité; parties de la bouche et pattes testacées; celles-ci, surtout les cuisses, souvent noires. — Paris.

2. OMALISUS SANGUINIPENNIS.

Long. 3 lig. ¼. Larg. ½ lig. — Noir; élytres rouges, avec des stries fortement ponctuées. — Dalmatie.

2. OMALISUS CRENATUS.

Germar, *Sp. Nov.*, 1, 61, 99. — Long. 8 lig. Larg. 1 lig. ¼. — Brun; corselet jaunâtre; élytres avec des stries crénelées et trois côtes élevées; dessous du corps plus foncé; pattes plus claires. — Etats-Unis.

LAMPYRITES.

Caractères. Antennes très-rapprochées à leur base. — Tête cachée en tout ou en partie, obtuse ou arrondie. — Yeux très-grands dans les ♂. — Des segmens abdominaux phosphorescens.

Genres: *Amydetes, Phengodes, Dryptelytra, Lamprocera, Calyptocephalus, Megalophtalmus, Vesta, Ethra, Hyas, Alecton, Lucio, Lucidota, Phosphænus, Lampyris, Photinus, Aspisoma, Luciola.*

Les *Lampyris* sont souvent aussi remarquables par l'élégance de leurs formes que par la singulière propriété de répandre autour d'eux une lumière assez vive dont ils peuvent varier l'action à volonté. On les trouve à terre, dans les endroits humides des bois et des prairies.

AMYDETES. Hoffmansegg, Germar.

Antennes insérées au-dessous des yeux, composées d'un très-grand nombre d'articles (une vingtaine au moins), émettant

chacun, dans les ♀, à partir du troisième,
un long rameau en barbe de plume. —
Palpes courts, à dernier article un peu sécuriforme; les maxillaires terminés par un
article ovale-pointu. — Tarses filiformes;
le quatrième article très-court, bilobé. —
Tête à peine cachée par le corselet. —
Celui-ci transversal, semi-circulaire, rebordé et arrondi en avant; ses angles postérieurs prolongés. — Ecusson court. —
Elytres très-allongées, étroites. — Pattes
assez longues.

Ce genre, propre à l'Amérique du Sud,
renferme peu d'espèces; elles ont les trois
derniers segmens de l'abdomen phosphorescens et sont pourvues d'ailes.

1. AMYDETES APICALIS.

GERMAR. *Sec. Nov.*, 67, t. III, *Zoolog.
Journ.*, 17, pl. supp. 41, fig. 1. — Long.
3 lig. ¼. Larg. 1 lig. ¼. — D'un jaune testacé; corselet un peu sinueux de chaque
côté, en avant; extrémité des élytres, antennes et dessous du corps noirâtres; pattes
un peu jaunâtres; tête noire. — Brésil.

2. AMYDETES PLUMICORNIS.

LATR., *Voyage Humboldt, Zool.*, t. XVI,
p. 4. — Long. 4 lig. Larg. 1 lig. ½. —
D'un brun-jaune-clair; corselet avec deux
taches carrées brunes; bords et suture des
élytres jaunes. — Brésil.

3. AMYDETES VIGORSII.

LEACH, *Zool. Journ.*, 17, 64, pl. supp.
41, fig. 2. — Long. 5 lig. Larg. 2 lig. —
Fortement ponctué, pubescent, brun
; bords latéraux du corselet et des élytres et
écusson d'un jaune testacé; antennes et
pattes brunâtres; quatre lignes élevées sur
les élytres. — Pérou.

Nota. Ajoutez à ces espèces l'*Amydetes
Fastigiata*, ILLIG., *Mag.*, t. VI, p. 342.

PHENGODES, HOFFMANSEGG, LATR., LEACH;

Lampyris, FABR., OLIV.

Antennes de onze articles, émettant, à
partir du troisième article, deux longs filets ciliés, roulés sur eux-mêmes. — Tarses
filiformes; le pénultième article très-court,
à peine bilobé. — Palpes maxillaires très-
saillans, presque filiformes. — Tête presque entièrement découverte. — Elytres rétrécies brusquement en pointe. — Ailes
étendues et plissées longitudinalement. —
Corselet transversal. — Corps étroit, allongé.

1. PHENGODES PLUMOSA.

FABR., 2, 105, 32. — OLIV., 2, 28, 17,
pl. 5, fig. 17. — *Testacea*, LATR., LEACH,
Zool. Journ., t. I, p. 45. — Long. 3 lig. ¼.
Larg. 1 lig. — Glabre, d'un jaune testacé;
extrémité des élytres et antennes d'un brun
obscur; milieu des segmens abdominaux
brunâtre; leur extrémité inférieure pâle.
— Amérique du Nord.

2. PHENGODES FLAVICOLLIS.

LATR., LEACH, *Zool. Journ.*, t. I, p. 45.
— Long. 2 lig. ¼. Larg. ¼ lig. — Brune; tête
noirâtre en dessus; palpes brunâtres; ailes
pâles; dessus de l'abdomen jaune à la base;
extrémité des segmens abdominaux jaunâtre; les deux derniers avec une tache
jaune. — Pérou.

DRYPTELYTRA, LAPORTE.

Antennes de onze articles; le premier
assez grand, le deuxième court, tous les
suivans munis chacun d'un rameau long et
comprimé. — Tarses à premier article
presque aussi long que les trois suivans
réunis; crochets assez forts. — Tête cachée
sous le corselet. — Yeux assez petits. —
Corselet transversal, plus large que les
élytres, arrondi et largement rebordé sur
les côtés, et un peu anguleux en avant. —
Ecusson triangulaire. — Elytres presque
de la longueur de l'abdomen, se rétrécissant presque en pointe en arrière, bâil-
lantes et comme échancrées du côté de la
suture. — Pattes moyennes. — Jambes non
comprimées.

1. DRYPTELYTRA CAYENNENSIS.

LAP., *Ann. Soc. Ent.*, t. II, p. 129. —
Long. 5 lig. ¼. Larg. 1 lig. ½. — Jaune;
extrémité des antennes et disque des élytres noirâtres; ces dernières bordées à la
base, sur la suture et à l'extrémité, de
jaune; extrémité des jambes et tarses un
peu obscure. — Cayenne.

LAMPROCERA, LAPORTE;

Omalisus, STURM.

Antennes de onze articles, insérées entre
les yeux; les articles, à partir du troisième,
émettant chacun, dans les mâles, deux doubles rameaux aplatis, longs, divergens; et
dans les ♀, un petit rameau très-court; le
dernier article long. — Palpes labiaux très-
courts, terminés par un article sécuriforme échancré au milieu; les maxillaires

plus longs, terminés par un article ovale et renflé. — Tarses filiformes. — Tête cachée sous le corselet. — Celui-ci rebordé, semi-circulaire, anguleux antérieurement. — Écusson triangulaire. — Élytres larges, planes, rétrécies peu à peu vers les extrémités. — Pattes moyennes.

Insectes de grande taille, et de l'Amérique.

LAMPROCERA GRANDIS.

Sturm, *Catalogue.* — Latr., Kirby, *Centuria* (édit. Lequien), p. 12, n° 17, pl. 1, f. 4. — Long. 12 lig. Larg. 5 lig. 1. — Corselet bisinué en arrière, avec un enfoncement longitudinal de chaque côté du disque, d'un jaune rougeâtre, avec une tache allongée, noire au milieu, et une autre large de chaque côté en arrière; écusson et élytres noirs; celles-ci avec la suture, une large tache couvrant l'angle huméral et se prolongeant longitudinalement jusqu'aux deux tiers de l'élytre, et deux petites lignes longitudinales raccourcies sur le disque, de la couleur du corselet; dessous du corps, antennes et pattes noires.

Dans les ♀ la tache humérale s'étend transversalement jusqu'à la suture, vers le milieu de l'élytre. — Brésil.

CALYPTOCEPHALUS, Gray, Lap.

Ne diffère du genre précédent que par le corps allongé; les élytres parallèles; le corselet formant au milieu, en avant, un ang'e avancé quelquefois aigu; les rameaux des antennes plus grêles et plus longs.

1. CALYPTOCEPHALUS FASCIATUS.

Gray. *An. Kingdom*, pl. 59, f. 5. — Long. 6 lig. — Corselet jaune, avec un point noir au milieu; élytres noires, avec une bande transversale un peu courbe au milieu; antennes noirâtres; pattes pâles. — Guyane anglaise.

2. CALYPTOCEPHALUS GORYI.

Lap., *Ann. Soc. Ent.*, t. II, p. 130. — Long. 7 lig. Larg. 1 lig. 1. — Noir; côtés du corselet, dessous du thorax et une tache longitudinale sous l'abdomen, d'un jaune orangé. — Cayenne.

3. CALYPTOCEPHALUS THORACICUS.

Lap., *Ann. Soc. Ent.*, t. II, p. 130. — Long. 6 lig. Larg. 1 lig. 1. — Noir; corselet, écusson, dessous du thorax et cuisses, à l'exception de l'extrémité, jaunes: deux

petites lignes très-courtes et noires sur le disque du corselet. — Cayenne.

MEGALOPHTALMUS, Gray, Lap.

Antennes de longueur moyenne, de onze articles : le deuxième très-court, tous les suivans émettant chacun un rameau comprimé, serrés l'un contre l'autre et formant un éventail. — Palpes maxillaires longs; les premier et troisième articles courts; les deuxième et quatrième longs; celui-ci renflé et pointu à l'extrémité. — Palpes labiaux courts, à dernier article grand, renflé et pointu. — Tarses assez forts, à premier article le plus long de tous; le deuxième, moyen; le troisième, court; le quatrième, très-court, non sensiblement bilobé; le cinquième, long. — Crochets moyens. — Tête cachée sous le corselet. — Celui-ci tronqué en arrière, arrondi en avant. — Écusson demi-arrondi en arrière, tronqué en avant. — Élytres longues, assez grandes. — Pattes moyennes.

1. MEGALOPHTHALMUS BENNETTI.

Gray. *Anim. King., Ins.*, t. I, p. 371. — Long. 4 lig. — D'un brun jaune : élytres avec des stries élevées; antennes et pattes noirâtres. — Colombie.

2. MEGALOPHTALMUS MELANURUS.

Chevr., Lap., *An. de la Soc. Ent.*, t. II, p. 131.

VESTA, Laporte.

Ce genre ressemble beaucoup à celui de *Megalophtalmus.* Il s'en distingue par ses antennes assez longues. — Le quatrième article des tarses est très - fortement bilobé. — Les élytres sont longues et presque parallèles. — Les pattes un peu comprimées.

VESTA CHEVROLATII.

Lap., *Ann. Soc. Ent.*, t. II, p. 133. 1. — Long. 10 lig. Larg. 3 lig. — Noir; corselet et écusson rouges; élytres offrant quelques faibles côtes longitudinales; dessous du prothorax rougeâtre; dernier segment de l'abdomen jaune; pattes noires, avec le dessous des cuisses d'un jaune rouge; crochets des tarses bruns. — Java.

ETHRA, Lap.;
Cladophorus. Gray.

Antennes de onze articles : le premier

assez grand, le deuxième très-court, les suivans émettant chacun un rameau long, contourné sur lui-même. — Corselet un peu allongé, arrondi en avant. — Ecusson triangulaire. — Elytres allongées, presque parallèles. — Pattes moyennes.

1. ETHRA MARGINATA.

GRAY, *Anim. King.. Ins.*, pl. 39, fig. 4. — Noirâtre ; les bords latéraux des élytres jaunes dans toute leur longueur. — Brésil.

2. ETHRA LATERALIS.

LAP., *An. Soc. Ent..* t. II, p. 133. — Long. 6 lig. Larg. 1 lig. ¼. — Noirâtre ; les bords latéraux des élytres jaune, depuis l'angle huméral jusque vers les deux tiers de la longueur. — Brésil.

3. ETHRA INTERRUPTA.

LAP.. *An. Soc. Ent.*, t. II, p. 134. — Long. 5 lig. Larg. 1 lig. ¼. — Noir ; côtés du corselet et élytres d'un jaune un peu fauve ; ces dernières avec la suture obscure à la base, et une ligne longitudinale noire placée près du bord extérieur et interrompue au milieu. — Brésil.

HYAS, LAP.

Antennes assez longues, de onze articles : le premier gros, le deuxième très-court ; tous les suivans émettant chacun un rameau. — Corselet presque triangulaire, très-élargi en arrière. — Elytres peu convexes, élargies, très-largement bordées. — Jambes comprimées.

HYAS DENTICORNIS.

GERMAR. *Spec. Ins.*, p. 67. — *Scissiventris*, PERTY. *Voyage de Spix et Mart.*, pl. 6, f. 2. — Long. 10 lig. Larg. 5 lig. — Noir ; corselet triangulaire. tacheté de jaune ; élytres dilatées à la base, avec une tache et une bande jaunes. — Brésil.

ALECTON. LAP.

Antennes courtes, épaisses, fusiformes, de douze articles : le premier gros, le deuxième très-court ; tous les suivans serrés et formant une forte dent de chaque côté ; le dernier ovalaire, court, enclavé en partie dans le précédent. — Tarses filiformes, assez courts. — Le premier article un peu plus long que les suivans. — Crochets assez forts. — Tête cachée sous le corselet. — Antennes insérées entre les yeux. Ceux-ci moyens. — Corselet tron-

qué en arrière, avancé et formant un angle en avant. — Ecusson presque triangulaire. — Elytres ovales, un peu élargies, presque planes. — Pattes moyennes.

Nous ne connaissons qu'une espèce de ce genre ; elle a été rapportée de l'île de Cuba par M. Poey, et fait partie de la collection de M. Chevrolat.

ALECTON DISCOIDALIS.

LAP., *An. Soc. Ent.*, t. II, p. 135. — Long. 4 lig. ½. Larg. 2 lig. ¼. — Jaune ; extrémité des antennes et élytres noires ; ces dernieres avec une bordure latérale jaune qui commence vers le tiers de la longueur. — Ile de Cuba.

LUCIO, LAP.

Antennes courtes, larges, comprimées, de onze articles : le premier gros, le deuxième très-court, les huit suivans courts, très-serrés, formant au côté interne une très-forte dent ; le dernier article ovalaire. — Palpes labiaux courts, à dernier article triangulaire ; le premier des maxillaires très-grand. — Tarses forts ; le premier article un peu plus long que le deuxième, le troisième très-court, le quatrième fortement bifide. — Crochets assez forts. — Forme des Lamprocères. — Tête cachée sous le corselet. — Celui-ci large, s'avançant un peu anguleusement en avant. — Ecusson légèrement arrondi en arrière. — Elytres grandes, larges, dilatées, arrondies en arrière. — Pattes fortes, comprimées. — Tout l'abdomen paraît être lumineux dans la seule espèce de cette division que nous avons vue.

LUCIO ABDOMINALIS.

LAP.. *An. Soc. Ent.*, t. II, p. 136. — Long. 10 lig. Larg. 5 lig. ½. — Noir ; une tache jaune au bord antérieur du corselet ; elle est séparée en deux par la couleur noire du disque, qui s'avance en pointe au milieu ; les élytres offrent deux petits traits rouges très-courts et peu visibles, placés vers le milieu ; abdomen d'un jaune d'ocre. — Brésil.

LUCIDOTA, LAP.

Antennes presque aussi longues que le corps, de onze articles : le premier grand, le deuxième court, tous les suivans larges, très-comprimés, munis chacun, dans les mâles, d'un rameau assez long. — Palpes labiaux à dernier article triangulaire ; les maxillaires terminés par un article très-grand et pointu à l'extrémité. — Tarses à premier article aussi long que les deux suivans réunis ; le quatrième bilobé ; crochets assez forts. — Corps allongé. — Mandibules assez saillantes. — Tête cachée sous le corselet. — Celui-ci un peu anguleux en avant. — Ecusson triangulaire. — Elytres allongées, presque parallèles. — Abdomen ayant ordinairement les deux derniers segmens lumineux. — Pattes moyennes. — Jambes comprimées.

Cette division ne paraît pas être très-nombreuse en espèces ; elles sont toutes étrangères à l'Europe.

PHOSPHOENUS, Lap.

Antennes de longueur moyenne, d'égale grosseur partout, à articles serrés : le deuxième court, tous les suivans à peu près égaux, larges, le dernier ovalaire. — Palpes terminés par un article presque triangulaire. — Tarses assez épais, à trois premiers articles à peu près égaux ; le premier du postérieur un peu plus grand, le quatrième fortement bifide, le cinquième fort ; les crochets petits.—Corselet avancé, recouvrant la tête, arrondi en avant.—Ecusson triangulaire. — Elytres très-courtes. — Abdomen dépassant de beaucoup les élytres. — Pattes moyennes.

PHOSPHOENUS HEMIPTERUS.
Fabr., 2. 106. 33. — Oliv., 2, 28, 25, pl. 3. fig. 25.— Long. 2 lig. ½. Larg. ⅔ lig. — D'un brun foncé presque noir ; élytres tronquées obliquement à l'extrémité ; dernier segment de l'abdomen échancré, jaunâtre ; pattes brunes. — Paris.

LAMPYRIS, Fabr., Latr.

Antennes insérées entre les yeux, de la longueur du corselet, filiformes, de onze articles courts, grenus. — Palpes très-courts ; les maxillaires très-petits, avec le dernier article en pointe, les labiaux épais, le dernier article en massue. — Tarses courts, filiformes. — Tête petite, cachée sous le bord antérieur du corselet. — Yeux très-gros. — Corselet rebordé, arrondi, antérieurement tronqué en arrière. — Ecusson petit, presque triangulaire. — Elytres de la longueur du corselet, parallèles et aplaties. — Pattes courtes. — Abdomen à segmens terminés latéralement en angles aigus. — Femelles aptères ou n'ayant au plus que des moignons d'aile.

Insectes de taille moyenne et répandant une lumière phosphorescente par les derniers segmens de l'abdomen ; leurs larves sont très-carnassières, et vivent de limaçons.

1. LAMPYRIS NOCTILUCA.
Fabr., 2, 99. 1.—Oliv., 2, 28, 2, pl.1, fig. 2. — Long. 5 lig. ½. Larg. 2 lig. — Jaunâtre, avec une tache noirâtre au milieu du corselet ; élytres d'un gris noir, ponctuées, avec de petites côtes longitudinales élevées ; ♀ entièrement aptère, brunâtre, avec les bords des segmens jaunâtres. — Paris.

2. LAMPYRIS SPLENDIDULA.
Fabr., 2, 99, 2. — Oliv., 2, 28, 4, pl. 1, fig. 4. — Long. 4 lig. Larg. 2 lig. — Diffère de L. Zenkeri par la taille ; le corselet du ♂ offre en avant deux taches transparentes ; les élytres sont plus ovales ; la suture jaune est à peine visible ; la ♀ courte, élargie, et offrant des moignons d'élytres arrondis. — Midi de la France.

5. LAMPYRIS ZENKERI.
Brullé. Expéd. sc. de Morée, Ent., p. 43. pl. 35, fig. 13. — Long. 5 lig. Larg. 1 lig. ½.—Ne diffère de la L. Noctiluca que par sa couleur un peu plus foncée ; les derniers segmens abdominaux prolongés latéralement en pointe ; le segment anal plus fortement échancré, et terminé dans son milieu en une pointe arrondie ; la femelle offre des moignons d'aile ; elle est plus grande que celle de la L. Noctiluca. — France Méridionale, Italie.

4. LAMPYRIS DYLUATIA.
Burchell. — Long. 8 lig. Larg. 3 lig.— Diffère de la Noctiluca par sa taille beaucoup plus grande ; son corselet très-arrondi en avant, avec une tache foncée assez petite au milieu ; élytres finement bordées de jaune ; dessous du corps de cette dernière couleur.

Femelle jaune, avec des moignons d'aile. — Cap de Bonne-Espérance.

PHOTINUS, Lap.

Antennes de onze articles insérés entre les yeux, filiformes, non comprimées, celles des mâles rarement pectinées, le premier article fort, le deuxième très-court, les autres à peu près égaux. — Palpes labiaux assez longs, grêles; les maxillaires forts, terminés par un article grand et pointu. — Tarses forts, à premier article sensiblement plus grand que les suivans, le quatrième très-fortement bilobé, crochets assez forts.—Corps ovalaire, plan.—Yeux très-gros. — Tête plus ou moins cachée sous le corselet. —Celui-ci rebordé et arrondi en avant, quelquefois un peu anguleux. — Écusson triangulaire. — Élytres grandes. — Pattes fortes. — Jambes comprimées.

Ce sous-genre est très-nombreux en espèces; elles sont toutes étrangères à l'Europe.

1. PHOTINUS FABRICII.

Long. 12 lig. Larg. 6 lig. — Jaune; corselet avec deux taches vitrées à sa partie antérieure; une autre plus grande noirâtre en arrière; élytres brunes, avec la suture, le bord extérieur et une bande un peu oblique qui part de l'angle huméral et rejoint le bord latéral près de l'extrémité, jaunes; abdomen noir; les deux avant-derniers segmens lumineux; portion et base des cuisses rougeâtres. — Brésil.

Nota. J'ai conservé à cette espèce le nom qu'elle porte dans les collections de Paris.

2. PHOTINUS ALBOMARGINATUS.

Long. 12 lig. Larg. 7 lig. — Jaune; corselet avec deux taches vitrées en avant; la partie postérieure de son disque brunâtre; disque des élytres de cette couleur; une large bordure jaune de chaque côté; dessous du corps jaunâtre; jambes et antennes noirâtres. — Buénos-Ayres.

3. PHOTINUS DIAPHANUS.

Germ., *Ins. Spec. Nov.*, 1, 64. — Long. 10 lig. Larg. 4 lig. — Allongé, noir; corselet jaune, avec deux taches ovales vitrées à sa partie antérieure, et une tache noirâtre en arrière; suture des élytres, une bande longitudinale depuis l'angle huméral jusqu'aux deux tiers de l'élytre, près du bord extérieur, jaunes; base des cuisses de cette couleur. — Buénos-Ayres.

4. PHOTINUS FENESTRATUS.

Germ., *Spec. Ins.*, 1, 66. — Long. 9 lig. ¼. Larg. 5 lig. — Noir, avec les bords du corselet, une tache transparente de chaque côté en avant, jaunes; élytres avec une large bordure de même couleur allant au delà des deux tiers de la longueur; pattes jaunes, jambes et tarses noirs. — Brésil.

5. PHOTINUS INFUSCATUS.

Long. 7 lig. ¼. Larg. 3 lig. ¼. — D'un brun foncé, avec une petite tache jaune de chaque côté antérieur du corselet, et une autre allongée le long du bord extérieur, depuis la base jusqu'aux deux tiers de chaque élytre; celles-ci d'un jaune brunâtre, avec la base et les bords extérieurs légèrement dilatés à l'extrémité, noirâtres; suture brune ♀. — Brésil.

6. PHOTINUS LUCTUOSUS.

Long. 7 lig. Larg. 3 lig. — Noir, avec une petite tache jaune de chaque côté antérieur du corselet, et une autre allongée sur chaque élytre, le long du bord extérieur, depuis la base jusqu'aux deux tiers ♂. — Brésil.

7. PHOTINUS ALBICINCTUS.

Long. 6 lig. Larg. 2 lig. — Noirâtre; bords latéraux du corselet et des élytres, et la suture, jaunes; pattes un peu jaunâtres; antennes plus longues que le corps. — Brésil.

8. PHOTINUS LATICORNIS.

Fabr., 2, 100, 7. — Oliv., 28, pl. 3, fig. 28. — Long. 5 lig. Larg. 2 lig. ¼. — D'un brun foncé, avec les bords latéraux du corselet et l'abdomen d'un jaune-rougeâtre; pattes brunâtres; antennes dilatées au milieu. — Amérique du Nord.

9. PHOTINUS PENSYLVANICUS.

Degeer, 4, 58, 8, pl. 17, fig. 8. — Oliv., 2, 28, 8, pl. 1, fig. 8. — Long. 6 lig. Larg. 2 lig. ¼. — Antennes jaunâtres; tête et corselet jaunes, ce dernier avec le disque rougeâtre et une bande longitudinale noire au milieu; élytres d'un beau noir, avec la suture, le bord latéral et une bande qui s'étend de l'angle huméral jusqu'aux deux tiers de l'élytre, jaunes; dessous du corps noirâtre; cuisses jaunâtres; jambes noires. — Amérique du Nord.

10. PHOTINUS PYRALIS.

Fabr., 2, 101, 8. — Oliv., 2, 28, 11, pl. 2, fig. 11.—Long. 5 lig. Larg. 2 lig.— Corselet jaune, avec le disque rougeâtre, et une tache brune en son milieu; écusson rougeâtre; élytres presque noires, avec la suture, le bord extérieur et les pattes jaunes; dessous du corps et antennes noirâtres.

11. PHOTINUS COLLARIS.

Long. 4 lig. Larg. 4 lig. ½. — Noir, corselet jaune, avec une tache noire à sa partie antérieure ; ses angles postérieurs prolongés ; base des cuisses jaune. — Brésil.

Nota. Les espèces suivantes ont le corps aplati.—Elytres élargies, un peu arrondies latéralement.

12. PHOTINUS DECORATUS.

Long. 5 lig. Larg. 2 lig. ¼. — Noire ; côtés du corselet, bord antérieur des élytres. la partie antérieure de la suture et une bande transversale sur le milieu. jaunes ; la bande s'élargit un peu près de la suture ; devant de la tête jaune ; les deux avant-derniers segmens de l'abdomen phophorescens.— Brésil.

13. PHOTINUS 5-NOTATUS.

GORY, *Collect.*—Long. 4 lig. ¾. Larg. 1 lig. ¼. — D'un jaune un peu rougeâtre, avec une tache noire sur le milieu du corselet ; une large tache arrondie de même couleur sur l'angle huméral, et une autre très-grande couvrant toute la partie postérieure de l'élytre ; extrémité des jambes et antennes noires ; celles-ci avec le premier article jaune ; une seule tache phophorescente sur l'antépénultième segment de l'abdomen ; le milieu des deux derniers noir. — Saint-Domingue.

14. PHOTINUS 4-MACULATUS.

Long. 4 lig. ¼. Larg. 1 lig. ¼. — Jaune ; une tache arrondie noirâtre sur l'angle huméral, une autre beaucoup plus grande et ovale vers l'extrémité sur chaque élytre ; extrémité des jambes et antennes noires ; celles-ci avec le premier article jaune ; les deux derniers segmens de l'abdomen phophorescens. — Saint-Domingue.

ASPISOMA.

Nobis; *Lampyris*, FABR., OLIV., LATR.

Ce genre diffère des *Photinus* par le corselet non rebordé. — L'écusson triangulaire. — Les élytres bombées, élargies, rétrécies vers l'extrémité et dilatées à la base. — Les segmens de l'abdomen ne sont point terminés latéralement en angles aigus.

Ces insectes sont tous américains. Les deux sexes ont des élytres.

1. ASPISOMA DILATATUM.

Long. 7 lig. ½. Larg. 4 lig. ¼.—Bombé, jaune ; corselet très-avancé antérieurement, échancré en arrière en dessus de l'écusson ; élytres avec quelques petites côtes longitudinales peu marquées ; abdomen terminé en pointe. — Brésil.

2. ASPISOMA MACULATUM.

FABR., 2, 106. 3 ¼.—OLIV., 2,28, 3. pl. 1, fig. 3.—Long. 7 lig. Larg. 3 lig. ¼. — D'un brun-jaune ; corselet de cette dernière couleur, avec plusieurs taches noirâtres en arrière ; élytres rétrécies en arrière. avec une tache brune sur l'angle huméral, et deux autres plus grandes sur les bords latéraux ; pattes noires ; base des cuisses jaune. — Brésil.

3. ASPISOMA IGNITUM.

FABR., 2, 107, 40. — OLIV., 2, 28, 7, pl. 1. fig. 7. — Long. 5 lig. Larg. 2 lig. ¼. — Brun, avec deux taches jaunes au bord antérieur du corselet ; une large tache de cette couleur sur chaque élytre, au bord externe, au-dessous de l'angle huméral, et plusieurs petites stries longitudinales plus claires, rapprochées de la suture ; dessous du corps d'un brun-jaune ; antennes noirâtres ; pattes jaunâtres. — Brésil.

LUCIOLA, LAP.

Antennes courtes, insérées entre les yeux. de onze articles : le premier assez gros, le deuxième court, les neuf suivans allongés. grêles, filiformes. — Tarses filiformes ; le premier article plus long que les suivans ; le quatrième fortement bilobé.—Crochets forts. — Tête non recouverte par le corselet. — Yeux très-gros, très-globuleux. — Corselet transversal, ou un peu cavé. — Ecusson triangulaire. — Elytres généralement parallèles.— Pattes moyennes.

Ce groupe renferme un assez grand nombre d'espèces de taille moyenne ou assez petites. Presque toutes celles qui nous sont connues appartiennent à l'ancien Continent.

Les insectes de ce genre que l'on trouve en Europe s'y multiplient a un point vraiment prodigieux ; dans plusieurs parties de l'Italie ils présentent. pendant les nuits d'été, un des spectacles les plus curieux que l'on puisse voir ; l'air est éclairé d'une multitude d'étincelles ou de petites étoiles errantes qui y forment une illumination naturelle extrêmement agréable.

1. LUCIOLA VITTATA.

LAP., *Ann. Soc. Ent.*, t. II. p. 150, n° 16. — Long. 6 lig. Larg. 2 lig. — Tête noire ; corselet d'un jaune-rougeâtre ; élytres fortement ponctuées. jaunes. avec une bande longitudinale brune sur chacune ; antennes, écusson et dessous du corps brunâtres. — Java ; *Collect.* Gory.

2. LUCIOLA PUNCTICOLLIS.

Lap., *Ann. Soc. Ent.*, t. II, p. 148, 5. — Long. 4 lig. Larg. 1 lig. ¹⁄. — D'un jaune un peu rougeâtre, surtout le corselet ; celui-ci avec quatre taches noires ; élytres très-fortement ponctuées, plus foncées derrière l'écusson et le long du bord extérieur ; tarses noirs. — Sénégal.

3. LUCIOLA ITALICA.

Fabr., 2. 104, 26. — Oliv., 2, 28, 12, pl. 2, fig. 12. — Long. 3 lig. ¹⁄. Larg. 1 lig. ¹⁄. — Tête et antennes noires, velues ; corselet et écusson fortement ponctués, jaunes ; élytres fortement ponctuées, d'un brun foncé. avec le bord latéral et la base de la suture jaunes ; dessous du corps noirâtre, avec la poitrine, l'extrémité de l'abdomen et les pattes jaunes. — Italie.

4. LUCIOLA PRÆUSTA.

Escuscu., *Entom.*, n° 30. — Long. 3 lig. ¹⁄. Larg. 1 lig. — D'un jaune clair ; élytres un peu olivâtres, avec leur extrémité noirâtre ; tête de cette couleur. — Manille.

5. LUCIOLA MELANURA.

Lap., *Ann. Soc. Ent.*, t. III, p. 149, n° 10. — Long. 3 lig. Larg 1 lig. ¹⁄. — Un peu élargie, d'un jaune légèrement rougeâtre ; tête, antennes et les deux premiers segmens de l'abdomen noirâtres ; élytres fortement ponctuées, d'un jaune un peu livide, avec leur extrémité noire. — Sénégal.

6. LUCIOLA DISCICOLLIS.

Lap., *Ann. Soc. Ent.*, t. II, p. 147. 2. — Long. 2 lig. ¹⁄. Larg. ⅔ lig. — Tête noire ; corselet d'un jaune-rougeâtre, avec une assez grande tache noirâtre au milieu, prolongée jusqu'au bord antérieur ; élytres fortement ponctuées, d'un brun-noirâtre, avec la suture et le bord extérieur jaunes ; dessous du corps et pattes de cette dernière couleur ; premiers segmens de l'abdomen brunâtres. — Sénégal.

TÉLÉPHORITES.

Caractères. Antennes séparées à leur base par un écart notable. — Tête découverte. — Yeux assez grands. — Point de segmens abdominaux phosphorescens.

Genres : *Drilus*, *Malacogaster*, *Prionocerus*, *Idgia*, *Tylocerus*, *Cantharodema*, *Silis*, *Malthinus*, *Calochromus*, *Telephorus*.

Les *Téléphorides* sont des insectes pour la plupart carnassiers, et ils paraissent souvent en grand nombre ; leurs couleurs ne sont pas très-éclatantes, mais leur variété est quelquefois agréable ; on les trouve sur les arbres et les plantes.

DRILUS, Oliv., Latr. ;

Ptilinus, Geoff., Fabr.

Antennes de onze articles dans les ♂ : le premier court, renflé ; le deuxième trèspetit, le troisième triangulaire ; les suivans presque égaux entre eux et pectinés. — Celles de la ♀ de dix articles : le premier gros, le deuxième très-petit, les autres granuleux, diminuant successivement de grosseur ; le dernier très-mince. — Palpes du ♂ courts, filiformes ; les maxillaires terminés par un article ovoïde. — Ceux de la ♀ très-petits, minces ; les maxillaires fusiformes. — Tarses allongés dans les ♂, très-courts dans les ♀. — Tête avancée. — Corselet presque carré dans les ♂ ; les trois premiers segmens de l'abdomen en tenant lieu dans les ♀. — Ecusson du ♂ triangulaire. — Elytres du ♂ allongées, un peu bombées. — Pattes moyennes dans les ♂, très-courtes dans les ♀. — Celles-ci aptères, très-allongées, presque cylindriques.

Insectes de petite taille ; les ♀ trois fois plus grandes que les ♂ ; ceux-ci volent avec facilité. Leur histoire a été, dans ces derniers temps, l'objet de nombreux mémoires auxquels nous renvoyons (voyez *Ann. des Sciences nat.*, janv., juillet, août 1824. *Bulletin de la Société Philomatique*, avril. 1824, etc., etc.).

1. DRILUS FLAVESCENS.

Fabr., 1, 329, 3. — Oliv., 2, 23, 1, pl. 1. fig. 1. — ♂ Long. 8 lig. Larg. 1 lig. ¹⁄. ♀ Long. 7 lig. Larg. 2 lig. — ♂ noir, pubescent ; élytres jaunes ; ♀ d'un brun-jaune, avec la base des segmens noirâtre. — Paris.

2. DRILUS FULVICOLLIS.

Aud., *Ann. des Sc. nat.*, 2, p. 460, pl. 15, fig. 24. — Long. 2 lig. ¹⁄. Larg. 1 lig. ¹⁄. — ♂ noir ; corselet, antennes et pattes fauves ; trois petites taches brunes en ligne droite transversale sur le milieu du corselet. — Dalmatie.

3. DRILUS PECTINATUS.

Schœnn., *Syn. Ins.*, 3, 12. 4. — *Ater*, Aud., *Ann. Sc. nat.*, 2, 460.—Long 2 lig. Larg. 1 lig. — ♂ noir, pubescent; antennes moins fortement pectinées que celles du *D. Flavescens;* corselet un peu rugueux; palpes et tarses bruns. — Dalmatie; ♀ inconnue.

MALACOGASTER, Rossi.

Antennes de onze articles, en scie, insérées devant les yeux. — Palpes filiformes, à dernier article terminé en pointe arrondie. — Tarses à articles entiers et presque cylindriques. — Tête verticale, déprimée. —Corselet presque carré.—Ecusson triangulaire. — Elytres beaucoup plus courtes que l'abdomen, arrondies à l'extrémité, recouvrant les ailes. — Les pattes simples et assez courtes. — Crochets simples.

MALACOGASTER PASSERINII.

Rossi, *Mag. de Zool.*, t. II, cl. IX, pl. gén.—Long. 6 lig. — Noir; corselet, abdomen, jambes et tarses jaunes. — Sicile.

TELEPHORUS, Oliv.;
Cantharis, Fabr.

Antennes filiformes, longues. — Palpes avec le dernier article sécuriforme. — Quatrième article des tarses bilobé. — Tête assez grande. — Corselet discoïde, bords relevés. — Ecusson très-petit. — Elytres longues, entières, parallèles et molles. — Pattes assez longues.

Insectes carnassiers, de taille moyenne, presque tous propres à l'Europe; larves à tête écailleuse, munie de deux fortes dents, à corps aplati, de douze anneaux. On n'a que des conjectures sur leur nourriture, qu'elles paroissent tirer du règne végétal.

M. Fischer a publié (*Bulletin nat. Moscou*), sous le nom de *Rhagonycha*, un genre que nous réunissons à celui-ci. Le type est le *Telephorus Alpinus*, Payk. Il y place aussi le *T. Melanurus* de Linné. Les caractères de cette coupe sont : Antennes écartées, sétacées; palpes sécuriformes; pénultième article des tarses bilobé; extrémité des crochets incisée.

1. TELEPHORUS ADULTUS.

Long. 7 lig. Larg. 3 lig. — Noire; bords du corselet et la moitié antérieure des élytres d'un jaune-rougeâtre; angle huméral noir. — Brésil.

2. TELEPHORUS INTERRUPTUS.

Illig, — Long 5 lig. Larg. 1 lig. ½. —Noire; corselet rouge, avec une tache transversale noire au milieu; une large bande transversale jaune au milieu des élytres; bords postérieurs et latéraux des segmens de l'abdomen brunâtres. — Brésil Méridional.

3. TELEPHORUS CYANOMELAS.

Perty, *Voy. de Spix. et Martius*, *Ins.*, p. 28, pl. 6, t. 11. — Long. 5 lig. Larg. 1 lig. ½. — Noire; bords latéraux du corselet, antennes, à l'exception du premier article, d'un jaune-rougeâtre; une tache arrondie, blanche et argentée au milieu de chaque élytre. — Brésil.

4. TELEPHORUS CINCTUS.

Long. 4 lig. Larg. 1 lig. ½. — Noire; corselet rougeâtre; élytres un peu velues, jaunes, avec tous leurs bords et l'extrémité noirs. — Brésil.

5. TELEPHORUS MARGINICOLLIS.

Long. 4 lig. Larg. 1 lig. ½. — Noire, un peu grisâtre, pubescente; devant de la tête et corselet rouges; une tache triangulaire noire et luisante à la partie postérieure de celui-ci. — Brésil.

6. TELEPHORUS CHALYBEUS.

Long. 6 lig. Larg. 2 lig. — Noire, un peu pubescente; élytres légérement granuleuses, d'un bleu-violet. — Brésil.

7. TELEPHORUS SENEGALENSIS.

Long. 4 lig. Larg. 1 lig. ½. — Noire; les deux premiers articles des antennes et le corselet d'un brun-rougeâtre; ce dernier avec plusieurs impressions longitudinales et une tache noire en arrière; ses angles postérieurs épineux; élytres et abdomen jaunes, avec leur extrémité noire. — Sénégal.

8. TELEPHORUS ANTICUS.

Mark., *C. Fusca*, Gyll., *Faun. Suec.*— Long. 5 lig. ½. Larg. 1 lig. ½.—Ponctuée, pubescente, noire, avec le devant de la tête, la base des antennes, celle des cuisses antérieures, une tache antérieure à la première paire de pattes, les bords et les derniers segmens de l'abdomen rouges; corselet de cette couleur, avec une tache assez grande et presque carrée sur le devant. — Italie, Paris.

9. TELEPHORUS RUGIFRONS.

Long. 5 lig. ½. Larg. 2 lig. — Ressemble beaucoup à la *Cantharis Antica*; mais la tête est très-rugueuse, entièrement noire, avec une tache au-dessous des yeux; les mandibules et les palpes rougeâtres; la base des antennes et le corselet sont d'un rouge obscur. — Versailles. Espèce trouvée par M. Blondel.

10. TELEPHORUS IMMACULICOLLIS.
Long. 6 lig. Larg. 2 lig. — Très-ponctuée, noire, pubescente; devant de la tête, base des antennes, corselet, bords latéraux des segmens de l'abdomen, son extrémité, le devant des pattes antérieures et les crochets des tarses rouges.— Versailles; trouvée par M. Blondel.

11. TELEPHORUS OBSCURUS.
Fabr., 1. 296. 7. — Oliv., 2. 26. 3, pl. 2, fig. 10.—Long. 5 lig. ½. Larg. 1 lig. ½. — Diffère de la *C. Antica* par une grande tache noire, brillante, carrée, qui occupe tout le disque du corselet et ne laisse que les bords latéraux rouges. — Paris.

12. TELEPHORUS DISCICOLLIS.
Zieg. — Long. 2 lig. ½. Larg. ½. — Diffère de la *Cant. Obscura* par sa forme plus allongée et ses antennes entièrement noires. — Paris.

13. TELEPHORUS THORACICUS.
Oliv., 2. 226. 10. p. 1. fig. 2. — Long. 3 lig. Larg. ½ lig.—Rougeâtre, avec la partie postérieure de la tête, les antennes, excepté la base; les élytres, le dessous et la division des segmens abdominaux, noirs; élytres fortement ponctuées — Paris.

14. TELEPHORUS LATERALIS.
Fabr., 1. 297. 14. — Oliv., 2, pl. 3, fig. 12.—Long. 3 lig. Larg. ½ lig.—Devant de la tête, corselet, bord extérieur des élytres, bords des segmens abdominaux, base des antennes et pattes rougeâtres; tête noire; élytres d'un gris-foncé. — Paris.

15. TELEPHORUS PULCHELLUS.
Mac-Leay, *Ins. du Voy. de Ting.*, t. II, p. 442. n° 38.—Guérin, *Voy. de Duperrey, Ins.*, p. 77.—Boisduval. *Voy. de d'Urville, Ins.*, t. II, p. 131. — Long. 5 lig. Larg. 1 lig. ½. — Noire; partie postérieure du corselet, côtés de la poitrine et de l'abdomen, jaunes; élytres finement granuleuses, d'un bleu ardoise. — Nouvelle-Hollande.

16. TELEPHORUS ABDOMINALIS.
Fabr., 1. 295. 4. — Long. 4 lig. Larg. 1 lig. — Très-ponctuée, noire, brillante; devant de la tête et abdomen jaunes; élytres d'un bleu-violet assez brillant. — France.

17. TELEPHORUS VIOLACEUS.
Gyll., 1, 333, 5.—Payk., *Faun. Suec.*, 1. 260, 4. — Long. 5 lig. Larg. 1 lig. ½.— Noire; tête rouge, souvent avec un peu de noir sur le vertex dans les mâles; premier article des antennes pâle; abdomen rougeâtre; élytres d'un bleu-violet; pattes rougeâtres, avec les tarses bruns dans les femelles; cuisses du mâle avec une ligne noire à la partie extérieure ou un large anneau de cette couleur; jambes avec l'extrémité noire. — Suède.

18. TELEPHORUS TRISTIS.
Fabr., 1, 297, 16. — Long. 5 lig. Larg. 1 lig. ½. — Large, entièrement noire; base des antennes jaune, et un peu de cette couleur aux tarses; élytres fortement ponctuées. — Allemagne et Grèce.

19. TELEPHORUS FUSCUS.
Fabr., 1, 294, 1. — Preysl., *Bohem. Ins.*, 1. 61, pl. 3, fig. 4, pl. 1, fig. 1. — Long. 5 lig. ½. Larg. 1 lig. ½. — Ponctuée, pubescente, d'un noir-grisâtre; corselet rouge, avec une tache noire plus ou moins grande au milieu; devant de la tête, base des antennes, côtés de l'abdomen, derniers segmens de celui-ci et base des cuisses rouges; anus du mâle avec le dernier segment plus étroit; celui de la femelle large, obtus, arrondi. — Paris.

20. TELEPHORUS DISPAR.
Fabr., 295, 3.—Long. 5 lig. Larg. 1 lig. ½. — Noire; tête rouge, avec une tache noire sur le vertex; base des antennes testacée; corselet rouge; élytres très-ponctuées, avec un duvet cendré; côtés de l'abdomen et derniers segmens rouges, pattes rouges, avec les genoux et les jambes postérieures noirs; abdomen du mâle de huit segmens: le dernier petit; celui de la femelle en ayant sept: le dernier grand. — Paris.

21. TELEPHORUS FALLAX.
Illig., Germ., 1, 72, 122. — Long. 5 lig. Larg. 2 lig. ½. — Très-ponctuée, jaune; vertex et devant de la tête, palpes, antennes, une grande tache isolée sur le milieu du corselet, base des élytres, une grande tache isolée au milieu des élytres, noirs; suture et pattes mélangées de jaune et de noir; les jambes intermédiaires et postérieures et tous les tarses noirs. — Brésil.

22. TELEPHORUS ALPINUS.
GYLL., *Ins. Succ.*, 1, 346, 21. — Long.
5 lig. Larg. ¼ lig.—Testacée ; extrémité des
antennes noires ; corselet avec ses angles
prolongés en deux petites dents ; élytres
beaucoup plus larges que le corselet, fortement ponctuées. pubescentes ; corps d'un
brun foncé, avec les côtés de l'abdomen ,
les bords des segmens et l'anus testacés ;
tarses mêlés de brun. — Suède.

23. TELEPHORUS LIVIDUS.
FABR., 1, 295, 2. OLIV., 2, 26, 2, pl. 2,
fig. 8. — Long. 5 lig. Larg. 1 lig. ¼. —
Diffère de la *Canth. Dispar* par la couleur
des élytres plus pâle, et la tache noire du
vertex, toujours petite et linéaire.—Paris.

24. TELEPHORUS PELLUCIDUS.
FABR., 1, 296, 10.—PANZ., *Ent., Germ.*,
1, 89, 5. — Long. 4 lig. Larg. 1 lig. ¼. —
Noire, avec un duvet cendré sur les élytres ; devant de la tête, antennes, corselet,
bords latéraux et inférieurs des premiers
segmens de l'abdomen, les derniers entièrement, et les pattes, rougeâtres ; l'extrémité des cuisses postérieures et les jambes
postérieurs brunes. — Paris.
Var. Le disque du corselet est quelquefois un peu obscur, et ses bords latéraux
très-pâles ; les antennes un peu obscures
vers l'extrémité, et les pattes intermédiaires offrant un peu de noir. — Paris.

25. TELEPHORUS NIVEUS.
PANZ. , *Faun. Ins. Germ.* — Long.
3 lig. ¼. Larg. 1 lig. — Noire ; devant de
la tête et base des antennes d'un jaune-pâle ;
corselet jaunâtre, avec une tache triangulaire noire sur son disque ; élytres presque
rugueuses, jaunes ; pattes de cette couleur.
— Bourgogne.

26. TELEPHORUS OPACUS.
GERM., *Spec. Ins. Nov.*, 1, 68. 113.—
Long. 2 lig. ¼. Larg. ¼ lig.—Ponctuée, noire ; mandibules fauves ; bords du corselet
jaunes ; élytres brunes. pubescentes.—Allemagne.

27. TELEPHORUS FULVIPENNIS.
GERM., *Spec. Ins. Nov.*, 1, 68, 114.—
Long. 4 lig. Larg 1 lig. — Noire ; premier
article des antennes jaune ; corselet de cette
couleur, avec une large bande noire au
milieu ; élytres pubescentes, testacées. —
Styrie.

28. TELEPHORUS SCRIPTUS.
GERM., *Spec. Ins. Nov.* 1. 68. 115.—

Long. 5 lig. Larg. 1 lig. ¼. — Noire ; partie antérieure de la tête et corselet jaunes ;
celui-ci avec deux points à sa partie antérieure, une tache au milieu et deux petites lignes à la base, noirs ; élytres jaunâtres. avec une fascie noire, raccourcie prés
de la suture ; bords des segmens abdominaux et base des antennes ferrugineux ;
pattes brunâtres. avec une ligne noire sur
les cuisses postérieures. — Buénos-Ayres.

29. TELEPHORUS TESTACEUS.
FABR., 1, 304, 52. — Long. 2 lig.
Larg. ¼ lig.—Un peu allongée. noire: base
des antennes. tour du corselet, élytres et
jambes, jaunes. — Paris.

30. TELEPHORUS ATER.
FABR., 1, 297, 18. — OLIV., 2, 26, 12,
pl. 1, fig. 3.— Long. 2 lig. Larg. ¼ lig. —
Noire ; élytres un peu brunes ; base des antennes et extrémité des cuisses et jambes
jaunâtres ; tarses obscurs. — Allemagne.

31. TELEPHORUS FEMORALIS.
ZIEG. — Long. 2 lig. ¼. Larg. 1 lig. —
Noire ; base des antennes , élytres. extrémité des cuisses, les quatre jambes antérieures. la base et l'extrémité des postérieures jaunes ; tarses obscurs. — Paris,
Italie.

32. TELEPHORUS NIGRICANS.
FABR., 1, 296, 9. — *Obscura*, OLIV., 2,
26, pl. 2, fig. 10. — Long. 4 lig. ¼. Larg.
1 lig. ¼. — D'un brun-noir ; bouche testacée ; antennes pâles, avec l'extrémité obscure ; corselet pâle, avec le disque élevé ,
quelquefois sans tache, quelquefois avec le
disque noirâtre ; côtés de l'abdomen et
bords des segmens pâles ; pattes pâles ; extrémité des cuisses postérieures et jambes
de la même paire d'un brun-noir. —
Paris.

33. TELEPHORUS DIADEMA.
FABR., 1, 298, 22. — Long. 4 lig. Larg.
1 lig. — D'un noir un peu grisâtre ; bords
latéraux du corselet. devant de la tête et
bords inférieurs du premier article des antennes jaunes ; pattes antérieures jaunâtres.
— Amérique du Nord.

34. TELEPHORUS NIVALIS.
ZENKEL. GERM., *Spec. Ins. Nov.* 1. 71,
120. — Long. 3 lig. Larg. ¼ lig. — Noir-
brillant. avec un léger duvet gris ; parties
de la bouche, base des antennes. corselet
et pattes fauves ; élytres fortement ponc.

tuées ; abdomen rouge ou seulement avec les bords des segmens fauves. — Saxe.

35. TELEPHORUS ORALIS.

Hoff. , Germ. , *Spec. Ins. Nov.*, 1. 70, 118. — Long. 3 lig. Larg. ⅓ lig. — Brune, avec un léger duvet gris ; tête jaune , avec le vertex noir ; corselet fauve, sans tache ; élytres avec les bords latéraux et l'extrémité pâles ; bords des segmens abdominaux et pattes fauves. — Saxe.

36. TELEPHORUS FLAVILABRIS.

Fallen , *Mon. Canth.* — Long. 2 lig. ½. Larg. ⅓ lig. — Noire ; devant de la tête, base des antennes, tour du corselet, côtés de l'abdomen, bord des segmens abdominaux, anus, extrémité des cuisses et jambes d'un jaune testacé ; tarses brunâtres. — Suède.

37. TELEPHORUS PULICARIUS.

Fabr., 1, 303, 50. — Oliv., 2. 26. 17, 20. — Long. 2 lig. ½. Larg. ⅓ lig. — Noire : tour du corselet, bords de l'abdomen et anus jaunes. — Suède.

38. TELEPHORUS PALUDOSUS.

Fallen, *Monogr. Canth.*, 11. 10. — Long. 2 lig. ½. Larg. ⅓ lig. — Allongée, noire ; mandibules, base des antennes et des jambes pâles ; tarses obscurs ; corselet court. — Paris.

39. TELEPHORUS ELONGATUS.

Fallen, *Monogr. Canth.*, 11. 8. — Long. 3 lig. Larg. ⅓ lig. — Allongée, noire, avec la base des antennes et des jambes testacée ; corselet allongé ; tarses obscurs ; derniers segmens abdominaux bordés de blanc dans le mâle. — Suède.

40. TELEPHORUS CLYPEATUS.

Illig., *Kaf. Preuss.*, 1, 349. 25. — *Nivea*. Panz., *Faun. Germ.*, 67, 5. — Long. 3 lig. ½. Larg. 1 lig. ½. — Jaunâtre ; vertex, bords du corselet et pattes jaunâtres ; les postérieures brunes ; corselet rétréci antérieurement. — Paris.

41. TELEPHORUS RUFUS.

Illig., *Kaf. Preuss.*, 1. 297. 4. — Long. 4 lig. ½. Larg. 1 lig. ½. — Entièrement d'un rouge-jaunâtre ; élytres jaunâtres ; poitrine noire. — Paris.

42. TELEPHORUS BICOLOR.

Fabr., 1, 303. 48. — Panz., *Faun. Germ.*, 39, 13. — Long. 4 lig. ½. Larg 1 lig. ½. — D'un rougeâtre clair ; antennes noirâtres, testacées à la base ; élytres fortement ponctuées, pu-

bescentes ; poitrine noire ; segmens antérieurs de l'abdomen d'un brun foncé a la base ; jambes et tarses postérieurs foncés. — Paris.

43. TELEPHORUS NIGRICORNIS.

Még. — Long. 2 lig. ¼. Larg. ⅓ lig. — Jaune-rougeâtre ; les élytres plus claires ; antennes noires, a l'exception de la base ; dessous du corps noir. — Allemagne.

44. TELEPHORUS PALLIDUS.

Fabr., 1, 299, 27. — Oliv., 2, 26, 14, pl. 2, fig. 9. — Long. 3 lig. Larg. ⅓ lig. — Allongée, noire ; base des antennes, élytres et pattes jaunes ; corselet rétréci antérieurement. — Paris.

45. TELEPHORUS PALLIPES.

Fabr., *Syst. El.*, 1, 299, 24. — Oliv., 2, 26, 13, pl. 1 fig. 5. — Long. 3 lig. Larg. ⅓ lig. — Diffère de la *Cant. Pallida* par une tache d'un brun-noir à l'extrémité des élytres. — Paris.

46. TELEPHORUS FULVICOLLIS.

Fabr., 1, 300, 35. — *T. Thoracicus*, Oliv., 2, 26, pl. 1, fig. 2. — Long. 3 lig. ½. Larg. 1 lig. — Rougeâtre ; derrière de la tête, et les élytres noirs, brillants ; celles-ci rugueuses ; extrémité des antennes noirâtre. — Paris.
Var. Élytres brunes. — Paris.

47. TELEPHORUS TERMINALIS.

Long. 5 lig. Larg. 2 lig. — Très-ponctuée, jaune, avec la tête, les antennes, le disque du corselet, la poitrine, la base des élytres, une grande tache commune de forme arrondie vers l'extrémité de l'élytre, noirs ; pattes jaunes, avec la base des cuisses antérieures, le devant des intermédiaires antérieures, des postérieures, toutes les jambes et tous les tarses noirs. — Brésil.

48. TELEPHORUS FUSCICORNIS.

Oliv., 2, 26, 9, pl. 1. fig. 4. — Long. 3 lig. ½. Larg. 1 lig. — Jaune, avec la tête, les antennes, à l'exception de la base, l'extrémité des élytres et le dessous du corps noirs ; élytres ocracées. — Paris.

49. TELEPHORUS MELANURUS.

Fabr., 1, 302. 3. — Oliv., 2, 26, 4, pl. 3. fig. 21. — Long. 5 lig. Larg. 1 lig. — Rougeâtre, avec les antennes, à l'exception de la base, et l'extrémité des élytres noires ; corselet rétréci antérieurement ; élytres un peu ocracées ; tarses d'un brun-noir. — Paris.

50. TELEPHORUS TRANSLUCIDUS.

Long. 4 lig. ½. Larg. 1 lig. ½. — Rougeâtre, assez brillante ; élytres jaunâtres, trèsponctuées, presque rugueuses ; yeux trèsnoirs ; abdomen très-légèrement obscur ; corselet rétréci antérieurement. — France, Paris.

51. TELEPHORUS LÆTUS.

Fabr., 1, p. 300, 24. — Long. 2 lig. ½. Larg. ⅔ lig. — Jaune-rougeâtre, avec la tête, la base des élytres, leur extrémité et presque tout le dessous du corps noirs. — Italie.

52. TELEPHORUS MARGINATUS.

Fabr., 1, 298, 19. — Long. 4 lig. ½. Larg. ⅓ lig. — Noire, avec le devant de la tête, les côtés du corselet, l'angle huméral, le bord des élytres, leur suture et la base des cuisses rougeâtres. — Amérique du Nord.

53. TELEPHORUS 2-MACULATUS.

Fabr., 1, 298, 23. — Oliv., 2, 26, 8, pl. 2, fig. 11. — Long. 5 lig. Larg. 1 lig. ½. — Jaune, avec le vertex, le milieu du corselet et une tache arrondie à la partie postérieure de chaque élytres, noir ; antennes, genoux et jambes de cette dernière couleur. — Amérique du Nord.

54. TELEPHORUS NEPALENSIS.

Hope, in *Gray's Zool. Miscellany*, n° 1, p. 26. — Long. 8 lig. Larg. 2 lig. ½. — D'un beau bleu ; tête d'un brun-rouge ; cuisses rouges ; jambes et tarses d'un noirbleuâtre. — Ce magnifique insecte vient du Népaul (Indes Orientales).

55. TELEPHORUS MARGINIPENNIS.

Long. 5 lig. Larg. 1 lig. ½. — Corps allongé, noir ; corselet d'un brun-rouge, élytres d'un gris-blanc, avec la suture, le bord externe et l'extrémité noirs. — Brésil.

56. TELEPHORUS RUBRO-SIGNATUS.

Long. 5 lig. ½. Larg. 1 lig. ½. — D'un noir mat ; corselet avec deux points rouges placés un peu en arrière ; dessous du prothorax, une tache de chaque côté du mésothorax, et bords postérieurs des segmens de l'abdomen jaunes. — Brésil.

57. TELEPHORUS GAUDICHAUDII.

Long. 4 lig. Larg. 1 lig. ½. — Noir ; mandibules, côtés du corselet et élytres jaunes ; une tache de chaque côté du thorax et abdomen de même couleur ; hanches rougeâtres. — Brésil.

58. TELEPHORUS TRICOLOR.

Long. 4 lig. Larg. 1 lig. ½. — Noire ; partie postérieure de la tête et corselet d'un jaune orange, le dernier presque carré et arrondi en avant ; élytres finement granuleuses, et d'un bleu-verdâtre ; abdomen jaune. — Nouvelle-Hollande.

59. TELEPHORUS PICTUS.

Long. 3 lig. ½. Larg. ⅓ lig. — Corps allongé, noir ; bord postérieur du corselet et élytres, à l'exception de la base et de l'extrémité, jaunes ; milieu de l'abdomen de même couleur. — Nouvelle-Hollande.

PRIONOCERUS. Perty.

Antennes longues, de onze articles : le premier assez gros, le deuxième court, le troisième long, les autres égaux, triangulaires, le dernier long et pointu. — Palpes à dernier article élargi et tronqué très-obliquement. — Tarses velus. — Le corps est allongé, mou. — La tête prolongée en avant. — Les yeux très-gros. — Le corselet en carré long. — Les élytres parallèles. — Les pattes grêles.

Ce genre contient plusieurs espèces de l'Inde ; la suivante, qui est d'Afrique, nous semble nouvelle.

PRIONOCERUS SENEGALENSIS.

Long. 3 lig. ½. Larg. 1 lig. — Jaune ; tête noire, à l'exception des parties de la bouche et de la base des antennes ; bout des élytres, jambes et tarses noirs. — Sénégal.

Nota. Le type du genre est le *P. Cæruleipennis*, Perty. *Obs. non. Ins. Ind.*, p. 33, pl. 1, f. 4. — Guérin, *Voyage de Belanger*, p. 434, pl. 2, fig. 2.

IDGIA. Lap.

Très-voisin des *Prionocerus*, mais en diffère par ses antennes non pectinées et dont le dernier article n'est pas échancré — Tête très-prolongée en avant.

IDGIA TERMINATA.

Long. 4 lig. Larg. 2 lig. ½. — Pubescente, jaune ; tête, antennes, à l'exception de la base, extrémité des élytres, bout des cuisses, jambes et tarses noirs. — Sénégal.

TYLOCERUS, Dalman ;
Cordylocerus, Guérin.

Ce genre a le port des *Cantharis*, mais s'en distingue aisément par ses antennes, qui sont de la longueur du corps, dont le premier article est très-grand, renflé en massuc ; les autres sont coniques et vont en grossissant jusqu'au dernier, qui est oblong, renflé et un peu ovalaire.

1. TYLOCERUS CRASSICORNIS.

Dalman, *Anal. Entom.*—Long. 4 lig. ¼. Larg. 1 lig. ¼. — D'un noir un peu cendré ; tête et corselet d'un jaune-orange ; antennes obscures, avec l'article basilaire brun. — Antilles.

Nota. Une autre espèce du même genre est décrite sous le nom d'*Antennatus* par M. Guérin, *Voyage de Duperrey*. *Ins.*, p. 77, pl. 11, fig. 6. — Elle est entièrement jaunâtre. — Nous en décrivons ici une troisième :

2. TYLOCERUS ATRICORNIS.

Escn.—Long. 4 lig. ¼. Larg. 1 lig. ¼. — D'un jaune clair ; antennes, extrémité des élytres, jambes et genoux noirs. — Manilles.

Nota. Un insecte très-voisin de celui-ci, mais à pattes entièrement noires, est peut-être sa femelle ; le dernier article des antennes n'est pas dilaté ; si cet insecte forme une espèce distincte, elle pourrait porter le nom de *Terminalis.*

CANTHARODEMA.

Antennes de longueur moyenne, grêles, filiformes. — Palpes à dernier article triangulaire. — Lèvre arrondie en avant. — Tarses grêles, à premier article cylindrique, les deux suivans un peu triangulaires, le quatrième cordiforme ; crochets moyens.— Tête ovale, très-rétrécie en arrière en forme de col.—Yeux petits et globuleux.—Corselet petit, étroit. — Écusson triangulaire. — Élytres assez longues et molles. — Pattes longues.

CANTHARODEMA MARGINIPENNIS.

Long. 4 lig. ¼. Larg. 2 lig. — D'un noir cendré ; devant de la tête livide ; corselet et première moitié des cuisses d'un jaune rougeâtre ; écusson, bordure et suture des élytres jaunes. — Amérique du Nord.

CALOCHROMUS, Guér.

Antennes se touchant presque à leur insertion, plus longues que le corps, aplaties, avec le premier article renflé, le second conique, petit, tronqué obliquement ; les suivants, du moins jusqu'au huitième, de la longueur du premier, aplaties, un peu dilatées. — Palpes maxillaires beaucoup plus longs que les labiaux, avec le dernier article sécuriforme. — Labre arrondi en avant. — Tarses a pénultième article bilobé. — Corps allongé, parallèle. — Tête non prolongée en avant. — Mandibules saillantes, très-arquées, terminées en pointe simple.—Corselet presque carré.—Élytres allongées, parallèles, recouvrant les ailes.

CALOCHROMUS GLAUCOPTERUS.

Guérin, *Ann. Soc. Entom.*, t. 2, p. 159, pl. 7, fig. 4. — Long. 5 lig. Larg. 1 lig. ¼. — D'un bleu obscur ; corselet et base des élytres jaunes ; antennes, dessous du corps et pattes d'un noir bleuâtre. — Nouvelle-Guinée.

SILIS, Latr.

Ce genre diffère des *Telephorus* par son corselet offrant de chaque côté en arrière une échancrure, et en dessous un petit appendice en forme de massue. — Les antennes sont larges, aplaties, avec les deux premiers articles très-petits. — Les tarses sont assez courts, élargis.

Les mœurs de ces insectes n'ont pas été observées ; ils ont des ailes.

SILIS RUBRICOLLIS.

Toussaint de Charpentier, *Hoff.*, p. 4, et 6, fig. 7. — Long. 2 lig. ¼. Larg. 1 lig. — Ponctuée, noire, brillante ; corselet rouge, rugueux au milieu, avec deux enfoncemens sur les côtés ; abdomen rouge ; jambes rougeâtres. — Dalmatie, France Méridionale.

MALTHINUS, Latr., Schœnh. ;
Telephorus, Oliv.

Les *Malthinus* ont de grands rapports avec les *Telephorus*, parmi lesquels ils avaient été placés par Fabricius ; mais les palpes, plus allongés, sont terminés par un article ovoïde. — Les antennes ont leur premier article plus long, renflé à l'extrémité.—La tête est rétrécie postérieurement. — Le corselet est en carré long, très-légèrement bombé. — Enfin les élytres sont plus courtes que l'abdomen, et les ailes, plissées seulement dans leur longueur, dépassent toujours celles-ci.

Les *Malthines* sont des insectes de petite taille que l'on rencontre sur les plantes et sur les arbres, surtout dans les bois. On ne sait encore rien de leurs mœurs et de leurs transformations.

1. MALTHINUS LATIPENNIS.

Germar, p. 14. *Spec. Nov.*, 1, 72. 123. — Long. 6 lig. Larg. 1 lig. ½. — Brun; tête noire, avec le front et les parties de la bouche jaunes; corselet avec ses bords latéraux pâles; élytres ponctuées, avec leur extrémité jaune; pattes pâles; extrémité des cuisses et jambes postérieures brunes. — Amérique du Nord.

2. MALTHINUS BIGUTTULUS.

Payk., *Faun.*, 3, *Add.*. 445. 15. — Long. 2 lig. Larg. ½. lig. — Ponctué, noir; tête grande, bouche jaunâtre; corselet obscur, avec ses bords antérieurs et postérieurs quelquefois testacés; élytres presque rugueuses; pattes légèrement pubescentes, avec deux ou trois lignes élevées vers la suture, terminées en pointe; poitrine d'un beau noir assez brillant; bord des segmens abdominaux et anus jaunâtres; cuisses jaunes; jambes et tarses brunâtres. — Suède.

3. MALTHINUS SANGUINICOLLIS.

Fallen, *Monog. Canth. et Ins.*. 15. 17. — Long. 2 lig. Larg. ½ lig. — Noir; corselet lisse, rouge; élytres d'un beau noir, avec l'extrémité d'un jaune de soufre; côtés de l'abdomen, bords des segmens et anus d'un jaune clair; jambes et tarses jaunâtres. — Paris.

4. MALTHINUS FLAVUS.

Latr., *Gen. Crust.*, 1, 261, 4. — *Minimus*, Oliv., 2, 26, pl. 1, fig. 6. — Long. 2 lig. Larg. ½ lig. — Ponctué, jaune, avec la partie postérieure de la tête noire; élytres obscures, avec le bord extérieur jaune, et une tache d'un jaune citron à l'extrémité de chaque élytre; élytres arrondies à l'extrémité. — Paris.

5. MALTHINUS FASCIATUS.

Oliv., 2, 26, 20, pl. 3, fig. 14. — Long. 2 lig. Larg. ½ lig. — Ponctué, jaune; bord postérieur de la tête et deux taches sur le milieu du corselet noirs; élytres terminées en pointe, avec des stries longitudinales de gros points enfoncés jaunes; avec l'écusson, la suture, une tache avant l'extrémité obscurs; extrémité d'un jaune citron; poitrine obscure. — Paris.

6. MALTHINUS DISPAR.

Germar, *Spec. Ins. Nov.*, 1, 73, 124. — Long. 2 lig. Larg. ½ lig. — Brun; tête noire; bouche jaunâtre; antennes noires, brunes à la base; corselet lisse, brillant;

élytres finement ponctuées, d'un brun noir assez brillant; l'extrémité d'un jaune de soufre; dessous du corps noir; jambes et tarses rougeâtres. — Allemagne.

7. MALTHINUS MAURUS.

Ziegl. — Long. 1 lig. ½. Larg. ½ lig. — Allongé, noir, peu brillant; mandibules et bord inférieur des segmens abdominaux jaunes; élytres, pattes et antennes obscures. — Versailles.

8. MALTHINUS MARGINATUS.

Latr., *Gen. Crust.*, 1, 261, 2. — Lesk., *Iter.*, p. 47, pl. A, fig. 14. — Long. 1 lig. ½. Larg. ½ lig. — Tête noire, brillante, avec les parties de la bouche jaunâtres; corselet noir, avec tous les bords jaunâtres; élytres d'un brun jaunâtre, très-ponctuées, avec une tache jaune à leur extrémité; poitrine noire, brillante; abdomen obscur, avec les bords des segmens jaunes; antennes noirâtres; leur base testacée, obscure; pattes d'un brun noirâtre; les jambes plus claires. — Paris.

9. MALTHINUS BREVICOLLIS.

Payk., *Faun. Ins.*, 1, 269, 16. — Long. 1 lig. ¼. Larg. ½ lig. — Noir assez brillant; parties de la bouche jaunes; abdomen de cette couleur, avec une rangée latérale de taches noires; élytres obscures, avec une tache jaune à leur extrémité; pattes et antennes d'un noir obscur; corselet court. — Italie.

TROISIÈME TRIBU.

MÉLYRIDES,

Latr.

Caractères. Mandibules échancrées ou bidentées à l'extrémité. — Palpes filiformes. — Corps ovalaire. — Tête sans étranglement à sa partie postérieure.

Les *Mélyrides* sont généralement très-agiles, et fréquentent les fleurs et les feuilles des végétaux; ils offrent presque tous des couleurs métalliques assez brillantes; leur taille est au plus moyenne; ils volent avec facilité. Le tube alimentaire de ces insectes a près de trois fois la longueur du corps. L'œsophage se renfle insensiblement, au sortir de la tête, en un jabot allongé, séparé par une contracture du ventricule chylifique; celui-ci est oblong. L'intestin grêle est assez long, filiforme. Le cœcum gros et court. Le rectum allongé, filiforme.

Les vaisseaux biliaires sont au nombre de deux, insérés comme dans les carnassiers. Les ovaires sont composés d'une vingtaine de gaines triloculaires. L'oviducte est renflé à son origine, allongé, flexueux.

Les larves et les métamorphoses des *Mélyrides* sont inconnues.

MALACHITES.

Des vésicules colorées sur les côtés du corselet et des élytres.—Corps allongé et glabre.

Genre : *Malachius*.

MALACHIUS, Fabr.,
Malachius et Laius, Guérin.

Antennes sétacées, souvent en scie, et offrant en général des appendices de diverses formes dans les mâles. — Palpes filiformes. — Tarses avec le quatrième article de même longueur que les autres. — Mandibules filiformes, courbées à l'extrémité. — Tête de la longueur du corselet. —Celui-ci ordinairement arrondi, presque aussi large que les élytres.—Celles-ci flexibles, parallèles. — Des vésicules rouges, enflées, molles, irrégulières et rétractiles, dont l'usage est ignoré, aux côtés du corselet et du ventre. — Pattes de grandeur moyenne.

Insectes d'assez petite taille, vivant sur les fleurs, et propres à l'Europe.

1. MALACHIUS ÆNEUS.
Fabr., 1, 306, 3. — Oliv., 2, 27, 2, pl. 2, fig. 6. — Long. 3 lig. Larg. 1 lig. ½. — Vert-cuivreux brillant; devant de la tête jaune ; une tache rouge à l'angle antérieur du corselet; élytres rouges, avec l'angle huméral et les deux tiers antérieurs de la suture verts. — Paris.

2. MALACHIUS RUFUS.
Fabr., 1, 306, 5. — Oliv., 2, 27, 1, pl. fig. 4.—Long. 3 lig. Larg. 1 lig. ½. — Rouge, avec une tache sur le milieu du corselet, le derrière de la tête, le dessous du corps et les pattes d'un vert-métallique brillant; bouche et tarses antérieurs jaunes. — France Méridionale.

3. MALACHIUS BIPUSTULATUS.
Fabr., 1, 306, 4. — Oliv., 2, 27, pl. 1, fig. 1. — Long. 2 lig. ½. Larg. 1 lig. — Vert-bleuâtre ; devant de la tête jaune ; une grande tache rouge à l'extrémité des élytres. — Paris.

4. MALACHIUS SPINIPENNIS.
Zieg., Germ., *Spec. Nov.*, 1, 75, 127. —Long. 2 lig. ¾. Larg. 1 lig. — Diffère du *M. Bipustulatus* par sa couleur verte, point bleuâtre, la tache rouge de l'extrémité des élytres plus petite et n'atteignant pas le bord extérieur, et par un pli des élytres formant au bout une espèce de petite épine. — France Méridionale.

5. MALACHIUS DILATICORNIS.
Germ., 1, 74, 126. — Long. 2 lig. Larg. 1 lig.—D'un vert-bleuâtre ; tête fort aplatie, anguleuse au-dessus des yeux ; le devant jaunâtre ; antennes en scie, avec le cinquième article dilaté et tétraèdre ; une tache rouge à l'extrémité des élytres.—France Méridionale.

6. MALACHIUS LÆTUS.
Fabr., 1, 305, 2.—Long. 2 lig. ½. Larg. 1 lig. ¾. — D'un brun-jaune ; tête et extrémité des antennes noirâtres; une tache longitudinale violette sur le milieu du corselet; écusson, une tache un peu arrondie, oblique sur l'angle huméral; une bande sinueuse en arrière des élytres et leur extrémité, d'un bleu-violet ; dessous du corps et pattes jaunâtres. — Indes Orientales.

7. MALACHIUS FESTIVUS.
Long. 2 lig. ½. Larg. 1 lig. — Très-ponctué, pubescent, d'un beau vert tendre, métallique, avec les antennes, les parties de la bouche, les pattes, la base des élytres, les deux tiers de la suture et du bord extérieur et l'extrémité, jaunes. – Sénégal.

8. MALACHIUS GENICULATUS.
Germ., *Spec. Nov.*, 1, 73, 125.—Long. 2 lig. ½. Larg. 1 lig. — Il ressemble beaucoup au *M. Elegans*, dont il diffère par sa couleur ordinairement bleue, quelquefois cependant verte et brillante; le bord antérieur du corselet n'a point, comme dans l'*Elegans*, de petite tache rouge, ou tout au plus y en a-t-il une légère trace. — Italie.

9. MALACHIUS VIRIDIPENNIS.
Fabr., 1, 308, 12.—Long. 2 lig. Larg. 1 lig. ½. — Très-large, un peu pubescent; tête, corselet, pattes et base des antennes rouges ; élytres d'un bleu-violet ; extrémité des antennes noire. —Cap de Bonne-Espérance.

10. MALACHIUS 4-MACULATUS.
Fabr., 1, 308, 11. — Long. 2 lig. Larg. ½ lig. — Noir ; base des antennes et corselet rougeâtres ; élytres d'un bleu-vio-

1. Notoxus. 4-maculatus.
2. Malachius æneus.
3.   id . fasciatus.
4.   id . equestris
5. Malthinus 2-guttatus.
6. Anobium paniceum.
7. Lymexylon navale.
8. Dasytes bipustulatus.
9. Anobium striatum.
10. Hylecœtus dermestoides.

iet, avec la suture, une ligne transversale vers la base et l'extrémité jaunes. — Amérique Boréale.

11. MALACHIUS BILBERGI.
Thumb.. Schoenh., *Syn. Ins.*, 2, 79, 13. — Long. 2 lig. Larg. 1 lig.—D'un violet-bronzé, velu; parties de la bouche, base des antennes, bords antérieurs et postérieurs du corselet rouges; élytres brillantes; genoux rougeâtres; jambes et tarses pâles. — Cap de Bonne-Espérance.

12. MALACHIUS SANGUINOLENTUS.
Fabr., 1, 307, 9. — Oliv.. 2, 27, 7, pl. 3, fig. 13. — Long. 2 lig. Larg. ½ lig. — Très-finement ponctué, d'un vert-métallique obscur, avec les bords latéraux du corselet et les élytres rouges. — France.

13. MALACHIUS HETEROCERUS.
Boisduv.. *Voyag. de Durville. Ins.*, 2, p. 136, 2.—*Laius Cyaneus*, Guér., *Voyage de Duperrey, Ins.*, p. 78.—Long. 2 lig. Larg. 1 lig. — D'un bleu-violet, avec les deux premiers articles des antennes jaunes. — Nouvelle-Hollande. *Collect.* Dupont.
Nota. M. Guérin a établi sur cet insecte son genre *Laius.* Il lui donne pour caractère d'avoir le deuxième article des antennes au moins deux fois aussi long que le premier. Il y place aussi le *Paussus Flavicornis* de Fabricius, que M. Dalman (*An. Entom.*) avait déjà reconnu devoir être placé parmi les *Malachius.*

14. MALACHIUS VIRIDIS.
Fabr., 1, 307, 8. — Oliv.. 2, 27, 6, p. 3, fig. 14. — Long. 2 lig. Larg. ¼ lig. — Entièrement vert, un peu velu; devant de la tête jaune; front un peu bombé. — Paris.

15. MALACHIUS ELEGANS.
Fabr.. 1, 307, 7. — Oliv.. 2, 27, 4, pl. 3, fig. 12. — Long. 2 lig. Larg. ½ lig. — Vert, un peu velu: devant de la tête jaune; élytres avec un petit point jaune à leur extrémité — Paris.

16. MALACHIUS EQUESTRIS.
Fabr.. 1, 309, 22. — Oliv.. 2, 27, 13, pl. 2, fig. 11.—Long. 1 lig. ½. Larg. ½ lig. — Vert-obscur; élytres noires, avec une large tache rouge, triangulaire, à leur base, et l'extrémité de même couleur. — Paris.

17. MALACHIUS RUBRICOLLIS.
Gyll.. 1, 362.—*Ruficollis*, Oliv.. 2, 27, 10, pl. 2, fig. 9. — Long. 1 lig. ½.

Larg. ½ lig. — Vert-bleuâtre; tête noire; corselet et extrémité des élytres rouges.— Paris.

18. MALACHIUS PALLIPES.
Oliv.. 2, 27, 14, pl. 2, fig. 7. — Long. 1 lig. ½. Larg. ½ lig. — D'un vert-noirâtre, peu brillant; base des antennes et jambes antérieures et intermédiaires jaunes; corselet oblong, rétréci postérieurement, légèrement échancré. — Paris.

19. MALACHIUS FASCIATUS.
Fabr., 1, 309, 20. — Oliv., 2, 27, 12, pl. 1, fig. 2. — Long. 1 lig. ½. Larg. ½ lig. —Bronzé obscur; élytres noires, avec une bande rouge au milieu, et l'extrémité de même couleur. — Paris.

20. MALACHIUS CARDIACÆI.
Payk.. Fabr., 1, 304, 54. — Preysl.. *la Mag. aufs. Bohn. Naturg.*, 1, 65, pl. 5, fig. 5. ♂. —Long. 1 lig. ½. Larg. ¼ lig. — D'un noir-bleuâtre métallique, avec l'extrémité des élytres rouge sur la suture; antennes de la ♀ en scie, celles du ♂ flabellées. — Finlande.

21. MALACHIUS MARGINALIS.
Még.—Long. 1 lig. Larg. ½ lig.—Vert, peu brillant; antennes testacées, avec la base noire; bords latéraux du corselet rouges, avec un point noir au milieu; extrémité des élytres rouge. — Paris.

22. MALACHIUS COLLARIS.
Long. 1 lig. Larg. ½ lig. — D'un vert peu brillant, avec le devant de la tête et l'extrémité des élytres d'un rouge-jaunâtre; corselet rouge, avec une ligne longitudinale raccourcie, noire au milieu; antennes noires à base brunâtre. — Paris.

23. MALACHIUS LOBATUS.
Oliv.. 2, 27, 16, pl. 2, fig. 7. — Long. 1 lig. Larg. ½ lig. — Vert peu brillant; bord postérieur du corselet, bord extérieur des élytres et leur extrémité d'un jaune pâle; pattes antérieures et intermédiaires d'un jaune-rougeâtre; corselet arrondi antérieurement et latéralement, avec son bord postérieur allongé et relevé. — Paris.

24. MALACHIUS THORACICUS.
Fabr.. 1, 308, 14. — Oliv.. 2, 27, 14, pl. 2, fig. 10. — Long. 1 lig. Larg. ½ lig. —Vert-bleuâtre; tête noire; corselet rouge. — Paris.

25. MALACHIUS PULICARIUS.
Fabr.. 1, 308, 19. — Oliv.. 2, 27, 3,

pl. 1, fig. 5. — Long. 1 lig. ¼. Larg. ½ lig. — Vert ; côtés du corselet et extrémité des élytres rouges. — Paris.

26. MALACHIUS PEDICULARIUS.

Oliv., 2, 27, 8, pl. 1, fig. 3. — Long. 1 lig. ¼. Larg. ⅓ lig. — Vert : les trois premiers articles des antennes, les pattes excepté la base des cuisses, et extrémité des élytres, jaunes ; celles-ci terminées par une espèce de petit onglet. — Paris.

27. MALACHIUS ILICIS.

Hoff. — Long. 1 lig. ¼. Larg. ½ lig. — D'un brun-noir ; bords du corselet, antennes et jambes rougeâtres ; tous les bords des élytres jaunes. — Portugal.

28. MALACHIUS ALBIFRONS.

Fabr., 1, 310. 24. — Oliv., 2, 27, 17, pl. 3. fig. 16. — Long. ¾ lig. Larg. ¼ lig. — Noir-verdâtre peu brillant, avec la tête, le devant du corselet et l'extrémité des élytres blancs ; celles-ci terminées par un petit appendice relevé et dilaté ; pattes et base des antennes jaunâtres ; leur extrémité obscure. — Paris.

29. MALACHIUS BIFASCIATUS.

Biquet. — Long. 1 lig. ¼. Larg. ⅓ lig. — D'un bleu-violet, un peu pubescent ; parties de la bouche, antennes et corselet rouges ; élytres granuleuses, d'un blanc jaune, avec la base, une bande au milieu qui n'atteint pas la suture, et l'extrémité d'un beau bleu ; dessous du corps noir ; pattes jaunes, avec les cuisses obscures. — Sénégal.

30. MALACHIUS TRICOLOR.

Long. 1 lig. ¼. Larg. ½ lig. — D'un brun-rouge, pubescent ; élytres jaunes, avec une bande violette sur la base, et une autre un peu arquée en arrière ; dessous du corps et pattes jaunes. — Sénégal.

31. MALACHIUS QUADRINOTATUS.

Long. 1 lig. ¼. Larg. ½ lig. — Noir ; corselet rétréci en arrière et rouge, avec une tache noire au milieu ; élytres rugueuses, violettes, avec le milieu de la suture rouge ; elles ont chacune une grande tache arrondie et blanche sur la base, et une autre transversale en arrière ; tarses et base des antennes rougeâtres. — Nouvelle-Hollande.

Nota. Ce joli insecte est très-voisin du M. Bellulus. Guérin, Voyag. de Duperrey. Ins., p. 78 ; mais il m'en paraît bien distinct par la disposition des couleurs. Il doit aussi se rapprocher du M. *Verticalis*, Mac-Leay, *Voyage de King.*, t. II, p. 442, 39.

DASYDITES.

Caractères. Pas de vésicules colorées. — Corps ovalaire et plus ou moins velu.

Genres : *Dasytes, Polycaon, Zygia, Melyris, Pelecophorus.*

DASYTES, Fabr. ;
Melyris, Oliv.

Antennes filiformes, souvent en scie. — Palpes inégaux, renflés extérieurement, tronqués obliquement à l'extrémité. — Tarses filiformes ; leurs crochets avec un petit appendice en forme de dent. — Corselet court, bordé, presque de la largeur des élytres. — Celles-ci flexibles, allongées, parallèles.

Insectes de taille moyenne ou petite, vivant dans le bois à leur premier état ; ils sont ailés.

1. DASYTES SPLENDIDUS.

Long. 7 lig. ¼. Larg. 3 lig. — D'un beau bleu éclatant, ponctué ; corselet avec de longs cils noirs de chaque côté ; élytres avec une ligne oblique, assez étroite, jaune en arrière, partant du bord extérieur et n'atteignant pas la suture. — Brésil.

2. DASYTES ANTIS.

Perty. *Voyage de Spix et Mart., Ins.*, p. 29, pl. 6, f. 13. — Long. 5 lig. Larg. 2 lig. — D'un bleu violet ; tête, corselet et base des élytres très-velus ; une large bande transversale jaune sur le milieu des élytres. — Brésil.

3. DASYTES BIFASCIATUS.

Long. 5 lig. Larg. 2 lig. — D'un vert obscur, couvert d'une pubescence noire et longue ; antennes et parties de la bouche noires ; tout le tour du corselet et une ligne longitudinale au milieu rouges ; élytres avec le bord externe, une bande transversale vers le milieu et une autre en arrière rouges ; la partie de la suture qui s'étend entre ces deux bandes de même couleur ; dessous du corps et pattes d'un bronzé obscur. — Brésil.

4. DASYTES VARIEGATUS.

Germ., *Spec. Ins. Nov.*, 1, 77, 131. — Long. 3 lig. ½. Larg. 1 lig. ¼. — Velu, bronzé ; corselet verdâtre, finement ponctué ; élytres avec une ponctuation très-serrée, testacées, avec neuf taches et la suture noires ; dessous du corps d'un vert bronzé, pubescent. — Brésil.

5. DASYTES LINEATUS.

FABR., 2, 72, 5. — OLIV., 2, 21, pl. 1, fig. 6. — Long. 3 lig. Larg. 1 lig. ½. — Velu, noir, un peu verdâtre ; base des antennes, bord des élytres, une ligne longitudinale près de la suture, formant près de la base et de l'extrémité un angle rentrant, et rejoignant celle du bord extérieur, de couleur rouge ; une autre ligne de même couleur en forme d'S vers le milieu de l'élytre, rejoignant vers la base celle de la suture, et vers le milieu celle du bord extérieur ; corselet avec une ligne longitudinale blanchâtre au milieu ; écusson blanchâtre. — Brésil.

6. DASYTES ATER.

FABR., 2, 71, 1. — OLIV., 2, 21, 9, pl. 2, fig. 8. — Long. 3 lig. ½. Larg. 1 lig. ½. — Noir, très-velu ; élytres fortement granuleuses ; cuisses renflées, jambes postérieures arquées. — Midi de la France. ♂ rare.

7. DASYTES SUBÆNEUS.

SCHŒNN., Syn. Ins., 2, 15, 20. — Æneus, OLIV., 2, 21, 14, pl. 3, fig. 14. — Long. 2 lig. Larg. 1 lig. — D'un noir un peu bronzé, velu ; élytres fortement granuleuses et presque striées ; cuisses légèrement renflées ; jambes droites. — Paris.

8. DASYTES 4-PUSTULATUS.

FABR., 2, 596. — 4-Maculatus, OLIV., 2, 21, 11, pl. 1, fig. 2. — Long. 1 lig. ½, Larg. ½, lig. — Velu, noir, avec une large tache rougeâtre à l'angle huméral et une autre à l'extrémité des élytres. — France Méridionale.

9. DASYTES SCUTELLARIS.

FABR., 2, 72, 2. — ILLIG., Magaz., 3, 170, 2. — Long. 4 lig. Larg. 1 lig. ½. — Diffère du D. Ater par sa couleur d'un noir verdâtre un peu bronzé ; couvert d'un long duvet gris-cendré. — Espagne.

10. DASYTES FUSCULUS.

GYLL., Ins., 1, 4, 336. — ILLIG., Mag., 1, 82, 2-3. — Long. 3 lig. Larg. ½ lig. — Allongé, d'un bronzé obscur, pubescent, corselet canaliculé au milieu ; élytres légèrement acuminées, ponctuées et presque rugueuses, avec un duvet cendré et soyeux ; antennes et pattes noires ; jambes testacées ; tarses d'un brun noir. — Suède.

11. DASYTES RUFITARSIS.

GYLL., Ins. Suec., 4, 337. — Long. 2 lig. ½. Larg. ½ lig. — Allongé, presque glabre, d'un noir-bleuâtre ; corselet et élytres profondément ponctués ; antennes profondément en scie ; les dents allongées, triangulaires ; les trois premiers articles de la base rougeâtres ; pattes noires ; tarses ferrugineux. — Suède.

12. DASYTES PILOSUS.

GERM., Spec. Ins. Nov., 1, 75, 128. — Long. 3 lig. ½. Larg. 1 lig. ½. — D'un noir bronzé ; couvert d'un duvet gris assez long ; corselet ponctué sur ses bords, avec deux impressions en avant et de longs poils noirs ; élytres presque rugueuses. — Sibérie.

13. DASYTES TRIVITTIS.

GERM., Spec. Ins. Nov., 1, 76, 129. — Long. 3 lig. ½. Larg. 1 lig. ½. — Noir ; corselet convexe, pubescent, rouge, avec deux taches noires ; élytres avec des stries ponctuées, deux bandes de chaque côté et la suture couvertes de poils gris courts ; dessous du corps pubescent. — Amérique Septentrionale.

14. DASYTES NOBILIS.

ILLIG., Kæf. Preuss., 1, 309. — Not. ad Mus. Cæruleum. — Cyaneus, OLIV., 2, 21, 8, pl. 2, fig. 9. — Long. 2 lig. ½. Larg. ½ lig. — Allongé, velu, d'un beau vert-bleuâtre brillant ; élytres granulées. — Paris.

15. DASYTES CÆRULEUS.

FABR., 2, 73, 7. — OLIV., 2, 21, 12, pl. 2, fig. 9. — Long. 2 lig. ½. Larg. ½ lig. — Très-fortement ponctué, pubescent, d'un vert-bleu brillant ; antennes d'un noir-bleuâtre métallique. — Paris.

16. DASYTES 2-PUSTULATUS.

FABR., 2, 59, 6. — PANZ., Faun. Germ., 43, 17. — Long. 2 lig. ½. Larg. 1 lig. — Très-ponctué, velu, noir, brillant, avec une large tache rouge au-dessous de l'angle huméral. — Italie.

17. DASYTES 4-LINEATUS.

GERM., Ins. Spec. Nov., p. 76, n° 130. — Long. 2 lig. ½. Larg. 1 lig. ½. — Très-velu, d'un bleu noir, avec deux lignes longitudinales droites sur chaque élytre. — Buénos-Ayres.

18. DASYTES MORIO.

GYLL., Schon., Syn. Ins., 3, app. 11, 14. — Long. 2 lig. ½. Larg. ½ lig. — Velu, noir, sans éclat métallique ; corselet court avec des poils bruns serrés, relevés ; élytres presque rugueuses ; dessous du corps pubescent ; pattes allongées, grêles. — Barbarie.

19. DASYTES FLAVIPES.
Fabr., 2. 73. 6.—Oliv., 2, 21. 16. pl. 3, fig. 6, et pl. 2, fig. 12.—Long. 1 lig. ¹⁄₂. Larg. ¹⁄₄ lig. — Très-allongé, filiforme, d'un noir-verdâtre, velu, finement pointillé ; abdomen noir ; pattes allongées ; les antérieures presque entièrement testacées ; les postérieures de cette couleur, avec les cuisses noires ; base des antennes jaunâtre ; celles du mâle beaucoup plus longues que dans la ♀. — Allemagne et Suède.

20. DASYTES FLORALIS.
Gyll., 1, 326. 3. — Oliv., 2, 21. 13, pl. 3, fig. 13. — Long. 1 lig. ¹⁄₂. Larg. ¹⁄₄ lig. — Oblong, noir, velu, ponctué ; antennes en scie ; les dents triangulaires et aiguës ; corselet avec une légère impression transversale ; angle huméral élevé ; jambes et tarses d'un brun obscur. Mâle beaucoup plus petit. — Suède.

21. DASYTES PLUMBEUS.
Oliv., — Long. 1 lig. ¹⁄₂. Larg. 1 lig. — Entièrement d'un vert obscur, légèrement velu ; élytres finement striées ; jambes jaunâtres ; tarses bruns. — Paris.

22. DASYTES LINEARIS.
Fabr., 2. 73. 11. — Creutzer, 121, pl. 3, fig. 25. — Long. 2 lig. Larg. ¹⁄₂ lig. — Très-allongé, filiforme, verdâtre, peu brillant, très-ponctué ; une ligne enfoncée au milieu du corselet ; extrémité des élytres en pointe ; abdomen vert-brillant ; pattes et antennes noires. — Paris.

23. DASYTES PALLIPES.
Illig., Mag., 1, 83, 4. — Panz., Faun. Germ., 6. 11. — Long. 1 lig. ¹⁄₂. Larg. ¹⁄₂ lig. — Vert-bronzé, recouvert d'un duvet épais et cendré ; pattes et antennes jaunes. — Paris.

24. DASYTES NIGRICORNIS.
Fabr., 2. 73, 10. — Long. 1 lig. ¹⁄₂. Larg. ¹⁄₂ lig. — Ovale, d'un vert-bronzé obscur ; élytres fortement ponctuées, pubescentes ; base des antennes, jambes et tarses en grande partie testacés. — Paris.

25. DASYTES NIGER.
Fabr., 2. 72. 4. — Melyris Villosa, Oliv., 2. 21. 10, pl. 2. fig. 10. — Long. 1 lig. ¹⁄₂. Larg. ¹⁄₄ lig. — Allongé, noir, un

peu verdâtre, velu, finement ponctué ; une impression longitudinale de chaque côté du corselet. Mâle plus petit. — Paris.

26. DASYTES TARSALIS.
Gyll., t. IV, p. 337. — Long. 1 lig. ¹⁄₂. Larg. ¹⁄₄ lig. — Oblong, velu, vert-bleuâtre ; élytres profondément ponctuées ; antennes fortement en scie ; leur base et les tarses d'un brun ferrugineux. — Suède.

27. DASYTES OBSCURUS.
Gyll., Ins. Suec., 1, 3, add. 685, 1-2. — Long. 2 lig. ¹⁄₂. Larg. ¹⁄₂ lig. — Allongé, d'un noir légèrement verdâtre ; corselet court ; élytres finement ponctuées, un peu dilatées vers leur milieu ; l'angle huméral élevé ; antennes un peu en scie ; celles du mâle très-allongées ; pieds allongés, grêles ; jambes et tarses d'un brun ferrugineux. — Suède.

28. DASYTES PAUPERCULUS.
Meg. — Long. 1 lig. ¹⁄₂. Larg. ¹⁄₃ lig. — Très-ponctué, velu, noir, peu brillant ; élytres d'un vert cuivreux, assez brillantes ; tarses bruns. — Paris. Très-rare.

29. DASYTES PUNCTATUS.
Germ., Spec. Ins. Nov., 1, 77, 132. — Long. 1 lig. ¹⁄₂. Larg. ¹⁄₃ lig. — D'un vert bronzé, pubescent, ponctué ; antennes rouges, plus obscures à l'extrémité ; élytres assez fortement ponctuées ; pattes rouges ; cuisses brunes. — Styrie.

30. DASYTES CHALYBÆUS.
Germ., Spec. Ins. Nov., 1, 78, 133. — Long. 1 lig. ¹⁄₂. Larg. ¹⁄₂ lig. — Un peu velu, d'un noir bleu ; antennes et pattes noires ; corselet vaguement ponctué et deux impressions transversales ; élytres assez fortement ponctuées, brillantes ; dessous du corps et pattes noires. — Styrie.

31. DASYTES RUBIDUS.
Gyll., Schœn. Syn. Ins., 3, app. 12, 16. — Long. 1 lig. ¹⁄₂. Larg. ¹⁄₂ lig. — D'un noir violet, velu, ponctué ; élytres d'un brun marron ; leur extrémité plus claire ; antennes et pattes ferrugineuses. — Hongrie.

POLYCAON.

Ce genre diffère des *Dasytes* par les antennes à premier article un peu renflé, le deuxième court, les autres raccourcis, triangulaires, les cinq derniers formant une massue transversale allant en grossissant jusqu'à l'extrémité ; le dernier arrondi, un pu pointu à l'extrémité. — Tête allongée. — Corselet arrondi. — Ecusson long. — Elytres assez grandes, beaucoup plus larges que le corselet, élargies en arrière.

POLYCAON CHILIENSIS.

Long. 7 lig. Larg. 2 lig. ¼. — Granuleux, vert, très-pubescent; élytres d'un jaune orangé, avec deux larges bandes transversales d'un noir-bronze terne; l'une un peu arquée vers le tiers de la longueur, l'autre plus en arrière et sinueuse; elles n'atteignent pas le bord externe; abdomen d'un vert éclatant. — Chili.

ZYGIA, Latr.

Antennes à deuxième article presque conique, troisième un peu cylindrique, quatrième plus court que le précédent, et les suivans en scie et presque transversaux: le dernier ovalaire. — La tête longue, inclinée. — Corselet bombé. — Les élytres de consistance solide. — Les pattes assez grêles.

ZYGIA OBLONGA.

Fabr., 2. 22, 4. — Latr., *Gen. Crust. et Ins.*, 4, 264. — Oliv., 8. fig. 5. — Rougeâtre, avec la tête et les élytres d'un bleu-verdâtre, avec trois côtes élevées. — Orient et Pyrénées.

MELYRIS, Fabr., Oliv., Latr.

Antennes de onze articles, en forme de cônes renversés, et peu dilatées. — Palpes presque filiformes. — Tarses filiformes, leurs crochets avec un petit appendice en forme de dent. — Tête allongée, très-inclinée. — Corselet peu bombé. — Ecusson transversal. — Elytres un peu bombées, de consistance solide. — Pattes assez longues.

Insectes ailés, propres à l'Afrique.

1. MELYRIS VIRIDIS.

Fabr., 1, 311. 2. — Oliv., 2. 21. 1. pl. 1, fig. 1. — Long. 5 lig. Larg. 2 lig. ¼. — Entièrement d'un vert éclatant; très-fortement ponctué; corselet plan; élytres avec trois côtes longitudinales élevées. — Cap de Bonne-Espérance.

2. MELYRIS ABDOMINALIS.

Fabr., 1, 310, 1. — Oliv., t. II, 21. 2. pl. 1, fig. 7. — Long. 4 lig. Larg. 1 lig. ¼. — Plus allongé que le *Viridis*, bleu, velu; corselet un peu bombé, avec une petite côte longitudinale de chaque côté; élytres

très-fortement ponctuées, avec trois côtes élevées; abdomen rougeâtre. — Sénégal.

PÉLÉCOPHORUS, Dej., Latr.;
Notorus, Schœn.

Ce genre diffère des *Dasytes*, par le dernier article des palpes maxillaires, plus grand et sécuriforme. — Les antennes sont sensiblement plus grosses vers leur extrémité. — Le premier article des tarses est extrêmement court.

1. PÉLÉCOPHORUS ILLIGERI.

Schœn., 4. 2. 53. 6. pl. 4. fig. 7. — Long. 2 lig. ¼. Larg. ½ lig. — Noir bronzé, brillant, profondément ponctué; antennes noires, leur base ferrugineuse, l'extrémité pubescente; côtés du corselet blanchâtres; deux bandes sinueuses, de cette couleur, sur les élytres; dessous du corps et cuisses pubescens, d'un brun-noirâtre; jambes et tarses pâles; palpes un peu ferrugineux. — Ile-de-France.

2. PÉLÉCOPHORUS VITTATUS.

Long. 2 lig. ¼. Larg. 1 lig. — Noir, velu; parties de la bouche, antennes et côtés du corselet jaunes; élytres granuleuses, brunes, avec trois bandes longitudinales noires; les bords latéraux jaunes; dessous du corps noir; les pattes jaunes. — Ile-de-France.

QUATRIÈME TRIBU.

CLAIRONES,
Latreille.

Caractères. Mandibules toujours bifides. — Palpes, ou deux d'entre eux au moins, avancés, plus gros à l'extrémité. — Pénultième article des tarses bilobé. — Tête sans étranglement à sa partie postérieure.

Le corps des *Clairones* est ordinairement presque cylindrique, avec la tête et le corselet plus étroits que l'abdomen, et les yeux échancrés. On rencontre ces Insectes sur les fleurs, le tronc des vieux arbres ou dans le bois. Les larves, qui ont été observées, sont carnassières. On ne peut douter cependant que celles de certains genres ne vivent aux dépens du bois, et nous avons surpris plusieurs fois le *Tillus* ♀ occupé à déposer ses œufs dans des trous cylindriques, au moyen d'un oviducte rétractile.

Les *Clairones* sont de jolis insectes, généralement velus, revêtus de couleurs variées, souvent brillantes, quelquefois métalliques. Toutes les espèces connues sont pourvues d'ailes.—Le tube alimentaire a environ deux fois la longueur du corps.—Le jabot est excessivement court, conoïde, et séparé par une valvule annulaire du ventricule chylifique.—Celui-ci est cylindroïde flexueux.—L'intestin grêle est fort court.—Le cœcum oblong.—Le rectum bien marqué, filiforme, droit.—Les vaisseaux biliaires sont au nombre de six, insérés à l'extrémité du ventricule chylifique, et à l'origine du cœcum.—L'ovaire se compose d'une trentaine de gaines biloculaires, réunies en un faisceau.—L'oviducte est assez gros, cylindroïde, et est reçu, avec le rectum, dans un étui commun membraneux.

TILLITES.

Caractères. Tarses offrant distinctement cinq articles.—Palpes maxillaires filiformes ou ovalaires.

Genres : *Cylidrus*, Latr., *Tillus*, Oliv., *Tilloidea*, Lap., *Cymatodera*, Gray.

Ce sont de très-jolis insectes, dont les couleurs sont vives et agréables; la plupart vivent dans les bois.

CYLIDRUS, Latr. :
Trichodes, Fabr.

Antennes avec leurs quatre premiers articles cylindriques; les suivans dentés en scie; le dernier oblong.—Palpes maxillaires avec le dernier article cylindrique.—Le dernier des labiaux en cône renversé.—Tarses à cinq articles distincts; le dernier bilobé.—Tête allongée.—Mandibules fortes, longues, bidentées au côté interne et pointues.—Corselet aminci.—Corps allongé, cylindrique.

CYLIDRUS CYANEUS.
Fabr., 1, 285, 8.—Long. 5 lig. Larg. 1 lig. ¼.—D'un beau bleu brillant, avec l'abdomen et les pattes testacées; antennes noires, avec leur base jaunâtre; cuisses un peu renflées.—Ile-Bourbon.

TILLUS, Oliv., Latr., Panz., Kirby;
Chrysomela, Linn.; *Clerus*, Fabr.

Antennes de onze articles, allant en grossissant vers le bout, et formant une scie depuis le quatrième jusqu'au dixième inclusivement.—Palpes maxillaires filiformes, palpes labiaux terminés par un article grand, sécuriforme.—Tarses avec leur troisième et quatrième articles dilatés, en forme de triangle renversé.—Tête courte, arrondie.—Corselet cylindrique.—Ecusson petit.—Elytres convexes, allongées, un peu élargies vers l'extrémité.—Pattes assez grandes.

Ces insectes, de forme allongée et pourvus d'ailes, subissent leurs métamorphoses dans le bois; à l'état parfait, ils ne s'éloignent pas des lieux où ils se sont développés.

1. TILLUS ELONGATUS.
1, 281, 1.—Oliv., 2, 22, pl. 1, fig. 1.—Long. 4 lig. ½. Larg. 1 lig. ⅓.—D'un bleu presque noir, un peu velu; antennes et pattes noires; corselet rouge; élytres avec des stries longitudinales formées de points enfoncés; les intervalles un peu rugueux.—Paris. Rare.

2. TILLUS AMBULANS.
Fabr., 1, 282, 4.—Panz., *Faun. Germ.*, 8, fig. 9.—Long. 4 lig. ½. Larg. 1 lig. ¼.—Ne diffère du *T. Elongatus*, dont il est peut-être le ♂, que par sa couleur, entièrement d'un bleu presque noir.—Paris. Très-rare.

3. TILLUS BIFASCIATUS.
Klug.—Long. 3 lig. ¼. Larg. 1 lig. ¼.—Pubescent, d'un brun-rouge; antennes, excepté la base et une tache sur le devant du corselet, noires; élytres jaunes, avec une large tache bleue sur l'angle huméral, et une autre arrondie vers l'extrémité; pattes jaunes.—Cap de Bonne-Espérance.

4. TILLUS LINEATOCOLLIS.
Long. 4 lig. ½. Larg. 1 lig. ¼.—D'un jaune-orangé, pubescent, avec trois bandes longitudinales noires sur le corselet; écusson, bords latéraux, extrémité des élytres, abdomen, antennes et pattes de même couleur; des côtes élevées sur les élytres.—Sénégal.

5. TILLUS TERMINATUS.
Klug.—Long. 4. Larg. 1 lig. ¼.—Un peu pubescent, rouge; antennes et deux taches transversales sur le corselet, noires: élytres finement ponctuées, d'un bleu-noir, avec l'extrémité jaune.—Cap de Bonne-Espérance.

1. Thymalus Limbatus.
2. Throscus Adstrictor.
3. Nitidula Discoidea.
4. Ips Quadriguttata.
5. Necrobia Violacea.
6. Helota Vigorsii.
7. Trichodes alvearius.
8. Tillus Azureus.
9. Clerus Vatillarius.

TILLOIDES;
Tillus. FABR.

Ce genre diffère des *Tillus* par ses antennes moins allongées, plus élargies et terminées, depuis le sixième article, par une massue brusque dentée en scie; le dernier article des palpes maxillaires plus allongé et comprimé.—Le corselet rétréci et comme étranglé postérieurement. — Les élytres ne sont nullement élargies vers l'extrémité.

Mêmes mœurs que les *Tillus*.

1. TILLOIDES UNIFASCIATUS.
FABR., 1, 281, 9, — OLIV., 4, 76, 21, pl. 2, fig. 21.—Long. 2 lig. ¼. Larg. ½ lig. —Ponctué; la base des élytres l'est fortement; noir; base des élytres rouge; une bande transversale blanche vers le milieu. — Paris.

2. TILLOIDES SENEGALENSIS.
LAP., *Ann. de la Soc. Ent.*, t. I, p. 399, nº 2. — Long. 5 lig. Larg. 1 lig. ½. — Fortement ponctué, très-pubescent, d'un brun-rouge; moitié postérieure des élytres noire, avec une bande transversale blanche qui n'atteint pas la suture. — Sénégal.

CYMATODERA, GRAY.

Ce genre se distingue de tous ceux de ce groupe par sa tête, grande, arrondie.— Son labre échancré. — Ses antennes filiformes. — Ses palpes maxillaires ovaaires. — Corps allongé. — Pattes assez longues.

CYMATODERA HOPEI.
GRAY, *Anim. Kingdom*, pl. 48, t. I. — Long. 5 lig. Larg. 1 lig. — D'un brun obscur; élytres couvertes de petites stries longitudinales, formées de points enfoncés; elles présentent une tache jaune près de la base, une ligne oblique au milieu, allant en remontant vers la suture et près de l'extrémité, une autre qui se dirige en descendant vers cette partie; pattes et antennes rougeâtres.—Mexique.

Nota. C'est ici qu'il faut placer trois nouveaux genres que je nomme *Sodamus*, *Pallenis* et *Natalis*. Ils diffèrent des *Cymatodera*, le premier par ses antennes à neuf derniers articles dilatés, le second n'en offrant que six, et le dernier seulement trois.

PRIONOCERITES.

Caractères. Tarses offrant distinctement cinq articles.—Palpes terminés en massue.

Genres : *Priocera*, KIRBY; *Axina*, KIRBY; *Eurypus*. KIRBY.

PRIOCERA, KIRBY, LATR.

Antennes dentées en scie.—Palpes maxillaires filiformes, à dernier article oblong et comprimé; les labiaux terminés par un article sécuriforme. — Tarses avec leurs cinq articles distincts. — Corselet presque cylindrique, très-resserré. — Corps linéaire.

PRIOCERA VARIEGATA.
KIRBY, *Trans. Soc. Linn.*, 12, p. 479, pl. 21, fig. 7.—Long. 6 lig. Larg. 2 lig.— Velue, d'un brun-noirâtre luisant; corselet ponctué; base des élytres fortement ponctuée; deux taches jaunes sur chaque élytre, avec une large bande brune, près d'une autre jaune; tarses et anus roux. — Brésil.

AXINA, KIRBY.

Diffère du genre *Tillus* par les quatre palpes terminés par un article grand, sécuriforme; les quatre premiers articles des tarses garnis en dessous de pelottes membraneuses en forme de lobes. — Le corselet est presque cylindrique. — Le corps légèrement déprimé. — Corps linéaire.

1. AXINA ANALIS.
KIRBY, *Cent. Nov. Ins.*, 391, pl. 21, fig. 6. — Long. 6 lig. Larg. 2 lig.—Velue, d'un jaune-rougeâtre pâle, brune en dessous; côtés des élytres, deux fascies et les pattes brunes; les derniers segmens de l'abdomen d'un jaune pâle. — Brésil.

2. AXINA RUFITARSIS.
PERTY, *Voyag. de Spix et Martius, Ins.*, p. 30, pl. 6, f. 16. — Long. 5 lig. ¼. Larg. 1 lig. — D'un brun pâle; élytres jaunes, avec une petite bande transversale en arrière, un peu oblique et brune; elles sont parsemées de poils de même couleur; dessous du corps d'un brun de poix; extrémité de l'abdomen jaune; tarses brunâtres. — Brésil.

Nota. Mon genre *Erenus* se reconnaît dans ce groupe, par ses tarses à troisième et quatrième article bifides. Il est remarquable par son corps très-grêle, filiforme, yeux très-proéminents. Cette coupe est formée sur une espèce de Madagascar.

EURYPUS, KIRBY, LATR.

Diffère du genre *Tillus* par les quatre

palpes terminés par un article sécuriforme: les quatre premiers articles des tarses sont entiers : le pénultième bilobé. — Le corselet est presque carré.—Le corps déprimé.

EURYPUS RUBENS.

KIRBY. *Cent. Ins.*, 389. pl. 21. fig. 5.— Long. 6 lig. — Linéaire. très-ponctué, rougeâtre. avec l'extrémité des antennes. la base des élytres. le côté externe et une petite ligne au sommet près de la suture, noirs.—Brésil.

NOTOXITES.

Caractères. Tarses n'offrant que quatre articles distincts. — Antennes grossissant insensiblement.

Genres : *Notoxus*, FABR. ; *Clerus*. FABR.; *Stygmatium*, GRAY; *Denops*. STEVEN.

NOTOXUS, FABR. ;
Opilo, LATREILLE ; *Clerus*. OLIV.

Antennes filiformes. renflées vers l'extrémité. — Palpes terminés par un article fortement sécuriforme. — Tarses ayant leur premier article peu apparent: les trois suivans spongieux en dessous. élargis et bilobés : le dernier allongé.—Tête arrondie. — Yeux assez saillans. — Mandibules arquées. aiguës, unidentées au côté interne. — Mâchoires bifides. — Corselet allongé. —Ecusson très-petit. — Elytres allongées. — Pattes moyennes. Les insectes dans ce genre sont ailés : on les trouve sur le bois; leurs mœurs et leurs transformations ne sont pas encore connues.

1. NOTOXUS MOLLIS.
FABR.. 1, 287. 3. — OLIV.. 4. 76. 10. pl. 10. fig. 10.—Long. 4 lig. Larg. ; lig.— Pubescent ; tête d'un brun-rougeâtre clair. avec une tache humérale, une bande au milieu, et une autre sur l'extrémité. jaunes; base des cuisses et abdomen de même couleur; antennes et tarses rougeâtres.—Paris.

2. NOTOXUS UNIFASCIATUS.
FABR.. 1. 281. 9. — Long. 2 lig. ;. Larg. ; lig. — Très-fortement ponctué. pubescent. d'un brun un peu cuivreux : élytres avec des stries de gros points enfoncés. une tache blanche vers les deux tiers postérieurs, et l'extrémité jaunâtre. — Italie.

CLERUS. FABR. ;
Thanasimus. LATR.

Antennes de onze articles : le premier long. en massue ; le deuxième très-petit. les suivans formant insensiblement un massue, le dernier ovale. — Palpes à dernier article sécuriforme. — Tarses à cinq articles distincts bilobés. — Tête grande. — Corselet bombé. — Ecusson très-petit, arrondi en arrière. — Elytres un peu aplaties. courtes. presque parallèles. — Pattes assez fortes.

Insectes de couleur variée. de taille moyenne. Ils vivent sur le bois et volent avec facilité.

1. CLERUS MUTILLARIUS.
FABR.. 1, 279, 1. — OLIV., 4. 76. 12. pl. 1. fig. 12. — Long. 5 lig. Larg. 2 lig. — Pubescent. noir; base des élytres très-fortement ponctuée. rouge, une bande blanche interrompue vers le tiers antérieur. et une autre beaucoup plus large vers les deux tiers postérieurs; dessous du corps et pattes avec des poils gris; abdomen rougeâtre. -- Paris.

2. CLERUS ABDOMINALIS.
MEG.. GERM., *Spec. Ins. Nov.*, 1, 80, 138. — Long. 4 lig. ;. Larg. 1 lig. ;. — D'un brun-noir. couvert de poils gris; élytres brunes. avec des stries ponctuées, et deux fascies testacées, l'une au milieu. dilatée vers la suture l'autre avant l'extrémité, raccourcie en dehors ; abdomen ferrugineux : dessous du corps et pattes bruns. — Bengale.

3. CLERUS FORMICARIUS.
FABR. , 1. 28, 5. — OLIV.. 4. 76. 13. pl. 1. fig. 13. — Long. 4 lig. Larg. 1 lig ;. — Tête noire : corselet, dessous du corps et base des élytres, rouges, cette dernière partie très-ponctuée; une bande étroite blanche se relevant près de la suture au tiers antérieur et une autre très-large à la partie postérieure. — Paris.

4. CLERUS ICHNEUMONEUS.
FABR.. 1, 280. 3. — OLIV.. 4. 76, 15. pl. 1. fig. 15. — Long. 4 lig. Larg. 1 lig. ;. — Très-ponctué, pubescent. rouge ; poitrine. pattes. une fascie au tiers antérieur de l'élytre et leur extrémité. noires. — Caroline.

5. CLERUS MYRMECODES.
HOFF. — Long. 4 lig. Larg. 1 lig. ;. — Très-ponctué. pubescent. noir; élytres avec des stries de points enfoncés, la base rouge et une petite fascie transversale blanche raccourcie sur le milieu. — Espagne.

6. CLERUS 4-MACULATUS.

Fabr., 1, 281, 8. — Panz., *Faun. Germ.*, 43, 15. — Long. 2 lig. Larg. ½ lig. — Très-ponctué, pubescent, noir; parties de la bouche, base des antennes, des cuisses, jambes, tarses et corselet, rouges; élytres avec des stries ponctuées, et deux taches blanches sur chacune. — Allemagne.

7. CLERUS SANGUINEUS.

Say. — Long. 2 lig. Larg. ½ lig. — Pubescent; tête et corselet bruns; un enfoncement longitudinal sur ce dernier; élytres fortement ponctuées, d'un rouge clair ainsi que les pattes. — Amérique Boréale.

8. CLERUS HUMERALIS.

Germ., *Spec. Ins. Nov.*, 1, 80, 137. — Long. 2 lig. Larg. ½ lig. — Noir, couvert de poils gris; antennes et pattes antérieures fauves; élytres très-ponctuées, avec l'angle huméral testacé. — Amérique du Nord.

9. CLERUS GAMBIENSIS.

Long. 4 lig. Larg. 1 lig. ½. — Corps allongé, pubescent, rouge; élytres ponctuées, striées, avec la base, une bande au milieu et extrémité d'un bleu obscur; pattes et extrémité des antennes noirs. — Sénégal.

STYGMATIUM, Gray.

Antennes grêles, un peu plus longues que la tête et le corselet, presque filiformes, le dernier pointu. — Palpes maxillaires à dernier article filiforme. — Tarses très-élargis. — Pattes fortes, longues. — Les cuisses postérieures dépassant l'extrémité des élytres, surtout dans les mâles.

1. STYGMATIUM CICINDELOIDES.

Gray, *Ann. Kingdom, Ins.*, pl. 48, f. 2. — Long. 5 lig. Larg. 1 lig. ½. — Noir, pubescent, ponctué; élytres granuleuses à la base, avec deux petites bandes étroites, irrégulières, grises; extrémité de même couleur; abdomen rouge; pattes et antennes brunes. — Java.

Nota. J'ai formé sous le nom de *Omadius* (*Rev. Ent.*, t. IV) un genre nouveau sur des insectes qui diffèrent des précédents par leurs tarses grêles.

DENOPS, Steven;

Clerus, Steven olim.

Antennes grossissant vers l'extrémité, en forme de scie; dernier article ovoïde et acéré à la pointe. — Palpes maxillaires subulés; les labiaux à dernier article très allongé, obconique, tronqué. — Tarses grêles. — Tête d'une grandeur remarquable. — Chaperon large et échancré. — Mandibules fortes, proéminentes et acérées. — Corselet très-long, renflé près de la tête, qui en est entouré comme par un capuchon et très-rétréci en arrière près des élytres.

DENOPS LONGICOLLIS.

Steven, *Mus. Univers.*, p. 44, pl. 2. — *Bulletin des Nat. de Moscou*, t. 1er. — Long. 3 lig. — Tête, corselet, base des élytres et pattes d'un rouge foncé; élytres d'un noir luisant, avec une bande jaune au milieu. — Caucase.

Nota. Nous n'avons pas vu ce genre en nature; c'est peut-être le même que celui que j'ai désigné sous le nom de *Tenerus* (*Revue Ent.*, t. IV).

CORYNÉTITES.

Caractères. Antennes à trois derniers articles beaucoup plus gros que les autres.

Genres : *Trichodes*, *Corynetes*, *Enoplium*, *Platynoptera*.

Ce sont de jolis insectes, de taille moyenne ou au-dessous; on les trouve sur les fleurs, dans les bois; quelques espèces fréquentent les corps en décomposition.

TRICHODES, Fabr.;

Clerus, Latr., Oliv.

Antennes avec leurs articles intermédiaires très-courts, terminées par une massue presque triangulaire, formée de trois articles transversaux serrés. — Palpes maxillaires ayant leur dernier article en forme de triangle allongé, le même des labiaux sécuriforme. — Tarses avec le premier article caché sous le second, et point apparent en dessus; les articles intermédiaires larges, bilobés et garnis en dessous de pelottes. — Tête assez large. — Mâchoires terminées par un lobe frangé. — Corselet allongé, plus étroit que les élytres. — Ecusson petit. — Elytres étroites, de la longueur de l'abdomen. — Pattes de longueur moyenne. — Les cuisses postérieures renflées dans quelques mâles.

Les insectes de ce genre sont pourvus d'ailes; ils fréquentent les fleurs; ils ont en général des couleurs brillantes et variées, et le corps couvert de poils et de duvet; leurs larves se nourrissent de celles de Hyménoptères.

1. TRICHODES APIARIUS.
Fabr., 1, 284. 6. — Oliv., 4, 76, 4,
pl 1, fig. Long. 7 lig. Larg. 2 lig. ½.—Très-
velu, d'un bleu violet; élytres rouges sur
l'écusson, deux bandes transversales et une
tache près de l'extrémité, d'un noir-violet;
la première de ces bandes est située vers
le tiers de l'élytre, l'autre vers les deux
tiers, et la tache transversale sur la suture,
mais ne touchant pas au bout de l'élytre.—
Paris.

2. TRICHODES ALVEARIUS.
Fabr., 1, 284, 7.—Geoff., 1, 304, pl. 5,
fig. 4. — Long. 6 lig. Larg. 2 lig. — Ne
diffère du précédent qu'en ce qu'il est plus
velu et que la tache transversale des élytres
est terminale. — Paris.

3. TRICHODES CRABRONIFORMIS.
Fabr., 1, 285, 9. — Oliv., 4, 76, 1,
pl. 1, fig. 1. — Long. 7 lig. Larg. 2 lig.
— Velu, d'un bleu-violet; élytres rouges,
avec deux bandes transversales, et l'extrémité d'un bleu foncé; cuisses postérieures
très-renflées. —Morée, îles Ioniennes.

4. TRICHODES SIPYLUS.
Fabr., 1, 284, 4. — Oliv., 4, 76, 7,
pl. 1, fig. 7. — Très-ponctué, presque rugueux, velu; tête et corselet d'un vert-bleu;
dessous du corps, pattes et élytres d'un
beau vert; ces dernières, avec la moitié du
bord inférieur, et deux taches transversales
et latérales sur chaque élytre, d'un jaune-
rouge. — Afrique.

5. TRICHODES 8-PUNCTATUS.
Fabr., 1, 283, 1. — Oliv., 4, 76, 8,
pl. 1, fig. 8. — Long. 7 lig. Larg. 2 lig. ½.
—Velu, d'un bleu foncé; élytres d'un
rouge de brique, avec quatre points d'un
bleu foncé sur chacune; l'un de ceux-ci est
situé vers le tiers de l'élytre au milieu;
deux autres l'un à côté de l'autre vers les
deux tiers, et le dernier près de l'extrémité.
— Espagne.

6. TRICHODES LEPIDUS.
Brullé, *Expéd. sc. de Morée, Ins.*,
p. 154, n° 230, pl. 37, f. 7.—Long. 6 lig.
Larg. 2 lig. — Très-velu, d'un vert éclatant, avec trois bandes transversales rouges sur chaque élytres ces bandes n'atteignent pas la suture; l'un couvre l'angle huméral, et se prolonge, d'un côté derrière
l'écusson, et de l'autre le long du bord extérieur jusqu'à la seconde bande, celle-ci
est vers le milieu; la troisième est plus loin

que les deux tiers et se prolonge en forme
de lunule le long du bord extérieur jusqu'a
l'extrémité. — Égypte et Grèce.

7. TRICHODES APIVORUS.
Germ., *Spec. Ins. Nov.*, 1, 81, 139. —
Long. 7 lig. Larg. 2 lig. ½. — Velu, bleu;
élytres ponctuées, d'un beau rouge, avec
deux fascies entières et l'extrémité d'un
bleu-noir. — Amérique du Nord.

8. TRICHODES AMMIOS.
Fabr., 1, 284, 5.—Oliv., 4, 76, 3, pl. 1,
fig. 5. — Long. 5 lig. Larg. 2 lig.—Très-
velu, vert; corselet couvert d'un duvet
jaunâtre; élytres ayant chacune trois bandes transversales jaunes n'atteignant pas la
suture; l'une vers le tiers s'élargit subitement près de la suture et se prolonge le
long du bord extérieur jusqu'à la seconde
bande; celle-ci est au milieu; la troisième
est très-près de l'extrémité et va en remontant vers la suture, elle est un peu arquée.
— Espagne.

9. TRICHODES LEUCOPSIDEUS.
Oliv., 4, 76, 6, pl. 1, fig. 6. — Long.
5 lig. Larg. 2 lig. — Très-fortement ponctué, velu, d'un bleu-verdâtre, avec les antennes, les tarses et les palpes jaunes; élytres d'un rouge-jaunâtre, avec la suture, un
petit point huméral, l'extrémité et deux fascies transversales sur le disque d'un beau
bleu, la première raccourcie. — Espagne.

10. TRICHODES FAVARIUS.
Illig., Meg., 1, 80. — Long. 5 lig. Larg.
1 lig. ½. — Très-ponctué, velu, d'un beau
bleu-verdâtre en dessous; élytres rouges,
avec la base près de l'écusson, deux fascies
et l'extrémité bleues. — Styrie.

11. TRICHODES INSIGNIS.
Steven, *Bulletin des Nat. de Moscou*, t. 1,
(édit. Lequien), p. 10, pl. 1, f. 5.—Long.
6 lig. Larg. 2 lig. ½. — D'un bleu bronzé,
couvert de poils jaunes; élytres jaunes,
avec deux bandes et une tache sur l'extrémité, bleues. — Perse orientale.

12. TRICHODES PUNCTATUS.
Steven, *Bulletin des Nat. de Moscou*, t. 1,
(édit. Lequien), p. 11, pl. 1, f. 6.—Long.
5 lig. Larg. 2 lig. — Bleu, couvert d'une
villosité cendrée, criblé de points; élytres
avec la bordure et trois bandes irrégulières
rouges. — Crimée.

13. TRICHODES QUADRIGUTTATUS.
Steven, *Bulletin des Nat. de Moscou*, t. 1,

(édit. Lequien), p. 11, pl. 1, f. 7.—*Quadri-guttatus*, Brullé, *Expéd. de Morée, Ins.*, p. 156, n° 236, pl. 37, f. 10. — Long. 5 lig. Larg. 2 lig. — Bleu, couvert d'une pubescence serrée et grise; élytres avec deux taches latérales rouges. — Russie méridionale et Grèce.

Nota. L'on trouve plusieurs autres belles espèces de ce genre décrites et figurées dans le grand ouvrage sur les insectes de Morée de notre ami M. Brullé; une autre *Nutelli* est décrite dans la centurie de M. Kirby; elle est de l'Amérique du Nord.

CORYNETES, Fabr. ;
Necrobia, Latr., Oliv.

Antennes de onze articles : le premier très-gros ; les autres presque cylindriques ; les trois derniers formant une massue. — Palpes courts, avec le dernier article large, triangulaire. — Tarses cylindriques. — Mandibules unidentées intérieurement. — Tête petite. — Corselet arrondi. — Ecusson petit. — Elytres un peu plus larges que le corselet et légèrement aplaties.

Insectes de petite taille, de couleurs assez éclatantes, vivant aux dépens des corps en putréfaction. Leurs larves sont allongées, avec six pattes et deux crochets écailleux vers l'anus.

PREMIÈRE DIVISION.

Massue des antennes courte. — Le dernier article très-élargi.

1. CORYNETES RUFICOLLIS.
Fabr., 1, 286, 3. — Oliv., 4, 76, 3. pl. 1, fig. 3. — Long. 2 lig. ½. Larg. 1 lig. — Violet ; corselet, base des élytres, dessous du thorax et pattes rouges. — France, Indes-Orientales, Brésil.

2. CORYNETES RUFIPES.
Fabr., 1, 286, 2. — Oliv., 4, 76, 2. pl. 1, fig. 2.— Long. 2 lig. ½. Larg. 1 lig. ½. — Violet : corselet un peu verdâtre ; base des antennes et pattes rouges. — Paris.

3. CORYNETES VIOLACEUS.
Fabr., 1, 285, 1. — Oliv., 4, 76, 1. pl. 1. fig. 1. — Long. 2 lig. ½. Larg. 1 lig. — Violet, fortement ponctué. — Paris.

4. CORYNETES BICOLOR.
Long. 1 lig. Larg. ½ lig. — Légèrement pubescent, très-ponctué, bleu, assez brillant ; élytres avec des gros points enfoncés ;

corselet, base des antennes et parties de la bouche rouges. — Espagne.

5. CORYNETES COLLARIS.
Schoenh., *Syn. Ins.*, 2, 51. 5. — Long. 2 lig. ½. Larg. 1 lig. — Ponctué, noir, velu ; premier article des antennes, parties de la bouche et corselet, rouges ; élytres d'u noir bronzé, fortement ponctuées ; pattes d'un brun rouge. — Indes-Orientales. ??

DEUXIÈME DIVISION.

Massue des antennes allongée ; le dernier article presque de la même grosseur que les autres.

6. CORINETES CHALYBOEUS.
Knoch. — Long. 2 lig. ½. Larg. 1 lig. — Violet, fortement ponctué ; corselet un peu verdâtre. — Paris.

Cette espèce s'éloigne par ses mœurs des espèces précédentes : on la trouve souvent dans les maisons, où elle vit à l'état de larve dans le vieux bois.

Nota. J'ai formé dans la *Revue Entom.*, t. IV, deux nouveaux genres qui rentrent dans ce groupe. Tous les deux ont les trois derniers articles des antennes formant une massue ovalaire ; mais dans l'un, *Theano*, les cuisses postérieures dépassent l'extrémité des élytres; dans l'autre, *Prosymnus*, elles sont beaucoup plus courtes.

ENOPLIUM, Latr. ;
Tillus, Oliv., Fabr. ;
Corynetes, Fabr.

Antennes avec le dernier allongé, ovale ; les deux précédens dilatés au côté interne en forme de dents : ces trois articles formant une massue dentée en scie. — Palpes longs, terminés par un article plus grand, comprimé, presque sécuriforme. — Tarses n'ayant en dessous que quatre articles apparens. — Tête et corselet plus étroits que l'abdomen. — Celui-ci allongé.

Jolis insectes de moyenne taille et pourvus d'ailes; on les trouve sur les fleurs et le bois; on ne sait encore rien de leurs transformations.

1. ENOPLIUM LIBERATUM.
Kirby. *Cent.* (édit. Lequien), p. 18, n° 3. — Long. 6 lig. Larg. 2 lig. — D'un jaune sale, pubescent; tête et corselet bruns; une bande longitudinale de chaque côté de ce dernier; élytres finement ponctuées, excepté la base, qui l'est assez for-

tement, avec une bande longitudinale sur chacune, qui part de l'angle huméral et vers les deux tiers postérieurs, se termine en rejoignant le bord extérieur; une petite tache de même couleur à l'extrémité; antennes noires, à l'exception de la base. — Brésil.

2. ENOPLIUM PILOSUM.

Forster. — Long. 5 lig. Larg. 1 lig. ¾. '— Noir, pubescent, finement ponctué; corselet rouge, avec deux bandes longitudinales noires: élytres un peu élargies en arrière. — Amérique Boréale.

3. ENOPLIUM SANGUINICOLLE.

Fabr., 1. 287, 5. — Long. 4 lig. ¾. Larg. 1 lig. ¾. — Très-finement ponctué, velu, d'un beau bleu verdâtre; base des antennes, corselet et abdomen rouges; tarses bruns, jambes noires; les deux premiers des élytres avec des points enfoncés disposés en stries. — France Boréale.

4. ENOPLIUM AMERICANUM.

Palisot de Beauvois, *Ins. Afr. et Amér.* — Long. 4 lig. Larg. 1 lig. ¾. — Très-ponctué, presque rugueux, pubescent, noir; corselet rouge. — Amérique.

5. ENOPLIUM SERRATICORNE.

Fabr., 1, 282, 5. — Oliv., 2, 221, 2, pl. 4, fig. 2. — Long. 2 lig. ¾. Larg. ½ lig. — Très ponctué, pubescent, noir; élytres testacées. — France.

PLATYNOPTERA, Chevr.

Antennes de onze articles : le premier grand ; les sept suivans très-petits, triangulaires, transversaux; les trois derniers larges, comprimés, ayant chacun la longueur des huit précédens réunis; le dernier arrondi à l'extrémité. — Palpes à dernier article très-fortement sécuriforme. — Tarses ayant quatre articles visibles. — Tête arrondie. — Corselet presque cylindrique. — Ecusson ponctiforme. — Elytres dilatées.

L'insecte qui compose ce genre a la forme des *Lycus.*

PLATYNOPTERA LICIFORMIS.

Chevr., *Rev. Ent.*, t. II, pl. 30. — Long. 6 lig. Larg. 2 lig. — Pubescent, noir; parties de la bouche, chaperon, un point sur le front, tour du corselet, et une large bande transversale sur les élytres, jaunes. — Brésil.

Nota. Mon genre *Ichnea* (*Rev. Ent.*, t. IV) a le faciès du précédent, mais en diffère par ses antennes, formées de huit articles seulement.

CINQUIÈME TRIBU.

XYLOTROGUES,
Latreille.

Caractères. Mandibules dentées. — Tête avec un étranglement à sa partie postérieure. — Corps allongé, étroit et presque toujours linéaire.

La tribu des *Xylotrogues* se compose d'un petit nombre d'espèces, généralement assez rares. On les trouve sur le bois, où leurs larves subissent leurs métamorphoses.

ATRACTOCÉRITES.

Caractères. Palpes maxillaires dépassant de beaucoup les labiaux, formant des espèces de peignes dans les ♂, et terminés dans les ♀ par un article grand, ovoïde. — Antennes assez courtes, un peu dilatées au milieu, plus minces à l'extrémité. — Corps mou.

Genres : *Atractocerus, Lymexylon, Hylecœtus.*

Les *Atractocérites* renferment les plus grands insectes de la tribu des Xilotrogues. Leur corps est très-allongé, et leurs élytres plus ou moins raccourcies.

ATRACTOCERUS, Palisot de Beauvois; *Lymexylon.* Fabr. ; *Necydalis*, Linn. : *Macrogaster*, Thunb.

Antennes courtes, presque fusiformes, comprimées. — Palpes maxillaires longs, pectinés au côté interne et en bas; palpes labiaux plus courts, à dernier article très-grand, arqué. — Tarses filiformes. — Mandibules très-courtes, bifides, légèrement — Tête ovale. — Corselet carré. — Ecusson divisé en deux parties. — Elytres rudimentaires, en forme de petite écaille, échancrées au bord postérieur. — Ailes déployées et plissées en éventail. — Pattes moyennes; les deux premières paires très-rapprochées entre elles. — Corps allongé, linéaire.

Les insectes de ce genre ressemblent à certains Orthoptères du genre, et vivent dans le bois.

1. ATRACTOCERUS DIPTERORUM.

Perty, *Voyage de Spix et Martius,*

p. 25, pl. 5. f. 15. — *Brasiliensis*, Lapell.
et Serv., *Encycl. Méthod.*, t. X. p. 309, 1.
— Long. 18 lig. Larg. 2 lig. ½. — Très-
finement ponctué, brun, avec une raie
longitudinale jaune sur le corselet et sur le
vertex. — Brésil.

2. ATRACTOCERUS NECYDALOIDES.
Pal. de Beauv.—*L. Abbreviatum*, Fabr.,
2, 87. 2. — Long. 13 lig. Larg. 2 lig. —
Très-ponctué, noir, avec une raie longitudinale jaune sur le milieu du corselet et du
vertex ; tête allongée ; corps brun.

LYMEXYLON, Fabr.

Antennes courtes dans la ♀, assez longues dans le ♂, légèrement renflées au
milieu, et amincies vers le bout ; les trois
premiers articles un peu plus courts que
les autres. — Palpes maxillaires beaucoup
plus longs que les labiaux, pendans ; ses
articles allant en grossissant vers le bout
dans les ♀, comme en peigne ou en forme
de houppe dans les ♂. — Tarses à articles
entiers, filiformes ; les quatre postérieurs
très-allongés. — Mandibules courtes. —
— Tête inclinée, presque globuleuse. —
Corselet presque cylindrique. — Élytres
flexibles, presque de la longueur de l'abdomen, allant en s'amincissant de la base
vers l'extrémité. — Corps très-allongé, linéaire. — Pattes grêles.

Insectes ailés, vivant dans l'intérieur du
bois, où leurs larves, fort longues et grêles,
subissent leurs métamorphoses. Elles font
quelquefois de grands ravages dans les forêts de chênes du nord de l'Europe et dans
les chantiers de construction. L'insecte
parfait se trouve sur le bois.

LYMEXYLON NAVALE.
Fabr., 2, 88. 4, ♀. — *Flavipes*, 2, 88.
5. — Oliv., 2, 25, 4, pl. 1. fig. 4. — Long.
6 lig. ½. Larg. 1 lig. — D'un jaune fauve,
plus pâle en dessous, avec la tête, le bord
extérieur et l'extrémité des élytres noirs ;
cette dernière couleur domine davantage
dans le ♂. — Paris.

HYLECOETUS, Latr. ;

Lymexylon, Fabr., Oliv.

Ce genre, confondu par Fabricius avec
les *Lymexylon*, en diffère par ses antennes
en scie, comprimées, à articles transversaux, et par son corselet presque carré et la
tête aplatie antérieurement. — Écusson

grand, triangulaire, relevé et sillonné dans
son milieu.

Les insectes de ce genre ont les mêmes
habitudes et se trouvent dans les mêmes endroits que les *Lymexylon*.

1. HYLECOETUS DERMESTOIDES.
Fabr., 2, 87. ♂.—Oliv., 2, pl. 1, fig. 1.
♂.—*L. Proboscideum*, Fabr., 2. 87. 3, ♀.
— *L. Marci*, Oliv., 2, 25, 2, pl. 1, fig. 2,
♀. - Long. 5 lig. ½. Larg. 1 lig. ¼.— ♀
D'un fauve pâle, avec les yeux et la poi-
trine noirs ; extrémité des antennes noirâ-
tre.

♂ Noir ; élytres d'un fauve-roussâtre,
avec l'extrémité noire.— Allemagne.

2. HYLECOETUS BRASILIENSIS.
Lap., *Ann. Soc. Ent.* t. I, p. 398. n° 21.
— Long. 8 lig. Larg. 1 lig. ½.— Cylindrique, très-allongé, d'un brun clair ; pattes
et élytres jaunâtres ; corselet très-long, relevé en avant ; antennes fortement pectinées.— Brésil.

RHYSODITES.

Caractères. Palpes très-courts, semblables dans les deux sexes, composés d'articles simples. — Antennes filiformes. —
Corps de consistance solide.

Genres : *Rhysodes, Cupes.*

Les *Rhysodites* sont des insectes de
moyenne taille, de forme allongée, un peu
aplatie, avec des élytres solides et entières;
leurs larves sont inconnues.

RHYSODES, Latr., Dal. ;

Clinidium, Kirby ; *Ips.* Oliv.

Antennes moniliformes ; le dernier article conique. — Palpes très-courts. — Tarses entiers. — Mandibules courtes, fortes,
presque tridentées à leur extrémité.—Tête
dégagée, aplatie. — Corselet allongé, rétréci et légèrement déprimé en avant, un
peu plus étroit que les élytres. — Écusson
peu visible. — Élytres presque parallèles.
—Pattes courtes.—Corps linéaire.

Les insectes de ce genre semblent, par
leur faciès, se rapprocher de certains
genres de la famille des *Xylophages* :
ils ont les mêmes habitudes que ces derniers.

RHYSODES EXARATUS.
Dalm., *Analect. Ent.*, p. 93. — *Euro-*
pæus, Dej., *Collect.*—Long. 3 lig. ¼. Larg.
1 lig.—D'un brun-marron luisant ; tête si-

lonnée ; corselet avec trois enfoncemens longitudinaux profonds et ponctués.—Elytres avec sept stries fortement ponctuées , les intervalles lisses.—Pyrénées.

Nota. On connoît deux autres espèces de ce genre, propres à l'Amérique du Nord. et une de Madagascar. (Voyez la *Revue Entomologique* t. IV.)

CUPES , Latr. , Fabr.

Antennes longues, à articles presque cylindriques ; le premier gros, le deuxième très-court. — Palpes égaux, courts, a dernier article tronqué. — Tarses a dernier article bilobé. — Mandibules courtes, épaisses, avec une petite dent intérieure à l'extrémité. — Tête dégagée, très-raboteuse.— Corselet court, presque carré, plus étroit que les élytres, avec deux impressions latérales obliques, relevé au milieu.— Ecusson petit , arrondi. — Elytres très-légèrement bombées, s'arrondissant un peu vers l'extrémité. — Pattes courtes. — Corps linéaire.

Insectes de l'Amérique-Septentrionale. Leurs mœurs ne sont pas encore connues.

1. CUPES CAPITATA.

Fabr., 2, 66 ; *Coq. Ill.*, 3. 30. 1. — Long. 4 lig. Larg. 1 lig. ¾. — D'un brun obscur ; tête d'un jaune-roussâtre ; élytres avec neuf stries couvertes de gros points enfoncés, presque carrés ; les intervalles lisses ; les quatrième et cinquième plus élevés que les autres.— Caroline.

2. CUPES CINEREA.

Long. 4 lig. Larg. 1 lig. — Diffère du *Capitata* par sa couleur d'un gris clair, avec de nombreuses marbrures longitudinales jaunes. — Géorgie.

SIXIÈME TRIBU.

PTINIORES,
Latreille.

Caractères. Mandibules dentées. — Palpes renflés a l'extrémité. — Corps ovoïde. —Pénultième article des tarses entier.— Tête sans étranglement a sa partie postérieure.

Les *Ptiniores* sont des insectes de petite taille, de couleurs peu variées et obscures, et connus, pour la plupart, par les ravages qu'ils font dans le bois, les meubles et dans les collections d'objets d'histoire naturelle.

Leurs mouvemens sont lents et timides ; lorsqu'ils se croient menacés de quelque danger, ils contrefont le mort, et demeurent la tête baissée, les antennes inclinées et les pattes contractées dans une léthargie apparente. Les individus ailés font rarement usage de leurs ailes.

Les larves vivent dans le bois et les agarics. Leur corps est souvent courbé en arc, mou, avec la tête et les pieds écailleux ; elles ont de fortes mandibules et se construisent, pour la transformation, une coque avec les fragmens de matières qu'elles ont rongées.

Les *Ptiniores*, soumis aux investigations anatomiques, ont présenté un canal digestif trois fois plus long que le corps, avec le jabot peu marqué.—Le ventricule chylifique terminé par un bourrelet saillant pour l'insertion des vaisseaux biliaires ; ceux-ci ont quatre insertions distinctes. — L'intestin grêle est filiforme. — Le cœcum gros, ovoïde, et le rectum allongé, fort grêle.

PTINITES.

Genres : *Anobium*, *Dorcatoma*, *Ptilinus*, *Xyletinus*, *Ochina*, *Ptinus*, *Hedobia*, *Gibbium*.

ANOBIUM, Fabr., Oliv., Latr., Panz., Payk., etc. ;
Ptinus, Linn., Degéer ; *Byrrhus*, Geoff.; *Dryophilus*, Chev.

Antennes filiformes , insérées près des yeux, de onze articles ; les trois derniers écartés, très-allongés, épais. — Palpes filiformes, assez courts.— Tarses filiformes, à premier article long, les autres un peu aplatis. courts, presque cordiformes. —Tête enfoncée dans le corselet. — Mandibules courtes, tridentées à l'extrémité.— Mâchoires bifides. — Corselet court, bombé. — Ecusson petit. — Elytres convexes, allongées.— Pattes moyennes.

Ces insectes vivent dans le bois ; les petits trous cylindriques qu'ils font leur ont fait donner en françois le nom de Prellestes ; ils sont connus par leurs ravages et le petit bruit qu'ils produisent lorsqu'ils veulent s'accoupler, et que le peuple désigne quelquefois sous le nom d'horloge de la mort. On ignore la manière dont ils produisent ce bruit. Leurs larves sont molles, allongées, avec six pattes courtes, et deux mandibules fortes et tranchantes.

Ces insectes sont de petite taille, aptes au vol et de couleurs sombres.

Les *Dryophilus*, de M. Chevrolat, sont des mâles de quelques espèces de ce genre, à trois derniers articles des antennes très-longs.

PREMIÈRE DIVISION.

Elytres avec des stries régulières de points enfoncés.

1. ANOBIUM STRIATUM.

Fabr., 1, 321, 2.—Panz., *Faun. Germ.*, 66, 4.—Long. 2 lig. $\frac{1}{4}$. Larg. 1 lig.—Brun pubescent; corselet avec cinq enfoncemens, deux aux bords latéraux, deux autres près de l'écusson, et un en dessus au milieu; bord postérieur, avec des poils jaunes; stries des élytres fortement ponctuées. — Allemagne.

2. ANOBIUM CRENULATUM.

Long. 2 lig. $\frac{1}{4}$. Larg. 1 lig. — D'un brun clair, pubescent; corselet plus étroit que les élytres; celles-ci un peu dilatées à l'extrémité, avec des stries de gros points enfoncés presque carrés. — Allemagne.

3. ANOBIUM RUFIPES.

Fabr., 1, 322, 4. — Gyll., *Ins. Suec.*, 1, 289. 2. — Long. 2 lig. $\frac{1}{4}$. Larg. 1 lig. — Ponctué, pubescent, brun; antennes, pattes et quelquefois les élytres, d'un brun-rouge clair; stries des élytres fortement ponctuées. — Vosges.

4. ANOBIUM CASTANEUM.

Fabr., 1, 322, 5. — Oliv., 2. 16, 3, pl. 1, fig. 2. — Long. 2 lig. $\frac{1}{4}$. Larg. $\frac{1}{4}$ lig. —Finement ponctué, d'un brun clair, avec les stries des élytres garnies de points irréguliers peu profonds, presque transversaux. — Paris.

5. ANOBIUM OBLONGUM.

Ziég. — Long. 2 lig. $\frac{1}{4}$. Larg. 1 lig. — Pubescent, brun-rougeâtre ou testacé; extrémité des élytres un peu obscure; articles de la base des antennes très-serrés. — Paris.

6. ANOBIUM ABIETIS.

Fabr., 1, 323, 10. — Panz., *Faun.*, *Germ.*, 67, 7.—Long. 1 lig. $\frac{1}{4}$. Larg. $\frac{1}{4}$ lig. — Très-finement ponctué, pubescent, d'un brun-rougeâtre clair. — Paris.

7. ANOBIUM ABIETINUM.

Gyll., *Ins. Suec.*, 1, 298, 10. — Long.

2 lig. $\frac{1}{4}$. Larg. $\frac{1}{4}$ lig. — Très-fortement ponctué, pubescent, d'un brun clair. — Allemagne.

8. ANOBIUM DENTICOLLE.

Panz., *Faun. Germ.*, 35, 8. — Long. 2 lig. $\frac{1}{4}$. Larg. 1 lig.—D'un brun-noirâtre, pubescent; angles postérieurs du corselet terminés en une petite dent; antennes et pattes brunes. — Paris. Rare.

9. ANOBIUM PERTINAX.

Fabr., 1, 322, 6. — *Striatum*, Oliv., 2, 16, 6, pl. 2, fig. 7. — Long. 2 lig. Larg. $\frac{1}{4}$ lig. — Brun; couvert d'un léger duvet soyeux, court, gris; antennes, parties de la bouche et tarses plus clairs; corselet relevé dans son milieu postérieur en une espèce de bosse, et comprimé latéralement. — Paris.

10. ANOBIUM TRICOLOR.

Oliv., 2, 16, 7, pl. 2, fig. 10. — Long. 1 lig. $\frac{1}{4}$. Larg. $\frac{1}{4}$ lig. — Pubescent, noir; élytres d'un brun-rougeâtre; écusson brun-noirâtre, arrondi, déprimé antérieurement, avec un enfoncement transversal; antennes et pattes testacées. — Paris.

11. ANOBIUM PANICEUM.

Fabr., 1, 323, 9. — Oliv., 2, 16. 8, pl. 2, fig. 9. — Long. 1 lig. $\frac{1}{4}$. Larg. $\frac{1}{4}$ lig. — D'un brun-rougeâtre ou ferrugineux, très-pubescent; antennes et pattes un peu plus claires. — Paris.

12. ANOBIUM PUSILLUM.

Gyll., *Ins. Suec.*, 1, 294, 6.—Long. $\frac{1}{4}$ lig. Larg. $\frac{1}{4}$ lig. — Très-finement ponctué, pubescent, noir; antennes et pattes jaunâtres; stries des élytres finement ponctuées. — Suède.

DEUXIÈME DIVISION.

Elytres ponctuées irrégulierement.

13. ANOBIUM TESSELLATUM.

Fabr., 1, 321, 1.—Oliv., 2, 16, 1, pl. 1, fig. 1. — Long. 3 lig. $\frac{1}{4}$. Larg. 1 lig. $\frac{1}{4}$. — Très-ponctué, avec un grand nombre de petits faisceaux de poils jaunâtres qui forment sur la tête, le corselet et les élytres une espèce de marqueterie; antennes testacées; dessous du corps et pattes couverts de poils gris-jaunâtres. — Paris.

14. ANOBIUM MOLLE.

Fabr., 1, 323, 8. — Oliv., 2, 16, 5, pl. 2, fig. 8. — Long. 1 lig. $\frac{1}{4}$. Larg. $\frac{1}{4}$ lig.

— Très-ponctué, pubescent, d'un brun-rougeâtre ou testacé ; yeux noirs. — Paris.

15. ANOBIUM SERICATUM.

Long. 1 lig. ¼. Larg. ⅓ lig. — Très-finement ponctué, presque lisse, noir, couvert d'un duvet gris-jaunâtre ; antennes, parties de la bouche, pattes et extrémité de l'abdomen testacées. — Paris.

16. ANOBIUM BIPLAGIATUM.

Long. 3 lig. Larg. 1 lig. ¼. — Couvert d'une pubescence très-serrée et d'un blanc-gris ; corselet avec une élévation un peu obscure en arrière ; élytres offrant chacune une grande tache d'un brun obscur, arrondie et située sur le milieu des élytres près du bord externe ; cet espace est fortement strié, ponctué ; dessous du corps et pattes très-velus. comme le dessus; antennes brunes.—Sénégal. *Collect.* de M. Buquet.

17. ANOBIUM ELEVATUM.

Buq., *Collect.*, — Long. 3 lig. ¼. Larg. 1 lig. ¼. — Velu, d'un gris-jaune marbré de brun, parsemé de longs poils assez écartés ; corselet très-élevé et terminé presque en pointe au milieu; élytres rugueuses, striées, ponctuées; dessous du corps et pattes jaunes. — Brésil.

DORCATOMA, Herbst, Fabr., Latr. ;
Dermestes, Panz.

Antennes de neuf articles; les trois derniers plus grands, les septièmes et huitièmes dentés en scie. — Palpes terminés par un article sécuriforme ; les maxillaires plus longs. — Tarses filiformes, leurs articles serrés. — Tête presque cachée sous le corselet. — Mandibules épaisses, bifides. — Mâchoires bilobées.—Corselet transversal. — Ecusson petit.—Elytres bombées, assez larges. — Pattes moyennes. — Corps globuleux.

Les insectes de ce genre vivent dans les Agarics et sur le bois.

1. DORCATOMA RUBENS.

Schœnh., *Ent. Hefte*, 2, 103.3. pl. 3. fig. 12. — Long. 1 lig. ¼. Larg. 1 lig. — Entièrement rouge, ferrugineux, très-convexe et très-large ; une ligne longitudinale, enfoncée sur le milieu de la tête et du corselet; ce dernier très-large et finement ponctué; élytres fortement ponctuées, ayant chacune une dizaine de côtes élevées, longitudinales. — Rouen; trouvé par M. Lebas.

2. DORCATOMA STRIATO-PUNCTATUM.

Long. ¼ lig. Larg. ⅛ lig. — Globuleux; tête et corselet finement ponctués et noirs; ce dernier très-large, transversal, d'un brun-rougeâtre ; élytres très-convexes, très-peu pubescentes, avec des stries longitudinales assez fortes, composées de points assez gros ; intervalles des stries ponctués ; base des antennes et pattes d'un rouge clair. — Paris, forêt de Saint-Germain.

3. DORCATOMA DRESDENSE.

Fabr., *Ent. Keft.*, 2, 96, pl. 3. fig. 10. — *Bistriatum*, Payk. — Long. ¼ lig. Larg. ⅛ lig. — Ovale-allongé, d'un brun presque noir, très-pubescent, entièrement ponctué ; élytres avec deux stries longitudinales sur chacune près de leur bord extérieur. — Paris. Rare.

4. DORCATOMA MERIDIONALE.

Nob. — Long. ¼ lig. Larg. ⅛ lig. — Plus court que le précédent, pubescent; élytres d'un brun-rougeâtre ; parties de la bouche et pattes jaunâtres ; bord extérieur de chaque élytre offrant deux stries longitudinales comme dans le *Dresdense*. — Marseille.

5. DORCATOMA BICOLOR.

Germ., *Col. Spec. Nov.*, p. 79.—Long. 1 lig. ¼. Larg. 1 lig. — Ponctué, noir, pubescent; corselet transversal, rouge, ainsi que la tête ; antennes et pieds rougeâtres. — Amérique Septentrionale.

6. DORCATOMA HEDERÆ.

Blondel, *Coll.*—Long. ¼ lig. Larg. ⅛ lig. — Diffère du *Dresdensis* par la couleur de ses pattes, qui est d'un jaune testacé, ainsi que les palpes, et par le manque des deux stries du bord de l'élytre. — Versailles. Espèce découverte par M. Blondel.

7. DORCATOMA CASTANEUM.

Gyll., Schœnh., *Syn. Ins.*, 2, 140, 2.— Long. 1 lig. Larg. ¼ lig. — D'un brun-marron brillant, lisse ; corselet très-convexe ; élytres avec une seule strie près de la suture; abdomen ferrugineux ; pattes grêles, d'un brun ferrugineux. — Amérique Méridionale.

PTILINUS, Geoff., Oliv., Latr. ;
Ptinus, Linn.

Antennes insérées en avant des yeux, de onze articles; le premier renflé, le deuxième très-courts; les neuf suivans dentés en scie dans les ♀, portent un appendice en forme de rameau dans les ♂.—Palpes filiformes; les maxillaires plus longs, a dernier article pointu. — Tarses ayant leurs articles entiers. — Tête verticale, yeux petits, mandibules courtes. — Corselet bombé. — Elytres allongées, presque cylindriques.— Pattes moyennes.

Les insectes de ce genre vivent dans le bois, à l'état de larve et d'insecte parfait; ils font peu d'usage de leurs ailes.

1. PTILINUS DENTICORNIS.
Collect. — Long. 2 ½. Larg, 1 lig. — Corps un peu élargi, gris, pubescent; élytres avec des côtes longitudinales ; antennes jaunâtres.—Sénégal.

2. PTILINUS FLAVESCENS.
Schœnh., *Syn. Ins.*, t. II, p. 112. — *Ptilinus flabellicornis*, Mégerle. — Long. 2 lig. Larg. ¾ lig. — Tête et corselet noirs; élytres brunes, avec des stries régulières de points enfoncés et deux ou trois petites côtes très-peu élevées; antennes, parties de la bouche et pattes fauves; cuisses brunâtres : premier filet des antennes seulement plus petit que les autres. — Paris.

3. PTILINUS PECTINICORNIS.
Fabr., 1, 329, 2. — Oliv., 2, 17, 4, pl. 1, fig. 1. — Long. 2 lig. Larg. 1 lig. — D'un brun-noir; élytres avec des stries de points enfoncés peu réguliers; antennes et pattes jaunes; cuisses brunes; premier et second filet des antennes plus courts que les autres. — Paris.

XYLETINUS, Latr.,
Ptilinus, Fabr., Panz., Germ., Gyll. ;

Anobium, Illig. ;

Serrocerus, Kugl.

Les *Xyletinus* diffèrent des *Ptilinus* par leurs antennes dentées en scie, semblables dans les deux sexes. — Le corps est en ovale court.

Les mœurs sont les mêmes que celles des *Ptilinus*.

1. XYLETINUS PALLIDUS.
Germ., *Sp. Nov.*, 1, 79, 135.—Long. 2 ½ lig. — Larg. 1 lig. — Testacé, pubescent; élytres avec des stries lisses; yeux noirs. — Russie.

2. XYLETINUS PECTINATUS.
Fabr., 1, 329, 4.—Panz., *Faun. Germ.*, 6, pl. 9. — Long. 1 ½ lig. — Larg. ½ lig.—

Légèrement pubescent ; d'un brun noir, avec les bords du corselet et des élytres un peu plus clairs; antennes, parties de la bouche et pattes jaunes ; cuisses obscures ; élytres striées. — Paris.

3. XYLETINUS ATER.
Panz., *Faun. Germ.*, 35, 49. — *Serratus*, Fabr., 1, 330, 5. — Long. 1 lig. ¼. Larg. ½ lig. — D'un noir mat; élytres avec des stries lisses; pattes rougeâtres. — France.

4. XYLETINUS FLAVIPES.
Long. 1 lig. ¼. Larg. ½. lig.—Très-finement ponctué, pubescent; d'un brun noir; élytres striées; cuisses et jambes rougeâtres. — Allemagne.

5. XYLETINUS CASTANEUS.
Schœnh., *Syn. Ins.*, append. — Long. 1 lig. ¼. Larg. ½ lig. — Très-finement ponctué; d'un brun-noir luisant; pattes rougeâtres. — Antilles.

6. XYLETINUS VILLOSUS.
Dej., *Collect.* —Long. 1 lig. Larg. ½ lig. — Très-finement ponctué, avec un duvet grisâtre; d'un brun jaunâtre, avec l'extrémité des élytres et les pattes plus claires. — Dalmatie.

OCHINA, Ziégl. ;
Xyletinus, Latr., Germ. ;

Anobium, Sturm.

Les *Ochina* diffèrent des *Xyletinus* par leurs antennes, un peu moins dentées en scie, un peu plus longues, avec les deuxième et troisième articles de longueur égale.

1. OCHINA SANGUINICOLLIS.
Ziégl. — Long. 1 lig. ¼. Larg. ½ lig. — Très-ponctuée, pubescente, d'un noir bleuâtre brillant, avec le corselet, l'extrémité des élytres et les pattes rouges. — France Méridionale.

2. OCHINA HEDERÆ.
Germ. — Long. 1 lig. ¼. Larg. ½ lig. — Pubescente ; d'un brun rougeâtre, avec deux fascies transversales, formées de petits poils gris, l'une près de la base, l'autre vers l'extrémité de l'élytre; antennes, parties de la bouche et pattes d'un jaune rougeâtre. — Paris.

PTINUS, Linné;
Bruchus, Geoffroy.

Antennes insérées entre les yeux, filiformes, de onze articles : le premier renflé, le suivant court, les autres presque égaux entre eux, allongés et cylindriques dans les ♂, plus courts et presque coniques dans les ♀.—Palpes presque filiformes; les maxillaires plus longs, a dernier article un peu renflé; les labiaux terminés par un article ovale. — Tarses grêles, filiformes, avec tous leurs crochets très-apparens. — Tête assez petite. — Yeux saillans. — Corselet étranglé en arrière, s'avançant dans les ♀ en forme de capuchon sur la tête. — Ecusson petit.—Elytres oblongues, presque parallèles dans les ♂, ovales et bombées dans les ♀. — Pattes assez longues.

Ces insectes, de très-petite taille, sont en général de couleurs sombres. Les ♀ sont aptères. On les trouve dans les maisons, sur le vieux bois, etc. Pour échapper aux dangers qui les menacent, ils contrefont le mort. Les larves ont le corps mou, ride, un peu velu ; six pattes terminées par un seul crochet. Elles se nourrissent de bois, de plantes et d'animaux desséchés.

1. PTINUS CRENATUS.

Fabr., 1, 326, 8. — *Minutus*, Panz., *Ent. Germ.*, 1, 114, 12. — *Globulus*, Dahl. — Long. ½ lig. Larg. ¼ lig. — Brun ; couvert d'un duvet gris-jaunâtre ; élytres avec des stries de gros points enfoncés. — Paris.

2. PTINUS MINUTUS.

Long. 1 lig. Larg. ¼ lig.—Brun, pubescent ; corselet avec deux tubercules velus, et deux pointes latérales en forme de dents ; élytres striées, avec l'écusson et deux bandes transversales blanches ; antennes et pattes testacées. — Paris.

3. PTINUS 6-PUNCTATUS.

Panz., *Faun. Germ.*, 1, 20. — Gyll., *Ins. Suec.*, 1, 306, 4. — Long. 1 lig. ½. Larg. 1 lig.—Corselet brunâtre, avec deux petits tubercules pointus sur les bords latéraux; élytres noires, striées, avec l'écusson, une tache au-dessous de l'angle huméral, et une petite fascie près de l'extrémité, blanches ; dessous du corps et devant de la tête couverts de poils blancs. — Antennes et pattes brunes. — Paris.

4. PTINUS ORNATUS.

Germ., *Spec. Nov.*, 1, 78, 134. — *Pulchellus*, Ziegl.—Long. 1 lig. ½. Larg. 1 lig. — Pubescent ; corselet sillonné au milieu, très-velu, avec deux tubercules arrondis, et deux petites élévations latérales en forme

de dents ; brun ou rougeâtre ; élytres avec des stries de points enfoncés ; l'écusson et deux petites fascies transversales blanches ; antennes et pattes testacées. — Paris.

5. PTINUS TESTACEUS.

Ziegl. — Long. 1 lig. ½. Larg. ¼ lig. — Diffère du *P. Feer* par les tubercules du corselet, peu élevés, point velus, et sa couleur d'un brun-rouge, sans fascies sur les élytres. — Paris.

6. PTINUS FUR.

Fabr., 1, 325, 6. — Oliv., 2, 17, 3, pl. 1, fig. 1. — Long. 1 lig. ½. Larg. ¼ lig. — Corselet avec deux tubercules au milieu très-velus, et deux élévations latérales en forme de dents ; pubescent ; d'un brun-rouge, avec l'écusson et deux petites fascies blanches ; antennes et pattes testacées. — Paris.

7. PTINUS RUFIPES.

Fabr. 1, 325, 3. — Oliv., 2, 17, 7, pl. 2, fig. 8. ♂ ♀. — *Elegans*, Fabr., 1, 325, 5. — Pubescent ; corselet avec quatre tubercules et une ligne enfoncée au milieu ; tête, corselet, antennes, pattes et dessous du corps d'un jaune rougeâtre, couverts de poils d'un gris jaunâtre ; élytres noires, avec des stries de points enfoncés ; l'écusson, deux fascies sur les élytres, et un point à l'extrémité de celles-ci, bleus.

Var. ♂. D'un brun noir, pubescent, avec les antennes et les pattes rouges. — Paris.

Var. ♀. Antennes, corselet, dessous du corps, pattes, bord inférieur des élytres, rougeâtres. — Paris.

HEDOBIA, Ziégler, Latr. ; *Ptinus*, Fabr.

Les *Hedobia* diffèrent des *Ptinus* par leurs antennes, un peu dentées en scie et plus écartées à leur base; par leurs tarses courts, larges, aplatis, composés d'articles cordiformes; les crochets du dernier petits et cachés.

Ces insectes vivent dans le bois, comme les *Ptinus* : la larve s'y construit une coque oblongue, soyeuse, revêtue en dessus d'une enveloppe sétacée. Les ♀ sont ailées, aussi bien que les ♂.

1. HEDOBIA IMPERIALIS.

Fabr., 1, 316, 7. — Oliv., 2, 17, 2, pl. 1, fig, 4.—Long. 2 lig. ½. Larg. 1 lig. ½. Très-ponctuée, pubescente, brune ; corselet relevé postérieurement en carène arrondie ; les côtés et le devant de la tête, l'extrémité des élytres, le dessous du corps et les pattes couverts d'un duvet assez épais, blanchâtre, qui forme également sur les élytres une tache irrégulièrement bilobée, séparée quelquefois en plusieurs petites taches isolées ; écusson blanc ; antennes, parties de la bouche et pattes ferrugineuses. — Paris.

2. HEDOBIA PUBESCENS.

FABR., 1, 324, 1. — OLIV., 2, 17, 5, pl. 1, fig. 7.—Long. 3 lig. ½. Larg. 1 lig. ½. — Très-ponctuée, pubescente, noire ; élytres testacées, avec des stries couvertes de points enfoncés. — Paris.

GIBBIUM, SCOPOLI ;
Ptinus, FABR., OLIV. ;
Bruchus, GEOFFROY.

Antennes insérées au-devant des yeux, sétacées, composées d'articles cylindriques très-légèrement comprimés : les deuxième, troisième et quatrième plus épais ; le dernier allongé, terminé en pointe. — Palpes filiformes ; les maxillaires plus longs. — Tarses courts. — Tête inclinée. — Yeux très-petits et aplatis. — Corselet court, transversal, cylindrique, prolongé au milieu de son bord postérieur. — Point d'écusson visible. — Élytres très-convexes, soudées, embrassant l'abdomen. — Celui-ci très-grand, renflé, comprime latéralement. — Pattes assez grandes et fortes ; les postérieures longues. — Les cuisses terminées en massue. — Les jambes postérieures légèrement arquées.

Insectes de très petite taille, ayant le faciès d'une araignée, le corps transparent, et vivant dans les endroits peu fréquentés des maisons, dans les débris de végétaux, les vieux papiers, dans les herbiers et les collections d'animaux.

1. GIBBIUM SCOTIAS.

FABR., 1, 327, 14. — OLIV., 2, 17, 9, pl. 1, fig. 2. — Long. 1 lig. ½. Larg. 1 lig. — D'un brun-marron très-luisant, lisse ; antennes et pattes pubescentes. — Paris.

2. GIBBIUM AMERICANUM.

Long. 1 lig. Larg. ½ lig. — Finement pubescent ; d'un gris clair ; élytres seules d'un brun foncé luisant ; corselet avec deux élévations longitudinales. — Pérou.

3. GIBBIUM HIRTICOLLE.

LATR. — Long. 1 lig. ½. Larg. 1 lig. — D'un brun presque noir, avec le corselet couvert d'un épais duvet gris jaunâtre, formant quatre tubercules ; dernier article des antennes plus court que dans le *G. Scotias.* — Paris. Très-rare.

FIN DU PREMIER VOLUME.

TABLE DES MATIÈRES

CONTENUES

DANS CE VOLUME.

INTRODUCTION.

TABLE ALPHABÉTIQUE DES MATIÈRES.

FIN DE LA TABLE

TABLEAU

DU PLACEMENT DES PLANCHES

DU DEUXIÈME VOLUME DE L'HISTOIRE NATURELLE DES ARTICULÉS

(TOME PREMIER DE L'HISTOIRE DES INSECTES).

———

L'introduction à l'histoire des insectes, paginée en chiffres arabes, commencera ce volume, et les 24 planches d'anatomie seront mises ensemble à la suite de cette introduction. Les planches du tome premier des insectes devront ensuite être placées dans l'ordre suivant :

COLÉOPTÈRES.

Nota. On a placé chaque planche vis-à-vis de la description de la première figure ; mais la manière la plus prompte pour trouver l'article relatif à chaque espèce est de recourir à la table, où tous les noms latins sont rangés par ordre alphabétique, avec la traduction française en regard.